Nr. 9
S. 3077—3460

1963
27. Februar

Chemisches Zentralblatt

Vollständiges Repertorium für alle Zweige der reinen und angewandten Chemie

1830 gegründet. 1897—1945 von der Deutschen Chemischen Gesellschaft fortgeführt. Im Auftrage der Deutschen Akademie der Wissenschaften zu Berlin, der Chemischen Gesellschaft in der DDR, der Akademie der Wissenschaften zu Göttingen und der Gesellschaft Deutscher Chemiker (in der BRD)

herausgegeben von Prof. Dr. Heinrich Bertsch und Prof. Dr. Dr. h. c. Wilhelm Klemm

134. Jahrgang
1963

Chefredakteure: Dr. Eugen Klever und Prof. Dr.-Ing. Eberhard Leibnitz

Akademie-Verlag GmbH., Berlin — Verlag Chemie, GmbH., Weinheim/Bergstr.

Inhalt

Chemisches Zentralblatt

1963 **Bibliographien** Nr. 9

Neue Fachzeitschriften

Unesco Bulletin for Libraries. Vol. XVI, no. 5. Paris: United Nations Educational, Scientific and Cultural Organization. 1962. 6 issues a year. $ 3.50.

Neue Bücher

Geschichte. Unterricht

Massimo Lo Cascio, Chimica moderna ed elementi di mineralogia. Con esercizi svolti e da svolgere, glossario chimico. Ad uso delle scuole medie superiori. In appendice: Teoria elettronica della valenza, chimica nucleare. 3ª ediz. Torino: Loescher. 1961. (VII + 370 S. m. Abb.) L. 1450.—.

Hilaire Cuny, Pavlov. Paris: Seghers. 1962. 6.90 NF.

Giorgio Gaudiano, Lezioni di stechiometria. 2ª ediz. Milano: C. Tamburini. 1961. (198 S.) L. 2000.—.

Walter E. Gourlay, Picture book of today's scientists. New York: Sterling. 1962. (64 S.) $ 1.62.

Albert von Haller, The vitamin hunters. Philadelphia: Chilton Books. 1962. $ 5.95.

Spero Longhini, Lezioni di chimica con esercizi. Ferrara: Tip. Casa buoni fanciulli. 1961. (223 S.)

Paul Nylén e **Nils Wigren,** Stechiometria. Leggi, calcoli, esercizi. Padova: C.E.D.A.M. 1961. (XVI + 298 S. m. Tab.) L. 1700.—.

Derek John de Solla Price, Science since Babylon. New Haven (Connecticut): Yale. 1962. (149 S. m. Abb.) $ 1.45.

Vallery-Radot, Pasteur. Paris: Hachette. 1962. (64 S. m. Abb.) 8⁰. 3.75 NF.

Phyllis B. Steckler, ed., American scientific books, 1960—1962. New York: Bowker. 1962. (474 S.) $ 10.—

—, Nobel: The man and his prizes. New York: American Elsevier Publishing Company. 1961. $ 11.—

A. Allgemeine, physikalische und anorganische Chemie

Ladislav Balák, Fyzikálna chémia. (Physikalische Chemie). Praha: SVTL. 1962. (193 S. m. 56 Tab.) Kčs 18.20.

David Robert Bates, Atomic and molecular processes. New York: Academic. 1962. (904 S. m. Abb.) = Pure and applied physics, vol. 13. $ 19.50.

H. J. Emeleus and **A. G. Sharpe,** eds., Advances in inorganic and radiochemistry; vol. 4. New York: Academic. 1962. (344 S. m. Abb.) $ 11.—.

A. Prock and **G. McConkey,** Topics in physical chemistry. New York: American Elsevier Publishing Company. 1962. $ 11.—.

—, Dictionnaire allemand-russe de chimie. Paris: Éditions de Moscou. 1962. (462 S.) 19,65 NF.

A_1. Kernphysik und Kernchemie

Gaston Dupuy, Radium, radioactivité, énergie nucléaire. Nouv. édit. Paris: Presses Universitaires de France. 1962. (128 S. m. 3 Abb.) 2.50 NF.

—, Atomkernenergie-Dokumentation beim Gmelin-Institut. Reihe C. Ausgewähltes Schrifttum nach Sachgebieten. Heft 04—6. Einwirkung ionisierender Strahlen auf lebendes Gewebe und Organismen. Frankfurt/Main: Referat Atomkernenergie-Dokumentation beim Gmelin-Institut für Anorganische Chemie und Grenzgebiete in der Max-Planck-Gesellschaft zur Förderung der Wissenschaften. 1961. (IX + 180 S.) Nicht im Buchhandel.

—, Énergie atomique. 2 vol Gif-sur-Yvette: Service de documentation du Centre d'études nucléaires de Saclay. 1962. 1: (84 S. m. Abb. 2: (95 S. m. Abb.) 4⁰.

—, Commissariat à l'énergie atomique. Service de sécurité. Stage de formation des agents du Service de sécurité. 3. Instruction technique. Paris: le Commissariat. 1961. (64 S. m. Abb.) 8⁰.

A_3. Elektrizität. Magnetismus. Elektrochemie

Adrien Albert and **E. P. Serjeant,** Ionization constants of acids and bases: a laboratory manual. London: Methuen; New York: Wiley. 1962. (III—XII + 179 S. m. Tab. u. Diagr.) 21 s.

A. T. Vagramian, The mechanical properties of electrolytic deposits. New York: Consultants. 1962. (108 S. m. Abb.) $ 12.50.

A_4. Thermodynamik. Thermochemie

H. W. Liepmann et **A. Roshko,** Éléments de la dynamique des gaz. Paris: Gauthier-Villars. 1962. (466 S.) 60 NF.

Leonard Kollender Nash, Elements of chemical thermodynamics. Reading (Massachusetts): Addison. 1962. (118 S. m. Abb.) $ 1.75.

Ralph M. Rotty, Introduction to gas dynamics. New York: Wiley. 1962. (272 S. m. Abb.) $ 8.55.

A_5. Kolloidchemie. Grenzschichtforschung

L. Rey, Progrès récents en lyophilisation. Paris: Hermann. 1962. (212 S. m. 8 Abb.) 33 NF.

P. Weiss, ed., Adhesion and cohesion. New York: American Elsevier Publishing Company. 1962. $ 11.—.

A_8. Präparative anorganische Chemie. Komplexverbindungen Metallorganische Verbindungen

M. F. Lappert and **G. H. Leigh**, eds., Developments in inorganic polymer chemistry. New York: American Elsevier Publishing Company. 1962. $ 10.—.

Francis Gordon Albert Stone, Hydrogen compounds of the group IV elements. Englewood Ciiffs (New Jersey): Prentice. 1962. (112 S.) $ 5.25.

E_1. Allgemeine Biologie und Biochemie

Alexander Haddow and others, On cancer and hormones; essays in experimental biology. Chicago: Univ. of Chicago Pr. 1962. (346 S. m. Abb.) $ 8.50.

Michael Kasha and **Bernard Pullman**, eds., Horizons in biochemistry: Albert Szent-Györgyi dedicatory volume. New York, London: Academic P. 1962. (XIV + 604 S. m. Abb., Tab. u. Diagr.) 5 £. 14 s. 6 d.

Sidney Udenfriend, Fluorescence assay in biology and medicine. New York: Academic Press. 1962. (X + 505 S. m. Abb. u. Tab.) $ 14.—.

E_3. Mikrobiologie. Bakteriologie. Immunologie

Heinz Fraenkel-Conrat, Design and function at the threshold of life: the viruses. New York, London: Academic P. 1962. (VII + 117 S. m. 15 Taf., Tab. u. Diagr.) 15 s. 6 d.

Kenneth Manley Smith, Viruses. Cambridge. 1962. (134 S. m. Abb.) $ 1.95.

Wayne W. Umbreit, ed., Advances in applied microbiology. Vol. 3. New York, London: Academic P. 1961. (XI + 421 S. m. Abb., Tab. u. Diagr.) 93 s.

—, Evaluation of the toxicity of a number of antimicrobials and antioxidants: sixth report of the Joint FAO/WHO Expert Committee on Food Additives. Geneva: W.H.O.; London: H.M.S.O. 1962. (104 S. mit Tab. u. Diagr.) = Technical reports no. 228. 6 s. 8 d.

E_4. Pflanzenchemie. Pflanzenphysiologie. Pflanzenpathologie

J. F. Sutcliffe, Mineral salts absorption in plants. Oxford, New York, Paris: Pergamon Press. 1962. (X + 194 S. m. Abb.) 8°.

—, List of common British plant diseases. 4th. edit. Cambridge. 1962. (IX + 58 S.) $ 2.—.

E_6. Pharmakologie. Therapie. Toxikologie. Hygiene

Henri Schmitt, Éléments de pharmacologie. 2 'édit. Paris: Flammarion. 1961. (473 S. m. Abb.) 45 NF.

Jean Sice, General pharmacology. Philadelphia, London: Saunders. 1962. (IX + 593 S. m. Tab. u. Diagr.) 80 s 6 d.

—, Advances in pharmacology. Vol. 1. New York: Academic. 1962. (474 S. m. Abb.) $ 13.—.

G. Analyse. Laboratorium

Advances in Analytical Chemistry and Instrumentation, Vol. 1. Herausgegeb. von Charles N. Reilley. New York: Interscience Publishers Inc., 1961. London: Interscience Publishers Ltd. 1961. (VII + 445 S.) 90/—.

Von berufenen Fachwissenschaftlern werden in dieser Folge Zusammenstellungen über Fortschritte in der chem. Analyse gebracht. Der vorliegende 1. Band umfaßt folgende Kapitel: Tetraphenylbor als analyt. Reagens (H. Flaschka u. A. J. Barnard jun.); neuere Entw. bei gaschromatograph. Detektoren (R. B. Seligman u. F. L. Gager jun.); Tendenzen in der F-Best. (C. A. Horton); neue Gedanken zur organ. Mikroanalyse (W. Schöninger); Theorie der Elektrodenprozesse (W. H. Reinmuth); die analyt. Chemie des Thioacetamids (E. H. Swift u. F. C. Anson) u. Spektrophotometrie im Nahen IR (R. F. Goddu). I. Wilke

Reference Electrodes Theory and Practice. Herausgegeb. von David J. G. Ives und George J. Janz. New York and London: Academic (XI + 651 S.) Press 1961.

Neben einer theoret. Einführung umfaßt diese Monographie über Bezugselektroden folgende Kapitel: Die Wasserstoff-, die Kalomel- u. andere Hg/Hg(I)-Salz-, die Ag/Ag-Halogenid-, die Glas-, die Chinhydron: sowie Oxid-, Sauerstoff- u. Sulfidelektroden, für Sulfationen reversible Elektroden, ferner Membranelektroden u. Elektroden in nichtwss. Lsgg., Mikroelektroden u. solche für biolog. Verw. sowie Elektroden in Salzschmelzen. Zahlreiche Abb. u. umfangreiche Literaturverzeichnisse zu den einzelnen Abschnitten vervollständigen diese wertvolle Zusammenstellung. I. Wilke

Galen W. Ewing, Physikalische Analysen- und Untersuchungsmethoden der Chemie. Deutschsprachige Bearbeitung von A. Maschka. Wien-Heidelberg: Dipl.-Ing. Rudolf Bohmann, Industrie- und Fachverlag 1961. (XI + 563 S.) DM 52,—.

Unter Verw. zahlreicher Abb. vermittelt dieses Werk ein umfangreiches Wissen über die Grundlagen der modernen apparativen Hilfsmittel der Analyse sowie deren Wirkungsweise. Von den elektrochem. Meth. werden im einzelnen behandelt: Konduktometrie, Potentiometrie, Voltametrie u. Polarographie, Elektroanalyse u. Coulometrie. Die Kapitel über die opt. Meth. umfassen: Absorption von Strahlung (im UV, Sichtbaren u. IR), Nephelometrie u. Fluorimetrie, Absorption u. Beugung von Röntgenstrahlen, Emissionsspektralanalyse, Refraktometrie, Polarimetrie, Massenspektrometrie sowie magnet. Resonanzspektroskopie. Thermometr. Meth. u. die Verw. der Radioaktivität als analyt. Hilfsmittel, ferner Extraktionsanalyse, Chromatographie, Ionenaustausch u. Gasanalyse werden beschrieben. Die Nachw.-Empfindlichkeit für die einzelnen Meth. werden verglichen u. einige Labor.-Übungen zu den einzelnen Meth. angeführt. I. Wilke

Ivo Kössler, *Methoden der Infrarot-Spektroskopie in der chemischen Analyse.* Bearbeitete und ergänzte Übersetzung aus dem Tschechischen. Mit 96 Abb. und 29 Tabellen. Leipzig: Akademische Verlagsgesellschaft Geest & Portig K.-G. 1961. (VI + 227 S.) DM 33,—.

Diese Monographie ist speziell auf die Anwendung der IR-Spektroskopie in der quant. Analyse ausgerichtet. In der Einführung werden die elementaren Definitionen u. Grundbegriffe zur Entstehung der Spektren u. der IR-Strahlung sowie die App. erläutert, wobei die Eichung der Geräte u. die Präparation der Proben ausführlich besprochen werden. Die qual. Analyse ist verhältnismäßig knapp gehalten, während den quant. Meth. ein ausführliches Kapitel gewidmet ist, das durch Beispiele aus der Literatur ergänzt wurde. Ein weiterer Teil umfaßt die IR-Spektroskopie in Verbindung mit einigen Trennungs-Meth., wie fraktionierte Dest. u. Kristallisation. Der letzte Abschnitt beschäftigt sich mit der Dokumentation. I. Wilke

H_1. Allgemeine chemische Technologie

Pierre Colnot et **Georges Gallet,** Le verre et la céramique dans la technique du vide. Paris: Eyrolles; Gauthier-Villars. 1962. (129 S. m. Abb.) 8°. 19 NF.

Carl C. Grosjean & **Gilbert F. Froment,** Computation of axial and radial profiles of temperature and conversion in chemical reactors. Brussel: Paleis der Academïen. 1962. (64 S. m. Tab. u. Diagr.) 4°.

Donald N. Hanson, Computation of multistage separation processes. New York: Reinhold. 1962. (361 S. m. Abb.) $ 8.75.

A. W. Haslett, ed., Industrial research in Britain. 4th edit. New York: British Bk. 1962. (461 S.) $ 17,50.

Brigitte Klöppel u. a., Chemische Technologie. Bd. 1: Anorganische Technologie. Leipzig: Deutscher Verl. für Grundstoffindustrie. 1962. (239 S. m. 186 Abb.) 8°. DM 9,20.

E. Meyenburg, Hardness and hardness testing, 1937—1961. 2nd revised edit. London: Industrial Diamond Information Bureau. 1962. (87 S.) = Bibliographies no. 3. 2 s. 6 d.

M. Munier et **R. Vivot,** Les électro-pommes centrifuges et leur commande automatique. Paris: Eyrolles. 1962. (192 S. m. 88 Abb.) 29 NF.

Didier Gompel-Netter, L'engineering, contribution à sa vulgarisation et à son développement. Paris: Sofredoc. 1962. (127 S.) 8°. 19,50 NF.

Alois X. Schmidt and **Harvey Lawrence List,** Material and energy balances. London: Prentice-Hall. 1962. (XVII + 423 S. m. Tab. u. Diagr.) 63 s.

Hermann Stage und **Kalyanmoy Bose,** Verfahrenstechnik in Einzeldarstellungen. 13. Die Belastungsverhältnisse in Füllkörpersäulen unter Destillationsbedingungen. Berlin, Göttingen, Heidelberg: Springer. 1962. 8°.

Michel Terny, La mesure des températures au laboratoire et dans l'industrie. Paris: Dunod. 1962. (XVI + 320 S. m. Abb.) 48 NF.

A. Tolansky, Diamond as a cutting tool for metals & non-metallic materials, 1939—1961. 3rd revised edit. London: Industrial Diamond Information Bureau. 1962. (30 S.) = Bibliographies no. 2. 2 s. 6 d.

—, The storage of calcium carbide. 3rd revised edit. London: British Acetylene Association. 1962. (43 S. m. Tab.) 7 s. 6 d.

—, Trattato di chimica industriale. II. Torino: U.T.E.T. 1961. (XXXII + 1285 S. m. Abb.)

H_2. Betriebsschutz. Feuerschutz

—, Ondes (Les) de détonation. Paris: Éditions du Centre national de la recherche scientifique. 1962. (487 S. m. Abb.) 4°. 64 NF.

H_3. Elektrotechnik

Boris Aleksandrovich Nikolaev, Pile driving by electroosmosis. Translated from Russian. New York: Consultants. 1962. (62 S. m. Abb.) $ 12,50.

H_4. Wasser. Abwasser

Wolfgang Christ, Untersuchungen über die Reinigung von Fettsäure-Syntheseabwässern auf vorflutgerechte Beschaffenheit mittels Turmtropfkörper und Belebungsverfahren. Berlin: Verl. Technik. 1957. (V + 58 S., 4 Bl. m. 8 Abb.) 8° = Mitteilungen des Institutes für Wasserwirtschaft. Nr. 3. DM 3,10.

Wolfgang Christ und **Christina Siegert,** Geruchs- und Geschmacksbeeinträchtigungen in der Trinkwasserversorgung, insbesondere durch Phenole, und Versuche zu ihrer Beseitigung mittels Wolfatit E. Berlin: Verl. Technik. 1959. (IV + 54 S. m. 3 Abb.) 8° = Mitteilungen des Institutes für Wasserwirtschaft. Nr. 8. DM 2,30.

Wilfrid Francis, Boiler house and power station chemistry. 4th edit. London: Edward Arnold. 1962. (XII + 435 S. m. Abb., Tab. u. Diagr.) 70 s.

Georg Matthess, Die Herkunft der Sulfat-Ionen im Grundwasser. Wiesbaden: Hessisches Landesamt für Bodenforschung. 1961. (85 S. m. 3 Abb. u. 31 Tab.) 8° = Abhandlungen des Hessischen Landesamtes für Bodenforschung. Heft 35. DM 7,60.

Georg Schulz, Die Verfahrenstechnik der biologischen Hochleistungsanlagen — Untersuchungen über die Oxydierbarkeit einiger organischer Verbindungen. Von **Helmut Natusch.** — Vorschlag einer Einheitsmethodik zur biologischen Untersuchung von Fließgewässern. Von **Gottfried Breitig.** Beitrag zur Kritik der Einheitsmethodik in der biologischen Gewässerüberwachung. Von **Wolf von Tümpling** und **Horst Ziemann.** Berlin: Verl. für Bauwesen. 1961. (IV + 131 S.) 8° = Mitteilungen des Institutes für Wasserwirtschaft. Nr. 12. DM 5,80.

H_5. Silicatchemie. Baustoffe

Paul William Abeles and **Frederick Henry Turner,** Prestressed concrete designer's handbook. London: Concrete Publications. 1962. (VI + 294 S. m. Abb., Taf., Tab. u. Diagr.) 28 s.

Arthur Kh. Iablokoff, Propriétés physiques et mécaniques des fibrilles de verre, de réfrasil et de silice. Châtillon-sous-Bagneux: Office national d'études et de recherches, aéronautiques. 1962. (70 S. m. Abb.) 4°. 25 NF.

—, Advances in glass technology; International Congress on Glass. 6th. Washington. 1962. New York: Plenum. 1962. (XXII + 639 S. m. Abb.) $ 21.—.

—, Catalogue of text and reference books in the library of the Cement and Concrete Association. New edit. 1961 supplement. London: Cement & Concrete Association. 1962. (21 S.)

—, Handbuch über feuerfeste Erzeugnisse, Materialien und Rohstoffe (Zusammengest. nach den staatl. Standards u. techn. Bedingungen). Moskau: Metallurg. Verlag. 1962. (340 S.) DM 5,60.

H_8. Metallurgie. Korrosion

Camille Chaussin et **Guy Hilly,** Métallurgie. 4e édit. 2. Elaboration des métaux. 1962. (XIV + 229 S. m. Abb.) 14 NF.

George Isserlis, ed., The joining of rarer metals. Manchester, London: Columbine P. 1962. (X + 106 S. m. Abb., Tab. u. Diagr.) 17 s. 6 d.

B. J. Nield, An investigation of abnormal structure in a 1.5% manganese mild steel. Sheffield: Safety in Mines Research Establishment. 1962. (19 S. m. Abb. u. Diagr.) = Research reports no. 203. 3s.

—, A comparison of transition temperatures determined by small scale and wide plate tests on as rolled and normalized plates from the same cast of steel. London: H.M.S.O. 1962. (VII + 24 S. m. 15 Tab. u. 16 Diagr.) = Reports no. P4. 6 s.

—, Metallurgist's handbook. London: Collet's. 1962. (368 S. m. Abb. u. Tab.) 12 s. 6 d.

—, Résistance à la corrosion du nickel, des monels et des cupro-nickels. Paris, Bruxelles: Centre d'information du nickel. 1962. (32 S. m. Abb.) 4⁰.

H_{10}. Färberei. Organische Farbstoffe

Giorgio Cavalleri e **Camillo Beghi,** L'apprendista tintore e stampatore. Como: E.N.A.I.P. 1960. (144 S. m. Abb. u. Tab.) L. 1250,—.

J. Reichel, Technologia colorantilor antrachinonici. (Technologie der Anthrachinonfarbstoffe). Bukarest: Verl. der Akademie der Rumänischen Republik. 1961. (440 S. m. 2 Taf.) Lei 21,50.

H_{18}. a) Holz. Cellulose. Zellstoff. Papier. Papierdruck. Celluloid. Linoleum

Francis Bolam, ed., The formation and structure of paper: transactions of the symposium held at Oxford, September 1961. 2 vols. London: British Paper and Board Makers' Association. 1962. 1: (XI + 536 S. m. Abb., Tab. u. Diagr.) 2: (XI + 374 S. m. Abb., Tab. u. Diagr.) 10 £. 10 s.

J. Schalck, Opzoekingen in verband met de werkzaamheid van de kreosootbestanddelen als houtbeschuttingsmiddelen. Gent: Laboratorium voor houttechnologie van de Rijkslandbouwhogeschool. 1962. (39 S. m. Tab.) 8⁰.

H_{18}. b) Textilfasern

Henri Agulhon, Les textiles chimiques. Paris: Presses Universitaires de France. 1962. (128 S.) = Coll. „Que sais-je?", no. 1003. 2,50 NF.

W. Fabierkiewicz, Handy textile dictionary in five languages: Polish, Russian, English, French, German. London: Collet's. 1962. (305 S.) 25 s.

George Linton, The modern textile dictionary. Iowa: Meredith Press. 1962. $ 18,50.

—. Jute: a short guide. Dundee: British Jute Research Association. 1962. (10 S. m. Taf. u. Tab.) 2 s. 6 d.

—, Textes et discussions du colloque. Structure de la laine, Paris, juillet. 1961. Paris: Institut textile de France. 1962. (286 S. m. Abb.) 8⁰.

H_{19}. Brennstoffe. Erdöl. Mineralöle

V. V. Kedrinskii, English-Russian dictionary on the chemistry and processing of oil. London: Collet's. 1962. (910 S.) 40 s.

—, Sitzung des Arbeitsausschusses Flüssige Brennstoffe und Wertstoffe aus Erdöl und Kohle am 27. Januar 1961 in Markkleeberg. Berlin: Akademie-Verl. 1962. (50 S. m. 18 Abb. u. 12 Tab.) 8⁰ = Freiberger Forschungshefte. Reihe A, 221. DM 6,50.

—, VDI-Richtlinien. 2117. Feuerstätten für flüssige Brennstoffe mit Verdampfungsbrennern. Herausgeg. vom Verein deutscher Ingenieure. Düsseldorf: VDI-Verl. 1962. (6 S. m. Abb.) 4⁰. DM 3,50.

Ausgewertete Bibliographie-Fachzeitschriften

Belgien	Bibliographie de Belgique — Belgische Bibliographie
ČSSR	Bibliography of Publications Dealing with the Polarography Method [Praha]
	Bulletin — Die Neuesten Forschungsergebnisse der Tschechoslowakischen Wissenschaft
	Nové Knihy (Neue Bücher) Novinky (Neuheiten)
Dänemark	Danske Bogmarked
Deutschland	Börsenblatt für den Deutschen Buchhandel — Frankfurter Ausgabe
	Börsenblatt für den Deutschen Buchhandel — Leipziger Ausgabe
	Deutsche Bibliographie. Wöchentliches Verzeichnis. Ausgabe II. [Frankfurt/Main]
	Deutsche Nationalbibliographie. Reihe A: Neuerscheinungen des Buchhandels [Leipzig]
England	British National Bibliography
Frankreich	Bibliographie de la France
Griechenland	Greek Bibliography [Athen]
Italien	Bibliografia Nazionale Italiana
Niederlande	Nieuwsblad voor de Boekhandel
Österreich	Österreichische Bibliographie
Schweiz	Schweizer Buch. Serie A und Serie B
UdSSR	Bücherverzeichnis des Jahres (Книжная летопись)
	Neue Bücher (Новые книги)
USA	Publisher's Weekly

Namenregister

Patentregister

Belgische Patente (Belg.P.)

Canadische Patente (Can.P.)

Dänische Patente (Dän.P.)

Englische Patente (E.P.)

Französische Patente (F.P.)

Indische Patente (Ind.P.)

Italienisches Patent (It.P.)

Japanische Auslegeschriften (Jap.A.S.)

Niederländische Patente (Niederl.P.)

Österreichische Patente (Oe.P.)

Portugiesische Patente (Port.P.)

Schwedische Patente (Schwed.P.)

Schweizer Patente (Schwz.P.)

Chemisches Zentralblatt

1963 Nr. 9 27. Februar

Geschichte. Unterricht

Rudolf Plank. Kurt Nesselmann. (Forsch. u. Fortschr. **35,** 94–95, März 1961; Karlsruhe; dt.) — Glückwunschadresse zum 75. Geburtstag des ehemaligen Direktors des Kältetechn. Instituts an der TH Karlsruhe (geb. 6/3. 1886 in Kiew); Würdigung seiner Arbeiten über thermodynam., maschinentechn. u. apparative Fragen der Kälteerzeugung sowie Lebensmittelfrischhaltung. A. Blaschette. 1□

Harrison McAllister Randall. Ein halbes Jahrhundert Infrarotspektroskopie. Harald H. Nielsen. (J. opt. Soc. America **50,** 1147, Dez. 1960; engl.) — Anläßlich seines 90. Geburtstages werden Werdegang u. Verdienste sowie der Einfl. auf die IR-Spektroskopie von H. McAllinger Randall beschrieben u. gewürdigt. Die Geschichte der IR-Spektroskopie wird von ihrem Anfang vor 50 Jahren bis zum heutigen Stand wiedergegeben. H. Lindberg. 1□

Nachruf auf Gabriel Bertrand. Marcel Delépine. (C. R. hebd. Séances Acad. Sci. **255,** 217–22, 9/7. 1962; franz.) — Nachruf auf den französ. Biochemiker u. emeritierten Ordinarius an der Sorbonne (geb. 17/5. 1867 in Paris); zahlreiche grundlegende Arbeiten über Kohlenhydrate, Enzyme, mikrobielle Gärung, Pflanzendrogen u. bes. Spurenelemente u. ihre physiolog. Bedeutung. A. Blaschette. 1□

Lord Cherwell. T. C. Keeley. (Year Book physic. Soc. **1958,** 79–82, 1 Tafel; engl.) — Nachruf auf den engl. Naturwissenschaftler F. A. Lindemann, später Lord Cherwell (geb. 5/4. 1886 in Baden-Baden; gest. 3/7. 1957); Schüler von Nernst, Professor in Oxford, wissenschaftlicher Berater Churchills im 2. Weltkrieg; Erfinder des für Röntgenstrahlen durchlässigen Lindemann-Glases u. des Quarzfadenelektrometers. — Bild. A. Blaschette. 1□

Proteinchemikerin Arda Alden Green. Sidney P. Colowick. (Science [Washington] **128,** 519–21, 5/9. 1958; Baltimore, Md., Johns Hopkins Univ., McCollum-Pratt Inst.; engl.) — Nachruf auf A. A. Green (geb. 7/5. 1899 in Prospect, Pa., gest. 22/1. 1958) u. Würdigung ihrer wissenschaftlichen Arbeiten auf dem Gebiete der Biochemie. Ch. Weiske. 1□

Joseph Kenyon. E. E. Turner. (Proc. chem. Soc. [London] **1962, 193**–95, Mai; engl.) — Nachruf auf den em. Direktor des Departement of Chemistry am Battersea College (geb. 8/4. 1885 in Blackburn; gest. 12/11. 1961 in London); Arbeiten auf dem Gebiet der organ. Stereochemie (opt. Aktivität, Waldensche Umkehrung, Esterhydrolyse). A. Blaschette. 1□

Johannes Leonhardt. W. Berdesinski. (Neues Jb. Mineralog., Mh. **1961,** 217 bis 219, Okt.; dt.) — Nachruf auf den emeritierten Ordinarius für Mineralogie u. Petrographie an der Universität Kiel (geb. 8/4. 1893 in Neustädtel/Erzgebirge; gest. 28/6. 1959 in Göttingen); Arbeiten über Kristallographie u. Kristallstruktur sowie die Metamorphose u. Tektonik der ozean. Salzlagerstätten. A. Blaschette. 1□

Der Biochemiker C. Neuberg. F. Lipmann, F. F. Nord und H. Waelsch. (Science [Washington] **124,** 1244–45, 21/12. 1956; Boston, Mass., Massachusetts Gen. Hosp.; New York, N.Y., Fordham Univ.; New York State Psychiatric Inst.; engl.) — Nachruf auf Carl Neuberg, ehemals Leiter des KWI für Biochemie in Berlin, der am 30/5. 1956 im Alter von 78 Jahren verstarb. Neuberg ist einer der Gründer der Biochemie u. hat sich in ca. 900 Veröffentlichungen bes. mit den Problemen der Fermentation u. Glykolyse befaßt. Ch. Weiske. 1□

Erwin Schrödinger. D. Basu und N. C. Sil. (Sci. and Cult. [Calcutta] **27,** 232–35, Mai 1961; engl.) — Nachruf auf den österreich. Physiker u. Nobel-Preisträger (geb. 12/8. 1887 in Wien; gest. 4/1. 1961); Würdigung seiner Unterss. über Relativitätstheorie, Farbensehen, Wellenmechanik, Biophysik. — Bild. A. Blaschette. 1□

Erwin Schrödinger. Ludwig Flamm. (Forsch. u. Fortschr. **35,** 250–51, Aug. 1961; Wien; dt.) — Vgl. vorst. Referat. — Nachruf. A. Blaschette. 1□

André-Marie Ampère, der Newton auf dem Gebiet der Elektrizität. P. Hammond. (J. Instn. electr. Engr. **7,** 274–77, Mai 1961; Cambridge, Univ., Dep. of Engng.; engl.) — Übersicht über Leben (1775–1836) u. Werk. — Bild. A. Blaschette. 1□

Jagadish Chandra Bose. D. M. Bose. (Sci. and Cult. [Calcutta] **24**, 215—22, Nov. 1958; engl.) — Würdigung der Arbeiten J. Ch. Bose (geb. 30/11. 1858 in Mymensingh/East Bengal, gest 23/11. 1937), Professor für Physik in Calcutta, der sich mit der Herst. von elektromagnet. Wellen (<5 mm) u. physiolog. Fragen befaßte. — Bild. Ch. Weiske. 1□

Das Werk von William Cruickshank. Phyllis M. Sanderson und Frederick Kurzer. (Chem. and Ind. **1957**, 456—60, 13/4.; Univ. of London, Royal Free Hosp. School of Med.; engl.) — Überblick über das wissenschaftliche Werk von W. Cruickshank, der um die Wende des 18. Jahrhunderts lebte u. sich mit elektrochem. Fragen befaßte u. das CO entdeckte. — 25 Literaturhinweise. Ch. Weiske. 1□

Was die analytische Chemie Georges Denigès verdankt. Pierre Mesnard. (Ann. Falsificat. Fraudes **53**, 246—52, Mai 1960; Chim. analytique [4] **43**, 353—59, Aug. 1961; Bordeaux, Fac. de Méd. et de Pharm.; franz.) — Übersicht über die Arbeiten von G. Denigès (geb. 25/12. 1859 in Bordeaux; gest. 1951) auf anorgan.- u. organ.-analyt. Gebiet. A. Blaschette. 1□

Paul Ehrlich. Paul Karrer. (J. chem. Educat. **35**, 392—96, Aug. 1958; Zurich, Switzerland, Univ.; engl.) — Übersicht über Leben (1854—1915) u. Werk. — Bild. A. Blaschette. 1□

Jacobus Henricus van't Hoff. R. Lepsius. (Chemiker-Ztg./Chem. Apparatur **85**, 293—95, 5/5. 1961; dt.) — Würdigung des Lebenswerks anläßlich seines 50. Todestages (1852—1911). — Bild. A. Blaschette. 1□

Sophus Mads Jørgensen. Ein Kapitel aus der Geschichte der Chemie der Koordinationsverbindungen. George B. Kauffman. (J. chem. Educat. **36**, 521—27, Okt. 1959; Fresno, Calif., Fresno State Coll.; engl.) — Vgl. C. **1962**, 1485. — Biographie von S. M. Jørgensen (geb. 4/7. 1987 in Slagelse/Dänemark; gest. 1/4. 1914), Professor für Chemie in Kopenhagen (1871—1908); Würdigung seiner grundlegenden Arbeiten über Komplexe des Co, Cr, Rh u. Pt, ihrer Bedeutung für die Entw. der Wernerschen Theorie sowie seiner langjährigen Kontroverse mit Werner. — Bild; 30 Literaturangaben. A. Blaschette. 1□

Nikolai Semenovich Kurnakov. George B. Kauffman und Alexander Beck. (J. chem. Educat. **39**, 44—49, Jan. 1962; Fresno, Calif., Fresno State Coll.; Berkeley, Calif., Univ. of California; engl.) — Leben (geb. 6/12. 1860, gest. 19/3. 1941) u. Werk des russ. Chemikers (Koordinations-Verbb., Salzgleichgewichte, Metallographie, physikal.-chem. Analyse). — Bild; 70 Literaturangaben. A. Blaschette. 1□

Michail Wassiljewitsch Lomonossow. K. P. Mischtschenko. (Журнал Общей Химии [J. allg. Chem.] **32** (**94**), 1—2, 1 Bild, Jan. 1962; russ.) — Kurzer Lebensabriß zum 250. Geburtstag von Lomonossow (geb. 19/11. 1711). Ch. Weiske. 1□

Eine bedeutsame amerikanische Arbeit über Lomonossow. Willi Hoepp. (Z. Geschichte Naturwiss. Techn. Med. **1**, Nr. 2, 62—80, 1960/61; Berlin; dt.) — Besprechung einer von Alexander Smith am 28/12. 1911 in Washington gehaltenen Antrittsrede als Präsident der American Chemical Society über M. W. Lomonossow als Physikochemiker. D. Hoene. 1□

Alfred Nobel. J. Erik Jorpes. (J. chem. Educat. **37**, 328—34, Juli 1960; Stockholm, Karolinska Inst.; engl.) — Biographie. — Bild. A. Blaschette. 1□

Fritz Pregl. Das Werk und die Persönlichkeit eines Nobelpreisträgers. A. A. Benedetti-Pichler. (Microchem. J. [New York] **6**, 5—16, März 1962; engl.) — Schilderung des Lebensweges von Prof. Fritz Pregl (geb. 3/9. 1869 in Laibach, gest. 13/12. 1930 in Graz) u. seiner Arbeiten, bes. auf dem Gebiet der quant. organ. Mikroanalyse, für deren Ausbau er 1923 den Nobel-Preis erhielt. — 5 Bilder. W. Hein. 1□

Réaumur — Wegbereitender Metallurge und Wissenschaftler. M. Schofield. (Metallurgia [Manchester] **56**, 193—94; Okt. 1957; engl.) — Kurzer Überblick über das Lebenswerk von Réaumur (geb. 1683 in La Rochelle, gest. 17/11. 1757). Ch. Weiske. 1□

Richard Willstätter. Rolf Huisgen. (J. chem. Educat. **38**, 10—15, Jan. 1961; Munich, Univ., Inst. of Org. Chem.; engl.) — Würdigung der Arbeiten Willstätters (1872—1942) über Alkaloide, Chinone, Chlorophyll u. Pflanzenfarbstoffe, Enzymchemie. — Bild. A. Blaschette. 1□

Die Dreihundertjahrfeier der Gründung der Royal Society. Harold Hartley. (Advancement of Sci. **27**, 97—101, Juli 1960; engl.) — Kurze Geschichte der Gesellschaft. A. Blaschette. 2□

Zur Geschichte der Biochemie in Berlin. Günter Sauer, Samuel Rapoport und Günther Rost. (Z. Geschichte Naturwiss. Techn. Med. **1**, Nr.2, 119—47,1960/61; Berlin; dt.) — Überblick über die in Berlin ausgeführten biochem. Arbeiten. Zusammenstellung der Forschungsstellen für Biochemie (Patholog. Institute u. Kliniken, physiolog.

chem. Arbeitsstätten, Kaiser-Wilhelm- u. Max-Planck-Institut, Institut der Akademie der Wissenschaften, andere Hochschulinstitute, die sich mit physiolog. Chemie befassen). Übersicht über Biochemiker in Berlin sowie in Berlin tätig gewesener Nobel-Preisträger. D. Hoene. 2□

Empirie und Logik bei der Auffindung neuer Arzneimittel. C. A. Keele. (Nature [London] **195**, 636–42, 18/8. 1962; London, Middlesex Hosp. Med. School, Dep. of Pharmacol.; engl.) A. Blaschette. 2□

Vorschläge für Änderungen des Chemie-Lehrplans. E. J. Rothery. (J. Roy. Inst. Chem. **85**, 2–4, Jan. 1961; Dublin, Coll. of Technol.; engl.) — Bemerkungen zur Einführung moderner Begriffe in den Chemieunterricht (Grundlagen der Wellenmechanik; Elektronegativität; Redoxvorgänge; Säure–Base-Theorie). A. Blaschette. 6□

Mechanische Verfahrenstechnik als wissenschaftliche Disziplin im Rahmen der Hochschulausbildung. Hans Rumpf. (Chemie-Ing.-Techn. **33**, 502–08, Juli 1961; Karlsruhe, TH; dt.) — Es werden die Hauptgruppen der mechan. Stoffumwandlung besprochen u. der derzeitige wissenschaftliche Stand dargelegt. Gesichtspunkte für die Hochschul-Ausbldg. werden abgeleitet. K. Radscheit. 6□

Die Messung von Eigenschaften in der physikalischen Chemie. Edwin C. Coolidge. (J. chem. Educat. **37**, 141–42, März 1960; Clinton, N.Y., Hamilton Coll.; engl.) — Vorschlag für einen Praktikum-Vers. zur Erlernung der physikal. Eigg. von fl. organ. Verbb. u. deren Identifizierung. Ch. Weiske. 6□

Demonstration der Eigenschaften gesättigter Dämpfe. B. Sch. Perkalskiss. (Успехи Физических Наук [Fortschr. physik. Wiss.] **75**, 197–98, Sept. 1961; russ.) — Beschreibung einer App. zur Demonstration der Abhängigkeit gesätt. Dämpfe von der Temp. u. seiner Unabhängigkeit vom Volumen. E. Klever. 6□

Dampfdruckbestimmung. Ein allgemeiner chemischer Laboratoriumsversuch. Enno Wolthuis, Roger Brummel und Paul Vanden Bout. (J. chem. Educat. **36**, 494–95, Okt. 1959; Grand Rapids, Mich., Calvin Coll.; engl.) — Beschreibung einer Dest.-App. zur Best. von Dampfdruckkurven im Rahmen eines Praktikums. Ch. Weiske. 6□

Apparatur zur Messung der Verdampfungswärme von Wasser. H. Lindeman und A. Lavie. (Amer. J. Physics **29**, 705–06, Okt. 1961; Haifa, Israel Inst. of Technol., Dep. of Phys.; engl.) — Vff. beschreiben eine App. für Studenten-Verss., mit der die Verdampfungswärme von W. auf 2–4% Genauigkeit gemessen werden kann. Ihr Vorteil liegt gegenüber den bisherigen Verff., die lediglich mit 10%ig. Genauigkeit arbeiteten, darin, daß die Bldg. von Wassertröpfchen im Wasserdampf verhindert wird. D. Hoene. 6□

A. Allgemeine, physikalische und anorganische Chemie

Einige Bemerkungen über die Unitarität. R. Omnès. (Nuovo Cimento [10] **25**, 806–16, 16/8. 1962; Paris, Inst. des Hautes Étud. Scient.; engl.) — Mathemat. Behandlung der Unitaritätsrelationen bei einem Streuprozeß. Gerhard Schmidt. 10□

Rotierende Koordinaten in der Theorie der Streuung. A. M. Arthurs und J. T. Lewis. (Proc. Roy. Soc. [London], Ser. A **269**, 585–88, 1962; Oxford, Univ., Math. Inst. and Brasenose Coll.; engl.) — Durch Betrachtung einer besonderen Klasse von unitären gleichwertigen Hamilton-Operatoren können unter gewissen Bedingungen rotierende Koordinaten für Streuungsprobleme eingeführt werden. A. Blaschette. 10□

Streuung eines geladenen Teilchens niedriger Energie an einem neutralen polarisierbaren System. Thomas F. O'Malley, Leonard Rosenberg und Larry Spruch. (Physic. Rev. [2] **125**, 1300–10, 15/2. 1962; New York, N.Y., Washington Square Coll., Dep. of Phys.; New York Univ., Inst. of Math. Sci.; engl.) — Unters. der Theorie der Streuung eines Teilchens (oder Syst.) der Ladung Ze an einem neutralen Syst. mit einer elektr. Polarisierbarkeit (Induzierung eines elektr. Dipolmoments). Die Ergebnisse haben Bedeutung für die Streuung von Elektronen an Atomen (z. B. am *H*-Atom). Herbert Weber. 10□

Entwicklung der regulären Coulombschen Wellenfunktion nach Bessel-Funktionen. A. S. Meligy. (Proc. physic. Soc. **71**, 856–58, 1/5. 1958; Alexandria, Egypt. Univ. of Alexandria, Fac. of Sci.; engl.) — Vf. gibt eine für Teilchen hoher Energie geeignete Entw. der regulären radialen Coulombschen Wellenfunktion nach Bessel-Funktionen ganzzahliger Ordnungen an. D. Jörchel. 10□

Einfache Interpolationsmethode für Coulombsche Wellenfunktionen. A. S. Meligy. (Proc. physic. Soc. **71**, 1017–18, 1/6. 1958; engl.) — Vgl. vorst. Referat. — Vf.

gibt eine Entw. für die reguläre radiale Coulombsche Wellenfunktion $F_L(\eta, \varrho)$ (wobei $\eta = ZZ'e^2/\hbar v$ u. $\varrho = mvr/\hbar$ bedeuten) an, die eine bequeme Meth. für die Interpolation in bezug auf η ohne Benutzung von Tabellen der red. Ableitungen von $\Phi(\eta, \varrho)$ nach ϱ liefert. D. Jörchel. 10□

Entwicklung von Coulomb-Wellenfunktionen nach Bessel-Funktionen. A. S. Meligy und E. M. El Gazzy. (Nuclear Physics [Amsterdam] **36,** 642–47, Aug. 1962; engl.) – Vgl. vorst. Referate. – Entw. eines Rechnungsmodus, der speziell für die Berechnung der Wellenfunktionen von Teilchen hoher Energie geeignet ist. Gerhard Schmidt. 10□

A_1. Kernphysik und Kernchemie

Primäre Höhenstrahlen und solare Protonen. Rochus Vogt. (Physic. Rev. [2] **125,** 366–77, 1/1. 1962; Chicago, Ill., Univ. of Chicago, Enrico Fermi Inst. for Nucl. Stud., Dep. of Phys.; engl.) – Vf. berichtet über Messungen des energiearmen Teils des prim. Höhenstrahlprotonenspektrums im August u. September 1960. Es wird ein signifikanter Fluß prim. Protonen mit Energien unterhalb 500 MeV nachgewiesen. Der solare Ursprung dieser Teilchen wird diskutiert. Gerhard Schmidt. 85□

Energiegleichgewicht in ausgedehnten Luftschauern. John R. Green. (Amer. J. Physics **30,** 108–15, Febr. 1962; Albuquerque, N.Mex., Univ. of New Mexico; engl.) – Die Auslösung ausgedehnter Luftschauer in der Atmosphäre u. die zugrunde liegenden Kernwechsel-Wrkg. werden diskutiert, ferner die Entstehung der einzelnen Komponenten (kernakt., Elektron–Photon, Myon). M. Wiedemann. 85□

Höhenabhängigkeit der longitudinalen Verteilung der atmosphärischen Čerenkov-Strahlung. Forrest I. Boley, John A. Palsedge und James H. Baum. (Physic. Rev. [2] **126,** 734–35, 15/4. 1962; Middletown, Conn., Wesleyan Univ., Dep. of Phys.; engl.) – Vff. messen die longitudinale Verteilung der Čerenkov-Strahlung, die durch die Elektronenkomponente der ausgedehnten Höhenstrahl-Luftschauer in Wechselwrkg. mit der Erdatmosphäre erzeugt worden ist, auf – 46 u. 3801 m Höhe. Gerhard Schmidt. 85□

Kernwechselwirkungen in Kohlenstoff bei 20–150 GeV. Siddheshwar Lal, Yash Pal und R. Raghavan. (Nuclear Physics [Amsterdam] **31,** 415–46, April 1962; Bombay, Tata Inst. of Fundament. Res.; engl.) – Durch Höhenstrahlteilchen von 20–150 GeV in C ausgelöste Wechselwrkg. wurden mit einer Nebelkammer, die in bestimmten Abständen Messingplatten enthielt, auf einer Höhe von 2210 m untersucht. Es wurde ein Verhältnis von neutralen zu geladenen kernakt. Teilchen von $0{,}69 \pm 0{,}13$ im angegebenen Energiebereich gefunden. Die durchschnittlich geladene Multiplizität $\langle n_s \rangle$ für Ereignisse mit $n_s > 3$ betrug $5{,}6 \pm 0{,}2$. Das Energiespektrum der beobachteten γ-Quanten aus dem π^0-Zerfall (Labor.-Syst.) verläuft etwas steiler als nach der Heisenbergschen Theorie zu erwarten wäre. Die durchschnittliche Energie eines π-Mesons im Schwerpunkt-Syst. beträgt 430 ± 50 MeV; die Winkelverteilung der erzeugten Teilchen ist isotrop. Das Verhältnis der neutralen π-Mesonen zu geladenen Schauerteilchen beträgt $0{,}4 \pm 0{,}04$ u. ist prakt. das gleiche wie für Wechselwrkg. bei Energien von ca. 1000 GeV. Das Verhältnis der durch neutrale u. geladene Teilchen in den Messingplatten der Kammer ausgelösten sek. Wechselwrkg. ist $0{,}16 \pm 0{,}07$. H. Schroeder. 85□

Monte-Carlo-Berechnung des Erzeugungsspektrums von Mesonen in Jets. M. Marcu und M. Spîrchez. (Nuclear Physics [Amsterdam] **21,** 526–27, Dez. 1960; Bukarest, Inst. für Atomphys., Höhenstrahl-Labor.; engl.) – Nach der Monte-Carlo-Meth. wurde ausgehend von experimentellen Daten in 200 Fällen der Impuls der Sekundärteilchen in energiereichen Jets berechnet. Die Verteilung hat einen Mittelwert von $0{,}34 \pm 0{,}03$ GeV, das Spektrum läßt sich nicht durch den dp/p^2-Verlauf beschreiben. M. Wiedemann. 90□

Asymptotische Eigenschaften der Streuung und multiplen Erzeugung. D. Amati, S. Fubini und A. Stanghellini. (Physics Letters [Amsterdam] **1,** 29–32, 1/4. 1962; Geneva, CERN; engl.) – Die Voraussagen des Modells der multiplen Erzeugung energiearmer Syst. für das asymptot. Verh. der elast. u. unelast. Streuung werden zusammengestellt, so z. B. Gesamtquerschnitte, Natur u. Spektren der Sekundärteilchen, Multiplizität. M. Wiedemann. 90□

Chiralitätserhaltung und weiche Pionenerzeugung. Y. Nambu und D. Lurié. (Physic. Rev. [2] **125,** 1429–36, 15/2. 1962; Chicago, Ill., Enrico Fermi Inst. for Nucl. Studies and Univ. of Chicago, Dep. of Phys.; engl.) – Unters. von $N + \pi \rightarrow N + \pi$

u. $\rightarrow$ N + 2 π unter der Annahme, daß das π–N-Syst. γ_5-invariant ist u. die Pionenmasse vernachlässigt werden kann. Herbert Weber. 90□

Pionenerzeugung bei niedrigen Energien. Kim Tse Peng und W. Zoellner. (Nuclear Physics [Amsterdam] **34**, 491—97, Juni 1962; Dubna, Joint Inst. for Nucl. Res.; engl.) — Vff. berechnen die Wrkg.-Querschnitte der Rkk. $\pi^{\pm}$ + p $\rightarrow$ 2π + N mit stat. Integralgleichungen bei Energien von 200—500 MeV in Übereinstimmung mit experimentellen Werten. Das Anwachsen des Wrkg.-Querschnitts der Rk. π^- + p $\rightarrow$ π^+ + N bei niedrigen Energien wird ohne Bezugnahme auf die $\pi\pi$-Wechselwrkg. erklärt. H. Schroeder. 90□

Kohärente Photoerzeugung von π^0 aus Deuterium. Fokion T. Hadjioannou. (Physic. Rev. [2] **125**, 1414—21, 15/2. 1962; Stanford, Calif., Stanford Univ., Inst. of Theoret. Phys.; engl.) — Berechnung von γ + d $\rightarrow$ π^0 + d in der Impulsapproximation für Photonenenergien um 500 MeV. Herbert Weber. 90□

Photoerzeugung von π^0-Mesonen an Deuterium bei Energien von 170—210 MeV. A. Ss. Beloussow, Ss. W. Russakow, Je. I. Tamm und L. Ss. Tatarinskaja. (Журнал Экспериментальной и Теоретической Физики [J. exp. theoret. Physik] **41**, 1793—1803, Dez. 1961; Physikal. Lebedew-Inst. der Akad. der Wiss. der UdSSR; russ., Auszug: engl.) — Fl. H_2 u. D_2 wurden mittels des Synchrotrons bestrahlt u. die π^0-Photoerzeugung untersucht. Hierzu wurden die Zerfallsquanten der π^0 mittels Scintillationsteleskop registriert. Das Verhältnis der π^0-Ausbeuten aus D u. H betrug für E_γ = 170 MeV unter 44, 84 u. 124° im Labor.-Syst. 4,8, 4,5 bzw. 1,95, für E_γ = 210 MeV 3,7, 3,5 bzw. 1,7 Die Daten stimmen nicht mit der Theorie der Impulsapproximation überein. M. Wiedemann. 90□

Beitrag neutraler Pionen zur Photon–Photon-Streuung. M. Y. Han und S. Hatsukade. (Nuovo Cimento [10] **21**, 119—25, 1/7. 1961; Rochester, N.Y., Univ. of Rochester, Dep. of Phys. and Astronom.; engl.) — Vff. berichten über die Korrektur an der Photon–Photon-Streuung, die von anderen Teilchen als dem Elektron u. bes. dem neutralen Pion herrührt. Der Beitrag der Zustände des neutralen Pions zu dem differentiellen Wrkg.-Querschnitt weist ein scharfes Maximum mit $1{,}15 \cdot 10^{-26}$ cm²/sterad bei einer Gesamtenergie der Photonen auf, die der Pionenmasse entspricht. Gerhard Schmidt. 90□

Rückstoßfreie Kernresonanzabsorption von Gammastrahlung. Rudolf L. Mössbauer. (Science [Washington] **137**, 731—38, 7/9. 1962; Pasadena, Calif., California Inst. of Technol.; engl.) — Nobel-Vortrag (11/12. 1961); Theorie, experimentelle Durchführung u. Anwendung des Mössbauer-Effekts. A. Blaschette. 90□

Čerenkov-Strahlung und ihre Anwendungen. L. S. Sklavenitis. (Kerntechn., Isotopentechn. u. -Chem. **3**, 114—16, März 1961; Athen, Griech. Atomenergiekommiss.; dt.) A. Blaschette. 90□

Energie-Winkelverteilung des Bremsstrahlungsspektrums. M. Vakselj und N. Bezič. (Sloven. Acad. Sci. Arts, „J. Stefan" Inst. Physics, Rep. **5**, 9—11, Okt. 1958; engl.) — Vff. integrieren den differentiellen Bremsstrahlungsquerschnitt von Bethe u. Heitler über die Winkel der gestreuten Elektronen, um die Energie-Winkelverteilung des Bremsstrahlungsspektrums zu erhalten. Die Integration wird exakt nach einer analyt. Approximation für das Hartree-Feld des Atoms durchgeführt. Gerhard Schmidt. 90□

Bremsstrahlungsquerschnitt an der kurzwelligen Grenze. M. V. Mihailović. (Sloven. Acad. Sci. Arts, „J. Stefan" Inst. Physics, Rep. **5**, 137—44, Okt. 1958; engl.) — Vf. berechnet den differentiellen Querschnitt (für Vorwärtsrichtung) pro Energieintervalleinheit des Photons am hochenerget. Ende unter Verw. der Sommerfeld-Maue-Funktionen für einfallende u. austretende Elektronen. Gerhard Schmidt. 90□

Vernichtung polarisierter Positronen in magnetisierten Stoffen. I. Lovas. (Nuclear Physics [Amsterdam] **17**, 279—88, Juni 1960; Budapest, Central Res. Inst. for Phys.; engl.) — Ident. mit der C. **1962**, 10720 referierten Arbeit (vgl. auch C. **1959**, 13383). Gerhard Schmidt. 90□

Absorption hochenergetischer Neutrinos. G. Marx und M. Elkishem. (Acta physica Acad. Sci. hung. **12**, 257—61, 1960; Budapest, Roland Eötvös Univ., Inst. for Theoret. Phys.; engl.) — Vff. berechnen nach der Approximation niedrigster Ordnung der Störungstheorie den Absorptionsquerschnitt für Antineutrinos im Labor.-System. Gerhard Schmidt. 90□

Polarisation der an Kupfer, Zink, Molybdän und Cadmium gestreuten Neutronen mit 0,3—1,4 MeV. D. Brown, A. T. G. Ferguson und R. E. White. (Nuclear Physics [Amsterdam] **25**, 604—10, Juni 1961; Harwell, Berks., AERE; engl.) — Neutronen wurden nach der Rk. $^7Li(p, n)$ erzeugt u. an Cu, Zn, Mo u. Cd unter 55°, an Cu u. Mo auch unter 90° elast. gestreut. Zum Nachw. dienten Stilbenscintillatoren. Die Polarisation der gestreuten Neutronen wurde für Energien von 0,5–1,5 MeV bestimmt. Die Kurven weichen von den nach dem opt. Modell zu erwartenden ab.

M. Wiedemann. 90□

Die Verteilung der Temperaturen des Neutronenspektrums in einer unendlichen Platte eines aus einem schweren Gas bestehenden Moderators. Zbigniew Weiss. (Nukleonika [Warszawa] 5, 795–810, 1960; Warszawa, Inst. of Nucl. Res., Reactor Engng. Dep.; pol., Auszug: engl.) — Vers. der Lösung des Problems der Verlangsamung therm. Neutronen in einer unendlichen Platte des Moderators, der als ein schweres Gas der Temp. T behandelt wird. Die effektive Neutronen-Temp.-Verteilung in der Platte wird abgeleitet. Gerhard Schmidt. 90□

Über die Methode der diskreten Koordinaten bei der Untersuchung der Raum-Zeit-Verteilung des Neutronenflusses in einem Mehrschichtensystem. V. C. Boffi. (Suppl. Nuovo Cimento Nr. 2 (zu [10] **23**), 155–83, 1962; Roma, Com. Naz. per l'Energia Nucl., Centro di Stud. Nucl. della Casaccia; engl.) — Vf. gibt eine Raum-Zeit-Verteilung des Neutronenflusses u. der Stromdichte auf der Grundlage der elementaren Diffusionstheorie unter Vernachlässigung der Effekte endlicher Geschw. des Neutrons. Anschließend wird das gleiche Problem qual. unter Einschluß obiger Effekte behandelt.

Gerhard Schmidt. 90□

Absolute Neutronendichtemessungen im WWR-S-„EWA"-Reaktor in Świerk. Edward T. Józefowicz. (Nukleonika [Warszawa] **5**, 855–62, 1960; Warszawa, Inst. of Nucl. Res., Reactor Engng. Dep.; engl.) — Die theoret. Prinzipien der Neutronendichtemessungen nach der Aktivierungs-Meth. werden aufgezeigt. Die abs. Messung der Aktivität in *P* mit einem fl. Scintillator wird beschrieben. Messungen im Reaktor werden herangezogen. Gerhard Schmidt. 90□

Die Bestimmung des Wirkwertes der Kontrollstäbe eines Kernreaktors mittels Exponentialexperimenten. C. G. James und C. E. Till. (Proc. Roy. Soc. [London], Ser. A **269**, 66–79, 21/8. 1962; London, Imp. Coll. of Sci. and Technol., Dep. of Mechan. Engng.; engl.) — Theoret. Betrachtungen der Bedingungen, unter denen eines Exponentialanordnung zur Best. der Wirkwerte der Kontrollstäbe verwendet werden kann. Die experimentellen Ergebnisse stützen die Brauchbarkeit der angewandten Methode.

Gerhard Schmidt. 90□

Paarverteilungsfunktionen und Streuphänomene. L. van Hove und K. W. McVoy. (Nuclear Physics [Amsterdam] **33**, 468–76, Mai 1962; Geneva, CERN; engl.) — Vff. wenden die Folgerungen der Beziehungen zwischen der Kompressibilität eines Vielkörper-Syst., dessen Dichteschwankungen, Paarverteilung u. Streu-Eigg. auf den Fall eines Syst. im Grundzustand unter speziellem Bezug auf Atomkerne an.

Gerhard Schmidt. 95□

Einfluß der Nichtunterscheidbarkeit von Nucleonen auf die Kernstruktur. Karl Wildermuth. (Nuclear Physics [Amsterdam] **31**, 478–93, April 1962; Tallahassee, Fla., Florida State Univ.; engl.) — Vf. zeigt, daß der Grund für die Tatsache, daß sich die verschiedenen Kernmodelle nicht widersprechen u. die Kern-Rkk. u. Kernspektren so verschiedene Gesichtspunkte liefern, in der Unmöglichkeit, die Nucleonen zu unterscheiden, gesehen werden muß. H. Schroeder. 95□

Das optische Potential zweiter Ordnung für Nucleon-Kern-Wechselwirkung. Robert R. Johnston. (Nuclear Physics [Amsterdam] **36**, 368–85, Aug. 1962; Los Alamos, N.Mex., Univ. of California, Los Alamos Sci. Labor.; engl.) — Vf. ermittelt das opt. Potential für die Streuung hochenerget. Nucleonen an Kernen in Form von Nucleonenpaarkorrelationen in Kernen unter Verw. von Phasenverschiebungen aus der Nucleon-Nucleon-Streuung. Einige von der nichtlokalen Natur des Potentials herrührende Effekte werden diskutiert. Gerhard Schmidt. 95□

Eine Methode zur Eliminierung unechter Zustände im Kernschalenmodell des harmonischen Oscillators. B. J. Verhaar. (Nuclear Physics [Amsterdam] **21**, 508–25, Dez. 1960; Amsterdam, Univ., Inst. voor Theoret. Phys.; engl.) — Eine gruppentheoret. Meth. dient zur Klassifizierung der Kerneigenzustände des Modells, sie erlaubt eine Eliminierung der unechten Zustände u. verwendet dabei Invarianzeigenschaften.

M. Wiedemann. 95□

Über das Überwiegen der langgestreckten Deformation in Kernen. Richard H. Lemmer und Victor F. Weisskopf. (Nuclear Physics [Amsterdam] **25**, 624–33, Juni 1961; Cambridge, Mass., MIT, Dep. of Phys. and Labor. for Nucl. Sci.; engl.) — Bei den Kernen ist im allg. die Deformation zu einer langgestreckten Form bevorzugt. Es wird versucht, dies nach einem Modell vom Nilsson-Typ zu erklären.

M. Wiedemann. 95□

Isospinreinheit in schweren Kernen und ihre Bedeutungslosigkeit. A. M. Lane und J. M. Soper. (Physics Letters [Amsterdam] **1**, 28—29, 1/4. 1962; Harwell, AERE; engl.) — Mittels des Selbstkonsistenztests der Störungstheorie wird gezeigt, daß bei schweren Kernen mit $N > Z$ der Isospin eine ziemlich reine Quantenzahl ist. Dieses Resultat ist jedoch prakt. bedeutungslos. Der Isospin ist keine signifikante Quantenzahl. M. Wiedemann. 95□

Magnetische Dipolmomente der Kerne mit ungerader Massenzahl im sphärischen Bereich. N. Freed und L. S. Kisslinger. (Nuclear Physics [Amsterdam] **25**, 611—23, Juni 1961; Cleveland, Ohio, West. Reserve Univ., Dep. of Phys.; engl.) — Unter Verw. einer Mischung von Wellenfunktionen werden nach der Störungstheorie die magnet. Dipolmomente der Kerne ungerader Massenzahl mit Teilchen in den 28–126-Schalen, jedoch mit Ausnahme des Deformationsbereiches von $150 \leq A \leq 190$, berechnet u. mit den experimentellen Daten verglichen. M. Wiedemann. 95□

Das magnetische Moment des zweiten angeregten Zustandes von ^{19}F. R. M. Freeman. (Nuclear Physics [Amsterdam] **26**, 446—51, Aug. 1961; Cambridge, Cavendish Labor.; engl.) — Durch direkte Messung der Larmor-Präzessionsfrequenz konnte nach Anregung von ^{19}F auf Grund der Rk. $^{19}F(p,p')^{19}F^*$ ($E_p = 873$ keV) das magnet. Moment des 2. angeregten Zustandes von ^{19}F zu $+3,69 \pm 0,04$ Kernmagnetonen in Übereinstimmung mit berechneten Werten bestimmt werden. H. Schroeder. 95□

Die Quadrupolmomente der Kupferisotope und die Hyperfeinstruktur der Übergänge $3d^94s^2m^2D$–$3d^{10}4p^2P$ im Kupfer I-Spektrum. Wolfgang Fischer. (Z. Physik **161**, 89—98; **162**, 400, 1961; Marburg, Univ., Phys. Inst.; dt.) — Die Hyperfeinstruktur der Übergänge $3d^94s^2m^2D - 3d^{10}4p^2P$ wurde interferenzspektroskop. mit einem Pérot-Fabry untersucht. Es ergaben sich folgende Werte für die Quadrupolmomente der Cu-Isotope: $Q(63) = (-0,20 \pm 0,04) \cdot 10^{-24}$ cm^2 u. $Q(65) = (-0,19 \pm 0,04) \cdot 10^{-24}$ cm^2. G. Heinsohn. 95□

Die Atomgewichte von Eisen-52 und Mangan-52m. Jose O. Juliano. (Philippine J. Sci. **88**, 217—19, Juni 1959; Manila, Philippine AEC; engl.) — Auf Grund neuerer Meßergebnisse des Vf. u. anderer Autoren wird ein revidiertes Kernzerfallsschema für die isobaren Kerne ^{52}Fe, ^{52}*V* u. ^{52m}Mn aufgestellt. Daraus werden die Massenzahlen der Kerne berechnet: ^{52}Fe 51,96453, ^{52}V 51,9611, ^{52m}Mn 51,96239. W. Reusse. 95□

Eine DWBA-Analyse des Stripping-Prozesses mittels gemessener Parameter des optischen Modells. S. Hinds, R. Middleton und D. J. Pullen. (Physics Letters [Amsterdam] **1**, 12—14, 1/4. 1962; Oxford, Clarendon Labor.; engl.) — ^{76}*Se* wurde mit 7,8-MeV-Deuteronen beschossen u. die Winkelverteilung der Protonen nach (d, p) mittels eines Multikanal-Magnetspektrographen bestimmt. Ferner wurden Deuteronen elast. gestreut. Anschließend wurden 10,3-MeV-Protonen an ^{77}Se elast. gestreut. Sämtliche Befunde lassen sich unter Verw. der Bornschen Approximation der verzerrten Welle (DWBA) mit denselben Parametern des opt. Modells deuten. M. Wiedemann. 103□

Strippingreaktionen mit polarisierten Deuteronen. Rudolf Botzian. (Z. Physik **160**, 573—86, 1960; Aachen, Rhein.-Westf.-TH, Inst. für theor. Phys.; dt.) — Die Kerne, die in einer (d, p)- oder (d, n)-Stripping-Rk. freigesetzt werden, sind immer polarisiert, auch wenn unpolarisierte Deuteronen verwendet werden. Es wird hier die Theorie dieser Rkk. mit polarisierten Deuteronen untersucht, um tiefergehende Informationen über die Wechselwrkg. zwischen den Rk.-Prodd. zu erhalten. L. Roth. 103□

Auswahlregeln und Korrelationen für Polarisation bei Stripping- und direkten Prozessen. L. J. B. Goldfarb und R. C. Johnson. (Nuclear Physics [Amsterdam] **21**, 462—73, Dez. 1960; Manchester, Univ., Theoret. Phys. Dep.; engl.) — Für Stripping-Prozesse bei Deuteronen, Tritonen usw. sowie für direkte Rkk., bei denen Drehimpuls direkt transferiert wird u. $\mathbf{l} + \mathbf{s} = \mathbf{j}$ gilt, werden Auswahlregeln für die Polarisation u. Korrelationen zwischen den Polarisationen erhalten. Es wird die Bornsche Näherung der verzerrten Welle benutzt. M. Wiedemann. 103□

Die Geschwindigkeit stark endoergischer thermonuclearer Reaktionen. J. S. Cheng. (Acta physica Acad. Sci. hung. **11**, 87—90, 1960; Shanghai, China, Hua-Dong Normal Univ.; engl.) — Formel für die Geschw. von Rkk., wie $^4He(\alpha, p)^7Li$ oder $^4He(\alpha, n)^7Be$, die in sich kontraktierenden Sternen auftreten. A. Blaschette. 103□

Absolutbestimmung des Schwellenwertes der Reaktion ^{7}Li (p, n)^{7}Be. Hans H. Staub und Hubert Winkler. (Nuclear Physics [Amsterdam] **17**, 271—78, Juni 1960; Zürich, Univ., Phys. Inst.; dt.) — Nach einer für die Messung von (p, γ)-Resonanzen benutzten Absolut-Meth. wird der Schwellenwert der Rk. $^7Li(p, n)^7Be$ neu bestimmt. Bei dieser Meth. wird der Impuls der Protonen durch Ablenkung über 180° in einem

homogenen Magnetfeld gemessen. Als Neutronendetektor dient ein mit ca. 0,5 at BF_3 gefüllter Proportionalzähler von 40 mm Ø u. ca. 200 mm Länge, der mit seiner Achse in Richtung des einfallenden Protonenbündels hinter dem Target angebracht ist. Als Mittel ergibt sich für die lineare Extrapolation der mit 2/3 potenzierten experimentellen Ausbeutekurve der Wert 1880,3 ± 0,5 keV als Schwellenwert der Rk. $^7Li(p, n)^7Be$.
Gerhard Schmidt. 103□

Trennung der Endzustände des Restkerns in der Pickup-Reaktion ^{12}C (p, d)^{11}C bei 154 MeV. Pierre Radvanyi, Jeannine Genin und Claude Detraz. (Physic. Rev. [2] **125**, 295—96, 1/1. 1962; Orsay, Fac. des Sci., Labor. Joliot-Curie de Phys. Nucl.; engl.) — Mit einem magnet. Analysator werden die Deuteronengruppen, die verschiedenen Zuständen von ^{11}C in der (p, d)-Rk. an ^{12}C bei 154 MeV entsprechen, getrennt. Ein Vgl. mit den bekannten Niveaus von ^{11}C zeigt, daß nur $3/2^-$- u. $1/2^-$-Zustände (überwiegend der $3/2^-$-Grundzustand) mit einem merklichen Betrag gebildet werden. Diese Ergebnisse können durch die Tatsache erklärt werden, daß bei dieser Energie der Pickup eines mehr lose gebundenen p-Schalenneutrons mit hohem Impuls am wahrscheinlichsten sein sollte; die beobachteten Zustände von ^{11}C würden dann hauptsächlich einem Loch entsprechen, das in der p-Schale von ^{12}C im Grundzustand entstanden ist. Diese Erklärung liefert die Möglichkeit der selektiven Anregung bestimmter Zustände des Restkerns bei hochenerget. Pickup-Reaktionen.
Gerhard Schmidt. 103□

Halbwertszeit des Radiokohlenstoffs. H. Godwin. (Nature [London] **195**, 984, 8/9. 1962; Cambridge, Univ., Botany School; engl.) — Nach krit. Beurteilung neuerer Best. wird von der 5. Radiocarbon Dating Conference 5730 ± 40 Jahre als bester Wert empfohlen. Bis zur endgültigen Regelung sollten Alters-Best. jedoch noch auf den Libbyschen Wert von 5568 Jahren bezogen werden. A. Blaschette. 103□

Lebensdauer der tiefliegenden Zustände in ^{20}Ne. M. A. Clark, H. E. Gove und A. E. Litherland. (Canad. J. Physics **39**, 1241—42, Aug. 1961; Chalk River, Ontario, A.E.C.L.; engl.) — Die Lebensdauern der Zustände bei 1,63, 4,25 u. 4,97 MeV in ^{20}Ne wurden an Hand der Rk. $^{12}C(^{12}C, \alpha)^{20}Ne^*$ mit der Doppler-Effektschwächungs-Meth. zu $(5{,}6^{+2,8}_{-1,2}) \cdot 10^{-3}$ s, $(0{,}76^{+0,72}_{-0,52}) \cdot 10^{-3}$ s bzw. $(19^{+35}_{-10}) \cdot 10^{-3}$ s bestimmt.
H. Schroeder. 103□

α–γ-Winkelkorrelationen bei der Reaktion $^{12}C(^{12}C, \alpha)^{20}Ne$. H. E. Gove, A. E. Litherland und M. A. Clark. (Canad. J. Physics **39**, 1243—45, Aug. 1961; engl.) — Vgl. vorst. Referat. — Vff. führten Messungen des γ-Spektrums u. der α–γ-Winkelkorrelationen aus der Rk. $^{12}C(^{12}C, \alpha)^{20}Ne$ der 3,34- u. 1,63-MeV-γ-Quanten in Koinzidenz mit der α_3-Gruppe, der 2,62- u. 1,63-MeV-γ-Quanten in Koinzidenz mit der α_2-Gruppe u. der 1,63-MeV-γ-Quanten in Koinzidenz mit der α_1-Gruppe durch. Die Ergebnisse sind graph. dargestellt. H. Schroeder. 103□

Die Interpretation von Winkelverteilungen und Winkelkorrelationen aus der Reaktion $^{12}C(^{12}C, \alpha\gamma)^{20}Ne$. A. E. Litherland. (Canad. J. Physics **39**, 1245—46, Aug. 1961; engl.) — Vgl. vorst. Referate. — Vf. versucht die bei der Rk. $^{12}C(^{12}C, \alpha\gamma)^{20}Ne$ gemessenen Winkelverteilungen u. -korrelationen aus den Spins u. Spinänderungen zu erklären. H. Schroeder. 103□

Niveaumessungen von ^{20}Ne mit einem magnetischen Spektrometer. E. Almqvist und J. A. Kuehner. (Canad. J. Physics **39**, 1246—48, Aug. 1961; engl.) — Vgl. vorst. Referate. — Die Energien der bei der Rk. $^{12}C(^{12}C, \alpha)^{20}Ne$ auftretenden α-Teilchen wurden mittels eines magnet. Spektrometers bei Winkeln von 0, 10 u. 50° (Labor.-Syst.) gemessen. Die α-Energien wurden den einzelnen, z. T. bekannten, Niveaus zugeordnet. H. Schroeder. 103□

Ein 7,02-MeV-Niveau von ^{20}Ne. A. E. Litherland, M. A. Clark und H. E. Gove. (Canad. J. Physics **39**, 1249—51, Aug. 1961; engl.) — Vgl. vorst. Referate. — Mittels der Rk. $^{12}C(^{12}C, \alpha\gamma)^{20}Ne$ wurde ein neues Niveau von ^{20}Ne bei 7,02 MeV, das aus Berechnungen auf Grund der Theorie des kollektiven Modells erwartet werden konnte, gefunden. Spin u. Parität wurden zu 4^- festgelegt. Ein Energieniveauschema wird vorgeschlagen. H. Schroeder. 103□

Energie- und Winkelverteilung von α-Teilchen aus der Reaktion $^{23}Na(n, \alpha)^{20}F$, die durch 14-MeV-Neutronen induziert worden ist. O. N. Kaul. (Nuclear Physics [Amsterdam] **33**, 177—81, Mai 1962; Calcutta, Saha Inst. of Nucl. Phys.; engl.) — Mit Hilfe von Ilford-Kernemulsionen 200 μm untersucht Vf. die α-Teilchen, die durch die Wechselwrkg. von 14-MeV-Neutronen mit Na erzeugt worden sind. Die Energieverteilungen der α-Teilchen stimmen mit den Vorhersagen der Verdampfungstheorie

überein. Die Winkelverteilungen sind im Einklang mit der Compoundkern-Bldg. in dem Sinne, daß sie eine Symmetrie um 90° wie im Falle der Rk.^{75}As(n, α)^{72}Ga zeigen. Der totale (n, α)-Querschnitt wird zu 185 mbarn $\pm$15% geschätzt.
Gerhard Schmidt. 103□

Das β^+-Spektrum des ^{22}Na. Heinrich Leutz. (Z. Physik **164**, 78—82, 1961; Heidelberg, Univ., II. Physik. Inst.; dt.) — Vf. untersuchte das β^+-Spektrum von ^{22}Na mit Hilfe eines Scintillationsspektrometers u. unter Verw. von NaJ(Tl)-Kristallen, in die ^{22}Na eingebaut war. Für den in die Gleichung der Energieverteilung der bei erlaubten Zerfällen emittierten β-Teilchen eingehenden Fierz-Term *b* findet Vf. unter Berücksichtigung des 3fachen statist. Fehlers $b = (+0{,}8 \pm 6{,}0) \cdot 10^{-3}\, m_0 c^2$.
H. Schroeder. 103□

Hochenergetische γ-Strahlen aus ^{24}Na. J. E. Monahan, S. Raboy und C. C. Trail. (Nuclear Physics [Amsterdam] **33**, 633—38, Juni 1962; Argonne, Ill., Argonne Nat. Labor.; engl.) — Vff. untersuchen das γ-Spektrum von ^{24}Na mit einem Scintillationsspektrometer u. einem NaJ(Tl)-Zählerring in Antikoinzidenzschaltung. Neben den bekannten γ-Strahlen mit Energien von 2,753 u. 1,3686 MeV werden γ-Strahlen mit Energien von 3,85 u. 4,1 MeV beobachtet. Die Intensitäten des 3,85-MeV-γ u. des 4,1-MeV-γ relativ zum 2,75-MeV-γ ergeben sich zu $(7{,}5 \pm 2) \cdot 10^{-4}$ bzw. $(8 \pm 3) \cdot 10^{-5}$. Eine obere Grenze von $7 \cdot 10^{-6}$ wird für die Intensität eines 5,5-MeV-γ relativ zur 2,75-MeV-γ-Linie angesetzt.
Gerhard Schmidt. 103□

Kernresonanzabsorption und Kern-Zeeman-Effekt in ^{57}Fe. G. DePasquali, H. Frauenfelder, S. Margulies und R. N. Peacock. (Physic. Rev. Letters **4**, 71—73, 15/1. 1960; Urbana, Ill., Univ. of Illinois; engl.) — In Anlehnung an die Meth. von Mössbauer (C. **1959**, 15895) wurden die Resonanzabsorption u. der Zeeman-Effekt des ^{57}Fe-Kerns in Abhängigkeit von der Temp. am 14,4-keV-γ-Übergang untersucht u. die Ergebnisse mit der Theorie verglichen.
G. Heinsohn. 103□

Coulomb-Anregung der zweiten 2$^+$-Zustände in ^{74}Ge, ^{76}Ge, ^{76}Se, ^{78}Se und ^{80}Se. K. F. McGowan und P. H. Stelson. (Physic. Rev. [2] **126**, 257—63, 1/4. 1962; Oak Ridge, Tenn., Oak Ridge Nat. Labor.; engl.) — Die Lage eines zweiten 2$^+$-Zustandes wird für 5 gerade-gerade-Kerne mittels Coulomb-Anregung durch 6-, 7- u. 8-MeV-α-Teilchen festgelegt. Die relativ schwache Anregung dieser Zustände wird durch eine Koinzidenzmessung der Kaskaden-γ-Strahlen nachgewiesen. Die B(E2)-Werte für den Zerfall des zweiten 2$^+$-Zustandes zum Grundzustand durch den Crossover-Übergang sind ziemlich klein, sie haben etwa den Einzelteilchenwert oder sind ein wenig kleiner. Für ^{74}Ge, ^{76}Se u. ^{78}Se ist das Kaskaden/Crossover-Verhältnis für den Zerfall des zweiten 2$^+$-Zustandes aus Messungen des radioakt. Zerfalls bekannt. Die B(M1, $2' \rightarrow 2$)-Werte für ^{74}Ge u. ^{76}Se sind klein u. zwar etwa das 10^{-3}fache der Einzelteilchenschätzung. Das Ergebnis ist in qual. Übereinstimmung mit dem kollektiven Modell für Schwingungsanregungen.
Gerhard Schmidt. 103□

β-Spektrum und Halbwertszeit des ^{87}Rb. K. Egelkraut und H. Leutz. (Z. Physik **161**, 13—19, 1961; Heidelberg, Univ., II. Physik. Inst.; dt.) — Das β-Spektrum von ^{87}Rb wurde mittels eines Scintillationsspektrometers untersucht. Das Maximum des Spektrums liegt bei 275 $\pm$ 5 keV, die spezif. Aktivität wurde zu 740 $\pm$ 10 cps/g $Rb_{nat.}$ u. die Halbwertszeit von ^{87}Rb zu 5,82 $\pm$ 0,1 10^{10} Jahren bestimmt.
G. Heinsohn. 103□

Spaltung von Ag und Br in Kernemulsionen durch 1,0—3,0-GeV-Protonen. E. W. Baker und S. Katcoff. (Physic. Rev. [2] **126**, 729—34, 15/4. 1962; Upton, N.Y., Brookhaven Nat. Labor., Dep. of Chem.; engl.) — Vgl. C. **1962**, 6286. — Vff. untersuchen die Spaltsterne, die in Kernemulsionen niedriger Empfindlichkeit durch 1,0 bis 3,0-GeV-Protonen erzeugt worden sind. Diese Ereignisse werden durch 2 dichtionisierende Bahnen in angenähert entgegengesetzten Richtungen charakterisiert. Die Anteile des unelast. Streuquerschnittes von Ag u. Br, der zur Spaltung bei 1,0, 2,0 u. 3,0 GeV führt, sind 0,03, 0,06 bzw. 0,11. Die symm. Spaltung ist am wahrscheinlichsten: In 41% der Ereignisse ist das Verhältnis der Bahnlängen 1,0—1,5; in 27% der Ereignisse 1,5—2,0. Der mittlere Winkel zwischen den Spaltfragmenten weicht von π um 42° ab, wodurch angezeigt wird, daß sich das Schwerpunkt-Syst. mit einer mittleren Geschw. von 0,016 c bewegt. Aus einer Unters. des Energiespektrums der α-Teilchen u. ihrer Winkelverteilung bzgl. der Spaltfragmente geht hervor, daß ca. 75% der α-Teilchen vor der Spaltung u. ca. 25% gleichzeitig mit der Spaltung emittiert werden.
Gerhard Schmidt. 103□

Das Elektroneneinfang/β^+-Verhältnis bei ^{139}Pr. O. Borello, S. Costa und F. Ferrero. (Nuclear Physics [Amsterdam] **27**, 25—27, Sept. 1961; Torino, Univ.,

Ist. di Fis., Ist. Naz. Fis. Nucl.; engl.) — Bei der Neubest. des Elektroneneinfang/β^+-Verhältnisses für ^{139}Pr fanden Vff. einen Wert von 4,8. — Vgl. auch Ferrero u. Mitarbeiter, C. **1961**, 14906. H. Schroeder. 103□

Natürliche Radioaktivität von Rhenium. Clarence J. Wolf und W. H. Johnston. (Physic. Rev. [2] **125**, 307—10, 1/1. 1962; Lafayette, Ind., Purdue Univ., Dep. of Chem.; engl.) — Nach der Meth. der Geiger-Zählung mit einem inneren Gasrohr, bei dem die radioakt. Substanz sich innerhalb des Zählers als Gas befindet, untersuchen Vff. die natürliche Radioaktivität von Re (^{187}Re). Für den direkten β-Zerfall dieses Isotops wird eine Halbwertszeit von $(1,2 \pm 0,4) \cdot 10^{-11}$ Jahren erhalten. Für die maximale β-Energie wird ein Wert von ca. 3 keV angenommen. Dieser Wert der Endpunkteenergie läßt vermuten, daß es sich bei dem Zerfall um ein Re-Atom u. nicht um den Kern allein handelt. Gerhard Schmidt. 103□

Vergleich von α-Energien aus ^{210}Po und ^{214}Po und die Energie der ^{210}Po-α-Teilchen. Cornelius P. Browne. (Physic. Rev. [2] **126**, 1139—42, 1/5. 1962; Notre Dame, Ind. Univ. of Notre Dame; engl.) — Die Energien der α-Teilchen aus ^{210}Po u. ^{214}Po werden mit einem Breitbereichsspektrographen untersucht. Das Ergebnis stimmt mit anderen Messungen überein, wodurch die Diskrepanz zwischen der α-Energie von ^{210}Po, gemessen nach dem Briggs-Wert für ^{214}Po, u. der α-Energie von ^{210}Po, abs. oder nach der Schwelle der Rk. ^{7}Li(p, n)^{7}Be gemessen, bleibt. Unter Verw. des abs. Wertes von Rytz (C. **1962**, 11804) für die ^{214}Po-Energie verschwindet die Diskrepanz. Eine Zusammenfassung sämtlicher Messungen zeigt, daß die Energie der α-Teilchen von ^{210}Po sehr nahe 5,3045 MeV ist. Gerhard Schmidt. 103□

Halbwertszeit der spontanen Spaltung von ^{240}Pu. D. E. Watt, F. J. Bannister, J. B. Laidler und F. Brown. (Physic. Rev. [2] **126**, 264—65, 1/4. 1962; Aldermaston, Berks., Atom. Weap. Res. Establ.; engl.) — Unter Verw. von Ionisationskammern u. der Koinzidenztechnik bestimmen Vff. die Halbwertszeit der spontanen Spaltung von ^{240}Pu an Strahlenquellen, die μg-Mengen von Pu mit 91,89 Gew.-% ^{240}Pu enthalten. Für die Halbwertszeit der spontanen Spaltung von ^{240}Pu wird ein neuer Wert von $(1,340 \pm 0,015) \cdot 10^{11}$ Jahren erhalten, der höher als der bisher angenommene Wert liegt. Gerhard Schmidt. 103□

Einige chemische Probleme bei heterogenen Reaktoren mit Wasser- und organischer Moderierung. M. A. Rollier. (Energia nucleare **7**, 239—48, April 1960; Milano, SITEN, Univ. di Cagliari, Ist. di Chim. Gen.; ital.) — Übersicht über einige chem. u. technolog. Probleme bei Siedewasser- u. Druckwasserreaktoren, bes. über die Aktivitätsniveaus der Moderatorflüssigkeit. Für einige organ. Moderatoren u. Kühlmittel werden die Ergebnisse der radiolyt. u. pyrolyt. Unterss. mitgeteilt. Gerhard Schmidt. 110□

Einige Bemerkungen über thermonucleare Reaktoren. G. Martelli. (Suppl. nuovo Cimento Nr. 1 (zu [10] **19**), 67—82, 1961; Birmingham, Univ., Phys. Dep.; engl.) — Fortschrittsbericht über stabilisierte Pinchentladungen, den Stellarator, Spiegelmaschinen u. das relativist. Elektronensystem. Gerhard Schmidt. 110□

Ein achromatisches Extraktionssystem für Protonensynchrotrons. R. G. T. Bennett und J. W. Burren. (J. nuclear Energy, Part C **3**, 14—16, Jan. 1961; Harwell, Berks., AERE; engl.) — Vff. beschreiben eine achromat. Modifizierung des Extraktions-Syst. von Piccioni [1955] für Synchrotrons mit schwacher Fokussierung. Gerhard Schmidt. 112□

Messung des Bremsstrahlungsspektrums aus einem 30-MeV-Betatron mit einem Compton-Elektronen-Spektrometer. U. Miklavžič und C. Zupančič. (Sloven. Acad. Sci. Arts, „J. Stefan" Inst. Physics, Rep. **5**, 3—8, Okt. 1958; engl.) — Nach einer Beschreibung des magnet. Spektrometers werden Ansprechen des Spektrometers sowie erste Ergebnisse des Spektrums der Compton-Elektronen u. der Energieabhängigkeit der Intensität der Röntgenstrahlen mitgeteilt. Gerhard Schmidt. 112□

Großflächen-Čerenkov-Zähler mit destilliertem Wasser. B. N. Srivastava. (J. sci. ind. Res. [New Delhi], Sect. B **17**, 281—82, Juli 1958; Naini Tal, D. S. B. Government Coll., Phys. Labor.; engl.) — Vf. beschreibt Konstruktion u. Arbeitsweise eines Čerenkov-Zählers, dessen Behälter aus einem rechteckigen Al-Tank von $14 \times 6 \times 6$ in. mit einer kreisförmigen Öffnung an einer Seite besteht. Gerhard Schmidt. 112□

Die als ein α-Teilchendetektor entwickelte Entladungskammer. L. Colli, M. Fazio und T. Rossini. (Energia nucleare **7**, 865—66, Dez. 1960; Segrate, Milano, Labor. CISE; Milano, Univ., Ist. di Fis.; engl.) — Bei dem entwickelten Nachw.-Gerät wird die Bahn eines ionisierenden Teilchens in eine lichtemittierende Bahn umgewandelt, deren Intensität zur direkten photograph. Aufnahme ausreicht. Die Kammer enthält eine Mischung von Ne (99%) + Ar (1%) bei 1 at. Gerhard Schmidt. 112□

Ein neuer Probenwechsler für eine Gitter-Ionisationskammer. Tadayoshi Doke, Kiso Awamura und Atsushi Nakamoto. (Energia nucleare **8,** 599—600, Sept. 1961; Tokyo, Rikkyo Univ., Dep. of Phys.; Seiki Kogyo Labor. and Inst. for Atom. Energy; engl.) — Die beschriebene Anordnung vermeidet die Nachteile eines Probenwechslers mit rotierendem Tisch. Gerhard Schmidt. 112□

Der Einfluß einiger Zählereigenschaften bei den Monitor-Verfahren. Günther Lennig. (Wiss. Z. Martin-Luther-Univ. Halle-Wittenberg, math.-naturwiss. R. **7,** 137—40, 1957/58; Inst. für Exp. Phys., Abt. Röntgenphys.; dt.) — Für die in der Röntgenbeugungs- u. quant. Spektralanalyse zur Best. der Meßzeit in Abhängigkeit von der einfallenden Intensität benutzten Monitorzähler (Geiger-Müller-Zählrohr, Proportionalzähler, Photomultiplier, Funkenzähler usw.) werden die durch die statist. Verteilung der Impulszahl u. der Nulleffekte verursachte Streuung u. die durch Nulleffekt u. Totzeit entstehenden systemat. Fehler theoret. untersucht. A. Blaschette. 112□

Verbesserter 4 π-Gasdurchfluß-Proportionalzähler. Troy C. Martin und O. E. Green. (Rev. sci. Instruments **29,** 1147—48, Dez. 1958; Fort Worth, Tex., Convair, Div. of Gen. Dynamics Corp.; engl.) — Gerät mit neuartigem Probenwechsler; Plateaulänge 500 V; Steigung $<0{,}5\%/100$ V; Zählgas 99,6%ig. CH_4; Testprobe $^{204}TlNO_3$ zwischen zwei 0,001 in. dicken Al-Folien. A. Blaschette. 112□

Proportionalzählrohr mit Quecksilberdampf-Füllung. C. W. McCutchen. (Rev. sci. Instruments **29,** 1139—40, Dez. 1958; Cambridge, Cavendish Labor.; engl.) — Ein mit Hg-Dampf gefüllter Proportionalzähler zeigt bei der Messung von γ-Strahlung (^{177}Lu, ^{241}Am) zwar ein gutes Auflösungsvermögen (7,5% Energiestreuung bei 60 keV), doch kombinieren sich die verschiedenen Röntgenfluorescenzlinien des Hg mit den Absorptionsquerschnitten zu einem komplexen u. schwierig zu deutenden Spektrum. Die Ausgangsimpulse erfolgen langsam (ca. 30 μs); durch Zusatz von CO_2 zum Füllgas kann diese Zeit auf ca. 8 μs red. werden. A. Blaschette. 112□

Anwendung von Siliciumdetektoren zur Messung monoenergetischer Neutronenbündel. M. G. Marcazzan, F. Merzari und F. Tonolini. (Physics Letters [Amsterdam] **1,** 21—22, 1/4. 1962; Milano, Labor. CISE; engl.) — Mittels 80-keV-Deuteronen wurden nach d + t je nach Emissionswinkel Neutronen von 13,95 u. 14,6 MeV erhalten, das Teilchenspektrum der Rk. ^{28}Si(n, α)^{25}Mg wurde aufgenommen. Es kann mit derartigen Detektoren nicht nur die Energie eines monoenerget. Bündels, sondern auch die Energiebreite des Bündels selbst bestimmt werden. M. Wiedemann. 112□

Das photographische Schwärzungsgesetz für Elektronenstrahlen verschiedener Energie. R. Glocker. (Z. Physik **160,** 568—72, 1960; Stuttgart, TH, Röntgeninst.; dt.) — Für Bromsilberschichten, deren Dicke kleiner ist als die Reichweite der auftreffenden Elektronenstrahlen, wird die absorbierte Energie berechnet. Es ergibt sich Proportionalität zwischen Schwärzung u. absorbierter Energie im Energiebereich von 0,01—2 MeV u. eine erhöhte photograph. Wirksamkeit der Röntgenstrahlen im Compton-Gebiet. L. Roth. 112□

Asche aus Kernwaffentests. Jan Sisefsky. (Science [Washington] **133,** 735 bis 740, 17/3. 1961; Stockholm, Res. Inst. of Nat. Defence; engl.) — Mit autoradiograph. u. mkr. Meth. wird gezeigt, daß die beobachteten Aktivitäten der Teilchen nahezu proportional dem Vol. sind. Gerhard Schmidt. 112□

Fallout aus den Kernexplosionen vom Februar und April 1960. P. K. Kuroda, H. L. Hodges und H. E. Moore. (Science [Washington] **133,** 1130—31, 14/4. 1961; Fayetteville, Ark., Univ. of Arkansas, Dep. of Chem.; engl.) — Beobachtung eines steilen Anstieges des Verhältnisses von ^{89}Sr zu ^{90}Sr im Regen.
Gerhard Schmidt. 112□

Fallout-β-Aktivität im Niederschlag. Rolf Björnerstedt und Kerstin Löw. (Ark. Fysik **16,** 315—19, 1960; Stockholm, Res. Inst. of National Defence; engl.) — Wiedergabe der Ergebnisse der Falluotmessungen in Schweden von 1953—1957.
Gerhard Schmidt. 112□

Eine Übersicht über radiochemische Analysen, die an Falloutproben bei Risö in der Zeit von 1957 bis 1959 durchgeführt worden sind. A. Aarkrog. (Svensk kem. Tidskr. **71,** 721—28, 1959; Risö, AEK, Helsefysis afd.; norw.) — Wiedergabe der Messungen der Backgroundradioaktivität in Risö während der Jahre 1957—1959 sowie Beschreibung der angewandten Meth. zur Best. der am häufigsten vorkommenden Spaltprodukte. Gerhard Schmidt. 112□

Energiediskriminierende Methoden zur Bestimmung des radioaktiven Fallouts. K. Edvarson und K. Löw. (Svensk kem. Tidskr. **71,** 729—32, 1959; Stockholm, Försvarets forskninganst.; schwed.) — Vff. beschreiben eine γ-spektrometr. Meth. zur

Best. einzelner Nuclide im Fallout aus Kernwaffentests. Routinemäßig werden die Nuclide $^{95}(Zr + Nb)$, ^{103}Ru, ^{137}Cs, $^{140}(Ba + La)$ u. ^{141}Ce erfaßt. Die untere Grenze des Nachw. eines Nuclids liegt bei 100 pc. Gerhard Schmidt. 112□

Chemische Untersuchungen aus Anlaß des radioaktiven Fallouts. David Dyrssen. (Svensk kem. Tidskr. **71**, 733—39, 1959; Stockholm, Försvarets Forskninganst.; schwed.) — Übersicht über chem. Messungen, die zur Best. der gesundheitlichen Gefahren aus dem Fallout u. zum Schutz gegen diese Gefahren durchgeführt worden sind. Gerhard Schmidt. 112□

Fraktionierung von Radionucliden in der Bombenasche. E. C. Freiling. (Science [Washintgon] **133**, 1991—98, 23/6. 1961; San Francisco, Calif., US Naval Radiolog. Defense Labor., Nucl. and Phys. Chem. Branch.; engl.) — Vf. beschreibt die Fraktionierungssystematik für Kernexplosionen mit hohen Ausbeuten an Spaltprodd. auf Meerwasser- u. Korallenoberflächen. Unter Fraktionierung wird hier die Anzeige jeder Änderung der Radionuclid-Zus. zwischen dem Augenblick der Detonation u. der radiochem. Analyse verstanden. Gerhard Schmidt. 112□

A_2. Optisches Verhalten der Materie

Balmerdekremente. 2. Mitt. **Die Be-Sterne.** Stuart R. Pottasch. (Ann. Astrophysique **24**, 159—67, März/April 1961; Paris-Meudon, Observ.; engl.) — 1. vgl. Astrophysic. J. **131**, [1960], 202. — Vf. berechnete das Verhältnis der Intensitäten von $H_\alpha : H_\beta$ für eine vereinfachte Atmosphäre, die in erster Annäherung den Be-Schalenstern darstellt. Es wird angenommen, daß die Atmosphäre aus ionisiertem H bei einer konst. Elektronendichte u. einer konst. Temp. besteht. Die gesamte opt. Dichte der Atmosphäre in H_α ist hoch. Diskutiert wird der Einfl. der Übergänge infolge der Absorption der Balmerschen-, Paschenschen- u. Brackettschen kontinuierlichen Strahlungsfelder unter Berücksichtigung der Einfl. der Elektronenzusammenstöße. Ein Vgl. der theoret. erhaltenen Ergebnisse mit den Beobachtungen ergab eine zufriedenstellende Übereinstimmung. C. Gottfried. 113

Über den Überschuß an kurzwelliger Strahlung im Spektrum von FU Ori. R. A. Bartaja. (Астрономический Журнал [Astronom. J.] **39**, 159—61, Jan./Febr. 1962; Abastumani, Astrophys. Observatorium der Akad. der Wiss. der GrusinSSR; russ.) — Eine spektrophotometr. Unters. ergab einen Überschuß der kontinuierlichen Emission im UV-Spektrum beim Stern FU Ori, was die Zuordnung zur Gruppe RW Aur noch wahrscheinlicher macht. M. Wiedemann. 113□

Das Emissionsspektrum von RS Ophiuchi 1958. Alfred H. Joy. (Astrophysic. J. **133**, 493—502, März 1961; California Inst. of Technol.; Carnegie Inst. of Washington; Mount Wilson and Palomar Observ.; engl.) — Vf. berichtet über die Unters. des Emissionsspektrums in RS Ophiuchi in der Zeit zwischen dem 5. August u. 10. Oktober 1958. Bemerkenswert ist das Auftreten einer großen Anzahl von Linien von hoch ionisierten Strahlungsquellen: So sind z. B. von Fe 68 Linien von *FeII—FeXIV* vorhanden. Andere hoch angeregte Atome waren *Ar, K, Ca* u. *Ni*. Identifiziert wurden ferner Linien von *He II, C III, N II, N III, O III, Si II, O I, Ne III, Ne IV, S II, S III, Ar V, Ar X, Ar XI, Ar XIV, K V, K VI, K XI, Ca VI, Ca VII, Ca XIII, Ca XV, Ni XII, Ni XIII* u. *Ni XV*. Einige Linien konnten nicht identifiziert werden. C. Gottfried. 113

Die harmonische Oscillator- und Supermultiplett-Theorie. 1. Mitt. **Das Einzelschalenbild.** Marcos Moshinsky. (Nuclear Physics [Amsterdam] **31**, 384—405, April 1962; Mexico, Univ., Inst. de Fisica; engl.) — Vf. legt eine neue Näherung für das Problem von n Teilchen in einer vorgegebenen Schale des Drehimpulses l, die durch zentrale Zweiteilchenpotentiale miteinander in Wechselwrkg. stehen, vor. Die Teilchen bewegen sich in einem harmon. Oscillatorpotential eines $(2l + 1)$-Dimensionsraums u. beeinflussen sich gegenseitig durch Operatoren, die mit den Infinitesimaltransformationen der Einheitsgruppe in $(2l + 1)$-Dimensionen verbunden sind. Zur Demonstration der Theorie wird ein bekanntes Beispiel der Zweiteilchenwechselwrkg. diskutiert. H. Schroeder. 114□

Berechnung des 1s–2s-Elektronenanregungsquerschnitts von Wasserstoff. R. Marriott. (Proc. physic. Soc. **72**, 121—29, 1/7. 1958; London, Univ. Coll., Phys. Dep.; engl.) — Der Partialquerschnitt nullter Ordnung für die Anregung von H von den 1s- auf die 2s-Zustände durch Elektronenstoß wird nach einer numer. Meth. berechnet. Dabei werden der Elektronenaustausch sowie alle direkten Kopplungen zwischen den Anfangs- u. Endzuständen vollständig berücksichtigt. Die erhaltenen Querschnitte werden mit den nach Näherungs-Meth. gewonnenen verglichen. Es zeigt sich, daß bes. der Querschnitt nahe der Schwelle wesentlich kleiner ist als von anderen Autoren unter Verw. der Näherung der verzerrten Welle berechnet. D. Jörchel. 114□

Berechnung des Resonanz-Ladungsüberganges zwischen H(1s) und H^+ mit Hilfe eines Näherungsverfahrens auf der Grundlage einer Entwicklung in Molekül-Eigenfunktionen. A. F. Ferguson. (Proc. Roy. Soc. [London], Ser. A **254**, 540–46, 5/12. 1961; Belfast, Univ., Dep. of Appl. Math.; engl.) — Der Wrkg.-Querschnitt für den Prozeß $H^+ + H(1s) \rightarrow H(1s) + H^+$ wurde für Protonenenergien von 1–50 keV nach der Näherung des gestörten stationären Zustands berechnet, wobei Impulsübergangseffekte zugelassen wurden. Diese vermindern den Wrkg.-Querschnitt um 5% bei 2 keV, 16% bei 5 keV u. 45% bei 20 keV. Für geringe Energien stimmen die Werte mit theoret. u. experimentellen Ergebnissen anderer Autoren überein. K. Ross. 114□

Berechnung des Resonanz-Ladungsübergangs zwischen H(1s) und H^+ mit Hilfe eines Näherungsverfahrens auf der Grundlage einer Entwicklung in Atom-Eigenfunktionen. R. Mc Carroll. (Proc. Roy. Soc. [London], Ser. A **264**, 547–57, 5/12. 1961; Belfast, Univ., Dep. of Appl. Math.; engl.) — Eine Beziehung für den Wrkg.-Querschnitt für Elektroneneinfang durch Protonen in atomarem H wurde aus einer Entwicklung abgeleitet, die auf Atomeigenfunktionen basiert. Voll berücksichtigt wurden der Impulsübergang u. die Nichtorthogonalität der Wellenfunktionen des Anfangs- u. Endzustands nach der Meth. von Bates. Der Wrkg.-Querschnitt wurde für Protonenenergien von 100–1 MeV berechnet. Im unteren Energiebereich stimmen die Werte mit denen von Dalgarno u. Yadav u. im oberen Bereich mit denen von Brinkman u. Kramers gut überein. K. Ross. 114□

Stöße von Elektronen mit Wasserstoffatomen. 5. Mitt. Anregung von metastabilen 2S-Wasserstoffatomen. R. F. Stebbings, Wade L. Fite, David G. Hummer und R. T. Brackmann. (Physic. Rev. [2] **124**, 2051–52, 15/12. 1961; engl.) — Erratum zu C. **1961**, 8197. — Verbesserte Auswertung der l. c. gemessenen Querschnittswerte, u. zwar auf der Grundlage einer isotropen Winkelverteilung der Lyman-Alpha-Strahlung. D. Jörchel. 114□

Analyse der Elektron–Wasserstoff-Streuung bei niedriger Energie nach dem optischen Modell. B. A. Lippmann und H. M. Schey. (Physic. Rev. [2] **121**, 1112 bis 1118, 15/2. 1961; Livermore, Calif., Univ. of California, Lawrence Radiat. Labor.; engl.) — Vff. behandeln das Problem der e-H-Streuung durch Verw. eines opt. Potentials als ein Einkörperproblem. Bes. werden 2 Effekte untersucht: Der Einfl. des Pauli-Prinzips u. die elast. Streuung im Triplettzustand. Es zeigt sich, daß die Wrkg. des Pauli-Prinzips bei weitreichenden opt. Potentialen klein ist, jedoch für kurzreichende Potentiale (große Überlappung der Wellenfunktionen) den Nullenergiequerschnitt um eine Größenordnung verändern kann. Die Ergebnisse für die elast. Streuung sind zwar in Übereinstimmung mit bekannten Rechnungen, jedoch keineswegs mit der von Rosenberg u. Mitarbeiter (Physic. Rev. [2] **119**, [1960], 164) gefundenen oberen Grenze für die Nullenergie-Triplettstreulänge von 1,91 a_0. D. Jörchel. 114□

Matrixelemente für die Elektronenkonfiguration f^4. 1. Mitt. Die Koeffizienten der Abstammungsanteile und die Matrixelemente der Spin–Bahn-Kopplung. S. Hüfner. (Z. Physik **164**, 257–68, 1961; Darmstadt, TH, Inst. für Techn. Phys.; dt.) — An Hand der von Racah (Physic. Rev. [2] **76**, [1949], 1352 u. früher) entwickelten Meth. der Tensoroperatoren werden die Koeff. der Abstammungsanteile („coefficients of fractional parentage") u. die Matrixelemente der Spin–Bahn-Kopplung für die Elektronenkonfiguration f^4 berechnet u. tabellar. zusammengestellt. J. Peters. 114□

Matrixelemente für die Elektronenkonfiguration f^4. 3. Mitt. **Die Eigenzustände des Ho^{3+}-Ions.** S. Hüfner. (Z. Physik **164**, 456–62, 4/9. 1961; dt.) — 1. vgl. vorst. Referat. — Im Anschluß an die vorst. referierte Arbeit werden die Eigenzustände u. die g-Faktoren der Terme des freien Ho^{3+}-Ions berechnet. Die berechneten u. die bisher gemessenen g-Faktoren stimmen innerhalb der experimentellen Fehlergrenzen überein. J. Peters. 114□

Elektrostatische Energiematrizen der f^7-Konfiguration. W. A. Runciman. (J. chem. Physics **36**, 1481–89, 15/3. 1962; Christchurch, New Zealand, Univ. of Canterbury, Phys. Dep.; engl.) — Vgl. C. **1960**, 6042. — Vf. gibt die nach den Meth. von Racah (Physic. Rev. [2] **76**, [1949], 1352) abgeleiteten elektrostat. f^7-Matrizen tabellar. an, korrigiert u. erweitert eine frühere Tabelle der Spin–Bahn-Matrixelemente u. verwendet sie zu einer weiteren Analyse der Spektren von *Gd*-Salzen. Ferner werden die Energieniveaus der entsprechenden Cm-Salze berechnet. D. Jörchel. 114□

Einfluß der freien Rotation in Molekülen auf die Frequenz der Normalschwingungen. B. L. Liwschitz. (Оптика и Спектроскопия [Optik u. Spektroskopie] **10**, 145–51, Febr. 1961; russ.) — Es wird die funktionelle Abhängigkeit des Schwingungs-

operators $\hat{W}$ von den Koordinaten der inneren Rotation vielatomiger Moll. aufgestellt. In 1. Näherung der Entartungs-Meth. wird ein Ausdruck für die Normalschwingungsfrequenz als Funktion der Koordinate der inneren Rotation erhalten.
U.-L. Rau. 114□

Über die Deutung der Schwingungsrotationsspektren von Molekülen mit tetraedrischer oder oktaedrischer Symmetrie. Jacques Moret-Bailly. (Cahiers de Physique **1961,** 237–314, Juni/Juli; franz.) – Vgl. C. **1962,** 9254.
C. Gottfried. 114

Die weichen Röntgenemissionsspektren von Natrium, Beryllium, Bor, Silicium und Lithium. R. S. Crisp und S. E. Williams. (Philos. Mag. [8] **6,** 365–69, März 1961; Nedlands, Univ. of Western Australia, Dep. of Phys.; engl.) – Die mit einem Photonenzählspektrometer untersuchten Banden von Na, Be, B, Si u. Li werden mit bekannten Spektren verglichen. In Übereinstimmung mit der theoret. Form weicht die $L_{23}I(E)$ gegen λ-Kurve von Na von der Parabel für freie Elektronen bei Energien ab, die weniger als ca. 1 eV von der Fermi-Grenze entfernt liegen. Die extrapolierte Bandbreite für Na beträgt 2,6 $\pm$ 0,3 eV. Beim K-Spektrum des Be gibt es keinen Beitrag der p-Zustände der 2. Überlappungszone. Die Überlappungszone wird zu 1–2 eV berechnet. Die extrapolierte Bandbreite der K-Bande vom B beträgt 14,1 $\pm$ 0,8 eV. Die L_{23}-Bande des Si unterscheidet sich von früher veröffentlichten Ergebnissen, sie wird offenbar von der Temp. u. der Reinheit des Si nicht beeinflußt; die Bandbreite beträgt 13,4 $\pm$ 0,8 eV. Eine starke Linie bei 253 Å u. eine blaue Fluorescenz, die das K-Spektrum vom Li begleitet, rührt von der Rk. des Li mit nicht in der Kühlfalle kondensierten KW-Stoffen her.
J. Peters. 116□

Verbotener L_1 M_1-Übergang im Spektrum von Platin. A. N. Nigam und K. S. Srivastava. (J. sci. ind. Res. [New Delhi], Sect. B **19,** 111–12, Lucknow, Lucknow Univ., Dep. of Phys.; engl.) – Vff. berichten über eine Unters. des L-Röntgenspektrums von Pt u. die Beobachtung einer schwachen, aber definierten Linie bei 1167,3 $\pm$ 1 X.E. Da der Energiewert ν/R = 780,66 der Energiedifferenz $\Delta\nu/R$ = 780,4 des L_1- u. M_1-Niveaus entspricht, ordnen Vff. die Linie diesem verbotenen Übergang zu.
G. M. Neumann. 116□

Spektroskopische Untersuchung des Zustandes eines Gases hinter einer Stoßwelle. 2. Mitt. F. Ss. Faisullow, N. N. Ssobolew und Je. M. Kudrjawzew. (Оптика и Спектроскопия [Optik u. Spektroskopie] **8,** 585–93, Mai 1960; russ.) – 1. vgl. C. **1960,** 12573; 3. vgl. C. **1962,** 11468; vgl. auch C. **1960,** 11547. – Die Temp. eines Gases hinter einer Stoßwelle wird auf Grund der D-Linien von Na gemessen. Nach verschiedenen Meth. werden bei Anfangsdrücken von 50–1 Torr Geschw. der Stoßwelle von 2 bis 4 (km/s) in N_2, *Luft* u. *Ar* gemessen, z. B. in Ar bei 2 Torr 3,60, in N_2 bei 10 Torr 3,1.
R. K. Müller. 118□

Das Absorptionsspektrum von Neon. R. W. Ditchburn. (Proc. physic. Soc. **75,** 461–62, 1/3. 1960; Reading, Univ., Phys. Res. Labor.; engl.) – Vf. bestimmt die Absorption von Ne im Bereich von 600–220 Å. Der Absorptionsquerschnitt stimmt außer in der Nähe der L_3L_2- (575 Å) u. L_1-Seriengrenze (256 Å) gut mit früheren Beobachtungen überein. Vf. nimmt an, daß die Messungen bei 575 Å genau, die bei 256 Å auf Grund der verwendeten schwachen Emissionslinie etwas unsicher sind. Näherungsweise aus Dipolabständen berechnete Kurven passen sich außer in der Nähe der Seriengrenzen gut an, was auf das Fehlen starker, bei Te beobachteter Selbstionisationseffekte hinweist.
P. Frenzel. 118□

Untersuchung der Abhängigkeit der Spektrallinienintensität von der mittleren Verdampfungsgeschwindigkeit der Substanz. A. I. Tschernenko. (Оптика и Спектроскопия [Optik u. Spektroskopie] **12,** 330–32, Febr. 1962; russ.) – Vf. untersuchte die Abhängigkeit der Spektrallinienintensität (SI.) für Hg, Pb u. Cd im Wechselstrombogen von der mittleren Verdampfungs-Geschw. v_m. Letztere wurde durch verschieden starkes unabhängiges Erhitzen der Trägerelektrode sowie durch Änderung der Bohrungstiefe u. der Stromstärke variiert. Es ergab sich in jedem Falle eine Zunahme der SI. mit wachsender v_m nach einem exponentiellen Gesetz. Der Grund dafür wird in der Verringerung der Diffusion aus dem Bogenplasma bei zunehmender Konz. gesehen.
R. Gerbatsch. 118□

Ultraviolett-Bandenspektrum des Moleküls AuMg. Jean Schiltz. (C. R. hebd. Séances Acad. Sci. **251,** 682–83, 1/8. 1960; franz.) – Beim Erhitzen einer Au-Leg. mit ca. 5% Mg auf 1920–2200° K treten neben den bekannten AuMg-Banden u. dem Kontinuum des Mg_2 2 Bandenspektren im UV auf, von denen zumindest eine dem AuMg zuzuordnen ist.
A. Blaschette. 118□

Uranyl(VI)-sulfat-Komplexe. Shigeki Matsuo. (J. chem. Soc. Japan, pure Chem. Sect. [Nippon Kagaku Zassi] **81**, 833—36, Juni 1960; Sendai, Tohoku-Daigaku, Senkô-Seiren-Kenkyûzyo; jap., Auszug: engl. S. A61.) — UV- sowie sichtbare Absorptionsspektren von *Uranyl(VI)-sulfat*-Komplexen werden bei 25° u. bei einer Ionenstärke von 1,00 (unter Zusatz von $NaClO_4$) gemessen. Die spektroskop. bestimmte Bldg.-Konst. des 1:1- (UO_2SO_4) bzw. 1:2-Komplexes $[UO_2(SO_4)_2{}^{2-}]$ beträgt $k_1 = 65 \pm 2$ bzw. $k_2 = 3 \pm 0{,}4$; die Existenz des 1:3-Komplexes wird nicht nachgewiesen. Die Spektren der Uranylsulfatkomplexe sind dem Spektrum des $UO_2{}^{2+}$ ähnlich; die entsprechenden Absorptionsbanden liegen jedoch in der Reihenfolge $UO_2{}^{2+}$, UO_2SO_4, $UO_2(SO_4)_2{}^{2-}$ bei zunehmend großen Wellenlängen. E. Maekawa. 118□

Die optischen Spektren des Excitons auf dem letzten Kongreß in Rochester. M. S. Nikitine. (J. Physique Radium **20**, 2S—4S, Aug./Sept. 1959; Strasbourg, Inst. de Phys., Labor. de Spectroscopie et d'Optique du Corps Solide; franz.) — Bericht über das auf diesem Kongreß behandelte Problem der Spektroskopie von Festkörpern: Theorie des Excitons, Spektren 1. u. 2. Klasse sowie des indirekten Übergangs. Im experimentellen Teil wird auf die an verschiedenen Festkörpern erhaltenen Ergebnisse eingegangen. Die Festkörperspektroskopie gibt Aufschluß über die Breite der verbotenen Bänder, die Struktur des Leitfähigkeits- u. Valenzbandes, die Eig. der Excitonen u. die Magnetoabsorption. M. Wiedemann. 119□

Die Absorption der Grundschwingung von Lithiumfluorid und Natriumfluorid. Ryumyo Onaka, Atsuo Fukuda und Arisato Ejiri. (J. physic. Soc. Japan **16**, 340, Febr. 1961; Shinjuku-ku, Tokyo, Tokyo Univ. of Educat., Inst. for Optical Res.; engl.) — Mit einem Vakuumspektrophotometer wurde die Absorption von LiF u. NaF bis zu 900 Å herab gemessen. LiF zeigt eine starke Absorptionsbande mit einem Maximum bei $12{,}7 \pm 0{,}1$ eV u. einer Depression bei $13{,}5 \pm 0{,}1$ eV. Aus der Asymmetrie der Bande wird geschlossen, daß sie aus 2 oder mehr Komponenten besteht. NaF zeigt ein 2. Absorptionsmaximum, das ähnlich wie bei NaCl u. NaBr stark verbreitert ist. Harro Zimmer. 119□

Optische Sättigung der F-Zentren–Spinresonanz. B. R. Mc Avoy, D. W. Feldman, J. G. Castle jun. und R. W. Warren. (Physic. Rev. Letters **6**, 618—20, 1/6. 1961; Pittsburgh, Pa., Westinghouse Res. Labor.; engl.) — An sehr reinen KCl-Proben werden bei 9,0 kMHz die Besetzungsunterschiede der stabilen Zustände u. die Spin-Relaxationszeit während der Bestrahlung mit Licht gemessen. Die Bestrahlungsauswrkg. im F-Band beeinflussen die Besetzungen der Grundzustandsubniveaus in der Form, wie sie durch Erregung des Bindungszustandes erwartet wird. Die Gittererwärmung kann vernachlässigt werden. H. Schibilla. 119□

F-Zentren in LiCl-Kristallen. Kuniya Fukuda, Hiroaki Matsumoto und Akizo Okuda. (J. physic. Soc. Japan **14**, 969, Juli 1959; Kyoto, Univ., Fac. of Science, Dep. of Phys.; engl.) — An einem LiCl-Einkristall wird nach Röntgenstrahlverfärbung die F-Bande bei 395 mμ (Halbwertsbreite 0,65 eV) gemessen. Die F-Zentren-Konz. ergibt sich mit Hilfe der Smakula-Formel zu ca. $10^{18}/cm^3$. Messungen der Spin-Resonanzabsorption führen zu einem g-Wert von $1{,}997 \pm 0{,}002$ u. einer Halbwertsbreite von 60 Gauß, aus der eine F-Zentrenelektronendichte $|\psi(Li)|^2 = 0{,}95 \cdot 10^{23} \cdot cm^{-3}$ am Kern eines nächstbenachbarten Li-Ions folgt J. Rudolph. 119□

Anisotrope Farbzentren in KCl. C. Z. van Doorn und Y. Haven. (Nederl. Tijdschr. Natuurkunde **26**, 216—220, Juli 1960; Eindhoven, N. V. Philips Gloeilampenfabr., Natuurkund. Labor.; niederl.) — Erhitzen eines KCl-Kristalls in K-Dampf u. anschließende intensive Bestrahlung bei der Temp. von fl. N_2 mit Licht der F-Absorptionsbande bei 5340 Å, polarisiert mit dem elektr. Vektor parallel zur Kristallrichtung [0 1 1], liefert eine zusätzliche Färbung mit neuer Absorptionsbande bei 8080 Å (M-Bande), die interessante Polarisations-Eigg. aufweist. Nach der Behandlung ist die Luminescenz dieser Kristalle polarisiert, auch wenn sie durch unpolarisiertes Licht angeregt wird. KCl-Kristalle mit F-Zentren weisen bei 77° K eine Luminescenz bei 10010 Å auf, wenn in der 5340-Å-Bande angeregt wird. KCl-Kristalle mit M-Zentren besitzen dagegen eine Luminescenz bei 10610 Å, sowohl bei Erregung in der 5340-Å- als in der 8080-Å-Bande. Sowohl die 8080-Å- als auch die 5340-Å-Bande zeigen anisotrope Absorption. Das 8080-Å-Licht wird viel stärker als vorher absorbiert, falls der elektr. Vektor parallel $[0\,\bar{1}\,1]$, jedoch viel schwächer als wenn er parallel [0 1 1] ist. Die F-Bande bei 5340 Å weist jedoch die umgekehrte Polarisation, wenn auch schwächer als die M-Bande, auf. Daraus ergeben sich 3 Folgerungen: 1. Das für die M-Absorption verantwortliche Zentrum ist anisotrop. 2. Es kann durch Bestrahlung mit polarisiertem Licht orientiert werden. 3. Die M- u. F-Bande stehen offenbar miteinander im Zusammenhang. Die Klärung dieser Zusammenhänge gelingt an einem Modell, in dem ein M-Zentrum aus zwei F-Zentren aufgebaut ist, da nach Messungen von van Doorn, ausgeführt an M-Zentren, im Gleichgewicht mit F-Zentren hervorgeht, daß die Konz. der M-Zentren proportional dem Quadrat der Konz. der F-Zentren ist. J. Malpricht. 119□

Wechselwirkung zwischen Excitonen und R-Zentren im KCl-Kristall. Masayasu Ueta und Masamitsu Hirai. (J. physic. Soc. Japan **14,** 546, April 1959; Sendai, Univ. of Tohoku, Fac. of Sci., Dep. of Phys.; engl.) — Ein KCl-Kristall mit F-Zentren ($1{,}5 \cdot 10^{17}/cm^3$) wird in der F-Bande bei 20° solange bestrahlt, bis ein Gleichgewicht bzgl. Abbau von F-Zentren u. Aufbau von R-, M-, N- u. K-Zentren eingetreten ist. Während anschließende Bestrahlung mit Licht bis 205 mμ (H_2-Lampe, gefiltert durch einen KBr-Kristall) ohne Einfl. ist, erfolgt durch Lichteinstrahlung in den Ausläufer der ersten Excitonenbande (bis 185 mμ) ein starker Abbau der R-Zentren verbunden mit einem Aufbau von F-Zentren (die anderen komplexen Zentren werden nur wenig beeinflußt). Es wird angenommen, daß der Abbau der (therm. nicht sehr stabilen) R-Zentren durch lokale therm. Effekte als Folge einer Excitonenvernichtung erfolgt. J. Rudolph. 119□

F-M-Zentrenumwandlung in additiv verfärbten KCl-Kristallen. Masamitsu Hirai. (J. physic. Soc. Japan **14,** 1400—07, Okt. 1959; Sendai, Tohoku Univ., Fac. of Sci., Dep. of Phys.; engl.) — Unterss. der photochem. Umwandlung von F- in M-Zentren (bei Zimmer-Temp.) in additiv verfärbten KCl-Kristallen mit gleicher Gesamtzahl aber verschiedener Dichte von F-Zentren ergeben einen Stufenprozeß: 1. Anfänglicher rascher von der F-Konz. unabhängiger F-Zentrenabbau, nur unwesentlicher M-Zentrenaufbau; dafür Aufbau einer der Petroffschen A-Bande entsprechenden Bande an der langwelligen Flanke der F-Bande; 2. anschließende langsamere F-Zentrenbleichung u. stärkerer Aufbau von M-Zentren, der proportional mit der Wurzel der F-Zentren-Konz. geht. (Gleichzeitig entstehen wie üblich R-, N- u. K-Zentren.) Das Verh. spricht für Zwischenzustände bei der F–M-Zentrenumwandlung. Bei der durch F-Lichteinstrahlung erfolgenden Entfärbung der F-Bande in einem KCl-Kristall, bei dem die F-Zentren vorher durch opt. Bleichung von U-Zentren erzeugt waren, entstehen bei starkem F-Zentrenabbau nur wenig M-Zentren u. prakt. keine A-, R-, N- u. K-Banden. J. Rudolph. 119□

Über die bevorzugte M-Bandenentfärbung im KCl-Kristall durch polarisiertes Licht. Takehiko Ishii, Tetsuhiko Tomiki und Masayasu Ueta. (J. physic. Soc. Japan **14,** 1415—21, Okt. 1959; Sendai, Univ., Fac. of Sci., Dep. of Phys.; engl.) — Vgl. C. **1960,** 373. — Im Rahmen einer eingehenden Unters. der dichroit. Eigg. der M-Zentren in KCl-Kristallen werden die zeitlichen Änderungen in der Konz. der verschieden polarisierten M-Zentren (parallel u. senkrecht zur Flächendiagonale des Kristalls) bei Einstrahlung von M-Licht, das in der eine bevorzugte Bleichung hervorrufenden [0 1 1]-Richtung polarisiert ist, für verschiedene Temp. (0—115°) gemessen. Aus der temperaturabhängigen Differenz der Konz. der beiden verschieden polarisierten M-Zentren wird auf eine bei $T > 60°$ einsetzende therm. Reorientierung von M-Zentren im Grundzustand geschlossen (Aktivierungsenergie 1 eV). Es wird angenommen, daß Ionenleerstellenaggregate durch Elektronenbesetzung neue M-Zentren bilden können, u. daß sich hierdurch die Temp.-Abhängigkeit des Dichroismus der M-Bande erklärt. J. Rudolph. 119□

Modellvorschläge für einige Absorptionsbanden verfärbter und unverfärbter Strontiumfluoridkristalle. Hans Karras. (Physica Status solidi [Berlin] **1,** 160—68, 1961; Jena, Friedrich-Schiller-Univ.; dt.) — Auf Grund von Verss. mit verfärbtem SrF_2 wird gefolgert, daß die beiden Hauptbanden der grünen Verfärbung durch Eigenstörstellen verursacht werden. Gestalt u. Lage der beiden Hauptbanden werden mit den Formeln von Smakula [1930] u. Mollwo [1929] berechnet. Die Interpretation der Hauptbanden von CaF_2 durch Mollwo [1934] wird auf SrF_2 übertragen. Aus den Wellenlängenverhältnissen der Banden konnte keine Serienformel für das hypothet. Farbzentrenspektrum gefunden werden. Es werden hypothet. Modellvorschläge möglicher geometr. Anordnungen von Störstellen u. Eigenstörstellen vor u. nach additiver Verfärbung gemacht u. die beiden sehr ähnlichen stärksten additiven Verfärbungsbanden von CaF_2 u. SrF_2 verglichen. U. Aderhold. 119□

Zur Änderung des optischen Absorptionsspektrums von Silberbromidkristallen durch gelöste zweiwertige Fremdionen. G. Scheidler. (Physica Status solidi [Berlin] **1,** 459—68, 1961; Berlin, Akad. der Wiss., Inst. für Kristall-Phys.; dt.) — Die opt. Absorption der AgBr-Kristalle, die 2wertige Fremdanionen (0,02 Mol-% Ag_2Se bzw. Ag_2S) enthalten u. denen außerdem 2wertige Fremdkationen zugesetzt worden sind

[$CdBr_2$ (0,0076; 0,02 u. 0,08 Mol-%) bzw. $CaBr_2$ (0,02 Mol-%)] wird untersucht. Sie weist bei −170° Bandenstruktur auf. Die Absorptionskanten werden nach verschiedenen Vorbehandlungen u. bei den verschiedenen Zusätzen in Abhängigkeit von der Photonenenergie bestimmt. Die Ergebnisse zeigen gegensätzliche Eigg. der Absorption der AgBr-Kristalle, die nur Fremdanionen enthalten, zu der der Kristalle mit zusätzlichen Fremdkationen. Aus dem Vgl. der Meßergebnisse wird ein Modell zur Erklärung der Struktur der absorbierenden Zentren entwickelt. H. Schibilla. 119□

Zum photochemischen Verhalten belichteter AgBr-Kristalle mit zweiwertigen Fremdionenzusätzen. G. Scheidler. (Physica Status solidi [Berlin] **1**, 469—82, 1961; dt.) — Vgl. vorst. Referat. — Bei verschiedenen Belichtungen u. verschiedenen Bestrahlungs-Temp. (20; −120; −170 u. −220°) werden die Absorptionskanten als Funktion der Photonenenergie (Wellenlänge) für 0,01 u. 0,02 Mol-% Ag_2O-Zusatz untersucht. Das Auftreten von Absorptionsbuckeln wird um so schwächer, je tiefer die Bestrahlungs-Temp. liegt. Die photochem. Verfärbung bei 0,02 Mol-% $AgNO_3$-Zusatz wird unter ähnlichen Vers.-Bedingungen wie oben gemessen. Die Absorptionsspektren werden ferner für AgBr-Kristalle mit 0,02 Mol-% Ag_2Se u. 0,02 Mol-% $CdBr_2$ bzw. $PbBr_2$, $CuBr_2$ u. *CuBr* ebenfalls unter den obigen Vers.-Bedingungen behandelt. Diese Kristalle sind erst bei höheren Bestrahlungs-Temp. verfärbbar. Die Fremdionen, die die Zusatzabsorption bei unbelichteten Kristallen verursachen, sind nicht am Aufbau der photochem. Absorptionsbanden beteiligt. H. Schibilla. 119□

Anisotropie der Farbzentren in Calcit. W. F. Kolbe und A. Smakula. (Physic. Rev. [2] **124**, 1754—57, 15/12. 1961; Cambridge, Mass., MIT, Labor. for Insulat. Res.; engl.) — Aus natürlichem *Calcit* (I) parallel zur c-Achse geschnittene Plättchen werden mit 10^5—10^6 rad 3-MeV-Elektronen bestrahlt u. die opt. Absorption bei −190° mit normalem bzw. polarisiertem Licht zwischen 200 u. 450 mμ bestimmt. Bestrahlte I-Proben zeigen in senkrecht zur c-Achse polarisiertem Licht Absorptionsbanden bei 290 u. 350 mμ, für parallel polarisiertes Licht erscheint nur die 350-mμ-Bande in der Intensität unverändert; demnach ist die 350-mμ-Bande isotrop, die 290-mμ-Bande anisotrop. Da die Lage von Ca^{2+} in I isotrop ist, kann die 350-mμ-Bande fixierten Elektronen (F-Zentren) zugeschrieben werden. CO_3^{2-} ist dagegen anisotrop, so daß die anisotrope 290-mμ-Bande mit Defektelektronen (CO_3^-) identifiziert werden kann. Die starke Luminescenz von bestrahltem I mit einem Emissionsmaximum bei 590 mμ ist auf eine Elektronen–Loch-Rekombination zurückzuführen u. mit einer Abnahme der Absorptionsintensitäten verbunden. Die Intensitätsabnahme bei −190° läßt sich nicht mit einem einfachen, exponentiellen Zeitgesetz beschreiben. Herbert Müller. 119□

Die Anisotropie der optischen Absorption, die in Saphiren durch Neutronen- und Elektronenbestrahlung hervorgerufen wird. E. W. J. Mitchell, J. D. Rigden und P. D. Townsend. (Philos. Mag. [8] **5**, 1013—27, Okt. 1960; Reading, Univ., Phys. Dep.; engl.) — Es wurde die durch Elektronen u. Neutronen hervorgerufene Anisotropie der opt. Absorption in Saphiren gemessen. Ein Teil der Messungen wurde mit einem 6-Platten-Fluoritpolarisator mit einem Wrkg.-Grad von 65% bei 2500 Å gemacht. In dem durch Neutronenbestrahlung hervorgerufenen Spektrum wurden bei −185° die 1,9-; 2,2-; 2,8-; 3,5-; 4,1-; 4,8- u. 6,1-eV-Banden aufgelöst. Es wurde gefunden, daß die 6,1-eV-Bande isotrop ist, wogegen die 2,8-; 3,5-; 4,1- u. 4,8-eV-Banden anisotrop sind, die 5,3-eV-Bande zeigt entgegengesetzte Anisotropie. Die 5,3-eV-Bande erschien bei den elektronenbestrahlten Proben nicht, dagegen die 4,8-eV-Bande (anisotrop) u. die 6,1-eV-Bande (isotrop). Weiter wurde die Absorptionsabnahme bei Erhitzung bis zu Temp. von 500° gemessen u. mit der von Martin (C. **1962**, 14560) beobachteten Abnahme der neutroneninduzierten Ausdehnung in Abhängigkeit von der Wärmebehandlung verglichen. H. Lindberg. 119□

Die Brechung und Lichtstreuung an Kristallen mit Defektstellen. E. W. J. Mitchell und J. W. Whitehouse. (Philos. Mag. [8] **6**, 947—49, Juli 1961; Reading, Univ., J. J. Thomson Phys. Labor.; engl.) — Ansätze für die Brechung u. Lichtstreuung an Kristallen mit Defektstellen wurden abgeleitet u. experimentell an mit Neutronen bestrahltem Quarz geprüft (Neutronendosis $6{,}4 \cdot 10^{18}$ n/cm^{-2} mit einer Energie über 1 MeV). Das Verf. gestattet die Abschätzung der Konz. der Defektstellen, wobei jedoch keine Unterscheidung zwischen Fehlstellen, verschiedenen Kombinationen von Fehlstellen u. ungeordneten Regionen, die kleiner als 1000 Å sind, getroffen werden kann. Harro Zimmer. 119□

Ausstrahlungskoeffizienten von schwer schmelzenden Verbindungen. G. W. Ssamssonow, W. Ss. Fomenko und Ju. B. Padernow. (Огнеупоры [Feuerfeste Mater.] **27**, 40—42, 1962; Inst. für Metallkeramik u. Spezial-Schmelzen der Akad. der

Wiss. der UkrainSSR; russ.) — Die Austrahlungs-Koeff. folgender Verbb. wurden im Bereich von 800—2000° opt.-pyrometr. bestimmt. Eine Tabelle mit den Koeff. folgender Verbb. ist wiedergegeben: *Carbide* von *Y, Ti, Zr, Hf, Nb, Ta, Cr, Mo, W, B*; *Boride* von *Be, Ti, Zr, Hf, V, Nb, Cr, Mo, W, Ca, Sr, Ba, Sc, Y, La, Ce, Pr, Nd, Sm, Eu, Gd, Tb, Tm, Yb, Al, U, Co*; *Nitride* von *Sc, Ti, Zr, Hf, V, Nb, Ta, Cr, Al, Ga, Si, B*; *Silicide* von *Mg, Gd, Ti, Zr, V, Nb, Ta, Cr, Mo, W, Mn, Re, Co, Ni*; $Si_xO_yC_z$; *Phosphide* von *Ga, Ti, B*; *Sulfide* von *La, Ce, Pr, Nd*; *Beryllide* von *Sc, Ti, Cr, Re*. Die Messungen wurden an Pulvern vorgenommen. Es wurde gezeigt, daß die Ergebnisse auch für kompakte Stoffe verwendbar sind. G. Winkhaus. 119□

Die Lichtstreuung in der Nähe einer Phasenumwandlung zweiter Ordnung und bei den Curie-Punkten. V. L. Ginzburg und A. P. Levanyuk. (Physics Chem. Solids **6**, 51—58, Juli 1958; Moscow, USSR, Acad. of Sci., P. N. Lebedew Inst. of Phys.; engl.) — Infolge von Schwankungen im Umwandlungsparameter wird in der Nähe von Phasenumwandlungen zweiter Ordnung, bes. an den Curie-Punkten, eine zusätzliche Lichtstreuung erwartet. Um die entsprechenden experimentellen Vers.-Bedingungen richtig treffen zu können, werden erneut verfeinerte Rechnungen durchgeführt, wobei die Umwandlung durch einen Parameter η charakterisiert wird, dessen Schwankungen in der Reflexion erfaßt werden. Neben den Umwandlungen an den Curie-Punkten wird ein besonderes Augenmerk auf die α–γ-Umwandlung von Quarz gerichtet, da sie auch zweiter Ordnung sein soll. H. Fahlenbrach. 119□

Brechungsindex von festem Krypton und festem Argon. B. L. Smith. (Philos. Mag. [8] **6**, 939—42, Juli 1961; London, Univ. of London, Queen Mary Coll., Dep. of Phys.; engl.) — Der Brechungsindex von festem Kr wurde im Bereich von 71—109° K bei 5893 Å bestimmt. Mit steigender Dichte wächst die Lorentz-Lorenz-Funktion, während die Lorentz-Theorie für nichtpolare Festkörper mit kub. Symmetrie eine Unabhängigkeit der Lorentz-Lorenz-Funktion von der Dichte fordert. Ar zeigt ein analoges Verhalten. Für Ar wurde die Dichte im Bereich von 77—83° K neu bestimmt. Harro Zimmer. 119□

Über die optischen Konstanten dünner Metallfilme. M. P. Rouard. (J. Physique Radium **20**, 15S—17S, Aug./Sept. 1959; Marseille, Fac. des Sci., Labor. de Phys. gen.; franz.) — Opt. Messungen an dünnen Filmen von *Ag*, *Au* u. *Pd* wurden nach der Meth. von Malé ausgewertet u. Brechungsindex wie Extinktions-Koeff. als Funktion der Dicke u. evtl. der Wellenlänge ermittelt. Die Änderungen mit der Dicke lassen sich auf die Löcher in der Struktur zurückführen. M. Wiedemann. 119□

Über eine in dünnen Goldschichten auftretende Resonanzerscheinung. Georges Rasigni. (C. R. hebd. Séances Acad. Sci. **254**, 1420—22, 19/2. 1962; franz.) — Durch Aufdampfen im Vakuum ($5 \cdot 10^{-6}$ Torr) werden auf Quarzträgern 0,4—3 mμ dicke Au-Schichten hergestellt u. die Durchlässigkeits- (T) bzw. Reflexionsfaktoren (R) zwischen 4000 u. 7000 Å bestimmt. T u. R zeigen für ca. 6000 Å ein Extremum; diese Wellenlänge steigt mit der Schichtdicke an. Die opt. Eigg. werden durch Luft nicht beeinflußt. Herbert Müller. 119□

Dicken- und Farbbestimmungen von Kollodium- und Aluminiumoxidhäutchen. Gerhard Wichert. (Wiss. Z. Martin-Luther-Univ. Halle-Wittenberg, math.-naturwiss. R. **10**, 893—902, Aug. 1961; II. Phys. Inst.; dt.) — An freitragenden dünnen Al_2O_3-u. Kollodiumhäutchen wird der spektrale Verlauf des Reflexionsvermögens im sichtbaren Spektralbereich gemessen u. eine Dicken- sowie Farb-Best. vorgenommen. Die Dicken-Best. erfolgt durch einen Vgl. von nahezu dem gesamten Verlauf des gemessenen Reflexionsvermögens mit dem für verschiedene benachbarte Dicken berechneten Verlauf. Die hierbei für 60—600 nm dicke Häutchen erzielte Genauigkeit wird auf ± 1 nm geschätzt. Auf diese Weise kann die Dicken-Best. aus der Reflexionskurve auch an solchen Häutchen durchgeführt werden, bei denen keine scharf abgezeichneten Extremwerte im Meßbereich liegen, wie z. B. bei bes. dünnen Häutchen. Die Farbwertanteile werden gemäß DIN 5033 bestimmt u. in der Farbtafel aufgezeichnet. Die verschiedenen Einfallswinkeln zugeordneten Meßpunkte liegen annähernd auf demselben Kurvenzug. Die Kurvenzüge für Al_2O_3- u. Kollodiumhäutchen sind wenig unterschiedlich. Die Möglichkeit einer Dicken-Best. aus der Farbe der Häutchen mit Hilfe einer Farbenkarte nach DIN 6164 wird erörtert. J. Peters. 119□

Vergleich der Infrarotspektren der vier Halogenwasserstoffe in Lösung. P. Grange, J. Lascombe und M.-L. Josien. (Spectrochim. Acta [London] **16**, 981—84, 1960; Bordeaux, Fac. des Sci., Centre de Phys.-Chim. Struct.; franz.) — Vff. untersuchten den Einfl. des Lsgm. auf die Schwingungsabsorptionsbanden von HF, HCl, HBr u. HJ. Als Lsgm. dienten: CCl_4, *Bzl.*, *Toluol*, *m-Xylol*, *1.2.4-* u. *1.3.5-Trimethylbenzol*, *Hexamethylbenzol*, *Aceton* u. *Äther*. Die Spektren werden mit denen im gasförmigen Zustand verglichen. M.-L. Klaar. 120□

Kraftkonstanten der Hexafluoride XF_6. Salvatore Califano. (Atti Accad. naz. Lincei, Rend., Cl. Sci. fisiche, mat. natur. [8] **25**, 284—91, Nov. 1958; Napoli, Univ., Ist. Chim.; ital.) — Unter Verw. von der Literatur entnommener Fundamentalfrequenzen berechnete Vf. die Kraft-Konst. von SF_6, SeF_6, TeF_6, MoF_6, WF_6, ReF_6, IrF_6, UF_6, NpF_6 u. PuF_6. Zum Vgl. wurden mit Hilfe einer Potentialfunktion von Urey u. Bradley [1930] die Kraft-Konst. von SF_6, SeF_6, TeF_6, MoF_6 u. WF_6 berechnet. C. Gottfried. 120

Beobachtungen über die Berechnung der Schwingungsfrequenzen von MeX_6-Molekülen mit oktaedrischer Symmetrie. Oriano Salvetti. (Atti Accad. naz. Lincei, Rend., Cl. Sci. fisiche, mat. natur. [8] **25**, 292—98, Nov. 1958; Bologna, Univ., Ist. Chim. „G. Ciamician"; ital.) — Die von verschiedenen Autoren entwickelten Meth. zur Berechnung der Kraft-Konst. aus IR- u. Raman-Spektren von MeX_6-Moll. mit oktaedr. Symmetrie werden mit Bezug auf $Me(CN)_6$-Gruppen krit. betrachtet. Vf. berechnet zunächst mit Hilfe der Meth. von Wilson die Schwingungsfrequenzen in MeX_6-Moll., wobei X als einatomar angenommen wird. Aus den erhaltenen Frequenzen werden die entsprechenden Kraft-Konst. erhalten u. mit denen verglichen, die mit Hilfe der Meth. von Venkateswarlu u. Sundaran erhalten werden. Numer. werden die Kraft-Konst. von SF_6 berechnet. C. Gottfried. 120

Hydratation von LiOH in gepreßten Alkalihalogenidtabletten. Robert A. Buchanan und William A. Bowen jun. (J. chem. Physics **34**, 348—49, Jan. 1961; Los Angeles, Calif., Univ. of California, Phys. Dep.; engl.) — Bei der Interpretation von IR-Spektren, die aus Alkalihalogenidpreßlingen gewonnen werden, ist besondere Vorsicht am Platze. Bei der Unters. von LiOH zeigte sich, daß eine sehr rasche Wasserdiffusion in den Preßling stattfindet, wobei sich $LiOH \cdot H_2O$ bildet. Die Spektren zeigen je nach Wasser-Geh. der Substanz verschiedenes Aussehen. Eine Bande bei 3567 cm^{-1} verschwindet bei scharfem Trocknen, während die Bande bei 3678 cm^{-1} deutlicher ausgeprägt erscheint. M. Vogelmann. 120□

Normalschwingungen von Kaliumtrioxalatoaluminat. Kiyoyasu Kawai und Hiromu Murata. (J. chem. Soc. Japan, pure Chem. Sect. [Nippon Kagaku Zasshi] **81**, 995—97, Juli 1960; Ôsaka-Kitaku, Ôsakasiritu-Kôgyô-Kenkyûzyo; jap.) — Es werden IR-Absorptionsspektren (NaCl-Prisma) sowie Raman-Spektren an wss. bzw. methanol. Lsg. von K-Oxalat (**I**) u. Oxalsäure (**II**) abgemessen u. durch Vgl. mit den für cis-**I** nach Urey-Bradley berechneten Normalschwingungen zugeordnet. Die IR- u. Raman-Spektren von K-Trioxalatoaluminat werden ähnlich gemessen u. durch Vgl. mit vorst. Spektren zugeordnet. E. Maekawa. 120□

Beobachtung der verbotenen Resonanzen in optisch erregten Spin-Systemen. William E. Bell und Arnold L. Bloom. (Physic. Rev. Letters **6**, 623—24, 1/6. 1961; Palo Alto, Calif., Varian Assoc., Instr. Div.; engl.) — Es wird über die Beobachtung verbotener Resonanzen bei dem Übergang $\Delta m = 2$ ($g = 4$; 5,6 MHz $Gauß^{-1}$) zwischen den Subniveaus $m = 1$ u. $m = -1$ in dem metastabilen 2^3S-Zustand des He berichtet. Die beschriebene Meth. ist allg. anwendbar auf andere opt. erregte Syst., die mehr als 2 Subniveaus besitzen. Die Betrachtung wird mit Hilfe der räumlichen Darst. aus den Bahnfunktionen erfaßt. Die experimentellen Voraussetzungen werden beschrieben. H. Schibilla. 121□

Bündelmaser für 3-Millimeter-Wellen unter Verwendung von Cyanwasserstoff. Frank S. Barnes und Dale Maley. (Electronics **34**, Nr. 11, 45—49, 17/3. 1961; Boulder, Colo, Univ. of Colorado, Electr. Engng. Dep.; engl.) — Aufbau, Theorie u. Anwendungen eines HCN-Masers, der bei 88 GHz betrieben wird, werden beschrieben. Hauptanwendungen sind die experimentelle Prüfung der theoret. Berechnungen über die Einsatzmöglichkeiten eines Fabry-Perot-Mikrowelleninterferometers sowie über die Fokussierung linearer Moll. u. der Einsatz als Frequenz-Standard. D. Jörchel. 121□

Der nicht-elektronische Energietransport in Phosphoren. W. Hoogenstraaten. (Halbleiter u. Phosphore, Kolloquium **1956**, 285—305, 1958; Eindhoven, Niederlande, N.V. Philips' Gloeilampenfabrieken, Forsch.-Labor.; dt.) — Mathemat. Behandlung des Energietransports in anorgan. Phosphoren. Dabei lassen sich zwei Fälle unterscheiden: 1. Die Anregungsenergie wird von Sensibilisatoren absorbiert u. auf Aktivatoren übertragen. Hierzu gehören die doppeltaktivierten Phosphore mit z. B. *Sb, Ce, Tl, Pb* u. *Sn* als Sensibilisatoren u. *Mn* oder Seltenerdmetalle als Aktivatoren. 2. Die Anregungsenergie wird vom Grundgitter absorbiert u. dann auf die Aktivatoren übertragen (mit Sm aktivierte *Wolframate* u. Molybdate der Erdalkalimetalle). Vf. diskutiert den Energietransport 1. durch Photonen, 2. durch freie Ladungsträger, 3. durch Excitonen,

4. durch direkte Wechselwrkg. zwischen Sensibilisator u. Aktivator, vor allem durch quantenmechan. Resonanz. Es wird eine phänomenolog. Theorie der sensibilisierten Fluorescenz besprochen u. der Energietransport im Grundgitter behandelt.
H. Roschkowski. 125□

Über den Effekt der Kathodothermoluminescenz. H. Gobrecht, D. Hahn und K. Scheffler. (Halbleiter u. Phosphore, Kolloquium **1956**, 538—43, 1958; Berlin, TU, II. Phys. Inst.; dt.) — Vff. berichten über die Kathodenstrahlanregung von Phosphoren u. untersuchen den Einfl. der Temp. auf die Kathodoluminescenz (KL) bes. im Bereich 100—300° K. KL wurde mit der Thermoluminescenz (TL) verglichen. Drei Gruppen von Phosphoren konnten ermittelt werden: 1. Leuchtstoffe, bei denen die Lage der Glowmaxima vollständig der Lage der Kathodoglowmaxima entspricht.; 2. Leuchtstoffe, bei denen mehr (oder weniger) Kathodoglowmaxima als Glowmaxima auftreten, u. 3. Stoffe ohne Maxima bei KL u. TL. Zu 1. gehören *Bleibariumsulfatphosphore*, zu 2. *ZnS*:*Cu*, *ZnS*-, *CdS*- u. *ZnO*-Phosphore u. *Halophosphatleuchtstoffe*, zu 3. *Magnesiumarsenat*, *MgO* u. im Vakuum geglühtes ZnS. Mögliche Mechanismen werden diskutiert.
H. Roschkowski. 125□

Über die Nichtexistenz einer Anregungsschwelle der Elektroluminescenz. Georges Destriau und Louis Domergue. (Halbleiter u. Phosphore, Kolloquium **1956**, **544**—**46**, 1958; Paris, Fac. des Sci., Labor. de Luminescence; dt.) — Mit Hilfe einer empfindlichen Anordnung, bestehend aus einem Sekundärelektronenvervielfacher u. einem Gleichspannungsverstärker konnten Vff. die Lichtstärke eines Elektroluminescenzkondensators für sehr niedrige Spannungen bis zu Werten von ca. $2 \cdot 10^{-8}$ Footlambert verfolgen, ohne Diskontinuitäten in der Spannungsabhängigkeit der Lichtstärke zu finden.
H. Roschkowski. 125□

Probleme der p-n-Elektroluminescenz im sichtbaren Spektralbereich. Albrecht Fischer. (Halbleiter u. Phosphore, Kolloquium **1956**, 551—53, 1958; Gießen, Justus-Liebig-Hochschule, Phys. Inst.; dt.) — Aus theoret. Betrachtungen leitet Vf. ab, daß nachst. binäre Verbb. hoher Heteropolarität zur Erzeugung sichtbarer Elektroluminescenz zunächst geeignet wären: *BP*, *AlP*, *GaP*, *SiC*, *BN*, *AlN*, *ZnSe*, *ZnTe*, *CuJ*. Auf die evtl. techn. Anwendungsmöglichkeit wird hingewiesen. H. Roschkowski. 125□

Elektroluminescenz von suspendierten Sulfidphosphoren. H. A. Klasens. (Halbleiter u. Phosphore, Kolloquium **1956**, 247—62, 1958; Eindhoven, Niederlande, N.V. Philips' Gloeilampenfabrieken, Naturkundig Labor.; dt.) — Vf. entwirft ein Bild des Mechanismus der Elektroluminescenz, die Sulfidphosphore geben, wenn sie, in einem Binder suspendiert, einem elektr. Wechselfeld ausgesetzt sind (Destriau-Effekt). — 39 Literaturangaben (bis 1956). H. Roschkowski. 125□

Beeinflussung von Leuchtstoffen durch energiereiche Strahlung. W. Hanle. (Halbleiter u. Phosphore, Kolloquium **1956**, 139—57, 1958; Gießen, Univ., Phys. Inst.; dt.) — Die Lichtausbeute (L) u. die Zerstörungs-Konst. der Leuchtstoffe *ZnS*:*Ag*, $Zn_2 \cdot SiO_4$:*Mn* u. $MgWO_4$ beim Beschuß mit H_2-, *He*-, *Ne*-, *Ar*- u. *Xe-Ionen* werden angegeben. L anorgan. Leuchtstoffe ist durch das Verhältnis der Übergangswahrscheinlichkeit für opt. u. strahlungslose Übergänge gegeben. L organ. Leuchtstoffe wird durch das Verhältnis der Wahrscheinlichkeiten für die Anregung von Elektronenniveaus, Ionisierung, Anregung von Schwingung u. Dissoziation, durch das Verhältnis von strahlenden u. strahlungslosen Übergängen aus den Anregungszuständen, durch Energieverlust u. bei Mischungen u. Lsgg. durch die Güte des Energieübertragungsmechanismus bestimmt. Vff. behandelt die Abhängigkeit der Lichtausbeute von der Energie der Teilchen u. die Abklingzeiten eines ZnS:Ag-Leuchtstoffes. Die Veränderungen der Leuchtstoffe durch energiereiche Strahlung werden am Beispiel des Zn_2SiO_4:Mn, ZnS:Ag, *CdS*:*Cu*, *NaCl*:*Ag*, $CdWO_4$ u. *Anthracen*, sowie *ZnS*:*Cu* besprochen u. theoret. gedeutet. Auf die techn. Bedeutung der Probleme wird eingegangen. H. Roschkowski. 125□

Der Einfluß einer Infrarotbestrahlung auf den Energietransport im ZnS-Mn. Paulina Jaszczyn. (Acta physica polon. **18**, 427—38, 1959; Acad. Polon. des Sci., Inst. de Phys.; franz.) — Vgl. C. **1963**, 781. — Durch gleichzeitige Einstrahlung von IR-Licht wird bei einem ZnS:Mn-Phosphor die Intensität der UV-erregten blauen Luminescenzbande des ZnS geschwächt u. die der gelbroten Mn-Bande verstärkt. Aus Messungen der Abhängigkeit dieses IR-Effektes bei —190° von der Aktivator-Konz. (10^{-4} bis 10^{-3}), von der Dicke der untersuchten Leuchtstoffschicht u. von der spektralen Lage (297—365 mμ) u. Intensität des erregenden UV wird auf einen Energieübertragungsmechanismus in dem Sinne geschlossen, daß eine Rekombination der durch das IR vom blauen Zentrum befreiten Löcher mit den beim Mn eingefangenen Elektronen zur Anregung des Mn^{2+} u. damit zur Mn-Emission führt. Die Analyse des Luminescenzspektrums zeigt, daß außer der blauen u. der orangefarbenen Bande noch eine grüne u. eine rote Bande existieren. J. Rudolph. 125□

Wirksamkeit von Kupferverunreinigungen in Zinksulfidphosphoren. Takeo Asô, Ken-Ichi Nakamura und Koji Hashimoto. (Rep. liberal Arts Fac., Shizuoka Univ. [nat. Sci.] **2**, 53—65, April 1958; engl.) — Vff. untersuchten die Reflexions-, Emissions- u. Absorptionsspektren von ZnS-Phosphoren, die mit u. ohne Zusatz von NaCl als Flußmittel sowie mit u. ohne Zusatz von $CuSO_4 \cdot 5\,H_2O$ oder $CuCl_2 \cdot 2\,H_2O$ als Aktivatoren dargestellt worden waren. Außerdem wurde die Elektroluminescenz untersucht. Es wurde gefunden, daß der Cu-Aktivator in zwei oder mehr Zustandsarten in dem Phosphor vorhanden ist; die Zustände haben die Energieniveaus 3,26 bzw. 2,88 eV. Absorptionsmaxima treten in der Nähe von 380 u. 430 nm auf, Emissionsmaxima in der Nähe von 480 u. 530 nm. Wenn die Menge zugesetzten Cu im Vgl. zum Flußmittel relativ groß ist, verschwindet das Absorptionsmaximum in der Nähe von 430 nm. Als Aktivator ist $CuCl_2 \cdot 2\,H_2O$ wirkungsvoller als $CuSO_4 \cdot 5\,H_2O$. Nach Verschwinden des Absorptionsmaximums bei 430 nm beobachtet man die Bldg. von Cu_2S, das die Phosphorteilchen umgibt; nur ein solcher Phosphor zeigt Elektroluminescenz. C. Gottfried. 125

Abklingeigenschaften von ZnS-Ag-Phosphoren. Tsunesaburo Asada, Masayoshi Masuda, Masayuki Okumura und Juzo Okuma. (J. physic. Soc. Japan **14**, 1766—70, Dez. 1959; Osaka, Univ., Fac. of Sci., Dep. of Phys.; engl.) — Messungen des Abklingens der durch energiereiche Strahlung erregten Luminescenz von ZnS-Ag zeigen, daß zwei Abklingprozesse, ein exponentieller u. ein hyperbol. bei Erregung mit einer Strahlenart auftreten, u. daß die Abkling-Konst. τ beim exponentiellen Abklingen je nach erregender Strahlenart verschieden sind. Bei α-Teilchenerregung ist $\tau = 100\ m\mu\,s$, für γ-Strahlen $10\ m\mu\,s$. Ferner zeigt sich, daß das Abklingen bei γ-Strahlerregung vorwiegend exponentiell, bei α-Teilchenanregung hauptsächlich hyperbol. verläuft. Dieses unterschiedliche Verh. ermöglicht den Nachw. von Protonen u. α-Teilchen auch bei stärkerem γ-Strahluntergrund. J. Rudolph. 125□

Mechanismus und verantwortliche Defekte bei der Kantenluminescenz im CdS. R. J. Collins. (J. appl. Physics **30**, 1135—40, Aug. 1959; Murray Hill, N.J., Bell Telephone Labor.; engl.) — Messungen der Abklingzeiten nach Kathodenstrahlimpulsanregungen bei 78° K für die blaue, einem Excitonenzerfall zuzuschreibende Luminescenz des CdS sowie für die grüne Luminescenz ergeben eine Excitonenlebensdauer $< 10^{-8}$ s u. ein langsames Abklingen der grünen Emission über ca. 20 μs. Durch Erhitzen des CdS-Kristalls in S-Dampf wird die grüne Kantenemission abgebaut, durch Elektronenbeschuß — bei unveränderter blauer Emission — wird sie erhöht. Als verantwortliche Störstelle für die grüne Luminescenz (2,41 eV unter dem L-Band) wird eine S-Leerstelle, an der eine strahlende Rekombination von Elektronen mit eingefangenen Löchern erfolgt, angenommen. Reflexionsmessungen im Gebiet 20—50 μ ergeben eine longitudinale opt. Phononenfrequenz von 305 cm^{-1}, die gut mit dem Abstand der äquidistanten Banden der grünen Emission (300 cm^{-1}) übereinstimmt. J. Rudolph. 125□

Verschiedene Effekte niedriger Felder auf die Luminescenz von CdS. C. E. Bleil und D. D. Snyder. (J. appl. Physics **30**, 1699—1702, Nov. 1959; Warren, Mich., Gen. Motors Res. Labor.; engl.) — Vff. beobachten an nichtaktivierten CdS-Kristallen, die bei Kathodenstrahlanregung bei Zimmer-Temp. mehrere Banden für die rote Emission (6930 u. 7420 Å) u. für die grüne Luminescenz (2—5 Banden zwischen 5070 u. 5310 Å) zeigen, bei Anlegen eines elektr. Feldes bis ca. 1000 V/cm eine langwellige Verschiebung der Kathodenluminescenzbanden um ca. 0,1 Å/V/cm. Gleichzeitig treten eine Bandenverengung u. bei der roten Luminescenz eine Luminescenzlöschung bei höheren Feldern (> 600 V/cm) auf. Nach Feldabschaltung zeigt sich in bezug auf Lage u. Intensität bes. bei der roten Luminescenz einiger Kristalle ein Nacheffekt über Stunden, bevor sich die Luminescenzverhältnisse vor der Feld-Einw. wieder einstellen. Die Feldeffekte sind bei UV-Erregung des CdS geringer. Zwischen dem Strom durch den Kristall u. der angelegten Spannung besteht bei verschiedenen UV-Erregungsintensitäten Sublinearität. Die Erscheinungen werden unter der Annahme eines selftrapping-Mechanismus besprochen. J. Rudolph. 125□

Betrachtung nichtsulfidischer Phosphore. S. T. Henderson. (Halbleiter u. Phosphore, Kolloquium **1956**, 263—68, 1958; Enfield, Middlesex, Thorn Electr. Ind. Ltd.; engl.) — Kurze theoret. Betrachtung an Hand von 60 Literaturangaben (bis 1956). H. Roschkowski. 125□

Luminescenz von Pb- und Pb-Mn-aktivierten Lanthansilicaten. W. L. Wanmaker, W. P. De Graaf und H. L. Spier. (Physica [Utrecht] **25**, 1125—30, Nov. 1959; Eindhoven, N.V. Philips' Gloeilampenfabrieken; engl.) — Mit Pb-aktivierte La-Silicate, bes. der Zus. um $1\,La_2O_3 \cdot 1\,SiO_2$, luminescieren bei Erregung mit 2537 Å im UV (Bande um 3150 Å), bei zusätzlicher Aktivierung mit Mn im Orange (5950 Å-Bande). Eine günstige Zus. (Mol-Verhältnisse) der bei 1200—1350° zu glühenden Ausgangsgemische ist:

$SiO_2/(La_2O_3 + PbO + MnO) = 1,22$; $Pb/La_2O_3 = 0,10$; $Mn/La_2O_3 = 0,06$; ferner sind ein teilweiser Ersatz von La_2O_3 durch LaF_3 ($F_2/La_2O_3 = 0,18$) wegen besserer Kristallisation sowie eine 2. Glühung in Ggw. von 5 Gew.-% NH_4Cl — zwecks Vermeidung der Mn-Oxydation — günstig. Die erreichbaren Ausbeuten sind etwa nur halb so groß wie die entsprechender anderer Leuchtstoffe (z. B. $BaZn_2Si_2O_7$–Pb u. $CaSiO_3$–Pb, Mn). J. Rudolph. 125□

A_3. Elektrizität. Magnetismus. Elektrochemie

Bemerkung zur positiven Säule in Mischungen von Jod und Argon. G. A. Woolsey, R. Seymour, K. G. Emeleus und J. R. M. Coulter. (J. Electronics and Control [1] **9,** 467—71, Dez. 1960; Belfast, Northern Ireland, Queen's Univ., Phys. Dep.; engl.) — Niederdruckentladungen in einer Mischung von Edelgas u. elektronegativem Gas zeigen drei Typen von positiven Säulen. Bei niedrigen Strömen treten Schichten auf, die axial im entgegengesetzten Sinn gebogen sind, wie es üblicherweise beobachtet wird. Mit zunehmendem Strom entwickeln sich axiale Protuberanzen, die schließlich ineinander übergehen. L. Roth. 131□

Untersuchung der Spannungsschwankungen zwischen den Elektroden einer Gleichstromentladung in Stickstoff. C. Mihul, X. Grosu, D. Grosu und M. Sandulovici. (An. ştiinţ. Univ. „Al. I. Cuza" Iaşi, Secţ. I. **2,** 187—94, 1956; Univ. Al. I. Cuza, Cat. de fiz. gener.; rum.) — Vgl. C. **1961,** 7117. — In drei Druckbereichen werden die Spannungen bei der Gleichstromentladung zwischen Cu-, Al- u. Pd-Elektroden vom Ø 1, 1,5 u. 2 mm untersucht. Größere Anoden ($\geqq$ 3 mm) führen zu instabilen, nicht reproduzierbaren Bedingungen. Beim Auftreten von Flecken auf der frisch geschliffenen Anodenoberfläche nehmen die Schwankungsfrequenzen f ab, die Obertöne stark zu. Bei 0,2—0,5 Torr ist f hoch (ca. 1 MHz), die Form der Oscillationen einfach, fast sinusförmig, f nimmt mit dem Druck p zu u. mit dem Anodendurchmesser ab. Bei 0,11 bis 0,17 u. 8,5—13 Torr sind die f-Werte klein (ca. 1 kHz bzw. 10 Hz) u. nehmen mit steigendem p ab bzw. zeigen Maxima u. Minima. R. K. Müller. 131□

Beobachtungen über Spannungsschwankungen zwischen den Elektroden von Gleichstromentladungen in Sauerstoff und Stickstoff. D. Grosu und X. Grosu. (An. ştiinţ. Univ. „Al. I. Cuza" Iaşi, Secţ. I. **2,** 195—98, 1956; rum.) — Vgl. vorst. Referat. — Wenn σ der Mol.- bzw. Atomdurchmesser, I die Stromstärke im Entladungsrohr, U der Spannungsabfall im Entladungsrohr, f die Frequenz der Spannungsschwankungen, s der Anodenquerschnitt, e die Elektronenladung, V die Amplitude der Schwankungen ist, gilt für die Gleichstromentladung in O_2 oder N_2 $(\sigma^2/f)\,(I/s\,e)\,(U/V) = C = 1-7{,}5$. Der Einfl. von s zeigt, daß die Spannungsschwankungen an der Anode eintreten. Vff. weisen auf die Zunahme von C bei steigendem I hin. R. K. Müller. 131□

Der Plasmaschicht-Übergang in einem Magnetfeld. J. E. Allen und F. Magistrelli. (Nuovo Cimento [10] **18,** 1138—47, 16/12. 1960; Roma, Euratom, Labor. Gas Ionizzati; Labor. Naz. di Frascati; engl.) — Vff. geben ein Kriterium für den Übergang des Plasmas in die vor der Wand des Entladungsrohres liegende Schicht bei Anwesenheit eines schwachen Magnetfeldes. Die Messungen dazu werden in einer *Hg*-Niederdruck-Bogenentladung mittels Langmuir-Sonden vorgenommen. Mit Hilfe eines durch die Achse des Entladungsrohres geführten isolierten Drahtes kann durch Stromfluß ein azimutales oder „pinch-artiges" Magnetfeld erzeugt werden. H. Schirrwitz. 131□

Untersuchung von schwingenden Strahl–Plasma-Feldern mit einem transversalen Elektronenstrahl. A. Garscadden und K. G. Emeleus. (J. Electronics and Control [1] **9,** 473—76, Dez. 1960; Belfast, Northern Ireland, Queen's Univ., Phys. Dep.; engl.) — In Hg-Dampf von $1-2\cdot10^{-3}$ Torr wird mit Hilfe eines monoenerget. Elektronenstrahls aus einer Oxidkathode ein Plasma erzeugt. Dabei treten hochfrequente Schwingungen u. eine Energiestreuung im Elektronenstrahl auf. Ein zweiter Elektronenstrahl, der Hauptstrahl u. Plasma senkrecht durchquert, zeigt nur dann eine Energiestreuung, wenn er schwingende Gebiete des Hauptstrahls getroffen hat. Bei der benutzten Entladung liegt die Energiebreite im senkrechten Elektronenstrahl bei 8V, wenn sie im Hauptstrahl 14 V beträgt. L. Roth. 131□

Erhaltungssätze eines Elektronenstrahlbündels mit Wechselwirkung. Marshall C. Pease. (J. appl. Physics **31,** 2028—36, Nov. 1960; Menlo Park, Calif., Stanford Res. Inst.; engl.) — Linearisierte Theorie von Elektronenstrahlbündeln, die mit einem Leiterkreis in Wechselwrkg. stehen. Vf. geht von dem als Invarianz einer quadrat. Form formulierten Erhaltungssatz aus u. leitet daraus die geeignete Wellenformulierung ab. Das analyt. Verf. wird an Hand einiger prakt. Beispiele veranschaulicht. F. Lenz. 131□

Reflexion eines Elektronenstrahles an Hochfrequenzfeldern. R. B. Hall und Sanborn C. Brown. (J. appl. Physics **32,** 1835–36, Okt. 1961; Cambridge, Mass., MIT, Dep. of Phys.; engl.) — Der experimentelle Nachw. für die Theorie der zeitmäßig gemittelten Kräfte, die bei geladenen Teilchen auf Grund der Wrkg. eines Hochfrequenzfeldes auftreten, wird in Ggw. eines stat. Magnetfeldes durchgeführt. Es wird der Durchgang eines Elektronenstrahls durch das Hochfrequenzfeld eines Hohlleiters untersucht. Bei Abstimmung des äußeren Magnetfeldes auf die Cyclotronresonanz werden hochenerget. Elektronenstrahlen reflektiert, so daß 66 W der Mikrowellenleitung einen 24-V-Elektronenstrahl vollständig reflektieren. Die Ergebnisse bestätigen die Theorie.

H. Schibilla. 131□

Elektronenstrahlmodulation mittels einer dünnen Schicht in einem Verzögerungsfeld. A. Fryszman. (Bull. Acad. polon. Sci., Ser., Sci. techn. **8,** 647–54, 1960; Warszawa, Ind.-Inst. für Elektronik; engl.) — Es werden theoret. Unterss. über die Ausbldg. eines Potentialreliefs oberhalb einer dünnen Schicht angestellt; ähnliche Vorgänge treten in einer Ikonoskopkamera auf. Dabei entsteht das Potentialrelief unter der Wrkg. eines Verzögerungsfeldes vor der Schicht, da ein Teil der ausgelösten Elektronen zum Auffänger gelangt, ein anderer Teil jedoch zur Umkehr gezwungen wird. Es werden Beziehungen für die einzelnen Stromkomponenten, die zur Bldg. des Reliefs führen, sowie für den Signalstrom im Ausgangskreis der Röhre angegeben.

H. Schirrwitz. 131□

Der Einfluß der Ringbildung auf die physikochemischen Eigenschaften von Verbindungen des zweiwertigen Platins. M. M. Jakschin und L. I. Baranowa. (Журнал Неорганической Химии [J. anorg. Chem.] **5,** 1710–16, Aug. 1960; russ.) — Zusammenstellung von Zers.-Temp. (T_z), $D._4^{25}$, n_D^{25} u. DK u. darauf beruhender Berechnungen der Mol.-Vol. (V), der Mol.-Refr. (R_D), der Gesamtpolarisation P, der Elektronenpolarisation P_e u. der Atompolarisation P_a für folgende nichtcycl. u. cycl. Pt(II)-Verbb.: $[Pt(NH_2CH_3X)_2]$ (X = Cl, J); $[Pt(NH_2C_2H_5Cl)_2]$; $[Pt\{NH(CH_3)_2Cl\}_2]$; $[ClNH_2CH_3Pt\cdot ClC_2H_4]$; $[Pt(NH_3)_2(NH_2C_2H_5)_2]Cl_2$; $[Pt(NH_3)_2(NH_2C_2H_5)_2]PtCl_4$; $[Pt(NH_2C_2H_5)_4]Cl_2$; $[Pt(NH_2C_2H_5)_4]PtCl_4$; $[PtX_2Am]$ [Am = Äthylendiamin; X = Cl, J; Am = 2.3-Diaminobutan (DAB), symm.-Dimethyläthylendiamin, Allylamin: X = Cl); $[Pt(Am)_2]Cl_2$ (Am = Äthylendiamin u. DAB); $[Pt(DAB)_2]PtCl_4$; $[Pt(NH_3)_2(DAB)]PtCl_4$. Die cycl. Verbb. weisen höhere T_z als entsprechende nichtcycl. Verbb. auf ($T_{z,\,cycl.}/T_{z,\,nichtcycl.}$ = 1,18–1,27) sowie kleinere V (10–16 cm^3 pro Ring) auf. Die R_D ergibt sich additiv aus $\Delta R_{Ring\text{-}Bldg.} = -2\,R_{C-H} + R_{C-C}$, außer bei $[Pt(NH_3)_2(NH_2C_2H_5)_2]PtCl_4$, bei dem eine Pt–Pt-Bindung angenommen wird, die sich auch durch erhöhte DK äußert. DK wird durch Ring-Bldg. wenig beeinflußt, P etwas erniedrigt. P_a wird nur wenig beeinflußt (1 Ring erniedrigt, 2 Ringe erhöhen geringfügig) u. beträgt 30–65% von P_e.

G. Winkhaus. 132□

Der Einfluß von Biegungsbeanspruchungen auf die dielektrischen Eigenschaften von polykristallinem Bariumtitanat. T. Krajewski. (Acta physica polon. **19,** 731 bis 742, 1960; Poznań, A. Mickiewicz Univ., Inst. of Exp. Phys.; Pol. Acad. of Sci., Labor. for Dielectric Res.; engl.) — Vf. untersucht den Einfl. von konst. u. im akust. Bereich wechselnden Biegungsbeanspruchungen auf die dielektr. Eigg. von $BaTiO_3$. Die durch die Biegung verursachten Änderungen der DK werden in Abhängigkeit von Belastung, Polarisationsfeldstärke u. Temp. gemessen. Innerhalb des ferroelektr. Bereiches wächst die DK mit den Biegungsbeanspruchungen unabhängig von deren Richtung. Ein durch Vol.-Ausdehnung herrührender Wechsel des Vorzeichens der Änderung der DK beobachtet Vf. oberhalb des Curie-Punktes. Die relativen Änderungen der DK, die im stationären Zustand einige Min. nach Einw. der Biegungsbeanspruchungen gemessen werden, sind um eine Größenordnung kleiner als jene, die von homogenem eindimensionalem Druck herrühren. G. Jordan. 132□

Der Einfluß von Biegungsbeanspruchungen auf die piezoelektrischen Eigenschaften von polykristallinem Bariumtitanat. T. Krajewski. (Acta physica polon. **19,** 743–58, 1960; engl.) — Vgl. vorst. Referat. — Vf. untersucht mittels der stat. u. quasistat. Meth. den piezoelektr. Effekt, der durch Biegungsbeanspruchungen in polykristallinem $BaTiO_3$ hervorgerufen wird. Es werden Proben in der Form von Zweischichtenstäbchen („two-layer rods") von 1×3×30 mm verwendet. Biegungsbeanspruchungen in nichtpolarisierten $BaTiO_3$-Stäbchen rufen piezoelektr. Aufladungen auf den zur Biegungsebene senkrecht stehenden Oberflächen hervor. Der Einfl. von Belastung u. Temp. auf diese piezoelektr. Aufladungen wird gemessen. Vf. untersucht weiterhin den piezoelektr. Effekt an polarisierten polykristallinen $BaTiO_3$-Stäbchen u. seine Abhängigkeit von der Biegungsbelastung, der Polarisationszeit u. der Polarisationsfeldstärke. Vf. schlägt einen Induktionsmechanismus für die piezoelektr. Aufladung der Oberflächen vor.

G. Jordan. 132□

Neue Ferroelektrika der Tetramethylammoniumtrihalogenomercurat-Gruppe. E. Fatuzzo, R. Nitsche, H. Roetschi und S. Zingg. (Physic. Rev. [2] **125**, 514–16, 15/1. 1962; Zürich, Labor. RCA Ltd.; engl.) – In der Verb.-Gruppe $[X(CH_3)_4]HgY_3$ ($X = N, P$; $Y = Cl, Br, J$) wurden drei neue ferroelektr. Substanzen aufgefunden: $[N(CH_3)_4]HgBr_3$ (I), $[N(CH_3)_4]HgJ_3$ u. $[P(CH_3)_4]HgBr_3$; die Darst.-Meth. für Einkristalle dieser monoklinen, der Raumgruppe $P\,2_1$ angehörenden Verbb. werden angegeben. Die Parameter für I sind $a = 9{,}05$, $b = 15{,}90$, $c = 7{,}94$ Å, $\beta = 93{,}6^0$. Die DK bewegten sich in der Größenordnung um 10, die im Bereich von -40 bis $+160^0$ temperaturunabhängige spontane Polarisation zwischen 1 u. 3 μCoulomb/cm². Oberhalb 170^0 tritt therm. Zers. ein, die eine Best. der Curie-Punkte unmöglich macht. Die Umklappzeit hat ein ungewöhnliches Verh., sie verändert sich mit der 7. Potenz des angelegten Feldes.
W. Sobieski. 133□

Grundgesetze der Thermozellen. Toshio Ikeda. (Rep. liberal Arts Fac., Shizuoka Univ. [nat. Sci.] **2**, 81–101, Dez. 1958; engl.) – Vf. bestätigt, daß die Gesetze zur Beschreibung der EMK einer Thermozelle die gleichen sind, die für Thermoelemente gelten. Für eine Thermozelle, in der die eine Elektrode isotherm, die andere nichtisotherm wirkt, wurde für die EMK die Beziehung $E\binom{j-k}{i} = xE\binom{j}{i} + yE\binom{k}{i}$ gefunden. Mit dem Symbol $j-k$ soll bezeichnet werden, daß zwei Elektroden mit den Temp. T_j u. T_k elektr. kurzgeschlossen sind; $E\binom{j}{i}$ bedeutet die EMK einer Thermozelle mit den Temp. T_i u. T_j; x u. y sind Brüche < 1, für sie gilt annähernd $x + y = 1$, im besonderen $x = y = 0{,}5$. Die gleichen Beziehungen gelten für metall. Thermoelemente.
J. Peters. 133□

Thermoelektrische Untersuchungen an $Zn_xCd_{1-x}Sb$. Eduard Justi, Georg Neumann und Günther Schneider. (Z. Physik **156**, 217–34, 1959; Braunschweig, TH, Inst. für Techn. Phys.; dt.) – An $Zn_xCd_{1-x}Sb$-Proben, die einer Homogenisierung durch Tempern um $450-500^0$ unterworfen wurden, lassen sich im Gegensatz zu ungetemperten Proben reproduzierbare Werte der Thermokraft α, der Leitfähigkeit σ u. der Wärmeleitfähigkeit $\varkappa$ erhalten. Für ZnSb ist $\alpha = 460$ μV/Grad, mit steigendem Cd-Geh. (bis 30%) steigt α etwas über 500 μV/Grad. Für eine Zus. mit $x = 0{,}9$ ist $\varkappa$ ein Minimum (0,013 W/cm·Grad). Mit zunehmendem Cd-Geh. sinkt σ etwas. Aus der Hall-Konst. ergeben sich Löcher-Konzz. um $3 \cdot 10^{18}$/cm³ u. eine Trägerbeweglichkeit von ca. 160 cm²/V·sec bei 300^0 K; aus deren Temp.-Abhängigkeit folgt eine Konst. für die Schottky-Pissarenkosche α-Gleichung von $A = 2{,}5$. Die effektive Löchermasse wird dann $m^* = m_0/3$. Für einige mit verschiedenen Metallen (bes. Cu u. Sn) dotierte Zn, Cd-Antimonidproben ist die Abnahme von α mit wachsendem $\log\sigma$ bis zum Optimum der thermoelektr. Effektivität streng linear im Sinne der für klass. Halbleiter gültigen Neigung $d\alpha/d\log\sigma = 2 \cdot 10^{-4}$. J. Rudolph. 133□

Bemerkungen über die zulässige Strombelastung der Oxidkathode. S. Firkowicz. (Bull. Acad. polon. Sci., Sér. Sci. techn. **8**, 655–60, 1960; Warschau, Industrie-Inst. für Elektronik; dt.) – Vf. stellt eine Gleichung für die Temp.-Verteilung in einer Oxidkathode längs der Normalen zur Schichtträgeroberfläche auf, die aus der Gleichung von Rohde durch Berücksichtigung der Abstrahlung der Kathode hervorgegangen ist, d. h. für hohe Strombelastungen gilt. Die Homogenität der Kathoden-Eigg. ist jedoch durch 1. die poröse Struktur, 2. die Änderungen der Donatordichte in der Beischicht u. 3. das Anwachsen der Zwischenschicht nicht erfüllt. Deshalb wird 2. in der Rechnung berücksichtigt. Die Unterss. gestatten folgende Schlußfolgerungen: 1. Die zulässige Belastung der Kathode erhöht sich beim Anstieg des spezif. Gew. der Oxidschicht (Verringerung der Porosität). 2. Die zulässige Belastung der Kathode erhöht sich bei Verminderung ihres spezif. Widerstands, d. h. bei Anstieg der Temp. u. Verbesserung der Aktivität der Kathode. 3. Für eine gegebene Kathode wird deren zulässige Belastung durch das Produkt $i\sqrt{\tau}$ (τ = Impulsdauer) bestimmt. H. Schirrwitz. 134□

Beitrag zur Analyse der zulässigen Belastung von Oxidkathoden. S. Firkowicz. (Bull. Acad. polon. Sci., Sér. Sci. techn. **8**, 661–65, 1960; dt.) – Vgl. vorst. Referat. – Zur Beurteilung der zulässigen Belastung einer Oxidkathode wird die Abhängigkeit der Perveanz der Diode von der Strombelastung herangezogen. Zur Überprüfung der erhaltenen Gleichungen sind zylindr. Dioden hergestellt worden, die sich nur durch die Kathoden unterscheiden: 1. Kathoden mit „kurzer" u. „langer" Oxidschichtbedeckung (bezogen auf die Kernlänge), 2. Verw. von Carbonaten mit nadelförmigen u. kugelförmigen Kristallen, 3. Verw. einer Emissionsschicht ohne u. mit einer Beimischung von feinkörnigem Ni-Pulver. Alle 3 Vers.-Reihen zeigen, daß die zulässige Belastung der Kathode von der Homogenität der Temp.-Verteilung abhängt.
H. Schirrwitz. 134□

Reversible Vergiftung von Oxidkathoden durch Schwefel, Sauerstoff und andere Gase bei hohen Temperaturen. N. A. Surplice. (Brit. J. appl. Physics **10**, 359—63, Aug. 1959; Keele, Staffs., Univ. Coll. of North Staffordshire, Phys. Dep.; engl.) — Das Verh. von $^{32}S^-$, $^{16}O^-$- u. $^{13}CH^-$-Ionen, die von Oxidkathoden in Elektronenröhren nach deren Vergiftung mit S u. O bzw. durch therm. Zers. des Bindemittels [$CH_3COOC_5H_{11}$, $(C_6H_7O_5NO_2)_n$], das ebenfalls eine leichte Vergiftung bewirkt, ausgesandt werden, wird im Temp.-Bereich von 1075—1300° K massenspektroskop. untersucht. Es treten nur einatomige Ionen (bei S- u. O-Vergiftung) auf, $^{32}S^-$ u. $^{16}O^-$ verhalten sich ähnlich. Messungen der Energieverteilung der Ionen ergeben, daß während der Erholung der vergifteten Oxidkathode mehr Ionen von der Oberfläche der Kathode als aus deren Poren emittiert werden. Die Ergebnisse stützen die Annahme, daß die reversible Vergiftung bei hohen Temp. durch die Adsorption negativer Ionen auf der inneren u. äußeren Oberfläche des porösen Oxidüberzugs hervorgerufen wird. P. Frenzel. 134□

Regeln zur Voraussage der Halbleitung in anorganischen Kristallgittern. J. P. Suchet. (Physics Chem. Solids **12**, 74—88, Dez. 1959; Paris, Manufact. de Saint-Gobain, Serv. de Rech. Fondament.; franz.) — Die Unters. der exakten Bedeutung der „8-N-Regel" zeigt, daß diese für halbleitende Verbb. vorgeschlagene Regel durch 2 analoge Regeln für 3- u. 2fach koordinierte Gitter ergänzt werden muß. Zur Veranschaulichung solcher Elektronenregeln sind die rein kovalenten den Ionenformeln vorzuziehen. Werden diese Formeln für Bindungsschemata benutzt, so können Gitterfehlstellen als Atome mit der Wertigkeit Null betrachtet werden. Vf. führt den neuen Begriff des „kompensierten Gitters" ein, der auf der Kenntnis der Wechselwrkg. zwischen substituierten u. Zwischengitterverunreinigungen in Ge u. Si beruht. Dieser neue Begriff wird ebenfalls für solche Substanzen verwendet, die wie Li_3Bi nicht in das oben erwähnte Bindungsschema passen. Ausführlich wird der Strukturtyp Bi_2–Fe_3 diskutiert u. eine Klassifikation aller bekannten anorgan. Halbleiter in einige wenige fundamentale Gittertypen vorgenommen. J. Peters. 135□

Stationäre Zustände von Halbleitern. Harvey Brooks. (Physics Chem. Solids **8**, 531—36, Jan. 1959; Harvard Univ.; engl.) — Allg. Überblick: Gültigkeit der Bändertheorie, Bandberechnungen, das Bändermodell u. die wirklichen Bandstrukturen. Als prakt. Beispiele werden *Ge, Si, Graphit*, intermetall. III—V-Verbb. (*InSb, InAs, GaAs*), *PbS, PbSe, PbTe*, Bi_2Te_3, *ZnO, CdS, ZnS* behandelt; bes. wird auf Verunreinigungsniveaus u. Gitterschwingungen eingegangen. G. Ruban. 135□

Transport. C. Herring. (Physics Chem. Solids **8**, 543—49, Jan. 1959; Murray Hill, N.J., Bell Telephone Labor.; engl.) — Allg. Überblick über die Transporterscheinungen in Halbleitern: Bewegung der freien Träger, Phononen, Excitonen oder Quanten sowie das Überspringen von Ladungen („hopping"); bes. wird auf verschiedene Eigg. von *InSb* eingegangen. G. Ruban. 135□

Thermoelektrische und thermomagnetische Effekte in Halbleitern. O. Madelung. (Halbleiter u. Phosphore, Kolloquium **1956**, 178—83, 1958; Erlangen, Siemens-Schuckert AG, Forsch.-Labor.; dt.) — Besprechung der den thermoelektr. u. thermomagnet. Vorgängen in Halbleitern zugrunde liegenden physikal. Vorgänge.
H. Roschkowski. 135□

Berechnung der isothermischen longitudinal-transversalen galvano- und thermomagnetischen Erscheinungen in Halbleitern unter Registrierung des „Mitreiß"-Effektes. Je. Dshakssimow. (Известия Академии Наук УзССР, Серия Физик-Математических Наук [Nachr. Akad. Wiss. UsbekSSR, Ser. physik.-math. Wiss.] **1960**, Nr. 6, 45—52; Phys.-techn. Inst. der Akad. der Wiss. der UsbekSSR; russ., Auszug: usbek.) — Vgl. C. **1961**, 6392. — Es werden mathemat. Berechnungen des „Mitreiß"-Effektes für alle longitudinal-transversale galvano- u. thermomagnet. Erscheinungen in schwachen u. starken Feldern durchgeführt. J. Tůmová. 135□

Theorie der elektrischen Leitung in starken Magnetfeldern. P. N. Argyres und L. M. Roth. (Physics Chem. Solids **12**, 89—96, Dez. 1959; Lexington, Mass., MIT, Lincoln Labor.; engl.) — Vff. weisen darauf hin, daß die quantenmechan. Transporttheorien in starken Magnetfeldern den Einfl. des elektr. Feldes auf die Streuung vernachlässigen. Es wird gezeigt, daß im Falle großer Hall-Winkel ($\omega_0\tau \gg 1$, ω_0 = Cyclotronfrequenz, τ = Relaxationszeit) der Strom eines elektr. Querfeldes durch direkte Potenzentw. der Streupotentiale erhalten wird. Sowohl elast. als auch unelast. Stöße werden betrachtet. Vff. finden, daß der Querstrom als Drift der Zentren der Elektronenkreisbahnen im Magnetfeld beschrieben werden kann. Es wird jedoch hervorgehoben, daß dieses Verf. nur für nichtoscillierende elektr. Felder gilt. J. Peters. 135□

Die Existenz von Kramers-Kronig-Beziehungen für den Magnetoleitfähigkeitstensor. H. N. Spector. (Physics Chem. Solids **18**, 258—59, Febr. 1961; Chicago, Ill., Univ. of Chicago, Inst. for the Study of Metals; engl.) — Für die Kramers-Kronig-

Beziehung (KKB) zwischen den σ_{xx}- u. σ_{xy}-Komponenten des Magnetoleitfähigkeitstensors ist die Konstanz der Relaxation in einer Elektronenbahn eine notwendige u. hinreichende Bedingung. Da die KKB Aussagen über die Eigg. von Ladungsträgern in Halbleitern liefert, untersucht Vf. eine Erweiterung der KKB auf allg. Relaxationszeiten u. Formen der Elektronenbahnen. Herbert Müller. 135□

Zener-Effekt und Stoßionisation. Walter Franz. (Halbleiter u. Phosphore, Kolloquium **1956,** 317—28, 1958; Münster/Westfalen, Univ.; dt.) — Theoret. Behandlung der Zenerschen Formel für die innere Feldemission u. Besprechung der Theorie der Stoßionisation des Valenzbandes durch ein Leitungselektron. Die Zenersche Formel wird für die Berechnung der inneren Feldemission als nicht ausreichend betrachtet. Es wird eine brauchbare Formel für den 3dimensionalen Kristall durch Auswertung der Houstonschen Theorie abgeleitet; dabei wird auch die Coulombsche Wechselwrkg. zwischen den entstehenden Leitungselektronen u. dem im Valenzband zurückgelassenen Loch in Rechnung gestellt. Bei der Unters. der Theorie der Stoßionisation des Valenzbandes durch ein Leitungselektron werden die Leitungselektronen als quasi-frei angenommen. Die zur Ionisation benötigte Energie ergibt sich etwas größer als die opt. Bandlücke; die Stoßwahrscheinlichkeit nimmt beim Überschreiten dieser Energie, je nach der Bandstruktur, quadrat. oder kub. mit der Überschußenergie zu.
H. Roschkowski. 135□

Bestrahlung von Halbleitern. H. Y. Fan und K. Lark-Horovitz. (Halbleiter u. Phosphore, Kolloquium **1956,** 113—38, 1958; Lafayette, Ind., Purdue Univ.; engl.) — *Ge*-Halbleiterproben mit verschiedenem spezif. elektr. Widerstand u. verschiedener Ladungsträger-Konz. wurden mit Deuteronen (9,6 MeV), α-Teilchen (4,5 MeV; Strahlungsquelle Po) u. Elektronen (4,5 MeV) bestrahlt. Die dadurch entstehenden neuen Energieniveaus wurden als Funktion des Fermi-Niveaus, der Temp.-Abhängigkeit des Hall-Koeff., des spezif. elektr. Widerstands u. der spektralen Abhängigkeit der Photoleitfähigkeit ermittelt. α-Partikelbestrahlung des Ge führt zu einer breiteren Streuung der eingeführten Energieniveaus als Elektronenbestrahlung, die Photoleitfähigkeit ist nach Elektronen- bzw. Deuteronenbestrahlung die gleiche. Bei 90° K ändert sich der Hall-Koeff. u. die Leitfähigkeit, bei 180° K beginnen die bestrahlungserzeugten Defekte auszuheilen. Nach Bestrahlung u. Stehenlassen bei 273° K kann Ausheilung beobachtet werden. n- bzw. p-Ge verhalten sich dabei unterschiedlich. Der Ionisation der Defektstellen wird ein gewisser Einfl. darauf zugeschrieben. Bei der Bestrahlung von *InSb* u. *InAs* mit Elektronen bei der Temp. des fl. N wird festgestellt, daß n-InSb sich zu p-InSb umwandelt; p-InAs ging zum n-Typ über. Die Anzahl von Donatoren stieg in-InAs mit der Bestrahlung. Die Bestrahlung von *n*- u. *p-Si* mit Neutronen, Elektronen u. Deuteronen ergibt nach längerer Bestrahlung unabhängig vom Ausgangsmaterial Eigenhalbleitung.
H. Roschkowski. 135□

Der photopiezoelektrische Effekt in Halbleitern. Jan Tauc und Milena Závětová. (Českoslov. Časopis Fysiku **9,** 241—45, 1959; Czechoslov. J. Physics **9,** 572 bis 577, 1959; Praha, ČSAV, Úst. techn. fysiky.; engl.) — Bei Halbleitern (*Ge*-Einkristallen vom n- u. p-Typ, *Si* vom p-Typ) mit inhomogener Druckverteilung wird ein neuer Photovoltaeffekt gefunden, der als „photopiezoelektr. Effekt" bezeichnet wird. Seine Entstehung kann aus der Abhängigkeit der Breite der verbotenen Zone vom Druck erklärt werden. Die inhomogene Verteilung der inneren Spannungen in photoelektr. empfindlichen Halbleiterkristallen kann den Effekt verursachen.
R. K. Müller. 135□

Auswirkung elastischer Beanspruchung auf die Leitfähigkeit homöopolarer Halbleiter. Robert W. Keyes. (Halbleiter u. Phosphore, Kolloquium **1956,** 236—46, 1958; Pittsburgh, Pa., Westinghouse Res. Labor.; engl.) — Vf. bespricht zwei Arten der Wrkg. elast. Beanspruchung auf die elektr. Leitfähigkeit von Halbleiterkristallen, nämlich Beanspruchung durch 1. hydrostat. Druck u. 2. homogene Scherung. Im ersten Fall bleibt die Punktgruppensymmetrie erhalten, im zweiten kann sie zerstört werden. Die Änderung der Leitfähigkeiten wird unter Bezug auf das Bändermodell der Elektronen theoret. behandelt. Experimentelle, z. T. aus der Literatur stammende Werte sind für *Te, Ge, Si, P, InSb, InAs* u. Mg_2Sn angegeben. — 42 Literaturangaben (bis 1956).
H. Roschkowski. 135□

Oberflächeneinflüsse auf die Diffusion von Verunreinigungen in Halbleitern. F. M. Smits, I. C. Miller und R. L. Batdorf. (Halbleiter u. Phosphore, Kolloquium **1956,** 329—37, 1958; Murray Hill, N.J., Bell Telephone Labor.; engl.) — Bei der Diffusion von Verunreinigungen der 3.—5. Gruppe in *Ge* ist nach Auffassung der Vff. der vorherrschende Oberflächeneffekt ein geschwindigkeitsbestimmender Transport des diffundierenden Materials durch die Grenzfläche bei Abwesenheit einer fl. Schicht. Die Oberflächen-Konz. erreicht bei endlicher Geschw. die Gleichgewichtskonzentration. Am *Si* wird beträchtliche Verdampfung bei zur Diffusion von Verunreinigungen der 3. bis 5. Gruppe nötigen Temp. beobachtet. Das macht es möglich, im stationären Zustand Schichten mit einer exponentiellen Verteilung von Verunreinigungen zu erhalten H. Roschkowski. 135□

Methoden zur Ermittlung der Verteilung der Oberflächenzustände von Ge und Si. J. Bardeen. (Halbleiter u. Phosphore, Kolloquium **1956,** 81–97, 1958; Urbana, Ill., Univ. of Illinois, Electr. Engng. Res. Labor.; engl.) — Theoret. Abhandlung über verschiedene Meth. zur Ermittlung der Oberflächenzustände unter Verw. des Kanaleffekts u. des Feldeffekts an *Ge*- u. *Si*-Kristallen. H. Roschkowski. 135□

Der Einfluß von schnellen α-Teilchen auf die Eigenschaften von Silicium-p-n-Photoelementen. P. Günther und G. Köhl. (Halbleiter u. Phosphore, Kolloquium **1956,** 362, 1958; Belecke, AEG-Labor.; dt.) — n-leitende *Si*-Scheiben, an deren einer Oberfläche sich eine photoempfindliche p-Schicht befand, wurden mit α-Teilchen beschossen. Die Ausbeute der bei der Bremsung erzeugten Paare, die Geschw.-Abhängigkeit u. der zeitliche Verlauf der Ausbeute wurden aufgenommen. Die Photoempfindlichkeit u. die Diffusionslänge der Minoritätsladungsgträger wurden vor u. nach einer längeren Bestrahlungsdauer gemessen. Temperprozesse zur Ausheilung der Fehlstellen zeigten, daß sich die Ausgangswerte schon nach einigen Min. bei 400° wieder einstellten. Der Gang der Diffusionslänge u. der Photoempfindlichkeit der Elemente während des Temperprozesses werden gezeigt. Der Abfall der Empfindlichkeit mit der Bestrahlungsdauer ist auf den Einfl. der durch die Bremsung der α-Teilchen hervorgerufenen Gitterstörungen (traps) im Si zurückzuführen. H. Roschkowski. 135□

Theorie der elektrischen Leitfähigkeit in Si. 2. Mitt. **Bereich mittelstarker Felder („warme Elektronen").** Wolfgang Klose. (Ann. Physik [7] **8,** 287–302, 1961; Berlin, Dt. Akad. der Wiss., Physik. Techn. Inst.; dt.) — 1. vgl. C. **1962,** 14035. — Unter Berücksichtigung der Kristallsymmetrie wird für die Beweglichkeit warmer Elektronen ein allg. Ausdruck angegeben. Mit dem Koeff. des quadrat. Feldstärketerms in der Beweglichkeit aus dem an den Ohmschen anschließenden Bereich warmer Elektronen kann die Theorie mit den Messungen verglichen werden. Es zeigt sich, daß die Anisotropie von der Richtung u. Größe des angelegten Feldes abhängt. H. Schibilla. 135□

Heiße Elektronen in Germanium vom n-Typ. Jiro Yamashita und Kenzo Inoue. (Physics Chem. Solids **12,** 1–21, Dez. 1959; Tokyo, Univ. of Tokyo, Inst. for Solid State Phys.; engl.) — Der nichtohmsche Strom in „many-valley"-Halbleitern wird untersucht, indem die Streuung durch akust. u. opt. Schwingungen u. die „intervalley"-Streuung betrachtet werden. Die Intensität dieser Wechselwrkg. wird aus den Meßdaten der Temp.-Abhängigkeit des ohmschen Stromes u. des akust.-elektr. Effekts berechnet. Die theoret. Ergebnisse für die Drift-Geschw. stehen über einen weiten Bereich des untersuchten Gebietes in guter quant. Übereinstimmung mit den Beobachtungen von Gunn (J. Electronics and Control **2,** [1956], 87) u. Ryder (C. **1954,** 8045). Außerdem wird die von Sasaki u. Mitarbeitern (C. **1959,** 6030) beobachtete Anisotropie der heißen Elektronen diskutiert. J. Peters. 135□

Der Einfluß der Oberflächenrekombination auf die spektrale Empfindlichkeit der Photoleitung von n-leitendem Germanium. Ting-Yuan Tang und Kuo-Yu Kao. (Scientia sinica **7,** 165–78, Febr. 1958; Peking, Acad. Sinica, Inst. of Appl. Phys.; engl.) — Vgl. C. **1959,** 1019. — Es wird ein Ausdruck für die Photoleitfähigkeit für den Fall abgeleitet, in dem die Vol.-Rekombination vom Shockley-Read-Typ u. die Oberflächenrekombination als Grenzbedingung eingeführt ist. Es wird ein Photoleitungsspektrum berechnet u. mit experimentell ermittelten Kurven verglichen. Die Übereinstimmung ist hinreichend für Wellenlängen $>1{,}2\ \mu$. Unterhalb $1{,}2\ \mu$ liegt die experimentell ermittelte Kurve unter der berechneten. Es wird vermutet, daß noch weitere Arten der Vol.-Rekombination existieren. Für den direkten bzw. indirekten Übergang über das verbotene Band von Ge werden 0,83 bzw. 0,635 eV ermittelt. H. Liepack. 135□

Messung der Oberflächen-Rekombinationsgeschwindigkeit an Germanium auf der Grundlage der Spektralabhängigkeit der photoelektrischen Spannung. J. Świderski. (Bull. Acad. polon. Sci., Sér. Sci. techn. **9,** 563–70, 1961; Polish Acad. of Sci., Inst. of Fundamental Techn. Probl., Dep. of Electronics; engl.) — Die beschriebene Meth. zur Messung der Oberflächen-Rekombinations-Geschw. (S) an Ge besitzt folgende Vorteile gegenüber den bisherigen Meth.: 1. Es ist nicht notwendig, die Parameter, die aus den Material-Eigg. resultieren, genau zu kennen. 2. Die Probe kann beliebig geformt vorliegen. 3. Der Messung gehen keine technolog. Operationen voraus. Die Schwierigkeiten der

Meth. liegen 1. in der erforderlichen hohen Intensität u. Qualität der monochromat. Strahlung ($\lambda = 1{,}2-1{,}7\,\mu$); 2. in der Forderung, daß die Änderung des spezif. Widerstands in der Richtung der Elektroden größer sein soll als in den anderen Richtungen; 3. in der Kenntnis der spektralen Abhängigkeit des Absorptions-Koeff., der Quantenausbeute u. des Reflexions-Koeff. u. 4. darin, daß bei kleinen Größen von S die Genauigkeit gering ist. Für eine Probendicke von 0,8 mm u. eine Diffusionslänge des Minoritätsträgerstroms von 0,4 mm ergibt sich eine S von 4250 cm/sec. H. Schibilla. 135□

Haftstellenkonzentration in Germanium, ihre Ermittlung aus Messungen der Lebensdauer und die Beziehung zu einer praktischen Durchschlagsspannung in p–n-Übergangs-Gleichrichtern. F. W. G. Rose. (Halbleiter u. Phosphore, Kolloquium **1956**, 356–62, 1958; Rugby, England, Brit. Thomson-Houston Co. Ltd.; engl.) — Vf. beschreibt einen experimentell ermittelten Zusammenhang zwischen der Durchschlagsspannung in p–n-Gleichrichtern u. der Haftstellen-Konz. im *n-Ge*. Im log–log-Diagramm der Durchschlagsspannung gegen die Konz. aller Donatoren u. Donatorhaftstellen ergibt sich eine Gerade. H. Roschkowski. 135□

Elektronenprozesse an interkristallinen Grenzen in Germanium. T. Figielski. (Acta physica polon. **19**, 607–30, 1960; Warzawa, Polish Acad. of Sci., Inst. of Phys.; engl.) — Vf. untersucht den Einfl. der Korngrenzen auf die Lochdiffusion in Germanium vom n-Typ u. photoelektr. Vorgänge an Korngrenzen. Es werden zwei Arten von Grenzen gefunden. Die erste Art wird durch verstärkte Lochrekombination u. das Fehlen von photoelektr. Vorgängen charakterisiert. Die Korngrenzen der zweiten Art zeigen keine Rekombination u. die Diffusionslängen der Löcher in der Verzweigungsebene gemessen übersteigen beträchtlich den Wert der Volumendiffusion. Diese Korngrenzen sind der Ort starker photoelektr. Effekte. Vf. schließt daraus, daß eine n–p^+–n-Struktur durch die Korngrenzen der zweiten Art gebildet wird, während die Korngrenzen der ersten Art als entsprechend den n–p–n-Strukturen angesehen werden. G. Jordan. 135□

Eigenschaften des Sauerstoffes in Germanium. J. Bloem, C. Haas und P. Penning. (Physics Chem. Solids **12**, 22–27, Dez. 1959; Eindhoven, N.V. Philips Gloeilampenfabrieken, Philips Res. Labor.; engl.) — Ge-Kristalle werden in O_2-Atmosphäre dem Zonenschmelz-Verf. unterworfen. Der O-Geh. im Kristall, wie er sich aus IR-Absorptionsmessungen bei 856 cm^{-1} ergibt, ist bei einem Druck $p_{O_2} < 20$ Torr direkt proportional p_{O_2}; bei höheren O_2-Drücken bleibt der O_2-Geh. konst. mit $7 \cdot 10^{17}$ Atomen/cm^3. Durch Wärmebehandlung des Kristalles bei relativ niedrigen Temp. (400°) werden Donatoren eingeführt, die beim Erhitzen auf höhere Temp. (700°) wieder verschwinden. Die Zahl der Donatoren hängt von der O-Konz. ab. Die Vers.-Ergebnisse werden auf Grund eines Gleichgewichts zwischen isolierten O-Atomen u. Donator-Komplexen, die aus 4 O-Atomen bestehen, erörtert. Der Hall-Effekt der O-Donatoren deutet auf das Vorhandensein mehrerer Donatorniveaus. In Ge-Kristallen, die unter O_2 dem Zonenschmelz-Verf. unterworfen wurden, werden zwei zusätzliche Absorptionsbanden bei 1100 u. 1260 cm^{-1} gefunden. J. Peters. 135□

Einfluß der Entstehungstemperatur auf den Kristallisationsgrad und die elektrischen Eigenschaften von Germaniumfilmen auf Fluorit. R. L. Schalla, L. H. Thaller und A. E. Potter jun. (J. appl. Physics **33**, 2554–55, Aug. 1962; Cleveland, Ohio, Nat. Aeron. and Space Administrat, Lewis Res. Center; engl.) — Kristalline Ge-Filme wurden epitakt. durch Vakuum-Aufdampfen auf erwärmte Flußspatunterlagen hergestellt. Der Einfl. der Temp. der Unterlage während des Aufdampfens auf den Kristallisationsgrad u. die elektr. Eigg. wurde untersucht. Ge mit 30 Ω cm vom p-Typ wurde unter einer herkömmlichen Glasglocke bei Drücken zwischen 10^{-5} u. 10^{-4} Torr aus einem widerstandsbeheizten Ta-Schiffchen auf Flußspatplättchen aufgedampft. Die Temp. der Unterlagen wurden im Bereich von 470–915° variiert, während die Aufdampf-Geschw. mit 1500 Å/min. u. die Aufdampfzeit mit 2 Min. konst. gehalten wurden. Die Kristallisation wurde durch Elektronenbeugung verfolgt. Dabei wurde ein Übergang vom nahezu amorphen Film bei 470° bis zum Einkristallfilm bei 915° beobachtet. Für Filme des p-Typs wurden Hall-Koeff. u. elektr. Leitfähigkeit gemessen. Die Ergebnisse werden zusammen mit den Beweglichkeiten u. den daraus errechneten Träger-Konzz. wiedergegeben. Die Beweglichkeiten nehmen mit der Aufdampf-Temp. stark zu. Die Lebensdauer der Träger war bei den meisten kristallinen Filmen kleiner als 1 μs, während das Ausgangs-Ge eine Trägerlebensdauer von über 12 μs hatte.
R. Esenwein. 135□

Die ambielektronischen, thermomagnetischen Effekte und der Mechanismus der Elektronen-Relaxation bei III—V-Verbindungen. Michel Rodot. (C. R. hebd. Séances Acad. Sci. **252**, 2526–28. 24/4. 1961; Bellevue, Seine-et-Oise, C.N.R.S. Labor. de Magnet. et de Phys. du Solide; franz.) — Bei den sog. III–V-Verbb. (z. B.

InSb) hat man die thermomagnet. Effekte durch eine Wechselwrkg. der Elektronen mit den opt. Gitterschwingungen zu erklären versucht, die bei GaAs u. InAs vernachlässigbar klein sein sollen. Vf. zeigt, daß man den Nernst-Effekt bei *GaAs* u. *GaSb* aber auch durch die Überlappung der Elektronenteilbänder gut erklären kann. Für die Effekte bei *InAs* ist es jedoch notwendig, zur Erklärung eine polare Wechselwrkg. heranzuziehen. H. Fahlenbrach. 135☐

Die magnetische Widerstandsänderung von Elektronen in InP und GaAs. M. Glicksman. (Physics Chem. Solids **8**, 511—15, Jan. 1959; Princeton, N.J., RCA Labor.; engl.) — Messungen der magnet. Widerstandsänderung von n-InP bei 292° K als Funktion des Winkels (ϑ) zwischen Magnetfeld (H = 10000 Oe) u. der [0 0 1]-Richtung in den Ebenen (0 1 0), ($\bar{1}$ 1 0) u. (1 1 0) ergeben in den ersten beiden Fällen einen kontinuierlichen Abfall bis ϑ = 90° (Minimum) u. einen ebenso steilen Anstieg bis ϑ = 180° (Maximum, ident. dem bei ϑ = 0°), im letzteren Fall (1 1 0) dagegen einen konst. Verlauf. Analog wird das Verh. von n-GaAs untersucht. G. Ruban. 135☐

Beobachtungen von oscillatorischen magnetischen Widerstandsänderungen in InAs bei Mikrowellenfrequenzen. G. Bemski und B. Szymanski. (Physics Chem. Solids **17**, 335—36, Jan. 1961; Murray Hill, N.J., Bell Telephone Labor.; engl.) — InAs wurde in einem Elektronenspinresonanzspektrometer bei 24000 MHz untersucht. Minima treten auf infolge der zunehmenden Energieabsorption bei Widerstandsmaxima, d. h. wenn ein Landau-Niveau ein Fermi-Niveau kreuzt. Die Mikrowellen-Meth. bietet den Vorteil höherer Empfindlichkeit u. Verw. kleinerer Proben, ohne Elektroden damit in Berührung zu bringen. Das Aussehen der Oscillatorlinien ist dem der Plasmaresonanzabsorption sehr ähnlich. Ähnliche Beobachtungen wurden beim *InSb* gemacht. G. Talsky. 135☐

Cyclotronresonanz bei Infrarotfrequenzen und magnetooptische Bandlückeneffekte am InSb. E. Burstein, G. S. Picus und H. A. Gebbie. (Halbleiter u. Phosphore, Kolloquium **1956**, 370—75, 1958; Washington, D.C., U. S. Nav. Res. Labor.; engl.) — Inhaltlich ident. mit der C. **1957**, 5172 referierten Arbeit. H. Roschkowski. 135☐

Elektronenbeweglichkeit von Indiumarsenidphosphid [In(As_yP_{1-y})]. H. Ehrenreich. (Physics Chem. Solids **12**, 97—104, Dez. 1959; Schenectady, N.Y., Gen. Electric Res. Labor.; engl.) — Die Elektronenbeweglichkeiten von InP, InAs u. In(As_yP_{1-y})-Legg. werden unter Benutzung der Bänderstruktur dieser Substanzen berechnet. Es wird gezeigt, daß die Beweglichkeiten in erster Linie durch eine Kombination der polaren opt. Schwingungen u. der Streuung durch geladene Verunreinigungen zwischen ca. 200 u. 500° K bestimmt werden. Die auf der Grundlage dieses Streuungsmechanismus berechnete Beweglichkeit von In(As_yP_{1-y}) als Funktion von y bei Raum-Temp. stimmt innerhalb ca. 30% mit den experimentellen Daten von Weiss (Weiss, Z. Naturforsch. **11a**, [1956], 430) überein. Werden die berechneten u. experimentellen Beweglichkeiten unter Berücksichtigung der effektiven Ionenladung von InAs u. InP angepaßt, so stimmen die berechneten u. experimentellen Kurven über den ganzen Bereich von y ziemlich gut überein. Das zeigt, daß die Streuung auf Grund der Gitterunordnung für die elektr. Eigg. keine vorherrschende Rolle spielt. J. Peters. 135☐

Photoelektrische Leitfähigkeit verschiedener Calciumhalophosphatproben. G. Déjardin, J. Janin und L. Cotton. (J. Physique Radium **19**, 79 S—81 S, Dez. 1958; Lyon, Univ., Inst. de Phys. Gén., Labor. de Spectroscopie; franz.) — Es werden dünne Schichten (0,5 mm, Oberfläche 415 mm²) des Calciumhalophosphates im Vakuum zwischen einer Platte u. einem Gitter aus vernickeltem Messing aufgebracht u. mit verschieden gefiltertem Licht einer Hg-Lampe bestrahlt. Eine meßbare Photoleitfähigkeit tritt nur bei kurzen λ auf; so beträgt der mit Licht der Wellenlänge 2537 Å (1,5 μW) in Sb- u. Mn-aktivierten Proben erzeugte Photostrom 10^{-14}A. Strahlung von 1850 Å u. 0,1 μW erzeugt einen Photostrom von 10^{-13} A u. 0,01 V. Für alle Proben (undotiert u. Sb-, Mn-, Sn-aktiviert) ist der Photostrom proportional dem Lichteinfall. Der Dunkelstrom folgt bei niedriger Spannung nicht dem Ohmschen Gesetz, sondern $i = kV^2$ (Ausnahme: linear bei Probe mit Sb). Nach Beenden der Bestrahlung nimmt der Photostrom in 3 Min. stark ab, schließlich langsamer u. ist nach 10 Min. gleich Null. Die Abnahme des Photostroms läßt sich durch Infrarotbestrahlung nicht aufhalten. D. Papenfuß. 135☐

Über die Beeinflussung der Ionenleitfähigkeit von NaCl durch Röntgenstrahlung. J. Hacke. (Z. Physik **155**, 628—35, 1959; Gießen, Univ., Phys. Inst.; dt.) — Die Ionenleitfähigkeit von NaCl-Einkristallen, gemessen während einer Bestrahlung mit Röntgenstrahlen, wird durch die Röntgen-Einw. bei Temp. zwischen ca. 200 u. 400° in Abhängigkeit von der Temp. (bis zu 40%) herabgesetzt. Oberhalb von 400° sind Bestrahlungseffekte nicht mehr beobachtbar; bereits vorhandene Strahlungsdefekte werden ausgeheilt. Die Beobachtungen werden im Zusammenhang mit der Annahme von Leerstellenkomplexbildungen diskutiert. J. Rudolph. 135☐

Impulsphotoleitfähigkeit von additiv gefärbtem KBr. Masami Onuki und Hiroshi Ohkura. (J. physic. Soc. Japan **15**, 1862—71, Okt. 1960; Osaka, City Univ., Dep. of Appl. Phys.; engl.) — Bei der Messung des Photostroms von additiv gefärbtem KBr wurde die Raumladungs-Wrkg. bei period. pulsierender Bestrahlung u. Anwendung von Gleich- u. Wechselfeldern aufgefunden. Sie wird auf das Freiwerden getrappter Elektronen in Oberflächenzuständen mit einer Tiefe von 0,3 eV zurückzuführen sein. Es wurden 3 Arten von Fallen festgestellt, von denen eine ein F-Zentrum, die anderen unbekannte Zentren darstellen, die durch Verunreinigungen oder durch therm. Behandlung hervorgerufen sein könnten. Die therm. Aktivierungsenergie der Elektronen dieser 3 Fallen zum Leitungsband beträgt 0,44, 0,35 u. 0,43 eV. Das Anwachsen u. Ausbleichen der opt. Absorptionsbanden wurde im Hinblick auf die Fallen untersucht. Um die Raumladungs-Wrkg. auszuschließen ist es zweckmäßig, das Wechselfeld zu übernehmen u. die pulsierende Anregung mit den positiven u. negativen Spitzen des Wechselfeldes zu synchronisieren. Es wurden ferner die Temp.-Abhängigkeit des pulsierenden Photostroms durch Variierung der Anregungsdauer u. die Zeit-Konst. des Abklingens des Photostroms nach Beendigung der Belichtung bestimmt. G. Herzog. 135□

Thermisches Verhalten des Hall-Effektes dünner Wismutschichten. Versuchsergebnisse. Antoine Colombani und Pierre Huet. (C. R. hebd. Séances Acad. Sci. **254**, 1988—90, 12/3. 1962; Mont-Saint-Aignan, Rouen, Coll. Sci. Univ., Labor. de Phys.; franz.) — Von dünnen Bi-Schichten (210—13700 Å) wird im Vakuum (10^{-4} Torr) die Hall-Spannung V_H senkrecht zur Schicht u. isotherm zwischen 23 u. 300° als Funktion der Induktion B (0—3 Weber/m²) bestimmt. Unterhalb 220° ist $V_H \sim B$ u. der Hall-Koeff. beträgt $R_H = -0{,}7 \cdot 10^{-7}$ m³/Coulomb. Die Änderungen von V_H mit B u. der Temp. sind reversibel. Für $\geq 230°$ ist $V_H = 0$ u. bei erneuter Abkühlung tritt außer für 13700 Å dicke Schichten eine Vorzeichenumkehr von R_H auf. Herbert Müller. 135□

Elektronische Eigenschaften von Einkristallen des grauen Zinns. A. W. Ewald und O. N. Tufte. (Physics Chem. Solids **8**, 523—25, Jan. 1959; Evanston, Ill., Northwestern Univ., Dep. of Phys.; engl.) — Vgl. C. **1959**, 11819. — Aus der fl. Phase (Hg) wachsen Einkristalle von grauem Sn hoher Reinheit (99,999%); oberhalb —20° entstehen p-Kristalle auf Grund des legierenden Einfl. von Hg, zwischen —25 u. —30° dagegen Kristalle mit Verunreinigungen vom n-Typ (ca. 10^{17}/cm³). Letztere werden zu Messungen der elektr. Leitfähigkeit, der magnet. Widerstandsänderung u. des Hall-Koeff., jeweils in Abhängigkeit von der Temp., sowie zu Messungen der transversalen magnet. Widerstandsänderung in Abhängigkeit von der Feldstärke (10^2—10^4 Gauß) verwendet. Die Ergebnisse sind für Temp. von 273, 78 u. 4,2° K zusammengestellt; bes. wird festgestellt, daß das Verh. des n-Sn bei 4,2° K dem des n-InSb u. InAs bei 78° K ähnelt. G. Ruban. 135□

Einige neue supraleitende Verbindungen. B. T. Matthias, V. B. Compton und E. Corenzwit. (Physics Chem. Solids **19**, 130—33, April 1961; Murray Hill, N.J., Bell Telephone Labor.; engl.) — Die Sprung-Temp., die an intermetall. Phasen beobachtet werden, sind für Verbb. vom Strukturtyp A 15 Ti_3Sb 5,8 (°K), Ti_3Ir 5,4, $(V_{2,67}Ir_{0,33})\cdot Ir$ 1,39, V_3Pt 2,83; C 15-Typ ZrV_2 8,8, ZrW_2 2,16, $ZrIr_2$ 4,10, $ThRu_2$ 3,56, $ThIr_2$ 6,5; C 14-Typ $ZrRu_2$ 1,84, $ZrOs_2$ 3,00; A 12-Typ Ti_5Re_{24} 6,6, $ZrRe_6$ 7,4, $Nb_{18a/o}Re$ 9,7, $NbOs_2$ 2,52, $Ta_{36a/o}Re$ 1,46, TaOs 1,95; σ-Phase Nb_3Os_2 1,78, Nb_3Ir_2 9,8, Nb_5Pt_3 3,73; D 10_2-Typ Th_7Fe_3 1,86, Th_7Co_3 1,83, Th_7Ni_3 1,98, Th_7Os_3 1,51, Th_7Ir_3 1,52; C 16-Typ Th_2Cu 3,49, Th_2Ag 2,26, Th_2Au 3,08 sowie für Ti_2Co 3,44, Ru_7B_3 2,58, La_3In 10,4, Al_3Os 5,9, Y_3Bi_2 2,25 u. $MoGa_4$ 9,8. Das Auftreten der Supraleitung wird an Hand der Elektronen-Konz. in den intermetall. Phasen diskutiert. Herbert Müller. 136□

Reguläre Überstrukturen von magnetischen Translationsgittern. Henryk Cofta. (Acta physica polon. **19**, 759—71, 1960; Poznán, A. Mickiewicz Univ., Inst. of Theor. Phys.; Polish Acad. of Sci., Inst. of Phys., Ferromagnetic Labor.; engl.) — Vf. untersucht magnet. Überstrukturen mittels Betrachtungen über die Ausbreitung von Spinwellen. Die charakterist. Eig. regulärer Überstrukturen ist die Anwesenheit von alternierenden parallelen ferromagnet. Ebenen, die erlauben, die Erscheinung der überstrukturellen Anisotropie der Spinwellendispersion vorauszusagen. Das Verh. der Spinwellen in bes. Überstrukturen bei kub. Gittern wird im einzelnen diskutiert, u. die theoret. Beweise der vorgelegten Annahmen werden gegeben. Darüber hinaus gibt Vf. eine einfache geometr. Interpretation für die Meth. Luttingers (Physic. Rev. [2] **81**, [1951], 1015) der Beschreibung von Überstrukturen. G. Jordan. 137□

Spin-Spin-Relaxationszeit in Ferromagnetica. Janusz Morkowski. (Acta physica polon. **19**, 701—10, 1960; Poznań, Inst. o Phys. of the Pol. Acad. of Sci., Dep.

of Ferromagnet.; engl.) — Vf. berechnet die durch pseudodipolare Kopplung zwischen Spins verursachte Spin–Spin-Relaxationszeit. Es scheint, daß für die in ferromagnet. Resonanz in Metallen angeregten Spinwellen die Relaxationszeit prakt. durch Prozesse der Aufspaltung einer Spinwelle in zwei bestimmt wird. Ebenso ist der Zusammenfluß zweier Spinwellen in eine möglich. Beide Prozesse führen zu Relaxationszeiten von der Größenordnung von 10^{-8} s für *Ni* bei Zimmer-Temp. u. einer magnet. Feldstärke von ca. 5000 Oe. G. Jordan. 137

Messungen der magnetischen Anisotropie von Eisen-Aufdampfschichten. R. Vrambout und L. De Greve. (Appl. sci. Res. [The Hague] B **9**, 102—06, 1961; Leuven, Belgium, Inst. voor Lage Temp. en Techn. Fysica; engl.) — Im Vakuum von 10^{-5} bis 10^{-6} Torr werden Fe-Aufdampfschichten mit Dicken zwischen 730 u. 1120 Å hergestellt u. mit Hilfe des magnetoopt. Kerr-Effekts untersucht, wobei einmal die Hystereseschleife der ganzen Probe in verschiedenen Richtungen gemessen wird. Dabei zeigten sich nur geringe Unterschiede, aus denen auf Einw. einer kleinen Spannungsanisotropie geschlossen wird. Da verschiedene Probenformen gleiche magnet. Eigg. zeigten, sollte eine Formanisotropie klein sein. Messungen an verschiedenen Stellen der Schicht ergaben oftmals rechteckigere Hystereseschleifen als die der Gesamtschicht, was auf größere Inhomogenitäten in der Schicht hinweist. H. Fahlenbrach. 137□

Intermetallische Verbindungen zwischen Lanthaniden und den Übergangsmetallen der ersten Langperiode. 2. Mitt. **Ferrimagnetismus von Kobalt-Verbindungen des Typs AB_5.** K. Nassau, L. V. Cherry und W. E. Wallace. (Physics Chem. Solids **16**, 131—37, Nov. 1960; Pittsburgh, Pa., Univ., Dep. of Chem.; engl.) — 1. vgl. C. **1962**, 16950. — Die magnet. Eigg. von intermetall. Phasen des Typs ACo_5 mit A = Ce, Sm, Gd, Dy, Ho, Y u. einer Mischung von Gd mit Y wurden bei verschiedenen Temp. (< 100 bis > 1400° K) untersucht; die Ergebnisse sind graph. u. tabellar. wiedergegeben. Folgende Curie-Temp. wurden bestimmt: 687° K (für *$CeCo_5$*), 1015 (*$SmCo_5$*), 1030 (*$GdCo_5$*), 1125 (*$DyCo_5$*), 1025 (*$HoCo_5$*), 975 (*YCo_5*), 1037 ($Gd_{0,83}Y_{0,17}Co_5$), 995 ($Gd_{0,61}Y_{0,39}Co_5$). G. Gattow. 137□

Dipolenergie. Anwendung auf α-Fe_2O_3. E. F. Bertaut. (J. Physique Radium **19**, 78 S, Dez. 1958; Grenoble, Inst. Fourier, Labor. d'Électrostat. et de Phys. du Métal; franz.) — Vf. weist darauf hin, daß die Dipolenergie (D) allein nicht den schwachen Ferromagnetismus des α-Fe_2O_3 erklären kann; die berechnete mol. D ist ca. 15 mal kleiner als die an α-Fe_2O_3 gemessene. Es zeigt sich weiter, daß die D das Vorzeichen ändert, wenn die Spinrichtung wechselt. D. Papenfuß. 137□

Darstellung und Eigenschaften von Ferriten mit niedrigem Verlust. Aaron P. Greifer, Yoshinao Nakada und Howard Lessoff. (J. appl. Physics, Suppl. zu **32**, Nr. 3, 382 S—383 S, März 1961; Needham Heights, Mass., RCA, Semiconductor and Mater. Div.; engl.) — Vff. berichten über die Darst. von *NiZn-Ferriten* mit einem Geh. von 1—3 Mol.-% $CoFe_2O_4$ u. geringen Zusätzen von MoO_3 oder V_2O_5 mit μ_0Q-Prodd. von 50000 bei 1,0 MHz bis 4500 bei 60 MHz. Besprochen wird der Einfl. der Stöchiometrie, der Geh. an Fe^{2+}, Erhitzungs-Temp. u. -zeit auf die Anfangspermeabilität μ_0 u. den magnet. Qualitätsfaktor Q. Es wird angenommen, daß eine notwendige Bedingung für gutes Hochfrequenzansprechen das Vorherrschen der Resoanzerscheinungen durch einen Spin-Rotationsmechanismus ist. In geeignet zusammengesetzten NiZn-Ferriten erhält man Ferrite mit niedrigem Verlust bei relativ hoher Dichte zusammen mit einer niedrigen magnetokristallinen Anisotropie u. einer sehr kleinen Teilchengröße. Diese Eigg. stehen im allg. in einem engen Zusammenhang mit dem Perminvareffekt, der bei dieser Zus. auftritt u. der sich mit Hilfe der Theorien von Néel bzw. Taniguchi u. Yamamoto erklären läßt. C. Gottfried. 137

Einfluß von Kobaltoxid in porösen Nickelferriten bei sehr hoher Frequenz. Harry F. Remde. (J. appl. Physics, Suppl. zu **32**, Nr. 3, 384 S—385 S, März 1961; Keasley, N.J., Indiana Gen. Corp.; engl.) — Vf. berichtet über Messungen bei sehr hohen Frequenzen an einer Reihe poröser Ferrite der allg. Zus. $NiO_{(1-x)}CoO_xFe_2O_3$ mit x = 0—0,08 in Stufen von 0,02. Die Ferrite wurden auf Temp. zwischen 1200 u. 1300° gebracht, um verschiedene Bruchteile der theoret. Dichte zu erhalten. Röntgenaufnahmen zeigten, daß sich die Ferrite bei der tiefsten Temp. voll ausgebildet hatten. Gemessen wurde die komplexe Permeabilität μ' u. μ'' bei verschiedenen Frequenzen u. Proben mit Bruchteildichten 0,7; 0,8 u. 0,9. Das Ansteigen von μ' u. die steile Zunahme von μ'' mit zunehmender Frequenz deuten auf Resonanz-Verh. für alle Proben, mit Ausnahme der Probe mit x = 0,08 u. der höchsten Dichte hin. Die erste Zugabe von Kobaltoxid (x = 0,02) erhöht die Frequenz des Verlustmaximums um einen Faktor von ca. 3. Für x > 0,02 bewegt sich die Frequenz des Verlustmaximums langsam nach oben, während die Dispersion gleichzeitig weniger deutlich wird. Zunahme der Bruchteildichte von 0,7 auf 0,9 erniedrigt die Dispersionsfrequenz des Ni-Ferrits um einen Faktor von ca. 2. Extrapoliert man die

Daten für $x = 0$ auf die theoret. Dichte, dann erhält man Ergebnisse, die mit Einkristallmessungen übereinstimmen, woraus geschlossen werden kann, daß das sehr hohe Frequenzverlustspektrum des Ferrits von einer Wandbewegung in nahezu vollkommenen u. kleinen Gebieten oder Körnern herrührt. C. Gottfried. 137

Elektrische Kristallfelder in Kristallen vom Spinell-Typ. V. J. Folen. (J. appl. Physics, Suppl. zu **33**, Nr. 3, 1084—86, März 1962; Washington, D.C., U. S. Naval Res. Labor.; engl.) — Es wird über paramagnet. Elektronenresonanz (PER)-Messungen an dem Fe^{3+}-Ion in über weite Bereiche „geordneten" u. „ungeordneten" Einkristallen von Spinell-artigem Lithiumaluminat ($Li_{0,5}Al_{2,5}O_4$), das zu Lithiumferrit ($Li_{0,5}Al_{2,5}O_4$) isomorph ist, berichtet. Beim „ungeordneten" Aluminat sind die meisten PER-Linienbreiten breit, dagegen bei „ungeordnetem" Aluminat verhältnismäßig schmal. Die Breite der Linien beim „geordneten" Aluminat verhinderte eine quant. Best. des kristallinen elektr. Feldes in diesem Zustand. Aus einem Vgl. der „geordneten" u. „ungeordneten" Linienbreiten schloß man, daß auch in anderen „ungeordneten" Spinellen große Schwankungen der elektr. Kristallfelder existieren können. Beim „geordneten" Aluminat wurde das PER-Spektrum für die Tetraederplätze gemessen; es ist $|D| = 0{,}104\ cm^{-1}$, $|a-F| = 0{,}0166\ cm^{-1}$ u. $g_{\parallel} = 2{,}006 \pm 0{,}002$. Die magnetokristalline Anisotropie von $Li_{0,5}\cdot Fe_{2,5}O_4$ wird auf Grund der Parameter des kristallinen elektr. Feldes, die beim Aluminat gemessen wurden, gedeutet. H. Laue. 137□

Notiz über Fe^{3+}-Ionen in Spinellstrukturen. Yoshikazu Sugiura. (J. physic. Soc. Japan **16**, 1786—87, Sept. 1961; Hodogaya, Yokohama, Japan, Sony Corp. Res. Labor.; engl.) — Einfl. von Fe^{3+}-Ionen in Spinellstrukturen auf die Linienbreite der paramagnet. Resonanzabsorption. W. Franke. 137□

Spinresonanz von Donatoren in CdS. John Lambe und Chihiro Kikuchi. (Physics Chem. Solids **8**, 492—94, Jan. 1959; Ypsilanti, Mich., Univ., Willow Run Labor.; engl.) — Messungen des paramagnet. Spinresonanzspektrums von Cl-dotiertem CdS bei 4° K ergeben ein Spinresonanzsignal mit ca. 8 Gauß Linienbreite; die Auswertung führt auf $g_{\perp} = 1{,}78$ u. $g_{\parallel} = 1{,}79$. Die Ergebnisse werden im Hinblick auf die Wurtzitstruktur diskutiert. G. Ruban. 137□

Magnetische Kernresonanzuntersuchungen von dotierten III—V-Verbindungen. E. H. Rhoderick. (Physics Chem. Solids **8**, 498—504, Jan. 1959; Baldock, Herts., Serv. Electron. Res. Labor.; engl.) — Der dominierende Einfl. von Verunreinigungen auf die magnet. Resonanz der Wirtskeime in III–V-Verbb. besteht in einer Verbreiterung, die durch die Wechselwrkg. der Kernquadrupolmomente mit inhomogenen elektr. Feldern zustande kommt. Diese elektr. Felder können entweder Coulomb-Felder, die mit ionisierten Verunreinigungen assoziiert sind, oder Verzerrungen des Kristallfeldes durch elast. Spannungen rund um neutrale Gitterfehler sein. In beiden Fällen ist die Wechselwrkg. stark genug für ca. 10^3 oder mehr Keime rund um jedes Verunreinigungsatom, so daß die Bedeutung der Gitterstruktur verschwindet u. Informationen über die unmittelbare Nachbarschaft der Fehlstelle nicht direkt zu erlangen sind. Trotzdem gibt es Fälle, in denen die Größe der Verbreiterung in Verbindung mit Messungen des Hall-Effekts qual. Aussagen über die Art der vorliegenden Fehlstelle ergibt. Die Kernresonanz zeigt z. B., daß Si-Atome auf zweierlei Art in das GaAs-Gitter eindringen können: als Donatoren oder als elektr. neutrale Teilchen. G. Ruban. 137□

Magnetische Kernresonanz in Halbleitern. Olen Kraus. (Physics Chem. Solids **8**, 504—06, Jan. 1959; Washington, D.C., Nat. Bur. of Stand.; engl.) — Vf. untersucht bei Temp. (T) von 298—180°K die Temp.-Abhängigkeit der Relaxationszeit für ^{27}Al in *AlSb* bei Träger-Konzz. ($10^{16}/cm^3$) von 3, 4 u. 20. Aus der Darst. der Spin–Gitter-Relaxationszeiten als Funktion von $1/T^2$ lassen sich (je nach Träger-Konz.) Diskontinuitäten bei 250, 210 u. 225° feststellen, deren Zustandekommen begründet u. diskutiert wird. G. Ruban. 137□

Kernspin–Gitter-Relaxation in Vanadinmetall. J. Butterworth. (Physic. Rev. Letters **5**, 305—06, 1/10. 1960; Harwell, Atom. Energy Res. Establ., Metallurgy Div.; engl.) — Vf. bestimmte die Spingitterrelaxationszeit T_1 von V-Metall als Funktion der Temp. T u. fand die Beziehung $T_1T = (0{,}788 \pm 1\%)\,s\cdot{}^0K$ im Bereich 292—20,4°K. Danach ist der vorherrschende Mechanismus der Relaxation die Wechselwrkg. zwischen Kernspins u. Leitungselektronenspins. Abweichungen von der Korringaschen Beziehung (Physica **16**, [1950], 601), die T_1 mit der Knight-Verschiebung verknüpft, zeigen, daß T_1 weitgehend durch die effektive Dichte der s-Zustände an der Fermi-Fläche bestimmt ist u. daß der Spinparamagnetismus der s-Zustände um einen Faktor von ca. 2,5 vergrößert ist. Um den gleichen Faktor ist die Spinsuszeptibilität der d-Elektronen an der Fermi-Fläche größer als auf Grund ihrer effektiven Zustandsdichte zu erwarten.

Dieser Effekt wird Austausch-Wechselwrkg. zugeschrieben, die auf Grund einer starken Mischung von s- u. d-Zuständen an der Fermi-Fläche beide Elektronenarten gleichmäßig beeinflussen. D. Jörchel. 137□

Transportzahlen in reinen geschmolzenen Salzen. Cesare Sinistri. (J. physic. Chem. **66**, 1600—01, Sept. 1962; Pavia, Univ., Ist. di Chim. Fis.; engl.) — Vgl. C. **1963**, 24. — Krit. Diskussion. Die Überführungszahlen in reinen geschmolzenen Salzen sind willkürliche Größen, die bei Festlegung des Bezugs-Syst. für die Geschw. automat. definiert sind. A. Blaschette. 138□

Elektrochemisches Verhalten des Wasserstoffs. Spannung-pH-Gleichgewichtsdiagramme des Systems $H-H_2O$ bei 25°. M. Pourbaix und N. de Zoubov. (Cebelcor, Rapp. techn. **1958**, Nr. 69, Juli; franz.) — Unter Berücksichtigung der Stoffe H_2O, H^+, OH^-, H^-, H u. H_2 werden aus bekannten Daten Potential-pH-Diagramme abgeleitet u. daraus Schlußfolgerungen bzgl. der Wasserstoffüberspannung, der Bldg. u. der Stabilität von gasförmigem H u. H_2, der Austauschströme bei der Rk. $H_2 \rightleftharpoons 2\,H^+ + 2e^-$, der Wasserstoffelektroden zur pH-Messung, der Metallkorrosion unter H_2-Entw. u. der Beizsprödigkeit gezogen. A. Blaschette. 140□

Elektrochemisches Verhalten von Lithium, Natrium, Kalium, Rubidium und Cäsium. Spannung-pH-Gleichgewichtsdiagramme der Systeme $Li-H_2O$, $Na-H_2O$, $K-H_2O$, $Rb-H_2O$ und $Cs-H_2O$ bei 25°. J. Van Muylder und M. Pourbaix. (Cebelcor, Rapp. techn. **1958**, Nr. 70, Juli; franz.) — Vgl. vorst. Referat. — Unter Berücksichtigung fester (Li, LiH, Na, NaH, K, KH, Rb, RbH, Cs, CsH) u. gelöster Stoffe (Li^+, $LiOH\cdot aq$, Na^+, $NaOH\cdot aq$, K^+, $KOH\cdot aq$, Rb^+, $RbOH\cdot aq$, Cs^+, $CsOH\cdot aq$) werden aus bekannten Daten (Freie Enthalpien nach Latimer) Potential-pH-Diagramme abgeleitet u. daraus Schlußfolgerungen bzgl. der Stabilität der Alkalimetalle, ihrer Hydride u. des Na-Amalgams gezogen. A. Blaschette. 140□

Elektrochemisches Verhalten des Berylliums. Spannung-pH-Gleichgewichtsdiagramm des Systems $Be-H_2O$ bei 25°. J. Van Muylder und M. Pourbaix. (Cebelcor, Rapp. techn. **1958**, Nr. 71, Juli; franz.) — Vgl. vorst. Referate. — Unter Berücksichtigung der festen Stoffe bzw. gelösten Ionen Be, BeO, $Be(OH)_2$, $Be_2O(OH)_2$, Be^{2+}, Be_2O^{2+}, $Be_2O_3^{2-}$ u. BeO_2^{2-} wird aus bekannten Daten (Freie Enthalpien nach Latimer) ein Potential-pH-Diagramm abgeleitet; daraus werden Schlußfolgerungen bzgl. der Stabilität u. der Korrosion des metall. Be sowie der Bldg. u. Stabilität der Be-Oxide u. -Hydroxide gezogen. A. Blaschette. 140□

Elektrochemisches Verhalten von Calcium, Strontium und Barium. Spannung-pH-Gleichgewichtsdiagramme der Systeme $Ca-H_2O$, $Sr-H_2O$ und $Ba-H_2O$ bei 25°. J. Van Muylder und M. Pourbaix. (Cebelcor, Rapp. techn. **1958**, Nr. 72, Juli; franz. — Vgl. vorst. Referate. — Unter Berücksichtigung der festen Stoffe bzw. der gelösten Ionen CaH_2, SrH_2, BaH_2, Ca, Sr, Ba, CaO, SrO, BaO, $Ca(OH)_2$, $Sr(OH)_2$, $Ba(OH)_2\cdot 8\,H_2O$, CaO_2, SrO_2, BaO_2, $BaO_2\cdot H_2O$, Ca^{2+}, Sr^{2+} u. Ba^{2+} werden aus bekannten Daten (Freie Enthalpien nach Latimer) Potential-pH-Diagramme abgeleitet u. daraus allg. Schlußfolgerungen bzgl. der Stabilität der drei Metalle sowie der Bldg. u. Stabilität ihrer Hydride, Oxide u. Peroxide gezogen. A. Blaschette. 140□

Elektrochemisches Verhalten des Radiums. Spannung-pH-Gleichgewichtsdiagramm des Systems $Ra-H_2O$ bei 25°. J. Van Muylder und M. Pourbaix. (Cebelcor, Rapp. techn. **1958**, Nr. 73, Juli; franz.) — Vgl. vorst. Referate. — Unter Berücksichtigung der festen Stoffe Ra u. RaO u. des Ions $Ra^{2+}\cdot aq$ wird aus bekannten Daten (Freie Enthalpien nach Latimer) ein Potential-pH-Diagramm abgeleitet; daraus werden Schlußfolgerungen bzgl. der Bldg. u. der Stabilität von metall. Ra gezogen. A. Blaschette. 140□

Einfluß von Verunreinigungen auf die elektrolytische Konzentrierung von Schwerem Wasser. J. Brun, W. Gundersen und Th. Varberg. (Kgl. norske Vidensk. Selsk., Forh. **30**, 29—34, 1957; TH of Norway, Dep. of Ind. Electrochem.; engl.) — Vff. untersuchen den Einfl. von Verunreinigungen (*Zn*, *Sn*, *Pb*, *Cr* sowie *V* u. *Pt*) auf den Trennfaktor k bei der elektrolyt. Konzentrierung von D_2O in 5%ig. KOH-/10%ig. D_2O-Lsg. mit Flußstahlkathode u. konzentr. Ni-Anode (Stromdichte ca. 0,08 A/cm², Dauer ca. 30 Std., 15°). Es werden als V_2O_5, Cr als K_2CrO_4, Pt als $(NH_4)_2\cdot PtCl_6$ u. die restlichen Metalle als einfache Oxide zugesetzt. Die Stromausbeute für die H_2-Entw. wird bestimmt (ca. 100%) u. das Kathodenpotential gemessen. Die Metalle setzen k herab, wobei die H_2-Überspannung η herauf- (Zn, Sn) oder herabgesetzt (Pt, Cr, V) werden kann. Pb hat geringen Einfluß. Mit zunehmender Konz. von Zn u. Sn nimmt k ab, η zu. Bei Cr u. V scheint der Effekt prakt. unabhängig von der Konz. zu sein. Als höchster Wert wird k = 11,6 (η ca. 0,46 V) im reinen Elektrolyten bestimmt. P. Frenzel. 141□

Untersuchung der Kathodenprozesse bei der elektrolytischen Fällung von Zink unter Verwendung radioaktiver Indicatoren. A. I. Lewin und W. I. Falitschewa. (Известия Высших Учебных Заведений [Орджоникидзе], Цветная Металлургия [Hochschulnachr. (Ordshonikidse), Nichteisenmetallurgie] **3,** Nr. 3, 62—69, 1960; Uraler Polytechn. Inst., Lehrstuhl für Technol. der elektrochem. Ind.; russ.) — Es wurde mit Hilfe von ^{65}Zn festgestellt, daß die Auflösung von elektrolyt. gefälltem Zn in 2n H_2SO_4-Lsg. ihren maximalen Wert beim Fehlen eines Stromes erreicht, daß sie bei wachsender Kathodenpolarisation sinkt u. daß der Korrosionsprozeß bei —0,894 V ($D_k \geqq 840$ A/m²) aufhört. Bei Verunreinigung durch Co hört die Auflösung von Zn bei —0,937 V ($D_k \geqq 1500$ A/m²) auf. Für durch Beimengungen von Sb u. Ni verunreinigtes Zn konnte im untersuchten Bereich der Stromdichten kein völliger Kathodenschutz erzielt werden. Es wurde ferner festgestellt, daß dem Elektrolyten zugeführte Sb- u. Bi-Ionen eine depolarisierende Wrkg. auf die Entladung der Zn^{2+}-Ionen haben u. die Kristallisation des Zn erleichtern. In kleinen Mengen (0,2—0,8 mg/Liter/Al^{3+}) dem Elektrolyten zugeführte Al-Salze erhöhen die Kathodenpolarisation. H. Treumann. 141□

Untersuchung der Elektrodenprozesse bei der elektrolytischen Raffination von Titan. Ju. W. Baimakow, M. W. Kamenetzki und W. W. Smirnow. (Известия Высших Учебных Заведений [Орджоникидзе], Цветная Металлургия [Hochschulnachr. (Ordshonikidse), Nichteisenmetallurgie] **3,** Nr. 3, 81—89, 1960; Leningrad, Polytechn. Inst., Lehrstuhl für Elektropyrometallurg.; russ.) — Vff. untersuchten die elektrochem. Rkk. an den Elektroden beim elektrolyt. Raffinieren von Ti in den Schmelzen KCl–$TiCl_3$. Eine maximale Stromausbeute ergibt sich bei einem $TiCl_3$-Geh. in der Schmelze von 6—8 Gew.-%; bei höheren Konzz. (bis 10%) wird eine gewisse Senkung der Stromausbeute beobachtet. Optimale Stromausbeuten erhält man bei einer Kathodenstromdichte von 0,8—2,5 A/cm² u. einer Anodenstromdichte von 0,05—0,1 A/cm² (bezogen auf die Fläche zu Beginn der Elektrolyse) u. bei einer Temp. von 800—850°. Optimal für die Qualität des Nd. bei der Elektrolyse von KCl–$TiCl_3$-Schmelzen sind 4—10% $TiCl_3$ u. kathod. Stromdichten von 1,0—2,5 A/cm². H. Treumann. 141□

Verfahren der rotierenden Scheibenelektrode zur Untersuchung von Badzusätzen. 1. Mitt. **Vorläufige Untersuchungen mit Kupfer(II)-sulfatlösungen.** Seward E. Beacom und Robert N. Hollyer jun. (J. electrochem. Soc. **109,** 495—97, Juni 1962; Warren, Mich., Gen. Motors Co., Res. Labor.; engl.) — Zur Unters. des Einfl. organ. Zusätze auf die elektrolyt. Metallabscheidung verwenden Vff. die rotierende Scheibenelektrode u. beschreiben vorläufige Unterss. der Cu-Abscheidung in wss. $CuSO_4$-Lsgg. in Ggw. eines inerten Salzes. Die scheibenförmigen Kathoden (6 mm dick; 1,27, 1,91 u. 2,54 cm ∅) bestehen aus nichtrostendem Stahl, der im Watts-Bad vernickelt u. anschließend cyanid. verkupfert wurde, oder besser aus hochreinem Cu. Seitenflächen u. Rückseite der Elektrode sind abgedeckt. Der Elektrolyt ist eine entlüftete, wss. Lsg. von $CuSO_4$ (0,001—0,20 m) u. K_2SO_4 (0,05—0,3 m); pH 3,0; 0,4 V. Auftragung der Stromdichte gegen $\sqrt{h}$ (h = Umdrehungszahl) ergibt bei Ionenverhältnissen $J = K^+/Cu^{2+} \geqq 50$ in Übereinstimmung mit der Theorie der rotierenden Scheibenelektrode Gerade, die durch den Koordinatenursprung laufen. Bei $J = 33{,}3$, 25 u. 20 erhält man gekrümmte Kurven. Offensichtlich spricht ein elektr. Transportfaktor eine Rolle, u. die Überführung der Metallionen zur Elektrode wird nicht mehr durch Diffusion u. Konvektion bestimmt. Bei $J > 50$ scheinen Bedingungen gegeben zu sein, unter denen der Einfl. organ. Badzusätze auf die Cu-Abscheidung untersucht werden kann. P. Frenzel. 141□

Über die elektrolytische Ausfällung von Kupfer–Nickel-Legierungen aus Diphosphatelektrolyten. N. Ja. Fedotowa und P. Ss. Titow. (Известия Высших Учебных Заведений (Орджоникидзе) Цветная Металлургия [Hochschulnachr. (Ordshonikidse), Nichteisenmetallurgie] **3,** Nr. 3, 151—54, 1960; Krasnojarsk, Inst. für Nichteisenmetalle, Lehrstuhl für Elektrochemie u. Korrosion; russ.) — Es wird die Möglichkeit nachgewiesen, gute Ndd. aus Cu–Ni-Legg. verschiedener chem. Zus. aus Diphosphatelektrolyten, auf Basis von K-Salzen zu gewinnen. Es wird festgestellt, daß die Zus. des Kathoden-Nd. vom Konz.-Verhältnis des Cu u. des Ni in der Lsg., vom pH, von der Stromdichte, der Temp. u. der Durchmischung abhängig ist. Es werden Zus. der Elektrolyte u. Elektrolysebedingungen für die Erzielung von Überzügen aus Monelmetall mitgeteilt. H. Treumann. 141□

Zum Mechanismus des Einflusses von Kupfer auf die Ausfällung von Gold aus cyanidhaltigen Lösungen. M. I. Alkatzew. (Известия Высших Учебных Заведений (Орджоникидзе), Цветная Металлургия [Hochschulnachr. (Ordshonikidse), Nichteisenmetallurgie] **3,** Nr. 3, 74—77, April 1960; Nordkaukas. Berbau- u. Metallurg. Inst., Lehrstuhl für allg. u. physik. Chemie.; russ) — Vf. stellt fest, daß komplexe

Cu-Ionen, die sich in der äußeren Doppelschicht der Zinkstaubkörner im Kathodenraum konzentrieren, die Eig. haben, die Geschw. des elektrochem. Prozesses der Zementation von Au zu verringern. Die negative Wrkg. des Cu auf die Ausfällungs-Geschw. von Au kann durch Konzentrierung von freiem Cyanid in der Lsg. verringert werden.
H. Treumann. 141□

Die schnelle elektrolytische Abscheidung von Metallen in geringen Konzentrationen. Jochen Fahland und Günter Herrmann. (Z. anorg. allg. Chem. **316,** 141 bis 153, Juli 1962; Mainz, Univ., Inst. für Anorg. Chem. u. Kernchem.; dt.) — Die Bedingungen für die schnelle elektrolyt. Abscheidung von Metallen aus trägerarmen Lsgg. als schnelle Trennmeth. für kurzlebige Radionuclide werden untersucht. Die Metallabscheidung wird mit radioakt. Indicatoren (^{210}Bi, ^{125}Sb, ^{113}Sn) verfolgt, der Elektrolyt laufend durch ein Fl.-Zählrohr gepumpt. Die Nernst-Brunnersche Abscheidungsgleichung wird modifiziert u. experimentell an 10^{-9} m Bi-Lsgg. in verschiedenen Elektrolyten (0,6—9 m HNO_3; 0,6—8 m $HClO_4$; 0,5—5 m HCl; mit u. ohne Zusatz von Red.-Mittel) im Temp.-Bereich von 20—90° geprüft. Mit wachsender Elektrolysedauer nimmt die Metallionen-Konz. in der Lsg. exponentiell ab. Hohe Temp., niedrige Säure-Konz., Zusatz von Red. Mitteln (Hydrazin), große Kathodenoberfläche u. geringes Elektrolyt-Vol. beschleunigen die Elektrolyse. Die kleinste erreichte Abscheidungshalbwertszeit beträgt 14 Sekunden. Für 10^{-5} m Lsgg. von Sn u. Sb in 2 m HCl/0,5 m $N_2H_4 \cdot 2\,HCl$ werden die krit. Kathodenpotentiale gegen die gesätt. Kalomelelektrode zu $-0{,}65 \pm 0{,}02$ bzw. $-0{,}25 \pm 0{,}05$ V bestimmt. Eine elektrolyt. Trennung beider Elemente ist daher möglich.
P. Frenzel. 141□

Elektrolytische Lösung von Zirkoniumoxid-Kohleanoden in chloridhaltigen Schmelzen. I. F. Nitschkow, O. W. Skiba und Ss. P. Rasspopin. (Известия Высших Учебных Заведений, (Орджоникидзе), Цветная Металлургия [Hochschulnachr. (Ordshonikidse), Nichteisenmetallurgie] **3,** Nr. 3, 115—19, 1960; Uraler Polytechn. Inst.; russ.) — Es wurde festgestellt, daß die maximale Stromausbeute mit Anoden erzielt wird, die auf 1 Mol ZrO_2 2 Mole C enthalten. Bei einer Anodenstromdichte nicht über 0,2 A/cm² u. 700° ist die Anodenstromausbeute nahe 100%. Es wird ferner gezeigt, daß sich bei der Elektrolyse dieser Anoden bei niedrigen Stromdichten eine elektrolyt. Auflösung nach der Rk. $ZrO_2 + C - 4e \rightarrow Zr^{4+} + CO_2$ vollzieht, während bei $D_a > 0{,}1$ A/cm² eine Entladung der Cl^--Ionen beobachtet wird.
H. Treumann. 141□

Die anodische Oxydation von Silbersulfat zu Silberoxid bei konstantem Potential. I. Dugdale, M. Fleischmann und W. F. K. Wynne-Jones. (Electrochim. Acta [London] **5,** 229—39, Nov. 1961; Newcastle-upon-Tyne, King's Coll., Dep. of Chem.; engl.) — Vff. berichten über Unterss. der Bldg. u. der Oxydation von Ag_2SO_4 an Ag-Elektroden bei konst. Potential. Es zeigt sich, daß die Keime des Oxids schnell gebildet werden u. im Ag_2SO_4 zweidimensional wachsen. Die beobachteten Rk.-Geschw. zeigen, daß die Rk. $Ag^+ + OH_{ads.} \rightarrow AgO + H^+$ der langsamste Prozeß ist, wobei die adsorbierten OH-Radikale im quasi-Gleichgewicht $H_2O \rightleftharpoons OH_{ads.} + H^+ + e$ gebildet werden. Die Geschw. des Kristallwachstums wird dann durch die Adsorptionsisotherme bestimmt.
G. M. Neumann. 141□

Beitrag zur Untersuchung der elektrochemischen Polarisationserscheinungen. 1. Mitt. **Einige Probleme der Formulierung und der Methode.** Roberto Piontelli. (Rend. Ist. lombardo Sci. Lettere, A **92,** 367—413, 1958; ital.) — Vf. behandelt theoret. die Aspekte der Polarisationserscheinungen in einer galvan. Zelle, wobei nur solche Größen berücksichtigt werden, die experimentell zugänglich sind. Die folgenden Elektrodenprozesse werden auf theoret. Grundlage untersucht: Metallionenaustausch in einfachen u. komplexen Salz-Lsgg., kathod. H_2-Entw., Cl_2-Anoden in geschmolzenen Salzen u. anod. Prozesse in Al-Zellen. — 10 Literaturangaben. C. Gottfried. 142

Studium der Kinetik von Elektrodenvorgängen mit Hilfe der Elektrolyse bei konstantem Strom. 6. Mitt. **Theorie der Messung einiger irreversibler Folgereaktionen höherer Ordnung.** O. Dračka. (Collect. czechoslov. chem. Commun. **26,** 2144—54, Sept. 1961; Brno, Tschechoslow. Akad. der Wiss., Inst. für Hydrodynamik; 5. vgl. Collect. czechoslov. chem. Commun. **26,** [1961], 1505; dt.) — Die Meth. zur Messung der kinet. Konst. von Folge-Rkk. durch Umkehrung der Richtung eines konst. Stromes (vgl. C. **1961,** 3910) wurde auf den Fall ausgedehnt, bei dem eine irreversible Folge-Rk. höherer Ordnung verläuft, deren Kinetik nur durch die Konz. des Depolarisations-Prod. der ursprünglichen Elektrolyse bestimmt ist. Wie im Fall der Rk. I. Ordnung ist auch für den Fall der Rk. höherer Ordnung die Übergangszeit nach der Stromumkehrung unabhängig von der Zeit der Stromumkehrung, wenn nur diese Zeit genügend groß ist. Die Ordnung der Rk. kann aus der Abhängigkeit der Übergangszeit von der Größe des Stromes bestimmt werden. Es wurden die Berechnungen für eine Rk. II. Ordnung durchgeführt u. die Resultate tabelliert; sie ermöglichen, die Geschw.-Konst. dieser Rk. aus den gemessenen Werten zu berechnen. Für die Dismutation könnte die Geschw.-Konst. auch für den Fall berechnet werden, daß der Diffusions-Koeff. der Red.-Prodd. nicht bekannt u. beträchtlich verschieden von dem bekannten Werte des Diffusions-Koeff. des Depolarisators ist. V. Kačena/Prag. 142

Über das Gesetz von Eyring und Mitarbeitern über Reaktionen an der Wasserstoffelektrode. Juro Horiuti, Tominaga Keii, Michio En'yo und Michiko Fukuda. (J. Res. Inst. Catalysis, Hokkaido Univ. **5**, 40—54, Sept. 1957; Hokkaido Univ., Res. Inst. for Catalysis; Univ. of Pennsylvania, John Harrison Labor. of Chem.; Hokkaido Univ., Fac. of Sci., Dep. of Chem.; engl.) — Die Gleichung für die Austauschstromdichte i_0 nach Eyring u. Mitarbeitern (J. chem. Physics **7**, [1939], 1053) $i_0 = B \exp(-\Delta H^*/RT)$ (B = Konst.; ΔH^* = Aktivierungsenergie) ist für die H-Elektroden-Rk. in nichtwss. Lsgg. sowie für H-Umsetzungen in wss. u. nichtwss. Lsgg., die mit Hilfe der para-H_2-Umwandlung oder von Isotopenaustausch nachgewiesen werden, gültig. Unterss. über die Konst. B mit Hilfe einer verallgemeinerten statist.-mechan. Theorie der Rk.-Geschw. bestätigen dies sowie die Gültigkeit für katalyt. u. elektrochem. Mechanismen. B nimmt mit abnehmendem H_2-Druck u. zunehmender Temp. ab. P. Frenzel. 142□

Über Elektrodenerscheinungen mit Gasentwicklung. 4. Mitt. Langelektroden in vertikaler Zelle mit Gasentwicklung. Shiro Yoshizawa, Fumio Hine, Zenichiro Takehara und Masamichi Yamashita. (J. electrochem. Soc. Japan [Overseas Edit.] **28**, E 88—E 96, 1960; Yoshida, Kyoto, Kyoto Univ., Fac. of Engng., Dep of Ind. Chem.; engl.) — 3. vgl. C. **1961**, 13821. — Es wird der Gas-Einfl. auf die Anoden-Polarisation in einer H_2SO_4-Elektrolysezelle untersucht, indem lange Elektroden (ca. 1 m effektive Länge) in vertikaler Anordnung verwendet werden. Dabei wird das Verh. glatter, durchlöcherter u. geriefelter Elektroden geprüft. Im Hinblick auf die Reduzierung der Klemmenspannung ist die geriefelte lange Elektrode in vertikaler Anordnung am geeignetsten. H. Schibilla. 142□

Schnelle Berechnung bester Werte von Halbstufenpotentialen und Steigungen polarographischer Stufen nach der Methode der kleinsten Quadrate mit Hilfe eines elektronischen Rechners. Donald L. McMasters und Ward B. Schaap. (Proc. Indiana Acad. Sci. **67**, 117—21, 1957; Indiana Univ.; engl.) A. Blaschette. 142□

Polarographische Untersuchung der Reaktion zwischen Ce(IV) und Thiocyanat. O. P. Agrawal und R. C. Kapoor. (Z. analyt. Chem. **188**, 339—41, 1962; Allahabad, India, Univ. of Allahabad, Chem. Labor.; engl.) — Die polarograph. Unters. der Rk. zwischen Ce(IV) u. KSCN in saurem Medium ergab, daß Ce(IV) im Konz.-Bereich von $2 \cdot 10^{-4}$m bis $5 \cdot 10^{-3}$m von SCN^- zu Ce(III) red. wird. In diesem Konz.-Bereich entsprachen 1 Äquivalent SCN^- 4—6 Äquivalente Ce(IV). Gerhard Schulze. 142□

Überspannung und der Wasserstoffgehalt von Palladiumkathoden. J. C. Barton und F. A. Lewis. (Z. physik. Chem. [Frankfurt/M.] [N. F.] **33**, 99—110, Juli 1962; Belfast, N. Ireland, Queen's Univ. of Belfast, Chem. Dep.; engl.) — Vff. bestimmen während u. nach der kathod. Behandlung in H_2-gesätt. HCl-Lsgg. bei 25° den relativen elektr. Widerstand R/R_0 (R_0 Anfangswiderstand der H-freien Pd-Elektrode) u. das Elektrodenpotential von H-beladenen Pd-Drähten unterschiedlicher Oberflächenaktivität. Für Stromdichten bis ca. 0,1 A/cm² wird die vom H-Geh. der Elektrode abhängige Komponente der Überspannung durch die Geschw., mit der H_2 von der Elektrodenoberfläche wegdiffundiert, bestimmt. P. Frenzel. 142□

Untersuchung des anodischen Aufbaus und der kathodischen Reduktion der Sauerstoffbelegung am Rhodium und Iridium. W. Böld und M. Breiter. (Electrochim. Acta [London] **5**, 169—79, Nov. 1961; München, TH, Phys. Chem. u. Elektrochem. Inst.; dt.) — Vff. berichten über Unterss. des anod. Aufbaus u. der kathod. Red. der O-Belegung an glatten Rh- u. Ir-Elektroden mit Hilfe von Strom–Spannungs-Kurven, die unter verschiedenen Vers.-Bedingungen mit der potentiostat. Dreiecks-Meth. aufgenommen wurden. Rh zeigt ein Verh., das dem des glatten Pt entspricht. Am Ir erfolgt die Ausbldg. u. Red. der O-Belegung relativ reversibel. Vff. entwickeln ein Rk.-Schema, bei dem zwei hintereinander ablaufende Entladungsschritte zur Bldg. einer Chemisorptionsschicht Me–O führen. G. M. Neumann. 142□

Untersuchung des anodischen Aufbaus und der kathodischen Reduktion der Sauerstoffbelegung an glatten Pt-Elektroden. W. Böld und M. Breiter. (Electrochim. Acta [London] **5**, 145—60, Okt. 1961; dt.) — Vgl. vorst. Referat. — Nach der potentiostat. Dreiecksmeth. nehmen Vff. Strom–Spannungs-Kurven auf u. bestimmen die anod. Ausbildung u. kathod. Red. der O-Belegung an glattem Pt bei verschiedenen

Temp. u. in verschiedenen Lösungen. Die Abhängigkeit der anod. i/U-Kurven von der Geschw. der Spannungsänderung u. der H^+-Ionen-Konz. zeigt, daß die zu den beiden Entladungs-Rkk. gehörenden kathod. Teilströme zwischen + 1,0 V u. + 1,5 V gegen die anod. Ströme zu vernachlässigen sind; deren Spannungsunabhängigkeit mit den Temkinschen Ansätzen gedeutet wird. Die hintereinander ablaufenden Entladungs-Rkk. haben gleiche Ströme u. geben eine Pt–O-Chemisorptionsschicht. Die kathod. u. die anod. i/U-Kurven haben einen ganz verschiedenen Verlauf, da das zugrunde liegende Syst. von Differentialgleichungen nur für den Fall der Oxydation vereinfacht werden kann. Vff. deuten die Vorgänge mit kinet. Vorstellungen. W. Sobieski. 142□

Die Wasserstoffentwicklung an Platinelektroden. Die Aktivierungswärmen für die Komponenten-Reaktion. Roger Parsons. (Trans. Faraday Soc. **56**, 1340—50, Sept. 1960; Bristol, Univ., Dep. of Phys. and Inorg. Chem.; engl.) — Die Geschw. der H_2-Entw. an einer sphär. Pt-Elektrode wird mit Hilfe von Messungen im stationären Zustand in 0,5nHCl als Funktion der Temp. zwischen 5 u. 42° gemessen. Aus den Polarisationskurven wird die Aktivierungswärme beim reversiblen Potential zu 5,2 kcal bestimmt. Die Impedanz der Elektrode wurde als Funktion von Temp. u. Frequenz mit einer Wechselstrombrücke ermittelt. Aus diesen Messungen konnte der Austauschstrom der Entladungs-Rk. abgeschätzt werden; er beträgt mehr als das 100fache des für die Gesamt-Rk. gemessenen. Die Aktivierungsenergie ändert sich nicht wesentlich. Die Ergebnisse stimmen mit einer einfachen Meth. der Berechnung der Aktivierungsentropie überein, die von einer geschwindigkeitsbestimmenden Kombinations-Rk. zweier H-Atome u. etwa gleich großen Energieschwellen für die Entladungs-Rk. u. die H-Kombination ausgeht. H.-J. Hartmann. 142□

Elektrochemische Auflösung von einkristallinem Kupfer. Leslie H. Jenkins und James O. Stiegler. (J. electrochem. Soc. **109**, 467—75, Juni 1962; Oak Ridge, Tenn., Oak Ridge Nat. Labor., Solid State Div.; engl.) — Bei galvanostat. Unterss. an chem. u. elektrolyt. polierten Anoden aus Cu-Einkristallen in O_2-freien, 0,2 m $CuSO_4$-Lsgg. ergeben sich Diskontinuitäten in den Überspannungs–Stromdichte-Kurven (η/i-Kurven). Auf Grund elektronenmkr. beobachteter topograph. Änderungen der Elektrodenoberfläche schließen Vff. auf Auflsg.-Vorgänge, die mit der Defektstruktur der Oberfläche (Stufen bis 50 Å) in Zusammenhang stehen, wobei die Geschw. der Bldg. neuer Stufen die Geschw. der Materialabtragung bestimmt. Bei weiterer Erhöhung der Auflsg.-Geschw. erfolgt Bldg. von Ätzgrübchen, die bei fortgesetzter Auflsg. unter Bldg. von Facetten zusammenwachsen. Die Bldg. neuer akt. Bereiche wird eher durch i als durch η bestimmt. P. Frenzel. 142□

Anodisches Verhalten von Nickel. 1. Mitt. **Einfluß der Elektrolytkomponenten.** Nelson F. Murphy und Bharat C. Oza. (Bull. Virginia Polytechn. Inst. **51**, Nr. 7, 1—18, Mai 1958; Dep. of Chem. Engng.; engl.) — Untersucht wird der Einfl. der Elektrolytbestandteile auf das Verh. einer depolarisierten Walz-Ni-Anode, einer Anode aus Ni-Blech (< 0,02% C) sowie aus handelsüblichem Ni-Blech (je 0,05% C u. Co). Anodenpotential u. Grenzstromdichte i_0 für die Passivierung sind reproduzierbar, sie nehmen mit zunehmender Temp. zu. Erhöhung der Ni^{2+}-Konz. bewirkt eine erhöhte Tendenz zur Passivierung, Zunahme der SO_4^{2-}- u. Cl^--Konz. setzt diese herab. H_3BO_3 hat in 2n Ni^{2+}-Lsg. geringen Einfl., scheint jedoch die Passivierung in einer 0,5n-Lsg. zu verhindern. In Ggw. von SO_4^{2-} steigt i_0 in Abhängigkeit von der Ni^{2+}-Konzentration. P. Frenzel. 143□

Experimentelle Befunde und Diskussion über den Mechanismus der Passivschichtbildung auf Chrom–Nickel-Stählen. W. Schwenk und A. Rahmel. (Electrochim. Acta [London] **5**, 180—201, Nov. 1961; Duisburg, Mannesmann AG., Forsch.-Inst.; dt.) — Galvanostat. u. potentiostat. Messungen wurden an einem 18/8-Cr–Ni-Stahl durchgeführt. Es zeigt sich, daß der Ionentransport durch die oxid. Deckschicht in einem hohen elektr. Feld geschwindigkeitsbestimmend für die Passivschicht-Bldg. ist u. daher aus der Theorie von Mott und Cabrera Zeitgesetze für galvanostat. u. potentiostat. Einschaltprozesse an den Elektroden abgeleitet werden können, die in den wesentlichsten Punkten mit den Meßergebnissen übereinstimmen. Ein Vgl. mit den Daten für reines Fe zeigt, daß die Passivschichten auf beiden Metallen analog aufgebaut sind. Ein Unterschied besteht in der wesentlich besseren nichtohmschen Ionenleitfähigkeit u. der wesentlich größeren Lsg.-Geschw. der Fe-Passivschicht. G. M. Neumann. 143□

Anodenpassivierung von Stahl in konzentrierten Laugen durch den Strom des galvanischen Paares Fe–Ni. A. A. Scharnin und K. N. Schabalin. (Журнал Физической Химии [J. physik. Chem.] **36**, 209—13, Jan. 1962; Uralsk, Polytechn. Kirow-Inst.; russ.) — Vff. führten Korrosionsprüfungen an z. T. mit Ni elektrolyt. überzogenen Fe-Körpern durch. Das aus einer Lsg. mit 200 (g/Liter) $NiSO_4 \cdot 7\,H_2O$,

3 NaCl, 25 HBO_3 u. 25 Na_2SO_4 mit einer Stromdichte von 0,8 A/dm^2 niedergeschlagene Ni hatte eine Schichtdicke von 40—50 μ. Die Korrosions-Verss. wurden im Autoklaven bei 140° in konz. NaOH (200—400 g/Liter Na_2O) durchgeführt. Die Vers.-Dauer betrug 0,3—12 Stunden. Nach 0,3—0,5 Std. zeigten die Proben alle Merkmale der Korrosion, auch an der Kontaktzone Ni–Fe. Um die Ni-Kathoden traten nach 1 Std. schwarze Streifen in Erscheinung, die sich bis zu einer Vers.-Dauer von 3 Std. weiter vergrößerten. Bei Weiterführung der Verss. bis 12 Std. konnten keine weiteren Veränderungen festgestellt werden. Eine zweite Vers.-Reihe ergab, daß die Größe der Schutzstreifen direkt proportional dem Kathodenradius u. indirekt proportional der Rühr-Geschw. sowie der Lauge-Konz. ist. Vff. vermuten, daß es sich bei den Schichten um Oxide des Fe handelt u. führen eine Berechnung der Größe der Schutzschicht durch, die vom experimentellen Wert um 20% abweicht. E. Winkler. 143□

Die Bestimmung der Schichtdicke, der Dielektrizitätskonstanten und anderer Eigenschaften anodischer Oxidfilme auf Tantal aus den Interferenzfarben. L. Young. (Proc. Roy. Soc. [London], Sect. A **244,** 41—53, 25/2. 1958; Vancouver, B.C., Univ. of Brit. Columbia, Brit. Columbia Res. Council; engl.) — Die Schichtdicke D anod. Oxidfilme auf chem. poliertem Ta wird aus den Wellenlängen der Reflexionsminima unter Verw. des durch Immersion (Na-Licht; 45—52,5% Se + S) ermittelten Brechungsindex von $n = 2{,}20 \pm 0{,}02$ bei 5900 Å u. ca. 20° gemessen. Weiterhin werden für die spektrophotometr. Unterss. D-Inkremente, die n-Werte zwischen 2800 u. 6000 Å, die an der inneren u. äußeren Oxidoberfläche auftretenden Phasenänderungen u. ε/ϱ-Werte (ε = effektive DK; ϱ = Dichte) bestimmt. ϱ wird gravimetr. in Luft u. W. gemessen u. beträgt $7{,}93 \pm 3\%$. Hieraus ergibt sich ε zu $27{,}6 \pm 5\%$ bei 1 kHz. Die effektive Oberflächengröße weicht nur geringfügig von der scheinbaren ab. Während der Oxid-Bldg. bei 9,55 mA/cm^2 u. 25,8° beträgt das elektr. Feld unabhängig von D $6{,}61 \cdot 10^6$ V/cm. P. Frenzel. 143□

Bildung einer Bleisulfatschicht auf der Oberfläche einer In–Pb-Legierung während der Korrosion in Schwefelsäurelösung. N. N. Gratzianski und I. D. Wdowenko. (Журнал Физической Химии [J. physik. Chem.] **35,** 1208—11, Juni 1961; Kiew, Inst. für allg. u. anorg. Chem. der Akad. der Wiss. der UdSSR; russ., Auszug: engl.) — Vff. untersuchen die Korrosion einer Pb-Leg. mit 45 Atom-% In in 1%ig. H_2SO_4. Auf der Oberfläche der Leg. bildet sich eine $PbSO_4$-Schicht, während In in Lsg. geht. Die Schicht bildet sich durch Diffusion von H_2SO_4 (Verw. von ^{35}S) u. der Leg.-Komponenten; empir. Bldg.-Gleichung: $x^n = kt$ [x = Schichtdicke, t = Zeit, k u. n = Konst. (0,018 bzw. 1,5)]. Die Schutzschicht führt zur Bldg. einer H_2-Überspannung, wodurch die Auflösung herabgesetzt wird. D. Hoene. 143□

Über die passivierenden Eigenschaften von Chromatpigmenten. I. L. Rosenfeld, F. I. Rubinstein und W. W. Shebrowski. (Журнал Прикладной Химии [J. angew. Chem.] **33,** 1292—1300, Juni 1960; russ.) — Bei Unterss. der passivierenden Eigg. von Chromatpigmenten u. ihrer Mischungen mit ZnO auf Stahl u. Leichtmetall-Legg. wurde festgestellt, daß die Stärke der passivierenden Aktivität in nachst. Reihenfolge abnimmt: (für Mg-Legg. u. für Stahl) gemischtes Ba–K-Chromat > Sr-Chromat > Zn-Chromat; (für Duraluminium) Zn-Chromat > Sr-Chromat > gemischtes Ba–K-Chromat. Die passivierende Wrkg. von Zn-Chromat u. von gemischtem Ba–K-Chromat auf Stahl u. Mg-Legg. kann durch Zusatz von ZnO stark gesteigert werden. H. Treumann. 143□

A$_4$. Thermodynamik. Thermochemie

Über die Berechnung der Mayerschen Cluster-Integrale. H. N. V. Temperley. (Proc. physic. Soc. **72,** 1141—44, 1/12. 1958; Aldermaston, Berks., Atom. Weapons Res. Establ.; engl.) D. Jörchel. 146□

Ableitung für den stationären Zustand mittels Variationsbetrachtungen. Ryoichi Kikuchi. (Physic. Rev. [2] **124,** 1682—91, 15/12. 1961; Malibu, Calif., Hughes Res. Labor.; engl.) — Vf. diskutiert die Frage nach der extremalen Zustandsvariablen im stationären Zustand. Als gesuchte Größe ergibt sich die vom Vf. eingeführte Trägheitsfunktion (persistency), die die Wahrscheinlichkeit für das Verharren eines Syst. in einem bestimmten Zustand angibt. Das Theorem wird auf ein Syst. von Atomen mit zwei Niveaus angewandt, die gleichzeitig mit einem Wärmebad u. einem Strahlungsfeld wechselwirken. Ferner wird gezeigt, daß Kohlers Variationsableitung der Boltzmannschen Transportgleichung aus dem Satz folgt. H. Laue. 146□

Wegintegral in der irreversiblen statistischen Dynamik. Ryoichi Kikuchi und Peter Gottlieb. (Physic. Rev. [2] **124,** 1691—96, 15/12. 1961; engl.) — Vgl. vorst. Referat. — Es wird die l. c. angegebene Meth. weitergeführt u. eine Pseudoentropie $\tilde{S}$

eingeführt, die anwächst, wenn sich das Syst. dem stationären Zustand nähert. Es wird gezeigt, daß $d\tilde{S}/dt$ u. nicht dS/dt wie bei Prigogine, minimal im stationären Zustand ist. H. Laue. 146☐

Die Näherungsverfahren zur Berechnung von Reaktionsarbeiten und chemischen Gleichgewichten aus thermodynamischen Daten in kritischer Sicht. Hans Müller. (Z. Chem. **1**, 65—72, 1961; Jena, Univ., Inst. für Phys. Chem.; dt.) — Vf. untersucht krit. am Beispiel des temperaturabhängigen Gleichgewichtes der CO_2-Dissoziation die drei Näherungs-Verf. von Ulich, sowie eine 4. u. 5. Näherung nach Fuchs u. Rinn (Angew. Chem. **34**, [1937], 708) bzw. nach Temkin u. Schwarzmann (Успехи Химии [Fortschr. Chem.] **17**, [1948], 259) in Hinblick auf die Berechnung von Rk.-Arbeiten u. chem. Gleichgewichten. Es wird eine neue Näherungsformel hoher Genauigkeit entwickelt, die lediglich die Kenntnisse der Standardwerte von Entropie u. Enthalpie sowie die Temp.-Koeff. eines linearen T-Ansatzes für die Molwärmen erfordert. G. Gattow. 146☐

Kompression und Phasenumwandlungen von festem HCl, HBr, SiH_4 und SF_6. John W. Stewart. (J. chem. Physics **36**, 400—05, 15/1. 1962; Charlottesville, Va., Univ. of Virginia; engl.) — Für festes HCl, HBr, SiH_4 u. SF_6 wurden isotherme pV-Kurven bis zu Drücken von 20000 kg/cm² bei verschiedenen Temp. zwischen 50 u. 190°K ermittelt. Die relativen Vol.-Änderungen u. Kompressibilitäten wurden für jede Substanz berechnet. Bei HCl, SiH_4 u. SF_6 wurden die bekannten Phasenumwandlungen 1. Ordnung beobachtet, während die Umwandlungen 2. Ordnung in festem HBr, vermutlich auf Grund von Verunreinigungen, nicht erhalten wurden. Die mit den Phasenumwandlungen verbundenen Vol.-Änderungen wurden ermittelt. Wolfgang Krüger. 148☐

Untersuchung der Komprimierbarkeit von Wassergläsern. M. A. Matwejew und A. I. Rabuchin. (Журнал Прикладной Химии [J. angew. Chem.] **34**, 1485—90, Juli 1961; russ.) — Vff. untersuchen die Dichte, den Kompressionsmodul u. die Ultraschall-Geschw. von 43 Na- u. 43 K-Wassergläsern verschiedner Zusammensetzung. Die Ergebnisse sind tabellar. zusammengestellt. D. Hoene. 148☐

Thermische Ausdehnung bei tiefen Temperaturen. 2. Mitt. Elektronischer Anteil in Metallen. G. K. White. (Philos. Mag. [8] **6**, 815—18, Juni 1961; Sidney, Australia, C.S.I.R.O., Div. of Phys.; engl.) — Vgl. C. **1961**, 10456. — Bei tiefen Temp. ist das Elektronengas an der therm. Ausdehnung von Metallen maßgeblich beteiligt. Aus experimentell bestimmten Daten der linearen Ausdehnung im Temp.-Bereich von 1,5 bis 25°K wurden die linearen normalen therm. Ausdehnungs-Koeff. α_g u. der elektron. Anteil α_e, sowie die Grüneisen-Konst. γ_g u. deren elektron. Anteil γ_e berechnet: *Cu* (99,999%) $\alpha_g \cdot 10^{11} T^{-3} = 2{,}9_2 \pm 0{,}0_7$, $\alpha_e \cdot 10^{10} T^{-1} = 1{,}6 \pm 0{,}4$ u. $\gamma_g = 1{,}9_3 \pm 0{,}0_6$, $\gamma_e = 0{,}7 \pm 0{,}2$; *Al* 2,5 ± 0,2, 9 ± 1 u. 2,6 ± 0,2, 1,8 ± 0,2; *Pb* (99,9%) 4,8 ± 0,8, 37 ± 2 u. 2,3 ± 0,4, 2,1 ± 0,1; *Fe* (99,97%) 1,0 ± 0,1, 29 ± 2 u. 2,0 ± 0,2, 2,2 ± 0,2; *Cr* (99,98%, 3 verschiedene Proben) —, —31 bis —39 u. —, —7,8 bis —9,7; *Be* —, 2,3 ± 0,6 u. —, 1,9 ± 0,5. G. Gattow. 148☐

WKB-Näherung und Molekularstrahlstreuung. R. P. Marchi und C. R. Mueller. (J. chem. Physics **36**, 1100—01, 15/2. 1962; West Lafayette, Ind., Purdue Univ., Chem. Dep.; engl.) — Vff. verwendeten die WKB-Näherung zur Behandlung der Streuung therm. Molekularstrahlen u. vergleichen die damit berechneten Phasenverschiebungen mit den exakten Resultaten nach der (ca. 20 mal soviel Rechenzeit erfordernden) Runge-Kutta-Meth. zur Lösung des Radialteils der Schrödinger-Gleichung. Die Abweichungen sind sehr gering u. dürften experimentell im differentiellen Querschnitt kaum nachweisbar sein. D. Jörchel. 149☐

Thermodynamische Gleichgewichte bei hohen Temperaturen in Luft. 1. Mitt. Vollständiges Gleichgewicht zwischen Materieteilchen und Strahlung. Kl. K. Neumann. (Z. Elektrochem., Ber. Bunsenges. physik. Chem. **66**, 551—55, 1962; Braunschweig, TH, Inst. für Chem. Technol.; dt.) — Vf. berichtet über Berechnungen der Gleichgewichts-Zus. eines aus Ar-freier Luft gebildeten Hochtemp.-Plasmas bei Drücken von 10^{-2} bis 10^3 bar u. für Temp. ab 20000°K nach Meth. der statist. Thermodynamik. Bei vollständigem thermodynam. Gleichgew. ist die obere Temp., bei der ein Plasma im Gleichgewicht noch möglich ist, für jeden Druck durch den Strahlungsdruck vorgegeben. G. M. Neumann. 149☐

Beziehungen zwischen den Transporteigenschaften des Wasserstoffs. J. D. Rogers, Keith Zeigler und Paul McWilliams. (J. chem. Engng. Data **7**, 179—82, April 1962; Los Alamos, N. Mex., Univ. of California, Los Alamos Sci. Labor.; engl.) — Ausgehend von einer universellen Gleichung für die Wärmeleitfähigkeit u. Viscosität des H_2 werden empir. Gleichungen für den Einfl. des Druckes auf die Transport-Eigg. entwickelt. Wolfgang Krüger. 149☐

Kernmagnetische Resonanzmessungen der Selbstdiffusion in normalem Wasserstoffgas von 55–90° K. Max Lipsicas. (J. chem. Physics **36**, 1235–37, 1/3. 1962; New Brunswick, N.J., Rutgers Univ., Dep. of Phys.; engl.) — Eine Absolutmessung des Selbstdiffusions-Koeff. D_{11} von H_2-Gas bei 77,5 ± 0,2° K u. einer Dichte von 117 Amagat (± 2%) ergibt D_{11} = 0,466 $cm^2 \cdot s^{-1}$; Umrechnung auf 1 atm Druck führt auf den Wert D_{11} = 0,133 $cm^2 \cdot s^{-1}$ (ebenfalls bei 77,5° K). Ferner werden relative Messungen von D_{11} als Funktion der Gasdichte bei 55, 78 u. 90° K bis zur maximalen Dichte 650 Amagat durchgeführt. Die Ergebnisse werden mit Viscositätsdaten u. mit den Theorien von Buckingham u. Mason verglichen. Die beobachtete Dichteabhängigkeit von D_{11} steht in bemerkenswertem Widerspruch zu der Theorie des dichten Gases von Enskog.
G. Ruban. 149□

Thermodynamische Eigenschaften von Kohlendioxid bis 24000° K. J. L. Raymond. (J. chem. Engng. Data **7**, 190–95, April 1962; Santa Monica, Calif., Rand Corp.; engl.) — Die totale Molzahl, molare Zus., Enthalpie, Dichte, Entropie u. das Molgewicht des CO_2 wurden im Temp.-Bereich von 1000–24000° K unter Drücken von 10^{-4} bis 10^2 atm ermittelt. Entropie u. Enthalpie werden in Form einer Mollier-Tabelle wiedergegeben. Mit steigender Temp. zerfällt das CO_2. Bei 10^2 atm enthält das Gas bei 13000° K kein CO_2 mehr. Zwischen 2000 u. 20000° K ist O_2, zwischen 1500 u. 22000° K CO vorhanden. Die höchste Konz. von O_2 wurde bei 4000 (°K), die des CO bei 7000 ermittelt. Die Bldg. von O u. C beginnt bei 3000 bzw. 6000 u. erreicht Maximal-Konzz. bei 14000 bzw. 13000. Die Bldg. der Teilchen C^+, C^{2+}, O^+, O^{2+} u. e^- setzt bei 8000, 20000, 7000, 24000 u. 7000 ein u. nimmt mit der Temp. stetig zu. Bei 10^{-4} atm enthält das Gas bereits bei 4000 kein CO_2 u. O_2. Die Maximal-Konz. des letzteren liegt hier bei 2000. Die Bldg. des CO beginnt unter diesem Druck ebenfalls bei 1500, erreicht bei 3000 die höchste Konz. u. ist bei 8000 beendet. O u. C treten bei 2000 bzw. 4000 auf, erreichen ihre höchste Konz. bei 6000 bzw. 8000 u. sind bei 18000 bzw. 15000 nicht mehr existent. Die Bldg. der Teilchen C^+, C^{2+}, O^+, O^{2+} u. e^- erfolgt bei den Temp. 5000, 12000, 5000, 14000 u. 5000. Die höchste Konz. von C^+ ist bei 11000 vorhanden.
Wolfgang Krüger. 149□

Intermolekulares Potential und Eigenschaften von Argon. I. B. Srivastava. (Indian J. Physics Proc. Indian Assoc. Cultivat. Sci. **34** (**43**), 539–48, Dez. 1960; Calcutta, Indian Assoc. for the Cultiv. of Sci.; engl.) — Auf der Grundlage der (12:6)- u. (9:6)-Modelle von Lennard u. Jones berechnete Vf. das Potentialfeld des Ar sowie die zweiten u. dritten Virial-Koeff., den Joule-Thomson-Koeff., die Sublimationswärme u. den Gitterparameter (beide bei 0° K), die Viscosität sowie die Wärmeleitfähigkeit des Ar u. verglich die berechneten mit experimentellen Werten. Die bessere Übereinstimmung wurde unter Zugrundelegung des (12:6)-Modells erhalten.
C. Gottfried. 149□

Zweite Virialkoeffizienten von Argon, Krypton und von Argon–Krypton-Mischungen bei tiefen Temperaturen. B. E. F. Fender und G. D. Halsey jun. (J. chem. Physics **36**, 1881–88, 1/4. 1962; Seattle, Wash., Univ. of Washington, Dep. of Chem.; engl.) — Nach einer früher (vgl. C. **1960**, 9128 u. **1962**, 398) ausführlich beschriebenen Meth. wurden die zweiten Virial-Koeff. B von Ar (Druckbereich: 350–600 Torr) u. Kr (180–500 Torr) bei tiefen Temp. bestimmt; Ar: B = −249,34 bis −127,99 cm^3/Mol (84,791–123,990° K); Kr: −386,67 bis −236,73 (107,547–138,071° K). Die experimentellen B-Werte sind um 5–15% größer als die nach (12-6)- oder (exp-6)-Funktionen theoret. erhaltenen. Die nach der Potential-Abstands-Beziehung von Guggenheim u. McGlashan (C. **1961**, 12753) berechneten zweiten Virial-Koeff. stimmen für Ar innerhalb 1% mit den experimentellen Daten überein; für Kr beträgt die Abweichung jedoch 4%. Die B-Werte, die an Ar–Kr-Mischungen (Druckbereich: 600–800 Torr) zwischen 108,0 u. 123,6° K bestimmt wurden, lassen sich am besten durch einen (12-6)-Potentialparameter nach der Regel $\varepsilon_{12} = 2\,\varepsilon_1\varepsilon_2/(\varepsilon_1 + \varepsilon_2)$ ausdrücken.
G. Gattow. 149□

Effektive Stoßdurchmesser und die Beziehungen zwischen einigen thermodynamischen Eigenschaften von Lösungen. J. M. Prausnitz und P. R. Benson. (A. I. Ch. E. Journal **5**, 301–03, Sept. 1959; Berkeley, Calif., Univ. of California; engl.) — Volumetr. Werte von Gasmischungen sowie der Dampfphase von Gas–Fl.-Gleichgewicht werden in Beziehung zum Theorem der übereinstimmenden Zustände gebracht. Ein aus dem Londonschen Potential für Dispersionskräfte entwickelter Ausdruck wird zur Berechnung der charakterist. Temp. verschiedener bin. Syst. benutzt u. eine Beziehung zwischen diesen Temp. u. den Polarisierbarkeiten, Ionsierungspotentialen u. krit. Vol. der reinen Komponenten aufgestellt. Die effektiven Stoßdurchmesser für bin. Syst., die CH_4, N_2, H_2, Propan, H_2S u. CO_2 enthalten, u. die aus bin. Syst. erhaltenen Werte für H_2, N_2, H_2S, CO, CO_2, CCl_4, CS_2, CH_4, C_2H_4, C_2H_6, C_3H_6, C_3H_8, n- bzw. iso-C_4H_{10}, n- bzw. iso-C_5H_{12}, Neopentan, n-C_7H_{16}, iso-C_8H_{18}, n-$C_{10}H_{22}$, C_6H_6, $C_6H_5CH_3$, SF_6 u. $Si(CH_3)_4$ sind angegeben. Wolfgang Krüger. 150

Flüchtigkeitscharakteristiken einiger Kobalt(III)- und Eisen(II)-β-Diketon-Chelate. Eugene W. Berg und Harry W. Dowling. (J. chem. Engng. Data **6,** 556—57, Okt. 1961; Baton Rouge, La., Louisiana State Univ., Coates Chem. Labor.; engl.) — Durch Vgl. von Chelaten des gleichen Metalls in verschiedenen Wertigkeitsstufen versuchen Vff., den Einfl. der Wertigkeit des Zentralatoms auf die Flüchtigkeit aufzuklären. Es werden folgende Chelate untersucht: *Tris-[acetylacetonato]-kobalt(III)*, F. 195—196°, dunkelgrün; *Tris-[benzoylacetonato]-kobalt(III)*, F. 117—118°, hellgrün; *Tris-[benzoyltrifluoracetonato]-kobalt(III)*, F. 156—157°, hellgrün; *Tris-[2-thenoyltrifluoracetonato]-kobalt(III)*, F.157—158°, hellgrün, *Tris-[2-furoyltrifluoracetonato]-kobalt(III)*, F. 181—182°, hellgrün; *Tris-[2-thenoyltrifluoracetonato]-eisen(II)*, F. 86—87°, purpurfarben; *Tris-[2-furoyltrifluoracetonato]-eisen(II)*, F. 189°, purpurfarben. Die Co-Chelate werden durch Zugabe einer wss. Lsg. von Carbonatotetramminkobalt(III) (Überschuß) zu einer alkohol. Lsg. des Diketons, Stehenlassen über Nacht, Filtrieren u. Umkristallisation aus Bzl., die Fe-Chelate durch Zugabe einer 10%ig. wss. Lsg. von Fe(II)-Ammoniumsulfat (Überschuß) zu einer alkohol., mit $NaCH_3COO$ gepufferten Lsg. des Diketons u. Aufarbeitung wie vorst. dargestellt. Durch Vgl. der ermittelten Sublimationswärmen mit entsprechenden Daten für Co(II)- u. Fe(III)-Chelate aus einer früheren Arbeit (C. **1961,** 3573) ergibt sich, daß bei den Co-Chelaten die räumliche Anordnung der Liganden um das Zentralatom für die Flüchtigkeit entscheidend ist. Da bei den Fe(II)- u. Fe(III)-Chelaten eine oktaedr. Anordnung der Liganden vorliegt, muß für die unterschiedliche Flüchtigkeit ein anderer Faktor verantwortlich sein.
J. Peters. 150□

Berechnung der Aktivitäten in binären Metallegierungen. Aurel Horváth. (Sborník vedeckých Práce Vysokej Školy techn. Košiciach Bratislava **2,** 21—34, 1958; Miskolc; slowak.) — Die Enteilung der Lsgg. in ideale, nichtideale u. normale u. ihre Unterschiede werden mit Hilfe der Aktivität (Koeff. γ_i für die Komponente i) erklärt. Für γ_1 gilt $\log \gamma_1 = b/4{,}576$ T. Die Neigung der Kurve für $\log \gamma_1$ in Abhängigkeit vom Molenbruch x ergibt sich aus $\text{tg}\,\alpha = b/4{,}576$ T. Bei idealen Lsgg. ist $b = 0$, bei regulären Lsgg. ist b = konst., bei realen Lsgg. ist $b = \varphi(x)$. Charakterist. für eine Lsg. oder eine bin. Leg. sind die Kurven für $\log \gamma_1$ in Abhängigkeit von x_2^2. Für bin. Hg–Bi-Legg. ergibt sich $b = 493$, $\log \gamma_{Hg} = 0{,}146$, $\gamma_{Hg} = 1{,}514$. R. K. Müller. 150

Zur Theorie der extraktiven Rektifikation. W. B. Kogan. (Журнал Прикладной Химии [J. angew. Chem.] **30,** 1863—65, Dez. 1957; russ.) — Theoret. Betrachtung des Verh. bin. Gemische unter dem Gesichtspunkt der extraktiven Rektifikation.
Ch. Weiske. 150□

Die Erweiterung der Houstonschen Methode mit Anwendung auf die Debyesche charakteristische Temperatur Θ_0. D. D. Betts. (Canad. J. Physics **39,** 233—38, Febr. 1961; Edmonton, Can., Univ., Dep. of Phys.; engl.) — Die von Houston (vgl. Rev. mod. Physics **20,** [1948], 161) beschriebene Meth. zur Integration von Funktionen vollständiger kub. Symmetrie über die Einheitskugel unter Verw. von nur 3 Werten des Integranden wurde durch Entw. von Integrationsformeln unter Verw. von 9 u. 15 Werten des Integranden erweitert. Die so entwickelten Houstonschen Formeln mit 3, 6, 9 u. 15 Termen wurden zur Berechnung der Debyeschen charakterist. Temp. von *KCl, AgCl, Bleiglanz, $Ba(NO_3)_2$, TlBr, Mo, $Sr(NO_3)_2$, Al, MgO, LiF, Diamant, Ge, Zinkblende, Ni, Au, Cu, Mg, Pb, Li* u. *Na* angewandt. Die berechneten Werte sind tabellar. angegeben. C. Gottfried. 151

Datensammlung über theoretische Metallurgie. 14. Mitt. **Die Entropien der Elemente und anorganischen Verbindungen.** K. K. Kelley und E. G. King. (U. S. Dep. Interior, Bur. Mines, Bull. **1961,** Nr. 592, 1—149; engl.) — Der Sammlung ist eine Beschreibung der Meth. zur Berechnung der Entropie aus Vers.-Daten vorangestellt. Genannt werden Tieftemp.-Wärmekapazität, Spektroskopie, Mol.-Konst. u. Rk.-Entropie. — 1095 Literaturangaben. K. Ross. 151□

Der Entropieverlauf in Supraleitern mit magnetischer Zulegierung. Jean Müller und Marcel Risi. (Helv. physica Acta **33,** 459—62, 15/8. 1960; Zürich, ETH, Labor. für Festkörperphys.; dt.) — An einer Leg. aus La mit 0,5% Gd wurde die spezif. Wärme unterhalb 5° K gemessen. Bei der magnet. bestimmten Sprung-Temp. 3,7° K ist auf der c_p-Kurve keine Unstetigkeit festzustellen; es handelt sich also nicht um eine Umwandlung l. Ordnung. G. Kirschstein. 151□

Berechnung der Schwingungs-Spektren und Molwärmen von Wolfram und Molybdän mit Hilfe des de Launayschen Elektronengasmodells. B. Sharan. (Physica Status solidi [Berlin] **1**, 243—53, 1961; India, Banaras Hindu Univ., Dep. of Phys.; engl.) — Die ermittelten Mol-Wärmen stehen mit experimentellen Literaturwerten in guter Übereinstimmung; bei W ergibt das benutzte Modell bessere Übereinstimmung als das Modell von Fine [1939]. Wolfgang Wagner. 151□

Thermodynamische Eigenschaften einiger Bortrihalogenide. G. Nagarajan. (Z. physik. Chem. [Frankfurt/M.] [N. F.] **31**, 347—49, März 1962; Annamalainagar, Annamalai Univ., Dep. of Phys.; engl.) — Unter Zugrundelegung der von Wentink u. Tiensuu (vgl. C. **1959**, 1682) experimentell bestimmten Grundschwingungsfrequenzen berechnete Vf. die Wärmeinhalte, Freien Energien, Entropien u. Mol-Wärmen von $^{10}BBr_3$ (I), $^{11}BBr_3$ (II), $^{10}BJ_3$ (III), $^{11}BJ_3$ (IV) für den idealen Gaszustand bei einem Druck von 1 atm u. für den Temp.-Bereich von 50—1600° K. Für 298,16° K werden folgende Werte (in cal/Grad·Mol) angegeben [Reihenfolge: $(H^0 - E_0^0)/T$, $-(F_0 - E_0^0)/T$, S^0 u. C_p^0): I 12,419, 66,214, 78,633 u. 15,830; II 12,639, 66,368, 79,007 u. 16,239; III 13,423, 69,970, 83,393 u. 16,786; IV 13,515, 70,028, 83,543 u. 16,943. G. Gattow. 151□

Das Verhalten binärer flüssiger Mischphasen. 3. Mitt. **Die Bestimmung der Mischungsenthalpien in Systemen aus Tetrachloriden.** Alfred Kolbe und Horst Sackmann. (Z. physik. Chem. [Frankfurt/M.] [N. F.] **31**, 281—87, März 1962; Halle/Saale, Martin-Luther-Univ., Inst. für physikal. Chem. mit Metall- u. Werkstofflabor.; dt.) — 2. vgl. C. **1962**, 9994. — In einem ausführlich beschriebenen Calorimeter wurden die Mischungsenthalpien Δ H in den nachst. bin. fl. Syst. bei 20,2° im ganzen Konz.-Bereich u. bei 4,7° für mittlere Konz. bestimmt: CCl_4 (I)–$SiCl_4$ (II), I–$SnCl_4$ (III), I–$TiCl_4$ (IV), I–C_6H_6, II–III, II–IV, III–IV. Nur die Syst. II–III u. II–IV zeigen bei x = 0,5 (x = Molenbruch) ein Maximum in den Δ H-Werten u. sind symm., während bei I—IV der maximale Wert bei x ($TiCl_4$) = 0,6 liegt. Folgende Werte werden für die maximale Mischungsenthalpie ΔH_{max} (in J/Mol) u. für die Temp.-Abhängigkeit $\Delta(\Delta H)/\Delta T$ (für x = 0,5 in J/Grad·Mol) angegeben: I–II 176, —1,0; I–III 291, —0,3; I–IV 187, +0,7; II–III 269, +0,9; II–IV 160, —0,4; III–IV 193, +1,2. G. Gattow. 156□

Reaktionen von Gallium mit Quarz und mit Wasserdampf; Folgerungen für die Synthese von Galliumarsenid. C. N. Cochran und L. M. Foster. (J. electrochem. Soc. **109**, **149**—54, Febr. 1962; New Kensington, Pa., Aluminum Co. of America, Phys. Chem. Div., Alcoa Res. Labor.; engl.) — Vgl. C. **1962**, 11827. — Im Hinblick auf die Herst. von sehr reinem halbleitendem GaAs (I) aus Ga u. As in Quarzgefäßen wurden die für die möglicherweise auftretenden Rkk. notwendigen thermodynam. Daten aus z. T. bekannten Literaturwerten berechnet: z. B. $Ga_{(fl.)} + \frac{1}{2} As_{2(gas)} \rightleftharpoons GaAs_{(fl.)}$ ΔF_f^0 (1523° K) = —5,40 kcal, log K_{1523} = + 0,77; $As_{4(gas)} \rightleftharpoons 2\, As_{2(gas)}$ log K_{1523} = —2,044; 2 $Ga_{(fl.)}$ + $SiO_{2(fest)} \rightleftharpoons Ga_2O_{(gas)} + SiO_{(gas)}$ log K_{1523} = —7,53. Die Aktivitäten von Si in Ga u. in I sind als Funktion der Kondens.-Temp. gasförmiger Rk.-Prodd. bzw. als Funktion des Ga_2O- u. SiO-Partialdruckes graph. wiedergegeben. Der scheinbare Transport von I in Ggw. von Spuren Wasserdampf bei der Synth. von I aus den Elementen wird erklärt durch die Rk. von Wasserdampf mit Ga in der heißen Zone zu $Ga_2O + H_2$, das in der kalten Zone mit As unter Bldg. von I u. W. weiterreagiert. G. Gattow. 156□

Thermodynamik der Ionenassoziation. 8. Mitt. **Einige Malonate von Übergangsmetallen.** V. S. K. Nair und G. H. Nancollas. (J. chem. Soc. [London] **1961**, 4367—72, Okt.; Birmingham, Coll. of Advanc. Technol.; Glasgow, Univ., Chem. Dep.; engl.) — 7. vgl. C. **1962**, 10369. — Aus EMK-Messungen an Zellen des Typs H_2, Pt/H_2Mal, NaOH, MCl_2/AgCl/Ag (Mal = Malonsäurerest) im Temp.-Bereich 0—45° lassen sich die thermodynam. Gleichgewichts-Konst. für die Assoziation von Ni^{2+}, Co^{2+} u. Mn^{2+} mit dem Malonsäureanion in wss. Lsgg. bestimmen. Für die Rk. $M^{2+} + Mal^{2-} \rightleftharpoons$ MMal ergeben sich für Ni, Co u. Mn folgende thermodynam. Konst.: 1,77, 2,57 bzw. 3,53 kcal·Mol^{-1} für Δ H; —5,60, —5,13 bzw. —4,48 kcal·Mol^{-1} für ΔG_{298}; 24,8, 25,8 bzw. 26,8 cal·$Grad^{-1}$·Mol^{-1} für Δ S; 46 ± 20, 68 ± 25 bzw. 92 ± 30 cal·$Grad^{-1}$ für ΔC_p. W. Niemitz. 156□

Theorie der ketten-thermischen Flammenausbreitung. 1. Mitt. **Zwei aktive Zentren.** L. A. Lowatschew. (Известия Академии Наук СССР, Отделение Химических Наук [Nachr. Akad. Wiss. UdSSR, Abt. chem. Wiss.] **1960**, 1022—29, Juni; Inst. für chem. Phys. der Akad. der Wiss. der UdSSR; russ.) — Vgl. C. **1961**, 11992. — Wenn bei einer Ketten-Rk. 2 akt. Zentren nacheinander mit den Ausgangsstoffen reagieren u. sich gegenseitig regenerieren, lassen sich Gleichungen ableiten, nach denen die Geschw. der Flammenausbreitung (FA) unter Berücksichtigung der Diffusion der 2 akt. Zentren u. der Geschw. der Entstehung u. des quadrat. Abbruches der Ketten berechnet werden kann. Aus den Einzelgleichungen wird eine Gesamtgleichung entwickelt

u. zur Berechnung der Geschw. der FA in den Gemischen 0,6 H_2 + 0,4 Cl_2 u. 0,5 H_2 + 0,5 Cl_2 verwendet. Der Vgl. mit dem Vers. ergibt Übereinstimmung. Die Abhängigkeit der Geschw. der FA von Verbrennungsdruck u. -Temp. wird im Vgl. mit einem vereinfachten Schema mit einem akt. Zentrum nur einer Art qual. behandelt.
R. K. Müller. 157□

Theorie der ketten-thermischen Flammenausbreitung. 3. Mitt. **Einfluß der Übertragungskoeffizienten auf die Geschwindigkeit der Flammenausbreitung.** L. A. Lowatschew. (Известия Академии Наук СССР, Отделение Химических Наук [Nachr. Akad. Wiss. UdSSR, Abt. chem. Wiss.] **1960,** 1354—57, Aug.; russ.) — 2. vgl. C. **1962,** 10752; 1. vgl. vorst. Referat. — Das früher (C. **1961,** 11992) berechnete Verhältnis zwischen der Geschw. der Flammenausbreitung (FA) bei CH_4–O_2-Gemischen mit 9,46% CH_4 in Verdünnung mit N_2, Ar oder He wird durch die Berücksichtigung des Abhängigkeit der FA von den Diffusions-Koeff. der akt. Zentren u. der Wärmeleitfähigkeit des heißen Gemisches präzisiert. Wenn außer der Diffusion der H-Atome auch die der OH-Radikale berücksichtigt wird, ergibt sich für das Verhältnis der Geschw. der FA bei Verdünnung mit N_2, Ar u. He 0,40 : 1 : 1,41 in Übereinstimmung mit Vers.-Werten. Die Konz. der O-Atome ist gegenüber derjenigen der OH-Radikale so klein, daß ihr Einfl. vernachlässigt werden kann; die Diffusions-Koeff. für O u. OH können als etwa gleich angenommen werden.
R. K. Müller. 157□

Wärmeleitfähigkeit von normal und supraleitendem Aluminium. C. B. Satterthwaite. (Physic. Rev. [2] **125,** 873—76, 1/2. 1962; Pittsburgh, Pa., Westinghouse Res. Labor.; engl.) — Die Wärmeleitfähigkeit von drei *Al*-Proben mit sehr unterschiedlichem Restwiderstand ($R_{273}/R_{1,2}$ = 26, 430, 3660) wurde im normalen u. supraleitenden Zustand gemessen, u. es wurden genaue Werte für das Verhältnis beider Zustände, k_s/k_n, erhalten. Die Proben, deren mittlere freie Weglängen sich um den Faktor 140 unterscheiden, hatten im untersuchten Temp.-Bereich 0,32—1,20° K gleiche k_s/k_n-Werte (±1%). — Die experimentellen Ergebnisse stimmen mit den theoret. Aussagen von Bardeen, Rickayzen u. Tewordt (C. **1959,** 14330) über elast. Schwingungen u. Streuungen u. den von Bardeen, Cooper u. Schrieffer (C. **1958,** 5576) berechneten Werten für die Energielücke von $2\,\varepsilon_0\,(O) = (3{,}25-3{,}37)\,k\,T_c$ mit $3{,}52\,k\,T_c$ gut überein.
W. Sobieski. 158□

Die Struktur von Stoßwellenfronten in verschiedenen Gasen. W. H. Andersen und D. F. Hornig. (Molecular Physics **2,** 49—63, Jan. 1959; Providence, R.I., Brown Univ., Metcalf Res. Labor.; engl.) — Vff. berichten über Unterss. des opt. Reflexionsvermögens von Stoßwellenfronten in *Ar*, N_2, O_2, *CO*, CO_2, N_2O, CH_4, Cl_2 u. *HCl* u. deren Struktur. Die Stärke der Wellenfronten in Ar stimmt bis zu einer Mach-Zahl von 1,55 mit theoret. Werten von Gilbarg u. Paslucci überein. Die Rotationsrelaxationszeit entspricht für N_2 ca. 5,5 Zusammenstößen; in den anderen Gasen ist sie von der gleichen Größe oder kleiner. Bei stärkeren Stößen stellt sich das Rotationsgleichgewicht in der Wellenfront bei N_2 nicht ein; diese Erscheinung wird qual. diskutiert. In HCl scheint eine Überanregung der Rotation in der Wellenfront stattzufinden. Keines der Gase zeigt eine Schwingungsanregung.
G. M. Neumann. 159□

Schallwellen in Gasblasen enthaltendem Wasser. G. T. Trammell. (J. appl. Physics **33,** 1662—70, Mai 1962; Oak Ridge, Tenn., Oak Ridge Nat. Labor.; engl.) — In Verbindung mit der Theorie der Verdampfung u. Kondens. von Gasblasen untersucht Vf. rein theoret. das Verh. von Schallwellen in W., das verschiedene Arten von Gasblasen enthält. Es wird gezeigt, daß in Anwesenheit von 10 Blasen pro cm^3 W. (Blasenradius ca. 10^{-3} cm) u. bei einem Druck von 1 atm eine Ultraschallwelle ($f = 3\cdot10^4$ cps.) auf einer Strecke von 10 cm um den Faktor 10 geschwächt wird.
G. Gattow. 159□

A_5. Kolloidchemie. Grenzschichtforschung

Die Herstellung und die Größenverteilung einiger monodisperser Emulsionen. Ronald E. Wachtel und Victor K. La Mer. (J. Colloid Sci. **17,** 531—64, Aug. 1962; New York, N.Y., Columbia Univ., Dep. of Chem.; engl.) — Vff. beschreiben die Herst. einiger monodisperser Emulsionen von Öl in W. durch Einführen von elektr. geladenen monodispersen Aerosolen in das fl. Medium. Das Aerosol wird emulgiert, wobei keine Veränderung der Größenverteilung nach den Messungen der Tyndall-Spektren höherer Ordnung zu beobachten ist. Zur genauen Festlegung der Teilchenverteilung u. Größe dient der Coulter-Zähler, der mit Dow–Polystyrol-Latex geeicht wurde. Der Mechanismus der Emulgation von Aerosolen wurde untersucht. Die Emulgiergeschw. nimmt zu, wenn die Teilchen elektr. geladen sind. Ohne Einfl. auf die Emulgiergeschw. sind die

Teilchenradien u. die Natur des Emulgators. Sinkt die Konz. des Emulgators unter die krit. Micellen-Konz., so ist eine Darst. monodisperser Emulsionen nicht mehr möglich. Harro Zimmer. 161☐

Eine Untersuchung der verschiedenen Dispersionsmethoden zur Messung der Korngrößenverteilung von Tonen. B. N. Samaddar, Gurudas Mandal und D. Lahiri. J. Indian chem. Soc., ind. News Edit. **20,** 107—11, 1957; Calcutta, Univ., Dep. of Appl. Chem.; engl.). — Mit Hilfe der Andreasan-Pipette u. Zentrifugal-Meth. wurden wie früher (Mandal u. Lahiri, C. **1961,** 10331) die Korngrößenverteilungen verschiedener Kaolinsuspensionen (2 Sorten Indian–China-Ton u. 1 English–Ball-Ton; durch 4- oder 8std. Schütteln von rohem oder gereinigtem Ton unter Zusatz von $Na_4P_2O_7$) bestimmt. Mit zunehmender Schüttelzeit nimmt die Teilchengröße kaum merklich ab. Durch H_2O_2-Behandlung u. anschließende Elektrodialyse oder HCl-Behandlung nimmt sie wenig, aber merklich ab. Beim Naßvermahlen (Kugelmühle) werden vor allem die großen Teilchen zerkleinert, die kleineren kaum. Agglomeration der kleineren Teilchen kann dabei bedeutend sein. R. Junge. 162☐

Theoretische Untersuchungen über die Lichtstreuung kolloidaler Kugeln. 11. Mitt. Bestimmung von Größen-Verteilungskurven aus Spektren des Streuungsverhältnisses oder aus Depolarisationsspektren. Arthur F. Stevenson, Wilfried Heller und Morton L. Wallach. (J. chem. Physics **34,** 1789—95, Mai 1961; Detroit, Mich., Wayne State Univ., Dep. of Phys., Dep. of Chem.; engl.) — 10. vgl. J. chem. Physics **34,** [1961], 971; vgl. auch C. **1961,** 376. — Vff. entwickeln eine Meth. zur Best. der Größenverteilung von koll. u. kleinen mkr. Feststoffteilchen in heterodispersen Syst. aus Spektren des Streuverhältnisses oder der Depolarisation. Die Meth. ist auf alle einförmigen Verteilungen anwendbar u. liefert bei Anwendung der Mieschen Streuungsfunktionen den mittleren Durchmesser, das mittlere Gew., die Halbwertsbreite der Verteilung u. den Durchmesser der kleinsten Teilchen. Für andere Verteilungsformen wird eine Linearkombination von zwei Verteilungsfunktionen vorgeschlagen. G. M. Neumann. 162☐

Lichtstreuung durch geladene kolloidale Teilchen in Salzlösungen. A. Vrij und J. Th. G. Overbeek. (J. Colloid Sci. **17,** 570—88, Aug. 1962; Utrecht, Univ., van't Hoff Labor.; engl.) — Die Lichtstreuung von halbneutralisierter Polymethacrylsäure (**I**) in 0,1m Lsgg. von NaF, NaCl, NaBr, NaJ u. Na_2SO_4 sowie in 0,01m $(NH_4)_6Mo_7O_{24}$ (**II**)-Lsg. bzw. in 0,045m HCl wurde bei 546 nm gemessen u. das Molgew. sowie der 2. Virial-Koeff. von I in den einzelnen Lsgg. ermittelt. Die Gesamtlichtstreuung setzt sich aus drei Beträgen zusammen, aus Dichteschwankungen, Konz.-Schwankungen u. dem Einfl. der koll. Teilchen. Im letzten Beitrag ist die im allg. negative Adsorption der Salze an das Koll. enthalten. Die Adsorption kann direkt durch Membrangleichgewichtsmessungen oder durch Berechnungen aus dem Brechungsindex bei konst. Konzz. in Kombination mit Konz.-Differenzen in einem Membrangleichgewicht erhalten werden. Die Korrekturen für das Molgew. schwanken von 10% in NaF-Lsgg. bis zu 25% in NaJ-Lsg., während in II-Lsg. die Korrektur 45% beträgt. Harro Zimmer. 162☐

Phasenbeziehungen und spezifischer Salzeffekt in Seifenlösungen. T. Nash. (Chem. and Ind. **1958,** 590, 17/5.; London, Central Public Health Labor.; engl.) — Die Gleichgewichts-Temp. (T) des Syst. W.–Kristall–Micelle von Kationenseifen, wie *Cetyltrimethylammoniumbromid* u. *Cetylpyridiniumbromid* kann durch Fluorescenzmessungen bestimmt werden. Saure Farbstoffe, wie *Dichlorfluorescein,* bilden mit Seifenkristallen nicht fluorescierende Salze, während Micellen den Farbstoff bevorzugt adsorbieren u. die Fluorescenz bestehen lassen. Zugabe von Salzen setzt T herab. Als Farbstoff für Anionenseifen eignet sich *Rhodamin 6 G.* P. Olschinka. 162☐

Der Einfluß eines Wechsels in der Umgebung auf mit Festkörpern stabilisierte Emulsionen. S. N. Srivastava. (Kolloid-Z. **173,** 137—41, Dez. 1960; Agra, India, St. John's Coll., Chem. Dep.; engl.) — Vgl. C. **1958,** 6166, 2944. — Der Einfl. eines $CaCl_2$- oder HCl-Zusatzes u. der Temp. auf die Stabilität von Kerosin- u. Olivenölemulsionen, die mit festen Emulgatoren stabilisiert wurden, wird untersucht. Die Wrkg. sowohl der Zusätze als auch der Temp.-Erhöhung (bis 100°) sind gering. Die spezif. Grenzflächen u. die Stabilitätswerte sind für die Emulgatoren $Cu(OH)_2$, $Ni(OH)_2$, bas. Ni(II)-, Fe(II)-, Fe(III)-, Al-Sulfat, 1 : 1-Bordeauxmischung (Kalk–Kupfersulfat-Brühe), Ni-Bordeaux, Bentonit, $SrCO_3$, $AlAsO_3$, $Ca_3(AsO_4)_2$, BiOCl, Bauxit, $La(OH)_3$, $Ni(OH)_2$ u. $Al(OH)_3$ tabellar. aufgeführt. W. Betcke. 162☐

Untersuchungen über die Koagulation von Antimonsulfid und Goldsolen mit Hilfe von Lichtextinktions- und Absetzmethoden. Arvind Kumar, Amal K. Bhattacharya und Abani K. Bhattacharya. (J. Indian chem. Soc. **39,** 361—67, Mai 1962; Agra, Agra Coll., Chem. Dep.; engl.) — Vff. untersuchten die Koagulation von Sb_2S_3- (**I**) u. Au-Solen (**II**) durch KCl, $BaCl_2$ u. $AlCl_3$ zwecks Prüfung der Gültigkeit der Gleichung von Bhattacharya, C = a + [(m/t)/n + 1/t)] (C = Konz. des Elektrolyten, t = Koagulationszeit; a, n, m = Konst.). Nach Zugabe verschiedener Elektrolyt-Konzz. wurden die entsprechenden Koagulationszeiten durch Best. der Lichtextinktion u. visuell durch Beobachtung des Zeitpunktes ermittelt, bei dem an der Oberfläche die Abtrennung der klaren Fl. begann. Die nach beiden Meth. erhaltenen Koagulationszeiten sind nicht ident., da mit verschiedenen Meth. nicht der gleiche Koagulationszustand erfaßt werden kann. Die Beziehung zwischen 1/C — a u. t ist linear. Für die Konst. a, m u. n wurden nach beiden Meth. folgende Werte ermittelt: für I: KCl (a =) 42,5 (42,5 nach der Extinktions-Meth.); (m =) 40 (22,7); (n =) 20 (43,13); $BaCl_2$ 1,0 (1,0); 1 (0,83); 1,2 (3,32); $AlCl_3$ 0,025 (0,032); 0,028 (0,030); 0,038 (0,018); für II: KCl 22,5 (22,5); 9,09 (7,8); 10,90 (13,26); $BaCl_2$ 0,8125 (0,8125); 0,2 (0,2); 0,07 (0,30); $AlCl_3$ 0,0337 (0,034); 0,027 (0,032); 0,007 (0,072). P. Scharner. 163☐

Die volumetrischen Beziehungen der gegenseitig koagulierenden Sole. K. Krishnamurti und N. V. Karbelkar. (Sci. and Cult. [Calcutta] **23,** 481—83, März 1958; Nagpur, Coll. of Sci., Chem. Dep.; engl.) — Bei der Koagulation von Fe(III)-hydroxidsol (I) durch negative Sole wurden folgende Beobachtungen gemacht, die bekannten Erscheinungen bei der Koagulation von Solen durch Elektrolyte entsprechen. Die Koagulations- u. die Sedimentations-Geschw. von I ist größer, wenn Preußischblau- (II) oder Kongorotsol (III) auf einmal statt in Portionen zugegeben werden. Die koagulierende Wrkg. von II u. III auf I ist nicht streng additiv. Mit wachsender Verdünnung des I steigen die zur Koagulation nötigen Mengen an II, III oder As_2S_3-Sol. R. Junge. 163☐

Nachweis der Hydrolyse von Metallionen durch Koagulation. 3. Mitt. **Aluminium.** E. Matijević, K. G. Mathai, R. H. Ottewill und M. Kerker. (J. physic. Chem. **65,** 826—30, Mai 1961; Potsdam, N.Y., Clarkson Coll. of Technol.; engl.) — 2. vgl. C. **1961,** 10846. — Aus der Best. der krit. Koagulations-Konz. von Al-Salz-Lsgg. für negativ geladene AgJ-Sole (in statu nascendi u. im gealterten Zustand) u. für AgBr-Sole (in statu nascendi) im pH-Bereich 2—10 geht hervor, daß sie bei pH <4 3wertigen Gegenionen, d. h. einfach hydratisierten Al^{3+}, entsprechen. Im pH-Bereich von 4—7 wird ein 4wertiges Hydrolysen-Prod. angezeigt, während bei pH >7 wahrscheinlich 2wertige Ionenarten auftreten. Die Neutralisationskurve des $Al(NO_3)_3$ mit NaOH stimmt mit der Bldg. eines ersten Hydrolysen-Prod. mit einem Al : OH-Verhältnis von 1 : 2,5 überein. Der einzige hiermit in Übereinstimmung stehende Komplex ist $[Al_8(OH)_{20}]^{4+}$. Bei höheren pH-Werten wird die Existenz von $[Al_8(OH)_{22}]^{2+}$ u. $Al_8(OH)_{24}$ angenommen. Koagulations- u. elektrophoret. Messungen zeigen, daß die hydrolysierten Al-Ionenarten die ursprünglich negativ geladenen Silberhalogenidsole umladen, während die einfach-hydratisierten Al^{3+} das nicht tun. W. Niemitz. 163☐

Über die Technologie der Isolierung von Stoffen aus Lösungen durch chemische Fällung. 2. Mitt. Über die anomale „Alterung" von durch chemische Ausfällung erhaltenen Niederschlägen. I. M. Wasserman. (Журнал Прикладной Химии [J. angew. Chem.] **32,** 1959—63, Sept. 1959; russ.) — 1. vgl. C. **1961,** 18249. — Ein frischgefällter Nd. aus x $Ni(OH)_2 \cdot y\, NiCO_3$ unterliegt in Ggw. von Mutter-Lsg. (M) einer chem. „Alterung", wenn sich auf der Phasengrenzfläche eine oder mehrere sek. chem. Rkk. unter Veränderung der chem. Zus. u. der Oberflächen-Eigg. des Nd. vollziehen. Solche sek. Rkk. im Syst. Nd.–M sind: die Wechselwrkg. des Nd. a) mit dem sauren Salz in M (Neutralisierung), b) mit dem W. der M (Hydrolyse), c) mit dem neutralen Salz in M (Austausch-Rk.), d) mit den Komponenten des komplexen Nd. (Synth.-Rk.), e) mit den gelösten Gasen (Oxydation, Carbonisierung usw.). Das chem. „Altern" erfolgt gleichzeitig mit dem physikal. „Altern" u. ihre gemeinsame Wrkg. führt zu einer anomalen „Alterung" des Niederschlags. H. Treumann. 164☐

Das Eindringen von Flüssigkeiten in feste Absorbenten. F. H. Constable und D. N. Constable. (Istanbul Univ. Fen Fak. Mecmuasi [Rev. Fac. Sci. Univ. Istanbul], Ser. C **23,** 247—72, Juli/Okt. 1958; Istanbul, Univ., Inst. of Phys. Chem.; engl.) — Die Prüfung der allg. für die Zeitabhängigkeit des Aufsteigens einer Fl. in einer Capillare abgeleiteten Gleichung $\ln [h_\infty/(h_\infty - h)] - h/h_\infty = K\,t$ (h_∞ = Gleichgewichtshöhe der Fl., h = Höhe der Fl. zur Zeit t, K = Konst., abhängig von der Art der Fl. sowie von der Temp.) ergab eine nur rohe Übereinstimmung zwischen theoret. u. empir. Werten. Vff. entwickelten daher eine neue Beziehung $h = A\,(t^{1/3} - B)$, durch welche die darzustellenden Verhältnisse weit besser beschrieben werden können. A ist hierbei dem Ausdruck $\sqrt[3]{\sigma^2/\eta\,\varrho}$ (σ = Oberflächenspannung, η = Viscosität, ϱ = Dichte der Fl.) proportional u. B entspricht einer Korrektur während der ersten Minute. Für alle untersuchten Fll. (*W., Glycerin, Toluol, CCl_4, Chlf., Bzl., Methanol, A., Isopropanol, n-Butanol, Isobutanol*) ergab sich für die erste Hälfte des Fl.-Anstiegs in der Capillare (Whatman-31-Filterpapier) eine sehr gute Übereinstimmung zwischen gemessenem u. berechnetem

Kurvenverlauf. Die Abweichungen im weiteren Verlauf werden dem Fehlen ausreichend feiner Capillaren, die das Weitersteigen der Fl. u. das Erreichen einer Grenzhöhe bewirken würden, zugeschrieben. D. Forst. 165□

Die Beziehungen zwischen Oberflächenspannung und -energie flüssiger Metalle und ihrer kritischen Temperatur. A. V. Grosse. (J. inorg. nuclear Chem. **24,** 147—56, Febr. 1962; Philadelphia, Pa., Temple Univ., Res. Inst.; engl.) — Vf. zeigt, daß das Eötvössche Gesetz für homöopolare Moll. $\sigma_m = \sigma \cdot V_m{}^{2/3} = K_{Eö}\ (T_c - T)$ (σ = Oberflächenspannung, v_m = Mol-Vol., T_c = krit. Temp., T = Meßtemp.) durch Extrapolation auf 0^0 K in der Form $\sigma_A{}^0 = \sigma^0 \cdot (V_A{}^0)^{2/3} = C \cdot T_c$ ($\sigma_A{}^0$ = Oberflächenenergie, σ^0 = Oberflächenspannung, $V_A{}^0$ = Atom-Vol. bei 0^0 K, C = 0,64 erg/g-Atom$^{2/3}$·Grad K) auch auf fl. Metalle anwendbar ist. Die zur Berechnung nötige krit. Temp. des Metalls läßt sich aus Dampfdruck u. Verdampfungswärme nach dem Theorem der übereinstimmenden Zustände oder nach dem Gesetz von Cailletet u. Mathias aus bekannten Daten berechnen. Mit Ausnahme von Hg, Cd u. Zn ergeben die Werte von $\sigma_A = \sigma^0 \cdot V_A{}^{2/3}$ aufgetragen gegen T_c eine Gerade. P. Sartori. 166□

Über die Prozesse der Bildung und des Schließens von Rissen in einem isotropen festen Körper. M. Ss. Osstrikow. (Доклады Академии Наук СССР [Ber. Akad. Wiss. UdSSR] **136,** 1380—83, 21/2. 1961; Rostow/Don, Univ.; russ.) — Vf. untersucht die Wrkg. einer Fl. auf die Bldg. u. das Schließen von Capillarrissen in einem isotropen Körper. Die reinen Oberflächen polarer fester Körper lassen sich sowohl durch polare als auch durch apolare Fll. anfeuchten. Die Benetzungsenergien sind jedoch verschieden. H. Treumann. 166□

Einige Bemerkungen zur Messung elektrokinetischer Potentiale. R. J. Hunter und A. E. Alexander. (J. Colloid Sci. **17,** 781—88, Okt. 1962; Sidney, Univ., Dep. of Phys. Chem.; engl.) — Vff. diskutieren die Probleme, die bei der Messung von ζ-Potentialen an Kaolin- u. Kieselguroberflächen nach einer mikroelektrophoret. u. einer Strömungspotential-Meth. auftreten. Für die erste Meth. leiten Vff. eine vereinfachte Form der opt. Korrektion nach Henry ab u. beschreiben zwei Meth. zur Best. des Spannungsgradienten in Zweiröhren-Mikroelektrophoresezellen. Für die zweite Meth. schlagen Vff. ein Verf. zur Vermeidung der Asymmetriepotentiale an den Elektroden vor. G. M. Neumann. 168□

Elektrochemische Untersuchung von Betonitsuspensionen. 5. Mitt. **Elektrokinetisches Potential des elektrodialysierten Askangels in Abhängigkeit vom Neutralisationsgrad durch Alkalihydroxide.** Je. T. Usskowa. (Коллоидный Журнал [Kolloid-J.] **23,** 204—08, März/April 1961; Kiew, Technol. Inst. der Lebensmittelind.; russ., Auszug: engl.) — 4. vgl. C. **1961,** 4615. — Die Unters. der Abhängigkeit des elektrokinet. Potentials eines elektrodialysierten Askangels (kaukas. Bentonit) vom Grad der Neutralisation durch LiOH, NaOH, KOH, RbOH u. CsOH ergab, daß in allen Fällen das ζ-Potential ein Maximum aufweist. Das Maximum nimmt von Li nach K zu, dann nach Cs ab. Dies gilt auch für die übrigen Abschnitte der ζ-Potentialkurve mit Ausnahme jener Bereiche, wo ein Überschuß an Alkali vorhanden ist. Diese Erscheinung erklärt sich aus der Größe u. der Polarisierbarkeit der Ionen in der äußeren Schicht der elektr. Doppelschicht. O. Lebtag. 168□

Untersuchungen über die elektrophoretische Beweglichkeit der Na- und K-Ionen. Clara Bergamini und Gianfranco Rapi. (Ann. Chimica **49,** 390—96, Febr. 1959; Firenze, Univ., Ist. di Chim. Anal.; ital.) — Vff. untersuchten die Beweglichkeit von Na^+ u. K^+ bei der Elektrophorese auf Streifen u. der radialen Elektrophorese. Für Na^+ wurde als Rk.-Partner Zinkuranylacetat u. für K^+ Dipikrylamin verwendet. Die Spannung betrug 140 bzw. 80 V. Die Puffer-Lsg. enthielt 50 ml 0,2 m NH_4Cl u. 6,7 ml 0,2 n HCl (auf 200 ml mit H_2O aufgefüllt). Im ersten Fall variierte die Konz. von K^+ zwischen 30 u. 60 γ, für Na^+ zwischen 10 u. 30 γ, im zweiten Fall für K^+ zwischen 150 bis 200 γ u. für Na^+ zwischen 20 u. 50 γ. Die beobachteten Beweglichkeiten in cm wurden gegen die Zeit aufgetragen. Die beobachteten Unterschiede lassen sich dadurch erklären, daß im ersten Fall die hydrodynam. Wrkg. wenig Einfl. ausübt, während sie im zweiten Fall im ersten Teil des Prozesses maßgebend ist. C. Gottfried. 168

Isothermische Diffusionsmessungen am System H_2O–Glycin–KCl bei 25°; Prüfung der Onsagerschen Reziprozitätsbeziehung. L. A. Woolf, Donald G. Miller und Louis J. Gosting. (J. Amer. chem. Soc **84,** 317—31, 5/2. 1962; Madison, Wis., Univ. of Wisconsin, Dep. of Chem. and Enzyme Inst.; Livermore, Calif., Univ. of California, Lawrence Radiat. Labor.; engl.) — Diffusionsmessungen nach der früher verwendeten Gouyschen Interferenz-Meth. (Gosting u. Mitarbeiter, Rev. sci. Instruments **20,** [1949], 209) am Syst. W.–Glycin (I)–KCl bei 6 verschiedenen Konzz., teils auch am Syst. W.–I u. W.–KCl ergeben Werte für Diffusions-Koeff. $(D_{ij})_V$ (Bezug auf Vol.) bzw. $(D_{ij})_0$

(Bezug auf Lsgm.), partielle Mol-Vol. u. Ableitungen der Brechungsindices. Mit Hilfe dieser u. bekannter Daten für Aktivitäts-Koeff. wird die Gültigkeit der Onsagerschen Beziehung für die 4 Diffusions-Koeff. bei jeder Konz. einmal durch Vgl. der phänomenolog. Koeff. $(L_{ij})_V$ bzw. $(L_{ij})_O$, zum anderen an Hand eines analyt. Ausdruckes geprüft. Sie wird innerhalb der geschätzten experimentellen Fehlergrenzen erfüllt. Für die Beziehungen zwischen $(L_{ij})_V$ u. $(L_{ij})_O$ werden Ausdrücke abgeleitet u. diskutiert. R. Junge. 171□

Eine Untersuchung über die Viscosität wäßriger Nickelsulfatlösungen. S. Alamelu und C. V. Suryanarayana. (Acta chim. Acad. Sci. hung. **20,** 339—44, 1959; Annamalainagar, S. India, Univ., Phys. Chem. Labor.; engl.) — Die Viscosität wss. $NiSO_4$-Lsgg. wurde im Konz.-Bereich 0,15—2,5 molal (bis in die Nähe der Sättigung) u. bei Temp. zwischen 30 u. 60° gemessen. Die Temp.-Abhängigkeit entspricht der Exponentialgleichung von Andrade [1930], für die Konz.-Abhängigkeit gilt eine andere, von Suryanarayana u. Venkatesa bereits bei einigen Elektrolyten als gültig gefundene Exponentialgleichung. W. Betcke. 172□

Ultra-Kurzzeit-Aufnahmen der Grenzschichtstrukturen schneller Strömungsvorgänge. Heinz Fischer und Albert Fritzsche. (Chemie-Ing.-Techn. **34,** 118 bis 119, Febr. 1962; Bedford, Mass., Airforce Cambridge Res. Labor.; Darmstadt, TH, Inst. für Strömungslehre u. hydraul. Maschinen; dt.) — Mit Hilfe von koaxialen Kondensatorkreisen minimaler Induktivität konnte die Lichtpulslänge von Blitzlampen auf wenige ns gesenkt u. gleichzeitig Leuchtdichte u. Lichtstärke bedeutend erhöht werden. Dadurch konnten extrem schnelle Strömungsvorgänge im durchscheinenden u. reflektierten Licht photographiert u. ihre Feinstruktur aufgelöst werden. Es wird über Erfahrungen in der Anwendung solcher Lichtquellen zur Unters. von schnellen, nicht geführten Einspritzvorgängen verschiedener Fll. in W. u. Luft aus zylindr. Düsen berichtet. Die Kleinheit der Teilchen (ca. 10^{-3} cm Durchmesser) bedingte ultrakurze Belichtungszeiten von ca. $2 \cdot 10^{-8}$ s. W. D. Krüger/Berlin. 173□

Untersuchung der Dispersität von Bleioxid. P. I. Jermilow. (Лакокрасочные Материалы и их Применение [Lacke Farben Anwend.] **1961,** Nr. 5, 43—46; Jaroslaw, Technolog. Inst.; russ.) — Auf mechan. Wege zerkleinertes *PbO* ist ein polydisperses Syst. aus Bruchstücken von unregelmäßiger Form. Es enthält Beimengungen hochdisperser Teilchen aus der Sublimation von PbO. Die Unters. der Dispersität auf mkr. Wege oder durch Sedimentation ergibt nur bei Peptisation u. Verw. eines Mediums mit gutem Benetzungsvermögen, das keine Hydratation von PbO hervorruft, gute Ergebnisse. Eine Meth. zur Best. der spezif. Oberfläche der PbO-Teilchen mittels Durchsaugen von Luft wird empfohlen. J. v. Schroeder. 175□

Mikrobestimmung von Adsorptionsisothermen durch Gas-Chromatographie. E. Cremer. (Mh. Chem. **92,** 112—15, 1961; Innsbruck, Univ. Phys.-Chem. Inst.; dt.) — Vgl. C. **1961,** 1475. — Vf. gibt eine vereinfachte Beziehung zur Berechnung von Adsorptionsisothermen (A I) durch Gaschromatographie. Hierbei gilt eine dem analyt. Ausdruck für A I, $t_D = (m/w)(da/dc)$ (m = Adsorptionsmenge in g, w = Vol.-Geschw., a = adsorbierte Menge pro g Adsorbens, c = Konz. des Adsorbenden im Gasraum) analoge Beziehung für jeden Zeitpunkt t_D der Rückfront einer über einem Adsorbens gewonnenen Durchbruchszacke. Es wird hier statt der Durchbruchszeit t_D die Verzögerungszeit t_D–t_0 (t_0 = Totzeit) u. statt des Durchbruch-Vol. das korr. Durchbruchs-Vol. oder Verzögerungs-Vol. eingesetzt u. man erhält $V_g = v \cdot \exp(G/RT)$. Hierin ist v das Vol. des Adsorptionsraumes u. G die Freie Enthalpie der Adsorption. Außerdem gilt für jeden Punkt von A I $a = v \cdot \exp(G/RT) \cdot c$ bzw. $da/dc = v \cdot \exp(G/RT)$. Daraus resultiert $v_g = da/dc$. Diese einfache Beziehung gilt allgemein. Die angegebene Meth. gestattete eine einfache, zeitsparende Messung von A I mit einer gaschromatograph. App. im Mikro- u. Ultramikrobereich. A.-M. Fretzdorff. 176□

Zusammensetzung der Elementarzelle und der Grenz-Adsorptions-Volumina der dehydratisierten Kristalle synthetischer Zeolithe. M. M. Dubinin. (Доклады Академии Наук СССР [Ber. Akad. Wiss. UdSSR] **138,** 866—69, 1/6. 1961; Inst. für phys. Chem. der Akad. der Wiss. der UdSSR; russ.) — Vf. führt Unterss. an den beiden Typen A u. X des Zeoliths durch, deren Darst. auf hydrothermalem Wege erfolgte. Durch Dehydratation im Vakuum bei 350° wurden Prodd. der Zus. $Na_2O \cdot Al_2O_3 \cdot x\,SiO_2$ erhalten. Zeolith A krist. im Sodalithtyp u. seine Elementarzelle wird aus einem regulären Oktaeder gebildet, während für Zeolith X 8 reguläre oktaedr. Einheiten als Elementarzelle bestimmt wurden. Beide Typen unterscheiden sich durch die Zahl der Al- u. Si-Atome. Durch isomorphe Vertretbarkeit von Al u. Si erklären sich verschiedene berechnete Abstände für die a_0-Parameter. Die Wasseraufnahme erfolgt über den gesamten

Hohlraum von 150 Å^3 jeder regulären oktaedr. Anordnung. Das maximale Adsorptions-Vol. pro Elementarzelle beträgt 7690 Å^3. W.-D. Heussner. 176□

Abscheidung radioaktiver Tracer an vorgebildeten ionischen Niederschlägen. 3. Mitt. Adsorption von Orthophosphationen an geglühtem Bleisulfat. K. R. Kar und M. M. Bhutani. (J. sci. ind. Res. [New Delhi], Sect. B **21**, 124—26, März 1962; Delhi, Delhi Univ., Dep. of Chem.; engl.) — 2. vgl. J. sci. ind. Res. [New Delhi], Sect. B **18**, [1959], 144. — Die Adsorption von trägerfreiem $^{32}PO_4^{3-}$ an geglühtem $BaSO_4$ in Abwesenheit u. in Ggw. von zusätzlichem SO_4^{2-} u. Pb^{2+} in der Lsg. bei verschiedenen pH-Werten wurde untersucht, desgleichen die Abhängigkeit der $^{32}PO_4^{3-}$-Aufnahme des $BaSO_4$ von der Kontaktzeit. Die Ergebnisse sind in Diagrammen dargestellt. Bei allen Verss. steigt die Adsorption zwischen pH 1 u. 4 von 0 auf 100% an; Zusatz von SO_4^{2-} zur Lsg. verursacht keine Änderung der Adsorption bei weiterer Erhöhung des pH. Bei Verss. ohne Zusätze sowie bei Pb^{2+}-Zusatz ging die Adsorption zwischen pH 6 u. 8 z. T. auf 10% zurück, bei höheren pH-Werten stieg sie wieder an. Als mögliche Ursache hierfür wird die Bldg. von bas. Phosphaten diskutiert. E. Schiewer. 176□

Zur Theorie der thermischen Kräfte, die auf Aerosolteilchen einwirken. James R. Brock. (J. Colloid Sci. **17**, 768—80, Okt. 1962; Austin, Tex., Univ. of Texas, Dep. of Chem. Engng.; engl.) — Die Unstimmigkeiten zwischen der Theorie der therm. Kräfte, die auf Aerosolteilchen wirken, u. experimentellen Ergebnissen werden vom Vf. durch Anwendung von Gleit-Fließ-Grenzbedingungen erster Ordnung erklärt u. der Einfl. des Konvektionsstromes auf die therm. Kraft nach einer Störungstechnik untersucht u. diskutiert. G. M. Neumann. 180□

Aufladung von Submikronteilchen in ionisierten elektrischen Feldern. Messung der Niederschlagungsgeschwindigkeit dieser Teilchen in einem homogenen elektrischen Feld. Robert Cochet. (C. R. hebd. Séances Acad. Sci. **250**, 2164—66, 21/3. 1960; Bellevue, Seine-et-Oise, C.N.R.S., Labor. des Hautes Tensions; franz.) — Experimentelle Unters. der Aufladung von Aerosolteilchen (Gummilack) in einer Gasströmung, die von einer Ionenströmung senkrecht durchsetzt wird. Durch ein ebenfalls senkrecht zur Gasströmung verlaufendes elektr. Feld werden die aufgeladenen Aerosolteilchen auf einer der Elektroden an einem Ort niedergeschlagen, der von ihrer Masse u. Ladung abhängt. Die Abhängigkeit der Abscheidungs-Geschw., d. h. der mittleren Wanderungs-Geschw. der ionisierten Aerosolteilchen in Feldrichtung von der Teilchengröße, ist in befriedigender Übereinstimmung mit einer früher veröffentlichten Theorie des Vf. (C. **1957**, 7558). F. Lenz. 180□

A₆. Strukturforschung

Punktfokussierender Röntgenstrahlenmonochromator mit einem Quarzeinkristall. Dwight W. Berreman. (Rev. sci. Instruments **26**, 1048—52, Nov. 1955; Pasadena, Calif., California Inst. of Technol., Dep. of Phys.) — Ausführliche Beschreibung des von Berreman u. Mitarbeitern (vgl. C. **1956**, 1516) beschriebenen Instruments u. dessen geometr. Prinzipien. Als Anwendungsbeispiele werden Aufnahmen von menschlichem *Hämoglobin* u. *Bohnenmosaikvirus* gebracht. C. Gottfried. 181

Ein Plastik/Kohlenstoff-Abdruck für die Elektronenmikroskopie. N. J. Hulmston. (Nature [London] **195**, 206, 14/7. 1962; Port Sunlight, Cheshire, Unilever Res. Labor.; engl.) — Das Verformen des C-Abdruckes beim Ablösen der Plastikunterlage mit organ. Lsgm. wird durch Anwendung einer Technik vermieden, bei der die auf die Plastikunterlage im Vakuum aufgedampfte C-Schicht durch eine Gelatineschicht geschützt wird, die sich im organ. Lsgm. nicht löst u. nach Entfernung der Plastik mit W. abgelöst wird. W. Betcke. 181□

Gittergesteuerte Feinfokus-Elektronenstrahlquellen für große Strahllängen. Aurelius Sandor. (J. Electronics and Control [1] **10**, 325—40, Mai 1961; Bayside, N.Y., Gen. Telephone and Electron. Labor. Inc., Bayside Labor.; engl.) — In einer eingehenden Unters. werden die Grenzen für die Erzeugung extrem feiner Elektronenstrahlen erörtert u. geeignete elektrostat. fokussierende Mehrelektroden-Syst. beschrieben, bei denen eine virtuelle Kathode elektronenopt. abgebildet wird. Unmittelbar vor der Kathode befindet sich eine Lochblende, die gleichzeitig zur Helligkeitssteuerung u. zur Bilderzeugung dient. Mit 20-kV-Elektronen konnte bei 100 μA Strahlstrom in 15 in. Abstand ein minimaler Strahlquerschnitt von 0,01 in. Ø erzeugt werden, der bei Bewegung durch Ablenkfelder noch um 50% verringert wird. Mit wachsender Stromstärke steigt der minimal erreichbare Strahldurchmesser. Eine entsprechend konstruierte Zweistrahlquelle wird beschrieben. W. Reusse. 181□

Ein Biprisma-Interferometer für Elektronenwellen und seine Anwendung. M. Keller. (Z. Physik **164**, 274—91, 1961; Tübingen, Univ., Inst. für Angew. Phys.; dt.) — Aus der Verschiebung der Interferenzstreifen bei einem stufenförmigen Phasenobjekt zwischen den beiden Teilbündeln eines elektronenopt. Biprisma-Interferometers wird der elektronenopt. Brechungsindex u. damit das innere Potential von aufgedampfter *Kohle, Al, Cu, Ag* u. *Au* gemessen. Es wird mit Trägerfolien aus *Kollodium, Formvar* u. *Bedacryl* einmal mit u. zum anderen ohne Grundschicht des zu untersuchenden Materials gearbeitet. Die Meßergebnisse weisen keine Abhängigkeit von der Dicke des Objektes, von der Beschleunigungsspannung, der Intensität u. von der Dauer der Bestrahlung während des Meßvorganges im Interferometer auf. Bei Ag u. Au ergibt sich eine Abhängigkeit von der Aufdampfgeschwindigkeit. Eine wesentliche stärkere Objektbelastung als die bei den vorliegenden Unterss. im Interferometer angewandte kann zu Änderungen des inneren Potentials führen. H. Schibilla. 181□

Messung der elastischen Elektronenbeugungsintensitäten polykristalliner Aluminium-Schichten. M. Horstmann und G. Meyer. (Acta crystallogr. [Copenhagen] **15**, 271—81, 10/3. 1962; Hamburg, Univ., Inst. für Angew. Phys.; dt.) — Durch systemat. Messungen der Intensitäten der durch polykristalline Al-Folien elast. gestreuten Elektronen bestimmen Vff. u. a. die Einfl. der Kristallgröße (35—250 Å) u. Elektronenenergie (20—50 keV) auf die relativen Intensitäten der Debye-Scherrer-Ringe. Die nach der kinemat. Theorie berechneten Werte resultieren mit 10% Genauigkeit für Kristalle $<$ ca. 90 Å; die bei größeren Kristallen beobachteten Abweichungen lassen sich quant. nach der Zweistrahlannäherung der dynam. Theorie deuten. Ferner wird bes. die Halbwertsbreite der verschiedenen Ringe diskutiert. Vff. vergleichen die aus der Ringbreite berechnete mittlere Kristallgröße mit der aus den dynam. Extinktionseffekten ermittelten mittleren Kristalldicke. G. Ruban. 181□

Die analytische Darstellung der Atomstreuamplituden für Elektronen. G. H. Smith und R. E. Burge. (Acta crystallogr. [Copenhagen] **15**, 182—86, 10/3. 1962; London, Univ., King's Coll., Medical Res. Council, Biophys. Res. Unit; Wheatstone Phys. Labor.; engl.) — Die mathemat. Behandlung der Atomstreuamplituden für Elektronen führt auf einen einfachen analyt. Ausdruck F_e (x), dessen Parameter für die Elemente mit Z = 1—18 u. 20—104 bestimmt werden. Alle Elemente werden durch je 3 Terme mit hinreichender Genauigkeit erfaßt, bei gleicher Bewichtung aller F_e (x). Die mittlere Abweichung beträgt 0,22% für F_e (0). G. Ruban. 181□

Elektronenbeugungsintensitäten von polykristallinem Material mit schweren Atomen. J. M. Cowley und Shigeya Kuwabara. (Acta crystallogr. [Copenhagen] **15**, 260—70, 1 Tafel, 10/3. 1962; Melbourne, C.S.I.R.O., Chem. Res. Labor., Div. of Chem. Phys.; engl.) — Vff. zeigen, daß die von Cowley u. Moodie (vgl. C. **1958**, 13977) entwickelte Phasen-Gitter-Näherung der Elektronenbeugungstheorie dazu verwendet werden kann, die Abweichungen der Elektronenbeugungsintensitäten von den nach der kinemat. Theorie vorausgesagten für polykristalline Proben mit oder ohne bevorzugte Orientierung abzuschätzen. Als prakt. Beispiel werden Messungen an orientierten dünnen Kristallen von *BiOCl* behandelt. G. Ruban. 181□

Prinzip der Maximumüberlagerung. Eine Methode zur Bestimmung der Lagen von ersetzbaren Atomen in isomorphen Kristallen. V. Raghupathy Sarma und R. Srinivasan. (Acta crystallogr. [Copenhagen] **15**, 457—60, 10/5. 1962; Madras, Univ., Dep. of Phys.; engl.) — Vff. beschreiben eine neue Meth. zur Lokalisierung von substituierbaren Atomen in einem Paar isomorpher Kristalle, bes. wenn die substituierten Atome niedrige Ordnungszahlen besitzen. Die Meth. beruht auf dem Prinzip der Maximumüberlagerung im Patterson-Differenzdiagramm der beiden Verbindungen. Als Beispiel werden die Paare aus *Morellin* ($C_{33}H_{38}O_7$) u. seinem *Monomethyläther* ($C_{34}H_{39}O_7$) bzw. aus *L-Tyrosiniumchlorid* u. *-bromid* behandelt. G. Ruban. 181□

Atomstreufaktoren für Ytterbium. Edgar L. Eichhorn und Michael W. Holm. (Acta crystallogr. [Copenhagen] **15**, 294, 10/3. 1962; Pasadena, Calif., Profess. Serv. Burroughs Corp.; engl.) — Vff. berechnen die Atomformamplituden von Yb nach der SCF-Meth. für $\sin \vartheta/\lambda = 0—1{,}80 \cdot 10^{+8}\ cm^{-1}$. G. Ruban. 181□

Einige Gesichtspunkte von Minimumfunktionsdiagrammen. S. Raman. (Acta crystallogr. [Copenhagen] **15**, 283—84, 10/3. 1962; Cambridge, Mass., Harvard Univ., Dep. of Chem.; engl.) — Theoret. Behandlung der aus der Patterson-Funktion entwickelten Minimumfunktion u. Diskussion über Anwendung zur Lösung von Strukturproblemen, bes. bei der Aufklärung zentrosymm. Strukturen. G. Ruban. 181□

Eine Modularalgebra zur Beschreibung von Kristallstrukturen. A. L. Loeb. (Acta crystallogr. [Copenhagen] **15**, 219—26, 10/3. 1962; Cambridge, Mass., MIT, Dep.

of Electr. Engng.; engl.) — Vf. entwickelt mathemat. Formalismen zur Beschreibung von Kristallstrukturen, z. B. bei *Anticuprit*, *CdJ_2*, *Perowskit*, *CsCl*, *Quarz*, *Korund*, *Rutil*. G. Ruban. 181□

Anwendung der Winkelungleichheiten. Gérard von Eller. (Acta crystallogr. [Copenhagen] **14**, 958—61, 10/9. 1961; Paris, Labor. de l'IRCHA; franz.) — Vf. beschreibt eine Meth., die es gestattet, das Problem der Ungleichheiten aller Ordnungen von Karle u. Hauptman (vgl. C. **1950**, II, 2044) auf rein geometr. Grundlage zu lösen. C. Gottfried. 181

Einige theoretische Betrachtungen über die Geometrie von Kleinwinkelversetzungsgrenzen. Doris Kuhlmann-Wilsdorf. (J. appl. Physics **33**, 648—54, Febr. 1962; Philadelphia, Pa., Univ. of Pennsylvania, School of Metallurg. Engng.; engl.) — Die Vektorformel von Frank zur Definition von Kleinwinkelversetzungsgrenzen wird von Vf. umgeschrieben, u. zwar in 6 unabhängige Skalargleichungen, die sich in Form von 3 einfachen zweidimensionalen Vektordiagrammen darstellen lassen. Diese Diagramme erleichtern die Diskussion u. Konstruktion der Kleinwinkelversetzungsgrenzen u. gestatten bes. die Konstruktion von „Viergitterversetzungsgrenzen" auf Grund von Gleitversetzungen auf beliebigen Ebenen. G. Ruban. 181□

Kristallographische Polarität in II—VI-Verbindungen. E. P. Warekois, M. C. Lavine, A. N. Mariano und H. C. Gatos. (J. appl. Physics **33**, 690—96, Febr. 1962; Lexington, Mass., MIT, Lincoln Labor.; engl.) — Vff. untersuchen die kristallograph. Polarität von II—VI-Verbb. (Sulfiden, Seleniden, Telluriden) mit Wurtzit- (*CdS*, *CdSe*) bzw. Zinkblendestruktur (*ZnS*, *ZnTe*, *CdTe*, *HgSe*, *HgTe*). In Übereinstimmung mit theoret. Berechnungen wird der geometr. Strukturfaktor für Röntgenstreuung verschieden in entgegengesetzten Richtungen parallel der polaren Achse gefunden. Hierdurch werden die beiden Typen der Oberflächen senkrecht zur polaren Achse identifiziert. Das Ätzverh. dieser Oberflächen wird mit den Röntgenergebnissen verglichen; hieraus entwickeln Vff. eine einfache Ätzmeth. zur Identifizierung der Oberflächen {1 1 1} (Zinkblende) u. {0 0 1} (Wurtzit). G. Ruban. 181□

Eine dichteste, nichtkristallographische Packung gleicher Kugeln. A. L. Mackay. (Acta crystallogr. [Copenhagen] **15**, 916—18, 10/9. 1962; London, Birkbeck Coll., Crystallogr. Labor.; engl.) — Theoret. Ableitung einer ikosaedr. Packung gleicher Kugeln. G. Ruban. 181□

Äquivalenz der Rydberg-Klein-Rees- und der vereinfachten Dunham-Potentiale. A. C. Hurley. (J. chem. Physics **36**, 1117—18, 15/2. 1962; Melbourne, Australia, C.S.I.R.O., Chem. Res. Labor., Div. of Chem. Phys.; engl.) — Vf. zeigt die strenge Äquivalenz der nach der Meth. von Rydberg-Klein-Rees (Rees, Proc. physic. Soc. Sect. A **59**, [1947], 998) gewonnenen Potentialkurven für zweiatomige Moll. mit den nach dem Verf. von Dunham [1932] abgeleiteten Potentialen ohne die im allg. vernachlässigbaren Korrekturterme, in dem er alle beide Meth. aus der Dunhamschen Gleichung für das Radialphasenintegral deduziert. Die Reessche analyt. Version der Rydberg-Klein-Meth. ist sowohl dieser als auch der Dunhamschen Meth. überlegen. D. Jörchel. 182□

Klein-Dunham-Funktionen für die potentielle Energie in einfacher analytischer Form. W. R. Jarmain. (Canad. J. Physics **38**, 217—30, Febr. 1960; London, Ontario, Univ. of Western Ontario, Dep. of Phys.; engl.) — Inhaltlich ident. mit der C. **1960**, 10496 referierten Arbeit. F. Lenz. 182□

Isotopieeffekte und Elektronenenergie in Molekülen. Anders Fröman. (J. chem. Physics **36**, 1490—95, 15/3. 1962; Uppsala, Univ. of Uppsala, Quantum Chem. Group; engl.) — Vf. analysiert die Definition der elektron. Energie in Moll. u. zeigt, daß die theoret. Ergebnisse in ihrer üblichen Form leicht vom Experiment abweichen. Mit Hilfe einer geeigneten Behandlung der Schwerpunktbewegung wird als modifizierter Begriff die „red. elektron. Energie" eingeführt, die befriedigendere Ergebnisse liefert. Das H_2-Mol. u. seine isotop. Analogen werden quant. nach der alten u. der neuen Theorie behandelt. D. Jörchel. 182□

Kernabstandsparameter. Yonezo Morino, Kozo Kuchitsu und Takeshi Oka. (J. chem. Physics **36**, 1108—09, 13/2. 1962; Bunkyo-ku, Tokyo, Univ. of Tokyo, Fac. of Sci., Dep. of Chem.; engl.) — Vff. diskutieren die Zweckmäßigkeit der Einführung eines neuen Kernabstandsparameters r_α, der sich aus der Subtraktion der harmon. u. Zentrifugalbeiträge von r_g (dem aus Elektronenbeugungs-Verss. abgeleiteten Schwerpunkt der Wahrscheinlichkeitsverteilungsfunktion) ergibt, sowie seine Verknüpfung mit anderen in der Literatur vorgeschlagenen Parametern. Numer. Beispiele veranschaulichen die Bedeutung von r_α für die Verknüpfung zwischen Beugungs- u. spektroskop. Parametern bei der Best. des wichtigen Gleichgewichtsabstandes r_e. D. Jörchel. 182□

Schrumpfeffekte für nichtlineare Konfigurationen. Y. Morino, S. J. Cyvin, K. Kuchitsu und T. Iijima. (J. chem. Physics 36, 1109—10, 15/2. 1962; Tokyo, Univ. of Tokyo, Fac. of Sci., Dep. of Chem.; engl.) — Vgl. vorst. Referat. — Vff. erweitern die Theorie des sog. Schrumpfeffekts der Kernabstände in linearen Konfigurationen, der durch innermol. Schwingungen gedeutet wird, auf nichtlineare dreiatomige Konfigurationen auf der Grundlage einer Potenzreihen-Entw. von r_g, dem mittleren Kernabstand in einem Mol. u. definieren eine „natürliche" u. eine „prakt." Schrumpfung, die sich in höheren Ordnungen voneinander unterscheiden. Es wird gezeigt, daß sich beim nichtlinearen Schrumpfeffekt die anharmon. Terme — im Unterschied zum linearen Falle — nicht notwenig aufzuheben brauchen. Für Moll. vom Benzoltyp, für tetraedr. XY_4-, oktaedr. XY_6- u. planare XY_3-Moll. findet jedoch eine Aufhebung der anharmon. Terme statt. D. Jörchel. 182□

Über die Verwendung nichtganzzahliger Exponenten in Wellenfunktionen in elliptischen Koordinaten unter besonderer Berücksichtigung des Wasserstoffmolekülions. Murray Geller und Oliver G. Ludwig. (J. chem. Physics 36, 1442—44, 15/3. 1962; Pittsburgh, Pa., Carnegie Inst. of Technol., Dep. of Chem.; engl.) — Vff. zeigen, daß die Dreiparameter-Zweikonfigurations-Funktion $\psi = N\mu^n (1 + b\nu^2) \cdot \exp(-a\mu)$ mit nicht ganzzahligem Exponenten n der ellipt. Koordinate μ eine bessere Näherung für das H_2-Mol.-Ion als bisher verwendete Funktionen vergleichbarer Komplexität liefert. Es ergibt sich eine Energie von $-0{,}602566$ atomaren Einheiten (exakter Wert $-0{,}60263$) u. ein Gleichgewichtsabstand von $1{,}9956\ a_0$ (2,0) gegenüber den Werten $-0{,}602386$ bzw. 1,9966 bei Rechnung mit $n = 0$. Diese Übereinstimmung gilt für einen weiten Bereich von Kernabständen. Verschiedene Meth. zur Berechnung der Integrale der kinet. Energie werden diskutiert. D. Jörchel. 182□

Bindungsenergie von Ar_2^+ aus Ionenstreudaten. Robert D. Cloney, Edward A. Mason und Joseph T. Vanderslice. (J. chem. Physics 36, 1103—04, 15/2. 1962; College Park, Md., Univ. of Maryland, Inst. for Molec. Phys.; engl.) — Vff. diskutieren die Wechselwrkg.-Energie zwischen Ar^+ u. Ar, die einmal nur aus Ladungsaustauschdaten, das andere Mal unter Berücksichtigung von Induktions- u. Dispersionsenergien berechnet wurde. Durch diese Korrektur wird die Dissoziationsenergie von $D_e = 0{,}0035$ auf 0,056 eV erhöht; da andere Überlegungen auf der Grundlage einer Dreielektronenbindung auf ein $D_e \approx 1{,}2$ eV hinweisen, wird gefolgert, daß diese Näherung einer Dreielektronenbindungsenergie für Ar_2^+ nicht gilt. Dann würden experimentell in reinem Ar-Gas beobachtete Teilchen Ar_2^+-Ionen sein, die sich wegen der kleinen Bindungsenergie nicht im Grundzustand befinden. Als Ar_2^+-Bldg.-Mechanismus würde dann gelten: $Ar^* + Ar = (Ar_2^+)^* + e^-$. D. Jörchel. 182□

Wechselwirkungsenergie eines Alkalimetalls mit einem Edelgas. Nivard Scheel und Virginia Griffing. (J. chem. Physics 36, 1453—58, 15/3. 1962; Washington, D.C., Catholic Univ. of America, Dep. of Phys.; engl.) — Vff. berechnen nach der MO-self-consistent-Field-Meth. die Ionen $LiHe^+$ u. $LiHe^-$ mit abgeschlossener Schale als Funktion des Kernabstands. Aus den gewonnenen Eigenfunktionen werden die Potentialkurven für das neutrale Li–He-Syst. bestimmt. Die Ergebnisse weisen auf eine mögliche Löschung bestimmter angeregter Zustände eines Alkalimetalls bei enger Wechselwrkg. mit einem Edelgasatom hin. Alle berechneten Kurven sind abstoßend mit Ausnahme der $LiHe^+$-Kurve, die ein flaches Minimum, unterhalb 4 Å eine r^{-12}-Abhängigkeit u. oberhalb 4 Å ein anziehendes r^{-4}-Potential aufweist. Die Ergebnisse zeigen, daß man Syst. mit nichtabgeschlossenen Schalen u. wenigen Elektronen nach einer SCF-Rechnung für das nächstliegende Syst. mit abgeschlossener Schale behandeln kann. D. Jörchel. 182□

Radiale Näherungsfunktionen für Atome und Ionen der Übergangsmetalle der ersten Reihe. 1. Mitt. **Innenschalen-, 3d- und 4s-Atombahnen.** James W. Richardson, W. C. Nieuwpoort, R. R. Powell und W. F. Edgell. (J. chem. Physics 36, 1057 bis 1061, 15/2. 1962; Lafayette, Ind., Purdue Univ., Dep. of Chem.; engl.) — Vff. konstruieren unter Verw. eines Minimum-Syst. normalisierter Funktionen vom Slater-Typ die orthogonalen radialen Wellenfunktionen der Atome u. Ionen von *Ti, V, Cr, Mn, Fe, Co, Ni* u. *Cu* für 1s-, 2s-, 3s-, 4s-, 2p-, 3p- u. 3d-Elektronen. Bes. wird auf die 3d-Bahnen eingegangen, für welche die „Doppel-Zeta"-Form benutzt werden muß, d. h. 2 Slater-Funktionen verschiedener effektiver Kernladungen. Die vereinfachten Funktionen sind zur Berechnung der chem. Bindung geeignet. D. Jörchel. 182□

Der Begriff des partiellen Ionencharakters. Harrison Shull. (J. appl. Physics, Suppl. zu 33, Nr. 1, 290—92, Jan. 1962; Bloomington, Ind., Indiana Univ., Dep. of Chem.; engl.) — Krit. Diskussion mit dem Ziel, eine exakte Definition des partiellen Ionencharakters zu formulieren; Anwendung auf Zweielektronen-Syst. u. auf *LiH*. A. Blaschette. 182□

Berechnung von Gitterenergien. M. F. C. Ladd und W. H. Lee. (J. inorg. nuclear Chem. **11**, 264—71, Dez. 1959; London, Battersea Coll. of Technol., Chem. Dep.; engl.) — Vff. diskutieren die Berechnungen der Gitterenergien (GE) von Ionenkristallen mit Hilfe eines elektrostat. Modells u. mit einem modifizierten Born-Haber-Kreisprozeß u. entwickeln eine Gleichung, mit der die GE aus leicht zugänglichen, bekannten experimentellen Werten errechnet werden können. Es wird gezeigt, daß die GE auch aus den Hydratisierungsenergien der Ionenpaare u. der Lsg.-Wärme bei unendlicher Verdünnung zu berechnen sind. Numer. Berechnungen werden für nachst. Verbb. durchgeführt: *LiCl, KF, KCl, KBr, KJ, RbCl, CsF, CsCl, AgF, AgCl, AgBr, AgJ, TlCl, TlBr, TlJ*, MgF_2, CaF_2, SrF_2, BaF_2. G. Gattow. 182□

Bändertheorie, Valenzbindungs- und „Tight-binding"-Berechnungen. Per-Olov Löwdin. (J. appl. Physics, Suppl. zu **33**, Nr. 1, 251—80, Jan. 1962; Uppsala, Univ., Quantum Chem. Group; Gainesville, Fla., Univ. of Florida, Quantum Theory Project; engl.) — Übersicht über neuere Ergebnisse auf dem Gebiet der Quantenchemie kristalliner Festkörper. — Ca. 200 Literaturangaben. A. Blaschette. 182□

Über die Beschreibung kovalenter Bindungen in Strukturen vom Diamantgittertyp mit Hilfe einer vereinfachten „Tight-binding"-Näherung. G. Leman und J. Friedel. (J. appl. Physics, Suppl. zu **33**, Nr. 1, 281—85, Jan. 1962; Orsay, S.-et-O., Fac. des Sci., Phys. des Solides; engl.) — Eine „Tight-binding"-Meth. unter Verw. von sp-hybridisierten Bindungen u. Überlappungen nächster Nachbarn wird zur Beschreibung der Bänderstruktur von *Diamant, Si* u. *Ge* herangezogen. Diese grobe Näherung führt zu expliziten u. einfachen Ausdrücken für die Bloch-Funktionen u. die E(k)-Kurven im gesamten reziproken Raum; als Parameter treten ein Überlappungsintegral λ u. eine sp-Promotionsenergie ε auf. Die allg. Bänderstruktur wird als Funktion von ε/λ diskutiert, weiterhin der Einfl. der sp-Hybridisierung auf die Bänderstruktur, den kovalenten Charakter der Valenzelektronen, die opt. u. die Röntgenspektren. Die Energielücke wird zu Kohäsionsenergie u. -druck in Beziehung gesetzt. Die Ergebnisse stimmen in vernünftiger Weise mit experimentellen Daten überein. A. Blaschette. 182□

Kernquadrupolresonanz und Bindung in festen Metallhalogeniden mit Schichtstruktur. R. G. Barnes, S. L. Segel und W. H. Jones jun. (J. appl. Physics, Suppl. zu **33**, Nr. 1, 296—302, Jan. 1962; Ames, Iowa, Iowa State Univ., Inst. for Atomic Res. and Dep. of Phys.; engl.) — An Hand experimenteller Resonanzfrequenzen u. Kopplungs-Konst. der Halogenquadrupolresonanz werden für $TiCl_3$, $TiCl_2$, VCl_3, $CrCl_3$, $CrCl_2$, $CrBr_3$, $CdBr_2$ u. CdJ_2 die Ionengitterfeldgradienten berechnet. In keinem Fall reicht die auf dem Ionengitter allein beruhende Kopplung zur Deutung der experimentellen Ergebnisse aus, so daß kovalente Bindungen zwischen den Metall- u. Halogenschichten angenommen werden müssen; diese weichen nur geringfügig von einer reinen p-Konfiguration des Halogenatoms ab. Bei Berücksichtigung des Ionengittergradienten ergibt sich eine geringe Erhöhung der Werte der s-Hybridisierung im Vgl. zum rein kovalenten Modell. A. Blaschette. 182□

Neuere Fortschritte der Kristallfeldtheorie. Satoru Sugano. (J. appl. Physics, Suppl. zu **33**, Nr. 1, 303—06, Jan. 1962; Murray Hill, N.J., Bell Telephone Labor.; engl.) — Kurze Übersicht. MO-Behandlung der Kristallfeldtheorie; experimentelle Anhaltspunkte für Elektronendelokalisierungen; theoret. Behandlung der kub. Kristallfelddampfspaltung sowie deren MO-Modell; π-Bindungen u. Elektronenwanderung zwischen einem Metallion u. seinen Liganden. — 36 Literaturangaben. A. Blaschette. 182□

Gitterschwingungen in Festkörpern. J. A. Krumhansl. (J. appl. Physics, Suppl. zu **33**, Nr. 1, 307—19, 1962; Ithaca, N.Y., Cornell Univ., Dep. of Phys., Labor. of Atomic and Solid State Phys.; engl.) — Koordinierte Übersicht über neuere theoret. u. experimentelle Ergebnisse: allg. Darst. der Eigg. von Phononenfeldern; Verw. der unelast. Neutronenstreuung als Unters.-Meth.; topolog. konsistente Interpolation von Phononendispersionsbeziehungen; lokalisierte Schwingungen; neue Meth. unter Verw. „effektiver Moduln". — 42 Literaturangaben. A. Blaschette. 182□

Gitterschwingungen in Molekülketten. E. Sándor. (Acta crystallogr. [Copenhagen] **15**, 463—73, 10/5. 1962; Cambridge, Cavendish Labor., Crystallogr. Labor.; engl.) — Die Gitterschwingungen linearer Ketten, die aus ein oder zwei verschiedenen Arten ringförmiger Moll. bestehen, werden unter der Annahme zentraler u. nichtzentraler harmon. Rückstellkräfte zwischen den nächsten Nachbarn abgeleitet. Die Beschränkung des Problems auf zwei Freiheitsgrade zu gleicher Zeit zeigt, daß die allg. normalen Schwingungsarten der Kette gemischte Schwingungen sind, die sowohl Translations- als auch Rotationskomponenten enthalten. Der Beitrag der Translations- u. Rotationskomponenten ändert sich kontinuierlich entlang eines jeden Astes der Dispersionskurve;

ihre Phasenbeziehungen bleiben jedoch konst. im gesamten Fundamentalbereich. Dispersionskurven u. Amplitudenverhältnisse werden für verschiedene Parametersätze berechnet. Die Erweiterung der Resultate auf zentrosymm. Moll. anderer Form wird diskutiert. G. Ruban. 182□

Bemerkungen über Kraftkonstantenmodelle für die Gitterdynamik. Harvey Kaplan. (Physic. Rev. [2] **125**, 1905—10, 15/3. 1962; Syracuse, N.Y., Syracuse Univ.; engl.) — Vf. zeigt, daß die zur Berechnung von Gitterschwingungsspektren verwendeten Kraft-Konst. (KK) durch den Gleichgewichtsdruck eine Einschränkung erfahren, was vom Gitter u. dem verwendeten KK-Modell abhängig ist. Modelle, die Wechselwrkg. mit genügend weiten Nachbarn berücksichtigen, wie KK dritter Nachbarn bei kub. Kristallen, zeigen keine Einschränkungen, während alle Modelle für KK nächster Nachbarn u. fast alle für KK zweiter Nachbarn begrenzt sind. Das wird sogar durch Einbeziehung der im Fernbereich wirkenden Coulomb-Kräfte in die Nahbereich-Kraftkonst. nicht aufgehoben. — Im Gegensatz zu anderen Veröffentlichungen bringt Vf. Argumente, daß die Cauchy-Relationen der Elastizitätstheorie vom Verschwinden äußerer Spannungen beim Gleichgewicht abhängig sind u. benutzt ein einfaches Modell zur Unters. der Gleichgewichts-Atomverteilung an der Oberfläche eines Kristalls, woraus zu ersehen ist, daß das keinen Einfl. auf die Beziehung zwischen Gleichgewichtsdruck u. KK im Kristallinnern hat. W. Sobieski. 182□

Die Ordnungsenergie in Legierungen. Mitsuo Shimoji. (Physics Chem. Solids **16**, 198—206, Nov. 1960; Sapporo, Hokkaido Univ., Fac. of Sci.; engl.) — Vf. nimmt Bezug auf die theoret. Unterss. von Mott (1937), der bei seinen Berechnungen der Ordnungsenergie nur paarweise Wechselwrkg. nächster Nachbarn in der vollkommen geordneten Überstruktur angenommen hatte u. berichtet über eine Erweiterung dieser theoret. Vorstellungen, in denen die Ordnungserscheinungen für die Fälle von Nah- u. Fernordnung berücksichtigt wurden. Er kommt hierbei zu dem Ergebnis, daß man die ordnende Energie in Legg. durch eine elektrostat. Wechselwrkg. zwischen Atompolyedern darstellen kann, deren Ladungen durch Elektronenübergang erzeugt werden. C. Gottfried. 182

Sublimation von zur Profilwinkelmessung geeigneten Jodkristallen. A. C. Shead. (Mikrochim. Acta [Wien] **1962**, 498—500, Norman, Okla., Univ. of Oklahoma, Dep. of Chem.; engl.) — Um J_2-Kristalle zu erhalten, die zur Mikrophotographie u. Profilwinkelmessung geeignet sind, müssen sie zur Sublimation sehr gleichmäßig auf dem Boden der Kammer verteilt werden. Nach der Sublimation werden sie in einen kleinen Raum eingeschlossen, um die Verdampfung zu verringern. Vf. fand für den stumpfen Winkel des Rhombus 128,4°, für den spitzen 51,4° (berechnet 51,6°), für die 4 gleichen Winkel des Sechsecks 115,7° (berechnet 115,8°). R. Krämer. 190□

Wachstum von Cäsiumchloridkristallen aus Lösung und Schmelze. P. Avakian und A. Smakula. (J. appl. Physics **31**, 1720—22, Okt. 1960; Cambridge, Mass., MIT, Labor. for Insulation Res.; engl.) — Vff. geben ein Verf. zur Züchtung von CsCl-Kristallen aus der reinen wss. Lsg. bzw. aus einer wss. Lsg. mit 10% Harnstoffzusatz an. Die nach der zweiten Meth. hergestellten Kristalle sind um eine Größenordnung größer (7·6·3 mm), zeigen aber Verunreinigungen von NH_4^+. Bei der Züchtung aus der Schmelze konnten normale Meth. nicht angewendet werden, da sich CsCl zwischen F. u. Raum-Temp. vom kub.-flächenzentrierten ins kub.-primitive Gitter unter Vol.-Änderung umwandelt. Allerdings ergab eine abgewandelte Bridgeman-Meth. gute Ergebnisse. G. Jordan. 190□

Phasen und Kristallhabitus von Calciumaluminathydraten. Riccardo Sersale und G. Malquori. (Rend. Accad. Sci. fisiche mat., Napoli [4] **23 (95)**, 125—35, 1956; Napoli, Univ., Ist. di chim. Ind.; ital.) — Vff. untersuchten die Entw. des Kristallhabitus von Ndd., die bei Zusatz von Kalkwasser zu den trüben Lsgg. von Tonerdezement oder Monocalciumaluminat entstanden. Die Menge des Kalkwassers war danach bemessen, daß man ein gewünschtes Verhältnis CaO/Al_2O_3 erhielt. Vers.-Temp. waren 20, 50 u. 80°. Die Entw. des Habitus wurde mkr. bis zu einer Dauer von 2 Monaten verfolgt. C. Gottfried. 190

Das Wachstum synthetischer Chrysotilfasern. Julie Chi-Sun Yang. (Amer. Mineralogist **46**, 748—52, Mai/Juni 1961; Manville, N.J., Johns-Manville Res. Center., Basic Res. Section.; engl.) — Angaben über Faktoren, die das Wachstum von synthet. Chrysotilfasern begünstigen: Mineralisatoren, Spurenelemente u. kontrollierter pH-Wert bei der hydrothermalen Synthese. Die Faserbündel bestehen vorwiegend aus Klinochrysotil u. Spuren von plattigem Lizardit; sie sind im allg. $\geqq 100\ \mu$ lang. H. Moenke. 190□

Interferometrische und röntgenographische Untersuchung der Polytypie von Cadmiumjodidkristallen in Beziehung zum Kristallwachstum. G. C. Trigunayat und

Ajit Ram Verma. (Acta crystallogr. [Copenhagen] **15**, 499—504, 2 Tafeln, 10/5. 1962; Delhi, Univ., Phys. Dep.; Varanasi, Banaras Hindu Univ.; engl.) — Nach einer kombinierten opt. u. röntgenograph. Meth. untersuchen Vff. die Erscheinung der Polytypie an CdJ_2-Kristallen, die nach einem Versetzungsmechanismus gewachsen sind. Bei insgesamt 88 untersuchten Kristallen werden 13 (möglicherweise 18) neue Polytypen beschrieben. Ferner beobachten Vff. einige Kristalle, die den Polytypen 2 H oder 4 H ähneln, aber andere Intensitäten bzw. Auslöschungen zeigen. G. Ruban. 190□

Zur Hypomorphie des Bleichlorids. H. v. Philipsborn und R. Freiin v. Hodenberg. (Fortschr. Mineralog. **38**, 128—29, Sept. 1960; Bonn; dt.) — Vff. berichten über Verss. zum Nachw. der Enantiohypomorphie von $PbCl_2$. Cotunnit krist. gewöhnlich in der rhomb.-dipyramidalen Kristallklasse D_{2h}. Vff. verwendeten als Lösungsgenossen bei der Kristallisation von $PbCl_2$ *Amylose*, verschiedene *Dextrine*, *Maltose* u. *Glucose*. Es wurde gefunden, daß die Amylose als Lösungsgenosse Disphenoide erzeugt, u. zwar genügt hierzu schon ein geringerer Zusatz als von Dextrin. α- u. β-Cyclodextrine sowie Maltose u. Glucose erwiesen sich als unwirksam. Vermessungen auf dem U-Tisch ergaben, daß das Disphenoid (212) vorliegt, das bisher weder am natürlichen noch am synthet. $PbCl_2$ beobachtet worden ist. C. Gottfried. 190

Synthetische Edelsteine. L. A. Thomas. (Res. appl. in Ind. **11**, 466—71, Dez. 1958, Wembley, General Electric Co. Ltd., Res. Labor.; engl.) — Zusammenfassender Überblick über die synthet. Darst. von Quarz, Smaragd, Spinell, Saphir, Y-Fe-Granat, Sr-Titanat, Diamant u. Rutil. Die opt. Eigg. u. die Härten der einzelnen Steine werden zusammengestellt. C. Gottfried. 190

Neues über die schwedische Diamantsynthese und andere metallkatalysierte polymorphe Umwandlungen. Hans J. Rodewald. (Chimia [Aarau, Schweiz] **15**, 251—58, 15/2. 1961; Neuhausen am Rheinfall, Aluminium-Ind. AG, Forsch.-Inst.; dt.) — Zusammenfassender Artikel über die schwed. Diamanten-Synth. die einen neuartigen Pressentyp verwendet; Einzelheiten des ASEA-Verf. (Presse, Heizung, Katalysator etc.) werden mitgeteilt. Nachst., in der Literatur bereits beschriebene metallkatalysierte Umwandlungen sind mit ihren Einzelheiten tabellar. aufgeführt: Graphit → Diamant, farbloser → schwarzer P, rhomboedr. → schwarzes As, β-rhomboedr. → α-rhomboedr. B, hexagonales → kub. BN, Dicyan → Paracyan. Die Umwandlungen u. der Begriff der polymorphen Modifikation werden vom phasenkinet. Standpunkt aus diskutiert. G. Gattow. 190□

Diamanten mit kontrollierbaren Konzentrationen an Verunreinigungen. C. M. Huggins und P. Cannon. (Nature [London] **194**, 829—30, 2/6. 1962; Schenectady, N.Y., Gen. Electr. Res. Labor.; engl.) — Von mit Ni, Al u. B dotierten Diamanten wurden die Elektronenspinresonanzspektren untersucht. Die Darst. der dotierten Diamanten geschah durch Hochdruck- u. Hochtemp.-Diffusion der Elemente in die synthet. Diamanten sowie unter Anwendung eines einachsigen Druck-Syst. mit einem indirekt heizbaren Probenhalter, in dem spektral reines Graphitpulver mit gepulverten Übergangsmetallkatalysatoren (reines Ni, Al u. B sowie Legg. von 33% Al in Ni u. 5% B in Ni) bei 57 kbar u. Temp. zwischen 1400 u. 1600°, je nach Katalysator, umgesetzt wurde. Ni-haltige Diamanten bilden hellgrüne Oktaeder, Al-haltige sind farblos u. B-haltige tief indigoblau. Die beiden letzteren sind elektr. Leiter mit Widerständen von $5 \cdot 10^0$ bis $5 \cdot 10^9\,\Omega \cdot$cm in Abhängigkeit von der Darst.-Weise. Der Geh. an B u. Al beträgt bis 10^{21} (Atome/cm^3), der Ni-Geh. $< \sim 10^{20}$. Röntgenunterss. ergaben keine Veränderungen des a-Parameters durch die Verunreinigungen bis zur 4. Dezimalstelle. Ernst Schulte. 190□

Über den Mechanismus der thermischen Umwandlung in festem Ammoniumnitrat. R. N. Brown und A. C. McLaren. (Proc. Roy. Soc. [London] Ser. A **266**, 329—43, 2 Tafeln, 20/3. 1962; Melbourne, Imp. Chem. Ind. of Australia and New Zealand, Central Res. Labor.; engl.) — Mittels DTA, Messungen der Ohmschen Leitfähigkeit, Mikroskopie, Röntgenbeugung u. magnet. Kernresonanz untersuchen Vff. die therm. Umwandlungen in festem NH_4NO_3. Hierbei wird gefunden, daß Umwandlungen in trockenem NH_4NO_3 nur zwischen den Modifikationen V, IV, II u. I stattfinden u. vom Unordnungs-Ordnungs-Typ zu sein scheinen. Die Umwandlung IV $\rightleftharpoons$ III erfolgt nur in Ggw. von Feuchtigkeit u. der Mechanismus läßt sich durch Auflösung u. Rekristallisation beschreiben. G. Ruban. 190□

Tieftemperaturumwandlungen in Methylammoniumalaun. R. O. W. Fletcher und H. Steeple. (Acta crystallogr. [Copenhagen] **14**, 891—93, 10/8. 1961; Manchester, Coll. of Sci. and Technol., Phys. Dep.; engl.) — Bericht über die Ergebnisse einer röntgenograph. Unters. der Umwandlung von Methylammoniumalaun bei 170° K. Vff. versuchten zwischen 113 u. 320° mit Hilfe von Weißenberg-Aufnahmen festzustellen, ob bei dieser Temp. die Rotation der Methylammonium-Gruppe unterbrochen wird u. welche Kristallstruktur gegebenenfalls der neuen Form zukommt. H. Moenke. 190□

Ionentransport und die kristallographische Umwandlung in Cäsiumchlorid. I. M. Hoodless und J. A. Morrison. (J. physic. Chem. **66**, 557—59, März 1962; Glasgow, Univ., Dep. of Chem.; Ottawa, Can., Nat. Res. Council, Div. of Pure Chem.; engl.) — Infolge Hysterese erfolgt der Übergang vom innen- zum flächenzentriert kub. CsCl unscharf im Bereich von 465—472°. Auf Grund von Röntgenmessungen hatten Menary, Ubbelohde und Woodward (vgl. Proc. Roy. Soc. [London], Ser. A **208**, [1951], 158) angenommen, daß ähnlich wie beim Übergang Festkörper → Fl. auch bei dieser kristallograph. Umwandlung eine Überschuß-Konz. an Leerstellen entsteht. Demgegenüber zeigen die von Vff. erhaltenen Resultate von Messungen der Ionenbewegung (Diffusions-Geschw.), daß die kristallograph. Umwandlung ohne Bldg. überschüssiger Leerstellen erfolgt. G. Ruban. 190□

Nochmalige Untersuchung der Polymorphie des Dicalciumsilicates. Deane K. Smith, A. J. Majumdar und Fred Ordway. (J. Amer. ceram. Soc. **44**, 405—11, 1/8. 1961; Washington, D.C., Nat. Bur. of Standards, Portland Cement Assoc. Fellowship.; engl.) — Ca_2SiO_4 (I) wurde nach 3 verschiedenen Meth. hergestellt u. die Proben mit Hilfe der DTA u. Hochtemp.-Röntgenanalyse untersucht. Die β-Modifikation wandelt sich schnell u. vollständig in die γ-Modifikation um u. „staubt" nur, wenn sie vorher über 1420° erhitzt wurde. Wird die Probe unterhalb dieser Temp. gehalten, so entstehen Mischungen von β- u. γ-I. Die Zugabe von 0,5 Gew.-% CaO, SiO_2, Al_2O_3, Fe_2O_3 oder MgO haben keinen Einfl. auf den Phasenübergang, wenn die Proben von Temp. $\geqq$ 1410° abgekühlt wurden. Wurde von Temp. $<$ 1410° abgekühlt, so entstanden bei Raum-Temp. nicht immer die gleichen Verbindungen. Zugaben von 0,5% Na_2O, K_2O, Cr_2O_3 oder B_2O_3 verhindern die Bldg. von β-I. Eine Theorie der β-γ-Umwandlung wird gegeben. H.-G. Moslé. 190□

Struktur von Graphit. E. J. Freise. (Nature [London] **193**, 671—72, 17/2. 1962; Cambridge, Univ., Dep. of Metallurgy; engl.) — Die von Lukesh (C. **1951**, I. 1553) als zweite Modifikation des hexagonalen Graphits interpretierten zusätzlichen Reflexe auf Precession-Aufnahmen um die c-Achse lassen sich auch als Reflexe von Graphitzwillingen deuten. Diese Deformationszwillinge ($K_1 = (1 1 \bar{2} 1)$; $\eta_1 = [\bar{1} \bar{1} 2 6]$; $K_2 = (0 0 0 1)$; $\eta_2 = [1 1 \bar{2} 0]$) entsprechen desorientierten Bereichen, die zur Matrix unter einem Winkel von 20° 48′ stehen. Die Neigungsachse liegt in der Basis in der Richtung $[1 \bar{1} 0 0]$. Damit lassen sich die gefundenen Satelliten-Reflexe auf Grund der hexagonalen Struktur des Graphits deuten. B. Köhler. 190□

Struktureigenschaften des Systems $(Ba, Pb)_{1-\delta}(Ti, Nb)O_3$. S. Srikanta, V. B. Tare, A. P. B. Sinha und A. B. Biswas. (Acta crystallogr. [Copenhagen] **15**, 255—59, 10/3. 1962; Poona, India, Nat. Chem. Labor.; engl.) — Vff. untersuchten 83 Zus. des quatern. Syst. $PbTiO_3$-$BaTiO_3$-$BaNb_2O_6$-$PbNb_2O_6$. Debye-Scherrer-Aufnahmen u. Isomorphie-Unterss. lieferten folgende 7 Phasen: 1. ein kub. Perowskitphase, 2. eine tetragonale Phase, die isomorph mit dem ferroelektr. $BaTiO_3$ ist, 3. eine orthorhomb. Phase, die isomorph mit dem orthorhomb. $BaTiO_3$ ist. 4. eine kub. Phase, die isomorph mit Pyrochlor ist, 5. eine orthorhomb. Phase, die isomorph mit $PbNb_2O_6$ ist, 6. eine tetragonale Phase vom Wolframbronce-Typ u. 7. eine orthorhomb. mit $BaNb_2O_6$ isomorphe Phase. Ferner existiert ein breites Zwei- u. Mehrphasengebiet. Näherungswerte der Phasengrenzen werden mitgeteilt. K. Jaeger. 190□

Herstellung und kristallographische Untersuchung einiger neuer Verbindungen der Seltenerdmetalle. L. Brixner. (J. inorg. nuclear Chem. **15**, 352—55, Okt. 1960; Wilmington, Del., E. I. du Pont de Nemours, Res. Div.; engl.) — Mit Ausnahme des Elementes 61 wurden von den Seltenerdmetallen (Oxydationsstufe 4) sowie von Sc u. Y Verbb. der allg. Formel $BaNb_{0,5}Me_{0,5}O_3$ (Me = Seltene Erden oder Sc u. Y) untersucht. Alle Verbb. krist. in nichtdeformierter Perowskit-Struktur außer $BaNb_{0,5}La_{0,5}O_3$, das bei Zimmer-Temp. ein tetragonal verzerrtes, jedoch bei 800° ein kub. Gitter aufweist. Es wurden die Gitterparameter, Dichten, dielektr. Eigg. u. elektr. Widerstände angegeben. G. Talsky. 190□

Eine elektrolytische Methode zur Bestimmung der Orientierung in der Basisfläche des hexagonalen Gitters von $Bi_8Te_7S_5$. H. H. Soonpaa. (J. appl. Physics **33**, 234—35, Jan. 1962; Minneapolis, Minn., Gen. Mills Electronics Group.; engl.) — Kristalle von $Bi_8Te_7S_5$ spalten in dünne, elast. Plättchen mit Ag-ähnlicher spiegelnder Oberfläche. Chem. Ätzmittel greifen die Kanten der Plättchen, jedoch nicht die Oberfläche an. Die Meth. zur Best. der 3 kristallograph. Achsen der hexagonalen Plättchen von $Bi_8Te_7S_5$ beruht auf Elektroplatierung. Benutzt wurde eine Lsg. von 180 g $CuSO_4 \cdot 5 H_2O$, 45 g H_2SO_4 u. 1 g Gummi arabicum in 1000 g H_2O. Die Spaltfläche des Kristalls wurde mit dem negativen Pol verbunden u. mit 20—50 mA/cm² elektrolysiert. Nach 10—60 Sek. wurde der Strom umgepolt u. dadurch bewirkt, daß sich ein Teil des Materials von der Oberfläche abhob. Es rollte sich in Richtung der äußeren Teile der Oberfläche zusammen u. war dunkler als die blanke Oberfläche. Der Strom wurde beim ersten Anzeichen des Abhebens ausgeschaltet; es zeigten sich Spaltrisse auf der Oberfläche. Laue-Aufnahmen in der gleichen Orientierung zeigten, daß die Spaltrisse parallel zur h-, k- oder i-Achse verliefen. Bei Bi_2Te_3 war diese Meth. nicht erfolgreich. Ernst Schulte. 190□

Einige Scheibchenmuster auf Topas. A. R. Patel und K. N. Goswami. (Proc. physic. Soc. **79,** 848—54, 1/4. 1962; Vallabh Vidyanagar, Anand, India, Sardar Vallabhbhai Vidyapeeth; engl.) — Ähnlich wie Pandeya u. Tolansky auf den Dodekaederflächen von Diamant finden Vff. bei mkr. Unterss. von natürlich gewachsenen Topasen Scheibchenstrukturen auf (1 2 0)-Flächen, wie sie auch auf (0 0 1)-Spaltflächen beim Anätzen mit geschmolzenem KOH entstehen. Die interferometr. Unters. der Mikrotopographie der Scheibchenstruktur ergab, daß es sich um leichte Erhöhungen der Kristalloberfläche handelt, die durch winzige Bläschen, die beim Ätzen auf den Flächen entstehen, gebildet werden. W. Sobieski. 190□

Ätzgrübchenuntersuchung an ZnS-Kristallen. S. J. Czyzak, J. C. Manthuruthil und D. C. Reynolds. (J. appl. Physics **33,** 180—84, Jan. 1962; Wright-Patterson Air Force Base, Ohio, Aeronautical Res. Labor.; Detroit, Univ., Phys. Dep.; engl.) — An verschiedenen, spektroskop. analysierten ZnS-Kristallen wurden Ätz- u. Röntgen-Unterss. durchgeführt. In einigen Fällen zeigte die Ätzfigurengeometrie eine gemischte kub.-hexagonale Struktur, die röntgenograph. bestätigt werden konnte. Ein Strukturmodell, daß die Ätz- u. Röntgendaten erklärt, ist angegeben. Ernst Schulte. 190□

Theorie lokalisierter Elektronenzustände an Fehlstellen. Barry S. Gourary und Alvin E. Fein. (J. appl. Physics, Suppl. zu **33,** Nr. 1, 331—39, Jan. 1962; Pittsburgh, Pa., Westinghouse Res. Labor.; engl.) — Übersicht: s- u. p-Elektronen in tiefen Traps; Theorie des F-Zentrums in *LiF*; allg. Rechtfertigung der Punktionen-Näherung für die Wechselwrkg. eines eingefangenen Elektrons mit einer Matrix aus Ionen mit abgeschlossenen Schalen; Leerstellen im *Diamant*-Gitter; Dreielektronen-Konfiguration von Leerstellen in *Si*. — 19 Literaturangaben. A. Blaschette. 190□

Gleichgewichtseinstellung von Gitterdefekten in Realkristallen. J. W. Mitchell. (J. appl. Physics, Suppl. zu **33,** Nr. 1, 406—13, Jan. 1962; Charlottesville, Va., Univ. of Virginia, Dep. of Phys.; engl.) — Vf. behandelt theoret. die verschiedenen Mechanismen der Gleichgewichts-Einstellung von Gitterdefekten in einer Anzahl von Festkörpern, in denen der Gleichgewichtszustand durch Temp.-Änderung, Diffusionsvorgänge, Phasenänderungen, Ausscheidung aus fester Lsg., u. innere chem. Rkk. gestört worden ist. G. Gattow. 190□

Einfluß von Versetzungen auf die Diffusionsgeschwindigkeit von F-Zentren in KCl. Hiroyuki Mizuno und Shigeko Miyamoto. (Physic. Rev. [2] **125,** 833—36, 1/2. 1962; Takatsuki, Osaka, Matsushita Electronics Corp.; engl.) — Vff. untersuchen durch Ätzen u. durch photoelektr. Durchlässigkeitsmessungen die Diffusion von F-Zentren längs ungeordneter Zwischenflächen in *KCl*-Einkristallen u. stellen fest, daß bei Behandlung der um die [1 0 0]-Achse gebogenen oder in [1 0 0]-Richtung zusammengedrückten Kristalle mit K-Dampf die Diffusion eine Anisotropie aufweist, was bei genügend hoher Dichte von Ecken- oder Schraubenversetzungen auftritt. Parallel zu diesen ist die Diffusions-Geschw. 2—3mal so groß wie senkrecht dazu u. deutet auf einen quant. Zusammenhang beider Größen hin. W. Sobieski. 190□

Beweglichkeit von Bromleerstellen in KBr-Einkristallen. G. Jacobs, L. G. Vandewiele und A. Hamerlinck. (J. chem. Physics **36,** 2946—50, 1/6. 1962; Ghent, Labor. voor Kristallogr. en Studie van Vaste Stoffen; engl.) — An S^{2-}-dotierten KBr-Einkristallen wurden zwischen 0,1 u. 1000 Hz dielektr. Verlustmessungen vorgenommen. Die Meth. wird eingehend beschrieben. Die Aktivierungsenergie für den Sprung einer assoziierten Br-Leerstelle beträgt $0{,}94 \pm 0{,}03$ eV, während für eine freie Leerstelle der Wert $1{,}02 \pm 0{,}03$ eV erhalten wurde. Eine Abhängigkeit des Frequenzfaktors von der Wärmebehandlung wurde beobachtet. Gerhard Schulze. 190□

Diffusion von Übergangsmetallionen in MgO-Einkristallen. B. J. Wuensch und T. Vasilos. (J. chem. Physics **36,** 2917—22, 1/6. 1962; Wilmington, Mass., Avco Corp., Res. and Advanced Dev. Div.; engl.) — Die Diffusions-Koeff. D_0 für Fe^{2+}, Co^{2+} u. Ni^{2+} in MgO-Einkristallen wurden im Temp.-Bereich von 1000—1850° aus Konz.-Verteilungen, die mit Hilfe von Röntgenabsorptionsanalysen u. der Mikroelektronenspektroskopie ermittelt wurden, bestimmt. Sie betragen $8{,}83 \cdot 10^{-5}$ für Fe^{2+}, $5{,}78 \cdot 10^{-5}$ für Co^{2+} u. $1{,}80 \cdot 10^{-5}$ cm²/s für Ni^{2+}; für die Aktivierungsenergie A ergaben sich die Werte 1,81,

2,06 bzw. 2,10 eV. Es zeigte sich, daß A mit dem Verhältnis Ionenradius/Elektronenpolarisierbarkeit für das diffundierende Kation exponentiell zunimmt u. daß D_0 mit der 3. Potenz des Kationenradius exponentiell ansteigt. Aus diesen Beziehungen schließen Vff., daß der Diffusionsmechanismus für alle drei Kationen gleich ist u. daß die Eigendiffusion in MgO über den gleichen Vorgang verläuft. Gerhard Schulze. 190□

Nichtstöchiometrie und Gitterdefekte bei den Hydriden von Übergangsmetallen. G. G. Libowitz. (J. appl. Physics, Suppl. zu **33**, Nr. 1, 399—406, Jan. 1962; Canoga Park, Calif., Atomics Intern., Res. Div.; engl.) — Für nichtstöchiometr. Hydride der Übergangsmetalle werden mit Hilfe der statist. Mechanik u. mit thermodynam. Überlegungen Beziehungen zwischen den H_2-Gleichgewicht-Drücken, dem H-Geh. u. der Temp. abgeleitet. Durch Vgl. der abgeleiteten Gleichungen mit den auf experimentellem Wege erhaltenen Druck/Zus.-Isothermen können sowohl der Typ des Gitterdefektes, der die Abweichungen von der Stöchiometrie verursacht, als auch die Energien der Defekt-Bldg. u. der Wechselwrkg. berechnet werden. Untersucht wurden *Uranhydride* (I) im Temp.-Bereich von 450—650° (Zus.: H/U = 3,001—2,929, bzw. 2,998—2,885) u. *Palladiumhydride* (II) zwischen 160 u. 290° (Zus.: H/Pd = 0,660—0,611, bzw. 0,780—0,724). Für I u. II folgt für die Bldg.-Energien der Leerstellen 69 ± 1 u. 58,0 kcal/Mol u. für die Wechselwrkg.-Energien der Leerstellen 4,4 u. 0,35 kcal/Molekül. G. Gattow. 190□

Thermisches Ausheilen von neutronenbestrahltem Kaliumsulfat. Nikola Getoff, Masaru Nishikawa und Peter Meindl. (Z. Naturforsch. **17a**, 533—36, Juni 1962; Wien, Österreich. Akad. der Wiss., Inst. für Radiumforsch. u. Kernphys.; dt.) — Vff. berichten über Unterss. der therm. Ausheilung von neutronenbestrahltem K_2SO_4 bei verschiedenen Temperaturen. Es zeigt sich, daß 21% des Radio-S als SO_3^{2-} u. der Rest als SO_4^{2-} vorliegt. Die Geschw.-Konst. des Ausheilungsprozesses der Rückstoßfragmente stieg von $5{,}25 \cdot 10^{-5}$ bei 100° auf $6{,}63 \cdot 10^{-5}$ s^{-1} bei 175° an. Die Berechnung der Aktivierungsenergie der Ausheilung der gebildeten Fragmente liefert eine Stufenkurve, die mit der Temp. ansteigt u. bei 175° einen Wert von 1,5 kcal/Mol erreicht. Ferner wurde die chem. Verteilung des bei dem (n, p)-Prozeß entstandenen P untersucht. Der größte Teil des Radio-P lag in einer unbekannten Form vor. Nur 3,3% der Gesamtmenge wurden als Orthophosphat isoliert. Durch therm. Behandlung des bestrahlten Materials wandelt sich die unbekannte P-Verb. zu 2,5% in Ortho- u. zu 10% in Pyrophosphat um.
G. M. Neumann. 190□

Einfluß von Neutronenbestrahlung auf kristalline und glasige anorganische Festkörper. J. H. Crawford jun. (Progr. nuclear Energy, Ser. V **2**, 531—50, 1959; Oak Ridge, Tenn., Oak Ridge Nat. Labor., Solid State Div.; engl.) — Die Wrkg. von schnellen Neutronen auf krist. u. glasige anorgan. Festkörper wurde unter bes. Berücksichtigung der dadurch erfolgten Veränderung in Struktur u. Elektronenanordnung vor allem an *Diamant* u. Strukturen vom Diamanttyp, an *SiO_2* u. *Quarzglas* untersucht. Verschiedenes Ätz- u. Temper-Verh. bei *Ge*, ein bis zu 14%ig. Dichteverlust bei Quarz, Phasenübergänge u. Gitterexpansionen (z. B. bei *$BaTiO_3$*) u. veränderte therm. Leitfähigkeit (z. B. von KCl) durch den Beschuß mit schnellen Neutronen — ca. 10^{20} Neutronen/cm^2 — γ-Strahlen (Strahlungsquelle ^{60}Co) oder Röntgenstrahlen zeigen, daß die inhomogene Verteilung der entstandenen Gitterfehler ein wichtiger Faktor bei der Best. der physikal. Eigg. ist. Der opt. u. magnet. Nachw. der Gitterfehler an Quarzkristallen u. Quarzglas werden miteinander verglichen u. induzierte Phasenübergänge in nichtmetall. Syst. sowie andere Strahlungs-Einfl. auf Ionenkristalle diskutiert.
W. Sobieski. 190□

Einfluß der Kationengröße auf die Bildung komplexer Fluoride. R. E. Thoma. (Inorg. Chem. [Washington] **1**, 220—26, Mai 1962; Oak Ridge, Tenn., Oak Ridge Nat. Labor., Reactor Chem. Div.; engl.) — Aus dem Phasen-Verh. u. den Eigg. bin. Fluorid-Syst. lassen sich quant. Beziehungen ableiten, die von den Kationenradien-Verhältnissen (R) abhängen. Alkalifluoride untereinander bilden feste Lsgg., wenn ihre Kationenradien nicht mehr als 15% auseinanderliegen, während beim Überschreiten dieses Grenzwertes eutekt. Syst. gebildet werden. Wenn $R > 2$ ist, bilden sich Zwischenverbindungen. In Syst. von Alkali- u. Erdalkalifluoriden werden bei $R < 1{,}30$ keine Zwischenverbb. auftreten, wogegen bei Fluoriden der II. Nebengruppe Verb.-Bldg. noch bei $R = 1{,}12$ auftreten kann. Mit steigendem R wächst die Zahl der Verbindungen. R = ca. 1 begünstigt die Bldg. fester Lösungen. Nach Unterss. des Vf. treten in den Syst. *CsF–BaF_2*, *RbF–SrF_2*, *CsF–CaF_2* u. *CsF–SrF_2* Zwischenverbb. der wahrscheinlichen Zus. *$MF \cdot MF_2$* auf. Bin. Mischungen von Alkalifluoriden u. Trifluoriden der Lanthaniden u. Actiniden bilden bei $R = M^+/M^{3+} < 0{,}67$ einfache Eutektika, bei $0{,}77 < R < 1{,}40$ eine Zwischen-Verb. *MF–MF_3* bei $R > 1{,}43$ eine kongruent schm. Verb. *$3MF \cdot MF_3$*. Auf Grund der verfügbaren Angaben über Komplexe zwischen Alkalifluoriden u. Tetrafluoriden der Lanthaniden, Actiniden u. der IV. Nebengruppe werden Voraussagen über noch zu erwartende Verbb. u. ihre Eigg. gemacht. Abschätzungen über den Gang von Gitter-Konst. u. opt. Eigg. homologer Reihen von bin. Fluoridkomplexen werden angegeben. Ähnliche Beziehungen zeichnen sich auch in bin. Syst. der entsprechenden Chloride ab. — 128 Literaturangaben. P. Sartori. 190□

Neue III–V-Verbindungen: BP und BAs. John A. Perri, Sam LaPlaca und Benjamin Post. (Acta crystallogr. [Copenhagen] **11**, 310, 10/4. 1958; Brooklyn, N.Y., Polytechnic Inst.; engl.) — BP u. BAs werden durch direkte Vereinigung der Elemente in evakuierten, zugeschmolzenen SiO_2-Röhrchen bei erhöhten Temp. dargestellt, u. zwar durch 12 std. Erhitzen auf 800° bei BAs u. 12 std. Erhitzen auf 1000° bei BP. Die Verbb. krist. in der kub. ZnS-Struktur mit a = **4,777** (Å) für BAs u. a = **4,538** für BP. Beide Verbb. zersetzen sich beim Erhitzen in Luft. In Ggw. von P ist BP stabil bis wenigstens 1250°, BAs bei Ggw. von As-Dampf bis 920°. Oberhalb dieser Temp. erfolgt bei BAs eine irreversible Umwandlung unter Bldg. einer gelbbraunen orthorhomb. Modifikation, deren genaue Zus. noch nicht bestimmt werden konnte. Die Zelle ist c-flächenzentriert mit a = **9,710** (Å), b = **4,343**, c = **3,066**. Diese Phase ist bemerkenswert stabil; das Röntgendiagramm ändert sich nicht nach längerem Kochen der Verb. in Alkali-Lsg., in konz. HNO_3, HF u. anderen Säuren. C. Gottfried. 195

Die Struktur des Natriumjodid-3-Dimethylformamids. Yves Gobillon, Paul Piret und Maurice Van Meerssche. (Bull. Soc. chim. France **1962**, 551—55, März; Louvain, Belgique, Univ. Louvain, Chem.-phys. Labor.; franz.) — $NaJ \cdot 3\,(CH_3)_2NCHO$ krist. hexagonal mit a = **11,75** ± **0,03** (Å) u. c = **6,55** ± **0,02**. Z = **2**. Raumgruppe $P\bar{6}2c$. Die Struktur wurde auf Grund von Weißenberg-Aufnahmen durch Fourier- u. Patterson-Analysen untersucht u. nach der Meth. der kleinsten Quadrate verfeinert. R (gesamt) = 0,092. Atomparameter: Na (x =) 0, (y =) 0, (z =) $^1/_2$; J 0,6667; 0,3333; 0,2500; C_0 (x =) 0,2674; (y =) 0,2319; C_1 0,3960; 0,4753; C_2 0,1426; 0,3464; N 0,2660; 0,3456; O 0,1676; 0,1229. Die Verb. wird durch Na—O- u. H—J-Bindungen aufgebaut; Na ist oktaedr. von 6 O umgeben. Die Dimethylformamid-Moll. sind planar angeordnet. Dimethylformamid liegt in 2 mesomeren Formen vor: $(CH_3)_2NCHO$ zu 68 u. $(CH_3)_2\overset{+}{N}CHO^-$ zu 32%. D. Heinrich. 195□

Klassifikation der Silicate und anderer Minerale mit tetraedrischen Strukturen. Tibor Zoltai. (Amer. Mineralogist **45**, 960—73, Sept./Okt. 1960; Cambridge, Mass., Massachusetts Inst. of Technol., Crystallographic Labor.; engl.) — Vf. versucht die übliche Klassifikation der Silicate zu erweitern. Hierzu wird die Größe der tetraedr. Konfigurationen herangezogen, ferner der Verknüpfungs-Koeff., eine Zahlengröße, die auf der verschiedenen Art der Verknüpfung der Tetraederecken beruht. Diese Meth. kann dahin ausgebaut werden, daß nicht nur die Si- u. Al-Tetraeder herangezogen werden, wie das bisher üblich ist, sondern alle Atomarten, die in tetraedr. Koordination auftreten. J.-E. Hiller. 195□

Zur Struktur einiger Calciumsilicate. Käte Boll-Dornberger. (Silikattechnik **12**, 327—29, Juli 1961; Berlin, Dt. Akad. der Wiss., Inst. für Strukturforsch.; dt.) — Betrachtungen über die 6er Koordination bei Ca-Silicaten, wobei die O-Atome ein — evtl. verzerrtes — Oktaeder oder trigonales Prisma bilden, u. über die Verknüpfung der Koordinationsoktaeder zu Ketten u. flächenhaften Verkettungen. R. Kaiser. 195□

Elementarzelle, Raumgruppe, indizierte Röntgenstrahlenpulverdiagramme und magnetische Susceptibilität von $VCl_3 \cdot 2\,N(CH_3)_3$. L. D. Calvert und C. M. Pleass. (Canad. J. Chem. **40**, 1473—75, Juli 1962; Ottawa, Canada, Nat. Res. Council, Div. of Appl. Chem.; engl.) — Nach Pulveraufnahmen ist $VCl_3 \cdot 2\,N(CH_3)_3$ orthorhomb. mit a = 9,838, b = 10,14 u. c = 13,14 (± 3%) Å; Z = 8; $D_{ber.}$ 2,79, $D_{pykn.}$ 2,9 ± 0,2. Als mögliche Raumgruppe kommt P n m a oder P n a 2_1 in Betracht. Nach Messungen der magnet. Susceptibilität zwischen 100 u. 300° K (Curie-Meth.) ist μ_{eff} = 2,49 B. M. der Wert entspricht annähernd 2 ungepaarten Spins. Ch. Weiske. 195□

Magnetische Eigenschaften von epitaktisch gewachsenen Filmen. O. S. Heavens. (Res. appl. in Ind. **13**, 404—10, Okt. 1960; London, Univ., Royal Holloway Coll., Dep. of Phys.; engl.) — Vf. benutzt epitakt. gewachsene Filme ferromagnet. Elemente zur Unters. der Eigg. dünner Schichten mit bes. Hinblick auf die magnet. Eigg., da so Einkristallschichten in einem kristallograph. geordneten Zustand erzeugt werden können. Fe, Co u. Ni wuchsen auf Steinsalz < 350° polykristallin längs [1 1 1]-Flächen u. bei 350—480° als Einkristalle auf den [1 0 0]-, [1 1 0]- u. [1 1 1]-Flächen u. wurden in ihrer Struktur mittels Elektronenbeugungsaufnahmen untersucht. Ni zeigt in Schichten von 20 mμ das normale kub.-flächenzentrierte Gitter von hoher Reinheit, Co tritt in Schichten < 20 mμ, auch > 500°, in der kub.-flächenzentrierten u. der hexagonalen Form auf u.

Fe hat eine Mischung von Orientierungen, die im wesentlichen aus Fe (0 0 1) [1 0 0]||NaCl (0 0 1) [1 0 0] u. Fe (0 01) [1 0 0]||NaCl (0 0 1) [1 1 0] u. kleineren Mengen von Fe (1 1 1) [2 1 0] bestehen, deshalb also für magnet. Messungen nicht verwendet werden konnten. Gemessen wurden: die magnet. Sättigung, die Koerzitivkraft u. magnet. Rotation.

W. Sobieski. 197□

Interferenzmethode zur Messung der Dicke epitaktisch gewachsener Filme. W. G. Spitzer und M. Tanenbaum. (J. appl. Physics **32**, 744—45, April 1961; Murray Hill, N.J., Bell Telephone Labor., Inc.; engl.) — Kurze Mitt. über die Dickenmessung an Halbleitersubstanzen (*p-Si*, *p-Ge*) im mittleren IR nach der Interferenzmethode.

H. Moenke. 197□

Die Temperatur der Umwandlung zwischen grauem und weißem Zinn. G. V. Raynor und R. W. Smith. (Proc. Roy. Soc. [London], Sect. A **244**, 101—09, 25/2.'1958; Edgbaston, Birmingham, Univ. of Birmingham, Dep. of Phys. Metallurgy; engl.) — Vff. ermitteln dilatometr. die Umwandlungs-Temp. t an Proben aus reinem Sn u. Sn-reichen Legierungen. Die Umwandlung von 99,997 %ig. Vulcan-Sn (I; Hauptverunreinigung Fe) erfolgt bei 9,9—10,8°, die von 99,997 %ig. „Pass-S"-Sn (Hauptverunreinigung Pb) bei 13,0—13,6°. Für eine gegebene Probe nimmt t mit deren „Aktivität", d. h. mit der bis zur 40 %ig. Umwandlung grau → weiß erforderlichen Zeit bei 30°, zu. Das weist auf eine Abhängigkeit des Umwandlungspunktes von der inneren Spannung der gebildeten weißen Form hin. Zusatz von Pb, Sb, Bi u. Te (0,001—0,005 Atom-%) setzt den scheinbaren Wert von t bei I herauf. Zn u. Al in gleicher Konz. haben geringen Einfl.; Zusätze in größerer Konz. sowie solche von Te u. Ge setzen t jedoch herab. Vff. nehmen an, daß die Elemente, die eine Erhöhung von t hervorrufen, über die Aufrechterhaltung der inneren Spannung des weißen Sn bei der Umwandlung wirken. P. Frenzel. 197□

Neutronenbeugungsuntersuchungen an Europiummetall. C. E. Olsen, N. G. Nereson und G. P. Arnold. (J. appl. Physics Suppl. zu **33**, Nr. 3, 1135—36, März 1962; Los Alamos, N.Mex., Univ. of California, Los Alamos Sci. Labor.; engl.) — Neutronenbeugungs-Unterss. von metall. Eu zeigen, daß das Metall antiferromagnet. ist u. eine Néel-Temp. von 87 ± 1° K besitzt. Die beobachteten magnet. Eigg. lassen sich durch eine Helixstruktur mit einer Periode von 3,60 ± 0,02 a_0 u. der Helixachse in der (1 0 0)-Richtung erklären. Die Periode der Helix ist nicht temperaturabhängig.

Wolfgang Krüger. 197□

Strahlungseinflüsse energiereicher Elektronen in Metallen. C. E. Dixon. (Progr. nuclear Energy, Ser. V **2**, 475—87, 1959; Canoga Park, Calif., Atomics Internat.; engl.) — Zur Unters. der Natur von Strahlungsschäden wurden durch Beschießen von Metallen mit energiereichen Elektronen (ca. 1 MeV) folgende Daten bestimmt: die Verschiebungsenergie u. der Verschiebungsquerschnitt bei *Cu* u. *Ni*, eine Beschleunigung des Ordnungsprozesses in *Cu–Au*-Legg., bes. der Ordnungs-Unordnungs-Phase Cu_3Au, die Beschleunigung des Phasenüberganges in *Cu–Fe*-Legg., ein Ansteigen des Elastizitätsmoduls, Härte, Fließwiderstand u. die Veränderung des elektr. Widerstandes von Cu bei verschiedenen Bestrahlungstemperaturen. — Die Experimente dienten zur besseren Erkenntnis der Einfl. von Zwischengitterplatzverteilungen auf die Eigg. von Metallen.

W. Sobieski. 197□

Ein Beitrag zum System Zinn–Indium–Antimon. S. Wipf und B. R. Coles. (J. Inst. Metals **90**, 216, Febr. 1962; London, Imp. Coll. of Sci. and Technol.; Dep. of Phys.; engl.) — Untersucht werden einige Sn–In–Sb-Mischkristalle mit gleichen atomaren %-Geh. von In u. Sb. Dabei wird festgestellt, daß die tern. Natur dieser Legg. das von Zitter beobachtete anomale Verh. erklärt. Bei langem Anlassen der Mischkristall-Legg. (bis zu 3 Monaten) bei Temp. nahe dem F. von Sn wird partielles Schmelzen beobachtet. Supraleitfähigkeitsmessungen bestätigen, daß die Leg. mit 93,3 Atom.-% Sn bei 217° innerhalb des Mischkristallgebietes liegt.

H. Hochstein. 197□

Eine ternäre σ-Phase im System Cr–Ni–P. Torsten Lundström. (Acta chem. scand. **16**, 149—54, 1962; Uppsala, Univ., Inst. of Chem.; engl.) — Das Diagramm des Syst. *Cr–Ni–P* hat bei 1050° eine charakterist. tern. σ-Phase, deren Gitterparameter von 65 Cr/35 Ni als Funktion des P-Geh. bzw. von 95 Cr/5 P als Funktion des Ni-Geh. angegeben werden. Mit steigendem P-Anteil wird a kleiner u. c bleibt (innerhalb der Fehlergrenzen) gleich. Im Syst. *Fe–V–P* wurde bei 1050° ein σ-Einphasengebiet bis zu 4 Atom-% P festgestellt. In anderen Syst. *Cr–Ni–X* (*X* = *Al*, *Si*, *Ge*, *Sn*, *As*), *Mo–Pd–Si* u. *W–Pt–Si* konnten σ-Phasen nur für X = Si nachgewiesen werden. Damit wurde bestätigt, daß nur P u. Si eine stabilisierende Wrkg. auf σ-Phasen ausüben.

W. Sobieski. 197□

Die Struktur von Co_4Al_{13}. R. C. Hudd und W. H. Taylor. (Acta crystallogr. [Copenhagen] **15**, 441—42, 10/5. 1962; Cambridge, Cavendish Labor., Crystallogr.

Labor.; engl.) — Die Struktur der intermetall. Verb. Co_4Al_{13} ist ähnlich der von „$FeAl_3$", mit dem eine lückenlose Reihe fester Lsgg. gebildet wird. Die Verfeinerung der Struktur führt indes auf gewisse Unterschiede, die im einzelnen diskutiert werden. Parameter der monoklinen Elementarzelle: $a = 15{,}138 \pm 0{,}002$, $b = 8{,}122 \pm 0{,}001$, $c = 12{,}340 \pm 0{,}002$ Å; $\beta = 107° 54' \pm 0{,}5'$; D. (pyknometr.) $3{,}81 \pm 0{,}05$ g/cm³. G. Ruban. 197 □

Untersuchung der aluminiumreichen Legierungen des Systems Al–Cu–Ce. Je. I. Gladyschewski, I. F. Kolobnew und O. Ss. Saretschnjuk. (Журнал Неорганической Химии [J. anorg. Chem.] **6**, 2103—08, Sept. 1961; Lwow, Franko-Univ.; russ.) — Vff. untersuchen röntgenograph. durch Beobachtung der Mikrostruktur u. der Mikrohärte die Phasen-Zus. von Legg. des Syst. Al–Cu–Ce. Die Proben wurden aus 99,98 (%) Al, 99,89 Cu u. 98,6 Ce durch Schmelzen u. anschließende therm. Bearbeitung im Vakuum bei 500 u. 400° sowie Abschrecken in Toluol hergestellt. Die Gitter-Konst. von Legg. mit 0—5 Gew.-% Ce u. 0—12 Gew.-% Cu sind angegeben. Cu löst sich in Al zu 4,3% bei 500° u. 1,5 bei 400°. Ce löst sich zu weniger als 0,1% in dem Al(Cu)-Mischkristall. Die Mikrohärte eines Al–Ce-Mischkristalls, der 1% Ce enthält u. von 500° abgeschreckt ist, beträgt 20 kg/mm², bei Zusatz von 6% Cu erhöht sie sich auf 42 kg/mm². Ce löst sich in Al_2Cu sehr wenig, die Löslichkeit von Cu in Al_4Ce bei 500° beträgt ca. 2%. Im Gleichgewicht mit dem Mischkristall auf Al-Basis (ω-Phase) bestehen bei 400° neben Al_2Cu u. Al_4Ce noch zwei tern. Verbb.: T_1 [mit engem Homogenitätsbereich bei 19,2 (Gew.-%) Ce, 42,5 Cu, 38,3 Al, ca. Al_8Cu_4Ce] u. T_2 (mit größerem Homogenitätsbereich bei 43,7—47,2 Ce, 19,0—23,9 Cu, 30,5—30,7 Al, ca. Al_4CuCe). T_1 u. T_2 befinden sich bei Verringerung des Al-Geh. im Gleichgewicht mit einer dritten tern. Phase T_3 (25,6 Ce, 44,2 Cu, 30,2 Al). Mikrohärten: $T_1 = 386 \pm 10$ kg/mm², $T_2 = 317 \pm 10$ kg/mm². D. Hoene. 197 □

Zur Thermodynamik der Dreistoffsysteme Eisen–Kohlenstoff–Kupfer, Eisen–Kohlenstoff–Zinn und Eisen–Kohlenstoff–Antimon. 1. Mitt. **Die Löslichkeit von Graphit im Temperaturbereich von 1200—1600°.** Hermann Schenck und Gottfried Perbix. (Arch. Eisenhüttenwes. **32**, 123—27, Febr. 1961; Aachen, TH, Inst. für Eisenhüttenwesen; dt.) — In den Syst. Fe–C, Fe–C–Cu, Fe–C–Sn u. Fe–C–Sb wurde die Graphitsättigung gemessen u. für den Temp.-Bereich 1200—1600° quant. beschrieben. Die Löslichkeit von C in fl. Fe wird durch Cu, Sn u. Sb herabgesetzt, die thermodynam. Aktivität von Graphit in Fe-Lsgg. also erhöht. Die Graphitsättigung ist eine lineare Funktion der Konz. von Cu, Sn oder Sb. Die Steigung der Sättigungslinien ändert sich für Cu u. Sn im untersuchten Bereich mit der Temp. nicht. Die Wrkg. von Sb wird mit steigender Temp. geringer. Die Ergebnisse ordnen sich gut in ein von Neumann, Schenck u. Patterson aufgestelltes Schema ein, das die Zusammenhänge zwischen Graphitlöslichkeit u. Ordnungszahl des Zusatzelementes veranschaulicht.
H. Hochstein. 197 □

Einfluß der mechanischen Verfestigung der Stahloberfläche auf die Verschleißfestigkeit bei gleitender Reibung. D. A. Draigor und W. W. Puschkarow. (Доповіді Академії Наук Української РСР [Ber. Akad. Wiss. UkrainSSR] **1961**, 1285—89; Inst. für Mechanik der Akad. der Wiss. der UkrainSSR; ukrain., Auszug: engl.) — In Verss. mit einem bei 850° normalisierten Stahl wird festgestellt, daß bei der Oberflächenverfestigung plast. deformierte Bereiche auftreten, deren Mikrohärte den Härtegrad von gehärtetem Martensitstahl erreichen kann. Die verfestigte Oberflächenschicht zeigt bei der Reibung einen erhöhten Erstarrungswiderstand. O. Lebtag. 200 □

Die Wärmeaktivität des Fließens in niedriggekohltem Eisen. C. N. Reid und W. S. Owen. (J. Iron Steel Inst. **200**, 229—35, März 1961; Columbus, Ohio, Battelle Mem. Inst., Dep. of Materials Sci.; engl.) — Die Bedeutung der auf die Temp.-Abhängigkeit der unteren Streckspannung bezogenen Cottrell-Theorie wurde durch Messungen der Aktivierungsenergie für das Fließen als eine Funktion der angelegten Spannung, des Petch-Parameters ky als eine Funktion der Temp. sowie der durch Spannungswechsel bei konst. Temp. erzeugten Verformungs-Geschw.-Veränderungen geprüft. Die Aktivierungsenergien wurden durch therm. Pendeln u. ky durch die Korngröße-Meth. gemessen. Die Ergebnisse stehen in quant. Übereinstimmung mit dem Cottrellschen Modell der therm. Aktivierung zwischen 293 u. 150° K, jedoch tritt bei tieferen Temp. eine bedeutende Diskrepanz auf. Dies rührt von der deutlich zeitabhängigen Verformung hinter der Lüdersschen Grenzfläche ab. Es wird angenommen, daß ky nicht allein durch die Auflösungs-Geschw. von Versetzungsquellen bestimmt wird.
H. Hochstein. 200 □

Anisotropie bei Ultraschalldämpfung in Al-Einkristallen. N. G. Einspruch. (Acta metallurg. [New York] **8**, 216, März 1960; Texas, Central Res. Labor.; engl.) — Der aufgelöste Scherbeanspruchungsfaktor wird definiert durch $\tau^2/2$ U, wo $\tau^2 = {}^1/_{12}\, \Sigma \tau_i^2$ u. τ_i die aufgelöste Scherbeanspruchung im i-ten Gleit-Syst. ist. U ist die elast. Energiedichte. An verschiedenen Al-Proben wurden Ultraschallmessungen bei 105 MHz u. Raum-Temp. durchgeführt. Die experimentell erhaltenen Werte der Dämpfung stimmen sehr gut mit den theoret. berechneten überein. Geringe Abweichungen werden durch ungleichmäßige Verteilung von Versetzungen erklärt. J. Uhlmann. 200 □

Oberflächenreorientierung, Reibung und Abnutzung beim Abrieb von Graphit in einer Richtung. P. V. K. Porgess und H. Wilman. (Proc. physic. Soc. **76,** 513 bis 525, Okt. 1960; London, Imp. Coll., Chem. Engng. Dep.; engl.) — Graphitproben, die aus einem großen polykristallinen Block herausgeschnitten waren, wurden in Luft in einer Richtung mit Schmirgelpapier (Teilchendurchmesser D zwischen 5 u. 150 μ) unter Belastungen zwischen 0,2 u. 10 kg abgeschmirgelt u. hierauf die Struktur der Oberfläche durch Elektronenbeugung untersucht, wobei die Aufnahmen bei verschiedenen Azimuten relativ zur Abriebrichtung hergestellt wurden. Hierauf wurden die Oberflächenschichten durch kurzes Erhitzen in Luft fortgebrannt u. die unter der Oberfläche liegenden Schichten durch Elektronenbeugung untersucht. Dieses Abbrennen wurde so lange fortgesetzt, bis der an der Oberfläche anfänglich stark [0 0 1]-orientiert. Graphit entfernt u. wieder regellos orientierte Kristalle beobachtet werden konntene Die Elektronenbeugungsaufnahmen zeigten, daß das Abschmirgeln eine Reorientierung des Graphits auf u. nahe der Oberfläche durch plast. Gleiten auf (0 0 0 1) verursacht. Der Reibungs-Koeff. μ ist niedrig bei sehr feinkörnigem Schmirgelpapier, steigt aber mit zunehmendem D steil an u. ist prakt. konst. bei D $>$ 50 μ. Der Abrieb pro Einheitsabstand wächst anfänglich auch schnell mit D u. zeigt dann eine langsamere Zunahme bei D $>$ 80 μ. C. Gottfried. 200

Verschiedene elektrische Analogien, einschließlich negativer Widerstände, zur Lösung von Elastizitätsproblemen. S. C. Redshaw und K. R. Rushton. (Brit. J. appl. Physics **12,** 390—95, Aug. 1961; Birmingham, Univ., Dep. of Civil Engng.; engl.) — Schwierigkeiten bei der Lösung von Elastizitätsproblemen mit Hilfe von Widerstandskombinationen treten auf, wenn die partiellen Differentialgleichungen vom hyperbol. Typ sind. Sie lassen sich jedoch beseitigen, wenn negative Widerstände eingeführt werden. Schaltschemata, Charakteristiken usw. werden mitgeteilt.
G. Gattow. 200 □

A₇. Gleichgewichte. Kinetik

Colorimetrische und spektrophotometrische Bestimmungen von Komplexgleichgewichten. 2. Mitt. Antonin Tockstein. (Z. Chem. **1,** 298—304, 1961; Pardubice, ČSSR, TH; dt.) — 1. vgl. C. **1962,** 18756. — Nach der Behandlung der spektrophotometr. Titration wird ein Überblick über die Meth. gegeben, mit denen die Zus. der Rk.-Prodd. von z. B. Additions-Rkk., wie Komplex-Bldg., u. die betreffenden Gleichgewichts-Konst. bestimmt werden können, sofern es sich um homogene Syst. handelt. Die Tangenten-Meth. nach Harvey u. Manning, die Meth. nach Bent u. Edmonds, Edmonds u. Birnbaum, Molland, der Vgl. mit theoret. Kurven u. die Meth. der mittleren Extinktion werden beschrieben. Außerdem werden Absorptionsspektren mit u. ohne isosbest. Punkt diskutiert. — 21 Literaturangaben.
K. Ross. 223 □

Eine spektrophotometrische Untersuchung der Ionenassoziation in wäßrigen Lösungen. M. H. Panckhurst und K. G. Woolmington. (Proc. Roy. Soc. [London], Sect. A **244,** 124—39, 25/2. 1958; Oxford, Univ., Phys. Chem. Labor.; engl.) — Vff. bestimmen die Extinktions-Koeff. ε wss. Lsgg. von $K_4[Fe(CN)_6]$ (I), $K_3[Fe(CN)_6]$, $TlClO_4$, Tl_2SO_4 (II), $Tl_4[Fe(CN)_6]$ (III) sowie der Mischungen (**A**) von $LaCl_3$ u. I. Abweichung vom Beerschen Gesetz für II, III u. **A** werden unter besonderer Berücksichtigung der Ionenaktivitäts-Koeff. durch unvollständige Dissoziation erklärt. Die Zus. der assoziierten Ionen in den $[Fe(CN)_6]^{2-}$-Lsgg. wird nach der Job-Meth. ermittelt. Weiterhin bestimmen Vff. die thermodynam. Dissoziations-Konst. für $TlFe(CN)_6^{3-}$ (IV) bei 25, 35 u. 50° zu 10 $\pm$ 0,8; 8,9 $\pm$ 0,5 u. 8,7 $\pm$ 0,8 ($\cdot 10^{-4}$ Mol/Liter) u. für $LaFe(CN)_6^-$ bei 25° zu (8,7 $\pm$ 1,5)$\cdot 10^{-6}$ Mol/Liter. Die thermodynam. Werte der Dissoziation von IV bei 25° betragen $\Delta G^0 = +4,1 \pm 0,1$ kcal/Mol, $\Delta H^0 = -1,1 \pm 0,4$ kcal/Mol u. $\Delta S^0 = -17,4 \pm 2,0$ cal/Grad·Mol. Vff. erörtern die Ergebnisse hinsichtlich der Bjerrumschen Ionenassoziationstheorie. P. Frenzel. 223 □

Beweis für die Existenz von Malatkomplexen der Alkalimetallkationen durch kernmagnetische Resonanz. Luther E. Erickson und R. A. Alberty. (J. physic. Chem. **66,** 1702—05, Sept. 1962; Madison, Wis., Univ. of Wisconsin, Dep. of Chem.; engl.) — Für die hochaufgelösten protonenmagnet. Resonanzspektren von D_2O-Lsgg. der äpfelsauren Salze von Li, Na, K, Rb u. Cs beobachten Vff. eine ausgeprägte Konz.-

Abhängigkeit. Im Gegensatz dazu ist das Spektrum von Tetramethylammoniummalat unabhängig von der Konzentration. Vff. schließen aus den Beobachtungen auf eine merkliche Ionenassoziation in den Lsgg. der Alkalimetallsalze. Aus der Größe des Konz.-Einfl. auf die Spin–Spin-Kopplungs-Konst. u. die chem. Verschiebung wird die Dissoziations-Konst. des Komplexes AM^- (A = Alkalimetallion, M = Malatanion) auf ca. 10 m abgeschätzt. Gerhard Schulze. 223☐

Über Komplexe des Zinks. Helmut Bode. (Z. anorg. allg. Chem. **317**, 3—12, 1962; Hannover, TH, Inst. für Anorg. Chem.; dt.) — Vf. bestimmte die Verteilung von Zn zwischen CCl_4 u. der wss. Phase in Ggw. von Diäthyldithiocarbamidationen für verschiedene NH_3- u./oder OH^--Konzz. in der wss. Phase. Aus der erhaltenen Verteilungsfunktion wurden die Stabilitäts-Konst. folgender Zn-Komplexe berechnet: $[Zn(NH_3)_3OH]^+$, $[Zn(NH_3)_2OH]^+$, $[Zn(NH_3)OH]^+$, $[Zn(NH_3)_2(OH)_2]$, $[ZnNH_3(OH)_2]$, $[ZnNH_3(OH)_3]^-$ u. $[Zn(OH)_3]^-$. Es ergaben sich die Werte $\beta_{11} = 1{,}7\cdot10^9$, $\beta_{21} = 6{,}3\cdot10^{10}$, $\beta_{31} = 9{,}9\cdot10^{11}$, $\beta_{12} = 1\cdot10^{13}$, $\beta_{22} = 4\cdot10^{13}$, $\beta_{03} = 3{,}8\cdot10^{13}$ u. β_{13} ca. $3{,}2\cdot10^{14}$. Außerdem wurde für das Zn-Diäthyldithiocarbamidat der Wert des Prod. aus Stabilitäts-Konst. u. Verteilungsquotient für das Lsgm.-Paar CCl_4/H_2O zu $1{,}2\cdot10^{14}$ berechnet.
Gerhard Schulze. 223☐

Über die Existenz eines Monoacetatouranylkomplexes in Lösung. B. P. Nikolski, W. B. Kolytschew, A. L. Grekowitsch und W. I. Paramonowa. (Радиохимия [Radiochemie] **2**, 330—38, 1960; russ.) — Durch Ionenaustausch-pH- u. spektrophotometr. Unterss. konnte in Acetat-Lsgg. (Konz. $\leq 3{,}5\cdot10^{-3}$m) nur der Komplex $[UO_2Ac]^+$ nachgewiesen werden. Die Instabilitäts-Konst. des Komplexes beträgt $k_1 = 3{,}7\cdot10^{-3}$. In Ggw. höherer Acetat-Konz. ($>3{,}5\cdot10^{-3}$m) existieren noch die Komplexe $[UO_2Ac_2]$ u. $[UO_2Ac_3]^-$. Eberhard Fischer. 223☐

Oxalatoverbindungen von Neptunium(IV). P. I. Kondratow und A. D. Gelman. (Радиохимия [Radiochemie] **2**, 315—19, 1960; russ.) — Durch Best. der Löslichkeit von Np(IV)-Oxalat in HCl-Lsgg. wird das Löslichkeits-Prod. (L) erhalten. Die Ermittlung der Np(IV)-Ionen-Konz. erfolgte spektrophotometr.: $L_{19°} = (8{,}6 \pm 1{,}8)\cdot10^{-23}$, $L_{16°} = (6{,}9 \pm 0{,}4)\cdot10^{-23}$. Weiterhin werden die Instabilitäts-Konst. errechnet für: $[Np(C_2O_4)]^{2+}$ $K_1 = (2{,}9 \pm 2)\cdot10^{-9}$, $[Np(C_2O_4)_2]^0$ $K_2 = (2{,}9 \pm 0{,}05)\cdot10^{-18}$, $[Np(C_2O_4)_3]^{2-}$ $K_3 = (1{,}1 \pm 0{,}1)\cdot10^{-24}$, $[Np(C_2O_4)_4]^{4-}$ $K_4 = 4\cdot10^{-28}$. $(NH_4)_4[Np(C_2O_4)_4]\cdot nH_2O$ fällt aus Np(IV)-Oxalat u. NH_4-Oxalat enthaltenden Lsgg. aus. Eberhard Fischer. 223☐

Spektrophotometrische Untersuchung der Umsetzung von Eisen(II)-Ionen mit Natrium-2-nitroso-1-naphthol-4-sulfonat. W. N. Tolmatschew, G. N. Podolnaja und L. N. Sserpuchowa. (Журнал Неорганической Химии [J. anorg. Chem.] **2**, 2073—77, Sept. 1957; Charkow, Univ., Wiss. Chem. Gorki-Inst.; russ.) — Na-2-Nitroso-1-naphthol-4-sulfonat (I; Na—R) bildet in wss. Lsg. bei pH 2—8 mit Fe(II) FeR_3^{4-}. Das Extinktionsmaximum ($\varepsilon = 20000$) bei 710 nm liegt bei pH >5. Die Instabilitäts-Konst. des Komplexes wurde bei pH ~ 3 gemessen, da bei diesem pH-Wert die Hydrolyse der Fe^{2+}-Ionen zu $FeOH^+$ vernachlässigt werden kann: $K_2 = 1{,}1\cdot10^{-19}$. Die Rk. kann zur colorimetr. Best. des Fe verwendet werden. A. v. Wilpert. 223☐

Die Reaktionen von Nickel(II) mit 1.2-Äthandithiol. D. L. Leussing und G. S. Alberts. (J. Amer. chem. Soc. **82**, 4458—61, 5/9. 1960; Madison, Wis., Univ. of Wisconsin, Dep. of Chem.; engl.) — Äthandithiol (H_2A) reagiert mit Ni(II) in alkal. wss. Lsgg. unter Bldg. von extrem stabilen Komplexen der Formen $[Ni_2(A)_3]^{2-}$ u. $[Ni(A)_2]^{2-}$. Deren Bldg.-Konst. werden bei 30° u. der Ionenstärke 0,1 zu $2\cdot10^{47}$ bzw. $4\cdot10^{25}$ ermittelt. Ein Vgl. ihrer Absorptionsspektren mit denen der Komplexe aus Ni(II) u. 2.3-Dimercapto-1-propanol (H_2B) weist für die letzteren nach, daß die S-Atome allein als koordinativ akt. Gruppen in Betracht kommen. Es wird gezeigt, daß bei einer gegebenen Konz. in der Lsg. die relativen Aktivitäten von H_2A u. H_2B die Werte der Bldg.-Konst. von $[Ni(B)_2]^{2-}$ u. $[Ni(A)_2]^{2-}$ beeinflussen. H.-J. Hartmann. 223☐

Elektrometrische Untersuchung von Chrom–Salicylat-Komplexionen. J. P. Tandon und R. C. Mehrotra. (J. Indian chem. Soc. **38**, 169—76, März 1961; Gorakhpur, Univ. of Gorakhpur, Chem. Labor.; engl.) — Die Bldg. von bas. Salzen des Cr^{3+} u. die Rk. von Cr^{3+} mit Salicylationen wurden potentiometr. untersucht. Messungen in frisch bereiteten Lsgg. ergeben, daß keine sofortige Komplex-Bldg. stattfindet, dagegen begünstigt die Alterung der Lsg. die Bldg. von Chelatkomplexen. In gealterten Lsgg. wird gemäß der Menge zugegebener NaOH der 1:1 Komplex gebildet. In überschüssigem NaOH entsteht der Mono- u. Bis-[salicylato]-chrom(III)-komplex. Ein den Titrationskurven entsprechender Rk.-Mechanismus wird eingehend diskutiert.
F. Haenschke. 223☐

Einige niedere n-Alkanoatkomplexe zweiwertiger Metalle in wäßrigen Lösungen. Monoacetatokupfer- und Monoacetatozinkkomplexe. A. K. Rai und R. C. Mehrotra.

(Z. physik. Chem. [Frankfurt/M.] [N. F.] **29**, 237—47, Aug. 1961; engl.) — Vgl. vorst. Referat. — Durch pH-Messungen an den Syst. $CuCl_2$/HAc u. $ZnCl_2$/HAc (HAc = Essigsäure) wurde festgestellt, daß die Dissoziations-Konst. K der mit Hilfe der Job-Meth. ermittelten Komplexe $[CuAc]^+$ u. $[ZnAc]^+$ linear von $\sqrt{\mu}$ (μ = Ionenstärke) abhängig sind. Durch Extrapolation wurden bei $\mu = 0$ die K-Werte zu $25{,}12 \cdot 10^{-3}$ für $[CuAc]^+$ u. $44{,}67 \cdot 10^{-3}$ für $[ZnAc]^+$ gefunden. I. Ebel. 223□

Über die Stabilität der Komplexverbindungen von Vinylacetylenkohlenwasserstoffen in CuCl–MCl-Lösungen. 3. Mitt. I. M. Dolgopolski, A. L. Klebanski und S. F. Dobler. (Журнал Прикладной Химии [J. angew. Chem.] **33**, 283—89, Febr. 1960; russ.) — 2. vgl. Журнал Прикладной Химии [J. angew. Chem.] **33**, [1960], 209; vgl. C. **1962**, 15538. — Durch Unterss. der Stabilität der Komplex-Verbb. von Vinylacetylen in CuCl–MCl-Lsgg. in Abhängigkeit von der Natur des Kations M^+ der komplexbildenden Verb. MCl wird nachgewiesen, daß die Stabilität bei Vergrößerung der Feldstärke des Kations in nachst. Reihenfolge sinkt: $NH_4^+ > K^+ > Mg^{2+}$. Wenn das Kation M^+ ein Deriv. von NH_4^+ ist, so ändert sich die Stabilität in der Reihenfolge: $NH_4^+ > CH_3NH_3^+ > (CH_3)_2NH_2^+ > (CH_3)_3NH^+ > C_4H_9NH_3^+$. Abhängig von der Natur des C wurde nachst. Reihenfolge bzgl. der Stabilität festgestellt: Acetylen > Vinylacetylen > Divinylacetylen > tetrameres Acetylen. H. Treumann. 223□

Beweis für die Existenz eines Rhodiumkomplexes mit ÄDTE. W. MacNevin, H. D. McBride und E. A. Hakkila. (Chem. and Ind. **1958**, 101, 25/1.; Columbus, Ohio, Univ., McPherson Chem. Labor.; engl.) — Beim Hinzufügen von ÄDTE zu einer frisch hergestellten $RhCl_3$-Lsg. in HCl ändert sich die Farbe der Lsg. beim Erhitzen von Rosa nach Gelb. Es entsteht ein Komplex, der auch nach dem Trocknen stabil (gelb) bleibt. Die Existenz dieses Rh-Komplexes mit ÄDTE bei pH 3,0 wurde spektrophotometr. (UV) u. durch Elektrodialyse bestätigt. E. Schulte. 223□

Löslichkeit von Bortrifluorid in konzentrierter und rauchender Schwefelsäure. Živojin V. Knežević und Slobodan V. Ribnikara. (Гласник Хемиског Друштва Београд [Ber. chem. Ges. Belgrad] **23/24**, 247—51, 1958/1959; Beograd-Vinca, Kernwiss. Inst. Boris Kidrić, Physik.-chem. Labor.; serb., Auszug: engl.) — Die Löslichkeit von BF_3-Gas in 96—100%ig. H_2SO_4 u. in H_2SO_4 mit 0—65% SO_3 wird ermittelt. Sie zeigt in 100%ig. H_2SO_4 ein ausgeprägtes Minimum mit 2,6 (Mol-%) bei 25°. Die Zunahme der Löslichkeit in stärker verd. H_2SO_4 wird auf die Bldg. von $BF_3 \cdot H_2O$ zurückgeführt, die Zunahme in Oleum auf die Bldg. von $BF_3 \cdot 2\,SO_3$ oder $BF_3 \cdot 2\,H_2S_2O_7$. Bei 120° beträgt die Löslichkeit in 102%ig. H_2SO_4 1,9, bei 160° u. 100 Torr 0,7. Bei der Absorption in 97%ig. H_2SO_4 wird eine Isotopentrennung mit einem Faktor von 1,023 bis 1,036 (im Mittel 1,03) festgestellt. R. K. Müller. 224□

Bestimmung der Löslichkeit von Ammoniumoxocarbonatoplutonat in verschiedenen wässerigen Lösungen. L. Je. Drabkina. (Радиохимия [Radiochemie] **2**, 377—78, 1960; russ.) — Vgl. C. **1961**, 2908. — Es wurde die Löslichkeit von $(NH_4)_4 \cdot [PuO_2(CO_3)_3]$ in $(NH_4)_2CO_3$ (I)-Lsg., NH_4NO_3 (II)-Lsg. u. deren Mischungen bestimmt. Die Löslichkeit in 5%ig. (I-Lsg.) ist 3,25 (g Pu/kg), 15%ig. 0,975, 25%ig. 0,381—0,418 bei 20 ± 1°. In 10%ig. (II-Lsg.) lösen sich 2,32 (g Pu/kg), in 30%ig. 0,423, in 50%ig. 0,070—0,083 u. in gesätt. II-Lsg. 0,027 bei 20 ± 1°. Eberhard Fischer. 224□

Die Verteilung der Triphenylzinnverbindungen von Anionen zwischen wäßrigen Lösungen und Benzol. Rudolf Bock, Heinz-Theo Niederauer und Karl Behrends. (Z. analyt. Chem. **190**, 33—47, 1962; Mainz, Univ., Inst. für Anorg. Chem. u. Kern-Chem.; dt.) — Benzol. Lsgg. von Triphenylzinnhydroxid (**I**) wurden durch Schütteln einer benzol. Lsg. von Triphenylzinnchlorid mit NaOH-Lsg. dargestellt. In benzol. Lsg. liegt **I** im Gleichgewicht mit seinem Anhydrid, Hexaphenyldistannoxan (**II**), vor, wobei das Gleichgewicht weitgehend zugunsten von **II** verschoben ist. Schüttelt man benzol. Lsgg. von **I** bzw. **II** mit wss. Lsgg. verschiedener Säuren, so bleiben die gebildeten Triphenylzinn-Verbb. der Anionen in vielen Fällen im Bzl. gelöst, fallen gelegentlich aber auch an der Phasengrenzfläche aus oder gehen (wie bei H_2SO_4 u. HNO_3) z. T. in die wss. Schicht. Da das Reagens mit HCO_3^--Ionen unter Bldg. eines Nd. reagiert, müssen die wss. Lsgg. vor der Extraktion ausgekocht werden. **I** bzw. **II** selbst bleibt beim Schütteln mit alkal. (NaOH) u. schwach sauren Lsgg. (HNO_3 u. H_2SO_4) fast vollständig in der Benzolschicht, geht aber aus stärker sauren Lsgg., vor allem bei Anwendung von H_2SO_4, zunehmend in die Wasserphase. Benzol-Lsgg. von Triphenylzinn-Verbb. erwiesen sich bei Schütteln mit mäßig stark sauren oder alkal. wss. Lsgg. bei Raum-Temp. als prakt. beständig. Sehr starke Säuren oder Basen bewirken dagegen schnelle Zersetzung. Wss. Lsgg. des Sulfats werden schon bei pH 1 durch 10—15 Min. langes Sieden zersetzt. Gegen wss. Lsgg. starker Oxydationsmittel, wie $KMnO_4$, $HClO_4$, KJO_3, Cl_2, Br_2, J_2 u. a., sowie gegen starke Red.-Mittel, wie H_3PO_2, sind die Triphenylzinn-Verbb. unbeständig. Die Geh.-Best. der Triphenylzinn-Verbb.

geschah durch Analyse des betreffenden Anions. Die Benzol-Lsg. wurde mit einem Überschuß wss. NaOH-Lsg. geschüttelt, die wss. Schicht durch einen Kationenaustauscher in der H^+-Form gegeben u. die Säure mit NaOH-Lsg. titriert. Es wurden die Verteilungs-Koeff. zwischen Bzl. u. der sauren wss. Lsg. bei verschiedenen pH-Werten für folgende Anionen bzw. Säuren bestimmt: Cl^-, Br^-, J^-, SCN^-, NO_2^-, BO_3^{3-}, PO_4^{3-}, $P_2O_7^{4-}$, AsO_3^{3-}, AsO_4^{3-}, SeO_3^{2-}, $Cr_2O_7^{2-}$, VO_3^-, SO_4^{2-}, NO_3^-, TeO_3^{2-}, ReO_4^-, $HCOO^-$, $CH_3 \cdot COO^-$, Glykol-, Milch-, Brenztrauben-, Oxal-, Malon-, Bernstein-, Adipin-, Fumar-, Malein-, *d.l*-Äpfel-, Wein-, Citronen- u. 1-Naphthalinsulfonsäure. Folgende Säuren konnten nicht merklich ausgeschüttelt werden: Sulfosalicylsäure, Alanin, Phenylalanin u. Ascorbinsäure. Folgende komplexe Anionen konnten ebenfalls nicht ausgeschüttelt werden: Borsäurekomplexe mit Mannit, Brenzcatechin u. Äthylenglykol, Cu-Tartrat-Komplex, Molybdänsäure–Citrat-Komplex, $Fe(SCN)_4^-$ u. $Co(SCN)_4^{2-}$. Mit folgenden Ionen bilden sich an der Phasengrenze ausfallende Ndd.: F^-, HCO_3^-, MoO_4^{2-}, WO_4^{2-}, $[Fe(CN)_6]^{3-}$, $[Fe(CN)_6]^{4-}$ u. $(PO_3^-)_x$; TeO_3^{2-} nur bei pH-Werten $>2,5$, VO_4^{3-} ebenfalls bei höheren pH-Werten. P. Kurzmann. 224□

Tri-n-butylphosphat als ein Extraktionsmittel für anorganische Nitrate. 7. Mitt. **Die dreiwertigen Actinidennitrate.** G. F. Best, E. Hesford und H. A. C. McKay. (J. inorg. nuclear Chem. **12**, 136—40, 1959; Harwell, Berks., Atom. Engng. Res. Establ.; engl.) — 3. vgl. C. **1960**, 14622. — Die Verteilung von Pu^{3+}, Am^{3+}, Cm^{3+}, Bk^{3+}, Cf^{3+} u. Es^{3+} zwischen Tri-n-butylphosphat (TBP) u. wss. HNO_3 wurde in Abhängigkeit von der HNO_3-Konz. radiochem. untersucht. Der Gang des Verteilungs-Koeff. (k_D) ist in der Actinidenreihe dem in der Lanthanidenreihe ähnlich, doch liegen die k_D-Werte bei den Lanthaniden, bes. bei größeren HNO_3-Konzz., höher. In beiden Reihen nimmt k_D mit steigender Atomnummer zu, bei halbaufgefüllter 4f- bzw. 5f-Schale (Gd bzw. Cm) fällt der Wert aus der Reihe u. ist zu niedrig. Die k_D-Werte für 100% ig. TBP u. HNO_3-Konzz. zwischen 0,3 u. 15n (bei Pu zwischen 0,2 u. 2,7n) sind tabellar. aufgeführt. W. Betcke. 224□

Extraktion von Platinmetallen mit Aminen. L. M. Gindin, P. I. Bobikow und E. F. Kouba. (Известия Сибирского Отделения Академии Наук СССР [Nachr. sibir. Abt. Akad. Wiss. UdSSR] **1961**, Nr. 10, 84—91; Norilsk, Bergmetallurg. Sawenjagin-Inst.; russ.) — Vff. untersuchen die Extraktion von Pt-Metallen in HCl-Lsg. mit verschiedenen Fraktionen prim. C_{11}—C_{20}-Amine u. Triamylamin bei 20°. Als Lsgm. für die Amine wurde Chlf., Isoamylacetat, Isoamylalkohol u. Petroleum verwendet. In fast allen Fällen fand ein beinahe quant. Übergang des Pt in die organ. Phase statt. An Hand der Resultate wird der Austauschmechanismus diskutiert. Die Möglichkeit, Pt-Metalle von Buntmetallen u. Fe abzutrennen, aber auch die analyt. Trennung der Pt-Metalle untereinander, werden näher erörtert. G. Engelhardt. 224□

Der Mechanismus von chemischen Reaktionen. Cyril Hinshelwood. (Chem. and Ind. **1957**, 1642—46, 21/12.; engl.) — Vf. behandelt die Verschiedenheit chem. Rk.-Mechanismen. Ausgehend von der Arrhenius-Gleichung u. der einfachen Theorie für Energie- u. Entropieberechnungen werden eingehend die Aktivierungszustände der Moll. bei monomol. Rkk. u. die Auflösung von C—C- bzw. C—H-Bindungen bei der Pyrolyse von KW-Stoffen behandelt. Aus Unterss. komplexer Ketten-Rkk. leitet Vf. einen allg. Mechanismus mit verschiedenen neuen Schritten ab, die von den normalen Moll. über solche mit genügendem Energievorrat zu krit. aktivierten Moll. u. dann zu den Rk.-Prodd. führen. W. Sobieski. 225□

Kubische Potentialoberflächen in der Theorie der Übergangszustände von unimolekularen Reaktionen. Noel B. Slater. (J. chem. Physics **35, 445**—50, Aug. 1961; Leeds, Univ. of Leeds, Dep. of Math.; engl.) — Steel u. Laidler (vgl. C. **1962**, 17363) fanden, daß der Frequenzfaktor der Dissoziations-Geschw. (unimol. Rk.) sich vergrößert, wenn die mol. Schwingungen während der Annäherung an den aktivierten Zustand erschlaffen. Dieses Nachlassen beeinflußt ebenfalls die Verteilungsfunktion oder die Entropie in Form von nichtreaktiven Freiheitsgraden. Vf. entwickelt nun unter Berücksichtigung der inneren Rotation für lineare Moll. eine kub. Potentialfunktion, die dieses Verh. gut wiedergibt. Ferner diskutiert Vf. die Rk.-Koordinaten in der Theorie der Übergangszustände unter besonderer Beachtung des Isotopieeffektes. G. M. Neumann. 225□

Berechnung von Aktivierungsenergien. 4. Mitt. **Konsequente Potentialkurvenmethode.** Walther Kleinpaul. (Z. physik. Chem. [Frankfurt/M.] [N. F.] **30**, 262—78, Nov. 1961; München; dt.) — 3. vgl. C. **1962**, 13319. — Zur konsequenten Berechnung der Aktivierungsenergie von Austauschprozessen nach dem klass.-korpuskularen Kraftzentrenmodell ist es notwendig, den Berührungsabstand der reagierenden Atome u. die Art des Wechselwrkg.-Potentials ungebundener Zentren festzulegen. Der Berührungsabstand ungleicher Zentren wird näherungsweise als Summe der halben Berührungsabstände gleicher Teilchen festgelegt, die der Messung zugänglich sind. In dieser Näherung ist der Wrkg.-Radius von Atomen mit unpaarem Elektron dem kovalenten Bindungsradius gleich. Zu dem Wrkg.-Radien gebundener Atome nach außen hin (Berührungsradius) gelangt man über das Kalottenmodell von Magat [1932] von den Mol.-Radien aus, für die eine Umrechnung der Werte bei Meßtemp. zu denen für das Potentialminimum angegeben wird. Ionen- u. Berührungsradien erweisen sich als lineare Funktionen des kovalenten Bindungsradius. Widerspruchsfrei läßt sich nur das Schema der atomaren Zentren verwenden, so daß im Aktivierungsbereich infolge Abschirmung keine Dipol-Wechselwrkg. möglich ist. Einfach u. hinreichend richtig wird die Abstoßung ungebundener Zentren durch das Potenzpotential von Lennard-Jones beschrieben. Den Wert des Abstoßungsexponenten für ein Zentrenpaar erhält man aus der Berechnung der zugehörigen Austauschprozesse mit ident. Außenzentren (symm. Prozeß). Claus Fischer. 225☐

Berechnete Aktivierungsenergien der Prozesse $J + H_2 \rightleftarrows JH + H$, $Br + H_2 \rightleftarrows BrH + H$, $Cl + H_2 \rightleftarrows ClH + H$, $CH_3 + H_2 \rightleftarrows CH_3H + H$, $H + H_2 \rightleftarrows H_2 + H$, $CH_3 + HCH_3 \rightleftarrows CH_3H + CH_3$, $H + CH_3H \rightleftarrows HCH_3 + H$, $H + Cl_2 \rightleftarrows HCl + Cl$, $H + Br_2 \rightleftarrows HBr + Br$, $H + J_2 \rightleftarrows HJ + J$. Walther Kleinpaul. (Z. physik. Chem. [Frankfurt/M.] [N. F.] **30**, 279—83, Nov. 1961; dt.) — Vgl. vorst. Referat. — Das klass.-korpuskulare Modell der konsequenten Potentialkurven-Meth. zur Berechnung der Aktivierungsenergie von Austauschprozessen ist auf die im Titel erwähnten, einfachen Atom- u. Radikal-Rkk. im Gasraum angewandt worden. Die so berechneten Werte der Aktivierungsenergien dieser Rkk. werden den von anderen Autoren gemessenen Werten gegenübergestellt. Claus Fischer. 225☐

Dissoziation gasförmiger zweiatomiger Moleküle: Klassische adiabatische Streunäherung. John C. Light. (J. chem. Physics **36**, 1016—30, 15/2. 1962; Brussels, Belgium, Univ. Libre de Bruxelles; engl.) — Vf. löst die klass. Liouvillesche Gleichung eines Dreikörper-Syst., bestehend aus einem harmon. Oscillator u. einem freien Teilchen, mit Hilfe einer adiabat. Näherung, in der angenommen wird, daß die Stoßzeit viel größer als die Schwingungsperiode des Oscillators ist. Mit der Meth. lassen sich starke Wechselwrkg. behandeln. Numer. Berechnungen der Dissoziations-Geschw. homonuclearer zweiatomiger Moll. (Br_2–Ar, Br_2–Br_2, O_2–Ar, J_2–M, wobei M = Ar, He, Ne, Kr, Xe, H_2 bzw. O_2) unter Verw. der Lennard-Jones- u. verwandter Potentiale stimmen mit dem Experiment über weite Temp.-Bereiche überein. Ergebnisse ein- u. dreidimensionaler Berechnungen werden verglichen. D. Jörchel. 225☐

Abweichung vom stationären Zustand bei Kettenreaktionen mit zwei oder mehr Radikalen. J. Calvin Giddings und Hyung Kyu Shin. (J. chem. Physics **36**, 640—49, 1/2. 1962; Salt Lake City, Utah, Univ. of Utah, Dep. of Chem.; engl.) — Die Näherungs-Meth. von Giddings (vgl. C. **1962**, 4103) wird auf Ketten-Rkk. mit mehreren Zwischenprodd. oder Radikalen erweitert u. auf die H_2–Br_2-Rk. sowie auf die Pyrolyse von CH_4, C_2H_6 u. CH_3CHO angewandt. Es zeigt sich, daß die Abweichungen vom stationären Zustand beim C_2H_6-Zerfall u. bei der H_2–Br_2-Rk. bes. stark sind. An Hand eines hypothet. Rk.-Schemas entwickeln Vff. Näherungsgleichungen für die ersten Übergangs-Prodd., die zur Bldg. von Radikalen führen. Weiterhin werden Beziehung zwischen der Abweichung von stationären Zustand, sowohl während als auch nach der Übergangsperiode, u. dem Steigerungsgrad der Rk. abgeleitet. G. M. Neumann. 225☐

Sauerstoffaustausch zwischen CO und O_2. C. A. Bank, E. A. Th. Verdurmen, A. E. de Vries und F. L. Monterie. (J. inorg. nuclear Chem. **17**, 295—301, Juni 1961; Amsterdam, F.O.M.-Labor. voor Massaspectrografie; engl.) — Vff. untersuchen die langsame Rk. von getrocknetem CO u. O_2 in einem Quarzgefäß bei Temp. unterhalb 630° u. mit ^{18}O als Tracerelement u. bestimmten die ^{18}O-Verteilung zwischen CO, O_2 u. CO_2. Innerhalb der Rk.-Zeit von 5 Min. bis 13 Std. konnte kein meßbarer Austausch zwischen CO u. CO_2, CO_2 u. O_2, CO, O_2 u. CO_2 sowie den Wänden des Quarzgefäßes festgestellt werden. CO zersetzt sich nicht an den Wänden des Rk.-Gefäßes in meßbaren Mengen. Aus den Vers.-Ergebnissen wird geschlossen, daß neben der Bldg. von CO_2 aus CO u. O_2 unabhängig davon ein O_2-Austausch zwischen CO u. O_2 ohne CO_2-Produktion stattfindet. Im Vgl. zu der Bldg.-Geschw. von CO_2 findet dieser O_2-Austausch bei ca. 600° rasch statt. Dagegen konnte bei 395° kein Austausch beobachtet werden; bei ca. 500° sind die Geschw. für die Austausch-Rk. u. die Bldg.-Geschw. von CO_2 etwa gleich groß. G. Talsky. 225☐

Kinetik der Umwandlung von Hydrogencarbonat in Kohlendioxid. P. V. Danckwerts und K.-A. Melkersson. (Trans. Faraday Soc. **58**, 1832—38, Sept. 1962; Cambridge, Univ., Dep. of Chem. Engng.; engl.) — Unterss. der Kinetik des ^{14}C-Austauschs zwischen $H^{14}CO_3^-$ u. CO_2 in wss. $NaHCO_3$-Lsg. durch Himmelblau u. Babb (Amer. Inst. chem. Engng. J. **4**, [1958], 143) ergaben sehr hohe Geschw.-Konst. dieser Reaktion. Eine Diskussion ihrer Ergebnisse führt zu nachst. Mechanismus: 1. $^{14}CO_2 \cdot OH^- \rightleftharpoons H^{14}CO_3^-$, 2. $^{14}CO_2 \cdot HO^- + CO_2 \rightleftharpoons {}^{14}CO_2 + CO_2 \cdot OH^-$ (I); 3. I $\rightleftharpoons HCO_3^-$. Hierbei verläuft Rk. 2. bedeutend rascher als 1. u. 3., d. h. sie entspricht einem dauernden Gleichgewichtszustand. Die Geschw.-Konst. von $HCO_3^- \rightarrow$ I ergibt sich zu $0{,}33 \cdot 10^{-3}$ (0°), $1{,}3 \cdot 10^{-3}$ (10°) bzw. $2{,}8 \cdot 10^{-3} s^{-1}$ (20°); Aktivierungsenergie 17000 cal/Mol. Das Zwischenprod. I ist insofern stabil, als es von den Zuständen $CO_2 + OH^-$ u. HCO_3^- durch Aktivierungsbarrieren getrennt ist. A. Blaschette. 225□

Die Kinetik der Kohlendioxidabsorption durch neutrale und alkalische Lösungen. P. V. Danckwerts und A. M. Kennedy. (Chem. Engng. Sci. **8**, 201—15, Juni 1958; London, Imp. Coll. of Sci. and Technol.; Lower Hutt, Wellington, New Zealand, Dominion Labor., Chem. Engng. Sect., Private Bag.; engl.) — Bei 25° wurden die nichtstationären Absorptions-Geschw. von CO_2 in W., in 1,05 m *Na_2SO_4*- u. in 0,72 m *$MgSO_4$*-Lsg., in 0,045—1,50 m *NaOH* u. in *Na_2CO_3–$NaHCO_3$*-Puffer-Lsgg. mit pH >10 ($[CO_3^{2-}]/[HCO_3^-]$ 0,60—4,45, Ionenstärke 2,29—2,52) gemessen u. die Löslichkeiten, Diffusions-Koeff. u. Geschw.-Konst. der Rk. bestimmt. Die Fll. wurden konvektionsfrei in Form eines Films auf einer rotierenden Trommel durch das Gas geleitet. Die Kontaktzeit lag zwischen 0,01—0,25 Sekunden. H.-P. Rettig. 225□

Der hydrolytische Abbau von Natriumtriphosphat. A. G. Buyers. (J. physic. Chem. **66**, 939—40, 5/5. 1962; Malibu, Calif., Malibu Canyon Road, Hughes Res. Labor.; engl.) — Der hydrolyt. Abbau von *$Na_5P_3O_{10} \cdot 6\,H_2O$* in wss. Lsg. in kleinen Bomben zwischen 108 u. 121° zu Di- u. Orthophosphat im Molverhältnis >1 muß nach einer Rk. 2. Ordnung gemäß den Gleichungen: $2\,HP_3O_{10}^{4-} + H_2O \rightleftharpoons 3\,HP_2O_7^{3-} + H^+$ u. $H_2O + HP_2O_7^{3-} \rightleftharpoons 2\,HPO_4^{2-} + H^+$ verlaufen. Mit Hilfe von früheren Ergebnissen (vgl. Quimby, C. **1956**, 10410) in wss. Lsg. u. im festen Zustand u. der Unterss. des Vf. wird die Geschw.-Konst. 2. Ordnung k zu $\log k = 13{,}9 - 6061/T$ u. die Aktivierungsenergie zu 28 ± 5 kcal/Mol ermittelt. Der geschwindigkeitsbestimmende Schritt in dem Hydrolyseprozeß ist die Spaltung der P—OP-Bindung. G. Heller. 225□

Die Oxydation der phosphorigen Säure. B. Silver und Z. Luz. (J. physic. Chem. **66**, 1356—59, Juli 1962; Rehovoth, Israel, Weizmann Inst. of Sci.; engl.) — Die Oxydation von H_3PO_3 mit J_2 wurde im sauren Bereich (1,0, 2,5 u. 4,0 n HCl) in Abhängigkeit von der J_2-Konz. durch Titration mit $Na_2S_2O_3$ verfolgt; sie wird durch H^+-Ionen katalysiert; bei 1,0 n HCl ist die Anfangs-Geschw. nicht der J_2-Konz. linear proportional. Auch bei pH 8,6 wird das HPO_3^{2-}-Ion durch das J_2-Mol. oxydiert, nicht durch HJO. Die Geschw.-Konst. des Austausches des an P gebundenen H von $H—PO(OH)_2$ in D_2O/DCl durch D ist pseudoerster Ordnung. Der folgende Mechanismus wird für den durch H^+ katalysierten Austausch u. die Oxydation angenommen: $H—PO(OH)_2 + H^+ \rightleftharpoons H—P(OH)_3^+ \rightleftharpoons {:}P(OH)_3 + H^+$; das durch Spaltung der H—P-Bindung gebildete $:P(OH)_3$ ist äußerst reaktionsfähig u. kann entweder oxydiert oder unter Aufnahme eines Protons (oder Deuterons) vom Lsgm. zu $HPO(OH)_2$ zurückgebildet werden. Im sauren pH-Bereich (>1 n) spielt die angegebene Tautomerie eine bedeutende Rolle. G. Heller. 225□

Kinetische Wirkungen von Salzen in der Reaktion zwischen Peroxodisulfat und Jodid. Antonio Indelli und John E. Prue. (Atti Accad. Sci. Ferrara **35**, 143—46, 1957/58, herausgeg. 1959; Ferrara, Univ., Ist. di chim. ed Univ. di Reading; ital.) — Inhaltlich ident. mit der C. **1960**, 10165 referierten Arbeit. G. Platzer. 225□

Die Geschwindigkeiten der Elektronenaustauschreaktion zwischen U(IV)- und U(VI)-Ionen in Wasser-Äthylenglykol und Wasser-Äthylenglykol als Lösungsmittel. S. L. Melton, J. O. Wear und E. S. Amis. (J. inorg. nuclear Chem. **17**, 317—24, Juni 1961; Fayetteville, Ark., Univ. of Arkansas, Chem. Dep.; engl.) — Es wurde die Geschw. der Elektronenaustausch-Rk. zwischen U(IV)- u. U(VI)-Ionen bei 25° in W.–Äthylenglykol (I) u. W.–I als Lsgm. bei verschiedenen Konzz. von U(IV), U(VI) u. HCl bestimmt. Die Rk.-Ordnung ist von der Zus. des Lsgm. abhängig. Die Rk.-Geschw. in W.–I ist um den Faktor 2—4 geringer als die im System A.–W. u. W.–Aceton. Die Verringerung der Rk.-Geschw. in W.–I wird durch die Verdrängung des W. in der inneren Solvatationsschicht des Uranyl-Ions durch I erklärt. G. Talsky. 225□

Die Geschwindigkeiten der Elektronenaustauschreaktionen zwischen U(IV)- und U(VI)-Ionen in Wasser und Wasser–Aceton als Lösungsmittel. S. L. Melton, A. Indelli und E. S. Amis. (J. inorg. nuclear Chem. **17**, 325—33, Juni 1961; engl.) — Vgl. vorst. Referat. — Es wurde die Geschw. der Elektronenaustausch-Rk. zwischen U(IV)- u. U(VI)-Ionen bei 25° in W. u. W.–Aceton (I)-Gemischen mit 30,60 u. 90 Vol.-% I sowie verschiedenen Konzz. von U(IV), U(VI) u. HCl bestimmt. Die Rk.-Ordnung hing auch hier wieder stark von der Zus. des Lsgm. ab. Vff. vergleichen die Kinetik der Rk. in I–W. mit der in A.–W. u. diskutieren den Rk.-Mechanismus sowie die Rk.-Kinetik. G. Talsky. 225□

Eine Untersuchung der Elektronenaustauschreaktion zwischen Zinn(II) und Zinn(IV) in wäßrigen schwefelsauren Lösungen. Gilbert Gordon und Carl H. Brubaker jun. (J. Amer. chem. Soc. **82**, 4448—54, 5/9. 1960; East Lansing, Mich., Michigan State Univ., Kedzie Chem. Labor.; engl.) — Die Kinetik der Austausch-Rk. zwischen Sn(II) u. Sn(IV) in wss. H_2SO_4-saurer Lsg. wird zwischen 25 u. 50° untersucht. Dabei wurde der Einfl. der Sn(II)-, Sn(IV)-, SO_4^{2-}-, H^+- u. Cl^--Konz. untersucht. Bei Abwesenheit von Cl^- verläuft die Rk. nach einem Geschw.-Gesetz 1. Ordnung bzgl. der Sn(IV)- u. Sn(II)-Konz., während die Abhängigkeit von der H^+- u. SO_4^{2-}-Konz. durch die empir. Beziehung: $R/[Sn(II)][Sn(IV)] = 0{,}674[H^+]^{-2} + 0{,}0725[SO_4^{2-}]\cdot[H^+]^{-1}$ wiedergegeben wird. Bei Zugabe von Cl^- zur Rk.-Mischung in 3,00 m H_2SO_4 erhöht sich die Rk.-Geschw. bis um den Faktor 100. Die Rk.-Geschw. kann bei >0,5 m Cl^- nach der Beziehung $R = 4{,}94[Sn(II)][Sn(IV)][Cl^-]$ berechnet werden. Spektralphotometr. Unterss. an wss. Lsgg. von Sn(II) in H_2SO_4 u. $HClO_4$ ergaben Hinweise über das Hydrolyse-Verh. des Sn(II); aus den Absorptionskurven der Sn(IV)–Sn(II)-Mischungen konnte auf die Existenz dimerer Sn(II)–Sn(IV)-Zwischenprodd. geschlossen werden. H.-J. Hartmann. 225□

Die Kinetik der Reaktion zwischen Plutonium(IV) und Vanadin(III) in Perchloratlösung. S. W. Rabideau und R. J. Kline. (J. inorg. nuclear Chem. **14**, 91—97, Juli 1960; Los Alamos, N. Mex., Univ. of California, Los Alamos Sci. Labor.; engl.) — Die Kinetik der Red. von Pu(IV) mit V(III) wurde in Abhängigkeit von der Temp. (2,4—20°) u. der Acidität in Perchlorat-Lsgg. untersucht. Die aus der Gleichung $-d[Pu(IV)]/dt = k_1[Pu^{4+}][V^{3+}]/[H^+] + k_2[Pu^{4+}][V^{3+}]/[H^+]^2$ sich ergebenden Geschw.-Konst. k_1 u. k_2 haben bei 2,4° die Werte $(1{,}70 \pm 0{,}02)\,s^{-1}$ u. $(1{,}71 \pm 0{,}06)\,Mol\cdot s^{-1}$. Aus der Temp.-Abhängigkeit der Konst. werden die thermodynam. Aktivierungsgrößen für die Rk. zwischen Pu(IV) u. V(III) bei 25° bestimmt: für k_1 ist ΔF^* (15,68 $\pm$ 0,01) (kcal/Mol), ΔH^* (17,1 $\pm$ 0,5) (kcal/Mol), ΔS^* (4,76 $\pm$ 1,7) (e.u.) u. für k_2 (15,30 $\pm$ 0,01), (21 $\pm$ 0,4), (20,8 $\pm$ 1,4). Ein Zusatz an Chloridionen beeinflußt die Red. nicht. Ch. Weiske. 225□

Geschwindigkeiten einiger Substitutionsreaktionen von Platin(II)-Komplexen. Harry B. Gray. (J. Amer. chem. Soc. **84**, 1548—52, 5/5. 1962; New York, N.Y., Columbia Univ., Dep. of Chem.; engl.) — Vf. bestimmte die Rk.-Geschw. der Substitution von Halogen durch verschiedene Liganden in quadrat. planaren Pt(II)-Komplexen des Typs *[Pt(dien)X]X* (dien = Diäthylentriamin, X = *Cl*, *Br* u. *J*) u. nahm während der Rkk. die UV-Spektren auf. Die Rkk. verlaufen nach dem Geschw.-Gesetz 1. u. 2. Ordnung; die Rk.-Mechanismen (Zweistufenmechanismus u. direkte S_N2-Rk.) werden diskutiert. Das Rk.-Vermögen der Liganden bei der bimol. Substitutions-Rk. nimmt in der Reihenfolge $SC(NH_2)_2 \approx CNS^- \approx J^- > N_3^- \approx NO_2^- \approx$ Pyridin $\approx NH_3 \approx Br^- > Cl^- > H_2O > OH^- \approx NH_2CH_2COOH$ ab, parallel zum abnehmenden trans-Effekt dieser Liganden. Die Geschw.-Konst. k_1 u. k_2 für die Rk. $[Pt(dien)X]^+ + Y \rightleftharpoons [Pt(dien)Y]^+ + X$, die nach dem Geschw.-Gesetz Rk.-Geschw. $= \{k_1 + k_2[Y]\}[Komplex]$ verläuft, werden für die vorst. angeführten Liganden Y mitgeteilt. Das relative Rk.-Vermögen von Cl^- u. NO_2^- bei der Substitution der verschiedenen Pt-Komplexe variiert mit der Ladung des Komplexes; NO_2^- reagiert elektrophil, Cl^- nucleophil. G. Heller. 225□

Einfluß der Gleitdeformation und Verzwillingung auf die Lösungsgeschwindigkeit von Zinkeinkristallen in Salzsäure. A. I. Klotschkow, N. A. Karelin und K. I. Borowskaja. (Журнал Прикладной Химии [J. angew. Chem.] **34**, 272—77, 2 Tafeln, Febr. 1961; Tscheljasinsk, Polytechn. Inst., Lehrstuhl für Chem.; russ.) — Vff. untersuchen den Einfl. der Orientierung, der Gleitdeformation u. der Deformation durch Verzwillingung auf die Auflösungs-Geschw. (AG) von Zn-Einkristallen, hergestellt nach der Czochralski-Methode. AG ist stärker bei kleinerem α (α = Winkel zwischen der kristallograph. Hauptachse u. der Achse der zylindr. Einkristalle), sie nimmt mit der Deformation zu. Die Korrosion scheint nicht nur an den Grenzen zwischen Ausgangskristall u. Zwilling, sondern hauptsächlich im Innern des Kristalls abzulaufen. D. Hoene. 225□

Auflösung von Germanium in wäßriger Wasserstoffperoxid-Lösung. N. Cerniglia und P. Wang. (J. electrochem. Soc. **109**. 508—12, Juni 1962; Woburn, Mass., Sylvania Electr. Prod. Inc., Semicond. Div.; engl.) — Die Auflösung von Ge-Einkristallen vom n- u. p-Typ in wss. Lsgg. mit 3—90% H_2O_2 wurde bei pH 1—9 u. Temp. von 25—90° untersucht. Die Auflösungs-Geschw. R ist prakt. konst. in Lsgg. mit 3—30% H_2O_2 bei niedrigem pH-Wert; sie wird geringer bei höherem H_2O_2-Gehalt. R ist bei pH >4 stark vom pH-Wert abhängig, wobei diese Abhängigkeit ihrerseits eine Funktion der H_2O_2-

Konz. ist. Es wird geschlossen, daß der geschwindigkeitsbestimmende Schritt in Lsgg. mit niedrigem u. hohem H_2O_2-Geh. bei pH $\geqq 5$ verschieden ist. Zur Deutung dieser Befunde werden Rk.-Mechanismen vorgeschlagen. A. Blaschette. 225□

Untersuchung der Zusammensetzung der Produkte der thermischen Dehydratisierung von Siliciumdioxid und die Eigenschaften ihrer dehydratisierten Oberfläche. A. W. Bondarenko, W. F. Kisselew und K. G. Krassilnikow. (Кинетика и Катализ [Kinetik u. Katalyse] **2**, 590—98, Juli/Aug. 1961; Moskau, Lomonossow-Univ., Physik. Fak.; russ.) — Verschiedene Proben von kristallinem u. amorphem Siliciumdioxid (**I**) werden bei 300—1000° therm. behandelt u. die Natur u. die Zus. der entstehenden Prodd. werden massenspektroskop. bestimmt. W. ist das einzige Prod., das bei der Dehydratisierung abgegeben wird. Das Austreten von positiven Ionen aus der Oberfläche von **I** konnte nicht beobachtet werden. Die oxydierenden Eigg. der Oberfläche von **I** zeigen sich auch nach der therm. Dehydratisierung im Hochvakuum. Wolfram Köhler. 225□

Die Kinetik endothermer Reaktionen bei Mineralen. 1. Mitt. Entwässerung von Gips. J. L. Amorós, J. Galván und P. Alonso. (Publ. Dep. Cristalogr. Mineralog. [Madrid] **1961**, Nr. 8, 13—23; Madrid, C.S.I.C., Inst. „Lucas Mallada", Sec. de Miner.; span.) — Beim Erhitzen von Gipsfasern beginnt eine Desorientierung bei 85° u. eine Entwässerung bei 105° unter Bldg. von lösl. Anhydrit. Zwischen 110—275° ist nur das lösl. Anhydrit (Hemihydrat) beständig, darüber Anhydrit. Es wurden von allen Phasen Oberflächen-Unterss. mit dem Licht- u. Elektronenmikroskop vorgenommen, außerdem wurden zwischen 25—285° Drehkristallaufnahmen der einzelnen Prodd. angefertigt. Die bereits früher bekannten Ergebnisse des Beginns der Gipsentwässerung wurden bestätigt u. die Kinetik der Umwandlung im Zusammenhang mit der Kristallstruktur der ursprünglich vorhandenen Substanz, $CaSO_4 \cdot 2\ H_2O$, u. des Endprod. $CaSO_4$ untersucht. K. Huste. 225□

Einfluß der Gasphase auf die thermische Zersetzung von Cadmiumcarbonat. M. M. Pawljutschenko und Je. A. Prodan. (Доклады Академии Наук БССР [Ber. Akad. Wiss. BjelorussSSR] **5**, 256—60, Juni 1961; Beloruss. „Lenin"-Univ.; russ.) — Vff. untersuchen den Einfl. von *He*, N_2, O_2, H_2, *CO* u. *Luft* (760 Torr) u. *Wasserdampf* (1—15 Torr) auf die therm. Zers. von $CdCO_3$ u. vergleichen die Ergebnisse mit der Zers. im Vakuum. He, N_2, O_2 u. Luft verlängern die Zerfallszeit. H_2 u. CO führen zu anderen Kurventypen (zuerst schnellere, dann langsamere Rk.) der Zerfalls-Rk.; bei der Zers. werden bei diesen beiden Gasen nicht mehr CdO u. CO_2, sondern metall. Cd, CO_2 u. (H_2O) gebildet. Wasserdampf verändert ebenfalls die Zerfallscharakteristik. Der Zerfall läßt sich nach verschiedenen Gleichungen darstellen. Die Aktivierungsenergien (AE) für die Zers.-Rkk. in Ggw. der verschiedenen Gase werden angegeben u. mit der AE für die Zers. im Vakuum verglichen. D. Hoene. 225□

Die Anwendung der Kinetik der Phasenumwandlung auf die thermische Zersetzung von $KClO_4$ und $KMnO_4$. Alfred Eliyahu Simchen. (J. Chim. physique Physico-Chim. biol. **58**, 596—601, Juni 1961; Tel Aviv, Dép. Sci. du Ministère de Déf.; franz.) — Bei physikal.-chem. Rkk. lassen sich die Eig.-Änderungen des Syst. in Abhängigkeit von der Zeit durch S-förmige Kurven beschreiben, die gewöhnlich durch Rk.-Modelle erklärt werden. Vf. zeigt am Beispiel der therm. Zers. des $KMnO_4$, das vom festen Zustand A unter O_2-Entw. in den festen Zustand B übergeht, u. am Beispiel des $KClO_4$, das jeweils unter O_2-Entw. die Stufen $A_{fest} \to B_{fest} \to C_{fl.} \to D_{fest} \to E_{fest}$ (A: $KClO_4$; B u. C: heterogene Gemische aus $KClO_4$, $KClO_3$ u. KCl; D: $KClO_3$ u. KCl; E: KCl) durchläuft, daß weder der kristalline noch der feste Zustand notwendige Bedingungen für das Zustandekommen der S-förmigen Zers.-Kurven darstellen, denn in beiden Fällen werden Kurven von genau gleicher Form erhalten. Gleiche Kurven liefern die Formeln für die Rk-Geschw. verschiedener Rk.-Mechanismen, wie Katalyse durch die Rk.-Prodd., verzweigte Ketten-Rk. u. a.; die S-Kurven beschreiben daher die Rk.-Geschw. u. nicht das Rk.-Modell. K. Ross. 225□

Die thermische Zersetzung von Cer(III)-nitrathydrat. F. Vratny, S. Kern und F. Gugliotta. (J. inorg. nuclear Chem. **17**, 281—85, Juni 1961; West Lafayette, Ind., Purdue Univ., Wetherill Chem. Labor.; engl.) — Durch Ermittlung der zeitlichen Änderung (0 bis maximal 80 Min.) der Gesamtdampfdrücke wurde die therm. Zers. von $Ce(NO_3)_3 \cdot x\ H_2O$ (**I**) bei 190, 265 u. 300° kinet. untersucht; die Zers. wurde mittels IR-Spektren verfolgt u. die Rk.-Prodd. analysiert. Im Gegensatz zu der analogen Pr-Verb. entsteht aus **I** direkt CeO_2. Zwischen der Oxydation von Ce^{3+} zu Ce^{4+} u. dem Grad der Zers. existiert ein linearer Zusammenhang. G. Gattow. 225□

Die thermische Zersetzung der Oxalathydrate von Thorium(IV), Uran(IV) und der Seltenerdmetalle(III). Differentialthermoanalyse und Untersuchungen des Gewichtsverlustes. W. W. Wendlandt, T. D. George und G. R. Horton. (J. inorg.

nuclear Chem. **17**, 273—80, Juni 1961; Lubbock, Tex., Texas Technol. Coll., Dep. of Chem.; engl.) — Die entsprechenden Oxalate wurden nach der Meth. der homogenen Fällung mit Methyloxalat (vgl. C. **1958**, 6193) hergestellt u. die therm. Zers. mit der Thermowaage u. mit DTA untersucht: Aus $U(C_2O_4)_2 \cdot 6\,H_2O$ entsteht bei 125° das Dihydrat, bei 185° das Monohydrat u. bei 290° $U_3O_8 + UO_3$; aus $Th(C_2O_4)_2 \cdot 6\,H_2O$ bei 145° das Dihydrat, bei 270° $Th(C_2O_4)_2$, oberhalb 560° liegt nur noch ThO_2 vor. Die DTA-Kurven nachst. Verbb. werden mitgeteilt u. die Zers. diskutiert: $M_2(C_2O_4)_3 \cdot 10\,H_2O$ mit M = *La, Ce, Pr, Nd, Sm, Eu, Gd, Tb, Dy, Ho*; $M_2(C_2O_4)_3 \cdot 6\,H_2O$ mit M = *Er, Lu, Sc* u. $M_2(C_2O_4)_3 \cdot 5\,H_2O$ mit M = *Tm, Yb*. G. Gattow. 225□

Die thermische Zersetzung der Komplexe Tris-[äthylendiamin]- und Tris-[1.2-propylendiamin]-chrom(III)-chlorid und -thiocyanat. J. L. Bear und W. W. Wendlandt. (J. inorg. nuclear Chem. **17**, 286—94, Juni 1961; engl.) — Vgl. vorst. Referat. — Nachst. Cr^{3+}-Komplexe mit Äthylendiamin (= en) u. 1.2-Propylendiamin (= pn) wurden mittels Thermowaage u. DTA untersucht: $[Cr(en)_3]Cl_3$ (I), **I**·3,5 H_2O, cis-$[Cr(en)_2Cl_2]Cl$, $[Cr(en)_3](SCN)_3$ (**II**), **II**·H_2O, trans-$[Cr(en)_2(SCN)_2]SCN$, $[Cr(pn)_3](SCN)_3$, trans-$[Cr(pn)_2 \cdot (SCN)_2]SCN$, $[Cr(pn)_3]Cl_3$ (**III**), **III**·3 H_2O u. cis-$[Cr(pn)_2Cl_2]Cl$. Drei Zers.-Punkte treten auf: Entwässerung. Abgabe von 1 Mol en bzw. pn u. vollständige Zers. zu Cr_2O_3. Die Rk.-Ordnungen u. die Aktivierungsenergien der Zers. wurden bestimmt u. die katalyt. Beeinflussung der Zers. durch NH_4Cl, NH_4Br, NH_4J, NH_4SCN untersucht.
G. Gattow. 225□

Experimentelle Untersuchung der Oxydation von Germaniumsulfiden nach einer thermogravimetrischen Methode. M. D. Galimow und A. I. Okunew. (Известия Высших Учебных Заведений [Орджоникидзе], Цветная Металлургия [Hochschulnachr. (Ordshonikidse), Nichteisenmetallurgie] **4**, 94—104, 1961; Uraler Forsch.- u. Planungs-Inst. für die Kupfer-Ind.; russ.) — Eine merkliche Oxydation von GeS_2 beginnt bei einer Temp. von ca. 260°. Die Oxydations-Geschw. an der Luft steigt wesentlich bei 480—550°. Bei einer Temp. von über 580° sinkt die Geschw., um bei 660—700° wieder stark anzusteigen. Bei kontinuierlicher Erwärmung auf 720° werden ca. 80% GeS_2 oxydiert. Eine merkliche Verflüchtigung des GeS_2 im neutralen Medium beginnt bei einer Temp. von ca. 500°. Die Geschw. der Verflüchtigung steigt stark bei 700—720°. GeS beginnt bei 350° merklich zu oxydieren; eine starke Steigerung der Oxydations-Geschw. vollzieht sich bei 570—650°, jedoch beträgt der Oxydationsgrad bei allen Verss. nicht mehr als 60%. Experimentell wird nachgewiesen, daß die Oxydation von GeS_2 u. GeS bei Temp. unter 600—650° unter Bldg. nicht nur von Oxiden, sondern auch von Sulfaten verläuft. H. Treumann. 225□

Über die Verbesserung der Darstellungsmethode von Mennige. 1. Mitt. über heterogene Reaktionen. A. A. Rawdel und N. W. Ogarew. (Журнал Прикладной Химии [J. angew. Chem.] **33**, 70—76, Jan. 1960; russ.) — Es wurde eine Meth. zur Best. des Diffusions-Koeff. D eines Gases, das durch eine kristalline Schicht diffundiert, entwickelt. Bei Anwendung dieser Meth. auf die Oxydation von Bleiglätte zu Pb_3O_4 in der Wirbelschicht gelang es, *D* von Sauerstoff in Mennige u. die Aktivierungsenergie des Prozesses zu berechnen. D ist temperaturabhängig u. wächst mit der Temperatur. Bei Steigerung der Temp. von 480—560° u. bei einem Druck des O_2 von 1 at erhöht sich die Rk.-Geschw. um das 2,5fache infolge Vergrößerung von D. H. Treumann. 225□

Kinetik der Oxydation von Platin. George C. Fryburg und Helen M. Petrus. (J. electrochem. Soc. **108**, 496—503, Juni 1961; Cleveland, Ohio, Nat. Aeronaut. and Space Admin., Lewis Res. Center; engl.) — Vgl. C. **1961**, 1127. — Vff. untersuchten die Oxydation von Pt an einem elektr. geheizten Band zwischen 900 u. 1500° bei Drücken von 15 μ bis 1 atm. Aus der an der gekühlten Röhre kondensierten Menge des verdampften Oxids in Abhängigkeit von Temp. u. Zeit wurde unter der Voraussetzung, daß die Geschw. der Emanation der Oxid-Moll. gleich der Geschw. der Rk. der Sauerstoff-Moll. mit der Oberfläche ist u. daß PtO_2 gebildet wird, eine Aktivierungsenergie von 42,5 kcal/Mol bestimmt. Der gleiche Wert ergab sich für ein getempertes Band mit (1 1 1) parallel zur Oberfläche. Bei einem Druck von 1 at verdampfte nur ein Bruchteil eines % des gebildeten PtO_2 von der Oberfläche, was auf Rückreflexion des PtO_2 durch die umgebenden Gas-Moll. zurückgeführt wird. Vff. nehmen an, daß eine Rk. 1. Ordnung zwischen Pt-Atomen u. O_2-Moll. erfolgt. Die Pt-Atome dissoziieren von einer Kante u. diffundieren durch eine fester gebundene Schicht von O-Atomen zu auf dieser befindlichen O_2-Moll., mit denen sie reagieren. Dabei ist die Rk.-Wahrscheinlichkeit am größten, wenn sich das Pt-Atom in einer Sattellage zwischen 2 Adsorptionsplätzen befindet.
H. Liepack. 225□

Fortschritte der Strahlenchemie wässeriger Lösungen. Nikola Getoff. (Österr. Chemiker-Ztg. **63**, 41—48, Febr. 1962; dt.) — Übersicht. Abgrenzung des Arbeitsgebiets der Strahlenchemie. Diskussion der elementaren strahlenchem. Prozesse wss. Lsgg. u.

der Radiolyse des Wassers. Best. der Primärprodukte. Einfl. des pH-Werts u. der Konz. des gelösten Stoffes. Vorschrift zur Best. der Strahlendosis mit Hilfe des Fricke-Dosimeters. — 58 Literaturangaben. E. Klever. 226□

Durch ionisierende Strahlung ausgelöste chemische Reaktionen. P.-O. Kinell. (TVF tekn.-vetensk. Forskn. **31**, 117—21, 1960; Uppsala, Univ., Fys.-kem. Inst.; schwed.) — Übersicht über die ionisierende Strahlung, die Strahlungsquellen, die chem. Anwendungsgebiete, die Wrkg. der Strahlung auf Feststoffe u. andere Anwendungen. R. K. Müller. 226□

Radiochemische Forschung in der UdSSR. Victor Spitsyn. (Chem. Engng. Progr., Symposium Ser. **55,** Nr. 27, 1—13, 1959; Moscow, Univ.; engl.) — Übersicht mit 83 Literaturangaben. Gerhard Schmidt. 226□

Apparatur zur Untersuchung der heterogenen Katalyse bei hoher Temperatur unter Verwendung radioaktiver Katalysatoren und ionisierender Strahlung. A. A. Balandin, W. I. Spitzyn, A. P. Rudenko, N. P. Dobrosselskaja, I. Je. Michailenko, G. I. Pirogowa und P. Ja. Glasunow. (Кинетика и Катализ [Kinetik u. Katalyse] **2,** 626—32, Juli/Aug. 1961; Moskau, Lomonossow-Univ., Inst. für physikal. Chem.; russ.) — Beschreibung einer App. zur Unters. der heterogenen Katalyse in der Dampfphase bei Atmosphärendruck unter Verw. von radioakt. Katalysatoren u. von γ-Strahlung. Die App. besteht aus einem vertikal angeordneten Quarzreaktor, einem Dosimetrie-Syst. u. einem Fernsteuerungsmechanismus. Die Temp.-Konstanz bei 400° beträgt $\pm 0{,}25°$. Wolfram Köhler. 227□

Der Einfluß von Röntgenstrahlung auf die katalytische Aktivität in Beziehung zur Radioaktivität des Katalysators. Norman A. Krohn und Hilton A. Smith. (J. physic. Chem. **65,** 1919—20, Okt. 1961; Knoxville, Tenn., Univ. of Tennessee, Dep. of Chem.; Oak Ridge, Tenn., Oak Ridge Nat. Labor.; engl.) — Während der Dehydratisierung von *Cyclohexanol* an reinem oder 4 Gew.-% Na_2SO_4 enthaltendem $MgSO_4$ wurde der Katalysator mit 113 rad/min (300 kV, 5 mA) oder 123 rad/min (180 kV, 15 mA) bestrahlt. Die absorbierte Energie entspricht einem Geh. von ca. 67 mc ^{35}S/g bzw. nach Berücksichtigung von Compton- u. Photoelektroneneffekt 14 mc ^{35}S/g. In keinem Fall wurde eine Erhöhung der katalyt. Aktivität beobachtet. Der von Balandin u. Mitarbeitern (C. **1959,** 8074) mitgeteilte Effekt von ^{35}S bei dieser Rk. kann somit nicht ausschließlich auf der β-Strahlung des Isotops beruhen; als wahrscheinliche Ursache wird eine mit dem Zerfall des ^{35}S zu ^{35}Cl verbundene physikal. oder chem. Wrkg. angesehen. A. Blaschette. 227□

Reaktor mit Kolbenturbulenz zur Messung der katalytischen Aktivität. G. P. Korneitschuk und M. Ja. Rubanik. (Кинетика и Катализ [Kinetik u. Katalyse] **2,** 633—36, Juli/Aug. 1961; Kiew, Inst. für physikal. Chem. der Akad. der Wiss. der UkrainSSR; russ.) — Zur Unters. katalyt. Gas-Rkk. u. zur Aktivitäts-Best. von Katalysatoren wird ein Turbulenzreaktor empfohlen. Die Oxydation von Propylen an Cu- u. Ag-Katalysatoren dient als Testreaktion. Wolfram Köhler. 227□

Die katalytische Aktivität organischer Halbleiter. 1. Mitt. **Chelat-Polymere.** N. P. Keijer, G. K. Boresskow, W. W. Rode, A. P. Terentjew und Je. G. Ruchadse. (Кинетика и Катализ [Kinetik u. Katalyse] **2,** 509—18, Juli/Aug. 1961; Moskau, Lomonossow-Univ., Inst. für Katalyse; russ.) — Chelatpolymere der Zus. $-[-R_x-NH-CS_2MS_2C-NH-]_n-R_x-$ (I), wobei $R = -(CH_2)_2-(R_2)$, $-(CH_2)_6-(R_3)$, o-Phenyliden — (R_4), p.p'-Diphenyliden — (R_5) u. M = Ni, Cu, Co, Zn u. Cd sind, werden auf ihre katalyt. Aktivität am Beispiel der Zers.-Rk. des Hydrazins geprüft. I des Ni, Cu u. Co zeigen im Gegensatz zu denen des Zn u. Cd eine hohe spezif. katalyt. Aktivität. Der Einfl. des organ. Restes auf die katalyt. Aktivität von I wurde mit M = Ni, Cu, Co u. Zn untersucht. Den stärksten Einfl. übt der organ. Rest auf die katalyt. Aktivität der I des Ni aus. Die Zers.-Geschw. des Hydrazins an R_2Ni ist bedeutend geringer als an R_5Ni. R_3Ni erweist sich als völlig inaktiv. R_2Co, R_3Co u. R_4Co unterscheiden sich kaum in ihrer katalyt. Aktivität. I mit der Zus. R_2Cu zeigen die größte katalyt. Aktivität in der Reihe der Cu-Chelatpolymeren. Die anorgan. Halbleiter NiO u. NiS besitzen eine relativ geringe spezif. katalyt. Aktivität. Ein Zusammenhang zwischen den elektr. Eigg. von I u. ihrer katalyt. Aktivität wurde nicht gefunden. Wolfram Köhler. 227□

Über den Einfluß der Promotoren Al_2O_3 und K_2O auf die Aktivität des Eisenkatalysators der Ammoniaksynthese. L. D. Kusnetzow und Ss. Ss. Latschinow. (Журнал Физической Химии [J. physik. Chem.] **33,** 2542—47, Nov. 1959; Inst. für Stickstoffind.; russ., Auszug: engl.) — In Hochdruckkolonnen, in denen gleichzeitig 2—4 Katalysatoren unter gleichen Bedingungen auf ihre Aktivität für die NH_3-Synth. geprüft werden können, werden Fe-Katalysatoren mit u. ohne Zusatz von Al_2O_3 untersucht. Bei gleicher Vorred. ist die Oberfläche u. die spezif. katalyt. Aktivität des aktivierten Katalysators größer als beim nichtaktivierten Katalysator. Al_2O_3 erhöht die spezif. Aktivität weniger als K_2O. Der nichtaktivierte Katalysator hängt in seiner Aktivität erheblich mehr von der Red.-Temp. ab; er bildet bei einer Red.-Temp. von 400° 0,9, bei einer Red.-Temp. von 500° nur 0,16% NH_3, während bei dem mit K_2O aktivierten Katalysator die NH_3-Ausbeute nur von 3,4 auf 2,5% sinkt. R. K. Müller. 227□

Mechanismus der Oxydation von Kohlenstoffmonoxid an Vanadinoxid. Kimio Tarama, Shiichiro Teranishi und Teruo Yasui. (J. chem. Soc. Japan, pure Chem. Sect. [Nippon Kagaku Zassi] **81,** 1034—38, Juli 1960; Kyôto-Daigaku, Kôgakubu, Nenryô-Kagaku-Kyôsitu; jap., Auszug: engl. S. A73.) — Die Adsorption von O_2 sowie die Oxydation von CO an V_2O_5 auch unter Zusatz von 1 Mol-% MoO_3 oder α-Al_2O_3 werden kinet. untersucht. Die Adsorption von O_2 an diesen Katalysatoren entspricht der Langmuirschen Isotherme; die Adsorptionswärme beträgt 20,3 (an V_2O_5), 15,2 (an V_2O_5–MoO_3) oder 22,7 kcal/Mol (an V_2O_5–α-Al_2O_3). Bei der Oxydation von CO erweist sich die Oberflächen-Rk. zwischen dem adsorbierten O-Atom u. dem adsorbierten CO-Atom als geschwindigkeitsbestimmend, ihre Aktivierungsenergie beträgt 28,4 (an V_2O_5), 22,4 (an V_2O_5–MoO_3) oder 26,1 kcal/Mol (an V_2O_5–α-Al_2O_3). MoO_3 wirkt als Beschleuniger in erster Linie durch Erniedrigung der Aktivierungsenergie der Oberflächenreaktion. Andererseits beruht die beschleunigende Wrkg. von α-Al_2O_3 prakt. darauf, daß die Adsorption von O_2 sowie die von CO durch Zusatz von α-Al_2O_3 erleichtert werden, wobei die Abnahme der Aktivierungsenergie der Oberflächen-Rk. auch eine Rolle spielt. E. Maekawa. 227□

Änderung der elektrischen Leitfähigkeit von Vanadinoxid während der Adsorption von Sauerstoff, Kohlenstoffmonoxid und Kohlenstoffdioxid. Kimio Tarama, Shiichiro Teranishi, Kentaro Hattori und Teruo Yasui. (J. chem. Soc. Japan, pure Chem. Sect. [Nippon Kagaku Zassi] **81,** 1038—41, Juli 1960; jap., Auszug: engl. S. A73.) — Vgl. vorst. Referat. — Die elektr. Leitfähigkeit (σ) von V_2O_5 nimmt ab, wenn O_2 daran adsorbiert wird; die Abnahme-Geschw. wird am Anfang der Adsorption gemäß $-d\sigma/dt = k(\sigma - \sigma_e)$ ausgedrückt, wobei zwischen 1/k u. 1/p eine lineare Beziehung beobachtet wird (p = Druck von O_2). Andererseits nimmt die Leitfähigkeit während der Adsorption von CO zu, der Prozeß ist irreversibel u. seine Geschw. wird am Anfang durch $d\sigma/dt = k(\sigma_e - \sigma)$ gegeben. Die Leitfähigkeit nimmt während der Adsorption von CO_2 wenig ab; V_2O_5 adsorbiert nur kleine Mengen CO_2. E. Maekawa. 227□

Heterogener Austausch von radioaktivem Chlor-36 zwischen Chlorwasserstoff und Methylchlorid auf Wolfram. R. Coekelbergs, A. Frennet und P. A. Gosselain. (Bull. Soc. chim. belges **65,** 229—44, März/April 1956; Bruxelle, Ecole Royale Milit., Labor. de Chim. Nucl.; franz.) — Vgl. C. **1960,** 17048. — Der ^{36}Cl-Austausch zwischen HCl u. CH_3Cl wurde an aufgedampften W-Oberflächen bei 262,2° untersucht. Die Rk.-Geschw. ist im Druckbereich von 4—300 Torr 1. Ordnung bzgl. [CH_3Cl] u. geht bzgl. [HCl] durch ein Maximum. Massenspektrometr. ließ sich beim Erhitzen des Katalysators mit reinem CH_3Cl die Bldg. von CH_4 nachweisen, während mit reinem HCl oder mit CH_3Cl + HCl nur H_2 entstand. Durch eine Vorbehandlung mit CH_3Cl wurde die Aktivität des Katalysators erheblich geschwächt. Offensichtlich bilden sich prim. W–Cl-Zentren, die mit physikal. sorbiertem HCl oder CH_3Cl in Austausch treten. A. Blaschette. 227□

A_8. Präparative anorganische Chemie. Komplexverbindungen. Metallorganische Verbindungen

Über ternäre Verbindungen im System NH_3–H_2O_2–H_2O. K. Je. Mironow. (Известия Сибирского Отделения Академии Наук СССР [Nachr. sibir. Abt. Akad. Wiss. UdSSR] **1960,** Nr. 8, 143—46; Sibir. Zweigstelle der Akad. der Wiss. der UdSSR, Inst. für anorgan. Chem.; russ.) — Unters. des Syst. NH_3–H_2O_2–H_2O. Von allen Verbb., die in diesem Syst. entstehen, hat die Verb. $NH_3 \cdot H_2O_2$ den höchsten F. von $> +20°$, sein Kristallisationsfeld besitzt die größte Fläche, u. das ganze Zustandsdiagramm wird durch diese Verb. beeinflußt. An festen Phasen wurden nachgewiesen: 1. $H_2O_2 \cdot 2\,H_2O$; 2. *Eis*; 3. H_2O_2; 4. $NH_3 \cdot H_2O_2$; 5. $NH_3 \cdot 2\,H_2O$; 6. $NH_3 \cdot H_2O$; 7. $2\,NH_3 \cdot H_2O$; . $2\,NH_3 \cdot H_2O_2$; 9. NH_3. Tern. Verbb. wurden vom Vf. nicht gefunden. A. v. Wilpert. 243□

Über die Existenz ternärer Verbindungen im System NH_3–H_2O_2–H_2O. K. E. Mironov. (Canad. J. Chem. **38,** 2269—70, Nov. 1960; Novosibirsk, Acad. of Sci. of USSR, Sibirian Div.; engl.) — Vgl. vorst. Referat. — Vf. untersucht an Hand des F.-Diagramms das Syst. NH_3–H_2O_2–H_2O u. vergleicht seine Ergebnisse mit denen der Unterss. von Giguère u. Ghin (C. **1962,** 7814). Im Gegensatz zu l. c. werden die 2 im

F.-Diagramm auftretenden Maxima nicht mit der Existenz tern. Verbb. erklärt; das 1. Maximum bei -29^0 wird als Folge des Zusammenbruches des Kristallisationsgitters des Eises u. das 2. Maximum als Folge der Kristallisation von $NH_3 \cdot H_2O_2$ (I) gedeutet. Die l. c. mitgeteilte Ansicht über die nichtionogene Struktur von $2\,NH_3 \cdot H_2O_2$ wird für den begrenzten Existenzbereich von $-93{,}5$ bis -107^0 bestätigt. A. Nebelung. 243 □

Darstellung von Fluorosulfaten: $K[J(SO_3F)_4]$, $K[Br(SO_3F)_4]$, $SnCl(SO_3F)_3$ und $CrO_2(SO_3F)_2$. Max Lustig und George H. Cady. (Inorg. Chem. [Washington] **1**, 714–15, Aug. 1962; Seattle, Wash., Univ. of Washington, Dep. of Chem.; engl.) — Peroxodisulfuryldifluorid (I), FSO_2OOSO_2F, reagiert mit $SnCl_4$ oder CrO_2Cl_2 unter Verdrängung von Cl_2 zu *$ClSn(SO_3F)_3$* (II) bzw. zu *$CrO_2(SO_3F)_2$* (III), mit KJ sowie KBr unter Oxydation zu komplexem *$K[J(SO_3F)_4]$* (IV) bzw. *$K[Br(SO_3F)_4]$* (V).

Versuche: *Kaliumtetrakis-[fluorosulfato]-jodat(III)* (IV), F. 167–168⁰, durch Dest. von überschüssigem I auf gekühltes KJ in schwach exothermer Rk. kurz unterhalb Raum-Temp., mehrstd. Stehenlassen (braune Zwischenfarbe) u. Abdestillieren von unverbrauchtem I. IV zersetzt sich rasch mit Laugen gemäß $3\,IV + 12\,OH^- \rightarrow 3\,K^+ + J^- + 2\,JO_3^- + 12\,SO_3F^- + 6\,H_2O$. Beim Schmelzen tritt geringfügige Zers. unter Grünfärbung, vermutlich Bldg. von JSO_3F, auf. — *Kaliumtetrakis-[fluorosulfato]-bromat(III)* (V), Zers. bei 100⁰ zu einer dunkelroten Fl. vom Aussehen des $BrSO_3F$; Darst. analog IV aus KBr + I bei 50⁰ (orangefarbene Zwischenstufe). V reagiert mit OH^- unter Br_2- u. O_2-Entw.; KJ setzt ebenfalls O_2 frei. — *Chlorotris-[fluorosulfato]-zinn(IV)* (II), Zers. bei 167⁰, aus $SnCl_4$ mit großem Überschuß an I unterhalb Raum-Temp. innerhalb weniger Min. nach $2\,SnCl_4 + 3\,I \rightarrow 2\,II + 3\,Cl_2$. Bei mehrtägigem Erhitzen von II mit I auf 100⁰ wird das letzte Cl in II nicht ersetzt. — *Dioxo-bis-[fluorosulfato]-chrom(VI)* (III), dunkelbrauner, schwach flüchtiger Körper, zersetzt sich langsam bei Raum-Temp. in eine grünliche Substanz. Darst. bei Raum-Temp. gemäß $CrO_2Cl_2 + I$ (Überschuß) $\rightarrow III + Cl_2$. U. Wannagat. 253 □

Untersuchung einiger Komplexverbindungen mit dem Anion $[TeCl_6]^{2-}$. Jan Dobrowolski und Ryszard Korewa. (Roczniki Chem. [Ann. Soc. chim. Polonorum] **33**, 1459–64, 1959; Gdańsk, Wyższa Skoła Pedagog., Kat. Chem. nieorgan.; pol.) — Das von Ripan u. Pallade [1949] beschriebene $H_2[TeCl_6] \cdot 2\,H_2O$ ist tatsächlich $(NH_4)_2[TeCl_6]$. Trotz intensiven Waschens mit W. läßt sich der Nd., der bei Versetzen einer Lsg. von Te in Königswasser mit NH_3 ausfällt, nicht NH_3-frei erhalten. $H_2[TeCl_6]$ ist ebenso wie alle Hexachlorotellurate mit Kationen $< 1{,}33$ Å unbeständig. Wenig beständig ist ebenfalls $Tl_2[TeCl_6]$ wegen der unterschiedlichen Elektronenstruktur von Tl^+ gegenüber den gleich großen Alkaliionen NH_4^+ u. K^+. $Tl_2[TeCl_6]$ wurde in 50–80%ig. H_2SO_4 durch Vermischen von Tl_2SO_4 u. $(NH_4)_2[TeCl_6]$ als grüngelber Nd. erhalten. Auch durch Verreiben von trocknem TlCl u. $TeCl_4$ wird die Verb. rein dargestellt. In verd. H_2SO_4 ist der Komplex unbeständig, er zerfällt unter Abscheidung von TlCl. In konz. H_2SO_4 wird HCl frei. Beim Lösen in konz. HCl in Ggw. von KCl fällt K_2TeCl_6 aus, ohne KCl-Zusatz fällt nach einiger Zeit TlCl aus. Alkohole, Essigsäure u. Aceton zersetzen unter Abscheidung von TlCl; abs. Chlf., CCl_4, Bzl., Toluol, Xylol, Chlorbenzol u. Ac. sind indifferent u. lösen die Verb. nicht. F. Urban. 255 □

Die Silylgruppe als Elektronenacceptor. B. J. Aylett. (J. inorg. nuclear Chem. **2**, 325–29, Juli 1956; Aberdeen, Univ. of Aberdeen, Chem. Dep.; engl.) — Vgl. C. **1958**, 12648. — Vf. untersuchte das entsprechend der Rk.-Gleichung: $5\,N_2H_4 + 4\,SiH_3J \rightarrow N_2(SiH_3)_4 + 4\,N_2H_5J$ in einer Vakuum-App. durch Rk. in der Gasphase gebildete Tetrasilylhydrazin u. stellte fest, daß die Verb. im Vakuum bei 90⁰ beständig ist ($Kp._{760}$ 109⁰, F. -24^0, $D.^{20}$ 0,83 g/ml), bei Luftzutritt detoniert u. ein starkes Red.-Vermögen besitzt; sie erwies sich als monomer u. bildete keine Anlagerungs-Verbb. mit Silyljodid bzw. Trimethylamin, was an Hand einer inneren Kompensation infolge des Auftretens von π-Bindungen erklärt wird. D. Forst. 261 □

Dimethyldiazidosilan. W. Sundermeyer. (Angew. Chem. **74**, 717, 21/9. 1962; Leverkusen, Farbenfabriken Bayer Akt.-Ges., Anorgan.-wiss. Labor.; dt.) — $(CH_3)_3 \cdot SiCl$ (I) reagiert mit NaN_3 in einer wasserfreien $ZnCl_2$/KCl-Schmelze bei 230–250⁰ mit guter Ausbeute zu *Trimethylazidosilan* (II), $(CH_3)_3SiN_3$, Kp. 96⁰. Analog bildet sich *Dimethyldiazidosilan* (III), $(CH_3)_2Si(N_3)_2$, Kp. 144,3⁰, nach $(CH_3)_2SiCl_2 + 2\,NaN_3 \rightarrow 2\,NaCl + III$ (60% Ausbeute) oder auch nahezu quant. nach $2\,II + (CH_3)_2SiCl_2 \rightarrow 2\,I + III$ in Ggw. von etwas Al_2Cl_6 bei ständiger Entfernung von I unter Rückflußerhitzung. III ist therm. bemerkenswert stabil, nicht schlagempfindlich, verbrennt nach Zündung unter Verpuffung u. wird von Luftfeuchtigkeit rasch zu $[-(CH_3)_2SiO-]_n$ u. HN_3 hydrolysiert. Charakterist. Banden des IR-Spektrums werden mitgeteilt.
U. Wannagat. 261 □

Über Silylazide. 2. Mitt. **Triphenylazidosilan und Diphenyldiazidosilan.** Nils Wiberg, F. Raschig und R. Sustmann. (Angew. Chem. **74**, 716—17, 21/9. 1962; München, Univ., Inst. für anorgan. Chem.; dt.) — 1. vgl. C. **1963**, 50. — Diphenyldichlorsilan reagiert mit überschüssigem NaN_3 in Pyridin bei Raum-Temp. in 3 Tagen nahezu quant. zu *Diphenyldiazidosilan* (I), $(C_6H_5)_2Si(N_3)_2$, $Kp._{0,001}$ 85—90°; n_D^{20} 1,5887, einer glasklaren, therm. äußerst beständigen Flüssigkeit. Analog wurde $(C_6H_5)_3SiN_3$ (II) dargestellt. I liefert bei 2std. Erhitzen auf 300° kein N_2, wird aber von Sonnen- u. UV-Licht verändert. $(C_6H_5)_3P$ reagiert in Ae. bei 100° unter N_2-Entw. (50% Ausbeute) mit II zu $(C_6H_5)_3Si-\bar{N}=P(C_6H_5)_3$ (III), F. 215—216°, mit I zu $(C_6H_5)_3P=\bar{N}-Si\cdot(C_6H_5)_2-\bar{N}=P(C_6H_5)_3$, F. 190—191°; in Neben-Rkk. entsteht u. a. *Triphenylphosphinimoniumazid*, $[(C_6H_5)_3PNH_2]N_3$. Bei Raum-Temp. bildet sich aus $(C_6H_5)_3P$ u. II ohne N_2-Entw. ein mit III isomeres $(C_6H_5)_6NPSi$. U. Wannagat. 261□

Zur Chemie des wasserfreien Hydrazins. 3. Mitt. **Über die Hydrazinolyse von Alkylchlorsilanen in der Gasphase.** Hans Bock. (Z. Naturforsch. **17b**, 423—26, Juli 1962; München, Univ., Inst. für anorgan. Chem.; dt.) — 2. vgl. C. **1962**, 3379. — Hydrazin u. substituierte Hydrazine reagieren mit Alkylchlorsilanen in der Gasphase bei gleichzeitiger Kühlung der hochevakuierten Syst. gefahrlos mit nahezu quant. Ausbeute, wobei stöchiometr. Ansätze durch Einstellen bestimmter Temp. der Vorratsgefäße u. damit definierbarer Dampfdrücke der Rk.-Partner gewährleistet werden. Die Rk.-Dauer beträgt bei Mengen von 0,2—0,3 Mol ca. 30 Min., die flüchtigen Rk.-Prodd. werden von den Hydraziniumchloriden isotherm rektifiziert. Aus N_2H_4 u. $(CH_3)_3SiCl$ (I) im Verhältnis 3 : 2 wie auch 2 : 1 bildet sich *N.N'-Bis-[trimethylsilyl]-hydrazin* (II), $(CH_3)_3SiNHNHSi(CH_3)_3$, $Kp._{714}$ 152—154°, analog mit $(C_2H_5)_3SiCl$ das $(C_2H_5)_3SiNHNH\cdot Si(C_2H_5)_3$, $Kp._{0,5}$ 82—84°. Beide Verbb. lösen sich unzersetzt in organ. Lsgm., hydrolysieren mit W. zu $(R_3Si)_2O$ u. N_2H_4, addieren 2 C_6H_5NCO u. werden von Chloranil bei 10° in heftiger Rk. zu N_2 u. R_3SiSiR_3 oxydiert, ohne daß sich eine Azo-Verb. (Bis-[trialkylsilyl]-diazen) als Zwischenprod. abfangen läßt. Rk. von I mit $C_6H_5NHNH_2$ in Ae. führt mit 80% Ausbeute zu *N-Phenyl-N'-trimethylsilylhydrazin*. $(CH_3)_2SiCl_2$ setzt sich mit N_2H_4 im Verhältnis 1 : 3 sowohl in der Gasphase als auch in CH_2Cl_2 ausschließlich zu höhermol. $[-(CH_3)_2Si-NHNH-]_x$-Ketten um, bildet aber mit N.N'-Dimethylhydrazin (2 : 3) in der Gasphase in 82%ig. Ausbeute *N.N'-Dimethyl-N.N'-bis-[chlordimethylsilyl]-hydrazin*, $Cl(CH_3)_2Si-N(CH_3)-N(CH_3)-Si(CH_3)_2Cl$, $Kp._{0,0001}$ 43—46°. Vf. schlägt vor, homöopolare anorgan. Hydrazin-Verbb. als Diazane zu bezeichnen, z. B. II = N.N'-Bis-[trimethylsilyl]-diazan. U. Wannagat. 261□

Metall-Halogen-Austauschreaktionen mit Natrium-n-amyl. A. G. Lidstone und I. A. Morris. (Chem. and Ind. **1958**, 560—61, 10/5.; London, Sir John Cass Coll.; engl.) — Durch Rk. von Na-n-Amyl (I) mit Brombenzol in PAe. bei —25° werden in 15 Min. maximale Ausbeuten an *Natriumphenyl* erhalten, das sich nach ca. 1 Std. langsam verändert. Die Ausbeuten lassen sich infolge Rk. des daneben entstehenden *n-Amylbromids* mit I unter Bldg. von *Decan* nicht über 50% steigern. Fluorbenzol reagiert nicht mit I. L. Lamza. 274

Kaliumnitrit: Darstellung und thermometrische Analyse. James D. Ray. (J. inorg. nuclear Chem. **15**, 290—92, Okt. 1960; Atlanta, Ga., Georgia Inst. of Technol., School of Chem.; engl.) — Die vollständige Entfernung von KNO_3-Verunreinigungen aus KNO_2 ist mit Hilfe eines Ionenaustausch-Verf. möglich. Der Anionenaustauscher Amberlite IRA-400 wird durch Behandlung mit $NaNO_2$, das sich im Gegensatz zu KNO_2 durch Umkristallisieren rein erhalten läßt, in die Nitritform übergeführt u. erlaubt so die Darst. von KNO_2 (das handelsübliche KNO_2 enthält stets 5—10% Nitrat) in 99,9%ig. Reinheit. Reines KNO_2 erleidet bei 39,14 ± 0,02° eine Phasenumwandlung 1. Ordnung. Die Umwandlungs-Temp. steigt in einem weiten Bereich linear mit dem KNO_3-Geh. (0,48°/1% KNO_3), bei einem Geh. an KCl fällt sie stark ab. W. Betcke. 275□

Schmelzdiagramme in den Systemen LiOH–$NaNO_3$ und LiOH–KNO_3. N. A. Reschetnikow und N. I. Wilutiss. (Журнал Неорганической Химии [J. anorg. Chem.] **6**, 1397—1400, Juni 1961; russ.) — Vgl. Diogenow, C. **1952**, 24; C. **1954**, 1903. — Die Syst. wurden thermograph. untersucht. Das Gleichgewicht der Rk. M'OH + $MNO_3 \rightleftharpoons$ MOH + $M'NO_3$ (M' = Li, M = K, Na) verschiebt sich um so mehr auf eine Seite, je größer der Unterschied in den Ionenradien der Kationen ist. Die Tendenz zur Bldg. fester Lsgg. u. deren Beständigkeit wird durch die Ähnlichkeit der Kationenradien begünstigt. In den untersuchten Syst. bilden sich feste Lsgg. nur auf der Basis LiOH; ihre Konz. sinkt schnell mit fallender Temperatur. G. Winkhaus. 275□

Untersuchung der Gewinnung von basischem Berylliumcarbonat. W. I. Ganopolski, M.A. Kolenkowa und A. I. Lainer. (Известия Высших Учебных Заведений [Орджоникидзе], Цветная Металлургия [Hochschulnachr. (Ordshonikidse), Nichteisenmetallurgie] **4**, 75—80, 1961; Krasnojarsk, Inst. für Buntmetalle; Lehrstuhl für Metallurg. der Leichtmetalle; russ.) — Es wird die Möglichkeit nachgewiesen, einen stabilen Komplex durch unmittelbares Vermischen einer $BeSO_4$-Lsg. mit krist. $(NH_4)_2CO_3$ zu gewinnen. Das durch dieses Mischen mit nachfolgender Hydrolyse erhaltene $Be(OH)_K \cdot (SO_4)^{1-0,5K}$ (K = 0—2) hat eine grobförmige Struktur, trennt sich beim Filtrieren gut von der Mutterlauge u. läßt sich durch Spülen leicht von S-Beimengungen reinigen. H. Treumann. 281

Wasserfreies Magnesiumchlorid. D. Bryce-Smith. (Inorg. Syntheses **6**, 9—11, 1960; Reading, England, Univ.; engl.) — Wasserfreies $MgCl_2$, durch Eindampfen äquimol. Lsgg. von $MgCl_2$ u. NH_4Cl in W., ½std. Erhitzen des $MgNH_4Cl_3 \cdot 6\ H_2O$ auf 400—500° im HCl-Strom, Erhitzen bis zum Schmelzen (712°) u. Abkühlen unter HCl; 100% Ausbeute. P. Golinske. 282

Untersuchung der Löslichkeit im System $LiCl-NaCl-MgCl_2-H_2O$ bei 25 und 75°. I. N. Lepeschkow und N. N. Romaschowa. (Журнал Неорганической Химии [J. anorg. Chem.] **6**, 1967—70, Aug. 1961; russ.) — Unters. der Bldg.-Bedingungen von *Lithiumcarnallit* ($LiCl \cdot MgCl_2 \cdot 7\ H_2O$). Die quadrat. prismat. Kristalle sind nach röntgenograph. Unterss. monoklin oder triklin u. zeigen keine Isomorphie mit $KCl \cdot MgCl_2 \cdot 6\ H_2O$, $RbCl \cdot MgCl_2 \cdot 6\ H_2O$ oder anderen Carnalliten. W.-D. Heußner. 282

Das System Lithiumsulfat–Magnesiumsulfat–Wasser bei 30°. G. Aravamudan. (Canad. J. Chem. **40**, 1035—37, Mai 1962; Bangalore, Indian Inst. of Sci., Dep. of Inorg. and Phys. Chem.; engl.) — Die Unters. des tern. Syst. $Li_2SO_4-MgSO_4-H_2O$ zeigte das Vorliegen von drei festen Phasen bei 30°: $Li_2SO_4 \cdot H_2O$, $MgSO_4 \cdot 7\ H_2O$ u. $MgSO_4 \cdot 6\ H_2O$. Die letztere ist metastabil, sie erscheint beim Zufügen von Li_2SO_4 (wasserfrei oder hydratisiert) zu einer übersättigten Lsg. von $MgSO_4 \cdot 6\ H_2O$. Zwei invariante Punkte wurden gefunden; bei dem ersten liegt eine Sättigung der beiden Phasen $Li_2SO_4 \cdot H_2O$ u. $MgSO_4 \cdot 7\ H_2O$ u. bei dem zweiten von $LiSO_4 \cdot H_2O$ u. $MgSO_4 \cdot 6\ H_2O$ vor. Bei Unterss. bei 0° ließen sich keine neuen Phasen feststellen. K. Huste. 282

Kristallines basisches Calciumorthophosphat (Hydroxylapatit). A. Perloff und A. S. Posner. (Inorg. Syntheses **6**, 16—18, 1960; Washington, D.C., Nat. Bur. of Stand.; Amer. Dental Assoc. Res. Div.; engl.) — Durch Sättigen einer Lsg. von 85%ig. H_3PO_4 in W. (1 : 5) mit $Ca_3(PO_4)_2$, Dekantieren u. Kochen der Lsg. entsteht $Ca_5(PO_4)_3OH$; 3,8—3,9 g Ausbeute aus 68—75 ml der gesätt. Lsg.; hexagonal-dipyramidale Kristalle. P. Golinske. 283

Darstellung und Struktur eines Aluminiumberylliumborids. H. J. Becher. (Z. anorg. allg. Chem. **317**, 346—52, 1962; Stuttgart, TH, Labor. für anorgan. Chem.; dt.) — Beim Erhitzen von Al : Be : B im Verhältnis 1,1—1,2 : 1,1—1,2 : 1 auf ca. 820° wurde eine tern. Verb. mit der idealisierten Zus. AlBeB als feinkristalline dunkle Substanz aufgefunden. Infolge teilweiser Mischkristall-Bldg. mit Be_2B ist das Verhältnis Be : Al stets >1 u. von den Darst.-Bedingungen abhängig. Die Verb. krist. im Antifluoritgitter (C1b-Typ) isotyp zu Be_2B, dessen Metallplätze abwechselnd Be- u. Al-Atome einnehmen. Die Gitter-Konst. a schwankte zwischen 4,952 u. 4,925 Å; die Dichte von 2,47 liegt zwischen Mischkristall u. Phasengemisch von AlBeB u. etwas Be_2B. Anzeichen für die Bldg. von $Be_2(B_{0,5}N_{0,5})$ wurden nicht gefunden. G. Heller. 294

Neue Calciumaluminathydrate. M. H. Roberts. (J. appl. Chem. **7**, 543—46, Okt. 1957; Garston, Watford, Herts., Building Res. Stat.; engl.) — Durch mehrtägiges Schütteln einer Lsg. des metastabilen Monocalciumaluminats mit CaO bzw. $Ca(OH)_2$ u. Trocknen der erhaltenen krist. Ndd. unter wechselnden Bedingungen wurden einige noch nicht beschriebene Modifikationen der hexagonalen Tetra- u. Dicalciumaluminathydrate erhalten. Im Gleichgewicht mit der Lsg. befinden sich nur ein (neues) $4\ CaO \cdot Al_2O_3 \cdot 19\ H_2O$ sowie die α-Form u. eine (neue) β-Form des $2\ CaO \cdot Al_2O_3 \cdot 8\ H_2O$. Durch Wasserentzug aus diesen erhalten u. durch Röntgendiagramme charakterisiert wurden ferner: $4\ CaO \cdot Al_2O_3 \cdot 13\ H_2O$ (α- u. β-Form, die eine geringe Differenz in der Stabilität aufweisen), $4\ CaO \cdot Al_2O_3 \cdot 11\ H_2O$ u. $4\ CaO \cdot Al_2O_3 \cdot 7\ H_2O$. Die α-Form des $2\ CaO \cdot Al_2O_3 \cdot 19\ H_2O$ scheint stabiler zu sein als die β-Form. Durch Trocknen über $CaCl_2$ bzw. P_2O_5 u. durch Erhitzen auf 120° wurden aus dem Oktahydrat Hydrate mit 7,5, 5 u. 4 H_2O erhalten. W. Betcke. 294

Die Zersetzung von Mikroklin, Albit und Nephelin durch heißes Wasser. George W. Morey und Robert O. Fournier. (Amer. Mineralogist **46**, 688—99, Mai/Juni 1961; Washington, D.C., U. S. Geol. Surv.; engl.) — Die Zers. der Tektosilicate Mikroklin, Albit u. Nephelin durch dest. W. von 295° u. unter einem Druck von 2500 lbs./sq.in. in Zeiträumen von 135 Tagen wurde untersucht. Mikroklin wurde teilweise in Muskovit umgewandelt; bei pH 7,9 wurden 167 ppm gelöst. Albit zersetzte sich in Böhmit,

Paragonit u. eine amorphe Verb.; gelöst wurden 243 ppm bei pH 7,9. In dem Nephelinprobenbehälter wurde ein Umwandlungsprofil gefunden: Muskovit mit wenig Analcim war am Ausgang der Bombe konz., Böhmit am Eingang. Gelöst wurden 440 ppm Nephelinsubstanz zwischen pH 9,7 u. 10,2. Na/K der Lsgg. war größer als im Ausgangsmaterial. H. Moenke. 294□

Zur Kenntnis der Struktur von Alkylaluminiumchloriden. R. E. Glick und A. Zwickel. (J. inorg. nuclear Chem. **16**, 149—50, Nov. 1960; Tallahassee, Fla., Florida State Univ., Dep. of Chem.; engl.) — Aus den kernmagnet. Resonanzspektren u. aus Raman-Spektren kann man $Al_2(CH_3)_2Cl_4$ u. $Al_2(CH_3)_4Cl_2$ mit Halogenbrücken statt mit Methylbrücken als $[Al(CH_3)_2]^+[AlCl_4]^-$ u. $[Al(CH_3)_2]^+[AlCl_2(CH_3)_2]^-$ formulieren. Dafür spricht neben dem Dipolmoment des $Al_2(CH_3)_2Cl_4$ in der Gasphase mit 1,9 D vor allem das chem. Verh. der Alkylaluminiumverbindungen. Die Verbb. $Al_2R_nCl_{6-n}$ existieren nur für n = 0, 2, 4 u. 6, die Verbb. mit n = 1, 3 u. 5 disproportionieren wegen der Beständigkeit der $[Al(CH_3)_2]^+$-Einheit u. der Beständigkeit der Cl-Brückenpaare (mit Ausnahme von n = 6). G. Heller. 294□

Beobachtungen an einigen, möglicherweise unsymmetrischen Gallium(III)-Verbindungen. Therald Moeller und Edgar H. Grahn. (J. inorg. nuclear Chem. **5**, 53—56, 1957; Urbana, Ill., Univ., Noyes Chem. Labor.; engl.) — Verss. zur Trennung von *Tris-[oxalato]-gallat(III)* (I) in opt.-akt. Isomere mit Hilfe der Techniken der fraktionierten Kristallisation, der Fällung mit akt. Basen u. der Extraktion schlugen fehl. Wie die augenblickliche Fällung von CaC_2O_4 mit Ca^{2+} u. die schnelle Austausch-Rk. mit ^{14}C-aktiviertem Oxalat zeigen, ist der Komplex wahrscheinlich zu instabil, als daß er die asymm. Form lange genug zur Trennung bewahren könnte. Auch die fraktionierte Extraktion des *Äthylendiamintetraacetatoaquogallat(III)-Ions* mit L-Brucin führte nicht zur Trennung in Komponenten. Ohne Ausfällung eines Oxalats läßt sich I quant. mit $[Tris\text{-}(äthylendiamin)\text{-}Co]^{3+}$ fällen. W. Betcke. 296□

Phosphate und Polyphosphate der Elemente der Seltenen Erden. 3. Mitt. **Cer(III)-tripolyphosphate.** E. Giesbrecht. (J. inorg. nuclear Chem. **15**, 265—71, Okt. 1960; São Paulo, Univ., Fac. de Filos., Cienc. e Letr., Dep. de Quím.; engl.) — 2. vgl. J. inorg. nuclear Chem. **6**, [1958], 308. — Beim Zusatz von überschüssiger $Na_5P_3O_{10}$-Lsg. zu einer sauren, NaCl-haltigen $CeCl_3$-Lsg. wurde eine pH-abhängige Verschiebung der Absorptionsbanden u. das Auftreten einer neuen Bande bei 300 nm (niedriges pH) bis 304 nm (höheres pH) beobachtet. Die Intensität dieser Bande nimmt mit steigender $P_3O_{10}{}^{5-}$-Konz. zu, der Effekt wird mit wachsendem pH schwächer. Ein bei dem $Na_5P_3O_{10}$-Zusatz auftretender Nd. löst sich im Triphosphatüberschuß wieder auf. Potentiometr. u. konduktometr. Titrationen ergaben die Existenz von unlösl. Komplexen mit einem Verhältnis $Ce^{3+} : P_3O_{10}{}^{5-} = 5 : 3$ u. 1 : 1. Mit Hilfe der Meth. der kontinuierlichen Variationen konnte außerdem im pH-Bereich 3,0—9,5 ein 1 : 2-Komplex nachgewiesen werden. Es gelang nicht, die Verbb. rein zu isolieren. W. Betcke. 304□

Die Bildung und die thermodynamischen Eigenschaften von K_2TiCl_6 in KCl–LiCl-Schmelzen. J. H. Mui und S. N. Flengas. (Canad. J. Chem. **40**, 997—1008, Mai 1962; Toronto, Ontario, Univ. of Toronto, Dep. of Metallurg. Engng.; engl.) — Die Rk. von gasförmigem $TiCl_4$ mit der eutekt. Schmelze von KCl/LiCl wurde im Temp.-Bereich 350—550° u. bei verschiedenen Drücken untersucht. Die Rk. ist druckunabhängig. Bei einer optimalen Temp. von 370° u. einem $TiCl_4$-Dampfdruck von 1 atm reagiert $TiCl_4$ mit KCl im Eutektikum zu einer festen Mischung von K_2TiCl_6 u. LiCl. Aus Dampfdruckmessungen folgt $\log P^0 = -6006/T + 9{,}7328$ zwischen 350—500° für $TiCl_4$ im Gleichgewicht mit der gesätt. Lösung. Die Aktivitäten q_{KCl}, $a_{K_2TiCl_6}$ u. die partiellen molaren Eigg. γ, $\overline{\Delta F}$, $\overline{\Delta H}$ u. $\overline{\Delta S}$ von KCl u. K_2TiCl_6 in der eutekt. Schmelze KCl/LiCl werden bei verschiedenen Temp. aus Dampfdruckmessungen errechnet. Die Löslichkeit von $TiCl_4$ in der Schmelze steigt von 1,5 Gew.-% bei 420° auf 5 Gew.-% bei 500°. Die Aktivitäten von K_2TiCl_6 u. KCl zeigen eine positive Abweichung vom Idealverhalten. K. Huste. 321□

Über die Umsetzung von Sphen (Titanit) mit Natriumhexafluorosilicat. A. W. Nowosselowa und L. R. Batzanowa. (Известия Сибирского Отделения Академии Наук СССР [Nachr. sibir. Abt. Akad. Wiss. UdSSR] **1960**, Nr. 8, 142—43; Sibir. Zweigstelle der Akad. der Wiss. der UdSSR, Inst. für anorgan. Chem.; russ.) — Sphen ($CaTiO_2 \cdot SiO_2$) u. Na_2SiF_6 wurden gepulvert u. in zugeschmolzenen Quarzampullen 1½—2 Std. lang bei 740—760° erhitzt. Nach dem Abkühlen wurde der Ampulleninhalt ausgelaugt, gewaschen, danach im Filtrat sowie im Nd. der Ti-Geh. bestimmt. Über die Hälfte des Ti ging in den wss. Auszug über. Wurden auf 1 (Gew.-Teil) Sphen 2,5 Na_2SiF_6 angewandt, so gingen >90% des Ti als Na_2TiF_6 in den wss. Auszug über. A. v. Wilpert. 321□

Über komplexe Zirkoniumoxalate. B. W. Ptitzyn und L. N. Scheronow. (Известия Сибирского Отделения Академии Наук СССР [Nachr. sibir. Abt. Akad. Wiss. UdSSR] **1961**, Nr. 10, 80—83; Nowosibirsk, Anorg. Inst. der sibir. Abt. der Akad. der Wiss. der UdSSR; russ.) — Aus Zirkoniumnitrat, Oxalsäure u. Kaliumoxalat wird $K_4[Zr(C_2O_4)_4]\cdot 4\,H_2O$ (I) hergestellt. Die Zers.-Temp. von I liegt bei 137—140°. Der pH-Wert der wss. I-Lsg. beträgt bei einer Konz. von 0,01 Mol/Liter 4,5 u. nimmt mit sinkender Konz. zu. G. Engelhardt. 322□

Reaktion von Hafniumdioxid mit Titandioxid. N. A. Godina, E. K. Keler und W. Ss. Rudenko. (Журнал Неорганической Химии [J. anorg. Chem.] **5**, 2795—97, Dez. 1960; Inst. für Silicatchem. der Akad. der Wiss. der UdSSR; russ.) — Die Festkörper-Rk. von HfO_2–TiO_2(Rutil)-Preßlingen bei 1350—1650° wurde röntgenograph. untersucht. Die Bldg. von *$HfTiO_4$* wurde nachgewiesen. Die Verb. krist. rhomb. mit a = 4,77, b = 5,05 u. c = 5,58 Å; Z = 2; $D._{ber.}$ = 7,21; $D._{exper.}$ = 7,17. Daneben wurde die Bldg. fester Lsgg. mit begrenzter Löslichkeit der Komponenten beobachtet. Bei 1600° beträgt die Löslichkeit von HfO_2 in TiO_2 ca. 15—16 Mol-%, die von TiO_2 in HfO_2 12—13 Mol-%. G. Winkhaus. 323□

Röntgenogramme von Produkten der Reaktion von Germaniumtetrachlorid mit Calciumoxid. W. I. Jewdokimow und I. G. Ssokolowa. (Журнал Неорганической Химии [J. anorg. Chem.] **5**, 2798—2801, Dez. 1960; russ.) — Ein röntgenograph. Vgl. der bei der Rk. von $GeCl_4$-Dampf mit CaO bei 400, 600 bzw. 650° erhaltenen Prodd. der Zus. $4\,CaO\cdot GeCl_4$, $3\,CaO\cdot GeCl_4$ u. $5\,CaO\cdot 2\,GeCl_4$ mit den Verbb. Ca_2GeO_4, Ca_2SiO_4, $CaSiO_3$, $CaSi_2O_5$ u. $BaSi_2O_5$ bestätigte die frühere Annahme (vgl. C. **1959**, 10496), daß es sich bei diesen Prodd. um Gemische von $CaCl_2$ mit Ca_2GeO_4, $CaGeO_3$ bzw. $CaGe_2O_5$ handelt. Die Debye-Aufnahme des Digermanates war analog der von $BaSi_2O_5$, unterschied sich aber von $CaSi_2O_5$. Bei Behandlung der Prodd. mit W. wurde $CaCl_2$ in der Lsg. nachgewiesen, u. das Röntgenogramm des Rückstandes war im Falle des Orthogermanates analog dem von $Ca_2SiO_4\cdot H_2O$. Die Abwesenheit von Linien des $CaCl_2$ in den Röntgenogrammen der Prodd. wird durch das Vorliegen von glasartigem $CaCl_2$ gedeutet bzw. dadurch, daß $CaCl_2$ bei der Rk. nicht als bes. Phase auftritt, sondern komplex gebunden wird. G. Winkhaus. 326□

Beitrag zur Untersuchung der Stannate. 1. Mitt. **Neue Methode der Darstellung von Natriumstannat.** J. B. Vericad Raga und A. Pujol Sanjuán. (An. Real Soc. españ. Física Quím., Ser. B **53**, 757—60, Dez. 1957; Barcelona, Univ. de Barcelona, Fac. de Ciencias, Labor. de Quím. Inorg.; span.) — Vff. entwickeln eine neue Meth. zur Darst. von $Na_2Sn(OH)_6$. Aus einer Lsg. von 100 g $SnCl_2\cdot 2\,H_2O$ in 2 Liter W. wird mit 10%ig. Na_2CO_3-Lsg. unter Luftausschluß $Sn(OH)_2$ gefällt, das durch Dekantieren bis zur Cl^--Freiheit gewaschen wird. Das erhaltene Prod. wird in einer Lsg. von 71 g NaOH u. 50 ml 30%ig. H_2O_2 in 350 ml W. gelöst u. $Na_2Sn(OH)_6$ durch Fällung mit A. als krist. Prod. erhalten (95,5% Ausbeute). K. Huste. 327□

Einige Untersuchungsergebnisse vom System PbO–Nb_2O_5–Nd_2O_3. Je. G. Smashewskaja und N. A. Podolner. (Известия Академии Наук СССР, Серия Физическая [Nachr. Akad. Wiss. UdSSR, physik. Ser.] **24**, 1394—97, Nov. 1960; russ.) — Vgl. vorst. Referat. — Vff. untersuchen den Einfl. von Oxiden (I; Al_2O_3, ZrO_2, TiO_2, La_2O_3, WO_3, Sm_2O_3, Ce_2O_3, Er_2O_3, Y_2O_3, Dy_2O_3 u. Nd_2O_3) auf die Stabilität der seignetteelektr. Phase $PbNb_2O_6$. Da nur bei Nd_2O_3 ein beachtlicher Piezoeffekt gefunden wird, erfolgen die weiteren Unterss. unter Zusatz von 0,5—10 Mol-% I. Die DK wird in Abhängigkeit von Temp. u. I-Zusatz gemessen. Die günstigsten Werte werden bei Zusatz von 4—5 Mol-% I erhalten. Die DK, der Piezomodul d_{31}, der dielektr. Verlustwinkel (tg δ) u. der spezif. elektr. Widerstand(ϱ) bleiben bei 200—250° annähernd konst.; ϱ wird durch Zusatz von *Li^+* nur geringfügig erniedrigt. Die röntgenograph. Unters. zeigt, daß in den Proben kub.-flächenzentriertes *$3\,PbO\cdot 2\,Nb_2O_5$*, nichtseignetteelektr. rhomboedr. *$PbO\cdot Nb_2O_5$* u. freies *Nb_2O_5* vorliegt. Nd_2O_3 bildet beschränkt Mischkristalle, stabilisiert die seignetteelektr. Phase u. verringert die Menge der nichtseignetteelektr. Phase. Ferner wurden die Syst. Nd_2O_3–Nb_2O_5 (A) u. PbO–Nd_2O_3 (B) thermograph. untersucht. Bei A konnte keine Verb.-Bldg. festgestellt werden. Bei B bildet sich bei 715—800° die Verb. *$PbO\cdot Nd_2O_3$*, D. ca. 7,6, die keinen Piezoeffekt zeigt. D. Hoene. 331□

Bildungsbedingungen der α- und β-Molybdatokieselsäuren in verdünnten Lösungen. Wiktor Kemula, Szczesny Rosołowski und Wiesław Wolfram. (Chem. analit. [Warszawa] **3**, 593—97, 1958; Warszawa, PAN, Inst. Chem. fiz.; Uniw., Kat. Chem. nieorgan.; pol., Auszug: engl.) — Mit Hilfe der Meth. von Job wurde festgestellt, daß in verd. Lsgg. von Molybdän- u. Kieselsäure die α- u. β-Form der Molybdatokieselsäure vorliegen. Beide Formen haben die gleiche chem. Zus. $H_4[Si(Mo_3O_{10})_4]$, jedoch in Lsg. eine verschiedene opt. Dichte. In Abhängigkeit vom pH werden 3 verschiedene opt.

Dichten beobachtet: zwei (bei pH 1,5—2,5 u. 4,0—4,6) entsprechen der β- u. α-Form, die dritte (bei pH 1,4—1,6) dem kondensierten Molybdatanion. Mit zunehmender Acidität der Lsg. nimmt die Zeit bis zur Einstellung des Gleichgewichts zwischen Kiesel- u. Molybdänsäure zu. F. Urban. 336□

Über Oktacyanoverbindungen von Wolfram(V). Giuseppe Antonio Barbieri und Eugenia Fiano. (Atti Accad. Sci. Ist. Bologna, Cl. Sci. fisiche, Rend. [11] 2, Nr. 1, 106—11, 1/5. 1955; ital.) — Vff. stellten die folgenden Verbb. her: $K_4W(CN)_8 \cdot 2\,H_2O$ (I), $[Co(NH_3)_6]W(CN)_8$ (II), $Ag_3W(CN)_8$ (III), $(C_6H_{12}N_4)_3H_3W(CN)_8$ (IV), $Na_3W(CN)_8 \cdot 2\,C_6H_{12}N_4 \cdot 5\,H_2O$ (V), $K_3W(CN)_8 \cdot 2\,C_6H_{12}N_4 \cdot 3\,H_2O$ (VI) u. $(NH_4)_3W(CN)_8 \cdot 2C_6H_{12}N_4 \cdot 3\,H_2O$ (VII).

Versuche: I, durch Auflösen von 45 g H_2WO_4 in Lsg. von 14,5 g NaOH in 450 cm³ W. u. tropfenweise Zugabe einer sd. Lsg. von 120 g Oxalsäure, die 30 g Sn-Pulver enthält. Nach Abkühlen werden 540 cm³ einer 20% ig. NaCN-Lsg. zugesetzt. Abfiltrieren, im Nd. mit Ca-Acetat Oxalat entfernen, Nd. in Essigsäure lösen, beim Sieden fällt mit $CdSO_4$ $Cd_2W(CN)_8$. Nach Abfiltrieren wird der Nd. mit K_2CO_3-Lsg. behandelt, $CdCO_3$ abfiltriert u. nach Eindunsten I erhalten. — II, durch Lösen von 5 g I in W., Zugabe von 5 cm³ 25% ig. H_2SO_4 u. einer 0,1 n $KMnO_4$ bis zur bleibenden Rosafärbung. Danach Zugabe von 5 g Hexamminkobalt(III)-sulfat in wenig W., → II (gelbe Kristalle). — III, durch Lösen von 3 g II in 200 cm³ einer 0,1 n $AgNO_3$-Lsg.; nach Rühren fällt III als rotbraunes, lichtempfindliches Pulver. — IV, durch Oxydation einer Lsg. von 10 g I mit 172 cm³ 0,1 n $KMnO_4$ + 10 cm³ 25% ig. H_2SO_4 u. Zugabe von 15 g Hexamethylentetramin in 25 cm³ W. u. 10 cm³ Eisessig, Ausbildung orangefarbener IV-Kristalle. — V, aus 5 g IV unter Zugabe von 5 cm³ W. + 1 g Na_2CO_3, rotbraune Nadeln. — VI analog aus IV, $KHCO_3$ u. Hexamethylentetramin, rotbraune Kristalle. — VII, aus IV durch Auflösen in verd. NH_4OH-Lsg., Zusatz von $C_6H_{12}N_4$ u. etwas NH_4NO_3, rotbraune Kristalle.
C. Gottfried. 337

Verbindungen des Wolfram(VI)-chlorids mit Aminophenolen, Aminobenzoesäuren, Nitranilinen, Amiden und Aniliden. Sarju Prasad und K. S. R. Krishnaiah. (J. Indian chem. Soc. 38, 177—78, März 1961; Varanasi, Banaras Hindu Univ., Chem. Labor.; engl.) — Die Verbb. werden durch Zusammengeben von WCl_6 in CCl_4 u. der äther. Lsg. des entsprechenden Rk.-Partners erhalten. Sie sind gefärbt, in trockener Atmosphäre stabil u. unlösl. in allen gebräuchlichen organ. Lsgm. außer Äthanol. Mit folgenden Verbb. wurden Komplexe erhalten: o-, m-, p-Nitranilin: $[W(NO_2C_6H_4NH_2)_6] \cdot Cl_6$; o-, m-, p-Aminophenol: $[W(OHC_6H_4NH_2)_3]Cl_6$; o-, p-Aminobenzoesäure: $[W(COOH \cdot C_6H_4NH_2)_2]Cl_6$; Harnstoff: $[W(N_2H_4CO)_6]Cl_6$, blaugrau; Acetamid: $[W(CH_3CONH_2)_6]Cl_6$, grüngelb; Benzamid: $[W(C_6H_5CONH_2)_2]Cl_6$, blau; Acetanilid: $[W(CH_3CONHC_6H_5)_6]Cl_6$, blau; o-Nitroacetanilid: $[W(NO_2C_6H_4NHCOCH_3)_6]Cl_6$, citronengelb; p-Aminoacetanilid: $[W(NH_2C_6H_4NHCOCH_3)_6]Cl_6$, hellbraun; Benzanilid: $[W(C_6H_5CONHC_6H_5)_2]Cl_6$, grünlichweiß. F. Haenschke. 337□

Eisen(II)-chlorid. Peter Kovacic und Neal O. Brace. (Inorg. Syntheses 6, 172—73, 1960; Cleveland, Ohio, Case Inst. of Technol.; Wilmington, Del., E. I. du Pont de Nemours & Co.; engl.) — Durch halbstd. Erhitzen von Chlorbenzol u. wasserfreiem $FeCl_3$ auf 126°, 2std. Erhitzen auf 128—139°, Kühlen u. Filtrieren entsteht $FeCl_2$ in 99% ig. Ausbeute. P. Golinske. 354□

Über das Phasengleichgewicht im System MgO–Cr_2O_3–Fe_2O_3. Ja. W. Kljutscharow und Di-zsjan Tschen. (Журнал Неорганической Химии [J. anorg. Chem.] 5, 2808—11, Dez. 1960; russ.) — Das Phasengleichgewicht im Syst. MgO–Cr_2O_3–Fe_2O_3 wurde durch chem., therm. u. röntgenograph. Analyse untersucht. Bis 400° tritt keine Rk. zwischen den Oxiden ein. Von 400—800° bilden sich *Magnesiumferrit* u. *Magnesiumchromit*, wobei die Bldg.-Geschw. des letzteren größer als die des ersteren ist. Bei 1000 bis 1200° bildet sich eine feste Lsg. vom Typ $MgCr_2O_4 \cdot Fe_2O_3$. Zwischen 1200 u. 1300° findet keine weitere Rk. statt. >1300° wird Fe_2O_3 unter Bldg. einer festen Lsg. von Magnetit u. Magnesiumchromit zersetzt. G. Winkhaus. 354□

Darstellung und magnetische und spektroskopische Untersuchungen einiger Kobalt(II)-Komplexe von Benzimidazol. Margaret Goodgame und F. A. Cotton. (J. Amer. chem. Soc. 84, 1543—48, 5/5. 1962; London, Northampton Coll. of Advanc. Technol.; engl.) — Vff. stellten die Benzimidazolkomplexe des tetraedr. Co(II) $[Co \cdot (C_7H_5N_2)_2]$ (I), $[(C_7H_6N_2)_4Co](ClO_4)_2$, $[CoX_2(C_7H_6N_2)_2]$, X = *Br*, *J*, NO_3, $[(C_2H_5)_4N] \cdot [CoBr_3(C_7H_6N_2)]$ u. $[CH_3(C_6H_5)_3As][CoJ_3(C_7H_6N_2)]$ her u. teilen die molaren Leitfähigkeiten in Nitrobenzol oder Nitromethan, die magnet. Momente (4,27—4,71 B. M.) u. Spektraldaten mit. I ist ein unendliches Polymeres, in dem die Benzimidazolanionen als zweizähnige Liganden Brücken zwischen den Co^{2+}-Ionen bilden u. jedes Co tetraedr. von 4 N-Atomen umgeben ist. Aus den Spektraldaten berechnet sich der Ligandenfeldparameter Δ zu ca. 5100 cm^{-1} u. der Racah-Parameter zu 716 cm^{-1}. Spektrochem. ist das Benzimidazol der stärkste Ligand, der bisher an tetraedr. Co(II) koordiniert wurde.

Versuche: *Bis-[benzimidazolato]-kobalt(II)* (I), $C_{14}H_{10}CoN_4$, F. >400°, durch Kochen einer Lsg. von 11,8 g Benzimidazol (II) in 80 ml heißem W. mit einer Lsg. von 15 g $Co(NO_3)_2 \cdot 6\ H_2O$ in 20 ml heißem W. bis zum Lösen, Abkühlen, Abfiltrieren, Waschen u. Trocknen im Vakuum, purpurfarben; 37% (Ausbeute). — *Dichloro-bis-[benzimidazol]-kobalt(II)*, $C_{14}H_{12}Cl_2CoN_4$, F. 236°, durch Zugabe einer Lsg. von 4,72 g II in 10 ml abs. A. zu einer Lsg. von 4,76 g $CoCl_2 \cdot 6\ H_2O$ in 10 ml abs. A., Zugabe von 20 ml Bzl., Verdampfen auf dem Wasserbad, Zermahlen des Rückstandes, Behandeln mit 20 ml abs. A., Filtrieren, Waschen u. Trocknen im Vakuum, tiefblaue Kristalle; 71%. — *Dibromo-bis-[benzimidazol]-kobalt(II)*, $C_{14}H_{12}Br_2CoN_4$, F. 251°, durch Zugabe einer Lsg. von 2,36 g II in 8 ml abs. A. zu einer Lsg. von 3,27 g $CoBr_2 \cdot 6\ H_2O$ in 4 ml abs. A., tiefblaue Kristalle; 78%. — *Dijodo-bis-[benzimidazol]-kobalt(II)*, $C_{14}H_{12}CoJ_2N_4$, F. 228°, durch Zugabe einer Lsg. von 2,36 g II in 7 ml abs. A. zu einer Lsg. von 3,13 g CoJ_2 in 8 ml abs. A., Zugabe von 30 ml Chlf., langsames Verdampfen im Teilvakuum, blaugrüne Kristalle; 43%. — *Tetraäthylammoniumtribromo-[benzimidazol]-kobalt(II)*, $C_{15}H_{26}Br_3CoN_3$, F. 143°, durch Zugabe einer Lsg. von 1,18 g II in 4 ml abs. A. zu einer Lsg. von 2,10 g Tetraäthylammoniumbromid in 3 ml abs. A., Erhitzen, Zugabe zu einer heißen Lsg. von 2,19 g $CoBr_2$ in 3 ml abs. A., blaue nadelförmige Kristalle; 79%. — *Dinitrato-bis-[benzimidazol]-kobalt(II)*, $C_{14}H_{12}CoN_6O_6$, F. 167°, durch Zugabe einer Lsg. von 4,72 g II in 25 ml abs. A. zu einer Lsg. von 5,82 g $Co(NO_3)_2 \cdot 6\ H_2O$ in 5 ml abs. A., nadelförmige rote Kristalle, Umkristallisieren durch Lösen in Essigester u. Fällen mit Bzl.; 32%. — *Methyltriphenylarsonium-trijodobenzimidazolkobaltat(II)*, $C_{26}H_{24}AsCoJ_3N_2$, F. 170°, durch Zugabe von 3,13 g CoJ_2 in 1 ml Aceton zu 1,18 g II in Aceton, Filtrieren, Zugabe einer Lsg. von 4,48 g Methyltriphenylarsoniumjodid in 4 ml Aceton, Eindampfen auf das halbe Vol., Zugabe von 2 ml Bzl., blaugrüner Nd.; 88%. — *Tetrakis-[benzimidazol]-kobalt(II)-perchlorat*, $C_{28}H_{24} \cdot Cl_2CoN_8O_8$, F. 135°, durch Zugabe einer Lsg. von 4,72 g II in 15 ml abs. A. zu einer Lsg. von 3,66 g $Co(ClO_4)_2 \cdot 6\ H_2O$ in 5 ml abs. A., Stehenlassen in einem teilevakuierten Exsikkator bis zur Bldg. von Kristallen, Abfiltrieren, 2maliges Waschen mit wenig abs. A., Trocknen, Mahlen u. einige Std. langes Stehenlassen an der Luft bei 20°, violettes Pulver; 85%. G. Heller. 355□

Metall–Pyrazin-Komplexe. 1. Mitt. **Verbindungen mit Kobalt(II)-halogeniden.** A. B. P. Lever, J. Lewis und R. S. Nyholm. (J. chem. Soc. [London] **1962**, 1235—46, April; London, Univ. Coll., William Ramsay and Ralph Forster Labor.; engl.) — Vff. stellten Co(II)-Pyrazin-Komplexe aus CoX_2 (X = Cl, Br, J) u. Pyrazin (Pyr), Methylpyrazin (Mp), 2.5- oder 2.6-Dimethylpyrazin (2.5- u. 2.6-Dmp) entweder in einem Lsgm. oder in dem betreffenden Pyrazin selbst dar. Für alle Verbb. wurde das magnet. Moment u. das Reflexionsspektrum bzw. das Absorptionsspektrum in Lsg. ermittelt. Die grünen u. blauen Br- u. J-Verbb. des Mp u. 2.5-Dmp sind dimer mit der allg. Formel [Ligand $CoX_2]_2$; sie haben tetraedr. Co u. sind über Halogenbrücken gebunden. Die rosa- bzw. violettrosafarbenen Cl-Verbb. des Mp, 2.5-Dmp, Pyr u. 2.6-Dmp sowie die Br- u. J-Verbb. des Pyr u. die Br-Verb. des 2.6-Dmp sind unlösl. u. polymer mit der allg. Formel $[(Ligand)_{1\ bzw.\ 2}\ CoX_2]_n$ u. oktaedr. Co. Die 6-Koordination der Pyr-Komplexe wird durch Halogenbrücken erreicht, während bei der Mp-Verb. eine Mp- u. 2 Cl-Brücken vorliegen. Als einzige monomere Verb. wurde das $(2.6\text{-}Dmp)_2CoJ_2$ erhalten. Der Assoziationsgrad 1 wurde in Campher bestätigt. Es ist in vielen organ. Lsgm. lösl. u. in Nitromethan ein Nichtleiter. Die drei 2.6-Dmp-Verbb. zeigten ähnliche IR-Spektren ohne 2.6-Dmp-Brücken. Die rosafarbenen Pyr-Polymere ergaben ein typ. Reflexionsspektrum für oktaedr. Co ohne Absorption in dem Bereich zwischen 600—700 mμ, wogegen die violettrosafarbenen Polymere eine merkliche Absorption in diesem Bereich zeigten, was auf tetraedr. Co hindeutet. Es wird angenommen, daß es sich bei letzteren um kurzkettige Polymere mit oktaedr. Co handelt, die durch tetraedr. Co beendet werden. Beim Auflösen der Mp-Komplexe in Mp erhielt man Lsgg. mit oktaedr. Co, aus denen sich aber lediglich Mp_4CoCl_2 als instabile Verb. gewinnen ließ. Bei den 2.5-Dmp-Verbb. lösten sich das Bromid u. Jodid unverändert in 2.5-Dmp, während sich aus der Lsg. des Chlorids $(2.5\text{-}Dmp)_3Co_2Cl_4$ mit der Struktur 2.5-Dmp–$(CoCl_2)$–2.5-Dmp–$(CoCl_2)$–2.5-Dmp darstellen ließ. Die Verbb. des 2.6-Dmp lösten sich in Aceton (Ac) zu blauen Lsgg., die tetraedr. Co enthielten u. nicht dem Beerschen Gesetz gehorchten. Auf Grund der IR-Spektren nehmen Vff. folgende Gleichgewichte an: $(2.6\text{-}Dmp)_2CoCl_2 + 3\ Ac \rightleftharpoons Ac_2(2.6\text{-}Dmp)_2CoCl_2 + Ac \rightarrow Ac_3(2.6\text{-}Dmp)CoCl_2 + 2.6\text{-}Dmp$. Auch die Lsgg. der Jodide der Pyrazine in Ac reagieren mit dem Lsgm.: $[MpCoJ_2]_2 + 5\ Ac \rightarrow [Mp_2AcCoJ]^+ + J^- + Ac_4CoJ_2$ (I) u. $[Mp_2AcCoJ]^+ + J^- \rightleftharpoons 2\ Mp + Ac_2CoJ_2$ (II), wobei I u. II ebenfalls noch im Gleichgewicht stehen. Nach Zugabe von J^- oder des betreffenden Pyr geht I in $[MpCoJ_3]^-$ bzw. in die ursprüngliche Verb. über. Die Spektren der 3 Mp-Verbb. wurden bei verschiedenen Temp. aufgenommen. Die Lsgg. änderten in der Hitze ihre Farbe von Gelb nach Grün u. das Spektrum zeigte Mp_2CoX_2, d. h. eine Temp.-Abhängigkeit des Gleichgewichts $Co_{oktaedr.} \rightleftharpoons Co_{tetraedr.}$.

Versuche: *Dichloro-bis-[pyrazin]-kobalt (II)* (**III**), $C_8H_8Cl_2CoN_4$, 2 g $CoCl_2 \cdot 6 H_2O$ (**IV**), in heißem W. gelöst, wurden zu 1,4 g Pyr, gelöst in demselben Vol. heißem W., gegeben. Die rosafarbenen Kristalle wurden mit kaltem W., A. u. Ae. gewaschen; 49% (Ausbeute). — *Dibromo-bis-[pyrazin]-kobalt(II)*, $C_8H_8Br_2CoN_4$, analog **III**, rosafarbene Kristalle; 51%. — *Dijodo-bis-[pyrazin]-kobalt(II)*, $C_8H_8CoJ_2N_4$, 1 g $CoBr_2 \cdot 6 H_2O$ (**V**), gelöst in 5 ml W., wurde zu einer Lsg. von 1,5 g Pyr u. 2 g NaJ in 10 ml W. gegeben, gelbrote Kristalle, umkristallisiert aus W. mit 2% NaJ; 57%. — *Dichlorotetrakis-[methylpyrazin]-kobalt(II)*, $C_{20}H_{24}Cl_2CoN_8$, **IV** wurde 3 mal in Mp umkrist., aus der blauen Lsg. resultierten rosafarbene Kristalle. — *Dichloromethylpyrazinkobalt(II)*, $C_5H_6Cl_2CoN_2$, 1,3 g **IV** u. 3 ml Mp wurden ½ Std. lang bei 100° gehalten u. das Prod. im Soxhlet mit Ac extrahiert. Das violettrosafarbene Kristallpulver wurde bei 50°/15 mm getrocknet. — *Dibromomethylpyrazinkobalt(II)* (**VI**), $C_5H_6Br_2CoN_2$; **V** wurde 2 mal in Mp umkrist. u. die rosafarbenen Kristalle 1 Std. lang bei 80°/15 mm erhitzt; blaue Kristalle. — *Dijodomethylpyrazinkobalt(II)* (**VII**), $C_5H_6CoJ_2N_2$; **VI** wurde mit einem großen Überschuß von NaJ in A. 1 Std. lang am Rückfluß gekocht, der grüne Rückstand wurde mit wasserfreiem Ae. im Soxhlet extrahiert; dunkelgrüne Kristalle. — *Tetrachlorotris-[2.5-dimethylpyrazin]-dikobalt(II)* (**VIII**), $C_{18}H_{24}Cl_4Co_2N_6$; **IV** wurde 2 mal in 2.5-Dmp umkrist.; blaue Kristalle. — *Dichloro-2.5-dimethylpyrazinkobalt(II)*, $C_6H_8Cl_2CoN_2$; **VIII** wurde im Soxhlet mit Ac extrahiert, das violett-rosafarbene Pulver wurde bei 50°/15 mm getrocknet. — *Dibromo-2.5-dimethylpyrazinkobalt(II)*, $C_6H_8Br_2CoN_2$, analog **VIII**; blaue Kristalle. — *Dijodo-2.5-dimethylpyrazinkobalt(II)*, $C_6H_8CoJ_2N_2$, analog **VII**; grüne Kristalle. — *Dichloro-bis-[2.6-dimethylpyrazin]-kobalt(II)* (**IX**), $C_{12}H_{16}Cl_2CoN_4$, **IV** u. 2.6-Dmp wurden 15 Min. lang auf 100° erhitzt u. das Rohprod. aus Ac umkristallisiert. — *Dibromo-bis-[2.6-dimethylpyrazin]-kobalt(II)*, $C_{12}H_{16}Br_2CoN_4$, analog **IX**; rosafarbene Kristalle. — *Dijodo-bis-[2.6-dimethylpyrazin]-kobat(II)*, $C_{12}H_{16}CoJ_2N_4$, analog **VII**. K. Huste. 355□

Über Metall–Stickstoffoxid-Komplexe. 12. Mitt. **Über das komplexchemische Verhalten der Dinitrosylkobalthalogenide.** W. Hieber und K. Heinicke. (Z. anorg. allg. Chem. **316**, 305—20, Aug. 1962; München, TH, Anorgan.-Chem. Labor.; dt.) — 11. vgl. C. **1961**, 10070; vgl. auch C. **1962**, 60. — Durch Umsetzung der dimeren Dinitrosylkobalthalogenide $[Co(NO)_2X]_2$ (X = Halogenid) mit tert. organ. Phosphin-, Arsin- u. Stibin-Verbb. sowie mit Morpholin u. Piperidin werden bei Raum-Temp. in Lsg. (Tetrahydrofuran, Aceton oder A.) ohne NO-Substitution unter Aufspaltung der Halogenbrücken diamagnet., monomere Komplexe der Form $Co(NO)_2LX$ (L = Ligand) erhalten. Auch organ. Phosphite u. Thiophosphite lassen sich in gleicher Weise umsetzen. Mit o-Phenanthrolin (phen) dagegen entsteht ein Ionenkomplex $[Co(NO)_2phen]^+[Co(NO)_2X_2]^-$. Bei der Rk. von Dinitrosylkobaltchlorid mit Triphenylphosphin in der Schmelze tritt eine Valenzdisproportionierung des Zentralmetalls nach $[Co(NO)_2Cl]_2 + 6\ P(C_6H_5)_3 \xrightarrow{140^0} Co(NO)[P(C_6H_5)_3]_3 + Co[OP(C_6H_5)_3]_2Cl_2 + OP(C_6H_5)_3 + 1{,}5\ N_2$ ein. Ähnlich reagiert Triphenylphosphit bereits bei 100° unter N_2O-Freisetzung. Auch Triäthylphosphin u. Triäthylphosphit lassen sich so umsetzen, doch konnten die entsprechenden Nitrosyl-Verbb. infolge ihrer leichten Löslichkeit in organ. Lsgm. nicht rein erhalten werden; sie wurden lediglich durch ihr IR-Spektrum identifiziert. Mit Triphenylarsin wurden derartige Verbb. nicht erhalten. Mit Tricyclohexylphosphin tritt bei 150° wohl eine Rk. ein, doch entsteht lediglich amorphes, dunkelbraunes Co-Oxid. Führt man die Schmelze mit Triphenylphosphinoxid durch, so erhält man bei 165° neben NO u. N_2O nur $Co[OP(C_6H_5)_3]_2Cl_2$ u. Co_3O_4. Bei der Umsetzung von Dinitrosylkobaltjodid mit Triphenylphosphin im Überschuß bei 155° wurde $Co(NO)[P(C_6H_5)_3]_3$ isoliert; daneben wird das Vorliegen der Nitrosyl-Verb. $Co(NO)[P(C_6H_5)_3]_2J_2$ vermutet. Die monomeren, diamagnet. Verbb. $Co(NO)(PR_3)_3$ (R = C_6H_5, C_2H_5, OC_6H_5 u. OC_2H_5) entstehen auch durch Red. von Dinitrosylkobalthalogeniden mit Na-Amalgam in Ggw. der betreffenden P-Verb.; entsprechende Komplexe mit Triphenylarsin u. Tricyclohexylphosphin konnten auch auf diese Weise nicht dargestellt werden. Die typ. unpolaren Tris-[organylphosphor]-nitrosylkobalt-Verbb. lösen sich gut in Bzl. u. Tetrahydrofuran (THF), sie sind in Aceton nichtleitend. Gegenüber $Co(NO)(CO)_3$ sind sie therm. u. gegen Luft-O_2 stabiler. Substituiert man die CO-Gruppen des $Co(NO)(CO)_3$ schrittweise durch Triphenylphosphin, so tritt zunehmende Farbvertiefung ein, während mit Triphenylphosphit eine geringe Farbaufhellung zu beobachten ist. Vff. nehmen eine tetraedr. Anordnung der Liganden um das Zentralatom an. Die Dipolmomente der Verbb. werden diskutiert.

Versuche: Sämtliche Verss. erfolgten unter Ausschluß von Luft-O_2 u. Feuchtigkeit. $Co(NO)_2LX$-Verbb.: Aus dem betreffenden Dinitrosylkobalthalogenid in THF,

Aceton oder A. u. einer Lsg. der äquimolaren Menge der betreffenden P-, As- oder Sb-Verb. bzw. Morpholin oder Piperidin bei Raum-Temp., Umkristallisieren aus A. oder Aceton u. Trocknen im Hochvakuum; schwarze Kristalle, gut lösl. in Bzl., THF, CCl_4 u. Aceton, mäßig lösl. in Ae., kaum lösl. in kaltem PAe.; fast quant. Ausbeute. Im einzelnen wurden dargestellt: *$Co(NO)_2P(C_6H_5)_3Cl$*, F. 165—167° (Zers.), *$Co(NO)_2P(C_6H_5)_3Br$*, F. 176—177° (Zers.), *$Co(NO)_2P(C_6H_5)_3J$*, F. 168° (Zers.), *$Co(NO)_2As(C_6H_5)_3Br$*, F. 132—133° (Zers.), *$Co \cdot (NO)_2Sb(C_6H_5)_3Br$*, F. 126—128° (Zers.), *$Co(NO)_2P(C_2H_5)_3Cl$*, F. 65—68° (Zers.), *$Co(NO)_2P \cdot (C_6H_{11})_3Cl$*, F. 149—152° (Zers.), *$Co(NO)_2P(OC_6H_5)_3Cl$*, F. 101° (Zers.), *$Co(NO)_2P(SC_6H_5)_3 \cdot Cl$*, F. 119—120° (Zers.), *$Co(NO)_2(C_5H_{10}NH)Cl$*, F. 170—171° (Zers.), *$Co(NO)_2(C_4H_8ONH) \cdot Cl$*, F. 121° (Zers.). — *o-Phenanthrolindinitrosylkobaltdinitrosyldichlorocobaltat*, $[Co(NO)_2 \cdot (C_{12}H_8N_2)][Co(NO)_2Cl_2]$, F. 117—120°, durch Zutropfen von 651 mg o-Phenanthrolin · H_2O in 5 ml Aceton zu 1,014 g $[Co(NO)_2Cl]_2$ in 10 ml Aceton, Einengen, Waschen mit kaltem A. u. Umkristallisieren aus Aceton; schwarze, glänzende Nadeln, gut lösl. in W., Aceton u. A.; 69% (Ausbeute). — *o-Phenanthrolindinitrosylkobaltperchlorat*, $[Co(NO)_2 \cdot (C_{12}H_8N_2)]ClO_4$, aus 326 mg vorst. Verb. in 10 ml Aceton u. 130 mg $NaClO_4$ in 5 ml Aceton, Umkristallisieren aus Aceton; dunkelbraune Nadeln. — *Tris-[triphenylphosphin]-nitrosylkobalt*, $Co(NO)[P(C_6H_5)_3]_3$, F. ca. 175° (Zers.), durch 6 std. Erhitzen von 750 mg $[Co(NO)_2Cl]_2$ u. 5 g $P(C_6H_5)_3$ im Schlenkrohr im Hochvakuum auf 140°, Stehenlassen der Schmelze nach Zugabe von 25 ml Bzl. über Nacht, Abnutschen u. Waschen mit Ae. der als blaue Kristalle anfallenden Verbb. $Co[OP(C_6H_5)_3]_2Cl_2$ u. $Co[P(C_6H_5)_3]_2Cl_2$, Einengen der benzol. Lsg., Versetzen mit dem 3fachen Vol. Ae., Waschen des über Nacht ausgefallenen Nd. mit Methanol zur Entfernung des $OP(C_6H_5)_3$, Lösen in Bzl., Filtrieren u. Versetzen mit Methanol; glänzende, violettschwarze Kristalle; 64%. — *Bis-[triphenylphosphin]-nitrosylkobaltdijodid* [im vermutlichen Gemisch mit $OP(C_6H_5)_3$], $Co(NO) \cdot [P(C_6H_5)_3]_2J_2$, durch 48 std. Erhitzen von 1,38 g frisch sublimiertem $[Co(NO)_2J]_2$ u. 10 g $P(C_6H_5)_3$ im Schlenkrohr im Vakuum auf 160°, Behandeln der Schmelze mit Bzl., Abdekantieren vom abgeschiedenen schmutziggrünen Öl, Filtrieren durch eine Al_2O_3-Schicht, Einengen, Versetzen mit dem 3fachen Vol. Methanol, Abfiltrieren vom violettschwarzen $Co(NO)[P(C_6H_5)_3]_3$, Auskristallisieren durch Zusatz von Ae. u. längeres Aufbewahren im Kühlschrank, Waschen mit Ae. u. Trocknen im N_2-Strom; grünes kristallines Pulver mit gleichen Löslichkeits-Eigg. wie $OP(C_6H_5)_3$. — *Bis-[triphenylphosphit]-nitrosylkobaltdichlorid*, $Co(NO)[P(OC_6H_5)_3]_2Cl_2$, F. 117—120°, Zers. bei 190°, durch 10 std. Erhitzen von 2,05 g $[Co(NO)_2Cl]_2$ u. 12 g $P(OC_6H_5)_3$ auf 140° im evakuierten Schlenkrohr, Durchschütteln der Schmelze mit ca. 50 ml PAe., Abdekantieren vom ausgeschiedenen blaugrünen Öl, Kristallisieren des öligen Rückstandes durch Waschen mit Ae. u. Aufbewahren bei —17°, Waschen mit kaltem Aceton u. Trocknen; blaue Kristalle; 11%. — *Tris-[triphenylphosphit]-nitrosylkobalt*, $Co(NO)[P(OC_6H_5)_3]_3$, F. ca. 195° (Zers.), durch Filtrieren der bei der Darst. vorst. Verb. erhaltenen PAe.-Lsg. durch Al_2O_3, Einengen, Zusatz von 20 ml Methanol, Lösen der über Nacht ausgeschiedenen Kristalle in Ae. u. Fällen durch Methanolzugabe; orangegelbe, derbe Kristalle oder durchsichtige, hellgelbe Blättchen; 76%. — *Tris-[triphenylphosphin]-nitrosylkobalt* nach dem „Amalgam-Verf.“, durch Einfrieren einer Lsg. von 1,10 g $[Co(NO)_2Cl]_2$ u. 7,0 g $P(C_6H_5)_3$ in 40 ml abs. THF im Schlenkrohr, Zugabe eines Überschusses an 1%ig. Na-Amalgam, Evakuieren, Auftauenlassen, Abdekantieren vom Amalgam, Filtrieren, Einengen, Versetzen mit dem 3fachen Vol. Methanol, Abnutschen der ausfallenden Kristalle, Waschen mit Methanol u. etwas Aceton, Lösen in Bzl. u. Ausfällen mit Methanol; 63%.

Gerhard Schulze. 355□

Über Metall-Stickstoffoxid-Komplexe. 13. Mitt. Über das komplexchemische Verhalten der Dinitrosylrhodiumhalogenide. W. Hieber und K. Heinicke. (Z. anorg. allg. Chem. **316**, 321—26, Aug. 1962; dt.) — 12. vgl. vorst. Referat. — Dinitrosylrhodiumchlorid (I) reagiert in Tetrahydrofuran (THF) bereits bei Raum-Temp. mit Triphenylphosphin, -arsin u. -stibin (L) unter Valenzdisproportionierung zu $Rh(NO)L_3$ u. $Rh(NO)L_2Cl_2$. Die Isolierung u. Reindarst. der zumeist ölig anfallenden Sb-haltigen Verbb. erweist sich als schwierig. Bei der Umsetzung von I mit Tricyclohexylphosphin ist der gleiche Rk.-Verlauf anzunehmen, doch ist das Tris-[tricyclohexylphosphin]-nitrosylrhodium instabil. Der Rk.-Mechanismus wird erörtert. Tris-[triphenylphosphin]-nitrosylrhodium läßt sich auch mit Na-Amalgam aus den gleichen Substanzen darstellen. Die roten Rh-Komplexe des Typs $Rh(NO)L_3$ sind typ. unpolar, sie lösen sich im allg. gut in organ. Lsgm.; Lsgg. in Aceton zeigen keine Leitfähigkeit. Die therm. Stabilität ist beträchtlich. Vff. nehmen eine tetraedr. Anordnung der Liganden um das zentrale Rh an. Die IR-Spektren zeigen bei ca. 1650 cm^{-1} eine scharfe Bande der NO^+-Valenzschwingung. $Rh(NO)[P(C_6H_5)_3]_2Cl_2$ wird weder von Luft-O_2 noch von sd. W. angegriffen, in N_2-Atmosphäre tritt erst bei ca. 200° Zers. ein. Die Komplexe dieses Typs sind diamagnet., NO ist somit mit 3 Elektronen an das Zentralatom gebunden (ν_{NO} bei ca. 1650 cm^{-1}). Es wird eine tetragonal-pyramidale Anordnung der Liganden um das Rh diskutiert.

Versuche: Alle Verss. werden unter Ausschluß von Luft-O_2 u. Feuchtigkeit durchgeführt. *Bis-[triphenylphosphin]-nitrosylrhodiumdichlorid*, $Rh(NO)[P(C_6H_5)_3]_2Cl_2$, F. ca. 210° (Zers.), durch Zugabe von 1,5 g $P(C_6H_5)_3$ zu einer im Schlenkrohr eingefrorenen Lsg. von 200 mg I in 5 ml THF, Evakuieren, Auftauenlassen, Filtrieren nach 15 Std., Waschen mit THF u. Trocknen im Hochvakuum; hellorangebraune 6seitige Blätter oder fast schwarze, glänzende Kristalle; fast quant. Ausbeute. — *Tris-[triphenylphosphin]-nitrosylrhodium*, $Rh(NO)[P(C_6H_5)_3]_3$, F. ca. 175° (Zers.), a) durch Einengen des bei der Darst. vorst. Verb. anfallenden Filtrates, Zusatz des doppelten Vol. Methanol, Absaugen der über Nacht ausgefallenen Kristalle, Waschen mit Ae./Methanol (1 : 1), Lösen in THF u. Fällen mit Methanol; dunkelrote, metall. glänzende Kristalle; 84% (Ausbeute); b) durch 1 std. Schütteln einer Lsg. von 173 mg I u. 2 g $P(C_6H_5)_3$ in THF mit einem Überschuß an 1%ig. Na-Amalgam, Abdekantieren, Filtrieren, Zusatz von Methanol, Umfällen aus THF durch Methanolzugabe, Waschen u. Trocknen wie vorst.; 57%. — *Bis-[triphenylarsin]-nitrosylrhodiumdichlorid*, $Rh(NO)[As(C_6H_5)_3]_2Cl_2$, F. ca. 230° (Zers.), durch Zutropfen einer konz. Lsg. von 2 g $As(C_6H_5)_3$ in THF zu 231 mg I in 2,5 ml THF, Abnutschen nach 1 Tag, Waschen mit Ae. u. wenig THF u. Trocknen im Hochvakuum; orangefarbene Blättchen oder dunkelrotbraune Kristalle. — *Tris-[triphenylarsin]-nitrosylrhodium*, $Rh(NO)[As(C_6H_5)_3]_3$, F. ca. 137° (Zers.), analog der entsprechenden P-Verb. (Verf. a), wobei das zunächst anfallende Öl durch Zusatz von Ae. bei —17° zur Kristallisation gebracht wird. — *Tris-[triphenylstibin]-nitrosylrhodium*, $Rh(NO)\cdot[Sb(C_6H_5)_3]_3$, F. ca. 110° (Zers.), aus 204,1 mg I in 3 ml THF u. 2,25 g $Sb(C_6H_5)_3$ in THF durch Zusatz von Methanol u. längeres Stehen, Filtrieren u. Umfällen aus THF durch Methanolzugabe; kleine, rote Kristalle. — *Bis-[tricyclohexylphosphin]-nitrosylrhodiumdichlorid*, $Rh(NO)[P(C_6H_{11})_3]_2Cl_2$, F. >230°, durch Zutropfen einer konz. Lsg. von 2 g $P(C_6H_{11})_3$ in THF zu 153 mg I in 5 ml THF, nach 48 Std. Abdekantieren, Filtrieren, Versetzen mit CH_3OH, Waschen u. Trocknen im Hochvakuum; gelbbraunes, mikrokristallines Pulver. Gerhard Schulze. 364□

A₉. Mineralogische und geologische Chemie

Über die Fluorescenz organischer Spuren in anorganischen Stoffen und ihre Verbreitung in der Natur. Vorl. Mitt. Karl Przibram. (Forsch. u. Fortschr. **36**, 1—2, Jan. 1962; Wien; dt.) — Vf. erläutert die Entstehungsmöglichkeit für Organofluorescenz in Mineralien u. zeigt, daß atmosphär. Staub u. Oberflächenwässer für eine allg. Verteilung fluorescenzfähiger organ. Verbb. sorgen. Während frühe Feldspate aus Granitbohrkernen einer ca. 1200 m tiefen Bohrung keine Fluorescenz zeigen, fluorescierten alle Feldspate aus Granitproben, die aus Aufschlüssen an der Erdoberfläche stammen. Vf. führt dies auf postkristallin eingedrungene Oberflächenwässer zurück. Organofluorescenz wurde auch an den Steinmeteoriten von Hvittis (Finnland) u. Stannern (Mähren) nachgewiesen. H. Moenke. 378□

Zur Isotopengeochemie des Schwefels hydrothermal abgesetzter Sulfide. H. Nielsen. (Fortschr. Mineralog. **38**, 129—30, Sept. 1960; Göttingen; dt.) — Massenspektrometr. wurde an *Bleiglanzen* u. anderen Sulfiden des Harzes das Isotopenverhältnis $\sigma = {}^{32}S/{}^{34}S$ bestimmt, das im Mittel bei 22,2 liegt. Für das Rammelsberger Lagererz wurde σ zu 22,07—22,13 gefunden. Die höchsten Werte mit 22,8—23,0 ergab das Mittelharzer Lagerstättengebiet mit Schwerpunkt St. Andreasberg. „Normale“ σ-Werte mit 22,4—22,5 wurden im Grunder Revier gemessen; im restlichen Westharz tendierte σ teils zum Rammelsberger, teils zum Andreasberger Wert. Im Ostharz nähern sich die Werte wieder dem „normalen“ σ-Wert. An Hand der Messungen werden die genet. Beziehungen besprochen. C. Gottfried. 378

Die Rolle der Mikroorganismen bei der Fraktionierung stabiler Schwefelisotope. N. A. Jeremenko und W. L. Mechtijewa. (Геохимия [Geochemie] **1961**, Nr. 2, 174—80; Moskau, Allunions Forsch.-Inst. für Erdölschürfung; russ., Auszug: engl.) — Die experimentelle Unters. über die Fraktionierung stabiler S-Isotope bei der bakteriellen Sulfat-Red. zeigt, daß in dem gebildeten H_2S das Verhältnis ${}^{32}S/{}^{34}S$ mit der Zeit abnimmt. Die maximale Anreicherung von $H_2{}^{32}S$ beträgt 11,4‰, die von $H_2{}^{34}S$ 6,5‰. Die Änderung des Verhältnisses hängt von der isotopen Zus. des zu reduzierenden Sulfats ab. H. Noack. 378

Bindungsenergie und Speicherung des radiogenen Argons in Glimmern. Ss. Ss. Ssardarow. (Геохимия [Geochemie] **1961**, Nr. 1, 30—38; Machatschkala, Inst. für Geol. der Akad. der Wiss. der UdSSR, Dagestan. Filiale; russ., Auszug: engl.) — Die Bindungsenergie der Atome des radiogenen Ar zu den Nachbarelementen im Muskovitgitter beträgt 8,3 kcal/g-Atom; d. h., sie ist zu klein zur Speicherung von ^{40}Ar. Durch die sehr starken Ionenkräfte der Nachbarelemente wird ^{40}Ar jedoch im Gitter gehalten. Die Beständigkeit des Verhältnisses $^{40}Ar/^{40}K$ in den zentralen, mittleren u. äußeren Teilen des Minerals bestätigt, daß Ar nicht aus dem Gitter diffundiert. ^{40}Ar ist nur dann nicht beständig, wenn bei höheren Temp. das Strukturwasser ausgeschieden wird, d. h., wenn das Kristallgitter zerstört wird. H. Noack. 378

Über die Speicherung des radiogenen Argons in zerkleinerten, Kalium enthaltenden Mineralien. E. K. Gerling, I. M. Morosowa und W. W. Kurbatow. (Геохимия [Geochemie] **1961,** Nr. 1, 39—48; Leningrad, Labor. für Geol. des Präkambriums u. Radium-Inst. der Akad. der Wiss. der UdSSR; russ., Auszug: engl.) — Durch röntgenograph. Unterss. u. Best. der Aktivierungsenergie E wird der Einfl. der mechan. Zerkleinerung im Mörser auf die Speicherung von radiogenem Ar in Glimmer u. Mikroklin gezeigt. Die E-Werte (E = 93000 cal/g für Muskovit, für einige Glimmerfraktionen zwischen 500 u. 800° E = 18000, 37000 u. 72000 cal/g) bestätigen die Zerstörung der Kristallstruktur beim Mörsern. Die leichte Ar-Abspaltung bereits bei niedrigen Temp. aus zerriebenen Mineralfraktionen beruht nicht nur auf einer Verringerung des Kornradius, sondern auf tiefgreifenden Strukturänderungen. Mechan. zerkleinerte Glimmer geben bis zu 30% des in ihm enthaltenden Ar ab, entsprechend behandelte Mikrokline zwischen 20 u. 70%. H. Noack. 378

Über die Speicherung des Argons im Mikroklin. A. M. Kusmin. (Геохимия [Geochemie] **1961,** Nr. 5, 456—58; Tomsk, Polytechn. Kirow-Inst.; russ.) — Die Verluste an radiogenem Ar im Mikroklin hängen vom Deformationsgrad des Kristallgitters u. bes. von der Perthitisierung der alkal. Feldspate ab. Die Umwandlung der alkal. Feldspate der magmat. Gesteine erfolgt durch pneumatolyt. u. hydrothermale Prozesse an den Gesteinsgrenzen. Das Sinken des hydrostat. Druckes im Gestein u. der hypergenen Wässer in der Erdrinde begünstigen ebenfalls den Verlust an radiogenem Ar u. K. H. Noack. 378

Über die Speicherung von radiogenem Argon in Glaukoniten. G. A. Murina und W. D. Sprinzsson. (Геохимия [Geochemie] **1961,** Nr. 5, 459—62; Leningrad, Allunions geol. Forsch.-Inst.; russ.) — Die Abgabe von Ar aus den Glaukoniten erfolgt bei der Zerstörung der Kristallstruktur. In Glaukoniten, die keinen Veränderungen unterlagen, bleibt Ar wie in den Glimmern gebunden. H. Noack. 378

Zur Geochemie des Cadmiums in Lagerstätten der Deputat-Gruppe. W. W. Iwanow. (Геохимия [Geochemie] **1961,** Nr. 2, 150—55; Moskau, Inst. für Miner., Geochem. u. Kristallchem. der Seltenen Elemente der Akad. der Wiss. der UdSSR; russ., Auszug: engl.) — Cd ist in Cu-Mineralen, wie Chalkopyrit, Stannit, Tetraedrit u. Pb-Mineralen wie Bleiglanz, Boulangerit, Franckeit der Cassiterit-Sulfid-Lagerstätten weit verbreitet. Die Möglichkeit der Isomorphie zwischen Cd u. Cu in Cu-Mineralen u. Cd u. Pb in Pb-Mineralen besteht. H. Noack. 378

Geochemische Untersuchungen am Schwerspat von Meggen und vom Rammelsberg. Harald Puchelt. (Fortschr. Mineralog. **38,** 133—34, Sept. 1960; Hannover; dt.) — Vf. bestimmte flammenphotometr. den *Sr*-Geh. des Schwerspats aus den submarin-exhalativ-sedimentären Pb–Zn-Schwerspatlagerstätten Meggen u. Rammelsberg. Die Meßergebnisse werden vom genet. u. geolog. Standpunkt aus diskutiert. C. Gottfried. 378

Phasenverhältnisse in Peridotiten von Dawros (Irland) und Belhelvie (Schottland). A. A. Rotstein. (Известия Академии Наук СССР, Серия Геологическая [Nachr. Akad. Wiss. UdSSR, geol. Ser.] **26,** Nr. 3, 69—86, März 1961; Moskau, Inst. für Geol. der Erzlagerstätten, für Petrographie, Miner. u. Geochem. der Akad. der Wiss. der UdSSR; russ.) — Auf Grund von Literaturdaten für silicat. Syst. u. existierende Mineralassoziationen werden Kristallisationsdiagramme aufgestellt. Es wird auf die Existenz der Assoziationen Olivin–Diopsid–Spinell unter bestimmten magmat. Bedingungen hingewiesen. Die Phasenverhältnisse der untersuchten Gesteine entsprachen jenen der Kalk–Alkali-Systeme. M. Hähnert. 378□

Paläogeothermometrische Forschungen in bezug auf die Hydrothermalganglagertästte von Baia Sprie (Felsobánya) R.V.R. M. Savul und V. Pomîrleanu. (Acta geol. Acad. Sci. hung. **7,** 211—19, 1961; Iaşi; dt.) — Bei der Best. der Homogenisierungs-Temp. der Einschlüsse in Quarzkristallen aus verschiedenen Tiefen der Grube Baia Sprie wurde festgestellt, daß diese Temp. bei verschiedenen Einschlüssen in einem Kristall schwankt, was auf zonares Wachstum unter verschiedenen Temp. zurückgeführt wird. Es lassen sich 3 Wachstumszonen unterscheiden. Die erste Hauptzone mit Temp. zwischen 215 u. 203°, die zweite Hauptzone mit solchen zwischen 210 u. 183° u. die Randzone mit Temp. zwischen 187 u. 178°. Mit zunehmender Tiefe stiegen die Temp. arithmetisch. In gleichen Horizonten sind mit einigen Ausnahmen die Bldg.-Temp. gleich. Der geotherm. Gradient, errechnet für 47 m Tiefe, ist 19°/100 m, die geotherm. Stufe ist 5,6 m/1°. F. Ensslin. 378□

Eine differenzierte Kuppe von Alkalidolerit von Cnoc Rhaonastil, Islay. Frederick Walker und E. M. Patterson. (Mineralog. Mag. J. mineralog. Soc. **32,** 140—52, Juni 1959; Dundee, Queen's Coll., Dep. of Geol.; West Kilbride, Ayrshire; engl.) — Es wird eine kleine Alkalidoleritkuppe beschrieben, die aus ophit. *Feldspat–Analcim–Olivin*-Dolerit u. aus Teschenit besteht. Diese Gesteine u. die kleineren Differentiate werden behandelt. Das Vork. ist von tert. Alter. J.-E. Hiller. 380□

Lamellare Struktur in einem Diamant vom Typ I. R. M. Denning. (Amer. Mineralogist **46.** 740—43, Mai/Juni 1961; Univ. of Michigan, Dep. of Miner.; engl.) — C. **1962,** 6710.) H. Moenke. 380□

Ein Fayalit-haltiger Pegmatit im Burnet County, Texas. Elbert A. King jun. (Amer. Mineralogist **46,** 747—48, Mai/Juni 1961; Austin, Tex.; engl.) — In einem Pegmatit des präkambr. Granits an der Küste des Buchanansees im Burnet County, Texas, wurde neben Mikroklinperthit u. Rauchquarz Fayalit gefunden. Opt. u. röntgenograph. Unters. $\alpha = 1{,}819$, $\beta = 1{,}858$, $\gamma = 1{,}868$, $2\ V = 53°$. H. Moenke. 380□

Gedrit von Oxford County, Maine. Daniel J. Milton und Jun Ito. (Amer. Mineralogist **46,** 734—40, Mai/Juni 1961; Cambridge, Mass., Harvard Univ.; engl.) — Beschreibung der chem. Zus. u. der physikal. Eigg. von Gedrit aus den metamorphen Ammonoosuc-Vulkaniten bei Grafton, Oxford County, Maine. H. Moenke. 380□

Schnelldiagnostik von Kalifeldspat, Plagioklas und Quarz zur quantitativen Dünnschliffanalyse. Olaf Anton Broch. (Amer. Mineralogist **46,** 752—53, Mai/Juni 1961; Oslo, Geological Surv. of Norway; engl.) — Vf. beschreibt eine Schnell-Meth., die es gestattet, den Plagioklasanteil in granit. Gesteinen auch dann mit Sicherheit zu erkennen, wenn er frei von Einschlüssen sowie unverzwillingt ist u. nahezu quarzähnliches Relief zeigt. Der Dünnschliff wird mit HF-Dampf geätzt u. anschließend mit $Co(NO_2)_2$-Lsg. behandelt. Die Unters. erfolgt mit reflektiertem Licht u. ohne Deckglas. H. Moenke. 380□

Die Dichtetrennung von Tonmineralien in Thalliumformiat-Lösungen. J. A. Kittrick. (Amer. Mineralogist **46,** 744—47, Mai/Juni 1961; Pullman, Wash., Washington State Univ., Agronomy Dep.; engl.) — Vf. kritisiert die quant. Tonmineralanalyse von Gemischen u. schlägt vorherige Dichtetrennung der Phyllosilicate mit Thalliumformiat vor, Angabe von Resultaten der Kaolinit–Montmorillonit-Trennung. H. Moenke. 380□

Vorgänge bei der Entstehung und Schwindung von Vermiculit: Lagerstätte Santa Olalla (Huelva). 1. Mitt. **Beschreibung der Lagerstätte und Probenentnahme.** F. Gonzalez Garcia und G. Garcia Ramos. (An. Edafol. Agrobiol. **19,** 381—98, Juli/Aug. 1960; Sevilla, Fac. de Cienc., Labor. de la Cát. Quím. Inorg.; span.) — An Hand einer Kartenskizze u. eines senkrechten Croquis wird die Lage eines Vermiculit-Vork. an der Durchbruchsstelle von granit. u. silur. Gestein durch eine Kalksteinschicht des oberen Kambriums in der Nähe von Santa Olalla beschrieben, sowie die dort sich zeigenden kontaktmetamorphen Gesteinstypen als Begleiter des Vermiculits. R. Kaiser. 380□

Vorgänge bei der Entstehung und Schwindung von Vermiculit: Lagerstätte Santa Olalla (Huelva). 2. Mitt. **Physikalisch-chemische und mineralogische Untersuchung der Lagerstättengesteine.** J. M.[a] Fontboté, F. Gonzalez Garcia und G. G.[a] Ramos. (An. Edafol. Agrobiol. **19,** 399—431, Juli/Aug. 1960; Sevilla, Fac. de cienc., Labor. de la Quím. Inorg.; Sevilla, Sec. Silicatos del Patr. Juan de Cierva; Granada, Fac. de Cienc., Labor. Geol.; span.) — 1. vgl. vorst. Referat. — Die verschiedenen Gesteinsarten der Lagerstätte von Santa Olalla wurden mineralog., physikal. u. chem. untersucht u. charakterisiert: Marmorkalk mit Resten von Brucit, Forsterit, Grossular, Andradit, Diopsid, Feldspat-Pyroxene, Plagioklas u. Orthoklas. Die Genetik dieser Gesteins-Bldg. wird in einem Rk.-Schema erörtert. R. Kaiser. 380□

Über die Verwitterung einiger Einschlüsse in den „schuppigen Tonen" der Provinz Avellino. Vincenzo Minieri und G. D'Erasmo. (Rend. Accad. Sci. fisiche mat., Napoli [4] **23 (95),** 81—89, 1956; Napoli, Univ., Ist. geo-paleontol.; ital.) — Vff. untersuchten chem. u. röntgenograph. die verschiedenfarbigen Einschlüsse in den schuppigen Tonen von Avellino. Die am häufigsten auftretenden Farben schwarz u. violettbleifarben werden Pigmenten von Metallsulfiden vom Typ *Hydrotroilit* oder *Melnikovit* oder Eisensulfidhydraten der Formel $FeS \cdot n\ H_2O$ zugeschrieben. Diese Einschlüsse wandeln sich in Knollen um, die im Innern gelb u. außen dunkelrot sind. Röntgenograph. konnten diese Einschlüsse als *Goethit* u. *Limonit* identifiziert werden. C. Gottfried. 380

Mineralogie des Silvermines-Distrikts, County Tipperary, Irland. H. N. Rhoden. (Mineralog. Mag. J. mineralog. Soc. **32,** 128—39, Juni 1959; Redhill, Surrey; engl.) — Vgl. C. **1959,** 15292. — Die hydrothermalen Mineralparagenesen von 4 Gruben des Silvermines-Distrikts werden untersucht. Sie enthalten Sulfide, *Baryt*, Carbonate, *Quarz, Sericit* u. *Chlorit*. Bes. werden behandelt die durch Fe-Verlust entstehende Umwandlung von *Magnetkies* in *Markasit*, die Verdrängung von *Zinkblende* durch Chlorit u. die mögliche Bldg. von prim. *Goethit*. Das Vork. von *Gudmundit* in England wird zum ersten Mal beschrieben. J.-E. Hiller. 380☐

Rezente Sekundärminerale aus der Anhydritgrube von Billingham. L. R. Raymond. (Mineralog. Mag. J. mineralog. Soc. **32,** 172—75, Juni 1959; Billingham-on-Tees, Durham, Emirial Chim. Ind. Ltd., Res. Dep.; engl.) — Durch Verdunsten des W. aus dem oberen Dolomit entstanden in der Anhydritgrube von Billingham Mineralausblühungen. Es werden folgende Minerale aufgeführt: *Steinsalz, Thenardit, Gips, Epsomit, Talk, Sylvin, Pyrit, Schwefel, Lepidokrokit* u. wahrscheinlich *Ilsemannit, Tamarugit, Tachyhydrit* u. Fe-Sulfat, Fe-Chlorid. Möglich sind noch *Aphthitalit, Arsenopyrit* u. *Molybdänit*. J.-E. Hiller. 380☐

Phasenbeziehungen im Cordierit und Granat enthaltenden Kinsman-Quarz-Monzonit und in den umgebenden Schiefern, Lovewell Mountain-Viereck, New Hampshire. Fred Barker. (Amer. Mineralogist **46,** 1166—76, Sept./Okt. 1961; Washington, D.C., U.S. Geol. Surv.; engl.) — Vf. beschreibt die Paragenese *Biotit–Cordierit–Granat–Mikroklin–Plagioklas–Quarz* in Teilen des Cardigan Plutons (Kinsman Quarzmonzonit). Diskussion der Phasenbeziehungen zu dem benachbarten Schieferkomplex der devon. Littleton-Formation. H. Moenke. 380☐

Beziehungen fester Lösungen in einigen titanhaltigen Eisenoxiderzen basischer Magmatite. J. B. Wright. (Mineralog. Mag. J. mineralog. Soc. **32,** 778—89, Juni 1961; Oxford, Univ., Dep. of Geol. and Mineral.; engl.) — Die auf der Basis modaler u. chem. Analysen titanhaltiger Eisenerze aus dem Skaergaard- u. dem Schmoo-Lake-Bezirk durchgeführten Berechnungen ergaben für körnige Aggregate (I) von Ilmenit u. Titanomagnetit konst. Fe:Ti-Verhältnisse. Sie sind unabhängig von dem Bldg.-Stadium. Vf. nimmt an, daß die I das Ergebnis einer Entmischung ursprünglich vorhandener kub. Hochtemp.-Phasen sind. H. Moenke. 380☐

Einige Morphologie- und Struktureigentümlichkeiten von Quarz–Wolframit-Adern des Mittleren Ural. D. W. Rundkwisst. (Геология Рудных Месторождений [Geol. d. Erzlagerstätten] **1961,** Nr. 1, 69—79, 2 Tafeln, Leningrad; russ.) Ch. Weiske. 380☐

Sekundäre Mineralisation in Bauxitschichten und in der Verwitterungskruste der Turga- und West-Kasachstan-Bauxitlagerstätten. N. A. Lissitzyna und M. W. Passtuchowa. (Геология Рудных Месторождений [Geol. d. Erzlagerstätten] **1961,** Nr. 1, 33—51, 4 Tafeln; Moskau, Geol. Inst. der Akad. der Wiss. der UdSSR; russ.) — Beschreibung der in den Bauxiten vorkommenden Minerale *Chamosit, Siderit* u. *Pyrit*. Ch. Weiske. 380☐

Zur Geologie des Küstenbeckens von Sergipe, Brasilien. Fritz Bender. (Geol. Jb. **77,** 1—33, Dez. 1960; Hannover, Bundesanstalt für Bodenforschung; dt.) — In einem 30—60 km breiten Streifen an der Küste von Sergipe finden sich algonk. u. paläozoische Gesteine, brack. Ablagerungen der Unterkreide, marines Mittelalb, Unterturon, Maastricht u. neogene, terrestr.-fluviatile Bildungen. Diese Sedimente werden im einzelnen beschrieben, eine stratigraph. Neueinteilung nach auskartierbaren Schichteinheiten wird vorgeschlagen. H.-J. Bautsch. 385☐

Rosafarbene und graue Granite von Hyderabad. S. Balakrishna und M. Raghava Rao. (Current Sci. [Bangalore] **30,** 264, Juli 1961; Hyderabad, Osmania Univ., Geol. Dep.; engl.) — Kurz-Mitt. über den Chemismus, die petrograph. u. geophysikal. Eigg. der Granite von Hyderabad. Die grauen Gesteine entstanden durch Granitisierung von Dharwar-Schiefern; die rosa gefärbten sind jünger. H. Moenke. 385☐

Die Petrologie der geschichteten basischen Gesteine des Carlingford-Komplexes, Co. Louth. M. J. Le Bas. (Trans. Roy. Soc. Edinburgh **64,** 169—200, 4 Tafeln, 1960; Cambridge, Univ., Dep. of Miner. and Petrology; engl.) — Petrolog.-geolog. Beschreibung der tert., bas., magmat. gebildeten Gesteine des Carlingford-Komplexes. Es konnten 4 Hauptschichten (I) kartiert werden. In jeder I läßt sich die Gravitationsdifferentiation nachweisen. (Olivingabbros im Liegenden, Plagioklas-reiche Gabbros als Spätausscheidungen darüber). Als Ausgangsmagma wird ein Al_2O_3-reicher basalt. Typ angenommen. Innerhalb der Gesteinsschichten bilden die Plagioklase einen Übergang zwischen Hochtemp.- u. Tieftemp.-Struktur. An der Basis der untersten I wurden Silursedimente u.

Tertiärbasalte kontaktmetasomat. verändert. Auch innerhalb der geschichteten Gabbros können intensiv metamorph umgewandelte Sedimentgesteinspartien gefunden werden (Xenolithe u. exsedimentäre Zwischenschichten). H. Moenke. 385□

Lagerstättenkundliche Untersuchungen zur Frage des Braunkohlen-Bitumens. Helmut Jacob. (Geol. Jb. **77**, 615—43, Dez. 1960; Hannover, Bundesanstalt für Bodenforschung; dt.) — Luminescenzmkr. Unterss. an Extraktionsrückständen ergaben, daß selbst bei erschöpfender Extraktion mit Bzl.–A. die Protobitumina nicht in Lsg. gegangen sind. Remissionsmessungen zeigen, daß die Extraktion eine Helligkeitsabnahme der Kohle zur Folge hat. Es wird die Frage aufgeworfen, ob Bitumen oder Humus in Lsg. gegangen ist u. ob man überhaupt zwischen beiden Stoffgruppen eine hinreichende Unterscheidung treffen kann. Es wurde festgestellt, daß der Bzl.–A.-Nachextrakt den Dunkelstoffen sehr nahesteht. Huminsäure liefert sehr hohe Extraktausbeuten, deren bituminöser Charakter mehr als fraglich ist. Ähnlich verhält es sich mit chem. entaschten Braunkohlen u. Torfen. Für letztere wurde eine Zunahme des Remissionsgrades nachgewiesen, die auf einen Rückgang der Humus-Kondens. hindeutet. Zwischen Remission u. Bitumen-Geh. der Lithotypen bestehen innerhalb einer jeden Lagerstätte stochast. Beziehungen. Aus dem entsprechenden Diagramm ergeben sich Schlußfolgerungen zum Bitumen–Humus-Problem. In diesem Zusammenhang werden die Faktoren der biochem. Phase einer näheren Betrachtung unterzogen. In die zwischen Teer- u. Bitumen-Geh. vorhandenen u. allg. bekannten Korrelationen werden die Hartbraunkohlen einbezogen u. Quotienten gebildet. Letztere lassen deutlich erkennen, daß mit fortschreitender Metamorphose die Bitumenausbeute geringer wird. Als Ursache kommen bes. Kondens.-Rkk. in Betracht. Die Hauptmenge der Protobitumina liefert zwar kein Extraktbitumen, wohl aber Schwelteer. Abschließend geht Vf. auf einige Gesichtspunkte ein, die unmittelbar für die Technologie der Rohmontanwachsgewinnung von Bedeutung sind. H.-J. Bautsch. 390□

Rezente Vergleichsobjekte zur Entstehung von Erdöl und Kohle. Robert Potonié. (Z. dtsch. geol. Ges. **109**, 411—47, Febr. 1958; Krefeld, Geol. Landesamt Nordrhein/Westf.; dt.) — Die Kartierung des Nemonien-Memeldeltas, die vor dem 1. Weltkrieg erfolgt war, u. die noch unveröffentlichten Mitt. von Potonié aus den damaligen Bohrregistern gaben die Unterlagen für die Theorien des Vf. über die Entstehung von Erdölen, Bitumina u. kohligen Substanzen aus den Mooren solcher Stromdelta. Einige Haupttypen von Faulschlamm werden aufgezählt, die zur Bldg. von Ölschiefer, Erdöl u. Erdgas führen. Der Chlorophyll-Geh. eines Gesteins weist auf Sapropelherkunft. Durch anaerobe Bakterien-Wrkg. entstehen Fettsubstanzen, die bei der Inkohlung zu Fettkohlen u. nicht zu Erdölen führen. R. Kaiser. 390□

Über die mögliche Anwesenheit salzhaltiger Schichten in der Krosnen-Zone der Karpaten. B. T. Golew. (Известия Академии Наук СССР, Серия Геологическая [Nachr. Akad. Wiss. UdSSR, geol. Ser.] **26**, Nr. 7, 105—10, Juli 1961; Lwow, Univ.; russ.) — Obwohl hohe Salz-Geh. der Wässer des betrachteten Gebietes sehr verbreitet sind, zeigten Kartierungen innerhalb der Krosnen-Zone keine Salzablagerungen. Drei Wassertypen werden unterschieden: CO_2-führende NaCl-Wässer mit bis zu 14 g/Liter Salzführung, CH_4-führende NaCl-Wässer (bis 150 g/Liter) u. CO_2–N_2-führende NaCl-Wässer (von 35—105 g/Liter). Die Bldg. des Krosnen-Flyschbassins wurde im unteren Miozän, als die Eintrocknung des Bassins vor sich ging, beendet. M. Hähnert. 393□

Über die heißen Quellen des Dorfes Kamikano, Izu. Koji Sato. (J. geol. Soc. Japan **67**, 249—60, 1961; jap., Auszug: engl.) — Die heißen Quellen entspringen Propyliten aus Tuffbreccien mit untergeordnet Sandstein, Konglomeraten u. Andesiten. Als sek. Mineralien treten Quarz, Calcit, Zeolithe u. Chlorit auf. Das W. stammt aus den Basalten von Yugashima u. speichert sich in den Tuffen. Auf seiner weiten Wanderung nimmt der Geh. an SO_4^{2-} u. Ca^{2+} ab, während die Geh. an Na^+, Cl^- u. HCO_3^- zunehmen. Der Cl^--Geh. ist im wesentlichen eine Funktion des Na^+-Gehalts. Die Temp. schwanken zwischen 33 u. 55°. F. Ensslin. 393□

Cäsium-137 im Meerwasser nahe dem Kap der Guten Hoffnung. B. W. Schroeder und R. D. Cherry. (Nature [London] **194**, 669, 19/5. 1962; Rondebosch, Univ. of Cape Town, Dep. of Phys.; engl.) — 5 Proben Meerwasser vom August u. September 1961 wurden auf den ^{137}Cs-Geh. untersucht; die Werte betragen 29—161 ($\mu\mu$c/kLiter). Der ^{137}Cs-Geh. von W. bei Cape Town unmittelbar vor den Kernwaffentests 1961 wurde zu 90 ± 47 berechnet u. ist mit den Werten 138 ± 40 nahe der Küste von Californien (1959/60) u. 380 ± 136 in japan. Gewässern (1959) vergleichbar. Die Meßmethodik ist eingehend beschrieben. Ernst Schulte. 393□

B. Allgemeine und theoretische organische Chemie

Anwendung der Konfigurationswechselwirkung in der Molekularbahntheorie auf Inden. S. Ramamurty. (Indian J. Physics Proc. Indian Assoc. Cultivat. Sci. **32 (41)**, 582—83, Dez. 1958; Waltair, Andhra Univ., Math. Phys. Dep.; engl.) — Vf. verwendet die von Pariser u. Parr (vgl. C. **1956**, 6620) angegebene Meth. zur Berechnung des Einfl. der Wechselwrkg. von Konfigurationen bei *Inden*, wobei die Konfigurationen, die für die Wechselwrkg. ausgewählt wurden, die Grundkonfiguration u. alle einfach angeregten Konfigurationen waren. Es wurde eine gute Übereinstimmung zwischen den berechneten u. den experimentellen Werten erhalten. C. Gottfried. B 114

Vorausgesagte elektronische Verschiebungen in fluorierten Naphthalinen. S. Ramamurty. (Indian J. Physics Proc. Indian Assoc. Cultivat. Sci. **32 (41)**, 584, Dez. 1958; Waltair, Andhra Univ., Mathem. Phys. Dep.; engl.) — Unter Anwendung einer von Murrell u. Longuet-Higgins (vgl. C. **1957**, 4056) angegebenen Meth. u. der bei den Unterss. von Ramamurty, Rao u. Rao (vgl. C. **1959**, 1391) an α- u. β-Fluornaphthalinen erhaltenen Parameter berechnete Vf. die Rotverschiebung von *1.2-, 1.3-, 1.4-Di-, 1.2.3-, 1.2.4-Tri-* u. *1.2.3.4-Tetrafluornaphthalin.*

C. Gottfried. B114

Beeinflussung der Lichtabsorption organischer Farbstoffe durch äußere elektrische Felder. 1. Mitt. Theoretische Betrachtung. Heinrich Labhart. (Helv. chim. Acta **44**, 447—56, 15/3. 1961; Basel, Ciba AG u. Univ.; dt.) — Vf. versucht, die formal eingeführte Feldabhängigkeit der Absorptionskurve auch bei dipollosen, aber polarisierbaren Moll. zu deuten u. ihre Größenordnung durch Modellbetrachtungen abzuschätzen. Die Berechnung des Feld-Einfl. auf die Lichtabsorption von Moll. mit konjugierten Doppelbindungen läßt sich auf eine Berechnung des Unterschieds der Dipolmomente u. Polarisierbarkeiten im Grund- u. angeregten Zustand zurückführen. Vf. verwendet für die Abschätzung der Polarisierbarkeiten die FE-MO-Meth. unter Vernachlässigung der Elektronenwechselwirkung. Die Berechnung des Unterschieds der Dipolmomente im Grund- u. angeregten Zustand bereitet größere Schwierigkeiten. Die einfache MO-Meth. führt hierbei meist zu wesentlich erhöhten Werten, da die Wechselwrkg.-Energie der π-Elektronen proportional dem Quadrat des Dipolmomentes anwächst, letzteres aber wiederum durch die Polarisation der Moll. in einem starken elektr. Feld entsteht u. zunimmt. Vf. beschränkte sich auf dipollose, symm. Moll., wie *Polyene* (I) u. *symm.-Cyanine* (II). Die quantenmechan. Berechnungen der Bandenverschiebungen sind angeführt. Bei den II zeigt sich eine ca. 10mal kleinere Verschiebung als bei I entsprechender Anzahl Doppelbindungen. Die Wellenlängenverschiebung geht allerdings bei den II mit zunehmender Anzahl Doppelbindungen weniger rasch zurück als bei den I. Die Berechnungen an I u. II zeigen, daß auch bei dipollosen, gestreckten, konjugierten Moll. in einem äußeren elektr. Feld eine dem Quadrat der Feldstärke proportionale Verschiebung der Absorptionsbanden nach größeren Wellenlängen zu beobachten ist.

G. Plötner. B118□

Beeinflussung der Lichtabsorption organischer Farbstoffe durch äußere elektrische Felder. 2. Mitt. Experimentelle Untersuchungen an Polyenen. Heinrich Labhart. (Helv. chim. Acta **44**, 457—60, 15/3. 1961; dt.) — 1. vgl. vorst. Referat. — Mit Hilfe einer früher beschriebenen App. (vgl. (Chimia [Aarau, Schweiz] **15**, [1961], 20), die es ermöglicht, sehr geringe Wellenlängenverschiebungen zu erfassen, gelang es Vf., an *Crocetindimethylester* (I) u. *Bixindimethylester* (II) die Verschiebung der Absorptionsbanden in einem äußeren elektr. Feld zu messen. Die durch theoret. Überlegungen u. Berechnungen vorausgesagten Verschiebungen konnte Vf. durch diese Unterss. größenordnungsmäßig bestätigen. Die bei I durch ein Feld von 10^5 Vcm^{-1} erzeugte Verschiebung beträgt $\Delta\nu = -0{,}26\ cm^{-1}$ u. entspricht bei $\nu = 23{,}10^3\ cm^{-1}$ einer Wellenlängenänderung von ca. 0,05 Å. $\Delta\nu$ (unter Bedingungen wie vorst. bei I) bei II beträgt 0,52 cm^{-1}. Die berechneten Werte $\Delta\nu$ für I u. II sind um einen Faktor 3 größer als die experimentell bestimmten. Diese Abweichungen sind wahrscheinlich zum großen Teil auf die Vernachlässigung der Elektronen-Wechselwrkg. bei den theoret. Betrachtungen zurückzuführen. G. Plötner. B118□

Über die optischen Absorptionsspektren von Semichinon-Ionen. Yoshiya Harada und Yoshio Matsunaga. (Bull. chem. Soc. Japan **34**, 585—86, April 1961; Hongo, Tokyo, Univ. of Tokyo, Fac. of Sci., Dep. of Chem.; engl.) — Die opt. Absorptionsspektren einiger Semichinonionen werden untersucht, wobei die Ionen entweder durch Red. der entsprechenden Chinone mit Na-Dithionit oder Zn-Staub in einem Gemisch von Äthylenglykol (ÄG) u. 2m KOH oder durch Oxydation der Hydrochinone in ÄG mit Luft-O_2 dargestellt werden. Das hochviscose ÄG ist nicht nur inert gegenüber den meisten Semichinonen, sondern schützt auch die freien Radikale u. verhindert Nebenreaktionen. Bei der Oxydation von 2.5-Di-tert.-butylhydrochinon wurden drei schwache

Peaks des *2.5-Di-tert.-butyl-p-benzosemichinon-Ions* bei 374, 411 u. 436 mμ sowie ein intensiver Peak bei 323 mμ beobachtet. Analog wurde das *Anthrasemichinon-Ion* (297, 400 u. 480 mμ) u. *Phenanthrasemichinon-Ion* (270; 326, 404, 475 u. 507 mμ) untersucht. Harro Zimmer. B 118□

Absorptionsspektren organischer Verbindungen. Übersicht des Elektronengasmodells. M. Vandewalle. (Meded. vlaamse chem. Veren. **23**, 25—36, März/April 1961, Gent, Rijksuniv., Labor. voor Org. Chem.; fläm.) — Vortrag. Vf. bespricht die Grundlagen der Absorption monochromat. Lichts durch Syst. mit konjugierten Doppelbindungen u. die dabei auftretenden Energieänderungen im Elektronenzustand der bestrahlten Moll. an Hand des Elektronengasmodells nach der MO-Methode. Am Beispiel der *Polyene, symm.* u. *asymm. Cyanine* u. solcher Syst., die Heteroatome im konjugierten Syst. enthalten, werden entsprechende Formeln zur Berechnung der Hauptabsorptionsbanden abgeleitet u. mit Hilfe schemat. Darst. illustriert. G. Kirsten. B 118□

Spaltung und Konfiguration von Thienyl-(3)-glykolsäure. Salo Gronowitz. (Ark. Kemi **13**, Nr. 26, 231—38, 1958; Royal Agric. Coll., Inst. of Organ. Chem.; engl.) — Vgl. C. **1961**. 7570. — *Thienyl-(3)-glykolsäure* (I) wurde in ihre Antipoden gespalten u. deren ster. Beziehung zu Mandelsäure (II) durch die Quasi-Racemat-Meth. festgestellt. Die Existenz eines Quasi-Racemats zwischen (—)-I u. (—)- bzw. (+)-II wurde durch Schmelzdiagramme, Röntgenanalyse am Kristallpulver u. IR-Spektrum (Abb.) in KBr nachgewiesen. Kinet. Unterss. bei 90° in Ggw. von 0,2n NaOH zeigten, daß sich das *2-Isomere* von I 33mal schneller als II u. 20mal schneller als I racemisiert (Geschw.-Konst. in dieser Reihenfolge: 0,0046 [min^{-1}], 0,00014 u. 0,00023). Offenbar ist die Elektronenanziehung der Thienyl-(2)- stärker als die der Thienyl-(3)- u. der Phenylgruppe.

Versuche: (—)-*Thienyl-(3)-glykolsäure* [(—)-I], $C_6H_6O_3S$, F. 123,5—124° (Bzl.), durch Zers. des (+)-Phenyläthylaminsalzes mit 1n H_2SO_4; $[\alpha]_D^{25}$ —102,1° (A.). (+)-*Säure*, $C_6H_6O_3S$, F. 123,5—124° (Bzl.), durch Zers. des Strychninsalzes mit 1n NaOH; $[\alpha]_D^{25}$ 125,2° (Essigsäure); 121,5° (W.), 102,5° (A.), 101,6° (Aceton), 99,5° (Essigester), 84,5° (Ae.) J. Richter. B 119□

Untersuchung von Additionsverbindungen der Lewis-Säuren. 16. Mitt. Bemerkung über das Absorptionsspektrum von $CH_3NO_2 \cdot AlCl_3$ in polarisiertem Infrarotlicht. Pierre Gagnaux und B.-P. Susz. (Helv. chim. Acta **44**, 1132—35, 15/6. 1961; franz.) — 15. vgl. C. **1963**, 3174; 17. vgl. C. **1962**. 15176. — Zur Unters. geeignete Kristalle von $CH_3NO_2 \cdot AlCl_3$ in Form sehr dünner, nach der c-Achse gestreckter Täfelchen wurden durch sehr langsame Verdunstung einer benzol. Lsg. erhalten, die ein äquimol. Gemisch von CH_3NO_2 u. $AlCl_3$ enthielt. Im IR-Spektrum der in Nujol dispergierten Additions-Verb. traten, wie bereits früher (vgl. C. **1962**, 13703) bei $CH_3NO_2 \cdot AlBr_3$ beobachtet, 2 neue sehr intensive Frequenzen bei 1610 u. 1310 cm^{-1} auf, die den Frequenzen der gestörten Schwingungen $\omega_a(NO_2)$ u. $\omega_s(NO_2)$ zugeteilt werden. Hierauf wurden die Einkristalle in polarisiertem u. natürlichem IR-Licht untersucht. Bei den Aufnahmen mit natürlichem Licht lag der elektr. Vektor des anregenden Lichts ΔE parallel der bc-Ebene, bei den Aufnahmen mit polarisiertem Licht parallel der c- bzw. b-Achse. Bestimmt wurde der Dichroismus einiger IR-Frequenzen; sie konnten mit Hilfe der von Wells u. Wilson (vgl. J. chem. Physics **9**, [1941], 314) gedeuteten Spektrums von CH_3NO_2 gedeutet werden. Aus einem Vgl. der kristallograph. Achsen u. dem Dichroismus konnte die C—N-Bindung im Kristall vorläufig festgelegt werden. C. Gottfried. B 120

Einfluß des inneren Feldes auf die Intensität der Ramanstreuung. W. M. Piwowarow. (Оптика и Спектроскопия [Optik u. Spektroskopie] **6**, 101—03, Jan. 1959; russ.) — Vgl. C. **1960**, 14644. — Vf. betrachtet theoret. in 2 Varianten den Einfl. des inneren Feldes auf die relative Intensität der Raman-Linien von Fll. auf der Grundlage des Onsager-Modells. Beide theoret. Darlegungen beschreiben quant. richtig die Beobachtung, daß depolarisierte Linien den Intensitätsanomalien stärker unterworfen sind als die polarisierten. Zur Bestätigung wurde die Intensität der Linie 1707 cm^{-1} von *Aceton* (I) bei reinem I sowie bei den bin. Mischungen I-CCl_4 u. I-*n-Hexan* (II) in Abhängigkeit von der Konz. bestimmt. Der Brechungsindex von I u. II ist annähernd gleich. Die im Syst. I-II beobachteten Abweichungen von der Proportionalität zwischen Intensität u. Konz. sind 5—10mal geringer als im Syst. I-CCl_4. Diese Resultate bestätigen die theoret. Darlegungen. Im Falle starker zwischenmol. Wechselwrkg., die von der Bldg. von Mol.-Assoziaten begleitet ist, sind jedoch die Intensitätsanomalien des Raman-Effekts nicht mit dem Einfl. des inneren Feldes entsprechend dem Onsager-Modell zu erklären. U.-L. Rau. B 120□

Einfluß des Brechungsindex des streuenden Mediums auf die Intensität des Raman-Streulichtes. A. I. Ssokolowskaja und Ss. G. Rautian. (Оптика и Спектроскопия [Optik u. Spektroskopie] **6,** 51—54, Jan. 1959; russ.) — Bei Intensitätsmessungen in den Raman-Spektren von Fll. u. Lsgg. ist es notwendig, den Einfl. des Brechungsindex (n_{Fl}) des streuenden Mediums zu berücksichtigen. Variation von $n_F{}^1$ kann folgende Effekte bedingen: 1. Änderung des Reflexions-Koeff. an der Grenze Fl.–Glas des Streugefäßes; 2. Änderung der Strahlenkonfiguration des Erregerlichtes im Streugefäß; 3. Änderung der Lichtstärke der Streustrahlung beim Austritt aus dem Gefäß; 4. Änderung der Bedingungen der Abb. des Streugefäßes auf dem Spektrographenspalt infolge der fokussierenden Wrkg. der streuenden Flüssigkeit. Nur Faktor 3 ist einer strengen theoret. Berechnung zugänglich. Zur experimentellen Best. des reflektierten Teils des Erregerlichtes (Faktor 1) umgaben Vff. das mit *Bzl.* oder *Toluol* (I) gefüllte Streugefäß mit einem Glasrohr. In den gebildeten Zwischenraum wurde nacheinander *CS_2* (n = 1,67), *Bzl.* (1,52), I (1,52) u. *A.* (1,36) gefüllt u. die Intensitätsänderungen des Erregerlichtes bestimmt. Die Ergebnisse zeigen, daß unter normalen Vers.-Bedingungen (1 Reflexionsgrenze; n_{Fl}-Bereich der Fll. 1,3—1,7) die notwendige Korrektur ca. 1% ausmacht u. somit geringer als der Fehler bei der photograph. Photometrierung ist. Zur Unters. von Faktor 4 u. 2 wurde das Streugefäß mit CS_2 durch einen ellipt. Einlampenbrenner sowie einen Brenner mit Diffusor beleuchtet u. in beiden Fällen die Temp.-Abhängigkeit der Intensität der Linie 656 cm^{-1} von CS_2 im Bereich —100 bis +25° gemessen. Die Temp.-Abhängigkeit der Intensität ist in beiden Fällen völlig ident. u. somit ist der Einfl. von Faktor 4 u. 2 unbedeutend. Folglich zeigt sich der Einfl. von n_{Fl} nur in der Änderung der Lichtstärke des gestreuten Lichtes (Faktor 3), die proportional $n_{Fl}{}^2$ ist. Bei Temp.-Änderungen wird die Korrektur für die Lichtstärkeänderung des Streulichtes beim Austritt aus dem Gefäß durch die Dichtekorrektur kompensiert, da n^2/d von der Temp. prakt. unabhängig ist. U.-L. Rau. B 120□

Struktur und Dynamik des Hexafluorbenzol-Moleküls. L. Delbouille. (Bull. Cl. Sci., Acad. roy. Belgique [5] **44,** 971—93, 1958; Cointe-Sclessin, Belgique, Univ. de Liège, Inst. d'Astrophys.; franz.) — Es werden das IR- u. Raman-Spektrum von *Hexafluorbenzol* aufgenommen. Ihre Auswertung läßt auf ein ebenes C_6F_6-Mol. schließen u. auf die Kristallklasse D_{6h}.11 der beobachteten Banden gehören zu den Normalschwingungen des Modells. Es wird eine Unters. der Potentialfunktion, bezogen auf die ebenen Bewegungen des Mol., vorgenommen. Die erhaltenen Bindungskräfte u. Kopplungen werden auf Basis der Strukturtheorie behandelt. H. Schibilla. B 120□

Infrarotspektren von wasserstoffbrückengebundenen Verbindungen mit Polymorphie. 1. Mitt. **2.5-Dihydroxybenzochinon.** D. Hadži und A. Stojiljković. (Vestnik sloven. kem. Društva **5,** 75—80, Juli/Dez. 1958; Ljubljana, Univ., Chem. Labor.; Chem. Inst. „Boris Kidrič"; engl.) — *2.5-Dihydroxybenzochinon* (**I**) krist. in zwei verschiedenen Kristallformen A u. B. Diese Polymorphie wird von Vff. IR-spektroskop. in Hinblick auf die Störung der Symmetrie des isolierten Mol. durch H-Brücken untersucht. Die IR-Spektren von **I**, *$D_{2(2.5)}$*-**I** u. *2.5-Dimethoxybenzochinon* (**II**; aus **I** u. CH_2N_2) werden verglichen. **I** wurde im Gaszustand, die beiden Kristallformen A u. B von **I** u. $D_{2(2.5)}$-**I** u. **II** wurden in KBr, Nujol oder Hexachlorbutadien untersucht. Bes. die O–H-Valenzschwingungen, aber auch die C=C-Valenzschwingungen spiegeln den Einfl. der H-Brücken-Bldg. in **I** u. **II** wider. Genaue Zuordnungen der beobachteten Banden, bes. der δ(OH), werden durch komplizierte Wechselwrkg. mit anderen Schwingungen erschwert. Diese Wechselwrkg. ist für beide Kristallformen unterschiedlich. Die Valenz- u. Deformationsschwingungen der C–H-Gruppen sind in der Kristallform B aufgespalten, was als Folge der Abweichung von der Symmetrie C_{2h} durch die H-Brückenbindung aufgefaßt wird. Die Existenz der 2 Kristallformen wird auf die Existenz von verschiedenen Typen der H-Brücken zurückgeführt.

Versuche: *2.5-Dihydroxybenzochinon* (**I**), *Kristallform A*, durch Kühlen einer gesätt. Lsg. von **I** in W., Dioxan oder A.; gelbe Kristalle. *Kristallform B*, durch Kühlen einer Lsg. von **I** in W./Dioxan (1:1); orangefarbene Kristalle. — *$D_{2(2.5)}$*-**I**, *Kristallform A*, durch Kristallisation von **I** aus 99%ig. D_2O. *Kristallform B*, durch Kristallisation von **I** aus Dioxan/D_2O. F. Ritschl. B 120

Absorptionsspektren und Raman-Spektren von Selenophen und seinen Methylhomologen. N. A. Tschumajewski, W. M. Tatewski und Ju. K. Jurjew. (Оптика и Спектроскопия [Optik u. Spektroskopie] **6,** 45—50, Jan. 1959; russ.) — Die IR-, Raman- u. UV-Spektren von *Selenophen* (**I**; $Kp._{753}$ 110,5—111°, $n_D{}^{20}$ 1,5715, $D._4{}^{20}$ 1,5358), *2-* ($Kp._{769}$ 136—136,2°, $n_D{}^{20}$ 1,5615, $D._4{}^{20}$ 1,4432), *3-Methyl-* ($Kp._{751}$ 137—137,5°, $n_D{}^{20}$ 1,5615, $D._4{}^{20}$ 1,4623), *2.3-* ($Kp._{756}$ 159,5—160°, $n_D{}^{20}$ 1,5539, $D._4{}^{20}$ 1,3734), *2.4-*

(Kp.$_{746}$ 159,5—160°, n_D^{20} 1,5498, D_4^{20} 1,3672) u. *3.4-Dimethylselenophen* (Kp.$_{743}$ 168 bis 168,5°, n_D^{20} 1,5565, D_4^{20} 1,3945) wurden untersucht. Frequenzen u. geschätzte Intensitäten der Raman- (bis 1600 cm^{-1}) u. IR-Spektren (400—5800 cm^{-1}) werden tabellar. angegeben. Den ν(CH) u. ν(C=C) des Ringes entsprechen bei **I** die Frequenzen 3050, 2960 u. 1582 cm^{-1}. Die Methylhomologen zeigen die entsprechenden Banden etwas niederfrequent verschoben. Die Hauptfrequenzen des Heterocyclus von **I** 1426, 1342, 1096 u. 1017 cm^{-1} stimmen mit denen von Thiophen (**II**) prakt. überein. Die ν(C–Se) von **I** u. seinen Homologen liegen im Bereich 800—700 cm^{-1}. Die große Ähnlichkeit der Spektren von **I** u. **II** u. ihren Homologen bestätigen die ebene Struktur von **I** mit der Symmetrie C_{2v}. Die UV-Spektren (2200—2800 Å) von **I** u. seinen Methylhomologen zeigen keine wesentlichen Unterschiede in den Elektronenübergängen (2500 Å).

U.-L. Rau. B 120□

Tautomerie acylierter heterocyclischer Amine und ihre spektroskopische Untersuchung. Ju. N. Scheinker. (Доклады Академии Наук СССР [Ber. Akad. Wiss. UdSSR] **113,** 1080—83, 11/4. 1957; Allunions Chem.-Pharm. Ordshonikidse-Forsch.-Inst.; russ.) — Vgl. C. **1958,** 5621. — Nachdem sich aus den Spektren ergeben hat, daß die α- u. γ-Amino-Derivv. der N-Heterocyclen die Aminoform (AF), nicht die Iminoform (IF) darstellen, wird untersucht, wie das Tautomeriegleichgewicht zwischen AF u. IF sich ändert, wenn man in der Aminogruppe ein H-Atom durch einen Säurerest ersetzt. *2-Acetylamino-* (**I**), *2-Benzoylamino-*, *2-Mono-* (**II**), *-Di-* (**III**) u. *-Trichloracetylaminopyridin* (**IV**) zeigen in krist. Zustand im IR-Spektrum die charakterist. Bande 1686—1718 (cm^{-1}) der Amidcarbonylgruppe. *2-Trichloracetylaminothiazol* (**V**) hat dagegen nur die Carbonylbande 1616, also Iminstruktur, ebenso (1605—1630) *N-Methylpyridon-2-acetylimin* (**VI**), *N-Methylpyridon-2-trichloracetylimin* (**VII**) u. *3-Methyl-2-trichloracetyliminothiazolin* sowie *2-Trifluoracetylaminopyridin* (**VIII**) u. *-thiazol* (**IX**) bei 1630—1640. **I, II** u. **III** haben in verschiedenen Lsgm. Aminstruktur mit UV-Banden bei 235 u. 278 mμ. **IV** hat in Heptan-Lsg. ebenfalls reine AF; in alkohol. u. wss. Lsg. treten Banden (315—325) der IF auf. **V** hat in alkohol. u. wss. Lsg. prakt. reine IF (305), in Heptan-Lsg. auch AF. *2-Dichloracetylaminothiazol* (**X**) ist krist. reine AF (1702); auch in alkohol. u. wss. Lsg. liegen erhebliche Mengen AF vor. *2-Sulfonamidopyridin* (**XI**) u. *2-Sulfanilamidopyridin* zeigen krist. im IR-Spektrum Banden der IF N-C=N-SO_2- (940), aber keine AF N=C—N—SO_2- (1040, 850 bis 860), im UV-Spektrum in wss. Lsg. IF, in alkohol. Lsg. daneben etwas AF, in Dioxan–Heptan überwiegend AF. Die entsprechenden Thiazol-Derivv. zeigen in Kristallen u. in Lsg. IF. Ähnlich liegen *2-Nitraminopyridin* (**XII**) u. *-thiazol* (**XIII**) krist. u. in wss. u. alkohol. Lsg. in IF vor (IR 1615, 1542, UV 273, 350), enthalten aber in Dioxan erhebliche Mengen AF. In einer Tabelle werden die %-Geh. an AF für die verschiedenen Verbb. zusammengestellt. Es zeigt sich, daß für eine Verschiebung des Tautomeriegleichgewichts nach der IF-Seite die substituierende Säuregruppe ein hohes Acidifizierungsvermögen haben muß, dessen Mindestwert für die verschiedenen Verbb. verschieden ist. Bei den Lsgm. nimmt die Befähigung zur Verschiebung nach der IF-Seite in der Reihe Heptan–Dioxan–A.–W. zu. Die Unterss. bestätigen, daß das Tautomeriegleichgewicht zwischen IF u. AF ein Säure-Base-Gleichgew. darstellt. Wenn die Gleichgew.-Konst. pK_S in 2 Lsgm. als Abscisse, 1/log pK_S als Ordinate gewählt wird, liegen die Punkte für die verschiedenen Verbb. auf einer Geraden im Winkel von 45°; es ist $pK_{S_1} = pK_{S_2} + [(\Delta F_{S_2} - \Delta F_{S_1})/2{,}3 \cdot RT]$, wobei $\Delta F_{S_2} - \Delta F_{S_1}$ die Änderung der freien Energie beim Übergang von einem zum anderen Lsgm. ist, nach den Vers.-Daten beim Übergang von Dioxan- zu alkohol. Lsg. 2,1, beim Übergang von alkohol. zu wss. Lsg. 1,2 kcal/Mol entspricht. Von den acylierten Verbb. werden durch Umsetzung von 2-Aminopyridin bzw. -thiazol mit den entsprechenden Säurechloriden in Pyridin oder Bzl. dargestellt: **II**, F. < 110° (Zers.), **III**, F. 69—70,5°, **IV**, F. 84—85°, **V**, F. 194—195°, **X**, F. 180—180,5° u. **XI**, F. 171° (Thiazol-Deriv. 170°). Durch Rk. der Amino-Derivv. mit Säureanhydrid werden erhalten: **I**, F. 71°, **VIII**, F. 98 bis 101°, **IX**, F. 156—157°; durch Nitrierung der Amino-Derivv. mit konz. HNO_3: **XII**, F. 184°, u. **XIII**, F. < 180° (Zers.). R. K. Müller. B 120

Infrarot- und Ultraviolettspektren von Primycin. I. Szilágyi, T. Vályi-Nagy, I. Szabó und T. Keresztes. (Nature [London] **193,** 243—45, 20/1. 1962; Debrecen, Hungarian Acad. of Sci., Res. Inst. of Experiment. Med. Sci.; engl.) — Auf Grund des IR-Spektrums (in KCl; 3250—3300 cm^{-1}; 1665 cm^{-1}; 1060 cm^{-1}), des UV-Spektrums u. des Vgl. mit den UV-Spektren (200—250 mμ in W.) von *Acetonoxim*, *Argininhydrochlorid* (**I**), *Guanidinhydrochlorid* (**II**) u. *Harnstoff* sowie von Löslichkeits-Eigg., die denen der Guanidin-Derivv. ähnlich sind, schließen Vff., daß das Antituberkulose-Antibioticum *Primycin* (**III**) die C=N-Gruppe enthält. Im Gegensatz zu den untersuchten N-Chromogenen, die eine bathochrome u. hypochrome Verschiebung zeigen, wird die Lage der UV-Maxima beim Übergang von W. als Lsgm. zu n-Butanol/A./W.-Gemisch (**A**; 1:1:2 V/V)

(Konz. 0,01–0,001) bei **I** (201 mμ), **II** (207 mμ) u. **III** (202 mμ) nicht beeinflußt. In wasserfreiem A. können **III** bei 206 mμ u. **II** bei 209 mμ mit einem Fehler von ±2,67 bzw. 2,8%, in **A III** bei 206 mμ u. **II** bei 207 mμ mit einem Fehler von ± 3,6 bzw. 1,32% bestimmt werden. U. Uhlich. B 120□

Polarität der C–H-Bindungen im Acetylen und dessen molekulares Quadrupolmoment. H. Hamano. (J. chem. Physics **34**, 1678–83, Mai 1961; Tokyo, Japan, Tokyo Gakugei Univ., Chem. Labor.; engl.) — Mit Hilfe des aus der Breite des Mikrowellenspektrums ermittelten Quadrupolmoments werden die Polarität u. das Dipolmoment der C–H-Bindungen in *Acetylen* untersucht. Bei Anwendung der semiempir. LCBO–MO-Meth. (linear combination of bond orbitals) läßt sich zeigen, daß die C–H-Bindungen in diesem Mol. fast homöopolar sind, obwohl H eine schwache Positivladung aufweist. Auf Grund dessen lassen sich auch das sog. „Bindungsmoment" sowie das IR-Bindungsmoment, das noch die Änderung der Elektronenladungsverteilung bei der Knickschwingung enthält, diskutieren. Die Richtung des IR-Moments ist wahrscheinlich C^-H^+. Das Vorzeichen des Quadrupolmoments von **I**, das sich allein aus experimentellen Daten nicht festlegen läßt, wird als positiv bestimmt ($Q = +1{,}1 \cdot 10^{-16}$ cm²). F. Mader. B 121□

Das Mikrowellenspektrum von $CFCl_3$. Maurice W. Long, Quitman Williams und T. L. Weatherly. (J. chem. Physics **33**, 508–16, Aug. 1960; Atlanta, Ga., Georgia Inst. of Technol.; engl.) — Es wurden die Hyperfeinspektren des Übergangs $J = 1 \rightarrow 2$ für symm. Kreisel-Moll. mit drei ident. Kernen des Spins $^3/_2$ berechnet. Die Messungen ($J = 1$–2- bis 6–7-Übergänge) der $J = 1 \rightarrow 2$- u. $2 \rightarrow 3$-Hyperfeinspektren von $CF\cdot{}^{35}Cl_3$ (**I**) u. $CH^{35}Cl_3$ (**II**) stimmen mit den Berechnungen überein. Berechnungen für eQV_{aa} zeigen, daß die bisherige Annahme einer Ladungssymmetrie um die C–Cl-Bindungen für **I** u. **II** nicht zutrifft. Die unter der Annahme, daß D_{JK} für $K = 1$ konst. ist, erhaltenen Werte für D_J sind negativ u. nicht konst., scheinen sich aber bei großem J null zu nähern. Um eine Übereinstimmung zwischen den unter Annahme einer Ladungssymmetrie um die C–Cl-Bindung errechneten eQV_{aa}-Werten u. denen für andere C–Cl-Bindungen zu erreichen, muß eQV_{zz} beträchtlich abnehmen. Im Gegensatz dazu werden positive berechnete D_J-Werte nur erhalten, wenn man einen beträchtlichen Anstieg für eQV_{zz} annimmt. Auf Grund der Abhängigkeit der D_J von J bei D_{JK} = konst. ist die Zentrifugaldeformationstheorie, mit D_J u. D_{JK} = konst., nicht zur genauen Vorhersage der Rotationsspektren von **I** u. **II** anwendbar. Aus den Rotations-Konst. werden unter Annahme gleicher Bindungslängen in **I** u. $CF^{35}Cl_2{}^{37}Cl$ die Strukturparameter für **I** berechnet: C–Cl 1,76, C–F 1,33 Å, ∢ Cl–C–Cl 109° 40′. H. G. Henkel. B121□

Über die Konzentrationsdepolarisation der Phosphorescenz von Organoluminophoren. P. I. Kudrjaschow und B. Ja. Sweschnikow. (Оптика и Спектроскопия [Optik u. Spektroskopie] **8**, 651–56, Mai 1960; russ.) — Die Unters. der Konz.-Depolarisation (KDp) des Gesamtleuchtens u. der Phosphorescenz eines durch *Fluorescein* aktivierten *Borsäure-Glycerin*-Luminophors bei 20 u. — 186° führt zu folgenden Resultaten: 1. der Polarisationsgrad des engen Phosphorescenzspektralbereiches ändert sich nicht beim Abklingen des Nachleuchtens; 2. bei Zimmer-Temp. ist die KDp des Gesamtleuchtens geringer als die KDp der Phosphorescenz; 3. bei niedrigen Temp. ist die KDp der Phosphorescenz geringer als die KDp der Fluorescenz. Daraus folgt die Unmöglichkeit eines Übergangs der Anregungsenergie von Moll. im metastabilen auf Moll. im Normalzustand bei den Abständen, bei denen die KDp der Fluorescenz beobachtet wird. Die Vers.-Ergebnisse bei niedrigen Temp. stehen in Widerspruch zu den gegenwärtigen Vorstellungen über den Übergang von Moll. in den Phosphorescenzzustand sowie über den Mechanismus der Fluorescenz–KDp, während die Vers.-Ergebnisse bei Zimmer-Temp. diesen Vorstellungen entsprechen. U.-L. Rau. B 125□

Spektroskopische Untersuchung von Übertragungsprozessen der Schwingungsenergie komplizierter Moleküle bei Stößen. 1. Mitt. **Über die Bestimmung der transformierbaren Energiemenge und die Wirksamkeit der Stöße.** B. Ss. Neporent und Ss. O. Murumjanz. (Оптика и Спектроскопия [Optik u. Spektroskopie] **8**, 635–42, Mai 1960; russ.) — In früheren Arbeiten der Vff. u. anderer Autoren über die Stabilisierung angeregter komplizierter Moll. (Einfl. von Fremdgasen auf Fluorescenz) bei Zusammenstößen wird vorausgesetzt, daß beim Zusammenstoß die Schwingungsenergie der angeregten Moll. in Energie verschiedener Freiheitsgrade (Schwingungs-, Translations- u. Rotationsenergie) der Moll. des Fremdgases übergeführt wird. Es wird jedoch mit Hilfe des Satzes der Impulserhaltung gezeigt, daß bei Zusammenstößen nicht nur die Umwandlung der Energie in Freiheitsgrade der Fremdteilchen, sondern auch in äußere Freiheitsgrade des betrachteten Mol. berücksichtigt werden muß. In diesem Sinne wird der Aus-

druck für den Akkomodations-Koeff. α präzisiert u. entsprechende α-Werte (vgl. C. **1956**, 366) für die Zusammenstöße von *Anilin*, *β-Naphthylamin* u. *3.6-Bis-[dimethylamino]-phthalimid* mit He, H_2, N_2, CO, CO_2, NH_3, C_2H_4, $CHCl_3$, C_6H_6, C_5H_{12} u. SF_6 berechnet.
U.-L. Rau. B 125□

Die Ionisierungspotentiale verzweigter Alkane. K. Altenburg. (Z. physik. Chem. [Leipzig] **219**, 271—74, 1962; Berlin, Dtsch. Akad. der Wiss. zu Berlin, Forschungsgruppe Theoret. Chem.; dt.) — Bei isomeren Alkanen besteht ein linearer Zusammenhang zwischen ihrem Ionisierungspotential J u. dem quadrat. Mittelwert ihres Mol.-Radius, was sich durch die empir. Beziehung J (eV) = 12,520—0,500 N + (0,183 N—0,626)$\overline{R}^2/a_1^2$ beschreiben läßt [N = (Zahl der gleichen Bausteine des Mol.) 2—8]. Es werden von 29 Alkanen (*Äthan, Propan, n-Butan, 2-Methylpropan, n-Pentan, 2-Methylbutan, 2.2-Methylbutan, 2.2-Dimethylpropan, n-Hexan, 2-, 3-Methylpentan, 2.2-, 2.3-Dimethylbutan, n-Heptan, 2-, 3-Methylhexan, 2.2-, 2.3-, 2.4-Dimethylpentan, 2.2.3-Trimethylbutan, n-Octan, 2-, 3-Methylheptan, 2.2-, 2.4-, 2.5-, 3.4-Dimethylhexan, 2.2.3-, 2.2.4-Trimethylpentan* u. *2.2.3.3-Tetramethylbutan*) die Werte für $\overline{R}^2/a_1^2$ sowie für J, berechnet nach obiger Gleichung, mitgeteilt u. mit den von Franklin u. Lampe (C. **1962**, 15903) ermittelten J-Werten verglichen. Die Übereinstimmung ist gut. Alle J-Werte liegen im Bereich von 9,5—11,5 eV.
Claus Fischer. B 131□

Die komplexe Dielektrizitätskonstante bei niedrigen Mikrowellen-Frequenzen von an porösem Vycor-Glas adsorbiertem Äthylchlorid. J. D. McCowan und R. McIntosh. (Canad. J. Chem. **39**, 425—42, März 1961; Cambridge, England, Christ's Coll.; Univ. of Toronto, Canada; engl.) — Vff. bestimmten die komplexe DK des Syst. *Vycor-Glas* (gemahlen)/*Äthylchlorid* bei +11,2, —17,9 u. —32,9° im Frequenzbereich zwischen 500 u. 4000 MHz mit Hilfe einer koaxialen Meßleitung. Die reellen u. imaginären Anteile der DK des Adsorbats wurden bestimmt. H. Laue. B 132□

Über die Nichteinhaltung der Kramers-Kronig-Dispersionsbeziehung im Falle von Molekülkristallen bei verschiedenen Temperaturen. M. Ss. Brodin, A. F. Prichotko und M. Ss. Ssosskin. (Оптика и Спектроскопия [Optik u. Spektroskopie] **6**, 28—32, Jan. 1959; russ.) — Die Kramers-Kronig-Dispersionsbeziehung zwischen dem reellen u. komplexen Anteil der DK wurde an Einkristallen von *Anthracen* (**I**), *1.2-Benzanthracen, Stilben* (**II**) u. *Tolan* (**III**) bei 290, 80 u. 20° K experimentell geprüft. Die Ergebnisse zeigen, daß die Dispersionsbeziehung in der Mehrzahl der Fälle nicht eingehalten wird. Die Abweichungen sind bei tiefen Temp. am größten u. verringern sich mit steigender Temp., durchschnittlich auf ein Drittel beim Übergang von 20 auf 290° K. Für **II** u. **III** wird bei Zimmer-Temp. Gültigkeit der Beziehung in den experimentellen Fehlergrenzen beobachtet. Die größte Abweichung bei Zimmer-Temp. zeigt die Komponente in Richtung der b-Achse von **I**, wobei die experimentellen Werte doppelt so groß wie die theoret. sind. Zusammenfassend ist die Kramers-Kronig-Dispersionsbeziehung nicht universell zur Beschreibung der opt. Eigg. von Kristallen anwendbar.
U.-L. Rau. B 132□

Photoelektrische Untersuchungen organischer Farbstoffe. Walter Noddack, Hans Meier und Artur Haus. (Z. wiss. Photogr., Photophysik Photochem. **55**, 7—25, Juni 1961; Bamberg, Staatliches Forsch.-Inst. für Geochem.; dt.) — Durch Prüfung der lichtelektr. Eigg. gereinigter Triphenylmethanfarbstoffe u. anderer Farbstoffe [*Kristallviolett* (**I**), *Malachitgrün* (**II**), *Brillantgrün, Anilinblau, Hofmanns Violett, Parafuchsin, Pinacyanol, Agfa 9, Agfa 10, FX 4, FX 78, FX 79, Rhodamin B, Rhodamin S* u. *Chlorophyll A + B*] wird bewiesen, daß die Photoelektrizität der Farbstoffe nicht auf undefinierbare Verunreinigungen, sondern auf einen echten Photoeffekt der Farbstoff-Moll. zurückzuführen ist u. chromatograph. entfernbare Verunreinigungen als Haftstellen ausscheiden. Die Verw. empfindlicher Quer- u. Längsfeldzellen läßt Sättigungsströme an **I** u. **II** entstehen u. ergibt für mehrere Farbstoffe Quantenausbeuten mit φ-Werten $>$0,1. Die Quantenausbeute nimmt dabei mit abnehmender Schichtdicke, abnehmendem Elektrodenabstand u. steigendem Methylierungsgrad der Triphenylmethanfarbstoffe zu. Merocyaninfarbstoffe bilden in Längsfeldanordnung mit aufgedampfter Vorderelektrode Photoströme $>10^{-4}$ A aus u. zeigen sehr geringe Dunkel- u. fast völlig trägheitslose Photo- u. Abklingströme. Die Best. der mittleren freien Weglänge der Photoelektronen organ. Verbb. läßt erkennen, daß die im Anregungszustand befindlichen Elektronen unter der Wrkg. eines elektr. Feldes über viele Moll. hinweg wandern können. Bei Belichtung von Metall/Farbstoff 1/Farbstoff 2/Metall-Zellen im Vakuum entstehen Leerlaufspannungen u. Kurzschlußströme, die bei Kombination von Farbstoffen des n- u. p-Typs bis zu 2 mV u. $6 \cdot 10^{-8}$ A betragen. Für die Ausbldg. des Effektes scheint die Grenzschicht Farbstoff 1/Farbstoff 2 selbst verantwortlich zu sein. — 52 Literaturhinweise. W. Günther. B 134□

Elektronenspin-Resonanz von $(CO_2H)CH_2CH_2\dot{C}H(CO_2H)$ in bestrahlter Glutarsäure. A. Horsfield, J. R. Morton und D. H. Whiffen. (Molecular Physics **4**, 169—75, März 1961; Teddington, Middlesex, Nat. Phys. Labor., Basic Phys. Div.; engl.) — *Glutarsäure*-Einkristalle wurden mit 1 MeV-γ-Strahlen bestrahlt u. die Elektronenspinresonanzspektren aufgenommen, wobei das Radikal $(CO_2H)CH_2CH_2\dot{C}H(CO_2H)$ (**I**) beobachtet wurde. **I** tritt in zwei verschiedenen Konformationen auf. Eine exakte Interpretation der Spektren ist wegen Überlappung schwierig. Einige Entstehungsmöglichkeiten der beiden Radikalformen werden diskutiert. Harro Zimmer. B 137□

$^1H-^{31}P$-Spinkopplung in Phosphorsäureestern. Gerald O. Dudek. (J. chem. Physics **33**, 624—25, Aug. 1960; Cambridge, Mass., Harvard Univ., Dep. of Chem., Mallinckrodt Labor.; engl.) — Von folgenden Verbb. wurden die $^1H-^{31}P$-Spin–Spin-Kopplungs-Konst. J bestimmt u. mit den Taftschen σ^*-Parametern verglichen: Phosphate: *Tris-[2.2.2-trichloräthyl]-*, *Tris-[2.2.2-trifluoräthyl]-*, *Tris-[2.2-dichloräthyl]-*, *Tribenzyl-*, *Triallyl-*, *Methyltetramethylen-*, *Dibenzylmethyl-*; ferner von *Tetrabenzylpyrophosphat*. Die Ergebnisse der Unters. von Axtmann u. Mitarbeitern (C. **1960**, 11953) an Alkylphosphaten wurden zum Vgl. herangezogen. Elektronendonatorgruppen (Alkyl) vermindern die Kopplung zwischen H u. P. Andererseits haben Elektronenacceptorgruppen keinen großen Einfluß. Durch Vgl. der Werte von J wird gefolgert, daß die Änderungen von J in erster Linie Änderungen der elektron. Umgebung der Methylengruppe u. nicht der am P-Atom zuzuschreiben sind. Die unterschiedliche Wrkg. von Elektronendonator u. -acceptorgruppen kann dagegen nicht geklärt werden.
H. G. Henkel. B 137□

Ringströme und magnetische Protonenresonanz in aromatischen Molekülen. R. McWeeny. (Molecular Physics **1**, 311—21, Okt. 1958; North Staffordshire, Univ. College, Dep. of Math., Phys. and Chem.; engl.) — Die MO-Theorie wird der Berechnung von magnet. Abschirm-Konst. in aromat. Moll. angepaßt. Die gewöhnliche LCAO-Störungstheorie wird verallgemeinert, um die imaginäre Störung durch ein äußeres magnet. Feld zu berücksichtigen. Das an einem Punkt induzierte Feld wird dann durch Einfügen eines Testdipols mit Näherungen nach London [1937] u. mittels Störungstheorie berechnet zur Ermittlung der Kopplungsenergie. Die Ergebnisse unterscheiden sich etwas von denen von Pople (C. **1961**, 11268). Als Beispiele werden *Bzl.* u. *Naphthalin* herangezogen.
H. Laue. B 137□

Die kernmagnetischen Resonanzspektren von Vierspin-Systemen. 2. Mitt. **Protonresonanzspektren von einigen para-disubstituierten Benzolen.** B. D. Nageswara Rao und P. Venkateswarlu. (Proc. Indian Acad. Sci., Sect. A **54**, 1—12, Juli 1961; Aligarh, Muslim Univ., Dep. of Phys.; engl.) — 1. vgl. Proc. Indian Acad. Sci., Sect. A **52**, [1960], 109. — Die NMR-Spektren von p-disubstituierten Benzolen wurden früher von Richards u. Schaefer (Trans. Faraday Soc. **54**, [1958], 1280) unter der Annahme analysiert, daß die 2 m-H–H-Kopplungs-Konst. gleich u. die p-H–H-Kopplungs-Konst. null ist. Vff. beschreiben eine Meth. zur Analyse von Spektren dieses Typs ohne vereinfachende Annahmen u. untersuchen damit die Spektren von *p-Bromchlor-*, *p-Chlorjodbenzol* u. *p-Chlortoluol*. Alle Parameter werden bestimmt, u. die allg. Form dieses Spektrentyps für verschiedene Werte der chem. Verschiebung wird diskutiert.
G. Pötzscher. B 137□

Wirkung der Elektronenübertragung auf das Elektronenspinresonanzspektrum von Fluoranilsemichinon. J. W. Eastman, G. M. Androes und M. Calvin. (Nature [London] **193**, 1067—69, 17/3. 1962; Berkeley, Calif., Univ. of California, Dep. of Chem. and Lawrence Radiat. Labor.; engl.) — Das *Fluoranilsemichinon* (**I**) wurde a) nach der Rk. Fluoranil (**II**) + $J^- \rightarrow$ **I** + $^1/_2$ J_2 in Tetrahydrofuran/Acetonitril (90 : 10) u. b) nach **II** + Dimethylanilin $\rightarrow$ **I** + Kristallviolettkation dargestellt. **I**, nach a) hergestellt, ist bei Raum-Temp. nicht stabil, bei -75^0 kann das Elektronenspinresonanzspektrum jedoch beobachtet werden. Die Hyperfeinaufspaltung beträgt ca. 4 Oe, sie wird herabgesetzt bei Bldg. von **I** in Ggw. eines Überschusses von **II** als Folge der Elektronenübertragung von **I** auf die neutralen **II**-Moleküle. Um **I** nach b) herzustellen, mußte mit hohen **II**-Konz. gearbeitet werden, hier erscheint nur eine Linie im Spektrum ohne Hyperfeinstruktur (vgl. dagegen Anderson u. Mitarbeiter, C. **1961**, 1861). Die Elektronenübertragungsfrequenz wird zu ca. $10^8 s^{-1}$ berechnet, der g-Wert beträgt bei **I** nach a) $2{,}0052 \pm 0{,}0005$ u. nach b) $2{,}0054 \pm 0{,}0002$. Es wird angenommen, daß für das Fehlen der Hyperfeinstruktur auch in anderen Elektronenspinspektren von Verbb. im festen Zustand solche Austauschphänomene verantwortlich sein könnten.
W. Schramm. B 137□

Ionisierung von Nitrilen in Gegenwart einer Base. J. Vekemans und A. Bruylants. (Bull. Soc. chim. belges **68**, 504—14, Sept./Okt. 1959; Louvain, Univ., Labor.

de Chim. Gén.; franz.) — Durch vergleichende UV-Spektroskopie in neutralem u. bas. Medium (wss. A.) bestimmen Vff. die Struktur der Carbanionen u. die Gleichgewichts-Konst. K_p u. K_a der Gleichgewichte $R\cdot CH_2\cdot CN + OH^- \rightleftharpoons (R-\overline{C}H-CN)^- + H_2O$ bzw. $R\cdot CH_2\cdot CN + OH^- \rightleftharpoons [R\cdot CH_2\cdot C(=N)OH]^-$ für folgende Nitrile: *Acetonitril* (**I**), K_p $5{,}6\cdot 10^{-2}$, *Propionitril* [K_a] $2{,}5\cdot 10^{-2}$, *Isobutyronitril* $4{,}5\cdot 10^{-2}$ u. *Trimethylacetonitril* (*Pivalonitril*) $7{,}8\cdot 10^{-2}$. Während **I** unter dem Einfl. von OH^- eine Protolyse erleidet, sind seine Homologen Zentren einer nucleophilen Addition. Die Ergebnisse stimmen mit den klass. qual. Gegebenheiten überein. Für die Aciditäts-Konst. von **I** ergibt sich ein Wert von 10^{-18}. J. Richter. B 139□

Untersuchungen über die elektrolytische Reduktion aromatischer Nitroverbindungen zu Hydrazoverbindungen. 5. Mitt. Einfluß der Bewegung auf die elektrolytische Darstellung von Hydrazobenzol aus Nitrobenzol in alkalischer Emulsion und der Einfluß der Bewegung auf die elektrolytische Reduktion organischer Verbindungen im emulgierten Zustand. Taro Sekine. (J. electrochem. Soc. Japan **26**, E 145—E 148, 1958; Tokyo, Tokyo Inst. of Technol., Dep. of Chem. Engng., Labor. of Org. Electrochem.; jap., Auszug: engl.) — 3. vgl. C. **1960, 7466.** — Verwendet werden Elektrolysezellen mit Rührung durch a) Hubbewegung der scheibenförmigen Kathode bzw. b) durch eine rotierende schaufelförmige Kathode. Als Elektrolyt dient wss. 10%ig. NaOH-Lsg. + Toluol bzw. Benzol. In der a-Zelle wird bei einer Reynoldsschen Zahl R ca. 7000 eine hohe Umsetzung zu Hydrazobenzol (**I**) bei minimalen Konzz. an nicht umgesetztem Azobenzol (**II**) u. Anilin (**III**) festgestellt. Unterhalb R = 7000 sinkt die **I**-Ausbeute stark ab, während die Konz. an **II** u. **III** zunimmt. In der b-Zelle erreicht man hohe **I**-Ausbeuten bei gleichen Prod.-Verhältnissen unabhängig von der Zirkulationsgeschwindigkeit. Die **III**-Konzz. sind jedoch höher, so daß im Vgl. zur a-Zelle die **I**-Ausbeuten niedriger liegen. Ausbeuten >90% sind nur bei starker Bewegung in Kathodennähe zu erwarten. Die Ausbeute ist wesentlich von der Größe der emulgierten Teilchen abhängig. Weiterhin wird die Red. von *Azoxybenzol* (**IV**) in 10%ig. NaOH polarograph. im Vgl. zur Red. von Fe^{3+} untersucht. Oberhalb 250 U/Min. ist die Umdrehungszahl proportional der Grenzstromdichte. Eine Gleichung für die Abhängigkeit der Red.-Geschw. von der Auflösungs-Geschw. des **IV** wird mitgeteilt. P. Frenzel. B 141□

Einfluß einiger quartärer Ammoniumsalze mit curarisierender Wirkung auf das polarographische Verhalten des Cystins. M. Šerban. (Rev. Chim. [Bucarest] **4**, 119—28, 1959; Bukarest, Biochem. Inst. der Akad. der Rumän. Volksrepublik; russ. — C. **1962**, 10178.) Helmut Schäfer. B 142

Polarographische Analyse von Indotoluidin. E. Ss. Lewin, R. Ss. Tschlenowa und S. I. Fodiman. (Органические Полупродукты и Красители, Сборник Статей [Org. Zwischenprodukte Farbstoffe, Samml. Aufsätzen] **2**, 201—08, 1961; russ.) — Es wurde reines *Indotoluidin* (**I**) synthetisiert u. polarograph. untersucht. Das Halbstufenpotential ist stark u. direkt proportional dem pH-Wert (+0,118 V bei pH 5,1; —0,340 V bei pH 13,0). Die Analysenergebnisse von **I** sind mit einem mittleren quadrat. Fehler von 1% reproduzierbar. — *Indotoluidin* (**I**), $C_{13}H_{12}N_2O$, F. 141—142° (Bzl.), man gibt zu 19,4 g o-Toluidin in 112 g 80,5%ig. H_2SO_4 bei <32° 22 g p-Nitrosophenol u. gießt in 1600 ml Eiswasser, das 9,4 g Soda u. 32 g NH_3 enthält, u. reinigt durch mehrfache Kristallisation aus Bzl.; violette Nadeln. Helmut Schäfer. B 142

Untersuchungen über die Phasenbeziehungen des Systems Benzol–Wasser unter Wasserstoffdruck mit Hilfe der Erhitzungskurvenmethode. Kentaro Ito. (Sci. Pap. Inst. physic. chem. Res. [Tokyo] **55**, 176—88, Sept. 1961; Radiat. Chem. Labor.; engl.) — Die Zeit–Temp.- u. die Zeit–Druck-Kurven eines Fl.–Gas-Syst. unter dem Druck eines inerten Gases weisen Unstetigkeiten auf, die reproduzierbar sind. Sie sind sowohl in schüttelnden, schaukelnden wie rotierenden Autoklaven nachzuweisen. Diese Unstetigkeiten zeigen das Verschwinden einer fl. Phase an u. werden daher vom Vf. zur Unters. von Phasenbeziehungen verwendet. Die krit. Lsg.-Temp. beträgt bei dem untersuchten Syst. *Bzl.–W.* 270 ± 3°. S. v. Schieszl. B 150□

Die Bestimmung der kritischen Lösungstemperatur des Systems Isoamylalkohol–Wasser unter Wasserstoffdruck mit Hilfe der Erhitzungskurvenmethode. Kentaro Ito. (Sci. Pap. Inst. physic. chem. Res. [Tokyo] **55**, 189—93, Sept. 1961; Radiat. Chem. Labor.; engl.) — Vf. untersucht mit Hilfe der Unstetigkeiten in der Erhitzungskurve das Syst. *Isoamylalkohol–H_2O*. Die Ergebnisse der Phasenbeziehungen gleichen denen des Syst. Butylalkohol–W. (vgl. Rep. Sci. Res. Inst. [Kagaku-Kenkyujo-Hokoku] **32**, 1956], 207; **33**, [1957], 57). Als krit. Lsg.-Temp. wird 204 ± 3° angegeben. S. v. Schieszl. B 150□

Löslichkeit von Wasserstoff in Benzol, Cyclohexan, Dekalin, Phenol und Cyclohexanol. S. Kruyer und A. P. P. Nobel. (Recueil Trav. chim. Pays-Bas **80,** 1145—56, Nov. 1961; Geleen, Netherlands, Staatsmijnen, Central Labor.; engl.) — Mit einer beschriebenen neuen App. zur Best. der Löslichkeit von Gasen in Fll. bei Drücken von ca. 1 atm wird die Löslichkeit von H_2 in *Bzl.* u. *Cyclohexan* (**I**) zwischen 0 u. 70° sowie in *Cyclohexanol* (**II**), *Phenol* (**III**) u. *Dekalin* (**IV**) zwischen 25 u. 150° gemessen. Die Lsg.-Wärmen betragen in Bzl. 1,8, in **I** 1,6, in **II** 2,4, in **III** 2,0 u. in **IV** 1,4 kcal/Mol. Weiter wird die Löslichkeit von H_2 in Bzl./**I**-Gemischen bei 39,5° untersucht. Innerhalb der Fehlergrenze ist die Abhängigkeit der Löslichkeit eine lineare Funktion der Zus. der Mischung. S. v. Schieszl. B 150□

Die Koeffizienten dt/dp für m-Kresol, Naphthalin und deren Gemische. J. S. Stadnicki. (Bull. Acad. polon. Sci., Sér. Sci. chim., géol. géogr. **6,** 383—87, 1958; Polish Acad. of Sci., Inst. of Phys. Chem., Basic Raw Mater. Dep.; engl.) — Die Dampfdruckkurven u. sog. „tonometr. Koeff." d t/d p wurde ebulliometr. für *m-Kresol* (**I**), *Naphthalin* (**II**) u. deren Gemische in den Druckbereichen Δ p = 760—600, 600—500, 500—400 u. 400—300 mm Hg bestimmt, daneben die Neigung der Kp.-Isobaren für **I**/**II**-Gemische im Bereich 0—21 Gew.-% **II.** Für **II** wurde der normale Kp.-Wert 217,69° gefunden, für **I** Kp. 202,5°. In Form von Kurven werden die Kp.-Abhängigkeiten von p für **I** u. **II** u. deren Gemische im Bereich Δ p = 300—760 mm Hg angegeben; Minima wurden in den Kurven für die Kp.-Isobaren nicht beobachtet. Auch die Abhängigkeit von d t/d p von p wird durch Kurven dargestellt. E. Roeder. B 150□

Dampf-Flüssigkeits-Gleichgewichte im ternären System Ameisensäure-Pyridin-Wasser. K. Zięborak, W. Brzostowski und J. Kamiński. (Bull. Acad. polon. Sci., Sér. Sci. chim., géol. géogr. **6,** 371—76, 1958; Polish Acad. of Sci., Inst. of Phys. Chem., Basic Raw Mater. Dep.; Warsaw, Univ., Dep. of Phys. Chem.; engl.) — Das tern. Syst. *Ameisensäure* (**I**)-*Pyridin* (**II**)-*W.* wird durch ein positives (**II**/W.) u. zwei negative (**I**/**II** u. **I**/W.) azeotrop. bin. Gemische gekennzeichnet. Es sollte geprüft werden, ob die Komponenten, die die negativen Azeotrope bilden, durch Dest. zusammen mit der dritten, nichtpolaren Komponente voneinander getrennt werden können oder ob **II** zur Dehydratisation von **I** durch Dest. benutzt werden kann. Aussagen darüber ergeben sich aus den Daten über das Gleichgewicht zwischen Fl. u. Dampf. Es wird in Form von Dreieckskoordinaten die Abhängigkeit des Brechungs-Koeff. von der Zus. **I**/**II**/W. angegeben sowie in Tabellen die Dampf-Fl.-Gleichgewichte der Syst. **I**/**II** u. **I**/**II**/W. mit den zugehörigen Siedepunkten. Das negative azeotrop. bin. Gemisch **I**/**II** hat die Zus. 61,4% **I** (= Molfraktion = 0,732). Ein tern. azeotrop. Gemisch von **I** + **II** + W. wurde nicht gefunden, so daß **II** nicht zum Dehydratisieren von **I** durch Rektifikation verwandt werden kann; nur das wasserfreie azeotrop. Gemisch **I**/**II** kann so erhalten werden. Damit könnte eine weitere Abtrennung von **I** möglich werden. E. Roeder. B 150□

Eine Reihe ternärer positiv-negativer Azeotrope, die durch 2-Picolin, Essigsäure und n-Paraffine gebildet werden. K. Zięborak und D. Wyrzykowska-Stankiewicz. (Bull. Acad. polon. Sci., Sér. Sci. chim., géol. géogr. **6,** 377—82, 1958; Polish Acad. of Sci., Inst. of Phys. Chem., Basic Raw Mater. Dep.; engl.) — Positiv/negative Azeotrope (Sattelazeotrope) wurden bei 1 at an den Syst. a) *2-Picolin* (**I**) + *Essigsäure* (**II**) + *n-Octan* (**III**); b) **I** + **II** + *n-Nonan* (**IV**); c) **I** + **II** + *n-Decan* (**V**) u. d) **I** + **II** + *n-Undecan* (**VI**) als auch an den positiv azeotrop. bin. Gemischen ebulliometr., an den negativ azeotrop. bin. Gemischen ferner auch mit Hilfe der fraktionierten Dest. untersucht. An bin. azeotrop. Gemischen ergab sich für **I** + **III** (42,0 Gew.-% **I**) der Kp. 121,12°, für **I** + **IV** (84,1% **I**) Kp. 129,2°, **I** + **II** (59,6% **I**) Kp. 144,12°. Die Syst. **I** + **V** bzw. **I** + **VI** sind zeotrop. Gemische. Die von Vff. gefundenen Werte stimmen nicht mit denen früher von Gardner [1890] berichteten überein, wahrscheinlich weil es früher diese Verbb. noch nicht in hinreichender Reinheit gab. Bei den positiv/negativen azeotrop. tern. Gemischen ergab sich für a) mit 24,8 Gew.-% **I** + 3,6% **II** + 71,6% **III**, Kp. 121,4°; b) 38,4% **I** + 12,8% **II** + 48,8% **IV**, Kp. 135,0°; c) 46,8% **I** + 19,9% **II** + 33,3% **V**, Kp. 141,3°; d) 55,2% **I** + 30,5% **II** + 14,3% **VI**, Kp. 143,4°. Werden die azeotrop. Konzz. gegen die Kpp. der betreffenden Paraffine aufgetragen, so nähern sich die Geh. an **II** dem Wert Null für Kp. der KW-Stoffe bei ca. 115° u. bei KW-Stoffen höhersd. Homologe nimmt der Geh. an KW-Stoffen bei ca. 200° auf Null ab. Da diese Temp. etwa den Kp. von **III** u. **VI** entsprechen, wird vermutet, daß **III** der niedrigste, **VI** der höchstsd. KW-Stoff ist, die mit **I** + **II** positiv/negative azeotrop. Gemische bilden können. Die Konz.-Änderungen der jeweiligen Komponenten der untersuchten azeotrop. Gemische mit **I** erwiesen sich ähnlich denen, wenn **I** durch Pyridin ersetzt wurde (vgl. C. **1958,** 13739). E. Roeder. B 150□

Mittlere spezifische Wärme einiger ternärer Azeotrope. W. Świętosławski und A. Zielenkiewicz. (Bull. Acad. polon. Sci., Sér. Sci. chim., géol. géogr. **6**, 365—66, 1958; Polish Acad. of Sci., Inst. of Phys. Chem.; engl.) — Die spezif. Wärme s tern. Gemische u. deren Komponenten wurde auf ±0,4% genau bestimmt. Untersucht wurden bei 1 at die azeotropen tern. Gemische: 1. 10,6% *Pyridin* (**I**), 3,4% *Essigsäure* (**II**), 86,0% *n-Heptan* (**III**) u. 2. 29,3% **I**, 20,9% **II**, 49,8% *Nonan* (**IV**). Bei 1. wurde im Temp.-Bereich 129,0° —22,1° s = 0,589 (cal g^{-1} $Grad^{-1}$) gefunden, wobei **I** in diesem Temp.-Bereich im Mittel s = 0,444, **II** s = 0,556 u. **III** s = 0,590 aufwies, woraus sich ein Mittelwert von s = 0,579 errechnet, so daß der Wert von s des tern. Gemisches um +0,010 vom errechneten Mittelwert abwich. Bei 2. betrug s des tern. Gemisches 0,562 u. lag um +0,016 über dem erwarteten Mittel von 0,546; bezogen waren hier die Ergebnisse auf den Temp.-Bereich 129,0—22,1°, in dem **I** im Mittel s = 0,452, **II** s = 0,457 u. **IV** s = 0,600 aufwiesen. E. Roeder. B 151□

Mittlere spezifische Wärmen binärer positiver azeotroper Gemische. W. Świętosławski und A. Zielenkiewicz. (Bull. Acad. polon. Sci., Sér. Sci. chim., géol. géogr. **6**, 367—69, 1958; engl.) — Vgl. vorst. Ref. u. C. **1961**, **6813**. — Bestimmt wurden die mittleren spezif. Wärmen s im Temp.-Bereich ΔT bei 1 at mittels eines modifizierten Thermostaten (Abb.) u. isotherm. Calorimeter. Im azeotropen Gemisch: 1. 42% *Toluol* (**I**) + 58% *Isopropylalkohol* (**II**) ergab sich für ΔT = 80,80—21,10° s = 0,656 (cal g^{-1} $Grad^{-1}$), wobei **I** allein 0,433 u. **II** 0,718 aufwiesen, so daß sich als Mittelwert $\bar{s}$ = 0,598 ergab u. s von $\bar{s}$ um +0,058 abwich. 2. 55% **I** + 45% *Isobutylalkohol* (**III**) für ΔT = 99,91 bis 21,20°, s = 0,587, **I**: 0,441, **III**: 0,693, $\bar{s}$ = 0,554; s—$\bar{s}$ = +0,033. 3. 17% *p-Xylol* (**IV**) + 83% **III**, ΔT = 105,65—21,73°, s = 0,681, **IV**: 0,447, **III**: 0,704, $\bar{s}$ = 0,660; s—$\bar{}$ = +0,021. 4. 14,5% *m-Xylol* (**V**) + 85,5% **III**, ΔT = 105,90—21,64°, s = 0,683, **V**: 0,448, **III**: 0,704, $\bar{s}$ = 0,666; s—$\bar{s}$ = 0,017. 5. 48% **IV** +52% *Isoamylalkohol* (**VI**), ΔT = 125,11—21,90°, s = 0,601, **IV**: 0,455, **VI**: 0,699, $\bar{s}$ = 0,582; s—$\bar{s}$ = +0,019. 6. <48% *o-Xylol* (**VII**) + >52% **VI**, ΔT = 126,67—22,18°, s = 0,630, **VII**: 0,465, **VI**: 0,699, $\bar{s}$ = 0,589; s—$\bar{s}$ = 0,041, s—$\bar{}$ ist also in allen Fällen positiv, d. h. die Bldg. der bin. azeotrop. Gemische ist mit einer Zunahme der spezif. Wärmen verbunden. E. Roeder. B 151□

Thermodynamische Eigenschaften sauerstoffhaltiger organischer Verbindungen. 6. Mitt. **Verbrennungswärme von n-Butanol.** H. A. Gundry, A. J. Head und G. B. Lewis. (Trans. Faraday Soc. **58**, 1309—12, Juli 1962; Teddington, Middlesex, Nat. Chem. Labor.; engl.) — 4. vgl. C. **1963**. 1220. — Die Verbrennungswärme von n-Butanol (**I**) wurde bei 25° in einem stat. Bombenkalorimeter gemessen: ΔH_c^0 (Fl.) —639,69 ± 0,11 kcal/Mol. Hieraus wurden die Bldg.-Wärmen von **I** abgeleitet zu ΔH_f^0 (Fl.) —78,09 ±0,13 u. ΔH_f^0 (gasförmig) —65,81 ±0,14 kcal/Mol. W. Schramm. B 156□

Verbrennungswärmen cyclischer Ketone und Alkohole. Peter Sellers und Stig Sunner. (Acta chem. scand. **16**, 46—52, 1962; Lund, Sweden, Univ. of Lund, Thermochem. Labor.; engl.) — Mit Hilfe des von Bjellerup (C. **1960**, 14461) beschriebenen Calorimeter-Syst. wurden folgende Verbrennungswärmen (fl.) bei 25° bestimmt: *Cyclopentanon* (**I**): ΔH = —686,91 ±0,22 [kcal/Mol]. *Cyclopentanol* (**II**): —740,47 ±0,20. *Cyclohexanon* (**III**): —841,04 ±0,25. *Cyclohexanol* (**IV**): 890,99 ±0,26. — Die von diesen Daten abgeleiteten Hydrierungswärmen (**I** —11,32; **II** —14,32) stimmen gut mit den Ergebnissen direkter Messungen überein u. werden zu einer Diskussion der Ringspannungsenergie 5- u. 6gliedriger Ringe herangezogen. Nach Best. der Verdampfungswärmen wurden die Bldg.-Wärmen bei 25° für den Gas- u. fl. Zustand berechnet: **I** ΔH_v 10,21; —ΔH_f (g) 46,31. **II** 13,74; 57,63. **III** 10,77; 54,09. **IV** 14,82; 68,41. W. Betcke. B 156□

Die Verbrennungsgeschwindigkeit auf der freien Oberfläche von flüssigen Kohlenwasserstoffen. W. L. Fons. (Combust. and Flame **5**, 283—87, Sept. 1961; Berkeley, Calif., U. S. Dep. of Agric., Forest Serv., Pacific Southwest Forest and Range Exp. Stat.; engl.) — Die Verbrennungs-Geschw. (V) von *n-Hexan* u. *Cyclohexan* wurde in Abhängigkeit von der Größe der brennenden KW-Stoffoberfläche zwischen 0,22 u. 11,94 in. Ø in einer Strömungs-App. (Schema) untersucht. Bei den größeren Oberflächen wurde außerdem die Temp. in zwei verschiedenen Tiefen unterhalb des brennenden Fl.-Spiegels gemessen. Unterhalb 5 in. Ø nimmt V mit zunehmender Oberfläche ab. Über 5 in. Ø steigt V mit zunehmender Oberfläche an. Bei kleinen Oberflächen scheint ein laminarer Fluß der nachströmenden KW-Stoffe vorzuherrschen, während oberhalb 5 in. ein Übergangs-Verh. vorliegt, denn die Beobachtung der Flamme ergibt keinen charakterist. Unterschied in diesen beiden Bereichen. Die Beobachtungen sind in Übereinstimmung mit denen anderer Autoren an weniger flüchtigen KW-Stoffen. K. Ross. B 157□

Einfluß der Temperatur auf die Entzündungseigenschaften von Kohlenwasserstoffen. K. C. Salooja. (Combust. and Flame **5**, 243—47, Sept. 1961; Chester, Thornton Res. Centre, Shell Res. Ltd.; engl.) — Vf. untersuchte die Beziehung zwischen

Entzündungsverzögerung u. der Temp. u. den Einfl. der Zus. des Brennstoff–Luft-Gemisches auf diese Beziehung für *n-Heptan, Methylcyclohexan, Isooctan, Diisobutylen, Bzl.* u. *Äthylbenzol* für Temp. zwischen den niedrigsten Entzündungspunkten u. 800°. Zur Herst. der Entzündungsverzögerung bei einer bestimmten Temp. wurde die Fließ-Geschw. des Gasgemisches so einreguliert bis Entzündung eintrat. Dieser Grenzentzündungsdruck wurde gemessen u. hieraus die Entzündungsverzögerung berechnet. Ganz allg. wurde beobachtet, daß mit zunehmender Temp. die Entzündungsverzögerung kleiner u. die Neigung der Kurve Entzündungsverzögerung/Temp. weniger steil wurde. Schließlich nimmt der nahe dem Mindestentzündungspunkt beobachtete Einfl. der Zus. des Gemisches Brennstoff–Luft ab u. kann sogar ganz verschwinden. Berechnet wurden aus den Meßergebnissen die Werte der Gesamtaktivierungsenergie für die Entzündung für 1:1-Gemische der obigen KW-Stoffe für Temp. zwischen 550 u. 800°.
C. Gottfried. B 157

Einfluß von Dichteschwankungen auf Ultraschallwellen in einer binären flüssigen Mischung in der Nähe ihres kritischen Lösungspunktes. Antoni Śliwiński. (Acta physica polon. **20**, 267—68, 1961; Poznań, Mickiewicz Univ., Inst. of Acoustic and Vibration Theory; engl.) — Kurze Notiz über Unterss. der Abhängigkeit von Ultraschallwellen von Dichteschwankungen bei verschiedenen Temp. bis zum krit. Lsg.-Punkt (bei 30,7°) einer 33%ig. Lsg. von *Anilin* in *Cyclohexan*. Die Auswertung dicht aufeinanderfolgender Schlieren-Aufnahmen ergab eine deutliche Abhängigkeit der Anzahl der „Brecher" der Wellenfronten von der Temperatur.
Wolfgang Wagner. B 159□

Kolloid- und Oberflächenchemie. Albert C. Zettlemoyer. (Annu. Rev. physic. Chem. **9**, 439—68, 1958; Bethlehem, Pa., Lehigh Univ., Dep. of Chem., Surface Chem. Labor.; engl.) — Es wird eine Übersicht über die Literatur der Jahre 1955—1957 — unter Ausschluß von Hochpolymeren, Chromatographie u. Ionenaustausch — gegeben in den Einzelabschnitten: Tagungen u. Bücher, Erzeugung u. Stabilität, Grenzflächen, opt. Eigg., Grenzflächen-Lsgg., biolog. Kolloide. K. L. Wolf. B 160□

Micellbildung homogener nichtionogener Detergentien. J. M. Corkill, J. F. Goodman und R. H. Ottewill. (Trans. Faraday Soc. **57**, 1627—36, Sept. 1961; Newcastle-upon-Tyne, Thomas Hedley & Co.; Cambridge, Univ., Dep. of Colloid Sci.; engl.) — Die krit. Micell-Bldg.-Konz. (CMC) von Detergentien vom Polyoxyäthylenglykolmonoalkyläther (**A**)-Typ [*Hexaäthylenglykolmono-n-butyl-* (F. —1,6°; n_D^{40} 1,4444), *-n-octyl-* (F. 90°; n_D^{40} 1,4462), *-n-dodecyl-* (**I**, F. 25,2°; n_D^{40} 1,4483), *-n-hexadecyläther* (F. 38,3; n_D^{40} 1,4507)] wird durch Messungen der Oberflächenspannung u. der Lichtstreuung in Abhängigkeit von Konz. u. Temp. bestimmt. Im Gegensatz zu techn. **A**, deren hydrophiler Anteil in bezug auf die Kettenlänge einer Poisson-Verteilung entspricht, werden hier in der Nachbarschaft der CMC scharfe Knicke in den Meßkurven beobachtet. Die CMC der untersuchten **A** liegt um den Faktor 100 unter der von ionogenen Detergentien mit gleicher Alkylkettenlänge. Aus der Temp.-Abhängigkeit der CMC von **I** werden die Enthalpie ($\Delta H = +5{,}9$ kT/Mol. bei 15—35°) u. Entropie der Micell-Bldg. errechnet. Für die Änderung der freien Energie pro Mol. mit der Zahl der C-Atome der hydrophoben Kette wird 1,10 kT angegeben. Die Abhängigkeit der Meßwerte von der Ggw. von Spuren anionakt. Verbb. (Na-Laurylsulfat, aus Laurylalkohol durch Chlorsulfonierung u. Neutralisation der Rk.-Mischung mit Na_2CO_3) wird mit der Bldg. von Mischmicellen erklärt. — Darst. (nach der Williamson-Meth.) u. Reinigung der **A** werden beschrieben; *Hexaäthylenglykol*, F. 35°; n_D^{40} 1,4569.
W. Kupfer. B 162□

Die Adsorptionseigenschaften carbonisierter landwirtschaftlicher Abfälle. 1. Mitt. **Adsorption einiger Dämpfe an carbonisierten Reisschalen und Reishalmen.** R. I. Razouk, G. A. El-Inany, R. B. Fahim und R. Sh. Mikhail. (J. Chem. U.A.R. **3**, 11—21, 1960; Cairo, Ain Shams Univ., Fac. of Sci., Chem. Dep.; engl.) — Die Überführung von Reisschalen u. -halmen in Holzkohle wurde bei mehreren Temp. zwischen 400 u. 1200° vorgenommen u. Ausbeute sowie Asche-Geh. bestimmt. Die Adsorption von *Methanol* zeigt, daß die Isothermen dem Typ II der Brunauer-Klassifikation entsprechen u. sie bei Kohlen, die unterhalb 600° präpariert wurden, dicht beieinander liegen, während bei einer Darst.-Temp. oberhalb 600° das Adsorptionsvermögen mit steigender Temp. progressiv abfällt. Die Adsorptionsisothermen von *Cyclohexan* u. *CCl_4* lassen dagegen erkennen, daß die adsorbierte Menge mit der Carbonisierungs-Temp. zunimmt. Die Ergebnisse werden mit der Änderung der Porenstruktur u. der heterogenen Natur der Oberfläche der Adsorbentien erklärt. G. Herzog. B 176□

Elektrometrische chromatographische Analyse von Mehrkomponentensystemen an einigen Adsorbentien. Zbigniew Bylo. (Zeszyty naukowe Uniw. jagiellońskiego, Ser. Nauk mat.-przyrodniczych, Mat., Fizyka, Chem. **1955**, Nr. 1, 131—65; Kraków,

Uniw. Jagiell., Kat. Chem. fiz. i Elektrochem.; pol.) — Mit dest. W. u. A. sorgfältig gereinigte Holzkohle (0,08—0,12 mm ∅) ist zur Vorreinigung von Alkaloidextrakten geeignet. Die weitere Trennung der Alkaloide wird in wss.-alkohol. Lsg. an akt. Al_2O_3 durchgeführt. Die Identifizierung der Komponenten im Eluat wird durch Messung des Potentials einer Chinhydron- oder Sb-Elektrode ermöglicht. Die Trennung wird bei größerer Verdünnung der Lsg. schärfer. — 47 Literaturangaben. F. Urban. B 177 □

Potentiometrische Säulenchromatographie einiger organischer Verbindungen an hydrophilen Adsorbentien. Bolesław Waligóra. (Zeszyty naukowe Uniw. jagiellońskiego, Ser. Nauk mat.-przyrodniczych, Mat., Fizyka, Chem. **1955**, Nr. 1, 83—130; Kraków, Uniw. Jagiell., Chem. fiz. i Elektrochem.; pol.) — Akt. Al_2O_3 oder $CaCO_3$ adsorbieren aus Bzn. oder Bzn.-Chlf. organ. Säuren stärker als Basen. Bei Anwendung von Al_2O_3 lassen sich somit saure u. bas. Substanzen bequem trennen. Organ. Säuren u. Basen, die in unpolaren Medien gelöst sind, rufen eine deutliche Änderung des Potentials von Adsorptionselektroden (Pt, Sb) hervor. Die Potentialkurven haben logarithm. Charakter. Damit sind Mikroadsorptionselektroden zur Identifizierung u. Best. saurer u. bas. Substanzen in der Säulenchromatographie geeignet. Mikroelektroden ohne Gelschicht sind aber auch in alkohol. u. wss.-alkohol. Medien anwendbar. So wurden mit Erfolg in alkohol. oder alkohol.-wss. Lsg. an akt. Al_2O_3 *Brucin* u. *Strychnin* u. in Bzn.-Chlf.-Lsg. die Alkaloide des entfetteten Extrakts von *Strychnos nuxvomica* getrennt u. identifiziert. Die Trennschärfe steigt mit Verdünnung der Lösung. — 89 Literaturangaben. F. Urban. B 177 □

Die Bildung von Cyclohexadienylradikalen durch Anlagerung von Wasserstoffatomen an festes Benzol. H. Fischer. (Z. Naturforsch. **17a**, 693—94, Aug. 1962; Darmstadt, Dt. Kunststoff-Ind.; dt.) — Vgl. C. **1962**, 17700. — Bei der Rk. von Bzl. mit H-Atomen (durch Gasentladung in H_2) bei 77° K entstehen *Cyclohexadienylradikale*, deren ESR-Spektrum ident. mit dem des früher (vgl. Kolloid-Z. **180**, [1962], 64) durch Bestrahlung von Bzl. erhaltenen Radikals ist. G. Pötzscher. B 182 □

Molekularstruktur von Epibromhydrin und Glycid durch Elektronenbeugung. Masato Igarashi. (Bull. chem. Soc. Japan **34**, 365—69, März 1961; Tokyo, Tokyo Univ. of Educ., Fac. of Sci., Dep. of Chem.; engl.) — Mittels Elektronenbeugung untersuchte Vf. die Molekularstrukturen von *Epibromhydrin* (**I**, $\overbrace{H_2C_{(1)}-C_{(2)}}^{O}H-C_{(3)}H_2Br$, Kp.$_{50}$ 61°) u. *Glycid* (**II**, $\overbrace{H_2C_{(1)}-C_{(2)}}^{O}H-C_{(3)}H_2OH$, Kp.$_{10}$ 52°). Berechnet wurden die radiale Verteilung u. theoret. Intensitätskurven unter Zugrundelegung verschiedener Modelle, die mit der visuellen Intensitätskurve verglichen wurden. Für **I** ergeben sich die folgenden Parameter: $C_{(2)}-C_{(3)}$: $1{,}53 \pm 0{,}03$ Å; C_3-Br: $1{,}91 \pm 0{,}02$ Å; Winkel zwischen $C_{(2)}-C_{(3)}$ u. dem CCO-Ring $58 \pm 8°$. Das Br-Atom liegt nahezu in trans-Stellung bzgl. des Mittelpunkts $C_{(1)}-O$. Für **II** ist $C_{(2)}-C_{(3)}$ $1{,}53 \pm 0{,}03$ Å; $C_{(3)}-O$ $1{,}43 \pm 0{,}03$ Å; Winkel zwischen $C_{(2)}-C_{(3)}$ u. dem CCO-Ring ist $58 \pm 5°$. C. Gottfried. B 182

Eine Elektronenbeugungsuntersuchung der Molekularstruktur von Äthylenimin. Masato Igarashi. (Bull. chem. Soc. Japan **34**, 369—73, März 1961; Tokyo, Tokyo Univ. of Educ., Fac. of Sci., Dep. of Chem.; engl.) — Die bei der Elektronenbeugungsaufnahme von *Äthylenimin* (Kp. 55°) erhaltene experimentelle Intensitätskurve wurde mit Intensitätskurven verglichen, die theoret. unter Zugrundelegung einer Anzahl von Modellen erhalten worden waren. Aus diesem Vgl. ergab sich die folgende Molekularstruktur: $C-C = 1{,}48 \pm 0{,}02$ (Å), $C-N = 1{,}49 \pm 0{,}01$; $C-H = 1{,}08 \pm 0{,}03$; $N-H = 1{,}05 \pm 0{,}07$. Die Winkel $C-CH_2$ liegen in dem Bereich von 130—170°, die Winkel $H-C-N$ u. C_2-NH betragen ca. 117 u. 120°. Die Übereinstimmung mit den entsprechenden von Turner u. Mitarbeitern (vgl. C. **1957**, **4927**) auf Grund von Mikrowellen-Unterss. erhaltenen Werten war gut. C. Gottfried. B 182

Vorgeschlagene Molekülmodelle für Gramicidin S und andere Polypeptide. Donald T. Warner. (Nature [London] **190**, 120—28, 8/4. 1961; Kalamazoo, Mich., Upjohn Co., Res. Labor.; engl.) — Nach theoret. Betrachtungen an einem Mol.-Modell einer relativ einfachen u. hypothet. cystinstabilisierten Struktur beschreibt Vf. Mol.-Modelle von *Gramicidin S*, *Etamycin*, *Aktinomycin D* u. *Circulin*. Die vorgeschlagenen Modelle sind in photograph. Reproduktionen wiedergegeben. C. Gottfried. B 182

Gebänderte Sphärolithe von Hippursäure. N. H. Hartshorne. (Nature [London] **190**, 1191—92, 24/6. 1961; Leeds, Univ., Dep. of Inorg. and Structural Chem.; engl.) — Vf. beobachtete beim langsamen Abkühlen von *Hippursäure* zwischen 2 Deckgläschen einen Sphärolith, von dem ein Teil eine gut definierte radiale Verdrehung um die β-Achse zeigte u. ferner vollständige Sphärolithe, die eine radiale Verdrehung um die α-Achse zeigten. Das Auftreten beider Arten von Verdrehungen u. ebenso ihr Verdrehungssinn konnten klar aus den Interferenzfiguren festgestellt werden. Die Sphärolithe beider Typen hatten eine ausgesprochen faserige Radialstruktur; es handelt sich demnach um verdrehte lineare Aggregate sehr kleiner nadelförmiger Kristalle, die einzeln nicht oder nur sehr wenig verdreht sind. Aus den opt. Beobachtungen konnte geschlossen werden, daß die lange Achse des Mol. tangential orientiert ist. C. Gottfried. B 190

Sterine als Eiskristallkeimbildner. Richard B. Head. (Nature [London] **191,** 1058—59, 9/9. 1961; Melbourne, C.S.I.R.O., Chem. Res. Labor.; engl.) — Vf. untersuchte eine Reihe von Sterinen auf ihre Fähigkeit als Eiskeime zu wirken. Als bes. akt. in dieser Beziehung erwiesen sich *Androstenolon, Testosteron, 3α-Methylcholestan-3β-ol, Androstan-3.17-dion, Androsteron, Pregnenolon* u. *Cholesterin.* Geringere Aktivität zeigten *$\Delta^{1.4}$-Androstadien-3.17-dion, Cortison, Cholestenon, Progesteron* u. *Östron.* Keinerlei Aktivität zeigten Sterinester. Es wird angenommen, daß Aktivität speziell bei den Verbb. auftritt, die in der 3-Stellung eine Hydroxy- oder Ketogruppe haben.
C. Gottfried. B 190

Die Molekular- und Kristallstruktur des tetrameren Cyanwasserstoffes (Diaminomaleinsäurenitril). Bruce R. Penfold und William N. Lipscomb. (Acta crystallogr. [Copenhagen] **14,** 589—97, 10/6. 1961; Cambridge, Mass., Harvard Univ., Dep. of Chem.; engl.) — Vgl. C. **1962,** 12607. — Die Verb. krist. aus wss. A. in nahezu farblosen nadelförmigen Kristallen mit der c-Achse als Nadelachse, die an der Sonne langsam braun wurden. Die monokline Zelle hat die Abmessungen $a = 6{,}44 \pm 0{,}01$; $b = 18{,}24 \pm 0{,}03$; $c = 5{,}22 \pm 0{,}01$ Å; $\beta = 122{,}0 \pm 0{,}5^0$; Raumgruppe ist $C_{2h}^5 - P2_1/C$; $Z = 4$. Die Struktur wurde mit Hilfe von dreidimensionalen Patterson-Funktionen bestimmt u. anschließend mit Hilfe der Meth. der kleinsten Quadrate weiter verfeinert. Die folgenden Parameter für $H_{(12)}H_{(11)}N_{(6)}-C_{(2)}(C_{(4)}N_{(8)}) = C_{(1)}(C_{(3)}N_{(7)}) \cdot N_{(5)}H_{(9)}H_{(10)}$ sind angegeben: $C_{(1)}$ (x =) 0,7315; (y =) 0,1055; (z =) —0,0825; $C_{(2)}$: 0,7595; 0,1564; 0,1249; $C_{(3)}$: 0,5031; 0,0675; —0,2451; $C_{(4)}$: 0,5626; 0,1692; 0,1684; $N_{(5)}$: 0,9019; 0,0899; —0,1546; $N_{(6)}$: 0,9641; 0,2010; 0,2826; $N_{(7)}$: 0,3202; 0,0380; —0,3764; $N_{(8)}$: 0,4048; 0,1794; 0,2028; $H_{(9)}$: 1,046; 0,110; —0,067; $H_{(10)}$: 0,878; 0,050; —0,306; $H_{(11)}$: 1,115; 0,183; 0,320; $H_{(12)}$: 0,974; 0,222; 0,452. Die angenommene Struktur eines Diaminomaleinsäuredinitrils (vgl. Webb u. Mitarbeiter, C. **1956,** 967) ist damit eindeutig bewiesen. Infolge starker intermol. NH···N-Bindungen besitzt das Mol. keine Mol.-Symmetrie, keine Spiegelebene u. ist um ca. 6° um die zentrale C=C-Bindung verdreht. Die $N_{(5)}H_2$-Gruppe (die $N_{(5)}$ enthält) ist innerhalb der Fehlergrenzen eben, die $N_{(6)}H_2$-Gruppe ist nahezu tetraedrisch. Es wurden MO-Berechnungen für das Mol u. für Tetracyanäthylen durchgeführt, die zu π-Bindungsordnungen für alle Bindungen führten.
C. Gottfried. B 195

Struktur von Asparaginmonohydrat. G. Kartha und A. de Vries. (Nature [London] **192,** 862—63, 2/12. 1961; Buffalo, N.Y., Roswell Park Mem. Inst., Biophys. Dep.; engl.) — Vff. untersuchten die Struktur von *Asparaginmonohydrat* [I, Bezifferung: $H_2N_{(2)}-C_{(4)}O_{(3)}-C_{(3)}H_2-C_{(2)}HN_{(1)}H_2-C_{(1)}O_{(1)}O_{(2)}H \cdot H_2O_{(4)}$], um festzustellen, ob eine Kettenstruktur oder eine Ringstruktur vorliegt. Die rhomb. Zelle hat die Abmessungen $a = 5{,}582$; $b = 9{,}812$; $c = 11{,}796$ Å. Raumgruppe ist $P\,2_1\,2_1\,2_1$; $Z = 4$. Die Strukturparameter wurden mit Hilfe zwei- u. dreidimensionaler Fourier-Analysen bestimmt. Die gefundenen Parameter (in Å) sind: $C_{(1)}$ (x =) 4,888; (y =) 9,247; (z =) 0,421; $C_{(2)}$: 3,867; 9,549; 1,529; $C_{(3)}$: 4,404; 0,563; 2,679; $C_{(4)}$: 0,097; 9,795; 3,294; $N_{(1)}$: 3,257; 8,272; 2,029; $N_{(2)}$: 0,584; 0,629; 4,344; $O_{(1)}$: 5,554; 0,428; 0,008; $O_{(2)}$: 4,916; 8,091; 11,747; $O_{(3)}$: 0,621; 8,773; 2,818; $O_{(4)}$ (H_2O): 1,695; 2,258; 1,319. Die Moll. werden in dem Kristall durch mehrere H-Bindungen zusammengehalten. Es ist im Gitter eine kontinuierliche Spirale von H-Bindungen parallel der a-Achse vorhanden, an der die H_2O-Moll. u. die doppelt gebundenen O-Atome der Carboxylgruppen [$O_{(1)}$] beteiligt sind. 3 H-Bindungen verknüpfen das $N_{(1)}$ mit $O_{(4)}$, $O_{(2)}$ u. einem $O_{(3)}$ in einem anderen Molekül. $N_{(2)}$ bildet nur eine gute H-Bindung mit $O_{(1)}$; die andere mit $O_{(2)}$ ist schwächer. Zur Feststellung, ob Ring- oder Kettenstruktur vorliegt, ist die Art der Bindung zwischen $N_{(1)}$ u. $O_{(3)}$ in demselben Mol. von Wichtigkeit. Dieser Abstand mit 3,09 Å ist ziemlich kurz, die Abstände zwischen $N_{(1)}$ u. 3 anderen O-Atomen in Nachbar-Moll. sind dagegen noch kürzer. Auf der Fourier-Projektion ist dagegen keine H-Bindung zwischen diesen Atomen erkennbar. Dies schließt jedoch nicht die Möglichkeit einer solchen Bindung in Lsg. aus. Die Struktur wäre danach weder eine reine Ring- noch eine reine Kettenstruktur, wodurch sich alle Eigg. der Verb. erklären ließen. Der Ring wäre ähnlich dem Ring in Prolin (II) u. könnte erklären, warum I mit Ninhydrin in der gleichen Art reagiert wie II, die anderen Aminosäuren einschließlich Glutamin dagegen nicht. C. Gottfried. B 195

Untersuchungen von Additionsverbindungen der Lewis-Säuren. 15. Mitt. Kristallographische Untersuchungen an von Nitroderivaten mit Aluminiumchlorid gebildeten

Verbindungen. Pierre Gagnaux und Bernard-P. Susz. (Helv. chim. Acta **44,** 1128—31, 15/6. 1961; Genève, Univ., Labor. de chim. phys.; franz.) — 14. vgl. C. **1962,** 7840; 16. vgl. C. **1963,** 3163. — Dargestellt u. röntgenograph. untersucht wurden die 1 : 1-Additions-Verbb. von $AlCl_3$ mit den folgenden Verbb.: *p*-$CH_3C_6H_4NO_2$ (I), *p*-$(CH_3)_3CC_6H_4 \cdot NO_2$ (II), *p-Cl-* (III), *p-Br-* (IV), *p*-$JC_6H_4NO_2$ [V; $C_6H_4AlCl_3JN$, F. 145° (korr.; Zers.)], $C_6H_5NO_2$ (VI; $C_6H_5AlCl_3NO_2$) u. CH_3NO_2 (VII; $CH_3AlCl_3NO_2$, F. 96° (korr.)]. Alle Addukte bis auf das von VII wurden nach der gleichen Meth. (unter Feuchtigkeitsausschluß) dargestellt: die benzol. Lsg. des in Frage kommenden Nitro-Deriv. wird zu der äquimol. Menge $AlCl_3$ gegeben, hierauf bis zur vollständigen Auflösung gerührt u. durch Zugabe von trocknem Hexan die Additions-Verb. ausgefällt. Das Gemisch wird hierauf bei red. Druck auf dem Wasserbad bis zur vollständigen Wiederauflösung (45—60°) erwärmt u. ganz langsam abgekühlt. Kristalle des **VII**-Addukts wurden aus benzol. Lsg. durch langsames Abdampfen dargestellt. Die röntgenograph. Unters. lieferte die folgenden Ergebnisse: I: triklin (pseudomonoklin) mit a = 8,27; b = 12,20; c = 12,10 Å; β = 100,9°; Raumgruppe P 1 oder P $\bar{1}$; $D.^{25}$ 1,53; Z = 4. — **II**: triklin mit a = 8,17; b = 9,34; c = 9,78; α = 95,1°; β = 99,8°; γ = 95,6°; Raumgruppe P 1 oder P $\bar{1}$; $D.^{25}$ 1,35; Z = 2. — **III**: triklin (pseudomonoklin) mit a = 8,46; b = 9,34; c = 7,30; β = 100,1°; Raumgruppe P 1 oder P $\bar{1}$; $D.^{25}$ 1,68; Z = 2. — **IV**: triklin (pseudomonoklin) mit a = 8,56; b = 9,38; c = 7,41; β = 98,7°; Raumgruppe P 1 oder P $\bar{1}$; $D.^{25}$ 1,89; Z = 2. — **V**: monoklin mit a = 9,26; b = 9,11; c = 15,07; β = 91,4°; Raumgruppe P 2_1/c; $D.^{25}$ 2,01; Z = 4. — **VI** krist. in 2 polymorphen Formen: einer monoklinen [F. 94° (korr.)] u. einer monoklin-pseudorhomb. [F. 94° (korr.)] Form; erstere hat a = 6,37; b = 8,48; c = 20,94; β = 99,3°; Raumgruppe P 2_1/n; $D.^{25}$ 1,52; Z = 4; die zweite hat a = 8,08; b = 17,72; c = 7,82; Raumgruppe P 2_1/c; $D.^{25}$ 1,52; Z = 4. — **VII**: orthorhomb. mit a = 13,34; b = 7,71; c = 7,27; Raumgruppe P n a 2_1 oder P n a m; $D.^{25}$ 1,68; Z = 4. Eine allg. Beziehung zwischen der chem. Struktur u. den kristallograph. Eigg. besteht nicht. C. Gottfried. B 195

Über die Struktur von Triphenylmethylbromid. Cécile Stora. (Bull. Soc. chim. France **1961,** 1512—23, Aug./Sept.; Paris, C.N.R.S., Labor. de Chim. Cristallograph.; franz.) — In Fortsetzung früherer Unterss. (vgl. C. **1959, 4742** u. früher) berichtet Vf. über die Struktur-Best. von *Triphenylmethylbromid.* Es werden nur angenäherte Parameterwerte tabellar. angegeben. Die 6 in der rhomboedr. Zelle enthaltenen Moll. bilden im Gitter 3 zentrosymm. bimol. Einheiten, $(C_6H_5)_3{\equiv}C{-}Br\cdots Br{-}C{\equiv}(C_6H_5)_3$, die auf jeder der dreizähligen Achsen zentriert sind, wobei der Abstand Br—Br den anomalen Wert 3,315 Å hat, der bedeutend niedriger ist als der Van der Waalssche Abstand. Das zentrale C-Atom des Tritylrestes ist tetraedr., u. die 3 Phenylgruppen sind flügelartig um die Bindung ≡C—Br angeordnet. Aus der so gefundenen Struktur ergibt sich, daß unter den sich widersprechenden Theorien über die Bldg. gefärbter Salze des Triphenylcarbinols mit starken Säuren nur die Theorien vom Typ Bayer-Rumpf (vgl. hierzu Rumpf [1935]) in Frage kommen (Verknüpfung von Halogen u. zentralem C-Atom durch eine der semipolaren ähnliche Bindung). C. Gottfried. B 195

Elementarzellen und Raumgruppen einer Reihe von N-[ω-Dimethylaminoalkyl]-phthalimidmethojodiden. James E. Weidenborner und L. Edward Godycki. (Acta crystallogr. [Copenhagen] **14,** 695, 10/6. 1961; St. Louis, Mo., Univ., Chem. Dep.; engl.) — Vff. untersuchten röntgenograph. *N-[ω-Trimethylammoniohexyl-* (I), *-decyl-* (II) u. *-undecyl]-phthalimidjodid* (III), die aus Isopropylalkohol in Form gestreckter u. abgeplatteter Parallelepipede erhalten wurden. Schwenk- u. Weißenberg-Aufnahmen ergaben für I trikline Symmetrie u. a = 19,62 ± 0,06; b = 10,27 ± 0,04; 9,86 ± 0,03 Å; α = 106,9 ± 0,5°; β = 94,1 ± 0,5°; γ = 96,3 ± 0,5°; Raumgruppe P $\bar{1}$; D. 1,47 ± 0,01; Z = 4. **II**: monoklin; a = 31,6 ± 0,1; b = 7,55 ± 0,03; c = 9,67 ± 0,03; β = 92,6 ± 0,4°; Raumgruppe C 2; D. 1,36 ± 0,01; Z = 4. **III**: rhomb.; a = 33,9 ± 0,1; b = 9,52 ± 0,03; c = 7,55 ± 0,03; Raumgruppe P m n 2_1; D. 1,326 ± 0,01; Z = 4. C. Gottfried. B 195

Röntgenbeugungs-Pulverdiagramme von festen organischen Basen. L. J. E. Hofer und E. H. Bean. (Fuel **40,** 503—09, Nov. 1961; Pittsburgh, Pa., Pittsburgh Coal Res. Center, U. S. Bur. of Mines, Reg. V, Dep. of the Interior; engl.) — Von *1.2.3-Triphenylguanidin* (F. 145,2°), *2-Naphthyl-* (F. 109,6°), *N.N-Diäthylbiphenylyl-(4)-* (F. 70,7°), *Tribenzyl-* (F. 91,7—92,0°), *Fluorenyl-(2)-* (F. 124,5°), *N-Phenyl-1-naphthylamin* (F. 60°), *2.3-Dimethylchinoxalin* (F. 105,2—105,5°), *1H-Benzotriazol* (F. 95—96°), *4.4'-Benzylidenbis-[N.N-dimethylanilin]* (F. 100,5—101,0°), *p-Toluchinaldin* (*2.6-Dimethylchinolin,* F. 57,3°), *3-Methylbenzo-[f]-* (F. 82°), *Benzo-[f]-* (F. 89,5°), *trans-Dekahydro-* (F. 47,3°), *6-Phenylchinolin* (F. 109,8—110,0°), *N-Benzyl-o-toluidin* (F. 59°), *3.5-Dimethylpyrazol* (F. 106,5°), *Diphenyl-* (F. 242—243°), *N.N.N'.N'-Tetramethylbenzidin* (F. 191°), *3.4-Diaminotoluol* (F. 88,5°), *N.N'-Diphenyläthylendiamin* (F. 64,5°), *N-Benzylidenanilin* (F. 50,9°),

2.2'-Bipyridin, 2.2'-Bichinolin (F. 20°) u. *Imidazol* wurden Röntgenpulveraufnahmen gemacht. Jeweils die drei stärksten, zur Identifizierung geeigneten Linien werden besonders tabellar. angegeben. — Es wird ein Verf. zur Herst. von stranggepreßten Probekörpern mit 0,4 mm ∅ u. 0,8—1,0 mm Länge beschrieben. M. Schöberl. B 195□

Kristallographische Daten von Carbonsäuren und Carbonsäureamiden von Picolin- und Pyrazinderivaten. Chihiro Tamura und Harumitsu Kuwano. (Acta crystallogr. [Copenhagen] **14**, 693, 10/6. 1961; Osaka, Univ., Inst. for Protein Res.; Tokyo, Sankyo Co. Ltd., Takamine Labor.; engl.) — Röntgenograph. untersuchten Vff. *Picolinsäure* (**I**; $C_6H_5NO_2$, F. 135—137°), *Pyrazinsäure* (**II**; $C_5H_4N_2O_2$, F. 213° [Zers.]), *Picolinamid* (**III**; $C_6H_6N_2O$, F. 107—108°) u. *Pyrazinamid* (**IV**; $C_5H_5N_3O$, *β-Form*, F. 187 bis 189°; *γ-Form*, F. 185—189°). **I** erhält man in rechtckigen, oft verzwillingten Formen, ist monoklin u. hat a = 13,97 (Å); b = 3,84; c = 10,62; β = 107,9°; Raumgruppe P 2_1/a; mit D. 1,48 ist Z = 4. — **II** krist. bei 0° aus A. in rhomb. Kristallen u. hat a = 11,32 (Å); b = 6,46; c = 7,38; Raumgruppe P n m a oder P n a; D. 1,53; Z = 4. — **III** erhält man in monoklinen Kristallen aus wss. Lsg. bei Zimmer-Temp., die sich durch Oxydation leicht rot färben. Die Zellendimensionen sind a = 16,29 (Å); b = 7,15; c = 5,22; β = 99,8°; Raumgruppe P 2_1/a; D. 1,4; Z = 4. — **IV** tritt in wenigstens 4 Formen auf. Die α-Form erhält man aus A. bei Zimmer-Temp., die β-Form in Nadeln aus A. bei 0°, die γ-Form aus der Schmelze in Form rechteckiger Kristalle u. die δ-Form in silbrigen Körnern beim Eingießen einer heißen Nitrobenzol-Lsg. von 80—140° in CCl_4 bei Zimmer-Temp.; die β- u. γ-Form sind monoklin u. haben a = 10,70 (Å); b = 3,73; c = 14,38; β = 101,9° bzw. a = 10,84; b = 3,75; c = 7,20; β = 106,9°. Raumgruppe ist P 2_1/a; D. 1,45; Z = 4 bzw. P a, D. 1,46 u. Z = 2. C. Gottfried. B 195

Die Struktur von β-Lyxose. Asbjørn Hordvik. (Acta chem. scand. **15**, 1781—82, 1961; Addis Ababa, Ethiopia, Univ. Coll.; engl.) — Vgl. auch C. **1962**, 2689. — Schwenk- u. Weißenberg-Aufnahmen an nadelförmigen, nach der c-Achse gestreckten Kristallen der *β-Lyxose* (**I**) ergaben rhomb. Symmetrie u. die Zellendimensionen a = 9,58 (Å); b = 10,42; c = 6,53; Raumgruppe ist P 2_1 2_1 2_1; mit D. 1,54 wird Z = 4. Patterson- u. Fourier-Projektionen lieferten die folgenden x- u. y-Parameter: $C_{(1)}$ (x =) 0,090; (y =) 0,124; $C_{(2)}$ 0,117; 0,262; $C_{(3)}$ 0,087; 0,357; $C_{(4)}$: 0,179; 0,326; $C_{(5)}$: 0,144; 0,187; $O_{(1)}$: 0,134; 0,028; $O_{(2)}$: 0,259; 0,260; $O_{(3)}$: 0,124; 0,486; $O_{(4)}$: 0,133; 0,409; $O_{(5)}$: 0,180: 0,109. Aus der Elektronendichteprojektion auf die (0 0 1)-Ebene ist klar ersichtlich, daß **I** die Konfiguration 1e 2a 3e 4e hat, in Übereinstimmung mit der Vorhersage von Reeves (C. **1950**, II. 1950). C. Gottfried. B 195

Die Kristall- und Molekularstruktur der Cellobiose. Robert A. Jacobson, Jeffrey A. Wunderlich und William N. Lipscomb. (Acta crystallogr. [Copenhagen] **14**, 598—607, 10/6. 1961; Minneapolis, Minn., Univ., School of Chem.; Princeton, N.J., Univ., Dep. of Chem.; Cambridge, Mass., Harvard Univ., Dep. of Chem.; engl.) — *Cellobiose* wurde in Form abgestumpfter, quadrat. Pyramiden durch langsames Abdampfen eines 1 : 1-Vol.-Gemisches von W. u. Äthylenchlorhydrin erhalten. Weißenberg-Aufnahmen ergaben monokline Symmetrie u. die Zellendimensionen a = 10,94 ±0,02 (Å); b = 13,05 ± 0,05; c = 5,11 ± 0,02; β = 90 ± 0,5°; Raumgruppe ist C_2^2—P 2_1; Z = 2. Die Struktur wurde mit Hilfe von Patterson-Funktionen u. Elektronendichteprojektionen bestimmt. Es wurden die folgenden Parameter bestimmt: glykosid. gebundener Glucoserest: $C_{(1)}$ (x =) 0,748; (y =) 0,307; (z =) 0,017; $C_{(2)}$: 0,731; 0,433; —0,015; $C_{(3)}$: 0,672; 0,474; 0,232; $C_{(4)}$: 0,553; 0,424; 0,304; $C_{(5)}$: 0,563; 0,303; 0,273; $C_{(6)}$: 0,443; 0,244; 0,308; $O_{(2)}$: 0,847; 0,480; —0,073; $O_{(3)}$: 0,654; 0,585; 0,212; $O_{(4)}$: 0,503; 0,453; 0,525; $O_{(5)}$ (der $C_{(1)}$ $O_{(5)}$ $C_{(5)}$-Gruppe): 0,630; 0,271; 0,057; $O_{(6)}$: 0,456; 0,143; 0,225; glykosid. O: 0,803; 0,278; —0,202; Glucoserest mit freier $C_{(1)}$OH-Gruppe: $C'_{(1)}$: 0,957; 0,011; —0,470; $C'_{(2)}$: 0,827; 0,000; —0,365; $C'_{(3)}$: 0,767; 0,097; —0,320; $C'_{(4)}$: 0,853; 0,175; —0,180; $C'_{(5)}$: 0,979; 0,179; —0,291; $C'_{(6)}$: 1,075; 0,234; —0,119; $O'_{(1)}$: 0,013; —0,084; —0,511; $O'_{(2)}$: 0,753; —0,059; —0,539; $O'_{(3)}$: 0,658; 0,080; —0,184; $O'_{(5)}$: 1,023; 0,073; —0,311; $O'_{(6)}$: 1,183; 0,227; —0,267. Die 1.4'-Verknüpfung der 2 β-Glucosereste mit Sesselkonfiguration wurde bestätigt. Das Mol. hat eine innermol. $O'_{(3)}$—H···$O_{(5)}$-H-Bindung mit einer Bindungslänge von 2,80 Å. Die beiden Ring-O-Atome bilden Valenzwinkel von 117,3° u. 115,2°, das Brücken-O-Atom hat einen Bindungswinkel von 117,5°. Die Atomabstände sind tabellar. angegeben. Die beiden Ringe sind um ca. 26° gegeneinander verdreht. Die intermol. H-Bindungen sind ebenfalls tabellar. angegeben, wobei das Brücken-O-Atom an H-Bindungen nicht beteiligt ist, während $O_{(5)}$ u. $O'_{(5)}$ der Ringe Acceptoren für intra- u. intermol. Bindungen sind. C. Gottfried. B 195

Kristallographische Daten für Gelsemicinhydrobromidhalbhydrat und N-Methylgelsemicinhydrobromidtetrahydrat. Maria Przybylska. (Acta crystallogr. [Copenhagen] **14**, 694, 10/6. 1961; Ottawa, Nat. Res. Council, Div. of Pure Chem.; engl.) —

Gelsemicin (**I**)-*Hydrobromidhemihydrat* ($C_{20}H_{26}N_2O_4 \cdot HBr \cdot {}^1/_2 H_2O$) krist. aus Methylalkohol–Äthylacetat in monoklinen, farblosen, nach der a-Achse gestreckten Kristallen, die sich beim Stehen gelblich färben. Präzessionsaufnahmen lieferten die Zellendimensionen a = 9,18 ± 0,02 (Å); b = 27,60 ± 0,03; c = 8,98 ± 0,02; β = 115° 35′ ± 20′; Raumgruppe ist P 2_1; Z = 4. *N-Methylgelsemicinhydrobromidtetrahydrat* ($C_{21}H_{29}N_2O_4Br \cdot 4 H_2O$, durch 6std. Erhitzen von **I** mit einem Überschuß von Methylbromid im Rohr in Methylalkohol auf 60—70°) bildet farblose, rhomb., nach der c-Achse gestreckte Prismen mit leichter Spaltbarkeit nach (0 0 1). Die Zellendimensionen sind a = 18,25 ± 0,03 (Å); b = 28,46 ± 0,05; c = 9,60 ± 0,02. Raumgruppe ist P 2_1 2_1 2; mit $D.^{25}$ 1,41 ist Z = 2. C. Gottfried. B 195

Die numerische Auswertung statistischer Versuchspläne im Rahmen der Box-Wilsonschen Methode unter Benützung der elektronischen Datenverarbeitungsanlage IBM 650. J. Haller, G. Nussberger und B. Messikommer. (Helv. chim. Acta **44**, 461—70, 15/3. 1961; Basel, Ciba AG; dt.) — Hinsichtlich der Bedeutung der statist. Vers.-Planung nach der Box-Wilsonschen Meth. für die chem. Industrie beschreiben Vff. die Automatisierung der numer. Auswertung. Die Hauptpunkte bei der Aufstellung der Programmierung werden diskutiert u. der Reihe nach entwickelt. Da die digitalen Rechengeräte in der Regel nur arithmet. Grundoperationen direkt durchführen, sind bei der Programmierung alle höheren mathemat. Prozesse durch die Wahl passender numer. Meth. auf diese Elementarvorgänge zurückzuführen. Der Ablauf des Rechengangs ist im Blockschema dargestellt. An Hand eines Beispiels (Red. von *N-[2-Dimethylaminoäthyl]-3.4.5.6-tetrachlorphthalimid* zum entsprechenden Tetrachlor-2-[2-dimethylaminoäthyl]-isoindolin (**I**) neben Trichlor-2-[2-dimethylamino]-isoindolin, Tetrachlorisoindolin u. Trichlorisoindolin an einer Pt-Kathode in einem Elektrolyt aus H_2SO_4, Essigsäure u. W.) wird die Programmierung bzgl. der Ausbeute an **I** durchgeführt. Durch den Einsatz elektron. Digitalrechner wird die Box-Wilson-Meth. durch die erzielte größere Rechengeschw. u. Zuverlässigkeit wirtschaftlicher u. leichter einsetzbar. G. Plötner. B 220□

Nachweis von austauschbarem Wasserstoff in Chlorophyll. J. J. Katz, M. R. Thomas, H. L. Crespi und H. H. Strain. (J. Amer. chem. Soc. **83**, 4180—82, 6/11. 1961; Argonne, Ill., Argonne Nat. Labor.; engl.) — Durch Einw. von überschüssigem CH_3OD auf *Chlorophyll a* (**I**) u. *b* (**II**) wurden D-**I** u. D-**II** erhalten, deren Bldg. durch Einw. einer äquivalenten Menge CH_3OH auf die CCl_4-Lsg. von deuteriertem **I** bzw. **II** bei 20—21° u. IR-spektroskop. Best. des gebildeten CH_3OD nachgewiesen wurde. Der D/H-Austausch erfordert bei **I** u. **II** mehr als 40 Std., qual. Unterschiede im Verh. von **I** u. **II** wurden nicht festgestellt. Analoge Modell-Verss. mit *Laurylalkohol* (**III**) bzw. *2-Carbäthoxycyclopentanon* (**IV**) bei 20—21° zeigten, daß der D/H-Austausch bei **IV** ebenfalls langsam erfolgt u. mehr als 20 Std. erfordert. Dagegen läuft der Austausch zwischen D-**III** u. CH_3OH sehr schnell ab (etwa innerhalb $^1/_4$ Std.). Vff. schließen, daß im Gegensatz zu den IR-spektroskop. Befunden von Holt u. Jacobs (C. **1958**, 7412) sowohl **I** als auch **II** in CCl_4-Lsg. überwiegend in der Ketoform vorliegen. B. Gnauck. B 221□

Stabilität und aromatischer Charakter in Bor-Chelaten. W. Gerrard, M. F. Lappert und R. Shafferman. (Chem. and Ind. **1958**, 722, 14/6.; London, Northern Polytechn.; engl.) — Acetessigester (**I**) reagiert in der Enolform mit Diphenyl- u. Di-n-butylborchlorid; die gebildeten *Diphenyl-* (**A**) bzw. *Di-n-butylborinsäureester* (**B**) von **I** sind im Gegensatz zu anderen **A** u. **B** bemerkenswert stabil gegen Luftoxydation u. Hydrolyse. Der **B**-Ester der Enolform von **I**, $C_{14}H_{27}BO_3$, $Kp._{0,01}$ 70—72°, n_D^{20} 1,4582, wird durch Luft-O_2 nicht angegriffen u. von kaltem W. langsamer als andere **B** hydrolysiert. Der analoge Ester von **A**, $C_{18}H_{19}BO_3$, F. 74—75° wird in 5 Std. von Luft-O_2, kaltem W. oder 3nHCl nicht angegriffen. Die Erklärung der Stabilität durch Bldg. von 6-Ringchelaten mit aromat. Eig. wird durch die IR-Spektren unterstützt. G. Fischer. B 223□

Dichinolinbromperchlorat und Diisochinolinbromperchlorat. P. B. D. de la Mare, M. Kiamuddin und J. H. Ridd. (Chem. and Ind. **1959**, 727, 13/6.; London, Univ. Coll., William Ramsay and Ralph Forster Labor.; engl.) — Die Rk. von in $HClO_4$ gelöstem Chinolin (**II**) bzw. Isochinolin (**III**) mit HOBr ergibt *Dichinolinbromperchlorat* (**I**; F. 115 bis 116° (Zers.)] bzw. *Diisochinolinbromperchlorat* (F. 98° (Zers.)]. Bei beiden Verbb. handelt es sich um Komplexe mit Br^+ vom allg. Typ $BrQ_2{}^+ClO_4{}^-$ (Q = **II** oder **III**). **I** setzt aus KJ in verd. Essigsäure ein Äquivalent J_2 frei, nach Alkalizusatz läßt sich **II** isolieren. **I** zerfällt vermutlich in wss. Lsg. unter Freisetzung von akt. Br_2. $HClO_4$- u. **II**-Zusatz beeinflussen die Zerfalls-Geschw., die Kinetik des Zerfalls bei verschiedenen Säure-Konzz. wird diskutiert. — Nach Verschwinden des akt. Br_2 konnten ca. 15% Bromchinoline gewonnen werden, woraus *5-Bromchinolin* als *Pikrat* (F. 238°) isoliert wurde. H. J. Jahns. B 223

Die von Jod katalysierte thermische cis–trans-Isomerisierung von Stilben. Shigeru Yamashita. (Bull. chem. Soc. Japan **34**, 487—89, April 1961; Osaka, Univ. of Osaka, Coll. of Gen. Educ., Dep. of Chem.; engl.) — Im Temp.-Bereich von 62,0—68,8° wurde die therm. cis–trans-Isomerisierung von *Stilben* (**I**) in Ggw. von J_2 in Hexan kinet. verfolgt. Die Umsatz-Geschw. wurde spektralphotometr. ermittelt u. ergab sich als proportional der Konz. von cis-**I** sowie der Quadratwurzel der J_2-Konzentration. Die Gesamtaktivierungsenergie beträgt 25 kcal/Mol. Ein Mechanismus wird vorgeschlagen, bei dem der therm. Dissoziation der J_2-Moll. die Bldg. eines Übergangskomplexes von cis-**I** mit atomarem J folgt. Harro Zimmer. B 225□

Die photochemische cis–trans-Isomerisierung von Stilben. Shigeru Yamashita. (Bull. chem. Soc. Japan **34**, 490—93, April 1961; engl.) — Vgl. vorst. Referat. — Die photochem. Isomerisierung von *cis-* u. von *trans-Stilben* (cis- bzw. trans-**I**) in n-Hexan wurde im Temp.-Bereich von 10—30° untersucht, wobei als UV-Lichtquelle die Hg-Linien 313 u. 334 mμ diente. Die Quantenausbeuten betrugen für den Übergang cis → trans 0,04 u. für die trans → cis-Umsetzung 0,27. Die spektralphotometr. ermittelten Umsatz-Geschw. waren in bezug auf die Stilben-Konz. 1. Ordnung, proportional der Lichtintensität u. fast unabhängig von der Temperatur. Die Quantenausbeuten sowie die opt. Zustandsgrößen von cis- u. trans-**I** deuten darauf hin, daß die Rk.-Wege für die Übergänge in beiden Richtungen von einander verschieden sind. Harro Zimmer. B 225□

Beitrag zur Untersuchung der Reaktion von Wasserstoffperoxid mit Ameisensäure oder Essigsäure. Jan Dvořák. (Chem. Průmysl **9 (34)**, 524—26, Okt. 1959; Brno, Výzkumný Ústav makromol. chem.; tschech., Auszug: engl.) — Es wurde der Einfl. der Temp. (15—40° für **I**, 30—50° für **II**), des Verhältnisses u. der Konz. der Ausgangsstoffe u. der Menge an Katalysator auf den Verlauf der Rk. von *Ameisensäure* (**I**) oder *Essigsäure* (**II**) mit H_2O_2 untersucht. Es wurde erkannt, daß die Ausbeute an Persäure nur durch die Konz. u. das Gew.-Verhältnis der Ausgangsstoffe beeinfußt wird; die Temp. u. die Menge an Katalysator beeinflussen nur die Rk.-Geschwindigkeit. Die Stabilität von *Peressigsäure* ist größer als die der *Perameisensäure.* J. Schneider. B 225□

Synthesen mit Hilfe freier Hydroxylradikale. 1. Mitt. **Oxydative Dimerisation von aliphatischen Äthern und Estern.** G. A. Rasuwajew und L. Ss. Bogusslawskaja. (Журнал Общей Химии [J. allg. Chem.] **30 (92)**, 4094—99, Dez. 1960; russ.) — Äther u. Ester reagieren im Syst. Fe^{2+}–H_2O_2–W.–H_2SO_4 mit den gebildeten OH-Radikalen prim. unter Abspaltung eines H-Atoms zu Carbalkoxyalkylradikalen, die in *Dimere* oder höhere *Polymere* übergehen oder weiter oxydiert werden. So lieferte Diisopropyläther ein Gemisch der isomeren *Hexandioldiisopropyläther.* Aus Diäthyläther wurde ein Gemisch von *Dimeren* u. *Oxydations-Prodd.*, erhalten, von denen *Acetaldehyd* u. *Essigsäure* identifiziert wurden. Aus Äthylacetat entstanden u. a. *Acetaldehyd* u. *Essigsäure,* aus n-Butylacetat *Dioldiacetate,* $C_{12}H_{22}O_4$ u. *Tetramere* sowie *n-Butyraldehyd* (*2.4-Dinitrophenylhydrazon,* $C_{10}H_{12}N_4O_4$, F. 122°), aus Isoamylacetat *Dioldiacetate,* $C_{14}H_{26}O_4$, *Tetramere* u. *Isovaleraldehyd* (*2.4-Dinitrophenylhydrazon,* $C_{11}H_{14}N_4O_4$, F. 118°), aus Isoamylformiat *Decandioldiacetate* u. *Tetramere.* Die Ausbeuten an Dimeren u. höheren Polymeren betrugen 1—7%, bezogen auf H_2O_2. Siedebereiche, Ausbeuten u. physikal. Kennzahlen der Fraktionen werden tabellar. angegeben. Helmut Schäfer. B 225□

Synthesen mit Hilfe freier Hydroxylradikale. 2. Mitt. **Reaktionen aliphatischer Ester mit Hydroxylradikalen.** G. A. Rasuwajew und L. Ss. Bogusslawskaja. (Журнал Общей Химии [J. allg. Chem.] **31 (93)**, 3440—47, Okt. 1961; russ.) — 1. vgl. vorst. Referat. — Bei der Einw. von OH-Radikalen (aus $H_2O_2/FeSO_4/H_2SO_4$) auf Isobuttersäuremethylester (**I**) bei Raum-Temp. fallen *α.α'-Dimethyladipinsäure-*, *α.α.α'-Trimethylglutarsäure-* u. *Tetramethylbernsteinsäuredimethylester, trimere* u. *tetramere Verbb.* sowie *Aceton* u. *Isobuttersäure* an. Buttersäuremethylester (**II**) liefert analog *Korksäuredimethylester* neben *Trimeren, Tetrameren, Propionaldehyd* u. *Buttersäure.* Butylacetat wird durch die OH-Radikale in *1.4-Diacetoxy-2.3-diäthylbutan* übergeführt; das durch Verseifen erhaltene *2.3-Diäthylbutandiol-(1.4)* läßt sich leicht zu *3.4-Diäthyltetrahydrofuran* dehydratisieren. Rk.-Mechanismen für die radikal. Umwandlungen der Ester werden diskutiert.

Versuche: Zu 2 Mol Ester, 1 kg W. u. 25 ml konz. H_2SO_4 werden unter Kühlung gleichzeitig 0,66 Mol H_2O_2 in 100 ml W. u. 0,66 Mol $FeSO_4 \cdot 7\,H_2O$ + 0,66 Mol H_2SO_4 in 400 ml W. zugetropft; nach weiterem 10 Min. langem Rühren wird die organ. Phase fraktioniert. Aus **I** wurden erhalten: *Tetramethylbernsteinsäuredimethylester,* $C_{10}H_{18}O_4$, F. 30—31°; 2% (Ausbeute); *α.α.α'-Trimethylglutarsäuredimethylester,* $C_{10}H_{18}O_4$, $Kp._{11}$ 90°, $D._{20}^{20}$ 1,0305, n_D^{20} 1,4328; 14,6% [wird durch längeres Kochen mit verd. H_2SO_4 verseift zu *α.α.α'-Trimethylglutarsäure,* $C_8H_{14}O_4$, F. 97—98° (W.)]; *α.α'-Dimethyladipinsäuredimethylester,* $C_{10}H_{18}O_4$, $Kp._{11}$ 102—103°, $D._{20}^{20}$ 1,0174, n_D^{20} 1,4295; 12% [wird verseift zu *meso-α.α'-Dimethyladipinsäure,* $C_8H_{14}O_4$, F.140° (W)]; **I**-*Trimeres,* $C_{15}H_{26}O_6$, $Kp._3$

142—148°, $D._{20}^{20}$ 1,0798, n_D^{20} 1,4522; *I-Tetrameres*, $C_{20}H_{34}O_8$, $Kp._2$ 200—220° (Zers.), $D._{20}^{20}$ 1,120, n_D^{20} 1,4650; *Aceton* [*2.4-Dinitrophenylhydrazon*, $C_9H_{10}N_4O_4$, F. 123—124° (A.)] u. *Isobuttersäure* (n_D^{20} 1,3932). — Aus **II** wurden erhalten: *Korksäuredimethylester*, $C_{10}H_{18}O_4$, $Kp._8$ 114—117°, $D._{20}^{20}$ 1,0262, n_D^{20} 1,434 [wird verseift zu *Korksäure*, $C_8H_{14}O_4$, F. 140° (W.)]; **II**-*Trimeres*, $C_{15}H_{26}O_6$, $Kp._1$ 135—145°, $D._{20}^{20}$ 1,093 4,n_D^{20} 1,4539; **II**-*Tetrameres*, $C_{20}H_{34}O_8$, $Kp._1$ 175—200°, $D._{20}^{20}$ 1,1159, n_D^{20} 1,4625. — Aus Propionsäureäthylester wurden erhalten: *Adipinsäurediäthylester*, $Kp._{10}$ 125—130°, $D._{20}^{20}$ 1,014, n_D^{20} 1,4270; *Adipinsäureäthylester*, $Kp._{14}$ 150—160°, $D._{20}^{20}$ 1,079, n_D^{20} 1,4398 (werden beide verseift zu *Adipinsäure*, F. 149—151°); *Acetaldehyd* [*2.4-Dinitrophenylhydrazon*, $C_8H_8N_4O_4$, F. 141° (A.)]. — Adipinsäuredimethylester lieferte: *Dimeres*, $C_{16}H_{26}O_8$, $Kp._3$ 215—216°, $D._{20}^{20}$ 1,1584 n_D^{20} 1,4616 u. *Adipinsäuremethylester*, $Kp._6$ 155°, $D._{20}^{20}$ 1,128, n_D^{20} 1,4410. — Butylacetat gab *1.4-Diacetoxy-2.3-diäthylbutan*, $C_{12}H_{22}O_4$, $Kp._4$ 125°, D_{20}^{20} 0,9967, n_D^{20} 1,4405 [neben einer zähviscosen *Oligomerenfraktion*, $D._{20}^{20}$ 1,079, n_D^{20} 1,4372]. — *2.3-Diäthylbutandiol-(1.4)*, $C_8H_{18}O_2$, $Kp._9$ 142—144°, durch 3 std. Kochen von 72 g vorst. Verb. mit NaOH in wss. Äthylenglykol; $D._{20}^{20}$ 0,9612, n_D^{20} 1,4607; 25 g. — *3.4-Diäthyltetrahydrofuran*, $C_8H_{16}O$, Kp. 140—145°, durch Dehydratisieren vorst. Verb. über Al_2O_3 bei 270°; $D._{20}^{20}$ 0,8543, n_D^{20} 1,4425; 83%. H.-E. Toussaint. B 225□

Untersuchung der Sulfonierung aromatischer Verbindungen. A. P. Schesstow und N. A. Ossipowa. (Органические Полупродукты и Красители, Сборник Статей [Org. Zwischenprodukte Farbstoffe, Samml. Aufsätzen] **2**, 13—45, 1961; russ.) — Die Sulfonierung von Bzl. mit Oleum (2,5 Mol SO_3 je 1 Mol Bzl., 3 Std.) bei $<70°$ liefert ein Gemisch aus *Benzolsulfonsäure* (**I**) u. *-m-disulfonsäure* (**II**), bei 70—160° **II**, oberhalb 160° auch merkliche Mengen *Benzol-1.2.3-trisulfonsäure*. Als Nebenprodd. bilden sich über Diphenylsulfon (**III**) *Diphenylsulfon-m-sulfonsäure* (**IV**) u. *-m.m'-disulfonsäure* (**V**). Mit Erhöhung der SO_3-Konz. im Oleum von 4 auf 70% erhöht sich die Ausbeute an **V** von 1,1 auf 31,2%. Bei der Sulfonierung von Bzl. mit 65%ig. Oleum in Ggw. von 0,01 bis 0,50 Mol-% Na_2SO_4 sinkt die Ausbeute an **V** mit zunehmendem Na_2SO_4-Geh. von 21,4 auf 1,7%. Beim Sulfonieren von **I** mit 65%ig. Oleum bilden sich nur noch 15% **V**; **II** u. Oleum reagieren prakt. nicht zu **V**. **III** liefert mit der berechneten Menge Oleum **IV**, mit einem Überschuß an Oleum **V**. Beim Behandeln von **III** mit 85—98%ig. H_2SO_4 bilden sich vor allem **I** u. **II**, daneben **IV** u. **V**. Der Grad der Spaltung von **III** ist um so höher, je geringer die H_2SO_4-Konz. ist. **IV** wird durch H_2SO_4 nur noch zu 30% gespalten (Bldg. von **I** u. **II**); **V** wird prakt. nicht mehr gespalten. Die Alkalischmelze von **II**, **IV** u. **V** oder deren Gemischen gibt fast quant. *Resorcin*, wenn unter Luftabschluß gearbeitet wird. **II** u. **V** lassen sich über die *Dichloride* trennen. Für die polarograph. Best. von **IV** u. **V** in den Sulfonierungs-Prodd. von Bzl. wird eine Meth. angegeben, die auf der Reduzierbarkeit von **III**, **IV** u. **V**, nicht aber von **I** u. **II** beruht. — Bei der Sulfonierung von Toluol u. Chlorbenzol mit Oleum bilden sich als Nebenprodd. ebenfalls die Sulfonsäuren der Sulfone [11% *4.4'-Dimethyldiphenyl-x.x'-disulfonsäure* (**VI**) u. 18% *4.4'-Dichlordiphenylsulfon-x.x'-disulfonsäure* (**VII**)]. **VI** u. **VII** lassen sich analog **V** polarograph. im Rk.-Gemisch bestimmen, da nur die Sulfone, nicht aber Chlorbenzol-2.4-disulfonsäure (**VIII**) u. Toluol-2.4-disulfonsäure (**IX**) kathod. (bei —0,1 bis —2,7 V) red. werden. Im Gegensatz von **I**, **II**, **VIII** u. **IX** werden die *Naphthalinmono-*, *-di-*, *-tri-* u. *-tetrasulfonsäuren* an der Hg-Tropfelektrode reduziert. Die bei der Sulfonierung von Naphthalin gebildeten *Sulfonsäuren* der *Dinaphthylsulfone* lassen sich polarograph. bestimmen, wenn sie von den Naphthalinsulfonsäuren vor der polarograph. Best. chromatograph. abgetrennt werden. So lassen sich z. B. Gemische von *Bis-[naphthyl-(2)]-sulfon-5.5'-disulfonsäure* (**X**) u. *Naphthalin-1.3.5.7-tetrasulfonsäure* (**XI**) „chromatopolarograph." analysieren. — Die Halbstufenpotentiale mit Tetraäthylammoniumjodid als Grundelektrolyten werden für nachst. Verbb. angegeben: **III**, **IV**, **V**, *Bis-[p-chlorphenyl]-sulfon*, *Di-p-tolylsulfon*, **VI**, **VII**, *Naphthalin-1-sulfonsäure*, *-2-sulfonsäure*, *-1.5-di-*, *-2.6-di-*, *-1.3.6-trisulfonsäure*, **XI**, *Bis-[naphthyl-(2)]-sulfon* u. **X**. Helmut Schäfer. B 225

Stabilität der Konfiguration von durch d-Bahnen stabilisierten Carbanionen. D. J. Cram, Richard D. Partons, Stanley H. Pine und Herb Jäger. (J. Amer. chem. Soc. **84**, 1742—43, 5/5. 1962; Los Angeles, Calif., Univ. of California, Dep. of Chem.; engl.) — Vgl. J. Amer. chem. Soc. **83**, [1961], 3696. — Vff. stellten nach üblichen Meth. beide Diastereomere von *Phenyl-n-octyl-(2)-sulfoxid* (**Ia**, F. 20,5—21,5°; $[\alpha]_{546}^{25}$ $-192 \pm 3°$, c = 2; 95%ig. A.; **Ib**, Öl, $[\alpha]_{546}^{25}$ $+166 \pm 3°$, c = 2, 95%ig. A.) u. *Diphenyl-n-octyl-(2)-phosphinoxid* (**II**, F. 94—96°, $[\alpha]_{546}^{26}$ $-14,7°$, c = 6, CCl_4) u. die $D_{(2)}$-Octylisomeren her u. untersuchten den stereochem. Verlauf des basenkatalysierten H-D-Austausches bei 60—175° durch Best. des Verhältnisses der Geschw.-Konst. des Austausches u. der Racemisierung k_a/k_r. Lsgm. waren $(CH_3)_3CO$–H u. -D, $(CH_3)_2SO$, CH_3OH, $HOCH_2CH_2OH$ u. $DOCH_2CH_2OD$; Basen waren die entsprechenden K-Alkoholate, bei $(CH_3)_2SO$ CH_3OK. Die Werte für k_a/k_r liegen bei 1—3. Vgl. mit den Austausch-

Unterss. am 2-Phenylbutan (J. Amer. chem. Soc. **83**, [1961], 3688; $k_a/k_r > 10$) zeigen, daß funktionelle Gruppen, die d-Bahnen enthalten, eine noch geringere stereochem. Kontrolle auf die Austausch-Rk. ausüben als die Phenylgruppe. Dieses Ergebnis steht in starkem Gegensatz zur l. c. untersuchten Rk. des entsprechenden Sulfons (k_a/k_r 10 bis 2000). Es werden 2 Hypothesen zur Erklärung der unterschiedlichen Stabilisierung von Carbanionen durch d-Bahnen diskutiert. W. Schramm. B 225□

Kinetik und Mechanismus der Carbonyl-Methylen-Kondensationen. 10. Mitt. **Die durch Piperidin katalysierte Reaktion der aromatischen Aldehyde mit p-Nitrobenzylcyanid.** Saul Patai und Yigal Israeli. (Bull. Res. Council Israel, Sect. A **8 A**, 179 bis 185, Dez. 1959; Jerusalem, Hebrew Univ., Dep. of Org. Chem.; engl.) — 9. vgl. C. **1961**, 7898; 4. vgl. C. **1962**, 10042. — Die Rk.-Geschw. der Kondens. von *p-Nitrobenzylcyanid* mit *Piperonal* (zu 1-[p-Nitrophenyl]-1-cyan-2-[3.4-methylendioxyphenyl]-äthylen, $C_{16}H_{10}\cdot N_2O_4$, F. 191° [A.]), *Anisaldehyd* (zu 1-[p-Nitrophenyl]-1-cyan-2-[p-methoxyphenyl]-äthylen, F. 165°], *p-Tolualdehyd* (zu 1-[p-Nitrophenyl]-1-cyan-2-[p-tolyl]-äthylen, $C_{16}H_{12}N_2O_2$, F. 146—147° [A.]), *Benzaldehyd* (zu 1-[p-Nitrophenyl]-1-cyan-2-phenyläthylen, F. 86,5°) sowie *p-Chlor-* (zu 1-[p-Nitrophenyl]-1-cyan-2-[p-chlorphenyl]-äthylen, F. 186°), *o-Chlor-* (zu 1-[p-Nitrophenyl]-1-cyan-2-[o-chlorphenyl]-äthylen, $C_{15}H_9ClN_2O_2$, F. 167° [A.]) u. *p-Nitrobenzaldehyd* (zu 1.2-Bis-[p-nitrophenyl]-1-cyanäthylen, F. 214°) in HCl-haltigem A. in Ggw. von Piperidin als Katalysator wurden spektrometr. gemessen u. die Rk.-Mechanismen diskutiert. Die Geschw.-Konst. wächst linear mit der Katalysator-Konz. (im Bereich 0,0005—0,002 m). Bei konst. Katalysator-Konz. wurden für die einzelnen Rkk. mittlere Rk.-Ordnungen zwischen 1. u. 2. beobachtet. — Weiterhin wurde 1-[p-Nitrophenyl]-1-cyan-2-[m-methoxyphenyl]-äthylen ($C_{16}H_{12}N_2O_3$, F. 195° aus A.) dargestellt. W. Betcke. B 225□

Räumliche Struktur und Reaktionsfähigkeit. 11. Mitt. **Hemmung der inneren Drehung und Kinetik der Acylierung der 2.2'-Dimethoxy- und 3.3'-Dimethylderivate von 4-Aminodiphenyl und 4-Amino-4'-nitrodiphenyl.** L. M. Litwinenko und A. P. Grekow. (Журнал Общей Химии [J. allg. Chem.] **27** (**89**), 3332—38, Dez. 1957; Charkow, Univ.; russ.) — 10. vgl. C. **1961**, 14235. — Es wurde die Kinetik der Acylierung von *2.2'-Dimethoxy-, 3.3'-Dimethyl-4-aminodiphenyl, 2.2'-Dimethoxy-, 3.3'-Dimethyl-4-amino-4'-nitrodiphenyl* u. *m-Anisidin* durch p-Nitrobenzoylchlorid in Bzl. untersucht. Die Geschw.-Konst. der Acylierung wurden für 25° u. 50° bestimmt. Die Wechselwrkg. zwischen p.p'-ständiger NO_2- u. NH_2-Gruppe über das Syst. des Diphenyls wird durch die Einführung der o.o'-ständigen Methoxylgruppen abgeschwächt, was durch ster. Hinderung bzw. Änderung der geometr. Konfiguration der beiden Benzolkerne des Biphenyl-Mol. erklärt wird. Die Wechselwrkg. zwischen NO_2- u. NH_2-Gruppe wird durch m.m'-ständige Methylgruppen nicht beeinflußt. Der F-Faktor (bestimmtes Verhältnis der Geschw.-Konst. bei der Acylierung) als ein relatives Maß für die Beeinflussung der Wechselwrkg. von NO_2- u. NH_2-Gruppe hat beim o.o'-unsubstituierten Diphenyl-Syst. sowie dem m.m'-Dimethyl-Deriv. den Wert 1,00 (bei 25°) u. erhöht sich in der Reihenfolge der o.o'-Substituenten: Methyl < Chlor < Brom < Methoxyl < Carboxymethyl bis auf 2,71. Helmut Schäfer. B 225□

Einige Gesichtspunkte der Reaktion zwischen Grignard-Verbindungen und Kobalt(II)-halogenid. William B. Smith. (J. org. Chemistry **26**, 4206—09, Nov. 1961; Fort Worth, Tex., Texas Christian Univ., Chem. Dep.; engl.) — Bei der Rk. von Grignard-Verbb. mit stöchiometr. Mengen oder einem Überschuß von $CoBr_2$ führen Arylmagnesiumhalogenide vorwiegend zu Kupplungs-Prodd., Alkylmagnesiumhalogenide zu Verbb., die durch Disproportionierung oder H-Abspaltung aus dem Lsgm. (Ae.) entstehen. Im einzelnen wurden erhalten (Reihenfolge nach sinkender Ausbeute): CH_4, C_2H_4 u. C_2H_6 aus *Methyl-*, C_2H_4, C_2H_6 u. C_4H_{10} aus *Äthyl-*, C_4H_{10}, Buten-(1), trans- u. cis-Buten-(2) sowie Octan aus *Butyl-*, Diphenyl u. Bzl. aus *Phenyl-*, Toluol u. Di-p-tolyl aus *p-Tolylmagnesiumbromid.* Bei Behandlung eines Gemisches aus einer Alkyl- u. einer Aryl-Grignard-Verb. mit $CoBr_2$ treten Querbeziehungen zwischen beiden Rkk. nur sehr wenig in Erscheinung, doch lassen charakterist. Änderungen des Mengenverhältnisses von gesätt. zu ungesätt. Prodd. eine gewisse Modifizierung des Rk.-Ablaufs im Vgl. zu den Einzel-Rkk. erkennen. A. Blaschette. B 225□

Die Zersetzung von Acetylperoxid: Die Wirkung von Jod. H. J. Shine und D. M. Hoffman. (J. Amer. chem. Soc. **83**, 2782—83, 20/6. 1961; Lubbock, Tex., Texas Technol. Coll., Dep. of Chem.; engl.) — Die Zers. von *Acetylperoxid* (**I**) in Cyclohexen u. CCl_4 wird mit u. ohne Zusatz von J_2 untersucht. Die Ausbeute an CO_2 sinkt in beiden Lsgm. in Ggw. von J_2 beträchtlich ab; in Cyclohexen von 57—65% auf 23—31% u. in CCl_4 von 80—100% auf 25—50%. Die Unterss. verdeutlichen das unterschiedliche Verh. von **I** u. Benzoylperoxid; letzteres bildet in Ggw. von J_2 prakt. quant. Benzoesäure. Vff. nehmen die intermediäre Bldg. von Acetoxyradikalen an. H. E. Seyfarth. B 225□

Thermische Zersetzung von Hexamethylentetramin bei hohen Temperaturen. Hans Plischke. (Z. Chem. **1**, 217—18, 1961; Dessau, VEB Gärungschem.; dt.) — Vf. untersucht die Zers.-Rk. des *Hexamethylentetramins* auf ihre techn. Anwendungsmöglichkeit. Die Ausbeute an HCN steigt bis 1200° an (800°: 72,57 (%); 900°: 76,48; 1000°: 84,33; 1100°: 88,56, 1200°: 92,06) u. bleibt dann etwa konstant. Die Rk. ist nicht wasserdampfempfindlich. Für Temp. zwischen 1100 u. 1200° wird folgender Rk.-Mechanismus vorgeschlagen: $(CH_2)_6N_4 \rightarrow 4\,HCN + 2\,CH_4$, $(CH_2)_6N_4 \rightarrow 4\,HCN + 2\,H_2 + C$ u. sek. $2\,CH_4 \rightarrow 2\,C + 2\,H_2$. B. Franke. B 225□

Synthese von 9-Methylfluorenhydroperoxid und Untersuchung seines thermischen Zerfalls. M. A. Diki und T. I. Jurshenko. (Доповіді Академії Наук Української РСР [Ber. Akad. Wiss. UkrainSSR] **1962**, Nr. 3, 390—93; Lwow, polytechn. Inst.; ukrain., Auszug: engl.) — Durch Autoxydation von 9-Methylfluoren wurde *9-Methylfluorenhydroperoxid* (I) dargestellt. Die Geschw. des therm. Zerfalls von I in Isopropylbenzol (II) wurde bei 100, 110 u. 120° u. in α-Methylstyrol (III) bei 70, 85 u. 100° untersucht u. mit der Zers. von 1.1-Diphenyläthanhydroperoxid (IV) verglichen. I zerfällt nach 1. Ordnung. I ist in II stabiler als IV, zersetzt sich dagegen in III schneller als IV, was durch die ebene Anordnung zweier Benzolkerne erklärt wird. Die kinet. Kurven für die Abnahme der I-Konz. in II u. III werden angegeben. Helmut Schäfer. B 225

Kinetische Untersuchung der photochemischen Reaktion zwischen Chlor und Tetrafluoräthylen. E. Castellano und H. J. Schumacher. (An. Asoc. quím. argent. **49**, 109—22, Juni 1961; La Plata, Univ. Nac., Fac. de Quím. y Farmacia, Inst. Sup. de Investigac.; span.) — Die Photochlorierung von *Tetrafluoräthylen* (I; durch therm. Zers. von Teflon bei 600° u. vermindertem Druck) bei 30—60°, 436 mμ in Abhängigkeit vom Druck der Komponenten verläuft ähnlich der entsprechenden Umsetzung Cl-substituierter Äthylene. Die Geschw. der Bldg. von symm.-Tetrafluordichloräthan ist der Cl_2-Konz. u. der 0,67. Potenz der absorbierten Lichtmenge proportional. Der I-Druck erwies sich im untersuchten Bereich von 10—400 mm als ohne Einfl. auf die Kinetik. Der Temp.-Koeff. der Rk. ist mit 1,04 je 10° äußerst gering u. entspricht einer Aktivierungsenergie von ≥0,8 kcal/Mol für die Rk. $C_2F_4Cl\cdot + Cl_2 \rightarrow C_2F_4Cl_2 + Cl$. Bei 30°, 100 mm Cl_2 u. einer absorbierten Lichtmenge von $4{,}5\cdot10^{10}$ hν/cm³·s beträgt die Quantenausbeute $2{,}1\cdot10^5$ Mol/h ν. Es werden Geschw.-Angaben über die Teil-Rkk. gemacht. Für die einzelnen Vers.-Bedingungen sind die Geschw.-Konst. angegeben. H.-E. Toussaint. B 226□

Kinetische Untersuchung der photochemischen Reaktion zwischen Chlor und Trifluormonochloräthylen. N. R. Bergamin, E. Castellano und H. J. Schumacher. (An. Asoc. quím. argent. **49**, 123—31, Juni 1961; Pa Plata, Univ. Nac., Fac. de Quím. y Farmacia, Inst. Sup. de Investigac.; span.) — Vgl. vorst. Referat. — Die Geschw. der Bldg. von 1.1.2-Trifluortrichloräthan bei der Photochlorierung von *Trifluoräthylen* (I; durch Zers. von Hostaflon bei 450° u. vermindertem Druck) bei 30 bis 60° u. 436 mμ in Abhängigkeit vom Druck der Komponenten ist der Cl_2-Konz. u. der Quadratwurzel aus der absorbierten Lichtmenge proportional. Die Rk. verläuft analog der ähnlicher Photoreaktionen. Der Temp.-Koeff. ist mit 1,12 je 10° gering; als Aktivierungsenergie des Gesamtprozesses werden 2,3 kcal/Mol errechnet. Bei 30°, 100 mm Cl_2-Druck u. einer absorbierten Lichtmenge von $2{,}2\cdot10^{11}$ hν/cm³·s ergibt sich eine Quantenausbeute von $2{,}1\cdot10^5$ Mol/h ν. Die Geschw.-Konst. für die verschiedenen Vers.-Bedingungen sind angegeben. Die Photochlorierung von I verläuft wesentlich rascher als die von Trichloräthylen. H.-E. Toussaint. B 226□

Strahlungsinduzierte Synthese des Insekticids „Gammexan". 2. Mitt. Synthese durch hochenergetische Bestrahlung. P. R. Hills, R. Roberts und M. W. Spindler. (Int. J. appl. Radiat. Isotopes **7**, 217—24, Jan. 1960; Wantage, Berks., U. K. Atomic Energy Authority, Isotope Res. Div., Wantage Radiat. Labor.; engl.) — 1. vgl. Int. J. appl. Radiat. Isotopes **7**, [1960], 207. — Verss., die γ-Isomerausbeute von *1.2.3.4.5.6-Hexachlorcyclohexan* (I) unter dem Einfl. der ^{60}Co-Strahlung günstig zu gestalten, zeigten, daß der I-Geh. von Dosisrate, Benzol-Konz. u. Dauer der Chlorierung unabhängig ist. Kleine Erhöhungen des I-Geh. konnten durch Chlorierung bei niedriger Temp. erzielt werden. Gegenüber der üblichen photosynthet. Rk. wurde eine geringe Erhöhung des I-Geh. erzielt. — 9 Literaturangaben. U. Drehmann. B 226

Untersuchung der Umwandlung von Methanol in Formaldehyd in Gegenwart eines Silberkontaktes. T. P. Kornijenko und M. W. Poljakow. (Украинский Химический Журнал [Ukrain. chem. J.] **24**, 312—19, 1958; Pissarshewski-Inst. für physik. Chem. der Akad. der Wiss. der UdSSR; russ.) — Gasgemische aus 13% Methanol, 0—15,4% O_2 u. N_2 wurden der Umwandlung zu *Formaldehyd* (I) am Ag-Katalysator unterworfen u. die Kinetik des Prozesses wird untersucht (Bldg. von CO, CO_2, H_2, I in

Abhängigkeit von Kontaktzeit bei verschiedenen O_2-Drücken bei 500—600°). Bei kleinen O_2-Konzz. (0—5%) bildet sich **I** durch Dehydrierung von Methanol, wobei O_2 als Aktivator dient. Mit Erhöhung des O_2-Geh. beginnt neben der Dehydrierung auch die direkte Oxydation eine Rolle zu spielen. Die Kinetik der Dehydrierung hängt stark vom Zustand der Ag-Oberfläche ab. Helmut Schäfer. B 227

Darstellung von α-Methylstyrol durch katalytische Dehydrierung von Isopropylbenzol. W. P. Schatalow und L. A. Welikanowa. (Химическая Промышленность [Chem. Ind.] **1961**, 530—31, Aug.; russ.) — Vgl. C. **1962**, 9467. — Für die Dehydrierung von Isopropylbenzol (**I**) zu *α-Methylstyrol* (**II**) wird ein Katalysator (**III**) mit 87 (%) Fe_2O_3, 5 Cr_2O_3 u. 8 K_2O oder der Zn-Katalysator (**IV**) mit 79,5 ZnO, 5,0 MgO, 5,5 Al_2O_3, 5,0 CaO, 2,5 K_2SO_4 u. 2,5 K_2CrO_4 verwendet. Der Katalysator wird 7 mal bei 650° abwechselnd mit **I** u. mit Dampf-Luft-Gemisch vorbehandelt. Das Gew.-Verhältnis **I**: Wasserdampf beträgt 1:3, die Vol.-Geschw. (VG) 0,25—0,5 Liter/Liter · Stunde. Der Prozeß läuft kontinuierlich 12—62 Tage. An **III** entstehen neben **II** *Styrol*, *Bzl.*, CO_2, C_3H_6, H_2, CH_4 u. ein „Trockenrückstand". Die **II**-Ausbeute beträgt bei 530° 93—94%. An **IV** werden bei 590° höchstens 37% **II** erhalten (92% auf umgesetztes **I**). Bei geringerer VG nimmt die Menge an CO_2 u. Rückstand zu. Bei einem Verhältnis **I**: Wasserdampf $>$ 1:3 nimmt die CO_2-Bldg. zu, bei $<$ 1:3 wird der Katalysator rasch desaktiviert.
R. K. Müller. B 227 □

Über die katalytischen Umwandlungen von 1-Methylcyclohexen-(1). N. I. Schuikin, Je. D. Tulupowa und B. L. Lebedew. (Известия Академии Наук СССР, Отделение Химических Наук [Nachr. Akad. Wiss. UdSSR, Abt. chem. Wiss.] **1961**, 2058—63, Nov.; Zelinsky-Inst. für org. Chem. der Akad. der Wiss. der UdSSR; russ.) — Es wurden die Umwandlungen von 1-Methylcyclohexen-(1) (**I**) u. -cyclohexen-(3) (**II**) an 10%ig. Fe_2O_3/Al_2O_3 bei 250—450°/180 mm, 1 at u. 180 at untersucht. Haupt-Rkk. sind die Isomerisierung der Doppelbindung u. die Disproportionierung bzw. Dehydrierung zu *Methylcyclohexan* (**III**) u. *Toluol* (**IV**). So liefert **I** bei 400°/180 mm 49,7 (%) **I**, 17,0 **II**, 2,0 **III** u. 31,3 **IV**; **II** liefert 25,5 **I**, 25,4 **II**, 9,1 **III** u. 40,0 **IV**. Mit Erhöhung der Temp. u. des Druckes steigt vor allem die Ausbeute an **IV** an. Die Ergebnisse sind tabellar. u. graph. angegeben. Helmut Schäfer. B 227

Adsorption und Katalyse. 2. Mitt. **Reaktionsgeschwindigkeit, Oberflächenpotential und Adsorptionsbeziehungen bei der Hydrierung.** A. A. Balandin, M. L. Chidekel und W. W. Patrikejew. (Известия Академии Наук СССР, Отделение Химических Наук [Nachr. Akad. Wiss. UdSSR, Abt. chem. Wiss.] **1959**, 999—1004, Juni; Zelinsky-Inst. für org. Chem. der Akad. der Wiss. der UdSSR; russ.) — 1. vgl. C. **1959**, 6758. — Es wurde die Hydrierung von *Malein-* u. *Fumarsäure* an Skelett-Ni in einem Zirkulations-Syst. potentiometr. untersucht. Der Katalysator hat Bereiche, an denen beide Säuren adsorbiert werden u. Bereiche, an denen nur Malein- oder nur Fumarsäure adsorbiert wird. Der Hydrierungsgrad jeder Säure hängt von dem von ihr besetzten Anteil der Katalysatoroberfläche ab. Bei Zusatz von Thiophen hört die Hydrierung auf, Maleinsäure wird nicht mehr adsorbiert, Fumarsäure nur in geringerem Maße; das Potential des Katalysators wird wenig erniedrigt im Vgl. mit dem Absinken des Potentials im Gemisch beider Säuren. Zwischen der Adsorption u. dem Potential besteht eine qual. Beziehung. Helmut Schäfer. B 227

Adsorption und Katalyse. 3. Mitt. **Successive Hydrierung von Cyclopentadien.** A. A. Balandin, M. L. Chidekel und W. W. Patrikejew. (Известия Академии Наук СССР, Отделение Химических Наук [Nachr. Akad. Wiss. UdSSR, Abt. chem. Wiss.] **1959**, 1169—76, Juli; russ.) — 2. vgl. vorst. Referat. — Es wurde die Kinetik der Hydrierung von *Cyclopentadien* (**I**) u. *Cyclopenten* (**II**) an Ni im Zirkulations-Syst. in alkohol.-alkal. Medium potentiometr. untersucht, wobei die Potentialänderung (Pt-Platte gegen Calomelelektrode) im Fortgang der Hydrierung gemessen wurde. **I** wird selektiv zu **II** hydriert u. nach Aufnahme von 1 Mol H_2 ist die Rk. auf Diene negativ. **I** wird bei niedrigerem Potential als **II** hydriert; nach Beendigung der Hydrierung von **I** zu **II** erhöht sich das Potential scharf. **I** wird stärker adsorbiert als **II**, in Gemischen der beiden Verbb. jedoch schwächer. Die stufenweise Hydrierung von **I** zu **II** ist durch die adsorptive Verdrängung von **II** vom Katalysator durch **I**, bes. von seinen akt. Zentren bedingt.
Helmut Schäfer. B 227

Zweistufige Hydrierung von technischem Benzol unter Verwendung von Mischkatalysatoren. K. P. Lawrowski, D. W. Makarow und Ju. L. Fisch. (Нефтехимия [Erdölchemie] **1**, 509—13, Juli/Aug. 1961; Inst. für erdölchem. Synthese der Akad. der Wiss. der UdSSR; russ.) — Es wird ein 2-Stufen-Verf. zur Hydrierung von Bzl. mit einem S-Geh. von ca. 0,5% mit dem Ziel durchgeführt, ein reineres *Cyclohexan* (**I**) zu erhalten, als dies bei der Hochdruckhydrierung mit Sulfidkatalysatoren möglich ist. In der ersten Stufe erfolgt bei 380—390° u. 60 at mit einem fest angeordneten Co-Alumomolybdatkatalysator die Entfernung des S bis auf $<10^{-4}\%$. In der zweiten Stufe wird ein stark S-empfindlicher CrNi-Katalysator eingesetzt, der schon bei relativ milden Hydrierbedingungen (190° u. 60 at) I mit einer Reinheit von $>98\%$ liefert. Das Molverhältnis H_2:Bzl. beträgt 10:1 für die zweite u. 7:1 für die erste Stufe. G. Hey. B 227 □

Über die hydrierende, isomerisierende und spaltende Aktivität einiger Katalysatoren bei der destruktiven Hydrierung. I. W. Kaletschitz, Lu-Bin Tschshen und Tschen-dun Ssjui. (Известия Сибирского Отделения Академии Наук СССР [Nachr. sibir. Abt. Akad. Wiss. UdSSR] **1958,** Nr. 10, 3—12; Ostsibir. Filiale der Akad. der Wiss. der UdSSR; Inst. für Erdöl der Chin. Volksrepublik; russ. — C. **1962,** 6165.) Helmut Schäfer. B 227

Umwandlungen von n-Butylphenolen an Dehydrocyclisierungskatalysatoren. N. I. Schuikin, Je. A. Wiktorowa, Li Schi und E. A. Karachanow. (Известия Академии Наук СССР, Отделение Химических Наук [Nachr. Akad. Wiss. UdSSR, Abt. chem. Wiss.] **1961,** 2054—58, Nov.; Moskau, Univ.; russ.) — Es wurden die katalyt. Umwandlungen von 2-n-Butyl- (**I**), 4-n-Butylphenol (**II**), 5-Methyl-2-n-butyl- (**III**) u. 2-Methyl-4-n-butylphenol (**IV**) bei 350—550° an Cr_2O_3/MgO, V_2O_5/Cr_2O_3/MgO, Pt/Kohle u. Cr_2O_3/Al_2O_3 im Durchströmungs-Syst. untersucht. Die Ausbeuten an Phenolen u. Neutralstoffen werden in Abhängigkeit vom Katalysator, Temp. u. Vol.-Geschw. tabellar. angegeben. — Hauptrk. ist der Abbau der Butylgruppe unter Bldg. niedrigerer Phenole. Daneben tritt Dehydrocyclisierung unter Ringschluß zu substituierten Benzofuranen ein. Parallel erfolgt in geringem Maße Dehydrocyclisierung zu den entsprechenden Naphtholen. — Die aus I erhaltenen gasförmigen Prodd. enthielten neben N_2 als Trägergas 30% *Olefine*, 32% H_2 u. 7% *Paraffine*. Die Ausbeute an fl. Katalysat betrug 82%, davon 67% *Phenole* u. 44% *Neutralstoffe*. Aus dem Phenolanteil wurde *Phenol*, *o-Kresol* u. *2-n-Butylphenol* isoliert, aus den Neutralstoffen *Benzofuran* ($Kp._{20}$ 67,5°; n_D^{25} 1,5635), *2-Methylbenzofuran* ($Kp._{20}$ 92—101,3°; n_D^{20} 1,5489; $D._4^{20}$ 1,0259) u. *2-Äthylbenzofuran* ($Kp._{20}$ 101,3—103,8°; $D._4^{20}$ 1,0218; n_D^{20} 1,5518). — Aus **II** wurden erhalten: *Phenol, p-Kresol, p-Äthylphenol*, **II**, Gemisch von *Alkylbenzofuranen* u. wenig *Naphthalin* (*Pikrat*, F. 148—149°). — **III** lieferte *Phenol, m-Kresol, 2.5-Xylenol*, **III**, wenig *β-Methylnaphthalin* (*Pikrat*, F. 115—116°), *6-Methylbenzofuran* ($Kp._{12}$ 82—85°; $D._4^{20}$ 1,0440; n_D^{20} 1,5490. *Pikrat*, F. 64—65,5°) u. *6-Methyl-2-äthylcumaran* ($Kp._{20}$ 115,5 bis 116°; $D._4^{20}$ 0,9797; n_D^{20} 1,5250). — Im Katalysat von **IV** wurden identifiziert: *o-Kresol, 2.4-Xylenol*, **IV**, wenig *1-Methylnaphthol-(2)* (*Pikrat*, F. 163—164°) u. wenig *Neutralstoffe*. Helmut Schäfer. B 227

C. Präparative organische Chemie. Naturstoffe

Synthese von $^{14}C_{(2)}$-Acetamidomalonester und $^{14}C_{(2)}$-Hydroxyprolin. K. M. Jermolajew, Ss. I. Kirillowa und W. I. Maimind. (Вопросы Медицинской Химии [Fragen med. Chem.] **7,** 628—31, Nov./Dez. 1961; Moskau, Labor. für org. Chem. des Inst. für biol. u. med. Chem. der Akad. der med. Wiss. der UdSSR; russ., Auszug: engl.) — Es wird die Synth. von *$^{14}C_{(2)}$-Hydroxyprolin* aus $^{14}C_{(2)}$-Malonester (**I**) beschrieben.

Versuche: *$^{14}C_{(2)}$-Acetamidomalonsäurediäthylester*, F. 98° (Äthylacetat–Hexan 1:4), man gibt zu 16 g **I** in 17 ml Eisessig in 4 Std. 20,7 g $NaNO_2$ in 25 ml W., rührt 20 Std. lang, extrahiert mit Methylenchlorid, trocknet mit Na_2SO_4, läßt mit 0,5 g Aktivkohle u. 4 g wasserfreiem Na-Acetat 12—16 Std. lang stehen, filtriert u. dampft ein; das erhaltene Addukt *Isonitrosomalonester·Na-Acetat* (21,3 g) red. man in 40 ml Eisessig u. 60 ml Acetanhydrid durch Zugabe von 20 g Zn (1 Std.; 110°); 84% (Ausbeute, bezogen auf **I**). — *$^{14}C_{(2)}$-Hydroxyprolin* (Gemisch der *dl-Formen* von *threo- u. Allohydroxyprolin*), F. 205—210° (A.), man gibt zu 10,85 g vorst. Verb. in 10 ml abs. A. 30 ml Na-Äthylat (1,44 g Na) u. 8,5 ml Allylbromid, kocht 4 Std. lang, läßt über Nacht stehen, filtriert u. dampft ein; den erhaltenen *Acetamidoallylmalonsäurediäthylester* (F. 44°; ca. 100%) bromiert man in 50 ml Chlf. in 40 Min. mit 25 ml Br_2 in Chlf. (1:7), den erhaltenen *Acetylamino-[2.3-dibrompropyl-(1)]-malonsäurediäthylester* (25—27 g) kocht man 12 Std. lang in 175 ml W., gibt überschüssiges Ag_2O zu, sättigt das Filtrat mit H_2S, filtriert u. dampft ein; 83—86%. Helmut Schäfer. 480

Bildung des linearen Isopren-Dimeren am komplexen Katalysator (iso-C_4H_9)$_3$Al + $TiCl_4$. L. I. Sacharkin. (Доклады Академии Наук СССР [Ber. Akad. Wiss. UdSSR] **131,** 1069—71, 11/4. 1960; Inst. für elementorg. Verbb. der Akad. der Wiss. der UdSSR; russ.) — Die Polymerisation von Isopren in Toluol bei 75—85° in Ggw. von Triisobutylaluminium–$TiCl_4$ (2,25—3,25:1 Mol) liefert ein Gemisch von *Dimeren, Trimeren, Tetrameren* u. weniger als 10% *Polymeren*. Bei Vergrößerung des vorst. Verhältnisses verringert sich die Rk.-Geschw. stark; bei Verkleinerung des Verhältnisses oder der Temp. erhöht sich die Ausbeute an Polymeren.

Versuche: Man gibt zu 100 ml Toluol u. dem Katalysator aus 5,2 g Triisobutyl-Al u. 1,8 g $TiCl_4$ in 2 Std. bei 75—80° 136 g Isopren: 55 g *Dimerengemisch*, 49 g *Trimerengemisch*, 12 g *Tetramerengemisch* u. 12 g *Polymere*. — Das Dimerengemisch liefert: a) *2.4-Dimethyl-4-vinylcyclohexen-(1)*, $Kp._{14}$ 48—48,5°; $D._4^{20}$ 0,8321; n_D^{20} 1,4646; b) als Hauptprod. *2.6-Dimethyloctatrien-(1.3.6)* (I), $C_{10}H_{16}$, $Kp._{12}$ 57—58°; $D._4^{20}$ 0,7966; n_D^{20} 1,4794; c) *Siebenringdimeres*, $Kp._{12}$ 66—68°; n_D^{20} 1,4880; geringe Ausbeute. — I liefert bei der Hydrierung an Pd/$BaSO_4$ *2.6-Dimethyloctan* (Kp. 158—159°; $D._4^{20}$ 0,7289; n_D^{20} 1,4103), mit Na in A. *2.6-Dimethyloctadien-(2.6)* ($C_{10}H_{18}$, Kp. 162,5—163,5°; $D._4^{20}$ 0,7795; n_D^{20} 1,4458); mit Maleinsäureanhydrid reagiert I energ. in hoher Ausbeute zu einem *Addukt* $C_{14}H_{18}O_3$ ($Kp._5$ 167—168°; n_D^{20} 1,5050), das bei der alkal. Hydrolyse eine *Dicarbonsäure* $C_{14}H_{20}O_4$ (F. 137—138° aus Acetonitril) liefert. Die Ozonolyse von I u. Zers. mit H_2O_2 liefert *Ameisen-* u. *Essigsäure*. — Aus dem Trimerengemisch wird die *Verb.* $C_{15}H_{24}$ ($Kp._8$ 117—118°; $D._4^{20}$ 0,8454; n_D^{20} 1,4908) isoliert, die bei der Hydrierung etwas weniger als 4 Mol H_2 aufnimmt u. mit Maleinsäureanhydrid ein *Addukt* $C_{19}H_{26}O_3$ ($Kp._5$ 193—195°; n_D^{20} 1,5121) liefert. Helmut Schäfer. 520

Synthese von 1-Nitropropylen und Untersuchung seiner Reaktionsfähigkeit. A. W. Toptschijew, W. P. Alanija und S. A. Makarowa. (Доклады Академии Наук СССР [Ber. Akad. Wiss. UdSSR] **131**, 1359—61, 21/4. 1960; russ.) — *1-Nitropropen-(1)* (I) wird aus Nitromethan u. Acetaldehyd über *β-Nitroisopropanol* (II) durch dessen Dehydratisierung mittels Phthalsäureanhydrid oder durch Pyrolyse des Benzoats von II erhalten. In Ggw. von $NaHCO_3$ oder $NaOCH_3$ läßt sich I polymerisieren.

Versuche: *β-Nitroisopropanol* (II), $C_3H_7NO_3$, Kp. 84—86°; 39—44% (Ausbeute). *Benzoat*, $C_{10}H_{11}NO_4$, $Kp._{20}$ 100°, aus äquimol. Mengen II u. Benzoylchlorid in Bzl., 12—14 Std. kochen. — *1-Nitropropen-(1)* (I), $C_3H_5NO_2$, aus II-Benzoat bei 150—160° oder aus II u. der äquivalenten Menge Phthalsäureanhydrid im Vakuum bei 140—180°. Wolfram Köhler. 520□

Synthese und Umwandlungen von α-Glykolen der Äthylenreihe. 8. Mitt. **Umwandlung von 2.3-Dimethylpenten-(4)-diol-(2.3).** L. F. Tschelpanowa, W. A. Kormer und W.D. Nemirowski. (Журнал Общей Химии [J. allg. Chem.] **30** (**92**), 1476—79, Mai 1960; Leningrad, technol. Lensowjet-Inst.; russ.) — 7. vgl. C. **1961**, 8639. — Es wird *2.3-Dimethylpenten-(4)-diol-(2.3)* (I) dargestellt. Bei der Einw. von 10%ig. H_2SO_4 auf I bildet sich durch Pinakolinumlagerung als Hauptprod. *3.3-Dimethylpenten-(4)-on-(2)* (II); als Nebenprod. wird eine durch Abspaltung von 2 Mol W. aus 2 Mol I gebildete Verb. isoliert. Durch Hydrierung von II wird *3.3-Dimethylpentanon-(2)* erhalten.

Versuche: *Dimethylacetylenylcarbinol*, Kp. 102—103°, man leitet in fl. NH_3 u. 23 g Na 2 Std. kräftig Acetylen ein u. tropft dann 58 g Aceton zu; 60 g (Ausbeute). — *Dimethylacetylcarbinol*, Kp. 140—141°, man tropft zu 8 g H_2SO_4, 125 ml W. u. 2 g HgO 105 g vorst. Verb. u. dest. gleichzeitig mit Wasserdampf; 75%. — *2.3-Dimethylpentin-(4)-diol-(2.3)*, Kp. 178—180°, man tropft zu Na-Acetylenid aus 23 g Na in fl. NH_3 92 g vorst. Verb.; $D._4^{20}$ 1,103; n_D^{20} 1,4638; 50%. — *2.3-Dimethylpenten-(4)-diol-(2.3)* (I), $C_7H_{14}O_2$, $Kp._{15}$ 89—90°, man hydriert 18,1 g vorst. Verb. in 50 ml A. an 5 mg koll. Pd (ca. 3/4 Std.); $D._4^{20}$ 0,9660; n_D^{20} 1,4600; 82%. — *3.3-Dimethylpenten-(4)-on-(2)* (II), $C_7H_{12}O$, $Kp._4$ 107—110°, man erhitzt 43 g I u. 300 ml 10%ig. H_2SO_4 4 Std. auf dem sd. Wasserbad u. fraktioniert; $D._4^{20}$ 0,9270; n_D^{20} 1,4921; 8 g (*2.4-Dinitrophenylhydrazon*, $C_{13}H_{16}N_4O_4$, F. 85—87°). Daneben *Verb.* $C_{14}H_{28}O_2$, $Kp._4$ 120—122°; $D._4^{20}$ 0,9910; n_D^{20} 1,4875; 4 g. — *3.3-Dimethylpentanon-(2)*, Kp. 132—133°, man hydriert 2 g II in 50 ml A. an koll. Pd (ca. 50 Min.); hellgelbes Öl. *Semicarbazon*, $C_8H_{17}N_3O$, F. 137—138°. Helmut Schäfer. 570

Die Einwirkung von Titantetrachlorid auf Acetale. Pierre Mastagli, Casimir Gnanadickam und Christiane Hirigoyen. (C. R. hebd. Séances Acad. Sci. **254**, 1445—46, 19/2. 1962; Paris, Fac. Catholique; franz.) — Vgl. C. **1962**, 3416. — Bei der Einw. von $TiCl_4$ auf Acetale wurde intramol. Umlagerung beobachtet, die zu *Ätheralkoholen* führte: *3-Äthoxybutanol-(1)*, $C_6H_{14}O_2$, Kp. 158—160°, durch portionsweises Zufügen von 2 Mol Diäthylacetal zu einer gut gekühlten Lsg. von 1 Mol $TiCl_4$ in Dichloräthan bei $<5°$ unter lebhaftem Rühren, 3std. Nachrühren u. Gießen auf Eis; n_D^{19} 1,4180; 20% (Ausbeute). — Analog: *3-Butoxy-2-äthylhexanol-(1)*, $C_{12}H_{26}O_2$, Kp. 236 bis 240°; aus Butyraldehyddibutylacetal; $n_D^{22,2}$ 1,4340; 60%. — *3-Heptoxy-2-amylnonanol-(1)*, $C_{21}H_{44}O_2$, $Kp._{18}$ 221—223°, aus Önanthaldehyddiheptylacetal; $n_D^{23,2}$ 1,4475; 27%. Gerhard Müller/Bitterfeld. 570□

Synthese gesättigter und ungesättigter Phosphatidylglycerine. Cardiolipin-Ersatzmittel. 3. Mitt. Erich Baer und Dmytro Buchnea. (J. biol. Chemistry **232**, 895—901, Juni 1958; Toronto, Ontario, Canada, Banting and Best Dep. of Med. Res., Subdep. of Synth. Chem. in Relation to Med. Res.; engl.) — 2. vgl. J. biol. Chemistry

198, [1952], 853; 4. vgl. C. **1960,** 4799. — Zur Aufklärung der Struktur natürlicher Phospholipide, die α-Phosphatidyl-α-glycerin als Baustein enthalten, werden [*Dioleoyl-L-α-glycerylphosphoryl*]-*L-α-glycerin* u. [*Distearoyl-L-α-glycerylphosphoryl*]-*L-α-glycerin* als Vgl.-Substanzen synthetisiert.

Versuche: [*Dioleoyl-L-α-glycerylphosphoryl*]-*L-α-glycerin*, $C_{42}H_{79}O_{10}P$, durch Zutropfen eines Gemisches von D-α.β-Diolein (vgl. C. **1958,** 11779) u. abs. Pyridin (**I**) zu $POCl_3$ innerhalb von 15 Min., 1std. Rühren bei 0°, 1std. Rühren bei ca. 24° u. Zugabe von D-Acetonglycerin u. **I** in Chlf. bei 10°, 2½std. Rühren bei Zimmer-Temp. u. Zugabe von W.; $[\alpha]_D^{22}$ +2,35° (c = 11; A.), $[\alpha]_D^{21}$ +2,0 (c = 10; Chlf.), n_D^{23} 1,4705; 90,3% (Ausbeute). — [*Distearoyl-L-α-glycerylphosphoryl*]-*L-α-glycerin*, $C_{42}H_{83}O_{10}P$, F. 66,5 bis 67° (Aceton), durch Hydrierung vorst. Verb. an PtO_2; $[\alpha]_D^{22}$ +2,0 (c = 10; Chlf.); 92%. V. Klingmüller. 590

Synthese und Untersuchung der Umwandlungen von Glykolen der δ-Reihe. 2. Mitt. Untersuchung der Umwandlungen von 3.4.7-Trimethyl-6-oxononen-(4)-diol-(3.7). T. A. Faworskaja und S. A. Schewtschenko. (Журнал Общей Химии [J. allg. Chem.] **32** (**94**), 46—50, Jan. 1962; Leningrad, Univ.; russ.) — 1. vgl. C. **1962,** 11877. — Es wird *3.4.7-Trimethyl-6-oxononen-(4)-diol-(3.7)* (**I**) synthetisiert. Die Anlagerung von 1 Mol H_2 an **I** führt nicht zum erwarteten gesätt. δ-Ketoglykol, sondern unter Dehydratisierung zu *3.4.7-Trimethyl-6-oxononen-(3)-ol-(7)*. Die Anlagerung von 2 Mol W. an **I** liefert unter Dehydratisierung des prim. gebildeten 3.4.7-Trimethylnonantriols-(3.6.7) *2.3.6-Trimethyl-2.6-diäthyl-5-hydroxytetrahydropyran*. Bei der Einw. von konz. H_2SO_4 auf **I** bilden sich leicht polymerisierende Dehydratisierungsprodukte.

Versuche: *3.4.7-Trimethylnonen-(4)-on-(6)-diol-(3.7)* (**I**), $C_{12}H_{22}O_3$, Kp.$_{10}$ 127°, man gibt zu 60 g Methyläthylacetylcarbinol 0,3 g KOH in 3 ml Methanol u. dest.; $D._4^{20}$ 0,9978; n_D^{20} 1,4710; 30% (Ausbeute). Die $KMnO_4$-Oxydation liefert *Methyläthylketon* (**II**; *2.4-Dinitrophenylhydrazon*, F. 114°), *Essigsäure* (*Ag-Salz*, $C_2H_3AgO_2$) u. *α-Methyl-α-hydroxybuttersäure* (**III**; $C_5H_{10}O_3$, F. 66—67° aus PAe.). — *3.4.7-Trimethylnonen-(3)-on-(6)-ol-(7)*, $C_{12}H_{22}O_2$, Kp.$_8$ 95—96°, man hydriert 5 g **I** in 40 ml A. an 0,5 g Pt-Schwarz bis zur Aufnahme von 1 Mol H_2; $D._4^{20}$ 0,9315; n_D^{20} 1,4580; 54%. Die $KMnO_4$-Oxydation liefert **II**, *Essigsäure* u. **III**. — *3.4.7-Trimethylnonanon-(6)-ol-(7)*, $C_{12}H_{24}O_2$, Kp.$_{11-13}$ 102—105°, man hydriert 1,5 g vorst. Verb. in 30 ml A. an 0,15 g Pt-Schwarz sehr lange; $D._4^{20}$ 0,9201; n_D^{20} 1,4495; ca. 0,5 g. — *2.3.6-Trimethyl-2.6-diäthyl-5-hydroxytetrahydropyran*, $C_{12}H_{24}O_2$, Kp.$_{10}$ 99,5—100,5°, man hydriert 4 g **I** in 40 ml A. an 0,4 g Pt-Schwarz bis zur Aufnahme von 2 Mol H_2 u. dest.; $D._4^{20}$ 0,9078; n_D^{20} 1,4472; 50%. Helmut Schäfer. 740

Synthese von gemischten Esteräthern von 2.2.2-Trichloräthandiol-(1.1). Schamchal Mamedow und F. Gadshisade. (Доклады Академии Наук Азербайджанской ССР [Ber. Akad. Wiss. AserbaidshanSSR] **17,** 203—06, 1961; Inst. für petrochem. Prozesse; russ., Auszug: aserbaidshan.) — Chloral wird mit verschiedenen Alkoholen in die Halbacetale, diese werden mit Acetanhydrid in die entsprechenden *β.β.β-Trichlor-α-alkoxyäthylacetate* übergeführt. Die Verbb. wirken als Insekticide. — Essigsäure-β.β.β-trichloräthylester: *α-n-Amyloxy-*, $C_9H_{15}Cl_3O_3$, Kp.$_6$ 109—110°, man gibt zu 37 g Chloral bei 50—55° tropfenweise 23 g n-Amylalkohol, läßt über Nacht stehen, gibt 27 g Acetanhydrid u. 3 Tropfen konz. H_2SO_4 zu u. rührt 5 Std. bei 55—60°; $D._4^{20}$ 1,2128; n_D^{20} 1,4520; 50,6% (Ausbeute). — Analog: *α-Methoxy-*, $C_5H_7Cl_3O_3$, Kp.$_7$ 72—73°; $D._4^{20}$ 1,3936; n_D^{20} 1,4560; 40,6%. — *α-Äthoxy-*, $C_6H_9Cl_3O_3$, Kp.$_7$ 78—79°; $D._4^{20}$ 1,3289; n_D^{20} 1,4530; 41%. — *α-n-Propoxy-*, $C_7H_{11}Cl_3O_3$, Kp.$_7$ 83—84°; $D._4^{20}$ 1,2761; n_D^{20} 1,4520; 40%. — *α-n-Butoxy-*, $C_8H_{13}Cl_3O_3$, Kp.$_6$ 96—97°; $D._4^{20}$ 1,2469; n_D^{20} 1,4510; 44,7%. Helmut Schäfer. 810

Darstellung und Eigenschaften einiger stickstoffhaltiger Derivate der Petroselinsäure. Lida L. Placek und F. G. Dollear. (J. Amer. Oil Chemists' Soc. **39,** 347—50. Aug. 1962; New Orleans, La., Southern Reg. Res. Labor.; engl.) — Vortrag. — Die Darst. von *Petroselinsäureamid* (**I**) u. *Petroselinonitril* (**II**) aus Petroselinsäure (cis-Octadecen-(6)-säure; **III**) u. aus Petersilienöl ohne vorherige Isolierung der Säure wird beschrieben. Die Rk. von **III** mit NH_3 in Ggw. von P_2O_5 über **I** → **II** wird durch IR-spektrograph. Messungen, Best. der JZ. u. der nichtumgesetzten Säure in Ggw. u. Abwesenheit eines hochsd. Antioxydans (Ionol oder Pryogallol) verfolgt. Die trans-ungesätt. u. die gesätt. Nebenprodd. werden über ihre Harnstoff (**IV**)-Addukte von **II** abgetrennt. Ozonolyse von **II** u. Chromatographie der Abbau-Prodd. beweisen, daß keine Doppelbindungswanderung erfolgt. Red. von **II** mit metall. Na/n-Butanol in Toluol führt zu prim. *Petroselinylamin*, das als *Hydrochlorid* u. *N-Acetyl-Deriv.* charakterisiert wird.

Versuche: *Petroselinsäure* (**III**), F. 29,5—30,1°, a) aus Petersilienöl durch fraktionierte Tieftemp.-Kristallisation. *Nitril* (**II**), $C_{18}H_{33}N$, Kp. 296—298°, durch 20std.

Erhitzen von **III** in Ggw. von Ionol auf 250° unter Einleiten von NH_3, Dest. über P_2O_5 bei 120—140 Torr in Ggw. von NH_3, Umsetzung mit **IV** in Methanol u. Extraktion des mit 3%ig. HCl neutralisierten Filtrates mit Chlf.; $D._4^{30}$ 0,8375; n_D^{25} 1,4553; JZ. 96,5; 73,3% (Ausbeute); b) analog aus Petersilienöl; 60,8%. *Amid* (**I**), F. 72—73° (PAe.), durch 8std. Erhitzen von **III** u. **IV** auf 200°; JZ. 90,2; 47,8%. — *Petroselinylamin*, $C_{18}H_{37}N$, Kp. 286°, F. 17° (PAe.), durch 1std. Erhitzen von 80 g **II** in n-Butanol u. Toluol u. Na auf 100°; $D._4^{30}$ 0,8212; n_D^{25} 1,4586; J.Z. 94,7; 79,2 g. *Hydrochlorid*, F. 115 bis 116° (PAe.). *N-Acetyl-Deriv.*, F. 29° (PAe.); JZ. 82. H. Brämer. 810□

Synthese von Polyanhydriden. 1. Mitt. Gemischte Anhydride von aromatischen und aliphatischen zweibasigen Säuren. Naoya Yoda und Akihisa Miyake. (Bull. chem. Soc. Japan **32**, 1120—26, Okt. 1959; Otsu, Shiga, Toyo Rayon Co., Res. Dep., Centr. Res. Labor.; engl.) — Durch 8std. Kochen von Terephthalsäure (**I**) mit Adipin- (**II**) bzw. Sebacinsäure (**III**) in Acetanhydrid (**IV**) (oder Acetylchlorid), Abdestillieren von überschüssigem **IV** u. 1½std. Erhitzen des so gebildeten krist. *Präpolymeren* im Vakuum unter N_2 auf 230—250° wurden *gemischte Polyanhydride* (**A**; F. 200—250°) von ungeordneter Struktur erhalten, welche bei geeigneten Mischungsverhältnissen faserbildende Eigg. besitzen. **A** von regulärer Struktur (F. 240—250°) wurden erhalten durch Zutropfen einer Lsg. von Adipinsäuredichlorid [**V**; Kp.$_{10}$ 112—115°, durch 4std. Kochen von **II** mit überschüssigem $SOCl_2$; 60% (Ausbeute)] oder Sebacinsäuredichlorid (**VI**; Kp.$_{14}$ 161°, analog vorst. Verb. aus **III**; 45%) in Ae. zu einer solchen von **I** in Pyridin bei Eiskühlung unter N_2 u. 4std. Rühren bei 25—30°. Aus Terephthalsäuredichlorid [F. 83,0° (Ligroin), durch Einw. von PCl_5 auf **I**; 67%] wurden Kristalle [F. 300° (Zers.)] erhalten. In Pyridin/Bzl. verlief die Rk. zwischen **V** bzw. **VI** u. **II** ruhiger unter Bldg. von Kristallen vom F. 225 bzw. 215°. **A** (F. 203 bzw. 195°) wurden auch durch Rk. von **V** bzw. **VI** mit Terephthalsäuredimethylester in Ggw. von $ZnCl_2$ erhalten. In Dimethylformamid wurden **A** von geringerer hydrolyt. u. therm. Beständigkeit erhalten.
Gerhard Müller/Bitterfeld. 820□

Ein kristallines Hexameres aus Acrylonitril. Naomitsu Takashina und Charles C. Price. (J. Amer. chem. Soc. **84**, 489—91, 5/2. 1962; engl.) — Acrylonitril (**I**) wird durch Triphenylphosphin zu einem amorphen Hochpolymeren polymerisiert. In Ggw. von Äthanol oder anderen Alkoholen (Methanol, Isopropanol, tert.-Butanol u. n-Hexanol) entsteht das hochschm., unlösl. Hexamere, *1.1.4.4-Tetrakis-[2-cyanäthyl]-1.4-dicyan-trans-buten-(2)* (**II**) u. daneben noch das Additions-Prod. von Äthanol an **I**, *β-Äthoxypropionitril* sowie wenig Triphenylphosphinoxid. **II** wird leicht in die entsprechende *Hexaacrylsäure* u. ihre *Ester* übergeführt. **II** entsteht auch bei der Cyanäthylierung von 1.4-Dicyan-trans-buten-(2). Es gelang nicht, das von Coyner u. Hillman (C. **1950**, I. 398) hergestellte Dimere von **I** in **II** überzuführen.

Versuche: *1.1.4.4-Tetrakis-[2-cyanäthyl]-1.4-dicyan-trans-buten-(2)* (**II**), $(C_3H_3N)_6$, F. 240° (Dimethylformamid–A. oder Acetonitril), a) durch 2—4 Wochen langes Kochen von 16 g **I** u. 0,4 g Triphenylphosphin in 5 ml A. im Dunklen u. Extrahieren mit Aceton; 28% (Ausbeute); daneben *β-Äthoxypropionitril*, Kp.$_{25}$ 77—77,5°; $n_D^{24,5}$ 1,4070; 6 g; u. *Triphenylphosphinoxid*, F. 154—155°; b) aus 1.4-Dicyan-trans-buten-(2) [F. 75,5—76°, aus 1.4-Dibrom-trans-buten-(2) u. CuCN in Acetonitril; 48%] u. Acrylonitril (**I**) in Ggw. von Triton B in tert.-Butanol; 73%; c) analog mit KOH oder Triphenylphosphin. — *Hexaacrylsäure*, $(C_3H_4O_2)_6$, F. 236—237° (Dioxan-Bzl. oder W.), durch Kochen von **II** mit konz. HCl oder 10%ig. Alkali über Nacht; 98 bzw. 68%. *Methylester*, $(C_4H_6O_2)_6$, F. 66° (Ae.-PAe.; Nadeln); 67%. *Äthylester*, $(C_5H_8O_2)_6$, Kp.$_{1,4}$ 269—270°; n_D^{25} 1,4682. — *Polyacrylonitril*, a) durch Zugabe von Triäthylphosphin in PAe. zu **I** in Bzl. in einem CO_2–Eis–Aceton-Bad; ca. 100%; das amorphe Polymere wird an der Luft sofort gelb u. färbt sich langsam rotbraun; b) durch 2 Wochen langes Erwärmen von 20 ml **I** u. 0,4 g Triphenylphosphin im Rohr auf 70°; ca. 12 g; c) durch 45tägiges Erhitzen von 20 ml **I**, 5 ml A. u. 0,450 g Triphenylamin auf 80° unter diffusem Licht u. 30tägiges weiteres Erwärmen; 3 g; d) ebenso mit 0,54 g Triphenylstibin; 4,1 g; e) durch 3tägige Rk. von 20 ml **I**, 5 ml A. u. 0,622, 0,768 bzw. 1,129 g Triphenylbismutin bei 25°; 0,632, 0,757 bzw. 1,116 g; f) ebenso im Dunkeln; Spur. E. Koßmehl. 840□

S-Derivate des Thioharnstoffs. 1. Mitt. Synthese von N-Acetyl- und N.N-Diäthyl-2.3-diisothiuroniopropylamin. W. M. Fedossejew, Ss. P. Kowalenko, A. B. Ssilajew und An. N. Nessmejanow. (Журнал Общей Химии [J. allg. Chem.] **29** (**91**), 1703—07, Mai 1959; Moskau, Univ.; russ.) — Es werden *S.S'-[Diäthylaminopropylen]-2.3-diisothiuroniumdibromid* sowie das entsprechende *1-Acetylamino-Deriv.* als *Hydrobromide* sowie die entsprechenden ^{35}S-markierten Verbb. dargestellt. Bei der Rk. von 2.3-Dibrompropylamin mit Thioharnstoff (**I**) in Butanol entsteht wahrscheinlich *S-[2-Amino-Δ²-thiazolinyl-(5)-methyl]-isothiuroniumbromid*.

Versuche: *Allyldiäthylamin*, Kp. 107—110°, durch Zugabe von K_2CO_3 zu Allylbromid u. Zugabe von Diäthylamin in der Siedehitze; 52% (Ausbeute). — *N.N-Diäthyl-2.3-dibrompropylaminhydrobromid* (**III**), $C_7H_{16}Br_3N$, F. 89—90° (A.); 80%. — *^{35}S-Thioharnstoff* (**II**), durch 8std. Schütteln von ^{35}S-Na_2S, BaS, Cyanamid, NH_4HCO_3, u. S-Spuren mit W. bei 25—30°. — *S.S'-[1-Diäthylaminopropylen]-2.3-diisothiuroniumdibromid, Hydrobromid*, $C_9H_{24}Br_3N_5S_2$, F. 183—184° (Aceton + W. 1 : 1), durch 12std. Erhitzen von **III** mit **I** in Butanol auf 80°; 82%. *^{35}S-Verb.*, durch 13std. Erhitzen von **III** mit **II** in Butanol auf 80°; 75%. — *S.S'-[1-Acetylaminopropylen]-2.3-diisothiuroniumdibromid*, $C_7H_{17}Br_2N_5OS_2$, F. 192—193,5° (Methanol), durch tropfenweise Zugabe von N-Acetyl-2.3-dibrompropylamin in Dioxan zu **I** in sd. Dioxan, 4½std. Erhitzen, Dekantieren u. Behandeln des Rückstandes mit sd. Aceton; 83%. *Dipikrat*, $C_{19}H_{21}N_{11}O_{15}S_2$, F. 208—209° (W.). *^{35}S-Verb.*, durch Zugabe von N-Acetyl-2.3-dibrompropylamin in Dioxan zu **II** in sd. Dioxan u. 9std. Kochen; 77%. — *S-[2-Amino-Δ^2-thiazolinyl-(5)-methyl]-isothiuroniumbromidhydrobromid* (?), $C_5H_{12}Br_2N_4S_2$, F. 218—220° (A.), durch 20std. Erhitzen von 2.3-Dibrompropylaminhydrobromid mit **I** in Butanol; 74%. *Pikrat*, $C_{17}H_{16}N_{10}O_{14}S_2$, F. 270° (Zers.). G. Tobien. 880□

S-Derivate des Thioharnstoffs. 2. Mitt. Synthese von 2-Imino-3-alkyl-5-isothiuroniomethylthiazolidinen. W. M. Fedossejew, W. W. Iwanenkow und A. B. Ssilajew. (Журнал Общей Химии [J. allg. Chem.] **30** (**92**), 3468—72, Okt. 1960; russ.) — 1. vgl. vorst. Referat. — N-Allylthioharnstoff (**I**) geht bei der Bromierung durch Ringschluß in *2-Amino-5-[brommethyl]-thiazolin* (**II**)-*dihydrobromid* über, das mit Thioharnstoff (**III**) zu *S-[2-Amino-Δ^2-thiazolinyl-(5)-methyl]-isothiuroniumbromidhydrobromid* (**IV**) reagiert. Die aus N-Alkylallylaminen durch Bromierung erhaltenen *N-Alkyl-2.3-dibrompropylamine* reagieren mit 2 Mol **III** entsprechend unter Cyclisierung u. Abspaltung von NH_4Br zu *S-[2-Imino-3-alkylthiazolidinyl-(5)-methyl]-isothiuroniumbromiden* (Alkyl = Äthyl, Propyl, Butyl, Amyl u. Isoamyl).

Versuche: *Allylisothiocyanat*, $Kp._{20}$ 58—60°, aus KSCN u. Allylbromid; 80%. — (Ausbeute). — *N-Allylthioharnstoff* (**I**), F. 74° (W.), aus vorst. Verb. u. wss.-alkohol. NH_3; 75%. — *2-Amino-5-[brommethyl]-thiazolin* (**II**), *Hydrobromid*, F. 137° (W.), durch Bromierung von **I** in A.; 93%. — *S-[2-Amino-Δ^2-thiazolinyl-(5)-methyl]-isothiuroniumbromid, Dihydrobromid* (**IV**), $C_5H_{12}Br_2N_4S_2$, F. 220° (A.-Methanol), durch 1std. Kochen von 2,76 g **III** u. 10 g **II** in 50 ml abs. Isobutanol; 65%. — Allylamine: Durch Rk. von Allylamin mit entsprechenden Alkylbromiden: *Äthyl-*, Kp. 85—86°; $D._4^{20}$ 0,7501; n_D^{20} 1,4153; 46% (Ausbeute). — *Propyl-*, Kp. 107—108°; $D._4^{20}$ 0,7580; n_D^{20} 1,4242; 43%. — *Butyl-*, Kp. 131—132°; $D._4^{20}$ 0,7761; n_D^{20} 1,4278; 45%. — *Amyl-*, Kp. 156—157°; $D._4^{20}$ 0,7773; n_D^{20} 1,4347; 46%. — *Isoamyl-*, Kp. 148—150°; $D._4^{20}$ 0,7714; n_D^{20} 1,4301; 43%. — 2.3-Dibrompropylaminhydrobromide: Durch Bromierung vorst. Verbb. in schwach saurer Lsg. u. Kristallisation aus Isopropanol: *N-Äthyl-*, F. 138°; 91%. — *N-Propyl-*, F. 190°; 87%. — *N-Butyl-*, F. 230°; 94%. — *N-Amyl-*, F. 253°; 86%. — *N-Isoamyl-*, F. 230°; 57%. — S-[2-Iminothiazolidinyl-(5)-methyl]-isothiuroniumbromidhydrobromide: Man kocht 0,05 Mol der vorst. Hydrobromide u. 0,1 Mol **III** in 70 ml abs. Isoamylalkohol 2—4 Std. u. krist. aus Äthylacetat–Methanol (1 : 1), dann Methanol–Propanol (1 : 1) um: *3-Äthyl-*, $C_7H_{16}Br_2N_4S_2$, F. 186—189°; 35%. *Dipikrat*, $C_{19}H_{20}N_{20}O_{14}S_2$, F. 216°. — *3-Propyl-*, $C_8H_{18}Br_2N_4S_2$, F. 218—220°; 41%. *Dipikrat*, $C_{20}H_{22}N_{10}O_{14}S_2$, F. 223°. — *3-Butyl-*, $C_9H_{20}Br_2N_4S_2$, F. 230°; 29%. *Dipikrat*, $C_{21}H_{24}N_{10}O_{14}S_2$, F. 240—241°. — *3-Amyl-*, $C_{10}H_{22}Br_2N_4S_2$, F. 253°; 35%. *Dipikrat*, $C_{22}H_{26}N_{10}O_{14}S_2$, F. 249°. — *3-Isoamyl-*, $C_{10}H_{22}Br_2N_4S_2$, F. 240°; 40%. *Dipikrat*, $C_{22}H_{26}N_{10}O_{14}S_2$, F. 240°. Helmut Schäfer. 880□

S-Derivate des Thioharnstoffs. 3. Mitt. Reaktion von Thioharnstoff mit N-[2.3-Dibrompropyl]-phthalimid. W. M. Fedossejew, W. N. Botschkarew und A. B. Ssilajew. (Журнал Общей Химии [J. allg. Chem.] **30** (**92**), 3795—98, Nov. 1960; russ.) — 2. vgl. vorst. Referat. — N-[2.3-Dibrompropyl]-phthalmid (**I**) reagiert mit Thioharnstoff (**II**) unter Bldg. einer *Verb.* $C_{12}H_{13}Br_2N_3O_2S$, die die Struktur des *S-[β-Brom-γ-phthalimidopropyl]-isothiuroniumbromids* angenommen hat. Die Kinetik der **III**-Bldg. wird untersucht.

Versuche: *N-Allylphthalimid*, F. 69° (A.), aus K-Phthalimid u. Allylbromid; 67% (Ausbeute). — *N-[2.3-Dibrompropyl]-phthalimid* (**I**), F. 109—110° (Isobutanol), aus vorst. Verb. u. Br_2 in Chlf.; 78%. — *S-[β-Brom-γ-phthalimidopropyl]-isothiuroniumbromid* (?), $C_{12}H_{13}Br_2N_3O_2S$, F. 196° (A.), durch 10std. Kochen von 7,29 g **I** u. 1,32 g **II** in 30 ml abs. Isobutanol; 67%. *Pikrat*, $C_{18}H_{15}BrN_6O_9S$, F. 202,5—204° (Methanol). Helmut Schäfer. 880

S-Derivate des Thioharnstoffs. 4. Mitt. Darstellung von 2-Brom-3-isothiuroniopropylamin und Untersuchung einiger seiner Umwandlungen. W. M. Fedossejew, W. N. Botschkarew und A. B. Ssilajew. (Журнал Общей Химии [J. allg. Chem.]

31 (93), 3929—33, Dez. 1961; russ.) — 3. vgl. vorst. Referat. — Das bei der Rk. von N-[2.3-Dibrompropyl]-phthalimid (**I**) mit Thioharnstoff (**II**) gebildete Prod. (vgl. l. c.) ist *S-[β-Brom-γ-phthalimidopropyl]-isothiuroniumbromid* (**III**). **III** liefert bei der Hydrolyse *S-[2-Brom-3-aminopropyl]-isothiuroniumbromidhydrobromid* (**IV**). Durch Verw. von ^{35}S-**II** werden ^{35}*S*-**III** u. -**IV** erhalten. **IV** cyclisiert beim Kochen in W. zu *2-Amino-5-[brommethyl]-thiazolin.* **IV** reagiert mit **II** unter gleichzeitiger Cyclisierung zu *S-[2-Amino-Δ²-thiazolinyl-(5)-methyl]-isothiuroniumbromidhydrobromid.*

Versuche: ^{35}*S-S-[β-Brom-γ-phthalimidopropyl]-isothiuroniumbromid* (**III**), durch 18std. Kochen von 10,3 g **I** u. 1,88 g ^{35}S-**II** in 30 ml abs. Isobutanol; 63% (Ausbeute). — *S-[2-Brom-3-aminopropyl]-isothiuroniumbromidhydrobromid* (**IV**), $C_4H_{12}Br_3N_3S$, F. 187° durch 2std. Kochen von 21,1 g **III** in 100 ml 48%ig. HBr; 73%. *Dipikrat*, $C_{16}H_{16}BrN_9O_{14}S$, F. 173—175° (Methanol). — *2-Amino-5-[brommethyl]-thiazolin*, F. 137° (Äthylacetat), man kocht 1,91 g **IV** in 10 ml W. 8 Std., dampft ein u. extrahiert mit Äthylacetat. — *S-[2-Amino-Δ²-thiazolinyl-(5)-methyl]-isothiuroniumbromidhydrobromid*, F. 238—239° (Äthylacetat), durch 5std. Kochen von 382 mg **IV** u. 779 mg **II** in 8 ml abs. Butanol u. 2 ml Methanol; 54%. Helmut Schäfer. 880

Über die Konstitution der bei der Reaktion zwischen 5-Aminotetrazol und Arylsulfonylchloriden gebildeten Produkte. Kai Arne Jensen und Christian Pedersen. (Acta chem. scand. **15**, 991—1002, 1961; Copenhagen, Univ., Chem. Labor.; engl.) — Arylsulfonylchloride substituieren 5-Aminotetrazol (**I**) unter Ringspaltung zu *Arylsulfonylguanylaziden* (**A**), die in Ggw. starker Lauge in *5-Arylsulfonamidotetrazole* übergehen. Dagegen reagieren Acetyl- u. Benzoylchloride mit **I** zu *5-Acylaminotetrazolen. 1-Methyl-5-amino-* u. *1-Methyl-5-methylaminotetrazol* reagieren nicht mit p-Toluolsulfonylchlorid (**VII**) in Pyridin; *5-Dimethylaminotetrazol* liefert dagegen *N.N-Dimethylhydrazin.* Die von Jensen (Dansk Tidsskr. Farmaci **15**, [1941], 299) u. Tappi (Recueil Trav. chim. Pays-Bas **62**, [1943], 207) aus **I** u. p-Acetamidobenzolsulfonylchlorid (**VIII**) in Pyridin u. die von Veldstra u. Wiarda (Recueil Trav. chim. Pays-Bas **61**, [1942], 627) aus **I** u. **VIII** in Soda-Lsg. erhaltenen Verbb. sind also nicht Acetylsulfamylaminotetrazole, sondern *p-Acetamidobenzolsulfonylguanylazid* (**III**), das sich erst in Ggw. von NaOH zu *5-Acetylsulfanilamidotetrazol* cyclisiert u. das auch aus 1-Acetylsulfanilyl-3-aminoguanidin (**IX**) u. HNO_2 (vgl. Jensen u. Hansen, C. **1953**, 1634) erhalten wird. Für die Formulierung der Prodd. als **A** sprechen die IR-Spektren, die Darst. aus Guanylhydraziden u. HNO_2, die Hydrolyse zu HN_3, die Red. mit H_2S oder durch katalyt. Hydrierung zu Sulfonylguanidinen u. andere Eigg., die in einer Tabelle mit den Eigg. der Tetrazole verglichen werden. Die Rkk. von **VII** bzw. p-Nitrobenzolsulfonylchlorid (**X**) mit **I** (vgl. Dahlbom u. Ekstrand, Svensk kem. Tidskr. **55**, [1943], 122 bzw. Roblin u. Mitarbeiter [1940]) verlaufen ebenfalls prim. zu **A**, wie auch die Rk. von β-Naphthalinsulfonylchlorid u. **I** in Pyridin; im letzten Falle konnten keine reinen Prodd. erhalten werden. *1-p-Toluolsulfonyl-3-aminoguanidin* (**II**) wird aus 1-p-Toluolsulfonyl-3-methylisothioharnstoff (**XI**) u. N_2H_4 dargestellt. 2 Isomere von **II** werden ebenfalls dargestellt. Die Rk. von **VII** u. Aminoguanidin (**XII**) in Pyridin oder wss. Soda-Lsg. liefert **II** u. ein *Disulfonyl-Deriv.*; Verss., p-Toluolsulfonyl-S-methylisothiosemicarbazid mit NH_3 zum mit **II** isomeren Aminoguanidin umzusetzen, lieferten nur *p-Toluolsulfinsäure.* Die Bldg. der **A** beruht evtl. auf einer prim. Rk. zum 1-Sulfonyltetrazol, das sich zum **A** umlagert. Tetrazol oder sein Ag-Salz reagieren nicht mit **VII**.

Versuche: *p-Acetamidobenzolsulfonylguanylazid* (**III**), $C_9H_{10}N_6O_3S$, F. 166° (Aceton/W.), a) aus **I** u. **VIII** in Pyridin; b) aus 2 g **I** analog a) in Soda-Lsg.; 3,45 g (Ausbeute); c) aus **IX** u. HNO_2. — *p-Toluolsulfonylguanylazid* (**IV**), $C_8H_9N_5O_2S$, F. 150—151° (A.), a) analog **III** nach a) aus **VII**; b) aus 0,59 g **II** in 4n H_2SO_4 durch Zugabe von wss. $NaNO_2$-Lsg., kurzes Erwärmen auf 80° u. Eiskühlung; 0,25 g. — *p-Nitrobenzolsulfonylguanylazid* (**V**), $C_7H_6N_6O_4S$, F. 185—186° (Aceton/W.) analog **III** nach a) aus **X**. — *Acetylsulfanilylguanidinhydrat*, $C_9H_{14}N_4O_4S$, F. 263—265° (W.), a) aus **III** in W. mit H_2S; b) aus 0,2 g **III** in A. durch Hydrierung an PtO_2; 0,18 g. — *p-Toluolsulfonylguanidin*, $C_8H_{11}N_3O_2S$, F. 277—208° (W.), a) aus 0,5 g **IV** in warmem A. durch Einleiten von H_2S, Zusatz von W., Einleiten von H_2S, Filtrieren u. Einengen, 0,37 g; b) analog vorst. Verb. nach b) aus 0,2 g **IV**; 0,16 g; c) aus **VI** mit $NaNO_2$ analog **IV** nach b). — *Sulfanilylguanidin*, aus **V** analog vorst. Verb. nach b). — *5-Acetylsulfanilamidotetrazol*, $C_9H_{10}N_6O_3S$, F. 215—216° (W.), a) aus **III** durch Auflösen in NaOH u. Fällen mit HCl; b) aus **III** durch 12std. Rühren in 10%ig. Soda-Lsg., Erwärmen auf 50° u. Fällen mit HCl; c) aus dem Hydrat durch Entwässern bei 170—180° oder Stehen über P_2O_5. *Hydrat*, $C_9H_{10}N_6O_3S \cdot 1^1/_2\, H_2O$, F. 205—206° (W.), aus **I** u. **VIII** in Soda-Lsg., Lösen des Prod. in 0,2n NaOH u. Fällen mit HCl. — *5-p-Toluolsulfonamidotetrazol*, $C_8H_9N_5O_2S$, F. 195—196° (W.), a) analog vorst. Verb. nach a) aus 0,2 g **IV**; 90 mg; b) aus **IV** analog vorst. Verb. nach b); c) durch

Behandlung von **IV** mit N_2H_4; d) durch Kochen von **IV** in Xylol. — *5-p-Nitrobenzolsulfonamidotetrazol*, $C_7H_6N_6O_4S$, F. 204—205° (W.), aus 1 g **V** durch ½std. Rühren in 0,2n NaOH, Filtrieren u. Fällen mit HCl; 0,35 g. — *5-Sulfanilamidotetrazol*, F. 202 bis 203°, durch katalyt. Hydrierung vorst. Verbindung. — *5-Acetylaminotetrazol*, $C_3H_5N_5O$, F. 271—273° (A.), aus 2 g **I** mit CH_3COCl/Pyridin; 0,8 g. — *5-Benzoylaminotetrazol*, $C_8H_7N_5O$, F. 277—282° (A.), analog vorst. Verb.; 2,3 g. — *1-Methyl-5-aminotetrazol*, $C_2H_5N_5$, F. 223—228° (W.), a) aus 1 g **I** in CH_3OH mit CH_2N_2 in Ae.; 0,38 g; b) aus 7,3 g 2-Methyl-1-aminoguanidiniumjodid durch Schütteln mit überschüssigem AgCl in W., Zusatz von $NaNO_2$ u. 1n HCl bei 0° u. von Na-Acetat nach 15 Min., Eindampfen u. Extraktion mit sd. Aceton; 0,77 g. — *1-Methyl-5-methylaminotetrazol*, $C_3H_7N_5$, F. 172 bis 174° (A.), analog vorst. Verb. aus *2.3-Dimethyl-1-aminoguanidiniumjodid* [$C_3H_{11}JN_4$, F. 299—300° (A.), aus S-Methyl-4-methylthiosemicarbazidiumjodid u. überschüssiger wss. 30%ig. CH_3NH_2-Lsg. durch Stehen über Nacht; 75%]; 60%. — *5-Dimethylaminotetrazol*, $C_3H_7N_5$, F. 235—240° (W.), analog vorvorst. Verb. aus *2.2-Dimethyl-1-aminoguanidiniumjodid* [$C_3H_{11}JN_4$, F. 185—187° (abs. A.), aus S-Methylthiosemicarbazidiumjodid u. Dimethylamin; 84%]; 34%. — *3-p-Toluolsulfonyl-1-aminoguanidin* (**II**), $C_8H_{12}N_4O_2S$, F. 185—186° (W.), aus **XI** u. Hydrazinhydrat in W. durch 3—4std. Schütteln u. Eindampfen; 41%. — *1-p-Toluolsulfonyl-1-nitroguanidin*, $C_8H_{10}N_4O_4S$, F. 181 bis 183° (W.), aus Nitroguanidin u. KOH in wss. Aceton durch portionsweisen Zusatz von **VII** bei 18°, Wasserzusatz, 3std. Rühren, Neutralisieren mit CH_3COOH, Abfiltrieren des *K-Salzes* [$C_8H_9KN_4O_4S$, F. 230—231° (W.); 66%] u. Fällen aus wss. Lsg. mit verd. HCl. — *1-p-Toluolsulfonyl-1-aminoguanidin* (**VI**), $C_8H_{12}N_4O_2S$, F. 159—161° (W.), aus vorst. Verb. durch Hydrierung an PtO_2 in A.; ca. 100%. — *p-Toluolsulfonamidoguanidinhydrat*, $C_8H_{14}N_4O_3S$, F. 204—205° (A.), durch Kochen von **XII**-Sulfat u. Na-Acetat in W. mit **VII**; 75%. — *p-Toluolsulfonylthiosemicarbazid*, $C_8H_{11}N_3O_2S_2$, F. 214—215° (A.), a) durch Zugabe von 4n H_2SO_4 zu $Ba(SCN)_2 \cdot 2\,H_2O$ in W., Filtrieren, Zugabe von p-Toluolsulfonhydrazid u. 1std. Erhitzen auf dem Dampfbad; 60%; b) aus Thiosemicarbazid u. **VII** analog vorst. Verb.; 6—16%. — *p-Toluolsulfonyl-S-methylisothiosemicarbazid*, $C_9H_{13}N_3O_2S_2$, F. 175—176°, a) aus vorst. Verb. u. CH_3J in A. durch 1std. Kochen; Nadeln aus W.; 80%; b) aus S-Methylisothiosemicarbazidiumjodid u. **VII** in Pyridin; 27%. — *p-Toluolsulfinsäure*, F. 84—86°, aus vorst. Verb. durch Kochen in wss. NH_4OH u. Ansäuern. — *p-Toluolsulfonylchlorid* (**VII**), F. 63—65°, durch 3tägiges Schütteln von 1 g **IV** in konz. HCl; Nadeln; 0,72 g. — *Verb. vom F. 250°*, durch Schmelzen drittvorst. Verbindung. H.-J. Kötzsch. 880□

Homoleucinolderivat. 1. Mitt. Takeshi Toyoda, Tadashi Suyama und Seizo Kanao. (Chem. pharmac. Bull. [Tokyo] **8**, 939—44, Nov. 1960; Kawasaki, Kanagawa-ken, Ajinomoto AG, Zentral-Forsch.-Labor.; dt.) — *5-Methyl-3-acetamidohexanon-(2)* (I) wird durch Decarboxylieren von Leucin (II) in Ggw. von Tetralin u. Acetanhydrid (III) dargestellt. Hydrolyse mit HCl bildet aus I *5-Methyl-3-aminohexanon-(2)*, das durch katalyt. Hydrierung an Raney-Ni bei Normaldruck hauptsächlich in *α-Homoleucinol* (α-**IV**) übergeht. Die entsprechende *β-Verb.* (β-**IV**) entsteht aus I durch analoge Hydrierung, jedoch unter hohem Druck. Aus den IR-Absorptionsspektren der beiden *N.N-Diäthylhomoleucinole* (α- u. β-**VI**) wird geschlossen, daß der α-Form wahrscheinlich erythro-Konfiguration zukommt.

Versuche: *5-Methyl-3-acetamidohexanon-(2)* (I), $C_9H_{17}NO_2$, Kp.$_5$ 125—127°, a) durch 5std. Erhitzen von II mit Tetralin u. III auf 145—160° unter Rühren u. Rektifikation; gelbliche zähe Fl.; D_4^{23} 0,9804; n_D^{23} 1,4570; purpurrote Färbung mit Nitroprussid-Na/n-NaOH; rote Färbung mit NaOCl/Pyridin; 50% (Ausbeute); b) aus II, Picolin u. III; 74%; c) durch 4std. Rk. von Acetyl-II, III u. Pyridin auf dem Wasserbad; 80%. *Semicarbazon*, $C_{10}H_{20}N_4O_2$, F. 178°, durch Stehen von I mit Semicarbazidhydrochlorid u. Na-Acetat in warmem W.; Prismen. — *5-Methyl-3-aminohexanon-(2), Hydrochlorid*, $C_7H_{15}NO \cdot HCl$, F. 163°, durch 6std. Digerieren von I mit 1,5n HCl auf dem Wasserbad u. Eindampfen im Vakuum; aus Aceton Nadeln; 62%. *Freie Base*, Kp.$_3$ 108 bis 112°; n_D^{21} 1,4790. *Pikrat*, F. 159°, aus W. gelbe Rhomboeder. *Semicarbazonhydrochlorid*, $C_8H_{18}N_4O \cdot HCl$, F. 203°; aus W. gelbe Blättchen. *N-Benzoyl-Deriv.*, $C_{14}H_{19}NO_2$, F. 69°; aus Ligroin Nadeln. — *α-Homoleucinol* (α-**IV**), *Oxalat*, $(C_7H_{17}NO)_2 \cdot C_2H_2O_4$, F. 202° (Zers.), a) durch katalyt. Hydrieren vorst. Verb. in 65%ig. A. an PtO_2, Filtrieren, Eindampfen im Vakuum, Alkalisieren mit KOH, Ausäthern u. Neutralisieren der Ae.-Lsg. mit äthanol. Oxalsäure; aus A. Tafeln; 94%; b) analog a) in 70%ig. A., suspendiert an Raney-Ni; 93%. *Freie Base* (α-**IV**), $C_7H_{17}NO$, Kp. 198—202°; $D_4^{29,5}$ 0,8876; $n_D^{29,5}$ 1,4443. *CuO-Verb., Dihydrat*, $(C_7H_{17}NO)_2 \cdot CuO \cdot 2\,H_2O$, F. 185° (Zers.); aus 50%ig. Methanol violette Tafeln. *N-[p-Nitrobenzoyl]-Deriv.* (α-**V**), $C_{14}H_{20}N_2O_4$, F. 148°, durch 1std. Zutropfen äther. p-Nitrobenzoylchlorid-Lsg. zu α-**IV** in A. unter Rühren, Versetzen mit 30%ig. K_2CO_3-Lsg. u. Ausäthern; aus Bzl. schwachgelbe Blättchen; 85%. *O-[p-Nitro-*

benzoyl]-Deriv., Hydrochlorid, $C_{14}H_{20}N_2O_4 \cdot HCl$, F. 183°, durch Einleiten trockenen HCl-Gases in die α-**V**-Bzl.-Lsg.; aus abs. A. Blättchen; geht in wss. Lsg. mit NH_3 in α-**V** über). — *β-Homoleucinol* (β-**IV**), *Oxalat,* $(C_7H_{17}NO_2) \cdot C_2H_2O_4$, F. 217° (abs. A.), durch 4std. Hydrieren von I in 70%ig. A. an Raney-Ni bei 35 at/40° unter Schütteln, Filtrieren, 3std. Digerieren mit konz. HCl auf dem Wasserbad, Eindampfen im Vakuum, Alkalisieren mit KOH, Ausäthern u. Zugabe von Oxalsäure; 76%. *Freie Base* (β-**IV**), $C_7H_{17}NO$, Kp. 196—198°; n_D^{21} 1,4483. *N-[p-Nitrobenzoyl]-Deriv.* (β-**V**), $C_{14}H_{20}N_2O_4$, F. 116—117°, analog α-**V**; aus Bzl. Säulen. *O-[p-Nitrobenzoyl]-Deriv., Hydrochlorid,* $C_{14}H_{20}N_2O_4 \cdot HCl$, F. 205—206°, a) analog der α-Verb.; aus Bzl. Säulen; b) durch 1½std. Stehen der Lsg. von β-**V** in $SOCl_2$ bei Raum-Temp. u. Eindampfen im Vakuum; die wss. Lsg. gibt mit NH_3 β-**V**; daneben *Prismen vom F. 132—133°*). — *N-Äthylhomoleucinol,* $C_9H_{21}NO$, Kp. 193—200°, durch 1std. Zutropfen abs. äther. I-Lsg. zu $LiAlH_4$ in abs. Ae. unter Eiskühlung, 1std. Rühren, Versetzen mit W., Ausäthern, Trocknen über KOH u. Dest.; 50%. — *N.N-Diäthylhomoleucinol* (**VI**), a) durch 4—5std. Hydrieren von α-**IV** u. frisch dest. Acetaldehyd in 70%ig. A. an Raney-Ni; 62%; b) durch 10std. Erwärmen von α-**IV** in 65%ig. A. mit Äthyljodid u. KOH auf dem Wasserbad, Neutralisieren mit HCl, Eindampfen im Vakuum, Alkalisieren u. Ausäthern; 82%; c) durch 10std. Rk. von α-**IV** mit Diäthylsulfat/20%ig. NaOH auf dem Wasserbad u. Aufarbeiten nach b) 43%. *Hydrochlorid,* F. 114—115°. — *α-N.N-Diäthylhomoleucinol* (α-**VI**), *Hydrochlorid,* $C_{11}H_{25}NO \cdot HCl$, F. 139—140°, durch Behandeln von **VI**-Hydrochlorid mit Aceton (schwer lösl.); aus Aceton Rhomboeder. *Freie Base,* $C_{11}H_{25}NO$, Kp. 218°; $D._4^{29}$ 0,8496; n_D^{29} 1,4393. *O-[p-Nitrobenzoyl]-Deriv., Hydrochlorid* (α-**VII**), F. 175°, durch Schütteln von α-**VI** mit äther. p-Nitrobenzoylchlorid, Schütteln mit 30%ig. K_2CO_3-Lsg. u. Neutralisation der Ae.-Phase mit HCl; aus A./Ae. schwachgelbe Prismen; 80% [*Freie Base,* $C_{18}H_{28}N_2O_4$, F. 59°; aus. wss. A. schwachgelbe Tafeln. *Chloroplatinat* $(C_{18}H_{28}N_2O_4)_2 \cdot HCl \cdot PtCl_4$, F. 205° (Zers.); aus A. orangegelbe Prismen. *Dioxalat,* $C_{20}H_{30}N_2O_8$, F. 142—143°; aus wss. A. zu Rosetten vereinigte Nadeln. *Pikrat,* $C_{24}H_{31}N_5O_{11}$, F. 156—157°; aus Aceton gelbe Säulen]. *O-[p-Aminobenzoyl]-Deriv., Hydrochlorid,* $C_{18}H_{30}N_2O_2 \cdot HCl$, F. 222°, durch Hydrieren von α-**VII** in abs. A. an PtO_2; aus A. Prismen; [*Freie Base,* F. 51° (Cyclohexanol). *Hydrobromid,* F. 88—89°; aus W. Prismen. *Sulfamat,* $C_{18}H_{33}N_3O_5S$, F. 178°; sechseckige Tafeln. *Nitrat,* F. 156°; aus abs. A. Rhomboeder. *Chloroplatinat,* $C_{18}H_{30}N_2O_2 \cdot H_2PtCl_6$, F. ca. 234—235° (Zers.); orangefarbene Blättchen.]. — *β-N.N-Diäthylhomoleucinol* (β-**VI**), *Hydrochlorid,* F. 125°, aus der Aceton-Lsg. von **VI**-Hydrochlorid neben α-**VI**; aus Aceton hygroskop. Prismen. *Freie Base,* $C_{11}H_{25}NO$, Kp. 215—216°; n_D^{20} 1,4375. *Pikrat,* $C_{17}H_{28}N_4O_8$, F. 135°, aus A. gelbe kurze Prismen. *O-[p-Nitrobenzoyl]-Deriv., Hydrochlorid* (β-**VII**), $C_{18}H_{28}N_2O_4 \cdot HCl$, F. 202°, analog der α-Verb. aus 6,93 g β-**VI**-Hydrochlorid; aus Äthylacetat Tafeln; 6,2 g; (*Freie Base,* Öl. *Dioxalat,* F. 124°; Würfel). *O-[p-Aminobenzoyl]-Deriv., Hydrochlorid,* $C_{18}H_{30}N_2O_2 \cdot HCl$, F. 217—218°, durch Hydrieren der Suspension von 45 g β-**VII** in Methanol aus abs. A. u. Methanol Tafeln; 30 g [*Freie Base,* Öl. *Sulfamat,* F. 143°. *Phosphat,* F. 128—129° (abs. A.)].

H.-J. Weigmann. 920

Aminosäurethionester und Endothiopeptide. 2. Mitt. Walter Ried und Wolfgang von der Emden. (Liebigs Ann. Chem. **642**, 128—33, April 1961; Frankfurt/Main, Univ., Inst. für Organ. Chem.; dt.) — 1. vgl. C. **1960, 9524**. — An der Aminogruppe acylierte Aminosäureimidoäthylester ergeben mit H_2S in abs. Ae. *Thionester,* die mit Aminosäuren zu *Endothiopeptiden* (**A**) reagieren. Tosylierte Aminosäurethionester geben in 2n natronalkal. Lsg. nahezu quant. tosylierte **A**, während carbobenzoxylierte Thionester bei pH 8—10 umgesetzt werden, wobei aber die Ausbeute niedriger ist. Beim Kochen der **A** mit $AgNO_3$ entstehen Ag_2S u. das normale Peptid, das in 50%ig. Ausbeute isoliert werden kann. Die Bindungsfestigkeit des Schwefels ist aber verschieden groß. So spaltet Tosylthioglycylglycin mit $AgNO_3$ schon bei Zimmer-Temp. in wenigen Min. Ag_2S ab, während N-Tosylthiophenylglycylglycin (**II**) es erst beim Kochen tut. Freie **A** werden zweckmäßigerweise aus carbobenzoxylierten **A** durch Abspaltung der Schutzgruppe mit HBr oder HCl in Eisessig erhalten.

Versuche: *N-Tosylphenylglycinthionäthylester* (I), $C_{17}H_{19}NO_2S_2$, F. 99° (PAe.; schwachgelb), durch 18std. Einleiten von H_2S in eine abs. äther. Lsg. von N-Tosylphenylglycinimidoäthylester; 90—95% (Ausbeute).— *N-Tosylphenylglycinimidoäthylester*; 90—95% (Ausbeute). — *N-Tosylphenylglycinamidin,* F. 108° (A.), durch 24std. Stehen von I mit gesätt. äthanol. NH_3-Lsg. u. Absaugen des Alkohols. Nach dem Kochen mit verd. HCl werden Blättchen vom F. 207° (Zers.) erhalten. — *N-Tosylphenylglycinthioamid,* $C_{15}H_{16}N_2O_2S_2$, F. 188° (A.), durch 15std. Einleiten von H_2S in eine Dioxan-Lsg. vorst. Verbindung. Bei 8tägigem Stehen mit äthanol. NH_3-Lsg. entsteht wieder das Amidin. — *N-Tosylthiophenylglycylglycin* (**II**), $C_{17}H_{18}N_2O_4S_2$, F. 187° (W.), durch

10std. Schütteln von I u. Glycin in Ae. mit 2n NaOH, Ansäuern der wss. Phase bei 0° u. Anreiben des harzigen Prod. mit Ae. oder 10std. Stehen bei −20° mit Ae.; 92%. — *N-Tosylphenylglycylglycin*, $C_{17}H_{18}N_2O_5S$, F. 198° (W.), durch kurzes Aufkochen von II in Dioxan–W. mit $AgNO_3$, Abfiltrieren des Ag_2S, Alkalisieren, Ausäthern u. Ansäuern. — *N-Tosylthiophenylglycylvalin*, $C_{20}H_{24}N_2O_4S_2$, F. 140—193°, aus I u. Valin mit 2n NaOH analog II; 88%. — *N-Tosylphenylglycylvalin*, $C_{20}H_{24}N_2O_5S$, F. 168—220°, durch Entschwefelung. — *N-Tosylglycinthionäthylester*, $C_{11}H_{15}NO_3S_2$, F. 43° (PAe.; derbe Nadeln), durch 8std. Einleiten von H_2S in eine äther. Lsg. von N-Tosylglycinimidoäthylester; 80—90%. — *N-Tosylglycinthioamid*, $C_9H_{12}N_2O_2S_2$, F. 163°, durch mehrstd. Einleiten von H_2S in eine abs. Dioxan-Lsg. von N-Tosylglycinimidoäthylester u. Fällen mit W. oder Petroläther. — *N-Tosylthioglycylglycin*, F. 169°, durch 8std. Schütteln vorvorst. Verb. u. Glycin in Ae. mit 2n NaOH; 80%. — *N-Tosylglycylglycin*, F. 178—180°, durch Entschwefelung. — *N-Carbobenzoxyglycinthionäthylester*, F. 27°, durch 8std. Einleiten von H_2S in eine äther. Lsg. von N-Carbobenzoxyglycinimidoäthylester. — *N-Carbobenzoxythioglycylglycin*, $C_{12}H_{14}N_2O_4S$, F. 149° (W.; glänzende Plättchen), durch 8std. Schütteln vorst. Verb. u. Glycin in Ae. mit 1n NaOH u. Ansäuern der wss. Phase; 62%. — *N-Carbobenzoxyglycylglycin*, F. 177°, durch 3std. Stehen vorst. Verb. mit 0,1n $AgNO_3$, Abfiltrieren des Ag_2S, Alkalisieren, Ausäthern u. Ansäuern der wss. Phase.

E. Koßmehl. 950□

Über Peptidsynthesen. 24. Mitt. **Derivate der Kohlensäure in der Peptidchemie.** Theodor Wieland, Bärbel Heinke, Klaus Vogeler (unter Mitarbeit von Hiroshi Morimoto). (Liebigs Ann. Chem. **655**, 189—94, 31/7. 1962; Frankfurt a. M., Univ., Inst. für Organ. Chem.; dt.) — 23. vgl. C. **1961**, 17541. — Pyrokohlensäureäthylester eignet sich nicht als Kondens.-Mittel bei der Synth. von Peptiden aus α-Aminosäuren [Verss. mit Carbobenzoxy(Cbo)-alanin u. Glycinester]. Zur Darst. von N-geschützten Aminosäure-p-nitrophenylestern hat sich Bis-[p-nitrophenyl]-carbonat (III) als ausgezeichnetes Reagens erwiesen. Beim Erhitzen von Phthalylglycin mit Cbo-alaninmethylester auf 195° entsteht unter CO_2-Abspaltung ein Gemisch von *Phthalylglycylalaninmethylester* u. *Phthalylglycinmethylester*. Die Trichloracetate einiger Aminosäureester u. einige N-Trichloracetylaminosäuren werden beschrieben.

Versuche: Aminosäureestertrichloracetate: *Glycinäthylester-* (I), $C_6H_{10}Cl_3 \cdot NO_4$, F. 88—89°, aus Glycinäthylester mit Trichloressigsäure in Ae.; 80% (Ausbeute). — *DL-Alaninbenzylester-*, $C_{12}H_{14}Cl_3NO_4$, F. 110°. — *DL-Alaninmethylester-*, $C_6H_{10}Cl_3NO_4$, F. 121°. — *DL-Valinmethylester-*, $C_8H_{14}Cl_3NO_4$, F. 130°. — *DL-Isoleucinmethylester-*, $C_9H_{16}Cl_3NO_4$, F. 109—110°. — Trichloracetylaminosäuren: *-glycin*, $C_4H_4Cl_3NO_3$, F. 128—129° (Essigester/PAe.), durch Rk. von I in Tetrahydrofuran mit $POCl_3$ bei −15°, Zugeben von Pyridin, 1std. Stehen bei Raum-Temp., Verseifung mit 2n NaOH in Methanol, Ansäuern u. Extrahieren mit Essigester; 60—80%. — *-DL-alanin*, $C_5H_6Cl_3 \cdot NO_3$, F. 159—160° (Zers.; Essigester/PAe.). — *-DL-valin*, $C_7H_{10}Cl_3NO_3$, F. 86—87° (Essigester/PAe.). — *Bis-[p-nitrophenyl]-carbonat* (III), F. 144—145°, durch Rk. von Na-p-Nitrophenolat mit $COCl_2$ in Bzl.; 50—60%. — Cbo-aminosäure-p-nitrophenylester: *-glycin-*, F. 123—124° (Aceton), durch 3std. Kochen von Cbo-glycin mit III u. Pyridin in Essigester; 95%. — *-DL-alanin-* (II), F. 91—93° (Aceton). — *-L-phenylalanin-*, F. 124—125° (Aceton). — *Cbo-DL-alanylglycinäthylester*, F. 82—84° (Essigester/PAe.), durch mehrstd. Stehen von II mit Glycinäthylesterhydrochlorid in Chlf./Triäthylamin; 75%. — *Cbo-L-phenylalanyl-L-prolinmethylester*, analog vorst. Verb.; Öl; 87%. — *Carbonyl-bis-glycinäthylester*, $C_9H_{16}N_2O_5$, F. 146—148°, durch 3std. Kochen von Glycinäthylester mit III in Essigester; Nadeln. — *Carbonyl-bis-glycin*, F. 193—195°, durch 4std. Erwärmen vorst. Verb. mit 1n NaOH auf 100°. E. Schröder. 950□

Weitere Peptidsynthesen nach dem Oxazolidon-Verfahren. 4. Mitt. Fritz Micheel und Horst Haneke. (Chem. Ber. **95**, 1009—15, 19/4. 1962; Münster (Westf.), Univ., Organ.-Chem. Inst.; dt.) — 3. vgl. C. **1959**, 17063. — Nach dem Oxazolidon-Verf. werden *Dipeptide* mit *L-Glutaminsäure*. *L-Asparaginsäure*, *L-Serin*, *Glycin*, *L-Lysin*, *L-Cystin* u. *DL-Methionin* synthetisiert. Da die Oxazolidon-(5)-Derivv. der N-Acyl-L-aminosäuren hohe positive Drehwerte besitzen, konnte die Bldg. im Rk.-Gemisch polarimetr. verfolgt werden u. somit die günstigsten Rk.-Zeiten ermittelt werden. Lediglich beim N.N′-Di-p-tosyl-L-cystin u. N-p-Tosyl-L-serin (I) wurde eine geringfügige Racemisierung beobachtet. Bei der Rk. von I wird neben dem an der Hydroxylgruppe acetylierten Oxazolidon-(5)-Deriv. ein Nebenprod. erhalten. bei dem nicht die Carboxylgruppe, sondern die Hydroxylgruppe am Ringschluß beteiligt ist. Es handelt sich um *3-p-Tosyl-4-carboxyoxazolidin*. Aus den Oxazolidon-(5)-Derivv. des N-p-Tosylglycins u. -alanins entstehen mit Äthanol *N-p-Tosyl-N-äthoxymethylglycin* bzw. *-alanin*. Aus diesen Verbb. bilden sich bei 90—100° im Vakuum die Oxazolidon-(5)-Deriv. zurück.

Versuche: *3-p-Tosyl-5-oxo-4-carboxymethyloxazolidin* (II), $C_{12}H_{13}NO_6S$, F. 130 bis 131° (Bzl.), durch Zugeben von Trioxan u. Acetanhydrid (+ wenig $SOCl_2$) zu N-p-Tosyl-L-asparaginsäure in heißem Eisessig innerhalb von 3 Std. u. Einengen; $[\alpha]_D^{22}$ + 252° + 252° (c = 1; Aceton); 76% (Ausbeute). — *N-p-Tosyl-L-asparaginsäure-α-benzylamid*, $C_{18}H_{20}N_2O_5S$, F. 193° (A./W.), durch 1/4 std. Erwärmen von II mit Benzylamin (III) u. A. auf 60—70° u. Ansäuern; $[\alpha]_D^{22}$ —30,2° (c = 1; Methanol); 80%. — *N-p-Tosyl-L-asparagyl-α-glycin*, $C_{13}H_{16}N_2O_7S$, F. 165° (W.), durch 10 Min. langes Erwärmen von II mit Glycinäthylester (V) u. A. auf 60—70°, 1std. Stehen mit 2n NaOH in Methanol u. Ansäuern; $[\alpha]_D^{22}$ —22° (c = 1; Methanol); 59%. — *3-p-Tosyl-5-oxo-4-acetoxymethyloxazolidin* (IV), $C_{13}H_{15}NO_6S$, F. 100—101° (Bzl.), durch Erhitzen von I in Eisessig mit Acetanhydrid, Trioxan u. $SOCl_2$ auf 100° (2 1/2 Std.), Einengen u. Verreiben mit $NaHCO_3$-Lsg.; $[\alpha]_D^{22}$ + 177° (c = 0,3; Eisessig); 65%. — *3-p-Tosyl-4-carboxyoazolidin*, $C_{11}H_{13}NO_5S$, F. 150—152° (50%ig. A.), durch Ansäuern der bei der Darst. von IV erhaltenen $NaHCO_3$-Lsg.; $[\alpha]_D^{22}$ —145—146° (c = 0,5; A.). — 127° (c = 0,3; Dioxan); 12,5% — *N-p-Tosyl-L-serinbenzylamid*, $C_{17}H_{20}N_2O_4S$, F. 136—137° (50%ig. A.), durch 10 Min. langes Erhitzen von IV mit III auf 100° u. Ansäuern; $[\alpha]_D^{22}$ + 12° (c = 0,6; Aceton); 84%. — *N-p-Tosyl-DL-serylglycin*, $C_{12}H_{16}N_2O_6S$, F. 157—158° (W.), durch Rk. von IV mit V (1/4 Std./70—80°) 1std. Stehen mit 2n NaOH in Methanol u. Ansäuern; 55%. — *N-p-Tosyl-L-seryl-L-glutaminsäure*, $C_{15}H_{20}N_2O_8S$, F. 197—198° (W.), aus IV u. L-Glutaminsäurediäthylester analog vorst. Verb.; $[\alpha]_D^{22}$ + 8° (c = 0,58; A.), + 23° (c = 0,48; Dioxan); 55% — *Bis-[(3-p-tosyl-5-oxooxazolidinyl-(4)]-methyl]-disulfid* (VI), $C_{22}H_{24}N_2O_8S_4$, F. 176° (Eisessig), durch 3std. Erhitzen von N.N'-Di-p-tosyl-L-cystin mit Trioxan, Acetanhydrid u. $SOCl_2$ in Eisessig auf 100°, Einengen u. Digerieren mit $NaHCO_3$-Lsg.; $[\alpha]_D^{22}$ + 230° (c = 0,2; Eisessig); 62%. — *N.N'-Di-p-tosyl-L-cystin-bis-benzylamid*, $C_{34}H_{38}N_4O_6S_4$, F. 204° (Isopropanol), aus VI u. III; $[\alpha]_D^{22}$ + 118° (c = 0,2; Dioxan); 63%. — *N.N'-Di-p-tosyl-L-cystinyldiglycindiäthylester*, $C_{28}H_{38}N_4O_{10}S_4$, F. 183—184° (A.), aus VI u. V; $[\alpha]_D^{22}$ + 18 bis 19° (c = 0,7; Dioxan); 62%. — *N.N'-Di-p-tosyl-L-cystinyldiglycin*, $C_{24}H_{30}N_4O_{10}S_4$. F. 136° (Isopropanol/W. aus vorst. Verb. mit 2n NaOH in Methanol; $[\alpha]_D^{22}$ + 144° (c = 0,43; A.); 78%. — *3-p-Tosyl-5-oxo-4-[2-methylmercaptoäthyl]-oxazolidin*, $C_{13}H_{17}$·NO_4S_2, F. 96—97° (Isopropanol), aus N-p-Tosyl-DL-methionin, Trioxan, Acetanhydrid u. $SOCl_2$ in Eisessig bei 100°; 64%. — *N-p-Tosyl-DL-methionylglycin*, $C_{14}H_{20}N_2O_5S_2$, F. 66—67° (40%ig. A.), aus vorst. Verb. mit V u. 1std. Verseifung; 57%. — *N^α.N^ε-Di-p-tosyl-DL-lysin*, $C_{20}H_{26}N_2O_6S_2$, F. 125—130° (50%ig. A.), durch 1std. Rk. von N^α.N^ε-Di-p-tosyl-DL-lysinbutylester mit 2n NaOH in Methanol. — *3-p-Tosyl-5-oxo-4-[4-p-tosylaminobutyl]-oxazolidin* (VII), durch 3std. Rk. von N^α.N^ε-Di-p-tosyl-L-lysin mit Trioxan, Acetanhydrid u. $SOCl_2$ in Eisessig auf 100°. — *N^α.N^ε-Di-p-tosyl-L-lysinbenzylamid*, $C_{27}H_{33}N_3O_5S_2$, F. 143—144° (Bzl.), aus VII mit III; $[\alpha]_D^{22}$ —10,4° (c = 1; Methanol); 30%. — *N^α.N^ε-Di-p-tosyl-L-lysylglycin*, $C_{22}H_{29}N_3O_7S_2$, F. 100—102°; aus VII u. V bei 100° u. 1std. Verseifung mit 1n methanol. NaOH; $[\alpha]_D^{22}$ —4° (c = 1; Methanol); 15 bis 20%. — *N-p-Tosyl-N-äthoxymethylglycin*, $C_{12}H_{17}NO_5S$, F. 92—93° (Bzl./PAe.), durch 5std. Kochen von N-p-Tosyloxazolidon-(5) in abs. A., Einengen, Lösen in $NaHCO_3$-Lsg. u. Zugeben von Säure (pH 3—4); 79%; 4std. Erhitzen im Vakuum auf 100° → *N-p-Tosyloxazolidon-(5)*. — *N-p-Tosyl-N-äthoxymethyl-DL-alanin*, $C_{13}H_{19}NO_5S$, F. 58—59° (A./W.), durch 10std. Kochen von N-p-Tosyl-4-methyloxazolidon-(5) in A.; 75%.

E. Schröder. 950□

Über die radikalische Anlagerung an α-, β- und γ-Alkenylsilane. Je. A. Tschernyschew. (Гласник Хемиског Друштва Београд [Ber. Chem. Ges. Belgrad] **23/24**, 17 bis 22, 1958/59; Moskau, Zelinsky-Inst. für org. Chem. der Akad. der Wiss. der UdSSR, Labor. für Chem. der KW-Stoffe; russ., Auszug: serbo-kroat.) — Die Anlagerung von Butyr- (I), Benzaldehyd (II), Chlf. u. CCl_4 an Diäthylmethyl-[buten-(3)-yl-(1)]-silan (III) in Ggw. von Dibenzoylperoxid (IV) liefert entsprechend *3-Methyl-3-äthyl-3-silaundecanon-(8)*, *-8-phenyloctanon-(8)*, *1.1.1-Trichlor-* bzw. *1.1.1.3-Tetrachlor-6-methyl-6-äthyl-6-silaoctan*. Der Vgl. mit Vinyl- u. Allylmethyldiäthylsilan zeigt, daß die ion. Anlagerung an Alkenylsilane am energischsten an β-Doppelbindungen erfolgt, die radikal. dagegen an α- u. γ-Doppelbindungen.

Versuche: *3-Methyl-3-äthyl-3-silaundecanon-(8)*, $C_{13}H_{28}OSi$, $Kp_{\cdot 3,5}$ 127—128°, man gibt zu 30 g III u. 49 g I in der Siedehitze in 2 Std. 1,5 g IV in 49 g I u. kocht unter portionsweiser Zugabe von 4,5 g IV 50 Std.; D_4^{20} 0,8605; n_D^{20} 1,4470; 27% (Ausbeute). — *3-Methyl-3-äthyl-3-sila-8-phenyloctanon-(8)*, $C_{16}H_{26}OSi$, $Kp_{\cdot 3,5}$ 163—164°, aus 30 g III u. 102 g II bei 170—180°; D_4^{20} 0,9726; n_D^{20} 1,5168; 18%. — *1.1.1-Trichlor-6-methyl-6-äthyl-6-silaoctan*, $C_{10}H_{21}Cl_3Si$, $Kp_{\cdot 3}$ 127—129°, man kocht 30 g III u. 136 g Chlf. 50 Std. unter portionsweiser Zugabe von 5,5 g IV; D_4^{20} 1,0578; n_D^{20} 1,4647; 72%. — *1.1.1.3-Tetrachlor-6-methyl-6-äthyl-6-silaoctan*, $C_{10}H_{20}Cl_4Si$, $Kp_{\cdot 3,5}$ 128—130°, aus 30 g III u. 176 g CCl_4 in Ggw. von 5,5 g IV (50 Std.); D_4^{20} 1,1684; n_D^{20} 1,4860; 78%. Helmut Schäfer. 980

Vinylphosphonsäure und einige ihrer Derivate. M. I. Kabatschnik und T. Ja. Medwed. (Известия Академии Наук СССР, Отделение Химических Наук [Nachr. Akad. Wiss. UdSSR, Abt. chem. Wiss.] **1959,** 2142—45, Dez.; Inst. für elementorg. Verbb. der Akad. der Wiss. der UdSSR; russ.) — Durch katalyt. Dehydrochlorierung von β-Chloräthylphosphonsäuredichlorid (I) wird *Vinylphosphonsäure* (II)-*dichlorid* dargestellt u. in II u. verschiedene *Ester* übergeführt.

Versuche: *Vinylphosphonsäure* (II), $C_2H_5O_3P$, man gibt 4,35 g nachst. Dichlorids zu 9 ml W. u. dampft bei 80° im Vakuum über P_2O_5 ein; $D._4^{20}$ 1,3888; n_D^{20} 1,4737; Sirup; 3 g (Ausbeute). *Dichlorid,* $C_2H_3Cl_2OP$, $Kp._{21}$ 67—69°, man leitet I im N_2-Strom bei 330—340° durch ein mit $BaCl_2$ gefülltes Quarzrohr; $D._4^{20}$ 1,4092; n_D^{20} 1,4808; 85,6%. *Diäthylester,* $C_6H_{13}O_3P$, $Kp._3$ 62°, man gibt zu 4,6 g abs. A., 7,9 g Pyridin (Triäthylamin) u. 50 ml Ae. u. bei 0° 7,25 g II-Dichlorid in 10 ml Ae., verd. mit 150 ml Ae., filtriert u. dest.; $D._4^{20}$ 1,0550; n_D^{20} 1,4338; 45%. Analog: *Dimethylester,* $C_4H_9O_3P$, $Kp._{10}$ 72,5°; $D._4^{20}$ 1,1405; n_D^{20} 1,4330; 44%. *Diisopropylester,* $C_8H_{17}O_3P$, $Kp._5$ 58—60°; $D._4^{20}$ 0,9908; n_D^{20} 1,4268; 16%. *Diphenylester,* $C_{14}H_{13}O_3P$, $Kp._{0,0001}$ 109,5—110°; $D._4^{20}$ 1,1930; n_D^{20} 1,5571; 84%. *Trimethylenglykolester,* $C_5H_9O_3P$, $Kp._2$ 129—130°; $D._4^{20}$ 1,2570; n_D^{20} 1,4775; 53%. *Bis-[dimethylamid],* $C_6H_{15}N_2OP$, $Kp._3$ 82°; $D._4^{20}$ 1,0257; n_D^{20} 1,4732; 52%. — *Bis-[vinylphosphonsäure]-anhydrid,* $C_4H_8O_5P_2$, $Kp._{0,0006}$ 235—240°, durch Dest. von II im Hochvakuum; $D._4^{20}$ 1,4022; n_D^{20} 1,4851; Sirup. — *α-Bromvinylphosphonsäurediäthylester,* $C_6H_{12}BrO_3P$, $Kp._3$ 88—90°, man gibt zu 8,25 g II-Diäthylester in 40 ml Chlf. 8,2 g Br_2, läßt über Nacht stehen u. dest.; $D._4^{20}$ 1,4051; n_D^{20} 1,4681; 2,3 g. Daneben *α.β-Dibromäthylphosphonsäurediäthylester,* $C_6H_{13}Br_2O_3P$, $Kp._3$ 123—125°; $D._4^{20}$ 1,6595; n_D^{20} 1,4943; 1,8 g. Helmut Schäfer. 980

Über die schonende Oxydation von 2.4.6-Trichlorphenol. Mir Hedayatullah und Léon Denivelle. (C. R. hebd. Séances Acad. Sci. **254,** 2369—71, 26/3. 1962; Paris, Conservat. Nat. des Arts et Métiérs, Labor. de Chim. tinct.; franz.) — Bei der Oxydation von 2.4.6-Trichlorphenol (I) mit PbO_2 in Bzl. in Ggw. von wasserfreiem $Na_2 \cdot SO_4$ erhält man je nach den Vers.-Bedingungen neben *2-Chlor-6-[2′.4′.6′-trichlorphenoxy]-p-benzochinon* u. *2.6-Bis-[2′.4′.6′-trichlorphenoxy]-p-benzochinon,* deren Struktur durch die IR-Spektren gesichert wird, wechselnde Mengen eines amorphen *Prod. vom F. ~ 210°* (Chlf./A.) u. einem mittleren Molgew. (mMG) 832 (kryoskop. in Bzl. u. Campher) bzw. 840 (Titration), dem Vff. auf Grund des IR-Spektrums die Struktur eines *Poly-2.6-dichlorphenylenoxids* (II) $(C_6H_2Cl_2O)_n$, mit 2.4.6-Trichlorphenoxy- bzw. 4-Hydroxy-3.5-dichlorphenyl-Endgruppen zuschreiben. Bei der Oxydation von I mit Ag_2O bei gewöhnlicher Temp. in einem inerten Medium wird ausschließlich II mit höherem mMG (bis 1300), mit I-Na-Salz u. J_2 schließlich mit einem mMG bis zu 7750 (n ~ 46) gebildet, welches in spinnbare Fraktionen vom mMG 7600—8250 zerlegt werden konnte. In C_2H_4-Lsg. ließen sich die III mit Cl_2 in Ggw. von Fe in die gleichen *perchlorierten Polyäther* überführen, die auch bei der Einw. von J_2 auf Pentachlorphenol entstehen. Durch einen großen Überschuß an rauchender HNO_3 ließ sich aus II in Chlf.-Lsg. bei gewöhnlicher Temp. ein *Nitrierungs-Prod.,* F. 240°, mit 1 NO_2-Gruppe je Einheit darstellen.
Gerhard Müller/Bitterfeld. 1060□

Darstellung von Diarylsulfiden. J. H. Uhlenbroek. (Recueil Trav. chim. Pays-Bas **80,** 1057—65, Sept./Okt. 1961; Weesp, Netherlands, N. V. Philips-Duphar Central Labor.; engl.) — Eine neue Meth. zur Darst. von symm. u. unsymm. substituierten *Diarylsulfiden* aus Na-Thiophenolaten u. halogenierten Aromaten durch Erhitzen in einem geeigneten Lsgm., z. B. Dimethylformamid (DMF). Die Bldg. polysubstituierter Prodd. kann durch Anwendung eines Überschusses des halogenierten aromat. KW-Stoffes unterdrückt werden.

Versuche (unter Mitarbeit von Slagt): *α-Naphthylphenylsulfid* (I), F. 37—38°, $Kp._{0,05}$ 165—170°, durch Eindampfen des entsprechenden Thiophenols mit dem Na-Alkoholat in Methanol oder A., Lösen in DMF, Zugabe zu dem entsprechenden Halogenbenzol in DMF unter Sieden, 46std. Kochen bis zum Ende des Ausscheidens von Na-Halogeniden, Filtrieren, Kühlen u. Reinigen durch Dest. im Vakuum oder Kristallisation, 81% (Ausbeute). — Diphenylsulfide: *unsubstituiert,* $C_{12}H_{10}S$, $Kp._{12}$ 148—151°, analog I aus Thiophenol u. Brombenzol in DMF (98 Std); 13%. — *4-Methyl-,* $C_{13}H_{12}S$, $Kp._{0,5}$ 123 bis 126°, durch 67std. Kochen von p-Thiokresol u. Brombenzol in DMF; 20%. — *4-Chlor-,* $C_{12}H_9ClS$, $Kp._{2,5}$ 155—158°, durch 21std. Kochen von Thiophenol u. p-Dichlorbenzol in DMF; 31%; daneben *1.4-Bis-[4-chlorphenylmercapto]-benzol,* $C_{18}H_{12}S_2$, F. 80° (A.), $Kp._{1,4}$ 228—232°; 25%. — *4-Chlor-4′-methyl-,* F. 73° (A.), $Kp._{12}$ 198—200°, durch 136std. Kochen von p-Thiokresol u. p-Dichlorbenzol in DMF; 45%; daneben *1.4-Bis-[4-methylphenylmercapto]-benzol,* $C_{20}H_{18}S_2$, F. 95° (Propanol), $Kp._{0,7}$ 230—235°; 22%. — *2-Chlor-4′-methyl-,* $C_{13}H_{11}ClS$, $Kp._1$ 159—161°, durch 18std. Kochen von p-Thiokresol

u. o-Dichlorbenzol in DMF; 55%. — *2.6-Dichlor-4'-methyl-*, $C_{13}H_{10}Cl_2S$, F. 103° (Methanol), durch 17std. Kochen von p-Thiokresol u. 1.2.3-Trichlorbenzol u. Chinolin; 31%. — *2.3-Dichlor-4'-methyl-*, $C_{13}H_{10}Cl_2S$, F. 62° (Methanol), neben vorst. Verb. durch Kühlen der Mutterlaugen auf —25°; > 30%. — *3.5-Dichlor-4'-methyl-*, $C_{13}H_{10}Cl_2S$, F. 38—39° (Methanol), $Kp._1$ 153—158°, durch 24std. Kochen von p-Thiokresol u. 1.3.5-Trichlorbenzol in Chinolin; 68%. — *2.5-Dichlor-*, $C_{12}H_8Cl_2S$, $Kp._{1,1}$ 158—160°, durch 8std. Kochen von Thiophenol u. 1.2.4-Trichlorbenzol in Chinolin oder Triäthanolamin (> 210°). *2.5-Dichlor-4'-methyl-*, $C_{13}H_{10}Cl_2S$, F. 68—69° (Methanol), $Kp._{0,7}$ 149—152°; 52%; gibt durch Oxydation in Essigsäure mit einem Überschuß an wss. 30%ig. H_2O_2 bei 100° *2.5-Dichlor-4'-methyldiphenylsulfon* (ca. 100%). — *2.5.4'-Trichlor-*, $C_{12}H_7Cl_3S$, F. 79—80° (Methanol), a) durch 16std. Kochen in DMF, abs. Pyridin, Chinolin oder Triäthanolamin (bei 210°); 62%; b) durch Chlorierung vorvorst. Verbindung. — *2.4.5.4'-Tetrachlor-*, F. 84—85° (96%ig. A.), a) durch $^1/_2$std. Zutropfen von Cl_2 in Dichloräthan zu vorst. Verb. u. $SbCl_3$ in Dichloräthan bei 30° u. 1std. Rühren; 75%; b) durch $1^1/_2$std. Kochen von p-Chlorthiophenol u. 1.2.4.5-Tetrachlorbenzol in DMF; 80% (gibt mit H_2O_2 100% *2.4.5.4'-Tetrachlordiphenylsulfon*); daneben *Dichlor-bis-[p-chlorphenylmercapto]-benzol*, F. 224—226°. — *2.4.5-Trichlor-3.6.4'-trimethyl-*, $C_{15}H_{13}Cl_3S$, F. 96° (Propanol), durch 3std. Kochen von p-Thiokresol u. 2.3.5.6-Tetrachlor-1.4-dimethylbenzol in DMF; 60%. — *2.5-Dichlor-2'.5'-dimethyl-*, $C_{14}H_{12}Cl_2S$, F. 60—61° (Methanol), $Kp._2$ 180°, durch 5std. Kochen von 2.5-Dimethylthiophenol u. 1.2.4-Trichlorbenzol in Chinolin; 75%. — *2.5-Dichlor-2'.4'-dimethyl-*, $C_{14}H_{12}Cl_2S$, $Kp._1$ 163—166°; 55%. — *2.5-Dichlor-3'.4'-dimethyl-*, $C_{14}H_{12}Cl_2S$, F. 45—47° (PAe.), $Kp._{0,7}$ 90—92°; 71%. — *2.4-Dimethylbenzolsulfonylchlorid*, $Kp._{12}$ 152—154°, durch 2std. Zugabe von Chlorsulfonsäure zu m-Xylol, Zers. mit Eis, Extrahieren mit Ae. u. Dest.; 66%. — *2.5-Dimethylbenzolsulfonylchlorid*, $Kp._{12}$ 148—150°, analog vorst. Verb. mit p-Xylol; 83%. — *3.4-Dimethylbenzolsulfonylchlorid*, $Kp._{12}$ 160 bis 162°, aus o-Xylol; 76%. — *2.4-Dimethylthiophenol*, $Kp._{12}$ 93°, durch $^1/_2$std. Zugabe des entsprechenden Sulfonylchlorids zu Eis/konz. H_2SO_4 bei —5°, Versetzen mit Zn-Pulver $^3/_4$std. Rühren unter langsamem Erhitzen zum Sieden, Dampf-Dest. u. Extraktion; 77%. — *2.5-Dimethylthiophenol*, $Kp._{12}$ 100—102°, analog vorst. Verb.; 81%. — *3.4-Dimethylthiophenol*, $Kp._{13}$ 100—102°; 87%. P. Golinske. 1090□

N-Formylarensulfamide. Ss. I. Burmisstrow, und G. Je. Krakowzewa. (Украинский Химический Журнал [Ukrain. chem. J.] **24**, 348—50, 1958; Dnepropetrowsk, chem.-technol. Inst.; russ.) — Ameisensäureester reagieren mit den Na-Salzen von Arylsulfonamiden unter Bldg. von *N-Formylarylsulfonamiden.* Diese sind starke Säuren, die sich gegen Phenolphthalein titrieren lassen, in saurer Lsg. zu *Ameisensäure* u. *Arylsulfonamid* hydrolysiert werden u. sich oberhalb des F. zu *Arylsulfonsäuren* u. *Blausäure* zersetzen.

Versuche: *N-Formylbenzolsulfonamid*, $C_7H_7NO_3S$, F. 94° (Methanol–W.), man löst 0,11 Mol Na in 75 ml Methanol, gibt 0,1 Mol Benzolsulfonamid (I), danach 0,2 Mol Methylformiat [oder 0,2 Mol n-Butylformiat (**II**)] u. etwas Phenolphthalein zu, läßt 23 (32) Std. lang stehen, dampft ein, löst in 100 ml W., filtriert, extrahiert mit Ae. u. säuert bei 0° mit konz. HCl an; Nadeln; 74% (Ausbeute). — N-Formylbenzolsulfonamide: *p-Methyl-*, $C_8H_9NO_3S$, F. 103,5° (Methanol–W.), aus p-Toluolsulfonamid u. **II** ($1^1/_4$ Std. erhitzen); 68%. — *p-Isopropyl-*, $C_{10}H_{13}NO_3S$, F. 86,5°—87 (A.–W.), durch 14std. Stehen bei 20°; Blättchen; 68%. — *p-Chlor-*, $C_7H_6ClNO_3S$, F. 112—112,5° (A.–W.), aus dem Na-Salz; glänzende Nädelchen; 75%. *Na-Salz*, $C_7H_5ClNaO_3S$, durch $2^1/_2$std. Erhitzen, Nadeln aus Methanol. *Cu-Salz*, hellblaue Nädelchen. — *p-Brom-*, $C_7H_6BrNO_3S$, F. 135 bis 135,5° (A.–W.), in 21 Std. bei 20°; lange, irisierende Nadeln; 79%. — *6-Chlor-3-methyl-*, $C_8H_8ClNO_3S$, F. 133° (A.–W.), in 24 Std. bei 20°; kuglige Aggregate von Nädelchen; 77%. Helmut Schäfer. 1090

Acylierung von Arylsulfamiden und N.N-Dichlorbenzolsulfamid mit Phthalsäurederivaten. A. Je. Kretow und A. I. Starikowa. (Украинский Химический Журнал [Ukrain. chem. J.] **24**, 344—47, 1958, Dnepropetrowsk; Chem.-Technol. Inst.; russ.) — Es wurden *N-Arylsulfonylphthalamidsäuren* (*N-Arylsulfonyl-o-carboxybenzamide*), *N-Arylsulfonylphthalimide* u. *N.N'-Bis-arylsulfonylphthalsäurediamide* dargestellt u. untersucht.

Versuche: N-Arylsulfonylphthalamidsäuren: Man rührt je 0,05 Mol Arylsulfamid u. $AlCl_3$ in 40—50 ml Bzl. bis zur völligen Auflösung, gibt bei 30—35° 0,05 Mol Phthalsäureanhydrid in 50 ml Bzl. zu, rührt 3—4 Std. lang bei 60—70°, fällt aus NaOH mit HCl aus u. krist. aus Toluol, dann Aceton um: *Phenyl-*, F. 135—137° (*Äthylester*, $C_{16}H_{15}NO_5S$, F. 109—110° aus Toluol). — *p-Tolyl-*, F. 159—160°. — *p-Chlorphenyl-*, F. 152—154°. — N-Arylsulfonylphthalimide: Man gibt zu je 0,05 Mol Arylsulfamid u. $AlCl_3$ in 40 ml Bzl. 0,05 Mol Phthalylchlorid in 30 ml Bzl., erhitzt 1 Std. auf dem

Wasserbad u. krist. aus Toluol u. Aceton um (Nadeln oder Prismen in 85—90%ig. Ausbeute): *Phenyl-*, F. 203—204°. — *p-Tolyl-*, F. 236—238°. — *p-Chlorphenyl-*, F. 224—225°. — *p-Bromphenyl-*, F. 246—247°. — *β-Naphthyl-*, F. 215—216°. — N.N'-Bis-arylsulfonylphthalsäurediamide: Analog den vorst. Verbb. aus 0,1 Mol Arylsulfamid u. 0,05 Mol Phthalylchlorid in Ggw. von $AlCl_3$ (2 Std. lang erhitzen) u. Krist. aus Toluol oder Dioxan: *Phenyl-*, F. 200—201°. — *p-Tolyl-*, F. 237—238°. — *p-Chlorphenyl-*, F. 224—225°. Helmut Schäfer. 1090

Über p-Cymol und seine Derivate. 33. Mitt. **Umsetzungen mit p-Cymaldehyd-(2).** Wolfgang Strubell. (J. prakt. Chem. [4] **17 (287)**, 66—68, Juni 1962; Leipzig, VEB Dentalchem., Forschungslabor.; dt.) — 32. vgl. J. prakt. Chem. [4] **16 (287)**, [1962], 284; vgl. auch C. **1962,** 17374. — *2-Methyl-5-isopropylzimtaldehyd* wird durch Aldol-Kondens. von p-Cymaldehyd-(2) (**I**; 2-Methyl-5-isopropylbenzaldehyd) mit Acetaldehyd (**II**) erhalten. **I** reagiert mit Acrolein (**III**) in Ggw. von KOH/abs. A. zu *β-[p-Cymyl-(2)]-α-äthoxymethylacrolein*, mit Methacrolein (**IV**) zu *β-Hydroxy-β-[p-cymyl-(2)]-α-methyl-α-äthoxymethylpropionaldehyd*. Perkinsche Rk. bildet aus **I** *2-Methyl-5-isopropylzimtsäure*, die Umsetzung der **I**-Bisulfit-Verb. mit KCN dagegen *2-Methyl-5-isopropylmandelsäurenitril*, woraus die *Säure* dargestellt werden konnte.

Versuche: *2-Methyl-5-isopropylzimtaldehyd*, F. 58°, $Kp._{30}$ 185°, durch 14tägige Rk. von **I** mit **II** in Ggw. von wss. NaOH bei 30° unter Schütteln u. Ausäthern. — *α-Äthoxymethyl-β-[p-cymyl-(2)]-acrolein*, $Kp._{15}$ 163—165°, durch Zugabe von **I** u. **III** zu NaOH/abs. A. bei +5°, Verdünnen mit W. u. 3—4std. Rühren bei Raum-Temp.; hellgelbes Öl. — *α-Methyl-α-äthoxymethyl-β-hydroxy-β-[p-cymyl-(2)]-propionaldehyd*, F. 110°, $Kp._{14}$ 170—176°, analog vorst. Verb. aus **I** mit **IV**. — *2-Methyl-5-isopropylzimtsäure*, F. 203° (Zers.; Bzl.), durch 16std. Kochen von **I** mit Acetanhydrid u. wasserfreiem Na-Acetat bei 180°, Gießen in W., Dampf-Dest., Neutralisieren des Rückstandes mit Soda, Filtrieren (heiß) u. Ansäuern mit HCl. — *2-Methyl-5-isopropylmandelsäure, Nitril*, F. 29°, durch Versetzen des Gemisches aus **I** u. konz. $NaHSO_3$-Lsg. mit wss. KCN-Lsg. in der Kälte, Erhitzen u. Rühren. *Freie Säure*, F. 124—125° (W.).
H.-J. Weigmann. 1140□

Umlagerung von Hydrazonen in Amidine. 4. Mitt. **Darstellung einiger aromatischer p-Jodphenyl-substituierter Amidine.** St. Robew und T. Ssumerska. (Доклады Болгарской Академии Наук [C.R. Acad. bulg. Sci.] **12**,137—40, März/April 1959; Sofia, Radiobiolog. Labor. an der Radiobiolog. Klinik; russ., Auszug: engl.) — 2. vgl. C. **1958,** 7442. — Durch Amidinumlagerung von Benzaldehyd- (**I**), p-Toluylaldehyd- (**II**), Piperonal- (**III**) u. Anisaldehyd-p-jodphenylhydrazon (**IV**) wurden die entsprechenden *N-[p-Jodphenyl]-benzamidine* dargestellt u. in die *Hydrochloride* u. *Pikrate* übergeführt.

Versuche: *p-Jodphenylhydrazin* (**V**), F. 103—104°, aus p-Jodanilin durch Diazotieren u. Red. mit Na_2SO_3; 29% (Ausbeute). — *N-[p-Jodphenyl]-benzamidin*, $C_{13}H_{11}JN_2$, F. 138—141° (Ligroin), man kocht 1,61 g **I** u. 0,2 g $NaNH_2$ in 20 ml Xylol 1 Std., zersetzt mit 50 ml W., extrahiert mit Xylol, dann die Xylolphase mit 5%ig. HCl u. macht mit 20%ig. NaOH alkal.; Nadeln; 63%. *N.N'-Diacetyl-Deriv.*, $C_{17}H_{15}JN_2O_2$, F. 181 bis 182° (W.–A.); Prismen; 47%. *Hydrochlorid*, $C_{13}H_{12}ClJN_2$, Zers. bei 267° (A.–konz. HCl). *Pikrat*, $C_{19}H_{14}JN_5O_7$, F. 150—151° (A.). — *p-Toluylaldehyd-p'-jodphenylhydrazon* (**II**), $C_{14}H_{13}JN_2$, F. 141—142° (Zers.; W.–A.), aus p-Toluylaldehyd u. **V** in A.; Schuppen; 80%. — *N-[p-Jodphenyl]-p-methylbenzamidin*, $C_{14}H_{13}JN_2$, F. 180—182° (A.–W.), aus **II**; lange Kristalle; 44%. *Hydrochlorid*, $C_{14}H_{14}ClJN_2$, F. 263° (Zers.; A.). *Pikrat*, $C_{20}H_{16}$·JN_5O_7, F. 185—186° (A.). — *Piperonal-p-jodphenylhydrazon* (**III**), $C_{14}H_{11}JN_2O_2$, F. 157 bis 158° (Zers.; W.–A.), aus Piperonal u. **V**; Schuppen; 74%. — *N-[p-Jodphenyl]-3.4-methylendioxybenzamidin*, $C_{14}H_{11}JN_2O_2$, F. 146—147° (W.–A.), aus **III**; 52%. *Hydrochlorid*, $C_{14}H_{12}ClJN_2O_2$, F. 267° (Zers.; A.); Nadeln. *Pikrat*, $C_{20}H_{14}JN_5O_9$, F. 170—172° (A.). — *Anisaldehyd-p-jodphenylhydrazon* (**IV**), $C_{14}H_{13}JN_2O$, F. 149—150° (Zers.; W.–A.), aus Anisaldehyd u. **V**; Schuppen; 70%. — *N-[p-Jodphenyl]-p-methoxybenzamidin*, $C_{14}H_{13}$·JN_2O, F. 165—166° (W.–A.), aus **IV**; glänzende Schuppen; 56%. *Hydrochlorid*, $C_{14}H_{14}$·$ClJN_2O$, Zers. >250° (A.); Prismen. *Pikrat*, $C_{20}H_{16}JN_5O_8$, F. 134—140° (A.); gelbe Schuppen. Helmut Schäfer. 1210

Umlagerung von Hydrazonen in Amidine. 5. Mitt. **Untersuchung einiger unter normalen Bedingungen leicht zersetzlicher Arylhydrazone im Hinblick auf ihre Neigung zur Amidinumlagerung.** St. Robew. (Доклады Болгарской Академии Наук [C. R. Acad. bulg. Sci.] **12**, 141—43, März/April 1959; russ., Auszug: engl.) — 4. vgl. vorst. Ref.; 6. vgl. C. **1962,** 7491. — Durch Amidinumlagerung von Benzaldehyd- (**I**), Piperonal- (**II**), Anisaldehyd-o-tolylhydrazon (**III**) sowie Benzaldhyd- (**IV**) u. Anisaldehyd-m-tolylhydrazon (**V**) wurden die entsprechenden *N-Tolylbenzamidine* dargestellt.

Versuche: *N-o-Tolylbenzamidin*, F. 109—110° (A.–W.), man kocht 2,1 g **I** u. 0,4 g $NaNH_2$ in 20 ml Xylol 1½ Std., zersetzt mit 50 ml W., extrahiert mit 100 ml n-HCl u. alkalisiert; 23% (Ausbeute). — *N-o-Tolyl-3.4-methylendioxybenzamidin*, $C_{15}H_{14}N_2O_2$, F. 108—110° (Bzl.–PAe.), aus **II**; Nadeln; 31%. — *N-o-Tolyl-p'-methoxybenzamidin*, $C_{15}H_{16}N_2O$, F. 131—132° (A.–W.), aus **III**; Nadeln; 47%. Liefert beim Erhitzen mit Zn-Staub auf 200—220° *o-Toluidin* u. *Anissäurenitril* (F. 60—61°). — *N-m-Tolylbenzamidin*, $C_{14}H_{14}N_2$, F. 108—109° (Bzl.–PAe.), aus **IV**; 36%. Liefert beim Erhitzen mit Zn-Staub *m-Toluidin* u. *Benzonitril*. — *N-m-Tolyl-p'-methoxybenzamidin*, $C_{15}H_{16}N_2O$, F. 107—108° (Ligroin–Toluol), aus **V**; 33%. Helmut Schäfer. 1210

Dialkylaminoalkylester der 3.4.5-Trimethoxybenzoesäure. W. M. Ssolowjew, A. P. Arendaruk und A. P. Skoldinow. (Журнал Общей Химии [J. allg. Chem.] **29 (91)**, 631—35, Febr. 1959; Inst. für Pharmakolog. u. Chemotherap. der Akad. der Med. Wiss. der UdSSR; russ.) — Zur pharmakolog. Unters. wurden *Dialkylaminoalkylester* der *3.4.5-Trimethoxybenzoesäure* (**I**) dargestellt.

Versuche: *β-Hexamethyleniminoäthanol*, $C_8H_{17}NO$, $Kp._7$ 87°, man gibt zur heißen Lsg. von 21,8 g Äthylenbromhydrin in 50 ml Bzl. tropfenweise 39,7 g Hexamethylenimin (**II**) u. kocht 8 Std.; $D._4^{20}$ 0,9692; n_D^{20} 1,4828; 67% (Ausbeute). — *4-Hexamethyleniminobutanol-(1)*, $C_{10}H_{21}NO$, $Kp._4$ 110—112°, man gibt zu 27,5 g 4-Brombutylacetat in 30 ml Bzl. tropfenweise 29,8 g **II** in 30 ml Bzl., kocht 8 Std., dampft ein u. kocht den Rückstand ½ Std. mit 100 ml W. u. HBr; $D._4^{20}$ 0,9566; n_D^{20} 1,4813; 69,2%. — Analog: *4-Morpholinobutanol-(1)*, $Kp._4$ 114—116°; $D._4^{20}$ 0,9971; n_D^{20} 1,4716; 85%. — *4-Piperidinobutanol-(1)*, $Kp._{18}$ 127—129°; $D._4^{20}$ 0,9450; n_D^{20} 1,4740; 78%. — *4-Diäthylaminobutanol-(1)*, $Kp._{21}$ 133—134°; $D._4^{20}$ 0,871; n_D^{20} 1,4481; 57,5%. — 3.4.5-Trimethoxybenzoesäure (**I**)-ester: *N-Methylpiperidyl-(3)-methylester*, $C_{17}H_{25}NO_5$, $Kp._2$ 186°, man gibt zur sd. Lsg. von 6,9 g **I**-Chlorid in 40 ml Bzl. tropfenweise 3,9 g N-Methyl-β-piperidylcarbinol in 20 ml Bzl., erhitzt 6 Std. lang, filtriert u. behandelt den Nd. mit NH_4OH; 1,8 g; *Hydrochlorid*, $C_{17}H_{26}ClNO_5$, F. 146° (Aceton); *Jodmethylat*, $C_{18}H_{28}JNO_5$, F. 195° (Methanol), aus 3 g der Base, 30 ml Methanol u. 3 g Methyljodid (3 Std. lang kochen); 3 g. *γ-Diäthylaminopropylester*, $C_{17}H_{27}NO_5$, $Kp._4$ 185—190°, aus 2,34 g **I**-Na-Salz u. 1,5 g γ-Diäthylaminopropylchlorid in 50 ml Toluol (8 Std. kochen); 61%; *Hydrochlorid*, F. 168°; *Jodmethylat*, F. 163°. — Analog: *β-Dimethylaminoäthylester*, $Kp._4$ 180—181°; 72%; *Hydrochlorid*, F. 124,5—125,5°; *Jodmethylat*, F. 175—176°. *β-Diäthylaminoäthylester*, $Kp._{1,5}$ 175—180°; *Hydrochlorid*, F. 156,5—157°; *Jodmethylat*, F. 141—142°. *β-Piperidinoäthylester*, F. 42—44°; 88%; *Hydrochlorid*, F. 194,5—196°; *Jodmethylat*, F. 167—168°. *β-Hexamethyleniminoäthylester*; 68,5%; *Hydrochlorid*, F. 168—170°; *Jodmethylat*, F. 174—176°. *β-Morpholinoäthylester*, F. 71—73°; 71,7%; *Hydrochlorid*, F. 199—200,5°; *Jodmethylat*, F. 155—156°. *γ-Dimethylaminopropylester*, $C_{15}H_{23}NO_5$, $Kp._3$ 185°; 75%; *Hydrochlorid*, F. 142°; *Jodmethylat*, F. 185°. *δ-Diäthylaminobutylester*, $C_{18}H_{29}NO_5$; 72%; *Hydrochlorid*, F. 134,5—136,5°; *Jodmethylat*, F. 136,5—138°. *δ-Piperidinobutylester*; 68%; *Hydrochlorid*, F. 152,5—154°; *Jodmethylat*, F. 169—170,5°. *δ-Hexamethyleniminobutylester*, $C_{20}H_{31}NO_5$; 76,5%; *Hydrochlorid*, F. 132—133,5°; *Jodmethylat*, F. 169,5—171°. *δ-Morpholinobutylester*, $C_{18}H_{27}NO_6$; 65,1%; *Hydrochlorid*, F. 146—148°; *Jodmethylat*, F. 164—166°. Helmut Schäfer. 1250

Zur Darstellung von 3-Chlordiphenylamin. L. O. Russetzki. (Медицинская Промышленность СССР [Med. Ind. UdSSR] **11**, Nr. 9, 34—36, Sept. 1957; Moskau, Chem.-pharmazeut. „Acrichin"-Werk; russ.) — Die Ausbeute an *3-Chlordiphenylamin* bei der Synth. aus 2.4-Dichlorbenzoesäure u. Anilin u. anschließende Decarboxylierung der gebildeten *5-Chlordiphenylamin-2-carbonsäure* (**I**) läßt sich auf 90—92%, bezogen auf **I**, erhöhen, wenn die Decarboxylierung bei ca. 190° ausgeführt wird, CO_2 möglichst schnell aus der Rk.-Masse entfernt u. die Rk.-Dauer möglichst kurz gehalten wird. Die verwendete App. wird beschrieben. Helmut Schäfer. 1310

Die Alkalisalze des 2.2-Diphenyl-1-pikrylhydrazins. John A. Weil und Gaile A. Janusonis. (J. org. Chemistry **27**, 1248—50, 12/4. 1962; Argonne, Ill., Argonne Nat. Labor., Chem. Div.; engl.) — Einige *Monoalkalisalze* sowie ein *quart. Ammoniumsalz* von 2.2-Diphenyl-1-pikrylhydrazin (**I**) wurden dargestellt. Sie wurden durch Säure-Base-Titration, NMR-Spektren u. die opt. Absorption ihrer Lsgg. charakterisiert.

Versuche: Alkali-2.2-diphenyl-1-pikrylhydrazinate, durch Zugabe des Äquivalents Alkalimetall in abs. A. (oder Methanol) zur Lsg. von **I** im Minimum abs. Bzl. bei Raum-Temp. unter Rühren, Eindunsten, Kristallisieren aus dem abs. Gemisch aus Bzl. oder Ae. mit Aceton oder Äthylacetat (Li-Salz aus Ae.) u. Entfernen des Solvatacetons bzw. -äthylacetats (1 Mol) durch 1 std. Erhitzen auf ca. 100°: *Lithium-*, $C_{18}H_{12}$·LiN_5O_6, F. 233°. — *Natrium-*, $C_{18}H_{12}NaN_5O_6$, F. 248°. — *Kalium-*, $C_{18}H_{12}KN_5O_6$,

F. 259°. — *Rubidium-*, $C_{18}H_{12}N_5O_6Rb$, F. 257°. — *Triäthylbutylammonium-*, $C_{28}H_{36}N_6O_6$, F. 112,5°. — *Kalium-[2.2-bis-(p-nitrophenyl)-1-pikrylhydrazinat]*, $C_{18}H_{10}KN_7O_{10}$, F. 270°, analog vorst. Verbb., jedoch unter Verw. von Bzl./Äthylacetat als Lsgm. der Ausgangs-Lsg.; das Prod. wurde nicht umkristallisiert. H.-J. Weigmann. 1310

Synthese einfacher Strukturanaloga von Galanthamin-Derivaten des Benzylamins. L. Zhelyazkov und N. Bikova. (Доклады Болгарской Академии Наук [C. R. Acad. bulg. Sci.] **14**, 607—10, 1961; engl.) — Es werden einige N-Alkyl-Derivv. des Benzylamins (I) u. p-Methoxybenzylamins, die Strukturelemente des Alkaloids Galanthamin sind, dargestellt. Die erhaltenen tert. Amine zeigen Curarewirkung.

Versuche: Benzylamine: *N-n-Butyl-* (II), Kp.$_{16}$ 120—127°, man läßt 10 g **I** u. 6,4 g n-Butylbromid 1 Std. lang bei 20° stehen u. erhitzt 1 Std. auf dem Wasserbad; 65,3% (Ausbeute). *Oxalat*, $C_{13}H_{19}NO_4$, F. 232—235°. — *N-n-Octyl-*, Kp.$_{18}$ 174—178°, durch 1 std. Erhitzen von 10 g **I** u. 11,2 g n-Octyljodid auf dem Wasserbad; 60%. *Oxalat*, $C_{17}H_{27}NO_4$, F. 204—206°. — Analog: *N-n-Hexyl-*, Kp.$_{11}$ 140—147°; 62,9%. *Oxalat*, $C_{15}H_{23}NO_4$, F. 224—226°. — *N-Isoamyl-*, Kp.$_{12}$ 140—147°; 12,6%. *Oxalat*, $C_{14}H_{21}NO_4$, F. 197—201°. — *N-Methyl-N-n-butyl-*, Kp.$_{16}$ 112—117°, durch 8std. Kochen von 9,4 g **II**, 8,1 g 85% ig. Ameisensäure u. 7,8 g 32% ig. Formalin; 77,4%. *Oxalat*, $C_{14}H_{21}NO_4$, F. 134—135°. — Analog: *N-Methyl-N-n-hexyl-*, Kp.$_{11}$ 130—138°; 65,6%. *Oxalat*, $C_{16}H_{25}NO_4$, F. 132—135°. — *N-Methyl-N-n-octyl-*, Kp.$_{26}$ 174—178°; 71,7%. *Oxalat*, $C_{18}H_{29}NO_4$, F. 124—126°. — *N-Methyl-N-n-isoamyl-*, Kp.$_{10}$ 110—125°; 52,3%. *Oxalat*, $C_{15}H_{23}NO_4$, F. 131—133°. — p-Methoxybenzylamine: *N-n-Butyl-*, Kp.$_{11}$ 132—140°; 53,5%. *Oxalat*, $C_{14}H_{21}NO_5$, F. 224—226°. — *N-n-Hexyl-*, Kp.$_7$ 155—165°; 53,2%. *Oxalat*, $C_{16}H_{25}NO_5$, F. 199—201°. — *N-n-Octyl-* (III), Kp.$_7$ 164—170°; 46,5%. *Oxalat*, $C_{18}H_{29}NO_5$, F. 204—207°. — *N-Isoamyl-*, Kp.$_9$ 135—140°; 5,3%. *Oxalat*, $C_{16}H_{23}NO_5$, F. 202—204°. — *N-Methyl-N-n-octyl-*, Kp.$_6$ 140—150°, durch 4std. Kochen von 4 g **III**, 2,3 g Ameisensäure u. 2,2 g Formalin; 55,5%. *Oxalat*, $C_{19}H_{31}NO_5$, F. 116—120°. — Analog: *N-Methyl-N-n-butyl-*, Kp.$_9$ 135—140°; 85,6%. *Oxalat*, $C_{15}H_{23}NO_5$, F. 121—124°. — *N-Methyl-N-n-hexyl-*, Kp.$_{5,5}$ 130—140°; 63%. *Oxalat*, $C_{17}H_{27}NO_5$, F. 103—107°. — *N-Methyl-N-isoamyl-*, Kp.$_6$ 115—120°; 37,6%. *Oxalat*, $C_{16}H_{25}NO_5$, F. 138—142°. — *Benzylamin*, Kp.$_{10}$ 68—71°; 76%. *Oxalat*, $C_9H_{11}NO_4$, F. 175—178°. — *p-Methoxybenzylamin*, Kp.$_{10}$ 114—120°; 40%. *Oxalat*, $C_{10}H_{13}NO_5$, F. 119—204°.
Helmut Schäfer. 1320

Allylderivate sympathomimetischer Amine. Ellen Fox, Elaine Lynch, Myna Theisen und M. Marguerite Christine. (Proc. Iowa Acad. Sci. **67**, 206—09, 1960; Dubuque, Iowa, Clarke Coll., Dep. of Chem.; engl.) — In der Seitenkette allylsubstituiertes Benzedrin (I) u. Ephedrin (II) zeigen die erwartete antagonist. Wrkg. zu den Stammverbindungen. Als Ursache wird Rk. auf die Muskelrezeptoren angenommen.

Versuche: *Diallylbenzedrin, Hydrobromid*, F. 147—148°, durch Neutralisieren der Lsg. von **I**-Sulfat in heißem W. mit KOH, Zugabe von Allylbromid, ½ std. Kochen, Ausäthern, Aufnehmen in Bzl. u. Hindurchleiten trocknen HCl-Gases. — *Mono-O-allylephedrinhydrobromid*, F. 190—195° (Zers.), durch Kochen von **II** mit Na in Toluol, Entfernen des überschüssigen Na, Versetzen mit Allylbromid u. Rk. des Öls mit HBr.
H.-J. Weigmann. 1320

Über O^3.O^4-Dimethylnoradrenalin. P. Pratesi, A. La Manna und A. Campiglio. (Farmaco [Pavia], Ediz. sci. **14**, 643—47, Sept. 1959; Pavia, Univ., Ist. di Chim. farmaceut. e tossicol.; ital.) — Durch Red. von DL 3.4 Dimethoxymandelsäureamid mit $LiAlH_4$ wird *DL-O^3.O^4-Dimethylnoradrenalin* (I) dargestellt, dessen *N Acetyl-Deriv.* auch durch Rk. von O^3.O^4.N-Triacetylnoradrenalin mit CH_2N_2 in wss. CH_3OH erhalten wird.

Versuche: *DL-3.4-Dimethoxymandelsäure, Methylester*, aus 3-Hydroxy-4-methoxymandelsäuremethylester u. äther. CH_2N_2; Öl. *Amid*, $C_{10}H_{13}NO_4$, F. 147,2—147,7° (Äthylacetat), aus dem Methylester u. NH_3 in abs. CH_3OH bei 0°; 55,7% (Ausbeute). — *DL-O^3,O^4-Dimethylnoradrenalin* (I), $C_{10}H_{15}NO_3$, F. 76—77° (Äthylacetat), a) durch Zugeben vorst. Verb. zu $LiAlH_4$ in sd. Tetrahydrofuran, 9std. Kochen u. Zers. mit K-Tartrat-Lsg.; 51,4%; b) durch 1std. Kochen des N-Acetyl-Deriv. u. 2n NaOH; 76%. *Hydrochlorid*, $C_{10}H_{15}NO_3 \cdot HCl$, F. 166—167° (abs. A./abs. Ae.). *N-Acetyl-Deriv.*, $C_{12}H_{17}NO_4$, F. 95,5—96° (Bzl.), a) durch Zutropfen von Acetanhydrid zu **I** u. $NaHCO_3$ in W. unter Rühren; 47,8%; b) durch 60std. Stehen von nachst. Verb. u. CH_2N_2 in feuchtem CH_3OH/Ae.; 54,3%. — *DL-O^3.O^4.N-Triacetylnoradrenalin*, $C_{14}H_{17}NO_6$, F. 116,5 bis 117,5° (Bzl./PAe.), durch Zutropfen von Acetanhydrid zu Noradrenalin u. $NaHCO_3$ in W. unter Rühren; 73,2%. F. Heller. 1320□

Reserpinanaloga. 2. Mitt. **β-Phenäthylaminderivate.** T. Kralt, W. J. Asma und H. D. Moed. (Recueil Trav. chim. Pays-Bas **80**, 330—57, April 1961; engl.) —

1. vgl. C. **1963**, 3217. — Die Synth. von physiolog. wirksamen *β-Phenäthylamin-Derivv.*, die im Phenylkern unsubstituiert sind, wird beschrieben; die wichtigsten Zwischenprodd. sind angegeben.

Versuche: *4-[N-Äthyl-2-phenäthylamino]-4-oxobuttersäureäthylester*, $C_{16}H_{23}NO_3$, Kp.$_{0,2}$ 168—173°, durch ½std. Zugabe von 3-Carbäthoxypropionylchlorid in abs. Ae. zu N-Äthyl-β-phenäthylamin in abs. Ae. u. 2std. Kochen; 71% (Ausbeute). — *4-[N-Äthyl-β-phenäthylamino]-butanol* (I), $C_{14}H_{23}NO$, Kp.$_1$ 140—142°, durch 25 Min. lange Zugabe vorst. Verb. in abs. Ae. zu $LiAlH_4$ in abs. Ae. u. 18std. Kochen; 77%. — *3.4.5-Trimethoxybenzoesäure, 3'-Brompropylester* (II), $C_{13}H_{17}BrO_5$, F. 61—64°, Kp.$_1$ 194—197°, durch 30std. Kochen von 1.3-Dibrompropan u. Na-3.4.5-Trimethoxybenzoat in abs. Acetonitril; 41%. — *1-Äthylaminopentanol-(3)*, Kp.$_{17}$ 100—108°, durch 5tägiges Rühren von 3-Hydroxyvaleriansäureäthylester, 33%ig. wss. Äthylamin-Lsg. u. Methanol, Eindampfen, Lösen in abs. A./Bzl., Eindampfen, Lösen in Ae./Tetrahydrofuran (THF), Zugabe zu $LiAlH_4$ in Ae./THF u. 20std. Kochen; 50%. — *1-[N-Äthyl-β-phenäthylamino]-pentanol-(3)* (III), Kp.$_1$ 130—131°, durch 50std. Kochen vorst. Verb. mit 1-Brom-2-phenyläthan u. Triäthylamin in abs. Bzl.; 32%. — *4-[N-Propyl-1-methyl-2-oxo-2-phenäthylamino]-butanol*, $C_{16}H_{25}NO_2$, durch 15std. Kochen von α-Brompropiophenon u. 4-[Propylamino]-butanol in abs. A.; 89%. — *3.4.5-Trimethoxybenzoesäure-[4-(N-propyl-α-methyl-β-oxo-β-phenäthylamino)-butylester]-hydrochlorid* (IV), $C_{26}H_{36}ClNO_6$, F. 76—79° (Methyläthylketon), durch Zugabe von 3.4.5-Trimethoxybenzoylchlorid (V) in abs. Bzl. zu vorst. Verb. in abs. Bzl. (¹/₄ Std.) u. 3std. Kochen; 58%. — *3-[Äthylaminomethyl]-phenol*, $C_9H_{13}NO$, F. 109—110° (Bzl./PAe.), durch Zugabe von Pt-Katalysator in A. zu 3-Hydroxybenzaldehyd u. 33%ig. wss. Äthylamin-Lsg., Hydrieren bei Raum-Temp./1 at u. Aufarbeiten; 80%. — *3-[N-Äthylaminomethyl]-cyclohexanol*, $C_9H_{19}NO$, Kp.$_{0,5}$ 120—126°, durch Hydrieren vorst. Verb. in 2n HCl an Pt bei 50—60°/3 at; 16%. — *3-[N-Äthyl-β-phenäthylaminomethyl]-cyclohexanol* (VI), $C_{17}H_{27}NO$, Kp.$_{0,08}$ 157 bis 158°, durch 90std. Kochen vorst. Verb. mit β-Phenäthylbromid u. Triäthanolamin in abs. Bzl.; 25%. — *N-[β-Phenäthyl]-3-chlorpiperidinhydrochlorid*, $C_{13}H_{19}Cl_2N$, F. 177 bis 179°, durch 3std. Kochen von N-[β-Phenäthyl]-3-hydroxypiperidinhydrochlorid u. $SOCl_2$ in CCl_4; 84%. — *N-[β-Phenäthyl]-3-[2-oxopropyl]-piperidin*, $C_{16}H_{23}NO$, Kp.$_{0,1}$ 123 bis 129°, durch Zugabe von Na in abs. A. zu vorst. Verb. in abs. A., Filtrieren, 1½std. Zugabe zu Na u. Acetessigsäureäthylester in abs. A., 15std. Kochen, Kühlen, Filtrieren, Eindampfen des Filtrats, 6std. Rühren mit 5%ig. wss. NaOH, Zugabe von 50%ig. H_2SO_4, 2tägiges Stehen bei Raum-Temp., Alkalisieren mit NaOH u. Extrahieren mit Ae.; 21%. — *N-[β-Phenäthyl]-3-[2-hydroxypropyl]-piperidin, Racemat A, 3.5-Dinitrobenzoat*, $C_{23}H_{29}N_3O_7$, F. 184—185° (A.), durch 20 Min. lange Zugabe vorst. Verb. in abs. Ae. zu $LiAlH_4$ in abs. Ae., 7std. Kochen, Kühlen, Versetzen mit W., Filtrieren, Eindampfen, Dest. des Rückstandes u. Trennung des Racematgemisches durch fraktionierte Kristallisation verschiedener Salze; 24%. *Hydrochloridhydrat*, $C_{16}H_{28}ClNO_2$, F. 114—115° (Methyläthylketon), durch Zugabe des 3.5-Dinitrobenzoats in A. zu 50%ig. NaOH, Eindampfen, Aufnehmen in W., Extrahieren mit Ae. u. Umwandeln in das Hydrochlorid. *Freie Base*, $C_{16}H_{25}NO$, Kp.$_{0,5}$ 137—139°, aus dem Hydrochlorid; 90%. *Racemat B, Hydrochlorid*, $C_{16}H_{26}ClNO$, F. 150—151° (Methyläthylketon), neben dem Racemat A analog dem Hydrochlorid von Racemat A; 20%. — *2-[N-(β-Phenäthyl)-aminomethyl]-furan*, $C_{13}H_{15}NO$, Kp.$_{20}$ 155—170°, durch Hydrieren von Furfurol u. β-Phenäthylamin in A. an Raney-Ni bei Raum-Temp./1 at; 45%. — *2-[N-(β-Phenäthyl)-aminomethyl]-tetrahydrofuran*, $C_{13}H_{19}NO$, Kp.$_{19}$ 168—172°, durch Hydrieren vorst. Verb. in 4,6n HCl/A. bei Raum-Temp./1 at; 63%. — *N-[β-Phenäthyl]-3-hydroxypiperidin* (VII), $C_{13}H_{19}NO$, Kp.$_{12}$ 172—182°, durch 2std. Einleiten von HBr-Gas in vorst. Verb., 3std. Rühren bei 100°, Versetzen mit W./5 Min., 20 Min. lange Zugabe von 20%ig. NH_4OH bei $< -5°$, ½std. Rühren bei 90—93°, mehrstd. Stehen bei Raum-Temp., Versetzen der öligen Phase mit 30%ig. NaOH u. 2½std. Kochen; 57%. *Hydrochlorid*, F. 173—174°. — *β-[N-Äthyl-β-phenäthylamino]-äthanol*, $C_{12}H_{19}NO$, Kp.$_{0,5}$ 99—102°; 30%. — *4-[N-Methyl-β-phenäthylamino]-butanol*, $C_{13}H_{21}NO$, Kp.$_{0,5}$ 121—126°; 70%. — *4-Oxo-4-[N-propyl-β-phenäthylamino]-buttersäureäthylester*, $C_{17}H_{25}NO_3$, Kp.$_{0,04}$ 150—160°; 88%. — *4-[N-Propyl-β-phenäthylamino]-butanol*, $C_{15}H_{25}NO$, Kp.$_{0,7}$ 140—142°; 61%. — *4-Oxo-4-[N-benzyl-β-phenäthylamino]-buttersäureäthylester*, $C_{21}H_{25}NO_3$, Kp.$_{0,03}$ 217—219°; 80%. — *4-[N-Benzyl-β-phenäthylamino]-butanol*, $C_{19}H_{25}NO$, Kp.$_{0,8}$ 185—189°; 86%. — *4-Oxo-4-[N-(α-methyl-β-phenäthyl)-β-phenäthylamino]- buttersäureäthylester*, $C_{23}H_{29}NO_3$, Kp.$_{0,1}$ 215—218°; 36%. — *4-[N-(α-Methyl-β-phenäthyl)-β-phenäthylamino]-butanol*, $C_{21}H_{29}NO$, Kp.$_{0,3}$ 170 bis 174°; 74%. — *6-[3.4.5-Trimethoxybenzoyloxy]-hexylbromid*, $C_{16}H_{23}BrO_5$, Kp.$_{0,08}$ 182 bis 189°; 44%. — *1-[N-Äthyl-β-phenäthylamino]-3-hydroxypentan*, $C_{15}H_{25}NO$, Kp.$_1$ 130 bis 131°; 32%. — *1-[N-Äthyl-β-phenäthylamino]-3-hydroxyhexan*, $C_{16}H_{27}NO$, Kp.$_{0,2}$ 125 bis 128°; 24%. — *1-[N-Äthyl-β-phenäthylamino]-4-oxopentan*, $C_{15}H_{23}NO$, Kp.$_{0,4}$ 118 bis 130°; 20%. — *1-[N-Äthyl-β-phenäthylamino]-4-hydroxypentan*, $C_{15}H_{25}NO$; 84%. — *1-[N-Äthyl-β-phenäthylamino]-4-oxohexan*, $C_{16}H_{25}NO$, Kp.$_{0,5}$ 126—135°; 60%. *Hydrochlorid*, $C_{16}H_{26}ClNO$, F. 73—75°. — *1-[N-Äthyl-β-phenäthylamino]-4-hydroxyhexan*, $C_{16}H_{27}NO$, Kp.$_{0,6}$ 135—139°; 92%. — *1-[N-Äthyl-β-phenäthylamino]-4-oxoheptan*, $C_{17}H_{27}NO$, Kp.$_{0,05}$ 125—128°; 65%. — *1-[N-Äthyl-β-phenäthylamino]-4-hydroxyheptan*, $C_{17}H_{29}NO$, Kp.$_{0,1}$ 145—148°; 81%. — *1-[N-Äthyl-β-phenäthylamino]-4-oxo-5-methylhexan*, $C_{17}H_{27}NO$, Kp.$_{12}$ 180—190°; 48%. — *1-[N-Äthyl-β-phenäthylamino]-4-hydroxy-5-methylhexan*, $C_{17}H_{29}NO$, Kp.$_{0,4}$ 128—131°; 72%. — *1-[N-Äthyl-β-phenäthylamino]-4-oxooctan*, $C_{18}H_{29}NO$, Kp.$_{0,4}$ 140—145°; 48%. — *1-[N-Äthyl-β-phenäthylamino]-4-hydroxyoctan*, $C_{18}H_{31}NO$, Kp.$_{0,5}$ 145—149°; 65%. — *4-[N-Propylphenacylamino]-butanol*, $C_{15}H_{23}NO_2$; 57%. *3.4.5-Trimethoxybenzoyl-Deriv.*, $C_{25}H_{33}NO_6$; 67%. — *4-Oxo-4-[N-äthyl-α-methyl-β-phenäthylamino]-buttersäureäthylester*, $C_{17}H_{25}NO_3$, Kp.$_{0,08}$ 170—174°; 77%. — *4-[N-Äthyl-α-methyl-β-phenäthylamino]-butanol*, $C_{15}H_{25}NO$, Kp.$_{0,1}$ 118—122°; 75%. — *4-Oxo-4-[N-propyl-α-methyl-β-phenäthylamino]-buttersäureäthylester*, $C_{18}H_{27}NO_3$, Kp.$_{0,02}$ 154—158°; 68%. — *4-[N-Propyl-α-methyl-β-phenäthylamino]-butanol*, $C_{16}H_{27}NO$, Kp.$_{0,65}$ 144—146°; 80%. — *4-Oxo-4-[N-äthyl-α-äthyl-β-phenäthylamino]-buttersäureäthylester*, $C_{18}H_{27}NO_3$, Kp.$_{0,04}$ 150—162°; 62%. — *4-[N-Äthyl-α-äthyl-β-phenäthylamino]-butanol*, $C_{16}H_{27}NO$, Kp.$_{0,1}$ 142—144°; 61%. — *N-[β-Phenäthyl]-3-hydroxymethylpiperidin*, $C_{14}H_{21}NO$, F. 80—81°, Kp.$_{0,8}$ 150—152°; 53%. — *N-[β-Phenäthyl]-4-hydroxymethylpiperidin*, $C_{14}H_{21}NO$, F. 79—81°, Kp.$_{0,3}$ 142—145°; 70%. — 3.4.5-Trimethoxybenzoesäureester: *-[4-(N-äthyl-β-phenäthylamino)-butylester]*, *Hydrochlorid*, $C_{24}H_{34}$·$ClNO_5$, F. 106—108° (Methyläthylketon/Ae.), durch 10 Min. lange Zugabe von **V** in abs. Bzl. zu **I** in abs. Bzl., 3 std. Kochen, Aufarbeiten u. Umwandeln in das Hydrochlorid (Meth. **A**); 72%. — *-[3-(N-äthyl-β-phenäthylamino)-propylester]*, *Hydrochlorid*, $C_{23}H_{32}$·$ClNO_5$, F. 100—102° (Methyläthylketon/Ae.), durch 35 std. Kochen von N-Äthyl-β-phenäthylamin u. **II** in Acetonitril, Eindampfen im Vakuum, Versetzen mit Ae., Eindampfen der Ae.-Lsg., 1 std. Erhitzen mit Acetanhydrid auf dem Dampfbad, Eindampfen, Versetzen mit Ae./W., Extrahieren der Ae.-Schicht mit 1 n HCl, Alkalisieren mit konz. NH_4OH, Extrahieren mit Ae., Eindampfen u. Umwandeln in das Hydrochlorid (Meth. **B**); 49%. — *-[1-äthyl-3-(N-äthyl-β-phenäthylamino)-propylester]*, *Bimaleat*, $C_{29}H_{39}NO_9$, F. 77—79° (Methyläthylketon/Ae.), durch 16 std. Kochen von **III** u. **V** in Bzl., Aufarbeiten u. Umwandeln in das maleinsaure Salz (Meth. **C**); 83%. — *-[4-(N-propyl-β-hydroxy-α-methyl-β-phenäthylamino)-butylester]*, *Hydrochlorid*, $C_{26}H_{38}ClNO_6$, F. 144 bis 145° (A./Ae.), durch Hydrieren von **IV** in 80% ig. A. an Pd/Kohle bei Raum-Temp./1 at u. Umwandeln in das Hydrochlorid (Meth. **D**); 39,5%. — *-[3-(N-äthyl-β-phenäthylaminomethyl)-cyclohexylester]*, *Hydrochlorid*, $C_{27}H_{38}ClNO_5$, F. 179—180°, nach **A** aus **VI**; 15%. — *-(1-methyl-2-[N-(β-phenäthyl)-piperidyl-(3)]-äthylester)*, $C_{26}H_{35}NO_5$, a) nach **A** aus dem Gemisch von Racemat A u. B; 76%; liefert das gleiche Hydrochlorid (41%) wie Racemat A allein; b) *Hydrochlorid aus Racemat A*, $C_{26}H_{36}ClNO_5$, F. 174—175°, aus dem Hydrochlorid von Racemat A nach **A**; 85%. *Bioxalat aus Racemat A*, $C_{28}H_{37}$·NO_9, F. 135—138°; c) *Bioxalat aus Racemat B*, $C_{28}H_{37}NO_9$, F. 153—156°; 94%; Racemat B liefert beim Verestern mit **V** kein krist. Hydrochlorid. — *-[N-(β-phenäthyl)-piperidyl-(3)-ester]*, *Hydrochlorid*, $C_{23}H_{30}ClNO_5$, F. 172—173°, nach **A** aus **VII**; 30%. — *-[N-äthyl-β-phenäthylaminoäthylester]*, *Hydrochlorid*, $C_{22}H_{30}ClNO_5$, F. 121—122°, nach **C**; 71%. — *-[3-(β-phenäthylamino)-propylester]*, *Bioxalat*, $C_{23}H_{29}NO_9$, F. 182—183°, nach **B**; 31%. — *-[4-(β-phenäthylamino)-butylester]*, *Hydrochlorid*, $C_{22}H_{30}ClNO_5$, F. 135—136°, nach **A**; 82%. — *-[4-(N-methyl-β-phenäthylamino)-butylester]*, *Hydrochlorid*, $C_{23}H_{32}ClNO_5$, F. 113 bis 114°, nach **A**; 74%. — *-[4-(N-propyl-β-phenäthylamino)-butylester]*, *Hydrochlorid*, $C_{25}H_{36}ClNO_5$, F. 87—89°, nach **A**; 47%. — *-[4-(N-benzyl-β-phenäthylamino)-butylester]*, *Hydrochlorid*, $C_{29}H_{36}ClNO_5$, F. 134—136°, nach **A**; 90%. — *-{4-[N-(α-methyl-β-phenäthyl)-β-phenäthylamino]-butylester}*, *Hydrochlorid*, $C_{31}H_{40}ClNO_5$, F. 116—118°, nach **A**; 75%. — *-[6-(N-äthyl-β-phenäthylamino)-hexylester]*, $C_{26}H_{37}NO_5$, nach **B**; 18%. *Hydrochlorid*, $C_{26}H_{38}ClNO_5$, F. 65—67°. — *-[1-propyl-3-(N-äthyl-β-phenäthylamino)-propylester]*, *Bioxalat*, $C_{28}H_{39}NO_9$, F. 68—70°, nach **C**; 88%. — *-[1-methyl-4-(N-äthyl-β-phenäthylamino)-butylester]*, $C_{25}H_{35}NO_5$, nach **A**; 49%. — *-[1-äthyl-4-(N-äthyl-β-phenäthylamino)-butylester]*, *Hydrochlorid*, $C_{26}H_{38}ClNO_5$, F. 89—91°, nach **A**; 91%. — *-[1-propyl-4-(N-äthyl-β-phenäthylamino)-butylester]*, $C_{27}H_{39}NO_5$, nach **A**; 96%. *Bioxalat*, $C_{29}H_{41}NO_9$, F. 71 bis 73°. — *-[1-isopropyl-4-(N-äthyl-β-phenäthylamino)-butylester]*, $C_{27}H_{39}NO_5$, nach **A**; 45%. — *-[1-butyl-4-(N-äthyl-β-phenäthylamino)-butylester]*, *Bioxalat*, $C_{30}H_{43}NO_9$, F. 92 bis 94°, nach **A**; 71%. — *-[4-(N-propyl-β-hydroxy-β-phenäthylamino)-butylester]*, $C_{25}H_{35}$·NO_6, nach **D**; 45%. — *-[4-(N-äthyl-α-methyl-β-phenäthylamino)-butylester]*, $C_{25}H_{35}NO_5$, nach **A**; 49%. — *-[4-(N-propyl-α-methyl-β-phenäthylamino)-butylester]*, *Hydrochlorid*, $C_{26}H_{38}ClNO_5$, F. 125—126°, nach **A**; 81%. — *-[4-(N-äthyl-α-äthyl-β-phenäthylamino)-butylester]*, *Hydrochlorid*, $C_{26}H_{38}ClNO_5$, F. 142—143°, nach **A**; 75%. — *-[N-(β-phenäthyl)-*

piperidyl-(3)-methylester], *Hydrochlorid*, $C_{24}H_{32}ClNO_5$, F. 162—163°, nach **C**; 91%. — -[*N-(β-phenäthyl)-piperidyl-(4)-methylester]*, *Hydrochlorid*, $C_{24}H_{32}ClNO_5$, F. 194—195°, nach **C**; 94%. — *3.4.5-Triäthoxybenzoesäure*, [*4-(N-Propyl-β-phenäthylamino)-butylester*], *Hydrochlorid*, $C_{28}H_{42}ClNO_5$, F. 105—106°, nach **A**; 66%. [*4-(N-Propyl-α-methyl-β-phenäthylamino)-butylester*], *Hydrochlorid*, $C_{29}H_{44}ClNO_5$, F. 123—124°, nach **A**; 89%.
P. Golinske. 1320□

Reserpinanaloga. 3. Mitt. **Alkoxy-β-phenäthylaminderivate.** T. Kralt, W. J. Asma und H. D. Moed. (Recueil Trav. chim. Pays-Bas **80**, 431—45, Mai 1961; engl.) — 2. vgl. vorst. Referat. — Die Synth. einer Reihe von Verbb., die dem Reserpinalkaloid ähneln u. eine β-[Alkoxyphenyl]-äthylaminkonfiguration haben, wird beschrieben. Die Darst.-Meth. sind die gleichen wie in der 2. Mitteilung. Die Maxima der UV-Spektren sind angegeben.

Versuche: *4-Oxo-4-[N-propyl-4-methoxy-β-phenäthylamino]-buttersäureäthylester*, $C_{18}H_{27}NO_4$, Kp.$_{0,06}$ 166—170°; 88% (Ausbeute). — *4-[N-Propyl-4-methoxy-β-phenäthylamino]-butanol*, $C_{16}H_{27}NO_2$, Kp.$_{0,3}$ 160—162°; 63%. — *4-[N-Äthyl-4-äthoxy-β-phenäthylamino]-butanol*, $C_{16}H_{27}NO_2$, Kp.$_{0,1}$ 155—157°; 50%. — *4-Oxo-4-[N-methyl-α-methyl-β-(p-methoxyphenyl)-äthylamino]-buttersäureäthylester*, $C_{17}H_{25}NO_4$, Kp.$_{0,4}$ 183—192°; 82%. — *4-[N-Methyl-β-(p-methoxyphenyl)-α-methyläthylamino]-butanol*, $C_{15}H_{25}NO_2$, Kp.$_{0,4}$ 155—157°; 77%. — *4-Oxo-4-[N-äthyl-α-methyl-β-(p-methoxyphenyl)-äthylamino]-buttersäureäthylester*, $C_{18}H_{27}NO_4$, Kp.$_{0,08}$ 176—181°; 75%. — *4-[N-Äthyl-α-methyl-β-(p-methoxyphenyl)-äthylamino]-butanol*, $C_{16}H_{27}NO_2$, Kp.$_{0,2}$ 160—170°; 82%. — *4-Oxo-4-[N-propyl-α-methyl-β-(p-methoxyphenyl)-äthylamino]-buttersäureäthylester*, $C_{19}H_{29}NO_4$, Kp.$_{0,2}$ 201—204°; 83%. — *4-[N-Propyl-α-methyl-β-(p-methoxyphenyl)-äthylamino]-butanol*, $C_{17}H_{29}NO_2$, Kp.$_{0,1}$ 158—162°; 73%. — *3.4.5-Trimethoxybenzoesäure-[5-brompentylester]*, $C_{15}H_{21}BrO_5$, F. 79—81°, Kp.$_{0,05}$ 182—196°; 57%. — *1-[N-Äthyl-α-methyl-β-(p-methoxyphenyl)-äthylamino]-4-oxohexan*, $C_{18}H_{29}NO_2$, Kp.$_{0,25}$ 147—154°; 64%. — *1-[N-Äthyl-α-methyl-β-(p-methoxyphenyl)-äthylamino]-4-hydroxyhexan*, $C_{18}H_{31}NO_2$, Kp.$_{0,5}$ 170—173°; 79%. — *3.4-Dimethoxybenzoesäure-[6-bromhexylester]*, $C_{15}H_{21}BrO_4$, Kp.$_{0,5}$ 202 bis 205°; 42%. — *4-Oxo-4-[N-äthyl-α-methyl-β-(m-methoxyphenyl)-äthylamino]-buttersäureäthylester*, $C_{18}H_{27}NO_4$, Kp.$_{0,25}$ 184—190°; 67%. — *4-[N-Äthyl-α-methyl-β-(m-methoxyphenyl)-äthylamino]-butanol*, $C_{16}H_{27}NO_2$, Kp.$_{0,4}$ 148—152°; 79%. — *4-Oxo-4-[N-äthyl-α-methyl-β-(o-methoxyphenyl)-äthylamino]-buttersäureäthylester*, $C_{18}H_{27}NO_4$, Kp.$_{0,2}$ 164 bis 176°; 73%. — *4-[N-Äthyl-α-methyl-β-(o-methoxyphenyl)-äthylamino]-butanol*, $C_{16}H_{27}NO_2$, Kp.$_{0,3}$ 148—150°; 80%. — *4-Oxo-4-[N-äthyl-α-methyl-β-(p-äthoxyphenyl)-äthylamino]-buttersäureäthylester*, $C_{19}H_{29}NO_4$, Kp.$_{0,1}$ 182—193°; 69%. — *4-[N-Äthyl-α-methyl-β-(p-äthoxyphenyl)-äthylamino]-butanol*, $C_{17}H_{29}NO_2$, Kp.$_{0,08}$ 149—153°; 78%. — *4-[N-Äthyl-α-methyl-β-(3.4-dimethoxyphenyl)-äthylamino]-butanol*, $C_{17}H_{29}NO_3$, Kp.$_{0,008}$ 165 bis 168°; 70%. — *4-[N-Äthyl-α-methyl-β-(3.4.5-trimethoxyphenyl)-äthylamino]-butanol*, $C_{18}H_{31}NO_4$, Kp.$_{0,05}$ 182—186°; 45%. — *4-[N-Äthyl-α-methyl-β-hydroxy-β-(p-methoxyphenyl)-äthylamino]-butanol*, $C_{16}H_{27}NO_3$, Kp.$_{0,04}$ 162—167°; 54%. — *4-Oxo-4-[N.α-diäthyl-β-(p-methoxyphenyl)-äthylamino]-buttersäureäthylester*, $C_{19}H_{29}NO_4$, Kp.$_{0,4}$ 188—192°; 80%. — *4-[N.α-Diäthyl-β-(p-methoxyphenyl)-äthylamino]-butanol*, $C_{17}H_{29}NO_2$, Kp.$_{0,25}$ 148 bis 150°; 82%. — *N-[β-(p-Methoxyphenyl)-äthyl]-4-hydroxypiperidin*, $C_{14}H_{21}NO_2$, F. 83 bis 84°; 60%. — 3.4.5-Trimethoxybenzoesäureester: -{*4-[N-propyl-β-(p-methoxyphenyl)-äthylamino]-butylester*}, *Hydrochlorid*, $C_{26}H_{38}ClNO_6$, F. 114—116°, nach **A** (vgl. vorst. Ref.); 86%. — -{*3-[N-äthyl-β-(o-methoxyphenyl)-äthylamino]-propylester*}, *Bioxalat*, $C_{26}H_{35}NO_{10}$, F. 122—125°, nach **B**; 33%. — -{*4-[N-äthyl-β-(p-äthoxyphenyl)-äthylamino]-butylester*}, $C_{26}H_{37}NO_6$, nach **A**; 81%. *Bioxalat*, $C_{28}H_{39}NO_{10}$, F. 84—86°; 50%. — -{*3-[N-äthyl-α-methyl-β-(p-methoxyphenyl)-äthylamino]-propylester*}, *Hydrochlorid*, $C_{25}H_{36}ClNO_6$, F. 131—133°, nach **B**; 42%. — -{*4-[N.α-dimethyl-β-(p-methoxyphenyl)-äthylamino]-butylester*}, *Hydrochlorid*, $C_{25}H_{36}ClNO_6$, F. 80—85°, nach **A**; 57%. — -{*4-[N-äthyl-α-methyl-β-(p-methoxyphenyl)-äthylamino]-butylester*}, *Hydrochlorid*, $C_{26}H_{38}ClNO_6$, F. 131 bis 133°, nach **A**; 79%. — -{*4-[N-propyl-α-methyl-β-(p-methoxyphenyl)-äthylamino]-butylester*}, $C_{27}H_{39}NO_6$, nach **A**; 43%. *Hydrochlorid*, $C_{27}H_{40}ClNO_6$, F. 63—65°; hygroskopisch. — -{*5-[N-äthyl-α-methyl-β-(p-methoxyphenyl)-äthylamino]-pentylester*}, $C_{27}H_{39}NO_6$, nach **B**; 58%. *Hydrochlorid*, $C_{27}H_{40}ClNO_6$, F. 104—106°; 42%. — -{*6-[N-äthyl-α-methyl-β-(p-methoxyphenyl)-äthylamino]-hexylester*}, *Hydrochlorid*, $C_{28}H_{42}ClNO_6$, F. 141 bis 142°, nach **B**; 96%. — -{*1-äthyl-4-[N-äthyl-α-methyl-β-(p-methoxyphenyl)-äthylamino]-butylester*}, $C_{28}H_{41}NO_6$, nach **A**. — -{*4-[N-äthyl-α-methyl-β-(m-methoxyphenyl)-äthylamino]-butylester*}, *Hydrochlorid*, $C_{26}H_{38}ClNO_6$, F. 119,5—122°, nach **A**; 88%. — -{*3-[N-äthyl-α-methyl-β-(o-methoxyphenyl)-äthylamino]-propylester*}, *Hydrochlorid*, $C_{25}H_{36}ClNO_6$, F. 140—143°, nach **B**; 61%. — -{*4-[N-äthyl-α-methyl-β-(o-methoxyphenyl)-äthylamino]-butylester*}, *Hydrochlorid*, $C_{26}H_{38}ClNO_6$, F. 76—80°, nach **A**; hygroskop.; 90%. —

-{*5-[N-äthyl-α-methyl-β-(o-methoxyphenyl)-äthylamino]-pentylester*}, $C_{27}H_{39}NO_6$, nach **B**; 66%. *Hydrochlorid*, $C_{27}H_{40}ClNO_6$, F. 111—114°. — -{*4-[N-äthyl-α-methyl-β-(p-äthoxyphenyl)-äthylamino]-butylester*}, *Hydrochlorid*, $C_{27}H_{40}ClNO_6$, F. 83—86°, nach **A**; 93%. — -{*4-[N-äthyl-α-methyl-β-(3.4-dimethoxyphenyl)-äthylamino]-butylester*}, *Hydrochlorid*, C_{27}·$H_{40}ClNO_7$, F. 133—135°, nach **A**; 82%. — -{*6-[N-äthyl-α-methyl-β-(3.4-dimethoxyphenyl)-äthylamino]-hexylester*}, $C_{29}H_{43}NO_7$, nach **B**; 50%. — -{*4-[N-äthyl-α-methyl-β-(3.4.5-trimethoxyphenyl)-äthylamino]-butylester*}, $C_{28}H_{41}NO_8$, nach **A**; 87%. — -{*4-[N-äthyl-α-methyl-β-hydroxy-β-(p-methoxyphenyl)-äthylamino]-butylester*}, *Hydrochlorid*, $C_{26}H_{38}$·$ClNO_7$, F. 154,5—155,5°, nach **A**; die Base besteht aus 2 Racematen, von denen eines als Hydrochlorid ausfällt; 12%. — -{*4-[N-äthyl-α-methyl-β-hydroxy-β-(p-methoxyphenyl)-äthylamino]-butylester*}, $C_{26}H_{37}NO_7$, nach **A**; gibt ein Gemisch zweier Racemate; 65%. — -{*4-[N.α-diäthyl-β-(p-methoxyphenyl)-äthylamino]-butylester*}, *Hydrochlorid*, $C_{27}H_{40}ClNO_6$, F. 155—156°, nach **A**; 94%. — 3.4-Dimethoxybenzoesäureester: -{*4-[N-äthyl-α-methyl-β-(p-methoxyphenyl)-äthylamino]-butylester*}, *Hydrochlorid*, $C_{25}H_{36}ClNO_5$, F. 131 bis 132°, nach **A**; 81%. — -{*6-[N-äthyl-α-methyl-β-(p-methoxyphenyl)-äthylamino]-hexylester*}, *Hydrochlorid*, $C_{27}H_{40}ClNO_5$, F. 95—98°, nach **B**; 77%. — -{*1-äthyl-4-[N-äthyl-α-methyl-β-(p-methoxyphenyl)-äthylamino]-butylester*}, *Hydrochlorid*, $C_{27}H_{40}ClNO_5$, F. 105 bis 114°, nach **A**; besteht aus 2 Racematen, von denen das eine beim Umkristallisieren aus Methyläthylketon/Ae. u. A./Ae. rein (F. 146—148°) erhalten wird; 80%. — -{*4-[N-äthyl-α-methyl-β-(m-methoxyphenyl)-äthylamino]-butylester*}, $C_{25}H_{35}NO_5$, nach **A**; 89%. — -{*4-[N-äthyl-α-methyl-β-(3.4-dimethoxyphenyl)-äthylamino]-butylester*}, $C_{26}H_{37}NO_6$, nach **A**; 93%. — -[*N-(p-methoxy-β-phenäthyl)-piperidyl-(4)-ester*], *Hydrochlorid*, $C_{23}H_{30}ClNO_5$, F. 210—211°, nach **C**; 29%. — p-Methoxybenzoesäureester: -{*4-[N-äthyl-β-(p-methoxyphenyl)-äthylamino]-butylester*}, *Hydrochlorid*, $C_{23}H_{32}ClNO_4$, F. 103—104°, nach **A**; 74%. — -{*4-[N-äthyl-α-methyl-β-(p-methoxyphenyl)-äthylamino]-butylester*}, *Hydrochlorid*, $C_{24}H_{34}ClNO_4$, F. 122—123°, nach **A**; 74%. — -{*4-[N-äthyl-α-methyl-β-(p-äthoxyphenyl)-äthylamino]-butylester*}, *Hydrochlorid*, $C_{25}H_{36}ClNO_4$, F. 92—93°, nach **A**; 80%. — -{*4-[N-äthyl-α-methyl-β-(3.4.5-trimethoxyphenyl)-äthylamino]-butylester*}, $C_{26}H_{37}NO_6$, nach **A**; 33%. — *3.4.5-Triäthoxybenzoesäure*, {*4-[N-Äthyl-α-methyl-β-(p-methoxyphenyl)-äthylamino]-butylester*}, *Hydrochlorid*, $C_{29}H_{44}ClNO_6$, F. 119—120°, nach **A**; 75%. {*4-[N-Äthyl-α-methyl-β-(3.4-dimethoxyphenyl)-äthylamino]-butylester*}, $C_{30}H_{45}NO_7$, nach **A**; 83%. — *p-Äthoxybenzoesäure-*{*4-[N-äthyl-α-methyl-β-(p-äthoxyphenyl)-äthylamino]-butylester*}, *Hydrochlorid*, $C_{26}H_{38}ClNO_4$, F. 113—114°, nach **A**; 96%. — *p-Benzyloxybenzoesäure-*{*4-[N-äthyl-α-methyl-β-(p-äthoxyphenyl)-äthylamino]-butylester*}, *Hydrochlorid*, $C_{31}H_{40}$·$ClNO_4$, F. 114—117°, nach **A**; 86%. — *p-Hydroxybenzoesäure-*{*4-[N-äthyl-α-methyl-β-(p-äthoxyphenyl)-äthylamino]-butylester*}, *Hydrochlorid*, $C_{24}H_{34}ClNO_4$, F. 129—130°, nach **A**; 82%. P. Golinske. 1320□

Reserpinanaloga. 4. Mitt. **Hydroxy-β-phenyläthylaminderivate.** T. Kralt, W. J. Asma und H. D. Moed. (Recueil Trav. chim. Pays-Bas **80**, 932—43, Sept./Okt. 1961; engl.) — 3. vgl. vorst. Referat. — Die Synth. von Verbb., die dem Reserpin ähneln, wird beschrieben. Es handelt sich um *β-[Hydroxyphenyl]-äthylamin*-Derivv., die hypotensive, spasmolyt. u. adrenolyt. Wrkg. bzw. Wrkg. auf die Bradycardie zeigen. Maxima der UV-Spektren vgl. Original.

Versuche (unter Mitarbeit von H. A. Peperkamp): *N-[3-Carbäthoxypropionyl]-N-propyl-β-[4-benzyloxyphenyl]-α-methyläthylamin*, $C_{25}H_{33}NO_4$, $Kp._{0,05}$ 208—214°, durch ¼std. Zugabe von 3-Carbäthoxypropionylchlorid in abs. Bzl. zu N-Propyl-2-[4-benzyloxyphenyl]-1-methyläthylamin in abs. Bzl. u. 2std. Kochen; 87% (Ausbeute). — *N-[4-Hydroxybutyl]-N-propyl-β-[4-benzyloxyphenyl]-α-methyläthylamin*, $C_{23}H_{33}NO_2$, $Kp._{0,1}$ 200—205°, durch ¼std. Zugabe vorst. Verb. in abs. Ae. zu $LiAlH_4$ in abs. Ae. u. 20std. Kochen; 60%. — *3.4.5-Trimethoxybenzoesäure-*{*4-[N-propyl-β-(p-benzyloxyphenyl)-α-methyläthylamino]-butylester*}, *Hydrochlorid* (I), $C_{33}H_{44}ClNO_6$, F. 138—141°, durch 10 Min. lange Zugabe von 3.4.5-Trimethoxybenzoylchlorid (**IV**) in Bzl. zu vorst. Verb. in abs. Bzl. u. 5std. Kochen; 59%. — *N-[4-Hydroxybutyl]-N-propyl-β-[4-benzyloxyphenyl]-α-methyl-β-oxoäthylamin*, $C_{23}H_{31}NO_3$, durch 12std. Kochen von p-Benzyloxy-α-brompropiophenon u. 4-Propylaminobutanol in abs. A., Eindampfen, Versetzen mit Ae./W., Extrahieren der Ae.-Lsg. mit 2n HCl, Alkalisieren mit 50%ig. NaOH u. Extrahieren mit Ae.; 90%. — *3.4.5-Trimethoxybenzoesäure*, {*4-[N-Propyl-β-(4-benzyloxyphenyl)-α-methyl-β-oxoäthylamino]-butylester*}, *Hydrochlorid* (**V**), $C_{33}H_{42}ClNO_7$, F. 134—135° (Methyläthylketon), durch 10 Min. lange Zugabe von **IV** in abs. Bzl. zu vorst. Verb. in abs. Bzl. u. 3std. Kochen; 91%. {*4-[N-Propyl-2-(p-hydroxyphenyl)-1-methyl-2-oxo-äthylamino]-butylesterhydrochlorid*} (**II**), $C_{26}H_{36}ClNO_7$, F. 192—193° (A./Ae.), durch Hydrieren von **V** in 80%ig. A. an Pd/Kohle bei Raum-Temp. unter Druck; 92%. — *3.4.5-Trimethoxybenzoesäure-*{*3-[N-propyl β-(p-benzyloxyphenyl)-α-methyläthylamino]-propylester*} (**III**), $C_{32}H_{41}NO_6$, durch 21std. Kochen von N-Propyl-(p-benzyloxyphenyl)-

isopropylamin u. 3.4.5-Trimethoxybenzoesäure-[3-brompropylester] in Acetonitril, Kühlen, Filtrieren, Eindampfen, Versetzen mit abs. Ae., Filtrieren, Versetzen mit 2,37n alkohol. HCl u. dann mit W., Extrahieren mit Ae., Alkalisieren der sauren Lsg. mit 2n NaOH u. Extrahieren mit Ae.; 40%. — *4-[N-Propyl-β-(p-benzyloxyphenyl)-äthylamino]-butanol*, $C_{22}H_{31}NO_2$, Kp.$_{0,15}$ 165—180°; 47%. — *3.4.5-Trimethoxybenzoesäure-{4-[N-propyl-β-(p-benzyloxyphenyl)-äthylamino]-butylester}*, $C_{32}H_{41}NO_6$; 73%. — *4-[N-Propyl-β-oxo-β-(p-benzyloxyphenyl)-äthylamino]-butanol*, $C_{22}H_{29}NO_3$; 48%. — *3.4.5-Trimethoxybenzoesäure-{4-[N-propyl-β-oxo-2-(p-benzyloxyphenyl)-äthylamino]-butylester}*, *Hydrochlorid*, $C_{32}H_{40}ClNO_7$; 45%. — *4-[N-Äthyl-α-methyl-β-(p-benzyloxyphenyl)-äthylamino]-butanol*, $C_{22}H_{31}NO_2$, Kp.$_{0,08}$ 186—191°; 32%. — *4-[N-Butyl-α-methyl-β-(p-benzyloxyphenyl)-äthylamino]-butanol*, $C_{24}H_{35}NO_2$, Kp.$_{0,3}$ 205—211°; 78%. — *3.4.5-Trimethoxybenzoesäure-{4-[N-butyl-α-methyl-β-(p-benzyloxyphenyl)-äthylamino]-butylester}*, *Hydrochlorid*, $C_{34}H_{46}ClNO_6$, F. 121—124°; 85%. — *3.4.5-Trimethoxybenzoesäure-{4-[α-methyl-β-oxo-β-(p-hydroxyphenyl)-äthylamino]-butylester}*, *Hydrochlorid*, $C_{23}H_{30}ClNO_6$, F. 135 bis 137°; 44%. — *4-[N-Äthyl-α-methyl-β-oxo-β-(p-benzyloxyphenyl)-äthylamino]-butanol*, $C_{22}H_{29}NO_3$; 38%. — *3.4.5-Trimethoxybenzoesäure-{4-[N-äthyl-α-methyl-β-oxo-β-(p-benzyloxyphenyl)-äthylamino]-butylester}*, *Hydrochlorid*, $C_{32}H_{40}ClNO_7$, F. 152—153°; 80%. — *4-[N-Propyl-α-methyl-β-(3.4-dibenzyloxyphenyl)-äthylamino]-butanol*, $C_{30}H_{39}NO_3$, Kp.$_{0,005}$ 210—220°; 69%. — *3-Hydroxymethyl-N-[α-(p-benzyloxybenzoyl)-äthyl]-piperidin*, *Hydrochlorid*, $C_{22}H_{28}ClNO_3$, F. 154—158° (Zers.); 38%. — *p-Methoxybenzoesäure-{N-[α-(p-benzyloxybenzoyl)-äthyl]-piperidyl-(3)-methylester}*, *Hydrochlorid*, $C_{30}H_{34}ClNO_5$, F. 189 bis 194° (Zers.); 70%. — 3.4.5-Trimethoxybenzoesäureester: *-{4-[N-propyl-α-methyl-β-(4-hydroxyphenyl)-äthylamino]-butylester}*, *Hydrochlorid*, $C_{26}H_{38}ClNO_6$, F. 172—173°, durch Hydrieren von I in 85%ig. A. an Pd/Kochen bei Raum-Temp./1 at, Filtrieren, Eindampfen u. 1std. Stehen in Methyläthylketon/Ae. im Eisschrank (Meth. **A**); 72%. — *-{4-[N-propyl-α-methyl-β-hydroxy-β-(p-hydroxyphenyl)-äthylamino]-butylester}*, *Hydrochlorid*, $C_{26}H_{38}ClNO_7$, F. 165—168°, nach **A**; 58%. — *-{3-[N-propyl-α-methyl-β-(p-hydroxyphenyl)-äthylamino]-propylester}*, *Hydrochlorid*, $C_{25}H_{36}ClNO_6$, F. 156—160° (Methyläthylketon), nach **A**; 67%. — *-{4-[N-propyl-β-(p-hydroxyphenyl)-äthylamino]-butylester}*, *Hydrochlorid*, $C_{25}H_{36}ClNO_6$, F. 103—112°, nach **A**; 31%. — *-{4-[N-propyl-β-hydroxy-β-(p-hydroxyphenyl)-äthylamino]-butylester}*, $C_{25}H_{35}NO_7$, nach **A**; 29%. — *-{4-[N-äthyl-α-methyl-β-(p-hydroxyphenyl)-äthylamino]-butylester}*, *Hydrochlorid*, $C_{25}H_{36}ClNO_6$, F. 135 bis 136°, nach **A**; 16%. — *-{4-[N-butyl-α-methyl-β-(p-hydroxyphenyl)-äthylamino]-butylester}*, *Hydrochlorid*, $C_{27}H_{40}ClNO_6$, F. 155—157°, nach **A**; 56%. — *-{4-[α-methyl-β-hydroxy-β-(p-hydroxyphenyl)-äthylamino]-butylester}*, *Hydrochlorid*, $C_{23}H_{32}ClNO_7$, F. 190—191°, nach **A**; 82%. — *-{4-[N-äthyl-α-methyl-β-hydroxy-β-(p-hydroxyphenyl)-äthylamino]-butylester}*, *Hydrochlorid*, $C_{25}H_{36}ClNO_7$, F. 178—180°, nach **A**; 10%. — *p-Äthoxybenzoesäure-{4-[N-propyl-α-methyl-β-(3.4-dihydroxyphenyl)-äthylamino]-butylester}*, *Hydrochlorid*, $C_{25}H_{36}ClNO_5$, nach **A**; 60%. — *p-Methoxybenzoesäure-{N-[α-methyl-β-hydroxy-β-(p-hydroxyphenyl)-äthyl]-piperidyl-(3)-methylester}*, *Hydrochlorid*, $C_{23}H_{30}ClNO_5$, F. 202 bis 207° (Zers.), nach **A**; 53%. P. Golinske. 1320□

Untersuchung auf dem Gebiet der aromatischen Verbindungen mit einer langen Seitenkette. 3. Mitt. Reduktion von Alkyl-[4-aminophenyl]-ketonen nach der modifizierten Methode von Kishner. L. N. Nikolenko, Je. N. Karpowa, W. A. Chodak, G. G. Tschirakadse und W. P. Borowik. (Журнал Общей Химии [J. allg. Chem.] **30 (92)**, 1028—31, März 1960; Moskau, Chem.-technol. Mendelejew-Inst.; russ.) — 2. vgl. C. **1959,** 16292; **4.** vgl. C. **1962,** 4888. — Die durch Friedel-Crafts-Rk. von Fettsäurechloriden mit Chlorbenzol zugänglichen *Alkyl-p-chlorphenylketone* (**I**) erfahren beim Erhitzen mit konz. NH_4OH im Autoklaven mit hoher Ausbeute Ammonolyse zu *Alkyl-p-aminophenylketonen* (**II**), die durch eine modifizierte Kishner-Red. in *p-Alkylaniline* übergeführt werden.

Versuche: Alkyl-p-chlorphenylketone (**I**), durch 2std. Rühren des Säurechlorids mit Chlorbenzol u. $AlCl_3$ bei 20—22°, 1std. Erhitzen auf 100° u. Gießen in Eiswasser: *Äthyl-*, F. 34—35°; 58% (Ausbeute). — *n-Butyl-*, F. 32—32,5°; 80%. *2.4-Dinitrophenylhydrazon*, F. 175—175,3°. — *n-Hexyl-*, F. 64,5—65,5°; 94%. *2.4-Dinitrophenylhydrazon*, F. 150—151°. — *n-Octyl-*, F. 58—58,5°; 97%. *2.4-Dinitrophenylhydrazon*, F. 134—135°. — *n-Nonyl-*, F. 48—49°; 97%. — *n-Decyl-*, F. 46,5—47°; 98%. *2.4-Dinitrophenylhydrazon*, F. 103,5—104,5°. — *n-Tridecyl-*, F. 64,5—65°; 99%. — *n-Tetradecyl-*, F. 51,5—52°; 81%. *2.4-Dinitrophenylhydrazon*, F. 80,3—80,7°. — *n-Pentadecyl-*, F. 69,5 bis 70°; 91%. *2.4-Dinitrophenylhydrazon*, F. 100—100,6°. — Alkyl-p-aminophenylketone (**II**), durch 6std. Erhitzen der **I** mit 30%ig. NH_4OH in Ggw. von $CuCl_2$ im Autoklaven auf 250—270°: *Äthyl-*, F. 137,5—138,5°; 86%. — *n-Butyl-*, F. 74—75°; 98%. — *n-Hexyl-*, F. 90—90,5°; 95%. *Acetylderiv.*, $C_{15}H_{21}NO_2$, F. 123,5—124,5°. — *n-Octyl-*, F. 91—92°; 98%. *Benzoyl-Deriv.*, $C_{22}H_{27}NO_2$, F. 151,5—151,8°. — *n-Nonyl-*, F. 97,5

bis 98,5°; 97%. — *n-Decyl-*, F. 101,5—102°; 98%. — *n-Tridecyl-*, F. 104—104,5°; 98%. *Benzoyl-Deriv.*, $C_{27}H_{37}NO_2$, F. 146,3—146,7°. — *n-Tetradecyl-*, F. 102—102,5°; 95%. — *n-Pentadecyl-*, F. 99—100°; 99%. *Acetyl-Deriv.*, $C_{24}H_{39}NO_2$, F. 111—111,5°. — p-Alkylaniline, durch 2std. Erhitzen der **II** mit Hydrazinhydrat u. KOH-Pulver in Triäthylenglykol auf 120—125°, dann 4 Std. auf 200—210° unter Abdestillieren von W. u. Ausäthern: *p-Äthyl-*, Kp. 214—216°; 67,3%. *Benzoyl-Deriv.*, F. 151,3—151,8°. — *p-n-Propyl-*, Kp.$_{20}$ 112°; 75%. *Benzoyl-Deriv.*, F. 114—114,5°. — *p-n-Amyl-*, Kp.$_{16}$ 128 bis 130°; 84%. *Acetyl-Deriv.*, F. 100—101°. — *p-n-Heptyl-*, Kp.$_{17}$ 160°; 84%. *Acetyl-Deriv.*, F. 91—92°. — *p-n-Nonyl-*, Kp.$_{16}$ 194—196°; 80%. *Benzoyl-Deriv.*, $C_{22}H_{29}NO$, F. 114 bis 115°. — *p-n-Undecyl-*, Kp.$_3$ 167—168°, F. 19,5—20°; 85%. *Acetyl-Deriv.*, $C_{19}H_{31}$·NO, F. 97—97,5°. — *p-n-Tetradecyl-*, $C_{20}H_{35}N$, F. 44,5—45°; 98%. *Benzoyl-Deriv.*, $C_{27}H_{39}NO$, F. 117—117,5°. — *p-n-Hexadecyl-*, F. 52—52,2°. *Acetyl-Deriv.*, F. 105°.
H.-E. Toussaint. 1340□

Über die Synthese von Aminosäuren durch die Schmidt-Reaktion. 5. Mitt. **Synthese von Analogen des Phenylalanins.** Kyozo Hayashi. (Chem. pharmac. Bull. [Tokyo] **7**, 912—16, Dez. 1959; Kyoto, Univ., Med. Fac., Pharmac. Inst.; engl.) — 4. vgl. C. **1961**, 5769; 6. vgl. C. **1962**, 17716. — Vf. beschreibt eine Reihe von *Phenylalanin-Analogen* (**A**), die mit Hilfe der Schmidt-Rk. aus entsprechend substituierten *Benzylmalonsäuren* (**B**) oder *Phenylmalonsäuren* (**C**) gewonnen werden. Negative Substituenten am aromat. Ring bewirken eine Erhöhung, positive Substituenten eine Erniedrigung der Ausbeute an **A**. Die **B** werden durch Bromierung von substituierten Toluolen, Rk. der erhaltenen *Benzylbromide* mit Malonsäurediäthylester (**I**) (Na-Salz) u. Verseifung erhalten. Die **C** entstehen aus am aromat. Kern substituierten Phenylessigsäureäthylestern mit Oxalsäurediäthylester (**II**) in Ggw. von $NaOC_2H_5$, Erhitzen des intermediären, entsprechend substituierten *Phenyläthoxalylessigsäureäthylesters* auf ca. 180° im Vakuum bis zur Beendigung der CO-Entw. u. Verseifung. Die Umwandlung der **B** u. **C** in die **A** erfolgt durch Erwärmen von **B** bzw. **C** in Bzl.–konz. H_2SO_4-Gemisch mit überschüssiger HN_3. Die **A** werden z. T. in die *Hydrochloride* umgewandelt.

Versuche: *2.4-Dichlorbenzylbromid*, Kp.$_8$ 126—133°, durch Eintropfen von 7,5 ml Br_2 in 23,0 g sd., mit einer 100-Watt-Lampe bestrahltes 2.4-Dichlortoluol u. fraktionierte Dest.; 25 g (Ausbeute). — Benzylmalonsäurediäthylester: *2.4-Dichlor-* (**III**), Kp.$_{23}$ 158—160°, durch Eintropfen von 25 g vorst. Verb. in 25 ml abs. A. in die Lsg. von 2,3 g Na u. 16 g **I** in 30 ml A. bei 0°, Erwärmen auf dem Wasserbad bis zur neutralen Rk., Abdestillieren des A., Ae.-Extraktion des mit wenig W. versetzten Rückstands u. Dest. des Ae.-Rückstands; 59%. — *o-Chlor-*, Kp.$_2$ 150—151°, aus o-Chlorbenzylbromid analog vorst. Verb.; 52%. — *m-Chlor-*, Kp.$_{20}$ 193—196°; 43%; daneben *Bis-[m-chlorbenzyl]-malonsäurediäthylester*, $C_{21}H_{22}Cl_2O_4$, Kp.$_{1,5}$ 218°. — *p-Chlor-*, Kp.$_{20}$ 188—190°; 33%. — *o-Brom-*, Kp.$_2$ 162°; 33%. — *m-Brom-*, Kp.$_{1,5}$ 155°; 36%; daneben *Bis-[m-brombenzyl]-malonsäurediäthylester*, $C_{21}H_{22}Br_2O_4$, Kp.$_{1,5}$ 265°. — *p-Brom-*, Kp.$_2$ 158—160°; 39%; daneben *Bis-[p-brombenzyl]-malonsäurediäthylester*, $C_{21}H_{22}Br_2O_4$, Kp.$_2$ 245°. — *o-Jod-*, Kp.$_3$< 222°; 29%. — *p-Jod-*, Kp.$_3$ 180°; 26%. — *3.4-Dichlor-*, Kp.$_{35}$ 183°; 35% daneben *Bis-[3.4-dichlorbenzyl]-malonsäurediäthylester*, $C_{21}H_{20}Cl_4O_4$, F. 93°. — *m-Methyl-*, Kp.$_{35}$ 198°; 42%. — *p-Methyl-*, Kp.$_{21}$ 181—184°; 52%. — Benzylmalonsäuren (**B**): *2.4-Dichlor-* (**IV**), $C_{10}H_8Cl_2O_4$, F. 160° (Ae./PAe.), durch Hydrolyse von **III** mit 50%ig. KOH, Neutralisation mit HCl, Ae.-Extraktion u. Abdestillieren des Äthers. — *o-Chlor-*, $C_{10}H_9ClO_4$, F. 147—147,5°, analog **IV**. — *m-Chlor-*, F. 95—97°. — *p-Chlor-*, F. 88—93°. — *o-Brom-*, $C_{10}H_9BrO_4$, F. 143°. — *m-Brom-*, F. 107—108°. — *p-Brom-*, F. 155—156°. — *o-Jod-*, $C_{10}H_9JO_4$, F. 166°. — *p-Jod-*, F. 181°. — *3.4-Dichlor-*, $C_{10}H_8Cl_2O_4$, F. 135°. — *m-Methyl-*, $C_{11}H_{12}O_4$, F. 136°. — *p-Methyl-*, F. 158°. — Phenylmalonsäurediäthylester: *o-Brom-* (**V**), Kp.$_3$ 158—160°, durch Einrühren von **II** in die Lsg. von Na in abs. A. bei 60°, Zugabe von o-Bromphenylessigsäureäthylester, Zugabe von Ae. zu der auf Raum-Temp. abgekühlten Lsg., Zers. des *Na-Salzes* des *Phenyläthoxalylessigsäureäthylesters* mit verd. H_2SO_4, Abtrennen des ausgeschiedenen Öls, Ae.-Extraktion der wss. Lsg., Abdestillieren des Ae. aus den vereinigten organ. Phasen u. Erhitzen des Rückstandes auf 180—185° bei 18 mm Druck bis zur Beendigung der Gas-Entw. u. Dest. im Vakuum; 71%. — *o-Methyl-*, Kp.$_{15}$ 165—171°, analog vorst. Verb.; 62%. — *m-Methyl-*, Kp.$_3$ 148—151°; 59%. — Phenylmalonsäuren (**C**): *o-Brom-*, $C_9H_7BrO_4$, F. 133—136°, durch Verseifung von **V** mit 50%ig. KOH. — *o-Methyl-*, $C_{10}H_{10}O_4$, F. 157°. — *m-Methyl-*, F. 137—138°. — DL-Phenylalanine (**A**): *2.4-Dichlor-*, $C_9H_9Cl_2NO_2$, F. 245° (W.), durch Einrühren von überschüssiger HN_3 in Bzl. in das Gemisch aus **IV**, konz. H_2SO_4 u. Bzl. bei 45—50°, 3std. Rühren bei derselben Temp. u. Aufarbeitung wie bereits früher beschrieben (vgl. 4. Mitt.); 22%. *Hydrochlorid*, $C_9H_{10}Cl_3NO_2$, F. 248° (Nadeln), durch Kristallisation vorst. Verb. aus 20%ig. HCl. — *o-Chlor-*, $C_9H_{10}ClNO_2$, F. 237° (W.; Plättchen), analog vorst. Verb. aus der entsprechenden **B**; 37%. *Hydrochlorid*,

$C_9H_{11}Cl_2NO_2$, F. 235—237°. — *m-Chlor-*, F. 238°; 19%. *Hydrochlorid*, F. 234—236°. — *p-Chlor-*, F. 229°; 36%. *Hydrochlorid*, F. 232—234°. — *3.4-Dichlor-*, $C_9H_9Cl_2NO_2$, F. 218°; 21%. *Hydrochlorid*, $C_9H_{10}Cl_3NO_2$, T. 248—250°. — *o-Brom-*, $C_9H_{10}BrNO_2$, F. 245°; 30%. *Hydrochlorid*, $C_9H_{11}BrClNO_2$, F. 248—250°. — *m-Brom-*, F. 226°; 20%. *Hydrochlorid*, F. 238—240°. — *p-Brom-*, F. 258°; 25%. *Hydrochlorid*, F. 248—249°. — *p-Nitro-*, $C_9H_{10}N_2O_4$, F. 238—240°; 32%. *Hydrochlorid*, $C_9H_{11}ClN_2O_4$, F. 230—232°. — *p-Methyl-*, $C_{10}H_{13}NO_2$, F. 275—276°; Spuren. — *Phenylalanin*, $C_9H_{11}NO_2$, F. 264°; 19%. — *Cyclohexylalanin*, $C_9H_{17}NO_2$, F. 320°; 50%. — *4-Phenyl-2-aminobuttersäure*, $C_{10}H_{13}NO_2$, F. 293—294°; Spuren. — Phenylglycine: *o-Methyl-*, $C_9H_{11}NO_2$, F. 221 bis 222°; 38%. — *m-Methyl-*, F. 246—248°; 50%. — *o-Chlor-*, $C_8H_8ClNO_2$, F. 214—215°; 27%. — *o-Brom-*, $C_8H_8BrNO_2$, F. 236—238°; 30%. — *Phenylglycin*, $C_8H_9NO_2$, F. 255°; 46%. — *Cyclohexylglycin*, $C_8H_{15}NO_2$, F. 300°; 55%. M. Frohne. 1350□

Darstellung und Aufbewahrung von Diphenylborinsäure und ihrem Anhydrid. G. N. Chremos, H. Weidmann und H. K. Zimmerman. (J. org. Chemistry **26**, 1683, 17/5. 1961; College Station, Tex., Agricult. and Mechan. Coll. of Texas, Dep. of Chem.; engl.) — *Diphenylborinsäure* (I) wird durch Hydrolyse des prakt. unbegrenzt haltbaren Diphenylborinsäure-[β-aminoäthylesters] mit 1 m HCl in wenig Methanol, Extrahieren mit Ae. u. Trocknen dargestellt. Die äther. Lsg. von I zersetzt sich schon nach 1 Std., die Zers. kann durch geringe Mengen starker Mineralsäuren verhindert werden. Reines *Diphenylborinsäureanhydrid* ($C_{24}H_{20}B_2O$, F. 118°) entsteht aus I durch Extrahieren mit PAe., Schütteln mit 1 m HCl, Neutralwaschen mit W., Trocknen, Entfärben mit Darco oder Norit, Eindampfen im Hochvakuum ohne Erwärmung u. wiederholtes Eindampfen mit PAe.; es ist relativ empfindlich gegenüber Luft u. wird im Vakuum aufbewahrt. P. Golinske. 1380□

Über Phosphorsäureimide. Infrarot-Spektren von Imidophosphaten und Imidophosphinaten. M. I. Kabatschnik, W. A. Giljarow und Je. N. Zwetkow. (Известия Академии Наук СССР, Отделение Химических Наук [Nachr. Akad. Wiss. UdSSR, Abt. chem. Wiss.] **1959**, 2135—41, Dez.; Inst. für elementorg. Verbb. der Akad. der Wiss. der UdSSR; russ.) — Vgl. C. **1962**, 14105. — Es wurden verschiedene *N-Phenylimido-* u. *N-Methylimidophosphorsäureester* sowie *N-Phenylimidoalkylphosphonsäureester* synthetisiert u. ihre IR-Spektren aufgenommen. Die Absorption im Bereich 1325 bis 1385 cm^{-1} wird den Schwingungen der Gruppe ≡P=N— zugeordnet.

Versuche: N-Phenylimidophosphonsäureester: *Butyl-*, *-dibutylester* (I), $Kp._{1,5}$ 131—132°, man gibt zu 9,1 g Butylphosphonigsäuredibutylester in 15 ml Ae. unter Eiskühlung 4,6 g Phenylazid u. läßt 2 Std. lang bei 20° stehen; $D._4^{20}$ 0,9809; n_D^{20} 1,4990; 71,5% (Ausbeute). — Analog: *Methyl-*, *-dibutylester*, $Kp._{0,5}$ 107,5—108°; $D._4^{20}$ 1,0066; n_D^{20} 1,5050; 66,7%. — *Äthyl-*, *-dipropylester*, $Kp._1$ 102°; $D._4^{20}$ 1,0185; n_D^{20} 1,5088; 53,0%. — *Äthyl-*, *-dibutylester*, $Kp._1$ 117—118°; $D._4^{20}$ 0,9965; n_D^{20} 1,5045; 66,3%. — *Propyl-*, *-dibutylester*, $Kp._1$ 123—124°; $D._4^{20}$ 0,9907; n_D^{20} 1,5010; 61,5%. — *Cyclopentyl-*, *-dibutylester*, $Kp._{0,5}$ 148°; $D._4^{20}$ 1,0150; n_D^{20} 1,5090; 85%. — *Cyclopentylphosphonigsäuredibutylester*, $C_{13}H_{27}O_2P$, $Kp._1$ 77—78°; $D._4^{20}$ 0,9284; n_D^{20} 1,4595; 87,2%. — *Phenyl-*, *-diäthylester*, $Kp._1$ 125°; $D._4^{20}$ 1,1083; n_D^{20} 1,5708; 54%. — *Phenyl-*, *-dipropylester*, $Kp._1$ 127—129°; $D._4^{20}$ 1,0770; n_D^{20} 1,5573; 72,0%. — *Butylphosphonsäurebutylesteranilid*, $C_{14}H_{24}NO_2P$, $Kp._{0,07}$ 137°, durch 2 std. Erhitzen von 2,86 g I u. 0,53 g Eisessig in 5 ml Bzl. auf 70°; $D._4^{20}$ 1,0436; n_D^{20} 1,5100; 60%. — *N-Methylimidophosphorsäure*, *Triäthylester* (II), $Kp._{7,5}$ 70,5—71,5°, man gibt zu Triäthylphosphit in Bzl. bei 15° Methylazid u. läßt über Nacht stehen; $D._4^{20}$ 1,0018; n_D^{20} 1,4258; 50,0%. Analog: *Tripropylester*, $Kp._3$ 82—85°; $D._4^{20}$ 0,9696; n_D^{20} 1,4292; 50,8%. *Tributylester*, $Kp._1$ 92,5 bis 94°; $D._4^{20}$ 0,9487; n_D^{20} 1,4380; 55,0%. — *Triäthylthionphosphat*, $Kp._6$ 80—81°, durch 4 std. Erhitzen von 10 ml CS_2 u. 4,0 g II auf 60°; $D._4^{20}$ 1,0697; n_D^{20} 1,4462; 72%. — Außer den vorst. Verbb. wurden IR-analyt. untersucht: *N-Phenylimidophosphorsäuretriäthyl-*, *-tripropyl-*, *-tributylester*, *N-Phenylimidomethylphosphonsäurediisopropylester*, *Acetylimidophosphorsäuretriäthylester*, *Anilido-N-phenylimidophosphorsäurediäthyl-*, *-dipropylester*, *N-Methyl-* u. *N-Äthylanilidophosphorsäurediäthylester*.
Helmut Schäfer. 1380

Quaternäre Triphenylphosphoniumverbindungen. Hans Fürst, Gerda Wetzke, Werner Berger und Waldfried Schubert. (J. prakt. Chem. [4] **17**, 299—313, 1962; Dresden, TU, Inst. für organ.-techn. Chem.; dt.) — Durch Umsetzung von Chloracetylchlorid mit Alkoholen dargestellte *Chloressigsäureester* (**A**) sowie *Chloressigsäurearylamide* (**B**) werden mit Triphenylphosphin (I) zu [*Triphenylphosphonioessigsäureester*]- bzw. *-arylamid*]*-chloriden* umgesetzt, von denen einige Ester gegen Motten wirksam sind.

Versuche: Ester der Chloressigsäure (**A**): *n-Propyl-*, $Kp._{20}$ 67°; n_D^{20} 1,4255; 74% (Ausbeute). — *Isopropyl-*, $Kp._{20}$ 57°; n_D^{20} 1,4198; 70%. — *n-Butyl-*, $Kp._{20}$ 81°; n_D^{20} 1,4291; 65%. — *Isobutyl-*, $Kp._{20}$ 74°; n_D^{20} 1,4258; 61%. — *sek.-Butyl-*, $Kp._{20}$ 65°;

n_D^{20} 1,4248; 72%. — *tert.-Butyl-*, Kp.$_{20}$ 59°; n_D^{20} 1,4220; 59%. — *n-Amyl-*, Kp.$_{20}$ 96°; n_D^{20} 1,4321; 60%. — *Isoamyl-*, Kp.$_{20}$ 90°; n_D^{20} 1,4309; 52%. — *Hexyl-*, Kp.$_{20}$ 112°; n_D^{20} 1,4349; 67%. — *Heptyl-*, Kp.$_{20}$ 129°; n_D^{20} 1,4388; 65%. — *Octyl-*, Kp.$_{20}$ 140°; n_D^{20} 1,4413; 66%. — *Nonyl-*, Kp.$_{20}$ 157°; n_D^{20} 1,4333; 57%. — *Decyl-*, Kp.$_{20}$ 170°; n_D^{20} 1,4466; 61%. — *Dodecyl-*, Kp.$_{20}$ 185°; n_D^{20} 1,4490; 60%. — *β-Chloräthyl-*, Kp.$_{760}$ 199°; n_D^{20} 1,4645; 65%. — *β.β-Dichloräthyl-*, Kp.$_{16}$ 100—102,5°; n_D^{20} 1,4800; 48%. — *β.β.β-Trichloräthyl-*, Kp.$_{15}$ 100—103°; n_D^{20} 1,4863; 66%. — *β-Chlorisopropyl-*, Kp. 126 bis 127°; n_D^{20} 1,4558; 86%. — *β.β'-Dichlorisopropyl-*, Kp.$_{15}$ 120—123°; n_D^{20} 1,4860; 70%. — *β.β-Dichlorisopropyl-*, Kp.$_{15}$ 100—105°; n_D^{20} 1,4754; 53%. — *β.β.β-Trichlorisopropyl-*, Kp.$_{10}$ 103—105°; n_D^{20} 1,4825; 65%. — *β.β.β.β'-Tetrachlorisopropyl-*, Kp.$_{15}$ 148°; 35%. — *β-Chlorpropyl-*, Kp.$_{10}$ 98—101°; n_D^{20} 1,4546; 85%. — *γ-Chlorpropyl-*, Kp.$_{22}$ 116—119°; n_D^{20} 1,4615; 79%. — *β.γ-Dichlorpropyl-*, Kp.$_{15}$ 127—130°; n_D^{20} 1,4863; 70%. — *γ.γ-Dichlorpropyl-*, Kp.$_{15}$ 120—123°; n_D^{20} 1,4813; 78%. — *δ-Chlorbutyl-*, Kp.$_{15}$ 130—140°; n_D^{20} 1,4650; 55%. — *ω-Chlorhexyl-*, Kp.$_{18}$ 155—157°; n_D^{20} 1,4635; 51%. — *2(3?)-Chlorbenzyl-*, Kp.$_{16}$ 160—163°; n_D^{20} 1,5400; 58%. — *2.4-Dichlorbenzyl-*, Kp.$_{18}$ 165—167°; n_D^{20} 1,5401; 65%. — *3(2?)-Chlorbenzyl-*, Kp.$_{16}$ 165—167°; n_D^{20} 1,5407; 50%. — *4-Chlorbenzyl-*, Kp.$_{15}$ 181—185°; n_D^{20} 1,5570; 55%. — *3.4-Dichlorbenzyl-*, Kp.$_{16}$ 185—189°; n_D^{20} 1,5551; 63%. — *2.5-Dichlorbenzyl-*, Kp.$_{14}$ 178—182°; n_D^{20} 1,5555; 65%. — *2.4.5-Trichlorbenzyl-*, F. 71°; 81%. — *4-Chlorphenyl-*, F. 35°, Kp.$_{18}$ 150—153°; 72%. — *2-Chlorphenyl-*, Kp.$_{12}$ 140—142°; n_D^{20} 1,5986; 60%. — *2.4-Dichlorphenyl-*, F. 39°; 78%. — *4-Chlor-o-tolyl-*, Kp.$_{18}$ 154—157°; n_D^{20} 1,5409; 61%. — Anilide der Chloressigsäure (**B**): *2.4.6-Tribrom-*, F. 219—220°; 70%. — *4-Dimethylamino-*, F. 154°; 76%. — *4-Methoxy-2-methyl-*, F. 91°; 67%. — *4-Sulfamoyl-*, F. 214°; 69%. — *4-Acetylsulfamoyl-*, F. 229°; 63%. — *4-Methoxy-*. — *3-Hydroxy-*, F. 134—135°; 90%. — *4-Carbäthoxy-*, F. 121°; 68%. — *4-Nitro-*, F. 153°; 85%. — *3-Nitro-*, F. 110°; 38%. — *2-Nitro-*, F. 109°; 89%. — *4-Carbo-[β-diäthylamino]-äthoxy-*, F. 59°; 30%. — *2.4-Dichlor-*, F. 97°; 89%. — *3.4-Dichlor-*, F. 108°; 65%. — *2.4.6-Trichlor-*, F. 74°; 60%. — *4-Äthoxy-*, F. 145°; 47%. — *2-Äthoxy-*, F. 63°; 68%. — *3-Methyl-*, F. 87°; 92%. — *4-Carboxy-*, F. 237°; 79%. — *3-Carboxy-*, F. 228° (Zers.); 80%. — *4-Carboxymethyl-*, F. 158°; 75%. — Ester der [Triphenylphosphonioessigsäure]-chloride, durch Erhitzen von **I** u. **A**: *β-Chloräthyl-*, $C_{22}H_{21}Cl_2O_2P$, in 1/2 Std. bei 65°; 89%. — *β.β-Dichloräthyl-*, $C_{22}H_{20}Cl_3O_2P$, in 1/2 Std. bei 65°; 95%. — *β.β.β-Trichloräthyl-*, $C_{22}H_{19}Cl_4O_2P$, in 2 Std. bei 75°; 95%. — *β-Chlorisopropyl-*, $C_{23}H_{23}Cl_2O_2P$, in 1/2 Std. bei 70°; 88%. — *β.β'-Dichlorisopropyl-*, $C_{23}H_{22}Cl_3O_2P$, in 1/2 Std. bei 75°; 89%. — *β.β-Dichlorisopropyl-*, in 1/2 Std. bei 80°; 81%. — *β.β.β-Trichlorisopropyl-*, $C_{23}H_{21}Cl_4O_2P$, in 1 Std. bei 85°; 92%. — *β-Chlorpropyl-*, $C_{23}H_{23}Cl_2O_2P$, in 1/2 Std. bei 75°; 85%. — *tert.-Butyl-*, $C_{24}H_{26}ClO_2P$, F. 165°, in 5 Min. bei 60°; 85%. — *Amyl-*, $C_{25}H_{28}ClO_2P$, F. 131°, in 3 Std. bei 90°; 79%. — *Isoamyl-*, F. 135°, in 3 Std. bei 90°; 60%. — *Hexyl-*, $C_{26}H_{30}ClO_2P$, F. 125°, in 2 1/2 Std. bei 95°; 65%. — *Allyl-*, $C_{23}H_{22}ClO_2P$, F. 135—137°, in 20 Min. bei 75°; 90%. — *Cyclohexyl-*, $C_{26}H_{28}ClO_2P$, F. 138°, in 1 Std. bei 95°; 87%. — *γ-Chlorpropyl-*, $C_{23}H_{23}Cl_2O_2P$, in 1/2 Std. bei 75°; 81%. — *β.γ-Dichlorpropyl-*, $C_{23}H_{22}Cl_3O_2P$, in 1/2 Std. bei 75°; 83%. — *γ.γ-Dichlorpropyl-*, in 1/2 Std. bei 70°; 75%. — *δ-Chlorbutyl-*, $C_{24}H_{25}Cl_2O_2P$, in 1/2 Std. bei 70°; 70%. — *ω-Chlorhexyl-*, $C_{26}H_{29}Cl_2O_2P$, in 1/2 Std. bei 70°; 68%. — *o-Chlorbenzyl-*, $C_{27}H_{23}Cl_2O_2P$, in 2 Std. bei 75°; 60%. — *p-Chlorbenzyl-*, in 1/2 Std. bei 75°; 86%. — *m-Chlorbenzyl-*, in 1/2 Std. bei 75°; 93%. — *2.4-Dichlorbenzyl-*, $C_{27}H_{22}Cl_3O_2P$, in 1/2 Std. bei 75°; 65%. — *3.4-Dichlorbenzyl-*, in 1/2 Std. bei 75°; 91%. — *2.5-Dichlorbenzyl-*, in 1/2 Std. bei 75°; 85%. — *2.4.5-Trichlorbenzyl-*, $C_{27}H_{21}Cl_4O_2P$, in 1/2 Std. bei 75°; 90%. — *p-Chlorphenyl-*, $C_{26}H_{21}Cl_2O_2P$, in 1 Std. bei 75°; 25%. — *o-Chlorphenyl-*, in 1/2 Std. bei 70°; 85%. — *2.4-Dichlorphenyl-*, $C_{26}H_{20}Cl_3O_2P$, in 1 Std. bei 75°; 51%. — *4-Chlor-m-tolyl-*, $C_{27}H_{23}Cl_2O_2P$, in 1 Std. bei 75°; 30%. — *Propyl-*, $C_{23}H_{24}ClO_2P$, F. 140°, in 2 Std. bei 75°; 75%. — *Isopropyl-*, F. 165°, in 10 Min. bei 80°; 75%. — *Butyl-*, $C_{24}H_{26}ClO_2P$, F. 151°, in 3 Std. bei 85°; 75%. — *Isobutyl-*, F. 159°, in 5 Std. bei 95°; 75%. — *sek.-Butyl-*, F. 139—141°, in 1/4 Std. bei 75°; 85%. — Anilide des [Triphenylphosphonioessigsäure]-chlorids, aus **I** u. dem **B**: *p-Chlor-*, $C_{26}H_{22}Cl_2NOP$, F. 220°, bei 180° in 20 Min.; 70%. — *Unsubstituiert*, $C_{26}H_{23}ClNOP$, F. 240°, bei 164°; 94%. — *Methoxy-*, $C_{27}H_{25}ClNO_2P$, F. 230°, bei 110° (20 Min.); 91%. — *Äthoxy-*, $C_{28}H_{27}ClNO_2P$, F. 239°, bei 150° (20 Min.); 87%. — *o-Äthoxy-*, F. 209°, bei 150° (2 Std.); 75%. — *Methyl-*, $C_{27}H_{25}ClNOP$, F. 214°, bei 130° (20 Min.); 94%. — *m-Methyl-*, F. 147°, bei 150° (6 Std.); 55%. — *o-Methyl-*, F. 170° (211°), bei 150° (4 Std.); 49%. — *Carboxy-*, $C_{27}H_{23}ClNO_3P$, F. 142°, bei 180° (3 Std.); 75%. — *m-Carboxy-*, F. 172°, bei 180° (7 Std.); 68%. — *Carboxymethyl-*, $C_{28}H_{25}ClNO_3P$, F. 160°, bei 160° (4 Std.); 85%. — *Acetyl-*, $C_{27}H_{25}ClNO_2P$, F. 218°, bei 115° (10 Min.); 94%. — *m-Hydroxy-*, $C_{26}H_{23}ClNO_2P$, F. 260°, bei 170° (2 Std.); 87%. — *Carbäthoxy-*, $C_{29}H_{27}ClNO_3P$, F. 60°, bei 121° (2 Std.); 91%. — *Nitro-*, $C_{26}H_{22}ClN_2O_3P$, F. 79°, bei 128° (2 Std.); 94%. — *m-Nitro-*, F. 221°, bei 150°

(10 Min.); 90%. — *o-Chlor-*, $C_{26}H_{22}Cl_2NOP$, F. 217°, in 2 Std. bei 175°; 68%. — *2.5-Dichlor-*, $C_{26}H_{21}Cl_3NOP$, F. 280° (Zers.), bei 160° (1 Std.); 70%. — *2.4-Dichlor-*, F. 176°, in Nitromethan bei 100° (1 Std.); 84%. — *3.4-Dichlor-*, F. 221°, in Nitromethan bei 100° (2 Std.); 89%. — *2.4.6-Trichlor-*, $C_{26}H_{20}Cl_4NOP$, F. 107°, in Nitromethan bei 100° (2 Std.); 79%. — *2.4-Dibrom-*, $C_{26}H_{21}Br_2ClNOP$, F. 191°, bei 150° (20 Min.); 88%. — *2.4.6-Tribrom-*, $C_{26}H_{20}Br_3ClNOP$, F. 95°, in Nitromethan bei 100° (54 Min.); 60%. — *Dimethylamino-*, $C_{28}H_{28}ClN_2OP$, F. 229°, in Nitromethan bei 100° (1 Std.); 50%. — *Methylmethoxy-*, $C_{28}H_{27}ClNO_2P$, F. 218°, in Nitromethan bei 100° (2 Std.); 76%. — *Sulfamoyl-*, $C_{26}H_{24}ClN_2O_3PS$, F. 275° (Zers.), bei 180° (2 Std.); 68%. — *Sulfo-*, $C_{26}H_{23}\cdot ClNO_4PS$, F. 340° (Zers.), in 2 Std. in Dimethylformamid; 71%. — *Methylhydroxy-*, $C_{27}H_{25}ClNO_2P$, F. 285° (Zers.), in CH_3NO_2 bei 100° in $^1/_2$ Std.; 68%. — *N-Acetylsulfamoyl-*, $C_{28}H_{26}ClN_2O_4PS$, F. 240°, in Nitromethan bei 100° (1 Std.); 60%. — *Phenyldiazo-*, $C_{32}H_{27}ClN_3OP$, F. 244°, in Nitromethan bei 100° in $^1/_2$ Std.; 38%. — *Triphenylphosphonioessigsäurepyridylamidchlorid*, $C_{25}H_{22}ClN_2OP$, F. 218°, in Nitromethan bei 100° in $^1/_2$ Std. 45%.
H. Gleinig. 1380□

Kleine Kohlenstoff-Ringe. 6. Mitt. Valenzisomerisierungen von cis-1.2-Divinylcycloalkanen. Emanuel Vogel, Karl-Heinz Ott und Kurt Gajek. (Liebigs Ann. Chem. **644**, 172—88, 13/7. 1961; Karlsruhe, TH, Inst. für Organ. Chem.; dt.) — 5. vgl. C. **1961**, 3641. — Das aus α.β-Dibrompropionsäureester u. Na-Malonester erhältliche Cyclopropan-cis-1.2-dicarbonsäureanhydrid wird mit $LiAlH_4$ zu *cis-1.2-Bis-[hydroxymethyl]-cyclopropan* red., dieses mit p-Toluolsulfochlorid in Pyridin ditosyliert u. mit NaJ in Aceton in *cis-1.2-Bis-[jodmethyl]-cyclopropan* übergeführt. Dieses gibt mit KCN in wss. A. *Cyclopropan-cis-1.2-diacetonitril*, das alkal. zu *Cyclopropan-cis-1.2-diessigsäure* verseift wird, deren *Dimethylester* über *cis-1.2-Bis-[β-hydroxyäthyl]-cyclopropan* u. dessen *Ditosyl-Deriv. cis-1.2-Bis-[β-jodäthyl]-cyclopropan* gibt, das beim Erhitzen mit Trimethylamin *cis-1.2-Bis-[β-trimethylammonioäthyl]-cyclopropandijodid* bildet, dessen quartäre Base (durch Behandeln mit Ag_2O) bei 80° beim Hofmannschen Abbau ein Gemisch aus 40% *Cycloheptadien-(1.4)* (I) u. 60% *Cycloheptadien-(1.3)* (II) liefert. Es wird angenommen, daß II aus prim. gebildetem I entsteht, welches seinerseits das Umlagerungs-Prod. des gesuchten cis-1.2-Divinylcyclopropans darstellt, das eine sehr thermolabile Verb. sein muß. Das *Aminoxid* des *cis-1.2-Bis-[β-dimethylaminoäthyl]-cyclopropans* (V) zerfällt bei 170—180° in I u. *Dimethylhydroxylamin*. Die aus Cyclopentan-cis-1.2-dicarbonsäureanhydrid nach obigem Verf. hergestellte Cyclopentan-cis-1.2-diessigsäure wird über das Säurechlorid u. Dimethylamid zu *cis-1.2-Bis-[β-dimethylaminoäthyl]-cyclopentan* red., dessen quart. Ammoniumbase beim Hofmannschen Abbau ein olefin. Prod. ergibt, das sich aus mindestens 4 Substanzen zusammensetzt, aber nicht aufgetrennt werden konnte. Bei der Pyrolyse des Aminoxids bei 160° entsteht dagegen *cis-1.2-Divinylcyclopentan* (III). Nach 1std. Erhitzen auf 300° liegt neben Polymeren ein Gemisch von III u. *trans-1.2-Divinylcyclopentan* (IV) vor. IV entsteht auch aus Cyclopentan-trans-1.2-diessigsäure analog III. Aus diesen Verss. wird geschlossen, daß sich III beim Erhitzen auf 300° mit IV ins Gleichgewicht setzt. Beim Erhitzen von IV auf 300° entsteht auch III, aber hier tritt in stärkerem Maße Polymerisation ein.

Versuche: *cis-1.2-Bis-[hydroxymethyl]-cyclopropan*, $C_5H_{10}O_2$, Kp.$_5$ 107—109°, durch 1std. Extraktion von Cyclopropan-cis-1.2-dicarbonsäureanhydrid [F. 59—60° (Bzl.), Kp.$_6$ 113°] mit Ae. in eine äther. $LiAlH_4$-Lsg., 4std. Kochen u. Versetzen mit W. u. 30%ig. H_2SO_4 unter Eiskühlung; n_D^{20} 1,4724; 68% (Ausbeute). *Ditosylat*, $C_{19}H_{22}O_6S_2$, F. 87—88° (Methanol), durch langsames Eintropfen der Verb. in Pyridin in eine mit Eis–Kochsalz gekühlte p-Toluolsulfochlorid–Pyridin-Lsg., 1std. Rühren bei —5 bis —10°, Gießen auf Eis u. Ansäuern; 66%. — *cis-1.2-Bis-[jodmethyl]-cyclopropan*, $C_5H_8J_2$, F. 59 bis 60° (Methanol), durch 1std. Kochen vorst. Ditosyl-Verb. mit NaJ in Aceton; 90%. — *Cyclopropan-cis-1.2-diacetonitril*, $C_7H_8N_2$, Kp.$_2$ 126—127°, durch Einfließenlassen einer alkohol. Lsg. vorst. Verb. in eine auf 60—70° erwärmte wss. KCN-Lsg., 4std. Kochen, Einengen im Vakuum u. Ausäthern; n_D^{20} 1,4648; 77%. — *Cyclopropan-cis-1.2-diessigsäure*, $C_7H_{10}O_4$, F. 130,5—132° (W.), durch 2std. Kochen vorst. Verb. mit NaOH, Waschen mit Ae., Ansäuern mit 30%ig. H_2SO_4 bis pH 3 u. Ausäthern; 82%. *Dimethylester*, $C_9H_{14}O_4$, Kp.$_{13}$ 127—128°, mit Diazomethan in äther. Lsg.; n_D^{20} 1,4481; 92%. — *cis-1.2-Bis-[β-hydroxyäthyl]-cyclopropan*, $C_7H_{14}O_2$, Kp.$_{0,01}$ 136—137°, durch langsames Eintropfen vorst. Dimethylesters in Ae. in eine äther. Suspension von $LiAlH_4$ unter Eiskühlung, 3std. Kochen, Stehen über Nacht, Versetzen mit W. u. gesätt. Seignettesalz-Lsg. u. Ausäthern; n_D^{20} 1,4739; 86%. *Ditosylat*, $C_{21}H_{26}O_6S_2$, F. 51—52° (Methanol), mit p-Toluolsulfochlorid in Pyridin; 64%. — *cis-1.2-Bis-[β-jodäthyl]-cyclopropan*, durch 5std. Kochen vorst. Ditosylats mit NaJ in Aceton; hellgelbes Öl; 96%. — *cis-1.2-Bis-[β-dimethylaminoäthyl]-cyclopropan* (V), *Bismethojodid*, $C_{13}H_{30}J_2N_2$, F. 280—281° (Zers.;

Methanol), durch 6std. Erhitzen vorst. Verb. mit Trimethylamin u. Methanol im Rohr auf 80° ca. 100%. *Quart. Base*, durch 2std. Schütteln des Methojodids mit Ag_2O (aus $AgNO_3$ u. NaOH) in wss. Lsg. u. Einengen bei 10 Torr unter N_2. — *Cycloheptadien-(1.4)* (I), C_7H_{10}, Kp.$_{760}$ 115—116°, durch langsames Eintropfen der vorst. Base in einen auf 80° erwärmten Kolben bei 5 Torr, Waschen des in Kühlfallen kondensierten Prod. mit 5%ig. HCl u. dann $NaHCO_3$-Lsg., Dest. bei 40 Torr u. gaschromatograph. Trennung an Sterchamol als Träger u. Dinonylphthalat als stationärer Phase bei 80°; n_D^{20} 1,4811; 40 von 75%. — *Cycloheptadien-(1.3)* (II), Kp.$_{760}$ 119—120°, neben I als 2. Fraktion; n_D^{20} 1,4975; λ_{max} 248 mμ in Hexan; 60 von 75%. *Maleinsäureanhydrid-Addukt*, F. 113—114°. — V, $C_{11}H_{24}N_2$, Kp.$_6$ 92°, durch 12std. Stehenlassen von Cyclopropan-cis-1.2-diessigsäure mit $SOCl_2$, Zugabe von weiterem $SOCl_2$ u. 1std. Kochen u. Abdestillieren im Vakuum, Aufnehmen des *Säurechlorids* (hellgelbe Fl.) in abs. Ae., Eintropfen in eine äther. Dimethylamin-Lsg. bei —30°, 2std. Rühren bei Zimmer-Temp., 1std. Kochen, Abfiltrieren des Dimethylaminhydrochlorids, Eintropfen der äther. Lsg. des *Diamids* in eine äther. $LiAlH_4$-Lsg., 8std. Kochen u. 12std. Stehenlassen; n_D^{20} 1,4520; 61%. *Dipikrat*, $C_{23}H_{30}$·N_8O_{14}, F. 148—149°. V-*N.N'-Dioxid*, durch Zutropfen von 30%ig. H_2O_2 zu V unter Eiskühlung, Zerstörung des überschüssigen H_2O_2 durch Pt-Schwarz-Zugabe u. Einengen bei 5 Torr unter 40° (Bad-Temp.) unter N_2; gibt durch Eintropfen in einen Kolben bei 170—180°/2 Torr 46% I. — *Cyclopentan-cis-1.2-diessigsäure-bis-dimethylamid*, $C_{13}H_{24}N_2O_2$, F. 54—55° (Ae.), durch 12std. Stehenlassen von Cyclopentan-cis-1.2-diessigsäure mit $SOCl_2$, Zugabe von $SOCl_2$, 2std. Kochen, Abziehen im Vakuum, Aufnehmen des *Säurechlorids* (gelbe Fl.) in abs. Ae., Eintropfen bei —30° in Dimethylamin in Ae., 2std. Rühren bei Zimmer-Temp., 1std. Kochen, Abfiltrieren des Dimethylaminhydrochlorids, Einengen der äther. Lsg. u. Abkühlen mit Aceton/CO_2; 68%. — *cis-1.2-Bis-[β-dimethylaminoäthyl]-cyclopentan*, $C_{13}H_{28}N_2$, Kp.$_2$ 102—103°, durch Red. vorst. Verb. mit $LiAlH_4$ in Ae. analog V; n_D^{20} 1,4635; 73%. *Pikrat*, $C_{25}H_{34}N_8O_{14}$, F. 164—165°. — *cis-1.2-Divinylcyclopentan* (III), C_9H_{14}, Kp.$_{760}$ 140—141,5°, durch Spaltung des N.N'-Dioxids vorst. Verb. bei 160°/2 Torr; n_D^{20} 1,4624; 49%. — *Cyclopentan-cis-1.2-dicarbonsäure*, F. 134—135° (W.), durch Ozonisierung von 0,5 g III bei 0°, Versetzen mit 30%ig. H_2O_2 u. 24std. Erwärmen auf 60°, 1std. Erwärmen auf 90° u. Zers. des überschüssigen H_2O_2 mit Pt; 0,4 g. — *trans-1.2-Divinylcyclopentan* (IV), Kp.$_{760}$ 136 bis 137,5°, Kp.$_{70}$ 67—67,5°, a) durch 4std. Erhitzen von 2 g III in einer Quarzampulle auf 300° unter N_2, Abdestillieren von 0,4 g (Kp.$_{760}$ 132—136°) u. Gaschromatographie bei 100°; 75% des Gemisches; b) durch pyrolyt. Zers. des N.N'-Dioxids des trans-1.2-Bis-[β-dimethylaminoäthyl]-cyclopentans bei 180°/2 Torr; n_D^{20} 1,4552; 41%. Durch 4std. Erhitzen von 2 g IV auf 300° im Quarzrohr unter N_2 entstehen 0,5 g eines Gemisches (Kp.$_{760}$ 130—136°) aus 85% IV u. 15% III. — *Cyclopentan-trans-1.2-dicarbonsäurediäthylester*, Kp.$_4$ 104°, durch azeotrope Veresterung der Säure mit Äthanol in Ggw. von p-Toluolsulfonsäure durch Toluol; n_D^{20} 1,4436; 81%. — *trans-1.2-Bis-[hydroxymethyl]-cyclopentan*, Kp.$_1$ 116—117°, aus vorst. Verb. durch Red. mit $LiAlH_4$; n_D^{20} 1,4794; 88%. *Ditosylat*, F. 64—65° (Methanol), mit p-Toluolsulfochlorid in Pyridin; 79%. — *trans-1.2-Bis-[jodmethyl]-cyclopentan*, aus vorst. Verb. mit NaJ in Aceton; hellgelbes Öl; 94%. — *Cyclopentan-trans-1.2-diacetonitril*, $C_9H_{12}N_2$, Kp.$_2$ 142°, F. 38 bis 39° (A.), durch Zutropfen einer wss. KCN-Lsg. zu vorst. Verb. in A. in der Wärme u. 4std. Kochen; 71%. — *Cyclopentan-trans-1.2-diessigsäure*, F. 131° (W.), aus vorst. Verb. durch Kochen mit wss. NaOH; 78%. — *trans-1.2-Bis-[β-dimethylaminoäthyl]-cyclopentan*, $C_{13}H_{28}N_2$, Kp.$_4$ 107—108°, aus vorst. Säure über das Säurechlorid, das Diamid u. dessen Red. mit $LiAlH_4$ in Ae.; 66%. *Pikrat*, $C_{25}H_{34}N_8O_{14}$, F. 158—159°.

E. Koßmehl. 1810□

Alkylierung von Ketonen über das Zwischenprodukt des Natrium-tert.-amylats. 6. Mitt. **Ungesättigte Ketone.** 4. Mitt. **Über die Wanderung der Doppelbindung bei der Dibenzylierung einiger konjugierter Cyclenone.** Jean-Marie Conia und Claude Nevot. (Bull. Soc. chim. France **1959**, 493—96, März; Caen, Fac. des Sci.; Paris, École Norm. Supér., Labor. de Chim.; franz.) — 5. bzw. 3. vgl. C. **1959**, **14372**; vgl. auch C. **1963**, 2819. — Bei der Dibenzylierung von α.β-ungesätt. Ketonen mit Benzylbromid (**IV**) in Ggw. von Na-tert.-Amylat entstehen *α.α-dibenzylierte-β.γ-ungesätt. Ketone.* Die Verschiebung der Doppelbindung erfolgt, wie aus den UV- u. den IR-Spektren hervorgeht, in den meisten Fällen endocycl., seltener exocyclisch. So erhält man aus Isophoron (**I**) *3.5.5-Trimethyl-2.2-dibenzylcyclohexen-(3)-on* u. aus 3-Methylcyclohexen-(2)-on (**II**) *3-Methyl-2.2-dibenzylcyclohexen-(3)-on*, während aus *3.5.5-Trimethylcyclopenten-(2)-on* (**III**), das Vff. über mehrere Stufen aus 3.5-Dimethylphenol (**V**) synthetisieren, ein *Gemisch* (**A**) erhalten wird, in welchem vermutlich nebeneinander *5.5-Dimethyl-3-methylen-2.2-dibenzylcyclopentanon* (**VI**), *3.5.5-Trimethyl-2.2-dibenzylcyclopenten-(3)-on*, *5.5-Dimethyl-3-[2-phenyläthyl-(1)]-2-benzylcyclopenten-(2)-on* u. *3.5.5-Trimethyl-2.4-dibenzylcyclo-*

penten-(2)-on vorliegen. Das Vorhandensein von **VI** in **A** folgt aus der Ozonolyse von **A**, bei der *Formaldehyd* (**VII**) isoliert u. als *Dimedon-Deriv.* (**X**) identifiziert wird. Setzt man **I** mit Benzoylchlorid (**VIII**) u. Na-tert.-Amylat um, so entsteht *1-Benzoyloxy-3-methylen-5.5-dimethylcyclohexen-(1)*, dessen exo-Doppelbindung ebenfalls durch Ozonolyse u. Bldg. von **VII** nachgewiesen wird. Für alle synthetisierten Verbb. sind die Werte der UV- u. IR-Spektren angegeben.

Versuche: *3.5.5-Trimethyl-2.2-dibenzylcyclohexen-(3)-on*, $C_{23}H_{26}O$, F. 87° (A.; Nadeln), Kp.$_{16}$ 235—240°, durch Einrühren von 2 Mol Na-tert.-Amylat in Bzl. in die Lsg. von 1 Mol **I** u. 2 Mol **IV** in Ae. bei 0°, 1std. Kochen, Abkühlen u. Aufarbeitung des mit W. gewaschenen Rk.-Prod. durch Dest. im Vakuum; 70% (Ausbeute). *2.4-Dinitrophenylhydrazon*, $C_{29}H_{30}N_4O_4$, F. 189°); daneben wenig *3.5.5-Trimethyl-2-benzylcyclohexen-(2)-on*, Kp.$_{16}$ 187° (*Oxim*, F. 146°). — *3-Methyl-2.2-dibenzylcyclohexen-(3)-on*, $C_{21}H_{22}O$, F. 83,5°, aus 11 g **II**, 35 g **IV** u. Na-tert.-Amylat wie vorst.; 20 g. — *3.5.5-Trimethylcyclopentanon* (**IX**), $C_8H_{14}O$, Kp.$_{760}$ 155,5°, durch Umwandlung von **V** über *3.5-Dimethylcyclohexanol* u. *α.γ-Dimethyladipinsäure* in *3.5-Dimethylcyclopentanon* u. Rk. des letzteren mit CH_3J u. Na-tert.-Amylat; n_D^{20} 1,4293. *2.4-Dinitrophenylhydrazon*, $C_{14}H_{18}N_4O_4$, F. 154°. — *3.5.5-Trimethyl-2-bromcyclopentanon*, $C_8H_{13}BrO$, durch Einrühren von 70 g Br_2 in Chlf. in die Lsg. von 40 g **IX** in Chlf. bei 0°, 1/4std. Rühren bei Raum-Temp., Gießen in mit wenig $NaHSO_3$ versetztes Eiswasser u. Dest. der organ. Phase im Vakuum; 70 g. — *3.5.5-Trimethylcyclopenten-(2)-on* (**III**), Kp.$_{19}$ 74,5°, durch 40 Min. langes Erhitzen von 70 g vorst. Verb. mit 150 ml γ-Collidin auf 140°, Zugabe von W., Waschen mit 20%ig. H_2SO_4, Dest. der organ. Phase im Vakuum u. Reinigung über das *Semicarbazon*; n_D^{18} 1,4672; 40%. *Oxim*, $C_8H_{13}NO$, F. 99°. *Semicarbazon*, $C_9H_{15}N_3O$, F. 201°. *2.4-Dinitrophenylhydrazon*, $C_{14}H_{16}N_4O_4$, F. 220°. — *3.5.5-Trimethyl-2-benzylcyclopenten-(2)-on*, Kp.$_{18}$ 178°, durch Rk. von 3 g **III** mit 9,6 g **IV** u. Na-tert.-Amylat; 1,2 g (*2.4-Dinitrophenylhydrazon*, $C_{21}H_{22}N_4O_4$, F. 175°); daneben *Gemisch* (**A**) aus *5.5-Dimethyl-3-methylen-2.2-dibenzylcyclopentanon* (**VI**), *3.5.5-Trimethyl-2.2-dibenzylcyclopenten-(3)-on*, *5.5-Dimethyl-3-[2-phenyläthyl-(1)]-2-benzylcyclopenten-(2)-on* u. *3.5.5-Trimethyl-2.4-dibenzylcyclopenten-(2)-on*, $C_{22}H_{24}O$, Kp.$_{18}$ 235—250°; 3,7 g. — *Formaldehyd, Dimedon-Deriv.* (**X**), F. 190°, durch Ozonolyse von **A** u. Rk. mit Dimedon. — *3.5.5-Trimethyl-2-benzylcyclopentanon*, $C_{15}H_{20}O$, Kp.$_{22}$ 160°, durch Rk. von 0,6 g **IX** mit 1,13 g **IV** u. Na-tert.-Amylat in der beschriebenen Weise; 0,2 g; daneben *3.5.5-Trimethyl-2.2-dibenzylcyclopentanon*, $C_{22}H_{26}O$, F. 60°, Kp.$_{22}$ 208°; 0,77 g. — *1-Benzoyloxy-3-methylen-5.5-dimethylcyclohexen*, $C_{16}H_{18}O_2$, F. 104° (A.), durch Einrühren von 230 ml benzol. 2,2n-Na-tert.-Amylat in die Lsg. von 69 g **I** in 250 ml Bzl. bei 0°, Einrühren von 35 g **VIII** in 250 ml Bzl., Ansäuern mit HCl u. Einengen der Lsg. im Vakuum; 45 g; liefert bei der Ozonolyse **X**. E. Rotter. 1960□

Untersuchungen zur Synthese der Wielandschen Tricarbonsäure. Synthese von trans-3-Methylcyclopentanon-3.4-dicarbonsäure und 4.5-Dicyan-3.5-dimethylhepten-1.4.6.7-tetracarbonsäuretetraäthylester. D. K. Banerjee, T. R. Kasturi, P. Bagchi, A. R. Sen Gupta und S. K. Das Gupta. (Indian Inst. Sci., golden Jubilee Res. Vol. **1909—1959,** 68—79, 1959; Dep. of Organ. Chem.; engl.) — Die Synth. von *trans-3-Methylcyclopentanon-3.4-dicarbonsäure*, *trans-2-Methylcyclopentan-1.2-dicarbonsäure* u. *4.5-Dicyan-3.5-dimethylhepten-1.4.6.7-tetracarbonsäuretetraäthylester* {mögliche Zwischenprodd. der Wielandschen Tricarbonsäure (γ-[2α. 3β-Dicarboxy-2β-methylcyclopentyl-(1β)]-valeriansäure)} durch Cope-Knoevenagel-Kondens. von Acetobernsteinsäurediäthylester (I) u. Cyanessigsäureäthylester werden beschrieben. Dabei wird in Ggw. von Ammoniumacetat/Eisessig *2-Methyl-3-carbäthoxy-5-oxo-Δ²-pyrrolin* (**II**), in Ggw. von Diäthylamin/Eisessig ein Gemisch von *α- u. β-Acetyl-β-[N.N-diäthylaminocarbonyl]-propionsäureäthylester* (**A**) als Nebenprod. erhalten. Die Strukturaufklärung der Nebenprodd. wird beschrieben.

Versuche: *Acetobernsteinsäurediäthylester* (**I**), Kp.$_4$ 120—122°, durch 12std. Kochen von Na-Acetessigsäureäthylester, Acetessigsäureäthylester u. Chloressigsäureäthylester in abs. Bzl.; n_D^{24} 1,4360; 70% (Ausbeute). — *1-Cyan-2-methylbuten-1.3.4-tricarbonsäuretriäthylester* (**III**), $C_{15}H_{21}NO_6$, Kp.$_1$ 162—165°, a) durch 20std. Kochen von 95 g **I**, 51,8 g Cyanessigsäureäthylester, 7,3 g Ammoniumacetat, 22 ml Eisessig u. 120 ml abs. Bzl. unter Wasserabscheidung; n_D^{24} 1,4712; 7,5 g; daneben 10 g **II** u. 64 g **I**; b) durch 24std. Kochen von 175 g **I**, 91 g Cyanessigsäureäthylester, 30 ml Dimethylamin, 100 ml Eisessig u. 250 ml abs. Bzl., Kühlen, Zugabe von 15 ml Dimethylamin, 50 ml Eisessig u. 25ml abs. Bzl. u. 24std. Kochen; 35 g; daneben *Gemisch aus α- u. β-Acetyl-β-[N.N-diäthylaminocarbonyl]-propionsäureäthylester* (**A**), $C_{12}H_{21}NO_4$, Kp.$_{0,5}$ 135—140°; n_D^{26} 1,4624; 35 g; c) durch Kochen von 105 g **I**, 58 g Cyanessigsäureäthylester, 20 g Triäthylamin u. 30 ml Essigsäure in 100 ml abs. Bzl. bis zur Beendigung der Wasserabscheidung; 4 g. — *1.2-Dicyan-2-methylbutan-1.3.4-tricarbonsäuretriäthylester* (**IV**), $C_{16}H_{22}N_2O_6$, durch

Zugabe von 20%ig. HCl zu 33 g III u. KCN in wss. A. bei 0°; n_D^{25} 1,4622; 34,5 g. — *2-Methylbutan-1.2.3.4-tetracarbonsäuretetraäthylester*, $C_{17}H_{28}O_8$, Kp.$_5$ 180—190°, durch 32std. Kochen von 13 g IV mit konz. HCl, Eindampfen, Extrahieren mit Aceton, Eindampfen u. 72std. Kochen mit A. in Ggw. von konz. H_2SO_4; 7,8 g. — *3-Methylcyclopentanon-3.4.5-tricarbonsäuretriäthylester*, $C_{15}H_{22}O_7$, Kp.$_{4,5}$ 170—172°, durch 6std. Kochen von 7,7 g vorst. Verb. mit Na in abs. Bzl. unter N_2 u. Zugabe zu verd. HCl/Eis. — *trans-3-Methylcyclopentanon-3.4-dicarbonsäure*, $C_8H_{10}O_5$, F. 169—170°, durch 20std. Kochen vorst. Verb. mit 20%ig. H_2SO_4; aus Aceton/Bzl. Platten. — *trans-2-Methylcyclopentan-1.2-dicarbonsäure*, $C_8H_{12}O_4$, F. 140—141° (Bzl./PAe.), durch 32std. Kochen vorst. Verb. mit amalgamiertem Zn in verd. HCl. — *4.5-Dicyan-3.5-dimethylhepten-1.4.6.7-tetracarbonsäuretetraäthylester*, $C_{23}H_{32}N_2O_8$, Kp.$_{7,4\cdot10^{-3}}$ 120—130° (Bad-Temp.), durch 1std. Stehen von 34,5 g IV u. K-tert.-Butylat in tert.-Butanol bei 20°, Zugabe von 17 g 4-Brompenten-(2)-säureäthylester u. 30std. Kochen; hellrotes viscoses Öl; 32 g. — *Verb. $C_{19}H_{28}O_{10}$*, Kp.$_{0,01}$ 145—150°, durch Sättigen einer methanol. Lsg. von 17 g vorst. Verb. mit HCl, 6std. Kochen, Eindampfen, Extrahieren mit Chlf., Eindampfen, 60std. Kochen mit wss. KOH, Ansäuern, Eindampfen, Extrahieren mit Aceton, 12std. Kochen mit 10%ig. H_2SO_4, Sättigen mit $(NH_4)_2SO_4$, Extrahieren mit Äthylacetat, Eindampfen, 72std. Kochen mit Methanol in Ggw. von konz. H_2SO_4, Verdünnen mit Salz-Lsg., Extrahieren mit Ae. u. Zugabe von Diazomethan; n_D^{21} 1,4835; 4,5 g. — *α-Cyanmethylacetessigsäureäthylester*, $C_8H_{11}NO_3$, Kp.$_{0,8}$ 115—117°, durch Zugabe von Chloracetonitril zu 78 g I u. 4,6 g Na in abs. Bzl. u. 10std. Kochen; n_D^{22} 1,4414; 25,5 g. — *2-Methyl-3-carbäthoxy-5-oxo-Δ^2-pyrrolin* (II), $C_8H_{11}NO_3$, F. 131—132,5°, durch 1std. Rühren von 5 g vorst. Verb. mit konz. H_2SO_4 bei Temp. 0°; aus Bzl. Nadeln; 4 g. — *Lävulinsäureäthylester*, Kp.$_{10}$ 75—78°, a) durch 20std. Kochen von 9 g II mit konz. HCl, Eindampfen u. 12std. Kochen mit A. in Ggw. von konz. H_2SO_4; n_D^{23} 1,4218; 3 g; b) analog a) aus 8 g **A**; 3 g. *Semicarbazon*, F. 153—154°; aus W. Nadeln. *2.4-Dinitrophenylhydrazon*, F. 100—101° (A.). W. Hampel. 2020□

Beiträge zum Oxydationsmechanismus von p-Nitrotoluol. A. Caraculacu, Cr. Mărculescu, A. Petruş, E. Cocea und Ilie Matei. (Studii Cercetări ştiinţ. [Iaşi], Chim. **10**, 247—60, 1959; Iaşi, Acad. R.P.R., Inst. de Chim. „Petro Poni"; rum.) — Untersucht wird die Geschw. der Luftoxydation von p-Nitrotoluol zu *4.4'-Dinitrodibenzyl* [F. 178,5—179,5° (Bzl.)] bei 15, 20 u. 25°. Die Rk. wird durch einen ion. Mechanismus eingeleitet u. verläuft dann nach einem radikal. Mechanismus. K. Lange. 2210

Synthese einiger Verbindungen mit 2 einander benachbarten Dreiringen. A. P. Meschtscherjakow und I. Je. Dolgi. (Доклады Академии Наук СССР [Ber. Akad. Wiss. UdSSR] **139**, 1379—82, 21/8. 1961; Zelinsky-Inst. für Organ. Chem. der Akad. der Wiss. der UdSSR; russ.) — Aus Isopropenylcyclopropan (I) werden Verbb. mit zwei benachbarten Dreiringen dargestellt.

Versuche: *Isopropenylcyclopropan* (I), Kp.$_{759}$ 70°, durch Einw. von 0,01 Gew.-% 100%ig. H_2SO_4 auf Dimethylcyclopropylcarbinol; n_D^{20} 1,4257; $D._4^{20}$ 0,7509. — *1-Methyl-1-cyclopropylcyclopropan*, C_7H_{12}, Kp.$_{762}$ 88—89,5°, durch Zutropfen von 33 g I zu einer erwärmten Lsg. von 53,6 g Methylenjodid, 0,15 g J_2 u. 16,3 g Zn/Cu in 165 ml abs. Ae. u. 25std. Erwärmen; n_D^{20} 1,4221; $D._4^{20}$ 0,7826; 37% (Ausbeute). — *2-Methyl-2-cyclopropylcyclopropan-1-carbonsäure* (II), Kp.$_{11}$ 120°, durch 15std. Kochen nachst. Esters mit 20%ig. wss.-äthanol. KOH; n_D^{20} 1,4710; $D._4^{20}$ 1,0328. *Äthylester*, $C_{10}H_{16}O_2$, Kp.$_{11}$ 83°, durch Zutropfen einer Lsg. von 38,8 g Diazoessigester zu 32 g I zu einem sd. Gemisch von 4 g $CuSO_4$ u. 200 g I u. $^1/_2$std. Erhitzen; n_D^{20} 1,4513; $D._4^{20}$ 0,9613; 59,6%. — *1-Methyl-1-cyclopropyl-2-acetylcyclopropan*, $C_9H_{14}O$, Kp.$_{12}$ 76—77°, durch Zugabe von 14 g **II** in 200 ml Ae. zur äther. Lsg. von 4,5 g Li u. CH_3Cl bei 35°, 9std. Erhitzen des Gemisches u. Zers. mit W.; n_D^{20} 1,4588; $D._4^{20}$ 0,9047; 29%. — *Dimethyl-[2-methyl-2-cyclopropylcyclopropyl]-carbinol*, $C_{10}H_{18}O$, a) Kp.$_{22}$ 88,5—89°, durch Vermischen von $LiCH_3$ (aus 4,5 g Li u. CH_3Cl in 200 ml abs. Ae.) mit 17 g **II**-Äthylester bei 35°, 8std. Kochen u. Zers. mit W.; n_D^{20} 1,4595; $D._4^{20}$ 0,9037; 70%; b) Kp.$_{25}$ 86°, durch 8—10std. Kochen von CH_3MgCl (aus 10 g Mg) in 200 ml abs. Ae. mit 21 g **II** u. Zers. mit W.; n_D^{20} 1,4657; $D._4^{20}$ 0,8850. — Die Raman-Spektren aller synthetisierten Verbb. sind angegeben.

E. Dobolyi. 2270□

Chemie aromatischer Jodososalze. 1. Mitt. Reaktion mit Aralkylsulfiden. Kurt C. Schreiber und Vincent P. Fernandez. (J. org. Chemistry **26**, 2910—16, Aug. 1961; Pittsburgh, Pa., Duquesne Univ., Dep. of Chem.; engl.) — Im folgenden bedeuten: **I** = *Phenyljoddichlorid*; **II** = *Benzylphenylsulfid*; **III** = *Dibenzylsulfid*; **IV** = *Benzhydrylphenylsulfid*; **V** = *Benzhydrylbenzylsulfid*; **VI** = *α-Chlorbenzylphenylsulfid*; **VII** = *Phenylmagnesiumbromid*; **VIII** = *α-Chlordibenzylsulfid*; **IX** = *Monoperphthalsäure*; **X** = *Phenylmethansulfonsäurechlorid*; **XI** = *Benzylmercaptan*; **XII** = *Peressigsäure*; **XIII** = *Diphenylmethylchlorid*; **XIV** = *N-Chlorsuccinimid*; **XV** = *2.4-Dinitrophenylhydrazin*;

XVI = *Benzophenon*; **XVII** = *Dibenzyldisulfid*; **XVIII** = *Triphenylmethan*; **XIX** = *Phenylmercaptan*; **XX** = *Jodbenzol*; **XXI** = *α-Chlordibenzylsulfon*; **XXII** = *Phenylmethansulfensäurechlorid*; **XXIII** = *Dibenzylsulfoxid*; **XXIV** = *Benzaldehyd*; **XXV** = *Benzoesäure*; **XXVI** = *Benzolsulfensäurechlorid*; **XXVII** = *Phenyljoddiacetat*. Vff. untersuchen die Einw. von **I** auf **II, III, IV** u. **V**. Die Rk. verläuft vermutlich über ein *Chlorsulfoniumchlorid* als Zwischenprod., das sich je nach der Natur der am S gebundenen organ. Reste entweder unter Abspaltung von HCl in ein *α-Chlorsulfid* umwandelt, oder sich in ein *Sulfensäurechlorid* (**D**) u. *Alkyl(aryl)chlorid* aufspaltet. **D** kann in den meisten Fällen nur durch seine Umwandlungs-Prodd. erkannt werden. **I** geht in beiden Fällen in **XX** über. Aus **I** u. **II** entsteht unter HCl-Entw. **VI**, aus dem mit **VII IV** gebildet wird, das sich mit H_2O_2 zum *Sulfon* oxydieren läßt. Durch Hydrolyse liefert **VI** neben **XXIV** *Benzaldehyddiphenylmercaptal*, das zum *Disulfon* oxydiert wird. Äquimol. Mengen **I** u. **III** reagieren unter Bldg. des nicht isolierten **VIII**, das mit **VII V** liefert u. mit **IX** in **XXI** übergeht. Läßt man **XII** auf **VIII** in Eisessig einwirken, so erfolgt Spaltung einer C—S-Bindung u. es werden **X** u. **XXV** isoliert. **X** entsteht auch aus **XI** über *Phenylmethansulfonsäure* bzw. deren *Na-Salz* oder auch aus **XXIII** durch Einw. von SO_2Cl_2 u. Oxydation des nicht isolierten **XXII** mit **XII**. **X** wird ferner durch Eintragen von **XI** in **XIV** u. Oxydation mit **XII** erhalten. Gibt man umgekehrt **XIV** zu **XI**, so isoliert man **XVII**. **X** entsteht aus **XXI** u. **XII** auch in Ggw. von HCl nicht. Läßt man **I** u. **III** im Verhältnis 2 : 1 zusammen reagieren, so erhält man ein Rk.-Gemisch, das bei der Hydrolyse *Tetraphenylthiophen* u. bei der Oxydation mit **XII X** liefert. Bei der Umsetzung von **I** u. **IV** entsteht neben **XIII** eine *Verb.* (**B**), in der vermutlich **XXVI** vorliegt, denn **B** bildet mit **XIX** *Diphenyldisulfid*. **XIII** liefert mit **VII XVIII**. Das aus **I** u. **V** isolierte *Rk.-Prod.* (**C**) gibt mit **XV** das *2.4-Dinitrophenylhydrazon* von **XVI**. **C** liefert mit **XII** oder mit **IX X** u. **XVI**; mit **VII** entstehen aus **C XI, XVIII** u. ein *KW-Stoff* $C_{25}H_{20}$. Mit **XI** reagiert **C** unter Abspaltung von HCl u. Bldg. von **XVII**. Durch Vakuum-Dest. wird aus **C** eine *Fraktion Kp.*$_{0,2}$ *115—125°* (**A**) isoliert, die mit **XI** in **V** u. mit **XIX** in **IV** übergeht. In **A** liegt vermutlich ein Gemisch vor, das aus **XIII** u. wenig **XXII** besteht. **XXVII** reagiert mit **II** bzw. **III** unter Bldg. von *Benzylphenylsulfoxid* bzw. **XXIII**. **I** reagiert mit Benzylphenylsulfon u. mit **XIII** nicht. Der Mechanismus der Rkk. wird ausführlich diskutiert. Für **VIII** ist eine IR-Bande angegeben.

Versuche: *α-Chlorbenzylphenylsulfid* (**VI**), Kp.$_2$ 149°, durch portionsweise Zugabe von **I** zu der äquimol. Menge **II** in Chlf. unter Schütteln (HCl-Entw.), ca. 1 std. Aufbewahren u. Vakuum-Dest. des Chlf.-Rückstandes; 72% (Ausbeute); daneben *Jodbenzol* (**XX**), Kp.$_2$ 48—50°. — *Benzhydrylphenylsulfid* (**IV**), F. 78—79°, aus **VI** u. **VII** in großem Überschuß u. Hydrolyse mit Eiswasser. — *Benzhydrylphenylsulfon*, F. 187—188°, aus **IV** u. 30%ig. H_2O_2 in Eisessig. — *Benzaldehyddiphenylmercaptal*, F. 49—50°, durch 3 std. Kochen der aus **I** u. **II** wie oben dargestellten Chlf.-Lsg. des **VI–XX**-Gemisches mit W., Abtrennen der Chlf.-Schicht, Extraktion der wss. Lsg. mit Chlf. u. Vakuum-Dest. des Rückstandes der vereinigten Chlf.-Lsgg.; 90% (bezogen auf S); daneben **XXIV–XX**-Gemisch; Kp.$_5$ 55—56°. — *Benzaldehyddiphenyldisulfon*, $C_{19}H_{16}O_4S_2$, F. 204—205°, aus vorst. Verb. u. 40%ig. **XII**. — *Benzhydrylbenzylsulfid* (**V**), F. 70—71°, durch Umsetzung äquimol. Mengen **I** u. **II** analog **VI**, 24 std. Aufbewahren des Rk.-Gemisches, Abdestillieren von Chlf. u. **XX** im Vakuum u. Rk. des aus **VIII** bestehenden Rückstandes ohne Isolierung von **VIII** mit überschüssigem **VII**; 88%. — *Benzhydrylbenzylsulfon*, $C_{20}H_{18}O_2S$, F. 153—154°, aus **V** u. 30%ig. H_2O_2 in Eisessig. — *α-Chlordibenzylsulfon* (**XXI**), F. 118 bis 119°, durch Rk. von rohem **VIII** mit **IX** in Ae. unter Kühlung, 48 std. Aufbewahren, Einengen der von *Phthalsäure* abfiltrierten Lsg. u. Extraktion des Rückstandes mit sd. Bzl.; 52,3%. — *Tetraphenylthiophen*, F. 183—184° (Bzl.–A.; Nadeln), durch portionsweise Zugabe von 45,8 g **I** zu 17,8 g **III** in Chlf. unter Schütteln, 24 std. Aufbewahren, 1$^1/_2$ std. Kochen des Chlf.-Rückstandes mit W., Ae.-Extraktion der wss. Lsg., Entfernung von 1,6 g **XXIV** aus der abgetrennten Ae.-Lsg. über die *$NaHSO_3$-Anlagerungs-Verb.*, Eindampfen der mit W. gewaschenen Ae.-Schicht, Entfernung von **XX** aus dem Ae.-Rückstand durch Vakuum-Dest., Absorption des verbleibenden, in PAe. gelösten Rk.-Gemisches an Al_2O_3, Elution von 0,8 g *Stilben*, F. 124—125° mit Bzl. u. weitere Elution mit Bzl.; 5,4 g. — *Phenylmethansulfonsäurechlorid* (**X**), F. 92—93° (Bzl.–PAe.; Nadeln), a) durch 24 std. Aufbewahren von äquimol. Mengen **I** u. **III** in Chlf., Abdestillieren von Chlf. u. **XX** im Vakuum, Lösen des aus rohem **VIII** bestehenden Rückstandes in Eisessig, Zugabe von **XII** unter Schütteln, Eingießen der Lsg. nach 12 std. Stehenlassen bei Raum-Temp. in Eis u. Absaugen des ausgeschiedenen Nd.; 68,2%; b) durch Oxydation von nach Böhme u. Gran (vgl. C. **1953**, 9125) dargestelltem **VIII** mit **XII** analog a); 84% (daneben **XXV** durch Einengen des wss.-essigsauren Filtrats von **X** im Vakuum, Aufnehmen des Rückstandes in NaOH u. Ansäuern; 35%; c) durch Zugabe von 40%ig. **XII** zu 5,6 g **XI** in Eisessig in der Kälte unter Schütteln, Sättigen mit HCl-Gas, 24 std. Aufbewahren, Eingießen in Eis, Abfiltrieren von bereits ausgeschiedenem 0,3 g **X**, Eindampfen der wss. Lsg. im Vakuum, Aufnehmen des Rückstandes mit NaOH, Eindampfen u. Behandeln von 5 g der insgesamt 7,5 g erhaltenen *phenylmethansulfonsauren-Na* mit PCl_5 u. $POCl_3$; 2,8 g; d) durch Einrühren von SO_2Cl_2 in CCl_4 zu der äquimol. Menge **XXIII** in CCl_4 innerhalb von 1 Std. bei 0°, weiteres 1/2std. Rühren (HCl-Entw.), Eintropfen von 40%ig. **XII** zu der **XXII** enthaltenden Lsg., 24std. Aufbewahren u. Einengen im Vakuum; 68,2% (daneben **XXV**; 31,1%); e) durch portionsweise Zugabe von **XI** in CCl_4 zu der äquimol. Menge **XIV** in CCl_4 bei 0°, 1std. Rühren, Zugabe von **XII**, 24std. Aufbewahren, Eindampfen im Vakuum u. Extraktion des Rückstandes mit Bzl.; 77,6%. — *Phenylmethansulfonsäureamid*, F. 103—104°, aus **X** u. NH_4OH. — *Diphenylmethylchlorid* (**XIII**), $Kp._4$ 135—138°, durch Einrühren von 27,5 g **I** in 22,5 g **IV** in CCl_4, 24std. Aufbewahren, Abdestillieren von CCl_4, Entfernung von 18,1 g **XX** u. von 7,5 g *Benzolsulfensäurechlorid* (**XXVI**; $Kp._{11}$ 80—82°) durch Dest. im Vakuum; 12,6 g. — *Benzhydrol*, F. 68—69°, durch Hydrolyse von **XIII** mit 10%ig. NaOH. — *Diphenyldisulfid*, aus **XXVI** u. **XIX** unter Entw. von HCl. — *Triphenylmethan* (**XVIII**), F. 90—91°, durch Rk. des analog **XIII** dargestellten, von CCl_4 u. **XX** durch Dest. befreiten Roh-Prod. mit **VII**, 12std. Rühren, Zers. mit NH_4Cl, Ae.-Extraktion u. Abdestillieren des Ae.; 66%. — *Benzophenon* (**XVI**). *2.4-Dinitrophenylhydrazon*, F. 240—241°, a) durch Zugabe von **I** zu der äquimol. Menge **V** in CCl_4, 24std. Aufbewahren, Behandeln des **C** enthaltenden Rk.-Prod. mit portionsweise zugegebener **XII** in der Kälte, 12std. Rühren, Abdestillieren von CCl_4 u. Essigsäure im Vakuum u. Behandeln des **XVI** enthaltenden Rückstandes mit **XV**; 70,5% (daneben **X**; 49%); b) analog a) mit **IX** an Stelle von **XII**; 35% (daneben **X**; 51%); c) durch Einw. von **XV** direkt auf die aus **I** u. **V** bereitete **C**-Lsg.; 31%. — *Dibenzyldisulfid* (**XVII**), F. 71—73° (A.), a) durch Rk. der aus **I** u. **V** wie vorst. gewonnenen, **C** enthaltenden Lsg. mit **XI**; 82,4%; b) durch Zugabe von **XIV** zu der äquimol. Menge **XI** in CCl_4 in der Kälte, 24std. Aufbewahren u. Eindampfen der von *Succinimid* abfiltrierten Lsg.; 57,5%. — *Fraktion vom* $Kp._{0,2}$ *115—120°* (**A**), durch Rk. von **I** u. **V** in CCl_4, Abdestillieren von CCl_4 aus der **C** enthaltenden Lsg. u. fraktionierte Dest. (daneben **XX**); liefert bei 2tägigem Aufbewahren mit **XI V**; 48,6%. — *Benzhydrylphenylsulfid* (**IV**), F. 78—79° (A.), analog **V** aus **A** u. **XIX**; 54%. — *KW-Stoff* $C_{25}H_{20}$, F. 200 bis 204°, durch Darst. einer Lsg. von **C** in CCl_4 aus äquimol. Mengen **I** u. **V**, Entfernung von CCl_4 u. von **XX** durch Dest., Zugabe von **VII** u. Ae., 24std. Rühren, Hydrolyse mit verd. HCl u. Ae.-Extraktion; 11%. — *Benzylmercaptan* (**XI**), $Kp._{0,05}$ 65—70°, wie vorst. durch Rk. des aus **I** u. **V** u. Abdestillieren von CCl_4 u. **XX** erhaltenen **C** mit **VII** in Ae., 12std. Rühren, Zers. mit NH_4Cl-Lsg., Ae.-Extraktion u. Dest. des Ae.-Rückstandes im Vakuum; 44% (liefert bei der Oxydation mit J_2 **XVII**); daneben als 2. Fraktion *Biphenyl* (F. 68—69°) u. als Rückstand **XVIII**; 34,8%. — *Benzylphenylsulfoxid*, F. 124—125° (Bzl.; PAe.), durch Zugabe von **II** zu der benzol. Lsg. äquimol. Mengen **XXVII**, 2tägiges Aufbewahren u. Einengen; 51%. — *Dibenzylsulfoxid* (**XXIII**), F. 133—134°, wie vorst. aus **XXVII** u. **III**; 22%. G. Plötner. 2290□

Alkaminester von α.ω-Diphenylalkancarbonsäuren. 3. Mitt. Derivate der β-Phenyl-α-[p-methoxyphenyl]-propion-, α.β-Diphenylpropion- und α.γ-Diphenylbuttersäure. O. Ju. Magidsson, W. A. Wolskowa und W. M. Fedossowa. (Журнал Общей Химии [J. allg. Chem.] **30** (92), 1860—66, Juni 1960; Chem.-Pharmazeut. Allunions-Ordshonikidse-Forschungsinst.; russ.) — 2. vgl. C. **1957**, 11281. — Es wurden *α-[p-Methoxyphenyl]-β-phenyl-*(**I**), *α.β-Diphenylpropionsäure* (**II**) u. *α.γ-Diphenylbuttersäure* (**III**) u. deren *Chloride, Tropinester, Amide* u. *Alkylaminoalkylester* dargestellt. Die Verbb. sind spasmolyt., adrenolyt. u. nicotinolyt. aktiv.

Versuche: *α-[p-Methoxyphenyl]-β-phenylpropionitril*, $C_{16}H_{15}NO$, Kp. 182—185°, F. 66,5—67,5°, man gibt zu 6,45 g $NaNH_2$ in 150 ml Bzl. 22 g p-Methoxyphenylacetonitril, erhitzt 1/2 Std. auf 90°, gibt in 1/2 Std. bei 20° 20,85 g Benzylchlorid zu u. rührt 8 Std.; 39,2% (Ausbeute). Daneben *α.α-Dibenzyl-p-methoxyphenylacetonitril*, $C_{23}H_{21}NO$, F. 111—112,5° (A.); rechteckige Plättchen; 13,9%; liefert nach 9std. Erhitzen mit Alkali auf 140—150° in geringer Ausbeute *α.α-Dibenzyl-p-methoxyphenylacetamid*, $C_{23}H_{23}NO_2$, F. 180—182° (A.). — *α-[p-Methoxyphenyl]-β-phenylpropionsäure* (**I**), $C_{16}H_{16}O_3$, F. 104,5—106°, man kocht 2,5 g **I**-Nitril, 1,7 g KOH, 1,7 ml W. u. 7 ml A. 9 Std., läßt über Nacht stehen, filtriert, dampft ein, löst in W. u. säuert mit HCl an; 76%. *Amid*, $C_{16}H_{17}NO_2$, F. 159,5—161° (A.), bei der Darst. von **I**; rechteckige Plättchen; 13%. *Äthylester*, $C_{18}H_{20}O_3$, $Kp._2$ 170—171°, durch 9std. Kochen von 12 g **I**, 120 ml A. u. 12 ml konz. H_2SO_4; 87%. *Chlorid*, $C_{16}H_{15}ClO_2$, F. 64—66° (PAe.), aus 15 g **I** u. 9 g $SOCl_2$ (2 Std. bei 70°); 87%. *β-Diäthylaminoäthylester*, $C_{22}H_{29}NO_3$, $Kp._2$ 206—207°, durch 4std. Kochen von 8 g β-Diäthylaminoäthanol u. 5 g **I**-Chlorid in 10 ml Bzl.; 61,9%; *Hydrochlorid*, $C_{22}H_{30}ClNO_3$, F. 122—124° (Bzn.). *γ-Diäthylaminopropylester*, $C_{23}H_{31}NO_3$,

Kp.$_{1,5}$ 220—222°; *Hydrochlorid*, $C_{23}H_{32}ClNO_3$, F. 122—123,5° (Bzl.). *Tropinester*, $C_{24}H_{29}$·NO_3, F. 92—92,5° (A.), man erhitzt 10,5 g I-Chlorid, 4,73 g Tropin u. 30 ml Bzl. 17 Std. auf 70—75°; 70%; *Hydrochlorid*, $C_{24}H_{30}ClNO_3$, F. 190—192° (Chlf.-Ae.). *β-Diäthylaminoäthylamid*, $C_{22}H_{30}N_2O_2$, F. 61—62° (Ae.), man gibt zu 3,4 g N.N-Diäthyläthylendiamin in 10 ml Bzl. tropfenweise 6 g I-Chlorid u. rührt 3 Std. bei 75—80°; *Hydrochlorid*, F. 122 bis 123° (Äthylacetat); *Methojodid*, $C_{23}H_{33}JN_2O_2$, F. 148—149,5° (abs. A.). — *α.β-Diphenylpropionsäure* (II), F. 82°, durch 15std. Kochen von Benzaldehyd mit Na-Phenylacetat in Acetanhydrid (→ *trans-α.β-Diphenylacrylsäure*, F. 170—172°) u. Hydrierung bei 50—60 at in wss. Alkali an Raney-Ni; ca. 100%. *Chlorid*, $C_{15}H_{13}ClO$, Kp.$_2$ 140—142°, mit $SOCl_2$. *Amid*, $C_{15}H_{15}NO$, F. 133—134° (W.), aus II-Chlorid u. wss. NH_3. *Tropinesterhydrochlorid*, $C_{23}H_{28}ClNO_2$, F. 194—195° (abs. Isopropanol), man gibt zu 10,4 g II-Chlorid in 20 ml Bzl tropfenweise 6 g Tropin in 20 ml Bzl. u. erhitzt 6 Std. auf 85—90°; 75%. *β-Diäthylaminoäthylester*, $C_{21}H_{27}NO_2$, Kp.$_2$ 173—180°, man gibt 30,6 g II-Chlorid in 65 ml Bzl. zu 15 g N.N-Diäthylaminoäthanol in 50 ml Bzl. u. erhitzt 6 Std. auf 80°; 82%; *Hydrochlorid*, $C_{21}H_{28}ClNO_2$, F. 110—112° (A.-Ae.); 96%. *γ-Diäthylaminopropylester*, Kp.$_{1-1,5}$ 151—155°, aus II-Chlorid u. γ-Diäthylaminopropanol; *Hydrochlorid*, $C_{22}H_{30}ClNO_2$, F. 138—140°. — *α.γ-Diphenylbuttersäure* (III), *Chlorid*, $C_{16}H_{15}ClO$, F. 31,5 bis 33,5° (PAe.), aus III u. $SOCl_2$. *β-Diäthylaminoäthylester*, Kp.$_4$ 215—216°, aus 5 g III-Chlorid u. 8,8 g β-Diäthylaminoäthanol in 100 ml Bzl. (5 Std. bei 80°); 77,5%; *Oxalat*, $C_{24}H_{31}NO_6$, F. 103,5—105°. *γ-Diäthylaminopropylester*, Kp.$_{1,5}$ 181—182°; 68%. *Oxalat*, $C_{25}H_{33}NO_6$, F. 130,5—132°. *Tropinesterhydrochlorid*, $C_{24}H_{30}ClNO_2$, F. 177,5—178,5° (abs. A.-Ae.), aus 10 g III-Chlorid u. 4,9 g Tropin in 40 ml Bzl. (40 Std. bei 85—90°); 68—70%. *β-Diäthylaminoäthylamid*, F. 33,5—35°; *Oxalat*, $C_{24}H_{32}N_2O_5$, F. 113—114° (A.).
Helmut Schäfer. 2410

Beitrag zur Kenntnis der α.α.α'.α'-tetrasubstituierten Dinitrile. Jean Décombe und Ginette Dubois. (C. R. hebd. Séances Acad. Sci. **254**, 4308—09, 18/6. 1962; Dijon, Fac. des Sci.); franz. — Durch Einw. von α.ω-Dihalogenalkanen auf Diphenylacetonitril (Na-Verb.; I) werden unter gleichzeitiger Entstehung von ungesätt. Verbb. nach Extraktion des Rk.-Prod. mit Toluol zur Entfernung von nicht umgesetztem I folgende α.α.α'.α'-Tetraphenyldicarbonsäuredinitrile (A) erhalten: *-adipinsäure-*, $C_{30}H_{24}N_2$, F. 166—167°; 4,5% (Ausbeute). — *-pimelinsäure-*, $C_{31}H_{26}N_2$, F. 179°; 2%. — *-korksäure-*, $C_{32}H_{28}N_2$, F. 228°; 32%. — *-azelainsäure-*, $C_{33}H_{30}N_2$, F. 138°; 10%. Die A sind reaktionsträge Verbb., die durch ca. 24std. Kochen mit KOH in Glykol in geringem Umfang unter Bldg. von *Diphenylessigsäure* ($C_{14}H_{12}O_2$, F. 145°) gespalten werden.
Gisela Schreiber. 2420□

Die Synthese von Dibenzyl-4.4'-diisocyanat. Elena Cocea, A. Caraculacu, Cristineta Mărculescu, Alla Petruş und Ilie Matei. (Studii Cercetări ştiinţ. [Iaşi], Chim. **10**, 261—69, 1959; Iaşi, Acad. R.P.R., Inst. de chim. „Petrus Poni"; rum.) — Beschrieben wird die Synth. von *Dibenzyl-4.4'-diisocyanat*: *4.4'-Diaminodibenzyl, Dihydrochlorid*, durch Red. von 4.4'-Dinitrodibenzyl in A./HCl; 92% (Ausbeute). — *Dibenzyl-4.4'-diisocyanat*, $C_{16}H_{12}N_2O_2$, F. 80° (PAe.), durch Rk. vorst. Verb. mit Phosgen; 88%.
Klaus Lange. 2490

Die Cycloaddition von Äthoxyacetylen an Diphenylketen. J. Druey, E. F. Jenny, K. Schenker und R. B. Woodward. (Helv. chim. Acta **45**, 600—10, 15/3. 1962; Basel, CIBA AG., Pharmazeut. Abt., Forsch.-Labor.; Cambridge, Mass., Harvard Univ.; dt.) — Die Rk. von Äthoxyacetylen (I) mit Diphenylketen (II) bei —20° ergibt *1.1-Diphenyl-2-äthoxycyclobuten-(2)-on-(4)* (III), *1-Äthoxy-3-oxo-3a-phenyl-3.3a-dihydroazulen* (IV) u. *1-Phenyl-2-äthoxy-4-hydroxynaphthalin* (V). Die chem. u. physikal. Eigg. der Isomeren III u. IV werden diskutiert u. ein ausführlicher Strukturbeweis für IV wird beschrieben. Zur Charakterisierung von III u. IV werden Hydrierungen, Hydrolysen, Oxydationen u. therm. Zerss. durchgeführt. IR-, UV- u. Protonenresonanzspektren (in $CDCl_3$ bei 60 MHz u. Tetramethylsilan als inneren Standard) werden angegeben.

Versuche: *1.1-Diphenyl-2-äthoxycyclobuten-(2)-on-(4)* (III), $C_{18}H_{16}O_2$, F. 94—96° (Ae.), durch Zugabe von I zu II in abs. Pentan bei —35°, 9tägiges Stehen bei —25°, Absaugen u. Extrahieren mit Ae.; 30% (Ausbeute); daneben IV. — *1-Äthoxy-3-oxo-3a-phenyl-3.3a-dihydroazulen* (IV), $C_{18}H_{16}O_2$, F. 160—161° (abs. A. oder Bzl.), a) durch Zugabe von I zu II in Nitromethan bei —35°, 1wöchiges Stehen bei —20°, Absaugen u. Umkristallisieren aus abs. A.; 32%; b) durch Kochen eines Gemisches von III/IV mit Bzl. über Nacht, Extrahieren mit 2n NaOH u. Eindampfen der benzol. Lsg.; 32%; daneben V, durch Ansäuern der Extrakte; c) durch Umsetzen von VIII (s. unten) mit Diazoäthan; daneben wenig *1-Oxo-3-äthoxy-3a-phenyl-1.3a-dihydroazulen*. — *1-Phenyl-2-äthoxy-4-hydroxynaphthalin* (V), F. 172—174°, Kp.$_{0,15}$ 160—180°, durch Eindampfen der Mutterlaugen von IV nach a) im Vakuum, Kochen mit Bzl. über Nacht, Extrahieren mit 2n NaOH u. Ansäuern mit 2n HCl; 32%. — *1-Äthoxy-3-oxo-3a-phenyl-3.3a.4.5.6.7-hexahydroazulen* (**VI**), $C_{18}H_{20}O_2$, F. 160—162° (abs. A.), durch Hydrieren von **IV** in A. in Ggw. von Pd/Kohle. — *1-Äthoxy-3-oxo-3a-phenyl-3.3a.4.5.6.7.8.8a-oktahydroazulen* (**VII**), $C_{18}H_{22}O_2$, F. 82—84°, Kp.$_{0,1}$ 150—170° (Kugelrohr), durch vollständige Hydrierung von **IV** analog **VI**. — *1-Hydroxy-3-oxo-3a-phenyl-3.3a-dihydroazulen* (**VIII**), $C_{16}H_{12}O_2$, F. 196—198°, durch 4std. Kochen von 2,64 g **IV** mit 2n äthanol. KOH; aus verd. A. gelbe Kristalle; 2,2 g. — *1-Hydroxy-3-oxo-3a-phenyl-3.3a.4.5.6.7-hexahydroazulen*, $C_{16}H_{16}O_2$, F. 227—233° (verd. A.), durch alkal. Hydrolyse von **VI** analog **VIII**. — *1-Hydroxy-3-oxo-3a-phenyl-3.3a.4.5.6.7.8.8a-oktahydroazulen* (**IX**), $C_{16}H_{18}O_2$, F. 160—165° (Ae./Isopropanol), a) aus **VII** analog **VIII**; b) durch katalyt. Hydrierung von **VIII**. — *1-Äthoxy-3-hydroxy-3a-phenyl-3.3a-dihydroazulen*, $C_{18}H_{18}O_2$, F. 122—123°, durch Kochen von 3 g **IV** mit $NaBH_4$ in wss. Dioxan u. Extrahieren mit Methylenchlorid; aus 90% ig. Methanol fahlgelbe Prismen; 2,44 g. — *1-Oxo-3a-phenyl-1.3a-dihydroazulen*, $C_{16}H_{12}O$, F. 109—110° (**X**), durch 1½std. Stehen einer Lsg. von 1,5 g vorst. Verb. in CH_2Cl_2 mit 2n HCl in Essigester bei 25°; aus A. gelbliche Schuppen; 1,05 g. *2.4-Dinitrophenylhydrazon*, $C_{22}H_{16}N_4O_4$, F. 183°; karminrote Kristalle. — *1-Oxo-3a-phenylperhydroazulen*, $C_{16}H_{20}O$, Kp.$_{0,1}$ 140° (Kugelrohr), durch Hydrieren von 440 mg vorst. Verb. in A. in Ggw. von Pd/Kohle; 350 mg. *2.4-Dinitrophenylhydrazon*, $C_{22}H_{24}N_4O_4$, F. 148—151°; citronengelbe Kristalle; daneben aus den Mutterlaugen *Stereoisomeres vom F. 118—125°*. — *1-Äthoxy-3-hydroxy-3a-phenyl-3.3a.4.5.6.7.8.8a-oktahydroazulen*, durch Red. von 1 g **VII** mit $LiAlH_4$ in abs. Ae.; 1 g. — *1-Oxo-3a-phenyl-1.3a.4.5.6.7.8.8a-oktahydroazulen*, $C_{16}H_{18}O$, Kp.$_{0,1}$ 140° (Kugelrohr), durch 1std. Stehen vorst. Verb. mit 2n HCl in Essigester in CH_2Cl_2, Chromatographie an Al_2O_3 u. Eluieren mit Bzl.; 600 mg. — *2.3-Cycloheptano-3-phenyl-4-hydroxy-4-carboxybutyrolacton*, durch Oxydation von 4,84 g **IX** in verd. NaOH mit $KMnO_4$ bei 55—60°; 4,95 g. *Methylester*, mit CH_2N_2. — *1-Phenylcycloheptan-1.2-dicarbonsäureanhydrid*, $C_{15}H_{16}O_3$, F. 67°, Kp.$_{0,05}$ 135—137°, durch Zugabe von Pb-Tetraacetat zu 7,27 g vorst. Verb. in Bzl./Pyridin bei 25°; aus Ae./Hexan Platten; 4,1 g; daneben *Benzoesäure*, F. 121—122°, Kp.$_{11}$ 135°; aus Ae./Hexan Schuppen; 0,28 g. — *1-Phenylcyclohepten*, Kp.$_{12}$ 130—140° (Kugelrohr), durch Erhitzen vorst. Anhydrides mit $Ba(OH)_2$ u. Seesand im Kugelrohr, Chromatographie an Al_2O_3 u. Eluieren mit Pentan; 9%; daneben 3,1% *Phenylcycloheptan*, höhere *ungesätt. KW-Stoffe* (durch Eluieren mit Bzl.; gelbes Öl) u. *α,β-ungesätt. Keton* (durch Eluieren mit Chlf.; gelbes Öl. *2.4-Dinitrophenylhydrazon*; rote Kristalle). — *1-Phenyl-4-hydroxynaphthalin*, $C_{16}H_{12}O$, F. 137°, durch Sublimieren von **X** bei 120°/0,02 Torr; aus Bzl./Hexan Nadeln. — *1-Phenyl-2-hydroxy-4-äthoxynaphthalin*, $C_{18}H_{16}O_2$, F. 84—85° (PAe.), Kp.$_{0,15}$ 160° (Kugelrohr), durch 1std. Erhitzen von 3 g **IV** auf 300° im Rohr; 2,7 g. — *1-Phenyl-2.4-diäthoxynaphthalin*, $C_{20}H_{20}O_2$, F. 112—113° (abs. A.), a) durch Zugabe von Diäthylsulfat zu vorst. Verb. in 1n NaOH; b) analog a) aus **V**. W. Hampel. 2600□

Untersuchungen über die Konstitution einer Verbindung, die sich bei der Autoxydation von 2-Phenylindandion-(1.3) bildet. Jean Rigaudy und Philippe Aubrun. (C. R. hebd. Séances Acad. Sci. **254**, 2372—74, 26/3. 1962; Paris, École Super. de Phys. et de Chim. industr,, Labor. de Chim. organ.; franz.) — Bei der Autoxydation von 2-Phenylindandion-(1.3) in Pyridin (Py)-Lsg. in Ggw. von Cu_2Br_2 bildet sich neben *Bis-[2-phenylindandion-(1.3)-yl-(2)]* (**II**) eine *farblose Verb.* $C_{30}H_{18}O_4$ (**III**), F. (alle bei schnellem Erhitzen) 334—335°, (*Monoacetyl-Deriv.*, $C_{32}H_{20}O_5$, F. 228—229°), die auch durch bloßes Schmelzen von **II** erhalten werden konnte u. sich als isomer mit **II** erwies. Oxydation von **III** mit $KMnO_4$ in Py führte zu einer einbasigen Säure $C_{30}H_{18}O_6$ (**IV**) (F. 288—290°, *Methylester*, $C_{31}H_{20}O_6$, F. 229—230°). Anschließende CrO_3-Oxydation in Essigsäure spaltete **IV** in *Phthalsäure* u. eine zweite einbasige Säure $C_{22}H_{14}O_4$ (**V**) (F. 298 bis 299°. *Methylester*, $C_{23}H_{16}O_4$, F. 198—199°), für die auf zwei verschiedenen Wegen die Konstit. einer *o-[2-Phenylindandion-(1.3)-yl-(2)-benzoesäure* nachgewiesen werden konnte: Einw. von H_3PO_4 in der Wärme führt unter Ringschluß zu einer gelben, neutralen *Spiro-Verb.* $C_{22}H_{12}O_3$, F. 235—236°, welche bei der Hydrolyse durch konz. H_2SO_4 in der Wärme *Phthalsäure* (**VII**; 34% Ausbeute) u. *Anthron* (63%) u. nach Lösen in kalter KOH durch Autoxydation **VII** (77%) u. *Anthrachinon* (72%) gab. Bei der Einw. lauwarmer NaOH unterliegt **V** hydrolyt. Spaltung unter Bldg. einer *Dicarbonsäure* $C_{22}H_{16}O_5$ (**VI**) (F. 200—202°), deren Struktur durch oxydative Spaltung mit CrO_3 in **VII** (45%) u. *o-Benzoylbenzoesäure* (49%) gesichert wurde. **VI** läßt sich weiterhin leicht (durch Wärme, Essigsäureanhydrid/Py oder konz. HCl) zu einer *neutralen Verb.* $C_{22}H_{14}O_4$ (F. 203—205°), u. einem *sauren Lacton* (**I**) dehydratisieren, denen IR-Spektren auf ein *Dilacton* (**VIII**) bzw. ein Diphenylisocumarin hinweisen. Einw. von methanol. HCl auf **VI, VIII** u. **I** führt zu dem gleichen *Methylester von* **I** ($C_{23}H_{16}O_4$, F. 168—169°). Für **III** wird damit die Konstit. eines *1-[2-Phenylindandion-(1.3)-yl-(2)]-2-[indandion-(1.3)-yl-(2)]-benzols* sichergestellt. Gerhard Müller/Bitterfeld. 2650□

Synthese von Bis-[methylindenyl]-eisen. Je. B. Ssokolowa, M. P. Schebanowa und W. D. Scheludjakow. (Журнал Общей Химии [J. allg. Chem.] **31** (93), 3379—81, Okt. 1961; Moskau, Chem.-Technol. Menedelejew-Inst.; russ.) — Es wird die Synth. von *Bis-[methylindenyl]-eisen* beschrieben.

Versuche: *Hydrocinnamoylchlorid*, $Kp._3$ 89°, aus Hydrozimtsäure; $D._4^{20}$ 0,99701; n_D^{20} 1,5930; 90% (Ausbeute). — *Indanon-(1)*, F. 41°; 90%. — *1-Methylinden* (**I**), $Kp._{11}$ 135°; n_D^{20} 1,5657; 80%. — *Bis-[methylindenyl]-eisen*, $C_{20}H_{18}Fe$, F. 107—108° (aus Ae. bei —20° oder durch Sublimation); a) man gibt zu 0,25 Mol Äthyl-MgBr in Di-n-butyläther bei 20° 0,25 Mol **I** in 50 ml Di-n-butyläther, dann portionsweise 0,12 Mol $FeCl_2$, erhitzt 5 Std. lang auf 110—120°, dampft bei 3 mm ein, extrahiert den Rückstand mit Ae. u. kühlt auf —5° ab; geringe Menge schwarzer Kristalle; b) man gibt zu n-Butyl-Li (aus 0,5 Mol Li, 0,2 Mol n-Butylbromid u. 150 ml Ae.) 0,19 Mol **I** in 50 ml Ae., kocht 4 Std. lang auf dem Wasserbad, gibt bei 15° 0,095 Mol $FeCl_2$ zu, erwärmt weitere 3 Std., filtriert, dampft die äther. Lsg. etwas ein u. kühlt auf —5° ab; 23%; c) man gibt zu 0,046 Mol **I** in 40 ml Diäthylamin 0,023 Mol $FeCl_2$ unter lebhaftem Rühren hinzu, rührt das Rk.-Gemisch noch 18 Std. lang, dest. mit Wasserdampf von 120°, trocknet den Rückstand u. sublimiert; geringe Ausbeute. Helmut Schäfer. 2650

Untersuchungen über die Diels-Alder-Reaktionen von 3-Methoxydienen-(1.3). 2. Mitt. **Die Synthese von Perhydro-(4aα.8aα)-naphthalindiol-(1.4)-on-(6).** Masuo Murakami und Saburo Senoh. (Mem. Inst. sci. ind. Res. Osaka Univ. **12**, 165—66, 1955; engl.) — 1. vgl. Mem. Inst. sci. ind. Res. Osaka Univ. **11**, [1954], 183. — *6-Methoxy-1.4-dioxo-1.4.4aα.5.8.8aα-hexahydronaphthalin*, durch Diels-Alder-Rk. aus 2-Methoxybutadien-(1.3) u. p-Chinon gewonnen, wird bei Zimmer-Temp. mit Raney-Ni in 91,8%ig. Ausbeute partiell zu *6-Methoxy-1.4-dioxo-1.2.3.4.4aα.5.8.8aα-oktahydronaphthalin* (**I**; F. 122—123°) hydriert. **I** liefert bei milder saurer Hydrolyse *1.4.6-Trioxoperhydronaphthalin* (F. 131—132,5°). Red. von **I** mit $LiAlH_4$ liefert ein teilweise krist. Gemisch, das wahrscheinlich aus *6-Methoxy-1β.4β-dihydroxy-1.2.3.4.4aα.5.8.8aα-oktahydronaphthalin* (**II**) u. *4β.6β-Epoxy-6-methoxy-1β-hydroxyperhydro-(4aα.8aα)-naphthalin* besteht. Behandlung des rohen **II** mit Essigsäure gibt *6-Oxo-1.4-hydroxyperhydro-(4aα.8aα)-naphthalin* (F. 150—151°, Plättchen). D. Frank. 2700□

Gaschromatographie von Phenanthrenkohlenwasserstoffen. Franco Piozzi und Paola Vita-Finzi. (Atti Accad. naz. Lincei, Rend., Cl. Sci. fisiche, mat. natur. [8] **29**, 549—54, Dez. 1960; Milano, Politecn., Ist. di Chim. Gen.; ital.) — Zur gaschromatograph. Trennung von Testgemischen werden folgende Phenanthren-KW-Stoffe als Vgl.-Substanzen herangezogen: *Phenanthren* (**I**), *3-Methyl-*, *2-Methyl-*, *1-Methyl-*, *2-Äthyl-*, *1.7-Dimethyl-* (*Pimanthren*), *1-Methyl-7-äthyl-* u. *1-Methyl-7-isopropylphenanthren* (*Reten*). Dabei wird mit der App. Fractovap Modell B (**A**; Carlo Erba) u. der App. Gasofract 300 (**B**; Dr. Virus) gearbeitet. Aufbau, Arbeitsweise u. Trennfähigkeit der App. **A** u. **B** werden ausführlich beschrieben. Aus den in Chromatogrammen u. in einer Tabelle aufgeführten Vers.-Ergebnissen ist zu folgern, daß sich homologe u. strukturisomere KW-Stoffe durch das beschriebene Verf. leicht, stellungsisomere KW-Stoffe dagegen nur schlecht trennen lassen. Bei gleichzeitiger Auswertung der IR-Spektren läßt sich aus den Chromatogrammen erkennen, wieviel C-Atome die Alkylseitenketten von **I**-Derivv. in unbekannten Gemischen haben. G. Platzer. 2850□

Untersuchung über den Stoffwechsel von 3.4;9.10-Dibenzpyren. Envare Ünseren und Louis F. Fieser. (J. org. Chemistry **27**, 1386—89, 12/4. 1962; Cambridge, Mass., Harvard Univ., Chem. Labor.; engl.) — *3.4;9.10-Dibenzpyren* (**I**) verbleibt bei Mäusen an der Injektionsstelle u. wird nicht im Stoffwechsel abgebaut. **I** wurde in 5- u. 8-Stellung der Oxydation (mit CrO_3 oder SeO_2), der Nitrierung u. der Acetoxylierung mit Pb-Tetraacetat unterworfen. Durch Rk. mit Na/Amylalkohol entsteht aus **I** die *1.2.6.7-Tetrahydro-Verb.*, katalyt. Hydrierung ergibt zunächst die *1.2-Dihydro-Verb.*, dann *3.4;9.10-Bis-[tetrahydrobenz]-pyren*. UV-Absorptionsspektren vgl. Original.

Versuche: *3.4;9.10-Dibenzpyren* (**I**), F. 278°, durch 1 std. Rk. des Gemisches von 5.8-Dioxo-5.8-dihydro-3.4;9.10-dibenzpyren, Zn-Staub, NaCl u. $ZnCl_2$ bei 290—300° unter Rühren, Kühlen u. Versetzen mit Eis/konz. HCl; aus Xylol u. Bzl. goldfarbene Platten; 60% (Ausbeute). — *5.8-Dioxo-5.8-dihydro-3.4;9.10-dibenzpyren*, $C_{24}H_{12}O_2$, F. 370°, a) durch 1 std. Kochen von **I** in Essigsäure mit wss. CrO_3-Lsg. u. Versetzen mit W.; aus Xylol rote Nadeln; 66%; b) durch 3 std. Rk. von **I** in Nitrobenzol mit SeO_2 bei 150—160° unter Rühren, Kühlen auf 50°, Filtrieren, Waschen mit Bzl., Versetzen des Filtrats mit gepulvertem Ag u. Stehen über Nacht; 43%; c) durch 1 std. Kochen von 170 mg nachst. Verb. mit methanol. KOH; 125 mg. — *5.8-Diacetoxy-3.4;9.10-dibenzpyren*, $C_{28}H_{18}O_4$, F. 332°, a) durch Versetzen der sd. Lsg. vorst. Verb. in Acetanhydrid bei Ggw. von Na-Acetat mit Zn-Staub während 45 Min., Zugabe von Essigsäure, Dekantieren u. Zugabe von W.; aus Xylol gelbe Nadeln; 90%; b) durch Rk. benzol. I-Lsg. mit Pb-Tetraacetat in Essigsäure bei Raum-Temp. (1 Nacht); 75%. — *5.8-Dinitro-3.4;9.10-dibenzpyren*, $C_{24}H_{12}N_2O_4$, F. 385°, durch Versetzen der Bzl.-Lsg. von I mit Essigsäure, dann mit konz. HNO_3/Essigsäure unter Rühren u. Stehen über Nacht bei Raum-Temp.; aus Nitrobenzol orangerote Nadeln; 84%. — *1.2-Phthaloylanthrachinon*, $C_{22}H_{10}O_4$, F. 330°, durch Versetzen der Suspension vorst. Verb. in Essigsäure mit wss. CrO_3-Lsg. unter Rühren, 1std. Kochen (115—120°), Kühlen auf 50° u. Versetzen mit heißem W.; aus Xylol gelbe Nadeln; 61%. — *1.2.6.7-Tetrahydro-3.4;9.10-dibenzpyren*, $C_{24}H_{18}$, F. 248°, durch Zugabe von Na zur sd. Lsg. von I in Isoamylalkohol während 4 Std., Kühlen, Versetzen mit W., dann mit Ae., Waschen der organ. Phase mit W. u. verd. Säure, Eindampfen im Vakuum, Chromatographie in Bzl. an Al_2O_3 u. Eluieren mit Bzl.; aus Cyclohexan gelbe Blättchen; 40%. — *1.2-Dihydro-3.4;9.10-dibenzpyren*, $C_{24}H_{16}$, F. 224—225°, durch 2std. Schütteln von I in Essigester/Essigsäure mit PtO_2 in H_2-Atmosphäre u. chromatograph. Reinigen; aus Cyclohexan hellgrüngelbe Blättchen; 65%. — *3.4;9.10-Bis-[tetrahydrobenz]-pyren*, $C_{24}H_{22}$, F. 193—194°, aus I analog vorst. Verb. durch 10std. Hydrieren u. chromatograph. Reinigen; aus Cyclohexan bläulichweiße Nadeln; 67%. H.-J. Weigmann. 2950

Kondensation ungesättigter Aldehyde im heterogenen System. Joseph Wiemann und Pierre Lepoutère. (C. R. hebd. Séances Acad. Sci. **254**, 4305—07, 18/6. 1962; Paris, Labor. de Chim. organ. structurale; franz.) — Crotonaldehyd (I) u. 2-Äthyl-3-propylacrolein (II) liefern bei der Kondens. bei 350° in Ggw. von MgO neben dem aus I entstandenen *o-Toluylaldehyd* u. einem Gemisch von Abbau- u. Kondens.-Prodd. *2-Methyl-3.5-diäthylbenzaldehyd* [**IV**; $C_{12}H_{16}O$, $Kp._{36}$ 160—170°, durch Gaschromatographie der bei 106—140°/15 mm sd. Fraktion des Rk.-Prod. aus I u. II an Diäthylenglykolsuccinat; 2,8% (Ausbeute); *2.4-Dinitrophenylhydrazon*, $C_{18}H_{20}N_4O_4$, F. 191 bis 193,5°; *Semicarbazon*, F. 135—137°]. **IV** wird bei 400° zu *3.5-Diäthylbenzaldehyd* entmethyliert. — Analog entsteht aus 3-[Furyl-(2)]-acrolein (**III**) u. I in Ggw. von Bzl. bei 400° *2-[Furyl-(2)]-benzaldehyd* ($C_{11}H_8O_2$, F. 42,5—43°, $Kp._{0,6}$ 119—120°; n_D^{20} 1,6256; luftempfindlich; 12%; *2.4-Dinitrophenylhydrazon*, F. 222—223°; *Semicarbazon*, F. 178 bis 179,5°; *Oxim*, F. 82,5—83,5°) u. aus **III** u. 2-Methyl-3-äthylacrolein bei 400° in Ggw. von Bzl. *2-[Furyl-(2)]-3.5-dimethylbenzaldehyd* [**V**; $C_{13}H_{12}O_2$, F. 72,5—73°, $Kp._{0,4}$ 102—104° (gelbliche Nadeln); 20%; *2.4-Dinitrophenylhydrazon*, F. 235—236,5° (Zers.); *Semicarbazon*, F. 200,5—202,5°; *Oxim*, F. 102,75—103,5°]. **V** geht durch Oxydation mit $KMnO_4$ in der Kälte in *2-[Furyl-(2)]-3.5-dimethylbenzoesäure* ($C_{13}H_{12}O_3$, F. 157,25 bis 158°) u. durch Red. mit $LiAlH_4$ in *2-[Furyl-(2)]-3.5-dimethylbenzylalkohol* (F. 56,5 bis 57,5°) über. Für die synthetisierten Verbb. sind die Daten der UV- u. IR-Spektren angegeben. Gisela Schreiber. 3061 □

Die Synthese von 2.2-Diphenyltetrahydro-β-furonitril. Richard K. Hill und Sándor Barcza. (J. org. Chemistry **27**, 317—19, 18/1. 1962; Princeton, N.J., Univ., Frick Chem. Labor.; engl.) — Vff. synthetisierten *2.2-Diphenyltetrahydro-β-furoesäure* (**IV**)-*Nitril* aus *2.2-Diphenyl-3-hydroxymethyltetrahydrofuran* (**I**) durch Oxydation zu **IV**; Darst. des *Amids* u. dessen Rk. mit PCl_5 sowie durch Oxydation des *Tosylats* von I mit Dimethylsulfoxid oder 3-Picolin-N-oxid zum *Aldehyd* u. Abspaltung von W. aus dessen *Oxim* [daneben entsteht *Benzophenon* (**V**), für dessen Bldg. ein Mechanismus vorgeschlagen wird]. Der Vers., **IV** durch Oxydation von 2.2-Diphenyltetrahydropyranon-(3) (**II**) mit SeO_2 oder H_2SeO_4 darzustellen, ergab nur **V**. **I** wurde durch $LiAlH_4$-Red. von γ.γ-Diphenylparaconsäureäthylester (**III**) oder β-Brom-**III** zu *1.1-Diphenyl-2-hydroxymethylbutandiol-(1.4)* u. dessen Cyclisierung in Ggw. von p-Toluolsulfonsäure (**VI**) erhalten.

Versuche: *β-Brom-γ.γ-diphenylparaconsäureäthylester*, F. 95—96° (Aceton/PAe.), aus β-Carbäthoxy-γ.γ-diphenylvinylessigsäure u. KBr in 0,9n $NaHCO_3$-Lsg. durch Zutropfen von Br_2, ½ std. Rühren, Entfärben mit $Na_2S_2O_3$ u. Abfiltrieren; 98% (Ausbeute). — *1.1-Diphenyl-2-hydroxymethylbutandiol-(1.4)*, $C_{17}H_{20}O_3$, F. 122—123° (Chlf., Bzl.), a) aus **III** mit $LiAlH_4$ in abs. Ae. u. Zers. mit CH_3COOH; 93%; b) analog a) aus vorst. Verb.; 68%. — *2.2-Diphenyl-3-hydroxymethyltetrahydrofuran* (**I**), $C_{17}H_{18}O_2$, F. 93,5 bis 94,5°, aus 1 g vorst. Verb. durch 24std. Kochen in Chlf. mit **VI**; Nadeln aus PAe.; 83%. *p-Toluolsulfonat*, $C_{24}H_{24}O_4S$, F. 102—103° (Chlf./Hexan, dann Hexan u. Hexan/CCl_4), mit **VI**-Chlorid durch 8std. Stehen in Pyridin; 96%. — *2.2-Diphenyltetrahydro-β-furaldehyd*, aus 0,1 g **I**-*Tosylat*, a) durch 3 Min. langes Erhitzen mit $NaHCO_3$ u. Dimethylsulfoxid auf 145—195°, Gießen in W., Chlf.-Extraktion u. Überführung ins *2.4-Dinitrophenylhydrazon* [daneben *Benzophenon* (**V**)-*2.4-Dinitrophenylhydrazon*, F. 238—240° (Chlf./A.), durch Auskochen mit 50%ig. A.; 80 mg]; b) analog a) mit 3-Picolin-N-oxid. *Oxim* (**VII**), $C_{17}H_{17}NO_2$, F. 152—153°, aus 1 g **I**-*Tosylat* durch Zusatz von $NH_2OH \cdot HCl$ zur

Lsg. des rohen, nach a) dargestellten Aldehyds, ½ std. Erwärmen auf 50°, Gießen in W. u. Chlf.-Extraktion; Nadeln aus Cl_4; 0,2 g. — *Benzophenon* (**V**), F. 48—49° (wss. A.), durch Zugabe von **VI**, wenig Pyridin, 30% ig. H_2O_2 u. tert.-Butanol zu H_2SeO_4 u. 11½ std. Kochen; 88,5%. — *2.2-Diphenyltetrahydro-β-furoesäure* (**IV**), $C_{17}H_{16}O_3$, F. 188—188,5° (50% ig. A., dann CCl_4 u. Bzl.), aus **I** u. CrO_3 in CH_3COOH, 1 std. Rühren, Stehen über Nacht, Zusatz verd. H_2SO_4 u. Chlf.-Extraktion; 33%. *Amid*, $C_{17}H_{17}NO_2$, F. 181—181,5° (A., dann Bzl.), durch 24 std. Kochen von **IV** mit $SOCl_2$ in Bzl., Eindampfen, Lösen in Bzl. u. Einleiten von NH_3 unter Kühlung; 26%. *Nitril*, $C_{17}H_{15}NO$, F. 119—119,5°, a) aus 0,2 g **IV**-*Amid* in Bzl. u. PCl_5 durch Stehen über Nacht; Prismen aus Chlf./A.; 0,1 g; b) aus 50 mg **VII** mit PCl_5 in 2 Tagen; 40 mg. H.-J. Kötzsch. 3061 □

Zur Kenntnis der Nef-Reaktion. 4. Mitt. α-Nitrostilben und Acetessigester. Friedrich Boberg, Abdelfattah Marei und Georg Richard Schultze. (Liebigs Ann. Chem. **655**, 102—09, 31/7. 1962; Hannover, Inst. für Erdölforsch.; dt.) — 3. vgl. C. **1960**, 4505. — Die aus Na-Acetessigester (**VI**) u. α-Nitrostilben (**I**) darstellbare *Aci-form* (**IIa**) von *1-Nitro-1.2-diphenylpentanon-(4)-carbonsäure-(3)-äthylester* (**II**) geht bei therm. Behandlung in Methanol oder A. bzw. Essigester nicht die Nef-Rk. ein, sondern es entstehen eine *Verb. vom F. 191°* bzw. eine *Verb. vom F. 172°*. **II** u. **IIa** geben mit äthanol. Alkali oder Alkoholat schon $<0°$ *5-Methyl-2.3-diphenyl-2.3-dihydrofurancarbonsäure-(4)*-**IV**-*Äthylester* (**III**). **III** gibt bei alkal. Verseifung **IV**, die beim Erhitzen $>$F. in *5-Methyl-2.3-diphenyl-2.3-dihydrofuran* (**V**) übergeht. Mit $LiAlH_4$ werden **III** u. **IV** zu *5-Methyl-4-hydroxymethyl-2.3-diphenyl-2.3-dihydrofuran* red., das sich im Gegensatz zu **III** u. **V** leicht polymerisiert. **III** u. **V** addieren Methanol in Ggw. von Säure zu *5-Methyl-2.3-diphenyl-5-methoxytetrahydrofuran* (**VII**)-*4-Carbonsäureäthylester* bzw. **VII**. Während **III** auch beim Kochen mit konz. HCl unverändert bleibt, addiert **V** schon beim Stehen an der Luft u. bes. in Ggw. wss. Säuren W. zu *5-Methyl-2.3-diphenyl-5-hydroxytetrahydrofuran.*

Versuche: *1-Nitro-1.2-diphenylpentanon-(4)-carbonsäure-(3)-äthylester* (**II**), F. 119°, durch Zugabe von Diäthylamin zu 286 g Phenylnitromethan u. 453 g Benzalacetessigester in A. bei 0° u. 6tägiges Stehen bei 0°; 597 g (mit Triphenylisoxazol verunreinigt). *aci-Form* (**IIa**), Zers. bei ca. 80°, durch Zugabe von **I** in abs. Ae. zu **VI** in abs. Ae. bei —5° unter Rühren, 1 std. Rühren bei 0°, Schütteln mit Eiswasser, Waschen mit Ae. u. Ansäuern bei 0°; 83% (Ausbeute). — *5-Methyl-2.3-diphenyl-2.3-dihydrofurancarbonsäure-(4)* (**IV**), $C_{18}H_{16}O_3$, Zers. bei 162° (Methanol oder Bzn./Bzl.), durch 3 std. Kochen von **III** mit KOH in W./Methanol, Verdünnen mit Eiswasser, Waschen mit Ae. u. Ansäuern unter Eiskühlung; 20%. *Äthylester* (**III**), $C_{20}H_{20}O_3$, $Kp._{0,4}$ 174°, a) durch Schütteln von **II** mit 1 n äthanol. NaOH bei Raum-Temp. bis zur Lsg., 4tägiges Stehen bei Raum-Temp., Filtrieren, Versetzen mit Eiswasser, Lösen des Nd. in Ae. u. Waschen mit angesäuertem W.; 72%; b) durch 4tägiges Stehen von **IIa** in 1 n äthanol. KOH bei Raum-Temp., Filtrieren u. Aufarbeitung wie bei a); n_D^{20} 1,5676; 60%. — *5-Methyl-4-hydroxymethyl-2.3-diphenyl-2.3-dihydrofuran*, $C_{18}H_{18}O_2$, $Kp._{0,8}$ 193—195°, durch Zutropfen von **III** in Ae. zu $LiAlH_4$ in Ae. unter Feuchtigkeitsausschluß u. Rühren, 2 std. Kochen u. Zers. mit W.; Öl; 42%. — *5-Methyl-2.3-diphenyl-2.3-dihydrofuran* (**V**), $C_{17}H_{16}O$, $Kp._{0,8}$ 147°, $Kp._{0,2}$ 120—124°, a) durch Erhitzen von **IV** auf 185—190° bis zum Ende der Gas-Entw.; n_D^{20} 1,5772; 100%; b) neben **IV**; 52%. — *5-Methyl-2.3-diphenyl-5-methoxytetrahydrofuran* (**VII**), $C_{18}H_{20}O_2$, F. 78° (Methanol), durch Versetzen von **V** in abs. Methanol mit einer Spur HCl oder einem Tropfen konz. H_2SO_4, 3tägiges Stehen, Zugabe von Ae. u. festem $NaHCO_3$ u. ½ std. Rühren; 66%. *4-Carbonsäureäthylester*, $C_{21}H_{24}O_4$, F. 116°, durch Einleiten einer Spur HCl in eine Lsg. von 5 g **III** in abs. Methanol, 3tägiges Stehen, Zugabe von abs. Ae. u. festem $NaHCO_3$ u. ½ std. Rühren; Nadeln aus Bzn.; 36%. — *5-Methyl-2.3-diphenyl-5-hydroxytetrahydrofuran*, $C_{17}H_{18}O_2$, F. 118° (Essigester/Bzn., dann Essigester) durch Kochen von **V** in Eisessig u. Zutropfen von W., bis zur Trübung 99%. *4-Nitrobenzoat*, $C_{24}H_{21}NO_5$, F. 154° (Bzl., dann Methanol u. A.), durch ½ std. Erhitzen in Pyridin mit Nitrobenzoylchlorid auf dem Wasserbad u. Gießen in W.; 27%. P. Scharner. 3061 □

Umwandlungen von Aminen der Furanreihe in Pyrrolidin-Homologe. I. F. Belski und N. I. Schuikin. (Доклады Академии Наук СССР [Ber. Akad. Wiss. UdSSR] **137**, 331—32, 11/3. 1961; Inst. für Org. Chem. der Akad. der Wiss. der UdSSR; russ.) — Vff. beschreiben die Darst. von *2-n-Propyl-5-alkylpyrrolidinen* aus 1-[α-Furyl]-3-aminoalkanen.

Versuche: *1-[α-Furyl]-3-aminobutan* (**I**), $Kp._{25}$ 94—96°, durch Rk. von Furfurylidenaceton mit H_2 u. NH_3 am Ni-Al-Katalysator in fl. Phase bei 80°; n_D^{20} 1,4760; $D._4^{20}$ 0,9664; 75% (Ausbeute). — *1-[α-Furyl]-3-aminopentan*, $Kp._{17}$ 98—99°, durch Rk. des entsprechenden Furfurylidenketons analog vorst. Verb.; n_D^{20} 1,4786; $D._4^{20}$ 0,9586;

75%. — *2-Äthyl-5-n-propylpyrrolidin*, $C_9H_{19}N$, Kp.$_{760}$ 175—177°, durch Hydrierung vorst. Verb. an Pt/Kohle bei 200—210°, Sättigen mit KOH, Abtrennen vom W., Trocknen u. Dest.; n_D^{20} 1,4463; $D._4^{20}$ 0,8388; 80%. — *2-Methyl-5-n-propylpyrrolidin*, $C_8H_{17}N$, Kp.$_{75}$ 153—155°, analog durch Hydrierung von **I**; n_D^{20} 1,4413; $D._4^{20}$ 0,8329; 80%.

Gottfried Schreiber. 3081□

Reserpinanaloga. 1. Mitt. **β-[Indolyl-(3)]-äthylaminderivate.** T. Kralt, W. J. Asma, H. H. Haeck und H. D. Moed. (Recueil Trav. chim. Pays-Bas **80**, 313—24, April 1961; Weesp, Netherlands, N.V. Philips-Duphar, Central Res. Labor.; engl.) — Die Synth. von Tryptamin-Verbb., die am endständigen N u. im Benzolkern substituiert sind, aus den entsprechenden Indol-Derivv. wird beschrieben. Diese Verbb. ähneln in gewisser Hinsicht dem Alkaloid Reserpin.

Versuche: *2-Carbäthoxy-5-methoxyindol*, F. 152°, durch Zugabe von Eis zu p-Anisidin in 15%ig. HCl, Zutropfen von $NaNO_2$ in W. bei <5°, Zugabe von A-Kohle, Filtrieren, Zugabe zu α-Methylacetessigsäureäthylester, A., Eis u. wasserfreiem Na-Acetat, 2std. Rühren, Extrahieren mit Bzl., Eindampfen, Lösen in A., Versetzen mit HCl-gesätt. A. unter Temp.-Anstieg bis zum Sieden, Kochen, 1std. Rühren, Versetzen mit W. u. Stehen im Eisschrank; 62% (Ausbeute). — *2-Carboxy-5-methoxyindol*, F. 196°, durch 1½std. Kochen vorst. Verb. mit KOH in 90%ig. A., Gießen in W. u. Ansäuern mit konz. HCl; 93%. — *5-Methoxyindol*, F. 53—54°, durch Erhitzen vorst. Verb. mit Cu-Chromit in Chinolin auf 210—230° unter N_2, Extrahieren mit Ae. u. Eindampfen; 70%. — *5-Methoxy-3-[2-nitrovinyl]-indol*, F. 162°, durch ½std. Kochen von *5-Methoxy-3-formylindol* [aus vorst. Verb. nach Young (C. **1959**, 4460)], Nitromethan u. NH_4-Acetat; 68%. — *5-Methoxytryptamin* (**V**), F. 117—119° (Bzl.), durch Zugabe vorst. Verb. in abs. Tetrahydrofuran (THF) zu $LiAlH_4$ in THF u. ½std. Kochen; 65%. — *N-Äthyl-5-methoxytryptamin* (**I**), F. 85—88°, Kp.$_{0,08}$ 168—174°, durch ½std. Zugabe von Acetylchlorid in abs. Bzl. zu **V** u. Triäthylamin in abs. Bzl., 1std. Kochen, Filtrieren, Eindampfen des Filtrats, Lösen in THF u. 16std. Kochen mit $LiAlH_4$ in abs. THF; 73%. — *4-Äthoxy-2-nitrobenzaldehyd*, F. 33—34° (Bzl./PAe. u. wss. Methanol), durch Zugabe von $NaNO_2$ in W. zu 4-Äthoxy-2-nitroanilin in konz. HCl/W./Eis, Neutralisieren mit Na-Acetat, Zugabe zu Paraformaldehyd, $NH_2OH \cdot HCl$, Na-Acetat, Na_2SO_4 u. $CuSO_4$ in W., 1std. Kochen, Ansäuern mit konz. HCl (pH 3), Dekantieren, Zugabe von $Fe(NH_4)(SO_4)_2$ in W., 40 Min. langes Kochen u. Extrahieren mit Ae.; 27%. — *4-Äthoxy-β.2-dinitrostyrol*, $C_{10}H_{10}N_2O_5$, F. 57—59° (Methanol), durch Zugabe von Nitromethan zu vorst. Verb. in Methanol, Versetzen mit wss. NaOH bei <15°, ¼std. Rühren u. Gießen in 15%ig. HCl bei 0°; 91,5%. — *6-Äthoxyindol*, F. 55°, durch 40 Min. langes Hydrieren vorst. Verb. in Essigester, abs. A. u. Essigsäure an 10%ig. Pd/Kohle bei Raum-Temp./3,5 at; 50%. — *[6-Äthoxyindolyl-(3)]-glyoxylsäurechlorid*, F. >140°, analog **II** (s. unten) aus vorst. Verb.; 74%. — *[6-Äthoxy-indolyl-(3)]-glyoxylsäureäthylamid*, F. 222°, durch Zugabe vorst. Verb. zu 33%ig. Äthylamin-Lsg. u. mehrstd. Stehen; 94%. — *N-Äthyl-6-äthoxytryptamin* (**IV**), analog **III** (s. unten); 77%. — *N-[2-Carbäthoxyäthyl]-5-methoxytryptamin* (**VI**), durch 3std. Kochen von 9,5 g **V** u. β-Brompropionsäureäthylester in A., Eindampfen, Aufnehmen in THF u. mehrstd. Stehen im Eisschrank; 100%. — *[5-Methoxyindolyl-(3)]-glyoxylsäurechlorid* (**II**), F. 130° (Zers.), durch Zutropfen von Oxalsäuredichlorid zu 5-Methoxyindol bei <5° u. ½std. Rühren bei 0°; 90%. — *α-Äthylaminobernsteinsäuredimethylester*, Kp.$_{12}$ 110—111°, durch Zugabe von 33%ig. Äthylamin-Lsg. zu Maleinsäuredimethylester in Methanol, mehrstd. Stehen bei Raum-Temp., Verdünnen mit W. u. Extrahieren mit Ae.; 76%. — *N-[5-Methoxyindolyl-(3)-glyoxyl]-α-äthylaminobernsteinsäuredimethylester* (**VII**), durch Zutropfen von **II** zu vorst. Verb. u. Triäthylamin in abs. Bzl. u. 3std. Kochen; 100%. — Tryptamine: *N-Äthyl-N-[4-hydroxybutyl]-5-methoxy-*, Kp.$_{0,08}$ 210—230°, durch Zugabe von 3-Carbäthoxypropionylchlorid in abs. Bzl. zu **I** u. Triäthylamin in abs. Bzl., 2½std. Kochen, Kühlen, Filtrieren, Eindampfen der organ. Phase, Lösen in THF, Zugabe von $LiAlH_4$ in abs. THF, 18std. Kochen, Versetzen mit W., Filtrieren, Rühren des Rückstandes mit Aceton u. Eindampfen der Filtrate; 74%. *Hydrochlorid*, F. 171—172°; 62%. — *N-Äthyl-N-[4-hydroxybutyl]-6-äthoxy-*, Kp.$_{0,01}$ 220—224°, analog vorst. Verb. aus **IV**; 23%. — *N-Äthyl-N-[4-methoxybutyl]-5-methoxy-*, Kp.$_{0,01}$ 175—180°, durch 24std. Kochen von **I** u. 1-Brom-4-methoxybutan in abs. A., Eindampfen, Zugabe von W. u. 2n NaOH u. Extrahieren mit Ae.; 51%. *Hydrochlorid*, F. 132° (Methanol), durch Lösen in alkohol. HCl. — *N-[4-Hydroxybutyl]-N-[3-hydroxypropyl]-5-methoxy-*, Kp.$_{0,01}$ 240—244°, durch Rk. von **VI** u. 3-Carbäthoxypropionylchlorid u. Red. des Prod. mit $LiAlH_4$ in THF; 48%. *Hydrochlorid*, F. 112°. — *N-Äthyl-N-[3-hydroxy-1-hydroxymethyl-propyl]-5-methoxy-* (**III**), Kp.$_{0,02}$ 240—244°, durch Zugabe von **VII** in abs. THF zu $LiAlH_4$ in abs. THF, 18std. Kochen u. Zers. mit W.; 38%. — *N-Äthyl-N-[4-hydroxybutyl]-5-hydroxy-*, *Hydrochlorid*, durch 2std. Hydrieren von N-Äthyl-N-[4-hydroxybutyl]-5-benzyloxytryptaminhydrochlorid in Methanol an 1%ig. Pd/Kohle bei Raum-Temp.,

Filtrieren u. Eindampfen; 100%. — *N-Äthyl-N-[4-(3.4.5-trimethoxybenzoyloxy)-butyl]-5-methoxy-, Hydrochlorid*, F. 168—171°, durch 10std. Kochen von N-Äthyl-N-[4-hydroxybutyl]-5-methoxytryptamin, Triäthylamin u. 3.4.5-Trimethoxybenzoylchlorid in abs. Bzl., Filtrieren, Abdestillieren des Bzl. u. Lösen in alkohol. HCl; 40%. — *N-[3-Hydroxypropyl]-*, $Kp._{0,05}$ 192—195°; 66%. *Hydrochlorid*, F. 112—115°. — *N-Äthyl-N-[4-hydroxybutyl]-*, $Kp._{0,05}$ 195—204°; 47%. — *N-Äthyl-N-[4-acetoxybutyl]-*; 73%. — *N-Äthyl-N-[4-(3.4.5-trimethoxybenzoyloxy)-butyl]-, Hydrochlorid*, F. 140—142°; 64%. — *N-[3-Hydroxypropyl]-N-[4-hydroxybutyl]-*, $Kp._{0,05}$ 232—236°; 64%. *Hydrochlorid*, F. 136 bis 139°. — *N-[3-Hydroxypropyl]-N-[5-benzyloxypentyl]-*, $Kp._{0,01}$ 265—275°; 57%. — *N-Äthyl-N-[4-acetoxybutyl]-5-methoxy-, Hydrochlorid*, F. 147°; 82%. — *N-[3-Benzoyloxypropyl]-N-[4-benzoyloxybutyl]-5-methoxy-, Hydrochlorid*, F. 132°; 57%. — *N-Äthyl-N-[4-hydroxybutyl]-5-benzyloxy-, Hydrochlorid*, F. 150°; 70%. — *N-Äthyl-N-[4-(3.4.5-trimethoxybenzoyloxy)-butyl]-5-benzyloxy-, Hydrochlorid*, F. 181°; 90%. — *N-Äthyl-N-[4-(3.4.5-trimethoxybenzoyloxy)-butyl]-5-hydroxy-*; 100%. — *N-Äthyl-N-[4-hydroxybutyl]-5.6-dimethoxy-*, $Kp._{0,01}$ 225—230°; 50%. — *N-Äthyl-N-[4-(3.4.5-trimethoxybenzoyloxy)-butyl]-5.6-dimethoxy-*; 59%. P. Golinske. 3081□

Hypotensive Verbindungen. 11. Mitt. **3-Azabicyclohexan- und 3-Azabicycloheptanderivate.** Leonard M. Rice. (J. org. Chemistry **24**, 1520—23, Okt. 1959; Radnor, Pa., Wyeth Inst. for Med. Res.; engl.) — 10. vgl. C. **1962**, 17386. — Aus Cyclopropan-1.2-dicarbonsäureanhydrid bzw. Caronsäureanhydrid (**VII**) wurden mit Dimethylaminopropylamin (**VIII**) *3-Dimethylaminopropyl-3-azabicyclo-[3.1.0]-hexandion-(2.4)* (**I**) bzw. *3-Dimethylaminopropyl-6.6-dimethyl-3-azabicyclo-[3.1.0]-hexandion-(2.4)* (**II**) hergestellt, durch anschließende Red. mit $LiAlH_4$ wurden *3-Dimethylaminopropyl-3-azabicyclo-[3.1.0]-hexan* (**III**) bzw. *3-Dimethylaminopropyl-6.6-dimethyl-3-azabicyclo-[3.1.0]-hexan* (**IV**) erhalten. Analog entstanden aus Norpinsäureanhydrid *3-Dimethylaminopropyl-6.6-dimethyl-3-azabicyclo-[3.1.1]-heptandion-(2.4)* (**V**) u. *3-Dimethylaminopropyl-6.6-dimethyl-3-azabicyclo-[3.1.1]-heptan* (**VI**). Die *Hydrochloride* (HC) der Verbb. **I—VI** u. die *Methojodide* (MJ) von **I, II** u. **V** sind pharmakolog. inaktiv. Die hypotensive Wrkg. der *Bis-MJ* von **III, IV** u. **VI** (**IIIa, IVa** bzw. **VIa**) stieg von **IIIa** über **IVa** nach **VIa** an. **VIa** hatte die halbe pharmakolog. Wrkg. des 3-Azabicyclo-[3.2.1]-octans mit der gleichen Seitenkette (vgl. O'Malley, Hammerli, Rice u. Geschickter, C. **1961**, 12552).

Versuche (alle HC u. MJ aus Isopropanol–Ae. umkrist.): *3-Dimethylaminopropyl-6.6-dimethyl-3-azabicyclo-[3.1.0]-hexandion-(2.4)* (**II**), $C_{12}H_{20}N_2O_2$, $Kp._{0,3}$ 101—111°, durch 2std. Erhitzen von **VII** u. **VIII** auf 180—190° u. Dest.; 83% (Ausbeute). *HC*, $C_{12}H_{21}ClN_2O_2$, F. 162—163°. *MJ*, $C_{13}H_{23}JN_2O_2$, F. 237—238°. — Analog: *3-Dimethylaminopropyl-3-azabicyclo-[3.1.0]-hexandion-(2.4)* (**I**), $C_{10}H_{16}N_2O_2$, $Kp._{0,4}$ 106—107°. *HC*, $C_{10}H_{17}ClN_2O_2$, F. 215—216°. *MJ*, $C_{10}H_{19}JN_2O_2$, F. 200—201°. — *3-Dimethylaminopropyl-6.6-dimethyl-3-azabicyclo-[3.1.1]-heptandion-(2.4)* (**V**), $C_{13}H_{22}N_2O_2$, $Kp._{0,1}$ 90—92°. *HC*, $C_{13}H_{23}ClN_2O_2$, F. 214—215°. *MJ*, $C_{14}H_{25}JN_2O_2$, F. 215—216°. — *3-Dimethylaminopropyl-6.6-dimethyl-3-azabicyclo-[3.1.0] hexan* (**IV**), $C_{12}H_{24}N_2$, $Kp._{14}$ 104—106°, durch 2std. Rk. von **II** mit $LiAlH_4$ in Ae. u. Zers. mit W.; 91%. *Bis-HC*, $C_{12}H_{26}Cl_2N_2$, F. 230—231°. *Bis-MJ* (**IVa**), $C_{14}H_{30}J_2N_2$, F. 227—228°, durch mehrstd. Kochen von **IV** mit CH_3J in Alkohol. — Analog: *3-Dimethylaminopropyl-3-azabicyclo-[3.1.0]-hexan* (**III**), $C_{10}H_{20}N_2$, $Kp._{10}$ 84 bis 85°. *Bis-HC*, $C_{10}H_{22}Cl_2N_2$, F. 237—238°. *Bis-MJ* (**IIIa**), $C_{12}H_{26}J_2N_2$, F. 277—278°. — *3-Dimethylaminopropyl-6.6-dimethyl-3-azabicyclo-[3.1.1]-heptan* (**VI**), $C_{13}H_{26}N_2$, $Kp._{12}$ 118 bis 120°. *Bis-HC*, $C_{13}H_{28}Cl_2N_2$, F. 248—249°. *Bis-MJ* (**VIa**), $C_{15}H_{32}J_2N_2$, F. 230—231°, durch 4std. Erhitzen von **VI** u. CH_3J im Rohr. W. Clauß. 3081□

Hypotensive Verbindungen. 12. Mitt. **Die exo- und endo-Isomeren des N-Dimethylaminoäthyl-4-methyl-4.7-endoxyperhydroisoindol-bis-[methoniumkations].** Leonard M. Rice und Charles H. Grogan. (J. org. Chemistry **25**, 393—95, März 1960; Falls Church, Va., Georgetown Univ. Med. Center, Dep. of Pathol.; engl.) — 11. vgl. vorst. Referat. — Zu Unterss. über die Beziehungen zwischen Struktur u. pharmakolog. Wrkg. wurden *exo-* (**Ia**) u. *endo-Form* (**Ib**) des *N-Dimethylaminoäthyl-4-methyl-4.7-endoxyperhydroisoindol-bis-[methojodids]* synthetisiert. Bei **Ia** liegen Pyrrolidinring u. O-Brücke auf der gleichen Seite, bei **Ib** auf verschiedenen Seiten der Ringebene. Dien-Synth. von Maleinsäureanhydrid (**II**) u. 2-Methylfuran (**III**) führt zu *1.2.3.6-Tetrahydro-3-methyl-3.6-endoxyphthalsäureanhydrid*, das in Analogie zum bekannten Addukt aus **II** u. Furan exo-Konfiguration besitzt. Durch katalyt. Hydrierung erhält man *exo-cis-3-Methyl-3.6-endoxyhexahydrophthalsäureanhydrid* (**IVa**). Diensynth. von Acetylendicarbonsäurediäthylester (**V**) u. **III** gibt *3.6-Dihydro-3-methyl-3.6-endoxyphthalsäurediäthylester*, der in Analogie zum bekannten Addukt aus **V** u. Furan endo-Konfiguration besitzt u. sich partiell zur entsprechenden *3.4.5.6-Tetrahydro-Verb.* hydrieren läßt. Durch deren Verseifung erhält man die zugehörige *Säure* u. daraus durch Hydrierung *endo-cis-3-Methyl-3.6-endoxyhexahydrophthalsäure,* die sich in ihr *Anhydrid* (**IVb**) überführen läßt. **IVa** u. **IVb** bilden beim Behandeln mit Dimethylaminoäthylamin (**VI**) die entsprechenden *Imide* (**VIIa** bzw. **VIIb**), die mit $LiAlH_4$ zu den *Isoindolen* (**VIIIa** bzw. **VIIIb**) red. werden. Die Verschiedenheit der beiden Formen von **IV**, **VIII**-*Dihydrochlorid,* **I** u. **VII**-*Hydrochlorid* wurde durch Misch-FF. bewiesen. Zur Unterscheidung dienten ferner IR-Spektren u. Röntgenbeugungsanalysen von **Ia** u. **Ib**. Beide Formen scheinen gleiche pharmakolog. Aktivität zu besitzen.

Versuche: *exo-cis-3-Methyl-3.6-endoxyhexahydrophthalsäureanhydrid* (**IVa**), F. 105—106°, durch 2tägiges Stehen von **II** u. **III** in abs. Ae., Eindampfen im Vakuum u. Hydrieren des entstandenen *exo-1.2.3.6-Tetrahydro-3-methyl-3.6-endoxyphthalsäureanhydrids* (Zers. beim Umkristallisieren) in Essigester unter Normalbedingungen an 5%ig. Pd–Kohle; Blöcke aus Bzl. oder Essigester; fast 100% (Ausbeute). — *endo-cis-3-Methyl-3.6-endoxyhexahydrophthalsäureanhydrid* (**IVb**), F. 87° (Bzl., Essigester oder Aceton/PAe.), durch 20std. Erhitzen von **V** u. **III** auf 100°, Abziehen der flüchtigen Bestandteile im Vakuum bei 70—80°, Hydrieren des entstandenen *endo-3.6-Dihydro-3-methyl-3.6-endoxyphthalsäurediäthylesters* in Aceton an 5%ig. Pd–Kohle, Verseifen des gebildeten *endo-3.4.5.6-Tetrahydro-3-methyl-3.6-endoxyphthalsäurediäthylesters,* Eindampfen zur Trockne, Extrahieren mit Ae., Hydrieren der *endo-3.4.5.6-Tetrahydro-3-methyl-3.6-endoxyphthalsäure* in Methanol zu *endo-cis-3-Methyl-3.6-endoxyhexahydrophthalsäure,* Behandeln mit Acetanhydrid/Acetylchlorid (9 : 1) u. Eindampfen. — *N-Dimethylaminoäthyl-exo-cis-3-methyl-3.6-endoxyhexahydrophthalsäureimid* (**VIIa**), $Kp._{0,2}$ 120—130°, aus **IVa** durch Rk. mit 1 Vol **VI**. *Hydrochlorid,* F. 260°, aus **VIIa** in Isopropanol mit alkohol. HCl. — *N-Dimethylaminoäthyl-endo-cis-3-methyl-3.6-endoxyhexahydrophthalsäureimid* (**VIIb**), $Kp._{0,2}$ 120—130°, analog **VIIa** aus **IVb**. *Hydrochlorid,* F. 261—262°. — *N-Dimethylaminoäthyl-exo-4-methyl-4.7-endoxyperhydroisoindol* (**VIIIa**), $Kp._{0,2}$ 100—105°, aus **VIIa** durch Red. in abs. Ae. mit $LiAlH_4$. *Dihydrochlorid,* F. 237°. *Bis-[methojodid]* (**Ia**), F. 233—234°. — *N-Dimethylaminoäthyl-endo-4-methyl-4.7-endoxyperhydroisoindol* (**VIIIb**), $Kp._{0,2}$ 100—105°, analog **VIIIa** aus **VIIb**. *Dihydrochlorid,* F. 213—214°. *Bis-[methojodid]* (**Ib**), F. 233—234°. G. Fischer. 3081□

Suche nach neuen amöbiciden Stoffen. 5. Mitt. **Die Synthese von Indanopyrrolidinen.** K. L. Pathak und B. Pathak. (J. Indian chem. Soc. **38,** 253—55, April 1961; Calcutta, Univ., Dep. of Appl. Chem.; engl.) — 4. vgl. C. **1961,** 14648. — Inden-1.2-dicarbonsäurediäthylester (**I**) u. 5.6-Dimethoxyinden-1.2-dicarbonsäurediäthylester wurden in Ggw. von Raney-Ni zu den entsprechenden *Indandicarbonsäureestern* hydriert, mit Alkylaminen zu *Indan-1.2-dicarbonsäure-N-alkylimiden* umgesetzt u. mit $LiAlH_4$ zu den entsprechenden *Indanopyrrolidinen* reduziert. Ein Teil des als Zwischenprod. entstehenden *Diamids* läßt sich durch längeres Erhitzen nicht zum Imid umsetzen u. wird als *trans-Diamid* angesehen.

Versuche: *Indan-1.2-dicarbonsäurediäthylester* (**II**), $Kp._{2,4}$ 160—162°, durch Hydrieren von **I** an Raney-Ni. — *5.6-Dimethoxyindan-1.2-dicarbonsäurediäthylester,* F. 91—92° (PAe.), analog **II**. — *Indan-1.2-dicarbonsäureimid* (**III**), $C_{11}H_9NO_2$, F. 170 bis 172°, durch Erhitzen von **II** mit fl. NH_3 im Rohr. — N-Alkylindan-1.2-dicarbonsäureimide: *N-Methyl-,* $C_{12}H_{11}NO_2$, F. 71—72° (W.), a) durch 8std. Erhitzen der bzgl. Lsg. des **III**-K-Salzes mit CH_3J auf 100°; 80% (Ausbeute); b) durch 8std. Erhitzen von **II** mit Methylamin im Rohr auf 100°. — Analog b): *N-Äthyl-,* $C_{13}H_{13}NO_2$, F. 70—80° (W.). — *N-n-Propyl-,* $C_{14}H_{15}NO_2$, $Kp._1$ 155—158°. — *N-n-Butyl-,* $C_{15}H_{17}NO_2$, $Kp._{0,6}$ 170—174°. — *N-n-Amyl-,* $C_{16}H_{19}NO_2$, $Kp._{3,5}$ 195—197°. — N-Alkyl-5.6-dimethoxyindan-1.2-dicarbonsäureimide: *N-Methyl-,* $C_{14}H_{15}NO_4$, F. 120—122°. — *N-Äthyl-,* $C_{15}H_{17}NO_4$, F. 119—120°. — *N-n-Propyl-,* $C_{16}H_{19}NO_4$, F. 84—86°. — *N-n-Butyl-,* $C_{17}H_{21}NO_4$, $Kp._{0,5}$ 215—217°. — *N-n-Amyl-,* $C_{18}H_{23}NO_4$, $Kp._{3,5}$ 230—232°. — Durch $LiAlH_4$-Red. vorst. Verbb. in Ae., Extraktion mit HCl, Alkalisieren mit NaOH, Ausäthern u. Dest. N-Alkylindano-[1′.2′:3.4]-pyrrolidine: *N-Methyl-,* $Kp._{1,7}$ 104—106°. *Pikrat,* $C_{18}H_{18}N_4O_7$, F. 188—190°. *Hydrochlorid,* $C_{12}H_{16}ClN$, F. 125°. — *N-Äthyl-,* $Kp._{0,7}$ 104—106°. *Pikrat,* $C_{19}H_{20}N_4O_7$, F. 179—180°. *Hydrochlorid,* $C_{13}H_{18}ClN$, F. 145°. — *N-n-Propyl-,* $Kp._{0,6}$ 115—117°. *Pikrat,* $C_{20}H_{22}N_4O_7$, F. 170—172°. *Hydrochlorid,* $C_{14}H_{20}ClN$, F. 120°. — *N-n-Butyl-,* $Kp._{0,6}$ 122—125°. *Pikrat,* $C_{21}H_{24}N_4O_7$, F. 174 bis 175°. *Hydrochlorid,* $C_{15}H_{22}ClN$, F. 158°. — *N-n-Amyl-,* $Kp._{3,5}$ 150—152°. *Pikrat,* $C_{22}H_{26}N_4O_7$, F. 147—149°. — N-Alkyl-5′.6′-dimethoxyindano-[1′.2′:3.4]-pyrrolidine: *N-Methyl-,* $Kp._{1,5}$ 155—158°. *Pikrat,* $C_{20}H_{22}N_4O_9$, F. 192—194°. *Hydrochlorid,* $C_{14}H_{20}ClNO_2$, F. 164°. — *N-Äthyl-,* $Kp._{0,8}$ 155—157°. *Pikrat,* $C_{21}H_{24}N_2O_9$, F. 175—176°. *Hydrochlorid,* $C_{15}H_{22}ClNO_2$, F. 213°. — *N-n-Propyl-,* $Kp._{1,5}$ 160—162°. *Pikrat,* $C_{22}H_{26}N_4O_9$, F. 182—184°. *Hydrochlorid,* $C_{16}H_{24}ClNO_2$, F. 161°. — *N-n-Butyl-,* $Kp._{0,6}$ 168—170°.

Pikrat, $C_{23}H_{28}N_4O_9$, F. 162—164°. *Hydrochlorid*, $C_{17}H_{26}ClNO_2$, F. 162°. — *N-n-Amyl-*, $Kp._{0,6}$ 160—162°. *Pikrat*, $C_{24}H_{30}N_4O_9$, F. 166—168°. J. Ruhnke. 3081□

Einwirkung von aromatischen Aldehyden auf Hippursäurenitril. Jean-Pierre Fleury und Albert Baysang. (C. R. hebd. Séances Acad. Sci. **254**, 4310—12, 18/6. 1962; Mulhouse, École Supér. de Chim.; Humingue, Etablissements Geigy; franz.) — Aus Hippursäurenitril (I) u. Benzaldehyd (II) bzw. p-Nitrobenzaldehyd (III) entsteht beim Einleiten von HCl bei 0° in äther. Lsg. ein gelber Nd. von *Benzylidenhippursäurenitrilhydrochlorid* (**VI**; $C_{16}H_{13}ClN_2O$, F. ca. 150—160°) bzw. von *p-Nitrobenzylidenhippursäurenitrilhydrochlorid* ($C_{16}H_{12}ClN_3O_3$, F. ca. 190—195°), aus denen mit kalter Na_2CO_3-Lsg. *Benzylidenhippursäurenitril* (**IV**; $C_{16}H_{12}N_2O$, F. 164—165°) bzw. *p-Nitrobenzylidenhippursäurenitril* ($C_{16}H_{11}N_3O_3$, F. 215—216°) erhältlich ist, die beide $KMnO_4$- u. Br_2-Lsg. entfärben. **IV** gibt mit äthanol. HCl den auch direkt aus dem **IV**-Hydrochlorid u. äthanol. NaOH zugänglichen *Benzylidenhippuriminoäthyläther* ($C_{18}H_{18}N_2O_2$, F. 191—192°), der zum *Benzylidenhippursäureäthylester* (F. 148—149°) verseift wird. Beim Kochen mit NaOH liefert **IV** *Benzylidenhippursäure* (F. 235—236°). Nimmt man die Kondens. von **I** u. **II**, von **I** u. **III** oder von **I** u. m-Nitrobenzaldehyd in Ggw. von geschmolzenem $ZnCl_2$ bei 110—120° vor, so entsteht neben harzigen Prodd. *Phenyl-bis-[2-phenyl-5-benzylidenaminooxazolyl-(4)]-methan* (**V**) [$C_{39}H_{28}N_4O_2$, F. 273° (Nitrobenzol); *$ZnCl_2$-Komplex*, $C_{39}H_{28}N_4O_2 \cdot ZnCl_2$, F. 343°] bzw. *p-Nitrophenyl-bis-[2-phenyl-5-p-nitrobenzylidenaminooxazolyl-(4)]-methan* ($C_{39}H_{25}N_7O_8$, F. 293—294°; *$ZnCl_2$-Komplex*, $C_{39}H_{25}N_7O_8 \cdot ZnCl_2$, F. 332—334°) bzw. *m-Nitrophenyl-bis-[2-phenyl-5-m-nitrobenzylidenaminooxazolyl-(4)]-methan* ($C_{39}H_{25}N_7O_8$, F. 282°). **V** wird durch 6n H_2SO_4 zu *α.α'-Dibenzoylamino-β-phenylglutarsäure* ($C_{25}H_{22}N_2O_6$, F. 234—235°) verseift. Bei 150° führt die Kondens. von **I**, **II** u. geschmolzenem $ZnCl_2$ vermutlich über **IV** als Zwischenprod. zu *2-Phenyl-4-benzylidenoxazolon-(5)*. Für **IV** u. **VI** sind die IR-Banden angegeben. Gisela Schreiber. 3132□

Transthiazolinierung. Die Umlagerung von 2-[2-Aminoäthylmercapto]-Δ^2-thiazolin. Richard C. Clapp, Louis Long jun. und Torsten Hasselstrom. (J. org. Chemistry **26**, 1666—68, 17/5. 1961; Natick, Mass., Quartermaster Res. and Engng. Center, Pioneer. Res. Div.; engl.) — Das beim Kochen von 2-Bromäthylaminhydrobromid mit Thiazolidinthion-(2) in Isopropanol entstehende *2-[2-Aminoäthylmercapto]-Δ^2-thiazolin* (**I**)-*Dihydrobromid* lagert sich beim Neutralisieren oder schwachen Alkalisieren zu *2-[2-Mercaptoäthylamino]-Δ^2-thiazolin* (**II**) um. An der Luft oxydiert sich **II** zu *Bis-[2-(Δ^2-thiazolinyl-(2)-amino)-äthyl]-disulfid* (**III**). Beim Kochen von 2-Methylmercapto-Δ^2-thiazolin mit 2-Mercaptoäthylaminhydrochlorid in Methanol entsteht **II**-*Hydrochlorid*, das mit Luft ebenfalls zu **III** oxydiert wird. Für die Bldg. von **II** aus **I** wird ein über ein bicycl. Syst. ablaufender Mechanismus angenommen.

Versuche: *2-[2-Aminoäthylmercapto]-Δ^2-thiazolin* (**I**), *Dihydrobromid*, $C_5H_{12}Br_2 \cdot N_2S_2$, F. 222° (Zers.; Methanol), durch 4 std. Kochen von Thiazolidinthion-(2) u. 2-Bromäthylaminhydrobromid in Isopropanol; 27% (Ausbeute). *Dipikrat*, $C_{17}H_{16}N_8O_{14}S_2$, F. 132—134° (gelb), aus einer wss.-alkohol. Lsg. des Dihydrobromids mit alkohol. Pikrinsäure; beim Umkristallisieren aus wss.-alkohol. Lsg. wird **II**-*Pikrat*, F. 191—192°, erhalten. — *2-[2-Mercaptoäthylamino]-Δ^2-thiazolin* (**II**), *Hydrochlorid*, $C_5H_{11}ClN_2S_2$, F. 99,5—101,5° (A.), durch 4 std. Kochen von 2-Methylmercapto-Δ^2-thiazolin u. 2-Mercaptoäthylaminhydrochlorid in Methanol u. Abziehen des Lsgm.; 59%. *Pikrat*, $C_{11}H_{13}N_5O_7S_2$, F. 191—192° (A.; gelbe Nadeln); 96%. — *Bis-[2-(Δ^2-thiazolinyl-(2)-amino)-äthyl]-disulfid* (**III**), $C_{10}H_{18}N_4S_4$, F. 145—146,5° [aus wss. A. (1 : 1) glitzernde Platten], a) durch 5 std. Luftdurchleiten durch eine mit 2 Val 1n NaOH versetzte **I**-Dihydrobromid-Lsg. (pH 9,1); 91%; b) durch 42 std. Stehen einer auf pH 7 gebrachten Lsg. von **I**-Dihydrobromid bei gelegentlichem Luftdurchleiten; 90%; c) durch Alkalisieren von **II**-Hydrochlorid bis pH 10 u. 20 std. Stehen unter gelegentlichem Lufteinleiten; 93%. *Dipikrat*, $C_{22}H_{24}N_{10}O_{14}S_4$, F. 239—241°, mit alkohol. Pikrinsäure. *Dihydrojodid*, $C_{10}H_{20}J_2N_4S_4$, F. 244,5—246°, a) aus 2-Methylmercapto-Δ^2-thiazolinhydrojodid u. 2-Mercaptoäthylamin in sd. Methanol; b) aus **III** u. HJ. E. Koßmehl. 3142□

Synthese von 2.3-disubstituierten Thiazolidonen. 9. Mitt. **Beziehung zwischen der Basizität von Aminopyridinen und der Einwirkung von Thioglykolsäure auf die entsprechenden Schiffschen Basen.** Giovanna Fenech und Maria Basile. (Gazz. chim. ital. **90**, 618—34, April 1960; Messina, Univ., Ist. di Chim. farm. e tossicol.; ital.) — 8. vgl. Ann. Chimica **50**, [1960], 413; 6. vgl. C. **1961**, 9777. — Durch Kondens. von 3-Aminopyridin (**I**), 4-Aminopyridin (**II**), 2-Amino-3-methylpyridin (**III**), 2-Amino-4-methylpyridin (**IV**), 2-Amino-5-methylpyridin (**V**) u. 2-Amino-6-methylpyridin (**VI**) mit Benzaldehyd (**VII**), o-Chlorbenzaldehyd (**VIII**) bzw. m-Nitrobenzaldehyd (**IX**) u. Thioglykolsäure (**X**) werden die entsprechenden *2-Aryl-3-pyridylthiazolidone-(4)* (**A**) synthetisiert; als Nebenprodd. fallen je nach dem, ob **VII, VIII** oder **IX** als aldehyd. Komponente verwendet wird, *S-[α-Hydroxybenzyl]-thioglykolsäure* (**XI**), *S-[α-Hydroxy-o-chlorbenzyl]-thioglykolsäure* (**XII**) bzw. *S-[α-Hydroxy-m-nitrobenzyl]-thioglykolsäure* (**XIII**) an. Ein Überschuß an **X** (6 : 1 : 1) im Rk.-Gemisch führt zu höheren Ausbeuten an **XI, XII, XIII** u. niedrigeren Ausbeuten an **A**. Allg. bewirkt eine erhöhte Basizität der Aminopyridine eine niedrigere Ausbeute an **A**. Der Mechanismus der Rk. wird diskutiert.

Versuche: 2-Aryl-3-pyridylthiazolidone-(4) (**A**): a) durch Zutropfen von 2 Mol **X** zu dem Gemisch von 1 Mol Aldehyd (**VII, VIII** bzw. **IX**) u. 1 Mol des entsprechenden Aminopyridins (**I–VI**) in Bzl., 30std. Kochen, Eindampfen u. Abtrennen der *S-[α-Hydroxybenzyl]-thioglykolsäuren* **XI–XIII** mit 10%ig. Soda-Lsg.; b) analog a) mit 6 Mol **X**: *2-Phenyl-3-[pyridyl-(3)]-*, $C_{14}H_{12}N_2OS$, F. 146,5—147,5°, a) aus **I**, **VII** u. **X**; aus A. Nadeln; 76,92% (Ausbeute); daneben *S-[α-Hydroxybenzyl]-thioglykolsäure* (**XI**), C_9H_{10}·O_3S, F. 122—123° (W.), durch Ansäuern der Na_2CO_3-Lsg.; 13,43%; b) 38,84%; daneben **XI**; 21,61%. — *2-[o-Chlorphenyl]-3-[pyridyl-(3)]-*, $C_{14}H_{11}ClN_2OS$, F. 125—128°, a) aus **I, VIII** u. **X**; aus wss. A. Tafeln; 83,22%; daneben *S-[α-Hydroxy-o-chlorbenzyl]-thioglykolsäure* (**XII**), $C_9H_9ClO_3S$, F. 129—131°; aus W. Blättchen; 7,25%; b) 55,60%; daneben **XII**; 12,20%. — *2-[m-Nitrophenyl]-3-[pyridyl-(3)]-*, $C_{14}H_{11}N_3O_3S$, F.173—175°, a) aus **I, IX** u. **X**; aus A. gelbe hexagonale Prismen; 82,95%; daneben *S-[α-Hydroxy-m-nitrobenzyl]-thioglykolsäure* (**XIII**), $C_9H_9NO_5S$, F. 119—120°; gelbe Nadeln; 8,58%; b) 45,40%; daneben **XIII**; 19,40%. — *2-Phenyl-3-[pyridyl-(4)]-*, $C_{14}H_{12}N_2OS$, F. 138 bis 139°, a) aus **II, VII** u. **X**; aus CS_2 prismat. Nadeln; 2,88%; daneben **XI**; 77,74%; b) ausschließlich **XI**; 91,37%. — *2-[o-Chlorphenyl]-3-[pyridyl-(4)]-*, $C_{14}H_{11}ClN_2OS$, F. 175—176,5°, a) aus **II, VIII** u. **X**; aus A. Prismen; 15,25%; daneben **XII**; 48,5%; b) 3,60%; daneben **XII**; 88,20%. — *2-[m-Nitrophenyl]-3-[pyridyl-(4)]-*, $C_{14}H_{11}N_3O_3S$, F. 94—96°, a) aus **II, IX** u. **X**; aus A. Nadeln; 13,61%; daneben **XIII**; 47,3%; b) 3,28%; daneben **XIII**; 85,20%. — *2-Phenyl-3-[3-methylpyridyl-(2)]-*, $C_{15}H_{14}N_2OS$, F. 120—121°, a) aus **III, VII** u. **X**; aus A. Nadeln; 33,2%; daneben **XI**; 25,24%; b) 1,09%; daneben **XI**; 86,88%. — *2-[o-Chlorphenyl]-3-[3-methylpyridyl-(2)]-*, $C_{15}H_{13}ClN_2OS$, F. 128—129,5°, a) aus **III, VIII** u. **X**; aus A. Blättchen; 43,77%; daneben **XII**; 20,08%; b) 20,75%; daneben **XII**; 67,69%. — *2-[m-Nitrophenyl]-3-[3-methylpyridyl-(2)]-*, $C_{15}H_{13}N_3O_3S$, F. 147—149°, a) aus **III, IX** u. **X**; aus A. gelbe Blättchen; 37,74%; daneben **XIII**; 24,30%; b) 4,28%; daneben **XIII**; 41,97%. — *2-Phenyl-3-[4-methylpyridyl-(2)]-*, $C_{15}H_{14}N_2OS$, F. 138—138,5°, a) aus **IV, VII** u. **X**; aus A. Tafeln; 70,07%; daneben **XI**; 3,53%; b) 58,95%; daneben **XI**; 14,30%. — *2-[o-Chlorphenyl]-3-[4-methylpyridyl-(2)]-*, $C_{15}H_{13}$·ClN_2OS, F. 95—97°, a) aus **IV, VIII** u. **X**; aus A. Prismen; 79,77%; b) 68,90%; daneben **XII**; 8,10%. — *2-[m-Nitrophenyl]-3-[4-methylpyridyl-(2)]-*, $C_{15}H_{13}N_3O_3S$, F. 174—175,5°, a) aus **IV, IX** u. **X**; aus A. Blättchen; 70,82%; daneben **XIII**; 3,25%; b) 59,05%; daneben **XIII**; 11,58%. — *2-Phenyl-3-[5-methylpyridyl-(2)]-*, $C_{15}H_{14}N_2OS$, F. 126—127,5°, a) aus **V, VII** u. **X**; aus A. Prismen; 60,22%; daneben **XI**; 5,05%; b) 38,74%; daneben **XI**; 13,50%. — *2-[o-Chlorphenyl]-3-[5-methylpyridyl-(2)]-*, $C_{15}H_{13}ClN_2OS$, F. 110—111°, a) aus **V, VIII** u. **X**; aus A. Nadeln; 77,5%; b) 64,26%; daneben **XII**; 11,55%. — *2-[m-Nitrophenyl]-3-[5-methylpyridyl-(2)]-*, $C_{15}H_{13}N_3O_3S$, F. 122—124°, a) aus **V, IX** u. **X**; aus A. Nadeln; 72,9%; daneben **XIII**; 2,25%; b) 62,84%; daneben **XIII**; 12,30%. — *2-Phenyl-3-[6-methylpyridyl-(2)]-*, $C_{15}H_{14}N_2OS$, F. 114—115°, a) aus **VI, VII** u. **X**; aus A. Prismen; 46,35%; daneben **XI**; 2,30%; b) 42,74%; daneben **XI**; 13,80%. — *2-[o-Chlorphenyl]-3-[6-methylpyridyl-(2)]-*, $C_{15}H_{13}ClN_2OS$, F. 106—108°, a) aus **VI, VIII** u. **X**; aus A. Prismen; 65,4%; daneben **XII**; 1,4%; b) 61,30%; daneben **XII**; 11,05%. — *2-[m-Nitrophenyl]-3-[6-methylpyridyl-(2)]-*, $C_{15}H_{13}N_3O_3S$, F. 151—152,5°, a) aus **VI, IX** u. **X**; aus A. hexagonale Tafeln; 62,9%; daneben **XIII**; 2,40%; b) 49,69%; daneben **XIII**; 13,11%. H.-E. Toussaint. 3142□

Untersuchungen über pesticide Phosphorverbindungen. 4. Mitt. **N-[Bis-(dimethylamido)-phosphoryl]-heterocyclen.** B. G. van den Bos, C. J. Schoot, M. J. Koopmans und J. Meltzer. (Recueil Trav. chim. Pays-Bas **80**, 1040—47, Sept./Okt. 1961; 's Graveland, Netherlands, N.V. Philips-Duphar, Agrobiological Labor. „Boekesteyn"; Eindhoven, Philips Res. Labor.; Weesp, N.V. Philips-Duphar, Central Res. Labor.; engl.) — 3. vgl. Recueil Trav. chim. Pays-Bas **79**, [1960], 1129; 1. vgl. C. **1962**, 11185. — Im Hinblick auf ihre pesticiden Eigg. wird eine Anzahl von *N-[Bis-(dimethylamido)-phosphoryl]-heterocyclen* dargestellt. Die fungicide, insekticide u. acaricide Aktivität sowie die Phytotoxizität u. die Toxizität gegen Mäuse werden untersucht.

Versuche (unter Mitarbeit von Visser u. Wellinga): *3-Pentyl-5-mercapto-1.2.4-triazol*, $C_7H_{13}N_3S$, F. 187—188°, durch Rk. von Caproylchlorid u. Thiosemicarbazid u. Umsetzung nach Jones u. Ainsworth (C. **1955**, 6515); 68% (Ausbeute). — *3-Pentyl-*

1.2.4-triazol, F. ~ 45°, Kp. 134—135° (im Vakuum), durch Oxydation vorst. Verb. mit H_2O_2; 42%. — *3-Chlor-5-pentyl-1.2.4-triazol*, $C_7H_{12}ClN_3$, F. 99—100°, durch Zugabe von $NaNO_2$ in konz. H_2SO_4 zu 3-Amino-5-pentyl-1.2.4-triazol in H_2SO_4, $^1/_2$std. Stehen, Gießen auf Eis/konz. HCl, Erhitzen bis zum Ende der N_2-Entw. u. Neutralisieren mit 10%ig. NaOH; 40%. — *3-Chlor-5-phenyl-1.2.4-triazol*, $C_8H_6ClN_3$, F. 182°, analog vorst. Verb.; 54%. — N-[Bis-(dimethylamido)-phosphoryl]-heterocyclen: *-3-chlorindazol*, $C_{11}H_{16}ClN_4OP$, F. 56—64° (PAe.), durch $1^1/_2$std. Erhitzen des Na-Salzes von 3-Chlorindazol in Acetonitril mit Bis-[dimethylamido]-phosphorylchlorid auf 80°, Filtrieren, Eindampfen, Aufnehmen in Ae. u. Eindampfen. 63%. — *-3.5-dimethyl-1.2.4-triazol*, $C_8H_{18}N_5OP$, F. 44,5—46°, $Kp._{0,6}$ 113—116°, durch 2std. Erhitzen des Na-Salzes von 3.5-Dimethyl-1.2.4-triazol mit Bis-[dimethylamido]-phosphorylchlorid in Acetonitril auf 80°, Filtrieren, Eindampfen u. Dest. im Vakuum; 74%. — *-indol*, $C_{12}H_{18}N_3OP$, F. 121—123° (Essigester), 1 Std., 20—30°; 66%. — *-carbazol*, $C_{16}H_{20}N_3OP$, F. 103—104° (PAe.), 1 Std., 50°; 80%. — *-3.5-dimethylpyrazol*, $C_9H_{19}N_4OP$, $Kp._{0,2}$ 84—86°, $^3/_4$ Std., 80°; 60%. — *-3.5-dimethyl-4-phenylpyrazol*, $C_{15}H_{23}N_4OP$, F. 51—60°, $Kp._{0,15}$ 155—158°, $1^1/_2$ Std., 80°; 67%. — *-indazol*, $C_{11}H_{17}N_4OP$, $1^1/_2$ Std., 80°; 87%. — *-imidazol*, 5 Std., 60°; Öl; 60%. — *-4.5-diphenylimidazol*, $C_{19}H_{23}N_4OP$, F. 157° (Bzl./PAe.), 8 Std., 60°; 15%. — *-benzimidazol*, $C_{11}H_{17}N_4OP$, $Kp._1$ 178—179°, 24 Std., 20°; 51%. — *-2-methylbenzimidazol*, $C_{12}H_{19}N_4OP$, $Kp._1$ 175—176°, 12 Std., 20°; 30%. — *-2-äthylbenzimidazol*, $C_{13}H_{21}N_4OP$, $Kp._{0,05}$ 137—140°, $^3/_4$ Std., 80°; 82%. — *-2-pentylbenzimidazol*, $C_{16}H_{27}N_4OP$, $Kp._{0,05}$ 149—151°, $1^1/_2$ Std., 80°; 80%. — *-2-phenylbenzimidazol*, $C_{17}H_{21}N_4OP$, F. 128 bis 129° (PAe.), $2^1/_2$ Std., 80°; 73%. — *-5-nitrobenzimidazol*, F. 85—92° (Bzl., PAe.), 1 Std., 60°; 17%. — *-benztriazol*, $C_{10}H_{16}N_5OP$, F. 80—81° (PAe./Ae.), $1^1/_2$ Std., 80°; 78%. — *-5-methylbenztriazol*, $C_{11}H_{18}N_5OP$, $1^1/_2$ Std., 80°; 83%. — *-1.2.4-triazol*, $C_6H_{14}N_5OP$, $Kp._{0,45}$ 109—112°, 2 Std., 80°; 61%. — *-3-methyl-1.2.4-triazol*, $C_7H_{16}N_5OP$, $Kp._{0,05}$ 81—84°, 2 Std., 80°; 76%. — *-3-pentyl-1.2.4-triazol*, $C_{11}H_{24}N_5OP$, $Kp._{0,2}$ 120 bis 122°, $^1/_2$ Std., 80°; 75%. — *-3-phenyl-1.2.4-triazol*, $C_{12}H_{18}N_5OP$, F. 95—97° (PAe.), $^1/_2$ Std., 80°; 71%. — *-3.5-diäthyl-1.2.4-triazol*, $C_{10}H_{22}N_5OP$, $Kp._{0,5}$ 103—105°, 1 Std., 80°; 78%. — *-3-chlor-1.2.4-triazol*, $C_6H_{13}ClN_5OP$, F. 54—56° (PAe.), 2 Std., 80°; 53%. — *-3-chlor-5-pentyl-1.2.4-triazol*, $C_{11}H_{23}ClN_5OP$, $1^1/_2$ Std., 80°; Öl; 100%. — *-3-chlor-5-phenyl-1.2.4-triazol*, $C_{12}H_{17}ClN_5OP$, $1^1/_4$ Std., 85°; Öl; 88%. — *-3-brom-5-phenyl-1.2.4-triazol*, $C_{12}H_{17}BrN_5OP$, F. 90—91° (PAe.), $1^1/_2$ Std., 80°, 43%. — *-3.5-diamino-1.2.4-triazol*, $C_6H_{16}N_7OP$, F. 159—160° (Chlf.), 2 Std., 80°; 33%. — *-3-acetylamino-5-phenyl-1.2.4-triazol*, $C_{14}H_{21}N_6O_2P$, F. 108—110° (Ae.), 4 std. Kochen; 38%. — *-3-phenyl-5-ureido-1.2.4-triazol*, $C_{13}H_{20}N_7O_2P$, F. 194° (A./W.), 2 Std., 20°; 73%.

P. Golinske. 3153□

Azoverbindungen. 31. Mitt. **Eine neuartige Verdrängungsreaktion am N-Nitrosoderivat des N-Acetyl-o-aminophenylbenzolthiolsulfonats.** C. G. Overberger, Michael P. Mazzeo und J. J. Godfrey. (J. org. Chemistry **24,** 1407—09, Okt. 1959; Brooklyn, N.Y., Polytechn. Inst., Dep. of Chem.; engl.) — 28. vgl. C. **1962,** 8575; 30. vgl. J. Amer. chem. Soc. **81,** [1959], 3779; 33. vgl. C. **1961,** 8616. — Verss. zur Synth. von *Dibenzo-[c;e]-o-dithiin-1.1-dioxid* (**I**), ausgehend von Ag-o-Aminothiophenolat (**II**) u. Benzolsulfonyljodid (**III**), über *o-Aminophenylbenzolthiolsulfonat* (**IV**) durch dessen Ringschluß führten nicht zu **I**, sondern stets zu *1.2.3-Benzothiadiazol* (**V**). Auch aus *N-Nitroso-N-acetyl-o-aminophenylbenzolthiolsulfonat* (**VI**) entstand bei Zers. in wss. $NaHCO_3$-Lsg. nicht das erwartete **I**, sondern **V** u. *Benzolsulfonsäure.*

Versuche (FF. korr.): *o-Aminophenylbenzolthiolsulfonat* (**IV**), $C_{12}H_{11}NO_2S_2$, F. 83 bis 83,5°, durch Zugabe von **II** zu einer gekühlten benzol. Lsg. von **III** innerhalb von 20 Min. u. 20 Min. lange Rk., Filtrieren, Abziehen des Lsgm., Zugabe von A. u. Abfiltrieren; 61,7% (Ausbeute). *Acetyl-Deriv.*, $C_{14}H_{13}NO_3S_2$, F. 114,6—115,4°, aus A./W. Nadeln. — *N-Nitroso-N-acetyl-o-aminophenylbenzolthiolsulfonat* (**VI**), F. 77—79°, nach der Meth. von France, Heilbron u. Hey (J. chem. Soc. [London] **1940,** 369); 85,3%. — *1.2.3-Benzothiadiazol* (**V**), F. 36—37°, $Kp._{0,5}$ 63°, a) durch 12std. Rk. von **VI** in wss. $NaHCO_3$-Lsg. bei 50°; 42,3%; daneben **IV**-*Acetyl-Deriv.* u. *Na-Benzolsulfonat* [*Anilinsalz*, F. 237—239° (W.)]; b) durch Diazotierung von o-Aminothiophenol nach Jacobson [1888]; c) durch Diazotierung von **IV** in 6n H_2SO_4 bei —5° u. Zutropfen der Diazoniumsalz-Lsg. zu 45—50° warmer Cu-Pulver-Suspension in 6n H_2SO_4 u. 1std. Rk. bei 70°. *4-Nitro-Deriv.*, F. 93,8—94,6° (A./W.). G. v. Waldeyer-Hartz. 3173□

Pharmakologisch aktive Cumarinderivate. 1. Mitt. **Mannich-Basen aus Umbelliferon und 4-Methylumbelliferon.** V. N. Gupta, B. R. Sharma und R. B. Arora. (J. sci. ind. Res. [New Delhi], Sect. B **20,** 300, Juni 1961; New Delhi, All India Inst. of Med. Sci., Dep. of Pharmacol.; engl.) — Einige Mannich-Basen, dargestellt aus Umbelliferon (**I**) bzw. 4-Methylumbelliferon (**II**), Formaldehyd u. sek. Aminen, wirken auf das Zentralnerven-Syst. u. stimulieren die Atmung.

Versuche: 8-Aminomethylbumbelliferone, durch Kondens. sek. Amine mit Formaldehyd u. **I** bzw. **II** nach DaRe u. Mitarbeitern (C. **1960**, 17449), Umkristallisieren aus A., A./Aceton oder A./Ae.: *8-Dimethylaminomethyl-*, F. 232—234°; rectanguläre Prismen. — *8-Diäthylaminomethyl-*, F. 192—194°; rectanguläre Prismen. — *8-[Bis-(β-hydroxyäthyl)-aminomethyl]-*, F. 193—194°; hellgelbe Körner. — *8-Morpholinomethyl-*, F. 240—242°; Nadeln. — *8-Piperidinomethyl-*, F. 232—233°; rectanguläre Prismen. — 8-Aminomethyl-4-methylumbelliferone: *8-Dimethylaminomethyl-*, FF. 109—110° u. 208—209° (nach Festwerden bei 150°); Stäbchen. — *8-Diäthylaminomethyl-*, F. 224—226°; Stäbchen. — *8-[Bis-(β-hydroxyäthyl)-aminomethyl]-*, F. 242—244°; rectanguläre Prismen. — *8-Morpholinomethyl-*, F. 242—244°; rectanguläre Prismen. — *8-Piperidinomethyl-*, F. 249—250°; rectanguläre Prismen.

P. Golinske. 3211□

Anionenaustauscherharze als Katalysatoren bei der Knoevenagel-Kondensation: Synthese von 3-substituierten Cumarinen. K. N. Trivedi. (J. sci. ind. Res. [New Delhi], Sect. B **18**, 308—09, Juli 1959; Baroda, M. S. Univ., Fac. of Sci., Chem. Dep.; engl.) — In Ggw. von Amberlite IRA-400 werden 3 g Salicylaldehyd mit Diäthylmalonat (**I**), Äthylacetoacetat (**II**) bzw. Äthylcyanacetat (**III**) zu *3-Carbäthoxy-* [F. 94° (A.); 1,5 g (Ausbeute)] u. *3-Acetylcumarin* [F. 120° (wss. A.); 2,5 g] bzw. *Salicyliden-bis-cyanessigsäureäthylester* [F. 139° (A.); 3,0 g], 3 g 2-Hydroxy-1-naphthaldehyd (**IV**) mit **I**, **II** bzw. **III** zu *2-Carbäthoxy-* [F. 102° (wss. A.); 1,3 g], *2-Acetyl-* [F. 186° (CH_3·COOH); 2,7 g] bzw. *2-Cyannaphtho-[2.1:b]-pyranon-(3)* (F. 283° (Nitrobenzol); 3,0 g] a) durch 24—72std. Schütteln bei Raum-Temp. u. Entwässern mit Bzl. oder b) (mit **IV**) durch 4std. Rühren bei 140° kondensiert.

G. Gattow. 3211□

Eine neue Synthese von Flavonolen. H. Fletcher, E. M. Philbin, P. D. Thornton und T. S. Wheeler. (Tetrahedron Letters [London] **1959**, Nr. 6, 9—10, Juni; Dublin, Univ. Coll., Dep. of Chem.; engl.) — Durch Oxydation von o-Hydroxydibenzoylmethanen mit Perameisensäure in Chlf. werden über die intermediär entstehenden *o-Hydroxydibenzoylcarbinole* die entsprechenden *Flavonole* in Ausbeuten von 20—50% dargestellt. So wurden o-Hydroxydibenzoylmethan in *Flavonol*, o-Hydroxy-p-methoxydibenzoylmethan in *7-Methoxyflavonol*, o-Hydroxy-p'-methoxydibenzoylmethan in *4'-Methoxyflavonol* u. o-Hydroxy-p-benzoyloxydibenzoylmethan in *7-Benzoyloxyflavonol* übergeführt.

K. Zieloff. 3211

Über Umsetzungen des α-Vinylpyridins und des β-[Pyridyl-(2)]-allylalkohols mit H-aktiven Verbindungen. Elmar Profft und Gerd Busse. (Z. Chem. **1**, 19—21, 1961; Leuna-Merseburg, TH für Chem., Inst. für Organ. Chem.; dt.) — Ident. mit der C. **1962**, 14504 referierten Arbeit.

P. Golinske. 3231□

Synthese und physiologische Eigenschaften einiger heterocyclisch-aromatischer Sulfide und Sulfone. 1. Mitt. **Synthese einiger Arylpyridylsulfide.** P. A. van Zwieten, J. A. van Velthuijsen und H. O. Huisman. (Recueil Trav. chim. Pays-Bas **80**, 1066—74, Sept./Okt. 1961; Amsterdam, Univ., Labor. for Organ. Chem.; engl.) — Die Darst. einiger Arylpyridylsulfide (**A**) mit acariciden Eigg. wird beschrieben. In den **A** ist der Benzolkern durch ein p-Chloratom oder durch 3 Chloratome in 2-, 4- u. 5-Stellung substituiert. Die 5-Stellung im Pyridinkern ist entweder unsubstituiert oder trägt ein Chloratom. Von einigen **A** werden die entsprechenden *N-Oxide* dargestellt. IR-Spektren vgl. Original.

Versuche: *4-Chlorthiophenol* (**I**), F. 51—52°, durch Red. von 4-Chlorbenzolsulfonylchlorid mit Zn u. H_2SO_4; 80% (Ausbeute). — *2.4.5-Trichlorthiophenol* (**II**), $C_6H_3Cl_3S$, F. 118 bis 120°, Kp.$_{13}$ 140—141°, a) analog **I**; 50—70%; b) nach Tschernzow u. Mur (C. **1960**, 9188); 51%. — *2-[4-Chlorphenylmercapto]-pyridinhydrochlorid*, $C_{11}H_9Cl_2NS$, F. 193 bis 195° (Zers.; A./W.; 5:1), a) durch Eindampfen einer Lsg. von Na-4-Chlorthiophenolat in abs. A. im Vakuum, Lösen mit 2-Brompyridin in Carbitol, 5std. Kochen, Verdünnen mit Eis/W., Extrahieren mit Ae. u. Sättigen mit HCl; 71%; b) durch ½std. Rühren von 2-Brompyridin in konz. HCl, Zugabe von **I** in A., Erhitzen auf 180°, 4½std. Rühren unter N_2 bei 180° u. Weiterverarbeiten analog a); 70,4%. *Freie Base*, $C_{11}H_8ClNS$, F. 36—38° (A./W.; 2:1), durch Alkalisieren des Hydrochlorids mit verd. NaOH. — *2-[2.4.5-Trichlorphenylmercapto]-pyridin*, $C_{11}H_6Cl_3NS$, F. 50,5—51,5° (A./W.; 2:1), aus dem Hydrochlorid. *Hydrochlorid*, $C_{11}H_7Cl_4NS$, F. 170—173° (Zers., A./W.; 5:1), analog vorst. Verb. nach b); 65%. — *2-Amino-5-chlorpyridin*, F. 135—136° (Aceton/W.; 1:1), durch Einleiten von Cl_2 in eine Lsg. von 2-Aminopyridin in 20%ig. H_2SO_4 bei 25° bis zur berechneten Gew.-Zunahme; 54%. — *2-Brom-5-chlorpyridin*, F. 66,5—67,5° (Aceton/W.), durch Zugabe vorst. Verb. zu konz. HBr bei 0°, Versetzen mit Br_2 u. wss. $NaNO_2$ bei 0°, ½std. Stehen, Neutralisieren mit konz. NaOH u. Extrahieren mit Ae.; 82,5%. *N-Oxid*, $C_5H_3BrClNO$, F. 111—112°, durch Zugabe von 30%ig. H_2O_2 zu dem Pyridin in Trifluoressigsäure u.

3std. Kochen; aus abs. Bzl./PAe. Nadeln; 69%. — *5-Chlor-2-[4-chlorphenylmercapto]-pyridin*, $C_{11}H_7Cl_2NS$, F. 60—61° (A./W.; 2:1), durch Erhitzen des Na-Salzes von I u. vorst. Verb. in Carbitol auf 160°/4 Std.; 85%. — *5-Chlor-2-[2.4.5-trichlorphenylmercapto]-pyridin-N-oxid*, $C_{11}H_5Cl_4NOS$, F. 148,5—150° (A.), aus vorvorst. N-Oxid u. dem Na-Salz von II in sd. Dioxan; 71%. — *5-Chlor-2-[4-chlorphenylmercapto]-pyridin-N-oxid*, $C_{11}H_7Cl_2NOS$, F. 156—157,5° (A.), analog vorst. Verb.; 66,5%. — *5-Chlor-2-[2.4.5-trichlorphenylmercapto]-pyridin*, $C_{11}H_5Cl_4NS$, F. 120—122° (A.), durch 1std. Erhitzen vorvorst. Verb. in Eisessig mit Fe-Pulver u. W. auf dem Wasserbad, Verdünnen mit W., Neutralisieren mit verd. NaOH u. Extrahieren mit Ae.; 90,5%. — *2-[2.4.5-Trichlorphenylmercapto]-pyridin-N-oxid*, $C_{11}H_6Cl_3NOS$, F. 178—181° (Bzl./A.; 5:1), durch Kondens. von 2-Brompyridin-N-oxid u. dem Na-Salz von II in A.; 64%.

P. Golinske. 3231 □

Glutarimide. 5. Mitt. **Synthese des 2-Allyl-2-phenylglutarimids.** Mathias P. Mertes jun. und Charles O. Wilson. (J. Amer. pharmac. Assoc., sci. Edit. **47**, 882 bis 885, Dez. 1958; Austin, Tex., Univ. Coll. of Pharmacy; engl.) — 4. vgl. C. **1960**, 8493. — Verss. zur Darst. des *2-Allyl-2-phenylglutarimids* (I) werden beschrieben. *2-Allyl-2-phenylglutarsäure* wird durch Hydrolyse des *2-Allyl-2-phenylglutardinitrils* erhalten. Ringschluß zum Anhydrid gelingt wegen Lacton-Bldg. nicht. Das IR-Spektrum des Lactons wird angegeben. *2-[2.3-Dibrompropyl]-2-phenylglutardinitril* führt ebenfalls nicht zu **I**. Aus *Allylphenylacetonitril* (**II**) wird durch Behandlung mit $NaNH_2$ u. 3-Chlorpropionsäuremethylester (**III**) *4-Phenyl-4-cyanhepten-(6)-säuremethylester* gewonnen. Dessen Verseifung liefert *2-Allyl-2-phenylglutarsäuremonoamid*, das durch Erhitzen mit HCl in I übergeführt wird. Die Prodd. werden auf pharmakolog. Wrkg. geprüft.

Versuche: *Allylphenylacetonitril* (**II**), Kp.$_{12}$ 122—126°, aus Phenylacetonitril, Allylchlorid u. $NaNH_2$ in Toluol; 52% (Ausbeute). — *2-Allyl-2-phenylglutardinitril* (**IV**), $C_{14}H_{14}N_2$, Kp.$_{18}$ 200—202°, durch Eintropfen von Acrylnitril in **II** in Ggw. von Triton B innerhalb von 45 Min. unter Kühlung (Temp. nicht $>45°$) u. Rühren u. 12std. Stehen bei Zimmer-Temp.; 54%. — *2-Allyl-2-phenylglutarsäure*, $C_{14}H_{16}O_4$, Kp.$_1$ 194—196°, durch 6std. Kochen von **IV** mit HCl; 46%. — *2-[2.3-Dibrompropyl]-2-phenylglutardinitril*, $C_{14}H_{14}Br_2N_2$, F. 87—89° (Chlf. u. PAe.), durch Eintropfen von Brom in eine Lsg. von **IV** in CCl_4 innerhalb 1 Std. bei 0—5° unter Rühren u. 12std. Stehen im Kühlschrank; 64%. — *3-Chlorpropionsäuremethylester* (**III**), Kp. 144—147°, aus Acrylsäuremethylester u. HCl; 72%. — *4-Phenyl-4-cyanhepten-(6)-säuremethylester*, durch Zugabe von **II** zu pulverisiertem $NaNH_2$ in Toluol unter N_2 u. Rühren, 10 Min. langes Erwärmen auf 65° u. Eintropfen von **III** innerhalb 1 Std. unter Sieden, 4std. Kochen u. 12std. Stehen bei Zimmertemperatur. — *2-Allyl-2-phenylglutarsäuremonoamid*, $C_{14}H_{17}NO_3$, F. 152—154° (A.), durch 6std. Kochen vorst. Verb. mit methanol. KOH; 45%. — *2-Allyl-2-phenylglutarimid* (**I**), $C_{14}H_{15}NO_2$, Kp.$_5$ 191—193°, durch 2 Min. langes Erhitzen vorst. Verb. mit HCl auf 100°; 66%.

J. Ruhnke. 3231 □

Synthesen einiger Aminocarbonsäureester mit pharmakologischer Wirkung. 1. Mitt. **Die Synthese von Piperidincarbonsäureestern.** Béla Matkovics, Sándor Földeák, János Pórszász und György Sipos. (Acta pharmac. hung. **31**, 113—21, April 1961; Szeged, Univ., Organ. chem. Inst.; ung.) — Es werden die *Methyl-*, *Äthyl-*, *Butyl-* u. *Benzylester* von *Piperidin-N-*, *Pyrrolidin-N-* u. *Morpholin-N-essigsäure* bzw. *-propionsäure* hergestellt u. ihre Antinicotin-Wrkg. geprüft. Auch Verbb. wie *β-Pyrrolidinopropylacetat* zeigen Antinicotinwirkung.

Versuche: Piperidin-N-essigsäureester: *-methyl-*, Kp.$_5$ 69°. *Pikrat*, F. 115°. *Hydrochlorid*, F. 214°. *Methojodid*, F. 163—164°. — *-äthyl-*, Kp.$_1$ 68°. *Pikrat*, F. 122°. *Hydrochlorid*, F. 117—117,5°. *Methojodid*, F. 160—160,3°. — *-butyl-*, Kp.$_4$ 100—101°. *Pikrat*, F. 85°. *Methojodid*, F. 178°. — *-benzyl-*, Kp.$_1$ 134—135°. *Pikrat*, F. 137°. *Hydrochlorid*, F. 133°. *Methojodid*, F. 91—96°. — Piperidin-N-propionsäureester: *-methyl-*, Kp.$_2$ 72°. *Pikrat*, F. 164°. *Hydrochlorid*, F. 189°. *Methojodid*, F. 147—148°. — *-äthyl-*, Kp.$_5$ 102—103°. *Pikrat*, F. 131,5°. *Hydrochlorid*, F. 169°. — *-butyl-*, Kp.$_6$ 124 bis 125°. *Pikrat*, F. 108- 109°. *Hydrochlorid*, F. 164,7°. — *-benzyl-*, Kp.$_1$ 149—150°. *Pikrat*, F. 113°. *Hydrochlorid*, F. 193,5°. — *-phenyl-*, Kp.$_3$ 114—120°. *Hydrochlorid*, F. 192—195°. — *-triphenylmethyl-*, Kp.$_1$ 171°. *Hydrochlorid*, F. 214°. — Morpholin-N-essigsäureester: *-methyl-*, Kp.$_2$ 77°. *Pikrat*, F. 143°. *Hydrochlorid*, F. 150,5°. *Methojodid*, F. 147,5°. — *-äthyl-*, Kp.$_4$ 86—87°. *Pikrat*, F. 163°. *Hydrochlorid*, F. 181°. *Methojodid*, F. 132—133°. — *-butyl-*, Kp.$_3$ 105,5—106°. *Hydrochlorid*, F. 127—129°. *Methojodid*, F. 95—96°. — *-benzyl-*, Kp.$_5$ 164—165°. *Pikrat*, F. 143°. *Hydrochlorid*, F. 149°. — Morpholin-N-propionsäureester: *-methyl-*, Kp.$_2$ 82°. *Pikrat*, F. 129°. *Hydrochlorid*, F. 203°. *Methojodid*, F. 151°. — *-äthyl-*, Kp.$_6$ 108°. *Pikrat*, F. 108°. *Hydrochlorid*, F. 188—189°. — *-butyl-*, Kp.$_6$ 131—132°. *Pikrat*, F. 150°. *Hydrochlorid*, F. 173°.

Methojodid, F. 115°. — *-benzyl-*, Kp.$_1$ 154°. *Pikrat*, F. 125°. *Hydrochlorid*, F. 189—190°. — Pyrrolidin-N-essigsäureester: *-methyl-*, Kp.$_8$ 72—73°. *Pikrat*, F. 104°. *Methojodid*, F. 153°. — *-äthyl-*, Kp.$_2$ 59—60°. *Pikrat*, F. 119,5°. *Hydrochlorid*, F. 133—133,5°. — *-butyl-*, Kp.$_3$ 81—82°. *Pikrat*, F. 109,5°. — *-benzyl-*, Kp.$_1$ 134—135°. *Pikrat*, F. 159—160°. *Hydrochlorid*, F. 139—140°. *Methojodid*, F. 156°. — Pyrrolidin-N-propionsäureester: *-methyl-*, Kp.$_5$ 76°. *Pikrat*, F. 147°. *Hydrochlorid*, F. 128°. *Methojodid*, F. 166°. — *-äthyl-*, Kp.$_6$ 85°. *Pikrat*, F. 114°. *Hydrochlorid*, F. 146°. — *-butyl-*, Kp.$_5$ 106—108° *Pikrat*, F. 97°. *Hydrochlorid*, F. 74—75°. *Methojodid*, F. 115°. — *-benzyl-*, Kp.$_3$ 145—146°. *Pikrat*, F. 102°. *Hydrochlorid*, F. 152°. *Methojodid*, F. 154°. — *β-Pyrrolidinopropylacetat*, Kp.$_3$ 75°. *Pikrat*, F. 111—112°. — *Piperidinoäthylbenzoat*, Kp.$_2$ 141°. *Hydrochlorid*, F. 184°. *Methojodid*, F. 141,5°. G. Ligeti. 3231

Oxydation von 2-Methyl-5-äthylpyridin zu Isocinchomeronsäure. Tokio Kato und Yasugoro Tsunoda. (J. chem. Soc. Japan, ind. Chem. Sect. [Kôgyô Kagaku Zasshi] **63**, 1278, Juli 1960; Kanagawaken-Huzisawa, Tôkai-Denkyoku-Seizô KK.; jap., Auszug: engl. S. A69.) — 2-Methyl-5-äthylpyridin ergibt durch 2½ std. Erhitzen mit $Cu(NO_3)_2$ in W. im Autoklaven auf 205—230° *Isocinchomeronsäure*. Die Menge an $Cu(NO_3)_2$ kann durch Erhitzen mit O_2 (verd. mit N_2 auf ½) stark herabgesetzt werden. E. Maekawa. 3231 □

Synthetische Untersuchungen über fungicide Agentien. 7. Mitt. Reaktion von 2-Picolin und aromatischen primären Aminen (oder aromatischen Nitroverbindungen) in Gegenwart von Schwefel. Haruo Saikachi und Takuzo Hisano. (Chem. pharmac. Bull. [Tokyo] **7**, 349—56, Mai 1959; Katakasu, Fukuoka, Univ. of Kyushu, Med. School, Pharmac. Inst.; engl.) — 9. vgl. C. **1962**, 8248. — Durch Kondens. von 2-Picolin (**I**) mit verschiedenen aromat. prim. Aminen oder Nitro-Verbb. in Ggw. von S bei erhöhten Temp. entstehen *Thiopicolinoyl-Derivv.* (**P**), evtl. im Gemisch mit *Thiazolverbindungen*. Die oxydative Cyclisierung mit $K_3[Fe(CN)_6]$ gelingt nur mit 2 der erhaltenen **P**. Die UV-Spektren der Verbb. werden diskutiert.

Versuche: *N-p-Tolylthiopicolinsäureamid* (**II**), $C_{13}H_{12}N_2S$, F. 101,5—102,5°, durch 10 std. Erhitzen von **I**, p-Toluidin u. S auf 160—165°, Einengen im Vakuum, Extraktion mit 3n NaOH u. Ansäuern mit verd. HCl; aus Methanol orangefarbene Prismen; 14% (Ausbeute). Daneben *2-[Pyridyl-(2)]-6-methylbenzothiazol*, $C_{13}H_{10}N_2S$, F. 164—165°, aus Methanol Nadeln; 2%. — *N-[p-Propoxyphenyl]-thiopicolinsäureamid*, $C_{15}H_{16}N_2OS$, F. 89,5—90,5°, analog **II** aus p-Propoxyanilin; aus Methanol orangefarbene Prismen; 7%. Daneben *2-[Pyridyl-(2)]-6-propoxybenzothiazol*, $C_{15}H_{14}N_2OS$, F. 127—128°, aus Methanol Prismen; 0,1%. — *N.N'-Bis-[thiopicolinoyl]-3.3'-dimethoxybenzidin* (**III**), $C_{26}H_{22}N_4O_2S_2$, F. 228—230°, durch 20 std. Erhitzen von **I**, Dianisidin u. S auf 160—170°, Wasserdampf-Dest., Extraktion des Rückstands mit 3n NaOH, Ansäuern mit verd. HCl u. Extraktion mit Essigester; aus Methanol gelbe Nadeln; 22,1%. — Analog **III**: *N.N'-Bis-[thiopicolinoyl]-sulfanilsäureamid* (**V**), $C_{18}H_{14}N_4O_2S_3$, F. 251—252,2° (A.), aus p-Aminobenzolsulfonsäureamid; gelb; 69,3%. — *4-Thiopicolinoylaminomethyl-N-thiopicolinoylbenzolsulfonsäureamid*, $C_{19}H_{16}N_4O_2S_3$, F. 185—187°, aus p-Aminomethylbenzolsulfonsäureamid; aus Methanol gelbe Prismen; 18,6%. — *2-Thiopicolinoylaminopyridin*, $C_{11}H_9N_3S$, F. 81—82,5°, aus 2-Aminopyridin; aus Methanol gelbe Nadeln; 10,8%. — *5-Thiopicolinoylamino-2-aminopyridin*, $C_{11}H_{10}N_4S$, F. 200—201°, durch 20 std. Erhitzen von **I**, S u. 2-Amino-5-nitropyridin bei 160—165°, Wasserdampf-Dest. u. Extraktion des Rückstands mit 3n KOH; aus A. orangefarbene Nadeln; 15,6%. Daneben *2.5-Bis-[thiopicolinoylamino]-pyridin* (**IV**), $C_{17}H_{13}N_5S_2$, F. 131—132° (A.), durch Zugabe von verd. HCl zu den alkal. Mutterlaugen; gelborange; 0,5%. — *2-[Pyridyl-(2)]-5-thiopicolinoylaminothiazolo-[5.4:b]-pyridin*, $C_{17}H_{11}N_5S_2$, F. 256—257°, durch 50 Min. langes Erwärmen von **IV**, NaOH, $K_3[Fe(CN)_6]$ u. W. auf 45°, Kühlen u. Ausäthern; aus A. Platten; 100%. — *N-Thiopicolinoyl-2-[pyridyl-(2)]-benzothiazol-6-sulfonsäureamid*, $C_{18}H_{12}N_4O_2S_3$, F. 258—260°, analog vorst. Verb. aus **V**; aus A. Platten; 60%.

W. Hampel. 3231 □

Die Additionsverbindungen von Bis-[salicylaldehydato]-kupfer(II) und seinen Derivaten mit Pyridin und α.α'-Dipyridyl. 1. Mitt. Yoneichiro Muto. (Bull. chem. Soc. Japan **31**, 56—58, Jan. 1958; Saga, Saga Univ., Fac. of Liberal Arts, Chem. Labor.; engl.) — 2. vgl. C. **1963**, 2385. — Aus Bis-salicylaldehyd-Cu(II)-Komplexen werden mit Pyridin (**I**) u. α.α'-Dipyridyl (**II**) die entsprechenden *Bis-pyridin-* (**A**) bzw. *α.α'-Dipyridyl-bis-salicylaldehyd-Cu(II) Additions-Verbb.* (**B**) dargestellt. Alle **A** spalten beim Erwärmen unter Bldg. der entsprechenden *Bis-salicylaldehyd-Cu(II)-Komplexe* in A. oder Bzl. **I** ab, während einige **B** beim Erhitzen in A. oder Pyridin unter Oxydation der Aldehydgruppen die entsprechenden *α.α'-Dipyridyl-Cu(II)-monosalicylate* geben. Die aus Bis-salicylalamin-Cu(II)-Komplexen mit **I** u. **II** erhaltenen *Additions-Verbb.* spalten beim Erhitzen in organ. Lsgm. I bzw. II ab. Bis-[5-chlorsalicylaldehyd]-Cu(II) u. Bis-[5-bromsalicylaldehyd]-Cu(II) geben mit I keine Additionsverbindung. Die Oxydation von α.α'-Dipyridyl-bis-[3-nitrosalicylaldehyd]-Cu(II) gelang nicht. Obwohl für die Additions-Verbb. die Koordinationszahl 6 möglich ist, wird auf Grund der Seltenheit von Cu(II)-Komplexen höherer Koordinationszahl die Koordinationszahl 4 diskutiert.

Versuche: Bis-pyridin-bis-salicylaldehyd–Cu(II)-Komplexe: *5.5'-Dibrom-3.3'-dinitro-*, $C_{14}H_6Br_2CuN_2O_8 \cdot 2\,C_5H_5N$, durch Lösen von Bis-[5-brom-3-nitrosalicylaldehyd]-Cu(II) in kaltem I u. Fällen mit W.; aus I hellgrüne prismat. Kristalle; spaltet bei 110° I ab. — *3.3'-Dinitro-*, $C_{14}H_8CuN_2O_8 \cdot 2\,C_5H_5N$; aus I gelbgrüne prismat. Kristalle; spaltet bei 90—100° I ab. — *5.5'-Dinitro-*, $C_{14}H_8CuN_2O_8 \cdot 2\,C_5H_5N$; aus I tiefgrüne prismat. Kristalle; spaltet bei 40—50° I ab. — *Unsubstituiert*, $C_{14}H_{10}CuO_4 \cdot 2\,C_5H_5N$; aus I hellgrüne prismat. Kristalle; spaltet bei Raum-Temp. I ab. — *Bis-pyridin-bis-salicylalanilin–Cu(II)-Komplex*, $C_{26}H_{20}CuN_2O_2 \cdot 2\,C_5H_5N$; aus I hellgrüne prismat. Kristalle; spaltet bei Raum-Temp. I ab. — *Bis-pyridin-bis-[5-brom-3-nitrosalicylaltoluidin]-Cu(II)-Komplex*, $C_{28}H_{20}Br_2CuN_4O_6 \cdot 2\,C_5H_5N$; aus I grüne prismat. Kristalle. — α.α'-Dipyridyl-bis-salicylaldehyd–Cu(II)-Komplexe: *Unsubstituiert* (**IV**), $C_{14}H_{10}CuO_4 \cdot C_{10}H_8N_2$, durch Lösen äquimol. Mengen II u. Bis-salicylaldehyd-Cu(II) in kaltem I oder A. u. Fällen mit W.; aus I braune prismat. Kristalle; gibt durch Zers. mit verd. H_2SO_4 u. anschließende Wasserdampf-Dest. *Salicylaldehyd* (*2.4-Dinitrophenylhydrazon*, F. 247—248°). — *5.5'-Dibrom-*, $C_{14}H_8Br_2CuO_4 \cdot C_{10}H_8N_2$; aus I grünlichgelbe prismat. Kristalle. — *5.5'-Dinitro-*, $C_{14}H_8CuN_2O_8 \cdot C_{10}H_8N_2$; aus I grüne prismat. Kristalle. — *5.5'-Dibrom-3.3'-dinitro-* (**III**), $C_{14}H_6Br_2CuN_2O_8 \cdot C_{10}H_8N_2$; aus I gelbgrüne prismat. Kristalle, gibt durch Zers. mit verd. H_2SO_4 u. Ausäthern *5-Brom-3-nitrosalicylaldehyd* (F. 147—148°). — *3.3'-Dinitro-*, $C_{14}H_8CuN_2O_8 \cdot C_{10}H_8N_2$; aus I gelbbraune Kristalle. — *α.α'-Dipyridyl-bis-salicylalanilin–Cu(II)-Komplex*, $C_{26}H_{20}CuN_2O_2 \cdot C_{10}H_8N_2$; aus I grüne prismat. Kristalle. —*α.α'-Dipyridyl-bis-[5-brom-3-nitrosalicylalanilin]-Cu(II)-Komplex*, $C_{26}H_{16}Br_2CuN_4O_6 \cdot C_{10}H_8N_2$, aus I rotbraune prismat. Kristalle. — α.α'-Dipyridyl-Cu(II)-monosalicylate: *Unsubstituiert, Sesquihydrat*, $C_7H_4CuO_3 \cdot C_{10}H_8N_2 \cdot 1\frac{1}{2}\,H_2O$, F. 262—263° (Zers.), a) durch ½ std. Erhitzen von **IV** in A. oder Pyridin auf 100° (Bad) u. Fällen mit W.; aus A. graue Nadeln; b) durch Erhitzen von Cu(II)-Monosalicylat mit II in Äthanol. — *5-Brom-, Dihydrat*, $C_7H_3BrCuO_3 \cdot C_{10}H_8N_2 \cdot 2\,H_2O$; aus A. grüne Nadeln. — *5-Nitro-*, $C_7H_3CuNO_5 \cdot C_{10}H_8N_2$; aus A. graue Nadeln. — *5-Chlor-, Dihydrat*, $C_7H_3ClCuO_3 \cdot C_{10}H_8N_2 \cdot 2\,H_2O$; aus A. graue Nadeln. — *Verb. vom F. 216,5—217,5°*, durch Oxydation von **III**, Zers. des erhaltenen *Komplexes* mit verd. H_2SO_4 u. Ausäthern; aus verd. H_2SO_4 Nadeln. K. Lange. 3231

Über 5-Brom-8-alkylmercaptochinoline. Gerhard Buchmann und Rudi Schmuck. (J. prakt. Chem. [4] **17**, 314—25, 1962; Merseburg, TH für Chem. Leuna-Merseburg, Inst. für organ. Chem.; dt.) — Durch Red. von Chinolin-8-sulfonylchlorid (**III**) mit $SnCl_2$ u. anschließende Umsetzung mit Alkylhalogeniden bzw. Dimethylsulfat (**IV**) werden *8-Alkylmercaptochinoline* dargestellt, die mit Br_2 über *5-Brom-8-alkylmercaptochinoliniumtribromide* durch deren Rk. mit Aceton in *5-Brom-8-alkylmercaptochinoline* (**A**) übergeführt werden. Die IR-Spektren von 5-Brom-8-methylmercaptochinolin u. seiner Tribromidvorstufe werden mit denen einiger anderer Verbb. verglichen u. diskutiert (Abb., Tabellen). Die **A** sind im Gegensatz zu den entsprechenden 8-Alkoxy-Derivv. nicht fungistat. oder bakteriostat. akt.; sie sind jedoch bei geringer Toxizität analget. wirksam.

Versuche: Chinoline: *8-Methylmercapto-* (**I**), $C_{10}H_9NS$, F. 84°, aus **III** in konz. HCl durch Zutropfen zu $SnCl_2$ in konz. HCl, Zers. mit sd. 15%ig. KOH u. Schütteln mit **IV**; aus Bzn. Stäbchen; 82% (Ausbeute). *Pikrat*, F. 143°; aus A. citronengelbe Nadeln. — *8-Äthylmercapto-*, $C_{11}H_{11}NS$, F. 54°, analog **I** mit sd. C_2H_5Br (10 Min.); aus Bzn. Stäbchen; 80,3%. *Pikrat*, F. 135°; aus A. citronengelbe Nadeln. — Analog: *8-n-Propylmercapto-*, $C_{12}H_{13}NS$, F. 45°, in 20 Min.; aus Bzn. Rhomben; 77,5%. *Pikrat*, F. 139°; aus A. citronengelbe Nadeln. — *8-Isopropylmercapto-*, F. 67°, in 1 Std.; aus Bzn. Rhomben; 76,1%. *Pikrat*, F. 137°; aus A. citronengelbe Nadeln. — *8-n-Butylmercapto-*, $C_{13}H_{15}NS$, F. 35°, in ½ Std.; aus Bzn. Stäbchen; 77,6%. *Pikrat*, F. 129°, aus A. citronengelbe Nadeln. — *8-Isobutylmercapto-*, F. 64°, in 1 Std.; aus A. Rhomben; 76,3%. *Pikrat*, F. 132°; aus A. citronengelbe Nadeln. — 5-Bromchinoliniumtribromide (aus Eisessig orangefarbene Nadeln): *8-Methylmercapto-* (**II**), $C_{10}H_9Br_4NS$, F. 122°, aus **I** in Eisessig u. Br_2 unter Rühren bei 80—90° (10 Std.); 89,9%. — Analog: *8-Äthylmercapto-*, $C_{11}H_{11}Br_4NS$, F. 108°; 89,3%. — *8-n-Propylmercapto-*, $C_{12}H_{13}Br_4NS$, F. 97°; 91,3%. — *8-Isopropylmercapto-*, F. 133°; 90,4%. — *8-n-Butylmercapto-*, $C_{13}H_{15}Br_4NS$, F. 75°; 88,8%. — *8-Isobutylmercapto-*, F. 96°; 87,9%. — 5-Bromchinoline (**A**): *8-Methylmercapto-*, $C_{10}H_8BrNS$, F. 88°, aus **II** durch Zers. mit Aceton zum *Hydrobromid*

[F. 198° (Zers.); gelbe Nadeln] u. Freisetzen mit 10% ig. KOH; aus Bzn. Nadeln; 62,7%. *Pikrat*, F. 126°, aus A. gelbe Nadeln. — Analog: *8-Äthylmercapto-*, $C_{11}H_{10}BrNS$, F. 55°, aus PAe. Nadeln; 59,3%. *Hydrobromid*, F. 237° (Zers.); gelbe Nadeln. *Pikrat*, F. 120°; aus A. citronengelbe Nadeln. — *8-n-Propylmercapto-*, $C_{12}H_{12}BrNS$, F. 46°; aus PAe. Rhomben; 60,7%. *Hydrobromid*, F. 187° (Zers.); gelbe Nadeln. *Pikrat*, F. 115°; aus A. citronengelbe Nadeln. — *8-Isopropylmercapto-*, $C_{12}H_{12}BrNS$, F. 75°, aus PAe. Rhomben; 53,6%. *Hydrobromid*, F. 228° (Zers.); gelbe Nadeln. *Pikrat*, F. 158°; aus A. citronengelbe Nadeln. — *8-n-Butyl-*, $C_{13}H_{14}BrNS$, F. 44°, aus PAe. Rhomben; 59,3%. *Hydrobromid*, F. 208° (Zers.), gelbe Nadeln. *Pikrat*, F. 124°; aus A. citronengelbe Nadeln. — *8-Isobutyl-*, $C_{13}H_{14}BrNS$, F. 35°; aus PAe. Rhomben; 49,2%. *Hydrobromid*, F. 176° (Zers.); gelbe Nadeln. *Pikrat*, F. 137°; aus A. citronengelbe Nadeln.
H. Gleinig. 3231 □

Derivate der 8-Hydroxychinolyl-(2)-acrylsäure. Madhukar G. Vaidya und Joseph G. Cannon. (J. Amer. pharmac. Assoc., sci. Edit. **48**, 10—13, Jan. 1959; Madison, Wis., Univ., School of Pharm., Div. of Pharmaceut. Chem.; engl.) — *β-[8-Hydroxy-* bzw. *β-[8-Alkoxychinolyl-(2)]-acrylsäuren* u. deren Ester werden zur Prüfung ihrer fungiciden u. baktericiden Wrkg. durch Kondens. von 8-Hydroxychinaldin bzw. 8-Alkoxychinaldinen mit Chloral zu den entsprechenden *2-[3.3.3-Trichlor-2-hydroxypropyl]-chinolinen* u. deren Dehydratisierung u. Hydrolyse dargestellt.

Versuche: *8-Hydroxychinaldin* (I), F. 72—74°, nach Doebner u. v. Miller [1884]; 20% (Ausbeute). *Methyläther*, F. 124—125°, nach Doebner u. v. Miller; 20,3%. *Äthyläther*, $C_{12}H_{13}NO$, F. 52—53°, aus I in A., NaOH in W. u. Äthylhalogenid durch 5std. Kochen; 77,2%. *Propyläther*, $C_{13}H_{15}NO$, $Kp._{0,2}$ 108—110°, analog vorst. Verb.; 74,6%; *Pikrat*, $C_{19}H_{18}N_4O_8$, F. 225—227°. *β-[Diäthylamino]-äthyläther*, $C_{16}H_{22}N_2O$, $Kp._{0,4}$ 140—142°, analog aus I, NaOH u. β-[Diäthylamino]-äthylchloridhydrochlorid durch 20std. Kochen; 43,7%. — *γ.γ.γ-Trichlor-β-hydroxy-α-[8-hydroxychinolyl-(2)]-propan* (II), $C_{12}H_{10}Cl_3NO_2$, F. 113—114° (A.), aus Chloral, I u. Pyridin durch 2std. Kochen; 67,6%. *Pikrat*, $C_{18}H_{13}Cl_3N_4O_9$, F. 190—192° (Zers.). — γ.γ.γ-Trichlor-β-hydroxy-α-[8-alkoxychinolyl-(2)]-propane: *-methoxy-*, $C_{13}H_{12}Cl_3NO_2$, F. 127—128°; 79,2%. *Pikrat*, $C_{19}H_{15}Cl_3N_4O_9$, F. 198—200° (Zers.). — *-äthoxy-*, $C_{14}H_{14}Cl_3NO_2$, F. 146—147°; 85,2%. *Pikrat*, $C_{20}H_{17}Cl_3N_4O_9$, F. 182—183°. — *-propoxy-*, $C_{15}H_{16}Cl_3NO_2$, F. 100—101°; 69,2%. *Pikrat*, $C_{21}N_{19}Cl_3N_4O_9$, F. 152—153°. — *-β-diäthylaminoäthoxy-*, $C_{18}H_{23}Cl_3N_2O_2$, F. 83—84°; 52,5%. — *β-[8-Hydroxychinolyl-(2)]-acrylsäure*, $C_{12}H_9NO_3$, F. 205—206° (Zers.; A.), durch 5std. Kochen von II mit KOH in abs. A.; 25,6%. *Äthylester*, $C_{14}H_{13}NO_3$, F. 85—86°, durch Sättigen der Säure in A. mit HCl-Gas u. 2std. Kochen; 75,6%. — β-[8-Alkoxychinolyl-(2)]-acrylsäuren: *-methoxy-*, $C_{13}H_{11}NO_3$, F. 197—198° (Zers.); 27,8%. *Äthylester*, $C_{15}H_{15}NO_3$, F. 51—52°; 74,2%. — *-äthoxy-*, $C_{14}H_{13}NO_3$, F. 214 bis 216° (Zers.); 32,2%. *Äthylester*, $C_{16}H_{17}NO_3$, F. 104—105°; 80,7%. — *-propoxy-*, $C_{15}H_{15}\cdot NO_3$, F. 181—182; 24,8%. Äthylester, $C_{17}H_{19}NO_3$, F. 81—82°; 76,2%. — *β-diäthylaminoäthoxy-*, $C_{18}H_{22}N_2O_3$, F. 198—200° (Zers.); 21,2%. *Äthylester*, $C_{20}H_{26}N_2O_3$, F. 75—76°; 77,6%.
G. Marquard. 3231 □

Über die Doebner-Reaktion. 24. Mitt. Giuseppe Adamo. (Ann. Chimica **48**, 497 bis 500, Juni/Juli 1958; Bari, Univ., Ist. di Merceologia; ital.) — 21. vgl. C. **1950/54**, 914 S; vgl. auch C. **1950/54**, 4601 S. — Die Kondens. nach Doebner von β-Naphthylamin (I), Brenztraubensäure (II) u. Glucose (III) führt nicht zu einem Cinchoninsäure-Deriv., sondern in einer Ausweich-Rk. zu *1-[β-Naphthyl]-2-[D-gluco-1.2.3.4.5-pentahydroxypentyl]-pyrrolidindion-(4.5)-β-naphthylimid-(4)*. Als Haupt-Prod. entsteht jedoch durch Kondens. von I, II u. Acetaldehyd [aus II durch Decarboxylierung] *2-Methyl-β-naphthochinolin-4-carbonsäure*.

Versuche: *2-Methyl-β-naphthochinolin-4-carbonsäure*, F. 310°, durch Zutropfen einer alkohol. Lsg. von II zur sd. alkohol. Lsg. von I u. III u. 3std. Kochen; durch Umfällung Nadeln. *Na-Salz*, $C_{15}H_{10}NNaO_2$. — *1-[β-Naphthyl]-2-[D-gluco-1.2.3.4.5-pentahydroxypentyl]-pyrrolidindion-(4.5)-β-naphthylimid-(4)*, $C_{29}H_{28}N_2O_6$, Erweichungspunkt 164°, Zers. bei 180°; neben vorst. Verb.; $[\alpha]_D$ +40° (c = 0,05%; A.). G. Platzer. 3231 □

Synthese von 2.3.6-Trimethoxy-9.11.12.13.13a.14-hexahydrodibenzo-[f; g]-pyrrolo-[1.2:b]-isochinolin. T. R. Govindachari, I. S. Ragade und N. Viswanathan. (J. chem. Soc. [London] **1962**, 1357—60, April; Madras, Presidency Coll., Dep. of Chem.; engl.) — Die Synth. von *2.3.6-Trimethoxy-9.11.12.13.13a.14-hexahydrophenanthro-[9.10:f]-indolizin* (*2.3.6-Trimethoxy-9.11.12.13.13a.14-hexahydrobenzo-[f; g]-pyrrolo-[1.2:b]-isochinolin*), das eine der beiden möglichen, dem Desoxytylophorinin (I) zugeschriebenen Strukturen hat, wird beschrieben. UV-Spektren vgl. Original.

Versuche: *α-[4.5-Dimethoxy-2-nitrophenyl]-4-methoxyzimtsäurenitril*, $C_{18}H_{16}N_2O_5$, F. 201°, durch ½std. Kochen von 15,3 g 4.5-Dimethoxy-2-nitrobenzylcyanid u. 10,2 g p-Anisaldehyd in A. in Ggw. von Piperidin u. 48std. Stehen bei 30°; aus Essigsäure gelbe

Nadeln; 20,5 g (Ausbeute). — *2-Amino-4.5-dimethoxy-α-[4-methoxybenzyl]-benzylcyanid*, $C_{18}H_{20}N_2O_3$, F. 130°, durch 2¼ std. Hydrieren von 3 g vorst. Verb. in Essigester an 7%ig. Pd/Kohle bei 70°/40 lb./sq.in.; aus Methanol blaßgelbe Kristalle; 1,5 g; daneben *5.6-Dimethoxy-3-[4-methoxybenzyl]-indol*, $C_{18}H_{19}NO_3$, F. 158—159°; aus Chlf./Methanol Nadeln. — *2.3.6-Trimethoxy-10-cyan-9.10-dihydrophenanthren*, $C_{18}H_{17}NO_3$, F. 179—180° (Essigester/Methanol), durch Zutropfen von 4n H_2SO_4 zu 5 g vorst. Verb. in Aceton bei —2°, 5 Min. langes Stehen, Kühlen auf —8°, Zutropfen von Butylnitrit, 1 std. Rühren bei —8°, Zugabe von Cu-Bronze, 1 std. Rühren ohne Kühlung, mehrstd. Stehen, Filtrieren, Eindampfen der Aceton-Lsg., Aufnehmen in Chlf., Eindampfen u. Chromatographie an Al_2O_3 in Bzl.; 3 g. — *2.3.6-Trimethoxy-10-carbomethoxyphenanthren*, $C_{19}H_{18}O_5$, F 138° (Methanol) u. F. 155°, durch 18 std. Erhitzen von 8 g vorst. Verb. mit wss. KOH u. 2-Äthoxyäthanol auf 130°, 6 std. Kochen der Rohsäure mit Methanol/konz. H_2SO_4, Chromatographie an Al_2O_3 u. Eluieren mit Bzl.; aus Methanol Platten; 3,5 g. — *2.3.6-Trimethoxy-10-carboxyphenanthren*, $C_{18}H_{16}O_5$, F. 215° (Methanol), durch alkal. Hydrolyse vorst. Verbindung. — *10-Hydroxymethyl-2.3.6-trimethoxyphenanthren*, $C_{18}H_{18}O_4$, F. 157 bis 158° (A.), durch Zugabe von 2 g vorvorst. Verb. in abs. Tetrahydrofuran (THF) zu $LiAlH_4$ in abs. THF, 4 std. Rühren u. Zers. mit feuchtem Ae. u. W.; 1,5 g. — *10-Chlormethyl-2.3.6-trimethoxyphenanthren*, $C_{18}H_{17}ClO_3$, F. 163—164°, durch 1¼ std. Kochen von 1,5 g vorst. Verb. mit $SOCl_2$ u. Pyridin in Chlf., Gießen in Eis/W., ½ std. Stehen u. Abtrennen der Chlf.-Lsg.; aus Bzl./PAe. Nadeln; 1,2 g. — *2-[2.3.6-Trimethoxyphenanthryl-(10)-methyl]-pyrrol*, $C_{22}H_{21}NO_3$, F. 147—148°, durch Zugabe von 1,5 g vorst. Verb. in THF zu Pyrryl-MgBr in Ae. unter N_2 u. Eiskühlung, mehrstd. Rühren ohne Kühlung, Zugabe von Ae., Zers. mit gesätt. NH_4Cl-Lsg., Dest. der organ. Phase u. Chromatographie in Chlf. an Al_2O_3; aus Chlf./Bzl. Kuben; 0,98 g. — *2-[2.3.6-Trimethoxyphenanthryl-(10)-methyl]-pyrrolidin*, durch 20 std. Hydrieren von 0,35 g vorst. Verb. in Essigsäure bei 50 lb./sq.in. an Adams-Katalysator, Filtrieren, Eindampfen im Vakuum, Extrahieren mit heißer verd. HCl, Alkalisieren der sauren Extrakte, Extrahieren mit Chlf. u. Chromatographie an Al_2O_3; 0,19 g. *Pikrat*, $C_{28}H_{28}N_4O_{10}$, F. 229°; aus Essigsäure orangerote Nadeln. — *2.3.6-Trimethoxy-9.11.12.13.13a.14-hexahydrophenanthro-[9.10:f]-indolizin*, $C_{23}H_{25}NO_3$, F. 213—215° (Chlf./Methanol), durch 1½ std. Erhitzen von 0,37 g vorst. Verb. in 98%ig. HCOOH auf 180°, Kühlen, Aufnehmen in Chlf., Einengen, Chromatographie an Al_2O_3, 1½ std. Kochen des *N-Formylpyrrolidins* (0,33 g) mit $POCl_3$, Versetzen mit PAe., Red. mit $NaBH_4$ in Methanol, Eindampfen im Vakuum, Extrahieren mit Chlf. u. Chromatographie an Al_2O_3; 0,12 g; gibt durch 2 std. Kochen mit CH_3J in Chlf., mehrstd. Stehen, Eindampfen, 5 std. Schütteln mit Ag_2O in W., Filtrieren, Eindampfen bei 50° im Vakuum, ½ std. Erhitzen auf 100°/0,1 Torr, Extrahieren mit heißem Bzl. u. Umkristallisieren aus Bzl./PAe. ein *Abbau-Prod.* $C_{24}H_{27}NO_3$ (F. 169—171°), das mit dem aus I durch Hofmann-Abbau erhaltenen Methin nicht ident. ist . P. Golinske. 3231□

Eine Synthese von 1-Äthyl-1.2.3.5-tetrahydro-10-methyl-7.8-methylendioxy-5-oxobenzo-[f]-pyrrocolin, einem Abbauprodukt von Lycorin. Shuzo Takagi und Shojiro Uyeo. (J. chem. Soc. [London] **1961**, 4350—59, Okt.; Osaka, Japan, Univ., School of Pharmacy; engl.) — Vff. beschreiben eine von Isosafrol ausgehende Synth. der *rac. Form* (I) des Lycorin-Abbau-Prod. *1-Äthyl-1.2.3.5-tetrahydro-10-methyl-7.8-methylendioxy-5-oxobenzo-[f]-pyrrocolin* (vgl. C. **1956**, 8631) sowie einer Reihe mit I bzw. *4-Methyl-6.7-methylendioxyisochinolin* verwandter Verbb., die bei erfolglosen Verss. der I-Synth. entstanden. Die UV-Spektren einiger Verbb. sind graph. angegeben.

Versuche: *α-[3.4-Methylendioxyphenyl]-propionaldehyd* (II), $C_{10}H_{10}O_3$, Kp.$_{0,32}$ 95 bis 95,5°, durch Zugabe von J_2 zu 40 g Isosafrol u. HgO in feuchtem Ae. während 30 Min. bei 0°, 4 std. Rk. bei 13—15°, Filtrieren u. Reinigen über die *Bisulfit-Verb.* (F. 175°); 33,8 g (Ausbeute). *2.4-Dinitrophenylhydrazon*, $C_{16}H_{14}N_4O_6$, F. 140°, aus Äthylacetat orangefarbene Prismen. *Oxim*, $C_{10}H_{11}NO_3$, F. 72°, aus A. Prismen. — *1-Cyan-2-[3.4-methylendioxyphenyl]-propylamin* (III), $C_{11}H_{12}N_2O_2$, F. 88°, durch Zugabe von 50%ig. NaCN, 27%ig. NH_4OH u. NH_4Cl zu 10 g II in A., 10 std. Erhitzen auf 50—60° im Autoklaven, Aufnehmen in Bzl. u. Reinigen über das *Hydrochlorid* [F. 187—188° (Zers.), aus A. Nadeln; 10,2 g]; aus A. Nadeln. — *1-Carbamoyl-N-formyl-2-[3.4-methylendioxyphenyl]-propylamin* (IV), $C_{12}H_{14}N_2O_4$, F. 219—220° (Zers.), durch 2 std. Erhitzen von 1,4 g III mit 85%ig. HCOOH auf 180° u. mehrstd. Stehen bei 0°; aus Aceton Schuppen; 1,3 g. — *3-Cyan-3.4-dihydro-4-methyl-6.7-methylendioxyisochinolin*, $C_{12}H_{10}N_2O_2$, F. 177—178°, durch Erhitzen von 0,3 g IV in $POCl_3$, Einengen, Aufnehmen in W., Alkalisieren, Extrahieren mit Bzl., Chromatographie (Chr.) an Al_2O_3 u. Eluieren mit Bzl.; aus Bzl. Nadeln; 0,083 g. — *3-Cyan-4-methyl-6.7-methylendioxyisochinolin*, $C_{12}H_8N_2O_2$, F. 173—175°, durch ½ std. Erhitzen von 0,3 g IV u. $POCl_3$ in Xylol auf dem Wasserbad, Ausziehen mit 5%ig. HCl, Alkalisieren, Extrahieren mit Chlf., Chr. u. Eluieren mit Chlf.; aus Bzl. Nadeln; 0,04 g. — *2-[3.4-Methylendioxyphenyl]-propylamin*, durch 5 std. Red. von 9 g II-Oxim mit $LiAlH_4$ in sd. Ae.; Öl; 7,8 g. *Hydrogenoxalat*, $C_{10}H_{13}NO_2 \cdot C_2H_2O_4$, F. 177—178° (A.). *N-Formyl-Deriv.*, durch 2std. Erhitzen von 6 g des Amins mit 85%ig. HCOOH auf 170 bis 190°; Öl; 4,8 g. — *3.4-Dihydro-4-methyl-6.7-methylendioxyisochinolin*, durch 40 Min. lange Rk. von 4,6 g vorst. Formiats u. $POCl_3$ in sd. Xylol, Zugabe von PAe., Aufnehmen in W., Alkalisieren u. Extrahieren mit Chlf.; Öl; 1,4 g. *Pikrat*, $C_{11}H_{11}NO_2 \cdot C_6H_3N_3O_7$, F. 181—182°, aus Methanol Nadeln. — *4-Methyl-6.7-methylendioxyisochinolin*, $C_{11}H_9 \cdot NO_2$, F. 116—118°, a) durch 1std. Erhitzen von 0,2 g vorst. Verb. über 30%ig. Pd/Kohle in p-Cymol unter N_2 auf 200°, mehrstd. Stehen bei 20°, Aufnehmen in 5%ig. HCl, Alkalisieren mit NH_4OH, Ausäthern, Chr. aus Chlf. an Al_2O_3 u. Eluieren mit Chlf.; aus Ae. oder Bzl. Nadeln; 0,05 g; b) durch Zugabe von 37%ig. HCHO zu 0,3 g **III**-Hydrochlorid in W., Einstellen einer Lsg. von 0,3 g des entstandenen *α-[Methylenamino]-β-[3.4-methylendioxyphenyl]-butyronitrils* [F. 222—223° (Zers.), aus Aceton Schuppen] in Methanol auf pH 4 mit HCl, Zugabe von 37%ig. HCHO, 64std. Rk. bei 30°, Neutralisieren, Behandeln mit 10%ig. HCl u. Chlf., Alkalisieren, Chr. aus Chlf. an Al_2O_3 u. Eluieren mit Chlf.; 0,06 g. *Pikrat*, $C_{17}H_{12}N_4O_9$, F. 235° (Zers.), aus Methanol Nadeln. *Methojodid*, F. 267 bis 268° (Zers.; Aceton). — *α-Amino-β-[3.4-methylendioxyphenyl]-buttersäuremethylester* (**V**), $Kp._{0,27}$ 154—158°, durch 20std. Kochen von 10 g **III**-Hydrochlorid in HCl-gesätt. Methanol, Einengen, Alkalisieren mit wss. Na_2CO_3 u. Ausäthern; 6,1 g. *Hydrochlorid*, $C_{12}H_{15} \cdot NO_4 \cdot HCl$, F. 175°, aus A.–Ae. Nadeln. *Pikrat*, $C_{12}H_{15}NO_4 \cdot C_6H_3N_3O_7$, F. 178° (Zers.), aus Methanol Nadeln. — *α-[2-Cyanäthylamino]-β-[3.4-methylendioxyphenyl]-buttersäure*, $C_{14}H_{16}N_2O_4 \cdot H_2O$, F. 191—192°, durch alkal. Hydrolyse von 4,2 g **V**, Rk. mit Acrylonitril (3 Std. bei 20°, 1 Std. bei 50°) u. Ansäuern; aus W. Nadeln; 3,5 g. — *α-[2-Methoxycarbonyläthylamino]-β-[3.4-methylendioxyphenyl]-buttersäuremethylester*, $Kp._{0,05}$ 145 bis 165° (Bad), durch 10std. Kochen von 6 g vorst. Verb. in HCl-gesätt. Methanol, Einengen, Aufnehmen in W., Alkalisieren mit Soda u. Ausäthern; 3,1 g. — *β-[1.2.3.4-Tetrahydro-3-methoxycarbonyl-4-methyl-6.7-methylendioxyisochinolyl-(2)]-propionsäuremethylester* (**VI**), durch 4tägige Rk. von 4,4 g vorst. Verb. mit HCHO bei pH 4 u. 32°, Ansäuern, ½std. Erhitzen auf dem Wasserbad, Filtrieren, Alkalisieren, Ausäthern, Chr. aus Bzl. an Al_2O_3 u. Eluieren mit Bzl.; roh 3,2 g. *Pikrolonat*, $C_{17}H_{21}NO_6 \cdot C_{10}H_8N_4O_5$, F. 180—181°, aus Aceton–Ae. gelbe Nadeln. — *1.2.3.4-Tetrahydro-4-methyl-6.7-methylendioxyisochinolin-3-carbonsäuremethylester* (**VII**), $C_{13}H_{15}NO_4$, F. 171—172°, durch 30std. Rk. von 1,3 g **V** mit HCHO bei pH 3,5 u. 30°, Ansäuern, ½std. Erhitzen, Filtrieren u. Alkalisieren mit Soda; aus Methanol Nadeln; 1,1 g. *Hydrochlorid*, F. 247° (Zers.), aus Methanol Nadeln. *Pikrat*, F. 226° (Zers.), aus Methanol Nadeln. — *4-Methyl-6.7-methylendioxyisochinolin-3-carbonsäuremethylester*, $C_{13}H_{11}NO_4$, F. 183°, durch 2std. Erhitzen von 0,3 g vorst. Verb. u. Zimtsäure über 30%ig. Pd/Kohle in Xylol auf 160—170° unter CO_2, Ausziehen mit 5%ig. HCl, Alkalisieren u. Extrahieren mit Bzl.; aus Methanol Nadeln; 0,21 g. — *2-[β-Cyanäthyl]-1.2-dihydro-4-methyl-6.7-methylendioxyisochinolin-3-carbonsäuremethylester*, F. 87—90°, $Kp._{0,8}$ 160—175° (Bad), durch 8std. Erhitzen von 0,34 g **VII** u. 2-Bromäthylcyanid in Ggw. von K_2CO_3 auf dem Wasserbad, Zugabe von W., Extrahieren mit Bzl. u. Reinigen über das *Pikrat* [$C_{16}H_{16}N_2O_4 \cdot C_6H_3N_3O_7$, F. 274° (Zers.), aus Methanol Nadeln]; roh 0,1 g. — *2-[β-Methoxycarbonyläthyl]-1.2-dihydro-4-methyl-6.7-methylendioxyisochinolin-3-carbonsäuremethylester*, $Kp._{0,3}$ 128—132°, durch 6std. Kochen von 0,4 g vorst. Verb. in HCl-gesätt. Methanol, Eindampfen, Alkalisieren u. Extrahieren mit Bzl.; 0,2 g. — 10-Methyl-7.8-methylendioxybenzo-[f]-pyrrocoline: *1-Oxo-1.2.3.5-tetrahydro-*, $C_{14}H_{13}NO_3$, F. 91—92°, durch 2std. Erhitzen von 0,2 g vorst. Verb. u. K in Toluol, Zugabe von konz. HCl, 3std. Erhitzen auf dem Wasserbad, Eindampfen, Alkalisieren mit wss. Na_2CO_3, Aufnehmen in Bzl. u. Dest. bei 180—220° (Bad)/0,6 mm; aus A. Nadeln; 0,02 g. *Oxim*, $C_{14}H_{14}N_2O_3 \cdot 3\,H_2O$, F. 85—90° (W.), nach Trocknen über P_2O_5, F. 99—100°. — *1.2.3.5.10.10a-Hexahydro-1-oxo-*, $C_{14}H_{15}NO_3$, F. 150—151° (Zers.), durch 4std. Erhitzen von 7,2 g **VI** u. NaOH in Toluol auf 90°, Zugabe von konz. HCl, 3std. Kochen, Eindampfen, Aufnehmen in W., Filtrieren, Alkalisieren u. Ausäthern; aus Methanol gelbe Nadeln; 3,9 g. *Oxim*, $C_{14}H_{16}N_2O_3$, F. 216—217° (Zers.), aus Methanol Prismen. — *1-Äthyl-1.2.3.5.10.10a-hexahydro-1-hydroxy-* (**VIII**), $C_{16}H_{21}NO_3$, F. 149—150°, durch 4std. Rk. von 3 g vorst. Verb. mit C_2H_5MgBr in sd. Tetrahydrofuran, Zers. mit Eis–W./HCl, Alkalisieren mit NH_4OH, Aufnehmen in Chlf., Chr. aus Bzl. an Al_2O_3 u. Eluieren mit Bzl. u. Chlf.; aus Methanol Schuppen; roh 2,5 g. *O-Acetat*, $C_{18}H_{23}NO_4$, F. 125°, aus **VIII** mit Acetanhydrid (1 Std. bei 150°); aus Methanol Nadeln. — *1-Äthyl-2.3.5.10* (u./oder *3.5.10.10a*)*-tetrahydro-* u./oder *1-Äthyliden-2.3.5.10-tetrahydro-10aH-* (**IX**), a) durch 40 Min. langes Erhitzen von 0,7 g **VIII** u. $POCl_3$ in Pyridin auf dem Wasserbad, Gießen in Eis/W., Eindampfen, Aufnehmen in W., Alkalisieren mit NH_4OH u. Ausäthern; Öl; 0,19 g; b) durch 2std. Rk. von 0,32 g **VIII** mit $SOCl_2$ in Pyridin bei 20°, Einengen, Aufnehmen in wss. NH_4OH u. Ausäthern; 0,015 g. — *1-Äthyl-1.2.3.5.10.10a-hexahydro-*, $C_{16}H_{21}NO_2$, F. 92—95°, durch 40 Min. langes Hydrieren von 0,5 g **IX** über Adams-Katalysator in Essigsäure, Filtrieren, Einengen, Alkalisieren, Ausäthern, Chr. aus Bzl.–PAe. an Al_2O_3 u. Eluieren mit Bzl.–PAe.; aus PAe. Platten; 0,33 g. — *1-Äthyl-1.2.3.5.10.10a-hexahydro-5-oxo-*, $C_{16}H_{19}NO_3$, $Kp._{0,01}$ 180—185° (Bad), durch Oxydation von 0,066 g vorst. Verb. mit $KMnO_4$ in Aceton, mehrstd. Stehen, Eindampfen u. Aufnehmen in Bzl.; 0,055 g; gibt bei 4std. Red. mit $LiAlH_4$ in sd. Tetrahydrofuran vorst. Verb.; gibt keine definierte Verb. beim Vers. der Dehydrierung über 30%ig. Pd/Kohle in Ggw. von Zimtsäure (2 Std. bei 160—170° unter CO_2 in Xylol oder 3 Std. bei 200° unter N_2 in p-Cymol) oder Zimtsäureäthylester (5 Std. bei 250°). — *1-Äthyl-2.3-dihydro-10-methyl-7.8-methylendioxy-1H-benzo-[f]-pyrrocoliniumpikrat*, $C_{16}H_{18}NO_2 \cdot C_6H_2N_3O_7$, F. 175—176° (Zers.), neben **IX** nach a) oder b) aus den alkal. Mutterlaugen durch Ansäuern, Rk. mit Na-Pikrat, Chr. aus Aceton an Al_2O_3 u. Eluieren mit Aceton; aus Aceton Nadeln; 0,34 bzw. 0,48 g. Entsprechendes *Chlorid*, F. 184—186°, aus dem Pikrat mit Amberlite IRA 400 u. HCl; aus Aceton–Methanol hygroskop. Nadeln. — *1-Äthyl-1.2.3.5-tetrahydro-10-methyl-7.8-methylendioxy-5-oxobenzo-[f]-pyrrocolin* (I), $C_{16}H_{17}NO_3$, F. 150°, durch 3std. Erhitzen von 0,054 g vorst. Chlorids mit $K_3[Fe(CN)_6]$ u. KOH in wss. A. auf dem Wasserbad, Neutralisieren mit verd. H_2SO_4, Eindampfen, Aufnehmen in W., Chr. aus Bzl. an Al_2O_3 u. Eluieren mit Bzl.; aus Bzl.–PAe. Nadeln; 0,031 g. W. Hoffmann. 3231 □

Untersuchungen über die Synthesen von Isochinolinderivaten und ihren Analoga. 35. Mitt. **Die Wanderung der Doppelbindung von Pyrimidinoisochinolinen und Vorhersage ihrer Strukturen aus den Infrarotspektren.** Tetsuji Kametani und Toyoyuki Katagi. (Pharmac. Bull. [Tokyo] **3**, 253—59, Aug. 1955; Osaka, Univ., Med. Fac., Pharm. Inst.; engl.) — 34. vgl. J. pharmac. Soc. Japan [Yakugakuzasshi] **75,** [1955], 709. — Das bei der l. c. beschriebenen Bischler-Napieralski-Rk. von N-[p-Nitrobenzoyl-β-alanyl]-β-[3.4-dimethoxyphenyl]-äthylamin (**VI**) entstandene *höher schm. Hydrochlorid* wird als *9.10-Dimethoxy-4-[p-nitrophenyl]-1.2.6.7-tetrahydropyrimido-[6.1:a]-isochinolinium-(5)-chlorid* (**Ib**), das niedriger schm. als *9.10-Dimethoxy-4-]p-nitrophenyl]-7.11b-di-hydro-6H-pyrimido-[6.1:a]-isochinolin-5-hydrochlorid* (**IIb**) angesehen, während der freien Base aus **Ib** die Struktur *9.10-Dimethoxy-4-[p-nitrophenyl]-6.7-dihydro-2H-pyrimido-[6.1:a]-isochinolin* (**Ia**) zukommt. **Ib** ist in W. u. CH_3OH schwerer lösl. als **IIb**. Die IR-Spektren von **Ia** u. **Ib** sowie **IIb** u. der *freien Base* (**IIa**) hieraus dienten zur Aufstellung der Strukturen. Die Wanderung einer Doppelbindung beim Übergang **Ia** → **Ib** schließen Vff. aus der Intensitätsänderung der Bande bei 6,05 μ, die bei **Ib** wesentlich stärker ist ($>C{=}\overset{(+)}{N}<$—-Gruppierung) als bei **Ia** (=C=N-Gruppierung); ferner tritt bei **Ia** eine C=C-Bande bei 6,17 μ auf, die bei **Ib** fehlt. Eine analoge Änderung der Spektren findet beim Übergang von **IIa** → **IIb** nicht statt. **IIb** konnte durch längeres Behandeln u. Erwärmen in 10%ig. HCl in **Ib** übergeführt werden. Das früher (vgl. Kametani u. Kano, J. pharmac. Soc. Japan [Yakugakuzasshi] **71,** [1951], 1007) analog **IIb** aus N-[Benzoyl-β-alanyl]-β-[3.4-dimethoxyphenyl]-äthylamin (**V**) erhaltene *9.10-Dimethoxy-4-phenyl-7.11b-Dihydro-6H-pyrimido-[6.1:a]-isochinolin-5-hydrochlorid* (**III**) konnte ebenfalls mit HCl in das **Ib** entsprechende *höher schm. Isomere* (**IV**) umgewandelt werden.

Versuche: *9.10-Dimethoxy-4-phenyl-1.2.6.7-tetrahydropyrimido-[6.1:a]-isochinolinium-(5)-chlorid* (**IV**), F. 240° (Zers.), durch 1std. Erhitzen von 1 g **V** mit $POCl_3$ in Xylol auf 130° u. Digerieren des Abdampfrückstandes mit 10%ig. HCl unter Kühlen; 0,7 g (Ausbeute). *Pikrat, Hydrat*, $C_{20}H_{20}N_2O_2 \cdot C_6H_3N_3O_7 \cdot H_2O$, F. 223° (Zers.; A.); gelblichbraun. — *9.10-Dimethoxy-4-phenyl-7.11b-dihydro-6H-pyrimido-[6.1:a]-isochinolin-5-hydrochlorid* (**III**), F. 198° (Zers.; A.), analog **IV**, Abdampfen der Rk.-Lsg., Extrahieren mit 10%ig. sd. HCl u. Stehen bei 0°; gelblichbraun. — *4-[p-Nitrophenyl]-9.10-dimethoxy-6.7-dihydro-2H-pyrimido-[6.1:a]-isochinolin* (**Ia**), *Hydrat*, $C_{20}H_{19}N_3O_4 \cdot H_2O$, F. 218° (aus A. Nadeln). — *9.10-Dimethoxy-4-[p-nitrophenyl]-1.2.6.7-tetrahydropyrimido-[6.1:a]-isochinolinium-(5)-chlorid* (**Ib**), F. 246° (Zers.; Eisessig), analog **IV** aus **VI**; gelb. *Pikrat*, F. 243—247° (Zers.; Eisessig), gelbbraun. — *9.10-Dimethoxy-4-[p-nitrophenyl]-7.11b-dihydro-6H-pyrimido-[6.1:a]-isochinolin-5-hydrochlorid* (**IIb**), F. 193° (A.–Ae.), neben **Ib**; gelborange. *Freie Base* (**IIa**), F. 168° (A.) H. Lehwald. 3231

Untersuchungen über die Synthesen von Isochinolinderivaten und ihren Analoga. 36. Mitt. **Die Desaminierung von 4-[p-Aminophenyl]-pyrimidinoisochinolinderivaten.** Tetsuji Kametani und Toyoyuki Katagi. (Pharmac. Bull. [Tokyo] **3**, 259—62, Aug. 1955; engl.) — 35. vgl. vorst. Referat. — Bei der katalyt. Red. von 4-[p-Nitrophenyl]-9.10-dimethoxy-1.2.6.7-tetrahydropyrimido-[6.1:a]-isochinolinium-(5)-chlorid (I) nach Adams wurden 3 Val. H_2 aufgenommen. Das entstandene *4-[p-Aminophenyl]-9.10-dimethoxy-1.2.6.7-tetrahydropyrimido-[6.1:a]-isochinoliniumchlorid* wurde mit $NaNO_2$ diazotiert u. dann desaminiert. Das *Pikrat* aus dem gebildeten *4-Phenyl-9.10-dimethoxy-1.2.6.7-tetrahydropyrimido-[6.1:a]-isochinoliniumchlorids* war ident. mit der von Kametani u. Katagi (vgl. J. pharmac. Soc. Japan [Yakugakuzasshi] **75,** [1955], 709) beschriebenen Verbindung. Das ebenfalls früher beschriebene 4-[p-Aminophenyl]-9.10-dimethoxy-1.2.3.4.7.11b-hexahydro-6H-pyrimido-[6.1:a]-isochinolin (**II**) wurde bei der Diazotierung u. Desaminierung in *4-Phenyl-9.10-dimethoxy-1.2.3.4.7.11b-hexahydro-6H-pyrimido-[6.1:a]-isochinolin* übergeführt. Die IR-Spektren der vorst. Verbb. sind angegeben u. werden diskutiert.

Versuche: *4-[p-Aminophenyl]-9.10-dimethoxy-1.2.6.7-tetrahydropyrimido-[6.1:a]-isochinoliniumchlorid*, F. 203° (Zers.; A.–Ae.), durch katalyt. Hydrierung von 1,014 g **I** in Methanol in Ggw. von HCl an Adams-Katalysator; 1 g (Ausbeute). *Freie Base, Hydrat*, $C_{20}H_{21}N_3O_2 \cdot 3\frac{1}{2} H_2O$, F. 94° (verd. A.). — *4-Phenyl-9.10-dimethoxy-1.2.6.7-tetrahydropyrimido-[6.1:a]-isochinoliniumchlorid*, F. 160° (Zers.; Sintern bei 120°), durch 10 Min. langes Zutropfen von wss. $NaNO_2$ zu 0,2 g vorst. Verb. in wss. HCl, ½ std. Rühren, Gießen des Filtrats in 30%ig. H_3PO_2 u. mehrtägiges Stehen bei 0°; 1,2 mg. *Pikrat*, F. 223 bis 225° (Zers.), aus Essigsäure gelbbraun. — *4-Phenyl-9.10-dimethoxy-1.2.3.4.7.11b-hexahydro-6H-pyrimido-[6.1:a]-isochinolin, Pikrat*, F. 205—207° (Zers.), durch Rk. von **II** analog vorst. Verb., Alkalisieren mit 10%ig. NaOH, Ausäthern u. Behandeln des Abdampfrückstandes mit Pikrinsäure; aus A. gelbbraune Nadeln; gibt positive Liebermann-Rk. auf sek. Amine. H. Lehwald. 3231

Untersuchungen über die Synthesen von Isochinolinderivaten und ihren Analoga. 37. Mitt. **Eine neue Methode zur Darstellung von 1-substituierten 3-Methyl-3.4-dihydroisochinolinderivaten durch Reaktion von Allylbenzol und heterocyclischen Säureamiden oder Oximen.** Tetsuji Kametani, Kazuo Ohtsuki und Miyoshi Fukui. (Pharmac. Bull. [Tokyo] **3**, 263—66, Aug. 1955; engl.) — 36. vgl. vorst. Referat. — Die früher beschriebene Meth. zur Darst. von *1-substituierten 3-Methyl-3.4-dihydroisochinolin-Derivv.* durch Rk. von Safrol (**I**) oder Methyleugenol (**II**) mit verschiedenen aromat. Säureamiden oder Oximen in Ggw. von $POCl_3$ (vgl. Kametani u. Inagaki, J. pharmac. Soc. Japan [Yakugakuzasshi] **74**, [1954.], 417 u. früher) wurde nunmehr auf heterocycl. Säureamide u. Oxime ausgedehnt. *1-[Thienyl-(2)]-3-methyl-6.7-dimethoxy-* bzw. *1-[Thienyl-(2)]-3-methyl-6.7-methylendioxy-3.4-dihydroisochinolin* wurden durch Rk. von Thiophen-2-carbonsäureamid mit **I** bzw. **II** erhalten. Letzteres wurde zum Vgl. auch durch Bischler-Napieralski-Rk. dargestellt. *1-[Furyl-(2)]-3-methyl-6.7-dimethoxy-3.4-dihydroisochinolin* entstand durch Rk. von **II** u. Furan-2-carbonsäureamid (**IIIa**) oder 2-Furfuraldoxim (**III**), entsprechend *1-[Furyl-(2)]-3-methyl-6.7-methyledioxy-3.4-dihydroisochinolin* unter Verw. von **I**. Isonicotinsäureamid (**IV**) ergab mit **II** in Ggw. von $POCl_3$ kein Isochinolin-Deriv., vielmehr bildete sich, analog der früher beschriebenen Rk. mit Nicotinsäureamid (vgl. l. c.), *4-Cyanpyridin* (**V**), das aber durch erneute Rk. mit **II** in Ggw. von konz. H_2SO_4 *1-[Pyridyl-(4)]-3-methyl-6.7-dimethoxy-3.4-dihydroisochinolin* ergab. 4-Methylthiazol-5-carbonsäureamid (**VI**) lieferte mit **II** *1-[4-Methylthiazolyl-(5)]-3-methyl-6.7-dimethoxy-3.4-dihydroisochinolin*. Ein Rk.-Mechanismus wird diskutiert.

Versuche: *4-Cyanpyridin* (**V**), F. 83°, durch 2½ std. Kochen von 1 g **IV** u. **II** in abs. Xylol/Chlf.; aus Ligroin Nadeln; 0,7 g. — 3-Methyl-3.4-dihydroisochinoline: *1-[Thienyl-(2)]-6.7-dimethoxy-*, $C_{16}H_{17}NO_2S$, F. 113—113,5° (Ligroin/Bzl.), durch 1 std. Kochen von 2,8 g **II**, 2 g Thiophen-2-carbonsäure u. 10 cm³ $POCl_3$ in abs. Bzl., Gießen auf Eis u. Alkalisieren der abgetrennten wss. Lsg. mit 10%ig. NH_4OH (Meth. **A**); 35,5% (Ausbeute). *Pikrat*, F. 188,5—189°, aus A. gelbliche Platten. — *1-[Thienyl-(2)]-6.7-methylendioxy-*, F. 139—139,5° (A.), nach **A** mit **I**; 16,3%. — *1-[Furyl-(2)]-6.7-dimethoxy-*, $C_{16}H_{17}NO_3$, F. 128—130° (Ligroin), a) nach **A** aus **IIIa** u. **II**; 16%; b) nach **A** aus **III** u. **II**; 11,5%. *Pikrat*, $C_{16}H_{17}NO_3 \cdot C_6H_3N_3O_7$, F. 184—184,5°; aus A. gelbliche, seidige Kristalle. — *1-[Pyridyl-(4)]-6.7-dimethoxy-*, durch Zutropfen von 1 g **II** zu einer Lsg. von 0,7 g **V** in konz. H_2SO_4 bei 0°, 3tägiges Rühren bei Zimmer-Temp., Zers. mit Eis, Alkalisieren des Filtrats mit 10%ig. Na_2CO_3 u. Ausäthern; 1 g. *Dipikrat*, $C_{17}H_{18}N_2O_2 \cdot 2\, C_6H_3N_3O_7$, F. 122—124°, gelblichrot. — *1-[4-Methylthiazolyl-(5)]-6.7-dimethoxy-*, F. 153—155° (Zers.; A./Ae.), durch 3 std. Kochen von 0,5 g **VI**, 0,7 g **II** u. $POCl_3$ in Toluol u. Zers. mit Eis; 0,3 g. *Pikrat, Tetrahydrat*, $C_{16}H_{18}N_2O_2S \cdot C_6H_3N_3O_7 \cdot 4\, H_2O$, F. 203—205° (Zers.; Sintern bei 93°); aus verd. A. gelbliche Nadeln. H. Lehwald. 3231

6-Chlor-2-mercapto-3-arylchinazolone-(4). G. S. Mewada, G. R. Dave und G. C. Amin. (J. sci. ind. Res. [New Delhi], Sect. B **20**, 299—300, Juni 1961; Ahmedabad, Gujarat Coll., M. R. Sci. Inst., Dep. of Chem.; engl.) — Durch Kondens. von 5-Chloranthranilsäure mit monosubstituierten Phenylthioharnstoffen (2 std. Erhitzen auf 180 bis 190°) bzw. mit Arylisothiocyanaten (1—2 std. Kochen in A.) u. Umkristallisieren aus Aceton entstehen folgende 3-Aryl-2-mercapto-6-chlorchinazolone-(4) (Platten oder Nadeln): *3-Phenyl-*, $C_{14}H_9ClN_2OS$, F. 324°. — *3-[o-Tolyl]-*, $C_{15}H_{11}ClN_2OS$, F. 302°. — *3-[m-Tolyl]-*, $C_{15}H_{11}ClN_2OS$, F. 294°. — *3-[p-Tolyl]-*, $C_{15}H_{11}ClN_2OS$, F. 322°. — *3-[o-Methoxyphenyl]-*, $C_{15}H_{11}ClN_2O_2S$, F. 287°. — *3-[p-Methoxyphenyl]-*, $C_{15}H_{11}ClN_2O_2S$, F. 323°.

3-[o-Chlorphenyl]-, $C_{14}H_8Cl_2N_2OS$, F. 287°. — *3-[m-Chlorphenyl]-*, $C_{14}H_8Cl_2N_2OS$, F. 285°. — *3-[p-Chlorphenyl]-*, $C_{14}H_8Cl_2N_2OS$, F. 320°. — *3-[o-Carboxyphenyl]-*, $C_{15}H_9 \cdot ClN_2O_3S$, F. 305°; blaßgelb. P. Golinske. 3272□

Chinazolon-(4)-derivate als potentielle Antimalariastoffe. 2. Mitt. Einige 2-Alkyl-3-[p-aminosulfonylphenyl]-6-alkyl (oder halogen)-chinazolone-(4). M. S. Dhatt und H. L. Bami. (J. sci. ind. Res. [New Delhi], Sect. C **18**, 256—59, Dez. 1959; Delhi, Malaria Inst. of India; engl.) — 1. vgl. C. **1959**, 16321; vgl. auch C. **1960**, 16173. — Durch Kondens. äquimol. Mengen 5-Methyl-(oder Halogen)-acet(oder propion)-anthranile mit verschiedenen Sulfanilamid-Derivv. werden 27 *2-Methyl*(oder *Äthyl*)-*3-[p-aminosulfonylphenyl]-6-alkyl*(oder *halogen*)-*chinazolone-(4)* synthetisiert u. gegen *P. gallinaceum* an Küken geprüft. Alle Verbb. sind inakt., nur *2-Äthyl-3-{p-[pyrimidyl-(2)]-aminosulfonylphenyl}-6-chlorchinazolon-(4)* zeigt eine schwache Antimalariaaktivität.

Versuche: Chinazolone-(4): *2-Methyl-3-{p-[pyridyl-(2)-aminosulfonyl]-phenyl}-*, $C_{20}H_{16}N_4O_3S$, F. 279° (50%ig. Essigsäure), durch 1std. Erhitzen von Acetanthranil u. 2-[p-Aminobenzolsulfonylamino]-pyridin auf 120—140° unter wasserfreien Bedingungen u. 7—8std. Stehen bei 160—180° im leichten Vakuum; Körner; 74% (Ausbeute). — *2-Methyl-[p-(guanylaminosulfonyl)-phenyl]-*, $C_{16}H_{15}N_5O_3S$, F. 300°, analog vorst. Verb.; cremefarbene Nadeln; 62%. — *2-Methyl-3-{p-[pyrimidyl-(2)-aminosulfonyl]-phenyl}-*, $C_{19}H_{15}N_5O_3S$, F. 277°; Nadeln; 57%. — *2-Methyl-3-{p-[4.6-dimethylpyrimidyl-(2)-aminosulfonyl]-phenyl}-*, $C_{21}H_{19}N_5O_3S$, F. 273°; Nadeln; 60%. — *2-Äthyl-3-{p-[thiazolyl-(2)-aminosulfonyl]-phenyl}-*, $C_{19}H_{16}N_4O_3S_2$, F. 271°; Nadeln; 57%. — *2-Äthyl-3-{p-[pyridyl-(2)-aminosulfonyl]-phenyl}-*, $C_{21}H_{18}N_4O_3S$, F. 238°; Körner; 50%. — *2-Äthyl-3-{p-[pyrimidyl-(2)-aminosulfonyl]-phenyl}-*, $C_{20}H_{17}N_5O_3S$, F. 257°; cremefarbeme Körner; 59%. — 6-Methylchinazolone-(4): *2-Methyl-3-[p-(guanylaminosulfonyl)-phenyl]-*, $C_{17}H_{17}N_5 \cdot O_3S$, F. 305°; Körner; 60%. — *2-Methyl-3-{p-[thiazolyl-(2)-aminosulfonyl]-phenyl}-*, $C_{19}H_{16}N_4O_3S_2$, F. 260°; cremefarbene Körner; 62%. — *2-Methyl-3-{p-[pyridyl-(2)-aminosulfonyl]-phenyl}-*, $C_{21}H_{18}N_4O_3S$, F. 245°; cremefarbene Körner; 77%. — *2-Methyl-3-{p-[pyrimidyl-(2)-aminosulfonyl]-phenyl}-*, $C_{20}H_{17}N_5O_3S$, F. 255—257°; blaßgelbe Körner; 44%. — *2-Äthyl-3-[p-(guanylaminosulfonyl)-phenyl]-*, $C_{18}H_{19}N_5O_3S_2$, F. 295°; Körner; 66%. — *2-Äthyl-3-{p-[pyridyl-(2)-aminosulfonyl]-phenyl}-*, $C_{22}H_{20}N_4O_3S$, F. 272°; cremefarbene Körner; 56%. — *2-Äthyl-3-{p-[pyrimidyl-(2)-aminosulfonyl]-phenyl}-*, $C_{21}H_{19}N_5 \cdot O_3S$, F. 282—285°; blaßgelbe Körner; 50%. — 6-Chlorchinazolone-(4): *2-Methyl-3-{p-[thiazolyl-(2)-aminosulfonyl]-phenyl}-*, $C_{18}H_{13}ClN_4O_3S$, F. 277°; cremefarbene Körner; 63%. — *2-Methyl-3-{p-[pyridyl-(2)-aminosulfonyl]-phenyl}-*, $C_{20}H_{15}ClN_4O_3S$, F. 242°; cremefarbene Körner; 63%. — *2-Äthyl-3-{p-[thiazolyl-(2)-aminosulfonyl]-phenyl}-*, $C_{19}H_{15}ClN_4O_3S_2$, F. 286°; blaßgelbe Körner; 73%. — *2-Äthyl-3-{p-[pyridyl-(2)-aminosulfonyl]-phenyl}-*, $C_{21}H_{17}ClN_4O_3S$, F. 276°; cremefarbene Körner; 69%. — *2-Äthyl-3-{p-[pyrimidyl-(2)-aminosulfonyl]-phenyl}-*, $C_{20}H_{16}ClN_5O_3S$, F. 236—237°; gelbe Körner; 62%. — 6-Bromchinazolone-(4): *2-Methyl-3-{p-[thiazolyl-(2)-aminosulfonyl]-phenyl}-*, $C_{18}H_{13}BrN_4O_3S_2$, F. 279°; cremefarbene Körner; 52%. — *2-Methyl-3-[p-(guanylaminosulfonyl)-phenyl]-*, $C_{16}H_{14}BrN_5O_3S$, F. 308°; Nadeln; 58%. — *2-Methyl-3-{p-[pyridyl-(2)-aminosulfonyl]-phenyl}-*, $C_{20}H_{15}BrN_4O_3S$, F. 272°; cremefarbene Körner; 53%. — *2-Methyl-3-{p-[pyrimidyl-(2)-aminosulfonyl]-phenyl}-*, $C_{19}H_{14}BrN_5O_3S$, F. 284—285°; cremefarbene Körner; 70%. — *2-Äthyl-3-[p-(guanylaminosulfonyl)-phenyl]-*, $C_{17}H_{16}BrN_5O_3S$, F. 296°; Körner; 72%. — *2-Äthyl-3-{p-[thiazolyl-(2)-aminosulfonyl]-phenyl}-*, $C_{19}H_{15} \cdot BrN_4O_3S_2$, F. 306°; Körner; 55%. — *2-Äthyl-3-{p-[pyridyl-(2)-aminosulfonyl]-phenyl}-*, $C_{21}H_{17}BrN_4O_3S$, F. 298—299°; cremefarbene Körner; 62%. — *2-Äthyl-3-{p-[pyrimidyl-(2)-aminosulfonyl]-phenyl}-*, $C_{20}H_{16}BrN_5O_3S$, F. 248°; blaßgelbe Körner; 70%.

P. Golinske. 3272□

Synthese des symm.-Triazinsystems. 5. Mitt. Cotrimerisation von Imidaten. Fred C. Schaefer. (J. org. Chemistry **27**, 3362, Sept. 1962; Stamford, Conn., Amer. Cyanamid Co., Central Res. Div.; engl.) — 4. vgl. C. **1962**, 1997. — Bei der Cotrimerisation von Imidoestern wurden zwar wie erwartet Gemische erhalten; trotzdem ist die Rk. bequem u. liefert eine Reihe von bisher unzugänglichen Verbindungen.

Versuche: *2-Äthyl-4.6-dimethyl-symm.-triazin*, $C_7H_{11}N_3$, Kp.$_{43}$ 87°, aus 0,5 Mol Acetimidoäthylester (**I**) u. 0,25 Mol Propionimidoäthylester (**II**) in Ggw. von CH_3COOH (18 Std. bei 30—35°); n_D^{25} 1,4687; 32% (Ausbeute), bezogen auf **II**. Daneben 38% *2.4-Diäthyl-6-methyl-symm.-triazin* ($C_8H_{13}N_3$, Kp.$_6$ 94°, n_D^{25} 1,4680), 17% *2.4.6-Triäthyl-symm.-triazin* u. >28% (bezogen auf **I**) *2.4.6-Trimethyl-symm.-triazin*. — *2-[1-Chloräthyl]-4.6-dimethyl-symm.-triazin*, $C_7H_{10}ClN_3$, Kp.$_{24}$ 99—102°, durch Erhitzen von 0,14 Mol 2-Chlorpropionimidoäthylester in Ggw. von CH_3COOH auf 70° u. Zugeben von 0,29 Mol **I** innerhalb 135 Min. (dann noch 16 Std. bei 70°); $n_D^{28,5}$ 1,4901; 37%. Daneben 25% *2.4-Bis-[1-chloräthyl]-6-methyl-symm.-triazin*, $C_8H_{11}Cl_2N_3$, Kp.$_{24}$ 130—135°, $n_D^{27,5}$ 1,5046. — *2.4-Diäthyl-6-phenyl-symm.-triazin*, $C_{13}H_{15}N_3$, Kp.$_3$ 125—130°, durch 2tägiges Stehen von

0,25 Mol **II** mit 0,5 Mol Benzimidomethylester (**III**) in Ggw. von CH_3COOH; n_D^{24} 1,5595; 31%. Daneben 32% *2.4.6-Triphenyl-symm.-triazin* (F. 225—230°), 37% **III** zurück u. 3% *2-Äthyl-4.6-diphenyl-symm.-triazin*, F. 68—69°. J. Rothe. 3313□

Über eine einfache Synthese von Dihydrobenzothiadiazindioxidderivaten. Josef Klosa und Hans Voigt. (J. prakt. Chem. [4] **16**, 264—76, 1962; Berlin-Zehlendorf, Privates Forschungs-Labor.; Berlin-Waidmannslust, Chem.-Pharm. Labor. Dr. med. Hans Voigt; dt.) — *6-Chlor-7-sulfamoyl-3.4-dihydro-1.2.4-benzothiadiazin-1.1-dioxid* (**I**) wird aus 5-Chlor-2.4-disulfamoylanilin (**II**) u. Formaldehyd in Ggw. von HCl oder NH_4OH in wss. Lsg. erhalten. **I** wird auch durch Eintragen von 5-Chlor-2.4-bis-[chlorsulfonyl]-anilin (**III**) in konz. NH_4OH u. Formaldehyd dargestellt. **II** sowie 5-Trifluormethyl-2.4-disulfamoylanilin (**IV**) werden mit verschiedenen Aldehyden in wss. Lsg. kondensiert, wobei die entsprechenden **I**-Derivv. fast quant. u. sehr rein entstehen. **I**-Derivv. entstehen aus **II** bzw. **III** u. Formaldehyd, Acetaldehyd, Propionaldehyd, n- u. Isobutyraldehyd, n- u. Isovaleraldehyd, Chlor-, Brom- u. Jodacetaldehyd, Dichloracetaldehyd (als Acetal), Chloral, Isonicotinaldehyd, Antipyrin-4-aldehyd, Furfural, 5-Nitrofurfural (als Diacetat), p-Nitro-, p-Chlor-, o- u. m-Fluorbenzaldehyd, p-Methoxy- u. p-Methylphenylacetaldehyd. Mit Caprinaldehyd, Önanthol, Caprylaldehyd, Benzaldehyd, p-Hydroxy-, p-Methoxy-, p-Äthoxy-, p-Propoxy-, 2- u. 3-Methyl-, 3.4.5-Trimethoxy- u. 4-Isopropylbenzaldehyd, Veratrumaldehyd, Vanillin u. Piperonal tritt keine Kondens. ein.

Versuche· *6-Chlor-7-sulfamoyl-3.4-dihydro-1.2.4-benzothiadiazin-1.1-dioxid* (**I**), $C_7H_8ClN_3O_4S_2$, F. 270—272° (W.), a) durch 50—60 Min. langes Kochen von 60 g **II** mit 18 ml 38%ig. Formaldehyd, 20 ml konz. HCl u. 2,6 Liter W.; 53 g (Ausbeute); b) durch Eintragen von 6,8 g **II** in 40 ml konz. NH_4OH, das 0,7—1 g Formaldehyd enthält, bei 40—50° u. 20—30 Min. langes Kochen; 4,5 g; c) durch 1std. Kochen von 57 g **II**, 20 ml konz. NH_4OH u. 30 ml 37%ig. Formalin-Lsg. in 2,5 Liter W.; 57—58 g. — 6-Chlor-7-sulfamoyl-3.4-dihydro-1.2.4-benzothiadiazin-1.1-dioxide· *3-Methyl-*, $C_8H_{10}ClN_3O_4S_2$, F. 254—256°, durch 40—60 Min. langes Kochen von 5,7 g **III** mit 0,02 Mol Acetaldehyd u. 3 ml konz. HCl. — *3-Äthyl-*, $C_9H_{12}ClN_3O_4S_2$, F. 266—268°, analog. — *3-n-Propyl-*, $C_{10}H_{14}ClN_3O_4S_2$, F. 255—257°, aus **III** u. n-Butyraldehyd. — *3-Isopropyl-*, $C_{10}H_{14}ClN_3O_4S_2$, F. 290—292°. — *3-n-Butyl-*, $C_{11}H_{16}ClN_3O_4S_2$. F. 190—192°. — *3-Isobutyl-*, F. 244—246°. — *3-Chlormethyl-*, $C_8H_9Cl_2N_3O_4S_2$, F. 234—236°, aus **III** u. Chloracetal durch 4std. Kochen. — *3-Dichlormethyl-*, $C_8H_8Cl_3N_3O_4S_2$, F. 242—244°, aus **III** u. Dichloracetal durch 4std. Kochen. — *3-Trichlormethyl-*, $C_8H_7Cl_4N_3O_4S_2$, F. 300—302°, aus **III** u. Chloral. — *3-Brommethyl-*, $C_8H_9BrClN_3O_4S_2$, F. 224—226°, aus **III** u. Bromacetal durch 4std. Kochen. — *3-Jodmethyl-*, $C_8H_9ClJN_3O_4S_2$, F. 198—200°, aus 20 g vorst. Verb. durch 5std. Kochen mit 16 g KJ in wasserfreiem Aceton; 22 g. — *3-Benzyl-*, $C_{14}H_{14}ClN_3O_4S_2$, F. 246—248°, aus **III** u. Phenylacetaldehyd. — *3-[α-Phenyläthyl]-*, $C_{15}H_{16}ClN_3O_4S_2$, F. 220—224°, aus **III** u. α-Phenylpropionaldehyd; durch fraktionierte Kristallisation aus A. wird eine *schwerer lösl. Form vom F. 238—248°* u. eine *leichter lösl. Form vom F. 226—228°* erhalten. — *3-[Pyridyl-(4)]-*, $C_{12}H_{11}ClN_4O_4S_2$, F. 326—328°. — *3-[Furyl-(2)]-*, $C_{11}H_{10}ClN_3O_5S_2$, F. 212—214°. — *3-[2-Nitrofuryl-(5)]-*, $C_{11}H_9ClN_4O_7S_2$, F. 220—222°. — *3-[1-Phenyl-2.3-dimethyl-Δ³-pyrazolon-(5)-yl-(4)]-*, $C_{18}H_{18}ClN_5O_5S_2$, F. 244 bis 246°. — *3-p-Chlorphenyl-*, $C_{13}H_{11}Cl_2N_3O_4S_2$, F. 236—238°. — *3-o-Fluorphenyl-*, $C_{13}H_{11}ClFN_3O_4S_2$, F. 245—247°. — *3-m-Fluorphenyl-*, F. 223—225°. — *3-p-Chlorbenzyl-*, $C_{14}H_{13}Cl_2N_3O_4S_2$, F. 238—240°, aus **III** u. p-Chlorphenylacetaldehyd. — *3-p-Methoxybenzyl-*, $C_{15}H_{16}ClN_3O_5S_2$, F. 224—226°. — *3-p-Tolylmethyl-*, $C_{15}H_{16}ClN_3O_4S_2$, F. 230 bis 232°. — *3-p-Nitrophenyl-*, $C_{13}H_{11}ClN_4O_6S_2$, F. 242—244°. — *3-Styryl-*, $C_{15}H_{14}ClN_3O_4S_2$, F. 248—250°, aus **III** u. Zimtaldehyd. — 6-Trifluormethyl-7-sulfamoyl-3.4-dihydro-1.2.4-benzothiadiazin-1.1-dioxide: *Unsubstituiert*, $C_8H_8F_3N_3O_4S_2$, F. 261 bis 263°, aus **IV** u. Formaldehyd. — *3-Methyl-*, $C_9H_{10}F_3N_3O_4S_2$, F. 246—248°. — *3-Äthyl-*, $C_{10}H_{12}F_3N_3O_4S_2$, F. 262—264°. — *3-n-Propyl-*, $C_{11}H_{14}F_3N_3O_4S_2$, F. 228—230°. — *3-Isopropyl-*, F. 248—250°. — *3-n-Butyl-*, $C_{12}H_{16}F_3N_3O_4S_2$, F. 210—212°. — *3-Benzyl-*, $C_{15}H_{14}F_3N_3O_4S_2$, F. 220—222°. — *3-[α-Phenyläthyl]-*, $C_{16}H_{16}F_3N_3O_4S_2$, F. 235—237°. — *3-Styryl-*, $C_{16}H_{14}F_3N_3O_4S_2$, F. 171—173°. — *3-Chlormethyl-*, $C_9H_9ClF_3N_3O_4S_2$, F. 237 bis 239°, aus **IV** u. Chloracetal durch 4std. Kochen. — *3-Dichlormethyl-*, $C_9H_8Cl_2F_3N_3O_4S_2$, F. 244—246°, aus **IV** u. Dichloracetal durch 4std. Kochen. — *3-Brommethyl-*, $C_9H_9BrF_3N_3O_4S_2$, F. 206—208°. aus **IV** u. Bromacetal durch 4std. Kochen. — *3-Jodmethyl-*, $C_9H_9F_3JN_3O_4S_2$, F. 194—196°, aus vorst. Verb. durch 5std. Kochen mit KJ in Aceton. — *3-p-Nitrophenyl-*, $C_{14}H_{11}F_3N_4O_6S_2$, F. 235—237°. — *3-p-Chlorphenyl-*, $C_{14}H_{11}ClF_3N_3O_4S_2$, F. 224—226°. — *3-p-Chlorbenzyl-*, $C_{15}H_{13}ClF_3N_3O_4S_2$, F. 240—242°. — *3-p-Methoxybenzyl-*, $C_{16}H_{16}F_3N_3O_5S_2$, F. 245—247°. — *3-o-Fluorphenyl-*, $C_{14}H_{11}F_4N_3O_4S_2$, F. 243 bis 245°. — *3-m-Fluorphenyl-*, F. 248—250°. — *3-[Furyl-(2)]-*, $C_{12}H_{10}F_3N_3O_5S_2$, F. 252 bis 254°. — *3-[2-Nitrofuryl-(5)]-*, $C_{12}H_9F_3N_4O_7S_2$, F. 212—214°. E. Koßmehl. 3333□

Der nucleophile Abbau von Diäthylsulfonylglykopyranosylmethan-Derivaten. L. Hough und A. C. Richardson. (J. chem. Soc. [London] **1962,** 1019—23, März; Bristol, Univ.; engl.) — Die nucleophile alkal. Hydrolyse von *Bis-[äthylsulfonyl]-glucopyranosyl-Derivv.* zu Aldopentosen u. Diäthylsulfonylmethan wird untersucht. Die Beteiligung des Ringsauerstoffatoms an der Rk. scheint gesichert zu sein, da *1.1-Bis-[äthylsulfonyl]-D-threo-3.4.5-trihydroxypentan* u. *1.1-Bis-[äthylsulfonyl]-äthan* in NH_4OH-Lsg. stabil sind. Der Abbau von *α.α-Bis-[äthylsulfonyl]-α-D-lyxopyranosylmethan* (**I**) in NH_4OH-Lsgg. verschiedener Konz. (0,049—1,47n) bei 25° wird polarimetr. u. in einem Fall colorimetr. verfolgt. In 0,17m Phosphatpuffer wird **I** bei 25° in 12 Tagen zu 10% hydrolysiert. Durch Methanol-Zusatz verringert sich der Anteil des nucleophilen Abbaus. In 0,10—0,025n NaOH sind keine exakten Messungen möglich, da sich der pH-Wert während der Rk. zu stark ändert u. außerdem eine orangerote Färbung auftritt. In 0,1n äthanol. NaOH wird **I** nicht zur Pentose abgebaut. Der Drehwert der *D-Lyxose* fällt mit steigender NH_4OH-Konz. von —13,5 bis —37,2°. E. Schraven. 3400□

Konformations- und elektronische Faktoren, welche den nucleophilen Abbau von α.α-Bis-[äthylsulfonyl]-glykopyranosylmethan-Derivaten beeinflussen. L. Hough und A. C. Richardson. (J. chem. Soc. [London] **1962,** 1024—32, März; Bristol, Univ.; engl.) — Vgl. vorst. Referat. — *α.α-Bis-[äthylsulfonyl]-3.4-O-isopropyliden-α-D-arabinopyranosylmethan* (**II**) wird in verd. wss. NH_4OH in *Bis-[äthylsulfonyl]-methan* u. *3.4-O-Isopropyliden-D-arabinose* gespalten, während *α.α-Bis-[äthylsulfonyl]-2.3-O-isopropyliden-α-D-lyxopyranosylmethan* (**I**) unter gleichen Bedingungen stabil ist. Dieses Verh. wird mit Hilfe einer Konformationsanalyse erklärt. Durch Methylierung von Diäthylsulfonylglykopyranosylmethan-Derivv. erhält man *1.1-Bis-[äthylsulfonyl]-1-glykopyranosyläthan-Derivv.*, die sich auf Grund des induktiven Effektes der neu eingeführten Methylgruppe durch Alkalien nicht spalten lassen. Die *Bis-[äthylsulfone]* von *Hydroxy-, Acetoxy-* u. *Methoxyaceton* werden synthetisiert u. als Modellsubstanzen untersucht.

Versuche: *α.α-Bis-[äthylsulfonyl]-2.3-O-isopropyliden-α-D-lyxopyranosylmethan* (**I**), $C_{13}H_{24}O_8S_2$, F. 138—139° (A.), durch 18std. Schütteln von α.α-Bis-[äthylsulfonyl]-α-D-lyxopyranosylmethan (**III**) mit wasserfreiem $CuSO_4$ u. konz. H_2SO_4 in abs. Aceton u. Neutralisieren mit NH_4OH; $[\alpha]_D$ +29,1° (c = 3,6; Methanol); 83% (Ausbeute). — *2.3-O-Isopropyliden-D-lyxose,* $C_8H_{14}O_5$, F. 72—75° (Ae.); durch 50 Tage langes Stehen von I in 3n NaOH bei 25°, Extrahieren mit Chlf., Eindampfen der Chlf.-Phase, Extrahieren mit Ae., Eindampfen, Lösen in W. u. Extrahieren mit Benzol. — *α.α-Bis-[äthylsulfonyl]-4-O-acetyl-2.3-O-isopropyliden-α-D-lyxopyranosylmethan,* $C_{15}H_{26}O_9S_2$, F. 99 bis 101° (A.); durch 20std. Rk. von I mit Acetanhydrid in Pyridin, Eingießen in Eiswasser u. Extrahieren mit Chlf.; $[\alpha]_D$ +27° (c = 1,0; Methanol); 61%. — *1.1-Bis-[äthylsulfonyl]-1-[2.3-O-isopropylidin-4-O-methyl-α-D-lyxopyranosyl]-äthan,* $C_{15}H_{28}O_8S_2$, F. 111 bis 112° (Methanol); durch 24std. Kochen von 3,0 g I mit CH_3J u. wasserfreiem $CaSO_4$ in Chlf. unter Zugeben von Ag_2O während der ersten 3 Std.; $[\alpha]_D$ +22,4° (c = 1,45; Methanol); 0,68 g. — *1.1-Bis-[äthylsulfonyl]-1-[4-O-methyl-α-D-lyxopyranosyl]-äthan,* $C_{12}H_{24}O_8S_2$, F. 157—158°; durch 1½std. Kochen vorst. Verb. in A./2n HCl, Neutralisieren mit $PbCO_3$, Eindampfen, Lösen in Aceton u. Eindampfen; Nadeln aus W.; $[\alpha]_D$ +0,9° (c = 1,62; Methanol). — *α.α-Bis-[äthylsulfonyl]-3.4-O-isopropyliden-α-D-arabinopyranosylmethan* (**II**); durch Kondens. von 4 g α-D-Arabinopyranosyldiäthylsulfonylmethan mit Aceton, Eindampfen, Lösen in Chlf./W. u. Eindampfen der Chlf.-Phase; $[\alpha]_D$ —36,6° (c = 2,15; Methanol; 2,37 g. — *α.α-Bis-[äthylsulfonyl]-2-O-acetyl-α-D-arabinopyranosylmethan,* $C_{12}H_{22}O_9S_2$, F. 163—165° (A.); durch 12std. Rk. von 1,39 g **II** mit Acetanhydrid in Pyridin bei Raum-Temp.; $[\alpha]_D$ —20,7° (c = 1,12; Methanol); 0,64 g. — *3.4-O-Isopropyliden-D-arabinose, Hemihydrat,* $C_8H_{14}O_5 \cdot \frac{1}{2} H_2O$; F. 76—78°; durch 15 Tage lange Rk. von 3,0 g **II** mit NH_4OH in 50%ig. wss. Methanol, Eindampfen, Extrahieren mit Ae., Eindampfen u. Fällen mit Bzl.; Nadeln aus Ae.; $[\alpha]_D$ —110° (c = 1,03; W.); 0,1 g. — *1.1-Bis-[äthylsulfonyl]-1-[3.4-O-isopropyliden-2-O-methyl-α-D-arabinopyranosyl]-äthan,* $C_{15}H_{28}O_5S_2$, F. 175—183°; durch 1std. Kochen von 7 g **II** mit CH_3J u. Ag_2O in Aceton, Zugeben von weiterem Ag_2O u. 5std. Kochen; Platten aus Methanol; $[\alpha]_D$ —8,1° (c = 1,18; Methanol); 1,15 g. — *1.1-Bis-[äthylsulfonyl]-1-[2-O-methyl-α-D-arabinopyranosyl]-äthan, Hydrat,* $C_{12}H_{24}O_8S_2 \cdot H_2O$, F. 85—91° (Essigester/Ae.); F. 121—122° (wasserfrei; nach Trocknen bei 60°/12 mm); durch 1std. Erhitzen von 0,4 g vorst. Verb. in 0,02n HCl bei 95—100° u. Neutralisieren mit Ag_2CO_3; $[\alpha]_D$ +0,4° (c = 3,79; Methanol); 0,05 g. — *Bis-[äthylsulfonyl]-2.3.4-tri-O-acetyl-α-D-lyxopyranosylmethan,* F. 187—189°; durch ½std. Rk. von **III** mit Acetanhydrid/konz. HCl bei 95—100°; Platten aus A.; $[\alpha]_D$ —22° (c = 2,1; Chlf.); 88%. — *1.1-Bis-[äthylsulfonyl]-1-[2.3.4-tri-O-acetyl-α-D-lyxopyranosyl]-äthan,* $C_{17}H_{28}O_{11}S_2$, F. 167° (A.); durch 5std. Kochen vorst. Verb. mit CH_3J, Ag_2O u. wasserfreiem $CaSO_4$ in Aceton;

$\alpha]_D$ −27,4° (c = 0,8; Chlf.); 82%. — *1.1-Bis-[äthylsulfonyl]-1-[α-D-lyxopyranosyl]-äthan*, $C_{11}H_{22}O_8S_2$, F. 176—178°; durch Lösen vorst. Verb. in Methanol/n-$NaOCH_3$, 5 Min. lange Rk. bei Raum-Temp. u. Entionisieren mit Amberlite IR-120 (H^+-Form); Nadeln aus Essigester; $[\alpha]_D$ −3,1° (c = 2,77; Methanol). — *1.1-Bis-[äthylsulfonyl]-äthan*, $C_6H_{14}O_4S_2$, F. 74—75°; durch Methylierung von 2 g Bis-[äthylsulfonyl]-methan u. Reinigen von 0,18 g an Al_2O_3 mit Ae.; Nadeln aus A.; 0,1 g. — *2.2-Bis-[äthylmercapto]-propylacetat*, $Kp._{12}$ 130—145°; durch Zutropfen von Acetoxyaceton zu Äthylmercaptan in konz. HCl bei 0°, 4std. Rk. bei 0°, Erwärmen auf Raum-Temp., Verdünnen mit W. u. Extrahieren mit Ae.; 81%. — *2.2-Bis-[äthylsulfonyl]-propylacetat*, $C_9H_{18}O_6S_2$, F. 106 bis 107°; durch Zutropfen von wss. Perpropionsäure zu vorst. Verb. in A. bei −10°, 1std. Rk. bei 0° u. Eindampfen; Nadeln aus A.; 84%. — *2.2-Bis-[äthylsulfonyl]-propanol*, $C_7H_{16}O_5S_2$, F. 62—64° (Ae./PAe. 60—80°); durch 3½std. Kochen vorst. Verb. in Aceton/2n HCl, Stehen über Nacht bei Raum-Temp., Verdünnen mit W. u. Extrahieren mit Chlf.; 82%. — *2.2-Bis-[äthylsulfonyl]-1-methoxypropan*, $C_8H_{18}O_5S_2$, F. 95 bis 97°; durch 2std. Schütteln vorst. Verb. mit CH_3J u. wasserfreiem $CaSO_4$, Zugeben von Ag_2O während 3 Std. u. 18std. Schütteln; Prismen aus 30%ig. A.; 30%.

E. Schraven. 3400□

Die Quecksilbermethoxylierung von D-Glucal und Tri-O-acetyl-D-glucal. Ein neuer Weg zu 2-Desoxyglykopyranosiden. G. R. Inglis, J. C. P. Schwarz und Lilian McLaren. (J. chem. Soc. [London] **1962**, 1014—19, März; Edinburgh, Univ., Dep. of Chem.; engl.) — Durch Quecksilbermethoxylierung von D-Glucal (I) erhält man *Methyl-2-acetoxyquecksilber-2-desoxy-α-D-manno(?)pyranosid* (**III**), während Tri-O-acetyl-D-glucal (II) *Methyl-3.4.6-tri-O-acetyl-2-chlormercuri-2-desoxy-β-D-glucopyranosid* (**IV**) u. vermutlich das *α-D-Mannoisomere* liefert. Durch Red. der Hg-Verbb. werden die entsprechenden *2-Desoxyglucopyranoside* in guter Ausbeute synthetisiert. Durch Anlagerung von HBr an **II** u. Rk. des Rohprod. mit Ag_2O u. Methanol erhält man in schlechterer Ausbeute *Methyl-tri-O-acetyl-2-desoxy-β-D-glucopyranosid.*

Versuche: *Methyl-2-acetoxymercuri-2-desoxy-α-D-manno(?)-pyranosid* (**III**), $C_9H_{16}\cdot HgO_7$, F. 152,5—153° (Zers.), durch Zugeben von I in Methanol zu $Hg(OCOCH_3)_2$ in Methanol unter Kühlung, 1std. Rk. u. Einengen; Prismen aus Methanol; $[\alpha]_D^{20}$ +18° (c = 1; Methanol); 70% (Ausbeute). — *Methyl-3.4.6-tri-O-acetyl-2-chlormercuri-2-desoxy-β-D-glucopyranosid* (**IV**), $C_{13}H_{19}ClHgO_8$, F. 172—174°, durch Zugeben von II in Methanol zu $Hg(OCOCH_3)_2$ in Methanol, 2std. Rk., Zugeben von NaCl in W. u. dann W.; aus A./Aceton Prismen; $[\alpha]_D^{18}$ +11° (c = 1; Chlf.); 38,5%. — *Methyl-3.4.6-tri-O-acetyl-2-chlormercuri-2-desoxy-α-D-manno(?)pyranosid* (**V**); durch Eindampfen vorst. Mutterlaugen u. Extrahieren mit Chloroform. — *Methyl-2-desoxy-α-D-glucopyranosid*, $C_7H_{14}O_5$, F. 89—91,5° (Essigester/Aceton/PAe.), durch Zutropfen von KBH_4 in 1n NaOH zu **III** in Methanol/1n NaOH, 3maliges Zugeben von weiterem KBH_4, Eindampfen, Acetylieren u. Entaceylieren mit $NaOCH_3$ in Methanol; $[\alpha]_D^{20}$ +135° (c = 1; W.); 73%. — *Methyl-3.4.6-tri-O-acetyl-2-desoxy-β-D-glucopyranosid*, $C_{13}H_{20}O_8$, F. 96—98° (Aceton/PAe.; Ae./PAe.; A./PAe.); a) durch Zutropfen von KBH_4 in 1n NaOH zu **IV** in Dioxan/1n NaOH, 2std. Rk., Zugeben von festem KBH_4, Eindampfen u. Acetylieren; 74%; b) durch Zugeben von HBr in abs. Bzl. zu II in Bzl./Benzoylperoxid unter Kühlung, 50 Min. lange Rk. (→ $[\alpha]_D$ ca. +200°), Eindampfen, Lösen in Methanol, Zugeben von Ag_2CO_3 u. 12std. Rk.; $[\alpha]_D^{18}$ −24° (c = 1,5; Chlf.); 20%. — *Methyl-4.6-O-benzyliden-2-desoxy-α-D-glucopyranosid*, $C_{14}H_{18}O_5$, F. 148—150°, durch Red. von 2,5 g **V** mit KBH_4 in Methanol, Entacetylieren u. Rk. mit Benzaldehyd/$ZnCl_2$; 0,36 g.

E. Schraven. 3400□

Die Synthese einiger Alkyluracile und ihrer Glucoside. Ariel Guyot, Jean Chopin und Charles Mentzer. (C. R. hebd. Séances Acad. Sci. **248**, **3444**—46, 15/6. 1959; Lyon, Fac. des Sci., Labor. de Chim. biologique; franz.) — Durch Decarboxylierung der entsprechenden Orotsäuren werden erhalten: *5-Butyluracil* (F. 300°, alle FF. korr.), *3-Methyluracil*, F. 210°. — *3-Methylthymin* (F. 207°), *3-Methyl-5-äthyluracil* (F. 147°) u. *3-Methyl-5-butyluracil* (F. 65°). — Durch Rk. von Alkyluracil-Hg-Salzen mit Acetobromglucose (I) erhält man *Tetraacetylglucoside*, die durch Desacetylierung die entsprechenden *1-[β-D-Glucopyranosyl]-5-alkyluracile* liefern: *Bis-[5-äthyluracilyl]-quecksilber* (**II**), durch Rk. von 5-Äthyluracil in warmer 10%ig. Soda-Lsg. mit der theoret. Menge warmer $HgCl_2$-Lsg.; 96% (Ausbeute). — *Bis-[5-butyluracilyl]-quecksilber*, analog aus 5-Butyluracil; 75%. — *1-[β-D-Tetra-O-acetylglucopyranosyl]-5-äthyluracil* (**III**), durch 2std. Kochen von **I** u. **II** in abs. Toluol u. Chromatographie (Whatman Nr. 1); 76%. — *1-[β-D-Tetra-O-acetylglucopyranosyl]-5-butyluracil* (**IV**), $[\alpha]_D^{20}$ −17,1° (CH_3OH); 89%. — *1-[β-D-Glucopyranosyl]-5-äthyluracil*, $C_{12}H_{18}N_2O_7$, F. 126°, durch 48std. Stehen einer mit HCl gesätt. methanol. Lsg. von **III** bei Zimmer-Temp.; $[\alpha]_D^{16}$ $-23{,}3^0$ (CH_3OH); 100%. — *1-[β-D-Glucopyranosyl]-5-butyluracil*, $C_{14}H_{22}N_2O_7$, F. 122⁰, analog aus **IV**; $[\alpha]_D^{16}$ $-26{,}2^0$ (CH_3OH); 100%. J. Ruhnke. 3450□

Die Struktur von Tetuin. C. R. Mehta und T. P. Mehta. (J. Indian chem. Soc. **36**, 46—48, Jan. 1959; Ahmedabad, L. M. Coll. of Pharm., Dep. of Pharm. Chem.; engl.) — Aus den Samen von *Oroxylum indicum* Vent. (Bignoniaceen) wurde neben *Baicalein* (**I**) eine blaßgelbe krist. Substanz, *Tetuin* (**II**), isoliert. Auf Grund der Unterss. von **II** u. seinen Derivv. konnte **II** als *Baicalein-6-glucosid* identifiziert werden.

Versuche: *Baicalein* (**I**), $C_{15}H_{10}O_5$, F. 265—266⁰, aus den Samen durch Extraktion mit A., Ausziehen des Extraktes mit Ae. u. Chlf. u. 1std. Kochen mit A. u. Kohle; aus Xylol dunkelgelbe Nadeln. *Triacetat*, $C_{21}H_{16}O_8$, F. 190—191⁰. *Trimethyläther*, $C_{18}H_{16}O_5$, F. 164—165⁰. — *Tetuin* (**II**), *Dihydrat*, $C_{21}H_{20}O_{10}\cdot 2\,H_2O$, F. 112—114⁰, neben **I**; aus Methanol blaßgelbe Kristalle; 0,6% (Ausbeute); gibt durch 2std Kochen mit 5%ig. HCl **I** u. *Glucose* [*Phenylosazon*, F. 204⁰ (A.)]. *Hexaacetyl-Deriv.*, $C_{33}H_{32}O_{16}$, F. 268—269⁰, aus A. Nadeln. S. Bornkessel. 3450□

Die Totalsynthese von (+)-Retronecin. T. A. Geissman und Anthony C. Waiss jun. (J. org. Chemistry **27**, 139—42, 18/1. 1962; Los Angeles, Calif., Univ., Dep. of Chem.; engl.) — Vff. synthetisierten (+)-*Retronecin*.

Versuche: *N-Äthoxycarbonylpyrrolidinon-(3)-essigsäureäthylester-(2)*, Kp.$_2$ 135 bis 140⁰, aus β-Alanin in 15%ig. NaOH durch gleichzeitiges Zutropfen von Chlorameisensäureäthylester u. NaOH bei 0⁰, Ansäuern, Chlf.-Extraktion, 16std. Stehen der *N-Äthoxycarbonyl-β-aminopropionsäure* [aus Bzl.; 92% (Ausbeute)] in HCl-gesätt. abs. A., Dest. ihres *Äthylesters* (Kp.$_{0,3}$ 89—93⁰; 84%), 1std. Rühren von 38,1 g in abs. Bzl. mit Fumarsäurediäthylester u. Na-Pulver, 1std. Kochen, Extrahieren mit Eiswasser, Ansäuern, Äthylacetatextraktion, Eindampfen [*1.4-Diäthoxycarbonylpyrrolidinon-(3)-essigsäureäthylester-(2)*; 56 g], Stehen in 12n HCl über Nacht, Eindampfen im Vakuum u. Verestern mit HCl-gesätt. A.; 45%. *Semicarbazon*, F. 124—124,5⁰. — *3-Hydroxypyrrolidin-2-essigsäure*, *Monohydrat*, F. 217—218⁰ (A./W.), aus 5 g **III** u. $Ba(OH)_2\cdot 8\,H_2O$ in W. durch 16std. Kochen, Sättigen mit CO_2, Filtrieren, Einengen u. A./Ae.-Zusatz; 3 g. *Lacton*, *Hydrochlorid* (**II**), $C_6H_{10}ClNO_2$, F. 175—177⁰ (A./Ae.), durch 1std. Kochen der Säure in 1n HCl; 70%. — *N-Äthoxycarbonyl-3-hydroxypyrrolidin-2-essigsäurelacton* (**III**), durch Red. vorvorst. Verb. mit $NaBH_4$ in A. bei 0⁰, 2std. Rühren bei Raum-Temp., Zusatz von Aceton u. W., Sättigen mit NaCl u. Chlf.-Extraktion; 70%; *N-Carbäthoxymethyl-3-hydroxypyrrolidin-2-essigsäurelacton*, *Hydrochlorid* (**IV**), $C_{10}H_{16}ClNO_4$, F. 150—152⁰ (A./Ae.), durch Kochen von **II** in A. mit Bromessigsäureäthylester u. Soda über Nacht, Eindampfen, Lösen in Ae. u. Einleiten von HCl; 70%. — *1-Carboxy-2.7-dihydroxypyrrolizidin*, *Äthylesteracetat* (**I**), F. 120 bis 121⁰ [Tetrahydrofuran (THF)], durch Neutralisieren von **IV** in W. mit Soda-Lsg., Bzl.-Extraktion, Eindampfen, 5std. Kochen mit C_2H_5OK in Bzl. unter N_2, Extraktion mit W., Zusatz zu CH_3COOH, Hydrierung an PtO_2 bei 40 lbs./sq.in., Filtrieren über Celite, Eindampfen u. Soxhlet-Extraktion mit abs. THF; 42%. *Methojodid*, *Äthylester* $C_{11}H_{20}JNO_4$, F. 155—156⁰; *γ-Lactonmethojodid* (**V**), $C_9H_{14}JNO_3$, F. 245⁰, durch Umkristallisieren des Methojodidäthylesters aus wss. Äthanol. — *1.2-Dehydro-1-äthoxycarbonyl-7-hydroxypyrrolizidin*, durch 2std. Kochen von **I** mit $Ba(OH)_2\cdot 8\,H_2O$ in W., Fällen mit CO_2, Filtrieren, Eindampfen, 24std. Stehen in HCl-gesätt. A., Eindampfen, Zugabe von Eiswasser, Neutralisieren mit $NaHCO_3$, Chlf.-Extraktion u. Dest.; Öl; 28%. *Pikrat*, $C_{16}H_{18}N_4O_{10}$, F. 137—138⁰. — *Retronecin*, (+)-*Form*, $C_8H_{13}NO_2$, F. 119—120⁰ (Sublimation, Aceton), aus 13,7 mg d-Campherat durch Neutralisieren mit Soda-Lsg., Eindunsten in Ggw. von Celite u. Chlf.-Extraktion; $[\alpha]_D^{26}$ $+4{,}95^0$ (c = 0,58; A.); 4,6 mg. *d-Campherat*, F. 151 bis 152⁰ (A./Äthylacetat), aus 174 mg Racemat u. d-Camphersäure in A. durch Zugabe von Äthylacetat; $[\alpha]_D^{27}$ $35{,}8^0$ (c = 1,37; A.); 210 mg. *Racemat*, F. 130—131⁰ (Aceton oder Sublimation), aus 2 g vorst. Verb. in THF durch Zutropfen zu $LiAlH_4$ in THF, Zers. mit Äthylacetat u. W., Filtrieren über Celite, Eindampfen u. Chlf.-Extraktion; 0,95 g. — Die Konstit. von **I** wird durch die Bldg. von **V** bewiesen.

H.-J. Kötzsch. 3500□

Über die Alkaloide aus Senecio mikanioides Otto. Sarracin und Sarracin-N-oxid. C. C. J. Culvenor und T. A. Geissman. (J. org. Chemistry **26**, 3045—50, 12/9. 1961; Los Angeles, Calif., Univ., Dep. of Chem.; Melbourne, Australia, C.S.I.R.O., Chem. Res. Labor.; engl.) — *Senecio mikanioides* Otto (**A**) enthält 1,1% Alkaloide, von denen 90% *Sarracin-N-oxid* (**I**) sind. Daneben ist noch *Sarracin* (**II**) vorhanden. **I** läßt sich zu **II** red., während **II** wieder zu **I** oxydiert werden kann. **II** ist *Platynecin*, das an der 1-Hydroxymethylgruppe mit *2-Hydroxymethylbuten-(2)-säure* (**III**; *Sarracinsäure*) u. an $C_{(7)}$-OH mit *Angelicasäure* (**IV**) verestert ist. Bei alkal. Hydrolyse von **I** wird neben **III** u. **IV** noch *Mikanensäure* [*1-Vinylcyclohexen-(3)-dicarbonsäure-(1.4)*] isoliert. Es wird gezeigt, daß die Dicarbonsäure während der Aufarbeitung aus **III** entsteht. Außerdem wird die OH-Gruppe von **III** sehr leicht abgespalten. Bei der Hydrolyse von *Tetrahydrosarracin* (**V**) wird daher nicht die erwartete Hydroxysäure, sondern nur *α-Methylbuttersäure* (**VI**) erhalten. Ebenso entsteht bei katalyt. Hydrierung von **III** nur **VI**. Ozonspaltung von **I** oder **III** liefert *Acetaldehyd*. Jedoch wird aus den Ozonisierungs-Prodd. von **III** noch *Brenztraubensäure* isoliert, die offenbar durch Umlagerung von **III** entsteht. *Angelicasäureamid*, das bei der Isolierung von **I** u. **II** aus **A** anfällt, entsteht vermutlich erst bei der Aufarbeitung.

Versuche: *Sarracin-N-oxid* (**I**), $C_{18}H_{27}NO_6$, F. 140—141° (nach ½std. Trocknen des Hydrats bei 110°), a) durch Soxhlet-Extraktion von 28 lbs. trockenen Pflanzenmaterials von **A** mit CH_3OH, Eindampfen, Extrahieren mit verd. H_2SO_4, Alkalisieren mit NaOH, Sättigen mit NaCl, Extrahieren mit Chlf., Ausschütteln mit 0,5m H_2SO_4, Alkalisieren mit NH_4OH u. Extrahieren mit Chlf.; 72 g (Ausbeute); b) durch H_2O_2-Oxydation von **II**; $[\alpha]_D^{22}$ —94° (c = 2,01; A.), $[\alpha]_D^{19}$ —73° (c = 2,14; W.). *Hydrat*, $C_{18}H_{27}NO_6 \cdot H_2O$, F. 125—126° (Aceton). *Pikrat*, $C_{18}H_{27}NO_6 \cdot C_6H_3N_3O_7$, F. 108—109° (wss. CH_3OH). — *Sarracin* (**II**), F. 45—46°, a) aus den Mutterlaugen von **I** durch Extrahieren mit verd. Säure, Alkalisieren u. Extrahieren mit Bzl.; b) durch 2std. Red. von **I** mit Zn-Staub/2n H_2SO_4; $[\alpha]_D^{17}$ —121° (c = 1,09; A.). *Pikrat*, $C_{18}H_{27}NO_5 \cdot C_6H_3N_3O_7$, F. 141—142°; aus Äthylacetat/PAe. gelbe Blättchen. *Bitartrat*, $C_{22}H_{33}NO_{11}$, F. 182 bis 183°; aus wss. A. Platten; $[\alpha]_D^{23}$ —71° (c = 1,98; W.). — *Angelicasäure* (**IV**), F. 43 bis 44°, durch Zn-Staub-Red. von 5 g **I** (→ **II**), 2std. Kochen mit wss. methanol. KOH, Einengen im Vakuum, Ansäuern, Extrahieren mit Ae. u. Dampf-Dest. des Ae.-Rückstandes; 1,28 g. *p-Phenylphenacylester*, $C_{19}H_{18}O_3$, F. 87—88° (Bzl./PAe.), durch 2std. Kochen von **V** mit KOH in 50%ig. wss. A., Ansäuern, Dampf-Dest., Neutralisieren des Destillats u. Zugabe von p-Phenylphenacylbromid. — *Platynecin*, F. 145—146° (Aceton), durch Alkalisieren der vorst. sauren Lsg. u. Extraktion mit Äther. — *Anhydroplatynecinpikrat*, F. 265—270° (Zers.), durch starkes Ansäuern der alkal. Verseifungs-Lsg. von **II**, Dampf-Dest., Alkalisieren der sauren Phase, Extraktion mit Ae. u. Fällen mit Pikrinsäure. — *Mikanensäure* [*1-Vinylcyclohexen-(3)-dicarbonsäure-(1.4)*], $C_{10}H_{12}O_4$, F. 240° (W.), a) durch 2std. Erhitzen von **I** mit wss. 2,5n NaOH auf 100°, Ansäuern mit H_2SO_4 (kongosauer), Ausschütteln mit PAe. (→ **IV**) u. Extraktion mit Ae.; daneben *Sarracinsäure* (**III**), $C_5H_8O_3$, F. 57—58°; aus Bzl. hygroskop. Nadeln; b) durch 24std. Erhitzen von **III** mit wss. 2,5n NaOH auf 100°; c) durch 36std. Stehen von 150 mg **III** mit Acetanhydrid/Pyridin bei Raum-Temp., Eingießen in verd. H_2SO_4 u. Extrahieren mit Ae.; 63 mg. — *Tetrahydrosarracin* (**V**), *Pikrat*, $C_{18}H_{31}NO_5 \cdot C_6H_3N_3O_7$, F. 70—71°, durch Hydrieren von **I** oder **II** an Pt in A. oder Äthylacetat u. Fällen mit Pikrinsäure; aus CH_3OH/W. gelbe Nadeln. — *α-Methylbuttersäure* (**VI**), *p-Phenylphenacylester*, $C_{19}H_{20}O_3$, F. 66—67°, a) durch Al_2O_3-Chromatographie der Mutterlaugen von **IV**-p-Phenylphenacylester; b) durch Hydrieren von **III** an Raney-Ni oder Pt in W. u. Bereiten des Derivats. — *Desoxytetrahydrosarracin-N-oxidpikrat*, $C_{18}H_{31}NO_5 \cdot C_6H_3N_3O_7$, F. 127—128° (W.), durch 18std. Stehen von **V** mit H_2O_2 u. Bereiten des Pikrats. — *Acetaldehyd-2.4-dinitrophenylhydrazon*, F. 159—160°, a) durch 3std. Ozonisieren von **III** in 0,5n H_2SO_4, Red. mit H_2 an Pt, Abblasen in wss. 2.4-Dinitrophenylhydrazin·HCl-Lsg.; daneben *Brenztraubensäure-2.4-dinitrophenylhydrazon*, $C_9H_8N_4O_6$, F. 215° (Zers.), aus dem nichtflüchtigen Rückstand; b) analog a) aus **I**. — *Angelicasäureamid*, C_5H_9NO, F. 128°, a) aus der mit Bzl. extrahierten alkal. Lsg. von **II** nach a) durch Extrahieren mit Chlf. u. Al_2O_3-Chromatographie mit Chlf.; 0,2 g; b) durch 1std. Stehen von 0,5 g **IV** mit SO_2Cl_2 bei 0°, Eindampfen im Vakuum bei Raum-Temp., Lösen in Ae., Zugabe von konz. NH_4OH, ½std. Stehen bei Raum-Temp., Verdünnen mit W., Extrahieren mit Chlf. u. Al_2O_3-Chromatographie; aus PAe. Nadeln; 0,23 g. G. Teege. 3500□

Synthese von Maculin, einem Alkaloid aus Flindersia maculosa Lindl. Tatsuo Ohta und Yo Mori. (Annu. Rep. Tokyo Coll. Pharmacy **1960**, 360—61; engl.) — Die Struktur von *Maculin* (*4-Methoxy-6.7-methylendioxyfuro-[2.3:b]-chinolin*) wird durch Synth. gesichert. Kondens. von 3.4-Methylendioxyanilin mit β-Benzyloxyäthylmalonsäurediäthylester in sd. Diphenyläther ergibt *3-[β-Benzyloxyäthyl]-6.7-methylendioxy-4-hydroxycarbostyril* ($C_{19}H_{17}NO_5$, F. 201—203°; Prismen. *O-Acetyl-Deriv.*, $C_{21}H_{19}NO_6$, F. 191—192°; Nadeln). Durch Rk. mit überschüssigem Diazomethan entsteht *3-[β-Benzyloxyäthyl]-4-methoxy-6.7-methylendioxycarbostyril* (**I**; $C_{20}H_{19}NO_5$, F. 185°; Nadeln), aus dem durch Debenzylieren mit 5%ig. Pd-Aktivkohle u. H_2 in A. *3-[β-Hydroxyäthyl]-4-methoxy-6.7-methylendioxycarbostyril* (**II**; $C_{13}H_{13}NO_5$, F. 269—270°, Nadeln) gebildet wird. Erhitzen mit Polyphosphorsäure auf dem Wasserbad führt **I** bzw. **II** in *4-Methoxy-6.7-methylendioxy-2.3-dihydrofuro-[2.3:b]-chinolin*, *Hemihydrat* (**III**; $C_{13}H_{11}NO_4 \cdot \frac{1}{2} H_2O$, F. 198—199°; Nadeln. *Pikrat*, $C_{19}H_{14}N_4O_{11}$, F. 210—212°; gelbe

Prismen) über. III reagiert mit N-Bromsuccinimid in Ggw. von Dibenzoylperoxid u. nachfolgendes Kochen des Rohprod. in Kollidin zu *Maculin* [F. 196—197°; Nadeln. *Pikrat*, F. 199° (Zers.); gelbe Würfel]. H.-J. Weigmann. 3500

Die Beziehung zwischen Delcosin und Delsolin. V. Skaric und Léo Marion. (J. Amer. chem. Soc. **80**, **4434**, 20/8. 1958; Ottawa, Ontario, Canada, Nat. Res. Council, Div. of Pure Chem.; engl.) — Diacetyldelcosin (I) ergibt bei der Oxydation mit $KMnO_4$/Aceton ein Lactam, *Diacetyloxodelcosin* [II; C_{28}·$H_{41}NO_{10}$, F. 103—105°; $[\alpha]_D^{25}$ $+24,6 \pm 1,4°$ (c = 0,71; Chlf.)]. Mit der Bldg. von II muß in Nachbarschaft zum N-Atom in I eine Methylengruppe haften. Die Hydrolyse von II mit wss.-methanol. KOH liefert *Oxodelcosin* [$C_{24}H_{37}NO_8$, F. 245—246°; $[\alpha]_D^{23}$ $+44,3 \pm 0,6°$ (c = 1,84; Chlf.)], welches durch $Na_2Cr_2O_7$/Essigsäure zu einem Diketon *Didehydrooxodelcosin* [$C_{24}H_{33}NO_8$, F. 211—215°; $[\alpha]_D^{21}$ $+135,1 \pm 0,9°$ (c = 1,1; Chlf.)] oxydiert wird. Eine der CO-Gruppen haftet in einem 5-Ring-, die andere in einem 6-Ring-System. Damit kann *Delcosin* nicht die von Anet u. Mitarbeitern (vgl. C. **1962**, 856) angeführte Struktur haben, da in dem Falle beide CO-Gruppen an einem 5-Ring-Syst. sitzen müßten. Vielmehr dürfte die Struktur III zutreffen, die sehr nahe mit der von *Delsolin* [IV; *O-Methyldelcosin*; $[\alpha]_D^{22}$ $+53,4 \pm 0,5°$ (c = 2,04; Chlf.)] verwandt ist. Tatsächlich konnte auch aus III durch Methylierung mit CH_3J in NaOH/Dioxan u. anschließende Chromatographie IV isoliert werden. H. Lehwald. 3500□

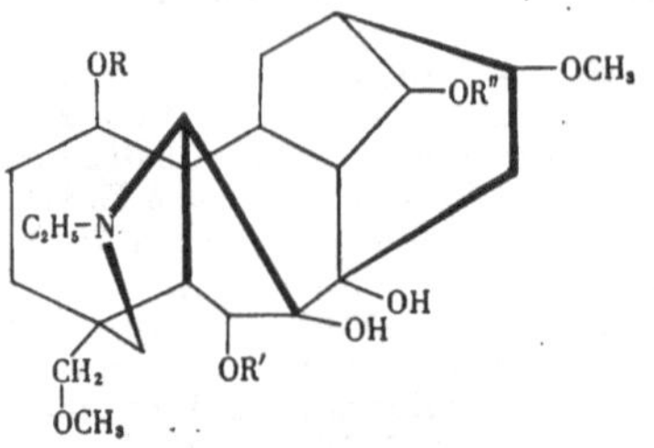

III R=R''=H, R'=CH₃
IV R=H, R'=R''=CH₃

Die Konstitution von Erythrolaccin. K. G. Dave, B. S. Joshi, A. V. Patwardhan und K. Venkataraman. (Tetrahedron Letters [London] **1959**, Nr. 6, 22—25, Juni; Poona, Nat. Chem. Labor.; engl.) — Der von Tschirch u. Lüdy [1923] aus Siegellack isolierte gelbe Farbstoff *Erythrolaccin* (I) wird als *1.2.5.7-Tetrahydroxy-3-methylanthrachinon* [$C_{15}H_{10}O_6$, F. 314° (Zers.); orangefarbene Nadeln; liefert durch Zn-Staub-Dest. *2-Methylanthracen. Tetraacetat*, F. 178°. *Tetramethyläther*, F. 150°, durch Rk. von I mit $(CH_3)_2SO_4$ u. K_2CO_3 in Aceton. *Dimethyläther*, F. 224°, aus I u. CH_2N_2 in Äther. *Dimethylätherdiacetat*, F. 199°] identifiziert. I kondensiert leicht mit alkal. CH_2O-Lsg. zum entsprechenden *Hydroxymethyl-Deriv.* (Zers. >360°). Die IR-Maxima sind angegeben. K. Zieloff. 3550

Synthese der Diterpenoide. 1. Mitt. D. Nasipuri und A. C. Chaudhuri. (Sci. and Cult. [Calcutta] **23**, 319—20, Dez. 1957; Calcutta, Univ., Coll. of Sci., Dep. of Chem.; engl.) — Zur Aufklärung der Struktur von *Totarol* (I; vgl. Short u. Wang, C. **1955**, 8630) wird die Synth. der Hauptdehydrierungs-Prodd. von I-Methyläther, *1-Methyl-7-methoxy-8-isopropylphenanthren* u. *1.1-Dimethyl-7-methoxy-1.2.3.4-tetrahydrophenanthren* (III) untersucht.

Versuche: *β-[2-Isopropyl-3-methoxyphenyl]-äthanol*, $Kp._3$ 130°, aus o-Vanillin. *3.5-Dinitrobenzoat*, F. 103°. — *γ-[2-Carboxy-5-isopropyl-6-methoxy-3.4-dihydronaphthyl-(1)]-buttersäure*, F. 195—196°, durch Kondens. von β-[2-Isopropyl-3-methoxyphenyl]-äthylbromid mit 4.6-Dioxoheptan-1.5-dicarbonsäurediäthylester (II) u. Cyclodehydrierung des erhaltenen *Kondens.-Prod.* ($Kp._{0,1}$ 210—215°) mit konz. H_2SO_4. — *1-Oxo-7-methoxy-8-isopropyl-1.2.3.4.9.10-hexahydrophenanthren*, F. 63—64°, durch Dieckmann-Cyclisierung des Dimethylesters vorst. Verb. u. anschließende Hydrolyse. *2.4-Dinitrophenylhydrazon*, F. 225°. — *1-Methyl-7-methoxy-8-isopropylphenanthren*, F. 145°, durch Rk. vorst. Ketons mit Methyl-MgJ u. anschließender Dehydrierung u. Dehydratisierung mit Pd-Kohle bei 300—310°. *Pikrat*, F. 187° (Pikrinsäure-haltiger A.). *Trinitrobenzolat*, F. 206°. — *1-Methyl-7-hydroxy-8-isopropylphenanthren*, F. 140°, durch Demethylierung vorst. Methyläthers. — *γ-[6-Methoxynaphthyl-(1)]-buttersäuremethylester*, durch Kondens. von m-Methoxyphenäthylbromid mit II, Hydrolyse, Veresterung, Cyclodehydratisierung u. Aromatisierung. — *1.1-Dimethyl-7-methoxy-1.2.3.4-tetrahydrophenanthren* (III), F. 56°, durch Rk. vorst. Verb. mit Methyl-MgJ u. Erhitzen des erhaltenen Alkohols mit Polyphosphorsäure auf 160°. *Pikrat*, F. 94°. — *1.1-Dimethyl-7-hydroxy-1.2.3.4-tetrahydrophenanthren* (IV), F. 135°, durch Erhitzen vorst. Äthers mit Pyridinhydrochlorid. — *1.1-Dimethyl-1.2.3.4-tetrahydrophenanthren*, aus γ-Naphthyl-(1)-buttersäuremethylester; flüssig. *Pikrat*, F. 97°. — *1-Methyl-7-methoxyphenanthren*, F. 134°, durch Se-Dehydrierung von III. — *1-Methylphenanthren*, F. 118 bis 119°, durch Se-Dehydrierung von IV. — *1.1-Dimethyl-7-methoxy-8-isopropyl-1.2.3.4-tetrahydrophenanthren*, aus β-[3-Methoxy-2-isopropylphenyl]-äthylbromid u. II. K. Lange. 3600

Stereochemie der Reduktion von Ketonen durch komplexe Metallhydride. O. H. Wheeler und J. L. Mateos. (Bol. Inst. Quím. Univ. nac. autónom. México **11**, 50—58, 1959; México, Univ., Nac. Autónoma, Inst. de Quím.; span.) — Übersetzung der C. **1960**, 6501 referierten Arbeit. P. Golinske. 3700□

Die Reaktion von Schwefeltetrafluorid mit Steroiden. David G. Martin und Fred Kagan. (J. org. Chemistry **27**, 3164—68, Sept. 1962; Kalamazoo, Mich., Upjohn Co., Res. Labor.; engl.) — Carbonylgruppen enthaltende Steroide wurden mittels SF_4, das 20% HF enthielt, bei Raum-Temp. in *fluorierte Derivv.* umgewandelt, wobei mäßige bis hohe Ausbeuten erhalten wurden. Dabei handelte es sich um folgende Rk.-Typen: $-COOH \rightarrow -CF_3$; $-CHO \rightarrow -CHF_2$ u. $>CO$ (an $C_{(3)}$, $C_{(17)}$ u. $C_{(20)}$, nicht dagegen an $C_{(11)}$) $\rightarrow$ $>CF_2$. Dieses verhältnismäßig milde Verf. erlaubte die selektive Umwandlung von Carbonyl- in Difluormethylengruppen in solchen Steroiden, die außerdem noch Acetat- u. α,β-ungesätt. Ketongruppen enthalten. Der Einfl. des HF wurde an Modell-Verss. mit Stearinsäure untersucht; der Mechanismus wird diskutiert.

Versuche ($[\alpha]_D$ in Chlf.; Fluorierungen, wenn nicht anders angegeben, mit SF_4 unter Zusatz von W. u. CH_2Cl_2 in Stahlautoklaven, 16 Std. langes Rühren bei Raum-Temp.): *3α-Hydroxy-5β-cholanoylfluoridacetat*, $C_{26}H_{41}FO_3$, F. 158—159° (CH_2Cl_2/PAe.), aus Lithocholsäureacetat (I) u. a) SF_4 in CH_2Cl_2 ohne Ggw. von W. [16 Std. langes Rühren; 95% (Ausbeute)]; b) wie oben, aber in Tetramethylensulfon (1 g I → 0,82 g); $[\alpha]_D^{26}$ +44°. — *24.24.24-Trifluor-5β-cholan-3α-ol-acetat*, $C_{26}H_{41}F_3O_2$, F. 148—150° (Aceton/W.), aus I; $[\alpha]_D^{26}$ +44°; 25% (chromatograph. gereinigt). — *3.3-Difluorcholestan*, $C_{27}H_{46}F_2$, F. 109,5—111°, aus Cholestan-3-on; $[\alpha]_D^{26}$ +22°; 78%. — *3.3-Difluorandrostan-17β-olacetat*, $C_{21}H_{32}F_2O_2$, F. 136,5—138°, $[\alpha]_D^{26}$ +2°; 82%. — *17.17-Difluor-Δ⁴-androsten-3-on*, $C_{19}H_{26}F_2O$, F. 185—187°, $[\alpha]_D^{26}$ +97°; 63%; daneben 4% Δ^4-Androsten-3.17-dion zurück; wurde auch mit SF_4/BF_3-Ätherat erhalten (8%, daneben 45% Δ^4-Androsten-3.17-dion zurück). — *17.17-Difluor-Δ^1-androsten-3.11-dion*, $C_{19}H_{24}F_2O_2$, F. 126—127°, aus Δ^1-Androsten-3.11.17-trion; $[\alpha]_D^{26}$ +86°; 66%; daneben 7% (roh) *3.3.17.17-Tetrafluor-Δ^1-androsten-11-on* (?), F. 144—145°. — *20.20-Difluor-Δ^4-pregnen-3-on*, $C_{21}H_{30}F_2O$, F. 116—116,5°, $[\alpha]_D^{26}$ +98°; 36%; daneben ca. 50% Progesteron zurück. — *20.20-Difluor-Δ^4-pregnen-3.11-dion*, $C_{21}H_{28}F_2O_2$, F. 160,5—162°; 37%. — *20.20-Difluor-5β-pregnan-3α-olacetat*, $C_{23}H_{36}F_2O_2$, F. 90—91,5°; 23%. — *20.20-Difluorpregnan-3α-ol-11-onacetat*, $C_{23}H_{34}F_2O_3$, F. 140—141°; 58%. — *20.20-Difluorpregnan-11-on*, $C_{21}H_{32}F_2O$, F. 157—158,5°; 50%. — *2α-Difluormethyl-Δ^4-androsten-17β-ol-3-onacetat*, $C_{22}H_{30}F_2O_3$, F. 179—180°, aus 2-Hydroxymethylentestosteron-17-acetat ($C_{22}H_{30}O_4$, F. 164,5—165,5°, $[\alpha]_D^{26}$ +16°); $[\alpha]_D^{26}$ +93°; 26%. — Aus Stearinsäure entstand mit SF_4/HF (6 Std. bei 130°) bei einem Äquivalentverhältnis HF/SF_4 0,20—0,22 *1.1.1-Trifluoroctadecan*, bei einem Äquivalentverhältnis HF/SF_4 0,008 *Stearoylfluorid*. J. Rothe. 3700□

Untersuchungen über Sterine. 20. Mitt. **Synthese und Eigenschaften von 8α.10α-Progesteron und 8α.10α-Testosteron.** P. Westerhof und A. Smit. (Recueil Trav. chim. Pays-Bas **80**, 1048—59, Sept./Okt. 1961; Weesp, Netherlands, N. V. Philips-Duphar Res. Labor.; engl.) — 19. vgl. Recueil Trav. chim. Pays-Bas **80**, [1961], 43; 18. vgl. C. **1962**, 15977. — Ausgehend von $\Delta^{5.7.22}$-10α-Ergostatrien-3β-ol werden die 8α.10α-Isomeren von Progesteron u. Testosteron dargestellt. UV- u. IR-Spektren vgl. Original.

Versuche (unter Mitarbeit von J. Botterman, J. Hartog u. G. H. Mos:) *$\Delta^{5.7.22}$-10α-Ergostatrien-3β-ol*, F. 94—95° (wss. Methanol), durch 1½std. Erhitzen von Vitamin D_2 unter N_2 auf 195°, Lösen in sd. Aceton, Kühlen auf —5°, Filtrieren, ½std. Rk. mit 3.5-Dinitrobenzoylchlorid/Pyridin in Bzl., Aufarbeiten, fraktionierte Kristallisation aus Aceton u. 4std. Verseifen des entstandenen *Pyrocalciferol-3.5-dinitrobenzoats* (F. 168—171°; orangerote Kristalle), mit KOH in Bzl./Methanol bei Raumtemperatur. — *$\Delta^{4.7.22}$-10α-Ergostatrien-3-on*, $C_{28}H_{42}O$, F. 141—141,5° (Aceton), durch Eindampfen einer Lsg. von 5 g vorst. Verb. in abs. Toluol/Cyclohexanon unter N_2, Zugabe von Al-Isopropylat in Toluol, 20 Min. langes Kochen, Kühlen auf 15°, Gießen in 2n HCl, Abtrennen der organ. Phase, Dampf-Dest. u. Eindampfen der wss. Phase; $[\alpha]_D^{21}$ +214° (Chlf.); 2,75 g. — *$\Delta^{4.6.22}$-8α.10α-Ergostatrien-3-on*, $C_{28}H_{42}O$, F. 90—90,5° (A.), durch ¼std. Rühren von 2,5 g vorst. Verb. in abs. Isopropanol (HCl-gesätt.) bei 10°, Gießen in 50%ig. $NaHCO_3$-Lsg., ¼std. Rühren u. Extrahieren mit PAe.; $[\alpha]_D^{20}$ +74° (Chlf.); 1,9 g. — *$\Delta^{4.22}$-8α.10α-Ergostadien-3-on*, $C_{28}H_{44}O$, F. 139—140° (A.), durch Zugabe von 4,6 g vorst. Verb. in abs. Ae. zu fl. NH_3, Zutropfen von Li in fl. NH_3, Versetzen mit abs. A., ½std. Rühren, Verdünnen mit W., Abtrennen der Ae.-Phase, Eindampfen, 5 Min. langes Kochen des entstandenen *$\Delta^{5.22}$-8α.10α-Ergostadien-3-ons* in A. in Ggw. von 2n NaOH, schnelles Kühlen auf Raum-Temp., Extrahieren mit Ae., Chromatographie in abs. Bzl. an Al_2O_3 u. Eluieren mit Bzl.; $[\alpha]_D^{20}$ —50° (Chlf.); 3 g. — *Δ^4-8α.10α-*

Bisnorcholen-3-on-22-al, $C_{22}H_{32}O_2$, F. 112—115° (Ae.), durch Ozonisieren von 4,4 g vorst. Verb. in abs. CH_2Cl_2 in Ggw. von Pyridin, 1 std. Rühren mit Zn-Staub u. Essigsäure bei 0°, 5 Min. langes Rühren bei 35° unter N_2, Filtrieren, Verdünnen mit W. u. Extrahieren mit Ae.; $[\alpha]_D^{26}$ —70°; 3,2 g. — *22-Piperidino-$\Delta^{4.20.22}$-8α.10α-bisnorcholadien-3-on*, $C_{27}H_{41}NO$, F. 126—128° (Aceton), durch 3½ std. Kochen von 1,95 g vorst. Verb. in abs. Bzl. mit Piperidin in Ggw. von p-Toluolsulfonsäure unter N_2, Kühlen auf <10°, Gießen in W. u. Extrahieren mit Ae.; 800 mg; daneben *3.22-Dipiperidino-$\Delta^{2.4.20.22}$-8α.10α-bisnorcholatrien*, $C_{32}H_{50}N_2$, F. 191—195° (Butanon). — *Δ^4-8α.10α-Pregnen-3.20-dion* (*8α.10α-Progesteron*), $C_{21}H_{30}O_2$, F. 118—119° (Hexan), durch ³/₄std. Zutropfen von 810 mg vorst. Verb. in Bzl. zu $Na_2Cr_2O_7$ in Essigsäure/Bzl. bei 0°, 2 std. Rühren, Zugabe von Methanol, ½ std. Rühren, Verdünnen mit W. u. Abtrennen der organ. Phase; 620 mg. — *$\Delta^{4.17.20}$-8α.10α-Bisnorcholadien-3-on-22-al*, $C_{22}H_{30}O_2$, F. 192 bis 196° (in Vakuum), durch ¹/₄std. Zutropfen von Br_2 zu 7,44 g vorvorst. Verb. in CH_2Cl_2 bei —55°, Zugabe von W. bei 0°, 2 std. Rühren bei 20°, Eindampfen mit abs. Pyridin, 1 std. Erhitzen mit Pyridin auf 70°, ½ std. Erhitzen auf 100°, Eindampfen im Vakuum u. Aufnehmen in CH_2Cl_2/PAe.; 5,32 g. — *Δ^4-8α.10α-Androsten-3.17-dion*, $C_{19}H_{26}O_2$, F. 202—204° (A.), durch Zugabe von 3,6 g vorst. Verb. zu NaCN in abs. Methanol, ³/₄std. Zutropfen von Essigsäure bei —20°, Erwärmen auf +5° innerhalb von 2 Std., 45 std. Stehen bei +5°, Gießen in CH_2Cl_2, Zugabe von abs. Pyridin bei —80°, Einleiten von O_3 bei dieser Temp., Rühren mit Zn-Staub/Essigsäure, Erwärmen auf 20° innerhalb von 1½ Std., Filtrieren u. Extrahieren mit PAe.; 2,66 g. — *Δ^4-8α.10α-Androsten-17β-ol-3-on* (*8α.10α-Testosteron*), $C_{19}H_{28}O_2$, F. 156—157° (Aceton), durch Zutropfen von 3,95 g vorst. Verb. in abs. Tetrahydrofuran zu $LiAlH_4$ in abs. Tetrahydrofuran bei 0°, 1 std. Kochen, Zers. mit Essigester, Aufarbeiten, 17 std. Schütteln des Diols (4,63 g) in Chlf. mit MnO_2 bei Raum-Temp. u. 2 maliges Wiederholen der Oxydation; 1,1 g. P. Golinske. 3700□

Die Beckmannsche Umlagerung des Acetoxims von $\Delta^{5.16}$-Pregnadien-3β-ol-20-onacetat mit Bortrifluorid. J. Romo und A. Romo de Vivar. (Bol. Inst. Quím. Univ. nac. autónom. México **12**, 9—30, Juni 1960; México, D. F., Univ. Nac. Autónoma, Inst. de Quím.; span.) — Übersetzung der C. **1960**, 13703 referierten Arbeit. P. Golinske. 3750□

Eine selektive Oxydation von Δ^5-3β-Hydroxysteroiden zu Δ^4-3-Ketosteroiden über 5α.6β-Dichlor-Zwischenprodukte. R. G. Berg. (J. org. Chemistry **27**, 3350—52, Sept. 1962; Groton, Conn., Chas. Pfizer and Co., Inc., Med. Res. Labor.; engl.) — 3β-Hydroxy-5α.6β-dichlorsteroide, die aus Δ^5-3β-Acetaten leicht erhältlich sind, geben mit LiCl in Dimethylformamid (DMF) die entsprechenden *Δ^4-3-Ketosteroide*. Das DMF kann durch Dimethylacetamid oder Diäthylformamid, nicht jedoch durch Formamid, Dioxan oder Pyridin ersetzt werden. Daneben entstehen 2 Mol HCl, die Anlaß zu Sekundär-Rkk. sein können (Öffnung eines Epoxidringes, Abbau der 21-Seitenkette in Corticoiden); Zusatz von Li_2CO_3 oder $CaCO_3$ verhindert diese. Unter diesen Bedingungen ist die Rk. sicher ein nichtoxydativer Prozeß, denn eine ungeschützte 21-OH-Gruppe bleibt unangegriffen.

Versuche: *5α.6β-Dichlor-3β-17α.21-trihydroxypregnan-20-on*, $C_{21}H_{32}Cl_2O_4$, F. 153 bis 155° (Zers.; Diisopropyläther oder CH_3OH), durch Behandeln von 14,58 g 3β.17α.21-Trihydroxy-Δ^5-pregnen-20-on-3.21-diacetat mit Cl_2 in Bzl./CCl_4 in Ggw. von Pyridin u. Verseifen des rohen *Dichloracetats* (insgesamt 10,38 g) mit methanol. KOH unter N_2 (2 Std. bei 25°); $[\alpha]_D^{24}$ —34° (c = 1; Dioxan); 5,83 g (Ausbeute). — *17α.21-Dihydroxy-Δ^4-pregnen-3.20-dion* (*Cortexolon*), F. 211—213° [2-Methylpentanon-(4)], aus 5 g vorst. Verb. u. LiCl/DMF (1 Std. lang Rühren bei 110° unter N_2); 2,09 g. — *16α.17α-Oxido-Δ^4-pregnen-3.20-dion*, F. 211° (CH_3OH), aus 3,05 g 5α.6β-Dichlor-16α.17α-oxido-3β-hydroxypregnan-20-on u. LiCl/DMF (2 Std. lang bei 110° unter N_2), dann Zugabe von KOH (Schließung des Oxidringes); 1,89 g roh. — *Progesteron*, F. 127—129° (Aceton), aus 5α.6β-Dichlor-3β-hydroxypregnan-20-on u. LiCl/DMF (2 Std. lang bei 110° unter N_2); 50% (roh). J. Rothe. 3750□

Polyacetylenverbindungen. 34. Mitt. **Über einen neuen Typ von Polyacetylenverbindungen aus verschiedenen Vertretern des Tribus Anthemideae L.** Ferdinand Bohlmann, Peter Herbst, Christian Arndt, Hubert Schönowsky und Harald Gleinig. (Chem. Ber. **94**, 3193—3216, 28/12. 1961; Berlin, TU, Organ.-Chem. Inst.; dt.) — 33. vgl. C. **1963**, 1695. — Die Strukturen von 2 aus Matricaria matricarioides L. oder M. chamonilla L. isolierten Verbb., *cis-* (I) bzw. (—)*trans-2-[Hexadiin-(2.4)-yliden]-1.6-dioxaspiro-[4.4]-nonen-(3)* (**II**), werden durch folgende Daten u. Rkk. geklärt: **I** u. **II**, deren UV-Spektren (Abb.) sehr ähnlich, deren IR-Spektren (Abb.) aber verschieden aussehen, lassen sich durch UV-Licht ineinander umlagern. Von O_3 werden sie zu *Hexadiin-(2.4)-al* bzw. *-säure* gespalten; die OsO_4-Oxydation liefert ein Prod., dem nach dem

UV-Spektrum Diinenolätherstruktur zukommt. Die Hydrierung von **I** oder **II** verläuft unter hydrolyt. Spaltung (durch den aus der Sperr-Fl. herrührenden H_2O-Dampf) zu *4.7-Diketotridecanol-(1)*, dessen Struktur aus dem IR-Spektrum, aus der CrO_3-Oxydation zu *4.7-Diketodecansäure*, die synthetisiert u. mit $NaBH_4$ zu einem γ-Lacton (IR-Spektrum) red. wird, sowie aus der Kondens. in Ggw. von methanol. KOH zu *3-Hexyl-2-[β-hydroxy-äthyl]-cyclopenten-(2)-on*, dessen Rk. mit alkal. H_2O_2 zum *Diol* u. der HJO_4-Spaltung zu *4-Ketodecansäure* folgt. Die Strukturen von **I** u. **II** werden außerdem durch die NMR-Spektren (Abb.) gestützt. Mit p-Toluolsulfonsäure (**III**) wird **I** in das Racemat von **I** umgelagert. Die Zuordnung der diastereomeren Strukturen von **I** u. **II** stützt sich auf die NMR- u. UV-Spektren u. auf die Lage des Isomerisierungsgleichgewichts. In polaren Lsgm. wird das prim. Prod. der Hydrierung von **I** bzw. **II** offenbar rasch weiterhydriert, bevor es hydrolysiert wird, denn hier werden gesätt. Äther gebildet. **I** wird auch aus Wurzeln einer Gartenhybride (**a**) von Chrysanthemum leucanthemum L. isoliert. Sein opt. Antipode wurde in Extrakten von Chr. marcophyllum Waldst. et Kit (**b**) gefunden. Durch analoge Rkk. wird die Struktur von *trans-2-[Hexadiin-(2.4)-yliden]-1.6-dioxaspiro-[5.4]-decen-(3)* (**IV**), einem Polyin aus Tanacetum vulgare L. (vgl. 33. Mitt., l. c.), aufgeklärt; daneben werden das IR-Spektrum (Abb.) sowie die den entsprechenden Spektren von **II** sehr ähnlichen UV- u. NMR-Spektren herangezogen. — Weitere 9 neben **I** aus den Wurzeln von **a** isolierte Polyine sind: *2-[Nonatriin-(3.5.7)-en-(1)-yl]-2.3-dihydrofuran* (**V**), *Tridecatriin-(7.9.11)-dien-(3.5)-ylacetat* (**VI**), der *opt. Antipode von* **I**, der auch aus **b** isoliert wurde, die *Δ⁷-Dehydro-Derivv. von* **I** u. **II** (**VII** bzw. **VIII**), deren *9-Acetoxy-Derivv.* (**IX** bzw. **X**) sowie 2 Verbb., von denen eine wahrscheinlich das *3.4.7.8-Tetrahydro-Deriv.* (**XI**) *von* **IX** oder **X** ist; von der anderen (**XII**) konnte nur die Partialstruktur des Acetats einer Heptadiin-(3.5)-en-(1)-oxy-Verb. ermittelt werden. Für die Struktur von **V** sprechen: UV- u. IR-Spektrum, Ozonisierung zu *Octatriin-(2.4.6)-säure*, Spaltung mit Säure zu *Tridecatriin-(7.9.11)-en-(5)-ol-(4)-al*, dessen Red. mit $NaBH_4$ u. Oxydation des Prod. mit MnO_2 zu *Tridecatriin-(7.9.11)-en-(5)-on-(4)-ol-(1)*, Hydrierung zu *2-Nonyltetrahydrofuran* sowie dessen Synth. aus Octadiin-(1.3) (**XIII**) u. 5-Brompentin-(4)-ol-(1) (**XIV**). Für die Struktur von **VI** sprechen: Das UV-Spektrum, die Verseifung zu *Tridecatriin-(7.9.11)-dien-(3.5)-ol* (**XV**), der mit MnO_2 nicht oxydiert werden kann, die Hydrierung zu *n-Tridecylacetat* u. die Synth. von **XV** aus Decatriin-(4.6.8)-en-(2)-al (**XVI**) u. dem Ylen aus Triphenyl-[γ-tetrahydropyranyl-(2)-oxypropyl]-phosphoniumbromid (**XVII**). Für die Strukturen von **VII** u. **VIII** sprechen: UV-, NMR- u. IR-Spektren (Abb.) mit Analogien zu den Spektren von **I** u. **II**, die gegenseitige Isomerisierung wie bei **I** u. **II**, Ozonspaltung u. Hydrierung mit Ergebnissen wie bei **I** u. **II** sowie die Enolätherspaltung mit wss. Oxalsäure, die unter Racemisierung verläuft u. die Hydrierung des Prod. zu *4.7-Dioxotridecanal*. Die Strukturen von **IX** u. **X** werden durch die den Spektren von **VII** u. **VIII** ähnlichen UV-Spektren, die IR-Spektren (Abb.), die gegenseitige Isomerisierung wie bei **I** u. **II**, die Ozonspaltung mit Ergebnissen wie bei **I** u. **II**, der Verseifung zu den Alkoholen, deren Reacetylierung ohne Änderung der opt. Aktivität, sowie die Hydrierung, Verseifung des Prod. u. HJO_4-Spaltung des erhaltenen Alkohols bewiesen. Die wahrscheinliche Struktur von **XI** folgt aus dem UV-Spektrum, dem IR-Spektrum (Abb.), dem Ergebnis der O_3-Spaltung wie bei **II** sowie der Verseifung u. der MnO_2-Oxydation des Prod. zu einer Carbonyl-Verb., deren UV-Spektrum dem von **I** ähnelt.

Versuche: *2-[Hexadiin-(2.4)-yliden]-1.6-dioxaspiro-[4.4]-nonen-(3), cis-Form* (**I**), $C_{13}H_{12}O_2$, F. 48,5—49,5°, a) durch Extraktion von 15 kg oberird. Teile von M. matricaroides L. mit Ae./PAe. u. Chromatographie an Al_2O_3 mit PAe./Ae.; $[\alpha]_D$ —49,6 (c = 1,25); aus PAe. gelblich; 6,3 g (Ausbeute); b) analog a) aus Blüten von M. chamomilla L.; c) aus 71 kg frischen Wurzeln von **a** durch Extrahieren mit Ae./PAe. u. Chromatographie an Al_2O_3 mit PAe./Ae.; d) aus 160 g Wurzeln von **b** analog a) u. Chromatographie an Kieselgel mit PAe./Ae.; 295 mg; e) aus **II** durch Bestrahlen mit UV-Licht in Ae. u. Chromatographie an Kieselgel; 22%. (—)-*trans-Form* (**II**), a) neben **I** nach a); Öl; $[\alpha]_D^{20,5}$ — 104,4° (c = 2,436); b) neben **I** nach b); c) analog **I** nach e) aus **I**; 62%. (±)-*trans-Form*, a) durch 20std. Stehen von 100 mg **I** in Methanol mit **III** bei Raum-Temp. u. Chromatographie an SiO_2 mit PAe./Ae.; $[\alpha]_{546}^{20}$ —1,6° (c = 1,3; Ae.); 42 mg. (+)-*trans-Form*, a) neben **I** nach c); $[\alpha]_D^{21}$ + 99,3° (c = 1,20); b) neben **I** nach d); 310 mg. — *Capronsäure*, durch Ozonisieren von **I, II, IV, VII, VIII, IX, X, XI** bzw. **XII** in Essigester bei 0°, Eindampfen im Vakuum, Erwärmen in Dioxan mit Perhydrol auf dem Wasserbad, Zusetzen von W. u. $NaHCO_3$, Waschen mit Ae., Ansäuern, Extraktion mit Ae., Eindampfen u. Hydrieren der *Hexadiin-(2.4)-säure* in Eisessig über Pt. — *Hexanal*, a) durch Ozonisieren von 50 mg **I** in Methanol bei 0°, Dampf-Dest., Extraktion des Destillats mit Ae. u. Hydrieren in Ae. über Pd; 8,5 g; b) analog a) aus **II**. *2.4-Dinitrophenylhydrazon*, F. 105°. — *4.7-Diketotridecanol-(1)*, $C_{13}H_{24}O_3$, F. 63,5° (PAe.), a) durch Hydrieren von

200 mg I in Ae. über Pd/$BaSO_4$; 140 mg; b) analog a) aus II; c) analog a) aus VII bzw. VIII. — *2-[Nonen-(1)-on-(3)-yl]-furan*, $Kp._{0,2}$ 140°, durch kurzes Erwärmen von 1 g Furfurol in W. u. Methylhexylketon in 15%ig. NaOH auf dem Wasserbad u. 12std. Stehen bei Raum-Temp.; gelbliches Öl; 1,3 g. *Dinitrophenylhydrazon*, F. 137° (Methanol). — *4.7 Diketotridecansäure*, $C_{13}H_{22}O_4$, F. 93—94,5° (Ae./PAe.), a) aus 33 mg vorvorst. Verb. u. CrO_3 in Eisessig auf dem Wasserbad (15 min.); 26 mg; b) aus vorst. Verb. Methanol u. sd. konz. HCl (3 Std.). — *4.7-Dihydroxytridecansäure-γ-lacton*, aus vorst. Verb. u. $NaBH_4$ in Methanol auf dem Wasserbad (1/4 Std.); Öl. — *3-Hexyl-2-[β-hydroxyäthyl]-cyclopenten-(2)-on*, aus 90 g 4.7-Diketotridecanol-(1) u. methanol. KOH auf dem Wasserbad (1 Std.); Öl; 85 mg. — *4-Ketodecansäure*, $C_{10}H_{18}O_3$, F. 66,5—67,5° (PAe.), a) durch Rk. von 85 mg vorst. Verb. in Methanol, mit Perhydrol u. 4n NaOH bei Raum-Temp., Verdünnen mit W., Ansäuern mit verd. H_2SO_4, Eindampfen, 1 std. Schütteln in Dioxan mit $NaJO_4$ u. verd. H_2SO_4; 57 mg; b) durch 12 std. Verseifen von XX mit KOH in CH_3OH bei Raum-Temp. u. Rk. mit $NaJO_4$ analog a); c) durch Zusetzen von $CdCl_2$ zur Grignard-Verb. aus Hexylbromid u. Mg in Ae., kurzes Erwärmen, Zusetzen von Bernsteinsäuremethylesterchlorid in Ae., 2 std. Kochen, Zusetzen von Eis u. verd. H_2SO_4, Eindampfen, Dest. bei 90—100°/0,1 Torr u. Verseifen mit methanol. Alkali; d) durch 1 std. Erwärmen von XVIII mit CH_3OH u. KOH auf dem Wasserbad, Verdünnen mit W., Ausäthern, Eindampfen, Rk. des *3-Hexyl-2-[3-hydroxypropyl]-cyclopenten-(2)-ons* mit Perhydrol u. 4n NaOH in CH_3OH, Verdünnen mit W., Ansäuern mit verd. H_2SO_4, Ausäthern, Eindampfen, Lösen in Dioxan, Zugeben von Na-Perjodat, Ansäuern mit verd. H_2SO_4, 1 std. Schütteln u. Ae.-Extraktion. — *4-Hydroxydecansäurelacton*, aus vorst. Verb. in Methanol u. $NaBH_4$ auf dem Wasserbad (15 Min.). — *cis-2-[Hexadiin-(2.4)-yliden]-3.4-dihydroxy-1.6-dioxaspiro-[4.4]-nonan*, $C_{13}H_{14}O_4$, F. 150° (Chlf./PAe.), durch 24 std. Rk. von 200 mg I in abs. Ae. mit OsO_4 in abs. Ae./Pyridin bei Raum-Temp. u. 24 std. Schütteln von 450 mg des Komplexes mit Mannit in 0,1n NaOH; 60 mg. — *trans-2-[Hexadiin-(2.4)-yliden]-1.6-dioxaspiro-[4.5]-decen-(3)* (IV), $C_{14}H_{14}O_2$, F. 82—84° (PAe.), aus T. vulgare L.; $[\alpha]_{546}^{20}$ +29° (c = 20°, Chlf.), —18,5° (c = 0,7°). — *5.8-Diketotetradecanol* (XVIII), $C_{14}H_{26}O_3$, F. 67° (PAe.), aus IV in Ae. durch Hydrieren über Pd. *Azobenzol-4-carbonsäureester*, F. 78° (Ae./PAe.); orangefarben. — *n-Tetradecylacetat*, durch 4 std. Rk. von XVIII mit Hydrazinhydrat u. Na in Diäthylenglykol bei 200°, Verdünnen mit W., Ausäthern, Eindampfen u. 1 std. Erwärmen in Acetanhydrid (XXI) auf dem Wasserbad. — *5.8-Diketotetradecansäure*, F. 85—86° (Ae./PAe.), aus XVIII mit CrO_3 in Eisessig auf dem Wasserbad in 1/4 Stunde. — *5.8-Dihydroxytetradecansäure-δ-lacton*, aus vorst. Verb. mit $NaBH_4$ in Methanol auf dem Wasserbad (1/4 Stunde). — *2-[Nonatriin-(3.5.7)-en-(1)-yl-(1)]-2.3-dihydrofuran* (V), $C_{13}H_{10}O$, F. 58° (PAe.), neben I nach c) durch Chromatographie an SiO_2 mit PAe.; $[\alpha]_{578}^{21}$ —352° (c = 1,975; Ae.). — *Octatriin-(2.4.6) säure*, durch Ozonisieren von V in Essigester bei 0° u. 1/4std. Erwärmen in Dioxan mit Perhydrol auf dem Wasserbad. — *Caprylsäuremethylester*, durch Hydrieren vorst. Verb. über Pd u. Veresterung mit CH_2N_2. — *2-[Nonadiin-(2.4)-yliden]-tetrahydrofuran*, aus 3,2 g XIII Cu_2Cl_2, Hydroxylaminhydrochlorid u. 50%ig. Äthylamin-Lsg. in Methanol durch Zusetzen von XIV in Methanol unter Rühren, 1 std. Stehen, Zers. mit KCN-Lsg., Verdünnen mit W., Ausäthern, Eindampfen, Lösen des rohen *Tridecatriin-(4.6.8)-ols* (4,8 g) in Dioxan, 12 std. Stehen mit 30%ig. NaOH bei Raum-Temp., 1 std. Erwärmen auf dem Wasserbad, Verdünnen mit W., Ansäuern, Ausäthern, Eindampfen u. Chromatographie an Al_2O_3 mit PAe./Ae.; Öl; 1,76 g. — *2-Nonyltetrahydrofuran*, $Kp._{0,1}$ 105—110°, a) durch Hydrieren von V in Ae. über PtO_2 in Ggw. von Eisessig; b) aus vorst. Verb. in Ae. durch Hydrieren über PtO_2 in Ggw. von Eisessig. — *Tridecatriin-(7.9.11)-en-(5)-ol-(4)-al*, durch 1/2std. Erwärmen von V in Dioxan u. 5%ig. H_2SO_4 auf dem Wasserbad, Verdünnen mit W. u. Chromatographie an SiO_2. — *Tridecatriin-(7.9.11)-en-(5)-on-(4)-ol*, durch 1/2std. Rühren vorst. Verb. in Methanol mit $NaBH_4$ bei Raum-Temp., Verdünnen mit W.; Ausäthern, Einengen, 2 std. Rühren mit MnO_2 u. Chromatographie an Al_2O_3 mit PAe./Äther. — *Tridecatriin-(7.9.11)-dien-(3.5)-ol-(1)* (XV), $C_{13}H_{12}O$, F. 102° (PAe.), a) durch Verseifen von VI mit methanol. KOH bei Raum-Temp. u. Chromatographie an Al_2O_3 mit PAe./Ae., b) durch Zugabe von 1,5n C_4H_9Li zu XVII in abs. Ae., 10 Min. lange Rk., Zusetzen von XVI in Ae., 3 std. Kochen, Lösen des Nd. in Methanol/verd. H_2SO_4, Ausäthern, Eindampfen, 1/2std. Erwärmen in Methanol/verd. H_2SO_4 auf dem Wasserbad u. Chromatographie an Al_2O_3. *Acetat* (VI), neben V durch Chromatographie an Kieselgel. *Azobenzol-4-carbonsäureester*, $C_{26}H_{20}N_2O_2$, F. 142—143° (PAe.), orangefarben. — *n-Tridecylacetat*, a) aus XV in Eisessig durch Hydrieren über PtO_2 u. 2 std. Erwärmen mit XXI; b) aus VI durch Hydrieren in Ae. über Pd. — *2-[Hexadiin-(2.4)-yliden]-1.6-dioxa-spiro-[4.4]-nonadien-(3.7)*, *cis-Form* (VII), $C_{13}H_{10}O_2$, F. 75,5°; a) neben V, $[\alpha]_D$ —119° (c = 0,47); b) durch Bestrahlen von VIII in Ae. mit UV-Licht u. Chromatographie an Kieselgel; 42%. *trans-Form* (VIII), F. 111° (Ae./PAe.), a) neben VII nach a); $[\alpha]_D$ —444°

(c = 2,043); 3 g; b) analog **VII** nach a) aus **VII**; 55%. — *4.7-Diketotridecanal*, $C_{13}H_{22}O_3$, F. 46,5—47° (PAe.), durch 2std. Erwärmen von **VII** in Dioxan/W. mit Oxalsäure auf 60°, Chromatographie an Kieselgel u. Hydrieren des *7-Hydroxy-Deriv. von* **I** [gelbes Öl, $[\alpha]_{546}^{20}$ 0° (c = 2,0; Ae.)] in Ae. über Pd. — *2-[Hexadiin-(2.4)-yliden]-9-hydroxy-1.6-dioxaspiro-[4.4]-nonadien-(3.7), cis-Form* (**XIX**), $C_{13}H_{10}O_3$, F. 102° (Ae./PAe.), durch kurzes Erwärmen von **IX** mit methanol. KOH u. 12std. Stehen bei Raum-Temp.; $[\alpha]_D^{20}$ 44° (c = 0,84). *Acetat* (**IX**), $C_{15}H_{12}O_4$, F. 91° (Ae./PAe.), a) durch $^3/_4$std. Erwärmen von 20 mg **XIX** mit **XXI** auf dem Wasserbad u. Chromatographie an Kieselgel; 12 mg; b) neben **V** durch Chromatographie an Kieselgel; $[\alpha]_D$ + 59° (c = 0,572); c) durch Bestrahlen von **X** in Ae. mit UV-Licht u. Chromatographie; 20%. *trans-Form, Acetat* (**X**), F. 123° (Ae./PAe.), a) neben **IX**; $[\alpha]_D$ − 868° (c = 0,87); b) aus **IX** analog **IX** nach c); 52%. — *4-Hydroxydecadiin-(6.8)-dien-(2.cis-4)-säurelacton*, $C_{10}H_6O_2$, F. 134° (PAe.), durch 2std. Erwärmen von **XIX** in Dioxan/W. mit $NaJO_4$ u. 10%ig. H_2SO_4 auf 60° u. Chromatographie mit PAe./Ae. an SiO_2. — *4.7-Diketo-3-acetoxytridecanol-(1)* (**XX**), aus 150 mg **IX** in Ae. durch Hydrieren über Pd/$BaSO_4$ u. Chromatographie an SiO_2; 48 mg. — *2-[Hexadiin-(2.4)-yliden]-3-acetoxy-1.6-dioxaspiro-[4.4]-nonan* (?; **XI**), $C_{15}H_{16}O_4$, F. 103° (PAe.), neben **V** durch Chromatographie an Kieselgel mit PAe./Ae.; $[\alpha]_D$ + 54,5° (c = 1,25); daneben *Verb. vom F. 153,5°* (**XII**) (Ae./PAe.); $[\alpha]_D$ − 61,5° (c =,88). H. Gleinig. 3950□

D. Makromolekulare Chemie

Vergleich zwischen der Theorie der Thermodynamik und einer Molekulartheorie der Lichtstreuung von makromolekularen Lösungen in binären Lösungsmitteln. Robert Ullman und Henri Benoit. (J. Chim. physique Physico-Chim. biol. **59,** 96—97, Jan. 1962; Strasbourg, Centre de Rech. sur les Macromol.; franz.) — Mathemat. Ableitungen zum Problem der Unters. der Lichtstreuung durch ein in einem binären Lsgm.-Gemisch gelöstes Polymerisat auf Basis eines einfachen Mol.-Modells von Strazielle u. Benoit (J. Chim. physique Physico-Chim. biol. **58,** [1961], 675). R. Schäff. 4000□

Apparatur zur kontinuierlichen Bestimmung der mechanischen Verluste von polymeren Feststoffen über einen breiten Temperatur- und Frequenzbereich. P. Lord und R. E. Wetton. (J. sci. Instruments **38,** 385—89, Okt. 1961; engl.) — Zur kontinuierlichen Messung des dynam. Moduls G u. des mechan. Verlustfaktors tg δ von Polymeren im Frequenzbereich von 0,5 Hz—2 kHz u. bei Temp. zwischen − 100 u. 140° wurde eine App. entwickelt. Die Genauigkeit der Best. von G ist besser als ± 5% u. die von tg δ besser als ± 1% bei hohen tg δ-Werten, aber nur ± 20% im tg δ-Bereich von 10^{-2}. R. Schäff. 4000□

Beziehungen zwischen anwendungstechnischen Eigenschaften, chemischer Konstitution und Verstreckungsgrad bei Kunststoff-Folien. O. Herrmann. (Angew. Chem. **74,** 633—37, 21/8. 1962; Wiesbaden-Biebrich, Kalle A.G.; dt.) — Die für die Verw. von Kunststoffolien als Verpackungsmaterialien wichtigen Eigg. werden besprochen: Die opt. Eigg., die Verarbeitbarkeit nach Schweiß- u. Siegelfähigkeit, Steifheit, Dickenkonstanz u. Schlupf; Festigkeitswerte; die Frischhalte-Wrkg. nach Gas- u. Wasserdampfdurchlässigkeit u. deren Beziehungen zur Konstit. der Polymeren; der Einfl. der Verstreckung. — 9 Literaturangaben. M. Hagedorn. 4000□

Organische Reaktionen an Hochpolymeren. G. Smets. (Makromolekulare Chem. **34,** 190—205, Okt. 1959; Louvain, Belgium, Univ., Labor. de Chim. Macromol.; engl.) — Bei Rkk. an Hochpolymeren treten Merkmale auf, die direkt mit der polymeren Struktur zusammenhängen u. durch kinet. Messungen u. Strukturaufklärung erläutert werden. Man unterscheidet mono- u. polyfunktionelle Reaktionen. Dabei treten intramol. Wechselwrkg. auf, die durch die Struktur u. Taktizität des Polymeren bedingt sind. Als Beispiele werden Copolymere aus *Methacrylsäure* u. *Methylmethacrylat* sowie *Acrylamid* verschiedener Zus. angegeben. Bei monofunktionellen Rkk. tritt ein Unterschied der Rk.-Kinetik von höhermol. u. analogen niedermol. Prodd. auf, wenn das elektr. Potential des Makromol. im Rk.-Verlauf ansteigt bzw. sich das Makromol. verändert. Zum Beispiel bei *Vinylpyrrolidoncopolymeren* u. *Polymethacrylamid.* Bei polyfunktionellen Rkk. treten manchmal interfunktionelle Kondens. oder Wechselwrkg. auf. Vf. geht auf verschiedene Rkk. ein. Cyclisierungs-Rkk. bei *Polyacrylsäure* verschiedener Taktizität werden beschrieben. E. Anton. 4000□

Polyolefin-Folien als Elektroisolation. E. Gwinner. (Angew. Chem. **74,** 642—47, 21/8. 1962; Wiesbaden-Biebrich, Kalle u. Co, A.G.; dt.) — Eine Folie aus *Hochdruckpolyäthylen* u. je eine extrudierte u. biaxial verstreckte Folie aus *Niederdruckpoly-*

äthylen u. *Polypropylen* werden auf ihre elektr. Eigg. in Abhängigkeit von der Temp., auf Verspröden beim Lagern u. auf Veränderungen im Kontakt mit Isolierölen untersucht. Die Anwendungsgebiete der Polyolefinfolien in der Elektrotechnik werden besprochen. M. Hagedorn. 4010□

Fasern und Filme aus isotaktischem Polypropylen. M. Compostella, A. Coen und Floriana Bertinotti. (Angew. Chem. **74**, 618—24, 21/8. 1962; Terni, Italien, Ist. Ricerche Polymer; dt.) — Die Kristallinität von isotakt. *Polypropylen* (I) beeinflußt die Eigg. der Filme u. Fasern aus I; kristalline Texturen (KT) in den Zwischenstufen ihrer Herst. können die Fabrikation erschweren. Wie Verss. belegen, hängen bei der Kristallisation aus der Schmelze die Geschw. der Kern-Bldg. u. des Wachstums von der Kristallisations-Temp. ab, die Kern-Bldg. außerdem auch von der Ausgangs-Temp.u. dem Alter der Schmelze. Es muß für unverstreckte u. opt. gute Filme sowie für Fasern von hoher Bruchfestigkeit eine smekt. Struktur nach Natta angestrebt werden. Für Filme werden Zusammenhänge zwischen der KT u. Transparenz, Oberflächenglanz u. Gleitvermögen, für Fasern solche zwischen der KT, der Streckbarkeit u. den Eigg. sowie die Beeinflussung der KT u. der Eigg. durch Wärme besprochen. M. Hagedorn. 4010□

Thermischer Abbau von Polypropylen. W. D. Moissejew, M. B. Neiman und A. I. Krjukowa. (Высокомолекулярные Соединения [Hochmolekulare Verbind.] **1**, 1552—57, Okt. 1959; Inst. für chem. Physik der Akad. der Wiss. der UdSSR; russ., Auszug: engl.) — Es wurde die Kinetik des therm. Abbaus von *Polypropylen* (**I**; Molgew. 175000; 81% isotakt. Anteil) bei 320—410° untersucht. Die effektive Aktivierungsenergie beträgt zu Beginn der Zers. 55 kcal/Mol. Durch Zusätze von 2.2-Bis-[p-hydroxyphenyl]-propan (**II**) wird die Zers. von I gehemmt. Die Abbau-Geschw. ist der **II**-Konz. umgekehrt proportional. Aus der niedrigen Aktivierungsenergie u. der Inhibierung durch **II** wird auf einen Kettenmechanismus bei der Zers. von I geschlossen. Die Bldg. der gasförmigen Rk.-Prodd. (*Propen, Pentene, Pentan* u. wenig *Butene*) wird durch die Isomerisierung der gebildeten aliphat. Radikale erklärt. Helmut Schäfer. 4010

Untersuchung der Bedingungen des Verschweißens von Kunststoffen. Iwao Ohnishi und Hiroshi Kimura. (Technol. Rep. Osaka Univ. **11**, 173—79, März 1961; Dep. Welding Engng.; engl.) — Unterss. an *Polyvinylchlorid, Niederdruck-* u. *Hochdruckpolyäthylen* mit dem Ziel eine Standardschweiß-Meth. zu finden. Im allg. sind inerte Gase mit H_2-Zumischung als Schweißgas bes. geeignet. R. Schäff. 4010□

Die thermische Reaktion von Styrol mit Äthylthioglykolat: Nachweis der trimolekularen thermischen Initiierung der Styrol-Polymerisation. Richard R. Hiatt und Paul D. Bartlett. (J. Amer. chem. Soc. **81**, 1149—54, 5/3. 1959; Boston, Harvard Univ., Converse Memorial Labor.; engl.) — Die Kinetik der Rk. von *Styrol* (I) mit *Thioglykolsäureäthylester* (**II**) wurde bei 80,0, 100,9 u. 140,0° in weitem Konz.-Bereich (**II**/**I** = 0,08—250) in Abwesenheit von Inhibitoren untersucht. Bis zum Konz.-Verhältnis **II**/**I** = 2,49 ist die Start-Rk. trimol., sie besteht, wie der Vgl. mit der therm. Polymerisation von I ergibt, in einer trimol. Rk. von **I**-Moll.; dabei bildet sich zunächst ein biradikal. Assoziations-Prod. aus 2 **I**-Moll., das mit einem H-Acceptor (hier I) unter Bldg. eines Monoradikals reagiert; Kettenabbruch erfolgt durch Rekombination zweier **I**-Radikale. Bei sehr großem **II**/**I** (4,63—250) wird die Rk.-Geschw. proportional $[I]^{1/2}$, was entweder auf Radikal-Bldg. gemäß $C_2H_5O_2CCH_2SH + CH_2 = CHC_6H_5 \rightarrow C_2H_5O_2 \cdot CCH_2S \cdot + CH_3\dot{C}HC_6H_5$ oder auf therm. Dissoziation von **II** beruht; Kettenabbruch durch „cross-termination" wird vorherrschend. Die Folgerungen aus diesem Rk.-Mechanismus hinsichtlich der Rolle starker Inhibitoren bei der therm. Initiierung der **I**-Polymerisation werden diskutiert. M. Schenk. 4010□

Synthese und Polymerisation von kernsubstituierten Styrolen und Eigenschaften ihrer Polymeren. M. M. Koton. (Химическая Промышленность [Chem. Ind.] **1961**, 371—76, Juni; Akad. der Wiss. der UdSSR, Inst. für hochmol. Verbb.; russ.) — Die Polymerisierbarkeit von im Ring mit Halogenen, CN, CH_3, OCH_3 usw. substituierten Derivv. von *Styrol* (**I**) wird systemat. untersucht. In der Regel zeigen die o-substituierten **I**-Derivv. die stärkste Polymerisationsneigung, unter den disubstituierten Derivv. die 2.5-substituierten. Eine Ausnahme stellen die *Methylstyrole* dar, bei denen die m-Derivv. am besten polymerisieren. Während bei den Halogen-Derivv. mit der Zahl der Substituenten (bis zu 3) die Polymerisierbarkeit zunimmt, zeigen auch hierin die Methylstyrole ein umgekehrtes Verh., was auf ster. Hinderungen bei Vorliegen mehrerer CH_3-Gruppen zurückgeführt wird. Der Einfl. der Natur der Substituenten nimmt in der Reihe $CN > J > Cl > Br > F > CH_3 > OCH_3$ ab. Mit der Polymerisationsneigung nehmen auch das Molgew. u. die Erweichungs-Temp. der erhaltenen Polymeren zu. R. K. Müller. 4010□

Interpretation von Messungen des Trägheitsradius in polydispersen Copolymerisatlösungen. Marc Leng und Henri Benoit. (J. Chim. physique Physico-Chim. biol. **58**, 480—85, Mai 1961; Strasbourg, Centre Rech. sur les Macromol.; franz.) — Durch Lichtstreuungs-Unterss. an Lsgg. von *Styrol–Methylmethacrylat-Copolymerisaten* in 2 bzgl. der 2 Comonomeren verschieden guten Lsgm. u. an einem statist. u. einem Periodencopolymerisat sowie an einem Gemisch aus den Homopolymeren zeigen Vff. die Möglichkeit ein Copolymerisat zu charakterisieren. Die Unters. des Prod. aus scheinbarem Molgew. u. quadrat. Mittel des Trägheitsradius führt zum mittleren Trägheitsradius des Copolymerisats u. zu den Trägheitsradien der verschiedenen Copolymerisatanteile. Ferner erhält man Informationen über die Polydispersität der Probe u. ihre Struktur sowie über die Beimischung von Homopolymerisat zum Copolymerisat. R. Schäff. 4010 □

Polymerisation von Cycloolefinen. A. W. Toptschijew, Ja. M. Pauschkin, M. W. Kuraschew, L. Ss. Polak und L. Ss. Twerskaja. (Известия Академии Наук СССР, Отделение Химических Наук [Nachr. Akad. Wiss. UdSSR, Abt. chem. Wiss.] **1960**, 1140, Juni; Inst. für petrochem. Synth. der Akad. der Wiss. der UdSSR; russ.) — Die Polymerisation von Cyclohexen, Cyclohexadien-(1.3), Cyclohexadien-(1.4) u. 1-Methylcyclohexadien-(1.4) in Ggw. metallorgan. Verbb. u. $TiCl_4$ (bzw. in Ggw. von BF_3) lieferte *Polycyclohexen*, F. 120—125°. *Polycyclohexadien-(1.3)*, F. 175—185° (bzw. F. 100—220°, Molgew. 200—10000), *Polycyclohexadien-(1.4)*, F. ca. 190° (bzw. F. ca. 200°) bzw. *Poly-1-methylcyclohexadien-1.4*) (F. 150—157°, Molgew. 820). Bei der Polymerisation von *1.4-*, *1.2-* u. *1.5-Dimethylcyclohexadien-(1.4)* entstanden *Polymere* mit 2 u. mehr monomeren Einheiten in der Kette. Die Einw. von β- u. γ-Strahlen auf die genannten Monomeren lieferte Polymere verschiedener Struktur.

Helmut Schäfer. 4010

Über die Struktur der künstlichen Harze. 7. Mitt. **Zum oxydativen Abbau von CH_2—N-Brücken in Phenol-Hexa-Kondensaten.** G. Zigeuner und K. Jellinek. (Mh. Chem. **90**, 232—38, 21/4. 1959; Graz, Univ., Inst. für Organ. u. Pharmaz. Chem.; dt.) — 6. vgl. C. **1960**, 3889. — Durch oxydative Alkalischmelze von *Phenol–Hexa-Kondensaten* wurde der Verlauf der Härtung von Phenol mit Hexamethylentetramin untersucht. Es tritt zunächst hauptsächlich Verknüpfung an den o-Stellen des Phenols unter Dibenzylamin- u. Ketten-Bldg. ein, während Verknüpfung an den p-Stellen erst bei längerer Härtezeit bzw. höherer Temp. erfolgt. Die Härtung von Kondensaten mit Dihydroxydibenzylaminstruktur erfolgt unter intermol. Crackung von CH_2—N-Brücken durch reaktive Kernstellen. Für diese Unterss. wurden eine Reihe Modellsubstanzen dargestellt.

Versuche: *2.6-Bis-[acetamidomethyl]-4-chlorphenol*, $C_{12}H_{15}ClN_2O_3$, F. 202°, durch 24 std. Einleiten von HCl-Gas in mit Methylolacetamid (aus Acetamid u. Paraform) versetzter Lsg. von p-Chlorphenol in gesätt. alkohol. HCl, Absaugen des Hydrochlorids u. Zers. mit verd. NH_4OH; aus 40%ig. A. Prismen; 60% (Ausbeute). — *2.6-Bis-[acetamidomethyl]-phenol*, $C_{12}H_{16}N_2O_3$, F. 175°, durch Hydrieren vorst. Verb. in verd. A./NaOH in Ggw. von Raney-Ni; aus W. Prismen; 80%. — *2.6-Bis-[aminomethyl]-phenolhydrochlorid* (I), F. 215° (Zers.), durch 6—8 std. Einleiten von HCl in die sd. Lsg. vorst. Verb. in A./konz. HCl; Spieße. — *2.6-Bis-[2-hydroxybenzalaminomethyl]-phenol*, $C_{22}H_{20}N_2O_3$, F. 187°, durch ½ std. Kochen von I in A. mit Salicylaldehyd u. $NaHCO_3$; aus Xylol gelbe Nadeln. — *2.6-Bis-[2-hydroxybenzylaminomethyl]-phenol*, $C_{22}H_{24}N_2O_3$, F. 180° (Zers. A./W.), durch Hydrieren vorst. Verb. in A./HCl in Ggw. von PtO_2 u. Zers. des *Hydrochlorids* mit $NaHCO_3$. — *2.6-Bis-[4-hydroxybenzalaminomethyl]-phenol*, $C_{22}H_{20}N_2O_3$, F. 183°, durch 2 std. Kochen von I, p-Hydroxybenzaldehyd u. $NaHCO_3$ in A.; aus A./Bzl. schwach gelbe Nadeln. — *2.6-Bis-[4-hydroxybenzylaminomethyl]-phenol*, $C_{22}H_{24}N_2O_3$, F. 160° (Zers.; A./W.), durch Hydrieren vorst. Verbindung. P. Becker. 4010

Über die Struktur der künstlichen Harze. 8. Mitt. **Zur Darstellung von 3.5-disubstituierten 2-Hydroxybenzaldehyden.** G. Zigeuner und K. Jellinek. (Mh. Chem. **90**, 297—305, 30/6. 1959; dt.) — 7. vgl. vorst. Referat. — Durch Spaltung mit Na-m-Nitrobenzolsulfonat (**XV**) werden *3.5-disubstituierte 2-Hydroxybenzaldehyde* aus den entsprechenden Dihydroxybenzylaminen dargestellt. Bei freien Kernstellen in o- oder p-Stellung sind die Ausbeuten infolge intermol. Crackung gering. Gleichfalls können auch Hydroxybenzylhydroxybenzalamine auf diese Weise in die *Hydroxybenzaldehyde* übergeführt werden.

Versuche: *2.2'-Dihydroxy-3.3'-diisopropyl-5.5'-dichlor-6.6'-dimethyldibenzylamin* (**I**), $C_{22}H_{29}Cl_2NO_2$, F. 126°, durch 2 std. Erhitzen von 2-Isopropyl-4-chlor-5-methylphenol mit Hexamethylentetramin (**II**) auf 130° u. Gießen in A.; aus A. Blättchen; 87% (Ausbeute). — *N-[2-Hydroxy-3-isopropyl-5-chlor-6-methylbenzyl]-p-toluidin* (**III**), $C_{18}H_{22}ClNO$, F. 110°, durch 2 std. Erhitzen von I u. p-Toluidin (**VII**) auf 120°; farblose

Nadeln. — *2.2'-Dihydroxy-3.6.3'.6'-tetramethyl-5.5'-dibromdibenzylamin* (**IV**), $C_{18}H_{21}$·Br_2NO_2, F. 180°, analog **I** aus 2.5-Dimethyl-4-bromphenol (**X**) u. **II**; aus A. Nadeln; 82%. — *N-[2-Hydroxy-3.6-dimethyl-5-brombenzyl]-p-toluidin*, $C_{16}H_{18}BrNO$, F. 137°, analog **III** aus **IV** u. **VII**; aus Cyclohexan farblose Nadeln. — *2.2'-Dihydroxy-3.3'-diisopropyl-6.6'-dimethyldibenzylamin* (**V**), $C_{22}H_{31}NO_2$, F. 100°, durch 2std. Erhitzen von Thymol u. **II** auf 125°; aus A. Nadeln; 68%. — *N-[2-Hydroxy-3-isopropyl-6-methylbenzyl]-p-toluidin*, $C_{18}H_{23}NO$, F. 106°, durch 2std. Erhitzen von **V** u. **VII** auf 160°; aus Bzn. Nadeln. — *2.2'-Dihydroxy-5.5'-dimethyldibenzylamin* (**VI**), $C_{16}H_{19}NO_2$, F. 171°, durch 3—4std. Erhitzen von p-Kresol u. **II** auf 105°; aus Xylol Lanzetten. — *N-[2-Hydroxy-5-methylbenzyl]-p-toluidin*, $C_{15}H_{17}NO$, F. 106°, durch 2std. Erhitzen von **VI** mit **VII** auf 160°; aus Cyclohexan Nadeln. — *2.2'-Dihydroxy-4.6.4'.6'-tetramethylbenzaldazin*, $C_{18}H_{20}N_2O_2$, F. 232°, durch 2std. Kochen von 2-Hydroxy-4.6-dimethylbenzaldehyd (**XIII**) in A. mit einer konz. wss. Lsg. von Hydrazinhydrat; aus wss. A. gelbe Kristalle. — *2.2'-Dihydroxy-4.6.4'.6'-tetramethyldibenzylamin*, $C_{18}H_{23}NO_2$, F. 181°, a) durch Eintragen vorst. Verb. u. Zn in sd. A. u. portionsweise Zugabe von Eisessig u. A.; aus A. Nadeln; b) durch $^3/_4$std. Härten von 3.5-Xylenol mit **II** bei 110° u. Versetzen der Schmelze mit heißem A.; c) durch Hydrieren von Dehydro-2.2'-dihydroxy-4.6.4'.6'-tetramethyldibenzylamin (**XII**) über Pt. — *2.2'-Dihydroxy-3.6.3'.6'-tetramethyldibenzylamin* (**VIII**), $C_{18}H_{23}NO_2$, F. 150°, durch 2std. Härten von 2.5-Xylenol mit **II** bei 130°; aus A. Nadeln; 90%. — *2.2'-Dihydroxydibenzylamin*, $C_{14}H_{15}NO_2$, F. 161°, durch Lösen von Phenol u. H_3BO_3 in sd. Äthylenglykol, Versetzen mit **II**, 2std. Kochen, Gießen in W., 1std. Kochen des *borsauren Salzes* [F. 206—210° (Dioxan)] mit A./konz. HCl, Kristallisieren des *Hydrochlorids* aus Eisessig–Ae. (1:1) u. Freisetzen der Base mit NH_3 aus alkohol. Lsg.; aus Methanol Nadeln. — *Dehydro-2.2'-dihydroxy-3.5.3'.5'-tetramethyldibenzylamin* (**IX**), $C_{18}H_{21}NO_2$, F. 149°, durch 1std. Kochen von 2-Hydroxy-3.5-dimethylbenzaldehyd (**XI**) u. 2-Hydroxy-3.5-dimethylbenzylaminhydrochlorid mit $NaHCO_3$ in A.; aus Methanol gelbe Nadeln. — *N-[2-Hydroxy-3.5-dimethylbenzyl]-p-toluidin*, F. 92°, durch 4std. Erhitzen von **IX** u. **VII** auf 160°, Wasserdampf-Dest. u. Anreiben des Rückstands mit Benzin. — *N-[2-Hydroxy-3.5-dimethylbenzal]-p-toluidin*, $C_{16}H_{17}NO$, F. 45°, a) aus dem Filtrat vorst. Verb.; aus Methanol gelbe Nadeln; b) durch 1std. Erhitzen von **XI** u. **VII** auf 180°. — *N-[2-Hydroxy-4.6-dimethyl-5-chlorbenzyl]-acetamid*, $C_{11}H_{14}ClNO_2$, F. 175°, durch 3tägiges Stehen von p-Chlor-3.5-xylenol u. Methylolacetamid (aus Acetamid u. Paraformaldehyd) in mit HCl gesätt. A.; aus verd. A. Nadeln. — *N-[2-Hydroxy-4.6-dimethylbenzyl]-acetamid*, $C_{11}H_{15}NO_2$, F. 135°, durch Hydrieren vorst. Verb. in A. in Ggw. von Raney-Ni; aus Bzl. Nadeln. — *2-Hydroxy-4.6-dimethylbenzylaminhydrochlorid*, $C_9H_{14}ClNO$, F. 160° (Zers.), durch 6—8std. Kochen vorst. Verb. mit A./konz. HCl; aus Eisessig Spieße. — *Dehydro-2.2'-dihydroxy-4.6.4'.6'-tetramethyldibenzylamin* (**XII**), $C_{18}H_{21}NO_2$, F. 203°, durch 1std. Kochen von **XIII** u. 2-Hydroxy-4.6-dimethylbenzylaminhydrochlorid mit $NaHCO_3$ in A.; aus Bzl. gelbe Nadeln. — *2-Hydroxy-3.5-dimethylbenzaldehyd* (**XI**), F. 26°, a) durch 2std. Kochen von 2 g 2.2'-Dihydroxy-3.5.3'.5'-tetramethyldibenzylamin (**XIV**), 6,2 g Na-m-Nitrobenzolsulfonat (**XV**) u. 3 g NaOH in 10 ml W., Ansäuern mit H_2SO_4 u. Wasserdampf-Dest.; 1,10 g; daneben 0,4 g *3.5-Dimethylsalicylsäure* ($C_9H_{10}O_3$, F. 179°); b) durch 2std. Kochen von **XIV** u. **XV** in Eisessig, Verdünnen mit W. u. Wasserdampf-Dest.; 76%; c) durch 3std. Erhitzen von **II** mit 2.4-Xylenol auf 140°, Anreiben mit W., 2std. Erhitzen in Eisessig mit **XV**, Verdünnen mit W. u. Wasserdampf-Dest.; 65%; d) durch alkal. Oxydation von **IX**; 56%. *Oxim*, $C_9H_{11}NO_2$, F. 139°, aus PAe. Nadeln. — *2-Hydroxy-3.5-dichlorbenzaldehyd*, F. 95°, a) aus 2.2'-Dihydroxy-3.5.3'.5'-tetrachlordibenzylamin; 55%; daneben wenig *3.5-Dichlorsalicylsäure* (F. 224°); b) aus 2.4-Dichlorphenol u. **II** durch 3std. Erhitzen auf 140° u. 2std. Kochen mit NaOH u. **XV** in W.; 55%. *Oxim*, $C_7H_5Cl_2NO_2$, F. 196°. — *2-Hydroxy-3.6-dimethyl-5-brombenzaldehyd*, C_9H_9·BrO_2, F. 87°, a) durch Oxydation von **IV** in alkal. Medium; 36%; daneben *3.6-Dimethyl-5-bromsalicylsäure* (im Original irrtümlich 2-Hydroxy-3.6-dimethyl-5-bromsalicylsäure; der Referent), $C_9H_9BrO_3$, F. 239°; b) durch Oxydation von **IV** in essigsaurem Medium; 75%; c) aus **X** u. **II**; 75%. *Oxim*, $C_9H_{10}BrNO_2$, F. 181°. — *2-Hydroxy-3-isopropyl-5-chlor-6-methylbenzaldehyd*, F. 59°, a) durch Oxydation von **I** in alkal. Medium; 27%; b) durch Oxydation von **I** in essigsaurem Medium; 71%; c) durch 3std. Erhitzen von p-Chlorthymol u. **II** auf 150° u. 2std. Kochen des mit W. gereinigten Rohprod. in 60 ml Eisessig mit **XV**; 78%. *Oxim*, $C_{11}H_{14}ClNO_2$, F. 164°. — *4-Hydroxy-3.5-dimethylbenzaldehyd*, F. 115°, durch Oxydation von Tris-[4-hydroxy-3.5-dimethylbenzyl]-amin im alkal. Medium; 25%; daneben *4.4'-Dihydroxy-3.5.3'.5'-tetramethylbenzophenon* (F. 215°). *Oxim*, $C_9H_{11}NO_2$, F. 190°. — *2-Hydroxy-5-methylbenzaldehyd*, F. 56°, durch alkal. Oxydation von **VI**; 33%; daneben sehr wenig *5-Methylsalicylsäure*. — *2-Hydroxy-5-tert.-butylbenzaldehyd*, a) durch alkal. Oxydation von Tris-[2-hydroxy-5-tert.-butyl]-amin; 29%; daneben wenig *5-tert.-Butylsalicylsäure* ($C_{11}H_{14}O_3$, F. 151°); b) durch Oxydation in alkal. Medium von 2.6-Bis-[2-hydroxy-5.-tert.-butylbenzylaminomethyl]-4-tert.-butylphenol mit **XV** in der 1. Fraktion der Wasserdampf-Dest. neben *2-Hydroxy-4-tert.-butylisophthalaldehyd* (F. 106°). *Oxim*, $C_{11}H_{15}NO_2$, F. 113°. — *2-Hydroxy-3.6-dimethylbenzaldehyd*, durch alkal. Oxydation von **VIII**; 10%. — *2-Hydroxy-4.6-dimethylbenzaldehyd* (**XIII**), durch alkal. Oxydation von **XII**; 60%. P. Becker. 4010

Über die Struktur der künstlichen Harze. 9. Mitt. **Über Abkömmlinge des 2.6-Bis-[2-hydroxybenzyl]-3.5-dimethylphenols.** G. Zigeuner und M. Wilhemi. (Mh. Chem. **90**, 361—66. 30/6. 1959; dt.) — 8. vgl. vorst. Referat. — Es wurden verschiedene Derivv. des *2.6-Bis-[2-hydroxybenzyl]-3.5-dimethylphenols* dargestellt u. die Stabilität der cis- u. trans-Formen untersucht. Die IR-Maxima sind angegeben.

Versuche: *cis-2.6-Bis-[2-hydroxy-3.5-dimethylbenzyl]-3.5-dimethylphenolmonohydrat* (**I**), $C_{26}H_{30}O_3 \cdot H_2O$, F. 154°, durch Verschmelzen von 2.6-Bis-[hydroxymethyl]-3.5-dimethylphenol (**II**) u. 2.4-Xylenol, Eintragen von $POCl_3$ in die Schmelze bei 30 bis 40°, 2std. Erhitzen auf 50°, Zers. mit W. u. Wasserdampf-Dest.; aus A. Nadeln; 73% (Ausbeute); *wasserfrei* (**Ia**), $C_{26}H_{30}O_3$, F. 170°, a) durch längeres Erhitzen von **I** in Cyclohexan oder CCl_4; keilförmige Kristalle; b) durch Trocknen von **I** im Hochvakuum bei 80°. *trans-Form*, $C_{26}H_{30}O_3$, F. 187°, a) durch Schmelzen von **Ia**; b) durch 5 Min. langes Erhitzen von **I** auf 175° u. Kochen in Cyclohexan; Platten. — *2.6-Bis-[2-hydroxy-3-methyl-5-chlorbenzyl]-3.5-dimethylphenol* (**III**), $C_{24}H_{24}Cl_2O_3$, F. 185°, analog **I** aus **II** u. 2-Methyl-4-chlorphenol (**IV**); aus A. Nadeln. *Triacetat*, $C_{30}H_{30}Cl_2O_6$, F. 203°, aus **III** mit Acetanhydrid u. Na-Acetat. — *2.6-Bis-[2-hydroxy-3-methyl-5-chlorbenzyl]-3.5-dimethyl-4-chlorphenol*, $C_{24}H_{23}Cl_3O_3$, F. 196°, analog **III** aus 2.6-Bis-[hydroxymethyl]-3.5-dimethyl-4-chlorphenol (**V**) u. **IV**; aus Bzl. Platten. *Triacetat*, $C_{30}H_{29}Cl_3O_6$, F. 198° (Cyclohexan). — *2.6-Bis-[2-hydroxy-3-methyl-5-äthylbenzyl]-3.5-dimethylphenol*, $C_{28}H_{34}O_3$, F. 166°, analog **I** aus **II** u. 2-Methyl-4-äthylphenol; aus Cyclohexan Platten. *Triacetat*, $C_{34}H_{40}O_6$, F. 130° (PAe.). — *2.6-Bis-[2-hydroxy-3-methylbenzyl]-3.5-dimethlphenol*, $C_{24}H_{26}O_3$, F. 161°, durch 1std. Rühren u. mehrstd. Stehen von **III** in 10%ig. Lauge mit Raney-Ni-Al-Leg. u. Versetzen mit konz. HCl; aus Bzl. Nadeln. *Triacetat*, $C_{30}H_{32}O_6$, Kristalle aus PAe. oder Cyclohexan. — *2.6-Bis-[2-hydroxy-5-chlorbenzyl]-3.5-dimethyl-4-chlorphenol*, $C_{22}H_{19}Cl_3O_3$, F. 210° (Bzl.), analog **I** aus **V**, p-Chlorphenol (**VIII**) u. $POCl_3$. *Triacetat*, $C_{28}H_{25}Cl_3O_6$, F. 143°; aus Cyclohexan Stäbchen. — *2.6-Bis-[2-hydroxy-4.5-dimethylbenzyl]-3.5-dimethylphenol*, $C_{26}H_{30}O_3$, F. 222°, analog **I** aus **II** u. 3.4-Xylenol (**VI**); aus A. Nadeln. *Triacetat*, $C_{32}H_{36}O_6$, F. 161° (Cyclohexan). — *2.6-Bis-[2-hydroxy-4.5-dimethylbenzyl]-3.5-dimethyl-4-chlorphenol*, $C_{26}H_{29}ClO_3$, F. 246°, analog **I** aus **VI** u. **V**; aus Chlorbenzol Nadeln. *Triacetat*, $C_{32}H_{35}ClO_6$, F. 155°; aus Bzn. Stäbchen. — *2.6-Bis-[2-hydroxy-5-methylbenzyl]-3.5-dimethylphenol*, $C_{24}H_{26}O_3$, F. 192°, analog **I** aus **II**, p-Kresol (**VII**) u. $POCl_3$; aus Bzl. Nadeln. *Triacetat*, $C_{30}H_{32}O_6$, F. 132°, aus Eisessig u. W. Quader. — *2.6-Bis-[2-hydroxy-5-methylbenzyl]-3.5-dimethyl-4-chlorphenol*, $C_{24}H_{25} \cdot ClO_3$, F. 209°, durch 1std. Erhitzen von **V**, **VII** u. $POCl_3$ auf 50°; aus Bzl. Nadeln. *Triacetat*, $C_{30}H_{31}ClO_6$, F. 149° (Cyclohexan). — *2.6-Bis-[2-hydroxy-5-chlorbenzyl]-3.5-dimethylphenol*, F. 216° (Bzl.), analog **I** aus **II** u. **VIII**. *Triacetat*, F. 124°. P. Becker. 4010

Metallhaltige Polymere. 3. Mitt. **Polyphenolchelate und die Epoxyharzderivate.** M. E. B. Jones, M. F. Lynch, D. A. Thornton und R. F. Webb. (Makromolekulare Chem. **50**, 232—43, 1961; engl.) — 2. vgl. C. **1963**, 2862. — 1 Mol p-Hydroxyacetophenon u. 4,3 Mol Äthylacetat (**I**) wurden kalt mit 2,3 Mol Na behandelt, dann 4std. Erhitzen zum Sieden, Eingießen der kalten Lsg. in W. u. Extraktion mit **I**; bei Zusatz der wss. Lsg. von Cu(II)-Acetat zu der wss. Schicht fällt *Bis-[1-(p-hydroxyphenyl)-butan-1.3-diono]-Cu(II)* [**II**; $C_{20}H_{18}CuO_6$, F. 278—280° (A.)] aus. Beim Erhitzen von **II** mit 2n H_2SO_4 wird *p-Hydroxybenzoylaceton* [**III**; $C_{10}H_{10}O_3$, F. 112—112,5° (Bzl.)] erhalten. **III** läßt sich auch aus Toluol u. C_2H_5ONa in Ggw. von **I** (7std. Erhitzen am Rückfluß, Eingießen in W., Ausfällen von **II** aus der wss. Schicht mit Cu-Salz) oder aus p-Hydroxybenzoylchlorid, Äthylacetoacetat u. C_2H_5ONa in Ae. (nach 3 Tagen Eingießen des Gemisches in W. bei 0°, Ansäuern des abgetrennten Nd. mit verd. H_2SO_4 u. Hydrolyse mit sd. verd. H_2SO_4) oder aus p-Acetoxyacetophenon, Äthylendichlorid (**IV**), BF_3 u. Essigsäureanhydrid (nach 2 ½ Std. Eingießen der Lsg. in wss. Lsg. von Na-Acetat, Abdestillieren von überschüssigem **IV**, Extraktion mit Ae., Behandeln mit wss. NaOH u. Ansäuern) darstellen. Wird im letzteren Falle die Hydrolyse des entstandenen BF_2-Komplexes mit wss. Na-Acetat bei 20° vorgenommen u. der nach Entfernen von **IV** entstandene Nd. mit CH_3OH extrahiert, so wird aus dem Extrakt mit Cu-Salz *Bis-[1-(p-acetoxyphenyl)-butan-1.3-diono]-Cu(II)* [$C_{24}H_{22}CuO_8$, F. 248° (Bzl.)] erhalten; der in CH_3OH unlösl. Teil enthält den *BF_2-p-Acetoxybenzoylaceton-Komplex*, $C_{12}H_{11}O_4 \cdot BF_2$, aus dem durch Hydrolyse mit sd. wss. Na-Acetat *p-Acetoxybenzoylaceton* [**VI**; $C_{12}H_{12}O_4$, F. 68—70° (Hexan)] erhalten wird. **VI** läßt sich auch aus **III**, wss. NaOH u. Essigsäureanhydrid

darstellen. **II** wird auch aus **III** in CH_3OH u. $Cu(NO_3)_2$ in W./konz. NH_4OH erhalten. Aus **III** u. $BeSO_4$ in W./CH_3OH entsteht nach dem Erhitzen u. Zusatz von Harnstoff *Bis-[1-(p-hydroxyphenyl)-butan-1.3-diono]-Be* [**VII**; $C_{20}H_{18}BeO_6$, F. 255° (Nitrobenzol)]. In ähnlicher Weise wurden *Bis-[1-(p-hydroxyphenyl)-butan-1.3-diono]-Mg* ($C_{20}H_{18}MgO_6$, F. >300°), *Bis-[1-(p-hydroxyphenyl)-butan-1.3-diono]-Zn* ($C_{20}H_{18}O_6Zn$, F. >300°) u. *Tris-[1-(p-hydroxyphenyl)-butan-1.3-diono]-Al* ($C_{30}H_{27}AlO_9$, F. >320°) erhalten; letztere Verb. entsteht auch aus **III** u. Al-Acetylacetonat. Die genannten *Chelate* von **III** verlieren beim Erhitzen auf 248° an Gew. (besonders stark **II**). **VII** bildet mit *Epichlorhydrin* (**VIII**) ein Glycidylgruppen (nach IR-Analyse) enthaltendes Harz, das mit *4.4'-Diamino-diphenylmethan* (**IX**) gehärtet werden kann (Temp. beim Härten bis 250°). Das aus **II** u. **VIII** erhaltene Harz wurde mit einem fl. Handelsepoxyharz u. **IX** gehärtet (Temp. bis 250°). — *1-[p-Hydroxyphenyl]-pentandion-(1.3)* (**X**), $C_{11}H_{12}O_3$, F. 43—44° (Bzl.), aus p-Acetoxyacetophenon, Propionsäureanhydrid, **IV** u. BF_3. *Bis-[1-(p-hydroxyphenyl)-pentan-1.3-diono]-Cu(II)* (**XI**), $C_{22}H_{22}O_6Cu$, F. 239—240° (Methylisobutylketon), aus **X** u. Cu-Salz. *Diglycidyläther* von **XI**, $C_{28}H_{30}CuO_8$, F. 186—190° (Bzl.), aus **XI** u. **VIII**, härtbar mit **IX**. — *4-Hydroxy-3-methylbenzoylaceton* (**XII**), $C_{11}H_{12}O_3$, F. 95—96° (Bzl.), aus 4-Acetoxy-3-methylacetophenon analog **III**. *Bis-[1-(3'-methyl-4'-hydroxyphenyl)-butan-1.3-diono]-Cu(II)*, $C_{22}H_{22}CuO_6$, F. 280—282°, aus **XII** u. $Cu(NO_3)_2$. — p-Nitrobenzoylaceton wurde in Bzl. mit Äthylenglykol u. p-Toluolsulfonsäure erhitzt; durch Neutralisation mit C_2H_5ONa u. Dest. werden *p-Nitroacetophenonäthylenketal* [$C_{10}H_{11}NO_4$, $Kp._{0,1}$ 125°, F. 106,5—107,5° (PAe.)] u. *p-Nitrobenzoylaceton-bis-(äthylenketal)* [**XIII**; $C_{14}H_{17}NO_6$, $Kp._{0,1}$ 185°, F. 76—77° (CH_3OH)] erhalten. **XIII** wurde in CH_3OH an Raney-Ni bei 20° u. 1 at H_2 zu *p-Aminobenzoylaceton-bis-(äthylenketal)* [**XIV**; $C_{14}H_{19}NO_4$, F. 103 bis 104° (CH_3OH)] hydriert. Aus der salzsauren wss. Lsg. von **XIV** fällt mit ammoniakal. $CuSO_4$-Lsg. *Bis-[1-(p-aminophenyl)-butan-1.3-diono]-Cu(II)* [$C_{20}H_{20}CuN_2O_4$, F. 267° (Zers.; 2-Äthoxyäthanol)] aus. *m-Nitrobenzoylaceton-bis-(äthylenketal)* [**XV**; $C_{14}H_{17}NO_6$, $Kp._{0,8}$ 175—180°, F. 50—51° (PAe.)] u. *m-Nitroacetophenonäthylenketal* [$C_{10}H_{11}NO_4$, $Kp._{0,8}$ 143—158°, F. 70—71° (PAe.)] wurden in ähnlicher Weise wie die entsprechenden obengenannten p-Verbb. erhalten. *m-Aminobenzoylaceton-bis-(äthylenketal)* (**V**), $C_{14}H_{19}NO_4$, F. 112—112,5°, durch Hydrieren von **XV** wie oben. *Bis-[1-(m-aminophenyl), butan-1.3-diono]-Cu(II)*, $C_{20}H_{20}CuN_2O_4$, F. 239° (Methylisobutylketon), aus **V** u. $CuSO_4$.
O. Fuchs. 4010□

Der Einfluß von Kupferchlorid auf die Polymerisation von Acrylonitril und Styrol. Hubert Monteiro. (J. Chim. physique Physico-Chim. biol. **59**, 9—14, Jan. 1962; Strasbourg, Centre de Rech. sur les Macromol.; franz.) — Die Ggw. von $CuCl_2$ auf die Polymerisation von *Acrylonitril* (**I**) u. *Styrol* in Dimethylformamid bei 60° in Ggw. von Azoisobutyronitril bewirkt eine anfängliche Induktionsperiode infolge der Red. von $CuCl_2$ zu CuCl. Bei **I** folgt dann eine verzögerte Polymerisation infolge Fixierung von CuCl auf die wachsende Kette. Die Rk.-Geschw.-Konst. der Start- u. Abbruch-Rk. wurden berechnet u. die Reaktivitäten von $FeCl_3$ u. $CuCl_2$ auf die **I**-Polymerisation verglichen.
R. Schäff. 4010□

Aufbau und Eigenschaften von Polyacrylonitril-Fäden. H. Marzolph. (Angew. Chem. **74**, 628—32, 21/8. 1962; Dormagen, Farbenfabriken Bayer AG.; dt.) — *Copolymerisate* (CP) aus mindestens 90% *Acrylonitril* u. bis zu 10% *Methylacrylat* oder *-methacrylat* werden aus Dimethylformamid im Trockenspinn-Verf. zu Fäden verformt. Unterss. über die Beziehungen zwischen dem Aufbau der CP u. der Gestalt des Spannungs-Dehnungsdiagramms der Fäden wurden durchgeführt, so der Einfl. des Comonomeren (CM), der Verteilungsbreite im CM-Geh., eines höheren CM-Geh., des mittleren Molgew. u. der Polymolekularität auf das Spannung/Dehnungsdiagramm. Die bei der Orientierung der thermoplast. CP entstehenden inner- u. zwischenmol. Spannungen in Abhängigkeit von der Lage der Streck- zur Einfrier-Temp., vom Streckverhältnis, vom Erwärmen über die Einfrier-Temp., auch in fixierter Lage, werden untersucht. Sie erlauben Vorstellungen über den Feinbau der CP-Fasern. M. Hagedorn. 4010□

Thermodynamik von monomolekularen Polymethylacrylatschichten. J. Llopis und J. A. Subirana. (J. Colloid Sci. **16**, 618—31, Dez. 1961; Madrid, Inst. Quím. Fís. „Rocasolano"; engl.) — An auf W. gegen Luft gespreiteten monomol. *Polymethylacrylat* (**I**)-Schichten wurden die Kompressionsisothermen $\pi/(1/A)$ bei 20, 35 u. 50° u. die Oberflächendrücke π als Funktion der Temp. T bei gegebenen Bereichen A ermittelt. Aus $\pi A/(1/A)$ lassen sich Schlüsse auf die Änderung des 2. Virialkoeff. B mit T ziehen. Die Kurven $B/(1/T)$ sind linear. Das Verh. der Monoschichten ist unterhalb u. oberhalb einer „idealen Temp." Θ, wobei B Null ist, verschieden. Die Spreitungsentropien s_s u. Enthalpien h_s können aus der Neigung der π/T-Kurven ermittelt werden. Bei hohen A-Werten sind s_s u. h_s nahezu linear mit $1/A^2$ u. streben Null zu, wenn $A \to \infty$. Die Zustandsgleichung dieser Monoschichten wird erörtert; es wird gezeigt, daß der Oberflächendruck in 1. Linie an den Segment–Segment-Kontaktpunkten erzeugt wird. R. Schäff. 4010□

Mechanische Eigenschaften von polymeren Substanzen. 6. Mitt. **Relaxationsspektren von Polymethylmethacrylat.** Teruo Hideshima, Heinosuke Nakane und Shigeo Iwayanagi. (Rep. sci. Res. Inst. [Kagaku-Kenkyujo-Hokoku] **32,** 111—14, Juli 1956; jap.) — 3. vgl. C. **1950/54,** 956 S. H. Guischard. 4010□

Rollende Reibung von Polymeren. 2. Mitt. **Thermoplaste.** D. G. Flom. (J. appl. Physics **32,** 1426—36, Aug. 1961; Schenectady, N.Y., Gen. Electric Res. Labor.; engl.) — 1. vgl. C. **1960,** 16952. — Die Befunde von Unterss. der rollenden Reibung bei einigen Thermoplasten, wie *Polymethacrylsäuremethylester, Polytetrafluoräthylen* (I), *Polyäthylen* (II), *Nylon, Polyvinylchlorid* (III), *Polyvinylacetat* u. *Polystyrol,* lieferten einen weiteren Beweis für die Beziehung dieser Reibung zu dynam.-mechan. Verlusten in Polymeren. Bei im wesentlichen reinem Rollen zeigt die Abhängigkeit der Reibung von der Temp. die Bedeutung des Kristallisationsgrades in **I**, den Verzweigungsgrad in **II** u. die Weichmacher-Konz. in **III**. Bei **III** wird beobachtet, daß die Temp., bei der die rollende Reibung durch ein Maximum geht, sich linear mit dem Weichmacher-Geh. ändert. R. Schäff. 4010□

Zur Frage der Molekulargewichtsbestimmung Hochpolymerer aus Untersuchungen des Spreitungsverhaltens. Untersuchungen an Polymethylmethacrylat. F. H. Müller und H. Martin. (Kolloid-Z. **176,** 132—37, Juni 1961; Marburg/Lahn, Univ., Inst. für Polymere; dt.) — Die von Parker u. Shereshefsky (J. Chim. physique Physicochim. biol. **5,** [1954], 243) vorgeschlagene Meth., aus der Dichtpunktfläche Molgew. zu ermitteln, wurde auf den reversibel spreitbaren *Polymethacrylsäuremethylester* (4 Fraktionen, Lsgm. Bzl.) angewendet. Bei Berücksichtigung von offensichtlichen Störeffekten auf die Messung durch Korrekturen ergibt sich eine gesetzmäßige Abhängigkeit des Dichtepunktes vom Molgew.; eine Best. der Molgew. durch Spreitung bietet aber keine Vorteile gegenüber anderen Methoden. R. Schäff. 4010□

Parameter der Mark-Houwink-Gleichung für monodisperse Polymerisatlösungen. Jen-Yuan Chien und Chi-Tsung Ying. (Scientia sinica **11,** 66—75, Jan. 1962; Acad. Sinica, Inst. of Chem.; engl.) — Der Einfl. der Polydispersität auf den Wert der Parameter K u. α der Mark-Houwink-Gleichung $[\eta] = KM^{\alpha}$ wurde durch Verw. von Modell-Verteilungsfunktionen nach Schulz-Zimm, Lansing-Krämer, Wesslau u. Tung erörtert u. für polydisperse Lsgg. wurden Gleichungen abgeleitet. α ist unabhängig von der Polydispersität. K wird durch Polydispersitätsfaktoren beeinflußt. Für die viscosimetr. Meth. zur Kennzeichnung der Polydispersität wird die Anwendung der Tung-Funktion (C. **1957,** 3549) empfohlen. Aus den $[\eta]$-Werten der Probe in 2 verschieden guten Lsgm. wird ein Polydispersitätsindex definiert. Bei 4 *Polymethacrylsäuremethylester*-Fraktionen in Bzl. bzw. in Methylacetat–A.-Gemisch wurden für K $4{,}46 \cdot 10^{-3}$ bzw. $4{,}59 \cdot 10^{-2}$ u. für α 0,77 bzw. 0,50 bei 25° gefunden. R. Schäff. 4010□

Chemische Reaktionen und Mikrotaktizität von Hochpolymeren. G. Smets. (Angew. Chem. **74,** 337—42, 21/5. 1962; Löwen, Belgien, Univ.; dt.) — Vf. untersucht den Einfl. der durch verschiedenen ster. Bau bedingten Mikrotaktizität polymerer Ester u. Amide auf den Rk.-Verlauf u. die Kinetik. An Hand von Beispielen lassen sich folgende Einfl. nachweisen. 1. Bei monofunktionell verlaufenden Rkk. an Hochpolymeren entsprechen die Aktivierungsenergien angenähert denen der niedermol. Verbindungen. Treten ster. Faktoren in den Vordergrund, kann im Extremfall eine Verhinderung des Gesamtumsatzes eintreten, wie es z. B. bei der alkal. S_N2-Hydrolyse von *Polymethylmethacrylat* (I) der Fall ist; 2. unter milden Rk.-Bedingungen kann eine monofunktionell verlaufende Hydrolyse durch den geschwindigkeitsbestimmenden Faktor der Taktizität einen interfunktionellen Charakter annehmen; 3. die Stereospezifität übt einen Einfl. auf Cyclisierungs-Rkk. u. die Hydrolysen-Geschw. aus. Atakt. u. syndyotakt. **I** hydrolysieren wesentlich langsamer als das isotakt. Polymere; 4. die Taktizität kann ferner den Dissoziationsgrad polymerer Säuren beeinflussen. Als Beispiel wird die stärkere Dissoziation der atakt. *Polyacrylsäure* vor der isotakt. angeführt. E. Anton. 4010□

Dissymmetriemessungen an hochverdünnten Polymerisatlösungen. V. V. Varadaiah und V. S. R. Rao. (Current Sci. **30,** 453—54, Dez. 1961; Hyderabad, India, Osmania Univ., Phys. Dep.; engl.) — An Lsgg. von *Polymethacrylsäuremethylester* (I) in Äthylacetat (II) (Konz. C = 0,4—0,009 g I/100 ml II) wurde der Dissymmetriefaktor q bestimmt u. gefunden, daß die Linearität zwischen 1/q u. C bis zu den kleinsten untersuchten Konzz. gilt. Da kein dem anomalen Viscositäts-Verh. bei niedrigem C analoger Effekt bei der Lichtstreuung beobachtet werden konnte, ist die übliche Meth. der Extrapolation von 1 /q auf C = 0 zur Best. der Mol.-Größe gerechtfertigt. R. Schäff. 4010□

Bestrahlung von Kunststoffen mit gebündeltem Ultraschall. Eine einfache Methode zur Auswertung der Dosierung für neurologische Anwendungen. P. P. Lele. (J. acoust. Soc. America **34,** 412—20, April 1962; Boston, Mass., Gen. Hospital, Dep. of Neurosurgery, Med. Acoust. Res. Group; engl.) — Die Bestrahlung von spannungsfreiem *Polymethacrylsäuremethylester* (I) mit einem Strahl gebündelten Ultraschalls in geeigneten Dosen führt zur Ausbildung von spurlosen Veränderungen des Kunststoffs im Brennpunkt. Diese durch polarisiertes Licht sichtbar gemachten Veränderungen sind eiförmige Spannungsbereiche u. sind wahrscheinlich therm. Ursprungs. Zwischen der Ultraschalldosis u. der Größe dieser „Wunden", die vergleichbar den in Katzenhirn bei gleicher Bestrahlung verursachten Wunden sind, besteht eine bestimmte reproduzierbare Beziehung. Durch Anwendnng von **I** kann man deshalb die Effekte variabler Dosierung u. die wiederholte (auch Langzeit-) Stabilität der Ultraschallaussendung vorprüfen. R. Schäff. 4010□

(+)-Polymethacrylsäure-1.3-dimethylbutylester. Der Beitrag der Hauptkette zum optischen Drehvermögen. C. L. Arcus und D. W. West. (Chem. and Ind. **1958,** 230—31, 22/2.; London, Battersea College of Technol.; engl.) — Die mol. Drehung [M] von (+)—*Polymethacrylsäure-1.3-dimethylbutylester* (I; $[\eta]$ = 0,99 in Tetrachloräthan; c = 0,657) ist bei 4358—6438 Å um ca. 25—10° größer als die des *Pivalinsäure-1.3-dimethylbutylesters* ($C_{11}H_{22}O_2$, Kp.$_{22}$ 77—78°, aus Pivalylchlorid u. opt. reinem (+)-1.3-Dimethylbutanol-(1) (II) in Ggw. von Pyridin). Den höheren [M]-Wert schreiben Vff. einer asymmetr. Knäuelung von **I** zu. **I** wurde durch Polymerisation von (+)-*Methacrylsäure-1.3-dimethylbutylester* ($C_{10}H_{18}O_2$, Kp.$_{19}$ 75—78°, aus Methacrylsäurechlorid u. II) nach Crawford (J. Soc. chem. Ind. **68,** [1949], 201) erhalten. Gisela Schreiber. 4010□

Synthese und Polymerisation von p-Butyl- und p-Butyrylphenylmethacrylaten. 2. Mitt. T. W. Scheremetewa, M. G. Shenewskaja und M. M. Koton. (Известия Академии Наук СССР, Отделение Химических Наук [Nachr. Akad. Wiss. UdSSR, Abt. chem. Wiss.] **1959,** 528—34, März; Inst. für hochmol. Verbb. der Akad. der Wiss. der UdSSR; russ.) — 1. vgl. C. **1958,** 12707. — Durch Veresterung entsprechender p-Butyl- u. p-Butyrylphenole mit Methacrylsäurechlorid (I) wurden *p-tert.-Butyl-* (II), *p-sek.-Butyl-* (III), *p-Isobutyl-*, *p-n-Butyl-*, *p-Isobutyryl-* u. *p-n-Butyrylphenylmethacrylat* dargestellt. Die Polymerisation der Methacrylate durch 100std. Erhitzen auf 60—120° unter N_2 in Ggw. von 0,3% Dibenzoylperoxid lieferte *Polymere,* deren Glas-Temp. in der vorst. Reihenfolge der monomeren Verbb. abnehmen. Die aus **II** u. **III** erhaltenen Polymeren sind in organ. Lsgm. lösl., die übrigen unlöslich.

Versuche: *p-tert.-Butylphenol* (**IV**), F. 97°, durch Alkylierung von Phenol mit tert.-Butanol in Ggw. von konz. H_3PO_4; 73,3% (Ausbeute). — *p-sek.-Butylphenol,* F. 54—55°, aus Butanol-(2) u. Phenol in Ggw. von H_3PO_4; 19%. Daneben *o-sek.-Butylphenol.* — *Phenylisobutyrat,* Kp.$_{22}$ 91—92°, aus Phenol, Isobuttersäure u. $SOCl_2$; 80,4%. — *p-Hydroxyisobutyrophenon,* F. 55,5—56°, man gibt zu 200 g $AlCl_3$ 120 g vorst. Esters u. erhitzt 45 Min. auf 140°; 40,8%. — *p-Isobutylphenol,* F. 53—54°, man erhitzt 50 g vorst. Verb., 250 ml verd. HCl (1 : 1) u. 60 g Zn-Amalgam 20—24 Std. auf dem Wasserbad; 64%. — *Phenylbutyrat,* Kp. 222°, aus Phenol u. Butyrylchlorid; 89%. — *p-Hydroxybutyrophenon,* F. 91°, durch Isomerisierung vorst. Esters mit $AlCl_3$; 33,9%. — *p-n-Butylphenol,* Kp.$_{20}$ 139°, durch Red. vorst. Ketons mit Zn; $D._4^{20}$ 0,9771; n_D^{20} 1,4540; 64%. — Phenylmethacrylate: *p-tert.-Butyl-* (II), $C_{14}H_{18}O_2$, Kp.$_4$ 131—132°, Kp.$_{10}$ 138—139°, F. 35° (A.), man gibt zu 150 g **IV** bei 65° 130 g **I** u. erhitzt 3—4 Std. auf 95—98°; 70%. — Analog: *p-sek.-Butyl-* (III), $C_{14}H_{18}O_2$, Kp.$_3$ 116—117°, Kp.$_8$ 130—131°; $D._4^{20}$ 0,9942; n_D^{20} 1,5060; 63,6%. — *p-Isobutyl-*, $C_{14}H_{18}O_2$, Kp.$_7$ 137°; $D._4^{20}$ 0,9935; n_D^{20} 1,5011; 66%. — *p-n-Butyl-*, $C_{14}H_{18}O_2$, Kp.$_3$ 129—130°, Kp.$_7$ 150—151°; $D._4^{20}$ 0,9875; n_D^{20} 1,5028; 70%. — *p-Isobutyryl-*, $C_{14}H_{16}O_3$, Kp.$_5$ 153—154°; $D._4^{20}$ 1,0957; n_D^{20} 1,5287; 64,6%. — *p-n-Butyryl-*, $C_{14}H_{16}O_3$, Kp.$_{4-5}$ 162—164°, F. 60° (A.); 67,7%. Helmut Schäfer. 4010

Physikalische Charakterisierung von Poly-(äthylenglykolterephthalat). P. G. Schmidt und F. P. Gay. (Angew. Chem. **74,** 638—41, 21/8. 1962; Wilmington, Del., E. I. du Pont de Nemours & Co., Inc.; Film Dep.; dt.) — Es wird über Ergebnisse von IR-spektroskop. Unterss. über den bisher wenig bekannten amorphen Bereich von *Polyäthylenterephthalat* (I) berichtet. **I** ist nicht einfach kristallin oder amorph. Die amorphe Phase besteht entsprechend der trans/gauche-Isomerie der Äthylenglykol-Einheit in **I** aus zwei Teilen; ihr Geh. an trans-Isomerem hängt stark von der therm. u. mechan. Behandlung von **I** ab. M. Hagedorn. 4010□

Neue Erkenntnisse in der Chemie des Terylene und verwandter Polyester. I. Goodman. (Angew. Chem. **74,** 606—12, 21/8. 1962; Harrogate, England, Imp. Chem. Ind. Ltd., Fibres Div.; dt.) — Übersicht über die Herst. der *Terephthalsäure,* die chem. Zus

von *Polyäthylenterephthalaten* (I), ihre Kristallstruktur u. modifizierte I, bes. Copolymerisate; Arbeiten über Zusammenhänge zwischen Struktur der I, ihren FF. u. der Kristallinität; Gruppenumkehr u. Polarität. — 56 Literaturangaben.
M. Hagedorn. 4010□

Über die Zugfestigkeits- und Kriecheigenschaften von bestrahlten Tetlon-Geweben. Yoshinori Tsunekawa, Jobu Awatani und Kohei Kojima. (Mem. Inst. sci. ind. Res., Osaka Univ. **18,** 51—54, 1961; engl.) — *Tetlon-Gewebe* (japan. *Polyäthylenterephthalat*) wurden unter W. γ-Strahlen ausgesetzt u. in sd. W. eine Std. erhitzt, um den Zeiteffekt der Bestrahlung auszuschalten. Die anschließende Prüfung bei langsamer Geschw. ergab, daß die Zug- u. Kriechfestigkeit mit der Bestrahlungsdosis bis zu einem Maximum zunimmt, um dann wieder abzufallen. Bei hohen Prüfgeschw. nimmt aber die Zugfestigkeit von Anfang an mit steigender Bestrahlungsdosis ab. Bis zu 10 Mrad scheint Vernetzung, über 10 Mrad Abbau einzutreten. R. Schäff. 4010□

Eigenschaften von Folien aus Poly-[2.2-bis-(4-hydroxyphenyl)-propancarbonat]. H. Hofmeier. (Angew. Chem. **74,** 647—50, 21/8. 1962; Dormagen, Farbenfabriken Bayer A.G.; dt.) — Übersicht über die elektr. Eigg. von *Poly-[2.2-bis-(4-hydroxyphenyl)-propancarbonat]* (I); Besprechung des Spannung–Dehnungs-Diagramms einer amorphen Gießfolie aus I. Es werden der Einfl. des Streckens auf amorphe u. kristalline Folien bei Raum-Temp. untersucht. Der Einfl. der Kristallisation auf die Zugfestigkeit ist gering, Strecken erhöht sie, Strecken kristalliner Folien bringt maximale Steigerung. Aus den Best. des Schubmoduls u der Reißfestigkeit bei höheren Temp. geht neben dem Einfl. der Streckung hervor, daß die Kristallisation sich erst in der Nähe des Erweichungspunkts von ca. 140° auswirkt. Die Kurven kristalliner Folien verlaufen flacher u. stetig, ebenso auch die Kurven für die Wärmestandfestigkeit. Die Kristallisation setzt auch die Löslichkeit u. Löse-Geschw. in Cyclohexanol erheblich herab. M. Hagedorn. 4010□

Struktur und Eigenschaften einer neuen Polyesterfaser. E. V. Martin und H. Busch. (Angew. Chem. **74,** 624—28, 21/8. 1962; Marl, Chem. Werke Hüls A.G.; dt.) — *Poly-[1.4-bis-(hydroxymethyl)-cyclohexanterephthalat]* (I) aus Dimethylterephthalat u. 1.4-Bis-[hydroxymethyl]-cyclohexan enthält das *cis-* u. *trans*-Isomere der Cyclohexankomponente. Bei steigendem cis/trans-Verhältnis erfolgt im Röntgenbeugungsdiagramm ein kontinuierlicher Übergang des trans-Gitters in das cis-Gitter; ein eutekt. Gemisch tritt nicht auf. Die Eigg. von I hängen vom Isomerenverhältnis ab. Die Beziehungen zwischen diesem u. dem F., den Kristallisations- u. Einfrier-Temp., der Dichte u. den Lsg.-Verhältnissen werden untersucht. Die Faser-Eigg. eines I vom cis/trans-Gemisch von ca. 1 : 2 werden beschrieben. M. Hagedorn. 4010□

Beitrag zur Frage der Vermessung von Kristallitachsenorientierung an Polycaprolactamfasern auf röntgenographischem Wege. G. W. Urbańczyk. (Kolloid-Z. **176,** 128—31, Juni 1961; Łódź, Polen, TH, Lehrstuhl für Faserrohstoffe u. Textilprüfung; dt.) — Ein Verf. zur Best. der Kristallitachsenorientierung bei *Polycaprolactam* (I)-Fasern aus Rechtwinkel-Faserdiagrammen wird erörtert u. über Unterss. an unterschiedlich orientierten (200—450% verstreckten) I-Borsten (unabhängige Schrägwinkel- u. Rechtwinkel-Röntgendiagramm-Auswertungen) berichtet. Die dabei gefundene gute Übereinstimmung des mittleren Orientierungswinkels der Kristallitachsen erweist die Anwendbarkeit des erläuterten Auswertungs-Verf. von Rechtwinkeldiagrammen.
R. Schäff. 4010□

Einfluß der Wasseraufnahme auf die Gleichstrom-Leitfähigkeit synthetischer Polyamide. Linag-Tsé Yu und René Buvet. (C. R. hebd. Séances Acad. Sci. **254,** 110—12. 3/1. 1962. Paris, École Supérieure de Physique et de Chimie; franz.) Zur Ergänzung der bisherigen Ergebnisse (vgl. C. R. hebd. Séances Acad. Sci. **251,** [1960], 2520) wird der Einfl. des Wassergeh. auf die Leitfähigkeit der *Polyamide 6.6, 6.10* u. *11* untersucht. Bei hohen Temp., aber unterhalb der Temp. einer beginnenden Dehydratisierung, beobachtet man ein regelmäßiges Absinken der Anfangsstromstärke bei unveränderter Spannung; die Amplitude dieses Übergangsphänomens nimmt mit steigender angelegter Spannung schnell ab. Bei niedrigen Temp. ändert sich die Form der Stromstärke/Zeit-Kurven überhaupt nicht. Bei Aufhebung der Spannung u. Erhöhung des Widerstands kann eine restliche elektromotor. Kraft mit einem der angelegten Spannung entgegengesetzten Vorzeichen gemessen werden, welche mit der Zeit schwächer wird u. deren Anfangswert, unabhängig von der vorher angelegten Spannung, immer < 2 V ist. Die Beobachtungen führen zu der Annahme von der Existenz zweier Arten von Leitfähigkeit bei den Polyamiden: einer für niedrige Temp. maßgebenden elektron. Leitfähigkeit u. einer ion. bei höheren Temperaturen. M. Hagedorn. 4010□

Elastomere Fasern auf Polyurethanbasis. H. Rinke. (Angew. Chem. **74,** 612—17, 21/8. 1962; Leverkusen, Farbenfabriken Bayer A.G.; dt.) — Nach Ausführungen über Synth.-Prinzipien bei *Polyurethanen* wird die Herst. hochelast. Fäden auf der Basis der

Umsetzung von linearen Makrodiisocyanaten (aus Diisocyanaten u. langkettigen Diolen) mit Polyaminen auf zwei Wegen besprochen: über den „chem." Naßspinnprozeß durch Faden-Bldg. aus den beiden Komponenten im Spinnbad oder über das Verspinnen der in Lsgm. wie Dimethylformamid oder Dimethylsulfoxid erzeugten u. in Lsg. bleibenden Umsetzungs-Prodd. unter Verdampfen des Lösers. Es folgt eine Beschreibung der Struktur der Fäden, der Herst. lagerfähiger Zwischenprodd., der Möglichkeit des Vernetzens durch Vulkanisation u. der Eigg. der Polyurethanfasern. M. Hagedorn. 4010□

Hydrolyse von Chlorphenyltrichlorsilanen im wässerigen Medium. K. A. Andrianow und W. A. Odinetz. (Известия Академии Наук СССР, Отделение Химических Наук [Nachr. Akad. Wiss. UdSSR, Abt. chem. Wiss.] **1959**, 460—65, März; Inst. für metallorgan. Verbb. der Akad. der Wiss. der UdSSR.) — Bei der Hydrolyse von Chlorphenyltrichlorsilanen in wss. Lsg. entstehen feste, in organ. Lsgm. gut lösl., scharf schm. spröde *Siloxanpolymere*, deren thermoplast. Eigg. auch nach längerem Erhitzen auf 200° erhalten bleiben. Mittlerer Polymerisationsgrad 5. Die Polymeren enthalten z. T. auch eine kristalline Phase, die aber nur in einem Fall isoliert werden konnte.

Versuche: *Polypentachlorphenylsiloxan*, $(C_6Cl_5SiO_{1,5})_5$, F. 170—176°, zu 30 g W. u. 30 g Ae. gibt man bei 36—38° in 3—5 Min. 10 g Pentachlorphenyltrichlorsilan in 20 ml Ae., rührt noch 30 Min., trennt die Ae.-Schicht ab u. dampft ein. — *Polytetrachlorphenylsiloxan*, $(C_6HCl_4SiO_{1,5})_5$, F. 168—174°, analog vorst. Polymeren aus Tetrachlorphenyltrichlorsilan. — *Polytrichlorphenylsiloxan*, $(C_6H_2Cl_3SiO_{1,5})_5$, F. 155—162°, aus Trichlorphenyltrichlorsilan. *Polydichlorphenylsiloxan*, $(C_6H_3Cl_2SiO_{1,5})_5$, F. 146—151°, aus Dichlorphenyltrichlorsilan. — *Polychlorphenylsiloxan*, $(C_6H_4ClSiO_{1,5})_5$, F. 140—145°, aus Chlorphenyltrichlorsilan. K. Beier. 4010□

Synthese von neuen Polymeren mit anorganischen Molekülketten. K. A. Andrianow, A. A. Shdanow und A. A. Kasakowa. (Известия Академии Наук СССР, Отделение Химических Наук [Nachr. Akad. Wiss. UdSSR, Abt. chem. Wiss.] **1959**, 466—71, März; Inst. für metallorgan. Verbb. der Akad. der Wiss. der UdSSR.) — Durch Einw. von Triäthylsilanol (**I**) auf Al wurde *Tris-[triäthylsiloxy]-aluminium* (**II**), aus $AlCl_3$ u. Na-Trimethylsilanolat (**III**) *Tris-[trimethylsiloxy]-aluminium* erhalten. $TiCl_4$ bildet mit **III** *Tetrakis-[trimethylsiloxy]-titan* (**IV**), mit **I**-Na *Tetrakis-[triäthylsiloxy]-titan*. Bei der Hydrolyse von **II** durch W. bildet sich neben *Hexaäthyldisiloxan* (**V**) *Polyorganosilylalumoxan* $[(R_3SiO)_2Al-[-O-Al(OSiR_3)-]_2-O-Al(OSiR_3)_2]$ als hellbraunes glasförmiges, in Toluol lösl. Polymeres. Bei 20° wächst die Viscosität der Lsg. mit der Zeit u. der Menge des eingesetzten Wassers. Anfangs bilden sich nur lineare Polymere, die bei einem bestimmten Polymerisationsgrad sich verzweigen u. vernetzen. **IV** bildet bei 50° in Aceton mit 0,5 Mol W. kein Polymeres, in Ggw. von sauren Katalysatoren u. einem Überschuß an W. entstehen dagegen *Polyorganosilyltitanoxane* $[R_3SiO-[Ti(OSiR_3)_2-O-]_4-SiR_3]$, *Hexamethyldisiloxan* u. *Trimethylsilanol*. Glasförmige, in Toluol lösl. *Polyorganosilylphosphoralumoxane* (**VI**) vom Typ $R_3SiO-[-Al\cdot(OSiR_3)-O-(PO(OSiR_3)-O-]_x-H$ bilden sich neben wenig **V** bei Einw. von Triäthylsilylphosphat (**VII**) auf **II** bei 170—230°. Aus dem langsamen Anwachsen der Viscosität wird der Stufencharakter der Rk. abgeleitet. **VI** mit $x = 9$ u. R = Äthyl entsteht bei 160—180° aus **II** u. Tris-[triäthylsilyl]-phosphat (**VIII**) bei gleichzeitigem Durchleiten feuchter Luft.

Versuche: *Tris-[triäthylsiloxy]-aluminium* (**II**), $C_{18}H_{45}AlO_3Si_3$, F. 327° (nach Sublimation), 0,3 Mol **I** u. 0,1 Mol Al werden in Ggw. von 0,05 g Hg_2Cl_2 auf 150° u. nach Auflösung des Al noch 1 Std. auf 140° erhitzt, das Rk.-Prod. wird in Bzl. gelöst, filtriert u. eingedampft; an der Luft zerfließende Kristalle; 88% (Ausbeute). — *Tetrakis-[trimethylsiloxy]-titan* (**IV**), $C_{12}H_{36}O_4Si_4Ti$, Kp.$_{10}$ 110°, zu 0,175 Mol **III** in 85 ml Bzl. gibt man 0,047 Mol $TiCl_4$ in 35 ml Bzl., filtriert nach Beendigung der exothermen Rk. u. fraktioniert im Vakuum; n_D^{20} 1,4292; 58%. — *Tetrakis-[triäthylsiloxy]-titan*, $C_{24}H_{60}O_4Si_4Ti$, Kp.$_4$ 204°, analog **IV** aus 0,412 Mol **I**-Na u. 0,103 Mol $TiCl_4$ in 150 ml Bzl.; $D._4^{20}$ 0,9408; n_D^{20} 1,4689; 49,1%. — *Tris-[trimethylsiloxy]-aluminium*, $C_9H_{27}AlO_3Si_3$, F. 98 bis 100°, analog vorst. Verb. aus 0,1 Mol Al u. 0,3 Mol **III** in 150 ml Bzl. u. Sublimation im Vakuum; 34%. — *Hydrolyse von* **II**: Zu 10 ml einer 10%ig. Lsg. von **II** in abs. Aceton gibt man 2,32—3,74 Mol W. (auf 1 Mol **II**). — Bei der therm. Kondens. von **II** bei 170° im Strom feuchter Luft entsteht ein festes, in Toluol lösl., glasartiges hellbraunes Polymeres, Molgew. 4100; daneben 14,5 g *Hexaäthyldisiloxan* (**V**), Kp.$_{14}$ 113 bis 115°. — Polyorganosilylphosphoralumoxane (**VI**): *Polymeres* $C_{78}H_{196}Al_6O_{31}\cdot P_6Si_{13}$, aus 0,01 Mol **II** u. 0,01 Mol **VII** (7 Std. bei 160—170°, dann 20 Std. bei 230—250°); Kolbenrückstand ist ein gelbes glasförmiges Polymeres, lösl. in Toluol; daneben 1,15 g **V**. —

Polymeres $C_{120}H_{300}Al_9O_{46}P_9Si_{20}$, analog vorst. Verb. aus **II** u. **VIII** durch 34std. Erhitzen auf 160—180° bei gleichzeitigem Durchblasen von feuchter Luft; festes hellgelbes glasförmiges Polymeres, lösl. in Toluol. K. Beier. 4010□

Abhängigkeit der Viscositäten von Buna-S in Toluol von der Schergeschwindigkeit. Jen-yuan Chien und Li-rhu Deng. (Scientia sinica **9**, 421—33, März 1960; Acad. Sinica, Inst. of Chem.; engl.) — Die Viscositäten einer *Tieftemp.-Buna-S-Kautschuk*-Fraktion (M = $1 \cdot 10^6$) wurden bei 25° in Toluol bei 5 Konzz. ($1{,}55 \cdot 10^{-3}$ bis $0{,}291 \cdot 10^{-3}$ g/ml) u. bei Schergeschw. D von 10—20000 s^{-1} mit einem modifizierten Tsuda-Horizontalcapillarviscosimeter bestimmt. Die Daten zeigen das Auftreten Newtonschen Fließens bei sehr geringem Debye. Die Werte der Newtonschen Viscosität im Bereich von sehr hohem D u. das Viscositäts-Verh. im gesamten D-Bereich wurden unter den Annahmen ermittelt, daß der Wendepunkt $\hat{D}$ bei den ln η_r/ln D-Kurven unabhängig von der Konz. ist u. daß die Kurven bzgl. des Wendepunktes symm. sind. Gleichungen für die experimentellen Daten im Übergangsbereich zwischen den beiden Bereichen Newtonschen Fließens werden angegeben. Die $([\eta]_D/[\eta]_0)$/ln D-Kurve deckt sich nahezu mit der theoret. für ein steifes Ellipsoid mit einem Achsenverhältnis zwischen 4 u. 5 berechneten Kurve. Der so erhaltene Rotationsdiffusions-Koeff. Θ_{rot} ist $3{,}7 \cdot 10^2$ s^{-1}. Das Molgew., das aus Θ_{rot} u. $[\eta]_0$ nach der Meth. von Scheraga u. Mandelkern (C. **1954,** 4631) berechnet wurde, stimmt nicht mit dem wirklichen Wert überein; daher kann man das Buna-S-Mol.-Knäuel nicht als steif betrachten. Dagegen findet man eine gute Übereinstimmung für das nach der theoret. Gleichung von Bueche (C. **1955,** 6530) berechnete Molgew., wenn $1/\hat{D}$ als die Relaxationszeit für elast. Deformation des Polymerknäuels beim Fließen angenommen wird. R. Schäff. 4030□

Dichtemessung von Polymeren nach der Methode des elektromagnetischen Schwimmers. M. Kosler, E. S. Fainberg und N. W. Michailow. (Высокомолекулярные Соединения [Hochmolekulare Verbind.] **2,** 444—50, März 1960; Allunions-Forsch.-Inst. für Kunstfasern u. Inst. für chem. Fasern der Tschechoslowakei; russ., Auszug: engl.) — Es wird gezeigt, daß die Dichtemessung von Polymeren mittels des elektromagnet. Schwimmers nach Mhatre u. Preston [1949] sowohl für feste als auch für fl. Polymere anwendbar ist. Bes. die Dichte von *Hydratcellulose*-Fasern mit einem Geh. an W. läßt sich nach dieser Meth. exakt bestimmen. R. K. Müller. 4050□

Einwirkung von Chlorwasserstoff und Wasser auf β-Lactoglobulin und Nylon. Gordon Johansen und Lloyd H. Reyerson. (C. R. Trav. Lab. Carlsberg **32,** 393 bis 408, 1962; engl.) — Von *β-Lactoglobulin* (**I**) wird gasförmiger HCl bei 100° an den Peptidbindungen nicht, bei —8° zu 0,55 Moll. pro Peptidbindung gebunden, wobei nur geringfügige Denaturierung eintritt. *Nylon* (**II**) bindet bei 0° 1,61 Moll. pro Peptidbindung. Weder in **I**, noch in **II** wurden Peptidbindungen merklich hydrolysiert. Die Beobachtung, daß **II**, wenn es nacheinander mit HCl u. mit Wasserdampf behandelt wird, zerfließt, wird auf die große Löslichkeit von **II** in über 5 m HCl zurückgeführt; in 5m HNO_3 bzw. $HClO_4$ löst sich **II** nicht. W. Walter. 4070□

Huminstoffbildung unter katalytischer Einwirkung natürlich vorkommender Eisenverbindungen im Modellversuch. F. Scheffer, B. Meyer und E. A. Niederbudde. (Z. Pflanzenernähr., Düng., Bodenkunde **87 (132),** 26—44, Okt. 1959; Göttingen, Univ., Inst. für Agrikulturchemie u. Bodenkunde; dt.) — Unter weitgehender Annäherung an die natürlichen Verhältnisse im Boden, bes. in Pseudotschernosemen, konnten in heterogenen Syst. durch Zusatz synthet. u. natürlicher Eisenoxid-Präpp. modellmäßige *Huminsäure* (**I**)-Synth. in Hydrochinon-Lsgg. zwischen pH 3 u. 7 mit u. ohne Luftsauerstoff durchgeführt werden. Die Bldg. der **I**-Beläge auf dem Fe(III)-Oxid-Bodensatz u. die **I**-Synth. in der Lsg. wurden als Adsorptionskatalyse u. ionogene Oxydo-Red. gedeutet. Verschiedene Fe-Oxid-Modifikationen (γ-FeOOH, γ-Fe_2O_3, α-Fe_2O_3) wurden auf ihre katalyt. Wirksamkeit untersucht, wobei möglichst feinkörnige „amorphe" Fe-Oxide die besten Ergebnisse zeigten. Die qual. Unters. der organ. u. organomineral. Rk.-Endprodd. ergab gute Übereinstimmung mit natürlichen Präparaten. W. Hampel. 4090□

Komplexbildung zwischen Oligonucleotiden und Polymeren. Marie N. Lipsett, Leon A. Heppel und Dan F. Bradley. (J. biol. Chemistry **236,** 857—63, März 1961; Bethesda, Md., U.S. Publ. Health Serv., Nat. Inst. of Arthritis and Metabol. Diseases and Nat. Inst. of Mental Health; engl.) — Die Komplex-Bldg. zwischen langkettigen Polynucleotiden bei u. Oligonucleotiden wurde an dem Syst. *Polyuridylsäure* (**I**)–*Adeninoligonucleotiden* untersucht, das sich bes. gut dazu eignet, da **I** im Gegensatz zu anderen Polynucleotiden bei > 10° keine Hypochromizität zeigt. Mit den Adeninoligonucleotiden pApA···pA, ApAp···A u. ApAp···Ap, die größer als Trinucleotide sind, bildet **I** in 0,001 m $MgCl_2$ Komplexe aus 3 Strängen mit dem Molverhältnis Uracil : Adenin von

2 : 1. In 0,1m NaCl bilden sich 1 : 1-Komplexe aus 2 Strängen. Als Maß für die Stabilität der Komplexe dienen die Dissoziations-Temp., bei denen die Komplexe zur Hälfte dissoziiert sind. Sie sind für alle drei Typen von Komplexen ziemlich gleich u. steigen mit zunehmender Kettenlänge der Oligonucleotide an. Die Komplexe mit Adenin-oligonucleotiden mit 2'.5'-Diphosphatbindung sind weniger stabil. Desoxyribo-pApApA bildet mit **I** einen 2 : 1-Komplex aus 3 Strängen, der stabiler als der mit dem entsprechenden Ribooligonucleotid ist. Der Einfl. des endständigen Nucleosidrestes im Oligonucleotid auf die Komplex-Bldg. wurde mit pApApApU, pApApApApU u. pApApApApUp untersucht. In 0,001n $MgCl_2$-Lsg. bilden sich nur 1 : 1-Komplexe aus 2 Strängen. Unter den von Fresco u. Alberts (Proc. nat. Acad. Sci. USA **46**, [1960], 311) angegebenen Bedingungen wurden auch mit den gemischten Oligonucleotiden 2 : 1-Komplexe aus 3 Strängen erhalten. Wie die stöchiometr. Verhältnisse der Rk. von **I** mit gemischten Oligonucleotiden zeigen, blockieren die nicht über Wasserstoffbrücken gebundenen Uridylatenden keine Position der I-Kette, sondern befinden sich außerhalb der Strangrichtung. L. Laschet. 4090□

E. Biologische Chemie. Physiologie. Medizin

E_1. Allgemeine Biologie und Biochemie

Chromosomenbruch mit Pflanzenpigmenten. Arun Kumar Sharma und Arati Gupta. (Nature [London] **184**, 1821, 5/12. 1959; Calcutta, Bot. Dep., Cytogenetics Labor.; engl.) — Mit Extrakten von Algen wie von höheren Pflanzen konnten in den Wurzelspitzenzellen von *Allium cepa* Chromosomenbrüche mit großer Häufigkeit erzeugt werden. Der kausale Faktor ist *Chlorophyll.* M. Wiedemann. 4130□

Transformation bei Hefe: Beweis für eine tatsächliche genetische Änderung durch die Einwirkung von Desoxyribonucleinsäure. W. F. F. Oppenoorth. (Nature [London] **193**, 706, 17/2. 1962; Rotterdam, Nat. Inst. voor Brouwgerst, Mout en Bier-T.N.O.; engl.) — Aus *Saccharomyces chevalieri* (W 332) wird die *Desoxyribonucleinsäure* (DNS) extrahiert u. in Bierwürze gelöst, die als Kulturmedium für die Hefen R_7 u. $K_{83}S_{58}$ dient. Die Donatorhefe kann *Rohrzucker* (**I**) u. *Raffinose* (**II**) fermentieren. Der Acceptorstamm kann nur Monosaccharide verwenden. Nach der DNS-Behandlung lassen sich Zellen isolieren, die die Fähigkeit erworben haben, **I** u. **II** zu fermentieren. Jedoch weist in einigen Fällen die aus dem Donatorstamm isolierte DNS keine transformierenden Eigg. auf, obwohl jedes Experiment unter völlig gleichartigen Extraktions- u. Transformationsbedingungen durchgeführt wird. Über die Ursache der zufälligen Mißerfolge ist nichts bekannt. Präpp. von transformierender DNS aus dem diploiden Stamm *Sacc. chevalieri* werden auf Ecteola-Cellulose chromatographiert u. die reinen Fraktionen zur Transformation zweier haploider Hefestämme *Sacch. cerevisiae* herangezogen, die entweder *Adenin* oder *Tryptophan* zum Wachstum benötigen. Der *Tryptophan*-bedürftige Stamm kann außerdem nicht *Maltose* fermentieren. Die Kulturen werden anschließend auf Agar zur Sporulation gebracht, wobei man zahlreiche diploide Asci findet. Demnach können sowohl dominate als auch rezessive Allele übertragen werden. L. Träger. 4130□

Abbau von Desoxyribonucleotiden durch Milzextrakte aus bestrahlten Mäusen. Ludmila Drášilová und V. Drášil. (Folia Biol. [Praha] **6**, 186—92, 1960; Brno, Dep. Biol., Med. Fak., Univ., Inst. Biophys., Tschechoslow. Akad. Wiss.; engl.) — Die *Phosphataseaktivität* wurde in Mäusemilzextrakten nach Gesamtkörperbestrahlung bis zu 52 Std. Bestrahlungsdauer getestet. *Dinatriumphenylphosphat* (**I**) wurde in gleichem Maße durch normale u. bestrahlte Gewebe abgebaut. Die stärksten Abbauraten besitzen *Desoxyadenyl-* u. *Desoxycytidylsäure.* Das Enzym der bestrahlten Extrakte baut offenbar *Nucleotide* in größerem Maße ab als das Substrat **I**. Ch. Zimmer. 4150□

Herstellung einer Nucleusfraktion aus Bacillus megatherium und deren Rolle bei der Biosynthese von Ribonucleinsäure. G. N. Godson und J. A. V. Butler. (Nature [London] **193**, 655—56, 17/2. 1962; London, Royal Cancer Hosp., Chester Beatty Res. Inst., Inst. of Cancer Res.; engl.) — Protoplasten werden aus *Bacillus megatherium*, Stamm KM, durch Behandlung mit Lysozym hergestellt, in 0,5m Phosphat–Glucose-Salzmedium suspendiert u. mit dem Detergens Lubrol in 0,01%ig. Lsg. behandelt. Nach 5 Min. bei 0° sind die Protoplasten lysiert. Das Lysat wird 5 Min. bei 15000·*g* zentrifugiert, wobei 90—97% der *Desoxyribonucleinsäure* (DNS) sedimentieren, woraus die DNS nach Homogenisation u. erneuter Zentrifugation von den Zellwänden abgetrennt wird. Auf diese Weise erhält man eine Nucleusfraktion, die 90% der Gesamt-DNS enthält. Die Komponenten *Ribonucleinsäure* (RNS)/DNS/Protein sind in der Nucleusfraktion im Verhältnis 1 : 7 : 10 enthalten. Die cytoplasmat. Fraktion enthält 95% der Gesamt-RNS u. fast keine DNS. Werden die Protoplasten mit ^{3}H-*Uridin* inkubiert, so steigt die Radioaktivität der in der Nucleusfraktion enthaltenen RNS schneller an als die der cytoplasmat. RNS. Demnach erfolgt am Ort der nuclearen DNS die rasche Biosynth. der RNS. L. Träger. 4150□

Über das Verhalten der Desoxyribonucleinsäure bei Gewebeneubildungen des Kehlkopfes. E. Pisi, G. Cavalli und G. Panebianco. (Arch. Patol. Clin. med. **33**, 365—80, 1957; Bologna, Univ., Ist. clin. med. gen. e ter. med., Clin. otorinolaringol.; ital.) — Mit Hilfe der mikrospektrophotometr. Meth. wird das Verh. der *Desoxyribonucleinsäure* (**I**) in den Zellen der Gewebeneubildungen des Kehlkopfes (Epitheliome) untersucht. Zum Vgl. wurde gesundes Gewebe aus der direkten Nachbarschaft des kranken Teiles herangezogen, dessen Geh. an **I** ziemlich konst. ist ($5{,}44$—$5{,}80 \cdot 10^{-9}$ mg bei diploiden u. $10{,}08$—$11{,}80 \cdot 10^{-9}$ mg bei tetraploiden Zellen). Der Geh. an **I** in den neoplast. Zellkernen ist bedeutend erhöht ($6{,}02$—$7{,}28$ bzw. $11{,}0$—$13{,}62 \cdot 10^{-9}$ mg) u. unregelmäßig in den einzelnen Kernen verteilt. Außerdem wird eine Zunahme der diploiden im Vgl. zu tetra- u. polyploiden Zellkernen beobachtet. Die Ergebnisse werden in Tabellen u. durch Histogramme dargestellt. Vff. glauben, daß diese Anomalien die physiopatholog. Bedingungen für Neoplasien sind. B. Stieb. 4150□

Auswahl und Verwendung von Stoffwechsel-Analogen für Nucleinsäuresynthesen. Ellis S. Kempner. (Biochim. biophysica Acta [Amsterdam] **53**, 111—22, 14/10. 1961; Bethesda, Md., Nat. Inst. of Arthritis and Metabolic Diseases; engl.) — Die Wrkg. der Analoga von *Uracil* (**I**): *5-Fluoruracil* (**II**), *5-Brom-*, *5-Amino-*, *5-Carboxy-*, *5-Nitro-* u. *2-Thiouracil* auf das Wachstum der Hefe *Candida utilis* (C.u.) wird geprüft. Lediglich **I** u. **II** stimulieren die Wachstumsgeschwindigkeit. *Thymidin* allein hat keinen Einfl., es erhöht jedoch die Stimulierung des Wachstums von C.u. durch **I** u. **II** etwas. Die Kinetik des Einbaues von **I** u. **II** in die *Ribonucleinsäure* (RNS) der Hefe wird mit markierten Verbb. untersucht. In die *Desoxyribonucleinsäure* von C.u. wird kein **I** eingebaut. Es werden 3 getrennte Auswahlvorgänge beobachtet: Um die Anreicherung in einem wasserlösl. Vorrat konkurrieren **I** u. **II**. Im inneren Nucleotidvorrat wird exogenes **I** bedeutend leichter angesammelt als **II**. Bei der Übertragung der Substanz von diesem Vorrat in RNS hinein findet eine 3., wenn auch schwache, Auswahl von **I** gegenüber **II** statt. Die Verteilung von **I** u. **II** ist in Ribosomen-RNS (RRNS) u. in nicht an Teilchen gebundener RNS gleich. In **II**-Lsg. gewachsene Zellen synthetisieren sehr wenig RRNS jedoch große Mengen gewöhnlicher RNS. S. Dittmann-Mitzscherlich. 4150□

Cytochemischer Hinweis auf den Ursprung von Lipoid-Körpern (sogenannten Golgi-Körpern) aus Mitochondrien. H. C. Chopra. (Nature [London] **187**, 713, 20/8. 1960; Durham, N.C., Duke Univ., Zool. Dep.; engl.) — Vf. teilt mit, daß er aus seinen Verss. mit verschiedenen Fischen folgert, daß Mitochondrien neben ihren Funktionen bei der Zellatmung Granula aus *Phospholipoiden* u. *Proteinen* bilden u. abgeben. Dieses Material ist mit den „Golgi-Körpern" identisch.
S. Dittmann-Mitzscherlich. 4150□

Silberimprägnierung von ultrafeinen Schnitten für die Elektronenmikroskopie. Vittorio Marinozzi. (Rend. Ist. super. Sanità **24**, 558—66, 1961; Roma, Ist. Super. di Sanità, Labor. di Fis.; ital.) — Zur *Ag*-Imprägnierung wurden ultradünne Gewebeschnitte in OsO_4 fixiert, in Methacrylat eingebettet u. direkt oder nach Oxydation mit HJO_4 oder H_2O_2 mit ammoniakal. Ag-Lsg. behandelt, wobei die Zellmembranen bzw. Metaplasmastrukturen bzw. Protoplasmastrukturen bevorzugt gefärbt werden.
K. Zingraf. 4150□

Fluorescenzmikroskopische Untersuchungen über die Neurosekretion beim Bachneunauge (Lampetra planeri Bloch). Günther Sterba. (Z. Zellforsch. mikroskop. Anatom. **55**, 763—89, 1961; Leipzig, Univ., Zool. Inst.; dt.) — Beschreibung einer Färbemeth. für Neurosekret (Anfärbung mit Gomori-Chromhämatoxylin-Phloxin u. saure Oxydation mit N.N'-Diäthylpseudoisocyaninchlorid, unter Polymerisation, gelbe Fluorescenzfarbe) u. fluorescenzmkr. Unters. von Gewebeschnitten des Bachneunauges auf Verteilung von Neurosekreten. M. Metze. 4150□

Cytophotometrische Untersuchungen über den DNS-Gehalt der Kerne einiger transplantabler Rattentumoren. C. Vendrely, M. R. Riviere und R. Vendrely. (Unio int. Cancrum, Acta [Louvain] **18**, 69—72, 1962; Villejuif, Seine, Inst. de Rech. Sci. sur le Cancer, Labor. de Biochem. et de Méd. Exp.; franz.) — An 8 verschiedenen Rattentumoren werden cytophotometr. Messungen des *DNS*-Geh. der Kerne in Beziehung zur Entw. u. Metastasierung der Tumoren durchgeführt. Es wird gezeigt, daß sich einige Tumoren durch das Profil ihres Histogramms charakterisieren lassen.
W. Gutsche. 4160□

Histochemische Untersuchungen über Säuredesoxyribonuclease in einigen Tumoren. A. Vorbrodt. (Unio int. Cancrum, Acta [Louvain] **18**, 66—68, 1962; Gliwice, Poland, Inst. of Oncol., Dep. of Tumour Biol.; engl.) — In verschiedenen

Tumoren menschlicher u. tier. Herkunft wird die intracelluläre Lokalisation der *sauren Desoxyribonuclease* untersucht. Die Rk. ist in den sog. Lysosomen der Tumorzellen geringer als in normalen Zellen. W. Gutsche. 4160□

Die Verbreitung der histochemisch nachweisbaren Phosphorylasen in verschiedenen Krebsgeweben. H. G. Godlewski. (Unio int. Cancrum, Acta [Louvain] **18**, 63—65, 1962; Gliwice, Poland, Inst. of Oncol., Dep. of Tumour Biol., Histochem. Labor.; engl.) — Unter Anwendung von zwei verschiedenen histochem. Meth. wurde die Verbreitung der *Phosphorylasen* in 6 malignen Mäuse- u. Rattentumoren sowie an 5 malignen u. 4 benignen menschlichen Tumoren untersucht. Es wird angenommen, daß die positive Phosphorylase-Rk. vom Differenzierungsgrad der Krebszelle abhängig ist u. mit ihm abnimmt. W. Gutsche. 4160□

Enzyme in der Tumordiagnose. R. Merten und H.-G. Solbach. (Unio int. Cancrum, Acta [Louvain] **18**, 250—55, 1962; Düsseldorf, Central Labor. of the Cancer Soc. of Northern Rhine-Westphalia; Acad. of Med., Second Med. Div.; engl.) — Von 26 bei Krebspatienten untersuchten Enzymen ergab lediglich vermehrte *Milchsäuredehydrogenase* Verdacht auf Krebs, bes. bei Metastasen-Bldg., wo auch vermehrte *Alkaliphosphatase* u. *Phosphoglucoseisomerase* gefunden wurden. W. Gutsche. 4160□

Stoffwechsel menschlicher neoplastischer Zellen aus Gewebekulturen, Respiration und Crabtree-Effekt. Maria Guminska. (Unio. int. Cancrum, Acta [Louvain] **18**, 259—64, 1962; Cracow, Med. Acad., Dep. of Physiol. Chem.; engl.) — Nach *Glucose*-Zusatz zum Kulturmedium ergab sich bei Tumorzellen eine 20%ig. u. bei normalen Zellen eine 10%ig. Hemmung des Sauerstoffverbrauches (Crabtree-Effekt). Die Wrkg. wurde durch *Insulin* gefördert u. durch *Phosphorylierung* der *Glucose* sowie auch nach Zusatz von Adenosintriphosphat gehemmt. *Mannose* und *Fructose* ergeben ebenfalls den Crabtree-Effekt. W. Gutsche. 4160□

Ein Vergleich der Atmungshemmungen, die durch D-Glucose und 2-Desoxy-D-glucose in Ehrlich-Ascites-Carcinom-Zellen hervorgerufen werden. Kenneth H. Ibsen, Elmon L. Coe und Ralph W. McKee. (Cancer Res. **22**, 182—86, Febr. 1962; Los Angeles, Calif., Univ. of California, Med. Center, Dep. of Physiol. Chem.; engl.) — Vgl. C. **1962**, 1256. — Die Atmung von Ehrlich-Ascites-Carcinomzellen aus C 57 BL-Mäusen wurde manometr. u. elektrometr. in Locke-Lsg. gemessen. Der Einfl. von *Glucose* (I) u. *2-Desoxyglucose* (II) auf die Atmung wurde untersucht. Nach Zugabe tritt anfangs Stimulierung der Atmung (diese Periode in Ggw. von II länger als in Ggw. von I), dann Hemmung der Atmung ein. Nach Verbrauch des I hört auch die Hemmung der Atmung auf, doch die Atmungshemmung bleibt auch dann unverändert, wenn nach Zugabe von II die Phosphorylierung wieder erniedrigt ist, Aufhebung der Atmungshemmung erfolgt hier erst nach längerer Zeit. *2.4-Dinitrophenol* (III) stimuliert zunächst die Atmung: endogen durch $1{,}4 \cdot 10^{-4}$m III um 17%, in Ggw. von I durch $2{,}8 \cdot 10^{-4}$m III um 120%, durch $1{,}4 \cdot 10^{-4}$m III um 73%, in Ggw. von II durch $1{,}4 \cdot 10^{-4}$m III um 58%. Diese Stimulationen treten jedoch nur in den ersten 10 Min. nach III-Zugabe ein, nach 30 Min. nimmt die Atmung ab, wobei die Hemmung der Atmung mit der III-Konz. steigt u. in Ggw. von II am stärksten ist. I wurde $2{,}8 \cdot 10^{-5}$ bis $6{,}2 \cdot 10^{-3}$m verwendet, II wurde $2{,}8 \cdot 10^{-4}$ bis $6{,}8 \cdot 10^{-3}$m verwendet. Gleiche Atmungshemmung wurde durch bedeutend höhere II- als I-Konz. erreicht. Die *Adenosintriphosphat* (*ATP*)-Konz. in den Zellen wird durch die höchsten verwendeten I- u. II-Konzz. verringert; I senkt die Konz. allerdings nur auf ca. 50% u. nur für ca. 1 Std., während II die ATP-Konz. auf ca. 15% senkt u. die Wrkg. 5 Std. fast unvermindert anhält.
S. Dittmann-Mitzscherlich. 4160□

Sauerstoffverbrauch und anaerobe Glykolyse von malignem und normalem Gewebe des Menschen. Robert A. L. Macbeth und J. George Bekesi. (Cancer Res. **22**, 244—48, Febr. 1962; Edmonton, Canada, Univ. of Alberta, Dep. of Surg. and Surgical Med. Res. Inst.; engl.) — Vgl. auch vorst. Referat. — Bei Operationen von 111 Patienten wurden Gewebeschnitte entnommen. Spätestens 2 Std. nach operativer Entfernung erfolgte die erste Manometerablesung. In Krebs-Ringer-Phosphat-Lsg. mit Glucose wurden Atmung unter reinem O_2 u. Glykolyse unter N_2 mit 5% CO_2 2 bis 3 Std. lang gemessen. Die Ergebnisse der Unterss. an 48 Patienten mit malignen Erkrankungen, bei denen nach Möglichkeit Schnitte vor normalen u. neoplast. Teilen des gleichen Organs angefertigt wurden, werden als Q_{O_2} u. $Q_{CO_2}^{N_2}$ angegeben. Bei malignen Tumoren überwiegt der *Glucose*-Abbau durch Glykolyse deutlich über die Atmung. Andererseits ist bei malignen Teilen des Verdauungstraktes, des Magens u. der Brust die Atmung stärker als die Atmung vergleichbarer nichtmaligner Teile der gleichen Organe, während bei der Niere die Atmung von Tumoren im Sinne der Warburg-Anschauung schwächer ist als die Atmung von Normalgewebe.
S. Dittmann-Mitzscherlich. 4160□

Chromatographie von Proteinen bei schuppigem Zellcarcinom und normalem Epithel von Mäusen. Pietro U. Angeletti, Blake W. Moore, Stojan Solaric und Valentina Suntzeff. (Proc. Soc. exp. Biol. Med. **103,** 329—31, Febr. 1960, St. Louis, Mo., Washington Univ., School of Med., Wernse Cancer Res. Labor.; engl.) — Beschreibung eines chromatograph. Verf. zur Auftrennung verschiedener *Protein*-Extrakte zum Zwecke der Unters. von Enzymaktivitäten, die zur Unterscheidung von malignem u. normalem Gewebe dienen können. M. Metze. 4160☐

Einige Aspekte des Protein- und Kernstoffwechsels in den Organen tumortragender Tiere. S. E. Manoilov. (Unio int. Cancrum, Acta [Louvain] **18,** 171—73, 1962; Leningrad; franz.) — Ausgehend von Warburgs Theorie einer allg. Stoffwechselschädigung bei der Krebskrankheit, wird die ^{14}C- u. ^{32}P-Inkorporation in DNS u. RNS verschiedener Ratten- u. Mäusegewebe tumorkranker Tiere untersucht.
W. Gutsche. 4160☐

Einige Eigenschaften mit Fluorkohlenstoff behandelten tierischen Gewebes. P. G. Stansly und D. S. Ramsey. (Proc. Soc. exp. Biol. Med. **103,** 20—22, Jan. 1960; Detroit, Mich., Detroit Inst. of Cancer Res.; engl.) — Zur Behandlung eines Gewebehomogenisats mit *Trifluortrichloräthan* (I; $CCl_2F \cdot CClF_2$) werden *Ribonucleinsäure, Desoxyribonucleinsäure* u. *Protein* unterschiedlich extrahiert. Diese Komponenten liegen in einer sedimentierbaren (120000·g, 1 Std.) u. einer nichtsedimentierbaren Form vor. In konz. I-Extrakten aus 3 Mäusetumoren (Thymustumor, PL-Leukämie, Mammatumor) wurde eine Partikelkomponente beobachtet, die in normalem Gewebe fehlte u. möglicherweise im Zusammenhang mit der Virusätiologie dieser Neoplasmen steht.
K. Maier. 4160☐

Die Verbreitung von 6-Azauridin in den Organen und Tumoren des Menschen. A. Winkler, S. Hupka, V. Gregusova, M. Kratochvil, J. Skoda und F. Sorm. (Unio int. Cancrum, Acta [Louvain] **18,** 248—49, 1962; Bratislava, Oncol. Res. Inst.; Prague, Czechoslovak. Acad. of Sci., Inst. of Organ. Chem. and Biochem.; engl.) — In drei Tumoren des Verdauungstraktes wurde gegenüber normalen Geweben (Muskulatur, Leber, Magen) u. gegenüber Mammacarcinom, Lymphosarkom u. Melanosarkom stärkere Akkumulation von *6-Azauridin* gefunden. W. Gutsche. 4160☐

Dynamik der Entwicklung von Tumoren, induziert durch Einbetten von Cellophanfilm. L. V. Olshevskaya. (Unio int. Cancrum, Acta [Louvain] **18,** 40—41, 1962; Moskau, Acad. of Med. Sci., Inst. of Exp. and Clin. Oncol.; engl.) — Es wird über histolog. Unterss. an Bindegewebe, das sich um eingebettete *Cellophan*-Filmstückchen in der Rattenhaut bildet, berichtet. Die Tumorhäufigkeit nimmt mit der Stückchengröße zu. W. Gutsche. 4160☐

Quantitative Analyse der experimentellen Krebserzeugung. H. Druckrey und D. Schmähl (unter Mitarbeit von W. Dischler und A. Schildbach). (Naturwissenschaften **49,** 217—28, Mai (2) 1962; Freiburg/Br., Univ., Chirurg. Klin., Labor.; Bonn, Univ., Patholog. Inst.; dt.) — Vgl. C. **1962,** 9011. — Besprechung von Arbeiten der letzten 25 Jahre über Carcinogenese durch Chemikalien, UV- u. Röntgenstrahlen. In Ratten lassen sich durch orale Gabe folgender Verbb. organspezif. Carcinome hervorrufen: *4-Dimethylaminostilben* (I; Gehörgang), *N.N'-Dinitrosopiperazin* (Pharynx), *N-Nitroso-N-methylanilin* (Speiseröhre), *N-Nitroso-N-methylurethan* (Magen), *4-Dimethylaminodiphenyl* (Darm), *4-Dimethylaminoazobenzol* (Leber), *N-Dimethylnitrosamin* (Niere), *N-Dibutylnitrosamin* (Blase), *20-Methylcholanthren* (II; Mamma), *Urethan* (Lunge) u. *radioakt. Jod* (Schilddrüse). Rechner. Verarbeitung der Ergebnisse eigener u. fremder Verss. mit I, *Diäthylnitrosamin,* II, *3.4-Benzpyren, 1.2.5.6-Dibenzanthracen* u. *7.12-Dimethylbenzanthracen* zeigt, daß die Beziehung $c \cdot t^n$ = const. ca. gilt (t = Induktionszeit; c = Dosierung des Cancerogens; $3 > n > 1$). Das Wesentliche bei der malignen Entartung von Zellen soll ein „cytogenet. Effekt" sein.
S. Dittmann-Mitzscherlich. 4160☐

Der Einfluß von Fettsäuren auf die Carcinogenese. T. Schramm. (Unio int. Cancrum, Acta [Louvain] **18,** 234—35, 1962; Berlin-Buch, German Acad. of Sci., Inst. of Med. and Biol., Dep. of Biol. Res. of Cancer; engl.) — Die Entw. von Rattenlebertumoren durch *3'-Methyl-4-dimethylaminoazobenzol*; *4-Dimethylaminostilben* u. Cirrhose durch *2-Acetylaminofluoren* konnte mit *Linolensäure* per os gehemmt werden. Keine Wrkg. wurde jedoch auf die Tumorinduktion durch *20-Methylcholanthren, 9.10-Dimethyl-1.2-benzanthracen* u. *Urethan* erzielt. *Stearin-, Olein-* u. *Linolsäure* waren unwirksam.
W. Gutsche. 4160☐

Der Stoffwechsel thiosterer carcinogener Kohlenwasserstoffe. 1. Mitt. Der Stoffwechsel des Dibenzothiophens. R. Y. Ambaye, T. B. Panse und B. D. Tilak. (Proc. Indian Acad. Sci., Sect. B **53,** 149—56, März 1961; Parel, Bombay, Indian

Cancer Res. Centre; Matunga, Bombay, Univ. of Bombay, Dep. of Chem. Technol.; engl.) — Ratten scheiden verfüttertes *Dibenzothiophen* (I) im Harn als *1-Hydroxydibenzothiophen-5.5-dioxid* (II) u. nicht identifizierte *Sulfonsäure* (III) aus. I wird demnach ähnlich wie *1.2.5.6-Dibenzanthracen* (II) umgewandelt. Das S-Atom in den Thiosteren ist wie die „K-Region" in II an einem oxydativen Vorgang beteiligt.

Versuche: *Dibenzothiophen,* F. 99°, Nadeln (A.). — *1-Hydroxydibenzothiophen-5.5-dioxid* (II), $C_{12}H_8O_3S$, F. 258—259°, aus sauer hydrolysiertem Harn; Nadeln (W.); 50 mg (aus 2 Liter Harn). *Acetat,* $C_{14}H_{10}O_4S$, F. 210°, aus II mit sd. Acetanhydrid-Pyridin; Platten (A.); 60%. *Benzoat,* $C_{19}H_{12}O_4S$, F. 206—207°, Nadeln (verd. A.); 50%. *Methyläther,* $C_{13}H_{10}O_3S$, F. 208—211°, aus II mit $(CH_3)_2SO_4$–K_2CO_3 in sd. Aceton (8 Std.); 66%. — III, *Anilinsalz,* F. 158—161°. *p-Chloranilinsalz,* F. 150—151° (Zers.).

K. Maier. 4160□

Untersuchung über die cytostatische Funktion von O_2- und CO_2-Druck. J. Kieler, N. I. Nissen und W. Bicz. (Unio. int. Cancrum, Acta [Louvain] **18,** 228—33, 1962; Copenhagen, Fibiger Labor.; engl.) — Endogene Respiration u. Glykolyse verschiedener Mäusetumoren sind abhängig vom O_2- u. CO_2-Druck. Die Respiration erreicht ihr Maximum bei 10—20% O_2 u. 0,5—2% CO_2, während die Glykolyse bei 8—15% CO_2 am größten gefunden wird. Die O_2-Spannung war ohne Einfl. auf die Glykolyse.

W. Gutsche. 4160□

Die tumorwachstumshemmende Aktivität einiger Schwefellostderivate. W. C. J. Ross. (Biochem. Pharmacol. **2,** 215—20, Sept. 1959; London, Royal Cancer Hosp.; engl.) — Die Prüfung des *Sulfoxids* (I) u. des *Sulfons* von *S-Lost* (II) auf die Tumor-

III 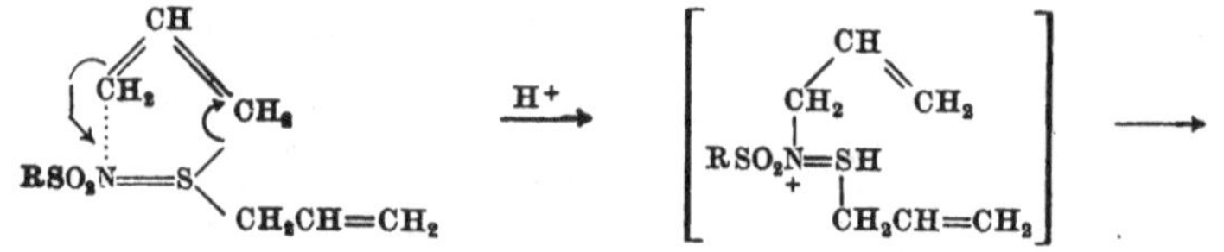 IV

wachstumshemmung ergab eine geringe Wrkg. von I. Das von II abgeleitete *N-[p-Toluolsulfonyl]-bis-[2-chloräthyl]-sulfilimin* $[CH_3 \cdot C_6H_4 \cdot SO_2N{:}S(CH_2CH_2Cl)_2]$ ist ein wirksamer Inhibitor, der in gepufferter Lsg. in das Divinylsulfilimin umgewandelt wird. Die Unters. des inakt. *N-[p-Toluolsulfonyl]-diallylsulfilimins* (III) ergab eine neue S → N-Allylumlagerung unter Bldg. von *N-Allyl-p-toluolsulfonamid* (IV).

Versuche (FF. korr.): *N-[p-Toluolsulfonyl]-bis-[2-chloräthyl]-sulfilimin,* F. 143 bis 144° (A.), aus Thiodiglykol durch Überführen mit konz. HCl in Di-[2-chloräthyl]-sulfid (Dampfbad, 2 Std.) u. anschließend Rk. mit wss. Chloramin T (V)-Lösung. Durch CrO_3-Oxydation in Eisessig (20 Min., ca. 100°) *Di-2-chloräthylsulfon,* F. 55—56°. — Das analoge *Divinylsulfilimin,* $C_{11}H_{13}NO_2S_2$, F. 94—96°, aus vorst. Verb. in Aceton u. wss. NaOH; Platten. — Das analoge *Diallylsulfilimin* (III), $C_{13}H_{17}NO_2S_2$, F. 71°, aus Diallylsulfid u. V-Lsg.; Platten (Bzl. + PAe.). — *N-Allyl-p-toluolsulfonamid* (IV), $C_{10}H_{13}NO_2S$, F. 62—64°, aus vorst. Verb. durch 24 Std. langes Stehenlassen im Exsikkator u. Chromatographie der gebildeten Fl. in Bzl.; prismat. Nadeln (Ae.–Pentan).

K. Maier. 4160□

Eine Methode zur Bewertung chemotherapeutischer Reagentien im Menschen. H. R. Bierman, G. J. Marshall, K. H. Kelly und M. J. Alexander. (Cancer [Philadelphia] **13,** 328—33, März/April 1960; Duarte, Calif., City of Hope Med. Center, Hosp. for Blood Diseases; engl.) — Durch Einführen einer Kanüle durch das Bauchfell in die Unterleibshöhle war es möglich, die Wrkg. der neuen antineoplast. Therapeutica *Cytoxan* (*Cyclophosphamid*), *CB 2587* (*1.3-Bis-[methylsulfonoxy]-1.3-bis-methylpropan*) u. *CB 2511* (*1.6-Bis-[methylsulfonyl]-D-mannit*) auf Carcinom-erkrankte Patienten kontinuierlich an Hand der Asciteszellen in der Ascites-Fl. zu untersuchen.

H.-G. Trüper. 4160□

Einige experimentelle Ergebnisse zur Wirkung von Myleran auf die Chromosomen von Vicia faba L. A. Michaelis und R. Rieger. (Züchter **30,** 150—63, 1960; Gatersleben, Inst. für Kulturpflanzenforschung der Dt. Akad. der Wiss. zu Berlin; Wittenberg, Martin-Luther-Univ., Inst. für Genetik; dt.) — Samen u. Primärwurzeln von *Vicia faba var. minuta,* Sorte „Dornburger Ackerbohne", wurden mit *Myleran* (I) behandelt. Die radiomimet. Wrkg. in Abhängigkeit von Temp., Hydrolyse des I, von der Ggw. von Respirationsinhibitoren u. *Sulfathiazol* (*Eleudron*) sowie von A. wurde untersucht. I besitzt keine Sonderstellung bzgl. der radiomimet. Wrkg.; auf die Vergrößerung der Wrkg. durch Kombination von I u. A. sowie auf evtl. Nutzen für die Krebstherapie wird hingewiesen. — 53 Literaturangaben.

W. Herrmann. 4160

Untersuchungen über den Kombinationseffekt von Röntgenstrahlen und 1-Äthylenimino-2-hydroxybuten-(3) auf Tiertumoren. Erwin Haas. (Strahlentherapie **110,** 541—47, Dez. 1959; Mainz, Univ., HNO-Klin.; dt.) — *1-Äthylenimino-2-hydroxybuten-(3)* (*Tetramin*, BASF) zeigt beim Yoshida-Sarkom der Ratte eine deutliche Zunahme der Strahlen-Wrkg. im Sinne eines additiven Effektes u. läßt an die Möglichkeit eines ähnlichen Angriffspunktes wie die Röntgenstrahlen denken. R. Sauerbrey. 4160□

Die Wirkung von carcinostatischen Verbindungen auf den Kohlenhydratstoffwechsel von Tumorzellen. C. G. Schmidt. (Unio int. Cancrum, Acta [Louvain] **18,** 240—43, 1962; Münster, Univ., Med. Klin.; engl.) — Unter dem Einfl. von *Carcinophilin* werden Hemmung der *Milchsäure*-Bldg., Akkumulation von *Dihydroxyacetonphosphat* (I) u. *Fructosediphosphat*, Abnahme der *Pyruvat* (II)-, *Glycerophosphat*- u. *Malat*-Konz., rapider Abfall von ATP, *Glycerophosphat*/I-, *Lactat*/II- u. ATP/ADP-Verhältnis gefunden u. als Folgeerscheinungen einer Blockierung in der *Triosephosphatdehydrogenase*-Stufe vermutet. W. Gutsche. 4160□

Über die carcinogene Wirkung einiger 3.4-Benzpyren-freier und 3.4-Benzpyrenhaltiger Fraktionen von estnischem Tonschieferöl. P. Bogovsky. (Unio int. Cancrum. Acta [Louvain] **18,** 37—39, 1962; Acad. of Sci. of the Estonian S.S.R., Inst. of Exp. and Clin. Med.; engl.) — Aus Kammerofenteer von estn. Ölschiefer wurden verschiedene Fraktionen mit u. ohne *3.4-Benzpyren*-Geh. gewonnen, die bei Kaninchen u. Mäusen Haut- u. Lungentumoren in unterschiedlicher Häufigkeit hervorriefen. W. Gutsche. 4160□

Die tumorhemmende Wirksamkeit einiger 9-Aminoacridine und verwandter Verbindungen. C. Radzikowski, Z. Ledochowski und A. Ledochowski. (Unio int. Cancrum, Acta [Louvain] **18,** 222—24, 1962; engl.) — Es wird auf Grund von Vers.-Ergebnissen am Sarkom-180 der Maus über die Bedeutung von *N.N-Dimethylputrescin* in Position 9 sowie von Br in Position 1 oder 3 u. Substitution durch H, CH_3 u. C_2H_5 bei *Acridin-Derivv.* (insgesamt 60) diskutiert. W. Gutsche. 4160□

Die Identität einer durch Aspergillus terreus produzierten Anti-HeLa-Zellsubstanz mit Terreinsäure. Sakiko Takahashi, Kazuo Nitta, Yoshirō Okami und Hamao Umezawa. (J. Antibiotics [Tokyo], Ser. A **14,** 107, März 1961; Tokyo, Nat. Inst. of Health; engl.) — Die aus *Aspergillus terreus* mit *Äthylacetat* bei pH 2 isolierte *Anti-HeLa-Substanz* (I), F. 127°, Absorptionsmaxima bei 215 u. 315 mμ, ist mit *Terreinsäure* identisch. Bei Applikation von 25—50 mcg/ml lösten sich die Zellen von der Glasoberfläche, schrumpften, das Plasma löste sich von der Membran u. der Nucleus wurde dunkel; bei 12,5 mcg/ml wurden die Zellen kleiner u. der Nucleus dunkler; bei 6,25 mcg/ml traten kaum Veränderungen auf. W. Hiller. 4160□

Die Wirkungen von Androstan-17β-ol-3-on auf den Stoffwechsel Carcinomkranker während der Strahlenbehandlung. Franz Kleibel. (Strahlentherapie **118,** 446—53, Juli 1962; Heidelberg, Univ., Czerny-Krankenhaus für Strahlenbehandlung; dt.) — Erhielten Carcinomkranke täglich 75 mg *Androstan-17β-ol-3-on* (*Anaboleen*), so trat in der Mehrzahl der Fälle (74%) eine Besserung der Hämoglobin- u. Erythrocytenwerte ein. Der Albumin:Globulin-Quotient u. das Gesamteiweiß im Serum wurden günstig beeinflußt. W. Hiller. 4160□

E$_2$. Enzymologie. Gärung

Chromatographische Zerlegung der Stoffwechselprodukte in Fraktionen. R. Ja. Schkolnik, N. G. Doman und W. N. Kostylew. (Биохимия [Biochemie] **26,** 621—25, Juli/Aug. 1961; Moskau, Bach-Inst. für Biochem. der Akad. der Wiss. der UdSSR; russ., Auszug: engl.) — Vgl. C. **1961,** 873. — Vff. stellen fest, daß mit Hilfe des Lsgm.-Gemisches Pyridin–Aceton–Propanol–Ammoniak (spezif. Gew. 0,880)–0,5%ig. Trilon B (60:10:18:9:3) die Fraktion der *Zucker* (I) nicht nur von den *Aminosäuren* (II), sondern auch von den organ. Säuren u. *Phosphorsäureestern* (III) befreit wird, so daß für die Erzielung einer reinen I-Fraktion ein einziges Chromatogramm erforderlich ist. Mit Hilfe der aufsteigenden Chromatographie unter Anwendung von Pyridin–Ammoniak–Aceton (70:30:20) als Lsgm. in der 1. Stufe (48 Std.) u. des gleichen Lsgm. (70:40:20) 1 Tag nach dem Trocknen des Chromatogramms (24 Std.) lassen sich nach Entfernung der organ. Säuren die folgenden Fraktionen erhalten: I im oberen Teil des Chromatogramms, II im mittleren, III im unteren Teil. Auch bei tiefer Temp. (—33°) lassen sich die Gemische von I u. II in der gleichen Weise wie bei Zimmer-Temp. in die Fraktionen I u. II trennen. Mit Hilfe von Ae. + fl. Ammoniak (50:100) u. Methanol–fl. Ammoniak (160:40) können die einzelnen II voneinander getrennt werden. Erfolglos blieben die Verss., die I in der Kälte mit Hilfe von Butanol–Methanol–Aceton–Ammoniak–W. (30:20:30:20:2; 30:50:20:30:2) voneinander zu trennen. O. Lebtag. 4200□

Respirationsmenge (QO_2) von Leberschnitten von im Sommer und Winter gefangenen wilden Ratten (Rattus norwegicus). O. Héroux und J. S. Willmer. (Canad. J. Biochem. Physiol. **40,** 687—88, Mai 1962; Ottawa, Ontario, Nat. Res. Council, Div. of Appl. Biol. and Canada Dep. of Agricult. Res. Branch, Animal Res. Inst.; engl.) — Die gefangenen Sommer- u. Winterratten hatten gleiche Körper- u. Leber-Gew., die Respirationsrate von Leberschnitten war bei den im Sommer gefangenen Ratten beiderlei Geschlechts um ca. 20—50% höher. Gleiche Ergebnisse wurden an weißen Ratten erhalten, die vorher an Zimmer-Temp. u. kalte Außen-Temp. akklimatisiert waren. W. Hiller. 4210□

Ein neues Cytochrom in Lebermikrosomen. Tsuneo Omura und Ryo Sato. (J. biol. Chemistry **237,** PC1375—PC1376, April 1962; Osaka, Osaka Univ., Inst. for Protein Res.; engl.) — Das in Lebermikrosomen von Klingenberg bzw. Garfinkel (C. **1959,** 12886) nachgewiesene, zur Bindung von CO befähigte *Pigment,* dessen CO-Verb. eine scharfe Absorptionsbande bei 450 mμ zeigt u. das vorläufig als *P-450* bezeichnet wurde, erweist sich als ein neues *Cytochrom* (I) mit ungewöhnlichen Eigenschaften. CO reagiert nur mit der red. Form von I; es besteht Konkurrenz zwischen CO u. *Äthylisocyanid* (II) um das red. I; red. I vermag NO zu binden. I kann leicht durch Inkubation von Lebermikrosomen mit Schlangengift (aus *Trimeresurus flavoriridis*) in Trispuffer (pH 8,5; 4°; 48 Std.) oder mittels Desoxycholat (pH 8,0; 20°; 30 Min.) lösl. gemacht werden. Diese Form von I wird versuchsweise als *P-420* bezeichnet, da beim Löslichmachen die Bande bei 450 mμ verschwindet u. eine Absorptionsbande bei 420 mμ auftritt. Red. P-420 bindet ebenfalls CO u. II. Lösl. gemachtes I ist sehr instabil gegen Belüftung in Ggw. von *Dithionit* (III), so daß also die Red. in Abwesenheit von O_2 erfolgen muß; auf Nichtbeachtung dieser Vorsichtsmaßnahme beruht es wohl auch, daß frühere Autoren P-420 nicht gefunden haben. Werden mit Schlangengift behandelte Mikrosomen unter Luftausschluß mit III behandelt, so werden P-420 wie auch *Cytochrom* b_5 (**IV**) vollständig reduziert. Wird andererseits red. Nicotinamidadenindinucleotid den mit Schlangengift behandelten Mikrosomen zugesetzt, so wird nur **IV** völlig red., wogegen P-420 in der oxydierten Form verbleibt. Offenbar ist **IV** von P-420 verschieden. A. Hesse. 4210□

Untersuchungen über Getreidekatalase. M. Rohrlich und R. Lenschau. (Getreide u. Mehl **10,** 73—75, Juli 1960; Beilage zu: Mühle; Berlin, Bundesforschungsanst. für Getreideverarbeitung; dt.) — Die Ergebnisse wurden mit Hilfe der Meth. von Tödt [1955] gewonnen (Messung des Stromabfalls durch die Zers. von H_2O_2). *Blausäure*-Begasung von Weizen zeigte nach 7tägiger Belüftung noch eine 10%ig. *Katalase* (I)-Hemmung. Bestäubung des Roggens mit *DDT* zeigte merkbare Schädigung von I. *$ZnSO_4$* u. *$AgNO_3$* hemmten in Konzz. unter 10^{-3} m die I-Aktivität sehr stark, *$SnCl_2$* dagegen schwach. Die I-Aktivität fiel von 30—60° schwach u. über 60° stark ab. Die Hemmung von Aminosäuren auf I hatte folgende Werte: *Cystein* 61,3 (%); *Tyrosin* 59,5; *Tryptophan* 51,8; *Methionin* 76,0 u. *Histidin* 68,7. W. Hiller. 4210□

Einige Untersuchungen über den Verlust an Katalaseaktivität bei aufbewahrten Homogenaten der Mäuseleber und bei geschädigten Erythrocyten-Präparaten. D. H. Adams und E. Ann Burgess. (Enzymologia [Den Haag] **20,** 341—54, 15/7. 1959; London, London Hosp. Med. Coll., Cancer Res. Dep.; engl., Auszug: franz.) — Vgl. C. **1959,** 11286. — Beim Stehenlassen von Präpp. aus Mäuseleber u. von Erythrocyten der Maus zeigt die *Katalase* (I) je nach Herkunft ein unterschiedliches Verhalten. Dieses kann erklärt werden durch Änderungen in der H_2O_2-Bldg. infolge von Autoxydation sowie durch die Menge der in den Präpp. vorhandenen autoxydablen Substanzen. — Verschiedene Substanzen verhindern den I-Verlust beim Inkubieren von Leberhomogenat bei 38° (2 Std.) ganz oder fast ganz; hierzu gehören: *CH_3OH, A., Allylalkohol, Formaldehyd, Glykolaldehyd* u. *Versene.* Die Natur dieser Verbb. läßt keine Schlüsse auf die chem. Natur der in den Präpp. anzunehmenden akt. Substanz zu. A. Hesse. 4210□

Fraktionierung von oxydativen Teilchen des Erbsenstengels. Giorgio Forti, Carla Tua und Luigi Tognoli. (Biochim. biophysica Acta [Amsterdam] **36,** 19—28, Nov. 1959; Milan, Italy, Univ., Bot. Inst.; engl.) — Bei 6 Tage lang im Dunkeln bei 25° gewachsenen Erbsenkeimlingen wurde aus dem apicalen Teil des distalen Internodiums (nach Entfernen des Apex) ein Homogenat in 0,42 m Mannit oder Saccharose hergestellt, das durch Zentrifugieren bei 500, 2900, 5000 u. 17000·*g* fraktioniert wurde. Die beiden ersten Fraktionen enthalten 78% der *Glucose-6-phosphatdehydrogenase* (I) u. nur 15% der *Bernsteinsäuredehydrogenase.* Die „echten" Mitochondrien sind dagegen frei von I. Die Teilchen der bei niedrigen Geschw. erhaltenen Fraktionen vermögen *red. Diphosphopyridinnucleotid* u. *red. Triphosphopyridinnucleotid* (*TPNH*) zu oxydieren; Sie sind frei von Cytochrom-c-Reduktase u. Cytochromoxydase. Die Oxydation von TPNH erfolgt vornehmlich über die Kette: Glutathion → Ascorbinsäure → O_2; der

Elektronentransfer von *Glucose-6-phosphat* auf O_2 mittels dieser Kette wird durch *Adenosindiphosphat* stark stimuliert. A. Hesse. 4210□

Biologische Phosphorylierung von 3-Amino-1.2.4-triazolglucosid bei Cryptococcus neoformans. Jerome F. Fredrick. (Physiol. Plantarum [Copenhagen] **14**, 734—40, 1961; New York, N.Y., New York Res. Labor., Dodge Chem. Co.; engl.) — *Cryptococcus neoformans* kann an Stelle von *d-Glucose* (**I**) das *Glucosid* von *3-Amino-1.2.4-triazol* (**II**) verwerten. Das Wachstum ist auf **II** geringer als auf **I**. Auf chromatograph. Wege wurde festgestellt, daß diese Hefe das **II**-Glucosid phosphoryliert; nie konnte freies **II** im Extrakt gefunden werden. U. Mothes. 4210□

Phosphorylase-Aktivität in Leukocyten von Patienten mit Glykogenspeicherkrankheit. W. C. Hülsmann, T. L. Oei und S. van Creveld. (Lancet **1961** (**II**), 581—83, 9/9.; Amsterdam, Univ. of Amsterdam, Labor. of Physiol. Chem.; Pediatric Clin.; engl.) — Bei Patienten, die nicht an Glykogenspeicherkrankheit (GSK) litten, entsprach die *Phosphorylase* (**I**)-Aktivität in Leukocytenextrakten der Bldg. von 75 bis 179 μMol Glucose-1-phosphat/mg Protein/Stunde. Patienten mit GSK, bei denen die Krankheit auf einen Mangel an Leber-**II** zurückzuführen war, u. Verwandte von ihnen zeigten subnormale Leukocyten-**I**-Werte, nicht dagegen Patienten mit GSK, bei denen die Krankheit auf einem Mangel an *Glucose-6-phosphatasen* beruhte. K. Zingraf. 4210□

Spermidin bei der Extraktion des Desoxyribosyl-synthetisierenden Systems aus T6r⁺-infizierter Escherichia coli. Seymour S. Cohen und Hazel D. Barner. (J. biol. Chemistry **237**, PC1376—PC1378, April 1962; Philadelphia, Pa., Univ. of Pennsylvania, School of Med., Dep. of Biochem.; engl.) — Aus dem mit T6r$^+$-infizierten Stamm B_U- von *Escherichia coli* kann das früher (Cohen, Barner, Lichtenstein, J. biol. Chemistry **236**, [1961], 1448) beschriebene *Enzym* (**I**)-Syst. mittels *Spermidin* (**II**) in Abwesenheit von Mg^{2+} extrahiert werden; **I** ist hoch akt., verhältnismäßig beständig; fraktionierbare Lsgg. von **I** katalysieren die Umwandlung von *Cytidinmonophosphat* in *Desoxycytidinmonophosphat*. Die mit **II** hergestellten Extrakte haben einen geringen Geh. an *Desoxyribonucleinsäure* u. an phagus-induzierter *Ribonucleinsäure*. A. Hesse. 4210□

Adenosintriphosphatase-Aktivität der Placenta und des Blutes von Mutter und Neugeborenem. G. Dastugue, J. Baudon, P. Bastie und J.-P. Rebière. (Trav. Soc. Pharmac. Montpellier **20**, 249—54, 1960, herausgeg. 1961; Clermont-Ferrand, Univ., Fac. mixte de Méd. et de Pharmacie, Labor. de Chim. Biol. et de Pharmacodyn.; Clin. Obstetr.; C.N.R.S.; franz.) — Die *Adenosintriphosphatase* (**I**)-Aktivität ist in blutfreien Placentahomogenaten hoch, erreicht aber nicht diejenige von Leber, Milz oder Muskeln (oder bes. von Myosin). Das Blut ist im allg. arm an **I**, jedoch enthält das Blut des Neugeborenen etwas mehr **I** als das der Mutter. K. Zingraf. 4210□

Über eine mögliche Beziehung zwischen Adenosintriphosphatase-Aktivität und Natriumgehalt im embryonalen Kükenherz. Richard L. Klein. (Amer. J. Physiol. **201**, 858—62, Nov. 1961; Jackson, Miss., Univ. of Mississippi Med. Center, Dep. of Pharmacol.; engl.) — Ein starker Anstieg der Mg-*Adenosintriphosphatase* (*ATP*) u. ähnlich von Ca-ATP erfolgt zwischen 4. u. 7. Bebrütungstag im Kükenherz, ein schwächerer vor u. nach dem Schlüpfen. Vermutlich steht der steile Abfall des Herz-*Na*-Geh. zwischen 2. u. 7. Tag der Bebrütung mit dem plötzlichen Auftreten eines akt. Kationentransportmechanismus im Myocard u. damit mit Mg-ATP-Erhöhung in Zusammenhang. M. Metze. 4210□

Unterschiede im Pyridinnucleotid-Gehalt der Leber von fötalen, neugeborenen und erwachsenen Meerschweinchen. Niels C. R. Räihä. (Amer. J. Physiol. **201**, 961—64, Nov. 1961; Helsinki, State Alcohol Monopoly, Res. Labor.; engl.) — Es werden die unterschiedlichen Gehh. der Leber an *Diphospho-* (*DPN*) u. *Triphosphopyridinnucleotid* (*TPN*) sowie an den red. Verbb. *DPNH* u. *TPNH* in der Meerschweinchenleber während der individuellen Entw. angegeben u. die Ergebnisse im Zusammenhang mit dem hohen *Fett*-Geh. der fötalen Leber diskutiert. M. Metze. 4210□

Entstehung von Nucleosiden, Purinen und Pyrimidinen in der Rattenniere bei Sauerstoffmangel. E. Gerlach, R. H. Dreisbach und B. Deuticke. (Naturwissenschaften **49**, 87—88, Febr. (2) 1962; Freiburg/Br., Univ., Physiol. Inst.; dt.) — Akute Ischämie verursacht im Nierengewebe innerhalb von Sek. einen raschen Abbau der Nucleosidtri- u. -diphosphate unter Zunahme der jeweiligen Mononucleotide. Bei protrahiertem O_2-Mangel während 2 Min. nimmt auch deren Konz. weiter ab, so daß zu erwarten ist, daß der Abbau nicht auf der Stufe der Monophosphate beendet ist. Zur Prüfung dieser Frage werden bei ischäm. Rattennieren in situ der Geh. an Nucleosidtri-, -di- u. -monophosphaten sowie an freien Nucleosiden u. deren Basen papierchromatograph. bestimmt. Die Kontrollnieren enthalten wesentlich mehr Nucleosidtriphosphate als entsprechende Di- u. Monophosphate. Die Gruppe der *Uridin* (**I**)-Nucleotide

besteht jedoch in den Kontrollnieren zu 50% aus *Uridindiphosphat* (*UDP*)-*Coenzymen*, wovon die Hälfte als *UDP-N-Acetylglucosamin* identifiziert wird. Freie *Cytidin*-Nucleotide sind nur in wesentlich geringerer Menge vorhanden. Ihre Menge beträgt ca. $^1/_{30}$ der *Adenosinnucleotide*. *Inosinmonophosphat* (*IMP*), freie Nucleoside, Purine u. Pyrimidine kommen in normalen Nieren nicht vor. Nach 5 Min. Ischämie haben sich alle Mononucleotide angereichert, u. es sind IMP, *Inosin*, *Hypoxanthin* (**II**), *Xanthin* (**III**), **I** u. *Uracil* (**IV**) nachweisbar. **II**, **III** u. **IV** nehmen bei längerer Ischämie auf Kosten der sich weiter vermindernden Mononucleotide u. der nun wieder absinkenden Nucleoside zu. Bemerkenswert ist der relativ langsame Abbau von *Guanosinmonophosphat* u. von *UDP-Coenzymen*. Es ist jedoch kein Abbau von *Desoxyribonucleinsäure* oder *Ribonucleinsäure* in Rattennieren nach 60 Min. Ischämie nachweisbar. In anderen ischäm. Rattenorganen (Herz, Skelettmuskel, Gehirn) verläuft der Nucleotidabbau ähnlich.
L. Träger. 4210□

Die Hydrolyse von Ochsenhirndiphosphoinositidfraktionen. R. B. Ellis, P. Kemp und J. N. Hawthorne. (Biochem. J. **76**, 43P, Sept. 1960; Birmingham, Med. School, Dep. of Med. Biochem. and Pharmacol.; engl.) — Ochsenhirn-*Diphosphoinositid* (**I**), gereinigt nach Folch, enthielt *Inosit* (**II**), *Carbonsäureester*, *Glycerin* (**III**) u. H_3PO_4 im Mol-Verhältnis 1:2:1:2. Milde Säurehydrolyse spaltet eine ca. 20% von **III** entsprechende Menge Diglycerid ab. Milde alkal. Hydrolyse u. Chromatographie an Dowex-1 gab *Glycerylphosphorylinosit* (ca. 6% des Lipid-P), wahrscheinlich aus Phosphatidylinosit stammend, ferner 3 Phosphate *A*, *B* u. *C*, *A* u. *B* sind wahrscheinlich **II**-*Diphosphate*, *C* ein höheres **II**-Phosphat. Nach **I**-Hydrolyse mit einem Leberenzym-Präp. nach Kemp u. Mitarbeitern (Biochim. biophysica Acta [Amsterdam] **31**, [1959], 585) waren durch Ionenaustauschchromatographie sehr wenig **II**-Monophoshpat, Glycerophosphat oder anorgan. P, ferner *A*, *B* u. *C* nachweisbar. K. Maier. 4210□

Untersuchungen über die Biosynthese von Hirninositphosphatid. K. P. Strickland, W. Thompson, D. Subrahmanyam und R. J. Rossiter. (Biochem. J. **76**, 41P—42P, Sept. 1960; London, Canada, Univ. of Western Ontario, Dep. of Biochem.; engl.) — *Cytidintriphosphat* (**I**) ist hinsichtlich Aktivierung des Einbaus von ^3H-*Inosit* in die Phosphatide wss. Rattenhirnhomogenate das wirksamste Nucleotid. **I** + *Phosphatidsäure* (**II**) bewirken eine weitere Steigerung dieser Reaktion. Synthet. D-α.β-Diglyceride waren unwirksam. Nach Inkubation von ^{14}C-**II** (erhalten durch enzymat. Abbau von ^{14}C-Lecithin aus $^{14}C_{(1)}$-Glycerin-inkubierten Leberschnitten) mit Hirnhomogenaten war ^{14}C im *Hydrolyse-Prod.* (**III**) aus *Inositphosphatid* (**IV**) lokalisiert. **I** aktivierte die Markierung von **III** erheblich. Mit Adenosintriphosphat u. Coenzym A ergänzte Hirnhomogenate katalysierten den ^{14}C- oder ^{32}P-Einbau aus markiertem L-α-Glycerophosphat in **III** u. in das aus **II** stammende Hydrolyseprodukt. Die **III**-Markierung wurde durch Cytidindiphosphatcholin stark, durch **I** wenig erhöht. **IV** mit Markierung aus ^{3}H-Inosit oder L-α-^{32}P-Glycerophosphat gab bei Hydrolyse mit 6n HCl ein elektrophoret. mit *Inositmonophosphat* ident. Produkt. Nach diesen Befunden wirkt **II** als Vorstufe von Hirn-**IV**, wobei **I** als Cofaktor erforderlich ist. K. Maier. 4210□

Einige Aspekte der Sulfatkonjugation. H. Boström und A. Vestermark. (Biochem. Pharmacol. **6**, 72—81, April 1961; Stockholm, Wenner-Gren Inst., Dep. of Metabol. Res.; engl.) — Übersicht über die enzymat. Sulfatkonjugation bei Phenolen u. Steroiden mittels *3'-Phosphoadenosin-5'-phosphosulfat* („akt. Sulfat"). Auch die biogenen Amine Adrenalin u. Noradrenalin werden teilweise als Sulfatester ausgeschieden. Unterss. der Verff. zeigen, daß auch *aliphat. Alkohole* (Methanol, Äthanol, Propanol, Butanol, Amylalkohol) durch Leberextrakte enzymat. in Sulfatester verwandelt werden. Nachw. mittels Papierchromatographie u. Autoradiographie. Unterss. über die Sulfatester-Zus. der Körper-Fll. von Säugetieren. — 45 Literaturangaben. K. Grade. 4210□

Wirkung der Präinkubation mit Cofaktoren in vitro auf die Aktivität der Indolylessigsäureoxydase von Erbsen. Masaki Furuya und Arthur W. Galston. (Physiol. Plantarum [Copenhagen] **14**, 750—66, 1961; New Haven, Conn., Yale Univ., Josiah Willard Gibbs Res. Labor., Dep. of Bot.; engl.) — In den terminalen Knospen etiolierter Erbsenpflanzen, die rotem Licht ausgesetzt waren, befindet sich ein diffusibler Inhibitor der *Indolylessigsäureoxydase* (**I**). Wird Gewebehomogenaten Mn^{2+} zugesetzt, so steigt die **I**-Aktivität, wird *2.4-Dichlorphenol* (**II**) zugesetzt, so wird **I** gehemmt. Bei Zusatz von Mn^{2+} + **II** überwiegt nach anfänglicher **I**-Hemmung die stimulierende Wrkg. von Mn^{2+}. Die Präinkubations-Wrkg. ist abhängig von Temp. u. O_2-Geh., nicht vom Licht. Wenn statt Rohextrakt dialysiertes Homogenat verwendet wird, ist durch Präinkubation keine Beeinflussung der **I**-Aktivität möglich. Mn^{2+} kann durch Ca^{2+}, Ce^{3+}, Co^{2+}, Cu^+, Fe^{2+}, Mg^{2+}, Ni^{2+} oder Zn^{2+} nicht ersetzt werden. Der natürliche **I**-Inhibitor konnte krist. gewonnen werden, er wurde als *Flavonol*-Komplex charakterisiert. U. Mothes. 4210□

Kinetik des Auxin-Katabolismus. Paul-Emile Pilet. (Physiol. Plantarum [Copenhagen] **14**, 787—802, 1961; Lausanne, Univ., Dep. of Plant Physiol.; engl.) — Mit einem aus den Keimwurzeln von *Lens culinaris* gewonnenen Enzym-Präp. wurde der Abbau von *Indolyl-(3)-essigsäure* (I) untersucht. Die Rkk. laufen in 3 Phasen ab (1. Adaption, 2. Aktivierung, 3. Gleichgewichtseinstellung). Der I-Abbau ist abhängig von pH, Temp. sowie den Konzz. von I u. Enzym. Es entstehen vermutlich folgende Abbau-Prodd. (noch nicht sicher identifiziert): *β-Indolylaldehyd*, 2 Nicht-Indol-Verbb. (*o-Formamidoacetophenon* u. *o-Amidoacetophenon* oder deren Derivv.) u. schließlich *3-Hydroxy-3-methyloxyindol* (gibt Tollen-Aldehyd-Rk.). U. Mothes. 4210□

Krystallisierte Tartronsäurehalbaldehydreduktase aus Pseudomonas ovalis Chester. A. M. Gotto und H. L. Kornberg. (Biochim. biophysica Acta [Amsterdam] **48**, 604 bis 608, 15/4. 1961; Oxford, Univ., M.R.C. Cell Metabolism Res. Unit., Dep. of Biochem.; engl.) — Die Umwandlung der *Glyoxylsäure* in *Glycerinsäure* (I) verläuft zweistufig, wobei *Tartronsäurehalbaldehyd* (II) als Zwischenprod. auftritt u. durch *Tartronsäurehalbaldehydreduktase* (III) in I übergeführt wird. III konnte jetzt aus *Pseudomonas ovalis Chester* in krist. Form erhalten werden, wobei übliche Fällungs- u. Reinigungsschritte vorausgingen. Krist. III, welche in der Ultrazentrifuge einheitlich erschien, katalysiert die Red. von II ($K_m = 2\cdot10^{-4}$m) unter gleichzeitiger Oxydation von DPNH ($K_m = 2\cdot10^{-5}$m) oder TPNH ($K_m = 6\cdot10^{-5}$m). Das Optimum dieser Rk. liegt bei pH 8,7. Krist. III vermag in Ggw. von überschüssiger *DPNH-Dehydrogenase* auch die Oxydation von I ($K_m = 4\cdot10^{-4}$m) unter gleichzeitiger Red. von 2.6-Dichlorphenolindophenol zu katalysieren; Glykolsäure, L-Milchsäure, 3-Phosphoglycerinsäure oder L-Äpfelsäure werden durch III nicht oxydiert. A. Hesse. 4210□

Oxydation des Fumarats in den isolierten Leberzellen der Ratte. L. Del Pistoia. (Boll. Soc. ital. Biol. sperim. **38**, 314—16, 15/4. 1962; Florenz, Univ., Ist. di Patol. Gener.; ital.) — Es wird der O_2-Verbrauch der isolierten Leberzellen der Ratte in Ggw. von *Fumarat* (I) mit u. ohne *Äthylendiamintetraacetat* (II) untersucht. Die Oxydation von I ist geringer als die des Succinats u. die Kinetik der Rk. entspricht der der Gewebe oder Mitochondrien. II (4 μMol) verringert die Oxydation des I deutlich. F. Kren. 4210□

Bernsteinsäuredehydrogenase in der Larve von Sarcophaga carnaria. M. T. Rinaudo. (Boll. Soc. ital. Biol. sperim. **38**, 299—300, 15/4. 1962; Turin, Univ., Ist. di Chim. Biol.; ital.) — Es wird der Verlauf der Dehydrogenisierung des Succinats durch Homogenate der Larve von *Sarcophaga carnaria* untersucht. Die Oxydation des Succinats, die durch die *Bernsteinsäuredehydrogenase* (I) katalysiert wird, folgt der Kinetik einer Rk. nullter Ordnung. Als starke Inhibitoren von I erweisen sich *Versen* ($1{,}4\cdot10^{-3}$) u. *p-Chlormercuribenzoat*, *o-Jodosobenzoat* u. *o-Phenanthrolin* (je $3{,}2\cdot10^{-4}$) sowie *Malonat* ($1{,}3\cdot10^{-2}$) bes. mit Cytochrom c als H_2-Acceptor. F. Kren. 4210□

Verhalten der Milchsäuredehydrogenase, der Aldolase und der Glutamin-Oxalessigsäure- und Glutamin-Brenztraubensäure-Transaminase des Serums in der Zeit nach einem Trauma. E. Sgarbi, A. Vallini und M. Parmiani. (Boll. Soc. ital. Biol. sperim. **38**, 305—07, 15/4. 1962; Ferrara, Univ., Clin. Chirurg. Gener. e Terap. e Labor. Analisi dell Arcispedale S. Anna; ital.) — Es wird das Verh. der *Milchsäuredehydrogenase*, *Aldolase* sowie *Glutaminoxalessigsäure-* u. *Glutaminbrenztraubensäure-Transaminase* bei 30 Patienten mit verschiedenen Traumen untersucht. Ganz allg. nehmen die 4 enzymat.Aktivitäten des Serums in den ersten 24 Std. nach dem Trauma zu, u. nach 2—3 Tagen sind wieder normale Werte erreicht. Die höchsten Werte werden bei Traumen von Unterleib u. Schädel erreicht. F. Kren. 4210□

Veränderungen der Enzym-Aktivitäten des Serums nach Cholecystektomie. Milchsäuredehydrogenase, Aldolase, Glutamin-Oxalessigsäure- und Glutamin-Brenztraubensäure-Transaminase. E. Sgarbi, A. Vallini und M. Parmiani. (Boll. Soc. ital. Biol. sperim. **38**, 308—11, 15/4. 1962; Ferrara, Univ., Clin. Chirurg. Gener. e Terap. e Labor. Analisi dell Arcispedale S. Anna; ital.) — Vgl. vorst. Referat. — Es werden die Veränderungen der *Milchsäuredehydrogenase*, *Aldolase* u. *Glutaminoxalessigsäure-* u. *Glutaminbrenztraubensäure-Transaminase* im Serum bei 20 Patienten mit Hepatocholecystitis untersucht. Die Werte aller 4 Enzyme erhöhen sich nach der Cholecystektomie in den ersten 24 Std. stark u. erst nach dem 5. bis 7. Tag werden die Ausgangswerte erreicht; nach 10—12 Tagen erreichen alle Werte die Norm. F. Kren. 4210□

Die Synthese des Glucosamins im Nervengewerbe des normalen und kranken Menschen. L. Frattola und N. Canal. (Boll. Soc. ital. Biol. sperim. **37**, 498—501, 15/6. 1961; Mailand, Univ., Clin. delle Malattie Nerv. e Ment.; ital.) — Um den Metabolismus u. die physiol. Bedeutung der Mucopolysaccharide im Nervengewebe zu untersuchen wird geprüft, ob es *Glucosamin* (I) synthetisieren kann u. wie sich Tumoren des Nervengewebes auf die Synth. auswirken. Das Nervengewebe normaler Personen besitzt ein gewisses Vermögen. **I** zu biosynthetisieren; in allen Tumorgeweben (39 Patienten) ist die **I**-Synth. gesteigert, u. zwar scheint die Zunahme der biosynthet. Aktivität in umgekehrtem Verhältnis zur Malignität des Tumors zu stehen. F. Kren. 4210□

Die Einführung des Schwefels in die α-Amylase von Pseudomonas saccharophila. Jerome M. Eisenstadt und Harold P. Klein. (J. Bacteriol. **77,** 661—66, Mai 1959; Waltham, Mass., Brandeis Univ., School of Sci., Biol. Dep.; engl.) — Mit Hilfe von $^{35}SO_4^{2-}$ als alleiniger Sulfatquelle wurden die Aufnahme von *S* durch *P. saccharophila* aus dem umgebenden Medium u. der Einbau in die *α-Amylase* (**I**) untersucht. Danach sind etwa zwei Mol S in Form von *Methionin* in einem Mol **I** enthalten. In ein vollständiges Nährmedium gebrachte Zellen begannen erst nach ca. 3 Std. ausschließlich aus den exogenen Nährstoffen **I** zu synthetisieren, während dies bei vorher induzierten Zellen bereits nach ca. 2 Std. der Fall war. Bis zu diesem Zeitpunkt wird der für die **I**-Synth. erforderliche S offenbar aus endogenen Reservestoffen bezogen, die anschließend aus exogenen Quellen ergänzt werden. In Puffer-Lsg. geführte Kulturen bildeten etwa die gleichen **I**-Mengen, deckten ihren S-Bedarf jedoch nur aus endogenen S-Substanzen. W. Kreipe. 4210□

Carboxydismutase-Aktivität in Pseudomonas oxalaticus (Stamm OX1) mit Formiat und Oxalat als Substrat. J. R. Quayle und D. B. Keech. (Biochim. biophysica Acta [Amsterdam] **31,** 587—88, Febr. 1959; Oxford, Univ., M.R.C. Cell Metabolism Res. Unit, Dep. of Biochem.; engl.) — Vff. verfolgten Veränderungen in der *Carboxydismutase* (**I**)-Aktivität in *Pseudomonas oxalaticus*-Kulturen, die *Oxalat* (**II**) u. *Formiat* (**III**) als Substrat bekamen. Extrakte von Zellen, die auf **II** gewachsen waren, besaßen eine geringe **I**-Aktivität, die aber auf das 40fache anstieg, wenn die Organismen auf ein frisches Medium übertragen wurden, daß **III** als einzige C-Quelle enthielt. Der Anstieg erfolgte während der „lag"-Phase, also bevor das Wachstum auf **III** begann. Übertrugen Vff. Organismen, die auf **III** wuchsen, auf ein **II**-Medium, so sank die **I**-Aktivität im Verlauf von 7 Generationen ab, stieg aber nach **III**-Zugabe wiederum rapide an. Die Verss. zeigen, daß in Zellen mit **II** als Substrat der Calvin-Cyclus mangels **I**-Aktivität nicht stattfinden kann u. daher auch mit solchen Organismen kein Einbau von $^{14}CO_2$ aus NaH·$^{14}CO_3$ in phosphorylierte Verbb. erreicht werden kann. I. Jage. 4210□

Esterase in Leukocyten. H. Braunstein. (J. Histochem. Cytochem. [Baltimore] **7,** 202, Mai 1959; Cincinnati, Ohio, Cincinnati General Hosp. Dep. of Pathol.; engl.) — Vf. teilt eine Meth. zum Nachw. von *Esterase* (**I**) in Leukocyten mit. Blutabstriche werden in Formalin u. Salz-Lsg. fixiert u. gewaschen u. dann für 30 Min. bei Zimmer-Temp. in einer Lsg. mit Phosphatpuffer, α-Naphthylacetat u. Aceton u. Diazolblau B inkubiert. Die **I**-Aktivität wird durch einen schwarzbraunen Farb-Nd. innerhalb der Zellen angezeigt. Vf. konnte **I**-Aktivität nur in Blutmonocyten, sowohl in normalen als auch leukäm., nachweisen, jedoch nicht in Neutrophilen. W. Hiller. 4210□

Vielstufiger Mechanismus der Aktivität von Cholinesterase. George E. Hein. (Nature [London] **193,** 1155—58, 24/3. 1962; Pasadena, Calif., Inst. of Technol., Gates and Crellin Labor. of Chem.; engl.) — Polemik gegen die Arbeit von Krupka u. Laidler (C. **1962,** 9012) nebst Erwiderung dieser Autoren. A. Hesse. 4210□

Weitere Untersuchungen über die Beziehungen zwischen Properdin und Lysozym. P. Caruso. (Boll. Soc. ital. Biol. sperim. **37,** 526—29, 15/6. 1961; Messina, Univ., Ist. di Clin. Pediatr.; ital.) — Die Unterss. werden am Blut von 10 gesunden u. 10 rekonvaleszenten Kindern von 2—9 Jahren nach verschiedenen Infektionskrankheiten durchgeführt. Es wird der Geh. der Seren an *Properdin* (**I**) u. *Lysozym* (**II**) durch Behandlung mit *Zymosan* bestimmt. Es zeigt sich, daß **I** u. **II** zwei grundverschiedene Faktoren sind; sie gehören zwar im Organismus dem gleichen Proteinpool an, auf den Zymosan unter Blokkierung beider Faktoren bei 17° wirkt, doch bleibt das **I** in seiner biolog. Wrkg. bei 37° unverändert. F. Kren. 4210□

Hemmung von Urease durch Bleiacetat. Krishna Bahadur und Vishnu Chandra. (Enzymologia [Den Haag] **20,** 355—58, 15/7. 1959; Agra, Indien, Allahabad Univ., Chem. Dep.; Balwant Rajput Coll.; engl.; Auszug: dt.) — *Urease* wird durch *Bleidiacetat* bei pH 8,8 gehemmt. Beim Stehenlassen der Lsgg. erreicht die Hemmung nach 56 Std. ein Minimum u. verschwindet nach insgesamt 120 Stunden. A. Hesse. 4210□

Das Uropepsin im Verlauf der Behandlung mit Steroiden. P. Berthaux, J.-F. Colas-Belcour, A. Lemarchal und J. Vignalou. (Thérapie **13,** 258—64, 1958; Ivry, Seine, Hôpital d'Ivry; franz.) — Da das Verhältnis des im Magen sezernierten *Pepsinogens* (bzw. Pepsins) zu dem mit dem Urin ausgeschiedenen u. mit Pepsinogen ident. proteolyt. Enzym *Uropepsin* (**I**) konst. ist, gestattet die Best. der **I**-Konz. im Urin unter Umgehung einer Ausheberung ein zuverlässiges Urteil über die Magensekretion. Die quant. Erfassung von **I** erfolgte nach Bucher [1947] an gesammelten, mit Toluol überschichteten u. im Kühlschrank aufbewahrten Tagesmengen von Urin. 1 cm^3 davon wurde angesäuert u. mit 3 cm^3 einer Hämoglobin-Lsg. versetzt. Nach ausreichender Inkubationszeit u. Klärung mit Trichloressigsäure ließ sich im Filtrat das enzymat. freigesetzte Tyrosin colorimetr. nach Folin-Ciolalteu bestimmen. Als Zahlenwert für **I** wurde die im Tagesquantum Urin vorhandene u. in mg freigesetzten Tyrosins berechnete Enzymaktivität angegeben. Gesunde Vers.-Personen im Alter von 19—50, 51—70 u. 71—97 Jahren wiesen im Urin **I**-Werte von durchschnittlich 376, 199 u. 124 auf. Patienten, die mit *δ-Cortison* (*Cortancyl*; **II**), *Androstendiol* (**III**), *Androstanolon* (**IV**) u. *Δ^5-Pregnenolon* (**V**) behandelt worden waren, reagierten auf **II** mit durchschnittlich um 69% erhöhter **I**-Ausscheidung. Auch bei Lebercirrhose, Kochsalzentzug u. bei älteren Patienten liegen die **I**-Werte höher. **III** u. **IV** bewirkten in täglichen Dosierungen von 50 bzw. 100 mg über 4—6 Tage Erhöhung der **I**-Ausscheidung um durchschnittlich 41 u. 49%. Ohne Wrkg. blieb **V** in einer täglichen Dosierung von 600 mg. Auf die Verwendbarkeit von **II**–**IV** zur Reaktivierung verminderter Magensaftproduktion wird hingewiesen. K. Zopff. 4210□

Über die Wirkung des 2.4-Dinitrophenols und des Salicylats auf Proteide. M. A. Grillo und G. Balocco. (Boll. Soc. ital. Biol. sperim. **38**, 297—99, 15/4. 1962; Turin, Univ., Ist. di Chim. Biol.; ital.) — *2.4-Dinitrophenol* (**I**) inhibiert die durch Trypsin katalysierte Hydrolyse des Serumalbumins. Es wird daher der Effekt von 0,01 m **I** auf die Hydrolyse durch Trypsin von *α-*, *β-* u. *γ-Globulin*, *Hämoglobin*, *Fibrinogen*, *Hexosokinase*, *Myosin*, *Lysozym*, *Urease*, *alkal. Phosphatase* u. *Lipase* geprüft. Während bei Fibrinogen u. Hexosokinase, nativ oder therm. denaturiert, durch **I** eine Zunahme der Hydrolyse erfolgt, beeinflußt es die anderen Proteide nicht. *Salicylat* zeigt überhaupt nur gegenüber Serumalbumin eine **I**-ähnliche Wirkung. F. Kren. 4210□

Die vollständige enzymatische Hydrolyse von Proteinen. Robert L. Hill und William R. Schmidt. (J. biol. Chemistry **237**, 389—96, Febr. 1962; Salt Lake City, Utah, Univ. of Utah, Coll. of Med., Labor., for the Study of Hereditary and Metabolic Diseases, Dep. of Biol. Chem. and Med.; engl.) — Während bei vollständiger Hydrolyse von *Protein* mittels Säure eine erhebliche Zerstörung von *Tryptophan* (**I**), *Asparagin* (**II**) u. *Glutamin* (**III**) erfolgt, konnten Vff. bei enzymat. Hydrolyse mittels *Papain* (**IV**) u. anschließender Behandlung mit *Leucinaminopolypeptidase* (**V**) u. *Prolidase* (**VI**; bei Peptidasen gereinigt aus Schweineniere) eine nahezu theoret. Ausbeute an **I**, **II** u. **III** erhalten. Obwohl die meisten mit **IV** erhaltenen Peptide bereits durch **I** hydrolysiert werden, ist die Hydrolyse der Prolin enthaltenden Peptide durch **VI** sehr erleichtert. Es wird die Aminosäuren-Zus. ermittelt für: *Carboxypeptidase*, *Enolase*, **IV**, oxydierte *Ribonuclease* u. *α_b-Corticotropin*.

Versuche: *Glycylprolylleucin*, $C_{13}H_{23}N_3O_4$, F. 188—189° (Zers.), $[\alpha]_D^{25}$ —127,1°, R_F in Butanol–Essigsäure–W. (200:30:75) 0,7, aus mit PCl_3 behandeltem Leucinäthylesterhydrochlorid in Pyridin u. Carbobenzoxyglycyl-L-prolin, 3 Std. am Wasserbad u. Reinigung des beim Eindampfen in vacuo erhaltenen Sirups. A. Hesse. 4210□

Einfluß von Farbstoffen, deren Zwischenprodukte und einiger antimikrobieller Stoffe auf die Aktivität des Trypsins. József Major. (Élelmezési Ipar [Lebensmittel-Ind.] **16**, 103—06, April 1962; Budapest, TU, Lehrstuhl Lebensmittelchem.; ung.) — Es wurde die Wrkg. künstlicher Farbstoffe u. einiger Konservierungsmittel manometr. u. kolorimetr. untersucht u. festgestellt, daß diese die Aktivität des *Trypsins* beeinflussen. Die hemmende Wrkg. der Zwischenprodd. wird durch die Sulfogruppe vermindert, aber nicht völlig aufgehoben. K. Gärtner. 4210

Untersuchungen über pektinabbauende Enzyme bei parasitischen Pilzen. 3. Mitt. **Die Sekretion von pektinabbauenden Enzymen durch Penicillium expansum Link.** S. C. Gupta. (Proc. Indian Acad. Sci., Sect. B **52**, 103—09, Sept. 1960; Naini Tal, D.S.B. Government Coll., Bot. Dep.; engl.) — 1. vgl. C. **1959**, 841; 2. vgl. Proc. Indian Acad. Sci., Sect. B **50**, [1959], 75. — Auf einem Dekokt aus Luzerne, Pektin, Asparagin u. einem modifizierten Medium nach Czapek produziert der Pilz hochakt. *Protopectinase*- u. *Polygalakturonase*-Enzyme bei 4tägiger Inkubation bei 20°. Es handelt sich um adaptive Enzyme, die nur in Ggw. von Pektin gebildet werden. P. Gregorzewski. 4210□

Das Verhalten gewebeeigener Proteasen aus normalen und malignen Geweben der Ratte. G. Benz und F. E. Lehmann. (Helv. physiol. pharmacol. Acta **17**, 380—420, 1959; Bern, Univ., Zool. Inst.; dt., Auszug: engl.) — Vff. beschreiben eine neue Meth. zur Best. von *Kathepsin* (**I**) in frischen Gesamthomogenaten von Rattenorganen u. von Tumoren. Als Substrat dient *Nitrocasein* (**II**), das in Modifikation der Meth. nach v. Pechmann (Biochem. Z. **321**, [1950], 248) hergestellt wird. **II** wird, da es in trockenem Zustand schwer in Lsg. zu bringen ist, nicht getrocknet, sondern unter Berechnung auf Trockensubstanz im feuchten Zustand in 4%ig. Lsg. gebracht; hierzu wird in 100 ml 0,5 n NaOH gelöst, mit 30%ig. Lsg. von Harnstoff (**III**) verdünnt, mit Eisessig auf pH 7,0

gebracht u. mit III-Lsg. auf das berechnete Vol. aufgefüllt. Diese mit einigen Tropfen Toluol versetzte II-Stamm-Lsg. ist im Eisschrank ca. 6 Monate haltbar. Sie wird entsprechend mit Puffer-Lsg. verdünnt. Das Optimum der I-Wrkg. liegt in Homogenaten aller Rattenorgane wie auch von Amphibiengeweben bei pH 5,0; die Wrkg. wird durch 0,2m Cystein aktiviert; diese Aktivatormenge ist größer als bisher in der Literatur angegeben ist. Zur I-Best. werden 30 μl Rohhomogenat (10% ig., bei Muskel 20% ig.) oder Gewebeextrakt mit 200 μl 2,3% ig. II-Substrat von pH 5,0 (Acetatpuffer) in 2,5 ml fassenden Glasröhrchen bei 37° inkubiert. Nach 10 Min. bis 5 Std. wird mit 10% ig. CCl_3COOH-Lsg. ausgefällt u. nach frühestens 4 Std. (Eisschrank) bei 3000—4000·*g* zentrifugiert (50 Min.). 2 ml des Überstehenden werden mit 1 ml 2nNaOH verdünnt u. es wird die Extinktion bei 425 mμ gemessen. (Extinktion 0,1 entspricht einer Spaltung von rund 200 μg II, d. h. rund 8,7% des vorgelegten II). — Bei Ratten zeigen Niere hohen, Milz u. Leber mittleren u. Muskeln niedrigen Geh. an I. Walker-Carcinosarkom-256 bewirkt bei tumortragenden Ratten eine deutliche Erhöhung von I in den tumorfreien Normalorganen, vermutlich in Zusammenhang mit der Mobilisierung der Proteinreserven. Die intratumorale Verteilung von I ist regionalspezifisch. Die dem Tumor angrenzenden Gewebe des Wirtes haben erhöhten Geh. an I. I-reiche Stellen frischer Gewebeschnitte verdauen die geschwärzte Gelatineschicht von Photofilmen selektiv. Auf diese Weise konnten „I-Autogramme" von Tumoren gewonnen werden: Die Schale war reich, das nekrot. Zentrum arm an I.
A. Hesse. 4210□

Arginase in Celerio euphorbiae. L. Szarkowska und Z. Porembska. (Acta biochim. polon. 6, 273—76, 1959; Warszawa, PAN, Inst. Biochem. i Biofizyki; Zaklad Chem. Fizjolog. AM; engl.) — Im Fettkörper u. in den Muskeln des Insekts *Celerio euphorbiae* wurde das Vork. von *Arginase* (I; pH-Optimum: 9,5) in den verschiedenen Entw.-Stufen nachgewiesen. Die Hämolymphe ist frei von I. A. Hesse. 4210□

Die Einflüsse von Chlortetracyclin auf die Stabilität von Arginindecarboxylase bei Escherichia coli. George Melnykovych und K. R. Johansson. (J. Bacteriol. 77, 638—41, Mai 1959; Minneapolis, Minn., Univ. of Minnesota, Dep. of Bacteriol. and Immunol.; engl.) — Der Einfl. verschiedener *Chlortetracyclin*·HCl (I)-Konzz. bei unterschiedlichen Einw.-Zeiten u. Temp. sowie von *Pyridoxalphosphat* (II) auf die *Arginindecarboxylase* (III)-Aktivität ruhender Zellen von *E. coli* wurde untersucht. Die schnelle Denaturierung von III ließ sich durch 5 μg I/ml oder 100 μg II/ml sowie I + II verzögern. Während 1 μg I eine relative Schutzwrkg. ausübte, verstärkten 1000 μg I die Inaktivierung von III noch, die schneller unter anaeroben als unter aeroben Bedingungen erfolgte. Da die Erscheinungen bei 4° weniger stark hervortraten als bei 30°, wird eher eine Schutzfunktion als eine direkte Stimulation der Enzymaktivität angenommen. Die Kombination von I u. II scheint additiv zu wirken. Aceton–Ae.-getrocknete Zellen von E. coli verhielten sich unter denselben Bedingungen genauso wie die ruhenden Zellen, was auf eine Beeinflussung der *Argininholodecarboxylase* schließen läßt. W. Kreipe. 4210□

Histochemische Lokalisierung von Glutaminase-I-Aktivität in der Niere. Morris J. Karnovsky und S. Ralph Himmelhoch. (Amer. J. Physiol. 201, 786—90, Nov. 1961; Boston, Mass., Harvard Med. School, Dep. of Pathol.; engl.) — Eine histochem. Meth. bei der Best. von *Glutaminase I* (I) in Nierenabschnitten von Goldhamster (a) u. Ratte (b) wird beschrieben u. angewendet. Hohe I-Aktivität wurde in den papillären Sammelgefäßen von a gefunden. Bei b waren die absteigenden Abschnitte der Henze-Schleifen aktiver. M. Metze. 4210□

Die Schwefelwasserstoffbildung aus Thiosulfat. Akira Kaji und W. D. McElroy. (J. Bacteriol. 77, 630—37, Mai 1959; Baltimore, Md., Johns Hopkins Univ., McCollum-Pratt Inst. and Dep. of Biol.; engl.) — Die katalyt. Bldg. von H_2S aus $S_2O_3^{2-}$ u. *Glutathion* (I) mit Hilfe eines aus Hefe hergestellten reinen Enzym-Präp. wurde untersucht. Die Entstehung von H_2S kann neben der Wechselwrkg. des $S_2O_3^{2-}$ mit I auch von der mit *Cystein* u. *Homocystein* in gleicher Weise abhängen. Für die Katalyse ist die Proteinfraktion des Präp. verantwortlich. Neben H_2S läßt sich SO_3^{2-} nachweisen. Beide werden in fast äquimol. Mengen gebildet u. zwei Mol I scheinen mit einem Mol $S_2O_3^{2-}$ zu reagieren, wobei ein Mol SO_3^{2-}, H_2S u. oxydiertes I entstehen. Der Zusatz von I oder $S_2O_3^{2-}$ allein zum Enzym-Präp. bewirkt keine H_2S-Bildung. $3{,}5 \cdot 10^{-5}$m SO_3^{2-} hemmen die Enzym-Rk., während sie durch p-Chlormercuribenzoat ($1{,}4 \cdot 10^{-3}$m) u. Versene nicht beeinträchtigt wird. Cyanid ($1{,}4 \cdot 10^{-3}$m) verursacht bei pH 6,8 nur eine 17% ig. Hemmung. Vermutlich besteht die katalyt. Wrkg. des Hefeenzyms in der Verstärkung der Auflösung der S—S-Bindung von $S_2O_3^{2-}$, jedoch nur in Ggw. von SH-Verbindungen. Möglicherweise entfernen sie den auf der Enzymoberfläche entstehenden elementaren S u. spielen die Rolle eines intermediären Elektronencarriers. W. Kreipe. 4210□

Reinigung und Eigenschaften von L-Dopadecarboxylase der Nebennierenrinde. J. H. Fellman. (Enzymologia [Den Haag] 20, 366—76, 15/7. 1959; Portland, Oreg.,

Univ. of Oregon Med. School, Div. of Neurol. and Dep. of Biochem.; engl., Auszug: dt.) — Aus Rindernebennierengewebe isolierte u. durch Fällungen mit $(NH_4)_2SO_4$ u. Adsorption der Verunreinigungen an Ca-Phosphatgel gereinigte *L-Dopadecarboxylase* (I) zeigt einen Sw_{20^0}-Wert (auf Null extrapoliert) von $6{,}9 \cdot 10^{-13}$ s. I wird gehemmt durch SH-Inhibitoren (bes. stark durch *N-Äthylmalimid*, Hg^{2+}) sowie durch *Noradrenalin* u. *3-Hydroxytyramin*. Chelatbildner, wie *8-Hydroxychinolin* oder *Äthylendiamintetraessigsäure*, beeinflussen I nicht. K_m gegen *3.4-Dihydroxyphenylalanin* bzw. *o-Tyrosin* wird zu $5{,}4 \cdot 10^{-4}$ m bzw. $6{,}05 \cdot 10^{-4}$ m gefunden. — Im reinsten I-Präp. wird eine träge Wrkg. gegen *5-Hydroxytryptophan* gefunden; diese kann auf Ggw. einer verunreinigenden *5-Hydroxytryptophandecarboxylase* beruhen oder aber von I selbst bewirkt sein. A. Hesse. 4210□

Die Biosynthese von Coenzym A in Extrakten aus Taubenleber. D. Cavallini, B. Mondovi, C. de Marco und G. Ferro-Luzzi. (Enzymolcgia [Den Haag] **20**, 359—65, 15/7. 1959; Modena, Univ., Inst. of Biol. Chem.; Rom, Univ., Inst. of Biol. Chem.; engl., Auszug: ital.) — Extrakte aus Taubenleber bilden *Coenzym$_2$ A* (CoA) aus folgenden Vorläufern: *Pantothein*, *Pantothenylcystein* (I), *Pantothein-4'-phosphat* (II) u. *Pantothenylcystein-4'-phosphat* (III). Die Wrkg. wurde an der Acetylierung von zugesetztem Sulfanilamid gemessen. Vff. nehmen an, daß die Biosynth. vorzugsweise auf folgendem Weg erfolgt: I → III → II → Dephospho-CoA → CoA. A. Hesse. 4210□

Natürlich vorkommende Formen der Folsäure. 2. Mitt. Enzymatische Umwandlung von Methylentetrahydrofolsäure in Präfolsäure-A-Methyltetrahydrofolat. Kenneth O. Donaldson und John C. Kereszetsy. (J. biol. Chemistry **237**, 1298—1304, April 1962; Bethesda, Md., Nat. Inst. of Arthritis and Metabolic Dis.; engl.) — 1. vgl. J. biol. Chemistry **234**, [1959], 3235. — *Präfolsäure A* (I) wird enzymat. zu *Hydroxymethyltetrahydrofolsäure* oxydiert. Das teilweise gereinigte Enzym (Leberextrakt, $(NH_4)_2SO_4$-Fraktionierung; 20fache Anreicherung) ist an Flavinadenindinucleotid gekoppelt u. benötigt als Elektronenacceptor *Menadion* (V). Andere Chinone, wie *Vitamin K_1* oder *K_2* u. mehrere Farbstoffe niedrigen Potentials, wie *Indigodisulfonat*, können gleichfalls als Acceptoren dienen. *Red. Diphosphopyridinnucleotid* (II) hemmt die Bldg. von *Tetrahydrofolsäure* (III) aus I kompetitiv. Weder II noch Triphosphopyidinnucleotid (IV) können als Elektronenacceptor wirken. In Ggw. des gleichen Enzym-Präp. wird I aus III u. Formaldehyd (oder CH_3OH) synthetisiert, wobei red. III oder red. IV als Elektronenacceptor dienen. V hemmt die I-Biosynth. kompetitiv. I wurde als eine *N^5-Methyltetrahydrofolsäure* erkannt. K. Maier. 4210□

Physikalische Untersuchungen an Lysozym. 1. Mitt. Charakterisierung. A. J. Sophianopoulos, C. K. Rhodes, D. N. Holcomb und K. E. Van Holde. (J. biol. Chemistry **237**, 1107—12, April 1962; Urbana, Ill., Univ. of Illinois, Dep. of Chem. and Chem. Engng.; engl.) — Vgl. C. **1962.** 15273. — Mehrfach krist., chromatograph. (Amberlite XE-64) einheitliches *Lysozym* aus Hühnereiweiß erweist sich bei pH 5,4 hinsichtlich des Molgew. (14400 ± 100) als homogen. Grenzviscosität u. Sedimentations-Koeff. stehen mit der Annahme eines fast kugelförmigen Mol. mit einer Hydratation von 0,6 g W./g Protein oder mit einem Ellipsoid geringerer Hydratisierung (0,3 g W./g Protein) in Übereinstimmung. K. Maier. 4210□

Allgemeine Wirkungen von Äthylen auf Enzymsysteme des Baumwollblatts. Fay A. Herrero und Wayne C. Hall. (Physiol. Plantarum [Copenhagen] **13**, 736—50, 1960; Texas, Coll. Sta., Texas A. and M. College Syst., Dep. of Plant Physiol. and Pathol. engl.) — Es wurde der Einfl. von 100 u. 1000 p.p.m. *Äthylen* (I) auf verschiedene Enzyme des Baumwollblatts, sowie Atmung, oxydative Phosphorylierung u. SH-Gruppen-Geh. des Gewebes untersucht. I aktivierte die Atmung, verminderte den Geh. an freien SH-Gruppen von Blattgewebe u. erhöhte die Aktivität von Amylasen, saurer Phosphatase, Pektinesterase, Peroxydase u. Brenzcatechinoxydase, verringerte aber diejenige der Katalase, während die Wrkg. auf Succinodehydrogenase etwas uneinheitlich war. Polygalakturonase, Cellulose, Xylanase, Indolylessigsäureoxydase, Cellobiase u. oxydative Phosphorylierungsaktivität waren, vielleicht infolge Inaktivierung dieser Enzyme bei der Extraktion, nicht nachweisbar. Mögliche Zusammenhänge der I-modifizierten Enzymaktivitäten mit Alterung u. Blattabtrennung werden besprochen. K. Maier. 4210□

E_3. Mikrobiologie. Bakteriologie. Immunologie

Intracelluläre Lokalisierung von Eisen, Calcium, Molybdän und Wolfram in Azotobacter vinelandii. R. F. Keeler, L. B. Carr und J. E. Varner. (Exp. Cell Res. **15**, 80—84, Aug. 1958; Ohio, Ohio State Univ., Columbus, Coll of Agric., Dep. of Biochem.; engl.) — Die Zellen wurden in einem Medium kultiviert, das $Na_2{}^{99}MoO_4$ (4 p.p.m.), $^{45}CaCl_2$ (7), $^{59}FeCl_3$ (0,1), $K_2{}^{185}WO_4$ (40) enthielt. *Fe* fand sich in erster Linie in der Zellmembran, *Mo* u. *Wo* in den intracellulären Bestandteilen. *Ca* bindet sich fast ausschließlich in der Zellwand. W. Hiller. 4310□

Nährstoffbedürfnisse für die Kultur der vollständig deuterierten Hefen Torulopsis utilis und Saccharomyces cerevisiae. V. S. Mohan, H. L. Crespi und J. J. Katz. (Nature [London] **193,** 189—90, 13/1. 1962; Argonne, Ill., Argonne Nat. Labor., Chem. Div.; engl.) — Vff. untersuchten den Einfl. eines 99,6% ig. D_2O-Mediums auf das Wachstum von *Torulopsis utilis* (*T.u.*) u. *Saccharomyces cerevisiae* (*S.c.*). Bei *T.u.* fand in einem Medium aus Glucose, anorgan. Salzen u. D_2O kein gutes Wachstum statt, das analoge Medium mit H_2O zeigte gutes Wachstum. Zusatz von intracellularen Komponenten von Algen, die in D_2O-Medium kultiviert waren, steigerten das Wachstum bei *T.u.* im D_2O Medium. Verss. mit Aminosäuren, Purin- u. Pyrimidin-Derivv. u. Vitaminen zeigten, daß *Thiamin* (I) diese günstige Wrkg. verursacht. Ergänzung des D_2O-Mediums mit der Thiazolhälfte des I waren erfolgreich, im Gegensatz zur Pyrimidinhälfte des I. Die Bldg. von Mutanten war ausgeschlossen. *S.c.* wächst in H_2O gut, wenn *Ca-Pantothenat* u. *Biotin* vorhanden sind. Im D_2O-Medium benötigt *S.c.* hingegen *Thiamin, Inosit* u. *Pyridoxin.* W. Hiller. 4310□

Die Wirkung der Diphosphopyridinnucleotidbindung von Sichelzellerythrocyten auf das in-vitro-Wachstum von Hämophilus influenzae. John Louis Sever. (Proc. Soc. exp. Biol. Med. **107,** 23—26, Mai 1961; Chicago, Ill., Chicago Children's Mem. Hosp.; Northwestern Univ., Med. School, Dep. of Microbiol.; engl.) — Das für das Wachstum von *Hämophilus influenzae* erforderliche *Diphosphopyridinnucleotid* (I) ist normalerweise in den Erythrocyten von Patienten mit Sichelzellanämie, von Personen mit Sichelzellveranlagung u. bei normalen Personen in gleichen Mengen vorhanden, I verschwindet jedoch aus den Medien mit Sichelzellanämie-Erythrocyten bereits innerhalb 1 Std. (im Gegensatz zu 6 Std. bei den anderen); dieses schnellere Verschwinden ist durch eine größere Bindungskapazität der Sichelzellerythrocyten für I bedingt. I wird durch das Stroma gebunden u. durch pept. Verdauung freigesetzt. Hämolyse steigert die I-Bindung. U. Tausendfreund. 4310□

Die Ernährung einer aus dem Duodenum des Kükens isolierten Mutante von Lactobacillus acidophilus. J. E. Ford und M. Rogosa. (J. gen. Microbiol. **25,** 249—52, Juni 1961; Shinfield, Reading, Nat. Inst. for Res. in Dairying; engl.) — In Extrakten des Rückstandes der Whisky-Dest. (E.) befindet sich eine Substanz, die das Wachstum von Küken fördert u. gleichzeitig die Zus. der Bakterienflora des Duodenums so verändert, daß eine Zunahme vor allem von *Lactobacillus*-Arten vor sich geht, so daß angenommen werden kann, daß der das Wachstum des Kükens fördernde Faktor derselbe ist, der auch von *Lactobacillus* benötigt wird. Vff. konnten das Bacterium als zur Untergruppe *Thermobacterium* Orla-Jensen gehörig identifizieren. Verschiedene Nucleoside u. Nucleotide wurden auf ihre das Wachstum von Lactobacillus fördernden Eigg. untersucht u. dabei mit dem Effekt, den der E. bewirkt, verglichen. RNS (aus Hefe) u. DNS (aus Heringssperma) zeigten erst nach ihrer Depolymerisation durch Schlangengift (Cobra) eine dem E. vergleichbare Wirkung. Ribose u. Desoxyribose waren inakt., *Adenin, Adenylsäure, Guanosin, Guanylsäure, Cytidin* u. *Uridin* waren nur in höheren Dosen wenig akt., während *Desoxyadenosin, Desoxyguanosin, Desoxycytidin* u. *Thymidin* (I) sehr u. *Desoxyadenyl-, Desoxyguanyl-* u. *Desoxycytidylsäure* weniger wirksam waren. Außer I hemmen alle zunächst aktivierenden Verbb. das Wachstum bei höheren (50 μg/ml Nähr-Lsg.) Konzentrationen. Enthielt ein chem. definierter Nährboden I, dann wuchs der Testorganismus über mehrere Passagen auf einem solchen Medium, er benötigte dann keine weiteren Ergänzungsnährstoffe. Es wird angenommen, daß *Desoxyribonucleoside* bei der Aufarbeitung des E. entstehen u. daß darauf die Stimulierung des Wachstums des Bacteriums in der Hauptsache zurückzuführen ist.
M. Lorenz. 4310□

Die Wirkungen von Indolylessigsäure und Kinetin auf das Wachstum einiger Mikroorganismen. D. Kennell. (Exp. Cell Res. **21,** 19—33, Okt. 1960; Berkeley, Calif., Univ. of California, Donner Labor. of Biophysics and Med. Physics; engl.) — Das Wachstum von *Amoebus proteus* wurde durch *Kinetin* (I), nicht aber durch *Indolylessigsäure* (II) gefördert. *Escherichia coli* wird durch I u. Adenin im Wachstum gefördert. *Saccharomyces cerevisiae* u. *S. pombe* wurden durch II gehemmt, I hatte auf beide keinen Einfluß. Wurden die Zellen, die unter I-Zusatz wuchsen, jedoch wieder in normaler Kultur-Fl. bzw. mit II kultiviert, so waren die Zellen für 3—4 Generationen stimuliert. I dient nicht als Purinquelle in Adenin erfordernden Mutanten. W. Hiller. 4310□

Charakterisierung und Eigenschaften des Phosphomannans aus Hansenula holstii NRRLY-2448. Allene Jeanes, J. E. Pittsley, P. R. Watson und R. J. Dimler. (Arch. Biochem. Biophysics **92,** 343—50, Febr. 1961; Peoria, Ill., Northern Reg. Res. Labor.; engl.) — Vff. isolieren aus *Glucose-*, organ. N-Verbb.-, Na-Phosphat- u. Spurenmetall-haltigen aeroben Kulturen des bisexuellen, diploiden

Hefestammes *Hansenula holstii* NRRL-Y 2448 durch Fällung mit 05,—1% ig. KCl-Lsg. u. A. ein *phosphoryliertes Mannopolysaccharid* (I, $[C_6H_{10}O_5]_5PO_4HK \cdot H_2O$), das durch Umfällung mit 44—45% ig. A. in Ggw. von 1% KCl u. Dialyse gegen dest. W. gereingt wird. Aus dem K-Salz läßt sich die Säureform von **I** durch Versetzen mit Essigsäure (pH 3,3) Dialyse u. Entwässerung erhalten. In Säurehydrolysaten von wasserlösl. **I** (4n H_2SO_4, 100°, 90 Min.) wird als einziger Zuckerbestandteil *D-Mannose* (**II**) papierchromatograph. nachgewiesen. **I** besitzt eine Zus. im Verhältnis **II**: P : K = 5 : 1 : 1; $[\alpha]_D^{25}$ +103° (0,1m KCl). Das aus dem Red.-Vermögen ermittelte Molgew. beträgt 103000 ± 10000, während aus der Lichtbeugung ein Wert um $16 \cdot 10^6$ errechnet wird. Vermutlich sind in **I** Einheiten mit einem Polymerisationsgrad von 550 in Kreuzbindung über PO_4 zu einem Makromol. miteinander verknüpft. **I** verhält sich als homogene Substanz, liefert in der Ultrazentrifuge ein scharfes Sedimentationsspektrum u. eine Sedimentations-Konst. ($S_{20,w}$) von 44. Aus wss. Lsg. läßt sich **I** nur in Ggw. von anorgan. Salzen mit Methanol oder A. ausfällen; mit KCl ist die Abscheidung vollständiger als mit K-Acetat, **I** bildet mit quart. NH_4-Salzen in W. unlösl. Ndd.; aus wss. Lsgg. mit A. gefälltes **I** stellt eine klebrige, gummiartige Masse dar; es läßt sich in H_2O oder 0,1m Salz-Lsgg. dispergieren. Aus viscosimetr. Messungen geht hervor, daß sich **I** wie ein plast. thixotroper Polyelektrolyt verhält. Die Viscositäts-Konz.-Kurve weist bei 1,5% **I** ein Maximum (2500 cP) u. bei 3% ein Minimum (1700 cP) auf. Bei niedrigen **I**-Konzz. verursacht Borax, infolge Komplex-Bldg. einen Salzeffekt. KCl erniedrigt die Ladung des **I**-Boratpolyions, wodurch eine Viscositätszunahme hervorgerufen wird. Starkes mechan. Rühren oder Erwärmung (2 Std. 120°) vermindert die Viscosität 3% ig. **I**-Lösungen. Bei der potentiometr. Titration dekationisierter **I**-Lsgg. mit 0,01n KOH unter N_2 bei 25° wird ein Umschlagspunkt bei pH 7,2 (Säureform von **I**: bei pH 4,9 u. 8,7) erhalten, daraus ergibt sich ein Neutraläquivalent von 920 u. Diesterorthophosphatstruktur für **I**. Einw. von Säuren (z. B. 1n HCl, 100°, 10 Min.) führt zu einer Abspaltung von H^+ u. einem mol. Abbau von **I**; der Angriff setzt an $C_{(6)}$ der **II**-Einheiten ein. Wss. **I**-Lsgg. sind gegen Bakterien beständig. P. Fahrnlaender. 4315□

Herstellung eines phosphorylierten Mannans durch Hansenula holstii im Laboratorium. Ralph F. Anderson, Martin C. Cadmus, R. G. Benedict und M. E. Slodki. (Arch. Biochem. Biophysics **89**, 289—92, Aug. 1960; Peoria, Ill., Northern Reg. Res. Labor., Fermentat. Labor.; engl.) — Vgl. vorst. Referat. — Die Hefe *Hansenula holstii*, Stämme NRRL Y-2154, Y-2155, Y-2448, Y-2154 × Y-2155, bildeten in Nährlsgg., die organ. N u. anorgan. Salze enthielten, in aeroben Schüttelkulturen aus *Glucose* (**II**) ein *phosphoryliertes Mannan* (**I**). Das Mannose/Phosphat-Verhältnis von **I** wurde durch Variation der Mediumkomponenten nicht verändert. Die **I**-Ausbeuten, bezogen auf **II**, betrugen 50—55%. Der optimale pH-Wert war 4,5—5,5. Die Hauptmenge **I** wurde in den ersten 48 Std. gebildet. Mg^{2+}, Mn^{2+} u. Fe^{2+} steigerten die **I**-Ausbeute etwas. Die **I**-Isolierung erfolgte nach Abzentrifugieren des Zellmaterials durch Fällen mit A. unter Zusatz von KCl-Lösung. K. Maier. 4315□

Ein verringerter Konzentrierungs-Mechanismus für Aminosäuren bei L-Canavanin- und D-Serin-resistenten Escherichiacoli-Mutanten. James H. Schwartz, Werner K. Maas und Eric J. Simon. (Biochim. biophysica Acta [Amsterdam] **32**, 582—83, April 1959; New York, N.Y., New York Univ. Coll., Dep. of Microbiol.; engl.) — Vff. fanden zwei Mutanten von *Escherichia coli*, denen ein spezif. Konzentrierungsmechanismus im Sinne von Cohen u. Monod (Bact. Res. **21**, [1957], 169) fehlt, wobei die eine Mutante gegen die Wachstumshemmung durch *L-Canavanin* (**I**), die andere gegen die Wachstumshemmung durch *D-Serin* (**II**) resistent ist. Der ersten Mutante fehlt ein spezif. Konzentrierungsmechanismus für *Arginin, Ornithin, Lysin* u. **I**, der zweiten Mutante fehlt der entsprechende Mechanismus für *Alanin, Glykokoll* u. **II**. A. Hesse. 4320□

Die Reaktion von Milchsäurebakterien auf Aminosäurederivate. 5. Mitt. **L-, DL- und D-α-Hydroxyisovaleriansäure.** Merrill N. Camien und Max S. Dunn. (Proc. Soc. exp. Biol. Med. **105**, 681—85, Dez. 1960; Los Angeles, Calif., Univ. of California Chem. Labor.; engl.) — 4. vgl. C. **1961**, 4402. — Bei Ersatz von *Valin* (**I**) im Nährmedium von 10 Milchsäurebakterien durch *L-, DL-* u. *D-α-Hydroxyisovaleriansäure* (**II**) verwerteten *Lactobacillus arabinosus* 8014, *L. buchneri, L. casei 7469, L. fermenti 9338* u. *L. mannitopoeus* jede opt. Form an Stelle von L-**I**, obgleich der Bedarf an L-**I** sehr spezif. ist. 3 dieser Species zeigten bei selektiver antagonist. Beeinflussung von L-**II** durch den Inhibitor *DL-α-Hydroxybuttersäure* eine Bevorzugung von D-**II**. Ein anderes Bakterium bevorzugte ohne Verw. des Inhibitors D-**II**. Der α-Hydroxysäure-abhängige *Lactobacillus casei*

280-16 A war bzgl. **II**-Verwertung als α-Hydroxysäurequelle D-spezif., jedoch hinsichtlich der **II**-Verwertung als **I**-Ersatz nicht spezif. eingestellt. K. Maier. 4320□

Über den Abbau des Carnitins durch Pseudomonas pyocyanea. H. Aurich und I. Lorenz. (Acta biol. med. german. [Berlin] **3**, 272—75, 1959; Leipzig, Karl-Marx-Univ., Physiolog.-chem. Inst.; dt.) — *Pseudomonas pyocyanea A 7244* verwertet *L-Carnitin* (**II**), wenn es einzige C- u. N-Quelle ist, nicht dagegen *D-Carnitin* (**I**). Aus *DL-Carnitin* wird in fast theoret. Ausbeute u. größter Reinheit **I** erhalten. Dieser Stamm bildet reichlicher **II** als andere *Pseudomonas*-Arten in carnitinfreiem Medium. P. Gregorzewski. 4320□

Kleinlebewesen-Befall der Wälder. 3. Mitt. **In vitro-Huminifizierung eines Buchenholzmehles.** F. Jaquin und F. Mangenot. (Plant and Soil [The Hague] **11**, 377—91, Nov. 1959; Nancy, Ecole Nat. Sup. Agron. de Nancy; franz.) — 2. vgl. C. **1960**, 5210. — Bei bis 11 Monate langer Kultur reiner Pilzstämme u. natürlicher Pilzgemeinschaften auf Buchenholzmehl mit Nährlsg. u. mit u. ohne bes. Zugaben von $CaCO_3$ oder H_3PO_4 erhalten Vff. zwei verschiedenartige Umwandlungen organ. Substanz, bes. Lignin, in huminartige Produkte. *Trechispora* sp. (Basidiomycet) verursacht eine weiße Fäulnis, eine Erniedrigung des pH auf 2,7—2,9 u. einen lebhaften Ligninabbau, wobei eine große Menge blaßgefärbter Humusstoffe gebildet werden. Eine Species *Cytosporella* (Spheropsidales) bewirkt bei nur geringem Wachstum eine Blaufärbung, jedoch keine merkliche Strukturveränderung des Holzes, prakt. keinen Ligninabbau u. nur eine geringe pH-Erniedrigung. Beide Species zusammen zeigen eine ausgeprägte synergist. Wrkg. u. führen ebenso wie die natürlichen Pilzgemeinschaften zur Bldg. großer Mengen dunkel gefärbter Humusstoffe intermediärer Art. H. Spohn. 4320□

Die Isolierung Glycerin- und Fett-abbauender Bakterien aus dem Magen des Schafes. P. N. Hobson und S. O. Mann. (J. gen. Microbiol. **25**, 227—40, Juni 1961; Bucksburn, Aberdeen, Rowett Res. Inst.; engl.) — Aus dem Mageninhalt des Schafes wurden mit Hilfe von Spezialnährböden die Bakterien isoliert, die am Abbau des durch die Hydrolyse von Fett (**I**) (Leinöl) entstehenden *Glycerins* (**II**) im Schafmagen beteiligt sind. Es konnte gezeigt werden, daß weniger fakultativ anaerobe Arten, sondern in der Hauptsache obligat anaerobe (*Selenomonas ruminantium* var. *lactilyticas*) **II** abbauen. Für den Abbau der **I** sind Bakterien verantwortlich, die nicht mit den **II** abbauenden ident. sind, obwohl auch sie **II** verwerten. Es handelt sich ebenfalls um obligat anaerobe Organismen. Beide, die nur **II** u. die **II** u. **I** assimilierenden Bakterien, bilden aus **II** neben wenig Milch-, Bernstein-, Essig- u. Buttersäure in der Hauptsache Buttersäure. Ein Gas oder Ameisensäure entstehen nicht. Alle isolierten Bakterien befinden sich auch dann im Schafsmagen, wenn den Tieren keine **I**- oder **II**-haltige Nahrung angeboten wird. M. Lorenz. 4320□

Untersuchungen über den Stoffwechsel von Leptospiren. 2. Mitt. **Die Wirkung von Cobalamin, von einigen B_{12}-ähnlichen Faktoren, von Methionin und einigen Purinen auf Wasser-Leptospiren.** B. Babudieri und O. Zardi. (Rend. Ist. super. Sanità **22**, 244—59, 1959; Roma, Ist. super. Sanità, Labor. di Microbiol.; ital.) — 1. vgl. C. **1962**, 7943. — Vff. untersuchen den Einfl. verschiedener Faktoren auf das Wachstum von Wasserleptospiren im Kolthof-Medium. Die Minimalkonz. des als Wachstumsfaktor wirkenden *Cobalamins* (**I**) beträgt 0,1 γ/cm^3; Ersatz von **I** durch 10 γ/cm^3 *Thymidin* (**II**) ermöglicht ebenfalls ein gutes Wachstum, während *Guanin* nur mäßig wirksam ist, jedoch die Wrkg. von **I** u. **II** potenziert; *Uracil* u. *Adenin* erlauben nur ein beschränktes Wachstum; in Kombination mit **I** oder **II** wirken sie dagegen hemmend, während mit einem Gemisch der beiden Verbb. keine Inhibierung von **I** oder **II** erfolgt. Es wird angenommen, daß die Wrkg. des **I** an den Benzimidazolteil des Mol. gebunden ist. F. Heller. 4320□

Untersuchung über die Herstellung von kristallisiertem Vitamin B_{12} aus aktivem Faulschlamm. 5. Mitt. **Reinigung mit Amberlit IRC-50 und Kristallisation von Vitamin B_{12}.** Tadashi Kamikubo und Kinji Tanaka. (Vitamins [Kyoto] **10**, 424—28, 1956; Kyoto Univ., School of Engng., Dep. of Industr. Chem.; jap., Auszug: engl.) — Vitamins [Kyoto] **9**, [1955], 136. — Als letzte Stufe der Darst. von Vitamin B_{12} (**I**) aus Faulschlamm wird die auf 4—9 µg **I**/ml angereicherte Lsg. durch eine Austauscherkolonne mit 50 g Amberlit IRC-50, HCl-Form (Zulauf-Geschw. 100 ml/Std.) u. Elution mit 0,1 n HCl, dann 0,1 n HCl/75% Aceton (1000 ml/Std.) weiterentwickelt u. von Verunreinigungen befreit, die vor dem **I** aus der Säule austreten, ehe die rote Bande des **I** herausgewaschen wird. Von der 5. Fraktion an tritt zunehmend reinere **I**–HCl-Lsg. aus. Durch eine Säule mit Amberlit IR-4B wird HCl beseitigt. Die auf das 5—20fache angereicherten Lsgg. (80% I-Ausbeute) ergeben durch Einengen u. Umkristallisieren 2,9 mg krist. I von 60% Reinheit. L. Schuler. 4320□

Untersuchung über die Herstellung von kristallisiertem Vitamin B_{12} aus aktivem Faulschlamm. 6. Mitt. **Adsorption von Vitamin B_{12} an verschiedene Aktivkohlen.** Tadashi Kamikubo und Kinji Tanaka. (Vitamins [Kyoto] **10**, 429—32, 1956; jap., Auszug; engl.) — 5. vgl. vorst. Referat. — Das Adsorptions-Verh. von ca. 20 Arten handelsüblicher *Aktivkohlen* gegenüber *Vitamin B_{12}* (I) u. Verunreinigungen wird untersucht, wobei eine aus akt. Faulschlamm anfallende Lsg. mit 1,2 μg I/ml u. einer Reinheit von 0,105 μg I/mg Festsubstanz zur Verw. kommt. Hinsichtlich Adsorptionskapazität (87—89% I), Preis, Leichtigkeit der Filtration u. Elution mit 50% Aceton erscheint die Sorte „Stark wirksam, Weißer Kranich" („Shirasage") von Takeda Pharm. Ltd. am günstigsten. Es werden 13—28% Festsubstanz adsorbiert, wobei die Reinheit des adsorbierten I 0,70 μg/mg Festsubstanz beträgt. L. Schuler. 4320□

Aktivierter Faulschlamm als Quelle für Vitamin B_{12}. 6. Mitt. **Jahreszeitliche Schwankungen im Vitamin B_{12}-Gehalt von aktiviertem Faulschlamm.** (2. Teil). Ryohei Takata, Yoshichika Oguni und Tadashi Kamikubo. (Vitamins [Kyoto] **10**, 459—60, 1956; Kyoto Univ., School of Engng., Dep. of Industr. Chem.; jap., Auszug: engl.) — Während eines Jahres 3 mal im Monat durchgeführte Best. des *Vitamin-B_{12}* (I)-Geh. im Faulschlamm einer Abwasseraufbereitungsanlage in Kyoto ergeben, auf Trockenbasis, einen I-Höchstgeh. (μg/g) von über 10 im September/November u. einen Tiefstwert von 5—6 im Juni, mit sek. Ansteigen im Mai u. Februar, ganz ähnlich wie in den Anlagen in Nagoya (vgl. Vitamins [Kyoto] **8**, [1955], 443). L. Schuler. 4320□

Findet während der Belüftung eine zusätzliche Neubildung von Vitamin B_{12} im Faulschlamm statt? Ryohei Takata und Yoshichika Oguni. (Vitamins [Kyoto] **10**, 461—63, 1956; Kyoto Univ., School of Engng., Dep. of Industr. Chem.; jap., Auszug: engl.) — Vgl. vorst. Referate. — Eine rechner. u. experimentelle Nachprüfung der Angaben von Takahashi (1955), wonach während der Belüftung ein Anstieg im *Vitamin-B_{12}*-Geh. im Faulschlamm zu beobachten ist, ergibt, daß unter den bestehenden Verhältnissen (Anlageskizze) ein evtl. Zuwachs zu gering ist (0,001—0,005 μg/ml), um durch Bioanalyse noch erfaßbar zu sein. L. Schuler. 4320□

Wachstumshemmung von Mikroorganismen durch Thyroidhormone. Herman Baker, Oscar Frank, Inez Pasher, Herman Ziffer, S. H. Hutner und Harry Sobotka. (Proc. Soc. exp. Biol. Med. **107**, 965—68, Aug./Sept. 1961; Jersey City, N.J., Seton Hall Coll. of Med., Div. of Liver and Nutr.; New York City, Haskins Labor. and Mt. Sinai Hosp., Dep. of Chem.; engl.) — Vff. untersuchten die wachstumshemmende Wrkg. von *thyroidakt. Verbb.* (I, *L-Thyroxin, 3.5-Dijodthyronin, 3.5.3'-Trijodthyronin, Tetrajodthyroessigsäure, 3.5-Dijod-L-tyrosin*) auf Mikroorganismen. I waren inakt. für die *Vitamin B_{12}* (II) erfordernden Mutanten *Escherichia coli* 113-3, *Lactobacillus leichmannii, Euglenia gracilis* u. für die nicht II erfordernden Gegenstücke. *Ochromonas malhamensis* (erfordert II) u. *O. danica* (erfordert kein II) wurden gehemmt. II überwindet die Hemmung von I bei *O. malhemensis*, nicht bei *O. danica*. Bei letzterem wurde die Hemmung durch Zusatz von *red. Glutathion* u. *Tween 85* überwunden.
W. Hiller. 4330□

Penicillin-induzierte Rundkörper in gramnegativen Bakterien. W. B. Hugo. (J. Pharmacy Pharmacol. **10**, 590—91, Sept. 1958; Nottingham, Univ., Dep. of Pharm.; engl.) —Vgl. C. **1961**, 11378. — Nach Lederburg bewirkt *Penicillin* (I) in Ggw. von Mg^{2+} bei wachsenden *Escherichia coli* u. *Salmonella typhimurium* die Bldg. von sphär. Formen oder Rundkörpern (J. Bacteriol. **73**, [1957], 144). Diese Meth. wurde jetzt auf 2 weitere E. coli-Stämme u. auf 10 andere gramnegative Bakterien angewandt. Es treten ebenfalls Rundkörper auf. Die erforderliche I-Konz. u. der Durchmesser der Rundkörper mit u. ohne I ist tabellar. angegeben. H.-A. Offe. 4340

Psicofuranin. 1. Mitt. **Entdeckung, Isolierung und Eigenschaften.** T. E. Eble, H. Hoeksema, G. A. Boyack und G. M. Savage. (Antibiotics and Chemotherapy **9**, 419—20, Juli 1959; Kalamazoo, Mich., Upjohn Comp., Res. Labor.; engl.) — Vff. erhielten ein neues Antibioticum, *Psicofuranin* (I), aus *Streptomyces hydroscopicus* var. *decoyicus*. I ist nach Schroeder u. Hoeksema (noch unveröffentlicht) *6-Amino-9β-D-psicofuranosylpurin*, $C_{11}H_{15}N_5O_5$. Zur Isolierung von I wird die Kultur-Lsg. auf pH 2,0 eingestellt u. filtriert, das Filtrat auf pH 9,7—10,0 gebracht u. I absorbiert an Nuchar *C-190* (1%); mit 80% ig., auf pH 7—8 eingestelltem Aceton eluiert, u. durch Einengen zur wss. Lsg. u. Stehen bei 2° zur Kristallisation gebracht. Reinigung durch fraktionierte Kristallisation gelingt nicht, jedoch kann I durch fraktionierte Verteilung im Syst. n-Butanol/W. (K-Wert 0,28—0,35) gereinigt werden. I ist eine krist. weiße Substanz, F. 212—214°, leicht lösl. in Dimethylformamid, Dimethylsulfoxid u. heißem W., lösl. bei Raum-Temp. in W. 8 mg/ml, Methanol 8 mg/ml, A. 6 mg/ml; n-Butanol 2 mg/ml u. Essigester 0,23 mg/ml. $[\alpha]_D^{25}$ —53,7° (1% in Dimethylsulfoxid) u. $[\alpha]_D^{25}$ —68° (1% in Dimethylformamid). In Lsg. ist I bei neutralem pH stabil. UV-Spektrum von I in 0,01n Säure: $E_{1cm}^{1\%}$ = 508 bei 259 mμ; in 0,01n Base: $E_{1cm}^{1\%}$ = 527 bei 261 mμ. IR-Spektrum ist angegeben. G. Bachmann. 4340□

Psicofuranin. 2. Mitt. **Untersuchungen an experimentellen Tierinfektionen.** Charles Lewis, Harold R. Reames und Lionel E. Rhuland. (Antibiotics and Chemotherapy **9,** 421—26, Juli 1959; engl.) — 1. vgl. vorst. Referat. — In Tier-Verss. mit Mäusen ist *Psicofuranin* (I) sowohl bei oraler wie bei subkutaner Verabreichung wirksam gegen *Micrococcus aureus, Streptococcus* u. *Escherichia coli.* In vitro ist I gegen *Diplococcus pneumoniae, Proteus vulgaris, Pseudomonas aeruginosa* u. Salmonellainfektionen, sowie gegen Virus- u. Nematodeninfektionen inaktiv. G. Bachmann. 4340□

Psicofuranin. 3. Mitt. **Gewinnung und biologische Untersuchungen.** J. J. Vavra, A. Dietz, B. W. Churchill, P. Siminoff und H. J. Koepsell. (Antibiotics and Chemotherapy **9,** 427—31, Juli 1959; engl.) — 2. vgl. vorst. Referat. — Vff. beschreiben Kulturmedium u. die Gewinnung von *Psicofuranin* (I) mit Ausbeuten von ca. 960 μg/ml. I ist in vitro wirksam gegen *Escherichia coli, Salmonella pullorum, Staphylococcus aureus, Staphylococcus albus* u. *Streptococcus humolyticus* auf Agar- bzw. Fleischbrüheproben bei Verw. einer speziellen Technik. G. Bachmann. 4340□

Psicofuranin. 4. Mitt. **Mikrobiologische Untersuchung.** L. J. Hanka, M. R. Burch und W. T. Sokolski. (Antibiotics and Chemotherapy **9,** 432—35, Juli 1959; engl.) — 3. vgl. vorst. Referat. — *Psicofuranin* (I) zeigt antibakterielle Aktivität in vivo, unter speziellen Bedingungen auch in vitro. Diese Bedingungen sind: Kühlung der Proben 4 Std. vor der Inkubation u. Verw. von halbsynthet. Medium, welchem Leberextrakt beigefügt ist. Die in vitro-Aktivität bildet die Grundlage für 3 mikrobiolog. Unters.-Methoden. Mit dem Plattentest lassen sich 10 μg I pro ml W. u. 3 μg I pro ml Blut oder Blutserum nachweisen. Die turbidimetr. Meth. zeigt noch 0,5 μg I pro ml im Kulturmedium an. *Staphylococcus aureus FDA-209 P* diente in allen Fällen als Testorganismus. G. Bachmann. 4340□

Psicofuranin. 5. Mitt. **Papierchromatographie und Ultraviolett-Absorptions-Untersuchung.** W. T. Sokolski, N. J. Eilers und T. E. Eble. (Antibiotics and Chemotherapy **9,** 436—38, Juli 1959; engl.) — 4. vgl. vorst. Referat. — Vff. beschreiben Papierchromatographie von *Psicofuranin* (I) in Ggw. anderer Verbb. in 6 Lsgm.-Systemen. Syst. 1: n-Butanol: W., 84:16; R_F-Wert 0,1—0,2. Syst. 2: n-Butanol: W., 84:16 u. 0,25% p-Toluolsulfonsäure; R_F 0,1—0,2. Syst. 3: n-Butanol: Eisessig: W., 2:1:1; R_F 0,4—0,5. Syst. 4: n-Butanol: W., 84:16 u. etwas Pyridin; R_F 0,1—0,2. Syst. 5: W.: n-Butanol, 96:4; R_F 0,6—0,7. Syst. 6: W.: n-Butanol, 96:4 u. 0,25% p-Toluolsulfonsäure; R_F 0,5—0,6. Die Lokalisierung auf dem Papierstreifen erfolgt mit UV-Licht, die quant. Best. mit dem UV-Spektrophotometer mittels Eichkurve.
G. Bachmann. 4340□

Tennecetin: Ein neues antifungales Antibioticum. Allgemeine Charakteristik. James Burns und D. Frank Holtman. (Antibiotics and Chemotherapy **9,** 398—405, Juli 1959; Knoxville, Univ. of Tennessee, Dep. of Bact.; engl.) — Aus Tennessee-Erdboden wurde ein neuer Streptomycet (*Streptomyces chattanoogensis*) isoliert, welcher ein antifungales Antibioticum produziert. Dies wurde als *Tetraen* erkannt u. *Tennecetin* (I) genannt. Der Streptomycet wurde in Medium aus Glycerin 2%; Phyton (BBL) 0,5%; Pepton (Difco) 0,5%; Hefeextrakt (Difco) 0,3%; Fleischextrakt (Difco) 0,3% u. Leitungswasser vom pH 7,0 unter Schütteln bei 25—28° innerhalb von 3—4 Tagen gezüchtet. Das akt. Material wurde aus der Kultur-Fl. mit n-Butanol extrahiert. Es ist ein gelbes amorphes Pulver, das bis zu 100 Einheiten akt. I pro mg enthält. Die Empfindlichkeit verschiedener Mikroorganismen gegenüber I ist sehr unterschiedlich, die Stabilität von I-Lsgg. wird angegeben. I ist lösl. in W., Methanol, 95%ig. A., Propylenglykol, Pyridin, Formamid u. n-Butanol, unlösl. in Chlf., Äthylacetat, Amylacetat, Ae. u. PAe. Die wss. Lsg. zeigt alkal. Rk.; UV-Absorptionsspektrum: 3 Maxima bei 270 bis 280, 300—302 u. 315—318 mμ; Papierchromatographie (absteigend, n-Butanol als Lsgm.): R_F-Wert 0,33. I gibt mit konz. Schwefelsäure eine weinrote Färbung, Kaliumpermanganat wird leicht entfärbt. Keine Rk. mit Eisen(III)-chlorid, Ninhydrinprobe negativ. G. Bachmann. 4340□

Tennecetin: Ein neues antifungales Antibioticum. Toxikologische Untersuchungen Fred S. Barr. (Antibiotics and Chemotherapy **9**, 406—08, Juli 1959; Bristol, Tenn., S. E. Massengill Comp., Res. Dep.; engl.) — Vgl. vorst. Referat. — Die akute u. chron. Toxizität des *Tennecetins* wurde an 6 Vers.-Tierarten erprobt. Das Agens wirkt bei Injektion tox., bei oraler Verabreichung sind keine tox. Symptome feststellbar. G. Bachmann. 4340□

Ein durch Streptomyces pulveraceus nov. sp. erzeugtes Antibioticum Nr. 45449. Hiromu Hitomi, Satoshi Horii, Takeshi Yamaguchi, Masahiko Imanishi und Akira Miyake. (J. Antibiotics [Tokyo], Ser. A **14**, 63—67, März 1961; Takeda Pharmaceut. Ind. Ltd.; engl.) — *Streptomyces pulveraceus* erzeugt 2 Antibiotica *45449 A* (**I**) u. *45449 B* (**II**). **I** ist unterschiedlich von Neomycin, Hydroxymycin u. Paromycin in physiolog. u. biolog. Eigg. u. in den Abbau-Prodd.; **II** unterscheidet sich von Streptomycin u. Hydroxystreptomycin durch Farb-Rk. u. von Dihydrostreptomycin u. von Dihydrodesoxystreptomycin durch den Misch-F. u. das Röntgenspektrum.

Versuche: *45449 A* (**I**), $[\alpha]_D^{21}$ $+83°$ (c = 2; W.), aus der Brühe von *St. pulveraceus*, die mit HCl auf pH 7—8 gebracht wurde, u. Adsorption der akt. Verb. an Amberlite IRC 50, Eluieren mit 0,5n HCl, Konzentrieren im Vakuum, Chromatographie an Aktivkohle, Sammeln der ninhydrinpositiven Fraktion, Konzentrieren im Vakuum, Zufügen von Aceton, um das Hydrochlorid niederzuschlagen. — *p-[p'-Hydroxyphenylazo]-benzolsulfonat von* **I**, $C_{23}H_{45}N_5O_{14}$ $(C_{12}H_{10}N_2O_4S)_5 \cdot 5\ H_2O$, F. 190° (Dunkelfärbung), bei 300° keine Zers., $[\alpha]_D^{21}$ 34° (c = 0,5; Methanol), aus **I**-Hydrochlorid in W. u. Na-p-[p'-Hydroxyphenylazo]-benzolsulfonat (orange-gelb; W.). — *Reineckat von* **I**, $C_{23}H_{45}N_5O_{14} \cdot [Cr(NH_3)_2(SCN)_4]_5 \cdot 5\ H_2O$, F. 158—168° (Zers.), aus **I**·HCl u. NH_4-Reineckat in W. bei 50°, Abkühlen lassen, Umkristallisieren aus A. — *Helianthat von* **I**, $C_{23}H_{45}N_5O_{14}(C_{14}H_{15} \cdot N_3O_3S)_5 \cdot 5\ H_2O$, F. 209—210° (Zers.), aus **I**·HCl in W., Methanol u. Helianthin bei 75°. — *N-Pentabenzoyl-***I**, $C_{23}H_{40}N_5O_{14}(C_6H_5CO)_5 \cdot 3\ H_2O$, F. 206° (Zers.), $[\alpha]_D^{21}$ $+36°$ (c = 0,5; CH_3OH), aus a) $NaHCO_3$, **I**·HCl u. Benzoylchlorid bei 0° unter Rühren u. b) durch $^1/_4$std. Kochen von **I**·HCl mit Pyridin u. Benzoylchlorid, Extrahieren mit Chlf., Waschen mit 2n HCl, 10% $NaHCO_3$ u. W., Trocknen über Na_2SO_4 unter vermindertem Druck. Das durch Zufügen von PAe. erhaltene weiße Pulver wurde in Methanol–NaOH gelöst, 4½ Std. bei Raum-Temp. stehen gelassen, mit Essigsäure neutralisiert u. verd. mit W. (Nadeln). *45449 B* (**II**), F. 178—188° (freie Base), $C_{34,29}$; $H_{6,37}$; $N_{12,06}$; $[\alpha]_D^{22}$ $-84°$ (c = 1; Methanol). Die Aktivkohlesäule, aus der **I** eluiert wurde, wurde weiterhin mit W. behandelt. Die erhaltene Fraktion besaß noch große Mengen **I**, Adsorbieren an IRC 50 (NH_4^+-Form), Eluieren mit 5% NH_3 (nur **I** wird eluiert), Waschen mit W. u. Eluieren mit 0,5n HCl u. Chromatographie an Aktivkohle ergab **II**-Hydrochlorid. Durch Behandeln mit Triäthylaminsulfat wurde **II**-Sulfat erhalten. **II**-Sulfat besitzt kein Absorptionsmaximum im UV. W. Hiller. 4340□

Polymyxin B und Colistin. Aktivität, Resistenz und Kreuzresistenz in vitro. Hans A. Hirsch, Clarke G. McCarthy und Maxwell Finland. (Proc. Soc. exp. Biol. Med. **103**, 338—42, Febr. 1960; Boston City Hosp., Mass., Harvard Med. School, Dep. of Med.; engl.) — Es wird die sehr ähnliche antibakterielle Aktivität von *Polymyxin B* u. *Colistin* vergleichend untersucht. M. Metze. 4340□

Antibiotische Aktivität eines aus dem Vegetationswasser von Oliven erhaltenen Extraktes. M. de Caro und Maria Galamini Ligori. (Rend. Ist. super. Sanità **22**, 233—43, 1959; Roma, Ist. super. di Sanità, Labor. di Biol.; ital.) — Im Preßsaft von Oliven wird eine gegen grampositive Keime stark antibiot. wirksame *Verb.* (**I**) nachgewiesen. **I** ist nicht flüchtig u. kann aus der wss. Lsg. bei pH 3—3,5 mit Butanol extrahiert werden, R_F in Ae. beträgt 0,78, in Butanol 0,74. F. Heller. 4340□

Untersuchung der Cytochemie von Ultrastrukturen. Virusverdauung in ultrafeinen Schnitten. Wilhelm Bernhard, Nicole Granboulan, Georges Barski und Paul Tournier. (C. R. hebd. Séances Acad. Sci. **252**, 202—04, 4/1. 1961; Villejuif, Seine, Inst. de Rech. sur le Cancer, Labor. de Microscopie électron., et Inst. Gustave Roussy, Labor. de culture de tissus; Paris, Hôp. Claude Bernard, Labor. central.; franz.) — Mit Adenovirus, Typ 5, infizierte Hela-Zellen u. mit Polyomvirus infizierte Mäuseembryonalzellen wurden nach Formolfixierung in ein wasserlösl. Polyepoxidharz eingeschlossen u. Ultraschnitte mit Enzymen behandelt. Trypsin griff den zentralen Teil der Viren an, Pepsin die periphere Schicht des Adenovirus. K. Maier. 4374□

Trennung der mit der Reproduktion von Adenovirus assoziierten Komponenten an DEAE-Cellulose. L. Philipson. (Virology **10**, 459—65, April 1960; Uppsala, Univ., Inst. of Virol.; engl.) — Aus Adenovirus-infizierten Zellkulturen (Hela-Zellen oder Nieren) wurden durch Chromatographie an DEAE-Cellulose u. Gradientenelution mit NaCl verschiedene Komponenten erhalten. Sie wurden auf den frühen cytopathogenen Effekt, die Komplement–Bindungs-Fähigkeit u. die Infektiosität geprüft. Die beiden ersten Aktivitäten wurden vollkommen wiedererhalten. Eine Fraktion umfaßte den cytopathogenen Effekt (Proteinfaktor), eine zweite das lösl. komplementfixierende Antigen u. 15% der Infektiosität, eine dritte 20% der Infektiosität.
M. Wiedemann. 4374□

Infektiöse Phenolextrakte aus Gurkenblättern, die mit dem Virus der Ringflecken-Nekrose infiziert waren. T. O. Diener und M. L. Weaver. (Virology **8**, 531—32, Aug. 1959; Prosser, Wash., State Coll. Washington, Irrigation Exp. Stat.; engl.) — Durch Zerreiben von Blättern von *Cucumis sativus* L. (var. *National Pickling*), die mit dem Virus der Ringflecken-Nekrose infiziert waren, erhielten Vff. einen Rohextrakt, den sie mit wassergesätt. Phenol extrahierten. Dieser Phenolextrakt wirkte infektiös bei allen Verss., bei denen der Rohextrakt in einer Verdünnung bis auf das 64fache seines Vol. infizierend wirkte. Die Infektiosität des Phenolextraktes betrug demnach ungefähr 1% der Infektiosität des Rohextraktes. Das infektiöse Material im Phenolextrakt konnte weder isoliert noch bestimmt werden. Aus Unterschieden in der Stabilität schließen Vff. auf eine unterschiedliche Natur des infektiösen Materials in Roh- u. Phenolextrakt. Genauso hergestellte Extrakte von Prunus-B-Virus-infizierten Blättern von *Cucurbita maxima Duchesne*, var. *Buttercup*, waren nicht infektiös.
U. Eberhardt. 4374□

Isolierung und Voruntersuchung eines löslichen Proteins und einer infektiösen Nucleinsäure aus dem Rübenmosaikvirus. J. M. Kaper und R. L. Steere. (Virology **8**, 527—30, Aug. 1959; Berkeley, Calif., Univ. of California, Virus Labor.; engl.) — Mit Hilfe einer Hitze–Denaturierungs-Meth. konnte aus dem Rübenmosaikvirus eine infektiöse *Ribonucleinsäure* (*RNS*)-Fraktion gewonnen werden, die nach Reinigung mit Butanol–Chfl. weniger als 0,3% Protein enthielt. Das Infektionsvermögen betrug 0,1 bis 0,5% der gleichen Menge Nucleinsäure im intakten Virus. Das Präp. wurde im Gegensatz zum intakten Virus durch Ribonuclease vollständig inaktiviert. Durch Dialyse der Viren konnte eine wasserlösl. Proteinfraktion mit weniger als 0,03% Nucleinsäure gewonnen werden. Ein Absorptionsmaximum lag bei 280 mμ, ein Minimum bei 250 mμ. Das Verhältnis Maximum/Minimum war 2,2. Die Zahl der freien Aminogruppen war vor u. nach Dialyse bei pH 11,5 gleich. Das Protein liegt in Suspension in Form kleiner Teilchen vor, die sich zu verschieden großen Aggregaten zusammenordnen. Verss., durch Mischen des Nucleinsäure- u. des Protein-Präp. intakte Viren herzustellen, schlugen fehl.
U. Eberhardt. 4374□

Hemmung und Anregung des Tabakmosaikvirus durch Purine. R. H. Kurtzman jun., A. C. Hildebrandt, R. H. Burris und A. J. Riker. (Virology **10**, 432—48, April 1960; Madison, Univ. of Wisconsin, Coll. of Agric., Dep. of Plant Pathol. and of Biochem.; engl.) — In Kulturen von Tabakgewebe wurden eine Reihe von Purin-Derivv. auf ihre Wrkg. auf das Tabakmosaikvirus (TMV) wie auf das Gewebe gepüft. *6-Chlorpurin*, *Purin* u. *8-Chlorxanthin* hemmten zwar das Virus, aber ebenso das Wirtsgewebe. Einige Verbb., z. B. *Coffein*, förderten die Virusvermehrung bei niederen Konzz., bei höheren hemmten sie, ferner wirkten sie bei ca. 100 mg/Liter hemmend auf das Gewebewachstum. Nur *6-Methylpurin* hemmte die Virusvermehrung, ohne das Gewebewachstum zu beeinflussen, in einer Konz. von 0,1 mg/Liter wurde die Zahl der Lokalläsionen um 40% reduziert.
M. Wiedemann. 4374□

Die in vitro-Inkorporation von ^{32}P in Tabakmosaikvirus. P. M. Townsley. (Canad. J. Biochem. Physiol. **38**, 459—66, Mai 1960; Vancouver, Univ. of British Columbia; engl.) — Blattstücke von mit Tabakmosaikvirus (TMV) infizierten Tabakblättern wurden mit PO_4^{3-} für 4 Std. inkubiert, danach homogenisiert u. zentrifugiert. Der Überstand wurde durch Gelelektrophorese u. Chromatographie untersucht. Während der Reinigungsprozedur bleibt ^{32}P beim Virus u. kann von diesem durch Inkubation mit 0,33n KOH getrennt werden. Aus der ^{32}P–TMV-Verb. werden hauptsächlich *Adenyl-*, *Cytidyl-*, *Uridyl-* u. *Guanylsäuren* freigesetzt. Wurde *p-Fluor-DL-phenylalanin* während der Inkubation zugegeben, so wurde der ^{32}P-Einbau in TMV sehr stark gehemmt. Gleiche Wrkg. zeigte *2-Thiouracil*; *Chloramphenicol* hemmte den ^{32}P-Einbau in das TMV nicht.
W. Hiller. 4374□

Infektiosität der Ribonucleinsäure aus 2-Thiouracil-enthaltendem Tabakmosaikvirus. R. I. B. Francki. (Virology **10,** 374—76, März 1960; Univ. of Auckland, New Zealand, Plant Diseases Div., Bot. Dep.; engl.) — *Ribonucleinsäure* (*RNS*) wurde mit der Phenol-Meth. aus normalem u. *2-Thiouracil*-haltigem Tabakmosaikvirus TMV isoliert. Die thiouracilhaltige RNS ist weniger infektiös als die normale.
M. Wiedemann. 4374□

Quantitative Untersuchungen über die Infektiosität von Ribonucleinsäure aus teilweise und aus hochgereinigten Poliovirus-Präparaten. Gebhard Koch, Susan Koenig und Hattie E. Alexander. (Virology **10,** 329—43, März 1960; New York, Columbia Univ., Coll. of Physicians and Surgeons, Dep. of Pediatrics and The Babies Hosp.; engl.) — Die Einfl. der Herst. der infektiösen *Ribonucleinsäure* (*RNS*) aus Poliomyelitisvirus (Mahoney Typ 1) auf ihre Infektiosität in der Zellkultur wurden untersucht. Die RNS ist gegenüber Phenol- wie Ätherextraktion stabil. Hyperton. Salz-Lsgg. u. alkal. pH erhöhen die Infektiosität, wohl infolge Beeinflussung der Zellen. Unter optimalen Konzz. ist die „plaque" (Löcher)-Bldg. der RNS-Konz. proportional, sie erreicht 1% von der des Ausgangsvirus. Da diese infektiöse RNS aus teilweise gereinigtem wie auch aus hochgereinigtem Virus gewonnen werden kann, dürfte intaktes Virus die Quelle darstellen. M. Wiedemann. 4374□

Ultraviolett-Inaktivierung der Poliovirus-Ribonucleinsäure. Amos Norman. (Virology **10,** 384—86, März 1960; Los Angeles, Univ. of California, Dep. of Radiol.; engl.) — Die infektiöse *Ribonucleinsäure* (*RNS*) aus dem MEF 1 Stamm des Poliomyelitisvirus erwies sich gegenüber UV-Licht um ca. 20% resistenter als das intakte Virus. Die Quantenausbeute bei der Inaktivierung dieser RNS düfte von der gleichen Größenordnung sein wie die der RNS aus Tabakmosaikvirus ($8{,}4 \cdot 10^{-4}$).
M. Wiedemann. 4374□

Basen-Zusammensetzung der Ribonucleinsäuren von drei Typen des Poliovirus. Frederick L. Schaffer, Helen Fisher Moore und Carlton E. Schwerdt. (Virology **10,** 530—37, April 1960; Berkeley, Univ. of California, Virus Labor.; engl.) — Bei den 3 Stämmen des Poliomyelitisvirus (Mahoney, MEF 1 u. Saukett) wurden durch Hydrolyse mit n HCl bei 100° u. Chromatographie an Whatman-Papier die Basen der Ribonucleinsäure getrennt. Die 3 Stämme hatten ungefähr dieselbe Zus.; *Guanin* 0,96; *Adenin* 1,14; *Uracil* 1,01 u. *Cytosin* 0,88 (Summe = 4). Die Virusnucleinsäure unterscheidet sich damit stark von der der Wirtszellen. M. Wiedemann. 4374□

Über die inhibierende „Aktivität" des Guanidins gegenüber dem Poliomyelitis-Virus in vitro. 2. Mitt. **Fehlende Wirkung der Derivate und Analogen des Guanidins.** B. Loddo. (Boll. Soc. ital. Biol. sperim. **37,** 537—38, 15/6. 1961; Cagliari, Univ., Ist. di Farmacol. e di Igiene; ital.) — 1. vgl. C. **1963,** 563. — Ausgehend von einer gesätt. Lsg. bei 37—40° wird die Wrkg. folgender Verbb. auf die Rk. von *Virus Polio 1* beim Stamm MS untersucht: *Acetylsulfaguanidin, Sulfaguanidin, Arginin, Kreatin, Uridin, Harnstoff, Thioharnstoff, Diphenylcarbazon, p-Succinylaminobenzaldehydthiosemicarbazon, Diphenylthiocarbazon, Phenylsemicarbazon, 4-Phenylsemicarbazidhydrochlorid, Diphenylcarbazid, Dimethylbiguanid, β-Phenetylbiguanid, 2-Amino-4-methylpyrimidin* u. *2-Aminopyrimidin.* Die in nichttox. Dosen untersuchten Verbb. inhibieren nicht den cytopathogenen Effekt des Virus Polio 1. F. Kren. 4374□

Über die inhibierende „Aktivität" des Guanidins gegenüber dem Poliomyelitis-Virus in vitro. 3. Mitt. **Fehlender Antagonismus einiger Moleküle gegenüber der durch Guanidin bezüglich Poliovirus 1 ausgeübten Hemmung des cytopathogenen Effekts.** B. Loddo. (Boll. Soc. ital. Biol. sperim. **37,** 539—40, 15/6. 1961; ital.) — 2. vgl. vorst. Referat. — Folgende Verbb. werden gleichzeitig mit *Guanidinhydrochlorid* (I; Konz. 1 : 4000) den Kulturböden des *Polio Virus 1* zugesetzt: *Kreatinin, Uridin, Arginin, Harnstoff, L-Cystein, L-Cystin, DL-Methionin* u. *Glutamin.* Keine dieser Verbb. ist in der Lage, die Schutz-Wrkg. von I gegenüber dem cytopathogenen Effekt des Virus Polio 1 auf Kulturen der Zellen MS zu hemmen. F. Kren. 4374□

Über die inhibierende „Aktivität" des Guanidins gegenüber dem Poliomyelitis-Virus in vitro. 4. Mitt. **Einfluß des Guanidins auf die Vermehrung des Virus.** B. Loddo. (Boll. Soc. ital. Biol. sperim. **37,** 540—41, 15/6. 1961; ital.) — 3. vgl. vorst. Referat. — Die Unterss. werden mit *Guanidin* in einer Konz. von 1 : 4000 an Kulturböden von Zellen MS durchgeführt. Obgleich Guanidin das Virus Polio 1 nicht tötet, verhindert es die Bldg. von neuem Virus im Inneren der Zelle. F. Kren. 4374□

Über die inhibierende „Aktivität“ des Guanidins gegenüber dem Poliomyelitis-Virus in vitro. 5. Mitt. Heilende Aktivität des Guanidins bei der Infektion von Zellkulturen mit Polio 1. B. Loddo. (Boll. Soc. ital. Biol. sperim. **37,** 542—44, 15/6. 1961; ital.) — 4. vgl. vorst. Referat. — Es wird untersucht, ob das Blutserum die Wrkg. des *Guanidins* (I) stört u. ob I auf durch Polio-Virus überwucherte Zellkulturen einwirkt. Es zeigt sich, daß I den cytopathogenen Effekt auch 8 Std. nach der Infektion verhindert; gleichzeitig hindert es die Vermehrung des Virus. F. Kren. 4374□

Untersuchungen über die Hemmwirkung von Ammoniumionen in verschiedenen Virus-Gewebekultursystemen. E. M. Jensen und O. C. Liu. (Proc. Soc. exp. Biol. Med. **107,** 834—38, Aug./Sept. 1961; Philadelphia, Pa., Smith Kline and French Labor., Res. and Dev. Div.; engl.) — In Allantoismembran-Kulturen (u. in intakten Hühnerembryonen) wurde eine Hemmwrkg. von NH_4^+ gegenüber Influenza-Viren beobachtet, die von der eingeimpften Virenmenge unabhängig war u. daher offenbar ihren Angriffspunkt in der Wirtszelle besaß. Andere Viren (Herpes simplex, ECHO, Parainfluenza, Poliomyelitis, Vaccina u. Newcastle) wurden durch NH_4^+ nicht beeinflußt. K. Zingraf. 4374□

Inhibierende Wirkung der Eisen-Komplexe auf die Entwicklung des Influenzavirus A (PR8) beim Hühnerembryo. T. Berti und G. Bologna. (Boll. Soc. ital. Biol. sperim. **37,** 524—26, 15/6. 1961; Padua, Univ., Centro di Studio per la Chemioterap. del CNR, Ist. di Farmacol.; ital.) — Die Unterss. werden an dem im Hühnerembryo von 11 Tagen kultivierten Virus A (PR8) durchgeführt. DL_{50} u. DE_{50} sowie agglutinierende Wrkg. auf die Erythrocyten in vitro von *Eisenkaliumtartrat* (I), *Eisenglycerinphosphat, Eisenoxidsaccharat* u. *Eisenammoniumcitrat* (rot) werden bestimmt. Nur I wirkt deutlich hemmend auf das Virus, u. zwar den aktivsten *Bi*-Komplexen entsprechend: DE_{50} 1 mg/Einheit, DL_{50} 12 mg/Einheit. Die anderen Fe-Komplexe zeigen nur in den höchsten nichttox. Konzz. (5—10 mg/Einheit) eine gewisse Schutzwirkung. F. Kren. 4374□

Hemmung der Enzymbildung bei durch den Phagen T2r⁺ infizierter Escherichia coli. A. P. Levin und K. Burton. (J. gen. Microbiol. **25,** 307—14, Juni 1961; Oxford, Univ., Dep. of Biochem., Cell Metabolism Res. Unit.; engl.) — Vff. untersuchten den Einfl., den eine Phageninfektion (durch *T2r⁺*) auf die Bldg. der Enzyme *Asparagincarbamyltransferase* (*Ureidobernsteinsäuresynthetase*) (I), *Dehydroorotsäuredehydrogenase* (II) u. *alkal. Phosphatase* (III) bei einer *Uracil* (**IV**) benötigenden Mutante von *Escherichia coli* (Stamm B_{39}) hat. Es wurde gefunden, daß die Synth. von I u. II nach einer Phageninfektion unterbleibt, auch dann, wenn das **IV**-Mangelmedium durch die Zugabe von Mg^{2+}, Spermin, Caseinhydrolysat oder Tryptophan (allein oder in Kombination) ergänzt wird, während die Enzym-Bldg. durch diese Substanzen bei normalen, nicht infizierten Zellen bes. gefördert wird. Kultiviert man E. coli in einer Nährlsg., die kein anorgan. Phosphat enthält, dann ist die Bldg. von III von der An- oder Abwesenheit von **IV** nicht abhängig, die Zugabe von anorgan. Phosphat oder eine Infektion durch die Phagen hemmt dagegen die III-Bildung. M. Lorenz. 4374□

Stoffwechseluntersuchungen an Toxoplasma gondii. J. D. Fulton und D. F. Spooner. (Exp. Parasitology **9,** 293—301, Juni 1960; London, Mill Hill, Nat. Inst. for Med. Res.; engl.) — *Toxoplasma gondii* vermag *Glucose* (I) am besten bei einem pH-Wert von 7,4 auszunutzen. Vergleicht man die Atmung der Parasiten in Ggw. verschiedener Substrate (*Fructose, Galaktose, Maltose, Mannose, Rohrzucker, Ribose, Inosit, Glykogen* [II], *Glucosamin, Glutamin* [III], *Glycerin, Na-Pyruvat, -Lactat, -Succinat, -α-Ketoglutarat, -Malat, -Fumarat, -Citrat, -cis-Aconitat, Glucose-6-phosphat* [IV], *Fructose-6-phosphat, Fructose-1.6-diphosphat, 6-Phosphogluconat*) mit der in Ggw. von I, so ist festzustellen, daß nur III ungefähr gleich gut veratmet wird, während die Intermediärprodd. des Krebs-Cyclus kaum oder nicht veratmet werden. Von den phosphorylierten Zuckern wird nur IV veratmet, die übrigen Zucker aber durch zellfreie Extrakte oxydiert. II wird ebenfalls veratmet, was von einer gewissen Bedeutung ist, da die Zellen in denen sich die Parasiten sonst vermehren, erhebliche Mengen II enthalten. In den zellfreien Extrakten konnte eine Hexokinase nachgewiesen werden, die Homogenate vermochten auch DPNH zu oxydieren. Unter den Prodd. des I-Stoffwechsels konnten papierchromatograph. Milch- u. Essigsäure sowie eine nichtidentifizierte Säure, gaschromatograph. Spuren von Propion-, Butter- u. Valeriansäure nachgewiesen werden. Ketosäuren wurden nur in Spuren gefunden. Der Einfl. verschiedener Stoffwechselinhibitoren u. Chemoterapeutica (*Na-Arsenat, -Arsenit* [V], *2.4-Dinitrophenol, Fluorid, Jodacetat* [VI], *Urethan*

Cyanid [VII], *Aureomycin*, *Mapharsid* [VIII], *p-Chlormercuribenzoat* [IX], *Paludrinacetat* [X], *Propamidinisothionat*, *Na-Sulfapyridin*, H_2O_2) auf die Atmung wurde untersucht. Eine merkliche Hemmung kommt nur durch **V**, **VI**, **VII**, **IX**, **VIII** u. **X** zustande. Die Verminderung der Atmung durch **VII** läßt auf eine *Cytochromoxydase* in den Zellen schließen, darüber hinaus wird die Atmung im Dunkeln durch CO gehemmt u. diese Hemmung im Licht wieder aufgehoben. Die Parasiten verfügen über eine akt. *Katalase*, da H_2O_2 auf die Atmung keinen Einfl. hat. Erste Unterss. haben gezeigt, daß *Toxoplasma-Antikörper* in den Blutseren einiger Tiere u. Patienten die Atmung von *T. gondii* reduzieren. M. Lorenz. 4380□

Aerober Stoffwechsel von Crithidia fasciculata. Frissell R. Hunter. (Exp. Parasitology **9**, 271—80, Juni 1960; Iowa City, Iowa, State Univ. of Iowa, Dep. of Zool.; engl.) — Es wurde bei pH 7,4 der Einfl. von *Fumarat*, *L-Malat*, *α-Ketoglutarat*, *Na-Pyruvat*, *K-Citrat*, *Na-Acetat*, *cis-Aconitsäure*, *Na-Succinat* (**IX**), *L-Asparaginsäure* (**I**), *Trinatriumisocitrat* (**II**), *DL-α-Alanin* (**III**), *L-Asparagin* (**IV**), *Oxalessigsäure* (**V**), *L-Glutaminsäure* (**VI**), *L-Glutamin* (**VII**) u. *D-Glucose* (**VIII**) auf den O_2-Verbrauch von *Crithidia fasciculata* (Trypanosomidae) untersucht. Nur die Verbb. **I**—**VIII** stimulierten die O_2-Aufnahme. Die Unwirksamkeit der übrigen Verbb. beruht auf der Impermeabilität der Zellmembran für diese Verbb., wie durch Verss. mit zellfreien Extrakten nachgewiesen wurde. Die Hemmung der **IX**-Oxydation durch Malonat wird mit steigender **IX**-Konz. im Ansatz geringer. In zellfreien Extrakten konnten *Aconitase*, *TPN-II-Dehydrogenase*, *Fumarase* u. *Bernsteinsäure* (**X**)-*Oxydase* nachgewiesen werden. *Aconitase* war mit **II** als Substrat aktiver als mit Citrat. Wie bekannt, ist **X** das Haupt-Endprod. des aeroben Stoffwechsels der Kohlenhydrate bei den Trypanosomen. Das gleiche gilt für *C. fasciculata*, da die **X**-*Dehydrogenase* von den aufgefundenen Enzymen die schwächste Aktivität besitzt. Vf. nimmt an, daß der Tricarbonsäure-Cyclus eine wichtige Rolle beim Stoffwechsel von *C. fasciculata* spielt. M. Lorenz. 4380□

Das Fehlen von Diphosphofructosealdolase in zwei photosynthetischen Organismen: Anacystis nidulans und Rhodopseudomonas spheroides. Gerhard Richter. (Biochim. biophysica Acta [Amsterdam] **48**, 606—08, 15/4. 1961; Chicago, Ill., Univ. of Chicago, Res. Inst., Dep. of Biochem. [Fels Fund.]; engl.) — Die blaugrüne einzellige Alge *Anacystis nidulans* (A.n.) zeigt im Gegensatz zur Grünalge *Chlorella* (Ch.) nur photoautotrophes Wachstum, jedoch kein heterotrophes Wachstum im Dunkeln. In rohen u. gereinigten Enzym-Präpp. aus A.n. fehlte *Diphosphofructosealdolase* (**I**), die dagegen aus Ch. bei großer Spezifität erhalten wurde. Das Fehlen von **I** in A.n. kann nicht durch Wrkg. eines Inhibitors erklärt werden, da diese **I**-Präpp. die **I**-Präpp. aus Ch. oder aus Muskel nicht beeinflußten; außerdem blieb der Zusatz von Zn^{2+}, Mn^{2+} oder Fe^{2+}, welche für volle Aktivität gewisser Aldolasen benötigt werden, ohne Wirkung. In gleicher Weise konnte in dem im Licht gewachsenen Purpurbakterium *Rhodopseudomonas spheroides* weder **I** noch 6-Phosphogluconatdehydrogenase nachgewiesen werden, wogegen die autotrophe u. heterotrophe Alge *Cyanidium caldarium* starke **I**-Wrkg. zeigte. A. Hesse. 4380□

E_4. Pflanzenchemie. Pflanzenphysiologie. Pflanzenpathologie

Analyse der Extrakte von Atractylis Gummifera L. 3. Mitt. **Chromatographische Trennung und Identifizierung der Zucker im Rhizom.** G. Fassina und G. Veronese. (Boll. Soc. ital. Biol. sperim. **37**, 518—20, 15/6. 1961; Padua, Univ., Ist. di Farmacol.; ital.) — 2. vgl. C. **1962**, 1652. — Die Extrakte des Rhizoms von *Atractylis gummifera* L. werden durch Abkochen, Reinigung u. Trennung in 2 Fraktionen (A. bzw. W.) hergestellt. Die Analyse der Zucker in den Lsgg. erfolgt papierchromatograph. mit n-Butanol, Pyridin, W., Bzl. (5 : 3 : 3 : 1). In den Lsgg. werden untereinander in etwa gleichen Mengen *Lävulose*, *Glucose*, *Saccharose* u. *Arabinose* gefunden; der einzige quant. Unterschied besteht in einer höheren Konz. der Lävulose u. der *Oligosaccharide* in der wss. Lösung. F. Kren. 4420□

Analyse der Extrakte von Atractylis gummifera L. 4. Mitt. **Chromatographische Untersuchung der Pigmente im Rhizom.** G. Fassina und G. Veronese. (Boll. Soc. ital. Biol. sperim. **37**, 520—24, 15/6. 1961; ital.) — 3. vgl. vorst. Referat. — Die papierchromatograph. Analyse der Extrakte des Rhizoms erfolgt in der A.-Fraktion; die Chromatogramme werden mit n-Butanol-Essigsäure-W. 40 : 10 : 50 entwickelt. Nur die Flecken mit R_F von 0,12—0,17 geben für flavonoide Pigmente charakterist. Rkk., wobei der Fleck mit R_F 0,17 das Hauptpigment darstellt. Es handelt sich um ein *Flavonol* mit höchstens 5 Hydroxylgruppen im Mol., von denen eine (in Stellung 5) frei ist; die Struktur ähnelt den gleichzeitig getrennten *Rutin, Iperin* u. *Quercetin*; alle anderen Flecken zeigen ein starkes Reduktionsvermögen. F. Kren. 4420 □

Der Glutaminsäuregehalt einiger landwirtschaftlicher Produkte, Nebenprodukte und Abfälle. Elvira B. Manzanilla und Apolinario R. Carangal jun. (Philippine Agriculturist **44**, 403—14, Jan. 1961; Philippines, Central Exp. Stat.; engl.) — Vff. bestimmten *Glutaminsäure* (I) nach einer modifizierten Meth. nach Cohen-Krebs. Die Prozedur wird beschrieben. Folgende I-Geh. wurden ermittelt (bezogen auf lufttrockene Basis): Cocosnuß 0,53%; Koprameh1 3,34; Reisschalen 0,38; -kleie 1,75; polierter Reis 1,36; Maisgluten 2,00; Maiskolben 0,20; Kaffeegrund 0,96; Kaffeehülsen 0,58; Kakaohülsen 0,58; Kakaoschalen 1,29; Leguminosen 1,21—1,73(Erdnuß 3,73); Kapoksamenmehl 3,07; *Aleuritis moluccana* Samenmehl 3,21; Ramieblätter 1,74; Saft von *Musa textilis* 63,0. W. Hiller. 4420 □

Lycopin in Blüten und ein Vorschlag für einen Test auf Lycopin. Peter Werckmeister. (Züchter **30**, 164—68, 1960; Gneisenheim/Rh., Lehr- u. Forsch.-Anst. für Wein-, Obst- u. Gartenbau, Inst. für Bot., Gärungsphysiol. u. Hefereinzucht; dt.) — Als Grundfarbstoff neuer Farben der tetraploiden hohen Garteniris wurde *Lycopin* isoliert u. spektrograph. identifiziert, sein Vork. in Narzissen u. Gartenstiefmütterchen wurde festgestellt. Ein Extraktionstest für Reihen-Unterss. wird vorgeschlagen. Wolfgang Herrmann/Berlin. 4420

Untersuchungen über Pflanzen-Antitranspirantien. J. Gale. (Physiol. Plantarum [Copenhagen] **14**, 777—86, 1961; Jerusalem, Hebrew Univ., Dep. of Bot.; engl.) — An *Phaseolus vulgaris* wurde im Feld- u. Labor.-Vers. die Wrkg. verschiedener *Antitranspirantien* (I), vor allem *Vinylacetatacrylatester-Copolymere*, getestet. Unter trockenheißen Bedingungen können I die Transpiration sogar fördern, indem sie die rechtzeitige Schließung der Stomata verhindern. I in verbesserter Form verhindern den Spaltöffnungsschluß ohne gleichzeitigen Wasserverlust. Photosynth. u. Wachstum werden durch I unter trocken-heißen Bedingungen gefördert, in gemäßigterem Klima reduziert. Unter heißen Bedingungen (Feld-Vers.) wird bei I-Behandlung weniger W./Einheit Trockengew. verbraucht. U. Mothes. 4450 □

Stickstoff-Fixierung in Wurzelknötchenpflanzen, die nicht zu den Leguminosen gehören. G. Bond. (Symposia Soc. exp. Biol. Nr. **13**, 59—72, 1959; engl.) — Vgl. C. **1960**, 10640. — Unter Verw. von ^{15}N wird *Hippophae rhamnoides* (H.rh.), *Alnus glutinosa, Myrica gale* u. *Casuarina equisetifolia* (C.eq.) die Fixierung von N_2 durch Knötchen der Wurzeln untersucht u. die Verteilung von ^{15}N in Knötchen, Wurzeln u. Schößlingen ermittelt. Die stärkste Anreicherung von ^{15}N in Knötchen, Wurzeln u. Schößlingen zeigte C.eq., Alnus wies die größte Aktivität in den Knötchen auf; bei H.rh. war die Aktivität in den Knötchen jedoch nach 24std. Exposition 5fach stärker. Als Prodd. der N_2-Fixierung werden die Aminosäuren *Citrullin, Glutaminsäure, γ-Aminobuttersäure* u. *Asparaginsäure* gebildet. R. Strufe. 4450

Untersuchungen über den Zusammenhang zwischen Nucleinsäure- und Eiweißstoffwechsel in reifenden Samen. R. Wollgiehn. (Flora [Jena] **148**, 479—83, 15/3. 1960; Halle/Saale, Dt. Akad. der Wiss. Berlin, Arbeitsstelle für Biochem. der Pflanzen; dt.) — Vom Zeitpunkt kurz nach der Blüte bis zum Beginn der Samenreife steigt der *Eiweiß*-Geh. bei Erbsensamen um das 200fache u. bei Bohnensamen um das 100fache an. Demgegenüber hat der Geh. an *Nucleinsäuren* (I) schon längere Zeit vor der Samenreife seinen Höchstwert nahezu erreicht. Bei fast gleichbleibendem Geh. an *RNS* (II), *DNS* u. A.-Ae.-lösl. P nehmen Frischgew., Trockengew., Eiweiß-Stickstoff (III) u. säurelösl. P noch stark zu. Damit nimmt der Quotient I : III ab, was aber die Matrizenfunktion der II bei der Eiweiß-Synth. nicht ausschließt. W. Liebisch. 4450 □

Über den Einfluß der Konzentration isolierter Chloroplasten auf die Inaktivierung der Photophosphorylierung und der Hill-Reaktion durch Röntgenstrahlen. W. Füchtbauer und W. Simonis. (Naturwissenschaften **49**, 237—38, 2. Mai-H. 1962; Würzburg, Univ., Bot. Inst. u. Bot. Garten; dt.) — Bei der Bestrahlung isolierter Spinat-Chloroplasten mit ionisierenden Strahlen wurde eine Abhängigkeit der relativen Inaktivierung von der Konz. gefunden. Diese geht auf die überwiegende Beteiligung indirekter Strahlen-Wrkg. zurück. Als Test-Rk. dienten die Nicotinamidadenindinucleotid-Red. u. die Hill-Rk. mit Ferricyanid. Die Phosphorylierung der Chloroplasten ist dabei strahlungsempfindlicher als die Hill-Reaktion. H. Schmiedeknecht. 4460 □

Spektrale Eigenschaften des dimeren Chlorophylls und seine mögliche Rolle bei der Photosynthese. Seymour Steven Brody und Marcia Brody. (Nature [London] **189**, 547—49, 18/2. 1961; San Jose, Calif., Internat. Business Machine

Res. Labor.; Waltham, Mass., Brandeis Univ., Chem. Dep.; engl.) — Vff. zeigten mit Hilfe von Absorptionskurven, daß in verschiedenen Algen ein *Dimeres des Chlorophylls* vorkommt (Fluorescenz bei 720 mμ). Die Absorptionsmaxima liegen bei 682 u. 648 mμ. Das Monomere besitzt ein Maximum bei 665 mμ. Die Gleichgewichts-Rk. zwischen monomerer u. dimerer Form ist temperaturunabhängig. Es wird angenommen, daß die dimere Form bei der Photosynth. eine Rolle spielt, u. zwar im Bereich größerer Wellenlängen jenseits des Chlorophyllmaximums. Die volle photosynthet. Leistung wird aber nur bei zusätzlicher Lichtgabe kürzerer Wellenlänge erreicht, wenn auch die Absorption des Monomeren zur Geltung kommt. I. Jage. 4460

Kinetische Differenzierung von einigen Stufen der Hill-Reaktion. F. D. H. Macdowall. (Biochim. biophysica Acta [Amsterdam] **54**, 386—88, 9/12. 1961; Ottawa, Canada, Canada Dep. of Agricult., Res. Branch, Plant Res. Inst.; engl.) — Die Rk.-Mischung enthielt 10 μm Dichlorphenolindophenol, 0,1 m Phosphatpuffer u. 9,5 μm Chlorophyll. Die Verss. liefen bei 30° u. 14 ft candles zur Auszeichnung der Licht-Rk. u. bei 5° u. 3000 ft. candles zur Auszeichnung der limitierenden Dunkelreaktion. Als pH-Optimum der Dunkel-Rk. wurde ein Wert unter 5,5 gefunden, das Optimum der Licht-Rk. lag über 6. Wurden Chloroplasten verschiedenen Alters untersucht (19,5°; 47—800 ft. candles), so nahm mit steigendem Alter u. abnehmender Lichtintensität die relative Inaktivierung zu, d. h. die Inaktivierung ist stärker bei limitierender Lichtintensität. Eine Licht-Rk. wurde durch Inaktivierung gehemmt. Vf. macht die schnelle Zerstörung der Carotinoide in alternden Chloroplasten dafür verantwortlich. Die Carotinoide haben wahrscheinlich die Funktion von Sensibilisatoren u. Antioxydantien. W. Hiller. 4460□

Biogenese von d-Norpseudoephedrin in Catha edulis. E. Leete. (Chem. and Ind. **1958**, 1088—89, 16/8.; Los Angeles, Calif., Univ. of California, Dep. of Chem.; engl.) — 3,46 mg $^{14}C_{(3)}$-*DL-Phenylalanin* (68,5 μc) wurden von einem 10 in. hohen Schößling von *Catha edulis* in 8 Tagen zu 71% aufgenommen. Nach Macerisieren in Chlf./NH_4OH wurde mit 0,2 g *D-Norpseudoephedrinhydrochlorid* (als Träger) versetzt u. mit wss. H_2SO_4 extrahiert. (5,9·10^5 dpm totale Aktivität). Das Alkaloid wurde im Vakuum dest., in das *Hydrochlorid* übergeführt, bis zur konst. spezif. Aktivität krist. (2,83·10^5 dpm/Millimol), mit wss. $KMnO_4$ zu $^{14}C_{(COOH)}$-*Benzoesäure* oxydiert (2,75·10^5 dpm/Millimol) u. diese in Ggw. von Cu-Chromit in sd. Chinolin decarboxyliert. Das entstehende $^{14}CO_2$ wurde in $Ba^{14}CO_3$ übergeführt (2,71·10^5 dpm/Millimol). Phenylalanin ist also Vorläufer des Alkaloids, dessen Biosynth. offenbar in den oberird. Teilen der Pflanze stattfindet. H.-J. Weigmann. 4460□

Über die Translokation des Bors in Tabak-Blattstecklingen mit geteilten Wurzelsystemen. G. Scholz. (Flora [Jena] **148**, 484—88, 15/3. 1960; Gatersleben, Dt. Akad. der Wiss. zu Berlin, Inst. für Kulturpflanzenforsch.; dt.) — Wenn an Tabak-Blattstecklingen mit geteiltem Wurzel-Syst. nur einer Wurzelhälfte *B* zugeführt wird, wandert *B* in die entsprechende Blattspreite. Die andere Spreite zeigt *B*-Mangelerscheinungen. Das beweist, daß ein Transport des *B* in die *B*-frei ernährte Hälfte nicht möglich ist. Die *B*-Best. erfolgte colorimetr. mit *1.1'-Dianthrimid*. Kohlenhydratanalysen sprechen gegen die Existenz leicht transportfähiger *Zucker-Borsäure-Komplexe*. H. W. Liebisch. 4485□

Die Wirkungen einer niedrigen Äthylenkonzentration auf das Wachstum von Baumwolle. Walter W. Heck, E. Gerald Pires und Wayne C. Hall. (J. Air Pollut. Control Assoc. **11**, 549—56, Dez. 1961; Texas, Coll. Stat.; Texas A. u. M. Coll.; engl.) — Baumwollpflanzen wuchsen unter 0,6 ppm *Äthylen*. Sie zeigten gegenüber den Kontrollpflanzen folgende Unterschiede: Erhöhten lösl. N-Geh., geringere Respiration der jungen Blätter, dickere u. an W. reichere Blätter, kleinere Internodien, geringere Blattgröße. Unter bestimmten Umständen trat Wachstumsstimulation ein. W. Hiller. 4485□

Untersuchungen über das Wachstum in Kulturen von abgeschnittenen Weizenwurzeln. 2. Mitt. **Die wachstumsfördernde Aktivität von Aminosäuren.** D. Sutton, E. G. Scott und H. E. Street. (Physiol. Plantarum [Copenhagen] **14**, 712—24, 1961; Swansea, Univ. Coll., Dep. of Bot.; engl.) — 1. vgl. C. **1962**, 18156. — Das Wachstum von isolierten Weizenwurzeln wurde bei Zusatz von Aminosäure-Mischungen (hydrolysierte *Casein*-Präpp. von Difco, I), *L-Tryptophan* (II) u. *Gibberellsäure* (III) in Licht- u. Dunkelkulturen getestet. I stimuliert das Wachstum. Für eine optimale Stimulation der Lichtkulturen ist *Nitrat* notwendig. Autoklaviertes II fördert das Wachstum von Dunkelkulturen mit u. ohne Zusatz von I. In Lichtkulturen hemmt II das Wachstum der Hauptachse u. fördert in Licht- u. Dunkelkulturen die Ausbildung lateraler Wurzeln. Weder unbehandeltes II noch *Indolylessigsäure* haben die

stimulierende Wrkg. des autoklavierten **II**. **III** hemmt das Wachstum in Licht- u. Dunkelkulturen, die stimulierende Dosen des autoklavierten **II** erhalten hatten, während es in gleicher Konz. das Wachstum der Kontrollen nicht beeinflußt oder fördert.
U. Mothes. 4485□

Untersuchungen über das Wachstum in Kulturen von abgeschnittenen Weizenwurzeln. 3. Mitt. **Die quantitativen und qualitativen Lichtansprüche.** E. G. Scott, J. E. Carter und H. E. Street. (Physiol. Plantarum [Copenhagen] **14**, 725—33, 1961; engl.) — 2. vgl. vorst. Referat. — 1,5 Lux können bereits Stimulation des linearen Wachstums auslösen. Ab 300 Lux wird eine wesentliche Zunahme an Trockengew. u. Robustheit beobachtet. Der wirksame Spektralbereich liegt zwischen 580 u. 650 mμ.
U. Mothes. 4485□

Die Wirkungen von Wuchsstoffen auf normale und abgeschnittene Wurzelspitzen von Pisum sativum L. Georgia E. Manos. (Physiol. Plantarum [Copenhagen] **14**, 697—711, 1961; New York, N.Y., Fordham Univ., New York Bot. Garden; Dep. of Biol.; engl.) — Die Wurzelspitzen steriler Keimlinge von *Pisum sativum* wurden entweder abgeschnitten u. in Nährlsg. weitergezüchtet (a) oder man ließ sie bis zum Beginn des Vers. an der Pflanze (b). a u. b wurden dann in Nährlsg. übergeführt, die *Indolyl-(3)-essigsäure* (**I**), *Kinetin* (**II**) oder *Gibberellsäure* (**III**) in verschiedenen Konzz. u. Kombinationen enthielt. Die Messung von Elongation u. Zellenzahl erfolgte an 7 aufeinanderfolgenden Tagen. Durch **I** ($1{,}2 \cdot 10^{-4}$ bis $1{,}2 \cdot 10^{-7}$ m) wird die Elongation von a u. b gehemmt. Den Kontrollen am nächsten kommt am Ende des Vers. b + $1{,}2 \cdot 10^{-7}$ m **I**. Keine Beeinflussung der Zellenzahl durch **I**. **II** ($5 \cdot 10^{-4}$ bis $5 \cdot 10^{-7}$ m) hemmt die Elongation von a u. b nur in höheren Konzz. wesentlich. Leichte Wachstumssteigerung bei a zu Beginn des Versuches. Bei a wurde keine, bei b nur in höheren **II**-Konzz. eine Hemmung der Zellteilung gefunden. **III** ($1 \cdot 10^{-4}$ bis $1 \cdot 10^{-7}$ m) gibt bei a u. b in niederen Konzz. etwa gleiche Werte wie die Kontrolle, bei b wirkt es vom 4. Tage ab hemmend auf die Elongation. Mit Ausnahme von $1 \cdot 10^{-4}$ m **III** bei b hemmen in allen Verss. die höchsten Konzz. der Wuchsstoffe die Elongation u. das Wachstum völlig. Die Zellenzahl ist nur bei $1 \cdot 10^{-4}$ bis $1 \cdot 10^{-6}$ m **III** in b vermindert. Kombinationen von **II** u. **III** geben bei a u. b Elongationswerte wie die Kontrollen. Bei b Hemmung in den letzten 2 Tagen. **I** + **II**, **I** + **III** u. **I** + **II** + **III** hemmen bei a die Elonagtion, bei intensivem Anstieg der Kurven ab 5. Tag. Diese Kombinationen liegen bei b zuerst wesentlich unter der Kontrolle; ihre Kurven steigen aber bis zum 4. Tage stark, dann schwächer an. Verminderte Zellenzahlen wurden gefunden bei **II** + **III** u. **I** + **II** + **III** für b, für a bei **I** + **II** u. **I** + **III** ab dem 6. Tage.
U. Mothes. 4485□

Die Wirkung von Indolylessigsäure auf den Stickstoff- und Kohlenhydratstoffwechsel bei abgeschnittenen Weizenblättern. Anselm Austin. (Current Sci. [Calcutta] **30**, 24—25, Jan. 1961; New Delhi, Indian Agric. Res. Inst., Div. of Bot.; engl.) — Vf. untersucht an Weizenblättern den Einfl. von *Indolylessigsäure* (**I**) auf den Stickstoff- u. Kohlenhydratstoffwechsel. Bei Angebot von **I** im Kulturmedium steigt während der 24std. Vers.-Zeit der Geh. an lösl., lösl. einschließlich Nitrat u. unlösl. Stickstoff an, während der Geh. an Polysacchariden, Zuckern u. reduzierenden Zuckern absinkt. Diese Veränderungen werden an einem angegebenen Stoffwechselschema diskutiert.
D. Groß. 4485□

Longitudinale und laterale Reaktion von etiolierten Erbsensegmenten auf Indolylessigsäure, Gibberellin, Kinetin, Saccharose und Kobaltchlorid. N. F. Sommer. (Physiol. Plantarum [Copenhagen] **14**, 741—49, 1961; Davis, Calif., Univ. of California, Dep. of Pomology; engl.) — An Hypokotylsegmenten gleicher Anfangslänge von Erbsen wurde das Längen- (LW) u. Dickenwachstum (DW) unter Einfl. von *Indolylessigsäure* (**I**), *Gibberellin* (**II**) u. *Kinetin* (**III**) mit Zusatz von *Saccharose* (**IV**) u. *Kobaltchlorid* (**V**) getestet. Durch **I** u. **II** wird das LW gefördert, bes. bei Zusatz von 2% **IV**. Bei Zusatz von **III** zu **I** in **IV** wird das DW auf Kosten des LW gefördert. Zusatz von **III** zu **II** in **IV** hemmt das LW bei höchstens geringer Stimulation des DW. Apikale Segmente reagieren empfindlicher als andere. **III**-induziertes DW ist abhängig von der Anwesenheit von **I** u. **IV**. Wird außerdem **V** zugesetzt, so reagieren die Segmente mit LW; das **III**-stimulierte DW wird gehemmt.
U. Mothes. 4485□

Untersuchungen über die Beziehung zwischen chemischer Konstitution und pflanzenwachstumsregulierender Aktivität bei der Ananaspflanze. 2. Mitt. **Mit Phenoxyalkylcarbonsäuren, Phthalamidsäuren und Benzoesäuren verwandte Substanzen.** Donald P. Gowing und Robert W. Leeper. (Bot. Gaz. **121**, 249—57, Juni 1960; Honolulu, Pineapple Res. Inst. of Hawaii; engl.) — 1. vgl. C. **1962**, 1283. — 151 *Phenoxy-*

alkylcarbonsäuren, deren *Ester*, *Amide*, *Nitrile*, *Aminosäuren*, sowie verwandte Verbb. wurden auf Blühinduktions- u. -hemmwrkg. bei der Ananaspflanze geprüft u. deren Phytotoxizität bestimmt. Alkyl- u. Terpenoidester von 4-Chlor-, 2.4-Dichlor- u. 2.4.5-Trichlorphenoxyalkylcarbonsäuren bewirkten Blühinduktion, hemmten aber z. T. in höheren Konzentrationen. Ringsubstituierte Phenylmercaptoessigsäuren u. substituierte Phenylglycine waren, ausgenommen *2.3-Dimethylphenylglycin*, bzgl. Blühinduktion unwirksam, Derivv. der nichtaromat. DL- u. L-Aminosäuren waren im Erbsenstengelkrümmungstest u. Ananasblühtest akt., ebenso einige Phenylalaninderivate höherer 2.4-Dichlorphenylalkyläther. Von Benzoesäure, Salicylsäure, Phthalsäure u. Phthalamidsäuren begünstigte nur *2.3.6-Trichlorbenzoesäure* das Blühen. *N-1-Naphthylphthalamidsäure* (**III**) u. 2 Chlor-Derivv. riefen bei der Frucht Mißbldg. hervor. Geprüfte Verbb.: Phenylglycine: *N-2-Brom-4-methyl-*, *N-2.3-Dimethyl-*, *N-2.4-Dimethyl-*, *N-p-Hydroxy-*; *4-Chlorbenzyloxyessigsäure*, *4-Chlorphenylmercaptoessigsäure*, *Phenoxyessigsäurecyclohexylester*, *2.4-Dichlorphenoxyacetonitril*, *2-[2.4-Dichlorphenoxy]-äthanol*; *2.4-Dichlorphenoxyäthylsulfat, Na-Salz*, *2.3.6-Trichlorbenzoesäure-[2-(2.4-dichlorphenoxy)-äthyl]-ester*, *2.4-Dichlorphenyl-2-methoxyäthyläther*, *N-[2.4-Dichlorphenyl]-aminomethansulfonsäure*, *2.4-Dichlorphenyl-2-chloräthyläther*, *2.4-Dichlorphenyläthyläther*, *2.4-* u. *2.5-Dimethylphenylmercaptoessigsäure*, *2.5-Dimethylphenylsulfonessigsäure*, *N-Äthyl-O-[2.4-dichlorphenoxyacetyl]-DL-lactamid*, *2-Methyl 4-chlorphenoxyacetyl-p-aminobenzoesäure*, *β-[p-Nonylphenoxy]-äthylacetat*, *Pentachlorphenylmercaptoessigsäure*, *Phenylmercaptoessigsäure*, *2.4.5-Trichlorphenoxyacetonitril*, *2.4.5-Trichlorphenoxyacetyl-p-toluolsulfonamid*, *2-[2.4.5-Trichlorphenoxy]-äthyl-2.2-dichlorpropionat*, *2.4.5-Trichlorphenoxyäthylsulfat, Na-Salz*, *2-[2.4.5-Trichlorphenoxy]-äthanol*, *Tris-[2.4-dichlorphenoxyäthyl]-phosphit*; Phenoxyessigsäuren: *2.4-Dichlor-*: *n-Amylester*, *2.4-Dichlorphenoxyäthylester*, *Hydronopylester*, *Methylester*, *Nopylester*; *4-Chlor-*: *2.4-Dichlorphenoxyäthylester*, *Hydronopylester*, *Nopylester*, *Äthylester*; *2.4.5-Trichlor-*: *Methylester*, *Nopylester*; *2-Methyl-4-chlor-*: *Hydronopylester*, *Nopylester*; *N-[4-Chlorphenoxyacetyl]-DL-asparagin*, *-glycin*, *N-[2.4-Dichlorphenoxyacetyl]-D-* u. *-L-asparagin*, *-DL-* u. *-L-leucin*, *-DL-isoleucin*, *N-[4-(2.4-Dichlorphenoxy)-butyryl]-D-* u. *-DL-tryptophan*, *-DL-phenylalanin*, *N-[2-(2.4-Dichlorphenoxy)-propionyl]-DL-phenylalanin*, *N-[4-(2-Methyl-4-chlorphenoxy)-butyryl]-D-* u. *-DL-tryptophan*; *N-[2.4.5-Trichlorphenoxyacetyl]-L-asparagin*, *-D-* u. *-L-leucin*, *-DL-methionin*, *-DL-phenylalanin*, *N-[2-(2.4.5-Trichlorphenoxy)-propionyl]-DL-phenylalanin*; *N-p-Aminophenylsuccinamidsäure*, *Benzoylperoxid*, *4-Chlorbenzaldehydthiosemicarbazon*, *2-Chlorcyclohexanon*, *4-Chlorcarbanilsäurepropin-(2)-ylester*, *2-Chlorphenol*, *4-Chlorresorcin-0.0-diessigester*, *2.4-* u. *2.5-Dichloranilin*, *2.5-Dichloranilin-4-sulfonsäure*, *2.4-Dichlorbenzaldehydthiosemicarbazon*, *2.4-Dichloranisol*, *2.4-Dichlorbenzalazin*, *4.4'-Dichlorbenzophenon*, *2.4-Dichlorphenol*, *2-[2.4-Dichlorphenoxy]-propionyl-p-aminobenzoesäure*, *-p-aminosalicylsäure*, *2.4-Dichlorphenyl-n-decyläther*, *-n-hexyläther*, *-n-propyläther*, *-n-tetradecyläther*, *2.4-Dihydroxybenzophenon*, *2.4-* u. *2.5-Dinitroanilin*, *2.4-Dinitroanisol*, *2.4-Dinitrophenol*, *4.6-Dinitro-o-sek.-butylphenol*, *2.4-Dichlorphenoxyameisensäure-äthylester*, *α-[2.4-Dichlorphenoxy]-propionsäureäthylester*, *Phenoxyameisenäthylester*, *4-[2'.4'-Dichlorphenoxy]-buttersäurehydronopylester*, *α-[2.4-Dichlorphenoxy]-propionsäurehydronopylester*, *-nopylester*, *Hydrochinon-0.0-diessigsäure*, *2-Hydroxy-4-methoxybenzophenon*, *Bis-[4-chlorphenoxy]-methan*, *1-Phenyl-4-[2-hydroxyäthyl]-semicarbazid–HCl*, *Sulfanilamid*, *Sulfanilsäure*, *2.4.5-Trichloranisol*, *2.3.6-Trichlorbenzoyl-D-*, *-L-* u. *-DL-leucin*, *2.4.5-Trichlorphenol*, *Phenylacetonthiosemicarbazon*; Benzoesäuren: *4-Amino-*, *2-Amino-3.5-dijod-*, *2-Brom-3-nitro-*, *2-Chlor-*, *4-Chlor-*, *2-Chlor-5-nitro-*, *2.4-* u. *2.5-Dichlor-*, *3.5-Dijod-*, *3.5-Dinitro-*, *Pentachlor-*, *o-Pentachlorphenoxy-*, *o-Phenoxy-*, *2.3.4.5-* u. *2.3.5.6-Tetrachlor-*, *2.3.6-Trichlor-*, *2.3.5-Trijod-*; Salicylsäuren: *3-* u. *5-Chlor-*, *3.5-Dibrom-*, *3.5-Dichlor-*, *3.5-Dijod-*, *3.5-Dinitro-*; *m-Chlorisophthalsäure*, *Diäthylphthalat*, *Dimethylisophthalat*, *Tetrabromphthalsäure*, *-terephthalsäure*, *Tetrachlorphthalsäure*, *-terephthalsäure*; Phthalamidsäuren: *Chlornaphthyl-(1)-*, *N-2-Chlorphenyl-*, *Dichlornaphthyl-(1)-*, *N-Naphthyl-(1)-*, *N-m-Tolyl-*; Phthalanilidsäuren: *4'-Hydroxy-*, *5'-Isopropyl-2'-methyl-*, *3'-Hydroxy-*, *2'-Nitro-*, *3'-Nitro-*, *4'-Nitro-*; Phthalimide: *Hydroxyäthyl-*, *N-Phenyl-*, *N-m-Tolyl-*, *N-[2-Hydroxyäthyl]-phthalimidin*. K. Maier. 4485□

Der Stoffwechsel von 3-Amino-1.2.4-triazol bei Distel und Ackerwinde und die mögliche Beziehung zu dessen herbicider Wirkung. Richard A. Herrett und Albert J. Linck. (Physiol. Plantarum [Copenhagen] **14**, 767—76, 1961; Minnesota, Minn., Univ. of Minnesota, Dep. of Plant Pathol. and Bot., Inst. of Agricult.; engl.) — In *Cirsium arvense* u. *Convolvulus arvensis* wurden 2 Stoffwechsel-Derivv. von *3-Amino-1.2.4-triazol* (**I**) gefunden, deren genaue Struktur noch unbekannt ist. Durch Applikation von **I** kann deren Synth. gefördert werden. Ein Stoffwechselschema für **I** u. die beiden Substanzen wird vorgeschlagen. U. Mothes. 4485□

Hemmung des Wachstums und der Rispenbildung beim Hafer, hervorgerufen durch einen Extrakt aus der Spornzikade Calligypona pellucida (F.). Artturi I. Virtanen, Pentti K. Hietala und Pertti Karvonen. (Physiol. Plantarum [Copenhagen] **14,** 683—96, 1961; Helsinki, Biochem. Inst., Labor. of Found. for Chem. Res.; Helsinki, Univ., Zool. Inst.; engl.) — Aus unpräparierten Exemplaren des blattsaugenden Haferschädlings *Calligypona pellucida* (C.p.) wurden A.-Extrakte gewonnen, die, nach Entfernung des A., jungen Haferpflanzen injiziert wurden. Die Pflanzen reagierten mit Wachstumstörungen u. mehr oder weniger vollkommener Sterilität; die Blattfärbung blieb etwa normal. Die wirksame Fraktion der Extrakte ruft Wachstumshemmung im Haferkoleoptilentest hervor. Die Aminosäurefraktion ist nicht für die Toxizität verantwortlich. In den Speicheldrüsen von C.p. wurden weder freie Aminosäuren noch *Indolyl-(3)-essigsäure* gefunden. Die Krankheitssymptome nach Applikation des Extraktes ähneln denen, die nach Befall mit dem Sterilitäts-Zwergwuchs-Virus auftreten. Dieses Virus wird mit ziemlicher Sicherheit durch C.p. übertragen.
U. Mothes. 4485□

Die Anwendung chemischer Verbindungen als Mittel zur Beeinflussung der Pflanzen. Ju. W. Rakitin. (Успехи Современной Биологии [Fortschr. gegenwärt. Biol.] **52,** 208—24, Sept./Okt. 1961; russ.) — Übersicht an Hand der Literatur. — 59 Literaturangaben. O. Lebtag. 4485□

Pflanzenschädigung und Augenreizung durch Ozon-Kohlenwasserstoff-Reaktionen. Ellis F. Darley, John T. Middleton und M. J. Garber. (J. agric. Food Chem. **8,** 483—85, Nov./Dez. 1960; Riverside, Calif., Univ. of California, Agric. Exp. Stat.; engl.) — Es wurden die durch Einw. von O_3 (0,6 u. 2,5 ppm) auf KW-Stoffe (10 u. 50 ppm), wie *Propylen* (**I**), *Buten-(1)*, *3-Methylbuten-(1)*, *trans-Buten-(2)* (**II**), *Penten-(1)*, *Penten-(2)*, *cis-3-Methylpenten-(2)*, *Hexen-(1)*, *2-Methylhexen-(1)*, *cis-Hexen-(3)*, *trans-Hexen-(3)*, *Hepten-(3)*, *Butadien-(1.3)*, *Bzl.*, *Toluol*, *Cumol*, in der Gasphase gebildeten Rk.-Prodd. hinsichtlich pflanzenschädigender Wrkg. (Pintobohnenpflanzen) u. Augenreiz-Wrkg. untersucht. Pflanzenschädigung gaben die Verbb., die nach Spaltung an der Doppelbindung 3 oder mehr C-Atome enthielten. O_3-Einw. auf **I** u. **II** lieferte keine phytotox. Stoffe. Die Schädigung ging stark zurück, wenn an der Doppelbindung eines geradkettigen Olefins eine CH_3-Gruppe stand. Keines der Rk.-Prodd. reizte die Augen stärker als reine, durch Aktivkohle gefilterte Luft. K. Maier. 4495□

E₅. Tierchemie. Tierphysiologie. Tierpathologie

Fett- und Wassergehalt der Gewebe von Clarius lazera. Moread Yanni. (Z. vergleich. Physiol. **45,** 50—55, 1961; Heliopolis, Cairo, U.A.R., Ain-Shams Univ., Univ. Coll. f. Girls, Dep. of Zool.; engl.) — Der *Fett-* u. *Wasser*-Geh. des Frischwasserfisches *Clarius lazera* (Nil) in den einzelnen Geweben wurde bestimmt. Der Wassergeh. steigt an in der Reihenfolge Clarius < Varanus < Säuger; in der gleichen Reihenfolge nimmt der Fett-Geh. ab. M. Metze. 4520□

Untersuchungen über den Kohlenhydratgehalt der Gewebe von Clarius lazera. Moread Yanni. (Z. vergleich. Physiol. **45,** 56—60, 1961; engl.) — Vgl. auch vorst. Referat. — Der *Glykogen*-Geh. von *Clarius lazera* wurde wie folgt bestimmt: Leber 290,2 (mg/100 g Gewebe); Ovar 95,7; Testes 60,5; Milz 59,5; Niere 53,7; Hirn 53,1; Atmungsorgane 39,8; Haut 22,9. Die Gewebe zeigen jahreszeitliche Schwankungen im *Kohlenhydrat*-Gehalt. M. Metze. 4520□

Polysulfatierte Mucopolysaccharide in Knorpel von Elasmobranchii. Tamotsu Furuhashi. (J. Biochemistry [Tokyo] **50,** 546—47, Dez. 1961; Yokosuka, Seikagaku-kenkyusho Ltd.; engl.) — Vf. fand im Knorpel von *Scoliodon walbechnu* ein Chondroitinsulfat u. Keratosulfat, die beide mehr als einen SO_4^{2-}-Rest in der sich wiederholenden Gruppe besitzen. Die Analyse ergab für *Chondroitinpolysulfat* u. (*Keratopolysulfat*) folgende Werte (Na-Salze): Estersulfat 21,5 (%), (28,7); N 2,45 (2,74). Hexosamin 31,5 (31,2); Uronsäure 33,1 (< 2,4); Galaktose < 2,0 (31,4); N-Acetyl 8,8 (6,6); Asche 30,8 (22,2).

Versuche: *Chondroitinpolysulfat*, Na-Salz, $[\alpha]_D = 17{,}0^0$ (2%; W.), Maxima der IR-Spektren bei 828, 1240—1255 u. 1560 cm^{-1}; Hydrolyse (20%ig. HCl, 100°, 15 Std.) ergab *Galaktosamin* u. *D-Glucuronsäure*, $[\alpha]_D = +94^0$ (1%; W.). — *Keratopolysulfat*, Na-Salz, $[\alpha]_D = +5{,}4^0$ (2%; W.), Maxima der IR-Spektren bei 825, 1230—1265 u. 1560 cm^{-1}. Saure Hydrolyse ergab *D-Glucosamin*·HCl, $[\alpha]_D = +72^0$ (1,6%; W.) u. gleiche Mengen von *D-Galaktose*. D-Galaktose-α-methylphenylhydrazon, F. 177—178°.
W. Hiller. 4520□

Reinigung von Schweinethyreoglobulin. Nobuo Ui und Osamu Tarutani. (J. Biochemistry [Tokyo] **50**, 508—18, Dez. 1961; Maebashi, Gumna Univ.. Inst. of Endocrinol., Dep. of Physical Chem.; engl.) — Vff. reinigten Schweine-*Thyreoglobulin* (I) aus gefrorenen Thyreoidschnitten durch mehrere Fällungen mit $(NH_4)_2SO_4$ bei niedrigen Temperaturen. Neben dem I wurde noch ein zweiter Anteil, den Vff. *F-Komponente* (II) nannten, angereichert. Durch 4 $(NH_4)_2SO_4$-Fällungen wurde I auf 91% u. II auf 7% angereichert. Das I/II-Verhältnis änderte sich während der Reinigung nicht. II unterschied sich von I nur durch die Löslichkeit in $(NH_4)_2SO_4$. Chromatographie an DEAE-Cellulose beseitigte noch die 2% Verunreinigungen, Trennung von I u. II konnte nicht erreicht werden. Das gereinigte Präp. war frei von P, d. h., daß keine Nucleinsäuren mehr vorhanden sind. Diese so gereinigte I enthält ein proteolyt. Enzym mit einem Optimum bei pH 3—4. Wurde die I-Lsg. nach Dialyse gegen dest. W. lyophilisiert, so wurde I in neutralen Salz-Lsgg. teilweise unlöslich. Eine konz. I-Lsg. zeigte in Phosphatpuffer (pH 6,5) u. bei Ionenstärke 0,2 bei —20° nach 3 Monaten teilweise Denaturierung. Bessere Ergebnisse zeigte die Aufbewahrung des nassen Präp. mit $(NH_4)_2SO_4$ unter —20°. Nach 9 Monaten waren keine Veränderungen festzustellen. W. Hiller. 4520

Isolierung einer hämolytischen Komponente aus dem Gift der Feuerameise. George A. Adrouny, Vincent J. Derbes und Rodney C. Jung. (Science [Washington] **130**, 449, 21/8. 1959; New Orleans, La., Tulane Univ., Dep. of Biochem.; School of Med., Dep. of Med., Dep. of Tropical Med. and Public Health.; engl.) — Das Gift der Feuerameise (*Solenopsis saevissima*) enthält eine stark hämolyt. wirkende Substanz (*Hydrochlorid*, F. 144—145°); es handelt sich wahrscheinlich um ein tert. Amin. P. Gregorzewski. 4520□

Über das schillernde Federmelanin bei Heliangelus und Lophophorus. W. J. Schmidt und H. Ruska. (Z. Zellforsch. mikroskop. Anatom. **57**, 1—36, 1962; Gießen Univ., Zool. Inst.; Düsseldorf, Med. Akad., Inst. f. Biophys. u. Elektronenmikroskopie; dt.) — Beschreibung von licht- u. elektronenmikroskop. Struktur-Unterss. der platten- u. stäbchenförmigen, gekammerten u. luftgefüllten Melaningranula u. des umhüllenden Keratingerüstes der schillernden Federstrahlen des ♂ Kolibris *Heliangelus strophianus* u. des Glanzfasans *Lophophorus impeyanus*. K. Zingraf. 4520□

Die Struktur der Kalkdrüsen von Eisenia foetida Sav. P. van Gansen-Semal. (Bull. biol. France Belgique **93**, 38—63, 1959; Bruxelles, Univ., Labor. de Biol. animale et Zool.; franz.) — Anatomie u. Histologie der Kalkdrüsen von *E. foetida* werden beschrieben. Die Kalkzellen besitzen keine Ribonucleinsäure, enthalten ein *saures Polysaccharid* (I), unspezif. *Esterasen* u. *alkal. Phosphatase*. Die in diesen Zellen gebildeten Kalksphärolithe sind, von einem I-Film umgeben, im Plasma verteilt. Die Regenwürmer besitzen 3 verschiedene Entgiftungs- u. Blutregulierungsmechanismen: Nephridien, Kalkdrüsen, die den Ca^{2+}- u. CO_3^{2-}-Geh. u. möglicherweise den Gesamtionenspiegel des Blutes regulieren, u. chloragogene Zellen, die verschiedene tox. Prodd., bes. ein Purin, ein Chromolipoid u. Glimmer, speichern. K. Maier. 4555□

Drüsen-Ductus-Transportwege für Na^+ und K^+ in der submaxillaren Speicheldrüse des Hundes. Basil L. Henriques. (Amer. J. Physiol. **201**, 935—38, Nov. 1961; Boston, Mass., Tufts Univ. School of Dent. Med., Dep. of Dent. Res.; engl.) — Mit 3 unabhängigen Meth. wurde festgestellt, daß die Speicheldrüsengänge Na^+ u. W. bei allen Fließgeschw. resorbieren u. K^+ in den Speichel abgeben (K^+ ist in den Drüsen gespeichert). Na^+ u. K^+ werden entweder aus dem Plasma gefiltert oder von den Drüsen in das Lumen abgegeben, in Konzz. die dem Plasma-Spiegel ähnlich sind. M. Metze. 4555□

Eine Untersuchung über die Quantität und chemische Zusammensetzung des Colostrums von Mutterschafen. Augusto E. Felix, Valente Villegas, Epifania C. Cruz und L. L. Clamohoy. (Philippine Agriculturist **44**, 422—27, Jan. 1961; Phillipines, Central Exp. Stat.; engl.) — Vff. untersuchten die Milch von Mutterschafen vom 1. bis 10. Tag nach der Geburt. Die stärkste Lactation fand vom 2.—5. Tag statt. Der Wassergeh. nahm vom 1.—10. Tag von 74,26 auf 83,22% zu, der *Protein*-Geh. von 11,56 auf 4,46% ab. Der *Fett*-Geh. stieg vom 1.—5. Tag von 6,96 auf 10,31% u. fiel dann bis zum 10. Tag auf 6,44%. Der Geh. an *Lactose* stieg vom 1.—4. Tag von 8,15% auf 10,94% u. fiel bis zum 10. Tag auf 5,43%. Der Asche-Geh. stieg vom 1.—3. Tag von 0,85—0,93 u. fiel bis zum 10. Tag auf 0,78% ab. W. Hiller. 4555□

Ererbte Casein-Varianten in der Kuhmilch. R. Aschaffenburg. (Nature [London] **192**, 431—32, 4/11. 1961; Shinfield, Berkshire, Nat., Inst. for Res. in Dairying; engl.) — Durch isoelektr. Ausfällen aus 10 ml entrahmter Kuhmilch (Magermilch) gewonnenes Casein wurde zentrifugiert, gewaschen, mit 2 g Harnstoff versetzt u. durch Dispersion in W. auf ein Endvol. von 5 ml einer leicht opaken Lsg. gebracht. Die Elektrophorese erfolgte bei 4° in einem Puffer von pH 7,15 aus 0,913 g Citronensäuremonohydrat,

3,56 g Na_2HPO_4 u. 360 g Harnstoff/Liter (180 V, 5 Std. mit Whatman-3-MM-Papier). Das Verf. trennte das Protein in 2 *α-Casein*-Bänder, deren langsameres möglicherweise mit dem *κ-Casein* von Waugh u. Hippel ident. ist, ein *β-Casein*-Band u. 2 *γ*-Bänder. Die *γ-Caseine* variierten quant. stark von Milch zu Milch. Eineiige Zwillinge zeigten außer dem üblichen *β*-Casein 2 weitere genet. fixierte *β*-Casein-Bänder mit langsamerer Migrationsgeschwindigkeit. Die *β*-Casein-Varianten sind Folge des Wirkens dreier Allele eines Gens. H. G. W. Gleiß. 4555□

Die in vitro-Aufnahme von ^{131}J durch Brustdrüsengewebe. M. Maqsood und E. P. Reineke. (Amer. J. Physiol. **199,** 829—32, Nov. 1960; East Lansing, Mich., Michigan State Univ., Dep. of Physiol. and Pharmacol.; engl.) — Vgl. C. **1961,** 10255 u. 9857; C. **1962,** 551. — Die in vitro-Aufnahme von ^{131}*J* durch 6 Std. bei 37° inkubiertes lactierendes Brustdrüsengewebe von Ratten war 10—15fach größer als die von Leber, Muskel oder erhitztem Brustdrüsengewebe. *Thiouracil* setzte diese stark herab, NaCN, KSCN oder Inkubation unter N_2 hemmten sie. Nach Aufbewahrung bei 7° war die Aufnahme etwa doppelt so groß wie bei frischem Gewebe, während sie bei Aufbewahrung (mit Penicillin) bei 37° rasch absank. In der ersten Trächtigkeitsperiode lag die Aufnahme von Frischgewebe niedrig u. stieg zwischen 15.—20. Tag stark an. Während der Lactation nahm sie weiter zu u. sank nach 10 Tagen Drüsenrückbldg. auf unbedeutende Werte ab. Signifikante ^{131}*J*-Aufnahme zeigte auch lactierendes Gewebe von Maus, Meerschweinchen, Kaninchen u. Kuh. Inkubation lactierenden Rattengewebes mit wechselnden Konzz. von Prolactin, TSH, Wachstumshormon, Insulin oder Hydrocortison beeinflußte die ^{131}*J*-Aufnahme nicht. Nach diesen Befunden ist an der Jodidspeicherung von lactierendem Brustdrüsengewebe ein einfaches, mit dem allg. Atmungsstoffwechsel nicht eng verknüpftes Enzym-Syst. beteiligt. K. Maier. 4559□

Freie phenolische Substanzen im Blutplasma. John W. Greene jun. und Joseph T. Touchstone. (Proc. Soc. exp. Biol. Med. **103,** 331—33, Febr. 1960; Philadelphia, Univ. of Pennsylvania, School of Med., Dep. of Obstetr. and Gynecol.; engl.) — Unterss. von Al_2O_3-Säulenchromatogrammen auf die *freie Östron* (**I**)-Fraktion aus Blutplasmaextrakten zeigen, daß **I** aus einer Substanz besteht (Absorption bei 400 u. 420 mμ u. Fluorescenz bei 440 mμ), die etwas weniger polar ist als Östron selbst. **I** kommt im Blut selten vor. M. Metze. 4559□

Inhibierende Wirkung von Progesteron auf die Lactation. G. Manunta und A. Marongiu. (Boll. Soc. ital. Biol. sperim. **37,** 513—14, 15/6. 1961; Sassari, Univ., Ist. di Fisiol. Gener. e Spec. degli Anim. Dom. e Chim. Biol.; ital.) — Bei Kaninchen wird durch 250 Einheiten *Follikel-stimulierenden Hormons* Pseudogravidität ausgelöst u. danach wird den Tieren jeden 4. Tag in die rechte Brustdrüse 10 mg *Progesteron* (**I**) injiziert. Die Galaktose wird polarimetr. nach Hydrolyse der Lactose u. Abbau der Glucose bestimmt. Die mit **I** behandelte Brustdrüse hat ein größeres Gew. u. die Menge Galaktose ist geringer als in den Kontrolldrüsen (sowohl beim Organ in toto als auch in bezug auf g von Lipiden freies Gewebe). F. Kren. 4559□

Progesteron und Δ^4-Pregnen-20β-olon-(3) in Fortpflanzungsorganen und Körperflüssigkeiten des Rindes. A. M. Bowerman und R. M. Melampy. (Proc. Soc. exp. Biol. Med. **109,** 45—48, Jan. 1962; Ames, Iowa State Univ., Dep. of Animal Husbandry; engl.) — Die mittlere Konz. von endogenem *Progesteron* (**I**) im Gelbkörpergewebe von Rindern nahm vom 8. zum 16. Tag des Cyclus von 29,2 auf 47,2 μg/g, nach 2 Std. Inkubation in Krebs-Ringer-Bicarbonatmedium von 46,2 auf 53,4 μg/g zu. Die entsprechenden Werte für *Δ^4-Pregnen-20β-olon-(3)* betrugen 0,3 u. 2,0 μg/g bzw. 2,1 u. 12,4 μg/g. Während der Schwangerschaft betrug die Konz. von **I** 4,0—18,2 μg/g u. von **II** 3,3 bis 10,5 μg/g. Das Blutplasma schwangerer Tiere enthielt 0—2,13 μg% **I** u. kein **II**. In der Placenta-Fl. konnte **I** oder **II** nicht nachgewiesen werden. K. Zingraf. 4559□

Wirkungen des Aufbausteroids Methandienone auf den Kohlenhydratstoffwechsel im menschlichen Organismus. 1. Mitt. J. Landon, Victor Wynn, J. N. C. Cooke und A. Kennedy. (Metabolism, clin. and exp. **11,** 501—12, Mai 1962; London, St. Mary's Hosp., Wroughton, Royal Air Force Hosp.; engl.) — Umfangreiche Stoffwechsel-Unterss. an 15 Patienten u. 8 gesunden Personen zeigen, daß nach Applikation von *Δ^1-17α-Methyltestosteron* (*Methandienone*; **I**) in Durchschnittsmengen von täglich 0,8 mg/kg Körpergewicht über 14—18 Tage sowohl der Nüchternblutzuckerspiegel verringert, als auch oral bzw. i.v. verabreichte *Glucose* gegenüber Kontrollproben schneller metabolisiert wird. **I** scheint unabhängig von der verabreichten Menge (0,19—2,37 mg/kg) zu wirken. Ein Effekt auf den *Brenztraubensäure*-Spiegel des Blutes ist dagegen nicht nachzuweisen. Klaus Schmidt. 4559□

Wirkungen des Aufbausteroids Methandienone auf den Kohlenhydratstoffwechsel im menschlichen Organismus. 2. Mitt. Wirkung von Methandienone auf den Einfluß von Glukagon, Adrenalin und Insulin im Hungerzustand. J. Landon, Victor Wynn,

B. J. Houghton und J. N. C. Cooke. (Metabolism, clin. and exp. **11**, 513—23, Mai 1962; engl.) — 1. vgl. vorst. Referat. — Weitere Unterss. an 24 Patienten u. 7 gesunden Personen ergeben eine signifikante Hemmung des hypoglykäm. Effektes von *Glukagon* durch verabreichtes *Δ^1-17α-Methyltestosteron* (*Methandienone*; **I**). Die **I**-Wrkg. verstärkt sich mit der Behandlungsdauer, dagegen werden *Adrenalin*-Wrkg., *Insulin*-Empfindlichkeit u. der Spiegel von *anorgan. P* im Plasma anscheinend kaum beeinflußt.

Klaus Schmidt. 4559□

Beziehungen zwischen den spezifischen Granulationen der hypophysären Lactationszellen und dem Prolactin. J. L. Pasteels. (Ann. d'Endocrinol. **22**, 822—25, Sept./Okt. 1961; Bruxelles; franz.) — Bei Ratten setzt nach Anwendung von *Reserpin* u. *Testosteronpropionat*, allein oder in Kombination, sowie bei ♀ Tieren in der 2. Hälfte der Gestation eine Hypertrophie der ε-Zellen der Hypophyse mit Ausbildung peripherer Granulationen in denselben ein; gleichzeitig sind Sekretionserscheinungen in den Acini der Brustdrüsen zu beobachten. Gegen Ende der Lactation erfolgt eine Involution der ε-Zellen. Auf diese Weise wird bestätigt, daß das *Prolactin* den ε-Zellen zuzuteilen ist.

K. Zingraf. 4560□

Histochemische Veränderungen in den einzelnen Knorpelbereichen der heranwachsenden Ratte nach Verabfolgung von somatotropem Hormon und Gonadotropinen. P. Cioni, D. Tosetti und F. Tinacci. (Boll. Soc. ital. Biol. sperim. **38**, 312—14, 15/4. 1962; Florenz, Univ., Ist. di Patol. Gener.; ital.) — Bei Ratten vor der Pubertät zögert die Verabfolgung des *somatotropen Hormons* die Ossifikation der Knorpel der Trachea u. der Epiphyse hinaus, während *Lipide* u. *Lipasen* kaum beeinflußt werden. *Gonadotropin* des Chorions u. Serums beschleunigt dagegen die Knochen-Bldg. u. führt zu einer Zunahme der Fette u. Lipasen. F. Kren. 4560□

Einige praktische biologische Untersuchungsmethoden für Hormone der Adenohypophyse. Robert W. Bates. (Unio int. Cancrum, Acta [Louvain] **18**, 280—92, 1962; Bethesda, Md., U.S. Dep. of Health, Public Health Serv., Nat. Inst. of Health, Nat. Inst. of Arthritis and Metabolic Diseases.; engl.) — Es werden in einer Übersicht die gebräuchlichsten Unters.-Meth. für die Hormone des Hypophysenvorderlappens beschrieben u. Hinweise für die prakt. Anwendung gegeben. W. Gutsche. 4560□

Lipämie-erzeugende Aktivität der Hypophyse. Trennung der Lipämie-erzeugenden Bestandteile von anderen Hypophysen-Hormonen. Daniel Rudman, Floyd Seidman und Maria B. Reid. (Proc. Soc. exp. Biol. Med. **103**, 315—20, Febr. 1960; New York City, Columbia Univ., Dep. of Med. and Goldwater Memorial Hosp.; engl.) — Fraktionierte Präcipitation von Schweine-Hypophysen durch Aceton bei pH 4,3 u. Ionenaustauscher-Chromatographie ergab das Vorhandensein einer *Lipämie-erzeugenden Aktivität* (**I**), die sich von den erkennbaren Hypophysenhormonen unterscheidet. **I** wird durch ACTH-Injektionen oder ACTH + kommerzielles Präp. von Thyreoid-stimulierendem Hormon, Prolactin oder Follikel-stimulierendem Hormon erhöht.

M. Metze. 4560□

Inaktivierung des Oxytocins in vivo bei Schafen. G. Manunta und A. Marongiu. (Boll. Soc. ital. Biol. sperim. **37**, 510—12, 15/6. 1961; Sassari, Univ., Ist. di Fisiol. Gener. e Spec. degli Anim. Domest. e Chim. Biol.; ital.) — Die Unterss. werden an 4 Schafen in der Lactationsperiode durchgeführt, denen in die Kehlader bzw. die Vena portae 0,025 bis 0,500 Einheiten *Oxytocin* injiziert wurden, worauf die Veränderung des Druckes in der Mamma verfolgt wird. Es zeigt sich, daß ebenso wie in vitro Oxytocin auch in vivo schnell inaktiviert wird. F. Kren. 4560□

Über die saluretische Wirkung von neurohypophysären Peptiden bei wachen Hunden. W. Y. Chan und Wilbur H. Sawyer. (Amer. J. Physiol. **201**, 799—803, Nov. 1961; New York City, Columbia Univ., Coll. of Physicians and Surg., Dep. of Pharmacol.; engl.) — Unterss. an Hunden zeigten folgende Ergebnise: *Argininvasopressin* (0,25 Millieinheiten/kg), *Oxytocin* (6—7) u. die beiden synthet. Analogen *Arginin-vasotocin* (*8-Leu-Vasopressin*) u. *Oxypressin* (*8-Arg-Oxytocin*) zeigten eine vergleichbare Wrkg. auf die Natriurese, die vermuten läßt, daß die Bedeutung von 8-Arginin im Vasopressin für diese Wirksamkeit bedeutend ist u. ebenso der Oxytocin-Ring.

M. Metze. 4560□

Reinigung des Corticotropin-freisetzenden Faktors im Hypothalamus. Paul C. Royce und George Sayers. (Proc. Soc. exp. Biol. Med. **103**, 447—50, März 1960; Cleveland, Ohio, Western Res. Univ. School of Med., Dep. of Physiol.; engl.) — Kälber-Eminentia-Extrakt wurde auf Carboxymethylcellulose säulenchromatographiert u. ergab einen teilweise gereinigten *Corticotropin-freisetzenden Faktor*, der frei ist von corticotroper u. pressor. Aktivität. M. Metze. 4560□

Hormontherapie (ACTH, Cortison, Adreson) der unspezifischen Infektions-Polyarthritiden. E. D. Iwanowa. (Советская Медицина [Sowjet.-Med.] **25,** Nr. 6, 87—90, Juni 1961; Saratow, Med. Inst., Pädiatr. Fakultät, Lehrstuhl für Fakultätstherapie; russ.) — Bei 50 Kranken mit rheumat. Arthritis führte Therapie mit *ACTH* (40—100 Einheiten täglich i.m.), *Adreson* oder *Cortison* (200—50 mg täglich) vorwiegend zur klin. Besserung. Gleichzeitige plethysmograph. Unterss. zeigten eine stimulierende Wrkg. der Hormone auf die Funktion der höheren Gefäßzentren. I. v. Kloch-Kornitz. 4560□

Eine Methode für die Trennung und Bestimmung von Brenzcatechinaminen im Urin. M. Goldstein, A. J. Friedhoff und C. Simmons. (Experientia [Basel] **15,** 80—81, 15/2. 1959; New York, New York Univ. Coll. of Med., Dep. of Psychiatry and Neurol. and Psychopharmacol. Res. Unit New York; engl.) — Vff. bestimmen die Brenzcatechinamine *Noradrenalin* (I), *Adrenalin* (II) u. *Hydroxytyramin* (III) durch eine Kombination der fluorometr. Meth. von Weil-Malherbe u. Bone (1951) u. der von Euler u. Floding (1956). Die Verbb. werden im Urin acetyliert u. die Acetyl-Derivv. papierchromatograph. getrennt. Die Acetyl-Derivv. werden eluiert u. hydrolysiert. Die freien Verbb. werden mit Äthylendiamin kondensiert. Die resultierenden fluorescierenden Kondensations-Prodd. werden extrahiert u. fluorometr. bestimmt. Die Geh. an **I, II** u. **III** in Urin von 10 verschiedenen psychiatr. Patienten zeigten starke Schwankungen, sie betrugen bei **I** 1,90—8,00 μg, bei **II** 0,30—167 μg u. bei **III** 24,50—52,50 μg/100 g Kreatinin. Vff. schlagen zur Verbesserung ihrer Meth. eine Anwendung doppelt markierter Verbb. vor. W. Hiller. 4561□

Wirkung von vorher verabreichtem Epinephrin auf die Insulin-Empfindlichkeit von Fettgeweben in vitro. P. Riet Correa und E. Magalhaes. (Metabolism, clin. and exp. **10,** 808—11. Okt. 1961; Porto Alegre, Univ., Fac. de Med., Inst. de Fisiol. Experim.; engl.) — *Epinephrin* (I), in einer Konz. von 1 μg/ml zu Nebenhodenfettgewebe der Ratte in vitro hinzugesetzt, bewirkte eine Zunahme der Netto-Freisetzung von CO_2 aus Glucose u. steigerte die Wrkg. von gleichzeitig zugesetztem *Insulin.* Wenn I (0,02 mg/100 g) 1 Std. vor Entnahme des Nebenhodengewebes der Ratte injiziert wurde, zeigte es keinen Einfl. auf den Gasaustausch. K. Zingraf. 4561□

Aldosteron-Ausscheidung bei Erkrankung des Praetectums. Dorothy T. Krieger, Akira Saito und Howard P. Krieger. (Lancet **1961 (II),** 567—70, 9/9.; New York City, Mount Sinai Hosp.; engl.) — 2 Patienten mit kleinen, deutlichen Tumoren im Praetectum (ZNS)-Bereich zeigten eine subnormale Ausscheidung von *Aldosteron* (I) im Harn. In einem Falle stieg die I-Konz. im Harn nach Na-Einschränkung nicht an, auch nicht nachdem durch Bestrahlung klin. Besserung u. eine Normalisierung der I-Ausscheidung im Harn erzielt worden war. K. Zingraf. 4561□

Verhinderung einer negativen Stickstoffbilanz durch das anabolische Präparat Methandrostenolone während der Corticosteroidtherapie (Dexamethasone) bei Arthritis rheumatica. Harry Ruchelman und Ralph V. Ford. (Metabolism, clin. and exp. **11,** 524—29, Mai 1962; Houston, Tex., Baylor Univ. Coll. of Med., Dep. of Med.; Veterans Administration Hosp.; engl.) — Unterss. an zwei Patienten mit Arthritis rheumatica zeigen, daß eine während der Behandlung mit *Dexamethasone* (*Gammacorten*; 1,5 mg/Tag) auftretende negative Stickstoffbilanz durch zusätzliche Verabreichung von *Methandrostenolone* (*Dianabol*; I) in Mengen von 5 mg/Tag kompensiert wird. I-Behandlung führt außerdem zu erhöhter Retension von *Ca* u. *P.* Klaus Schmidt. 4561□

Freisetzung von Noradrenalin aus adrenergischen Überträgergranula durch Tyramin. U. S. von Euler und F. Lishajko. (Experientia [Basel] **16,** 376—77, 15/8. 1960; Stockholm, Karolinska Inst., Fac. of Med. Dep. of Physiol.; engl.) — Mikrogranulares Sediment von Kuhmilznerven wurde mit *Tyraminhydrochlorid* (I) inkubiert. Danach wurde *Noradrenalin* im 30000·g (30 Min.)-Sediment bestimmt. Ähnliche Verss. wurden mit *3-Hydroxytyramin* (II) u. mit *4-Hydroxyphenyläthanolamin* (III) durchgeführt. I setzte *Noradrenalin* frei, II u. III nicht. W. Hiller. 4561□

Steroid-Hormone und Kohlenhydratstoffwechsel in vitro. Einfluß der „natürlichen" Tetrahydro-Derivate E und F auf die Resorption von Glucose und Atmung des isolierten Zwerchfells der normalen Ratte. C. Matarazzo, R. Chiummo und G. Sacchetti. (Boll. Soc. ital. Biol. sperim. **37,** 489—92, 15/6. 1961; Bari, Univ., Ist. di Patol. Med. e Metodol. Clin.; ital.) — Es wird der Einfl. der Tetrahydroderivv. des *Cortisons* u. *Hydrocortisons* (aus A.-Eluaten der Papierchromatographie von Chlf.-Extrakten enzymat. Hydrolysate des Harns) mit u. ohne Insulin auf die Resorption der *Glucose* u. die Atmung des Zwerchfells untersucht. Es zeigt sich, daß beide Cortisone in jeder Hinsicht die gleiche Wrkg. aufweisen, u. zwar beeinflussen sie positiv den Abbau der Glucose, Insulin erhöht diese Wirkung. Die Glykogen-Synth. wird gesteigert u. die Zunahme des O_2-Verbrauchs ist nur bei Zusatz von Insulin wesentlich. F. Kren. 4561□

Das Fehlen von Cortisol in einem Phäochromocytom. J. Davignon, G. Tremblay und J. Genest. (J. clin. Endocrinol. Metabolism. **20,** 1515—20, Nov. 1960; Montreal, Hôtel-Dieu Hosp., Clin. Res. Dep. and Dep. of Pathol.; engl.) — Während aus dem normalen Nebennierengewebe (kombinierte Cortex + Medulla) durchschnittlich 48,8 μg *Hydrocortison* (148,2 μg nach Stimulierung mit *Adrenocorticotropem Hormon*), 17 μg (20,4) *Cortison* u. 5,4 (2,8) *Aldosteron*/g Gewebe bei Inkubation in Krebs-Ringer-Glucose-Medium (37°, 2 Std. nach 30 Min. Vorinkubation) freigesetzt wurden, konnten aus dem Phäochromocytomgewebe auch nach ACTH-Stimulierung keine Steroide extrahiert u. nachgewiesen werden. Diskussion der z. T. konträren Ergebnisse anderer Autoren. U. Laschet. 4561□

Die Bedeutung der Konzentration nicht-Proteingebundenen Plasma-Cortisols bei gesunden Personen, Cushing's Syndrom, Schwangerschaft und während einer Östrogenbehandlung. Richard P. Doe, Horace H. Zinneman, Edmund B. Flink und Robert A. Ulstrom. (J. clin. Endocrinol. Metabolism **20.** 1484—92, Nov. 1960; Minneapolis, Minn., Minneapolis Vet. Admin. Hosp., Labor. and Med. Serv. and Univ. of Minnesota Med. School, Dep. of Med. and Pediatr.; engl.) — Aus den für die *Gesamt-17-hydroxycorticosteroide* (*17-OHCS*) u. die *Plasma-gebundenen* (*P.b.*)*-17 OCHS* ermittelten Werte wurde durch Differenz-Berechnung der Plasmaspiegel an *nicht-Protein-gebundenen* (*n.P.b.*)*-17-OHCS* ermittelt. Bei Cushing's Syndrom ist der 17-OHCS-Spiegel durch Vermehrung der n.P.b. 17-OHCS erhöht, unter Östrogenbehandlung durch die P.b.-17-OHCS. Im 3. Trimester der Schwangerschaft sind beide Werte (n.P.b. u. P.b.) erhöht. Es wird angenommen, daß die n.P.b-Fraktion das unmittelbar akt. *Cortisol* enthält, das durch die Kapillaren u. Zellmembranen diffundieren kann. U. Laschet. 4561□

Bestimmung der infektionserhöhenden Aktivität von abgewandelten Corticoiden. J. K. Frenkel. (Proc. Soc. exp. Biol. Med. **103,** 552—55, März 1960; Kansas City, Univ. of Kansas, School of Med., Dep. of Pathol. and Oncol.) — Die chron. latente *Besnoitia*-Infektion beim Goldhamster ist sehr empfindlich gegenüber Corticoiden. 22 abgewandelte Progestine u. Corticoide wurden auf diese Wrkg. hin untersucht: *Cortisonacetat, Hydrocortison, Prednisolon, Prednisolonacetat, 2-Methyl-9α-fluorhydrocortisonacetat, 6-Methylprednisolon, 16α-Hydroxy-9α-fluorprednisolon, 9α-Fluorprednisolon, Triamcinolonacetonid* (*16α-Hydroxy-9α-fluorprednisolonacetaldehyd*), *16α-Methyl-9α-fluorprednisolon* u. a. Derivate. 6 Tage nach Corticoid-Behandlung tritt ein schwerer Rückfall durch erneute Mikrobenproliferation auf. Die einzelnen Verbb. wurden auf Wirkungsdosis getestet. M. Metze. 4561□

Wirkung von Thiouracil auf den Stoffwechsel von L-Thyroxin. Eunice V. Flock und Jesse L. Bollman. (Biochem. J. **81,** 18P, Okt. 1961; Rochester, Minn., Mayo Clin. and Mayo Found.; engl.) — 4 oder mehr Wochen andauernde Verfütterung von 0,1% *Thiouracil* (**I**) vor i.v. Injektion von $^{131}J_{(3')}$- oder $^{131}J_{(5')}$-*Thyroxin* erhöhte bei Ratten im Vgl. zu Kontrolltieren die Ausscheidung von ^{131}J im Harn. Papierchromatoraphie des in der Galle ausgeschiedenen ^{131}J zeigte, daß sich nach 4wöchiger Verfütterung von I $^1/_4$ des ^{131}J im *Thyroxinglucuronid* (**II**)-Bereich u. $^1/_4$ im *3.3'.5'-Trijodthyroninglucuronid* (**III**)-Bereich befand im Vgl. zu 40% **II** u. 6% **III** bei der normalen Ratte. K. Zingraf. 4562□

Phosphat-Anomalien bei Nebenschilddrüsenüberfunktion. William R. Beisel, Earl S. Gerard, Kevin G. Barry, E. G. Herndon jun., William H. Meroney und Laurence H. Kyle. (Metabolism, clin. and exp. **10,** 771—80, Okt. 1961; Washington, D. C., Walter Reed Army Med. Center, Walter Reed Army Inst. of Res., Div. of Med., Dep. of Metabolism; Georgetown Univ., School of Med., Dep. of Med.; engl.) — Bei 17 von 18 Patienten mit Nebenschilddrüsenüberfunktion war die *Phosphat*-Clearance (PC) erhöht; sie wurde durch i.v. *Ca*-Injektion um weniger als 30%, bei Normalpersonen dagegen um mehr als 50% herabgesetzt. Die Operation brachte eine Normalisierung dieses Verhaltens. Das Verh. der PC nach Ca-Injektion stellt somit ein brauchbares diagnost. Hilfsmittel für die Funktion der Nebenschilddrüse dar. K. Zingraf. 4563□

Abbau von $^{14}C_6$-Glucose in der Aorta der Ratte in vitro. Guillermo Urrutia, Donald W. Beavan und George F. Cahill jun. (Metabolism, clin. and exp. **11,** 530—34, Mai 1962; Boston, Mass., Harvard Med. School, Peter Bent Brigham Hosp., Christchurch, New Zealand, Princess Margaret Hosp.; engl.) — In vitro-Verss. mit markierter *Glucose* (**I**) an Segmenten der Aorta thoracica (At) der Ratte ergeben, daß der Insulin-Effekt sowohl bei normalen als auch bei Alloxan-diabet. Tieren (vergleichsweise verringerte Glucoseoxydation) sich signifikant erniedrigt, wenn die Adventitia-Schicht (AS) von At entfernt wird. Die Insulin-stimulierende Komponente der AS steigert die Oxydation von $^{14}C_1$-**I** gegenüber der von $^{14}C_6$-**I**. Ein bevorzugter Einbau des oxydierten C-Atoms in Glykogen bzw. Fettsäuren bzw. C_1-Körper ist nicht erkennbar. Klaus Schmidt. 4564□

Beitrag zur Untersuchung der Theorie des Diabetes. Untersuchungen über die arterio-venöse glykämische Differenz (Wirkung des Insulins) und über den Phosphorsäureester-Gehalt von Leber und Muskel bei normalen und diabetischen Ratten. Emile Dupasquier. (Bull. Soc. fribourg. Sci. natur. **45,** 9—75, 1955; herausgeg. 1956; franz.) Bei einer Glykämie bis 200 mg-% ist die *Zucker* (**I**)-Verwertung bei normalen Ratten etwas größer als bei diabetischen. Bei einer Glykämie > 200 mg-% verwerten die diabet. Tiere viel mehr **I** als normale. Die **I**-Verwertung ist bei normalen u. diabet. Ratten dem Blutzucker-Geh. proportional. Der Verdauungstrakt verwertet 2—3 mal mehr **I** als die gestreifte Muskulatur der Extremitäten. *Insulin* vermindert bei normalen wie diabet. Tieren allg. die **I**-Verwertung. Die Hyperglykämie bei Diabetes beruht demnach nicht auf einer Nichtverwertung von **I**, sondern auf einer **I**-Überproduktion der Leber. Die **I**-Retention durch die Leber ist bei normalen Ratten dem Grad der Glykämie der Pfortader proportional, während sie bei diabet. mit steigender Glykämie zunimmt. Leber u. Muskel diabet. Tiere enthalten mehr *Gesamtmonohexosen* (**II**) (bes. *Glucose-6-phosphat*) u. weniger *Adenosintriphosphat* (**III**) als die Organe normaler (Beschleunigung der Phosphorylierung). **I**-Zufuhr vermindert bei normalen u. Diabetestieren den **III**-Geh. von Leber u. Muskel u. erhöht den **II**-Gehalt. Nebennierenentfernung ruft bei normalen Ratten entgegengesetzte Folgen wie Alloxanbehandlung hervor. Die Leber nüchterner oder mit **I** ernährter diabet. Tiere enthält in hoher Konz. ein unbekanntes Polysaccharid, vielleicht ein leicht hydrolysierbares Glykogen. Der Diabetes ist die Folge eines gestörten Gleichgewichts zwischen Hypophyse–Nebenniere- u. Pankreas–Insulin-Funktion, wobei das Überwiegen der ersten den biochem. Phosphorylierungsprozeß beschleunigt. Dieser Vorgang verläuft über eine Aktivierung der SH-Gruppen der beteiligten Enzyme durch Nebennierenrindenhormone. Insulin wirkt durch Blockerung der Enzym-SH-Gruppen. — 215 Literaturangaben. K. Maier. 4564□

Über einige homöostatische Wirkungen des Ca-Ions auf die durch Insulin hervorgerufene Hypoglykämie. E. di Paolo, A. Garagnani und B. Vancini. (Arch. Patol. Clin. med. **33,** 351—64, 1957, Bologna, Univ., Ist. clin. med. gen. e ter. med.; ital.) — Zur Unters. der Wrkg. von Ca^{2+} auf die Homöostase u. zur therapeut. Anwendung bei Störungen des intracellulären *K*-Gleichgewichts, bei *Insulin* (**I**)-Schock, bei Winterschlaftherapie u. a. werden 10 gesunde Personen von 25—45 Jahren durch 40—70 I.E. **I** in Koma versetzt. Bei 4 Vers.-Personen werden dann 10 cm^3 10%ig. Ca-Salz-Lsg. i.v. gespritzt u. dies nach 30 Min. wiederholt. Es konnte ein Fall von Diabetes mit Koma hypoglycaemicum, hervorgerufen durch zu hohe u. unkontrollierte Insulingaben, herangezogen werden. Die Best. der Serum-Konz. der Elektrolyten u. die Elektrocardiographie ergaben, daß Ca^{2+} der Verminderung des K-Geh. in Blut u. Gewebe entgegentritt, die Hypoglykämie mildert, das EKG u. den arteriellen Blutdruck normalisiert u. zwar als Folge der Wiederherst. des Gleichgewichts im Blutkreislauf, im endokrinen u. im neurovegetativen System. B. Stieb. 4564□

Der Adrenalin–Insulin-Antagonismus beim Freisetzen von freien Fettsäuren. John J. Spitzer und William T. McElroy jun. (Amer. J. Physiol. **201,** 815—18, Nov. 1961; Philadelphia, Penn., Hahnemann Med. Coll., Dep. of Physiol. and Hosp. of Philadelphia; engl.) — An Hunden wurde die Wrkg. von infundiertem *Adrenalin* (**I**) u. *Noradrenalin* (**II**) bei gleichzeitiger oder vorhergehender Verabreichung von *Insulin* (**III**) + *Glucose* (**IV**) untersucht. **I** erhöhte die *freien Fettsäuren* (FFS) ohne **III** + **IV** mehr als mit u. erhöhte die Aufnahme von FFS u. die Glucoseabgabe in der Leber. Die Wrkg. von **II** war nicht signifikant. **III** + **IV** senkten die Plasma-FFS-Spiegel u. die FFS-Aufnahme in der Leber, wenn sie *nach* **I** oder **II** verabreicht wurden. M. Metze. 4564□

Das Kükenembryoherz als Mittel zur Untersuchung von Zellpermeabilität und Insulinwirkung. Guido Guidotti, Doris Kanameishi und Piero P. Foà. (Amer. J. Physiol. **201,** 863—68, Nov. 1961; Chicago, Ill., Chicago Med. School, Dep. of Physiol. and Pharmacol.; engl.) — Das 5 Tage alte Kükenembryoherz ist permeabel für *Glucose* (**I**), u. die **I**-Aufnahme (in diesem Präp.) wird durch die Geschw. der intracellulären Phosphorylierung begrenzt. Im 7-Tage-Herz beginnt sich eine *Insulin*-sensible „Membran“, die die **I**-Aufnahme regelt, zu entwickeln. Von da ab wird der **I**-Transport der geschwindigkeitsbegrenzende Faktor für die **I**-Aufnahme. Diese Eigg. machen das embryonale Kükenherz geeignet für Unterss. über Permeabilitäts- u. Transportphänomene. M. Metze. 4564□

Entwicklung eines Insulin-sensiblen Glucose-Transportsystems im Kükenembryoherz. Guido Guidotti und Piero P. Foà. (Amer. J. Physiol. **201,** 869—72, Nov. 1961; engl.) — Vgl. vorst. Referat. — Durch Unterss. der *Glucose*-Aufnahme, des *Sorbit*-Raumes u. des Gesamtwasser-Geh. in verschiedenen Stadien der Entw. des Kükenembryoherzens, unter aeroben u. anaeroben Bedingungen, nach *Insulin-*, *2.4-Dinitrophenol-* oder *Ouabain*-Zusatz zum Inkubationsmedium wurden weitere Beispiele für die Verw. des Kükenembryoherzens zwischen dem 5. u. 10. Bebrütungstag als Unters.-Objekt für den Glucosetransport erbracht. M. Metze. 4564□

Leberwirkung von Insulin in nichtanästhesierten normalen, diabetischen und adrenalektomierten Hunden. William C. Shoemaker, Peter J. Carruthers, Ina C. Powers und Howard M. Yanof. (Amer. J. Physiol. **201**, 804—10, Nov. 1961; Chicago, Ill., Michael Reese Hosp. and Med. Center; engl.) — *Insulin* (I) wurde normalen, adrenalektomierten, despankreatisierten u. despankreatisierten-adrenalektomierten Hunden verabreicht (i.v. injiziert oder Direktinfusion in die Leber). In keinem Fall senkte I den Leber-*Glucose*-Ausstoß u. in keinem Fall wurden Leber-*Glykogen* oder *freie Glucose* in der Leber erhöht (Biopsie-Unters.). M. Metze. 4564□

Die Beeinflussung des Glucosetransports durch die Blut-Wasser Schranke mittels Insulin. V. E. Kinsey und D. V. N. Reddy. (J. Physiology **308**, 8—16, April 1961; Detroit, Mich., Kresge Eye Inst.; engl.) — Kaninchen erhielten i.v. *^{14}C-D-Glucose* (I). Es wurde anschließend die Akkumulation in der wss. Fl. der vorderen u. hinteren Augenkammer bei normalen u. alloxandiabet. Tieren bestimmt. Von den diabet. Tieren erhielten einige in der hypo- u. hyperglykäm. Phase *Insulin* (II). Die I-Werte zeigten zwischen den verschiedenen Tieren keine Unterschiede in beiden Augenkammern. II bewirkt keinen verstärkten I-Transport in die hintere Augenkammer. W. Hiller. 4564□

Die Blutzucker-senkende Wirkung von Phenformin. Untersuchungen bei Diabetikern nach Behandlung von kurzer Dauer. W. J. H. Butterfield, I. Kelsey Fry und M. J. Whichelow. (Lancet **1961** (II), 563—67, 9/9.; London, Guy's Hosp.; engl.) — 16 Diabetiker wurden 7—10 Tage lang mit *Phenformin* (*Phenäthylbiguanid*; I) behandelt. In 10 Fällen besserte I den Nüchternblutzucker u. die Glucosurie, aber Nausea u. unerklärliche Ketose ohne Gew.-Verlust traten als Nebenwrkg. auf. Die Rk. auf *Glukagon* wurde durch erfolgreiche I-Behandlung normalisiert. In Gegensatz zu Sulfonylharnstoff-Präpp. erhöhte I das Ansprechen auf *Insulin* (II) im oralen u. i.v. *Glucose*-II-Test u. bewirkte eine Zunahme des *Brenztraubensäure*-Geh. im Blut. I scheint die Wrkg. von II zu steigern. K. Zingraf. 4564□

Klinische Wrikung von Acetohexamide bei der Diabetestherapie. John A. Owen jun. (Metabolism, clin. and exp. **11**, 475—81, Mai 1962; Charlottesville, Va., Univ. of Virginia, School of Med., Dep. of Internal Med.; engl.) Klaus Schmidt. 4564□

Abbau von Histidin zu Urocaninsäure in der Epidermis. Untersuchungen mit L-Histidin-2-(Ring)-^{14}C. E. Schwarz. (Biochem. Z. **334**, 415—24, 1961; Berlin, Freie Univ., Hautklinik im Rudolf-Virchow-Krankenhaus; dt.) — Die Epidermis scheint über ähnliche oder gleiche *Histidin* (I)-*abbauende Fermente* zu verfügen, wie sie bisher wohl nur in der Leber nachgewiesen worden sind, da sich an isolierten Haut-Präpp. von Meerschweinchen, deren Hornschicht durch Klebstreifenabrisse bis zur Barriere entfernt worden war, sowie an einem Epidermishomogenat in vitro ein Abbau von $^{14}C_{(2)}$-I zu *Urocaninsäure* nachweisen ließ. U. Tausendfreund. 4569□

Serotonin-Untersuchungen an Mäusegewebe. Robert M. Donaldson jun., Saul Malkiel und Seymour J. Gray. (Proc. Soc. exp. Biol. Med. **103**, 261—63, Febr. 1960; Boston, Harvard Med. School, Dep. of Med.; Peter Bent Brigham Hosp.; engl.) — Gewebe von Mäusen mit Mastocytom enthält viel *Serotonin* (I). Nach anaphylakt. Schock fällt der I-Geh. in Niere, Lunge, Dünndarm u. Leber. M. Metze. 4569□

Beziehung zwischen Körpergewicht und Gesamtacetylcholin von Muskel und Zwerchfell des Meerschweinchens. L. Beani, C. Bianchi und F. Ledda. (Boll. Soc. ital. Biol. sperim. **38**, 320—23, 15/4. 1962; Florenz, Univ., Ist. di Farmacol. e Clin. Tossicol.; ital.) — Es wird der Geh. des Zwerchfellmuskels des Meerschweinchens an *Acetylcholin* (I) bestimmt. Die biolog. Best. erfolgt am Ileus des Meerschweinchens in Ggw. von $2 \cdot 10^{-8}$ *Benadryl*, u. um sicher zu gehen auch in Ggw. von $2 \cdot 10^{-8}$ *Atropin* u. nach Hydrolyse in der Wärme. Bei 46 Tieren ergeben sich Werte zwischen 99 u. 591 ng/g, doch zeigt sich, daß die im Zwerchfellmuskel vorhandene I-Menge umgekehrt proportional dem Körper-Gew. der Tiere ist. F. Kren. 4569□

Succinylcholin-induzierte Kontrakturen in Skelettmuskeln von neugeborenen Katzen. D. P. Purpura, M. W. Carmichael und E. M. Housepian. (Proc. Soc. exp. Biol. Med. **103**, 336—38, Febr. 1960; New York City, N.Y., Columbia Univ., Coll. of Physic. and Surg., Dep. of Neurol. Surg. and Pharmacol.; engl.) — Intravenöse *Succinylcholin* (I)-Gaben erzeugen bei neugeborenen Katzen bis nach 10—12 Tagen starke Kontrakturen. Diese I-Sensibilität ist jedoch nicht mit einem Schaden an der funktionellen Innervation in Zusammenhang zu bringen. M. Metze. 4569 □

Beobachtungen am biologischen Substrat zur Bestimmung des Bradykinogens des Plasmas und des Bradikinins im Harn des Menschen. P. Periti und F. Sicuteri. (Boll. Soc. ital. Biol. sperim. **38**, 316–20, 15/4. 1962; Florenz, Univ., Ist. di Farmacol. e Clin. Med.; ital.) — Als Substrate werden der Uterus der Ratte u. der Ileus des Meerschweinchens geprüft. Zur Best. des *Bradykinogens* des Plasmas wird eine Mikrometh. angewandt, bei der *Bradikinin* (I) durch Trypsin nach Inaktivierung der antitrypt. u. bradykininolyt. Aktivität freigemacht wird. Es zeigt sich, daß der Uterus gegenüber I um ca. das 10fache empfindlicher ist. F. Kren. 4569 □

Wachstumshemmung und Beinschäden beim Küken nach parenteraler Verabreichung von Hämin und nicht-Metalloporphyrinen. Unabelle B. Blackwood und William O. Pollard. (Proc. Soc. exp. Biol. Med. **103**, 556–59, März 1960; College Park, Md., Univ. of Maryland, Dep. of Poultry; engl.) — Unterss. an 2 Tage alten Küken zeigten, daß *Hämin* (I) die wachstumshemmende Wrkg. von *2-Äthyl-5-methylbenzimidazol* nicht umkehrt u. sogar selbst das Wachstum hemmt. Es bewirkt zusätzlich ein Auswärtsbiegen der Beine. Da *Protoporphyrin* u. *Hämatoporphyrin* ähnlich wirken, kann angenommen werden, daß nicht die Ggw. von *Fe* im I dafür verantwortlich ist, sondern der bas. Porphyrinring. Vff. nehmen an, daß I diese Wrkg. über das Enzym-Syst. ausübt, entweder durch Blockierung oder zusätzlichen Enzymbedarf für den eigenen Stoffwechsel. Wenn diese Hypothese zutrifft, können I u. Porphyrine zur Unters. von Stoffwechselprozessen verwendet werden. M. Metze. 4572 □

Über die asymmetrische Dissoziation des menschlichen Hämoglobins. S. J. Singer und Harvey A. Itano. (Proc. nat. Acad. Sci. USA **45**, 174–84, Febr. 1959; New Haven, Conn., Yale Univ., Chem. Dep.; Bethesda, Md., Nat. Inst. of Health, U.S. Dep. of Health, Educ. and Welfare, Publ. Health Serv., Nat. Inst. of Arthritis and Metabol. Disease; engl.) — Es ließ sich zeigen, daß in leicht angesäuerten Lsgg. die *Hämoglobin*-Moll. (des Menschen) in 2 nicht miteinander ident. Untereinheiten dissoziieren, von denen jede 2 ident. Polypeptidketten enthält u. somit in wss. Lsg. eine stärkere Bindung als zwischen unähnlichen Ketten entsteht. Jede der Untereinheiten enthält auch 2 Häme, so daß ein einzelnes Häm mit einer einzelnen Polypeptidkette zusammenhängt; die Koppelung innerhalb der Untereinheit geschieht über die Symmetrieachse. Es wird vermutet, daß beide Ketten unabhängig voneinander synthetisiert werden u. unter getrennter genet. Kontrolle stehen. U. Tausendfreund. 4572 □

Die Polypeptidketten des Hämoglobins A_2. E. R. Huehns und E. M. Shooter. (Nature [London] **189**, 918–19, 18/3. 1961; London, Univ. Coll., Dep. of Biochem.; engl.) — Hybridisierungsexperimente mit verschiedenen *Hämoglobin* (Hb)-Varianten nach Itano u. Robinson ermöglichen Aussagen über die Strukturverwandtschaft des Hb-A_2 (I), mit Hb-A (II), Hb-H (III), Hb-G_{Br} (**IV**) u. Hb-G_2. Die elektrophoret. Prüfung einer Hybridisierung von I mit **IV** zeigte das Auftreten eines neuen Hämoglobins in der Gegend von HbG/C u. Verstärkung des II-Fleckes an. Im Elektropherogramm einer Hybridisierung von I mit III tauchte nur II als neuer Fleck auf. Nach Diskussion dieser Befunde sowie Vgl. mit Hybridisierungsexperiment anderer Autoren wird I die Formel $\alpha_2^A\ \delta_2^{A_2}$ zugeschrieben. Für die Biogenese der α_2-Komponente von I u. II ist vermutlich ein gemeinsamer genet. Ort verantwortlich. K. Heyns. 4572 □

Wirkung von S-[Dichlorvinyl]-L-cystein auf den Einbau von Vorstufensubstanzen in Desoxypentosenucleinsäure der Leukocyten. N. S. Mizuno, G. J. Hagerty, D. D. Joel, J. H. Sautter und M. O. Schultze. (Proc. Soc. exp. Biol. Med. **103**, 577 bis 580, März 1960; St. Paul, Minn., Univ. of Minnesota, Dep. of Agric. Biochem.; Coll. of Vet. Med., Div. of Vet. Pathol. and Parasitol.; engl.) — *S-[Dichlorvinyl]-L-cystein* (I) senkt den ^{32}P-Einbau (in vivo) in Kälberleukocyten-*Desoxyribonucleinsäure* (DNS), wenn I vorher oder gleichzeitig verabreicht wurde. I verhindert nicht den in vitro-Einbau von ^{3}H-*Thymidin* in Leukocyten aus dem Blut I-behandelter Kälber u. auch nicht von normalem Blut, das in Ggw. von I inkubiert wurde. M. Metze. 4573 □

Über die Beziehungen zwischen dem Neuraminsäuregehalt des Serums und der Blutkörperchensenkungsgeschwindigkeit. H. Stickl und H. Böcker. (Klin. Wschr. **37**, 635–38, 15/6. 1959; Köln, Univ. Kinderklin.; dt.) — Durch „*Receptorzerstörendes Ferment*" (I), eine Neuraminidase, kann der *Neuraminsäure* (II)-Geh. im Serum erniedrigt werden. Als Maß für die I-Wrkg. dienen Blutkörperchensenkungs-Geschw. (BSR), der inhibitortiter für Influenza-A-Indicatorvirus u. die Panagglutinationsreaktion. Hoher II-Geh. im Serum führt zu beschleunigter BSR. Seine Erniedrigung durch I zeigt sich In der Erniedrigung der BSR. Gleichzeitig wird die Konglutinationstendenz der Erythrocyten vermindert. Die II-Senkung durch I ist mit einer Erniedrigung des Inhibitortiters gegen Influenza-A-Virus sowie mit einem Absinken des Panagglutinationstiters verbunden. In normalem Blut mit normalem II-Geh. kann nach geeigneter Verdünnung eine Senkungsbeschleunigung durch I nachgewiesen werden. L. Kiesow. 4574□

Plasmaproteine. 6. Mitt. **In vitro-Abbau.** F. B. Armstrong und H. Tarver. (Proc. Soc. exp. Biol. Med. **103,** 323—26, Febr. 1960; San Francisco, Calif., Univ. of California, School of Med., Dep. of Biochem.; engl.) — 4. vgl. C. **1950/54,** 8643 S; 7. vgl. C. **1963,** 2147. — Es wurde Rattenserum-*Albumin* (I) mit ^{14}C-Aminosäuren markiert u. mit verschiedenen Gewebeschnitten oder -homogenaten (Leber, Niere, Milz, Ascites) inkubiert. Es zeigte sich kein I-Abbau, u. Vff. vermuten, daß er an anderen Stellen im Tier vor sich geht. M. Metze. 4574□

Serumproteine der Ratte nach partieller Hepatektomie. S. G. A. Alivisatos, K. Stern, B. Savich und L. Lukacs. (Proc. Soc. exp. Biol. Med. **103,** 465—67, März 1960; Chicago, Ill., Chicago Med. School, Dep. of Pathol.; Sinai Hosp.; Mount Sinai Med. Res. Found.; engl.) — Partiell hepatektomierte oder scheinoperierte Ratten wurden untersucht. Beide Arten zeigten eine Erhöhung der *β-Globulin*-Fraktion (bis 60%) u. gleichzeitig eine Erhöhung der mitot. Aktivität im Lebergewebe. M. Metze. 4574□

Untersuchungen über ein Kryoglobulin des menschlichen Serums. L. Pignataro, G. Bolognesi, E. Strom, O. Rizza und G. F. Marinoni. (Boll. Soc. ital. Biol. sperim. **38,** 340—42, 15/4. 1962; Rom, Univ., Ist. di Clin. Med. Gener. e Terap. Med.; ital.) — Die Unterss. werden an einem Patienten mit chron. hypertensiver Nephritis mit hohem Geh. des Blutes an *Kryoglobulin* (I) durchgeführt. Die Fraktionierung durch Papierelektrophorese ergab die Bande der I-Fraktion neben der der *γ*-Globuline. Die Bande stammt vom I-Nd. auf dem Papier bei Zimmer-Temp., so daß von keiner Geschw. dieser Proteine gesprochen werden kann. Die I-Fraktion ist zum größten Teil euglobulin. u. zu einem geringen Teil pseudoglobulin. Natur. F. Kren. 4574□

Eiweißfraktionen und Cholinesterase des Blutserums als Merkmale der Rheumaaktivität bei Kindern. Je. M. Okulowa. (Советская Медицина [Sowjet-Med.] **24,** Nr. 11, 9—13, Nov. 1960; Kasan, Med. Inst., Lehrstuhl für Hosp.-Pädiatrie u. Lehrstuhl für patholog. Physiol.; russ.) — Elektrophoret. Unterss. bei Kindern mit Rheumatismus zeigten bes. im akuten Stadium, je nach der Schwere des Krankheitsverlaufes, unspezif. Verringerung der *Albumine* (I), Vermehrung der *α*-, *β*- u. *γ-Globuline* (II) im Blutserum u. Verringerung des I/II-Koeff. in der defibrinierten *Cantharidin*-Fl., die sich bei gleichzeitigen Entzündungskrankheiten verstärkten. Die Aktivität der *Cholinesterase* (normal 47,32—58,24%) war starken Schwankungen unterworfen u. zeigte Tendenz zur Verringerung ohne Relation zur Dysproteinämie. I. v. Kloch-Kornitz. 4574□

Über die elektrophoretischen Veränderungen der Proteine und Lipoproteide des Blutserums bei bösartigem Neoplasma. G. Ss. Atamanow und W. N. Ssaperow. (Советская Медицинaя [Sowjet-Med.] **25,** Nr. 5, 80—86, Mai 1961; Krankenhaus des Gesundheitsminist. der Tschuwasch. ASSR; russ.) — Elektrophoret. Unterss. des Blutserums von Kranken mit Krebs des Magens, Kehlkopfes, Rectums, Uterus cervix, der Orbita u. der Lunge verschiedener Lokalisation zeigten unspezif. Verringerung der *Albumine* u. Vermehrung der *Globuline* (I), bes. der α_1- u. α_2-I (je nach der Ausbreitung des Tumors) u. unwesentliche Veränderungen des Geh. an *α*- u. *β-Lipoproteiden.* I. v. Kloch-Kornitz. 4574□

Mangel an Lipid-gebundener Glutaminsäure bei alternden Personen mit Arteriosklerose. R. E. Hamilton und L. O. Pilgeram. (Proc. Soc. exp. Biol. Med. **103,** 574—77, März 1960; Minneapolis, Minn., Univ. of Minnesota, School of Med., St. Barnabas Hosp. Res. Found. and Dep. of Physiol.; engl.) — In den *α*- u. *β-Lipoprotein*-Extrakten (organ. Lsgm.) von Humanplasma konnte ein ninhydrinpositiver *Lipid-gebundener Faktor* chromatograph. als *Glutaminsäure* (I) identifiziert werden. Dieser Faktor wird bei alternden arteriosklerot. Personen vermißt u. zeigt eine abnormale Verteilung bei erkrankten Patienten. Es mag ein Zusammenhang bestehen zwischen dem Mangel an lipidgebundener I u. einem defekten Blutkoagulations-Syst. im arteriosklerot. Menschen. M. Metze. 4574□

Wirkung der Arterienwand auf die Gerinnungsprozesse. 3. Mitt. **Nachweis einer gerinnungshemmenden Wirkung wässeriger Arterienwandhomogenate.** G. G. Neri Serneri und P. L. Rossi Ferrini. (Sperimentale **112,** 124—37, März/April 1962; Firenze, Univ., Ist. di Semeiot. Med.; ital.) — Bei Zusatz von verd. Arterienwandhomogenaten zu Plasma trat eine Verlängerung der Recalcifizierungszeit ein. Das Vorhandensein von Antikoagulantien in diesen Präpp. wurde auch mit dem Thrombinerzeugungstest bestätigt. Die gerinnungshemmende Wrkg. der Homogenate wurde durch Toluidenblau, 30 Min. lange Erwärmung auf 56° oder Adsorption mittels $BaSO_4$ aufgehoben. K. Zingraf. 4574□

Einfluß des Kobaltchlorids auf die Thrombocytämie, die Prothrombinzeit und das Thromboelastogramm des Plasmas. C. Faenzi, A. Ceci und O. Di Grandi. (Boll. Soc. ital. Biol. sperim. **38,** 330—31, 15/4. 1962; Rom, Ist. G. Eastman, Labor. Ric. Sperim.; ital.) — Die Unterss. werden an 8 Männern durchgeführt, die per os 150 mg *$CoCl_2$* erhalten. Gegenüber der Norm bis zu 50% zu wenig Blutblättchen verdoppeln ihre Anzahl schon nach 7 Tagen der $CoCl_2$-Behandlung; stark ist die Zunahme der Erythrocyten u. Retikulocyten; bei den meisten Patienten ist die Prothrombinzeit nach 8 Tagen deutlich verkürzt u. nach 14 Tagen hat Prothrombin um 40—50% zugenommen; die anfangs in r–K verlängerten Thromboelastogramme nehmen in bezug auf die Koaguli einen normalen thromboelast. Wert an. F. Kren. 4574□

Blutthrombocytenspiegel nach Verabreichung von Pferdeöstrogenen. D. Firat und L. Stutzman. (Proc. Soc. exp. Biol. Med. **103,** 474—76, März 1960; engl.) — *Premarin* (I; Gemisch natürlicher Pferdeöstrogene, Ayeost Labor.)-Gaben, i.v., veränderten die Thrombocytenzahlen weder von normalen noch von Patienten mit Thrombocytopenie. I eignet sich nicht zur Kontrolle von Blutungen bei Thrombocytopenie. M. Metze. 4574□

Aufnahme von Heparin durch Zellen. G. Csaba und Eszter Kapa. (Nature [London] **187,** 711—13, 20/8. 1960; Budapest, Med. Univ., Inst. of Histol. and Embryol.; engl.) — Gewebeteile aus Milz, Leber, Lymphknoten, Myocard, Niere u. Thymus von Rattenembryonen, neugeborenen Ratten, 50 g, 100 g, 150 g, 200 g schweren Ratten, trächtigen Ratten u. Ratten mit Tumoren wurden in Deckglaskulturen nach Maximow in Pferdeserum + Tyrode-Lsg. + Hühnerembryonalextrakt (3 : 6 : 1) inkubiert. Nach 48 Std. Waschen der Gewebe, nach weiteren 24 Std. Waschen der Gewebe mit einer Lsg., die 1 mg *Heparin* (I) pro ml enthält. Dann Fixierung nach Carnoy u. 48 Std. nach I-Einw. Anfärbung mit Toluidinblau u. Abschätzung der I-Aufnahme der einzelnen Proben. Allg. ist die I-Aufnahme durch Thymusgewebe in allen untersuchten Entw.-Stadien am stärksten, doch bei neoplast. Gewebeproben ist die I-Aufnahme bei Thymus u. bei Lymphknoten noch nicht sicher nachgewiesen u. bei allen anderen untersuchten Geweben ausgeschlossen. S. Dittmann-Mitzscherlich. 4574□

Durch Heparin freigesetzte lipolytische und esterolytische Aktivitäten im menschlichen und Kaninchenplasma. B. Shore und V. Shore. (Amer. J. Physiol. **201,** 915—22, Nov. 1961; Saint Louis, Mo., Washington Univ., School of Med., Dep. of Physiol.; engl.) — Nach i.v. Injektion von *Heparin-Na* (Lederle) findet man beim Menschen u. beim Kaninchen im Plasma ein *Enzym*-Gemisch, das außer dem *Triglycerid*-Teil von *Lipoproteinen* eine Anzahl von *Mono-* u. *Diglyceriden* von C_{16}- u. C_{18}-*Fettsäuren* (nach in vitro-Zugabe der nichtemulgierten Glyceride zum Plasma) hydrolysiert. Im Human-Postheparin-Plasma werden auch *Glyceride* der *Butter-* u. *Capronsäure* hydrolysiert. Die Enzymaktivitäten unterscheiden sich von der Lipoproteinlipaseaktivität u. überstehen Hitzebehandlung. M. Metze. 4574□

Über die chemische Beschaffenheit des fibrinolytischen Enzyms des Plasmas. C. Miraldi, G. Bonito und R. d'Avino. (Boll. Soc. ital. Biol. sperim. **38,** 337—39, 15/4. 1962; Rom, Univ., Ist. di Clin. Med. Gener. e Terap. Med.; ital.) — Die angewandte fibrinolyt. Fraktion besteht aus einer geringen Menge α- u. größeren Mengen β- u. γ-Globulinen, was elektrophoret. u. immunoelektrophoret. bewiesen wird; sie enthält die gesamte fibrinolyt. Aktivität des Plasmas. Die elektrophoret. Trennung zeigt, daß nur die β-Fraktion als Apoferment des fibrinolyt. Enzyms aufzufassen ist. F. Kren. 4574□

Der Einfluß von Lysozym auf die Blutkoagulation. G. Facchini und A. Garaghani. (Arch. Patol. Clin. med. **33,** 341—50, 1957; Bologna, Univ., Ist. clin. med. e ter.; ital.) — Zur Unters. der günstigen Wrkg. von *Lysozym* (I) auf die Blutkoagulation wurden in vitro-Verss. mit 20 Proben normalen Plasmas gemacht, denen 25—5000 $\mu g/cm^3$ zugefügt waren. Es zeigte sich eine Verlängerung der Recalcifizierungs- u. Prothrombinzeit u. eine Verkürzung der Antithrombinzeit. In vivo bestätigte sich nach i.v. Injektion von 50 mg I bei 12 u. von 75 mg bei 8 Personen die schon bekannte koagulierende Wrkg., bes. eine Zunahme des *Prothrombins* im Blut, sowie eine Abnahme der Antithrombinwirkung. B. Stieb. 4574□

Bedeutung der chemischen Bestimmung von Cumarinderivaten in der Klinik. Marc Verstraete und Carl Vermylen. (Rev. Hématol. **14,** 209—15, Juli/Sept. 1959; Louvain, Univ., Serv. de Méd. interne, Labor. de Physiopath.; franz.) — Die Best. der *Cumarin* (I)-Derivv. *Tromexan* u. *Marcoumar* wird durch Extraktion des mit HCl oder

Trichloressigsäure angesäuerten Plasmas mit Heptan, Extraktion der abzentrifugierten Heptanschicht mit NaOH u. spektrophotometr. Ermittlung des **I** bei 310 mμ durchgeführt. Unterss. an 2 Fällen von hämorrhag. Diathese durch Vergiftung mit den genannten **I**-Derivv. ergaben die Brauchbarkeit der Methode. Weitere klin. Unterss. der **I**-Vergiftungen ergaben Abnahme der Werte von Prothrombin, Faktoren VII, IX u. Stuart-Prower, während Faktor V unverändert blieb. Ebenso blieben Kapillarfragilität u. Zahl sowie Funktion der Blutplättchen normal, während die Koagulations- u. Blutungszeiten verlängert wurden. F. Krusen. 4574□

Harnexkretion von sauren Mucopolysacchariden bei Kaninchen nach Injektion von chelatbildenden Mitteln und von Chondroitinsulfat. William S. Smith und Grace P. Kerby. (Proc. Soc. exp. Biol. Med. **103,** 562—65, März 1960; Durham, N.C., Duke Univ. Med. Center, Dep. of Med.; engl.) — Intravenöse Injektion von *Chondroitinsulfat* (**I**) erhöht die Exkretion von *sauren Mucopolysacchariden* (**II**) im Harn (5—10% der injizierten Menge, über 2—4 Tage danach); wiederholte Gaben erhöhen den **II**-Geh. auf den 5fachen Betrag des Grundgeh. eine Woche nach der dritten Injektion. Nach wiederholten Gaben von *Dinatriumäthylendiamintetraessigsäure* u. des Ca-haltigen Analogen trat eine kurze u. oft leichte **II**-Erhöhung im Harn auf. M. Metze. 4577□

Vergleich des Übergangs von ^{85}Sr und ^{45}Ca aus dem Plasma in Körperflüssigkeiten beim Menschen. Joseph Samachson, Bernard Kabakow und Herta Spencer. (Proc. Soc. exp. Biol. Med. **103,** 570—74, März 1960; New York City, N.Y., Montefiore Hosp.; engl.) — Nach i.v. Injektion von ^{85}*Sr* u. ^{45}*Ca* wurden die verschiedenen Geschw. des Übertritts der beiden Isotope in verschiedene Körper-Fll. bestimmt. M. Metze. 4578□

Mucoproteine aus dem Bronchialschleim. M. Z. Atassi, S. A. Barker, L. E. Houghton und K. S. Mullard. (Nature [London] **192,** 1269—70, 30/12. 1961; Birmingham, Univ., Chem. Dep.; Harefield, Hosp.; Southampton, Chest Hosp.; engl.) — Werden die durch Bronchoskopie erhaltenen speichelfreien tracheobronchialen Sekretionen 16 Std. elektrophoret. auf Celluloseacetatpapier in Citratpuffer, pH 5,1, bei 180 V u. 0,6 mA/cm aufgetrennt, so erhält man 7 definierte Komponenten mit elektrophoret. Beweglichkeiten A_1 0,14, A_2 0,37, B 0,57, C 0,67, D 0,79, E 0,88 u. F 1. Alle Komponenten laufen zur Kathode. B u. E haben ähnliche elektrophoret. Eigg. wie *Serumalbumin* u. γ_1-*Globulin.* B, D u. E reagieren mit Antiseren zu menschlichen Serumproteinen u. sind außer bei einigen Sekreten die Hauptbestandteile des Bronchialschleimes. Komponente F gehört wahrscheinlich auch zu den allg. Komponenten im Bronchialschleim, ist jedoch häufig nur in Spuren in den Sekreten der untersuchten Patienten nachweisbar. Bei chron. Bronchitis ist der Geh. an Komponente F sehr hoch. Bei Lungencarcinom enthält der Schleim zusätzlich Komponente A_1 u./oder C. Die gleichen Unterss. werden auch an Sputum der Patienten durchgeführt. Eine Alternativmeth. zur Analyse des Bronchialschleimes durch eine immunolog. Rk. mit Antiseren gestattet die einwandfreie Differenzierung zwischen chron. Bronchitis, Bronchialcarcinom, Hämoptysis u. Aspergillose. L. Träger. 4578□

Untersuchungen über den „Triptico"-Inhibitor des Liquors bei neurologischen und psychiatrischen Patienten. N. Canal und L. Frattola. (Boll. Soc. ital. Biol. sperim. **37,** 496—98, 15/6. 1961; Milano, Univ., Clin. delle Malattie Nerv. e Ment.; ital.) — Spektrophotometr. wird die Aktivität des *„Triptico"-Inhibitors* (**I**) im Liquor von 62 psychiatr. Patienten untersucht. Bei Schizophrenie wird konst. eine signifikante **I**-Zunahme erhalten, die bei der kataton. Form bes. markant ist. Nicht erhöht ist der **I** bei Neurosen u. depressiven Syndromen. F. Kren. 4578□

Licht- und elektronenmikroskopische Untersuchungen an der Schalenhaut und Kalkschale des Hühnereies. W. Masshoff und H.-J. Stolpmann. (Z. Zellforsch. mikroskop. Anatom. **55,** 818—32, 1961; Berlin, Freie Univ., Pathol. Inst.; Forschungsabt. für Elektronenmikr.; dt.) — Mit chem., histochem. u. fermentativen Meth. wurde die Schalenhaut des Hühnereies untersucht u. elektronenmkr. analysiert. Die Faserelemente sind *Keratin* u. sind von der *Mucopolysaccharid*-artigen Hüllsubstanz umgeben. Die Kalkschale besitzt das gleiche Fasergerüst u. zusätzlich noch ein „Mikronetz", in das die Calcikristalle eingebaut sind. M. Metze. 4583□

Glykogen in der Nebennierenrinde von Natrium-arm ernährten Ratten. Richard B. Cohen und John D. Crawford. (Proc. Soc. exp. Biol. Med. **109,** 211—13, Jan. 1962; Boston, Mass., Harvard Med. School, Dep. of Pathol. and Pediatr.; Massachusetts Gen. Hosp., James Homer Wright Pathol. Labor.; Children's Serv.; engl.) — *Na*-arme Ernährung bewirkte bei Ratten eine Ausweitung der Glomerulosazone der Nebennierenrinde; in ihr wird wie bei normalen Tieren kein *Glykogen* (**I**) gespeichert. Dagegen findet man eine starke **I**-Speicherung in der Fascicula- u. Reticulazone. K. Zingraf. 4585□

Der Einfluß von Leber auf die Mineralisierung der Knochen von Mäusen während einer Fleischdiät. Judith Ilan, A. Schwartz und K. Guggenheim. (Metabolism, clin. and exp. **11,** 535—41, Mai 1962; Jerusalem, Hebrew Univ.-Hadassah Med. School, Dep. of Biochem., Labor. of Nutr.; Rothschild-Hadassah-Univ.-Hosp.; engl.) — Auf einer Muskelfleischdiät gehaltene junge Mäuse zeigen nach 6 Wochen Osteoporose (Op). Das Krankheitsbild läßt sich nach 3 Wochen durch Zugabe von 3,3 g Ca pro kg Fleisch röntgenograph. nicht mehr nachweisen. Geringere therapeut. Wrkg. zeigt ein Zusatz von Rindsleber (RL). Es wird angenommen, daß der Geh. der RL an Cu u. Mn die Op hemmt bzw. die Mineralisierung der Knochen begünstigt. Klaus Schmidt. 4585□

Wirkung eines Zusatzes von Lysin und Methionin auf Enteritis-Mortalität, Wachstum und Futterverwertung bei jungen Kaninchen. R. B. Casady, R. A. Damon und A. E. Suitor. (J. of Nutrit. **74,** 120—24, Juni 1961; Fontana, Calif., u. Beltsville, Md., U.S. Dep. of Agricult.; engl.) — Zusatz von *Lysin* u. *Methionin* zu einem Grundfutter fördert das Wachstum junger Kaninchen, beeinflußt jedoch die Futterverwertung nicht. Der Einfl. auf das Auftreten von Enteritis bei den Tieren konnte nicht ermittelt werden. K. Zingraf. 4585□

Einfluß von unausgeglichenen Diäten auf Stickstoffgehalt und enzymatische Aktivitäten der Lebermitochondrien von Ratten. Nicola Dioguardi und Gian Carlo Secchi. (Proc. Soc. exp. Biol. Med. **103,** 472—74, März 1960; Univ. of Milano, Ist. di Clin. Med. Generale e di Terap. Med.; engl.) — Ratten erhielten normale (a), wenig *Protein*-haltige (b), viel Protein-haltige (c) Kost u. gar keine (d). Durch b wurde der *N*-Geh. des einzelnen Mitochondriums stark gesenkt, ohne daß sich die enzymat. Aktivitäten (Enz.A.) verringerten; d senkte N-Geh. u. Enz.A.; c veränderte nicht den N-Geh., aber stark die enzymat. Aktivitäten. Vff. nehmen an, daß Lebermitochondrien 2 N-Fraktionen mit verschiedenen funktionellen Eigg. enthalten: Eine inerte labile Fraktion u. eine enzymat. aktive. M. Metze. 4585□

Wirkung von Diäthylstilböstrol mit Thyroxin oder Thiouracil auf die Schilddrüse der männlichen Ratte. E. W. Hartsook, T. V. Hershberger und T. A. Long. (Amer. J. Physiol. **201,** 823—26, Nov. 1961; University Park, Pa., Pennsylvania State Univ., Dep. of Animal Ind. and Nutrit; engl.) — Es wurden Fütterungs-Verss. an ♂ Ratten (als gutes „pilot"-Tier für das Schwein) mit *Diäthylstilböstrol* (**I**) unter Zusatz von *Thyroxin* (**II**) oder *Thiouracil* (**III**) durchgeführt. **I** allein senkte Gew.-Zunahme, Futterausnutzung u. Testesgröße, vergrößerte die Hypophyse, Schilddrüse u. Nebennieren. Kastrierte Tiere reagierten ähnlich wie normale. **II**-Zusatz red. die **I**-induzierte Schilddrüsenhypertrophie u. senkte die Futterverwertung noch mehr als **I** allein. **III**-Zusatz vergrößerte die Schilddrüse noch mehr als **I** allein, vergrößerte die Gew.-Zunahme, Futterverwertung, Hypophyse u. Testes weiter. Wachstum der Körperlänge u. Nebennieren wurden verringert. M. Metze. 4585□

Wirkung von Gallensäuren auf das Serumcholesterin beim Küken. Hardy M. Edwards jun. (Proc. Soc. exp. Biol. Med. **107,** 742—43, Aug./Sept. 1961; Athens, Ga., Univ. of Georgia, Dep. of Poultry; engl.) — Im Gegensatz zu Mäusen u. Ratten erfolgte beim Küken nach *Cholsäure*-Zusatz zum Futter keine Zunahme des *Cholesterin* (**I**)-Geh. im Serum, während der **I**-Geh. nach Zusatz von *Lithocholsäure* deutlich anstieg. K. Zingraf. 4585□

Einfluß von Hypochloriddiät mit Pflanzenfettgehalt auf den Gehalt an Cholesterin, Lipoproteinen und Eiweißfraktionen im Blutserum von Kranken mit Atherosklerose. W. Je. Anissimow und Je. I. Jerschowa. (Советская Медицина [Sowjet-Med.] **24,** Nr. 11; 61—64, Nov. 1960; Kasan. Med. Inst., Lehrstuhl für Fakultätstherapie; russ.) — *Hypochlorid*-Diät mit Zusatz von Pflanzenöl (73 g *Eiweiß*, 60 g *Sonnenblumenöl*, 30 g tier. Fett, 334 g *Kohlenhydrate*, 1,5 g *Cholin*, 3,4 g NaCl, 6,5 g K, 1,6 mg Na, 255 mg *Cholesterin*, 7—20 Tage) führte bei Kranken mit Atherosklerose zur klin. Besserung, Verringerung des Geh. an *Cholesterin* u. *β-Lipoproteid* u. zur Erhöhung des Geh. an *Albumin* u. *α-Lipoproteid* im Blutserum. I. v. Kloch-Kornitz. 4585□

Die Wirkung von Methylalkohol auf die Umwandlung von Thiamin in Thiochrom. B. S. Wostmann und P. L. Knight. (Experientia [Basel] **16,** 500—01, 15/11. 1960; Notre Dame, Ind., Univ. of Notre Dame and St. Mary's Coll., Dep. of Biol.; engl.) — *Thiamin* (**I**) wird im alkal. Medium mit 0,11% $K_3Fe(CN)_6$ bei einer Konz. von 0,1 bis 1000 μg in 8 ml Rk.-Gemisch zu 65% zu *Thiochrom* (**II**) umgesetzt. Enthält das Rk.-Gemisch 25% Methanol, so beträgt der Umsatz von **I** zu **II** über 90% bei Konzz. bis 1 μg u. über 80% bei Konzz. von 1—1000 μg **I** in 8 ml Rk.-Gemisch. W. Hiller. 4587□

Wirkung des Thiamins auf das EKG normaler Tiere und solcher mit Vitamin-Mangel, die mit Herzmitteln behandelt werden, die die Fibrillen-Bildung verhindern. C. Faenzi und O. Di Grandi. (Boll. Soc. ital. Biol. sperim. **38,** 327—30, 15/4. 1962; Rom, Inst. G. Eastman, Labor. Ricer. Sperim.; ital.) — Kaninchen werden 50 mg

Thiamin (I)/kg subkutan u. dann i.v. cardiotox. Dosen von *Chinidin* bzw. *Dihydrochinidin* (je 10—25 mg/kg) gegeben. Während bei diesen Tieren I eine prakt. vollkommene Schutz-Wrkg. ausübt, ist bei nur mit Chinidinen behandelten Tieren das EKG stark verändert: Abnorme Verlängerung des QRS u. beträchtliche des Intervalls P—R; bei Dosen von 20—25 mg weist das EKG auf einen schweren Funktionsmangel des Myocards hin. Bei Tauben mit Vitamin-B_1-Mangel führt Chinin zu einer plötzlichen Verlangsamung des Herzrhythmus. F. Kren. 4587□

Vitamin B_1 im Magen-Darm-Trakt der Ratte. Resorption und Exkretion. B. Gassmann und H.-A. Ketz. (Biochem. Z. **334**, 245—54, 1961; Potsdam-Rehbrücke, Dtsch. Akad. der Wiss. zu Berlin, Inst. für Ernährung, Arbeitsbereich Physiol. der Ernährung; dt.) — Unter Ausschluß von Speichel, Gallen-Fl., Magen- u. Pankreassaft ist bei der Ratte eine zur Resorptionsleistung von *Thiamin* (I) der Darmabschnitte parallel laufende I-Ausscheidung zu beobachten; unter Einfl. der genannten Verdauungssäfte kommt es zu einem wie bei oraler I-Aufnahme abwärts wandernden I-Aktivitätsmaximum im Dünndarm; auf diese Weise überlagert sich der normalen I-Resorption ein enterohepat. Kreislauf, der zum Zeitpunkt der größten Leberspeicherung den höchsten I-Beitrag liefert. U. Tausendfreund. 4587□

Das Verhalten verschiedener B_6-Antivitamine gegenüber Saccharomyces carlsbergensis. Taketami Sakuragi und Fred A. Kummerow. (Arch. Biochem. Biophysics **82**, 89—98, Mai 1959; Urbana, Ill., Univ. of Illinois, Dep. of Food Technol.; engl.) — Zehn Antagonisten des *Vitamins B_6*: *4-Desoxypyridoxin* (I) *5-Desoxypyridoxin* (II), *4.5-Bis-desoxypyridoxin* (III), *4.5-Dithiopyridoxin* (IV), *Pyramin* (V), *5-Desoxypyramin* (VI) *5-Äthoxypyramin* (VII), *2-Methylthiopyramin* (VIII), *Isonicotinoylhydrazid* (IX) u. *D-4-Amino-3-isoxazolidin* (X) werden mit *Saccharomyces carlsbergensis* als Testkeim auf ihren Hemmungsmechanismus untersucht. I scheint sich von II—VIII im Hemmungsmechanismus zu unterscheiden. Die Beteiligung der *5-Hydroxymethyl*-Gruppe des *Pyramins* bei der Hemmung scheint fraglich. Die gegenüber I, III u. VII resistenten Zellen werden isoliert, u. Überkreuzverss. deuten darauf hin, daß diese Antagonisten für Vitamin B_6 spezif. sind. IX u. X scheinen nicht nur die Funktion des Vitamins B_6 bei S. carlsbergensis zu blockieren. H. Struck. 4587□

Die Wirkung des Vitamins B_{12} auf den intermediären Kohlenhydratstoffwechsel bei akuter Hepatitis. Cs. Hadnagy, E. Horváth, L. Kelemen, A. Palencsár, D. Szilágyi und I. Bodó. (Dtsch. Z. Verdauungs- u. Stoffwechselkrankh. **20**, 65—73. Juli 1960; Marosvásárhely, Rumänien, II. Med. Univ.-Klinik u. Klinik für Infektionskrankheiten Tg. Mures; dt.) — *Glucose*-Belastungen bei 80 Patienten mit akuter Hepatitis (0,5 g Glucose/kg Körper-Gew. i.v.) führten in 47,5% der Fälle zu verminderter Glucosetoleranz (GT). Bei gleichzeitiger Applikation von *Vitamin B_{12}* (I; 100—1000 γ i.v.) wird die GT verbessert. Vff. schließen daraus, daß die verminderte GT nicht allein auf die eine Hepatitis begleitende Pankreatitis zurückzuführen ist, da Diabetiker keinen I-Effekt zeigen. Klaus Schmidt. 4587□

Wirkung verschiedener Substanzen auf die Aufnahme von ^{60}Co-Cyanocobalamin durch das Gewebe und seine Ausscheidung im Harn bei Kaninchen. Harold L. Rosenthal. (Metabolism, clin. and exp. **10**, 812—19, Okt. 1961; St. Louis, Mo., Washington Univ., School of Dent., Dep. of Physiol. Chem.; engl.) — Bei hungernden Kaninchen war eine deutliche Speicherung von *Vitamin B_{12}* in der Niere zu beobachten, während der Geh. in der Leber bei hungernden u. gefütterten Tieren gleich war. Nach Verabreichung von *^{60}Co-Cyanocobalamin* (I) hemmten injiziertes Kaninchen-Antinierenserum u. *Jodacetat* (II) die I-Speicherung in den Nieren von hungernden, nicht aber von gefütterten Tieren u. verringerten die Ausscheidung von radioakt. Material im Harn; hohe Dosen *Thyroxin* verringerten die Speicherung von radioakt. Substanz in der Niere von hungernden Tieren u. steigerten ihre Ausscheidung im Harn. II u. Röntgenbestrahlung verringerten die Aufnahme von I in die Leber von Hungertieren, nicht aber von gefütterten Tieren. Nur *Dinitrophenol* erhöhte die Aufnahme von radioakt. Substanz durch die Nieren gefütterter Tiere. K. Zingraf. 4587□

Die Bestimmung der biologischen Aktivität des Intrinsicfaktors in der Magenschleimhaut des Schweines. R. Wolff. (Int. Z. Vitaminforsch. [Bern] **31**, 409, 1961; Nancy, Fac. de Méd., Labor. de chim. biol.; franz.) — Darmmucosa des Meerschweinchens bindet *Vitamin B_{12}* (I) in situ in Ggw. eines *Magenschleimhautextraktes* (Schwein; ME) stärker als ohne diesen. Ein 12 cm langer Darmabschnitt (Meerschweinchen) wird nach Durchspülen mit Tyrode-Lsg. mit *^{60}Co*-I u. ME 4 Std. in Kontakt gebracht. Zwischen der in der Darmwand gebundenen I-Menge u. dem Geh. von ME an *Intrinsicfaktor* (II) besteht Proportionalität, so daß auf diese Weise II bestimmbar ist. K. Maier. 4587□

Untersuchung des Intrinsicfaktors im menschlichen Magensaft. Mit Magensaft normaler Personen oder solcher mit Biermer-Anämie erhaltene Ergebnisse. R. Wolff und P. Nabet. (Int. Z. Vitaminforsch. [Bern] **31**, 409—10, 1961; Nancy, Fac. de Méd., Labor. de chim. biol.; franz.) — Vgl. vorst. Referat. — Die Eig. von Meerschweinchendarm, in situ in Ggw. von Magensaft ^{60}*Co-Vitamin* B_{12} um so stärker binden zu können, je höher der *Intrinsicfaktor* (**I**)-Geh. des Magensaftes ist, diente zur Unters. des **I**-Geh. bei normalen Personen u. Patienten mit Biermer-Anämie. Das Verhältnis, gemessen an der ^{60}*Co*-Aufnahme, war bei den beiden Gruppen 2412/324. Die Meth. erlaubt unter den megaloblast. Anämien eine Erkennung solcher, die auf mangelnder **I**-Sekretion im Magensaft beruhen. K. Maier. 4587□

Temporäre Wirkung von Nicotinsäure auf den Bilirubin-Stoffwechsel und die Bildung von Kohlenmonoxid. Karl Gydell. (Acta med. scand. **167**, 431—41, 31/8. 1960; Malmö, Univ. of Lund, Malmö General Hosp., Dep. of Clin. Chem. u. Dep. of Med.; engl.) — Nach i.v. Injektion von abgestorbenen Erythrocyten oder von *Nicotinsäure* nimmt der Geh. von Bilirubin im Serum u. in Übereinstimmung damit die Konz. von CO-Hämoglobin im Blut zu. Die Zunahme war nach Splenektomie geringer. K. Zingraf. 4587□

Verhalten der Aminosäuren in der Leber der Ratte bei Mangel an Pantothensäure. E. Cardi, L. Esposito und A. Fidanza. (Boll. Soc. ital. Biol. sperim. **37**, 501—03, 15/6. 1961; Rom, Univ., Ist. di Fisiol. Gener.; ital.) — Bei Albinoratten wird das Verh. des Aminogramms der *Leberproteine* in toto bei Mangel an *Pantothensäure* untersucht. Es zeigt sich, daß gegenüber Kontrolltieren kein erkennbarer Unterschied besteht. F. Kren. 4587□

Pantothensäure-, Thiamin- und Folsäurespiegel bei der Geburt. Herman Baker, Oscar Frank, Inez Pasher, Herman Ziffer und Harry Sobotka. (Proc. Soc. exp. Biol. Med. **103**, 321—23, Febr. 1960; New York City, N.Y., Mount Sinai Hosp.; engl.) — Das fetale Serum zeigt einen 5fach höheren Geh. an *Pantothensäure, Thiamin* u. *Folsäure* als das mütterliche während der Geburt. M. Metze. 4587□

Mit Vitamin C angereicherte haltbargemachte Lebensmittel zur Deckung der perspektivischen Ernährungsnormen. Neuere Versuche zur Erhaltung des Vitamin-C-Gehaltes von Konserven. Ferenc Balla und Józsefné Kiszel. (Élelmezési Ipar [Lebensmittel-Ind.] **16**, 107—15, April 1962; Budapest, Forsch.-Inst. Konserven- u. Paprikaind.; ung.) — Eingangs wird die Rolle des *Vitamins C* in der Ernährung besprochen. Nachfolgend wird auf Grund neuerer Verss. die Wärme- u. katalyt. Wrkg. u. deren Verminderung durch Inaktivierung der oxydativen Enzyme u. Herabsetzen der Cu- u. Fe-Verunreinigungen erörtert. Die in der Praxis anwendbaren Strahlendosen verursachen keine bedeutende Vitamin-Zers., sofern die oxydativen Enzyme vorher inaktiviert wurden. Nach Einw. der ionisierenden Strahlungen wird aber ein großer Teil der *Ascorbinsäure* in *Dehydroascorbinsäure* umgewandelt u. letztere ist zersetzlicher. Die Wrkg. der ionisierenden Strahlung erfolgt nicht während der Behandlung, sondern während der Lagerung. K. Gärtner. 4587

Ascorbinsäure-Dauerbehandlung von Kranken mit Atherosklerose der Coronargefäße. Je. P. Fedorowa. (Советская Медицина [Sowjet-Med.] **24**, Nr. 11, 56—60, Nov. 1960; Akad. der med. Wiss. der UdSSR, therapeut. Inst.; russ.) — Fortgesetzte systemat. Therapie mit *Ascorbinsäure* (1 g täglich, 5—6 Kurse jährlich) führte bei Kranken mit Coronar-Atherosklerose zur klin. Besserung u. Verringerung des Cholesterin-Geh. im Blut bis auf die Norm, rief keine Nebenrkk. hervor u. hatte keinen Einfl. auf den Prothrombinindex u. die Gerinnung des Blutes. I. v. Kloch-Kornitz. 4587□

Über die Bestimmung von Vitamin K in pharmazeutischen Produkten. A. Mariani und Concetta Vicari. (Rend. Ist. super. Sanità **24**, 553—57, 1961; Roma, Ist. Superiore di Sanità, Labor. di Biol.; ital.) — Veresterte Formen von *Vitamin K*, bes. das Methylnaphthohydrochinondiacetat, können durch Säurehydrolyse, anschließende Oxydation mit Cersulfat/H_2O_2 u. UV-spektrometr. Best. des leicht entstehenden u. sehr stabilen, in Chlf. aufgenommenen Naphthochinons bestimmt werden. K. Zingraf. 4587□

Resorption von $^{14}C_{(4)}$-Cholesterinoleat. Leon Swell, Henry Field jun. und C. R. Treadwell. (Proc. Soc. exp. Biol. Med. **103**, 263—66, Febr. 1960; Martinsburg, W.Va., Vet. Admin. Center; Washington, D.C., George Washington Univ., School of Med., Dep. of Biochem.; engl.) — $^{14}C_{(4)}$*-Cholesterinoleat* (**I**) u. $^{14}C_{(4)}$*-Cholesterin* (**II**) wurde Ratten mit Lymphfistel verabreicht. Es wurde mehr **II** resorbiert als **I**. Die Ergebnisse zeigten auch, daß vorherige Hydrolyse für die Resorption von **II**-Estern obligator. ist u. daß nur freies **II** die Darmwand passieren kann. M. Metze. 4594□

Untersuchungen zur Ernährungsphysiologie der Aphiden. Die Aminosäuren und Zucker im Siebröhrensaft einiger Krautgewächsarten und im Honigtau ihrer Schmarotzer. Madeleine von Dehn. (Z. vergleich. Physiol. **45**, 88—108, 1961; München,

Univ., Zool. Inst.; dt.) — Es wurde durch vergleichende Unterss. der *Aminosäuren* u. *Zucker* im aufgenommenen Siebröhrensaft (Krautgewächse: *Campanula rapuncoloides* L., *Centaurea scabiosa* L., *Cirsium arvense* L. Scop. u. *Rumex crispus* L.) u. im ausgeschiedenen Honigtau von *Aphiden* (Blattläuse) die Veränderung der Nahrung während der Darmpassage u. damit deren Nutzung im Tierkörper bestimmt. Dazu wurde ein Verf. zur Gewinnung von Siebröhrensaft bei Krautgewächsen ausgearbeitet. Der Siebröhrensaft enthält hauptsächlich *Saccharose*, Peptide u. Proteine fehlen fast immer, die N-Verbb. sind fast ausschließlich *Aminosäuren* (I). Die Gesamtmenge von I ist im Honigtau immer viel geringer als im Siebröhrensaft, das I-Muster stimmt mit dem des Saftes überein. Der Zucker wandert mit dem Honigtau fast vollständig wieder hinaus.
M. Metze. 4594□

Beziehung zwischen Kalium- und Glucose-Freisetzung aus der Leber beim nicht narkotisierten Hund. William C. Shoemaker und Anthony G. Finder. (Proc. Soc. exp. Biol. Med. **108**, 248—52, Okt. 1961; Chicago, Ill., Michael Reese Hosp. and Med. Center, Dep. of Surg. Res.; engl.) — 20—30 Sek. nach i.v. Injektion von 0,02 mg *Glukagon*/kg trat bei nichtnarkotisierten Hunden eine Zunahme der *K*-Konz. im Plasma der Lebervene u. der Geschw. der K-Freisetzung aus der Leber auf (Maximum nach 2 Min.). 10—20 Min. nach Injektion trat auch eine Zunahme der Leberdurchblutung u. der *Glucose*-Freisetzung aus der Leber auf. Ähnliche Erscheinungen, die jedoch rascher einsetzten, wurden auch nach i.v. Anwendung von 1 μg Epinephrin/kg beobachtet.
K. Zingraf. 4596□

Einfluß von Natrium und impermeablen Anionen auf den renalen K-Transport während unterbrochener Durchströmung. Lawrence P. Sullivan. (Amer. J. Physiol. **201**, 774—80, Nov. 1961; Ann Arbor, Mich., Univ. of Michigan, Dep. of Physiol.; engl.) — Die Technik der „stop flow"-Analyse nach Malvin u. Mitarbeitern (Amer. J. Physiol. **194**, [1958], 135) wurde an Hunden mit hyperton. *NaCl*- u. Na_2SO_4-Lsg. durchgeführt. NaCl erhöhte die Maximal-Konz. von *K* während des unterbrochenen Durchströmens (stop flow), hatte jedoch keinen Einfl. auf die Minimalkonzentration. Na_2SO_4 verlegte den Ort der Maximal-Konz. von K an einen mehr proximalen Ort im „stop-flow"-Muster, was mehr auf die Ggw. des impermeablen Anions zurückgeführt wird als auf eine erhöhte Na-Konzentration. M. Metze. 4596□

Ionenbindung. 7. Mitt. **Abhängigkeit der Calciurese von der Natriurese während der Sulfat-Infusion.** Mackenzie Walser. (Amer. J. Physiol. **201**, 769—73, Nov. 1961; Baltimore, Md., Johns Hopkins Univ., School of Med., Dep. of Pharmacol. and Exp. Therapeutics; engl.) — 5. vgl. C. **1961**, 14922. — Die *Sulfate* von *Na*, *K* u. des organ. Amins „*Tris*" wurden Hunden i.v. infundiert. Die Ergebnisse zeigen eine starke Abhängigkeit der *Ca*-Clearance von der Na-Clearance, weniger von der Sulfatexkretion. Bei fehlender Hypercalcämie hängt die Ca-Exkretion in erster Linie von der gleichzeitigen Na-Exkretions-Geschw. ab (bestimmt die Ausscheidung freier Ca-Ionen), in zweiter Linie von der Konz. der komplexbildenden Anionen im Urin (bestimmen die Menge der Ausscheidung von gebundenem Ca). M. Metze. 4596□

Scheinbare Abwesenheit eines Turnover im Cd-Stoffwechsel: ^{109}Cd-Untersuchungen an der Maus. G. C. Cotzias, D. C. Borg und B. Selleck. (Amer. J. Physiol. **201**, 927—30, Nov. 1961; Upton, N.Y., Brookhaven Nat. Labor., Med. Res. Center; engl.) — Unterss. mit ^{109}*Cd*-Injektionen an Mäusen zeigten, daß Cd hauptsächlich in Nichtknochengeweben konz. wird. Im Gegensatz zu anderen, physiolog. vorkommenden, radioisotopen Elementen zeigt ^{109}Cd ein zu vernachlässigendes Turnover im Mäusekörper. Die Ergebnisse lassen Vff. annehman, daß Cd keiner homöostat. Kontrolle unterworfen ist, daß neben Ähnlichkeiten zwischen dem Cd- u. *Zn*-Stoffwechsel Cd sich doch teilweise als Antimetabolit von Zn verhält u. entscheidende physiolog. Unterschiede zwischen beiden Elementen bestehen, mindestens auf der Ebene des Exkretionsprozesses.
M. Metze. 4596□

Chrom-Ausscheidung beim Hund. R. J. Collins, P. O. Fromm und W. D. Collings. (Amer. J. Physiol. **201**, 795—98, Nov. 1961; East Lansing, Mich., Michigan State Univ., Dep. of Physiol. and Pharmacol.; engl.) — Nach einer einzigen i.v. Injektion von $^{51}CrCl_3$ fiel die Nierenclearance von *Cr* exponentiell mit der Zeit von 2,5—3 ml/Min./m^2 nach 1 Std. bis auf weniger als 1 ml/Min. 8 Std. nach Injektion. Die Kreatinin- u. p-Aminohippursäure-Clearance wurde durch die Cr-Gaben nicht beeinflußt. M. Metze. 4596□

Über den Einfluß von verschiedenen Mangelernährungen auf den Einbau von ^{14}C-Lysin in die Körperproteine junger Ratten mit einigen Ergebnissen bei neugeborenen Kaninchen. K. Kazassis und K. Schreier. (Dtsch. Z. Verdauungs- u. Stoffwechselkrankh. **20**, 79—88, Juli 1960; Heidelberg, Univ., Kinderklin.; dt.) — Stoff-

wechsel-Unterss. an isocalor. ernährten u. im Eiweißmangelzustand sich befindenden Ratten zeigen, daß nach interperitoneal verabreichtem $^{14}C_{(\varepsilon)}$-*Lysin* (**I**), dessen Veratmung zu CO_2 nur ca. 50% im Vgl. zu Normaltieren beträgt. Dagegen ist bei eiweißreicher Kost keine meßbare Veränderung des Umsatzes an **I** nachweisbar.
Klaus Schmidt. 4596□

Untersuchungen über Phospholipide. 1. Mitt. Vergleichende Analyse von Phospholipiden aus Säugerblutstroma und Milz. Makoto Matsumoto. (J. Biochemistry [Tokyo] **49,** 11—22, Jan. 1961; Tokyo, Univ. of Tokyo, Inst. for Infectious Diseases, Dep. of Chem.; engl.) — Aus Erythrocytenstroma (Mensch, Katze, Meerschweinchen, Pferd, Kaninchen, Schaf, Rind) sowie Pferde- u. Rindermilz wurden an der SiO_2-Säule *Phospholipid* (**I**) abgetrennt, verglichen u. die Mol-Verhältnisse von *Lecithin* (**II**), *Cephalin* u. ihrer Lysoderivv. bestimmt. Frühere Befunde, daß Wiederkäuererythrocyten wenig oder kein **II** enthalten, wurden bestätigt. In Stromalipiden der Erythrocyten von Mensch, Katze, Meerschweinchen u. Rind wurden reichlich Lysoderivv. gefunden. Milz u. Erythrocyten von Pferd u. Rind wiesen keine Ähnlichkeit in der I-Zus. auf. *Inosit* (**III**) kommt in Schaf-, Rinder-, Pferde- u. Menschenerythrocyten in $<0,3\%$ der gesamten acetonunlösl. Lipide vor. Ae.-lösl. **I** von Pferde- u. Rindermilz, sowie Eidotter enthielten durchschnittlich 0,25% **III**. K. Maier. 4596□

Untersuchungen über Phospholipide. 2. Mitt. Die Phospholipaseaktivität von Clostridium perfringens-Toxin. Makoto Matsumoto. (J. Biochemistry [Tokyo] **49,** 23—31, Jan. 1961; engl.) — 1. vgl. vorst. Referat. — Kulturfiltrat von *Cl. perfringens* Typ A, PB6K, spaltet enzymat. *Phosphatidyläthanolamin* (**I**), *Lecithin* (**II**) u. *Sphingomyelin* (**III**). Das *Toxin* (**IV**) spaltet **II, III** u. **I** mit abnehmender Geschwindigkeit. Aus **I** durch **IV**-Einw. gebildetes *Phosphoryläthanolamin*, $C_2H_8NO_4P$, F. 231° (Zers.), sowie aus **III** erhaltenes *Phosphorylcholin* (als Ca-Salz, $C_5H_{13}ClNPO_4Ca \cdot 4\ H_2O$) u. *Ceramid* wurden abgetrennt u. identifiziert. Letzteres lieferte beim Verseifen mit wss.-methanol. 5n HCl ein Fettsäureestergemisch, in dem nach alkal. Spaltung *Palmitinsäure, Stearinsäure, Arachinsäure, Nervonsäure* u. viel *Lignocerinsäure* nachgewiesen wurden.
K. Maier. 4596□

Untersuchungen über Phospholipide. 3. Mitt. Enzymatische Bildung von Lysophosphatidyläthanolamin. Makoto Matsumoto. (J. Biochemistry [Tokyo] **49,** 32—37, Jan. 1961; engl.) — 2. vgl. vorst. Referat. — Die Bldg. von *Lysocephalin* u. *Lysophosphatidyläthanolamin* (**I**) aus *Eidotter-Phosphatidyläthanolamin* (**II**) durch Einw. von Schlangengift (*Trimeresurus flavoviridis, Crotalidae*)-Phospholipase A wurde bestätigt. Die **I**-*Fettsäuren* (**III**) bilden ein Gemisch aus *Palmitin-* u. *Stearinsäure.* **I** enthält 1 Esterbindung/Molekül. Milde alkal. Hydrolyse gibt **III** u. Glycerophosphoryläthanolamin, das mit HCl Glycerophosphorsäure u. Äthanolamin liefert. Für **I** wird die Konstit. eines Monoacylglycerophosphoryläthanolamins angenommen. K. Maier. 4596□

Leberketogenese. 2. Mitt. Rolle von Glucosecycloacetoacetat auf die Ketogenese in hyper- und hypothyreoiden Ratten. M. C. Nath und J. M. Khanade. (Proc. Soc. exp. Biol. Med. **103,** 559—62, März 1960; Nagpur, India, Dep. of Biochem.; engl.) — 1. vgl. C. **1960,** 13741. — Fütterung mit hydrolysiertem *Glucosecycloacetoacetat* (**I**) fördert das Wachstum in normalen Ratten u. verhindert eine übermäßige *Acetoacetat* (**II**)-Bldg. durch Leberschnitte bei normalen u. hyperthyreot. Tieren. **I** beschleunigt die **II**-Verwertung durch Nierenschnitte bei normalen, hypo- u. hyperthyreot. Ratten; es erhöht das Leberglykogen u. senkt den Blutzucker. M. Metze. 4596□

Umwandlung von $^{14}C_{(2)}$-Mevalonsäure in Gallen-Cholesterin und Cholansäuren beim Meerschweinchen. Ludvik Peric-Golia und Russell S. Jones. (Proc. Soc. exp. Biol. Med. **107,** 856—58, Aug./Sept. 1961; Salt Lake City, Utah, Univ. of Utah, Coll. of Med., Dep. of Pathol.; engl.) — Nach i. v. Injektion von $^{14}C_{(2)}$-*Mevalonsäure* wurde in der Galle von Meerschweinchen radioakt. markiertes *Cholesterin* (**I**), *3α.7α-Dihydrocholansäure* (*Chenodesoxycholsäure*) u. *3α-Hydroxy-7-ketocholansäure* (*7-Ketolithocholsäure*) festgestellt. Es wurde nachgewiesen, daß der größte Teil des im Harn nicht ausgeschiedenen ^{14}C in die **I**-Fraktion Eingang fand. K. Zingraf. 4596□

Ablagerung von Cholesterin und Cholestanol bei der experimentellen Kaninchenatherosklerose. Erwin Schwenk, Yoshihito Omori und Erzsebet Joachim. (Proc. Soc. exp. Biol. Med. **107,** 83—85, Mai 1961; Shrewsbury, Mass., Worcester Found. for Exp. Biol.; engl.) — Im Gegensatz zu den von Schwenk u. Mitarbeitern ursprünglich (vgl. Proc. Soc. exp. Biol. Med. **103,** [1960], 614) festgestellten Unterschieden in der Ablagerung von ^{14}C- u. ^{3}H-*Cholesterin* konnte diesmal eine gleichartige Ablagerung beider Cholesterine im Kaninchengewebe nachgewiesen werden. Als Grund für die früher beobachteten Unterschiede wird die Ggw. chem. zu vernachlässigender Spuren von ^{3}H-*Cholestanol* gesehen, welche bei den jetzigen Verss. eliminiert wurden.
U. Tausendfreund. 4596□

Inkorporation des ^{59}Fe in die Ferroprotid-Fraktionen des in vitro überlebenden Knochenmarks. U. Salera, P. Magnanelli, R. d'Avino, I. Zecca und L. Pignataro. (Boll. Soc. ital. Biol. sperim. **38,** 332—34, 15/4. 1962; Rom, Univ., Ist. di Clin. Med. Gener. e Terap. Med.; ital.) — Die Unterss. werden am Knochenmark des Kaninchens in vitro durchgeführt, das in Ggw. von $^{59}FeCl_3$ inkubiert wird. Es werden 4 Ferroprotidfraktionen untersucht, die sämtlich ^{59}*Fe* enthalten. Die größte ^{59}Fe-Menge enthält der Nd., dann folgen Ferritin, Hämoglobin u. die schnellste elektrophoret. Fraktion (nicht identifiziert). F. Kren. 4597□

Die Dynamik des Eisens in den Ferroprotid-Fraktionen des Marks unter pathologischen Bedingungen. 4. Mitt. Intoxikation mit Blei. P. Magnanelli, I. Zecca, R. d'Avino, G. Andreucci und U. Salera. (Boll. Soc. ital. Biol. sperim. **38,** 334—37, 15/4. 1962; Rom, Univ., Ist. di Clin. Med. Gener. e Terap. Med.; ital.) — Vgl. auch vorst. Referat. — Die Unterss. werden an Kaninchen durchgeführt, die 2 Monate lang täglich mit 200 mg *Pb* intoxiziert wurden, u. dann i.v. 30 μc $^{59}FeCl_3$ erhalten. In 4 Protidfraktionen des Marks wird die maximale Radioaktivität nach ½ Std. erreicht, die weit höher als bei normalen Tieren ist, während es nach 24 Std. umgekehrt ist; nur der Nd. zeigt noch einen sehr hohen ^{59}Fe-Wert. Bei analogen Unterss. in vitro ist Hämoglobin kaum markiert, beim *Ferritin* wird der Wert normaler Tiere nicht erreicht u. nur bei der schnellsten elektrophoret. Fraktion u. beim Nd. sind die Werte über der Norm. F. Kren. 4597□

Histochemische Aspekte der einzelnen Bereiche des Knorpels der Ratte in Beziehung zur Pubertätskrise. D. Tosetti, P. Cioni und F. Tinacci. (Boll. Soc. ital. Biol. sperim. **38,** 311—12, 15/4. 1962; Florenz, Univ., Ist. di Patol. Gener.; ital.) — Bei der normalen Ratte wird mit der Pubertät neben morpholog. Veränderungen eine Zunahme der *Mucopolysaccharide* u. der *Phosphatase* beobachtet; in den Knorpeln der Trachea sind *Lipide* verringert u. *Lipasen* vermehrt, in den der Epiphyse sind zuerst beide vermehrt u. dann nehmen beide ab. F. Kren. 4597□

Der Stoffwechsel flüchtiger Fettsäuren in perfundierten Lebern von Kühen mit Ketosis. R. D. McCarthy und J. C. Shaw. (J. Dairy Sci. **43,** 1010—12, Juli 1960; Maryland Agric. Exp. Stat.; engl.) — Leber von ketot. Kühen wurde perfundiert. In der Perfusions-Fl. befand sich $^{14}C_{(1)}$-Acetat bzw. $^{14}C_{(1)}$-n-Butyrat. Während der Perfusion wurden *Ameisen-*, *Essig-*, *Propion-*, *Butter-*, *Valerian-* u. *Milchsäure* zugesetzt u. die Geh. dieser Säuren am Ende des Vers. bestimmt. Außer Essigsäure hatten die Geh. aller Säuren zugenommen. Von der markierten Essigsäure fanden sich 90% u. von der Buttersäure 83% unverändert wieder. Die Produktion von Ketonkörpern war gegenüber normalen Tieren geringer. Die Leber kann demnach nicht die Quelle der Ketonkörper sein. W. Hiller. 4597□

Histochemische Untersuchung des Glykogens und der Nucleoproteide bei der Regeneration der Haut. L. B. Berlin. (Доклады Академии Наук СССР [Ber. Akad. Wiss. UdSSR] **131,** 188—90, 1/3. 1960; Militärmed. Kirow-Akad.; russ.) — Vgl. C. **1960,** 208. — Mittels histochem. u. luminiscenzmkr. Meth. wird an transplantierten Hautstücken von Ferkeln mit Verbrennungen 3. u. 4. Grades nachgewiesen, daß in der proliferierenden u. regenerierenden Epidermis, vor allem im oxyphilen Cytoplasma der Zellen der mittleren Zone bedeutende Mengen von *Glykogen*-Granula auftreten, während im basophilen Cytoplasma der tieferen Zone der Epidermis *Ribonucleotide* gespeichert werden. E. Rentz. 4597□

Experimenteller Hautschmerz beim Menschen, hervorgerufen durch Injektion wasserlöslicher Substanzen. Olov Lindahl. (Acta physiol. scand., Suppl. 179, **51,** 5—90, 1961; Stockholm, Karolinska Inst., Dep. of Physiol. and Orthop. Clin.; engl.) — Abgesehen von Lsgg. mit erhöhten oder sehr erniedrigten osmot. Druckwerten konnte durch Düseninjektorinjektionen von isoton. *K*-Lsg., ferner mit 10^{-4} bis 10^{-3} g/ml-Lsg. von *Histamin*, *Serotonin* u. *Acetylcholin* sowie mit Puffer-Lsgg. von pH 9,1—10,1 u. bes. durch solche von pH 6,2—3,2 ein Hautschmerz beim Menschen hervorgerufen werden; keinen Schmerz verursachten sonstige Kationen u. Anionen des Blutes, *Kreatinin*, *Kreatin* sowie *Na-Citrat*, *-Lactat*, *-Acetat*, *-Succinat* u. *-Pyruvat*. Die H^+-Konz. ist der einzige Faktor, der Schmerzen bei Konzz. verursacht, die in der Haut entstehen können; die H^+-Konz. scheint vielfach ein Schmerzvermittler zu sein. U. Tausendfreund. 4598□

Untersuchung über die Trennung lipidlöslicher fluorescierender Verbindungen der Augenlinse. S. E. Brolin und J. Sjövall. (Acta Soc. med. Upsaliensis [N. S.] **65,** 290—94, 1960; Uppsala, Univ., Dep. of Histol.; Stockholm, Statens Rättskemiska Labor.; engl.) — Die in Chlf.-Extrakten von Rinderlinsen enthaltenen *fluorescierenden Substanzen* wurden durch Adsorptions- u. Phasenumkehrchromatographie getrennt u. eine Komponente teilweise gereinigt. K. Maier. 4598□

Respiratorische Veränderungen im Ischias-Nerv des Frosches in Beziehung zur Erhöhung des Kaliums und der Verringerung des Natriums in der Ringer-Lösung. P. Pietra. (Boll. Soc. ital. Biol. sperim. **37,** 492—94, 15/6. 1961; Pavia, Univ., Ist. di Fisiol. Gener.; ital.) — Der O_2-Verbrauch des Ischiasnervs des Frosches wird nach 2 Std. in Ringer-Lsg. (I) mit (a) gegenüber der Norm verdoppeltem K^+ u. halbiertem Na^+ u. (b) in gleicher Weise nach vorheriger 5std. Behandlung in der normalen Lsg. geprüft. Während der O_2-Verbrauch in Bewegung in beiden Fällen gegenüber den Kontrollen stark verringert ist, ist er im Ruhezustand nur nach b etwas herabgesetzt.
F. Kren. 4598□

E_6. Pharmakologie. Therapie. Toxikologie. Hygiene

Vorlesungen über die Beziehung zwischen chemischer Struktur und pharmakologischer Wirkung. H. R. Ing. (Farmaco [Pavia] Ediz. sci. **14,** 612—36, Aug.; 808—21, Nov. 1959; Oxford, Univ., Dep. of Pharmacol.; engl.) — Vgl. C. **1961,** 11028. — Im 2. Teil der Vorlesungen wird über die Pharmakologie homologer Reihen, im 3. über den Einfl. des Abstandes zwischen quart. N-Atomen auf die Wirksamkeit der Ganglienblocker u. über den Einfl. von Alkylgruppen auf die Wirksamkeit von Arzneimitteln berichtet.
K. Zingraf. 4600□

Faktoren mit Einfluß auf den Stoffwechsel von Heilmitteln in Gegenwart von Lebermikrosomen. 4. Mitt. Das Hungern. Robert L. Dixon, Robert W. Shultice und James R. Fouts. (Proc. Soc. exp. Biol. Med. **103,** 333—35, Febr. 1960; Iowa City, State Univ. of Iowa, Dep. of Pharmacol.; engl.) — Unterss. an Mäusen mit den Heilmitteln *Hexobarbital, Chlorpromazin, Pyramidon, Acetanilid, p-Nitrobenzoesäure* u. *Neoprontosil* zeigten, daß Hungern den Stoffwechsel dieser Stoffe in den Lebermikrosomen in vitro u. in vivo herabsetzt. Es ist anzunehmen, daß der herabgesetzte Stoffwechsel auf einen Verlust des Enzymproteins zurückzuführen ist. Die oxydativen Stoffwechselwege sind stärker gehemmt als die reduktiven. Mögliche therapeut. Konsequenzen werden diskutiert.
M. Metze. 4600□

Untersuchungen über das biologische Verhalten radioaktiver Spaltprodukte bei trächtigen Tieren. 3. Mitt. Anreicherung von Radiocaesium bei der säugenden Ratte und die Beeinflussung der Cs-Retention im mütterlichen Organismus während der Lactationsperiode. Heinz Kriegel und Elisabeth Weber. (Strahlentherapie **118,** 363—68, Juli 1962; Heiligenberg/Baden, Biophysikal. Abt. des Heiligenberg-Inst.; dt.) — 1. vgl. C. **1962,** 2810. — Trächtige Ratten erhielten am 17. Tag der Trächtigkeit 20 μc ^{137}Cs + ^{178}Ba injiziert, ebenso normale Tiere. Am 5., 10., 15. u. 20. Tag nach der Geburt wurden die Jungtiere u. am 20. Tag die Mutter auf ihren Cs-Geh. untersucht. Bei den Jungtieren von mit ^{137}Cs behandelten Müttern, die auch bei diesen säugen, tritt am 10. Tag nach der Geburt ein Maximum des Cs-Geh. auf. Der Cs-Geh. in den Organen der Muttertiere ist am Ende der Lactationsperiode (20. Tag nach der Geburt) gegenüber nichtträchtigen Kontrollen um 50% verringert.
W. Hiller. 4601□

Zur Frage des Transportmechanismus von Radionucliden im Blut. 1. Mitt. **Der Transport von ^{144}Ce, ^{147}Pm und $^{90.91}$Y im Mäuseserum.** Friedrich Gensicke. (Strahlentherapie **118,** 369—74, Juli 1962; Berlin-Buch, Dtsch. Akad. der Wiss., Inst. für Med. u. Biol., Inst. für angewandte Isotopenforschg.; dt.) — Mäuse erhielten i.v. oder intraperitoneal 100 μc ^{144}Ce, ^{147}Pm, ^{90}Y oder ^{91}Y als Chlorid. 15 u. 30 Min. nach der Injektion wurde das Blut der Elektrophorese unterworfen. Außerdem wurde das Serum gesunder Mäuse sowie Glucose, Oxalat, Succinat, Lactat, Humanalbumin u. γ-Globulin mit den oben angegebenen radioakt. Substanzen für 30 Min. bei -37^0 inkubiert. Vf. fand, daß die genannten Radionuclide keine Bindung mit den Eiweißen oder Lipoproteiden eingehen. Vf. nimmt an, daß ^{144}Ce u. ^{147}Pm als Metallcitratkomplex im Serum befördert werden.
W. Hiller. 4601□

Die Ermittlung der Strahlenempfindlichkeit verschiedener Knochenwachstumszonen mit Hilfe des ^{45}Ca-Stoffwechsels. Jaromír Kolár und Arnost Babicky. (Strahlentherapie **114,** 265—69, Febr. 1961; Prag, Univ., Radiolog. Klinik u. Akad. der Wiss. der CSSR, Biol. Inst.; dt.) — Intraperitoneale Zufuhr von $^{45}CaCl_2$ u. lokale Bestrahlung an weißen Ratten ergab durch Messung der spezif. Aktivität nach 1—110 Tagen, daß Zonen größerer Wachstumsaktivität des Knochens stärker geschädigt werden.
Wolfgang Hermann. 4601

Veränderungen der intestinalen Gefäßpermeabilität nach Bestrahlung oder Stickstofflost. Maurice F. Sullivan. (Amer. J. Physiol. **201,** 951—54, Nov. 1961; Richland, Wash.; General Electric Comp., Hanford Labor.; engl.) — Die Abgabe von

Polyvinylpyrrolidon (I; Plasmaersatz) aus dem Plasma in den Gastrointestinaltrakt von Ratten kann als Index für die Capillarpermeabilität für große Moll. benutzt werden. Nach Röntgenbestrahlung u. *Stickstofflost* (II)-Behandlung wird diese I-Abgabe erhöht. Es zeigt sich, daß der Dünndarm anscheinend der Hauptort für diesen I-Durchlaß ist u. daß die Wrkg. der Strhlen u. von II durch direkten Einfl. auf das Darmepithel verursacht wird. Prophylakt. *Cysterin*-Gaben setzen die Durchlässigkeit herab. M. Metze. 4601□

Klinische Untersuchungen zur Wirkung der Röntgenstrahlen auf den Kohlenhydratstoffwechsel. Adolf Morczek und Klaus Neumeister. (Strahlentherapie **114**, 187—95, Febr. 1961; Leipzig, Univ., Radiolog. Klinik; dt.) — An je 15 stoffwechselgesunden, nach operativer Entfernung eines Mammacarcinoms auf den Thoraxraum bzw. nach operativer Entfernung eines Uterustumors auf den Abdominalraum bestrahlten sowie drei auf den Thoraxraum bestrahlten diabet. Patientinnen wurden Best. des Nüchtern-*Blutzuckers* u. der Glucosebelastungskurven ausgeführt. Bei den Stoffwechselgesunden blieb die Bestrahlung auf den Thoraxraum ohne Wrkg., bei Abdominalraumbestrahlung sank die Glucosebelastungskurve. Bei den Diabetikern stieg der Nüchternblutzucker kontinuierlich an. Wolfgang Herrmann/Berlin. 4601

Wirkung der Art von Diätkohlenhydraten auf die Überlebenszeit von subletal mit Röntgenstrahlen bestrahlten Mäusen. Benjamin H. Ershoff. (Proc. Soc. exp. Biol. Med. **106**, 605—07, März 1961; Culver City, Calif., Western Biol. Labor.; engl.) — Es werden an Mäusen Verss. mit dem Ziel ausgeführt, den Einfl. von *Glucose, Saccharose, Dextrin* u. *Kornstärke* auf die Überlebensdauer der Vers.-Tiere nach vorangegangener subletaler Bestrahlung mit Röntgenstrahlen zu untersuchen. Bei Verabfolgung von Glucose zum Futter wird die höchste (73 Tage), bei Kornstärke u. Dextrin die niedrigste Überlebensdauer (41,8; 45,6 Tage) nach der Bestrahlung ermittelt. A. Täufel. **4601**□

Hexosamin- und Hydroxyprolinveränderungen in der chronisch durch Sonne geschädigten Haut. J. Graham Smith jun., Eugene A. Davidson, John P. Tindall und W. Mitchell Sams jun. (Proc. Soc. exp. Biol. Med. **108**, 533—35, Nov. 1961; Durham, N.C., Duke Univ. Med. Center, Center for the Study of Aging, Dep. of Biochem. and Med., Div. of Dermatol.; engl.) — Die durch Sonne chron. geschädigte Oberhaut enthält mehr *Hexosamin* (I) u. weniger *Hydroxyprolin* (II) im Vgl. zu Haut, die nicht der Sonne ausgesetzt ist. Der erhöhte I-Geh. deutet auf größere Mengen saurer Mucopolysaccharide hin. Das Verältnis von I/II beträgt bei der strahlengeschädigten Haut 10,7 u. bei der nicht geschädigten 3,0. Das entsprechende Verhältnis für strahlengeschädigte Ober- u. Unterhaut beträgt 8,9 u. 2,8. In beiden Fällen ist Glucosamin in stärkerem Maße vertreten als Galaktosamin. W. Hiller. 4601□

Untersuchungen über das Entstehen des Ultraviolett-Erythems. 2. Mitt. **Die Wirkung von p-Aminobenzoesäure und einiger Derivate auf die Entwicklung des Ultraviolett-Erythems.** Herman M. Klouwen und Jan C. A. Mighorst. (Strahlentherapie **114**, 307—13, Febr. 1961; Arnheim/Niederlande, Gesundh.-Organisat.-T.N.O., Radiolog. Labor.; dt.) — 1. vgl. C. **1958**, 7826. — Die Wrkg. von Bzl.-Derivv. auf die UV-Erythem-Bldg. bei iontophoret. Applikation in die menschliche Haut vor bzw. nach der Bestrahlung u. ihre Wrkg. auf das Tyrosin–Tyrosinase-Syst. in vitro wird untersucht. *p-Aminobenzoesäure* u. *Derivv.* hemmen das Erythem nur bei Anwendung vor der Bestrahlung. *Mono-* u. *Diphenole* begünstigen seine Entw. bei Anwendung vor oder nach der Bestrahlung. Folgende Substanzen wurden in vivo u. in vitro geprüft: *Novocain, Tutocain, Panthesin, Stovain, Anästhesin, p-Aminobenzoesäure, o-Aminobenzoesäure, m-Aminobenzoesäure, Anilin, Benzoesäure, p-Aminosalicylsäure, Salicylsäure, Adermin, Sulfanilamid, Phenol, Tyrosin, Tyramin, p-Hydroxybenzoesäure, Brenzcatechin, Dihydroxyphenylalanin, Hydrochinon, Resorcin.* Wolfgang Herrmann/Berlin. 4601

Die Wirkung fraktionierter Bestrahlung von Ratten mit 400 kV-Röntgenstrahlen und 20—22 MeV-Betatron-Röntgenstrahlen und Elektronen auf das Körpergewicht. W. S. Moos, J. B. Fuller und R. A. Harvey. (Atompraxis **7**, 184—86, Mai 1961; Chicago, Ill., Univ., Coll. of Med., Dep. of Radiol. and Pathol.; engl.) — ♂ Albinoratten wurden entweder mit 400 kV Röntgenstrahlen oder mit 22 MeV Röntgenstrahlen oder mit 20 MeV Elektronen eines Betatrons bei täglichen Dosen von 50—250 r fraktioniert bestrahlt. Kontrolle der Gew.-Verluste der Tiere ergab nahezu konst. Gew. bei 50 r/Tag u. Abfall bei 100 u. 150 r/Tag (400 kV Strahlung). Der Gew.-Abfall bei 150 r/Tag u. 400 kV Strahlung entspricht etwa dem Abfall bei 250 r/Tag u. 22 MeV Röntgenstrahlung bzw. 20 MeV Elektronen. W. Reusse. 4601□

Kreislerjungtiere nach 200 r-Röntgenganzkörperbestrahlungen schwangerer Albinomäuse in der Hauptorganbildungsperiode. Johannes Trautmann. (Strahlentherapie **114**, 201—02, Febr. 1961; Berlin, Städt. Krkhs. Moabit, Röntg.-Inst. u. Strahlentherapeut. Klinik; dt.) — Nach einmaliger kurzzeitiger Bestrahlung am 13. Tag der

Schwangerschaft wurde das Auftreten einiger Kreislermäuse beobachtet. Der Effekt wird als sehr seltener, bisher noch nicht beschriebener Fruchtschaden gedeutet.
Wolfgang Herrmann/Berlin. 4601

Die lokale Hydrocortisonanwendung bei strahlenbedingten Hautreaktionen als Prophylaxe oder Nachbehandlung. Horst Reinhold. (Strahlentherapie **114**, 296 bis 306, Febr. 1961; Magdeburg, Med. Akad., Strahleninst. u. Strahlentherapeut. Klinik; dt.) — Vf. untersuchte die Wrkg. von *Corti-Flexiole* (Fa. Dr. Mann, Berlin; Zus.: Hydrocortison 0,4%, Chloramphenicol 0,2%, Vitamin A 5000 I.E./cm³, Öl) vor bzw. nach UV- bzw. weicher Röntgenbestrahlung. Zur lokalen Nachbehandlung akuter strahlenbedingter Hautveränderungen ist die Kombination gut geeignet.
Wolfgang Herrmann/Berlin. 4601

Transnasale Spickung eines vorwiegend suprasellären Hypophysentumors mit Yttrium-90-rods. Enrico Frey, Hans Matter und David Pestalozzi. (Strahlentherapie **114**, 239—47, Febr. 1961; Zürich, Univ., Radiotherapeut. Klinik u. Poliklinik u. Augenklinik; dt.) — Kasuist. Mitt. über die Meth. u. den Erfolg nach vorheriger ergebnisloser Telegammatherapie mit *⁶⁰Co.* Wolfgang Herrmann/Berlin. 4601

Durch tritiertes Thymidin induzierte Mutationen bei das Maus. A. J. Bateman und Ann C. Chandley. (Nature [London] **193**, 705—06, 17/2. 1962; Manchester, Christie Hosp. and Holt Radium Inst., Cytogenetics Labor.; engl.) — 6 Portionen von je 0,25 ml einer Lsg. von 300 μc *³H-Thymidin* (I)/1,5 ml werden innerhalb 2 Tagen intraperitoneal 2 Monate alten ♂ Mäusen injiziert. 5 Wochen nach der Injektion lassen sich die ersten radioakt. Spermien isolieren, deren Geh. an ³H-I autoradiograph. verfolgt wird. Nach jeweils 3 Tagen halbiert sich die Radioaktivität in den Spermien durch Mitose. Werden die mit *³H*-I markierten Spermien zur Befruchtung von Mäusen herangezogen, so verläuft die Häufigkeit dominanter Letalmutationen in Übereinstimmung mit dem Geh. an ³H-I in den Spermien. Danach verursacht nur 1% der durch I induzierten Transmutationen eine dominante Letalmutation, die etwa als Chromosomenbruch zu interpretieren ist. Die Empfindlichkeit gegenüber den Strahlenschäden verteilt sich zwischen Spermatozoen, Spermatiden u. Spermien im Verhältnis 2:1:2. L. Träger. 4601□

Untersuchungen mit Cystein und Cysteamin an röntgenbestrahlten Fröschen. Ulrich Heckmann und Hans A. Künkel. (Strahlentherapie **118**, 359—62, Juli 1962; Hamburg-Eppendorf, Univ. Frauenklinik; dt.) — ♂ Frösche (*Rana esculenta*) erhielten vor bzw. nach Bestrahlung mit 1500 r 400 mg *Cystein* (I) oder 80 mg *Cysteamin* (II)/kg Körper-Gew. injiziert. Die Bestrahlung erfolgte im normothermen (+21°) u. hypothermen (+5°) Zustand. In keinem Fall zeigten I u. II eine Schutzwirkung.
W. Hiller. 4601□

Die Schutzwirkung von Cysteamin gegen genetische Schädigung von Mäusespermatozoen durch Röntgenstrahlen. K. G. Lüning, H. Frölén und A. Nelson. (Radiation Res. **14**, 813—19, Juni 1961; Sundbyberg, Sweden, Res. Inst. of Nat. Defense, Div. of Med.; engl.) — 60 Tage alte Mäuse eines relativ strahlenresistenten Stammes (CBA) erhielten intraperitoneal 4 mg *Cysteamin* (I). 15 Min. nach der Injektion wurde mit 300 bzw. 600 r bestrahlt (84 r/min). Danach wurden die Tiere 7 Tage lang mit je 3 virginellen ♀ gepaart. 16 u. 20 Tage nach Paarungsbeginn wurden die Uteri untersucht. Dabei wurden insgesamt 5145 Embryonen analysiert. In der Nachkommenschaft der bestrahlten ♂ Tiere war die Todesrate der Embryonen bei den mit I vorbehandelten Tieren niedriger. Gegenüber Kontrollen war die Mutationsrate bei I-Tieren auf 75% erniedrigt. Die Fertilität war bei allen bestrahlten Gruppen deutlich vermindert.
H. Hüller. 4601□

Untersuchungen über einen biologischen Strahlenschutz. 33. Mitt. Weitere Untersuchungen über den Wirkungsmechanismus des 5-Hydroxytryptamins im Strahlenschutzversuch. Hanns Langendorff und Hans-Joachim Melching. (Strahlentherapie **110**, 505—09, Dez. 1959; Freiburg/Br., Univ., Radiol. Inst.; dt.) — 32. vgl. C. **1962**, 2811. — *Pyridoxal-5-phosphat, 5-Hydroxytryptophan* u. *Adenosintriphosphorsäure* haben eine wesentliche Bedeutung bei der Erhöhung der Strahlenresistenz der Säugetiere, bes. die Kombination dieser Substanzen. Die vorliegenden Ergebnisse sprechen für einen Mangel an energiereichem Phosphat u. eine Schädigung der Decarboxylase, die als Folge der Einw. energiereicher Strahlen zum Aufbau des *5-Hydroxytryptamins* aus 5-Hydroxytryptophan notwendig sind. R. Sauerbrey. 4601□

Untersuchungen über einen biologischen Strahlenschutz. 44. Mitt. **Der therapeutische Einfluß der Splenektomie auf den Strahlenschaden.** Hans-Joachim Melching, Otfried Messerschmidt, Christian Streffer und Kyoko Shibata. (Strahlentherapie **116**, 395—403, Nov. 1961; Freiburg/Br., Univ., Radiol. Inst.; dt.) — 43. vgl. Strahlentherapie **116**, [1961], 251; 33. vgl. vorst. Referat. — An 1500 ♀ weißen Mäusen wird der Einfl. der Splenektomie nach einer subletalen Ganzkörperbestrahlung (690 r) untersucht. In der Milz wurden zu verschiedenen Zeitpunkten nach der Bestrahlung (bis zu 12 Tagen) die Metaboliten des *Cysteins* bestimmt. *Taurin*, *Cysteinsulfinsäure* u. *Cysteinsäure* wurden papierchromatograph. getrennt u. spektrophotometr. bei 575 mμ gemessen. Die Überlebensrate ist nach Splenektomie bis zu einer Std. nach der Bestrahlung signifikant erhöht, die therapeut. Wrkg. erstreckt sich bis ca. 6 Stunden. Von den untersuchten Metaboliten steigt der Geh. an *Cysteinsäure* bis zum 12. Tag nach der Bestrahlung deutlich an, der von Taurin sinkt vom 2.—12. Tag unter den Normalwert ab. H. Hüller. 4601□

Untersuchungen über einen biologischen Strahlenschutz. 46. Mitt. Zum Anteil des Adenylsäuresystems am Strahlenschaden des Säugetiers. Hanns Langendorff, Hans-Joachim Melching und Christian Streffer. (Strahlentherapie **118**, 341—46, Juli 1962; Freiburg/Br., Univ., Radiol. Inst.; dt.) — 45. vgl. Strahlentherapie **117**, [1962], 321; 44. vgl. vorst. Referat. — Weiße Mäuse wurden einer Ganzkörperbestrahlung von 590—1100 r ausgesetzt. Ein Teil der Tiere erhielt vor der Bestrahlung intraperitoneal 3,5 mg *Adenosin* bzw. *2'*- bzw. *3'*-, bzw. *3'.5'-Adenosinmonophosphat*, bzw. *-diphosphat* bzw. *5-Hydroxytryptaminkreatininsulfat* oder alle oben angegebenen Adenosin-Verbb. zusammen mit *5-Hydroxytryptamin*. Alle Adenosinphosphate, der cycl. Diester 3.5-Adenosinmonophosphat u. Adenosin allein zeigen eine Strahlenschutzwrkg.; die Kombination von 5-Hydroxytryptamin mit 2'-Adenosinmonophosphat zeigt die weitaus stärkste Schutzwirkung. W. Hiller. 4601□

Physiologische Wirkungen des D_2O in Säugetieren. John F. Thomson. (Ann. New York Acad. Sci. **84**, 736—43, 25/11. 1960; Argonne, Ill., Argonne Nat. Labor., Div. of Biol. and Med. Res.; engl.) — ♀ Ratten erhielten als Trinkwasser 100% ig. bzw. 50% ig. *D_2O*. Sie starben, wenn $^1/_3$ ihres Körperwassers durch *D_2O* ersetzt war. Hypophysektomierte Tiere reagierten noch empfindlicher. Bei den mit D_2O behandelten Tieren war die Leber im Verhältnis zum Körper-Gew. 50% größer, die Nebenniere um 60%, Nichtprotein-N u. Harnstoff hatten zugenommen, Glucose u. Plasmaprotein dagegen abgenommen, Blutmilchsäure u. PO_4^{3-} im Blut waren erhöht. Nierenfunktion, Kohlenhydratstoffwechsel, Nebennierenfunktion u. Nerven-Syst. waren gestört. Eine spezif. Todesursache der durch D_2O-Fütterung verendeten Tiere konnte nicht erkannt werden. W. Hiller. 4606□

Einfluß des Natriumjodids auf die Kinetik der Eliminierung des Sulfamethoxypyridazins aus dem Blut. F. Piccinini. (Boll. Soc. ital. Biol. sperim. **37**, 494—96, 15/6. 1961; Mailand, Ist. De Angeli, Sez. Biochem., Lab. Ricer.; ital.) — Es ist bekannt, daß *NaJ* in vitro das an Coenzym A gebundene acetylierende Syst. hemmt u. in vivo den Blutspiegel des acetylierten *Sulfamethoxypyridazins* (**I**) stark verringert. Die Unterss. werden an Kaninchen durchgeführt, die i.v. 200 mg **I** (als Na-Salz)/kg u. nach 8—10 Tagen Ruhe eine weitere **I**-Dosis (10 mg/kg) nebst NaJ erhalten, dessen Konzz. während der 7std. Vers.-Dauer durch laufende NaJ-Injektion konst. gehalten werden. Die Eliminierung des freien **I** aus dem Blut verläuft bei den mit NaJ behandelten Tieren schneller als bei den Kontrollen. Während die Geschw. der Ausscheidung von freiem **I** durch die Nieren durch NaJ nicht beeinflußt wird, ist die der Acetylierung der p-Aminogruppe signifikant verringert. F. Kren. 4606□

Untersuchungen zur Inkorporation von radioaktiv markiertem Eisenpulver bei Tieren. E. H. Graul und H. Hundeshagen. (Atompraxis **7**, 181—84, Mai 1961; Marburg/Lahn, Philipps-Univ., Inst. de radiat., Dép. de radiobiol. et rech. isotop.; franz.) — Bei Kaninchen wurden Injektionen mit physiolog. Kochsalz-Lsg. mit einem Geh. an ^{55}Fe u. ^{59}Fe in Pulverform (Teilchengröße 1—10 μ ∅) in die Trachea durchgeführt. Unters. des Verbleibs des Fe an den Geweben der getöteten Tiere ergab nach 24 Std. 85%, nach 15—20 Tagen 10% der applizierten Menge in der Lunge. Die Niere enthält nur kurzzeitig geringe Mengen. Das Fe ist auf dem Lungenepithel abgelagert, gelangt von hier in die oberen Luftwege, wird verschluckt u. über Magen u. Darm ausgeschieden. W. Reusse. 4606□

Die Wirkung einiger Chelatbildner auf die akute Toxizität von Uranylnitrat. A. Catsch. (Klin. Wschr. **37**, 657—59, 15/6. 1959; Karlsruhe, Inst. für Strahlenbiol., Reaktor Stat.; dt.) — Mäuseweibchen wurden intraperitoneal *Uranylnitrathexahydrat* u. anschließend folgende Komplexbildner injiziert: *Äthylendiamintetraessigsäure* (**I**), *Diäthylentriaminpentaessigsäure* (**II**) u. ihre höheren Homologen *Triäthylentetraminhexaessigsäure* (**III**) u. *Tetraäthylenpentaminheptaessigsäure* (**IV**). Die Chelatdosis betrug 45 μMol pro Maus. Als Maß der Chelatwrkg. diente die Mortalität in den ersten 4 Wochen. Wirksam waren in diesem Test **I** u. **II**, wobei **II** statist. signifikant wirksamer war als **I**. Die DL 50/28-Tage-Werte betrugen für die Kontrollen 6,7, für **I** 12,4 u. **II** 16,2 mg U/kg. **III** u. **IV** führten, wenn sie ½ Std. nach Inkorporation des U gegeben wurden, zu einer Verschlechterung des allg. Zustands, obwohl höhere Dosen von nichtvergifteten Kontrolltieren gut vertragen wurden. Als Ursache hierfür wird die Bldg. unlösl. Uranchelate im Blut angenommen. L. Kiesow. 4606□

Über das Verhalten der Elektrolyten bei der akuten experimentellen Intoxikation durch p-Nitrophenol. D. Casula, P. Cherchi und A. Spinazzola. (Boll. Soc. ital. Biol. sperim. **37**, 533—37, 15/6. 1961; Cagliari, Univ., Ist. di Clin. Med. e di Med. del Lavoro; ital.) — Kaninchen werden einmalig subkutan 50 mg *p-Nitrophenol* (**I**; in wss. A., 3%ig.; entsprechend DL_{50}/kg) injiziert. Während im Blutserum für *K* u. *P* uneinheitliche Werte gefunden wurden u. bei *Na* kaum Veränderungen durch die **I**-Behandlung auftreten, ist der *Ca*-Spiegel deutlich verringert u. der des *Mg* deutlich erhöht. F. Kren. 4607□

Akute experimentelle Intoxikation durch organische Phosphorsäureester. Verhalten der Elektrolyte des Serums. D. Casula, P. Cherchi und A. Spinazzola. (Boll. Soc. ital. Biol. sperim. **37**, 529—33, 15/6. 1961; Cagliari, Univ., Ist. di Clin. Med. e di Med. del Lavoro; ital.) — Die Unterss. werden an 16 Kaninchen durchgeführt, denen subkutan 30 mg *Parathion* (*E 605 Bayer*, 97% ig)/kg injiziert wurden, worauf photometr. die Geh. des Serums an *K*, *Na* u. *Ca* sowie colorimetr. *Mg* u. *P* bestimmt wurden. In den behandelten Tieren ist der Geh. an Na geringfügig, die Geh. an K u. Ca sind deutlich u. langfristig verringert. Zwischen der 12.—24. Std. ist der Geh. an *anorgan. Phosphaten* mäßig, bis zur 48. Std. u. länger der Serumspiegel an Mg deutlich erhöht. F. Kren. 4607□

Degeneration der Endigungen sensorischer Nerven bei o-Kresylphosphat-Vergiftung. J. B. Cavanagh und Violet Mac Dermot. (Lancet **1961** (**II**), 583—84, 9/9.; London, Guy's Hosp. Med. School, Dep. of Pathol.; St. Thomas' Hosp.; engl.) — Symptome einer Vergiftung mit *Tri-o-krexylphosphat* bei Katzen waren Ataxie u. motor. Schwäche. Nervenfasern des Fasciculus gracilis u. der corticospinalen Bahnen in Bereichen, die von ihren Stammneuronen am weitesten distal lagen, waren stets geschädigt, aber die Zahl degenerierender Fasern in jeder Bahn war relativ klein. Bes. hervorzuheben ist die Zerstörung sensor. Endigungen von Muskelspindeln u. Sehnenorganen u. die verhältnismäßig weniger bedeutenden Veränderungen in motor. Endigungen. K. Zingraf. 4607□

Urethan-induzierte Beschleunigung des Hexobarbital-Stoffwechsels. J. M. Fujimoto, D. E. Blickenstaff und F. W. Schueler. (Proc. Soc. exp. Biol. Med. **103**, 463 bis 465, März 1960; New Orleans, La., Tulane Univ. School of Med., Dep. of Pharmacol.; engl.) — *Urethan* (**I**)-Vorbehandlung verkürzt bei Mäusen die Schlafzeit nach *Hexobarbital* u. senkt die **I**-Spiegel im Tierkörper. Vff. nehmen an, daß **I** bestimmte Enzyme für die **I**-Umwandlung erhöht u. so die **I**-Biotransformation beschleunigt. Ähnliche Ergebnisse zeigten sich bei der Vorbehandlung mit *3-Methylcholanthren.* M. Metze. 4607□

Die Hemmung und Wiederherstellung der Cholinesterase- und Carboxyesterase-Aktivität bei Mäusen und amerikanischen Küchenschaben bei Vergiftung mit Malathion. Ken'ichi Kojima und Tadayoshi Ishizuka. (Botyu-Kagaku [Sci. Insect Control] **25**, 144—55, Nov. 1960; Odawara, Kanagawa, Toa Noyaku Co. Ltd., Inst. of Agric. Chem.; jap., Auszug: engl.) — Die Beziehungen zwischen Toxizität, Symptomatologie u. Hemmung der *Cholinesterase* (**I**)-Aktivität in ♂ Mäusen u. ♀ Küchenschaben nach *Malathion* (**II**)-Vergiftung werden untersucht. Die Stärke u. Dauer der Hemmung u. Wiederherst. der Aktivität hängt stark von Tierart u. **II**-Dosis ab. Bei den Mäusen wurde **I** in vivo u. in vitro schneller, bei den Schaben langsamer als die *Carboxyesterase* gehemmt. Verf. stellt ein Rk.-Schema auf u. erklärt die Hemmung auf Grund der relativen Potentialdifferenzen zwischen den elektrophilen Zentren der Phosphorsäureestergruppe u. der Carbonsäureestergruppe u. diskutiert den Mechanismus der selektiven Toxizität von Organophosphorverbb. gegenüber Säugetieren u. Insekten. Wolfgang Herrmann/Berlin. 4607

Das Schicksal des DDT im Stoffwechsel von Drosophila melanogaster. 2. Mitt. **DDT-Resistenz und Kelthane-Bildung.** Masuhisa Tsukamoto. (Botyu-Kagaku [Sci. Insect Control] **25**, 156—61, Nov. 1960; Osaka, Univ., Faculty of Sci., Gen. Lab.; engl.) — 1. vgl. Botyu-Kagaku [Sci. Insect Control] **24**, [1959], 141. — Nach Aufzucht von Larven der *Drosophila melanogaster* auf variierende *DDT*-Mengen-enthaltenden Medien wurde die Bldg. von *Kelthane* (**I**; *1-Hydroxy-1.1-di-*[*p-chlorphenyl*]*-2.2.2-trichloräthan*) in vivo mittels Fujiwara-Rk. colorimetr. bestimmt. **I** wird auch durch nichtresistente Arten produziert u. seine Menge ist nicht dem Resistenzgrad proportional. Es ist ungeklärt, ob die Umwandlung von DDT in **I** Ursache oder Folge der Resistenz ist. Wolfgang Herrmann/Berlin. 4607

Untersuchungen über den sexual bedingten Unterschied der Empfindlichkeit des Insekts gegen Insekticide. 1. Mitt. Zum sexual bedingten Unterschied der Lipide der Hausfliegen. Hiromichi Matsubara. (Botyu-Kagaku [Sci. Insect Control] **25,** 138—43, Nov. 1960; Gifu, Univ., Fac. of Agricult.; jap., Auszug: engl.) — An extrahiertem Gesamtfett aus erwachsenen ♀ u. ♂ gemeinen Hausfliegen, *Musca domestica vicina* Macq. werden Kennzahlen bestimmt u. Löslichkeit von Insekticiden (*p.p'-DDT*, *Endrin*, *Lindane*) darin gemessen. Die Menge des Gesamtfettes betrug bei ♂ Tieren 2,88%, bei ♀ 2,67%. Der F., die VZ. u. die JZ. des Fettes von ♀ Tieren war größer, die SZ. kleiner als die gleichen Daten des Fettes von ♂ Tieren. Die gegenüber ♀ Tieren vergrößerte Löslichkeit von p.p'-DDT im Fett von ♂ Tieren wird oberhalb 45° festgestellt, während bei den übrigen Insecticiden keine nachweisbaren Unterschiede auftraten. Die Existenz von Beziehungen zwischen JZ. von Insektenfetten u. Löslichkeit von Chlorkohlenwasserstoffinsekticiden bzw. Empfindlichkeit gegen Insekticide wird deshalb bezweifelt.
Wolfgang Herrmann/Berlin. 4607

Endrin-Reste im Fett von Lämmern nach dem Grasen auf Endrin-behandelter Weide. W. H. Long, L. D. Newsom und A. M. Mullins. (J. econ. Entomol. **54,** 605—06, Juni 1961; Baton Rouge, La., State Univ.; engl.) — An 12 Lämmern wurde der Übergang des Insekticids *Endrin* (**I**) in das tier. Fett bei 55tägigem Grasen auf **I**-behandelter Weide untersucht. Krankheitssymptome traten nicht auf; die durchschnittliche Gew.-Zunahme lag 5% niedriger als im Vgl.-Versuch. Im Fett des Magens u. Brustraums wurden nach 42 Tagen anschließenden Grasens auf unbehandelter Weide noch 13,8 (8,9) p.p.m., im Fett der äußeren Körperflächen 11,0 (6,4) p.p.m. **I** nachgewiesen.
Wolfgang Herrmann/Berlin. 4607 □

Menge und Natur der Reste in Gewebe und Eiern von mit Ruelene gefüttertem Geflügel. J. R. Buttram und B. W. Arthur. (J. econ. Entomol. **54,** 456—60, Juni 1961; Auburn, Ala., Univ., Agric. Exp. Stat., Dep. of Zool.-Entomol.; engl.) — Mit ^{32}P markiertes *Ruelene* (**I**; *Methylamidophosphorsäuremethyl-[4-tert.-butyl-2-chlorphenyl]-ester*; Insekticid) tritt schnell in den Stoffwechsel von legenden Hennen ein, die 7 Tage (100 p.p.m.) **I** erhielten. Nicht mit **I** ident. Acetonitril-lösl. Reste waren im untersuchten Gewebe bis 3 Tage, im Eidotter bis 5 Tage nach Beginn **I**-freier Fütterung nachweisbar. 29% des **I** erschienen in 21 Tagen in den Faeces. In vivo wird **I** durch Enzyme an den drei unterschiedlichen Gruppen des Mol. komplex abgebaut u. die Phosphorsäure in körpereigene Verbb., teils ins Knochengewebe aufgenommen. Von den von Vff. als möglich erachteten 9 Stoffwechsel-Prodd. isolierten sie 6 u. identifizierten *Phosphorsäuremonomethylester* u. *Phosphorsäuremono-[4-tert.-butyl-2-chlorphenyl]-ester*.
Wolfgang Herrmann/Berlin. 4607 □

Resorption und Stoffwechsel von Bayer 22408 bei Milchkühen und Reste in der Milch. J. R. Buttram und B. W. Arthur. (J. econ. Entomol. **54,** 446—51, Juni 1961; Auburn, Ala., Univ., Agric. Exp. Stat., Dep. of Zool.-Entomol.; engl.) — Mit ^{32}P markiertes *Bayer 22408* (**I**; *Naphthalimidothiophosphorsäurediäthylester*) wurde zwei Milchkühen dermal appliziert. In den ersten 6 Tagen traten nachweisbare **I**-Mengen in der Milch auf, die jedoch bei **I**-ähnlichen Verbb. über 10fach höher lagen. Sauerstoff-Analoge von **I** wurden in der Milch nicht gefunden, bildeten aber die Hauptmenge der nichthydrolysierten **I**-Stoffwechsel-Prodd. in den Faeces. Die fäkalen **I**-Stoffwechselprodd. wirken gegenüber Stallfliegen (*Stomoxys calcitrans L.*)-Larven, nicht aber gegenüber Hausfliegen (*Musca domestica L.*)-Larven toxisch. Vff. bezeichnen **I** wegen der starken insekticiden u. geringen tox. Wrkg. als eines der „sichersten" Organophosphate.
Wolfgang Herrmann/Berlin. 4607 □

Toxizitäts-Untersuchungen von General Chemical 4072 und zwei ähnlichen Verbindungen beim Rind. R. D. Radeleff, LaWanda M. Hunt und Carl P. Weidenbach. (J. econ. Entomol. **54,** 1051—52, Okt. 1961; Kerrville, Texas, U.S.D.A., Animal Dis. and Parasite Res. Div.; engl.) — Die Inekticide *General Chemical 4072* (**I**; *2-Chlor-1-[2.4-dichlorphenyl]-vinyldiäthylphosphat*), *3582* (**II**; *1-[2.5-Dichlorphenyl]-2.2-dichlorvinyldiäthylphosphat*) u. *3583* (**III**; *2-Chlor-1-[2.5-dichlorphenyl]-vinyldiäthylphosphat*) werden am Rind u. Kalb auf tox. Wrkg. untersucht. **I** ist dermal bis 0,25% (Geh. der Sprüh-Lsg.), oral bis 10 mg/kg (in Gelatinekapseln) u. **II** dermal bis 0,1 bzw. 0,25% anwendbar, **III** wirkt zu toxisch. Die drei Verbb. sind Hemmer der Säuger-*Cholinesterase* u. verursachen bei Überdosierung Speichelfluß, Atemnot, Muskelschwäche u. Diarrhöe, die jedoch meist schnell u. vollständig durch adäquate *Atropinsulfat*-Gaben beseitigt werden können.
Wolfgang Herrmann/Berlin. 4607 □

Reste von ^{32}P-markiertem General Chemical 4072 in der Milch von damit besprühten Milchkühen. R. H. Roberts, R. D. Radeleff und H. V. Claborn. (J. econ. Entomol. **54,** 1053—54, Okt. 1961; Kerrville, Tex., U.S.D.A., Agric. Res. Serv.; engl.) — An 2 Kühen wird das Auftreten von *General Chemical 4072* (*Diäthylphosphor-*

säure-2-chlor-1-[2.4-dichlorphenyl]-vinylester; I) in der Milch nach Besprühen der Tiere mit I untersucht. Bei direktem Kontakt von I mit der Haut werden nach 5 Std. 0,0371, nach 9 Tagen 0,0013 p.p.m., beim Aufsprühen auf das Oberhaar nach 5 Std. 0,0222, nach 9 Tagen 0,008 p.p.m. in der auf 4% Fett-Geh. bezogenen Milch nachgewiesen.
Wolfgang Herrmann/Berlin. 4607

Synergie von Insekticiden mit den Pyrethrinen: Untersuchungen über die Beziehungen zwischen chemischer Struktur und synergistischer Aktivität von 3.4-Methylendioxyphenyl-Verbindungen. B. P. Moore und P. S. Hewlett. (J. Sci. Food Agric. **9,** 666—72, Okt. 1958; engl.) — Verschiedene *3.4-Methylendioxyphenyl-Verbb.* abgestufter Komplexität wurden synthetisiert u. auf Synergie mit den aus Pyrethrum-Blüten mit PAe. extrahierten *Pyrethrinen* gegen Schwarze Pilzkäfer (*Alphitobius laevigatus*) geprüft. Die Methylengruppe wird als Sitz der Aktivität angegeben. Die minimalen Anforderungen an das Mol. werden festgelegt u. die Effekte der schrittweisen Modifizierung des Mol. im Licht der Theorien der Wrkg.-Weise beschrieben.

Versuche: (*3.4-Methylendioxyphenyl*)*-alkane* aus *3.4-Methylendioxystyrylalkylketonen* durch katalyt. Hydrierung bei Zimmer-Temp. in Essigsäure/HCl, 2 Std. erhitzen mit $KHSO_4$ u. nochmaliges Hydrieren. Reinigung durch Vakuum-Dest., Entfernung der Ketone mit 2.4-Dinitrophenyhydrazin, aufnehmen des Prod. in PAe., Filtration durch akt. Aluminiumoxid u. Redest. 35% (Ausbeute). — *3.4-Isopropylidendioxyphenylnonan* (I) aus 2 g 3.4-Methylendioxyphenylnonan u. 4 g PCl_5 durch 15 Min. langes Erhitzen u. Eingießen in W., 2 Std. langes Sieden u. Ausäthern der phenol. Komponente, *4-Nonylbrenzcatechin*, F. 75° (unkorr.), 70%, u. Aufnahme des neutralen Prod. in trockenem PAe., Filtration durch eine Al_2O_3-Säule u. Vakuum-Dest. des I; $C_{18}H_{28}O_2$; 500 mg farbloses Öl; $Kp._{0,05}$ 110—115° (Bad-Temp.); n_D^{25} 1,4882. — *Protocatechualdehydcarbonatpinakonacetal* nach Prill u. a., $C_{14}H_{12}O_3$; farblose Tafeln aus PAe.; F. 91—92°. — *6-Nitropiperonalpinakonacetal*, $C_{14}H_{17}NO_6$; gelbe Tafeln aus PAe.; F. 65—66°. — *Myristicinaldehydpinakonacetal* [*5-Methoxy-3.4-methylendioxybenzaldehydpinakonacetal*], $C_{15}H_{20}O_5$; farblose Tafeln aus PAe.; F. 60°. — *Piperonyläther* aus Piperonolchlorid u. Na-Alkoholaten als farblose Öle nach Fraktionierung. *Piperonyl-n-decyläther*, $C_{18}H_{28}O_3$, $Kp._{0,03}$ 135—140° (Bad); n_D^{25} 1,4909. — *Piperonyl-2-n-heptyloxyäthyläther*, $C_{17}H_{26}O_4$, $Kp._{0,03}$ 135—140° (Bad); n_D^{25} 1,4935. — *Triäthylenglykolpiperonylmethyläther*, $C_{15}H_{22}O_6$, $Kp._{0,05}$ 150—150° (Bad); n_D^{25} 1,5035. — *Sesamolalkansulfonsäureester* durch Rk. des in trockenem Bzl. suspendierten Natriumsesamolats (aus Sesamol [3.4-Methylendioxyphenol] u. $NaOCH_3$) mit der theoret. Menge Alkylsulfonylchlorid, Ausäthern u. Vakuumdestillation. 60—70%. — *Sesamoloctansulfonsäureester*, $C_{15}H_{22}O_5S$, $Kp._{0,05}$ 160—165° (Bad); n_D^{25} 1,5070. — *Sesamoldecansulfonsäureester*, $C_{17}H_{26}O_5S$; farblose Tafeln aus PAe.; F. 30°. — *Homopiperonyloctansulfonsäureester*, $C_{17}H_{26}O_5S$; farblose Nadeln aus PAe.; F. 33° (Na-Homopiperonolat aus dem Alkohol u. Na). — *Sesamol-n-undecyläther*, aus Na-Sesamolat u. n-Undecyljodid, $C_{18}H_{28}O_3$; farblose Nadeln aus A., F. 55—56°. Weiter wurden folgende Verbb. geprüft: *1.2-Methylendioxybenzol*, $C_7H_6O_2$, $Kp._{755}$ 185° (Bad). — 3.4-Methylendioxyphenyl- *n-propan*, $C_{10}H_{12}O_2$, $Kp._{15}$ 130°; *-n-hexan*, $C_{13}H_{18}O_2$, $Kp._{0,04}$ 90—95°; *-n-nonan*, $C_{16}H_{24}O_2$, F. 250°; *-n-dodecan*, $C_{19}H_{30}O_2$, $Kp._{0,05}$ 135—140°; *-n-pentadecan*, $C_{22}H_{36}O_2$, F. 41—42° (vom Hexan bis Dodecan ist die „Synergism rating" am größten), „*Piperonylbutoxide*", „*Sulfoxide, techn.*", „*Sesoxane*", *Piperonyl-[2-butyloxyäthyl]-äther* u. *Piperonalpinakonacetal*.
Wolfgang Herrmann/Berlin. 4607 □

Veränderungen des Plasma-, Leber- und adrenalen Cholesterinspiegels bei mit Amphenon B und verwandten Verbindungen gefütterten Ratten. K. K. Carroll. (Canad. J. Biochem. Physiol. **40,** 688—92, Mai 1962; London, Ontario, Univ. of Western Ontario, Collip Med. Res. Labor.; engl.) — Vf. untersuchte die Frage, ob handelsübliche Diäten Substanzen enthalten, die die Wrkg. von *Amphenon* (I) auf den Cholesterinspiegel hemmen. Verschiedene Diäten wurden mit Ae. A., heißem A. u. W. + A. extrahiert u. die Extrakte wurden halbsynthet. Diäten zugegeben. Die extrahierten Diäten u. halbsynthet. Diäten + Extrakte erhielten 0,25% (Gew.) I. Die Ergebnisse gaben keine Anzeichen für Hemmsubstanzen für die I-Wirkung. Auch eine synergist. Wrkg. wurde nicht beobachtet. Wurde anstatt I *4.4'-Methylendianilin* (0,25 u. 0,50%) gegeben, so blieb der Leber- u. Plasmacholesterinspiegel unverändert, der Adrenalcholesterinspiegel stieg an. Die gleiche Wrkg. zeigte das I-Analoge *SU-4885*. W. Hiller. 4607 □

Ein Mechanismus der Orthohydroxylierung aromatischer Amine in vivo. Elizabeth C. Miller und James A. Miller. (Biochim. biophysica Acta [Amsterdam] **40,** 380—82, 20/5. 1960; Madison, Wis., Univ. of Wisconsin, Med. School, McArdle Mem. Labor. for Cancer Res.; engl.) — Nach 6 Wochen andauernder Verfütterung von 0,03% *2-Acetylaminofluoren* (I) an ausgewachsene Albinoratten, danach 6 Tage I-freier Diät-

Fütterung u. anschließender Zufuhr einer äquimol. Mischung von $^{14}C_{(9)}$-**I** u. *N-Hydroxy*-**I** (**II**) wurden aus 6-Std.-Harn nach enzymat. Spaltung der Konjugate die **I**-Metabolite extrahiert u. an SiO_2-Säule u. papierchromatograph. mittels Cyclohexen–tert.-Butanol–Essigsäure–W., 18 : 2 : 2 : 1, getrennt. Die Aktivitätsverteilung ergab, daß *1-Hydroxy*-**I** großenteils, wenn nicht vollständig, aus **II**, *5*- u. *7-Hydroxy*-**I** vorwiegend aus **I** entstehen. *3-Hydroxy*-**I** stammt aus **I** u. **II**. Die 1-o-Hydroxylierung verläuft wahrscheinlich durch intermediäre Bldg. u. Umlagerung von **II** über das entsprechende o-Chinolimid. K. Maier. 4607□

Standardisierung des Kaninchenaugentests zur Prüfung der Reizwirkung von Waschmitteln. K. Neumann und J. G. Aalbers. (Fette, Seifen, Anstrichmittel **62,** 1053—57, Nov. 1960; Köln, Inst. für Industr. u. Biol. Forsch.; Bodegraven, Niederlande. Forsch.-Labor. der Andrélon N.V.; dt.) — Zur Prüfung der Reiz-Wrkg. von Waschmitteln wurde ein Standard-Test ausgearbeitet, der als NaL-Zahl ausgedrückt wird. Eine NaL-Zahl von 10 bedeutet, daß die Reiz-Wrkg. der betreffenden waschakt. Substanz der einer 2%ig. Lsg. von Natriumlaurylsulfat entspricht. Die Konz. ist auf das akt. Anion bzw. Kation bezogen. Als Vers.-Tiere werden Kaninchen von 1,5 bis maximal 2,5 kg verwendet, in einer Vers.-Reihe Tiere einer Rasse. Jedes Präp. ist mindestens an 8 Augen einzusetzen. 0,05 ml der zu untersuchenden Lsg. werden in den Lidspalt eingebracht u. die Reizerscheinungen in bestimmten Zeitabständen ermittelt. Die zahlenmäßige Auswertung der Vers.-Ergebnisse wird angegeben. Gerd Richter. 4607□

Wirkung eines chemischen Herbicids auf das Nervensystem. I. Desi, J. Sos, J. Olasz, F. Sule und V. Markus. (A.M.A. Arch. environmental Health **4,** 95—102, Jan. 1962; Budapest, Univ., Med. School, Inst. of Pathophysiol.; engl.) — Bei Verss. mit *2.4-Dichlorphenoxyessigsäure* (**I**) an Ratten, Katzen u. Hunden zeigten Encephalogramme Nervenschädigungen an, die offensichtlich durch das **I**-Mol. selbst u. nicht durch Abbau-Prodd. von **I** verursacht wurden. E. H. Goeckel. 4607□

In vitro-Effekt von Vicia faba-Extrakten auf den Erythocytengehalt an reduziertem Glutathion. Deryck G. Walker und James E. Bowman. (Proc. Soc. exp. Biol. Med. **103,** 476—77, März 1960; Shiraz, Iran, Univ. of Shiraz, Fac. of Med., Dep. of Biochem.; Schiraz Med. Center, Nemazee Hosp.; engl.) — Ein hitzelabiler Extrakt von *Vicia faba* wurde nach der Technik von Dunsford u. Bowley [1955] hergestellt, der wie Acetylphenylhydrazin den *red. Glutathion*-Geh. in Erythrocyten von sensibilisierten Personen herabsetzt. M. Metze. 4608□

Wirkung von lathyrogenen Verbindungen auf das Kollagen. L. Fiume. (Sperimentale **112,** 146—58, März/April 1962; Bologna, Univ., Ist. di Patol. Gen.; ital.) — Übersicht. — 36 Literaturangaben. K. Zingraf. 4608□

Prophylaxe und Therapie des experimentellen Herzinfarktes von Kaninchen mit Präparaten von Ziziphora Bunge. 9. Mitt. F. D. Dshumagalijewa. (Вестник Академии Наук Казахской ССР [Nachr. Akad. Wiss. KasachSSR] **18,** Nr. 1, 53—66, Jan. 1962; russ., Auszug: kasach.) — Prophylakt. u. therapeut. Zufuhr von 1 cm^3/kg Körpergew. 10%ig. Suspension von *Ziziphora Bunge* (20—62 Tage vor u. 25—40 Tage nach der Operation) verringerten bei Kaninchen mit experimentellem Myocardinfarkt (Ligatur an der linken Herzarterie) die Verdrängung des Herzrhythmus, des Elektrocardiogramms, des peripheren Blutbildes, der Blutsenkungs-Geschw. u. die pathoanatom. u. histolog. Veränderungen des Herzens. I. v. Kloch-Kornitz. 4608□

Wirkungen eines in gereinigtem Extrakt aus dem Telson des Skorpions Tityus serrulatus vorkommenden Giftes auf Präparate von glatten Muskelfasern und Mäuse. Carlos R. Dinitz und Victorio Valeri. (Arch. int. Pharmacodynam. Thérap. **121,** 1—13, Aug. 1959; São Paulo, Ribeirão prêto, Fac. of Med., Dep. of Biochem. and Histol.; engl.) — Aus den letzten Abdominalsegmenten (Telson) von Skorpionen (*Tityus serrulatus*) wird durch Extraktion mit W., Zentrifugieren, Dialyse u. Deproteinisierung eine tox. wirksame Lsg. (a; DL_{100} 400 μg, Maus) erhalten. Sie läßt sich nach Entfernung der Fette durch Behandlung mit Eisessig, Fällung des sauren Extraktes mit Ae., Zentrifugieren, Extraktion des Nd. mit 70%ig. sd. A. u. erneute Fällung mit abs. A. in der Kälte reinigen; wobei die DL_{100} auf 75 μg absinkt. Der gereinigte Extrakt (b) enthält eine große Anzahl ninhydrinpositiver Substanzen, aber nur eine tox. wirksame Komponente. b (4—7 μg/10 ml) verursacht Spasmen am isolierten Ileum, Duodenum u. Jejunum des Meerschweinchens, Kaninchens u. der Ratte, die durch *Atropinsulfat* (**I**; 40 bis 100 μg/Liter) unterdrückt werden. *Hexamethoniumjodid* (**II**; 100 μg/10 ml) ist ohne Einfl. auf die b-Ratte; auch *2-Brom-d-lysergsäureäthylamid* ist wirkungslos, erhöht jedoch die Latenzperiode. Auf den isolierten Rattenuterus besitzt b keine Einw., steigert aber dessen Empfindlichkeit gegen *Serotonin*, *Bradykinin* u. *Acetylcholin* (**III**). *Morphinchlorid* (**IV**) erniedrigt die spast. Aktivität von b, ist jedoch ohne Einfl. auf die Wrkg. von **III**. Die durch b am Meerschweinchenileum hervorgerufenen Kontraktionen werden durch *Eserinsalicylat* (**V**; 1 μg/10 ml) verstärkt. Intraperitoneale Zufuhr von b (4 μg) verursacht bei der Maus nach 20—30 Min. Speichel- u. Tränenfluß sowie Stimulation der Submaxillardrüse; diese Erscheinungen treten nach Vorbehandlung mit **I** (2,5 mg/100 g) nicht auf. Größere b-Gaben (25—100 μg) wirken letal; die Überlebenszeit wird durch vorangegangene Atropinisierung nicht erhöht. **II**, *d-Tubocurarin* u. **IV** sind ohne Einw. auf die Toxizität von b; die Überlebenszeit läßt sich nur durch Vorbehandlung mit Antiskorpionserum (15 Min. vor b-Zufuhr) steigern. Tiere, die b erhalten haben, reagieren empfindlicher auf die tox. **III**-Wrkg. als die Kontrollen. Im Vgl. mit **V**, das die b-Toxizität erheblich verstärkt, besitzt b nur eine schwache potenzierende Wrkg. auf die **III**-Aktivität. Am Kaninchenauge ruft b Mydriase hervor, die durch **I** vermindert wird. Aus den Ergebnissen wird geschlossen, daß a u. b den parasympathomimet. Mechanismus stimulieren u. eine Wrkg. auf die cholinerg. Nervenstrukturen des enter. Plexus ausüben, ohne daß eine Inhibition von Cholinesterasen eintritt. P. Fahrnlaender. 4609□

Der denaturierende Effekt basischer Trypanocide auf das Protein zellfreier Trypanosomen-Extrakte. R. S. Desowitz. (Exp. Parasitology **9**, 233—38, Juni 1960; N. Nigeria, West Afric. Inst. for Trypanosomiasis Res., Protozool. Sect.; engl.) — Von *Trypanosoma gambiense*, *T. brucei*, *T. rhodesiense* u. *T. rhodiense* (Stilbamidinresistenter Stamm) wurden zellfreie Extrakte u. aus diesen die entsprechenden Proteine hergestellt. Zu diesen Proteinen wurden bas. Trypanocide: *Berenil* (**I**), *Pentamidin*, *Ethidium* (**II**), *Antryciddimethylsulfat*, *Suramin* (**III**) u. *Tryparsamid* (**IV**) gegeben u. deren denaturierender Effekt auf die Proteine gemessen. Außer **III** u. **IV** bewirkten alle geprüften Substanzen eine Denaturierung. Die gefärbten Stoffe **I** u. **II** ergaben gefärbte Ndd., was auf eine Verb. mit den Proteinen hindeutet. Injiziert man Ratten z. B. einen solchen **I**-Proteinkomplex u. infiziert sie anschließend mit Trypanosomen (T.), so entwickeln sich die T. nur schwach, der Protein-**I**-Komplex wirkt also prophylaktisch. Die denaturierende Wrkg. verschiedener Konzz. von **I** auf die Extrakte normaler u. Stilbamidin-resistenter Stämme von *T. rhodesiense* wurden verglichen. Bei niedrigen **I**-Gaben wurde beim resistenten Stamm ein größerer Prozentsatz an Protein gefällt. Erst bei Konz. >0,00275m wurden beide Stämme gleichermaßen empfindlich. Die Elektrophorese der zellfreien Extrakte ergab vier Fraktionen. In nur zwei Fraktionen wird das Protein unter der Einw. der Arzneimittel gefällt. M. Lorenz. 4610□

Untersuchungen über Chinolinderivate als Antiinfektionsmittel. 1. Mitt. S. M. Bahal, M. R. Baichwal und M. L. Khorana. (J. pharmac. Sci. **50**, 127—30, Febr. 1961; Bombay, Univ., Dep. of Chem. Technol.; engl.) — Von 120 Derivv. erwiesen sich in einer vorläufigen Unters. *5-Acetyl-*, *5-Nitro-*, *7-Brom-5-nitro-*, *5-Formyl-* u. *7-Brom-5-formyl-8-hydroxychinolin* bei einer Konz. von 1—5 mcg/ml im Verdünnungstest gegenüber den meisten grampositiven u. -negativen Organismen als wirksam.
P. Gregorzewski. 4610□

Untersuchungen über Chinolinderivate als Antiinfektionsmittel. 2. Mitt. S. M. Bahal und M. L. Khorana. (J. pharmac. Sci. **50**, 131—33, Febr. 1961; engl.) — 1. vgl. vorst. Referat. — Gegenüber *Epidermophyton floccosum*, *Trichophyton rubrum* u. *T. gypseum* erweisen sich *8-Acetoxy-*, *5-Formyl-8-hydroxy-* u. *5-Acetyl-8-hydroxychinolin* im Agarschalen- u. Agarstreichtest als antifungale Substanzen. P. Gregorzewski. 4610□

Einfluß von Triton WR-1339 auf die Schilddrüsenaktivität im normalen Meerschweinchen. William V. C. Leahy, Berhard W. Janickl und Thomas F. McNickle. (Amer. J. Physiol. **201**, 827—29, Nov. 1961; Washington, D.C., Veterans Administr. Hosp.; engl.) — *Triton WR-1339* (**I**; nichtion. oberflächenakt. Polyoxyäthylenäther, als unterdrückendes Agens bei experimenteller Tuberkulose von Maus u. Meerschweinchen verwendet) zeigte in den vorliegenden Unterss. nur einen verstärkenden Einfl. auf das Verschwinden von *Thyroxin*. Damit ist ein direkter **I**-Einfl. auf die Schilddrüse auszuschließen. M. Metze. 4610□

Sulfamethoxypyridazin-Bewertung bei Infektionen der Harnwege. J. D. Wargo, R. Teichner und J. H. Ferguson. (Amer. J. Obstetr. Gynecol. **80**, 490—94, Sept. 1960; Debray Beach, Fla.; Miami, Fla., Univ. of Miami, School of Med., Dep. of Obstetrics-Gynecol.; Jackson Memorial Hosp.; engl.) — Von 174 Patientinnen einer gynäkolog.-geburtshilflichen Station sprachen 70% mit Cystitis u. 60% mit Pyelonephritis befriedigend auf *Kynex* (*3-Sulfanilamido-6-methoxypyridazin*, 0,5—1 g/Tag) an, während bei solchen mit Dauerkatheter nur bei 22% ein günstiges Ergebnis erzielt werden konnte.
K. Maier. 4610□

Wirkung von Salicylaten auf die freien Fettsäuren im Plasma bei Normalpersonen und Diabetikern. Lars A. Carlson und Jan Östman. (Metabolism. clin. and exp. **10**, 781—87, Okt. 1961; Stockholm, Karolinska sjukhuset, Dep. of Int. Med., King

Gustaf V Res. Inst.; engl.) — *Ca-Salicylat* in einer Dosis, welche 5 g Acetylsalicylsäure entspricht, oral verabreicht, verringerte bei Normalpersonen u. bei Diabetikern den Blutzucker u. den Geh. der freien *Fettsäuren* (I) im Plasma. Salicylate hemmen die Freisetzung von freien I aus dem Fettgewebe. K. Zingraf. 4615☐

Die Hemmung der ^{3}H-Noradrenalin-Freisetzung durch Monoaminoxydase-Inhibitoren. Julius Axelrod, Georg Hertting und Raymond W. Patrick. (J. Pharmacol. exp. Therapeut. **134**, 325—28, Dez. 1961; Bethesda, Md., Nat. Inst. of Mental Health, Labor. Clin. Sci.; engl.) — Ratten erhalten *dl-^{3}H-Noradrenalin* (I). Der Abbau am Herzen erfolgt in 2 Perioden. Kurz nach der Gabe von I wird das nichtgebundene I abgebaut. Die 2. Periode dauert Tage, in denen das gebundene I allmählich verschwindet. 10 mg/kg *Catron* (*β-Phenylisopropylhydrazin*) i.v. u. 25 mg/kg *Mo 911* (*N-Methyl-N-benzylpropylaminhydrochlorid*) i.v. verzögern den Abbau von I in der 2. Periode. *Harmalin* hat keine Wirkung. 200 mg/kg *Pyrogallol*, ein Hemmer der *Brenzcatechin-o-methyltransferase* in vitro u. in vivo, verzögert i.v. den Abbau von I in beiden Perioden. 1—2 mg/kg *Reserpin* führen zur starken Abnahme des Geh. an I im Herzen, *Monoaminoxydase* (MAO)-Hemmer kehren diesen Effekt um. — Die Vff. glauben, daß die MAO-Hemmer die Freisetzung der Brenzcatechinamine verhindern u. so eine Erhöhung des Gewebespiegels bedingen. P. Lange. 4620☐

Wirkung von Thioridazin und Chlorpromazin auf die Hämodynamik der Rattenleber. Gabriel L. Plaa, Edwin C. McGough, Gerry J. Blacker und James M. Fujimoto. (Amer. J. Physiol. **199**, 793—96, Nov. 1960; New Orleans, La., Tulane Univ., School of Med., Dep. of Pharmacol.; engl.) — *Thioridazin* (I) u. *Chlorpromazin* erhöhen in der isolierten, durchströmten Rattenleber den Gefäßwiderstand. Die Durchströmungs-Geschw. wurde verringert, der Pfortaderdruck nahm zu u. das Gew. des Organs nahm ab. Die Wrkg. konnten durch $NaNO_2$ blockiert werden; Tachyphylaxie trat nicht ein. Beide Präpp. bewirkten bei der narkotisierten laparotomierten Ratte eine Ischämie der Leber. Bei der narkotisierten, laparotomierten Katze erhöhte I den Pfortaderdruck trotz deutlicher Abnahme des arteriellen Mitteldruckes. K. Zingraf. 4620☐

Einfluß von Reserpin auf die Reaktion der Nebenniere gegenüber Nicotin. E. E. Bagwell, E. F. Woods und J. A. Richardson. (Proc. Soc. exp. Biol. Med. **103**, 467—69, März 1960; Charleston, S.C., Med. Coll. of South Carolina, Dep. of Pharmacol.; engl.) — *Reserpin* (I)-behandelte Hunde zeigten nach *Nicotin* (II)-Gabe eine geringere *Adrenalin* (III)-Erhöhung als normale Hunde nach II. Die mit der III-Erhöhung proportional ansteigende Herzkontraktilität u. der Blutdruck nach II wird durch I nicht hemmend beeinflußt. M. Metze. 4620☐

Eine Aufspaltung der Reserpinwirkungen. Léon Velluz, Michel Peterfalvi und Robert Jequier. (C. R. hebd. Séances Acad. Sci. **247**, 1905—07, 24/11. 1958; franz.) — Es wird über Unterss. an zwei verschieden substituierten *Reserpin*-Derivv. (*10-Methoxy-* u. *10-Chlordeserpidin*) berichtet, bei denen sich die allg. depressive Wrkg. stark verringert zugunsten einer hypotensiven u. transquillisierenden Wirkung. K. Ruckpaul. 4620☐

Verhaltensänderungen der Katze durch verschiedene zentralerregend wirkende Pharmaka. 2. Mitt. Helmut Müller-Calgan und Rudolf Hotovy. (Arzneimittel-Forsch. **11**, 775—83, Aug. 1961; Darmstadt, E. Merck AG.; dt.) — 1. vgl. C. **1962**, 15685. — Vff. beschreiben eine modifizierte, verhaltensanalyt. Meth. an Katzen (in Anlehnung an die Meth. von Norton de Beer), mit deren Hilfe die zentralstimulierenden Eigg. von *2-Äthylamino-3-phenylnorcamphan* (I; H 610) im Vgl. mit *Coffeinum* purum (II), *Theophyllinum purum* (III), *Camphora synthetica* (IV), *D-Amphetamin* (V), *L-(+)-Methamphetamin* (VI), *Diäthylaminopropiophenon* (VII), *Phenylpyrrolidinpentan* (VIII), *Phenmetrazin* (IX), *Phenyliminooxooxazolidin* (X), *Methylphenidylacetat* (XI) u. *Isonicotinoylisopropylhydrazin* (XII) geprüft wird. Es zeigt sich, daß die Aufmerksamkeit durch fast sämtliche vorst. Verbb. gesteigert wird; die Wrkg.-Dauer jedoch unterschiedlich ist. Nur kurz besteht sie nach XII, etwas länger nach VI, VII u. IX, während III nur eine geringfügige Wrkg. aufweist. II weist eine mit I vergleichbare Wrkg.-Stärke auf, die sich, wie die von III u. VIII, über den 2. Vers.-Tag erstreckt. V, VII u. VIII lösen am Nachtesttag eine reaktive Aufmerksamkeitsverminderung aus, die nach I u. XI nicht beobachtet wird. Die erregende Wrkg. auf die Nickhaut-Rk. ist nach V 1,7 mal u. nach VI 2,4 mal stärker ausgeprägt als nach I; VIII u. XI besitzen fast die gleiche Wrkg.-Stärke wie I, während die übrigen Verbb. geringere Effekte aufweisen. In der Wrkg. auf die Lidspalten- u. Pupillenweite ist I sämtlichen Vgl.-Substanzen überlegen. II (25 mg/kg oral) besitzt eine geringe miot. Wirksamkeit; III (50) ruft zum Unterschied von I (2) Nickhautvorfall u. Lidspaltenverengung hervor. Die in Gelatinekapseln abgefüllten Verbb. zeigen oral eine gute Verträglichkeit; nur nach III tritt Erbrechen auf. II, V, VI u. VIII vermindern die

Futteraufnahme der Katzen stärker als **I**; **IV, IX** u. **XII** sind dagegen ohne Einfluß. Aus den Ergebnissen geht hervor, daß **I** eine therapeut. wertvolle zentralerregende Wirksamkeit aufweist. Ursachen für unerwünschte Nebenwrkg. sind bes. die starke Wrkg. auf den Blutdruck u. eine vehemente Stimulation mit schnellem Wrkg.-Abbruch. Die an Katzen erhaltenen Befunde stehen im Einklang mit den klin. Ergebnissen beim Menschen (psych. Stimulierung ohne subjektive Mißempfindungen). P. Fahrnlaender. 4622□

Motorische Aktivität, corticale Integration und chemische Struktur. M. Herold, O. Kabacoff und J. Cahn. (Agressologie **2**, Nr. 5, 521—31, Nov. 1961; Paris, Clin. neurochir., Labor. de Neurochim.; Hosp. de la Pitié, Centre de Therap. Exp. et de rech. clin.); franz.) — An Ratten wurde der Einfl. 31 verschiedener Psychotonica (u. a. *Tofranil, Metamphetamin, Caffein, Ritalin, Catron, Marsilid, Marplan, Harmalin*), die beim normalen Tier keine merkbaren Änderungen des motor. Verh. bewirken, auf das Wiederauftreten der Reflexe u. der motor. Aktivität nach Elektroschock untersucht. Die postkrit. Phase nach dem Schock ist durch Anoxie, Hypoxie u. einen Verbrauch an energiereichen Substanzen charakterisiert. Den Verbb., die Sulfhydrylgruppen enthalten, scheint bei dem schnellen Wiedererlangen der motor. Aktivität u. der neuronalen Integration eine bes. Wrkg. u. Bedeutung zuzukommen. K. Böhm. 4622□

Nicotin und andere Ganglioplegica als Effektoren des Acetylcholins (nach der Technik von Minz und Fuhner). G. Dastugue, P. Bastide, G. Costerizant und B. Durel. (Trav. Soc. Pharmac. Montpellier **20**, 255—57, 1960, herausgeg. 1961; Clermont-Ferrand, Univ., Fac. mixte de Méd. et de Pharm., Labor. de Pharmacodyn. et de Chim. Biol.; franz.) — Am denervierten Rückenmuskel des Blutegels besitzt *Nicotin* in Verdünnung 1:2500000 eine kontrahierende Eigenwrkg. (oder Muscarin-Wrkg.); in Verdünnung 1:5000000 wirkt es synergist., in Verdünnung 1:50000000 antagonist. zu *Acetylcholin.* Ähnliche Erscheinungen wurden auch bei einigen Ganglioplegicis (*Hexamethonium, Tetraäthylammonium, Pentamethazen, Pentamethonium, Trimetaphancamphosulfonat, Chlorisondamin*) beobachtet. K. Zingraf. 4622□

Über die Wirkung von Antihistaminicis auf die Wiederherstellung der Blutdrucksteigerung durch Adrenalin bei bestehender adrenergischer Blockierung. M. V. Rajapurkar und M. H. Panjwani. (Arch. int. Pharmacodynam. Thérap. **128**, 89—99, 1/10. 1960; Jamnagar (Indien), M. P. Shah Med. Coll., Dep. of Pharmacol.; engl.) — Vff. untersuchten die Wrkg. von *Mepyramin* (**I**) u. *Antazolin* (**II**) auf die adrenerg. Blockierung u. die Depressor-Rk., welche durch *Benzylimidazolin, Dihydroergotamin* oder *Chlorpromazin* hervorgerufen wurde. Die Verss. wurden an Hunden durchgeführt. **I** war stark wirksam. **II** war in allen Verss. bei der durch Chlorpromazin erzeugten Blockierung wirkungslos. Eine Behandlung mit **I** verlief überall, wo **II** nicht wirksam war, positiv. R. Heinrich. 4625□

Die Protein-Sparwirkung des Natrium-4-hydroxybutyrats. B. Weber. (Agressologie [Paris] **2**, Nr. 5, 533—41, Nov. 1961; Paris, Hôpital Boucicaut, Labor. d'Eutonol.; franz.) — Unter bestimmten Bedingungen bewirkt *Na-4-Hydroxybutyrat*, das als zentraler Hemmstoff von Interesse ist u. als Indicator eines physiolog. Schlafes in Frage kommt, bei fastenden Ratten eine Stickstoffeinsparung. K. Böhm. 4627□

Kreislaufkontrollwerte von Morphin- und Pentobarbital-behandelten Hunden. S. Deavers, E. L. Smith und R. A. Huggins. (Amer. J. Physiol. **199**, 797—99, Nov. 1960; Houston, Tex., Baylor Univ., Coll. of Med.; Univ. of Tex., Dental Branch, Dep. of Physiol.; engl.) — Bei 100 Hunden ergaben sich nach Injektion von 10 mg/kg Morphin subkutan u. 15 mg/kg Pentobarbital–Natrium i.v. folgende Mittelwerte: Blutkörperchen-Vol. 33,5 $\pm$ 0,74 cm^3/kg, venöser Hämatokrit 45,2%. Gesamtbluteiweißkörper im Plasma 6,25 $\pm$ 0,07 g%, Femoralisdruck systol. 139,0 $\pm$ 2,53 mm Hg, diastol. 65,6 $\pm$ 1,46 mm Hg u. Herzfrequenz 85,9 $\pm$ 2,86/Minute. K. Zingraf. 4627□

Pharmakologie von ($\pm$)-, (+)- und (—)-2.2-Diphenyl-3-methyl-4-morpholinobutyrylpyrrolidin. D. K. de Jongh und E. G. van Proosdij-Hartzema. (J. Pharmacy Pharmacol. **9**, 730—38, Nov. 1957; Amsterdam, Nedchem Inst. for Pharmaco-Therapeut. Res.; engl.) — ($\pm$)-*2.2-Diphenyl-3-methyl-4-morpholinobutyrylpyrrolidin* (*R 610*; **I**), eine der pharmakolog. wirksamsten Verbb. aus einer Reihe von Butyramid-Derivv. (vgl. Janssen, C. **1957**, 990), sowie seine (+)- u. (—)-*Formen* (*R 875*; **II** bzw. *R 898*; **III**) wurden an Vers.-Tieren eingehend getestet. Für **I, II** u. **III** betrug die DL_{50} bei subkutaner u. intraperitonealer Anwendung an Ratten durchschnittlich 75, 50 u. 640 bzw. 21,3, 0 u. 162 (*Morphin* 600 bzw. 100) mg/kg. An Mäusen wurden bei subkutaner u. oraler Verabreichung Werte von 125, 140 u. 330 bzw. 220, 168 u. 1000 (Morphin 318 bzw. 450) mg/kg beobachtet. Bei täglicher intraperitonealer Verabreichung wurden von Ratten 1,25 mg **II**/kg noch ohne sichtbare Organveränderungen dauernd vertragen. Die analget. Aktivität an Mäusen wurde nach der Meth. von Eddy bei subkutaner Anwendung von durchschnittlich 1,7, 0,87 u. 85 mg **I**,

II u. III/kg deutlich. Für Morphin lag der Wert bei 10,2 mg/kg. Ähnliche Ergebnisse wurden bei Meerschweinchen erhalten. Weiterhin wurden an Ratten die Wrkg. von I, II u. III auf den Organismus unter Senkung der Körper-Temp. (— 1,5°) u. Depression der Atmung untersucht. 50% der Tiere reagierten bei Gaben von ca. 1,28, 0,87 u. 40 bzw. 1,8, 1,3 u. 40 mg/kg. Morphin war 11 bzw. 4mal weniger wirksam wie I. Ähnliche Wertverhältnisse wurden bei Prüfung der antidiuret. Aktivität, der Verstärkung der hypnot. Wrkg. von Barbituraten u. der mydriat. Aktivität gefunden. An Ratten mit experimenteller Hypertension wurde die blutdrucksenkende Wrkg. der Verbb. untersucht. Hier verursachte II in Gaben von 0,625 deutliche, in solchen von 2,5 mg/kg drast. Blutdrucksenkung. Mit I war ein merkbarer Effekt nur in der hohen Dosierung zu erzielen. III war wirkungslos. *Nalorphin* milderte die Wrkg. der in allen Testen aktivsten Verb. II in gleicher Weise wie bei Morphin. K. Zopff. 4627□

Wirkung einiger Lokalanaesthetica (und assimilierter Substanzen) auf Batracierlarven. P. Bastide, P. Tronche, P. Gannat und G. Dastugue. (Trav. Soc. Pharmac. Montpellier **20,** 245—48, 1960, herausgeg. 1961; Clermont-Ferrand, Univ., Fac. de Méd. et de Pharmacie, Labor. de Pharmacodyn. et de Chim. Biol.; Labor. de Pharmacie Chim.; franz.) — Die Wirkstärke von 15 Lokalanaestheticis wurde mit Hilfe ihrer „einschläfernden" Wrkg. auf Larven von *Rana temporaria* ermittelt. Die stärkste Wrkg. zeigten *Dimethisochin, Dijodsaligenin* u. *2-Methoxy-4-allylphenoxyessigsäurediäthylamid* (*G 29505*). *Tetracain, p-Morpholinoäthoxyphenylheptyloxyäthylurethanhydrochlorid, Proxazocain, Oxybuprocain, p-Morpholinoäthoxyphenylcyclohexylurethanhydrochlorid, Benzoylamino-2-thiazolinhydrochlorid, Propanocain, Benzylamino-2-thiazolinhydrochlorid, Cornecain* u. *Procain* waren weniger wirksam.
K. Zingraf. 4627□

Analgesie-steigernde Wirkung von Thalidomide. S. C. Harris und J. P. Allgood. (Proc. Soc. exp. Biol. Med. **103,** 580—81, März 1960; Chicago, Ill., Northwest. Univ., Dental School, Dep. of Physiol. and Pharmacol.; engl.) *Thalidomide* (*N-Phthalylglutaminsäureimid*) als Zusatz zum klass. *APC*-Kombinations-Präp. (Acetylsalicylsäure, Acetophenetidin, Caffein) erhöht dessen analget. Wirksamkeit. M. Metze. 4627□

Einfluß des Novocains auf die Lipide des Blutes von Kranken mit coronarer Atherosklerose. I. N. Jakowlewa. (Советская Медицина [Sowjet-Med.] **24,** Nr. 11, 47—52, Nov. 1960; Moskau, 2. Med. Pirogow-Inst., Klinik für Hospitaltherapie; russ.) — *Novocain*-Therapie nach Parchon (5 cm³ 2%ig. Lsg., pH 4,5, 3mal wöchentlich i.m., 12 Injektionen/Kurs mit 12tägiger Pause) führte bei Kranken mit Coronar-Atherosklerose zur klin. Besserung, ohne die Veränderungen des Geh. an *Cholesterin, Lecithin, β-Lipoproteid* u. *Protein* u. seinen Fraktionen im Blutserum wesentlich zu beeinflussen. I. v. Kloch-Kornitz. 4627□

Einfluß des Novocains auf die experimentelle (alimentäre) Atheromatosis der Aorta und auf das Cholesterin und Lecithin des Blutes. Ss. Ch. Ssidorowitsch. (Советская Медицина [Sowjet-Med.] **24,** Nr. 11, 52—56, Nov. 1960; Moskau, 2. Med. Inst., Pädiatr. Fakultät, Lehrstuhl für Diagnostik, spezielle Pathologie u. Therapie der inneren Krankheiten; russ.) — *Novocain* (I)-Zufuhr (3 cm³ 0,5%ig. Lsg., pH 5) hatte bei kastrierten (**a**) u. nichtkastrierten Kaninchen (**b**) keinen Einfl. auf die Entw. der experimentellen Atheromatosis der Aorta (3 cm³/kg 10%ig. *Cholesterin*-Lsg. in *Sonnenblumenöl* täglich peroral) u. die alimentäre Hypercholesterinämie. I führte bei **b** zur stärkeren Erhöhung des *Lecithin*-Geh. im Blut (**a** bis zu 280, **b** bis zu 490 mg%), zur stärkeren Zunahme des Körper-Gew. (**a** um 527, **b** um 849 g) u. zur Verringerung der atherosklerot. Veränderungen der Aorta. I. v. Kloch-Kornitz. 4627□

Antikonvulsive Eigenschaften von Aminohydroxyessigsäure. J. P. DaVanzo, M. E. Greig und M. A. Cronin. (Amer. J. Physiol. **201,** 833—37, Nov. 1961; Kalamazoo, Mich., Upjohn Company, Dep. of Pharmacol.; engl.) — *Aminohydroxyessigsäure* (I), ein Inhibitor der *γ-Aminobuttersäure-α-Ketoglutarsäure-Transaminase* (II) in vitro, verursacht eine Ansammlung von *γ-Aminobuttersäure* (III) in vivo u. zeigt antikonvulsive Eigg. gegen *Thiosemicarbazid*-Krämpfe in Ratten, Mäusen u. Katzen u. gegen *Methioninsulfoximin*-Krämpfe bei Katzen. Die antikonvulsive Wrkg. von I scheint aber nicht auf die III-Ansammlung im Gehirn zurückführbar zu sein. M. Metze. 4628□

Mit Tachyphylaxie verbundene Änderungen des Membranpotentials und Verstärkung der Reaktion auf stimulierende Pharmaka in glattem Muskel. Edith Bülbring und G. Burnstock. (Brit. J. Pharmacol. Chemotherapy **15,** 611—24, Dez. 1960; Oxford, Univ., Dep. of Pharmacol.; engl.) — Die Rk. glatten Muskels auf wiederholte Anwendung stimulierender Pharmaka wurde an Meerschweinchen-*Taenia coli* untersucht (gleichzeitige Registrierung von Tensions- u. Membranpotentialänderungen). *Acetylcholin* >

Histamin > *S-Hydroxytryptamin* bewirkten Depolarisation, nach Absetzen Hyperpolarisation mit anschließenden gedämpften Oscillationen des Membranpotentials. Die Rk. bei wiederholter Anwendung hing von der augenblicklichen Phase der Potentialänderungen ab. Während einer Polarisationsphase war der Effekt verringert, während einer Depolarisationsphase erhöht. Die Befunde sprechen für die Annahme, daß wechselnde Erregbarkeit u. Polarisation der Membran des glatten Muskels durch period. Wechsel in der Geschw. des akt. Ionentransports u. andere stabilisierende Prozesse in der Zellmembran, die von der Geschw. der Stoffwechselenergieversorgung abhängen, zustande kommt.
K. Maier. 4628□

Antagonismus von Thiamin und verwandten Substanzen gegenüber den muskelparalysierenden Wirkungen von Acetylcholinmimetica mit Curare-Effekt. Jean Cheymol und François Bourillet. (Dansk Tidsskr. Farmaci, Suppl. II, Festskr. Svend Aage Schou 65—68, **1956**; Paris, Fac. de Méd., Labor. de Pharmacol.; franz.) — Vgl. C. **1956**, 11499; C. **1957**, 6823 u. 7427. — Unterss. an Nerv–Muskel-Präpp. von Ratte oder Katze zeigten, daß die muskelparalysierenden Wrkg. von drei Acetylcholinmimeticis mit Curareeffekt, nämlich *Succinyldicholin, Dekamethonium* u. *606 H.C.*, durch *Thiamin, Thiochrom, Cocarboxylase, Acetylthiamin, Pyramin* (Antivitamin B_1) u. *Brommethylat des Thiazolinanteils von Thiamin* aufgehoben werden. F. Krusen. 4628□

Mono- und polysulfurierte Naphthalinverbindungen und Curaremimetica. Jean Cheymol, François Bourillet und Antoine Estève. (Thérapie **13**, 251—57, 1958; Paris, Fac. de Méd., Labor. de Pharmacol.; franz.) — Am Ischiasnerv des hinteren Schienenbeinmuskels von anästhesierten Kaninchen untersuchten Vff. die Wrkg. einiger Naphthalin-Verbb. auf die nach Gaben von *d-Tubocurarin* (**I**) auftretenden Lähmungserscheinungen. Getestet wurden: *Kongorot* (**II**), das *Trinatriumsalz der 1-(4-Sulfonsäurenaphthalinazo)-2-naphthol-6.8-disulfonsäure* (**III**), das *Dinatriumsalz der 1-(α-Naphthalinazo)-2-naphthol-3.6-disulfonsäure* (**IV**), das *Dinatriumsalz der 1-(α-Naphthalinazo)-2-naphthol-6.8-disulfonsäure* (**V**), das *Na-Salz der 1-Aminonaphthalin-4-sulfonsäure* (*Naphtionin*; **VI**), das *Na-Salz der 2-Naphthol-6.8-disulfonsäure* (**VII**), das *N-Glucosid von Naphtionin* (**VIII**), das *Dinatriumsalz der 2-Naphthylamino-6.8-disulfonsäure* (**IX**) u. das *Na-Salz der 2.4-Dinitro-1-naphthol-7-sulfonsäure* (*Martiusgelb, Naphtholgelb S*; **X**). Die durch 100 μg **I**/kg bei Perfusion hervorgerufenen Lähmungserscheinungen waren durch 100 μg *Neostigmin*/kg rückgängig zu machen. **II** wirkte als Antagonist von **I**. Die anderen Naphthalin-Derivv. (**III**—**X**) führten nach Abklingen der **I**-Wrkg. in Dosierungen von 50, 100, 50, 50, 50, 200, 5 u. 50 mg/kg zur erneuten Sensibilisierung gegenüber dem Alkaloid. Die aktivierende Wrkg. der Verbb. ist an das Vorhandensein von Sulfogruppen am Naphthalinkern gebunden. Die NH_2-Gruppe als Substituent wirkt verstärkend (vgl. **VI** u. **IX**). Bei Verbb. mit glykosid. Bindung ist die Aktivität abgeschwächt (vgl. **VIII**). Durch Azogruppen u. höheres Molgew. wird die Wrkg. nicht gesteigert (vgl. **III**—**V**).
K. Zopff. 4628□

Curarewirkung einiger bis-quartärer Salze von α.ω-Bis-[1-alkylpiperazinyl-(4)]-alkanen. Jacques-R. Boissier, Roger Ratouis, Claude Dumont und Jeanette Pagny. (C. R. hebd. Séances Acad. Sci. **251**, 3114—16, 19/12. 1960; Paris, Fac. de Méd., Inst. de Pharmacol.; franz.) — Es wurde das pharmakolog. Verh. neuer synthet. *α.ω-Bis-[1-alkylpiperazinyl-(4)]-alkane* mit quartären $N_{(1)}$- oder $N_{(4)}$-Atomen untersucht. Verbb. mit methylierten $N_{(1)}$-Atomen u. $(CH_2)_{n=2,3,4,16}$ zeigten curaremimet. Charakter, solche mit n = 6 u. 10 acetylcholinmimet., während Verbb. mit quartären $N_{(4)}$-Atomen durchwegs curaremimet. waren. Geprüfte α.ω-Bis-[1-Methylpiperazinyl-(4)]-alkane: *Methan, 1.1'-Bis-methojodid*, F. 306°, DL_{50}, — (mg/kg Maus), *-äthan, 1.1'-Bis-methojodid*, F. 340°, >10; 45—50 (mg/kg Kaninchen, Kopffalltest); *-propan, 1.1'-Bis-methojodid*, F. 300°, >10; 30—45; *-butan* (**I**), *1.1'-Bis-methojodid*, F. 304°, >10; 15—20; *-hexan* (**II**); *1.1'-Bis-methojodid*, F. 263°, 10; 3—4; **II**, *1.1'-Bis-äthojodid*, F. 187°, —; 3—5; *-decan* (**III**), *1.1'-Bis-methojodid*, F. 257°, 2,7; 1,7—2; **III**, *1.1'-Bis-methobromid*, F. 312°, 2,1; 0,3—0,4; **III**, *1-Metho-1'-äthodijodid*, F. 179°, 2,5; 0,2—0,4; **III**, *1-Metho-1'-äthodibromid*, F. 217°, —; 0,8—1,2; **III**, *1.1'-Bis-äthojodid*, F. 155°, 4,5; 4—5; **III**, *1-Metho-1'-benzyldichlorid*, F. 285°, 0,5; 0,7—0,8; *-hexadecan* (**IV**), *1.1'-Bis-methojodid*, F. 254°, 0,7; 0,15—0,25; **IV**, *1-Metho-1'-äthodijodid*, F. 176°, 0,7; 0,25—0,35; **I**, *4.4'-Bis-methojodid*, F. 257°, >10; 85—90; **I**, *4.4'-Bis-äthojodid*, F. 220°, —; 67—74; **II**, *4.4'-Bis-methobromid*, F. 245°, >10; 27—30; **II**, *4.4'-Bis-äthobromid*, F. 227°, —; —; **III**, *4.4'-Bis-methojodid*, F. 187°, —; 3—4; **III**, *4.4'-Bis-methobromid*, F. 205°, 6,1; 2—3; **III**, *4.4'-Bis-äthojodid*, F. 158°, —; 3—3,5; **III**, *4.4'-Bis-äthobromid*, F. 152°, 3,4; 2,5—2,8; **IV**, *4.4'-Bis-äthobromid*, F. 166°, 1,5; 0,8—1,2; *d-Tubocurarinhydrochlorid*, 0,155; 0,18 bis 0,22; *Succicurariumjodid*, —; —. K. Maier. 4628□

Oxydation von N.N-Dimethyl-p-phenylendiamin durch Serum von schizophrenen Kindern. M. H. Aprison und A. L. Drew. (Science [Washington] **127**, 758, 4/4. 1958; Indianapolis, Ind., Univ. Med. Center, Inst. of Psychiatrie Res.) — Vff. untersuchen die Seren von 23 geisteskranken Kindern im Alter von 6—13 Jahren mit Hilfe des Testes von Akerfeldt, bei dem die Oxydation von *N-N-Dimethyl-p-phenylendiamin* (**I**) unter dem Einfl. des Serums bei pH 7,00—7,15 auf spektrophotometr. Wege gemessen wird. Die statist. Unters. der ermittelten biochem. Kriterien zeigt, daß die Rk. von Akerfeldt nicht zur Diagnose einer Schizophrenie geeignet ist. P. Fahrnlaender. 4628□

Ganglien-blockierende Wirkung von Dimethylphenylpiperazinium (DMPP). G. D. H. Leach. (J. Pharmacy Pharmacol. **9**, 747—51, Nov. 1957; London, Univ., King's Coll., Dep. of Pharmacol.; engl.) — An der Nickhaut von Katzen u. dem Ileum von Meerschweinchen wurde die Wrkg. von *Dimethylphenylpiperazinium* (*DMPP*; **I**) auf die Weiterleitung von Nervenreizen untersucht. Bei den mit Ae. u. Chloralose anästhesierten Katzen verursachte in das Ganglion cervicale superior injiziertes **I** (Jodid) in Mengen von 5—10 γ zunächst Stimulation der am prägangliären Nerven gesetzten u. an der Nickhaut als Erfolgsorgan beobachtbaren elektr. Reizung. Höhere Dosierungen (20 γ) wirkten blockierend. Der Effekt wurde durch *Acetylcholin* verstärkt. Am Ileum des Meerschweinchens wurde bei Füllung mit W., das 1,5—2 γ **I**/ml enthielt, auch zunächst der Entleerungsreflex verstärkt. Dosierungen von 2,5—3,0 γ/ml führten zur Blockierung der Nervenreizleitung. Ebenso setzte die peristalt. Bewegung nach 3,0 bis 5,0 γ **I**/ml aus. Bei anästhesierten Katzen, die 1,5 mg *Atropin*/kg erhalten hatten, bewirkten 5—10 γ **I**/kg erst Fallen, dann Ansteigen des Blutdruckes. Höhere Gaben bis zu 2 mg/kg führten zum Überwiegen des zweiten Effektes. **I** hat nach diesen Verss. offenbar ähnlich blockierende Wrkg. wie Tetramethylammonium u. hohe Dosierungen von Acetylcholin. K. Zopff. 4628□

Sterische Konfiguration und die Aktivität an der neuromuskulären Verknüpfung von cyclischen Aminoalkoholderivaten. Frank G. Standaert und Seymour L. Friess. (J. Pharmacol. exp. Therapeut. **128**, 55—64, Jan. 1960; Bethesda, Md., Nat. Naval Med. Center, Naval Med. Res. Inst.; engl.) — Es wurden 2 Gruppen *cycl. Aminoalkohole* (*Cyclopentyltrimethylammonium-*, *Cyclohexyltrimethylammonium-*, *cis-* u. *trans-2-Hydroxycyclopentyltrimethylammonium-*, *cis-* u. *trans-2-Hydroxycyclohexyltrimethylammonium*-Ion) hinsichtlich der Wrkg. der ster. Konfiguration auf die Aktivität der neuromuskulären Übertragung bei der intakten Ratte, in vitro am Phrenicusnerv–Diaphragma-Präp. (Katze) u. beim chron. denervierten Katzenmuskel untersucht, wobei sich erhebliche Unterschiede ergaben. Das nichthydroxylierte Amin war jeweils am wirksamsten, das *trans-Hydroxy*-Isomere am wenigsten aktiv. Die *trans*-Isomeren antagonisierten die Wrkg. der übrigen Glieder der Reihe, die Wrkg. der *cis*-Formen war zu derjenigen der übrigen additiv. K. Maier. 4628□

Behandlung des Parkinsonismus mit neuen pharmakologischen Mitteln. L. G. Stoljarowa. (Советская Медицина [Sowjet-Med.] **25**, Nr. 5, 107—14, Mai 1961; Akad. der med. Wiss. der UdSSR, neurolog. Inst.; russ., Auszug: engl.) — In klin. Unterss. von 11 Anti-Parkinson-Präpp.: *Arthan* (**I**), *Parkinsan* (**II**), *Cyclodol* (**III**), *Ridinol*, *Arpenal*, *Diparcol* (**IV**), *Dinesin* (**V**), *Deparkin* (**VI**), *Parsidol*, *Relaxans Na-90* u. *Rimizid*, waren **I**, **II**, **III**, **IV**, **V** u. **VI** am wirksamsten. Die Therapie des Parkinsonismus bedarf individueller Anpassung bei beginnenden geringen Dosen u. nachfolgender Steigerung, längerer Fortdauer u. zur Vorbeugung gegen Gewöhnung u. tox. Neben-Rkk. Wechsel der Präparate. I. v. Kloch-Kornitz. 4628□

Über die Anwendung von Phenatin bei Hypertonie mit asthenischem Syndrom bei alten Menschen. L. B. Gakkel, Je. N. Pawlowa und A. G. Ussow. (Советская Медицина [Sowjet-Med.] **25**, Nr. 5, 142—43, Mai 1961; Inst. für exper. Med., Physiolog. Pawlow-Abt.; Karl-Marx-Heim für Invaliden; russ.) — Gaben von *Phenatin* (Nicotinsäure-β-phenylisopropylamid) führten bei Gesunden zur Verstärkung der bedingten u. unbedingten Reflexe u. der Bewegungsreflexe (0,01 g) oder zur Verringerung der bedingten Reflexe (0,02 g), bei Kranken mit Hypertonie u. Asthenie (0,01—0,05 g 2—3mal täglich, 1—1,5 Monate) zur Verringerung des arteriellen Blutdruckes u. zur klin. Besserung. I. v. Kloch-Kornitz. 4630□

Verhütung der Levarterenol-Nekrose in Kaninchen durch Verwendung eines Levarterenol–Phentolamin-Gemisches. Gary Zucker und Robert P. Eisinger. (Proc. Soc. exp. Biol. Med. **103**, 260—61, Febr. 1960; New York City, Beth Israel Hosp.; engl.) — Die bei Behandlung mit der blutdruckerniedrigenden Substanz *Levarterenol* (**I**) auftretende ischäm. Nekrose der Haut bei Kaninchen kann durch Verw. eines **I**-*Phentol-*

amin (II)-Gemisches (2,5, 5 u. 10 mg II) verhütet werden. Schon aufgetretener Hautschorf kann duch Mischungen mit 16 u. 32 mg I u. 1 mg II red. werden.

M. Metze. 4630□

Akute Wirkungen von Triparanol bei Menschen. David H. Blankenhorn und Oliver Kuzma. (Metabolism, clin. and exp. **10,** 763—70, Okt. 1961; Los Angeles, Calif., Univ. of Southern California, School of Med., John Wesley County Hosp.; engl.) — Verabreichung von *Triparanol* (*MER-29*; *1-[p-(β-Diäthylaminoäthoxy)-phenyl]-1-(p-tolyl)-2-[p-chlorphenyl]-äthanol*; I) in Dosen von 250 oder 1000 mg täglich bewirkte eine Abnahme des Gesamt-*Sterin* (II)-Geh. im Serum unter gleichzeitigem Auftreten von *Desmosterin* (*24-Dehydrocholesterin*; III) nach 2 Wochen. Es besteht keine Beziehung zwischen dem III-Geh. im Serum u. der Dosis von I bzw. der Abnahme der Gesamt-II. Bei Behandlung mit I liefert die Meth. von Lieberman-Burchard meist zu niedrige Werte für den Cholesterin-Geh. im Serum. K. Zingraf. 4630□

Wirkung von Ambonestyl (2-Diäthylaminoäthylisonicotinamid) auf das cardiale Zellpotential. E. A. Johnson und P. A. Robertson. (J. Pharmacy Pharmacol. **9,** 783, Nov. 1957; Sydney, N.S.W., Australia, Univ., Dep. of Pharmacol.; engl.) — *2-Diäthylaminoäthylisonicotinamid* (*Ambonestyl*; I) wirkt ventriculären Arrhythmien entgegen. Bei Messung der Membranpotentiale an Herzmuskelfasern von Meerschweinchen zeigte sich Umpolarisation u. Erregungsrückgang bei Konzz. von 100 γ I bzw. 500 γ *Procainamid*/ml. Nach Ansicht der Vff. besteht auf Grund der quant. Ergebnisse eine direkte Beziehung zwischen der antiarrhyth. Aktivität von I u. der durch die Verb. erreichbaren Änderung der Membranpotentiale. K. Zopff. 4630□

Zentrale Wirkungen von Raubasin (δ-Yohimbin). Henri Schmitt und Hélène Schmitt. (Thérapie **13,** 246—50, 1958; Paris, Fac. de Méd., Labor. de Thérapeut.; franz.) — Vff. untersuchten an verschiedenen Vers-Tieren die Wrkg. von *Raubasin* (*δ-Yohimbin*; I) allein u. in Kombination mit Excitantien bzw. mit Hypnoticis u. Narkoticis. I allein hat bei Mäusen, Katzen, Hunden u. Affen in intraperitonealen, subkutanen u. oralen Gaben von 25—50 mg/kg eindeutig depressive Wrkg. auf das Zentralnervensystem. Die zentralnervensystemerregenden Wrkg. von zuvor gegebenem *Amphetamin* (5 mg/kg), *Cocain* (20 mg/kg), *Coffein* (II; 30 mg/kg), *Morphin* (40 mg/kg), *Pipradrol* (*Meratran*; 15 mg/kg), *Lysergsäurediäthylamid* (5—10 mg/kg) u. die krampferregende Wrkg. von *Pentetrazol* (25—95 mg/kg) u. *Nicethamid* (350 mg/kg) werden durch I kompensiert. Unwirksam ist I gegen die durch II, *Nicotin* u. *Strychnin* ausgelösten Krämpfe. Dagegen ist ein antagonist. Effekt gegenüber *Mezcalin* bei Mäusen (0,125 μg intracerebral) zu beobachten. Gleichartig wirken hier *Chlorpromazin* u. *Reserpin* (intraperitoneal 50 bzw. 1—10 mg/kg). Verstärkend wirkt I in Kombination mit *Pentobarbital* (20 mg/kg), *Penthiobarbital*, *Phenobarbital*, *Chloralhydrat* u. *Äthylurethan*. Die Schlaf- bzw. Narkosetiefe wird auf ein Vielfaches verlängert. Abschließend wird auf die temperatursenkende Wrkg. von I (beim Kaninchen 2,5—3° über 60—70 Min.) u. den antiemet. Effekt nach Injektion von *Apomorphin* (0,1 mg/kg) hingewiesen. K. Zopff. 4630□

Erfahrungen bei der Anwendung des neuen sowjetischen Herzglykosides Syreniotoxin bei Kranken mit Blutkreislaufinsuffizienz. W. M. Nadot. (Советская Медицина [Sowjet-Med.] **24,** Nr. 11, 138—44, Nov. 1960; Militärmed. Kirow-Akad., 1. Lehrstuhl für Hospitaltherapie; russ.) — Therapie mit *Syreniotoxin* (0,2—1,0 mg in 20 cm³ 40%ig. *Glucose*-Lsg., 1—2 mal täglich i.v., 10—20 Tage), einem neuen sowjet. Herz-*Glykosid* aus Syringa angustifolia, dessen Wrkg. dem *Strophantin* K analog war u. das die Wrkg. des *Corglycon* häufig übertraf, führte bei Kranken mit Kreislaufinsuffizienz 2 A—2 B Grades zur klin. Besserung u. zur Verringerung des venösen Blutdruckes u. der Zirkulationsgeschwindigkeit. I. v. Kloch-Kornitz. 4630□

Vergleichende Bewertung der diuretischen Wirkung von Novurit und Mercusal. A. P. Schadrenko. (Советская Медицина [Sowjet-Med.] **25,** Nr. 5, 104—07, Mai 1961; Dnepropetrowsk, Med. Inst., Lehrstuhl für Hospitaltherapie; russ., Auszug: engl.) — Bei der Behandlung von Kreislaufinsuffizienz 2 B—3 B-Grades war die diuret. Wrkg. von *Novurit* bei Applikation als Suppositorium (jeden 3.—4. Tag) stärker als bei i.m. Injektion (1 cm³ jeden 3. Tag), bes. bei starken Ödemen, jedoch toxischer u. geringer als die Wrkg. des *Mercusal* (0,3 cm³ 10%ig. Lsg. täglich, 3 Tage mit 3—4tägigen Pausen). I. v. Kloch-Kornitz. 4634□

Zur Frage der Mycerinbehandlung von Colienteritis und anderen Infektionskrankheiten des Magen-Darmtraktes bei Kleinkindern. A. G. Awanessowa, T. F. Rjabinskaja und L. W. Poljak. (Советская Медицина [Sowjet-Med.] **25,** Nr. 6, 105—08, Juni 1961; Moskau, 2. Med. Pirogow-Inst., Klinik für Kinderinfektionen; Wiss. Pädiatr. Inst. der RSFSR, Infektions-Abt.; russ., Auszug: engl.) — Bei 82 Kindern mit Colienteritis u. a. infektiösen Darmerkrankungen, vorwiegend im Alter bis zu einem

Jahr, führte *Mycerin* (I)-Therapie (4000 E./kg 2mal täglich, 4—10 Tage) ohne tox. Neben-Rkk. zur klin. Besserung u. Normalisierung des Stuhls. Bei 13 Kindern mit parenteraler Dyspepsie war I weniger wirksam. I. v. Kloch-Kornitz. 4645□

Die Wirkung der Zerstörung der Chemoreceptoren der Triggerzone (CT-Zone) auf den durch die intraventrikuläre Injektion von Apomorphin und Emetin ausgelösten Brechreflex beim Hund. K. P. Bhargava, P. C. Gupta und Om Chandra. (J. Pharmacol. exp. Therapeut. **134,** 329—31, Dez. 1961; Lucknow, India, K.G. Med. Coll., Dep. Pharmacol.; engl) — Hunden wurde in den rechten, lateralen Hirnventrikel eine chron. Kanüle implantiert u. die medullär gelegenen Chemoreceptoren für zentral wirksame Emetica entfernt. Im Gegensatz zu den Kontrolltieren vermögen 0,5—12 μg *Apomorphin*/kg u. 1—0,4 mg *Emetin*/kg intraventrikulär keinen Brechreflex bei den operierten Tieren auszulösen. $CuSO_4$ dagegen wirkt auch unter diesen Umständen. Die 4-Tages-Mortalität liegt bei den mit Emetin behandelten Tieren bei 80%. Die Verss. bestätigen die Annahme eines direkten Angriffs der beiden Substanzen an der CT-Zone. P. Lange. 4646□

Die Anwendung von Trimethobenzamid (Tigan) zur Behandlung von Übelkeit und Erbrechen nach Bestrahlung. J. A. Burwell, B. Wolfson, C. R. Perryman und F. F. Foldes. (Amer. J. Roentgenol., Radium Therapy Nuclear Med. **86,** 752—56, Okt. 1961; Pittsburgh, Pa., Mercy Hosp., Dep. of Radiol. and Anesthesiol.; engl.) — Von 276 mit ^{60}Co bestrahlten Patienten traten bei 54 Übelkeitserscheinungen auf, bes. nach Bestrahlung der Bauchpartie. 200 mg Trimethobenzamid (I) wurden im doppelten Blindvers. 4mal täglich verabreicht. Bei 80,6% der Patienten war es wirksam. (Placebowirksamkeit 60,8%.) Bei stärkeren Beschwerden war I bei 50% teilweise wirksam, Placebo wirkungslos. Nebenwrkg. von I wurden nicht festgestellt. H. Hüller. 4649□

Behandlung der Ascaridose mit Piperazinphosphat bei Botkinscher Krankheit, Typhus-Paratyphus-Erkrankung und Dysenterie. Ju. A. Schamow. (Советская Медицина [Sowjet-Med.] **25,** Nr. 5, 69—73, Mai 1961; Moskau, Zentral-Inst. für Ärztefortbldg., Lehrstuhl für Infektionskrankheiten; russ., Auszug: engl.) — *Piperazinphosphat* (0,5—1,0 g, 3mal täglich) wurde zur Therapie der Ascaridose bei infektiösen Darmerkrankungen (Botkinsche, typhoparathyphoide u. Dysenterie-Erkrankungen) mit gutem Erfolg bei Erwachsenen u. Kindern ohne tox. Neben-Rkk. u. negativen Einfl. auf die Darmerkrankungen angewandt. J. v. Kloch-Kornitz. 4649□

Der Einfluß von Diäthylcarbamazin, Oxophenarsinhydrochlorid und Piperazincitrat auf die Larven von Toxocara canis in der Maus. Eileen Halsey Pike. (Exp. Parasitology **9,** 223—32, Juni 1960; New Orleans, La., Tulane Med. School, Dep. of Trop. Med. and Public Health; engl.) — Weiße ♂ Mäuse wurden mit den Eiern des Nematoden *Toxocara canis* infiziert u. danach in verschiedenen Zeitabständen mit verschiedenen Dosen *Piperazincitrat* (*Antepar*; I), *Diäthylcarbamazin* (*Hetrazan*; II) oder *Oxophenarsinhydrochlorid* (*Mapharsen*; III) behandelt. I war gegenüber den Larven unwirksam. II war nur dann wirksam, wenn es 14 Tage nach der Infektion, als die Larven sich eingekapselt hatten, 14 Tage lang 2mal täglich in einer Menge von 25 mg/kg Körpergewicht verabreicht wurde. III war wirksam, wenn über einen Zeitraum von 6 Wochen wöchentlich ein- bzw. zweimal 1 mg/kg Körpergewicht verabreicht wurden. M. Lorenz. 4649□

Zinn als Bandwurmmittel. W. Rose und N. Schulz. (Dtsch. Z. Verdauungs- u. Stoffwechselkrankh. **20,** 74—78, Juli 1960; Dresden, Med. Klinik der Med. Akad. Dresden; dt.) — Klin. Unterss. an 45 Patienten mit Bandwurmbefall zeigen, daß nach Applikation von *Stannoaten* (5 Tage 2—3mal täglich 1—3 Kapseln je nach Alter) nur in 7% der Fälle die Stuhlkontrolle nach 4 Monaten noch positiv war. Klaus Schmidt. 4649□

Die anthelmintische Wirksamkeit von Phenothiazin und Bephenium bei Schafen. A. W. Banks und A. Korthals. (Austral. veterin. J. **36,** 383—87, Sept. 1960; Adelaide, South Australia, Inst. of Med. and Vet. Sci.; engl.) — 5—6 Monate alte Merinoschafe wurden mit *Phenothiazin* (I) (500—1150 mg/kg) bzw. mit *Bephenium* (II) (290—390 mg/kg) in wss. Suspension behandelt. I war gegen *Trichostrongylus* wirksamer als II (87% bzw. 55%). Gegen *Ostertagia* u. *Nematodirus* war II etwas wirksamer als I, die Differenz war jedoch nicht gesichert. W. Hiller. 4649□

Ovicide Wirksamkeit organischer Schwefelverbindungen. Über Ovicide gegen Ascaris lumbricoides. Seizo Matsumoto und Masayuki Kuramoto. (Botyu-Kagaku [Sci. Insect Control] **22,** 333—39, Nov. 1957; jap., Auszug: engl.) — Nach dem direkten Kontakt-Verf. wird die Wirksamkeit von *Endrin, Dieldrin, Aldrin, Malathion, 2.2-Dichlorvinylphosphatdimethylester*(*DDVP*), *Tetramethylthiurammoniumsulfid* (*TMTS*)

u. *-disulfid* (*TMTD*), *2.4-Dinitro-6-cyclohexylphenol* (*DN*), *Phenylsenföl*, *Pentachlorphenol* + *Trichloräthylen* (I), *2.3.4.6-Tetrachlorphenol* + I, *Allylsenföl* (II), R—C_6H_4—$O(CH_2—CH_2O)_{11}H$ (R = C_9H_{19} 30%), *N-Cyclohexylbenzothiazolsulfenamid*, *Bis-[benzthiazolyl-(2)]-disulfid*, *Zn-Di-(mercaptobenzothiazol)*, *3.4.6-Trichlornitrobenzol* u. *o-Phenylphenol* + I als benetzbare Pulver bzw. Emulsion gegen die Eier von *Ascaris lumbr.* bestimmt. 10^{-4} bis $2 \cdot 10^{-4}$ II in wss. Emulsion u. $5 \cdot 10^{-3}$ in Harnmedium sind 100% wirksam. Verbb. der Struktur R—SCN sind im allg. weniger wirksam als R—N : C : S-Verbb., desgleichen sind die Verbb. mit —S—S-Struktur wirksamer als die mit Sulfidstruktur, wahrscheinlich wegen des engeren Eingreifens in den Metabolismus der Eier. Sehr wichtig ist die Wahl des richtigen organ. Lsgm. u. Emulgators. Emulsionskonzentrate sind viel wirksamer als benetzbare Pulver. L. Schuler. 4649□

Das Kohlenoxidhämoglobin bei Kohlenoxid einatmenden Menschen. D. H. Hofreuter, E. J. Catcott und C. Xintaras. (A. M. A. Arch. environmental Health **4**, 81—85, Jan. 1962; Cincinnati, Ohio, R. A. Taft Sanit. Eng. Cent., Field Studies Branch; engl.) — Die Frage, ob eine chron. Vergiftung durch Einatmen von CO herbeigeführt werden kann, wurde auf Grund von vergleichenden Verss. an Personen, die durchschnittlich 50 p.p.m. (10—150) bzw. 10 p.p.m. CO ausgesetzt waren, verneint. Raucher der Vgl.-gruppe besaßen einen höheren Kohlenoxydhämoglobin (I)-Geh. als Nichtraucher. Bei Vers.-Personen beider Gruppen aufgetretene Krankheitssymptome waren vom I-Geh. des Blutes unabhängig. E. H. Goeckel. 4675□

Nachweis der Histidase im Blut bei Vergiftung durch Tetrachlorkohlenstoff. Ss. R. Mardaschew und W. A. Burobin. (Вопросы Медицинской Химии [Fragen med. Chem.] **8**, 320—22, Mai/Juni 1962; Moskau, Med. Inst., Lehrstuhl für Biochem.; russ.) — 0,1 ml CCl_4/100 g wurden weißen Ratten (♂) interperitoneal zugeführt; 40 bis 42 Std. danach wurden die Vers.-Tiere geschlachtet. Die Aktivität der *Histidase* (I) wurde im Blutserum nach der modifizierten Meth. von Tabor u. Mehler (vgl. C. **1957**, 7967) bestimmt u. betrug 0,22—2,68 Einheiten. Aus den Ergebnissen wird geschlossen, daß bei der CCl_4-Vergiftung die Permeabilität der Leber gestört wird u. daß die I-Best. es ermöglicht, Leberschädigungen nachzuweisen.
S. Baryschnikow. 4675

Elektroencephalogramme bei Insekticidvergiftungen. I. Hoogendam, J. P. J. Versteeg und M. De Vlieger. (A. M. A. Arch. environmental Health **4**, 86—94, Jan. 1962; Rotterdam, Municip. Hosp. Dijkzigt, Neurolog. Dep.; engl.) — Schwere Vergiftungen durch *Aldrin* (*1.2.3.4.10.10-Hexachlor-1.4.4a.5.8.8a-hexahydro-1.4;5.8-dimethanonaphthalin*, $C_{12}H_8Cl_6$), *Dieldrin* (*1.2.3.4.10.10-Hexachlor-1.4.4a.5.6.7.8.8a-oktahydro-6.7-epoxy-1.4;5.8-dimethanophthalin*, $C_{12}H_8Cl_6O$) u. *Endrin* („*Dicyclopentadien; Verb. 269*", $C_{12}H_8ClO$) riefen epileptiforme Krämpfe hervor. Die bei den Patienten aufgenommenen Elektroencephalogramme (EEG) hatten charakterist. Anomalien, die bei subklin. Vergiftungen ebenfalls vorhanden waren, so daß eine regelmäßige Aufnahme von EEG bei Arbeitern in Inseticidfabriken frühzeitige Erkennung von Vergiftungen gewährleistet. E. H. Goeckel. 4675□

F. Pharmazeutische Chemie. Desinfektion

Die Herzglykoside von Convallaria Keiskei Mig. N. F. Komissarenko, W. T. Tschernobai und D. G. Kolessnikow. (Медицинская Промышленность СССР [Med. Ind. UdSSR] **15**, Nr. 1, 12—16, Jan. 1961; Charkow, Chem.-Pharm. Forschungsinst.; russ.) — In dem Kraut von *Convallaria Keiskei Mig.* wurden papierchromatograph. mindestens 8 Verbb. mit positiver Raymond-Rk. gefunden. Präparativ isoliert wurden *Desglyko-Cheirotoxin* (I) u. *Convallatoxin* (II). Die UV-Spektren der beiden Verbb. sind ident., bei der Hydrolyse geben beide als Aglykon *Strophanthidin* (III), als Zuckerkomponente fungiert bei I *Gulomethylose* (IV; *6-Desoxygulose*), bei II *Rhamnose* (V; *Mannomethylose*). Zur Isolierung von I u. II extrahiert man 20 kg der zerkleinerten Pflanze mit 172 Liter 80%ig. A., dampft ein, nimmt in 15 Liter W. auf, extrahiert zur Reinigung mit 60 Liter Chlf., dann die Glykoside mit Chlf.–A. (2 : 1) bis zur negativen Legal-Probe. Die 126 Liter Chlf.–A.-Extrakt dampft man ein, löst in 1,5 Liter W., leitet durch Al_2O_3 u. spült mit W. bis zur negativen Legal-Rk., extrahiert die wss. Lsg. mit 50 Liter Chlf.–A. (8,5 : 1,5), dampft ein, löst die 95 g in 1 Liter Chlf., der 3% A. enthält, u. trägt auf Al_2O_3 auf. Man entwickelt mit Chlf., das steigende Mengen A. (3—8%) enthält, bis das Eluat positive Legal-Rk. gibt; trennt in 16 gleiche Zonen u. erhält aus der 10. bis 15. 3,42 g I, aus der 5.—8. 4,11 g II. — *Desglyko-Cheirotoxin* (I), $C_{29}H_{42}O_{10}$, F. 192 bis 193°; $[\alpha]_D^{18}$ —9,6 ± 2° (Methanol). *Triacetat*, $C_{35}H_{48}O_{13}$, F. 153—155° (Methanol-

Ae.); man läßt 520 mg I, 5 ml Acetanhydrid u. 5 ml Pyridin 18 Std. lang stehen; 334,5 mg; $[\alpha]_D^{19}$ $+12,1 \pm 2^0$ (Chlf.). Die saure Hydrolyse liefert *Strophanthidin* (III; F. 138—143°/221—223°; $[\alpha]_D^{19}$ $+43,6 \pm 2^0$) u. einen Zucker, der papierchromatograph. als **IV** identifiziert wurde. — *Convallatoxin* (II), F. 218—220° (Aceton-W.); Prismen; $[\alpha]_D^{19}$ 0 ± 2^0 (Methanol). *Acetat*, F. 232—234°; $[\alpha]_D^{20}$ $-8,4 \pm 2^0$ (Chlf.). Die Hydrolyse lieferte III u. einen Zucker, der papierchromatograph. als **V** identifiziert wurde.
Helmut Schäfer. 4782□

Über die Herstellung von Sirupen, Tränken und Auszügen der galenischen Formelsammlung der INAM 1959. Giorgio du Ban. (Boll. chim. farmac. **100**, 513—41, Juli 1961; Trieste, Labor. d. farmacia Picciola; ital.) — Übersicht. — 69 Literaturangaben. J. Lehmberg. 4790□

Neue Arzneimittel. Anonym. (Schweiz. Apotheker-Ztg. **93**, 710—16, 17/9. 1955; dt.) — *Gerobion* (Merck, BDR): Kapseln mit Axerophthol, Calciferol, Tocopherol, Thiamin, Riboflavin, Pyridoxin, Nicotinamid, Rutin, Cholin, Inosit, Mg-Oleat. Geriatricum. — *Lipostabil* (Nattermann, BRD): Kapseln mit ungesätt. Fettsäuren, Theophyllin, Rhodanid. Antiscleroticum. — *Vermipharmette* (Sauter, Schweiz): Tabletten mit 300 mg Piperazinadipat; Granulat mit 15% Piperazinadipat, Sirup mit 10% Piperazinhydrat. Anthelminthicum. — *Lerunel* (Dr. Schaefer, Schweiz): Dragees mit Gesamtextrakt aus Rüben- u. Knollengewächsen (Aminosäuren, Fermente, Kohlenhydrate, Mineralsalze, Spurenelemente), Ascorbinsäure, Coffein, Phosphorsäure. Kräftigungsmittel. — *Marzine* (Buroughs Wellcome, England): Tabletten mit 50 mg 1-Benzhydryl-4-methylpiperazindihydrochlorid. Antemeticum. K. Gerecke. 4800□

Neue Arzneimittel. Anonym. (Produits pharmac. **10**, 209, März 1955; franz.) — *Néomycine* (Diamant, Frankreich): Salbe mit 5% u. Lsg. von 0,1 oder 0,5% Neomycin. Antibioticum. — *Extencilline* (Specia, Frankreich): Tabletten mit 200000 E., Ampullen mit 600000 E. Benzathin-Penicillin. Antibioticum. — *Purinétol* (Diamant, Frankreich): Tabletten mit 6-Mercaptopurin. Cytostaticum. K. Gerecke. 4800□

Neue Arzneimittel. Anonym. (Produits pharmac. **10**, 268—69, April 1955; franz.) — *Auréomycine* (Specia, Frankreich): Dragees mit 250 (mg), Tabletten mit 100, Pulver mit 1,75%, Ampullen mit 100, Salbe mit 3% Chlortetracyclin. Antibioticum. — *Terramycine* (Pfizer, USA; Clin-Comar, Frankreich): Ampullen mit 100 (mg) u. 250, Dragees mit 250, Salbe mit 3%, Vaginaltabletten mit 100 Hydroxytetracyclin. Antibioticum. — *Sanclomycine* (Specia, Frankreich): Tabletten mit 100 u. 250 mg Tetracyclin. Antibioticum. — *Kémadrine* (Diamant, Frankreich): Tabletten mit 5 mg 1-Phenyl-1-cyclohexyl-3-pyrrolidinopropanol-(1)-hydrochlorid. Parasympathicolyticum.
K. Gerecke. 4800□

Neue Arzneimittel. Anonym. (Produits pharmac. **10**, 503, Aug. 1955; franz.) — *Myo-Percapyl* (Roussel, Frankreich): Ampullen mit 39 (mg) Na-Salz des N-[3-Hydroxymercuri-2-methoxypropyl]-N'-succinylharnstoffs, 48 Theophyllin. Diureticum. — *Pasiniazide* (Hépatrol, Frankreich): Kondens.-Prod. aus p-Aminosalicylsäure u. Isoniazid. Chemotherapeuticum. — *Oracilline* (Théraplix, Frankreich): Tabletten mit 100000 E. Phenoxymethylpenicillin. Antibioticum. K. Gerecke. 4800□

Neue Arzneimittel. Anonym. (Produits pharmac. **10**, 573, Sept. 1955; franz.) — *Percapyl* (Roussel, Frankreich): Tabletten mit 18,3 mg 3-Chlormercuri-2-methoxypropylcarbamid. Diureticum. — *Vagoprol* (Hépatrol, Frankreich): Tabletten mit 200 (mg), Suppositorien mit 100 u. 200 Äthylisopropylbromacetamid (Ibrotamid). Sedativum. K. Gerecke. 4800□

Neue Arzneimittel. Anonym. (France-Pharmacie **10**, 425—27, Juli/Aug. 1957; franz.) — *Actidil* (Antibiotiques, Frankreich): Tabletten mit 2,5 mg trans-1-[4'-Methylphenyl]-1-[pyridyl-(2)]-3-pyrrolidinopropen-(1)-hydrochlorid. Antiallergicum. — *Antacidal* (Wander, Frankreich): Tabletten mit 189 (mg) Al-Hydroxid, 60 Mg-Hydroxid. Antacidum. — *Histogenol* (Mouneyrat, Frankreich): Lsg. von Ca-Pantothenat, Nicotinamid, Nucleinsäure. Gegen B-Hypovitaminosen. — *Pantozyme* (Wander, Frankreich): Granulat mit 144 (mg) Pepsin, 144 Pankreatin, 101 Protease, 101 Amylase, 101 Cellulase, 14 Cholsäure je g. Digestivum. K. Gerecke. 4800□

Neue Arzneimittel. Anonym. (Produits pharmac. **12**, 574, Aug./Sept. 1957; franz.) — *Marzine* (Diamant, Frankreich): Tabletten mit 50 mg N-Methyl-N-benzhydrylpiperazinhydrochlorid (Cyclizin). Gegen Kinetosen. — *Tronothane* (Abbott, Frankreich): Gel mit 1% Pramoxinhydrochlorid. Anaestheticum. K. Gerecke. 4800□

Neue Arzneimittel. Anonym. (Produits pharmac. **12**, 729—30, Nov. 1957; franz.) — *Méthopromazine*. Tabletten mit 25 mg 3-Methoxy-10-[γ-dimethylaminopropyl]-phenothiazin (Mopazin). Neuroplegicum. — *Nozinan* (Specia, Frankreich):

Tabletten mit 25 mg 3-Methoxy-10-[2'-methyl-3'-dimethylaminopropyl]-phenothiazinmaleat [Lävopromazin). Neuroplegicum. — *Sinforil* (Roussel, Frankreich): Tabletten mit 300 mg 2-p-Chlorphenyl-3-methyl-butandiol-(2.3) (Phenaglycodol). Tranquillizer.
K. Gerecke. 4800□

Neue Arzneimittel. Anonym. (Chemist and Druggist **167,** 130—31, 2/2. 1957; engl.) — *Fydalex* (Boots Pure, England): Tabletten mit 10 (mg) Isoprenalinsulfat, 96 Carbromal, 32 Ephedrinhydrochlorid, 64 Theophyllin. Antasthmaticum. — *Rapidal* (Medo-Chemicals, England): Tabletten mit 200 Cyclobarbital-Ca. Hypnoticum. — *Biopar forte* (Armour, England): Tabletten mit 35 (mg) intrinsicfactor, 15μg Cyanocobalamin. Antianaemicum. — *Biliodyl* (May & Baker, England): Tabletten mit 500 mg 1-[2.4.6-Trijodphenoxy]-buttersäure (Phenobutiodil). Diagnosticum. — *Bucrol* (Boots Pure, England): Tabletten mit 500 mg N-Butyl-N-sulfanilylcarbamid (Carbutamid). Antidiabeticum. — *Asmapax ionex-Tabs* (Clinical, England): Tabletten mit 100 (mg) Ephedrinresinat, 65 Theophyllin, 150 Bromvaleton, 50 Mephenesin. Antasthmaticum. — *Iberol* (Abbott, England): Tabletten mit 210 (mg) Fe, 1 E. Cyanocobalamin mit intrinsic factor, 150 Ascorbinsäure, 200 Leberextrakt, 6 Thiaminmononitrat, 6 Riboflavin, 30 Nicotinamid, 3 Pyridoxinhydrochlorid. Antianaemicum. — *Dermamed* (Medo-Chemicals, England): Salbe mit 500 E. Bacitracin, 5 mg Neomycinsulfat. Dermaticum. — *Pectamol* (British Drug Houses, England): Lsg. von $\alpha.\alpha$-Diäthylphenylessigsäure-β'-[β''-(diäthylamino)-äthoxy]-äthylester (Oxeladin). Antitussicum. — *Entamide* (Boots Pure Drug, England): Tabletten mit 250 mg oder 500 mg Dichloracetat-4-hydroxy-N-methylanilid. Gegen Amöbiasis. — *Silbephylline* (Silten, England): Ampullen mit 500 (mg), Suppositorien mit 400, Tabletten mit 200 Dihydroxypropyltheophyllin. Antasthmaticum. — *Brolene* (May & Baker, England): Salbe mit 0,15% Dibrompropamidinisäthionat. Ophthalmicum. — *Amenorone forte* (Roussel, England): Tabletten mit 50 (mg) Äthisteron, 0,05 Östradiol. Gegen Amenorrhoe.
K. Gerecke. 4800□

Neue Arzneimittel. Anonym. (Chemist and Druggist **167,** 244—45, 2/3. 1957; engl.) — *Leukeran* (Burroughs Wellcome, England): Tabletten mit 2 oder 5 mg p-[Bis-(2-chloräthyl)-amino]-phenylbuttersäure (Chlorambucil). Cytostaticum. — *Sterisil* (Warner, England): Gel mit 0,1% Hexetidin. Gegen Trichomonas. — *Cortisporin* (Burroughs Wellcome, England): Salbe mit 5000 E. Polymyxin B, 400 E. Bacitracin, 5 (mg) Neomycinsulfat, 5 Hydrocortison je g. Antibioticum. — *Polybactrin* (Calmic, England): Puder mit 750 mg Neomycinsulfat, 150000 E. Polymyxin B-Sulfat, 37500 I.E. Zn-Bacitracin, 83,5 g Dichlortetrafluoräthan. Antibioticum. — *Phyldrox* (Carlton, England): Tabletten mit 128 (mg) Theophyllin, 25 Ephedrinhydrochlorid, 8 Phenobarbiton. Antasthmaticum. — *Notensil* (Benger, England): Tabletten mit 10 oder 25 mg 3-Acetyl-10-[3-dimethylaminopropyl]-phenothiazinmaleat. Psychosedativum. — *Piptal* (Benger, England): Tabletten mit 5 mg N-Äthylpiperidyl-(3)-benzilatmethobromid. Anticholinergicum. — *Sigmamycin* (Pfizer, England): Kapseln mit 167 (mg) Tetracyclin, 83 Oleandomycinphosphat. Antibioticum.
K. Gerecke. 4800□

Neue Arzneimittel. Anonym. (Chemist and Druggist **167,** 380—81, 6/4. 1957; engl.) — *Tucal* (Chelspa, England): 0,9 (%) Phenol, 0,9 Menthol, 0,03 Jodphenol, 0,06 Amyl-m-kresol, 0,06 Thymol. Gegen Angina. — *Viacutan* (Blenkinsop, England): Emulsion mit 1% Ag-Dinaphthylmethandisulfonat. Dermaticum. — *Bilostat* (Weddel, England): Tabletten mit 250 mg Dehydrocholsäure. Cholagogum. — *Collozets* (Crookes, England): 1 (mg) Tyrothricin, 2 Cetyläthyldimethylammoniumäthylsulfat. Gegen Angina. — *Tarcortin* (Fassett & Johnson, England): Salbe mit 0,5 (%) Hydrocortison, 5 Pix. Dermaticum. — *Uniplex* (Weddel, England): Tabletten mit 1 (mg) Thiaminhydrochlorid, 1 Riboflavin, 5 Nicotinamid, 125 Leberextrakt. Gegen B-Hypovitaminosen. — *Myciguent* (Upjohn, England): Emulsion mit 5 (mg) Neomycinsulfat, 2 Methylparaben, 3p-Hydroxybenzoesäurebutylester. Gegen Insektenstiche. — *Adelphane* (Ciba, England): Tabletten mit 0,1 (mg) Reserpin, 10 1.4-Dihydrazinophthalazin (Nepresol). Antihypertonicum. K. Gerecke. 4800□

Neue Arzneimittel. Anonym. (Chemist and Druggist **167,** 494—95, 4/5. 1957; engl.) — *Matromycin* (Pfizer, England): Kapseln mit 250 mg Oleandomycinphosphat. Antibioticum. — *Deltalgycortril* (Pfizer, England): Tabletten mit 0,5 (mg) Prednisolon, 330 Acetylsalicylsäure. Antirheumaticum. — *Femerital* (Pure Drugs, England): Tabletten mit 100 (mg) Dibutamid, 125 Salicylamid, 125 Phenacetin, 25 Coffein. Antidysmenorrhoicum. — *Tyzanol* (Pfizer, England): Lsg. von 0,05% Tetrahydrozolinhydrochlorid. Antirhiniticum. — *Coactyl* (Cassenne, England): Tabletten mit 300 (mg) Acetylsalicylsäure, 0,5 Prednison, 160 Al-Hydroxid, 30 Mg-Trisilicat. Antirheumaticum. — *Deltalone* (Cassenne, England): Tabletten mit 1 oder 5 (mg) Prednison, 250 Al-

Hydroxid, 50 Mg-Trisilicat. Antirheumaticum. — *Hydrodeltalone* (Cassenne, England): Suspension mit 25 mg Prednisolonacetat je ml. Antiphlogisticum. — *Terpacol* (Brook, Parker, England): Elixir mit Codeinphosphat, Terpinhydrat, Eucalyptol, Menthol. Antitussicum. K. Gerecke. 4800□

Neue Arzneimittel. Anonym. (Chemist and Druggist **167**, 596—97, 1/6. 1957; engl.) — *Sulmezil V* (Imperial, England): Tabletten mit 500 (mg) Sulfadimidin, 60 Phenoxymethylpenicillin-Ca. Antibioticum. — *Precortisyl* (Roussel, England): Suspension mit 2,5% Prednisolonacetat. Antirheumaticum. — *Sparine* (Wyeth, England): Tabletten mit 25, 50 u. 100 mg 10-[3′-Dimethylamino-n-propyl]-phenothiazin-hydrochlorid (Promazin). Sedativum. — *Isolevin* (Wyeth, England): Tabletten mit 15 mg l-Isoprenalinbitartrat. Antasthmaticum. — *Biotexin* (Glaxo, England): Tabletten mit 125 mg Novobiocin-Na. Antibioticum. — *Ultracorten H* (Ciba, England): Tabletten mit 1 u. 5 mg Prednisolon. Antasthmaticum. — *Cortibiotic* (Roussel, England): Salbe mit 1,5% Soframycin, 0,5% Prednisolon. Dermaticum. — *Nov-Alocol* (Wander, England): Tabletten mit 375 (mg) Al-Hydroxid, 125 Mg-Hydroxid, Antacidum. — *Stemetil* (May & Baker, England): Tabletten mit 5 (mg) u. Suppositorien mit 25 2-Chlor-10-{3-[4′-methylpiperazinyl-(1)]-propyl}-phenothiazindimaleat. Gegen Migräne. — *Sonergan* (May & Baker, England): Tabletten mit 75 (mg) Butobarbiton, 15 Promethazinhydrochlorid. Sedativum. — *Cathopen* (Merck Sharp & Dohme, USA): Tabletten mit 125 (mg) Novobiocin-Na, 125000 E. Penicillin-G-Kalium. Antibioticum. K. Gerecke. 4800□

Tabellarische Übersicht über die bei häufiger vorkommenden Arzneimitteln erforderlichen Sterilisationsverfahren. Ave Meyer. (Arch. Pharmaz. **294/66**, Nr. 1, Mitt. dtsch. pharmaz. Ges. **31**, 2—5, Jan. 1961; Braunschweig, TH, Inst. f. Pharm. Technol.; dt.) J. Lehmberg. 4832□

Die Anwendung von Infrarot-Spektrophotometrie in der pharmazeutischen Analyse. Jonas Carol. (J. pharmac. Sci. **50**, 451—63, Juni 1961; Washington, D. C., Dep. of Health, Educ. and Welfare, Food and Drug Admin., Bureau of Biol. and Physic. Sci.; engl.) — Übersicht mit ausgewählten Beispielen (Steroide u. a.). — 48 Literaturangaben. Winfried Krüger. 4880□

Die Veraschungsmethode nach Schöniger und ihre Anwendung in der Arzneimittelanalyse. W. Mohrschulz. (Pharmaz. Ztg. verein. Apotheker-Ztg. **106**, 1481 bis 1484, 16/11. 1961; München, Deutsches Arzneiprüfungs-Inst.; dt.) — Die Veraschungs-Meth. für organ. Substanzen nach Schöniger im O_2-gefüllten Kolben läßt sich auch auf die Best. von anorgan. Bestandteilen in Arzneimitteln anwenden, wie an zahlreichen Bi-Präpp. gezeigt wird. 30—100 mg Substanz (mit 5—10 mg Bi) werden auf einem aschefreien Filter mit bes. Zuschnitt verbrannt, die Verbrennungs-Prodd. in 10 ml 12,5%ig. HNO_3 absorbiert u. Bi komplexometr. titriert. Ölige Substanzen werden in kleinen Gelatinesteckkapseln verbrannt. Gegenüber anderen Meth. der Arzneimittelanalyse zeichnet sich die Mikroveraschung nach Schöniger durch ihren geringen Zeitaufwand aus. Winfried Krüger. 4880□

Dilatometrische Bestimmung relativ reiner Systeme. A. P. Simonelli und T. Higuchi. (J. pharmac. Sci. **50**, 861—65, Okt. 1961; Madison, Univ. of Wis., School of Pharm.; engl.) — Durch Aufnahme von Temp.-Vol.-Kurven wird am Beispiel von Thymol, das mit wechselnden Mengen Naphthalin verunreinigt ist, gezeigt, daß die dilatometr. Analyse zur Reinheits-Best. organ. Substanzen anderen Verff. überlegen ist. Die Theorie des Verf. wird dargelegt. Winfried Krüger. 4880□

Auswertung der nichtwässerigen und U.S.P.-Methoden zur Bestimmung von PAS (p-Aminosalicylsäure) und ihres Natriumsalzes. J. R. Watson, F. Yokoyama und M. Pernarowski. (J. Assoc. off. agric. Chemists **44**, 611—15, Aug. 1961; Ottawa, Ontario, Canada, Dep. of Nat. Health and Welfare, Food and Drug Direct.; engl.) — Vff. vergleichen in Zusammenarbeit mit 6 anderen Labor. die Best.-Meth. für PAS (Titration mit 0,1n NaOH in abs. Methanol), Na-PAS (Titration mit 0,1n $HClO_4$ in Dioxan) u. m-Aminophenol (MAP, nach Seaman [1952]) mit der U.S.P.-Meth. für PAS u. PAS-Derivv., die auf einer colorimetr. Auswertung einer Diazotierungs-Rk. beruht. Alle Verff. ergeben übereinstimmende Resultate, sofern man analysenreine Substanzen untersucht. In pharmazeut. Prodd. ergibt die U.S.P-Meth. etwas höhere Werte, da hierbei sowohl PAS als auch ihr Na-Salz u. als evtl. Abbau-Prod. MAP miterfaßt werden. Die Titrationen sind in diesen Fällen spezifischer, so daß durch Kombination der Verff. die Zus. eines Gemisches ermittelt werden kann. Winfried Krüger. 4880□

Quantitative Bestimmung des Cuthizons im Präparat und in der Tablette. N. Ss. Gorjatschewa und S. I. Ssolowjewa. (Медицинская Промышленность СССР [Med. Ind. UdSSR] **16**, Nr. 4, 33—36, April 1962; Allunions Chem.-Pharmazeut. Ordshonikidse-

Inst.; russ.) — Die quant. Best. des *Cuthizons* (I) im Präp. u. in der Tablette beruht auf der direkten potentiometr. Titration der essigsauren Lsg. von I mit 0,1 bzw. 0,05n $AgNO_3$-Lösung. Der Mechanismus der Bldg. des Ag-Deriv. von I wird erörtert.

S. Baryschnikow. 4880

Ionenaustauschtrennung und colorimetrische Bestimmung von Phenylephrin in pharmazeutischen Produkten. Clark A. Kelly und Morris E. Auerbach. (J. pharmac. Sci. **50**, 490—93, Juni 1961; Rensselaer, N.Y., Sterling Winthrop Res. Inst.; engl.) — Vff. beschreiben ausführlich die Abtrennung von *Phenylephrin* (I) aus Arzneimitteln über Ionenaustauscher u. seine nachfolgende colorimetr. Bestimmung. Zur Isolierung von I aus Gemischen eignen sich die Harze Dowex 50-X-1, 2, 8, 12 u. 16, Dowex 50 W-X-1 u. Amberlite IR-120. In Abwesenheit von Catechinamin-Derivv. (II) erfolgt die Best. von I durch Kupplung mit diazotiertem p-Nitranilin u. Messung des gebildeten Farbstoffes bei 500 nm. In Ggw. von II wird I mit Millons Reagens umgesetzt, das nur auf Monophenole anspricht u. bei 420 nm gemessen. Die Kombination von Ionenaustausch u. Colorimetrie spricht nur auf intaktes I an (bas. N in der Seitenkette u. unversehrtes phenol. OH), was für Stabilitätsprüfungen von Interesse ist.

Winfried Krüger. 4880□

Die quantitative Bestimmung von Mersalylsäure und Theophyllin mit dem Spektralphotometer. G. Machek. (Sci. pharmac. [Wien] **29**, 257—61, 31/12. 1961; Kundl/Tirol, Biochemie GmbH, Kontroll-Labor.; dt.) — Mersalylsäure (I, bzw. ihr Na-Salz) dient in Kombination mit Theophyllin (II) als Diureticum. Die Best. beider Substanzen nebeneinander gelingt spektralphotometr. bei 291 nm für I u. 271 nm für II in schwach salzsaurer äthanol. Lösung. Da sich die Extinktionen an den jeweiligen Absorptionsmaxima gegenseitig etwas beeinflussen, muß eine Korrektur angebracht werden, die einmalig bestimmt wird. Für Injektions-Lsgg., Tabletten u. Suppositorien sind Aufarbeitungsvorschriften angegeben. Winfried Krüger. 4880□

Bestimmung von Antihistaminica in pharmazeutischen Produkten durch nichtwässerige Titration. E. G. Clair und L. G. Chatten. (J. pharmac. Sci. **50**, 848—53, Okt. 1961; Ottawa, Ontario, Canada, Dep. of Nat. Health and Welfare, Food and Drug Labor.; engl.) — Folgende Antihistamin-Präpp. lassen sich bei geringem Fehler mit 0,05n $HClO_4$ in Chlf.–Eisessig–Acetonitril unter Verw. von Methylrot oder Kristallviolett als Indicator titrieren: Bromdiphenylhydramin-, Diphenhydramin-, Promethazin-, Pyrathiazin-, Isothiphenyl-, Tripelennamin-, Metapyrilen-, Thonzylamin-, Chlorcyclizinhydrochlorid, Dimen-, Piperinhydrinat, Doxylaminsuccinat, Carbinoxamin-, Parabromdylamin-, Chlorpheniramin-, Pheniramin-, Pyrilaminmaleat u. Phenindamintartrat. Winfried Krüger. 4880□

Nichtwässerige Titration von Diuretica vom Chlorthiazid-Typ. H. C. Chiang. (J. pharmac. Sci. **50**, 885—86, Okt. 1961; Taipei, Formosa, Taiwan Provinc. Hyg. Labor., Div. of Drug; engl.) — Folgende Diuretica wurden in Dimethylformamid mit 0,1n Na-Methylat unter Verw. einer gesätt. benzol. Lsg. von p-Nitrobenzolazoresorcin als Incidator (Umschlag nach blau) titriert: Chlorthiazid ($C_7H_6ClN_3O_4S_2$), Dihydrochlorthiazid ($C_7H_8ClN_3O_4S_2$), Flumethiazid ($C_8H_6F_3N_3O_4S_2$), Dihydroflumethiazid ($C_8H_8F_3N_3O_4S_2$) u. Bendroflumethiazid ($C_{15}H_{14}F_3N_3O_4S_2$). Das Verf. eignet sich sowohl für die reinen Stoffe als auch für pharmazeut. Zubereitungen. Winfried Krüger. 4880□

Bewertung der Standarde von Ergometrinmaleat und Dihydroergocristinäthansulfonat durch Titration in nichtwässerigen Lösungsmitteln. M. Ja. Tropp und N. P. Dsjuba. (Медицинская Промышленность СССР [Med. Ind. UdSSR] **16**, Nr. 4. 27—30, April 1962; Charkow, Chem.-Pharmazeut. Forsch.-Inst.; russ.) — Die quant. Best. von *Ergometrinmaleat* erfolgt nach der 9. Sowjet. Pharmakopöe. Die quant. Best. von *Dihydroergocristinäthansulfonat* beruht auf der Titration seiner Lsg. in Dimethylformamid u. Bzl. (1 : 3) mit 0,1n NaOH-Lsg. im Gemisch aus Methanol u. Bzl. (1 : 4) u. Thymolblau als Indicator. Die Fehlergrenze der Meth. beträgt für beide Alkaloide $\leqq$ 0,4%. S. Baryschnikow. 4880□

Zur Bestimmung von Vitamin-A-Estern in Fertigpräparaten. Fr. R. Preuss und A. Knecht. (Dtsch. Apotheker-Ztg. **101**, 1262—66, 5/10. 1961; Freiburg i. Br., Univ., Pharmazeut. Inst.; dt.) — Vitamin A (I) bzw. I-Acetat u. I-Palmitat werden an mit Paraffinöl hydrophobiertem Papier mit Methanol–Pyridin (II) oder A.–II als Fließmittel aufsteigend chromatographiert. Die Sichtbarmachung erfolgt durch Betrachten der Papierchromatogramme (PC) im UV-Licht oder durch Besprühen mit einer 20% ig. Lsg. von $SbCl_5$ in Chloroform. Zur quant. Auswertung wird das lufttrockene PC in eine 0,02% ig. $KMnO_4$-Lsg. in 0,2n H_2SO_4 getaucht, wobei Braunfärbung der Flecken erfolgt. Das abgeschiedene MnO_2 wird mit 20% ig. HCl gelöst, mit Formaldoxim-Reagens nach Kahane umgesetzt u. die entstehende braunrote Färbung spektralphotometr. bei 452 nm gemessen. Das Lambert-Beersche Gesetz gilt im Bereich von 0—80 μg Mn^{2+}/20 ml. Über diese Mn-Färbung ist I quant. bestimmbar, wenn man im PC bekannte I-Mengen mitlaufen läßt u. parallel bestimmt, wodurch Unregelmäßigkeiten (Papiersorte, Blindwerte) eliminiert werden. Ein Aufarbeitungsschema für I-Tropfen u. I-Dragées ist angegeben. Winfried Krüger. 4880□

Eine empfindliche colorimetrische Methode zur Bestimmung von Panthenol in einem Multivitaminpräparat. Alfred F. Zappala und Charles A. Simpson. (J. pharmac. Sci. **50,** 845—47, Okt. 1961; Philadelphia, Pa., Smith Kline and French Labor.; engl.) — *Panthenol* oder *Panthothensäure* lassen sich an einer Säule aus Dowex W-X-4 u. darübergeschichtetem Amberlite CG 400 von störenden Begleitsubstanzen abtrennen. Ein aliquoter Teil des wss. Eluates wird mit LiOH erhitzt, abgekühlt, mit 0,1n HCl neutralisiert u. mit Hypochlorit des Chloramin-Deriv. (I) hergestellt. Nach Zerstörung des ClO'-Überschusses mit saurer Phenol-Lsg. wird I mit KJ umgesetzt u. die Menge ausgeschiedenes J bei 358 nm spektrophotometriert. Die J-Färbung ist nur nach sofortiger starker Verdünnung des Rk.-Gemisches mit abs. A. beständig. Die Werte stehen in guter Übereinstimmung mit mikrobiolog. erhaltenen Resultaten. Das Verf. ist allg. zur colorimetr. Best. von Verbb. mit NH- (oder NH_2-)-Gruppen geeignet. Winfried Krüger. 4880□

National Research Development Corp., London, England (Erfinder: John Warcup Cornforth, Philip Montagu d'Arcy Hart, Gordon Alfred Nicholls und Richard John William Rees), **Phenol-Formaldehyd-Kondensate, welche** gegen *Tuberkulose* u. *Lepra* wirksam sind, werden durch Kondens. von Phenolen mit CH_2O u. anschließende Rk. der Kondens.-Prodd. mit Olefinoxiden oder Epihalogenhydrinen gewonnen. — 40 g p-tert.-Octylphenol, 40 ml wss. 3n NaOH u. 17 ml 33%ig. wss. CH_2O-Lsg. werden 1—2 Std. gerührt u. dann 6 Std. auf den Kp. von Aceton erhitzt. Man erhält 34 g Rohprodukt. 1 g desselben in 14 ml Toluol wird unter Eiskühlung mit 0,054 g gepulvertem NaOH, dann mit Äthylenoxid versetzt u. auf 160° erwärmt. (**E. P. 774 282** vom 7/9. 1953, ausg. 8/5. 1957.) A. Dandl. 4807

Chinoin Gyógyszerés Vegyészeti Termékek Gyára R.T. (Erfinder: Andreas Zalay, Thomas Halász und Emmerich Halmos), Budapest, Ungarn, **Herstellung von Aluminiumsalzen der p-Acylaminosalicylsäuren,** erfolgt durch Rk. der freien Säuren oder deren Salze, bes. der Alkalisalze, mit $Al(OH)_3$, Al-Alkoholaten oder mit Al-Salzen, wie $Al_2(SO_4)_3$, $Al(NO_3)_3$, im wss. Medium nach an sich bekannten Methoden. — p-Benzoylaminosalicylsäure wird in 1n NaOH gelöst, geringe Mengen $Na_2S_2O_4$ zugesetzt u. anschließend krist. $Al_2(SO_4)_3$ in die Lsg. eingetragen. Der Nd. wird filtriert, mit W. gewaschen u. getrocknet. Man erhält *p-Benzoylaminosalicylsaures Al.* — p-Dichloracetylaminosalicylsaures Na → *p-Dichloracetylaminosalicylsaures Al,* welches beim Ansäuern *p-Dichloracetylsalicylsäure* ergibt. (**Ung. P. 144 182** vom 26/4. 1956, ausg. 1/9. 1958. **Zusatz zu Ung. P. 143 738; C. 1962, 3550.**) G. König. 4807

Fukujiro Fujikawa, Kyoto, Japan, **Herstellung substituierter Benzaldehyd-p-aminosalicyloylhydrazone** der Formel I (X = Halogen, R = Alkyl) durch Kondens. des entsprechenden Benzaldehyds mit p-Aminosalicyloylhydrazid. — 0,55 (g) 5-[n-Amyl]-3-chlor-2.4-dihydroxybenzaldehyd u. 0,34 p-Aminosalicyloylhydrazin läßt man in 5 cm^3 A. 2 Std. im Wasserbad reagieren: Kristalle, $C_{19}H_{22}O_4N_3Cl$, F. 228—236°, schwachgelbe

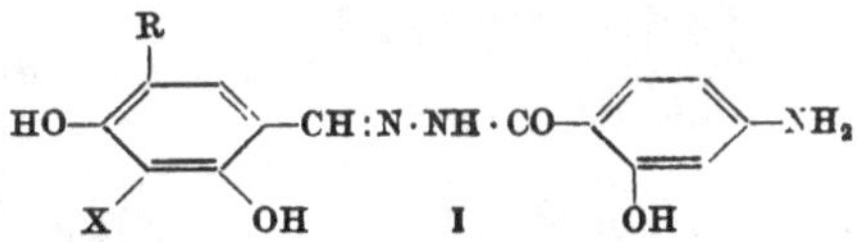

Nadeln. Entsprechende *Isoamylverb.*, F. 243—245°. — *n-Butyl-Verb.*, F. 228—230° (alle aus CH_3OH umkrist.). — Stoffe mit bes. *physiolog. Wrkg.*, z. B. bei menschlicher *Tuberkulose.* (**Jap. A. S. 6111/1960** vom 30/9. 1957, ausg. 31/5. 1960.) M. Pankow. 4807

A/B Hässle, Apotekare Paul Nordströms Fabriker, Hässleholm, Schweden (Erfinder: S. Kreisky und F. Kreisky), **Herstellung von blutdrucksenkenden Aminen.** Eine Nitro-Verb. der allg. Formel $R_1 \cdot CH = C(NO_2) \cdot R_2$, wobei R_1 = Benzolring (ggf. substituiert) u. R_2 = H oder Alkylgruppe, wird mit Zn u. Essigsäure zum entsprechenden Oxim u. dieses nach erfolgter Reinigung durch Dest. mittels Na-Alkoholat zum Amin weiter reduziert. Dieses kann mit H_2SO_4 in das Sulfat übergeführt werden. — Aus α-Nitroamyl-β-[4-methylphenyl]-äthylen erhält man 2-Amino-1-[p-methylphenyl]-propansulfat, F. 327—328° (Zers.). (**Schwed. P. 167 718** vom 28/4. 1954, ausg. 14/7. 1959.) K. H. Kähler. 4807

Merck & Co., Inc., Rahway, N.J., übert. von: Arthur C. Cope, Belmont, Mass., und Marion Burg, Metuchen, N.J., V.St.A., **Sulfonsäureester der Äthanol-**

amine der allg. Formel $RNH-\overset{|}{\underset{|}{C}}-\overset{|}{\underset{|}{C}}-OSO_2R'$ (I) erhält man bei der Behandlung eines Äthanolamins $R-NH-\overset{|}{\underset{|}{C}}-\overset{|}{\underset{|}{C}}-OH$ (II) mit HCl u. Rk. des gebildeten Äthanolaminhydrochlorids mit einem Sulfonylchlorid der Formel $Cl-SO_2-R'$ (**III**) unter wasserfreien Bedingungen bei ca. 0°, ggf. in Ggw. von Pyridin. Man kann auch das Äthanolamin in das Alkaliäthanolat überführen u. dieses mit **III** umsetzen. In **I**, **II** u. **III** bedeuten R Cyclopentyl-, Cyclohexyl- u. andere alicycl. Radikale mit 5—6 C-Atomen u. die freien Substituenten können H, Methyl- oder Äthylgruppen sein; R' niedrigmol. Alkyl-, Phenyl-, Tolyl- oder Nitrophenylradikale. — 2-Cyclohexylaminoäthanol wird mit trockenem HCl in Ae. in 2-Cyclohexylaminoäthanolhydrochlorid übergeführt, dieses mit Pyridin in Chlf. gelöst u. unter Kühlung (—1 bis +2°) tropfenweise mit Methansulfonylchlorid zu *Methansulfonsäure-2-cyclohexylaminoäthylesterhydrochlorid* umgesetzt, F. (aus abs. A.) 141—141,6°. — Es werden auf gleiche Weise folgende Alkan(Aryl)sulfonsäure-2-cyclohexylaminoäthylesterhydrochloride dargestellt: *α-Tolul-*, F. 118,2 bis 119,6°; *n-Hexan-*, F. 116,4—117,4°. — *p-Toluol-*, F. 133,4—134,0°. — *p-Nitrobenzolsulfonylhydrochlorid*, F. 103,6—104,0°. — *Benzol-*, F. 111,2—112,0°. — *o-Toluolsulfonsäure-2-n-amylaminoäthylesterhydrochlorid*, F. 115—115,4°. — *Methansulfonsäure-1-cyclohexylaminopropyl-(2)-esterhydrochlorid*, F. 115,4—116,8°. Mittels alkal. Stoffen erhält man aus den Hydrochloriden die freien Basen. — *Arzneimittel*, antifibrillator. Einw. auf das Herz. (**A. P. 2 825 736** vom 30/1. 1953, ausg. 4/3. 1958.) G. König. 4807

Laboratoires Dausse, Paris, Frankreich, **Herstellung von 2-Alkoxyäthylestern der α-Phenyl-α-piperidinoessigsäure** durch Kondens. des 2-Alkoxyäthylesters der α-Phenyl-α-halogenessigsäure mit Piperidin in Ggw. eines Halogenwasserstoff bindenden Mittels, bes. durch einen Überschuß an Piperidin, u. einem wasserfreien inerten organ. Lösungsmittel. — *2-n-Butoxyäthyl-α-phenyl-α-piperidinoacetat*, $Kp._{0,3}$ 143—144°; die entsprechende *2-Methoxyäthyl-Verb.*, $Kp._{0,4-0,5}$ 131—132°; *2-Äthoxyäthyl-Verb.*, $Kp._{0,5}$ 140 bis 141°, *Hydrochlorid*, F. 105°, *Hydrobromid*, F. 137—138°; *2-n-Hexyloxyäthyl-Verb.*, $Kp._{0,7-0,8}$ 161—162°, *Hydrobromid*, F. 90—91°. — *Spasmolytica u. Lokalanästhetica.* (**E. P. 830 735** vom 29/7. 1958, ausg. 16/3. 1960. F. Prior. 29/7. 1957.) W. Heyer. 4807

Merck & Co., Inc., Rahway, übert. von: Karl Pfister, Westfield, N.J., V.St.A., **Herstellung von substituierten Piperidinen** der allg. Formel **I**, worin R' = H oder eine niedermol. Alkylgruppe bedeutet, dad. gek., daß man ein 4-Phenyl-4-carbalkoxy-(oder 4-carboxy)-piperidin mit einem Vinylpyridin in einem inerten Lsgm. bei 40—120°, bes. 50—80°, kondensiert. — Aus 4-Phenyl-4-carbäthoxypiperidin u. 2-Vinylpyridin in Bzl. → *1-[2-Pyridyl-(2)-äthyl]-4-phenyl-4-carbäthoxypiperidin, Dihydrochlorid*, F. 175—178°; analog: (-4-phenyl-4-carbäthoxypiperidin = **A**), *1-[2-Pyridyl-(4)-äthyl]*-**A**, F. 60—66,5°, *Monohydrobromid*, F. 152—160°, *Dihydrobromid*, F. 238—240,5°, *Dihydrochlorid*, F. 225—228°; *1-{2-[6-Methylpyridyl-(2)]-äthyl}*-**A**, *Dihydrochlorid*; *1-{2-[4.6-Dimethylpyridyl-(2)-äthyl}*-**A**, *Dihydrochlorid*; *1-{2-[5-Äthylpyridyl-(2)]-äthyl}*-**A**, *Dihydrochlorid*; *1-[2-Pyridyl-(4)-äthyl]-4-phenyl-4-carboxypiperidin*. — *Analgetia.* (**A. P. 2 966 492** vom 19/9. 1956, ausg. 27/12. 1960.) W. Heyer. 4807

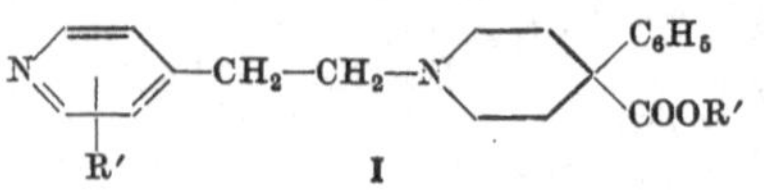

I

Wellcome Foundation Ltd. (Erfinder: John Evlyn Warner Billinghurst), London, England, **Ganglienblockierend wirkende diquartäre Ammoniumverbindungen** der allg. Formel $R-C(R')(CN)-X-N^{+1}-Y-N^{+2}\cdot 2\,A^-$ erhält man durch Rk. von Diaminen der allg. Formel $R-C(R')(CN)-X-N^3-Y-N^4$ in üblicher Weise mit den entsprechenden Quaternisierungsmitteln (Alkylhalogenide). (R u. R' = Cycloalkyl oder Phenyl, die ein oder mehrere Halogene, bes. Cl oder Br, niedermol. Alkyl oder Alkoxy enthalten können; $X = -(CH_2)_n$; n = 2—10 oder Ätherrest mit mindestens 4 C-Atomen, bes. $-(CH_2)_2-O-(CH_2)_2-$; N^{+1} = quart. N-Atom mit 2 Alkyl, die zusammen bis zu 5, bes. 2—3 C-Atome enthalten u. zusammen mit dem N einen Pyrrolidin-, Piperidin- oder Morpholinring bilden können; N^{+2} = quart. N-Atom, das mindestens 1 Alkyl mit 1—4 C-Atomen u. ggf. noch 2 weitere Alkyle enthält, so daß insgesamt bis zu 9, bes. 3—6 C-Atome in den Alkylgruppen vorhanden sind, die auch mit dem N einen Pyrrolidin-, Piperidin- oder Morpholinring bilden können; Y = Alkylen mit 2—10, bes. 2—6 C-Atomen, wobei der Rest $-N^{+1}-Y-N^{+2}-$ auch ein Piperazinring sein kann, in dem N^{+1} ein quart. N-Atom mit 1 Alkyl bis zu 4 C-Atomen ist u. die Gesamtzahl der C-Atome in den beiden Alkylgruppen höchstens 6 beträgt; A^- = Anion einer anorgan. oder organ. Säure, bes. Halogenid- oder Alkylsulfation; N^3 = sek. oder tert. N-Atom; N^4 = prim., tert. oder quart. N-Atom.) — Aus 1 g N^1-[3-Cyan-(3.3-diphenyl)-

propyl]-N^2-methylpiperazin, F. 104^0, in 5 ml Methanol u. 1 ml *Methyljodid* (**III**) nach 12 Std. unter Rückfluß → *N^1-[3-Cyan-3.3-diphenyl]-propyl-N^1.N^2.N^2-trimethylpiperaziniumdijodid*, aus wss. Methanol cremefarbige, rechteckige Prismen, F. 215^0 (Zers.) — 5-[N-2-Di-n-butylaminoäthyl-N-methylamino]-1-cyan-1.1-diphenylpentan, Kp.$_{0,07}$ 212 bis 213^0, + **III** → *N^2.N^2-Di-n-butyl-N^1-[5-can-5.5-diphenylpentyl]-N^1.N^1.N^2-trimethyläthylen-1.2-diammoniumdijodid*, aus A.–Äthylacetat, F. 175^0 (Zers.). — 1-Cyan-5-[N-methyl-N-2-piperidinoäthylamino]-1.1-diphenylpentan, Kp.$_{0,15}$ 232—234^0, + **III** → *N^1-[5-Cyan-5.5-diphenylpentyl]-N^1.N^1.N^2-trimethyl-1-ammonium-2-piperidinoäthylendijodid*, aus wss. Methanol, F. 212^0 (Zers.). — 1-Cyan-5-[N-methyl-N-2-morpholinoäthylamino]-1.1-diphenylpentan, Kp.$_{0,06}$ 206—208^0, + **III** → *N^1-[5-Cyan-5.5-diphenylpentyl]-N^1.N^1.N^2-trimethyl-1-ammonium-2-morpholinoäthylendijodid*, aus wss. Methanol, F. 211^0 (Zers.). — *N^1-[5-Cyan-5.5-diphenylpentyl]-N^1.N^1.N^2-trimethyl-1-ammonium-2-morpholinoäthylendichloridmonohydrat*, aus Methanol–Aceton, F. 238^0 (Zers.); daraus mit Dimethylsulfat → *N^1-[5-Cyan-5.5-diphenylpentyl]-N^1.N^1.N^2-trimethyl-1-ammonium-2-morpholinoäthylendimethylsulfat*, aus A., F. 173—175^0; mit $AgSO_4$ entsteht *-2-morpholinosulfat*, F. 206—210^0 (Zers.); Kristallwasser-Geh. 9—12%. — 1-Cyan-6-[N-2-diäthylaminoäthyl-N-methylamino]-1.1-diphenylhexan, Kp.$_{0,15}$ 204—206^0, + **III** → *N^1-[6-Cyan-6.6-diphenylhexyl]-N^2.N^2-diäthyl-N^1.N^1.N^2-trimethyl-1.2-diammoniumäthylenjodid*, aus Methanol, F. 202^0 (Zers.). — 1-Cyan-6-[N-methyl-N-2-pyrrolidinoäthylamino]-1.1-diphenylhexan, Kp.$_{0,1}$ 222—223^0, + **III** → *N^1-[6-Cyan-6.6-diphenylhexyl]-N^1.N^1.N^2-trimethyl-1-ammonium-2-pyrrolidinoäthylendijodidmonohydrat*, aus Methanol–Äthylacetat, F. 105^0. — 1-Cyan-6-[N-methyl-N-2-piperidinoäthylamino]-1.1-diphenylhexan, Kp.$_{0,09}$ 228—230^0, + **III** → *N^1-[6-Cyan-6.6-diphenylhexyl]-N^1.N^1.N^2-trimethyl-1-ammonium-2-pireridinoäthylendijodid*, aus Methanol, F. 199^0 (Zers.). — 1-Cyan-6-[N-methyl-N-2-morpholinoäthylamino]-1.1-diphenylhexan, Kp.$_{0,1}$ 228—230^0, + **III** → *N^1-[6-Cyan-6.6-diphenylhexyl]-N^1.N^1.N^2-trimethyl-1-ammonium-2-morpholinoäthylendijodid*, aus wss. Methanol, F. 208^0 (Zers.); daraus mit Ionenaustauscher in OH-Form in 70%ig. wss. Methanol, Auswaschen des Austauschers mit dem gleichen Methanol, Neutralisieren der ausgewaschenen Fl. mit verd. HCl, Eindampfen zur Trockne, dann Rückstand aus A.–Aceton. → *-2-morpholinodichloridmonohydrat*, hygroskop., F. 227^0 (Zers.). — 1-Cyan-5-[N-methyl-N-6-piperidinohexylamino]-1.1-diphenylhexan, Kp.$_{0,08}$ 258—260^0, + **III** → *N^1-[6-Cyan-6.6-diphenylhexyl]-N^1.N^1.N^2-trimethyl-1-ammonium-6-piperidinohexamethylendijodid*, aus A., F. 176^0 (Zers.). — 1-Cyan-3-[N-methyl-N-(2-piperidinoäthyl)-amino]-1.1-diphenylpropan, Kp.$_{0,5}$ 214—215^0, + **III** → *N^1-[3-Cyan-3.3-diphenylpropyl]-N^1.N^1.N^2-trimethyl-1-ammonium-2-piperidinoäthylendijodid* · 1½ H_2O, aus Methanol, F. 135^0 (Zers.). — 1-Cyan-3-[N-methyl-N-2-morpholinoäthylamino]-1.1-diphenylpropan, Kp.$_{0,5}$ 220—222^0, + **III** → *N^1-[3-Cyan-3.3-diphenylpropyl]-N^1.N^1.N^2-trimethyl-1-ammonium-2-morpholinoäthylenammoniumdijodid*, aus wss. Methanol, F. 182^0 (Zers.); daraus mit gesätt. methanol. HCl → *-2-morpholinodichlorid* · 1,5 H_2O, hygroskop., aus Methanol–Aceton, F. 171^0 (Zers.). — 1-Cyan-4-[N-methyl-N-2-morpholinoäthylamino]-1.1-diphenylbutan, Kp.$_{1}$ 248—249^0, + **III** → *N^1-[4-Cyan-4.4-diphenylbutyl]-N^1.N^1.N^2-trimethyl-1-ammonium-2-morpholinoäthylendijodid*, aus wss. Methanol, F. 208^0 (Zers.), → *-dichloridmonohydrat*; hygroskop.; aus A.–Aceton, F. 196^0 (Zers.). — N^1-[5-Cyan-5.5-di-(phenyl)-pentyl]-N^2-methylpiperazin, Kp.$_{0,06}$ 202—203^0; F. 68^0, + **III** → *N^1-[5-Cyan-5.5-diphenylpentyl]-N^1.N^1.N^2-trimethylpiperaziniumdijodid*, aus wss. Methanol, F. 197^0) Zers.). — Äthyljodid (**IV**) → *N^1-[5-Cyan-5.5-diphenylpentyl]-N^1.N^2-diäthyl-N^2-methylpiperaziniumdijodid*, aus A., F. 197^0. — 1-Cyan-5-[N-methyl-N-2-dimethylaminoäthylamino]-1.1-diphenylpentan, Kp.$_{0,07}$ 180—182^0, + **III** → *N^1-[5-Cyan-5.5-diphenylpentyl]-N^1.N^1.N^2.N^2.N^2-pentamethyläthylen-1.2-diammoniumdijodid*, aus wss. Methanol, F. 213^0 (Zers.). — 1-Cyan-5-[N-2-diäthylaminoäthyl-N-methylamino]-1.1-diphenylpentan, Kp.$_{0,3}$ 212—213^0, + **III** → *N^1-[5-Cyan-5.5-diphenylpentyl]-N^2.N^2-diäthyl-N^1.N^1.N^2-trimethyläthylen-1.2-diammoniumdijodid*, aus wss. Methanol, F. 184^0 (Zers.). — 1-Cyan-5-[N-äthyl-N-2-diäthylaminoäthylamino]-1.1-diphenylpentan, Kp.$_{0,06}$ 196—197^0, + **III** → *N^1-[5-Cyan-5.5-diphenylpentyl]-N^1.N^2.N^2-triäthyl-N^1.N^2-dimethyläthylen-1.2-diammoniumdijodid*, aus wss. Methanol, F. 196^0 (Zers.). — **IV** → *N^1-[5-Cyan-5.5-diphenylpentyl]-N^1.N^1.N^2.N^2.N^2-pentaäthyläthylen-1.2-diammoniumdijodid*, aus Methanol–A., F. 196^0 (Zers.). — 1-Cyan-5-[N-methyl-N-2-pyrrolidinoäthylamino]-1.1-diphenylpentan, Kp.$_{0,03}$ 202—204^0, → *N^1-[5-Cyan-5.5-diphenylpentyl]-N^1.N^1.N^2-trimethyläthylen-1-ammonium-2-pyrrolidindijodid*, aus wss. Methanol, F. 207^0 (Zers.). — **IV** → *N^1-[5-Cyan-5.5-diphenylpentyl]-N^1.N^2-diäthyl-N^1-methyl-1-ammonium-2-pyrrolidinoäthylendijodid*, aus Methanol–A., F. 158^0. — n-Propyljod → *N^1-[5-Cyan-5.5-diphenylpentyl]-N^1-methyl-N^1.N^2-di-n-propyl-1-ammonium-2-morpholinoäthylendijodid*, amorph; F. 51—52^0. — 1-Cyan-5-[N-methyl-N-2-morpholinoäthylamino]-1-[4-methylphenyl]-1-phenylpentan, Kp.$_{0,04}$ 221—222^0, + **III** → *N^1-[5-Cyan-5-(4-methylphenyl)-5-phenylpentyl]-N^1.N^1.N^2-*

trimethyl-1-ammonium-2-morpholinioäthylendijodid, aus wss. Methanol, F. 211° (Zers.). — 1-Cyan-5-[N-methyl-N-2-morpholinoäthylamino]-1.1-bis-[4-methylphenyl]-pentan, Kp.$_{0,08}$ 214—216°, + III → *N*^{1}*-[5-Cyan-5.5-bis-(4-methylphenyl)-pentyl]-N*^{1}*.N*^{1}*.N*^{2}*-trimethyl-1-ammonium-2-morpholinioäthylendijodid*, aus wss. Methanol, F. 215° (Zers). — 1.1-Bis-[4-chlorphenyl]-1-cyan-5-[N-methyl-N-2-morpholinoäthylamino]-pentan, Kp.$_{0,08}$ 243—244°, + III → *N*^{1}*-[5.5-Bis-(4-chlorphenyl)-5-cyanpentyl]-N*^{1}*.N*^{1}*.N*^{2}*-trimethyl-1-ammonium-2-morpholiniodijodid*, aus wss. Methanol, F. 205° (Zers.). — 1-Cyan-5-[N-methyl-N-2-morpholinoäthylamino]-1.1-bis-[4-methoxyphenyl]-pentan, Kp.$_{0,05}$ 255 bis 257°, + III → *N*^{1}*-[5-Cyan-5.5-bis-(4-methoxyphenyl)-pentyl]-N*^{1}*.N*^{1}*.N*^{2}*-trimethyl-1-ammonium-2-morpholinioäthylendijodidmonohydrat*, aus Methanol–A., F. 159° (Zers.). — 1-Cyan-1-cyclohexyl-5-[N-methyl-N-2-piperidinoäthylamino]-1-phenylpentan, Kp.$_{0,35}$ 228—229°, + III → *N*^{1}*-[5-Cyan-5-cyclohexyl-5-phenylpentyl]-N*^{1}*.N*^{1}*.N*^{2}*-trimethyl-1-ammonium-2-piperidinioäthylendijodid*, aus wss. Methanol, F. 235° (Zers.). — 1-Cyan-7-[N-methyl-N-2-piperidinoäthylamino]-1.1-diphenylheptan, Kp.$_{0,35}$ 228—230°, + III → *N*^{1}*-[7-Cyan-7.7-diphenylheptyl]-N*^{1}*.N*^{1}*.N*^{2}*-trimethyl-1-ammonium-2-piperidinioäthylendijodid*, aus Methanol–A., F. 172° (Zers.). — 1-Cyan-8-[N-methyl-N-2-piperidinoäthylamino]-1.1-diphenyloctan, Kp.$_{0,07}$ 238—240°, + III → *N*^{1}*-[8-Cyan-8.8-diphenyloctyl]-N*^{1}*.N*^{1}*.N*^{2}*-trimethyl-1-ammonium-2-piperidinioäthylendijodid*, aus Methanol–Äthylacetat, F. 155° (Zers.) — 1-Cyan-5-[N-3-morpholinopropylamino]-1.1-diphenylpentan, Kp.$_{0,8}$ 233°, + III → *N*^{1}*-[5-Cyan-5.5-diphenylpentyl]-N*^{1}*.N*^{1}*.N*^{2}*-trimethyl-1-ammonium-3-morpholiniotrimethylendijodid* · 1,5 H_2O, aus Methanol, F. 158° (Zers.), → *-dichloriddihydrat*, F. 134°. — IV → *N*^{1}*-[5-Cyan-5.5-diphenylpentyl]-N*^{1}*.N*^{1}*.N*^{2}*-triäthyl-1-ammonium-3-morpholiniotrimethylendijodiddihydrat*, aus A., F. 137° (Zers.). — 1-Cyan-1.1-diphenyl-5-piperidinopentan + 3-Chlorpropyltrimethylammoniumbromid → *N*^{1}*-[5-Cyan-5.5-diphenylpentyl]-N*^{2}*.N*^{2}*.N*^{2}*-trimethyl-3-ammonium-1-piperidiniotrimethylendibromid*, aus Methanol–Aceton, F. 268—269° (Zers.). — 1-Cyan-6-[N-methyl-N-2-piperidinoäthylamino-1.1-diphenyl-4-oxahexan, Kp.$_{0,5}$ 240—241°, + III → *N*^{1}*-[6-Cyan-6.6-diphenyl-3-oxahexyl]-N*^{1}*.N*^{1}*.N*^{2}*-trimethyl-1-ammonium-2-piperidinioäthylendijodid*, aus Methanol, F. 183° (Zers.), → *-dichloridmonohydrat*, aus A.–Aceton, F. 145—148°. — 1-Cyan-6-[N-methyl-N-2-morpholinoäthylamino]-1.1-diphenyl-4-oxahexan, Kp.$_{0,35}$ 252—253°, + III → *N*^{1}*-[6-Cyan-6.6-diphenyl-3-oxahexyl]-N*^{1}*.N*^{1}*.N*^{2}*-trimethyl-1-ammonium-2-morpholinioäthylendijodid*, aus Methanol, F. 193° (Zers.). — Die Verbb. *senken* bei Tieren den *Blutdruck*, wirken stark *hindernd* auf *gastr. Ausscheidungen*, verursachen *Pupillenerweiterung* u. wirken *verzögernd* auf den *peristalt. Reflex* des Meerschweinchenkrummdarmes; Tabelle. (**D. A. S. 1 077 664** Kl. 12o vom 4/6. 1956, ausg. 17/3. 1960. E. Prior. 8/6. 1955 u. 20/1. 1956.) G. Krauß. 4807

Wellcome Foundation Ltd., London, England, **Purine** der allg. Formel I (X = O, S, NH; Y = OH, O–Alk mit 1—4 C, NH_2, Alk–NH, Anilino-, Hydrazino-, N^2-Benzolsulfonylhydrazinogruppe; falls X + Y beide N sind, können sie durch eine Alkylenbrücke miteinander verknüpft sein; CYX auch Cyanogruppe) werden erhalten durch Rk. von 6-Halogenpurinen mit einem Metallcyanid in einem inerten Lsgm. u. ggf. Überführung der Cyangruppe in die genannten Substituenten. — *6-Cyan-*I (II) aus 6-Jod-I u. CuCN in Pyridin unter Rückfluß, F. 177—178°. — *6-Carboxy-*I aus 3 g II u. 15 ml 2n NaOH unter Rückfluß während 2 Std. u. Zugabe von HCl bis pH 2, F. aus W. 198° (Zers.). — *6-Carbamyl-*I aus 3 g II u. 10 ml 2n NaOH unter Rückfluß während 1 Std. u. Neutralisieren mit HCl, F. aus W. ca. 320° (Zers.). — *6-Thiocarbamyl-*I aus II u. H_2S in gekühltem äthanol. Ammoniak, F. aus Methanol 240—242° (Zers.). — *6-Carboxypuriniminoäthylester-HCl·*C_2H_5OH (III), aus II u. HCl in abs. Äthanol. — *6-Amidino-*I, aus III u. abs. äthanol. Ammoniak bei 100° im Bombenrohr u. durch Behandeln des Hydrochlorids mit Bicarbonat-Lsg., F. 316—320° (Zers.). — *2-Purinyl-(6)-imidazolin*, aus III u. Äthylendiamin u. abs. A. bei 110—120° im geschlossenen Rohr u. durch Befreien der Base aus dem Hydrochlorid, F. 287—280° (Zers.). — *6-Carbäthoxy-*I (IV), aus III u. W. bei 40° u. Neutralisieren, F. 219—220° (aus A.). — *6-Äthylcarbamyl-*I, aus IV u. äthanol. Ammoniak unter Rückfluß u. Neutralisieren, F. 243—244°. — *Purinyl-(6)-carboxyanilid*, aus IV u. Anilin unter Rückfluß u. Neutralisieren. — *Purinyl-(6)-carboxyhydrazid* (V), aus IV u. Hydrazinhydrat-Lsg. in A. unter Rückfluß, F. nicht unter 360°. — *Purinyl-(6)-N*^{2}*-benzolsulfonylcarboxyhydrazid*, aus V u. Benzolsulfonylchlorid in Pyridin, F. 243 bis 244° (aus A.). — *Heilmittel.* (**E. P. 799 384** vom 27/7. 1956, ausg. 6/8. 1958. A. Prior. 29/7. 1955.) F. Hirsch. 4807

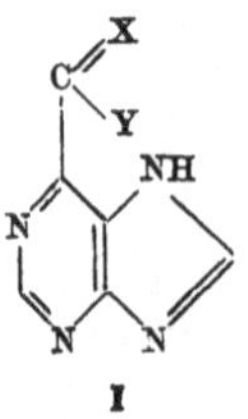

I

Magyar Állam (Erfinder: Gabriel Fodor und Irene W. Vincze), Budapest, Ungarn, **Herstellung von 3.6-Dihydroxy- und 3.6.7-Trihydroxytropanderivaten,** in welchen die in 3-Stellung vorhandenen OH-Gruppen acyliert sind, dad. gek., daß man die in 6- bzw. 6- u. 7-Stellung befindlichen OH-Gruppen des Tropanon-(3) mit Arylisocyanat zur Rk. bringt, wodurch Tropanon-(3) in eine mono- bzw. diarylcarbaminsaure Verb. übergeführt wird, die vorhandene Ketogruppe durch Red. zu einer OH-Gruppe red. u. anschließend acyliert wird u. die vorher eingeführten Arylcarbamidgruppen mittels therm. Behandlung als Arylisocyanate abgespalten werden. — 31 g 6β.6β-Dihydroxytropanon in Ae. werden mit 24 ml Phenylisocyanat auf 80° erhitzt u. 10 Std. lang stehen gelassen. Man saugt ab, verd. den Nd. mit 200 ml 1n HCl u. 130 ml W., trennt vom unlösl. Diphenylcarbamid ab, setzt Chlf. zu, stellt mit Na_2CO_3 alkal. u. extrahiert mit je 50 ml Chlf. 8mal. Man trocknet über Na_2SO_4, verdampft das Chlf. u. erhält *6β.6β-Dihydroxytropinonphenylcarbaminsäureester*, F. 128—129°. Man löst den Ester in 200 ml Dioxan u. red. mittels Raney-Ni u. H_2 bei 90 at 40 Std. u. erhält nach Entfernen des Katalysators *dl-3α.6β-Dihydroxytropan-6-phenylcarbaminsäureester*, F. 182° (A.–Ae.). Man suspendiert den Ester in Chlf. u. setzt Isovalerylchlorid zu u. erhitzt 7 Std. zum Kochen. Das anfallende Öl wird mit Ae.–Aceton vermengt u. das Gemisch der Filtration unterworfen. Man erhält *dl-3α-Isovaleroyloxy-6β-hydroxytropan-O-phenylcarbaminsäureesterhydrochlorid*, F. 245° (abs. A.). Man versetzt den Ester mit Na_2CO_3 u. erhält die freie Base. Mit Chlf. erhitzt man die Base im Späth-Rohr auf 240° unter 2 mm Hg, das Spalt-Prod. wird mit alkohol. HCl angesäuert, eingedampft, mit Aceton–Ae. (1:1) gewaschen u. aus A.–Ae. umkrist.; man erhält *rac.-Valeroidinhydrochlorid*, F. 181—183°. Über das *-dl-3α-Acetoxy-6β-hydroxytropan-6-phenylcarbaminsäureesterhydrochlorid*, F. 250—251°, stellt man *dl-3α-Acetoxy-6β-hydroxytropan* her, F. 117—118°. — *Zwischenprod. zur Herst. von Skopinestern*, bes. von *Skopolamin*. (**Ung. P. 144 518** vom 2/9. 1955, ausg. 15/11. 1958.) G. König. 4807

G. D. Searle & Co., Chicago, übert. von: Roy H. Bible jun., Morton Grove, Ill., V.St.A., **Derivate der Podocarpsäure** der allg. Formel I erhält man durch Methylieren der freien Säure mit Dimethylsulfat zu Methyl-O-methylpodocarpat u. Überführen dieser Verb. mittels einer Alkanoylhalogen-Verb. in Ggw. von $AlCl_3$ in Methyl-O-methyl-7-alkanoylpodocarpat. Daraus erhält man durch Abspalten der Methyl–O-Methyl-Gruppe, z. B. durch Erhitzen, mit Pyridinhydrochlorid, *7-Alkanoylpodocarpsäure*. — Die Alkylgruppe in der Formel kann gerad- u. verzweigtkettig sein. — Methyl-O-methylpodocarpat u. Chlorbenzol werden mit $AlCl_3$ versetzt u. anschließend Propionylchlorid in Chlorbenzol eingetragen. Man läßt das Gemisch 16 Std. stehen, schüttet dann in Eiswasser, enthaltend HCl. Chlorbenzol wird mit Wasserdampf abdest. u. aus

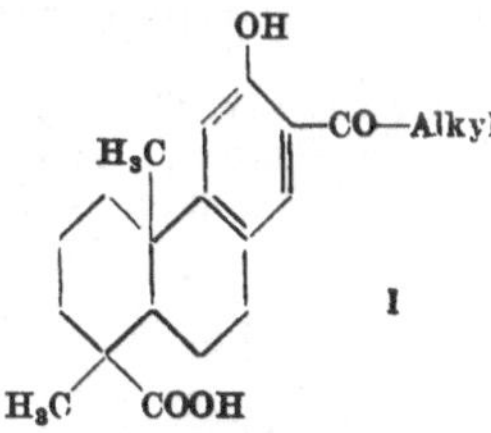

I

dem Rückstand erhält man z. B. *Methyl-O-methyl-7-propionylpodocarpat*, F. 96—98° (Methanol). Daraus erhält man mit $AlCl_3$ u. Chlorbenzol bei 80° *Methyl-7-propionylpodocarpat*, F. 98—99,5° (wss. Methanol). Diese Verb. löst man in konz. H_2SO_4, schüttet in W., filtriert u. erhält aus wss. Methanol *7-Propionylpodocarpsäure*, F. 145—147°. — Auf analoge Weise erhält man: *7-Acetylpodocarpsäure*, F. 213,5—216° (wss. Methanol). *Methyl-7-acetylpodocarpat*, F. 153—157°, sowie die Butyryl-Derivv. der Podocarpsäure ohne Angabe von Konstanten. — *Arzneimittel* mit physiolog. Aktivität, anwendbar mit Cortison. (**A. P. 2 851 485** vom 2/9. 1955, ausg. 9/9. 1958.) G. König. 4807

G. D. Searle & Co., Chicago, übert. von: Willard M. Hoehn, Wilmette, Ill., V.St.A., **Derivate der Dehydroabietinsäure** (I) der allg. Formel II erhält man bei der Rk. von niedrigmol. I-Estern mit Säurehalogeniden in Ggw. von Friedel-Crafts-Katalysatoren ($AlCl_3$), wobei die Säuregruppe hauptsächlich in die 6-Stellung dirigiert wird. Es entstehen nebenbei noch Substitutionen in der 8- u. 5-Stellung. Bei nachfolgender Halogenierung tritt das Halogen in α-Stellung zur Carboxylgruppe. Die anschließende Oxydation mittels CrO_3 führt zur Einführung einer Oxogruppe in die 9-Stellung. Wird die α-Halogenstellung mit einem Alkaliacylat behandelt, so erhält man Acyloxyacyl-Derivv. von I, u. daraus durch Abspaltung der Acyloxygruppe ein Hydroxy-Deriv. in 6-Stellung. — Aus Methyldehydroabietat in Nitrobenzol mit Chloracetylchlorid bei 0—5° in Ggw. von $AlCl_3$ erhält man nach Eingießen in Eiswasser u. Einstellen des pH < 2 sowie Zugabe von Ae. u. Waschen der organ. Phase

II

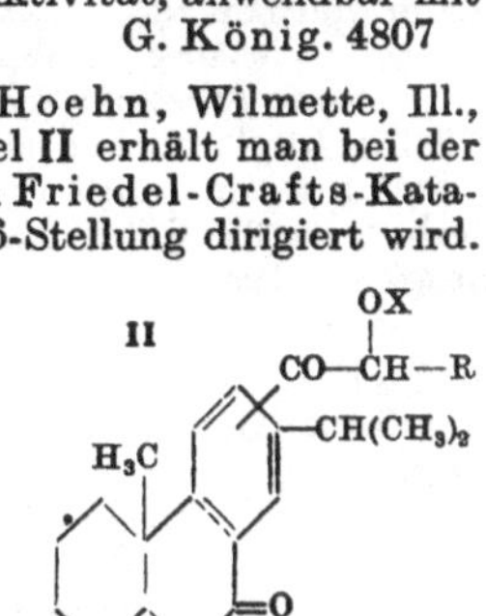

Methyl-6-chloracetyldehydroabietat, F. 119—120° (Methanol). Werden die Kristallisationslaugen vereinigt, mit akt. Kohle behandelt u. konz., so erhält man das isomere *Methyl-8-chloracetyldehydroabietat*, F. 91—93° (Methanol). Wird die Methyl-6-chloracetyl-Verb. mit Essigsäure u. CrO_3 in 90%ig. Essigsäure 1 Std. behandelt, gewinnt man *Methyl-6-chloracetyl-9-oxodehydroabietat*, F. 180—182° (Gemisch Chlf. u. Methanol). Daraus erhält man mit Na-Acetat, A. u. Essigsäure unter Rückfluß *Methyl-6-acetoxyacetyl-9-oxodehydroabietat*, F. 146—148° (Gemisch Ae. u. Methanol). Läßt man darauf ein Gemisch von KOH u. Methanol u. nach einiger Zeit noch Essigsäure einwirken, erhält man *Methyl-6-hydroxyacetyl-9-oxodehydroabietat*, Kp.$_{0,3}$ 240—250°. Auf analoge Weise entstehen folgende Verbb. der Dehydroabietinsäure: *Methyl-6-bromacetyl-*, F. 121—123° (Methanol-Chlf.); *Methyl-6-salicyloyloxyacetyl-9-oxo-*, F. 123—125° (Chlf.-Methanol). — *Methyl-8-chloracetyl-9-oxo-*, F. 189—190° (Chlf.-Methanol). In der Formel **II** bedeuten R = H oder eine niedrigmol. Alkylgruppe, die auch eine verzweigte Kette aufweisen kann. X = H oder eine Acylgruppe mit $<$9 C-Atomen aliphat. oder aromat. Natur, ferner kann die Acylgruppe verzweigte Ketten besitzen. — Zwischenprodd. zur *Arzneimittel*-Herstellung. (**A. P. 2 862 955** vom 7/8. 1955, ausg. 2/12. 1958.) G. König. 4807

Olin Mathieson Chemical Corp., New York, N.Y., übert. von: Samuel Cheng Pan, Metuchen, und Leonard Joseph Lerner, New Brunswick, N.J., V.St.A., **Eburicosäure,** F. 274°, erhält man durch aerobe Kultur eines diese Säure erzeugenden Mikroorganismus, der der Klasse der *Basidiomyceten* angehört, bes. von *Polyporus-*, *Fomes-*, *Poria-* oder *Lentinus*-Arten auf einem Nährboden, welcher assimilierbaren Kohlenstoff, Stickstoff sowie Mineralsalze enthält, bei einem pH unter 6 u. Abtrennung des Gärungs-Prod. durch übliche Extraktionsmethoden. — *Heilmittel.* (**A. P. 3 010 878** vom 8/9. 1959, ausg. 28/11. 1961.) U. Sievers. 4807

Nopco Chemical Co., Newark, N.Y., V.St.A., **Vitaminpräparat.** Ein Gemisch von a) einem $>$45° schm. Wachs, b) einem Vitamin A oder Vitamin D enthaltenden Material, c) einem eßbaren Netzmittel, d) einem eßbaren Antioxydans u. e) einem hygroskop. Polysaccharid, in dem a) 10—70 (%), c) 0,5—35 u. c) u. e) zusammen 20—80 ausmachen, wird im fl. Zustand so versprüht, daß die entstehenden Teilchen sich im Niederfallen verfestigen. (**E. P. 858 082** vom 7/5. 1959, ausg. 4/1. 1961. A. Prior. 17/9. 1958.) K. Koebke. 4809

Richter Gedeon Vegyészeti Gyár R.T. (Erfinder: Adalbert Molnár, Agnes Simonyi und Josef Farkas), Budapest, Ungarn, **Trennen von Vitamin B_{12}** von koll. Verunreinigungen, erfolgt durch Zugabe von in W. lösl. Verbb., deren Kationen der 1., 2. oder 3. Gruppe des Period. Syst. angehören, zu der konz. Vitaminlösung. Das pH der Lsg. wird während u. am Ende der Behandlung auf 7—10 eingestellt. — Vgl. E. P. 797 176; C. **1959,** 896. (**Ung. P. 144 197** vom 18/9. 1955, ausg. 1/9. 1958.) G. König. 4809

Olin Mathieson Chemical Corp., New York, N.Y., übert. von: David Perlman, Princeton, N.J., V.St.A., **Herstellung von Cobalaminen** auf biochem. Wege, dad. gek., daß man einen Vitamin B_{12} erzeugenden Mikroorganismus der Art *Propionibacterium*, bes. *P. arabinosum*, *P. pentosaceum*, aber auch *P. zeae*, *P. thoenii*, *P. rubrum* u. *P. peterssoni*, bei pH 5—7 u. einer Temp. von 20—40° in einem Co-haltigen Nährmedium züchtet, welches Glucose, Fructose, Saccharose, Maltose oder lösl. Stärke, Maisquellwasser, Glycerin oder andere höhere Alkohole sowie fette Öle, wie Sojabohnenöl, Baumwollsamenöl, Sesamöl, Palmöl oder Olivenöl, Tripalmitin, Palmitinsäure, Ölsäure oder Stearinsäure u. übliche N-Verbb. anorgan. u./oder organ. Art enthält, u. die Fermentation unter anaeroben Bedingungen in Ggw. eines Präcursors, wie Benzimidazol, 5.6-Dimethylbenzimidazol, Chinazolin, Phenazin, Chinoxalin, Benzotriazol oder 2-Nitro-4-trifluormethylanilin durchführt. Es bilden sich die entsprechend substituierten Cobalamine. (**A. PP. 2 980 591** vom 22/1. 1957, ausg. 18/4. 1961 u. **2 995 498** vom 17/7. 1957, ausg. 8/8. 1961.) W. Heyer. 4809

G. D. Searle & Co., Chicago, Ill., V.St.A., übert. von: Luis E. Miramontes, Miguel A. Romero und Fortunato Ahuad Farjat, Mexico, Mexico, **3β-Alkanoyloxy-6-methyl-5.16-pregnadien-20-one** erhält man z. B. durch Epoxydation von Diosgeninacetat mit Monoperphthalsäure in Chlf. → *3β-Acetoxy-5α.6α-epoxy-22α-spirostan*, F. 231—233°, anschließende Spaltung mit CH_3MgBr → *3β.5α-Dihydroxy-6β-methyl-22α-spirostan*, F. 220—222°, u. Abbau der Sapogeninseitenkette mit Acetanhydrid u. CrO_3 → *3β-Acetoxy-6-methyl-5.16-pregnadien-20-on* (**I**), F. 121—122,5°; daraus durch Verseifung mit KOH in tert.-Butanol u. anschließende Veresterung mit Ameisensäure → *3-Formyloxy-6-methyl-5.16-pregnadien-20-on*, F. 149,5—151°. — **I** läßt sich ferner mit H_2O_2-NaOH epoxydieren → *3β-Hydroxy-6-methyl-16α.17α-epoxy-5-pregnen-20-on*, F. 182 bis 184°, welches sich durch Oppenauer-Oxydation, Epoxidspaltung mit HBr u. Entbromierung mit Raney-Ni überführen läßt → *6α-Methyl-17α-hydroxyprogesteron*. — *Heilmittel* sowie Zwischenprodd. zu deren Herstellung. (**A. P. 3 000 914** vom 28/5. 1958, ausg. 19/9. 1961.) U. Sievers. 4809

Olin Mathieson Chemical Corp., New York, N.Y., übert. von: Josef Fried und Josef E. Herz, New Brunswick, N.J., V.St.A., **12α-Halogensteroide der Pregnanreihe.** Man spaltet z. B. 11β.12β-Epoxypregnan-3.20-dion in Dioxan mit 2,5n HCl → *12α-Chlorpregnan-11β-ol-3.20-dion*, F. 246—248° (Zers.); $[\alpha]_D^{23}$ 80°, welches sich mit Br in Ggw. von HBr in üblicher Weise bromieren läßt → *12α-Chlor-4β-brompregnan-11β-ol-3.20-dion*, F. 184—186°; $[\alpha]_D^{23}$ 100°; daraus durch Dehydrobromierung mit LiCl in Dimethylformamid → *12α-Chlor-Δ⁴-pregnen-11β-ol-3.20-dion*, F. 233—234°; $[\alpha]_D^{23}$ 162°, welches sich durch übliche CrO_3-Oxydation der 11-Hydroxygruppe überführen läßt → *12α-Chlor-11-ketoprogesteron*, F. 152—154°; $[\alpha]_D^{24}$ 130°. — Analog: *12α-Fluorpregnan-11β-ol-3.20-dion*, F. 170—172°; $[\alpha]_D^{23}$ 91°, neben *9α-Fluorpregnan-12β-ol-3.20-dion*, F. 187 bis 189°; $[\alpha]_D^{23}$ —4°. — *Heilmittel* sowie Zwischenprodd. zu deren Herstellung. (**A. P. 2 988 555** vom 28/6. 1957, ausg. 13/6. 1961.) U. Sievers. 4809

American Cyanamid Co., New York, übert. von: Joseph Jacob Goodman, Nanuet, und Mary Matrishin, Pearl River, N.Y.,V.St.A., **Herstellung von 9α-Fluor-11β.16α.17α.21-tetrahydroxy-Δ^4-pregnen-3.20-dion** auf biochem. Weg, dad. gek., daß man 9α-Fluor-11β.17α.21-trihydroxy-Δ^4-pregnen-3.20-dion mittels *Streptomyces roseochromogenus* (*ATCC 3347*) in einem üblichen Nährmedium jedoch in Ggw. von Di-K-Hydrogenphosphat bei 26,5° fermentiert. (**A. P. 2 982 693** vom 4/8. 1958, ausg. 2/5. 1961.) W. Heyer. 4809

N. N. Ssuworow, L. M. Morosowskaja und F. Ja. Leibelman, **Herstellung von Δ^5-Pregnen-3β-ol-20-on (I)** durch Hydrierung von $\Delta^{5,16}$-Pregnadien-3β-ol-20-on-acetat (**II**) mit Pd in Pyridin u. anschließende Verseifung. — 50 mg 10%ig. PdO auf $CaCO_3$ werden in 2 Litern Pyridin red., danach werden 500 g **II** zugesetzt, u. es wird hydriert. Nach Filtrieren wird in 28 Liter 10%ig. HCl bei 0° gegossen: 468 g **I**-*Acetat*, F. 148—150° (A.); daraus durch Verseifung 400 g **I**, F. 187—190°. (**UdSSR. P. 122 748** vom 30/9. 1958.) L. Großner. 4809

Løvens Kemiske Fabrik ved A. Kongsted, Kopenhagen, Dänemark, **Herstellung von $\Delta^{4.9,11}$-pregnadien-3.20-dion-17α.21-diol-21-estern.** Man setzt Δ^4-Pregnen-3.20-dion-11α.17α.21-triol mit p-Toluolsulfonsäurechlorid oder -anhydrid um, worauf der gebildete Tosyldiester mit dem Salz der Säure umgesetzt wird, womit die 21-Hydroxylgruppe verestert ist, z. B. K-Acetat. 21-Acetat von $\Delta^{4.9,11}$-Pregnadien-3.20-dion-17α.21-diol, F. 236—237°. (**Dän. P. 86 851** vom 29/6. 1955, ausg. 11/5. 1959. E. Prior. 29/6. 1954.) K. H. Kähler. 4809

United States of America, Secretary of Agriculture, übert. von: Edward S. Rothman, Philadelphia, und Monroe E. Wall, Oreland, Pa., V.St.A., **Cortison-17.21-diacetat (Ia),** F. 220—221°, erhält man durch Abbau von 11-Ketodiosgeninacetat mit Acetanhydrid, oxydative Spaltung u. Hydrolyse in üblicher Weise → *3β-Acetoxy-$\Delta^{5,16}$-pregnadien-11.20-dion*, F. 183—186°; $[\alpha]_D^{25}$ —1,7°, welches sich durch Rk. mit H_2O_2 in Ggw. von NaOH epoxydieren läßt → *3β-Acetoxy-16α.17α-epoxy-Δ^5-pregnen-11.20-dion*, F. 205—206°; $[\alpha]_D^{25}$ 14,8°; *freie 3-Hydroxy-Verb.*, F. 111—114°; daraus durch Epoxidspaltung mit HBr u. reduktive Debromierung mit Raney-Ni in Aceton → *3β.17α-Dihydroxy-Δ^5-pregnen-11.20-dion* (**I**), F. 277—278°; $[\alpha]_D^{25}$ 6°. Hieraus erhält man durch Rk. mit Ameisensäure → **I**-*3-Formiat*, F. 255—260°, u. durch anschließende 21-Acetoxylierung über das 21-Jodid → *21-Acetoxy-3β-formoxy-17α-hydroxy-Δ^5-pregnen-11.20-dion* (**II**), F. 192,5—193,5°; $[\alpha]_D^{25}$ 20,8°; daraus durch Acetylierung mit Acetanhydrid in Ggw. von p-Toluolsulfonsäure → **II**-*17-Acetat* (**III**), F. 228—229° (Zers.); $[\alpha]_D^{25}$ 40°; *freie 3-Hydroxy-Verb.* (**IV**), F. 203—205°; $[\alpha]_D^{25}$ 83°. Durch Oppenauer-Oxydation aus dem **III** u. **IV** enthaltenden Gemisch erhält man sodann in üblicher Weise → **Ia**. (**A. P. 2 998 436** vom 5/3. 1957, ausg. 29/8. 1961.) U. Sievers. 4809

American Cyanamid Co., New York, N.Y., V.St.A., **Herstellung von 16α.21-Diacetoxy-9α-brom-11β.17α-dihydroxy-$\Delta^{1.4}$-pregnadien-3.20-dion,** F. 147°, aus 16α.21-Diacetoxy-17α-hydroxy-$\Delta^{1.4.9,11}$-pregnatrien-3.20-dion, F. 195—198°, (**I**) mit N-Bromacetamid u. 10%ig. $HClO_4$ in Dioxan u. Wasser. **I** erhält man nach Ind. P. 65 026 durch Behandeln von 16α.21-Diacetoxy-11β.17α-dihydroxy-$\Delta^{1.4}$-pregnadien-3.20-dion bei —5° mit Thionylchlorid in Pyridin. (**Ind. PP. 65 026** vom 22/8. 1958, ausg. 18/11. 1959 u. **65 027** vom 22/8. 1958, ausg. 14/10. 1959.) C. Lüttgen. 4809

Farmaceutici Italia Soc. An., Mailand, Italien (Erfinder: Bruno Camerino, Renato Modelli, Bianca Patelli, Giovanni Sala und Giuliana Baldratti), **6α-Methyl-17α-hydroxyprogesteron und dessen Ester.** Man setzt z. B. Δ^5-Pregnen-3β.17α-diol-20-on-20-äthylenketal in Chlf. mit Perbenzoesäure um → *5α.6α-Epoxyallopregnan-3β.17α-diol-20-on-20-äthylenketal*, F. 244—245°; $[\alpha]_D$ —59°, welches sich durch übliche Epoxidspaltung mit CH_3MgJ u. anschließende Hydrolyse der Ketalgruppe mit 80%ig. Essigsäure überführen läßt → *6β-Methylallopregnan-*

3β.5α.17α-triol-20-on, F. 237—238°; $[\alpha]_D$ 8°; daraus durch Oxydation mit CrO_3 in Aceton-Essigsäure → *6β-Methylallopregnan-5α.17α-diol-3.20-dion*, F. 265—267°, welches sich mit methanol. KOH umlagern u. gleichzeitig dehydratisieren läßt → *6α-Methyl-17α-hydroxyprogesteron*, F. 234—235°; $[\alpha]_D$ 70°; *Acetat*, F. 197—199°. — Alle $[\alpha]_D$-Werte wurden bei 22° gemessen. — *Heilmittel*. (**E. P. 882 387** vom 24/4. 1958, ausg. 15/11. 1961.) U. Sievers. 4809

Ciba Ltd. (Erfinder: Albert Wettstein, Robert Neher und Pierre Antoine Desaulles), **Herstellung von Estern des Pregnan- oder Allopregnan-3β.16α-diol-20-ons** durch Acylieren. — 10 mg Allopregnan-3β.16α-diol-20-on (I) in Pyridin wird mit 0,25 ml Essigsäureanhydrid (II) vermischt u. 18 Std. bei 20° belassen. Nach Zugabe geringer Mengen W. werden die flüchtigen Anteile im Vakuum bei 60° verdampft u. der Rückstand in Ae. gelöst, woraus I-*3β.16-Diacetat*, F. 175—177°, auskristallisiert. Bei Anwendung geringerer Mengen II erhält man ein Gemisch von Mono- u. Diacetat, das sich chromatograph. trennen läßt. I-*3β-Monoacetat*, F. 183—185°, gibt mit Benzoylchlorid I-*3-Acetat-16-benzoat*. — Analog: *Pregnan-3β.16α-diol-20-on-3-monoacetat*, F. 165—167°, u. *3.16-Diacetat* (amorph). — *Arzneimittel*. (**Aust. P. 232 665** vom 27/6. 1958, ausg. 16/3. 1961. Schwz. Prior. 8/7. 1957, 20/3. u. 11/6. 1958.) C. Lüttgen. 4809

Løvens Kemiske Fabrik ved A. Kongsted, Kopenhagen, Dänemark (Erfinder: Sven Liisberg), **6β-Nitrosteroide der Androstan- oder Pregnanreihe** erhält man durch Rk. eines entsprechenden 3-Enoläthers oder -esters eines entsprechenden Δ^4-3-Ketosteroids mit Tetranitromethan (I). — Man setzt z. B. den 3-Enoläthyläther des Cortison-21-acetats in Chlf. mit I um → *6β-Nitrocortison-21-acetat*, F. 224—225°; $[\alpha]_D^{20}$ 25,3°. — Analog: *6β-Nitrotestosteronacetat*, F. 207—209°; $[\alpha]_D^{20}$ —198°. — *6β-Nitroprogesteron*, F. 179—180°; $[\alpha]_D^{20}$ —97°. — *6β-Nitrodesoxycorticosteron-21-acetat*, F. 169 bis 170°; $[\alpha]_D^{20}$ —33°. — *6β-Nitro*-Reichsteins *Verb. S-17.21-Diacetat*, F. 206—207°; $[\alpha]_D^{20}$ —125°. — *6β-Nitro-17α-methyltestosteron-17-acetat*, F. 179—180°; $[\alpha]_D^{20}$ —126°. — *6β-Nitro-19-norandrostendion*, F. 177—179°; $[\alpha]_D^{20}$ 1°. — *17α-Hydroxy-6β-nitroprogesteron*, F. 202—204°. — *6β-Nitrocortison-17.21-diacetat*, F. 235—236°. — *Heilmittel* sowie Zwischenprodd. zu deren Herstellung. (**E. P. 883 495** vom 29/5. 1959, ausg. 29/11. 1961.) U. Sievers. 4809

Schering Corp., Bloomfield, übert. von: Eugene P. Olivieto, Glen Ridge, N.J., V.St.A., **9β.11β-Epoxide der Pregnan- und Androstanreihe** erhält man durch Rk. eines 9α-Brom-11β-niedermol.-Alkanoyloxysteroids dieser Reihen mit einem Alkalimetallhydroxid oder -alkoholat. — Man setzt z. B. 9α-Brom-$\Delta^{1.4}$-pregnadien-11β.17α.21-triol-3.20-dion-11β-formiat-21-acetat, F. 210—213° (Zers.), mit methanol. NaOH um → *9β.11β-Oxido-$\Delta^{1.4}$-pregnadien-17α.21-diol-3.20-dion*. — Analog: *9β.11β-Oxido-$\Delta^{1.4}$-androstadien-3.17-dion*, F. 164—165°. — *9β.11β-Oxido-Δ^4-androsten-3.17-dion*, F. 180°. — *Zwischenprodd.* zur Herst. von *Heilmitteln*. (**A. P. 2 989 524** vom 13/3. 1959, ausg. 20/6. 1961.) U. Sievers. 4809

Schering Corp., Bloomfield, übert. von: Hans Reimann, Bloomfield, und Elliot S. Shapiro, Irvington, N.J., V.St.A., **16-Thiolcorticoide.** Man setzt z. B. $\Delta^{4.9.11.16}$-Pregnatrien-3.20-dion-21-ol-acetat in Tetrahydrofuran mit Thiolessigsäure um → *16α-Acetylmercapto-$\Delta^{4.9.11}$-pregnadien-3.20-dion-21-ol-acetat* (Ia), welches sich mit einer Kultur von *Corynebacterium simplex* in die *1-Dehydro-Verb.* u. anschließend durch Rk. mit KCN in A.-Essigsäure überführen läßt → *16α-Acetylmercapto-20-cyan-$\Delta^{1.4.9.11}$-pregnatrien-20.21-diol-3-on-21-acetat*; daraus durch Dehydratisierung mit $POCl_3$ in Pyridin u. Hydroxylierung mit $KMnO_4$ → *16α-Acetylmercapto-$\Delta^{1.4.9.11}$-pregnatrien-17α.21-diol-3.20-dion-21-acetat* (I), welches sich durch Rk. mit N-Bromacetamid u. anschließende Debromierung mit Zn-Essigsäure überführen läßt → *16α-Acetylmercaptoprednisolon-21-acetat*. Durch CrO_3-Oxydation erhält man das *11-Ketoanaloge* bzw. durch Verseifung der *freien Alkohole*. — Man kann auch I in üblicher Weise in die entsprechende *9α-Fluor-Verb.* überführen. — Alternativ kann man Ia mit Methylmercaptan in Ggw. von Piperidin umsetzen → *16α-Methylmercapto-$\Delta^{4.9.11}$-pregnadien-3.20-dion-21-ol-acetat* u. dieses wie vorst. beschrieben in das *16α-Methylmercaptoprednisolon* bzw. dessen *11-Keto- oder 9α-Fluoranalogon* überführen. — *Heilmittel*. (**A. P. 2 988 557** vom 16/12. 1959, ausg. 13/6. 1961.) U. Sievers. 4809

Magyar Állam (Erfinder: Stephan Döry und Stephan Deri), Budapest, Ungarn, **$\Delta^{4.6.22}$-Ergostatrien-3-on (Isoergosteron) (I)** erhält man durch Deacylierung von Ergosteron-enolacetat in wasserfreiem CH_3OH in Ggw. von $^1/_{10}$ Mol oder weniger CH_3ONa u. anschließende Isomerisierung des erhaltenen Ergosterons mittels wasserfreien Mineralsäuren. — 200 g Ergosteron-enolacetat (F. 145—147°) werden in 6660 ml abs. CH_3OH suspendiert, unter Rückfluß gekocht u. der kochenden Lsg. 200 ml 0,1n CH_3ONa-Lsg. zugesetzt. Man kocht, bis sich eine orangegelbe Farbe zeigt. Man setzt der sd. Fl. 1100 ml abs. CH_3OH u. 110 ml konz. H_2SO_4 zu u. kocht 15 Min. weiter. Es scheiden sich Kristalle von *3-Methoxy-$\Delta^{3.5.7.22}$-ergostatetraen* aus, die wieder in Lsg. gehen. In der braunen Lsg. verbleiben geringe Mengen fester Verunreinigungen, welche abfiltriert werden. Das Filtrat läßt man in Eiswasser laufen u. filtriert die sich ausscheidenden *Isoergosteron*-Kristalle, F. 105—107° (A.), α —26° (Chlf.). Die Isomerisierung kann auch mit wasserfreiem HCl, HBr oder H_3PO_4 durchgeführt werden. (**Ung. P. 145 529** vom 11/2. 1957, ausg. 15/11. 1959.) G. König. 4809

Chas. Pfizer & Co., Inc., New York, übert. von: Donald A. Kita, Jackson Heights, N.Y., V.St.A., **Herstellung von in 16α-Stellung hydroxylierten Steroidhormonen** mit 18—21 C-Atomen im Kerngerüst, dad. gek., daß man das Ausgangshormon, z. B. das 9α-Fluor-17α-hydroxycorticosteron-21-acetat unter submersen aeroben Bedingungen in einem üblichen wss. Nährmedium bei 20—35° mit einer Kultur von *Streptomyces halstedii ATCC 13499* oder *NRRL B-1238* fermentiert. (**A. P. 2 991 230** vom 24/6. 1959, ausg. 4/7. 1961.) W. Heyer. 4809

Magyar Állam (Erfinder: Koloman Lányi), Budapest, Ungarn, **Östradiol** erhält man bei der Hydrierung von im B-Ring ungesätt. Östrogenen in Ggw. von Raney-Ni. Als Ausgangsstoffe kommen in Betracht: Equilin, Equilenin, Dihydroequilin, Dihydroequilenin, Hippulin, Dihydrohippulin oder deren Gemische, ferner die Acyl-Derivv. der Östrogene, ggf. in Ggw. von Methanol oder A.–Equilin enthaltende Östronacetatharz, gelöst in Methanol. Die Ausgangsstoffe werden in Ggw. von Raney-Ni bei normaler Temp. mit H unter 40 mm Überdruck gesätt., der Katalysator abfiltriert, das Filtrat mit NaOH, gelöst in Methanol, versetzt, 2 Std. am Rückflußkühler gekocht u. anschließend das Methanol abdestilliert. Der Rückstand wird in heißem W. gelöst u. daraus das *Östradiol* mittels Salzsäure ausgefällt. Das mit W. gewaschene Rk.-Prod. besitzt F. 158—176°, α +68°. F. aus A. 175—177°. (**Ung. P. 144 771** vom 17/4. 1956, ausg. 15/3. 1959.) G. König. 4809

Roskilde Medical Co. Ltd., Roskilde, Dänemark, **Herstellung einer sterilen Kristallsuspension von Zink-Insulin,** dad. gek., daß man das ca. 3—8% Zink enthaltende Insulin in W. bei pH 2—3 löst, die Lsg. über ein bakteriendichtes Filter filtriert, unter sterilen Bedingungen das pH der Lsg. auf 5—6 einstellt u. nach vollständiger Kristallisation des Zinkinsulins die Kristallsuspension durch Einstellen des pH-Wertes auf 6,8—7,2 stabilisiert. (**E. P. 867 440** vom 2/9. 1958, ausg. 10/5. 1961. Dän. Prior. 6/9. 1957.) W. Heyer. 4809

Nordisk Insulin Laboratorium, Gentofte, Dänemark, **Herstellung von protrahiert wirkenden kristallinischen Zinkprotaminsulinpräparaten.** Zu einer Suspension von Protamininsulinkristallen werden in Ggw. eines Phosphatpuffers Zn u. Protamin in solchen Mengen zugesetzt, daß die Suspension nach erfolgter Umsetzung kein freies Zn u. Protamin enthält. — Beispiel: Zu 50 ml einer Protamininsulinsuspension, enthaltend 80 internationale Einheiten, werden 7,5 (mg) ZnCl, 40 Protamin, 70 m-Kresol, 30 Phenol u. Na-Phosphat ($^1/_{75}$ g Mol pro Liter) zugesetzt u. das pH auf 7,3 eingestellt. (**Dän. P. 87 211** vom 18/7. 1957, ausg. 27/7. 1959.) K. H. Kähler. 4809

Carroll M. Williams, Biological Labs., Harvard University, Cambridge, Mass., V.St.A., **Gewinnung von hormonaktiven Substanzen,** dad. gek., daß man ausgewachsene Motten der Art *Cecropia*, bes. *Platysamia cecropia L.* u. *Samia walkeri F. & F.*, mit einem gesätt. aliphat. Alkohol oder PAe., bes. CH_3OH u. C_2H_5OH, extrahiert. (**A. P. 2 981 655** vom 12/12. 1956, ausg. 25/4. 1961.) W. Heyer. 4809

Novo Terapeutisk Laboratorium A/S (Erfinder: Henrik Ege), **Reinigung von Penicillin V.** Die bei der Fermentation erhaltene wss. Roh-Lsg. eines Alkalisalzes von Penicillin V (I) setzt man mit einem Salz von N.N'-Dibenzyläthylendiamin (II), z. B. **II**-Diacetat, das leichter lösl. ist als das Dipenicillin-V-Salz des **II**, in einem Rk.-Medium um, das ein wasserlösl. organ. Lsgm. (**III**), z. B. A., u. ein mit W. nicht mischbares organ. Lsgm. (**IV**), z. B. Butylacetat, enthält. Die beiden organ. Lsgm. sind am Anfang der Rk. in solch einem Verhältnis vorhanden, daß eine homogene Phase vorliegt, die sich aber im Laufe der Rk. in eine W. u. **III** enthaltende Phase, die die Verunreinigungen enthält, u. eine **IV** enthaltende Phase, die das ausfallende Diaminsalz von **I** enthält, trennt. Aus der wss. Phase können auch noch 5—10% der Gesamtmenge von **I** zurückgewonnen werden. (**Aust. P. 230 332** vom 30/1. 1959, ausg. 13/10. 1960. Dän. Prior. 30/1. 1958.) O. Roick. 4811

Løvens Kemiske Fabrik ved A. Kongsted, Kopenhagen, Dänemark, **Herstellung von reinem Phenoxymethylpenicillin (I).** Zu einer wss. Suspension eines Ca-Salzes von **I** wird tropfenweise 0,4n HCl zugesetzt. Nachdem das Ca-Salz in Lsg. gegangen ist, krist. **I** aus, das nach Abfiltrieren getrocknet wird. (**Dän. P. 87 166** vom 7/9. 1956, ausg. 13/7. 1959.) K. H. Kähler. 4811

Magyar Állam (Erfinder: Nikolaus Bodánszky, Josef Gyimesi und Nikolaus Bródy), Budapest, Ungarn, **Gewinnung von Hydroxytetracyclin** aus der Gärlösung erfolgt mittels Gerbsäuren bei einem pH 5—9 vorteilhaft bei pH 7 u. Abscheiden des Niederschlages. (**Ung. P. 144 169** vom 4/9. 1956, ausg. 1/8. 1958.) G. König. 4811

Chas. Pfizer & Co., Inc., Brooklyn, N.Y., V.St.A., **Herstellung von Hydroxytetracyclin-Präparaten.** $Ca(OH)_2$, ein Säureadditions-Salz von Hydroxytetracyclin (**I**) u. ein Zucker, wie Glucose, Fructose, Maltose, Mannose, Sorbose u. Lactose werden im mol. Verhältnis Ca:**I**:Zucker = 1:1:X, wobei X wenigstens 1 u., wenn Lactose verwendet wird, weniger als 5 ist, gemischt u. die resultierende Lsg. bei Temp. unter 50° getrocknet. Das Pulver ist lange haltbar u. leicht in W. auflösbar. (**E. P. 853 462** vom 1/7. 1958, ausg. 9/11. 1960. A. Prior. 2/7. 1957.) K. Koebke. 4811

American Cyanamid Co., New York (Erfinder: Philip Andrew Miller, Joseph Jacob Goodman und Jerry Robert Daniel McCormick, New York, N.Y., und Newell Oscar Sjolander, Saddle River, N.J.), V.St.A., **Herstellung von 7-Chlortetracyclin,** dad. gek., daß man einen 7-Chlor-5a.11a-dehydrotetracyclin erzeugenden Stamm (**I**) von *Streptomyces aureofaciens* in einem wss. Chloridionen enthaltenden Nährmedium in Ggw. einer aus den Alkanolen (**II**), vielwertigen Verbb. (**III**) u. Oximen (**IV**) ausgewählten hydroxylhaltigen Verb. züchtet. **II** soll $<$ 6 C-Atome enthalten, z. B. Methanol, Äthanol, einen Propylalkohol oder einen Butylalkohol. Als **III** sind genannt: Riboflavin, Glycerin, Sorbit oder Barbaloin u. als **IV**: 1.2-Naphthochinon-1-oxim, Isobutyraldoxim, 2-Butanonoxim, Acetonoxim, 2-Hydroxybenzochinon-1-oxim, Furildioxim, 2-Furaldoxim, n-Butyraldoxim oder 2-Nitroso-5-hydroxybenzochinon-4-oxim. Diese Verbb. werden in Mengen von 0,001—200 mg je cm^3 Nährmedium zugesetzt, die sich nach ihrer Aktivität richten. Tabelle über die Reihenfolge nach abnehmender Wirksamkeit. Bevorzugte **I** sind ATCC 12748, 12749, 12750 u. 12751. Fermentationsbeispiele u. Tabellen über die Ausbeutesteigerung gegenüber Vgl.-Versuchen. (**D. A. S. 1 116 863** Kl. 30h vom 12/1. 1961, ausg. 9/11. 1961. **A. P. 2 987 449** vom 23/2. 1960, ausg. 6/6. 1961.) H. Schindler. 4811

Chemie Grünenthal G. m. b. H., Stolberg (Erfinder: Heinrich Mückter, Aachen), **Herstellung von wenig toxischen Kanamycinsalzen.** Kanamycin (**I**) oder ein **I**-Salz oder ein mit **I** beladener Kationaustauscher werden mit 1—3 Mol einer Amino- oder N-Acylaminosäure oder deren Erdalkalisalz oder einem mit einer solchen Säure beladenem Anionaustauscher, bes. mit N-Acetylleucin (**II**) oder Pantothensäure, umgesetzt u. ggf. mit einer weiteren Säure oder deren Salz zur Rk. gebracht. — **I**-*Di-N-acetylleucinat,* F. 195° (Zers.), durch Umsetzung einer **II**-Ba-Salz-Lsg. mit einer Lsg. von **I**-Monosulfathydrat. Ähnlich: *Dipantothenat,* F. 101—102° (Zers.). *Sulfatpantothenat,* F. 230°. *Dipantothenatsemisulfat,* F. 114—118° (Zers.). *Tripantothenat,* F. 110—112° (Zers.). *Monopantothenatsemisulfat,* F. 111—113° (Zers.). (**Oe. P. 210 995** vom 19/8. 1959, ausg. 10/9. 1960. D. Prior. 16/9. 1958.) Eberhard Riedel. 4811

Farbenfabriken Bayer Akt.-Ges., Leverkusen (Erfinder: Werner Pilz, Otto-Erich Schweckendiek und Otto Armbruster, Köln, und Heinz-Georg Garbe, Bensberg), **Züchtung von Maul- und Klauenseuche-Virus,** dad. gek., daß man das Epithel der äußeren Haut geschlachteter Schweine in Nähr-Lsg. in Ggw. von MKS-Virus bebrütet. Beispiel. Ersatz für Rinderzungenepithel. (**D. A. S. 1 108 855** Kl. 30h vom 2/12. 1959, ausg. 15/6. 1961.) H. Schindler. 4813

Bernhard Joos, Zürich, Schweiz, **Stabilisieren von Sera.** Sera, die z. B. nach E. P. 763 752; C. **1961,** 8399, dadurch hergestellt wurden, daß man in Tiere, bes. Kaninchen, eine Zellsuspension oder einem Zellextrakt aus menschlichem embryonalem Gewebe injiziert u. nach der Immunisierung aus deren Blut das Serum gewinnt, werden getrocknet u. durch Behandeln entweder mit β-Lactonen der Formel **I** (R_1 u. R_2 = H oder Alkyl), bes. β-Propiolacton oder mit Alkylenoxid, bes. Äthylenoxid, stabilisiert. Diese stabilisierten Prodd. werden in der Medizin zu Heilzwecken u. zur kosmet. Behandlung der Haut, u. zwar in Form von Lotionen u. Cremes, die 0,01—1% davon enthalten, verwendet. (**E. P. 872 122** vom 8/6. 1959, ausg. 5/7. 1961. Schwz. Prior. 13/6. 1958.) E. Petersen. 4813

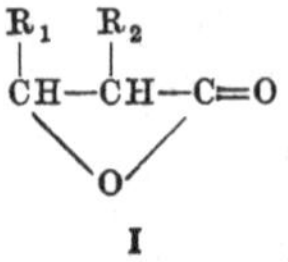

I

Československá Socialistická Republika (Erfinder: Zdněk Müller und Boris Růžička, Prag), Tschechoslowakei, **Präparat zur Heilung und Vorbeugung parasitärer Leberkrankheiten von Tieren, namentlich von Vögeln,** bestehend aus einer oberflächenakt. Trägersubstanz (**I**), z. B. Sojamehl oder anderer physiolog. unwirksamer Stoffe, die mit $MnSO_4$ oder $MnCl_2$ getränkt werden, um sie dann mit Cholin, Betain oder Methionin, mit Vitaminen, wie Nicotinsäure bzw. seinem Amid, Folsäure oder Pantothensäure zu behandeln. Das getrocknete Adsorbat kann man noch mit lipophilen Heilmitteln (Lsg. von Vitamin E in Öl) behandeln. Für hydrophile Stoffe kann man als I auch $CaCO_3$, $MgCO_3$, Al_2O_3, $Al(OH)_3$ verwenden, für lipophile Stoffe Cellulosesplit, Sägemehl u. so weiter. Als Antioxydantien gibt man N.N'-Diphenyl-p-phenylendiamin, Diphenylhexamethylendiamin, Butylhydroxyanisol, Propyloctyldodecylgallat, Hydrochinon, Butylhydroxytoluol hinzu. (**Tschech. P. 99 529** vom 10/3. 1960, ausg. 15/5. 1961.) L. Macher. 4815

Research Laboratories, Inc., St. Joseph, Mo., V.St.A. (Erfinder: William True Davis jun. und Fred Munroe Murdock), **Kombinierte Vaccine für veterinärmedizinische Zwecke,** bestehend aus einer lebenden Vaccine (I) als Suspension u. einer abgetöteten I oder deren Antigenen. — Kombinationsbeispiele für Schweineerysipelbacterin u. Schweinecholeravaccine, Hundestäupe- u. Hundehepatitisvaccinen, Brucellavaccine u. Klauenseuchebacterin. Als Suspensions- bzw. Absorptionsmittel wird bevorzugt $Al(OH)_3$ verwendet. Die Einzelbestandteile können auch erst bei der Verw. gemischt werden. (**E. P. 858 536** vom 19/2. 1957, ausg. 11/1. 1961.)
H. Schindler. 4815

Cocker Chemical Co. Ltd., Kingston-upon-Hull (Erfinder: Gordon Watson, und George William Gladden, Accrington, Lancashire), England, **Kernchlorierte 3-Isopropylphenole,** die 2 oder 3 Cl-Atome enthalten können u. bes. in Form ihrer wss. Lsg. als *germicide* u. *antisept. Mittel* dienen u. die hohe Phenol-Koeff. aufweisen, erhält man durch Behandeln von 3-Isopropylphenol (I) mit Cl_2 oder einem chlorabgebenden Mittel, bes. SO_2Cl_2. — Durch 4½ std. Behandeln von 136 g I bei 40° mit Cl_2 (5 Liter/h) bis zu einer Gew.-Zunahme von 36 g, Ausblasen des Cl_2 u. Fraktionieren im Vakuum erhält man: 47,2 g einer Fraktion vom $Kp._5$ 79—84°, die aus nicht umgesetztem I u. 2 o-Chlor-Derivv. besteht; 27,2 g einer Fraktion vom $Kp._5$ 84—104°, die aus Spuren von nicht umgesetztem I, einem o- u. einem p-Chlor-Deriv. u. 2 Dichlor-Derivv. besteht; 48,3 g einer Fraktion vom $Kp._5$ 104—106°, die aus einem p-Chlor-Deriv. u. 2 Dichlor-Derivv. besteht; u. 15,1 g einer Fraktion vom $Kp._5$ 106°, die aus einem p-Chlor-Deriv. u. einer geringeren Menge von 2 Dichlor-Derivv. besteht. Die Phenol-Koeff. der gemischten Dichlor-Derivv. gegenüber B. Typhi liegen zwischen 314 u. 420, gegenüber Staph. aureus zwischen 246 u. 310. (**E. P. 839 972** vom 16/6. 1955, ausg. 29/6. 1960.) A. Mohr. 4833

Hoffmann-La Roche, Inc., Nutley, N.J., V.St.A., übert. von: **Ernst Gäumann** und **Emil Hardegger,** Zürich, Schweiz, *Isolierung pharmazeutisch wirksamer Stoffe.* (**A. P. 3 011 948** vom 2/6. 1958, ausg. 5/12. 1961. Schwz. Prior. 14/6. 1957. — C. **1960,** 13117 [D. A. S. 1 071 895].)

Ciba Ltd., Basel, Schweiz, *Polysaccharide aus Sassafras-Pflanzen.* (**E. P. 878 430** vom 15/10. 1959, ausg. 27/9. 1961. A. Prior. 15/10. 1958. — C. **1962,** 2824 [D. A. S. 1 113 062].)

Laboratoires Albert Rolland (Erfinder: **Yvonne Thuillier**), Paris, Frankreich, *Herstellung eines reinen Leberextraktes.* (**E. P. 878 747** vom 21/11. 1958, ausg. 4/10. 1961. — C. **1961,** 3742 [D. A. S. 1 089 509].)

Lepetit S.p.A. (Erfinder: **Vitangelo D'Amato, Uberto Teotino** und **Pietro Consonni**), Mailand, Italien, *2-Methyl-2-propylpropandiol-(1.3)-carbamat.* (**Schwz. P. 359 126** vom 5/4. 1957, ausg. 15/2. 1962. It. Prior. 13/4. 1956. — C. **1960,** 14448 [Oe. P. 196 881].)

J. R. Geigy Akt.-Ges., Basel, Schweiz, *Herstellung von Benzophenonsulfonamiden.* (**Ind. P. 65 616** vom 29/10. 1958, ausg. 13/3. 1961. — C. **1962,** 5019 [F. P. 1 216 991].)

Farbwerke Hoechst Akt.-Ges., vormals Meister Lucius & Brüning (Erfinder: **Walter Aumüller, Gerhard Korger** und **Hans Wagner**), Frankfurt/M., *Sulfonylurethane.* (**Schwz. P. 358 072** vom 25/4. 1957, ausg. 30/12. 1960. D. Prior. 28/4., 3/11. u. 7/11. 1956. — C. **1961,** 4450 [Oe. P. 200 583].)

Farbwerke Hoechst Akt.-Ges., vormals Meister Lucius & Brüning (Erfinder: **Walter Aumüller, Gerhard Korger** und **Hans Wagner**), Frankfurt/M., *Sulfonylurethane.* (**Schwz. P. 358 074** vom 25/4. 1957, ausg. 30/12. 1961. D. Prior. 28/4., 3/11. u. 7/11. 1956. — C. **1961,** 4450 [Oe. P. 200 583].)

Farbwerke Hoechst Akt.-Ges., vormals Meister Lucius & Brüning (Erfinder: **Walter Aumüller, Gerhard Korger** und **Hans Wagner**), Frankfurt/M., *Sulfonylurethane.* (**Schwz. P. 358 075** vom 25/4. 1957, ausg. 30/12. 1961. D. Prior. 28/4., 3/11. u. 7/11. 1956. — C. **1961,** 4450 [Oe. P. 200 583].)

Merck & Co., Inc., Rahway, N.J., V.St.A., *Herstellung von Disulfamylanilinverbindungen.* (**Ind. P. 65 561** vom 24/10. 1958, ausg. 16/2. 1961. — C. **1962,** 8717 [Oe. P. 206 431].)

Merck & Co., Inc., Rahway, N.J., V.St.A., *Disulfamylanilinverbindungen.* (**Ind. P. 66 150** vom 17/12. 1958, ausg. 28/1. 1961. — C. **1962,** 8717 [Oe. P. 206 430].)

Farbenfabriken Bayer Akt.-Ges., Leverkusen, *Herstellung von Diaminochinonen.* (**E. P. 884 167** vom 8/7. 1960, ausg. 6/12. 1961. D. Prior. 9/7. 1959. — C. **1962,** 4259 [D. A. S. 1 115 253].)

Ciba Ltd., Basel, Schweiz, *Substituierte 2-Aminoalkylcycloalkanone.* (**E. P. 878 677** vom 18/12. 1957, ausg. 4/10. 1961. Schwz. Prior. 18/12. 1956. — C. **1961,** 9899 [D. A. S. 1 059 901].)

Farbwerke Hoechst Akt.-Ges., vormals Meister Lucius & Brüning, Frankfurt/M., *Cyclohexencarbonsäureamide.* (**E. P. 880 790** vom 28/4. 1958, ausg. 25/10. 1961. D. Prior. 27/4. 1957. — C. **1961,** 9126 [Oe. P. 205 021].)

Badische Anilin- & Soda-Fabrik Akt.-Ges. (Erfinder: **Hans Moell** und **Nikolaus von Kutepow**), Ludwigshafen/Rh., *Herstellung von 2-Halogencyclohepten-(1)-carbonsäuren-(1).* (**E. P. 876 121** vom 6/8. 1959, ausg. 30/8. 1961. D. Prior. 7/8. 1958. — C. **1960,** 14449 [D. A. S. 1 072 988].)

Schering Akt.-Ges., übert. von: **Martin Schenck** und **Helmer Richter,** Berlin, *Herstellung von 2-Aminoindanen.* (**A. P. 2 982 783** vom 28/12. 1955, ausg. 2/5. 1961. D. Prior. 11/6. 1953. — C. **1956,** 9805 [D. B. P. 936 507].)

Knoll Akt.-Ges., Chemische Fabriken (Erfinder: **Oskar Bub**), Ludwigshafen/Rh., *Herstellung von heterocyclischen Verbindungen.* (**Schwz. P. 359 705** vom 12/6. 1957, ausg. 15/3. 1962. D. Prior. 27/7. 1956. — C. **1961**, 16575 [D. P. [DDR] 17 390].)

Aktiebolaget Bofors (Erfinder: **Bo Thuresson af Ekenstam, Börje Per Harald Egner**, Bofors, und **Bror Gösta Pettersson**, Karlskoga), Bofors, Schweden, *N-Alkylpiperidin- beziehungsweise N-Alkylpyrrolidinmonocarbonsäureamide.* (**Schwz. P. 359 704** vom 5/2. 1957, ausg. 15/3. 1962. Schwed. Prior. 22/2. 1956. — C. **1960**, 3635 [Jap. A.S. 628/1958].)

Fa. Peter Stoltenberg (Erfinder: **Ernst Kriege** und **Wilhelm Steinbrügger**), Hamburg, *4-[Pyridincarbonsäureamido- beziehungsweise -alkylamido]-2.3-dimethyl-1-phenylpyrazolone und 4-[Pyridindicarbonsäureamido- beziehungsweise -alkylamido]-1-phenyl-2.3-dimethylpyrazolone.* (**Schwz. P. 359 441** vom 7/2. 1958, ausg. 28/2. 1962. D. Prior. 8/2. 1957. — C. **1959**, 5236 [D. A. S. 1 046 058].)

Deutsche Gold- und Silber-Scheideanstalt vormals Roessler, Frankfurt/M. (Erfinder: **Wilhelm Alfons Schuler**, Bad Homburg v.d.H., und **Hans Klebe**, Gelnhausen), *Herstellung von tert. Thiophenylpyridylaminen.* (**Schwz. P. 358 809** vom 7/5. 1957, ausg. 31/1. 1962. D. Prior. 12/5. 1956. — C. **1958**, 13309 [D. A. S. 1 014 544].)

Wm. S. Merrell Co., Cincinnati (Erfinder: **Marcus George van Campen jun.**, Wyoming, und **Charles Harmon Tilford**, Cincinnati), Ohio, V.St.A., *Substituierte Pyridyläthanole.* (**Schwz. P. 335 385** vom 31/10. 1953, ausg. 14/2. 1959. — C. **1957**, 10825 [E. P. 756 686].)

May & Baker Ltd., Dagenham, England, *Herstellung von substituierten Piperidinderivaten.* (**Ind. P. 67 864** vom 30/5. 1959, ausg. 15/4. 1961. — C. **1961**, 11185 [Oe. P. 204 556].)

Merck & Co., Inc., Rahway, N.J., V.St.A., *Gewinnung von Nicotinamid.* (**E. P. 879 551** vom 14/10. 1958, ausg. 11/10. 1961. A. Prior. 28/10. 1957. — C. **1962**, 2088 [F. P. 1 213 057].)

Merck & Co., Inc., Rahway, N.J., V.St.A., *Gewinnung von Nicotinamid.* (**Ind. P. 65 463** vom 8/10. 1958, ausg. 10/11. 1960. Can. Prior. 5/2. 1958. — C. **1962**, 2088 [F. P. 1 213 057].)

F. Hoffmann-La Roche & Co. Akt.-Ges., Basel, Schweiz, *2-Hydroxy-1.2.3.4.6.7.12.12b-oktahydroindolo-[2.3:a]-chinolizine.* (**Ind. P. 65 107** vom 1/9. 1958, ausg. 22/11. 1960. E. Prior. 5/3. 1958. — C. **1962**, 2089 [Oe. P. 205 979].)

Soc. des Usines Chimiques Rhône-Poulenc, Paris (Erfinder: **Robert Michel Jacob**, Ablon, und **Jacques Georges Robert**, Gentilly), Frankreich, *Phenothiazine.* (**Schwz. P. 359 140** vom 5/11. 1956, ausg. 15/2. 1962. F. Prior. 15/11. 1955, 24/5. u. 24/7. 1956. — C. **1960**, 3962 [D. A. S. 1 056 611].)

Soc. des Usines Chimiques Rhône-Poulenc, Paris (Erfinder: **Robert Michel Jacob**, Ablon, und **Gilbert Louis Regnier**, Paris), Frankreich, *Phenothiazine.* (**Schwz. P. 359 141** vom 14/11. 1956, ausg. 15/2. 1962. F. Prior. 25/11. 1955 u. 16/8. 1956. — C. **1960**, 229 [D. A. S. 1 058 998].)

Sandoz Ltd., Basel, Schweiz, *Herstellung von Phenthiazinderivaten.* (**Ind. P. 64 348** vom 11/6. 1958, ausg. 14/1. 1961. E. Prior. 2/4. 1958. — C. **1961**, 11434 [Oe. P. 202 563].)

Sandoz Ltd., Basel, Schweiz, *Herstellung von basischen, in 3-Stellung mit einer S-Funktion substituierten Phenthiazinderivaten.* (**Ind. P. 64 093** vom 15/5. 1958, ausg. 3/1. 1961. E. Prior. 7/3. 1958. — C. **1960**, 12777 [Oe. P. 202 149].)

Joh. A. Benckiser G.m.b.H., Chemische Fabrik, Ludwigshafen/Rh., *Herstellung von therapeutisch wirksamen d-Glucosaminderivaten.* (**Ind. P. 66 186** vom 20/12. 1958, ausg. 13/1. 1960. — C. **1962**, 6878 [Oe. P. 206 577].)

Merck & Co., Inc., Rahway (Erfinder: **Karl Pfister**, Westfied, und **Gustav Albert Stein**, Plainfield), N.J., V.St.A., *Isocamphanderivate.* (**Schwz. P. 359 698** vom 6/6. 1956, ausg. 15/3. 1962. A. Prior. 6/6. 1955. — C. **1959**, 3237 [F. P. 1 153 727].)

Badische Anilin- & Soda-Fabrik Akt.-Ges. (Erfinder: **Horst Pommer** und **Wilhelm Sarnecki**), Ludwigshafen/Rh., *Verbindungen der β-Jonylidenreihe.* (**E. P. 873 872** vom 1/9. 1958, ausg. 2/8. 1961. D. Prior. 3/9. 1957 u. 14/3. 1958. — C. **1960**, 1946 [D. A. S. 1 059 900] u. C. **1960**, 16857 [D. A. S. 1 068 702].)

Research Corp., New York, N.Y., übert. von: **Lester J. Reed**, Austin, Tex., V.St.A., *Lipoylthiamine.* (**Can. P. 556 088** vom 6/5. 1953, ausg. 15/4. 1958. A. Prior. 21/5. 1952. — C. **1956**. 13783 [A. P. 2 694 066].)

Upjohn Co., Kalamazoo, Mich., V.St.A., *Vitamin-B_{12}-Ascorbinsäurepräparat.* (**E. P. 883 259** vom 15/6. 1959, ausg. 29/11. 1961. A. Prior. 26/6. 1958. — C. **1961**, 1659 [A. P. 2 914 446].)

Ciba Ltd., Basel, Schweiz, *Herstellung neuer Polyhydrophenanthrenverbindungen.* (**E. P. 883 796** vom 17/1. 1958, ausg. 6/12. 1961. Schwz. Prior. 25/1. 1957. — C. **1960**, 12779 [D. A. S. 1 072 990].)

Merck & Co., Inc., Rahway, übert. von: **William F. Newhall**, Metuchen, N.J., V.St.A., *Zwischenprodukte für die Steroidsynthese.* (**Can. P. 556 028** vom 17/10. 1951, ausg. 15/4. 1958. A. Prior. 31/10. 1950. — C. **1954**, 8633 [D. B. P. 905 486].)

Merck & Co., Inc., Rahway, N.J., V.St.A., *Herstellung von Steroiden.* (**E. P. 891 594** vom 12/11. 1958, ausg. 14/3. 1962. A. Prior. 22/11. 1957. — C. **1962**, 18570 [A. P. 2 954 326].)

Schering Akt.-Ges., *Herstellung von wasserlöslichen Steroiden.* (**Belg. P. 571 315** vom 18/9. 1958, ausg. 26/1. 1962. D. Prior. 26/10. 1957. — C. **1959**, 12636 [D. A. S. 1 047 780].)

Olin Mathieson Chemical Corp., New York, N.Y., V.St.A., *Herstellung von Steroiden.* (**E. P. 890 907** vom 16/4. 1958, ausg. 7/3. 1962. A. Prior. 18/4. 1957. Zusatz zu E. P. 839 698; C. 1961, 8044. — C. **1960**, 15147 [D. A. S. 1 068 711].)

Ciba Ltd. (Erfinder: **Albert Wettstein** und **Charles Meystre**), *3.11.17-substituierte Steroide.* (**Aust. P. 230 829** vom 19/11. 1957, ausg. 17/11. 1960. Schwz. Prior. 26/11. 1956. — C. **1960**, 5582 [D. A. S. 1 065 414].)

Farbwerke Hoechst Akt.-Ges., vormals Meister Lucius & Brüning, Frankfurt/M., *Herstellung von Lactonen der Steroidreihe.* (**Oe. P. 218 181** vom 24/7. 1957, ausg. 10/11. 1961. D. Prior. 26/7. 1956. — C. **1959**, 7895 [D. A. S. 1 027 665].)

Tadeus Reichstein, Basel, Schweiz (Erfinder: **Tadeus Reichstein, Albert Wettstein, Georg Anner, Jean-René Billeter, Karl Heusler, Robert Neher, Julius Schmidlin, Hellmut Ueberwasser** und **Peter Wieland**), *Pregnenverbindungen.* (**Aust. P. 230 306** vom 18/3. 1958, ausg. 13/10. 1960. — C. **1960**, 2970 [D. A. S. 1 063 162].)

Schering Corp., Bloomfield, übert. von: **Emanuel B. Hershberg**, West Orange, und **William H. Gebert**, Madison, N.J., V.St.A., *Herstellung von 21-Hydroxypregnenen.* (**A. P. 3 009 936** vom 10/11. 1954, ausg. 21/11. 1961. — C. **1959**, 9331 [E. P. 796 768].)

Syntex Soc. An. (Erfinder: **Albert Bowers, Fred Allan Kinel, Howard Joseph Ringold, George Rosenkranz** und **Alejandro Zaffaroni**), *6α-Chlor- oder 6α-Fluor-$\Delta^{1,4}$-pregnadien-3.20-dione.* (**Aust. P. 232 604** vom 6/3. 1958, ausg. 9/3. 1961. Mexican. Prior. 9/3., 26/3., 11/6., 18/6., 20/7., 9/8., 16/8., 3/9., 23/9., 26/9. u. 15/10. 1957. — C. **1961,** 3747 [D. A. S. 1 079 042].)

Merck & Co., Inc., Rahway, N.J., V.St.A. (Erfinder: **Edward W. Tristram**), *Herstellung von $\Delta^{1,4}$-Pregnadien-17α.21-diol-3.11.20-trion-21-acetat.* (**Aust. P. 230 365** vom 19/5. 1958, ausg. 13/10. 1960. — C. **1961,** 9133 [A. P. 2 870 178].)

Merck & Co., Inc., Rahway, übert. von: **Earl M. Chamberlin,** Westfield, N.J., V.St.A., *Herstellung von Allopregnan-3β.17α-diol-11.20-dion.* (**A. P. 2 980 712** vom 1/7. 1954, ausg. 18/4. 1961. — C. **1950/54,** 3426 S [F. P. 1 072 316].)

Tadeus Reichstein, Basel, Schweiz, *Herstellung von Derivaten des Aldosterons.* (**Oe. P. 217 645** vom 18/8. 1954, ausg. 10/10. 1961. Schwz. Prior. 11/9. 1953 u. 22/1. 1954. — C. **1958,** 11318 [D. A. S. 1 017 609].)

Merck & Co., Inc. (Erfinder: **John Torngreen Day**), *Prednisolon und dessen Ester.* (**Aust. P. 230 760** vom 2/6. 1958, ausg. 10/11. 1960. A. Prior. 19/6. 1957. — C. **1960,** 6254 [D. A. S. 1 065 415].)

Schering Akt.-Ges., übert. von: **Karl Küster-Sange,** Berlin, *Herstellung von 10-Acetoxyderivaten von $\Delta^{1,4}$-Östradien-10ξ.17β-diol-3-onderivaten.* (**A. P. 3 000 913** vom 11/4. 1957, ausg. 19/9. 1961. D. Prior. 20/4. 1956. — C. **1959,** 2231 [D. A. S. 1 015 802].)

Farbwerke Hoechst Akt.-Ges., vormals Meister Lucius & Brüning, Frankfurt/M., übert. von: **Alfons Söder,** Kelkheim/Taunus, und **Walter Siedel,** Bad Soden/Taunus, *Herstellung eines Additionsproduktes von Tetracyclin an Methanol.* (**A. P. 2 994 716** vom 12/3. 1958, ausg. 1/8. 1961. D. Prior. 28/3. 1957. — C. **1959,** 7896 [D. A. S. 1 038 036].)

Merck & Co., Inc., Rahway, übert. von: **Frank J. Wolf,** Westfield, N.J., V.St.A., *Gewinnung von Novobiocin aus Fermentationsflüssigkeiten.* (**A. P. 3 000 873** vom 21/5. 1957, ausg. 19/9. 1961. — C. **1960,** 17212 [D. A. S. 1 072 774].)

Soc. des Usines Chimiques Rhône-Poulenc, übert. von: **Jean Preud'homme** und **Yvan Charpentie,** Paris, Frankreich, *Trennen des Spiramycins in seine Komponenten durch Chromatographie.* (**A. P. 3 011 947** vom 12/1. 1956, ausg. 5/12. 1961. F. Prior. 30/11. 1955. — C. **1958,** 12778 [D. A. S. 1 019 052].)

Glaxo Laboratories Ltd., Greenford, übert. von: **Ernest Lester Smith,** North Harrow, **Karl Heinz Fantes,** Bushey, und **William Harold Cullen Shaw,** Penn, England, *Gewinnung von Antibiotica aus Streptomyces ostreogriseus.* (**A. P. 3 014 841** vom 17/9. 1958, ausg. 26/12. 1961. E. Prior. 20/9. 1957. — C. **1960,** 17546 [D. A. S. 1 069 333].)

Glaxo Laboratories Ltd., Greenford, übert. von: **Alan Rhodes,** Bracknell, und **Derek L. Fletcher,** Stoke Poges, England, *Herstellung von Griseofulvin.* (**A. P. 2 986 496** vom 2/1. 1957, ausg. 30/5. 1961. E. Prior. 5/1. 1956. — C. **1960,** 1609 [D. A. S. 1 053 737].)

József Uri, Loránt Sárdy und **István Békési,** Debrecén, Ungarn, *Herstellung von Flavofungin.* (**D. P. [DDR] 23 180** Kl. 30h vom 30/9. 1958, ausg. 24/5. 1962 [Ausschließungspatent]. Ung. Prior. 3/10. 1957. — C. **1961,** 16208 [D. A. S. 1 090 379].)

Soc. des Usines Chimiques Rhône-Poulenc, Paris (Erfinder: **Denise Mancy,** Charenton, Seine, **Léon Ninet** und **Jean Preud'homme,** Paris), Frankreich, *Herstellung des Antibioticums 5278 R.P.* (**D. P. [DDR] 22 807** Kl. 30h vom 15/10. 1959, ausg. 2/3. 1962 [Ausschließungspatent]. F. Prior. 30/10. 1958. — C. **1962,** 9082 [D. A.S. 1 087 763].)

G. Analyse. Laboratorium

Ein zweckdienliches Schutzschild für Apparaturen kleinen Maßstabes. Stanley H. Langer und Peter Pantages. (J. chem. Educat. **38,** 634, Dez. 1961; Pittsburgh, Pa., U. S. Bur. of Mines; engl.) — Mit Hilfe eines einfachen Drehringes lassen sich die üblichen Schweißergesichtsmasken als Schutzschilde vor kleineren App. in verschiedenen Stellungen an Labor.-Stativen anbringen. W. Hein. 5010□

Eine vielseitig anwendbare Torsionswaage für das chemische Laboratorium. Z. G. Szabó und D. Király. (Acta chim. Acad. Sci. hung. **17,** 393—410, 1958; Szeged, Univ., Inst. for Inorg. and Anal. Chem.; engl.) — Beschreibung einer nach dem Archimedischen Prinzip funktionierenden u. mit einer Torsionsmikrowaage kombinierten Schwebewaage, die zur Best. des Molgew. u. der Dichte von Gasen geeignet ist (Anwendung auf CO_2, N_2, CO, C_2H_4, Ar sowie N_2–Ar- u. Ar–Luft-Gemische). Bei elektromagnet. Kompensierung können auch Adsorptionsmessungen (Anwendung auf NH_3-Aktivkohle bei 0—47,4°) u. Unterss. von thermogravimetr. Vorgängen oder Zers.-Rkk. ($CuSO_4 \cdot 5\,H_2O$) durchgeführt werden. Zufolge ihrer großen Empfindlichkeit ($\pm$0,02 mg) ist die Waage auch bei Messungen der magnet. Susceptibilität zu verwenden.
A. Blaschette. 5022□

Ionenaustausch. Robert Kunin und F. X. McGarvey. (Analytic. Chem. **34,** 101R — 103R, April 1962; Philadelphia, Pa., Rohm & Haas Co.; engl.) — Überblick über die Weiterentw. der Meth. des Ionenaustausches in der Zeit vom Nov. 1959 bis Nov. 1961 im Anschluß an den vorangegangenen Bericht (C. **1961,** 4104). Im einzelnen werden behandelt: Theoretisches, neue Ionenaustauschersubstanzen, Anreicherung aus verd. Lsgg., anorgan., organ. u. Mikroanalyse, bes. Verff. u. Meth., Verw. zur Herst. von Reagentien. — 94 Literaturangaben. Gerhard Schulze. 5062□

Über die Möglichkeiten der Ausführung optischer Systeme für das mittlere und ferne Infrarot mit synthetischen künstlichen Einkristallen. Martial Lachenaud.

(Rev. Opt. théor. instrument. **38,** 541—55, Dez. 1959; franz.) — Übersicht über die Verwendbarkeit von synthet. Einkristallen aus *Tl*(*Br, J*), *AgCl* u. *CsBr* bei der Herst. opt. Syst. für die IR-Spektrometrie (4—35μ). Herbert Müller. 5063□

Kaliumbromid-Methode bei Infrarotuntersuchungen. Robert G. Milkey. (Analytic. Chem. **30,** 1931—33, Dez. 1958; Washington, D. C., U.S. Geol. Surv.; engl.) — Das bei der IR-Analyse fester Stoffe für Preßlinge verwendete KBr-Pulver darf während des Mahlens oder Mischens mit der Substanz nicht zu heftig oder zu lange im mechan. Vibrator behandelt werden. 5—10 Min. lang im Mörser zerriebenes KBr zeigte ohne u. mit Abtrennung der Teilchen der Größe >50 oder >60 Maschen eine geringere Eigenabsorption u. auch geringere Absorption infolge adsorbierten W. als ein Pulver mit einer Teilchengröße von <400 Maschen. Auch die Lichtdurchlässigkeit des gröberen Pulvers war im allg. um mehrere Prozente größer. J. Richter. 5063□

Mikrozelle für niedrige Temperatur zur Infrarotuntersuchung kondensierter Gase. James E. Stewart. (Analytic. Chem. **30,** 2073—74, Dez. 1958; Washington, D. C., Nat. Bur. of Stand.; engl.) — Es wird eine Mikrozelle beschrieben u. abgebildet, die es gestattet, 0,03—0,3 ml eines Gases bei Atmosphärendruck zu untersuchen. Sie besteht im Prinzip aus einem Dewar-Gefäß mit einem Kühlfinger aus Messing, der an die Kovar-Schale am Boden des N_2 (fl.)-Behälters gelötet u. an dem ein dünnes NaCl-Fenster befestigt ist. Das Gas schlägt sich beim Einströmen in die auf $<0{,}1\,\mu$ evakuierte u. 30—60 Min. lang vorgekühlte Zelle auf dem Fenster als dünner Film nieder. Es können Temp. bis ca. -182^0 erreicht werden. Für die Verbindungsstellen können nur nichtflüchtige Fette verwendet werden; unbefriedigend sind Silicon- u. Polychlortrifluoräthylenfett. J. Richter. 5063□

Gravimetrische Methode der Staubbestimmung in der Luft unter Anwendung eines Filters aus dem Gewebe FPP-15-1,5. R. Ss. Gildenskiold und A. A. Minajew. (Гигиена и Санитария [Hyg. u. Sanitätswes.] **27,** Nr. 1, 40—46, Jan. 1962; Moskau, Erissman Forsch.-Inst. für Hygiene des Ministeriums für Gesundheitswesen der RSFSR; russ.) — Eigg. u. bes. Nachteile der Luftfilter aus hygroskop. Baumwolle, Glas- u. Mineralwatte, Papier, Membranen, organ. Verbb. (Naphthalin, Benzoesäure) u. Keramik bei der gravimetr. Staub-Best. in der Luft werden erörtert. Die hohe Hygroskopizität u. der hohe Durchflußwiderstand der Baumwoll- u. Papierfilter, die arbeitsaufwendige Vorbereitung u. das hohe Vol.-Gew. der Filter aus Mineralwatte, der zu niedrige Durchsatz der Membranfilter bzw. Filter aus organ. Verbb. u. der keram. Filter, die erhöhte Filtrationsdauer (20 Min.) bei Anwendung von Glaswollefilter sowie das Fehlen dieser Nachteile bei Filtern aus Gewebe „FPP-15-1,5" werden behandelt. Die Konstruktion u. Arbeitsweise eines Luftfilters aus diesem Gewebe wird beschrieben.
S. Baryschnikow. 5088

a) Elemente u. anorganische Verbindungen

Die Verwendung von mit Tri-n-octylphosphinoxid behandeltem Papier für die chromatographische Trennung von Metallionen. E. Cerrai und C. Testa. (J. Chromatogr. [Amsterdam] **7,** 112—19, Jan. 1962; Milan, Italy, Labor. C.I.S.E.; engl.) — Vf. beschreibt die Verw. von Whatman-Papier Nr. 1, Type CRL/I, das mit einer 0,025 m Lsg. von *Tri-n-octylphosphinoxid* (I) in Cyclohexan getränkt wurde, für die chromatograph. Trennung zahlreicher Kationen. Die Veränderungen der R_F-Werte mit der Molarität des Laufmittels (HCl, HNO_3 u. H_2SO_4) werden für 50 Kationen bestimmt, sowie zahlreiche Beispiele für Trennungen von Elementen beschrieben. Einfl. durch den I-Geh. des Papieres, durch Salz-Bldg., Austausch-Eigg. der Cellulose u. Adsorptionseffekte werden diskutiert. M. Finke. 5106□

Nachweis von Nitrat auf Papierchromatogrammen mit einem korrosiven Reagens. K. W. Loach. (J. Chromatogr. [Amsterdam] **6,** 367—68, Okt. 1961; Canberra, Australia, Commonwealth Sci. and Ind. Res. Organisat., Div. of Plant Ind.; engl.) — Vf. verwendet 0,02%ig. *Diphenylbenzidin* in konz. H_2SO_4 als Nachw.-Reagens für Nitrationen auf Filterpapier. Der Nitratfleck des Chromatogramms wird mit einem Stück reinen Papieres (Faksimile) zusammen ausgeschnitten, das Original in einer Petrischale mit dem Reagens entwickelt (dunkelblauer Fleck) u. auf dem Faksimile die Umrisse des Fleckes nachgezogen. Das Faksimile kann dann an Stelle des Originals ins Chromatogramm eingesetzt u. die Position des Fleckes ausgemessen werden. Empfindlichkeit 1 μg KNO_3 nach Chromatographie auf Whatman Nr. 1 mit Pyridin–A.–W.–konz. NH_4OH (60 : 20 : 16 : 4). M. Finke. G 243□

Über die Brenzcatechin-Eisen(III)-Komplexe und ihre Anwendung bei der Fluorid-Bestimmung. Shu-Chuan Liang und Yung-Chao Chen. (Acta chim. sinica **24,** 79—86, Febr. 1958; Inst. of Chem.; Sun Yat-Sen Univ., Chem. Dep.; chin.,

Auszug: engl.) — Durch spektroskop. Unterss. wurden in Brenzcatechin-Fe(III)-Lsgg. (im pH-Bereich 2—12) 5 verschiedene Komplexe nachgewiesen, von denen 2 noch nicht bekannt sind: ein grüngelber, kation. 1 : 2-Komplex bei pH 2 u. ein blauer, anion. 3 : 1-Komplex bei pH 6. Im pH-Bereich 4,2—10 sind alle diese Komplexe stabiler, als der Fe(III)-F^--Komplex, zwischen pH 2 u. 4 werden ihre Lsgg. aber auf Zusatz von F^- nach u. nach entfärbt. Die Empfindlichkeit solcher Lsgg. gegen F^- ist jedoch geringer als die anderer bekannter F^--Reagentien. W. Betcke. G 246□

Colorimetrische Bestimmungsmethode kleiner Mengen Brom in Selen für Gleichrichter. Janina Siwecka. (Chem. analit. [Warszawa] **3,** 1001—12, 1958; Warszawa, Inst. Tele-i Radiotechn., Zakł. Now. Techn.; pol., Auszug: engl.) — Se, das Br in Form von Se_2Br_2 in Konz. 10^{-2} bis 10^{-4}% enthält, wird in NaOH-Lsg. in der Wärme gelöst. Nach Abkühlen wird die 1. Stufe der Oxydation zu SeO_4^{2-}, Br^- u. BrO_3^- mit H_2O_2 durchgeführt. Die Lsg. wird auf pH 7,4 (m-Kresolpurpur als Indicator) gebracht, mit W. verd. u. nach Ansäuern mit H_2SO_4 (1 : 4) auf pH 1,2 mit H_2SO_5 im geschlossenen Gefäß zu Ende oxydiert. Das gebildete Br_2 wird von einer mit H_2SO_3 entfärbten Fuchsin-Lsg. absorbiert; der Farbstoff mit Chlf. extrahiert u. dann colorimetriert. Die Chlf.-Lsg. des Farbstoffs ist längere Zeit haltbar. Die Erfassungsgrenze beträgt 10^{-4}% Br. F. Urban. G 248□

Volumetrische Methode zur Bestimmung von Sulfat in Gegenwart von Chrom. Renata Kling. (Chem. analit. [Warszawa] **3,** 817—20, 1958; Gliwice, Inst. Chem. Nieorgan., Zakł. analit.; pol., Auszug: engl.) — SO_4^{2-} kann in Ggw. von Cr^{3+} durch Titration mit einer 0,2n $BaCl_2$-Lsg. bestimmt werden. Der Endpunkt der Titration wird durch Tüpfeln auf mit Di-Na-Rhodizonat getränktem Filtrierpapier ermittelt. Der Farbumschlag erfolgt von Gelb nach Rosa. Die Probe soll auf 0,02—0,4 g SO_4^{2-} nicht $>$1,25 g Cr_2O_3/100 ml enthalten. Die Lsg. wird auf pH 4,5—5,5 eingestellt u. mit 20 ml Aceton, 10 ml 20%ig. NH_4Cl u. 5 ml 10%ig. Essigsäure versetzt. Cr^{6+} muß vor der Best. zu Cr^{3+} red. werden. Die Meth. ist für techn. Best. genau genug u. schnell ausführbar. F. Urban. G 253□

Höhere Polythionate: chromatographische und polarographische Untersuchung ihrer Gemische. C. Bighi, G. Trabanelli und G. Pancaldi. (Atti Accad. Sci. Ferrara **35,** 119—31, 1957/58, herausgeg. 1959; Ferrara, Univ., Ist. chim.; ital.) — Die papierchromatograph. Trennung der Gemische höherer Polythionate (I) wird bei 20 ± 2° in 15 Std. mit n-Butanol/Eisessig/W. (4 : 1 : 5) als Laufmittel ausgeführt. Es werden bis zu 20 S-Atome enthaltende Verbb. untersucht, wobei mindestens 5 Flecken mit bestimmten R_F-Werten, die zu höheren I gehören, entstehen. Mit Wackenroder-Lsg. an einer mit Whatman-Cellulosepulver beschickten Säule ausgeführte Parallelverss. bestätigen einige zu höheren I gehörenden Flecken. Die aus den Chromatogrammen eluierten Fraktionen stimmen bei der polarograph. Kontrolle mit den chem. Ergebnissen gut überein. Die R_F-Werte für die auf- u. absteigende Chromatographie dieser Verbb. sind tabellar. wiedergegeben. G. Platzer. G 253□

Die Bestimmung des freien Kohlenstoffs im Borcarbid. 1. Mitt. **Analytische Methode des Borcarbids.** Saburo Kitahara, Hiromasa Asahara und Tetsuzo Atoda. (Rep. sci. Res. Inst. [Kagaku-Kenkyujo-Hokoku] **34,** 339—43, Sept. 1958; jap.) J. Lehmberg. G 260□

Neutronenaktivierungsanalyse von Siliciumcarbid. Lester F. Lowe, Harriet D. Thompson und J. Paul Cali. (Analytic. Chem. **31,** 1951—53, Dez. 1959; Bedford, Mass., Air Force Cambridge Res. Center, Air Res. and Dev. Command.; engl.) — Zur Best. sehr geringer Mengen Verunreinigungen in Si_3C wäscht man eine nicht gemahlene Probe von 0,1—1 g mit HF/HNO_3 (1 : 1), spült mit W. u. bestrahlt mit $7 \cdot 10^{12}$ Neutronen/s/cm^2. Man zersetzt die Substanz bei 1200—1250° unter Verw. einer Hochfrequenzinduktionsheizung im Quarzschiffchen u. Quarzverbrennungsrohr durch Cl_2, das man mit 2—3 ml/Min. hindurchleitet, bis die Chlorierung beendet ist. Als Vorlage dienen 15—20 ml 2n HCl, die mit μg-Mengen stabiler Isotopen der zu bestimmenden Elemente versetzt sind. Nach beendeter Chlorierung spült man mit N_2 oder Ar, leitet O_2 über den C-Rückstand u. verascht bei Rotglut in 3—5 Min. zu CO_2. Man laugt Schiffchen u. Verbrennungsrohr mit konz. HF aus, dampft die Lsg. in einer Pt-Schale ein u. raucht mehrfach mit HF zur Vertreibung von SiF_4 ab. Den Rückstand löst man mit 6n HCl u. füllt auf 100 ml auf. Zur Best. von Ni, Mn, Cu, Zn, Sb, Mo u. Fe wurden Ndd. nach gebräuchlichen Verff. erzeugt, deren β-Aktivität bestimmt u. mit der Aktivität vorher geeichter Lsgg. verglichen wurde. H. Pluskal. G 261□

Eine neue colorimetrische Methode der Bestimmung von Sb(III) in Gegenwart von As(III). D. Gr. Constantinescu, Gh. Baiulescu und Rodica Oţeleanu. (Studii Cercetări Chim. [Bucureşti] **6,** 439—44, 1958, Bucureşti, Inst. de cerc. farm. şi contr. medicament, Univ. C. I. Parhon, Labor. de chim. anorg. şi anal.; rum.) — Die Best. von Sb^{3+} in Ggw. von As^{3+} kann auf Grund der Gelbfärbung des Komplexes von $SbCl_3$ mit Quercetin in Methanol colorimetr. erfolgen. Die Gelbfärbung gehorcht dem Lambert-Beerschen Gesetz. Die Messung mit dem Pulfrich-Photometer erlaubt noch eine Best. von 1,37—10,98μg/ml. Erst bei Überschreiten des Verhältnisses As : Sb = 6 : 1 beginnt As^{3+} zu stören. R. K. Müller. G 266□

Bromatometrische Bestimmung von Beryllium mit Acetoacetanilid. Jyotirmoy Das und Siddheswar Banerjee. (Z. analyt. Chem. **188**, 109—14, 1962; Calcutta, St. Paul's Coll. and City Coll.; engl.) — Vff. beschreiben eine volumetr. Meth. zur Best. von Be mit Acetoacetanilid (**I**). **I** reagiert mit Br in saurem Medium zu einem Dibromderivat. Das eine Br-Atom tritt dabei an den Benzolkern, während das andere wahrscheinlich von der akt. Methylengruppe (reversibel) gebunden wird. Durch Zugabe von überschüssiger BrO_3^--Br^--Lsg. zu einer angesäuerten Lsg. von **I** u. nachfolgende Titration mit $S_2O_3^{2-}$-Lsg. stellten Vff. fest, daß die Br-Addition quant. verläuft u. 1 Mol. **I** 2 Br-Atomen äquivalent ist. Diese Rk. wurde zur volumetr. Be-Best. benutzt. Die Be-enthaltende Lsg. vermischt man mit der erforderlichen Menge einer Lsg. von **I**, verd. auf ca. 150 ml, erwärmt auf 50—60° u. fällt Be, nachdem man den pH-Wert der Lsg. mit 1n Ammoniak auf 5,5—8,0 eingestellt hat. Man läßt auf ca. 20° abkühlen, filtriert u. wäscht mit W. nach. Den Nd. löst man mit 6n HCl (10—15 ml) u. wäscht den Filter mit warmem Wasser. Lsg. u. Waschwasser kühlt man auf unter 20° ab, gibt BrO_3^--Br^--Lsg. im Überschuß zu, läßt 5 Min. lang im Dunkeln stehen, gibt ca. 2 g in W. gelöstes KJ zu, verd. auf 150 ml u. titriert sofort mit 0,1n $Na_2S_2O_3$-Lsg. u. Stärke als Indicator. Das Verf. kann auch zur Be-Best. in Ggw. von Al u. Fe verwendet werden, wenn man bei der Fällung EDTA zugibt. Vff. geben eine Arbeitsvorschrift zur Be-Best. im Beryll an. F. Sarfert. G 281□

Die spektralanalytische Bestimmung von Beryllium, Blei und anderen Spurenelementen in Magnesium und dessen Legierungen in Lösung und durch die „Salt-Cap"-Technik. R. E. Mansell. (Appl. Spectroscopy **15**, 70—73, 1961; Midland, Mich., Dow Chem. Comp., Chem. Phys. Res. Labor.; engl.) — 5 g Probenmaterial werden in 60 ml HCl gelöst u. im Hochspannungsfunken (10 kV; 0,007μF; 10μH) angeregt. Das Spektrum wird 30 Sek. lang mit einem Gitterspektrographen aufgenommen. Be kann nach den Linienpaaren Be 3130,42—3131,07/Mg 3073,99 Å im Konz.-Bereich von 0,0001—0,03% mit einem Variations-Koeff. von 4% bestimmt werden. Mit etwas veränderten Entladungsparametern (25 kV; 0,002μF; 260μH) können weitere Elemente nach den Linien (λ in Å, in Klammern jeweils der Konz.-Bereich u. der Variations-Koeff. in %) Al 3082,15 (0,005—0,3; 14,5), Ca 3179,33 (0,003—0,3; 5,9), Cu 3273,96 (0,0001 bis 0,03; 5,0), Fe 3020,64 (0,003—0,3; 11,4), Mn 2593,73 (0,0001—0,01; 4,1), Pb 2833,07 (0,03—0,3), Ni 3414,76 (0,001—0,3; 4,3), Si 2881,58 (0,005—0,3; 9,5), Sn 3034,12 (0,005 bis 0,3; 10,9) u. Zn 3345,02 (0,03—0,3) bestimmt werden. Die Empfindlichkeit kann für Ni um den Faktor 2 u. für Pb u. Sn um eine Größenordnung durch Eintrocknen der in HNO_3 gelösten Probe auf der Oberfläche einer mit Kerosin präparierten Graphitelektrode u. Anregen im Wechselstrombogen 2400 V u. 4,4 A mit einer Belichtungszeit von 45 Sek. verbessert werden. Eine weitere Verbesserung bringt Ar-Schutzgasatmosphäre für Al, Ca u. Pb bei Auswertung nach den Linien Al 3961,53 Å; Ca 3968,47 Å u. Pb 4057,82 Å sowie Aufnahme auf Dünnschichtplatten für Zn bei Auswertung nach der Linie Zn 2138,56 Å. R. Gerbatsch. G 282□

Bestimmung von Hexaäthyldiblei und Tetraäthylblei. N. P. Lapissowa und A. L. Goldstein. (Журнал Аналитической Химии [J. analyt. Chem.] **16**, 508—09, Juli/Aug. 1961; russ., Auszug: engl.) — Hexaäthyldiblei (**I**) wird in Tetraäthylblei in Ggw. von ungesätt. KW-Stoffen in Aceton-Lsg. durch Titration mit 0,05n $KMnO_4$-Lsg. in Aceton bestimmt. Der relative Fehler beträgt 5—10%. Die Empfindlichkeit der Best. liegt bei 0,01% **I**. Ch. Weiske. G 328□

Bestimmung von Titan, Niob und Tantal in zementierten Carbiden. E. Lassner und R. Scharf. (Chemist-Analyst **50**, 69—71, Sept. 1961; Reutte, Tirol, Metallwerk Plansee A.G.; engl.) — Ti, Nb u. Ta in Carbiden werden nach einem HF/HNO_3-Aufschluß als Summe gravimetr. mit Cupferron (**I**) bestimmt, in der Lsg. des Glührückstandes der **I**-Fällung wird Ti komplexometr., Nb photometr. u. Ta aus der Differenz bestimmt. — Die Probe wird im Pt-Tiegel in HF/HNO_3 gelöst u. mit 5 ml konz. H_2SO_4 abgeraucht. Der Aufschluß wird verd. mit 300 ml NH_3-Lsg. (1 : 1), 10 g NH_4Cl u. 1—10 g EDTA versetzt, einige Min. gekocht u. filtriert. Nd u. Filter werden im Polyäthylenbecher in der Wärme in 4 ml HF (1 : 4) gelöst, die Lsg. wird auf 150 ml verd., mit 4 g CH_3COONa versetzt u. mit Ammoniak auf pH 3 eingestellt. Dann wird in der Kälte mit 50 ml 6%ig. **I**-Lsg. u. 100 ml 4%ig. H_3BO_3-Lsg. gefällt. Nach 2std. Stehen wird der

Nd. verascht. Der $KHSO_4$-Aufschluß der Oxide wird in 20 ml H_2SO_4 (1 : 1) u. 1 ml 30%ig. H_2O_2 gelöst u. die Lsg. auf 100 ml aufgefüllt. 10 ml Lsg. werden zur Ti-Best. mit überschüssiger 0,05 m Diaminocyclohexantetraessigsäure (**II**), 2—3 g CH_3COONa u. einigen Tropfen H_2O_2 versetzt, mit 100 ml W. u. 50 ml Methanol verd. u. mit Ammoniak auf pH 5,0—5,2 gebracht. Nach Zusatz von 8—10 Tropfen 0,1%ig. methanol. PAN-Indicator-Lsg. wird die Lsg. auf 90° erwärmt u. gegen 0,05 m $CuSO_4$-Lsg. bis zur Rotfärbung rücktitriert, dann wird bis zur Gelbfärbung **II** zugegeben. Zur Nb-Best. wird ein Lsg.-Anteil mit 5 ml 20 ig. KSCN-Lsg., 2 ml $SnCl_2$-Lsg. [150 g $SnCl_2 \cdot H_2O$ u. 150 g Weinsäure (**III**) werden mit HCl (4 : 6) auf 1000 ml aufgefüllt] u. 5 ml **III**-Lsg. [150 g **III** in 1000 ml HCl (9 : 1)] versetzt u. mit 5 ml Ae. ausgeschüttelt. Nach Zusatz von 1 ml 9 m HCl u. 0,7 ml 50%ig. KSCN-Lsg. wird noch einmal mit 5 ml Ae. extrahiert (je 10 Sek.). Die Ae.-Extrakte werden auf 25 ml aufgefüllt. Die Absorption wird bei 380 mμ gemessen. W. Betcke. G 332□

Aktivierungsanalyse von Tantal in einer Niobmatrix. Gilbert Halverson und Albert Shtasel. (Analytic. Chem. **33**, 1627—28, Okt. 1961; Chicago, Ill., Fanstell Metallurg. Corp., Res. Div.; engl.) — Vff. beschreiben eine Neutronenaktivierungsanalyse zum Nachw. von Ta in Nb, bei der die Stärke der β-Strahlung der Probe gemessen wird. Das Verf. wird nicht durch SiO_2, TiO_2 oder Fe gestört u. arbeitet mit einer Genauigkeit von ca. 2%. J. Kraetsch. G 332□

Die Anreicherung von Protactinium mit Hilfe einer Anionenaustauschersäule. M. K. Barnett. (J. inorg. nuclear Chem. **4**, 358—66, 1957; Miamisburg, Ohio, Monsanto Chem. Co., Mound Labor.; engl.) — Durch Adsorption an einem Anionenaustauscherharz (Dowex 1 X · 10, Cl^--Form, 100—200 mesh) aus stark salzsaurer Lsg., Waschen mit HCl u. Eluieren mit einem HCl–H_2F_2-Gemisch wird Pa von den Hauptverunreinigungen getrennt. Nach Zugabe von $AlCl_3$ oder Borsäure wird der Vorgang wiederholt, dadurch erfolgt eine merkliche Anreicherung. Als analyt. Verf. dient die Best. der γ-Aktivität von ^{231}Pa. I. Ebel. G 333□

Die Extraktion und Bestimmung von Molybdän als Thiocyanatkomplex. J. O. Hibbits und R. T. Williams. (Analytica chim. Acta [Amsterdam] **26**, 363—70, April 1962; Cincinnati, Ohio, Gen. Electr. Co., Aircraft Nucl. Propuls. Dep.; engl.) — Vf. beschreibt eine photometr. Meth. zur Best. von Mo, bei der der Mo(V)–SCN-Komplex mit 4-Methyl-2-pentanon (**I**) extrahiert u. bei 500 mμ photometriert wird. Die Genauigkeit des Verf., das durch Re, Pt, Se, Te, Pd u. Rh gestört wird, ist ± 4%. 75 μg Mo entsprechen einer Extinktion von nahezu 0,67 bei Verw. von 2 cm Küvetten. Arbeitsvorschrift: Man vermischt nacheinander ca. 90 ml einer Lsg., die ca. 75 μg Mo(VI), 5 ml HCl (D. 1,19), 10 ml H_2SO_4 (D. 1,84) u. 5 g Weinsäure enthält, mit 1 ml einer wss. Fe^{3+}-Lsg. (10 mg Fe^{3+}/ml als $FeCl_3$), 1 ml einer Cu^{2+}-Lsg. (50 μg Cu^{2+}/ml als $CuSO_4$), 10 ml einer wss. 25%ig. KSCN-Lsg. u. 9 ml einer 25%ig. $SnCl_2$-Lsg. in 12n HCl u. extrahiert diese Mischung durch 90 Sek. langes Schütteln mit genau 25 ml **I**. Nach Zusatz von 50 ml einer Waschlsg. (Mischung aus 4 ml der $SnCl_2$-Lsg. u. 50 ml einer 2%ig. Lsg. von Oxalsäure in 1,2n HCl) zu der abgetrennten organ. Phase wird 1 Min. lang geschüttelt, die Waschlsg. verworfen, dann mit 50 ml 2,4n HCl 1 Min. lang gewaschen u. die Waschlsg. ebenfalls verworfen. Man läßt über Nacht stehen, zentrifugiert den Extrakt u. photometriert die Lsg. mit **I** als Kompensationslösung. Das Beersche Gesetz ist zwischen 0 u. 3 μg Mo/ml erfüllt. J. Kraetsch. G 336□

Unithiol als Reagens auf Molybdän. A. I. Bussew, Tschshan Fan und S. P. Kusjajewa. (Журнал Всесоюзного Химического Общества им. Д. И. Менделеева [J. chem. Allunions-Mendelejew-Ges.] **6**, 237—38, 1961; Moskau, Univ.; russ. — C. **1962**, 10950.) Helmut Schäfer. G 336□

Ferrimetrische Bestimmung von Molybdän (V) mit Rhodamin 6G als Fluorescenzindicator. Seetarama Raju Sagi und G. Gopala Rao. (Z. analyt. Chem. **188**, 164—68, 1962; Waltair, India, Andhra Univ., Dep. of Chem.; engl.) — Mo(V) kann mit gutem Erfolg mit $FeNH_4(SO_4)_2$-Lsg. in salzsaurem Medium (2—2,5n) titriert werden, wenn man Rhodamin 6 G (0,05%ig. wss. Lsg.) als Fluorescenzindicator benutzt u. die Titration bei 98—100° durchführt. V(IV) stört in Konzz. bis zu 0,75 mVal/30 ml. U(IV) u. red. W verursachen Störungen, da sie ebenfalls oxydiert werden.
J. Peters. G 336□

Amperometrische Bestimmung von Molybdän in Wolfram in Gegenwart von Nickel. A. K. Babko und A. I. Wolkowa. (Заводская Лаборатория [Betriebs-Lab.] **24**, 135—37, 1958; Inst. für allg. u. anorgan. Chem. der Akad. der Wiss. der Ukrain. SSR; russ.) — 1—5 ml der Elektrolyt-Lsg., die 0,015—0,050 g Mo bzw. 0,03—0,20 g W enthält, werden mit 2 ml 20% ig. Glykokoll-Lsg. u. 2—4 ml gesätt. Na-Acetat-Lsg. versetzt. Das pH der Lsg. wird durch Zugabe von Essigsäure auf 6,5—7,0 eingestellt, das Gemisch mit W. auf 15 ml aufgefüllt, auf 80° erwärmt u. amperometr. bei 1 V mit 0,5m $Pb(NO_3)_2$-Lsg. titriert. Die Best.-Dauer beträgt 20 Minuten. S. Baryschnikow. G 336

Halbquantitative spektrographische Analyse von Wolfram. M. J. Peterson und C. L. Chaney. (U. S. Dep. Interior, Bur. Mines, Rep. Invest. **1961**, Nr. 5903, 1—17; College Park, Med., Bur. of Mines, Coll. Park Metallurg. Res. Center; engl.) — Pulverisiertes W-Metall mit einer Korngröße zwischen <300 u. ca. 30 mesh wird mit 5% Ge vermischt u. locker in die Aushöhlung der Graphitanode gefüllt. Die Graphitkathode ist halbkugelförmig abgerundet. Die Anregung erfolgt mit Gleichstrom (15 A) bei einer Belichtungszeit von 100 s. Das zugesetzte Ge stabilisiert den Bogen, vermindert die Verdampfung des W u. dient als wirksamer Träger, um die Verunreinigungen aus dem W in die Anregungszone zu transportieren. Das Verdampfungs-Verh. von Ge u. W, sowie die Erfassungsgrenzen der Verunreinigungen sowie Störungen wurden untersucht. Im Bereich zwischen 0,3 u. 500 ppm lassen sich die folgenden Elemente bestimmen: Al, Sb, As, Be, Bi, B, Cd, Ca, Cr, Co, Cu, In, Fe, Pb, Mg, Mn, Mo, Ni, Nb, Si, Ag, Na, Tl, Sn, Ti, V, Zn u. Zr. Die Wellenlängen, Erfassungsgrenzen sowie mögliche Störungen sind tabelliert. K. Ross. G 337□

Anwendung von Natriumdiäthyldithiocarbamat zur Trennung des Urans von einigen Elementen. Je. Ss. Prshewalski, Je. P. Nikolajewa und N. Ss. Klimowa. (Вестник Московского Университета, Серия Математики, Механики, Астрономии, Физики, Химии [Nachr. Moskauer Univ., Ser. Math., Mechan., Astronom., Physik, Chem.] **13**, Nr. 3, 217—20, 1958; Lehrst. für analyt. Chem.; russ.) — Das sich bei Zugabe von *Na-Diäthyldithiocarbamat* (**I**) zu wss. U-Lsgg. bildende U-Diäthyldithiocarbamat kann mit organ. Lsgm. extrahiert werden. Unterss. bei pH 4—10 ergaben bei pH 6,5—7,5 100% ig. Extraktion. Nach dieser Meth. konnten U-Mengen von 0,05 bis 0,5 mg vom 100fachen Überschuß Th bzw. Al aus der mit NH_3 neutralisierten u. mit NH_4-Acetat gepufferten Lsg. durch Extraktion mit Essigsäureäthylester (**II**) abgetrennt werden. Zur Vermeidung der Hydrolyse wurde der wss. Lsg. Na-Tartrat zugesetzt. Aus der **II**-Lsg. wurde das U mit verd. HNO_3 extrahiert u. der U-Geh. mit $K_4[Fe(CN)_6]$ oder photocolorimetr. bestimmt. Der Fehler, bezogen auf U-Ausgangsmenge, betrug —5,0 bis +4,0%. Analog konnten 0,050 mg U von der 100fachen Menge Fe abgetrennt werden, wobei das U aus der **II**-Lsg., die auch Fe enthiet, mit einer gesätt. $(NH_4)_2CO_3$-Lsg. extrahiert wurde. Die U-Abtrennung von V im neutralen Medium gelang nicht quantitativ. Aus der sauren Lsg. (pH 0,4—0,5) konnte jedoch ein 100facher Überschuß V als Diäthyldithiocarbamat mit Essigsäureamylester von U, das in der wss. Lsg. verblieb, quant. abgetrennt werden. U.-L. Rau. G 339□

Die Trennung von Uran von Begleitmetallen nach der Carbonatmethode. Ludmila Wódkiewicz. (Chem. analit. [Warszawa] **3**, 789—92, 1958; Warszawa, PAN, Inst. Bad. Jądr., Zakł. Chem. analit.; pol., Auszug: engl.) — Die saure $[UO_2]^{2+}$-Lsg. (1—0,01% ig. als Sulfat, Chlorid oder Nitrat), die noch Cr^{6+}, V^{5+}, Mn^{7+} u. Al^{3+} enthalten darf, wird mit 5% ig. A., 4% ig. $FeCl_3$- u. 15% ig. $(NH_4)_2CO_3$-Lsg. versetzt. Nach 15 Min. langem Kochen wird die Lsg. auf 100 ml mit W. aufgefüllt u. eine aliquote Menge durch ein trockenes Filter filtriert. Im Filtrat wird $[UO_2(CO_3)_3]^{4-}$ nach Zusatz von H_2O_2 colorimetr. bestimmt. Der Zusatz von A. dient zur Red. von Cr^{6+} u. Mn^{7+}. $FeCl_3$ koaguliert den Nd. der Metallhydroxide. Die Analyse dauert $1^1/_2$ Std., die Genauigkeit beträgt —4 bis +7% je nach der U-Konzentration. F. Urban. G 339□

Spektrophotometrische Bestimmung von Uran (VI) durch Reaktion mit Aziden. F. G. Sherif und Aida M. Awad. (Analytica chim. Acta [Amsterdam] **26**, 235—41, März 1962; Alexandria, Univ. of Alexandria, Fac. of Sci., Chem. Dep.; engl.) — Vff. berichten über eine Unters. über die Verw. von Aziden als Reagentien zur photometr. Best. von U(VI). Die Rk. ist empfindlicher als die Thiocyanatreaktion. Das Absorptionsspektrum der Uranylazide zeigt bei 420 nm ein scharfes Maximum. Das Beersche Gesetz gilt bei dieser Wellenlänge von 2—180 ppm U. Die Farbe hängt stark vom pH-Wert ab. Die größte Extinktion u. Stabilität liegt bei pH 5—5,5 vor. Fe^{3+} stört stark, kann aber durch EDTA maskiert werden. Fe^{2+}, Cr^{3+}, Ni^{2+}, Th^{4+}, $Cr_2O_7^{2-}$, WO_4^{2-}, VO_3^- u. F^- stören ebenfalls. In wss. Lsg. liegt ein Monoazidouran(VI)-Ion vor ($UO_2N_3^+$). Die Dissoziations-Konst. dieses Ions beträgt $(2,3 \pm 0,27) \cdot 10^{-3}$. J. Peters. G 339□

2-[4-Chlor-2-phosphonobenzolazo]-1.8-dihydroxynaphthalin-3.6-disulfonsäure (Chlorphosphonazo I) als Reagens zur photometrischen Bestimmung von Uran (VI). A. A. Nemodruk, Ju. P. Nowikow, A. M. Lukin und I. D. Kalinina. (Журнал Аналитической Химии [J. analyt. Chem.] **16**, 292—96, Mai/Juni 1961; Moskau,

Vernadsky-Inst. für Geochem. u. analyt. Chem. der Akad. der Wiss. der UdSSR u. Allunions-Inst. für wiss. Erforschung chem. Reagentien; russ., Auszug: engl.) — Vff. stellen das neue Reagens Chlorphosphonazo I aus 5-Chlor-2-aminobenzolphosphonsäure $NaNO_2$, HCl u. Chromotropsäure nach dem üblichen Verf. der Herst. von Azofarbstoffen dar. Es ist in W. leicht lösl. u. gibt in saurem u. neutralem Medium rote, in alkal. Medium violette Lösungen. In saurer Lsg. liegt das Absorptionsmaximum bei 515 nm. Mit UO_2^{2+}-Ionen ändert sich die Farbe nach hellblau mit einem bei 605 nm liegenden Absorptionsmaximum, in ähnlicher Weise wie bei der Rk. mit Arsenazo. Der gebildete 1 : 1-Komplex ist stärker, sein molarer Extinktions-Koeff. bei der Wellenlänge des Absorptionsmaximums ist größer als bei der Rk. mit Arsenazo. Der neue Komplex ist in saurer Lsg. beständiger u. seine Extinktion weniger vom pH-Wert abhängig. Ähnlich wie beim Arsenazo bildet auch das neue Reagens mit vielen Metallkationen rotbraune Komplexe die bei der U-Best. stören. Die störenden Ionen können maskiert werden. U wird vor photometr. Best. mit Tributylphosphat in CCl_4 extrahiert. E. Asmus. G 339□

Untersuchungen auf dem Gebiet der analytischen Chemie des Urans. 2. Mitt. **Photometrische Bestimmung kleiner Uranmengen mit Brompyrogallolrot.** W. F. Lukjanow und Je. P. Duderowa. (Журнал Аналитической Химии [J. analyt. Chem.] **16**, 60—62, Jan./Febr. 1961; russ., Auszug: engl.) — 3. vgl. C. **1962**, 14631.— 0,5—1,0 g der zu untersuchenden Substanz werden unter Erwärmen mit HCl u. H_2O_2 zersetzt u. das Gemisch mit W. verdünnt. Nach Filtration u. Waschen des Rückstandes wird die fl. Phase (ca. 100 ml) mit 15—17 ml 10%ig. Lsg. von Komplexon III (I) versetzt, der pH der Lsg. auf 7,5—8,0 eingestellt, die Lsg. zum Sieden gebracht u. das pH durch Zugabe von Ammoniak wieder auf 8,0 eingestellt. Die warme Lsg. wird mit 10 bis 13 ml 2%ig. alkohol. Lsg. von α-Nitroso-β-naphthol versetzt, über Nacht stehengelassen u. filtriert. Der mit kaltem W. gewaschene Nd. wird bei 550° verascht, in etwas W. gelöst, mit 1—2 Tropfen 10%ig. NH_4CNS-Lsg. tropfenweise, bis zum Verschwinden der roten Färbung u. zusätzlich mit 10—20 Tropfen 2%ig. I-Lsg. versetzt. Nach Zugabe von 5 ml 25%ig. Urotropin-Lsg. (pH 6, —7,0) u. 2 ml 0,1%ig. Lsg. von Brompyrogallolrot in 50%ig. A. wird das Gemisch mit bidest. W. auf 50 ml aufgefüllt. Die Best. der opt. Dichte der Lsg. erfolgt unter Verw. eines roten Lichtfilters; eine Eichkurve zur Best. des U-Geh. im Prod. wurde aufgenommen. S. Baryschnikow. G 339□

Schnellmethoden in der Analyse von Metallen und anorganischen Rohstoffen. 13. Mitt. **Chelatometrische Manganbestimmung in Erzen und Schlacken.** P. Povondra und R. Přibil. (Collect. czechoslov. chem. Commun. **26**, 2164—68, Sept. 1961; Praha, Tschechoslow. Akad. der Wiss., Inst. für Geochem. u. anorgan. Rohstoffe; dt.) — 12. vgl. C. **1962**, 2842. — Die Maskierung von Ca mit NH_4F (**I**) bei der komplexometr. Mn-Best. wurde untersucht u. die erhebliche Adsorption von Mn^{2+} am CaF_2-Nd. durch Überführung von Mn^{2+} in den anion. Komplex mit überschüssigem Komplexon III (**II**) bei pH 9 beseitigt. Der Überschuß an **II** wird mit Mn(II)-Salz-Lsg. (**III**) zurücktitriert, wobei gleichzeitig das durch **II** komplex gebundene Ca, wenn ein großer Überschuß an **I** zugegen ist, durch Mn^{2+} quant. verdrängt u. als CaF_2 ausgeschieden wird. Auf diesem Prinzip wurde eine komplexometr. Meth. zur Mn-Best. in Erzen u. anderen natürlichen Rohstoffen entwickelt u. durch Parallelanalysen mit klass. Meth. nachkontrolliert. — Arbeitsvorschrift: Die Probe (0,5—1 g Erz, Mineral) wird mit verd. HCl (1 : 1) aufgeschlossen u. durch festes $KClO_3$ in der Wärme oxydiert. Nach Abrauchen zur Trockne wird der Rückstand mit HCl u. W. aufgenommen u. filtriert. Der unlösl. Anteil wird in der üblichen Weise behandelt, das Filtrat auf ca. 300 ml verd., mit einigen Tropfen 1%ig. H_2O_2-Lsg. versetzt u. unter Rühren mit 5%ig. NaOH-Lsg. auf pH 2 gebracht. Nach Erwärmen auf 60° werden 20 ml 20%ig. Urotropin-Lsg. zugefügt, u. die Fl. wird 5 Min. lang aufgekocht. Die ausgeschiedenen Oxidhydrate werden rasch abfiltriert, mit heißem W. nachgewaschen, in verd. HCl gelöst u. umgefällt; der erhaltene Nd. wird zur Best. von Fe, Al, Ti, P u. V verwendet. Die vereinigten Filtrate werden auf 1000 ml aufgefüllt, 50—100 ml davon abgemessen, mit einem bekannten überschüssigen Vol. 0,05 m **II**-Lsg. u. 0,5 g festem $NH_2OH \cdot HCl$ (**IV**) versetzt, auf 70° erwärmt, 1 ml 10%ig. Triäthanolamin-Lsg. u. einige mg festes KCN zur Maskierung von Schwermetallspuren hinzugefügt, die Fl. wird mit 10 ml $NH_3 + NH_4Cl$-Puffer-Lsg. (pH 9) alkal. gemacht u. Ca durch langsame Zugabe von 20 ml 10%ig. **I**-Lsg. unter intensivem Rühren gefällt. Nach ca. 1 Min. wird das überschüssige **II** gegen 0,05 m **III** mit einem Geh. von 1% **IV** u. mit Eriochromschwarz T als Indicator zur beständigen roten Farbe titriert. Die Ggw. von **IV** in **III** hat den Zweck, das Ausscheiden höherer Mn-Oxidhydrate am Ausflußrohr der Bürette zu verhüten. — Die Vgl.-Analysen von künstlichen Proben haben gezeigt, daß die besten Ergebnisse mit der potentiometr. Meth. erhalten werden, während die Volhardsche Meth. mit positiven, die vorgeschlagene Meth. mit negativen Fehlern behaftet ist. Auf

Grund von 50 Mn-Best. in künstlichen Gemischen von 20—55 mg Mn, 10—30 mg Ca u. 5—25 mg Mg bei 20—100%ig. II-Überschuß (auf Mn bezogen) beträgt die mittlere Standardabweichung der entwickelten Meth. ±1 relative %; die höchsten Abweichungen betragen ±1,8 relative %. Die prakt. Bedeutung der Meth. ist daher auf die Fälle beschränkt, wenn außer Mn zugleich mehrere Komponenten der Probe zu bestimmen sind.

K. Kámen/Prag. G 350

Über eine polarographische Methode zur Bestimmung von Manganat neben Permanganat. Rolf Landsberg, Werner Müller und Jürgen Hendel. (J. electroanalyt. Chem. [Amsterdam] **2**, 400—07, Sept./Okt. 1961; Leuna-Merseburg, Halle, Inst. für phys. Chem., TH für Chem.; dt.) — An einer rotierenden Pt-Elektrode (1 mm; 12,5 U/s; Gegenelektrode Pt-Blech 35 cm^2) kann der Grenzstrom der Manganatoxydation im Bereich von $5 \cdot 10^{-4}$ bis 10^{-2} m mit einer Genauigkeit von besser als 2% gemessen werden (in 0,5—3n KOH). Die Elektrode muß nach jeder Messung mit Schmirgelpapier gereinigt werden, da sonst der Grenzstrom absinkt. W. Stross. G 350□

Abtrennung von Rhenium durch Mitfällung und seine Bestimmung im Molybdänit. Yen Jen-Yin und Tao Tseng-Ning. (Acta chim. sinica **24**, 97—103, Febr. 1958; Peking, Univ., Dep. of Chem.; chin., Auszug: engl. — C. **1961**, 600.)

W. Betcke. G 352□

Photometrische Rheniumbestimmung unter Verwendung von Diäthyldithiophosphorsäure. A. I. Lasarew und W. W. Rodsajewski. (Журнал Аналитической Химии [J. analyt. Chem.] **16**, 243—44, März/April 1961; Akmolinsk, Landwirtsch. Inst.; russ., Auszug: engl.) — Diäthyldithiophosphorsäure bildet mit Re in HCl-saurer Lsg. in Ggw. von $SnCl_2$ eine orange gefärbte Verb., die in wss. Lsg. schwer, aber in organ. Lsgm. lösl. ist. Als Extraktionsmittel erwies sich Bzl. am geeignetsten. Durch Photometrieren der organ. Lsg. gegen Bzl. kann der Re-Geh. nach einer Eichkurve bestimmt werden. Es stören Cu(II) in einer Menge $>0,2$ mg in der Unters.-Lsg.; As 0,6 mg; Fe(III) 2 mg; Sb weniger als 0,1 mg; Mo 0,01 mg. Die mittlere quadrat. Abweichung übersteigt ±4% nicht. Eine Vorschrift ist angegeben.

Armin Hermann. G 352□

N-Acetyl-N-phenylhydroxylamin als ein spektrophotometrisches Reagens für Eisen. H. K. L. Gupta und N. C. Sogani. (J. Indian chem. Soc. **37**, 769—72, Dez. 1960; Ajmer, Gov. Coll., Chem. Dep.; engl.) — Fe^{3+} bildet mit N-Acetyl-N-phenylhydroxylamin (I) bei pH $<1,2$, $>4,0$ u. zwischen 1,8—3,5 je einen wasserlösl., gefärbten Komplex (purpur, gelb, orange), deren Absorptionsmaxima bei 490, 425 bzw. 470 nm liegen. Der letzte Komplex erfüllt im Bereich von 1—12 ppm Fe das Beersche Gesetz. Zur Best. wird die 25—300 μg Fe enthaltende Lsg. durch Zugabe von K-Na-Tartrat u. HCl auf pH 1,8—3,5 gebracht, mit 10 ml 10%ig. I-Lsg. versetzt u. auf 25 ml aufgefüllt. W. dient als spektrophotometr. Blindlösung. Tartrat, PO_4^{3-}, CN^-, Ag^+, Hg^{2+}, Sn^{4+}, Pb^{2+}, Ce^{4+}, ZrO^{2+}, UO_2^{2+}, Alkali u. Erdalkali stören das Verf. nicht. Au^{3+} u. V^{4+} stören, während die Geh. an Pt^{4+}, Pd^{2+}, Cr^{3+}, Co^{2+} u. Cu^{2+} 12, 20, 20, 120 bzw. 200 ppm nicht übersteigen dürfen. Der mol. Extinktions-Koeff. bei pH 2,8 beträgt $3,07 \cdot 10^3$, die Erfassungsgrenze 0,2 μg Fe u. die Grenz-Konz. $1:4,5 \cdot 10^6$.

F.-M. Friedrich-Anderseck. G 354□

Spektrophotometrische Bestimmung von Eisen(III) mit 1-Hydroxyxanthon. Brahm Dev und B. D. Jain. (J. Indian chem. Soc. **39**, 247—50, April 1962; Delhi, Univ., Chem. Dep.; engl.) — 1-Hydroxyxanthon (I) bildet mit Fe(III) einen gelblichgrünen, in 50%ig. A. lösl. Komplex, der sich zur spektrometr. Fe-Best. eignet. Das Lambert-Beersche Gesetz wird im Konz.-Bereich 1,1—11,0 ppm erfüllt. Das Mol-Verhältnis Fe:I ist 1:2. Zur Best. wird die Absorption bei 425 mμ im pH-Bereich 1,8 bis 2,3 gemessen. SO_4^{2-}, Tartrat, Citrat, F^-, PO_4^{3-}, Zr, Ti, Be, Cu, Pb u. Al stören in kleinen Mengen, Cl^-, J^-, Br^-, SCN^-, CH_3COO^-, BO_3^{3-}, Ni, Co, Mn, V u. W erst in mehr oder weniger großem Überschuß. W. Betcke. G 354□

Colorimetrische Bestimmung von Eisen(III) mit 1.10-Phenanthrolin nach Reduktion mit Hypophosphit in der Kälte und Phosphit in der Wärme. G. Somidevamma und G. Gopala Rao. (Z. analyt. Chem. **187**, 183—87, 1962; Waltair, India, Andhra Univ., Dep. of Chem.; engl.) — Vff. beschreiben ein neues Verf. zur colorimetr. Best. von Fe^{3+}, das auf zwei verschiedene Arten zu Fe^{2+} red. wird. Einmal erfolgt die Red. in verd. H_2SO_4 (0,1—1,0n) mit einem 100fachen Überschuß an K-Hypophosphit bei Zimmer-Temp. u. in Ggw. von $PdCl_2$ (1—2 Tropfen einer 0,1%ig. Lsg.) als Katalysator, zum anderen kann auch mit einem 500fachen Überschuß an Phosphit in Ggw. des $PdCl_2$-Katalysators u. 5—10 Min. langes Erhitzen red. werden. Die Genauigkeit der Fe-Best. beträgt für Fe-Mengen um 10^{-5} Mol ±0,5%. K. Ohls. G 354□

Titrimetrische Bestimmung von Eisen(II) und Eisen(III) in Silicatgesteinen und Mineralien. Charles V. Clemency und Arthur F. Hagner. (Analytic. Chem. **33**, 888—92, Juni 1961; Urbana, Ill., Univ. of Illinois, Dep. of Geol.; engl.) — Vff. übertragen die automat. spektrophotometr. Derivativ–Titrations-Meth. von Malmstadt u. Roberts (C. **1957**, 2623) zur Fe-Best. in Ti oder Ti-Erzen mit Hilfe von coulometr. erzeugtem Ti^{3+} auf die Best. der Gesamt-Fe-Menge bzw. des Verhältnisses Fe^{2+}/Fe^{3+} in Silicatgesteinen u. Magnetit, Pyrrhotin, Pyrit oder Mischungen dieser Mineralien. Nach der beschriebenen Meth. wird das anwesende Fe^{3+} direkt bestimmt. Durch Anwendung einer HF/H_2SO_4-Mischung als Lsgm. wird die Auflösung der Proben so beschleunigt, daß das Verhältnis Fe^{2+}/Fe^{3+} innerhalb 1 Std. bestimmt werden kann. Der auftretende Fehler der herkömmlichen Best.-Meth. durch Red. des Fe^{3+} beim Löseprozeß wird gezeigt. Die beschriebene Meth. ist dementsprechend genauer u. mit geringerem Zeitbedarf sowie kleineren Probemengen durchzuführen.
K. Ohls. G 354□

Untersuchungen über die Bestimmung von Wasserstoff in Gußeisen. 1. Mitt. **Die Wasserstoffentwicklung aus Fe–C–Si-Legierungen und Gußeisen bei Raumtemperatur.** Eiichi Kato. (Nippon Kinzoku Gakkai-Si [J. Japan Inst. Metals] **24**, 703—07, 1960; jap., Auszug: engl.) — Unterss. über die H-Entw. in geschmolzenem Gußeisen u. in einer Cu-Kokille gegossenen Proben mit 0,04—4,43 (%) C, 0,14—3,65 Si bei Raum-Temp. in evakuierten oder mit Hg gefüllten Rohren zeigen, daß die Proben mit höherem C- u. Si-Geh. langsamer H entwickeln. Die 95%-Zeit, d. h. die zur Entw. von 5% des ursprünglich vorhandenen H nötige Zeit, beträgt für Stahl 0,6—2,2, hämmerbares 22—70 u. gewöhnliches Gußeisen 70—167 Stunden. W. Wesly. G 354□

Bestimmung von Wasserstoff in Gußeisen nach dem Verfahren der Inertgasschmelze. Jiro Kashima und Takuo Yamazaki. (Imono, J. Japan Foundrymen's Soc. **33**, 655—60, Sept. 1961; jap., Auszug: engl.) — Die Genauigkeit des Verf. der Inertgasschmelze wird mit der des Vakuum-Heißextraktions-Verf. verglichen. Bei Annahme einer annähernd gleichmäßigen H-Verteilung in der Probe beträgt bei einem Geh. von 0,9—2,3 ml/100 g die mittlere Abweichung $\pm 0,02$ ml/100 g. Die Arbeitsbedingungen sind: Totraum des Extraktionsgefäßes ca. 80 ml; Strömungs-Geschw. des Ar (zur Verdrängung des H) 50 ± 2 ml/min, Reinigung der Probe (2 g mit CCl_4 u. Trocknung im Ar-Strom bei 70°, Auffangen des entwickelten H in ca. 6 Min., Blindwert ca. 10^{-5} ml/10 Minuten. W. Wesly. G 354□

Eine vereinfachte Heißextraktions-Apparatur zur Wasserstoffbestimmung im Stahl. C. E. A. Shanahan und F. Cooke. (J. Iron Steel Inst. **198**, 257—62, Juli 1961; Aylesbury, Thomas & Baldwins Ltd.; engl.) — Die Stahlproben werden unter geregelten Bedingungen mit H_2 in die App. eingefüllt u. dann durch Vakuum analysiert. Der aus einem unlegierten C-Stahl entwickelte Gesamtgas-Geh. kann mit einem maximalen Fehler von 0,3 ml/100 g bestimmt werden. Unter den empfohlenen Extraktionsbedingungen bestehen 90—95% des gesamten Gases aus H_2. H. Hochstein. G 354□

Über die Anwendung der Spektral-Isotopen-Methode zur Wasserstoffbestimmung. T. F. Iwanowa, M. E. Trentowiuss und W. W. Fedorow. (Известия Академии Наук СССР, Серия Физическая [Nachr. Akad. Wiss. UdSSR, physik. Ser.] **23**, 1120—23, Sept. 1959; russ.) — Vff. verbessern eine von Saidel angegebene App. zur H_2-Best. u. wenden sie auf die Stähle Ch18N9T, St50 u. U10 an. Es wird der H_2-Geh. vom Rand bis zum Probenkern bestimmt. Die plast. Eigg. von Cr–Ni–Mo-Stählen werden dem H_2-Geh. gegenübergestellt. Der H_2-Geh. nimmt vom Rand zum Kern zu, die Verformung nimmt ab. D. Hoene. G 354□

Schnellbestimmung von Sauerstoff im geschmolzenen Stahl durch die nephelometrische Methode. A. Kawano. (Tetsuto Hagané [J. Iron Steel Inst. Japan] **42**, 903—04, Sept. 1956; jap.) J. Lehmberg. G 354□

Stickstoffbestimmung in Stählen verschiedener Zusammensetzung. K. A. Ssuchenko, P. P. Galonow und T. W. Baraschewa. (Известия Академии Наук СССР, Серия Физическая [Nachr. Akad. Wiss. UdSSR, physik. Ser.] **23**, 1123—26, Sept. 1959; Zentrales Forsch.-Inst. für Eisenmetallurg.; russ.) — Vff. vergleichen chem. u. spektralanalyt. N_2-Best. in Cr–Ni-Stählen verschiedener Zus., sowie Al-haltigen Stählen. D. Hoene. G 354□

Der Einfluß der chemischen Zusammensetzung und der thermischen Behandlung der Stahlprobe auf die Ergebnisse der Stickstoffbestimmung nach der Spektralmethode. N. W. Bujanow, L. M. Fedorowa und W. F. Korotkow. (Известия Академии Наук СССР, Серия Физическая [Nachr. Akad. Wiss. UdSSR, physik. Ser.] **23**, 1126—28, Sept. 1959; russ.) — Vff. untersuchen an den Stählen: St 10 (mit 0,15% Cr

u. 0,10—37 Si), Ch25 (mit 23—27% Cr), Ch25 (mit 1% Ti) u. Ch25 Ju5 u. Transformatorenstahl den Einfl. von Cr, Al, Ti u. Si auf die N_2-Best. sowie an den Stählen 10, SchCh15 u. Ch5 den Einfl. der Bearbeitung (Härten nach Gießen). Die Ergebnisse sind graph. wiedergegeben. Auf die Best. üben ferner einen Einfl. aus: Stromstärke u. Kapazität der Funkenentladung u. die Reinheit des Entladungsgases (He, verunreinigt mit O_2, H_2). D. Hoene. G 354□

Maßanalytische und gewichtsanalytische Bestimmung des Kobalts mit Dikaliumtetrarhodanomercurat(II). É. Salgó, M. G. Simon, I. Sarudi und Gy. Középesy. (Z. analyt. Chem. **182,** 107—13, 1961; Szeged, Ungarn, Med. Univ., Pharmazeut.-chem. Inst.; chem. Unters.-Amt der Stadt Szeged; dt.) — Vff. beschreiben die titrimetr. Co(II)-Best. durch Fällung des Co mit $K_2[Hg(SCN)_4]$. Es wird mit einem Überschuß an eingestelltem Fällungsmittel gearbeitet, auf 50 ml aufgefüllt, in einem aliquoten Teil der Überschuß des Reagenses mit eingestellter $AgNO_3$-Lsg. versetzt u. diese dann wiederum mit Fällungsreagens zurücktitriert. Ist Cl in der zu untersuchenden Lsg., so muß dieses in einer zweiten Probe nach Mohr bestimmt u. bei der Co-Best. in Rechnung gestellt werden. Ni ($<$ 12%) stört nicht. Die gravimetr. Co-Best. nach Sierra u. Cárceles (C. **1952,** 1544) wurde von den Vff. modifiziert. H. Nentwig. G 355□

Amperometrische Titrationen mit Hilfe von Seleniten. Bestimmung von Kobalt. G. S. Deshmukh, V. D. Anand und A. Joseph. (Z. analyt. Chem. **182,** 324—29, 1961; Varanasi, India, Banares Hindu Univ., Chem. Labor.; dt.) — Vff. beschreiben ein amperometr. Titrations-Verf. zur Best. von *Co*, das auf der Fällung des Co als Selenit beruht. Als Trägerelektrolyt dient 0,1 m KCl-Lsg. mit 0,01% Gelatine. Um die Löslichkeit des bei der Titration gebildeten $CoSeO_3$ herabzusetzen, wurde ca. 50% Methanol, bei niedrigen Co-Konzz. bis zu 70% zugesetzt. Die Best. wurde bei einem pH-Wert von 6,5—8,5 u. bei einem Potential von 1,5 V (gegen Standard-Kalomelelektrode) durchgeführt. H. Nentwig. G 355□

Amperometrische Bestimmung von Kobalt als Tellurit. G. S. Deshmukh, V. D. Anand und A. Josef. (Z. analyt. Chem. **180,** 174—81, 1961; Kanpur, India, Agric. Gardens, Indian Inst. of Technol., Chem. Labor.; engl.) — Co^{2+} läßt sich mit K_2TeO_3-Lsg. unter Abscheidung von $CoTeO_3$ amperometr. titrieren. Als Trägerelektrolyt wird 0,1 m KCl-, als Maximumdämpfer 0,01%ig. Gelatine-Lsg. verwendet. Die Best. erfolgt in 10%ig. äthanol. Lösung. $E^1/_2$ beträgt für Co u. Te —1,21 u. —1,10 V, bezogen auf die Standard-Kalomelelektrode. Die Meth. eignet sich zur Best. 0,1—10 millimolarer Co-Lösungen. E. Faulhaber. G 355□

Amperometrische vanadimetrische Bestimmung von Kobalt mit zwei polarisierten Elektroden. Asha Varma. (J. sci. ind. Res. [New Delhi], Sect. B **21,** 142—44, März 1962; Varanasi, Banares Hindu Univ., Dep. of Chem.; engl.) — Die amperometr. vanadimetr. Best. von Co^{2+} mit 2 polarisierten Elektroden wurde bei 100 mV in Ggw. von 0,5% Äthylendiamintetraessigsäure (EDTA) in 0,05n H_2SO_3 ausgeführt. Da die Komplexstabilitäts-Konst. des Co(III)–EDTA-Komplexes größer ist als die des Co(II)–EDTA-Komplexes, wird das Redoxpotential auf einen Wert erniedrigt, bei dem sich Co vanadimetr. titrieren läßt. Die Genauigkeit ist bei Konz. $<$ 10^{-4}m gut. Bei noch niedrigeren Konzz. ist der Endpunkt scharf u. reproduzierbar, die maximale Abweichung beträgt $\pm$ 5%. G. Heller. G 355□

Amperometrische Titration von Kobalt mit Kaliumhexcyanoferrat (III) mit einer Apparatur mit rotierender Platinmikroelektrode. A. K. Shdanow, W. A. Chadejew und G. P. Moissejewa. (Заводская Лаборатория [Betriebs-Lab.] **24,** 137—40, 1958; Mittelasiat. Lenin-Inst.; russ.) — Die Bedingungen der amperometr. direkten Titration von Co-Verbb. mit Hilfe von $K_3[Fe(CN)_6]$ (Anwendung einer rotierenden Pt-Mikroelektrode) wurden untersucht. Die Meth. ermöglicht die Best. von 0,065—0,100 mg Co mit einer Fehlergrenze von 0,08—2,43%. Die Ggw. von Ni (beliebige Mengen) bzw. einer 159fachen Pb-Menge (bezogen auf Co), einer 80fachen Menge Bi, einer 20fachen Menge Fe(III) u. Cr(III) bzw. 50—100fachen Menge von Schwefel-, Salpeter-, Salz-, Essig-, Citronen- u. Weinsäureanionen stört nicht. S. Baryschnikow. G 355

Amperometrische Bestimmung von Kobalt in magnetischen Legierungen. W. F. Toropowa und O. Ss. Strekalowa. (Заводская Лаборатория [Betriebs-Lab.] **24,** 140—41, 1958; russ.) — 0,1—0,2 g Leg. werden unter Erwärmen in HNO_3 (1 : 1) gelöst. Nach Entfernung der N-Oxide werden 3—5 ml H_2SO_4 (1 : 4) zugefügt, das Cu durch Zugabe einer 10%ig. $Na_2S_2O_3$-Lsg. (Erwärmung) als Cu_2S gefällt, u. die Lsg. abfiltriert. Nach Neutralisation des Filtrats mit NH_3-Lsg. u. nach Zugabe von je 1—2 g NH_4-Sulfat u. NH_4-Tartrat u. je 10—15 ml 25%ig. NH_3- u. 0,1 m $K_3[Fe(CN)_6]$ (I)-Lsg.

wird der Überschuß an I mit 0,1m $CoSO_4$-Lsg. amperometr. bei — 2 V zurücktitriert. Die Genauigkeit der Best. ist für die Betriebsanforderungen befriedigend. Analysendauer 20—30 Minuten. S. Baryschnikow. G 355

Spektrophotometrische Bestimmung von Kobalt mit Cobalton I (Diacetylmonoxim-p-nitrophenylhydrazon). G. S. Deshmukh, V. D. Anand und C. M. Pandey. (Z. analyt. Chem. **182,** 170—77, 1961; Varanasi, India, Baranas, Hindu Univ., Dep. of Chem.; engl.) — Co(II) ergibt in ammoniakal. Lsg. bei einem pH-Wert von 11,7—11,9 mit Cobalton I einen rosagefärbten Komplex, der bei 520 nm ein Absorptionsmaximum besitzt. Im Bereich von 0,5—5 ppm Co wird das Beersche Gesetz erfüllt. Die meisten Anionen haben bis 200 ppm keinen Einfl. auf die Farbintensität des Komplexes. Fe, Cr, V u. Mn bilden unlösl. Hydroxide u. können abfiltriert werden, Mo, U, W u. Ti bleiben bis zur 200fachen Menge des Co ohne Einfl. auf die Best.; Ni, Cu, Ag u. Pd bilden zwar mit Cobalton I farbige Komplexe, können aber bei KCN-Maskierung im 300-, 125-, 150- u. 50fachen Überschuß zugegen sein. H. Nentwig. G 355□

Photometrische Bestimmung kleiner Kobaltmengen in Form von Kobalt(III)-diäthyldithiocarbaminat. K. P. Stoljarow. (Журнал Аналитической Химии [J. analyt. Chem.] **16,** 452—57, Juli/Aug. 1961; Leningrad, Shdanow-Univ.; russ., Auszug: engl.) — Beim Schütteln wss. Lgg. von Co(II)-Salzen mit Na-Diäthyldithiocarbaminat u. CCl_4 an der Luft bildet sich Co(III)-Diäthyldithiocarbaminat, welches im pH-Bereich 4—11 vom CCl_4 quant. extrahiert wird. Die CCl_4-Lsg. hat zwei Absorptionsmaxima: bei 323 u. 367 nm, die zur Best. des Co benutzt werden können. In Ggw. größerer Mengen von Mn, Ni, Cu, Bi werden zunächst Co, Mn u. Ni mit Komplexon III von den anderen Elementen bei pH 10 abgetrennt. Bei pH 4 werden anschließend die Diäthyldithiocarbaminate gebildet. Durch Zugabe von Hg(II)-Acetat werden Mn u. Ni unter Bldg. eines farblosen Quecksilberdiäthyldithiocarbaminats verdrängt u. die Co(III)-Verb. mit CCl_4 ausgeschüttelt. In Ggw. größerer Mengen Eisen wird letzteres mit Brenzcatechin in ammoniakal. Lsg. maskiert. Die das Co(III)-Diäthyldithiocarbaminat enthaltenden CCl_4-Lsgg. gehorchen bei $\lambda = 365$ nm dem Beerschen Gesetz bis zu einer Co-Konz. von 6 μg/ml. Die Nachw.-Grenze liegt bei 0,2 μg/ml. E. Asmus. G 355□

Radiometrische Spurenanalyse von Kobalt mit Diäthyldithiocarbamat-^{35}S oder ^{203}Hg. P. C. van Erkelens. (Analytica chim. Acta [Amsterdam] **26,** 46—57, Jan. 1962; Utrecht, Inst. of Animal Husbandry „Schoonoord"; engl.) — Co^{3+} bildet mit Diäthyldithiocarbamat (CCD) die Verb. $Co(DDC)_3$, die gegen EDTA, CN^- u. Red.-Mittel beständig ist, ebenso gegen Pb^{2+}, Cu^{2+}, Hg^{2+} u. a., obgleich diese Ionen größere Affinität gegenüber DDC aufweisen. $Co(DDC)_3$ bildet sich jedoch nicht, wenn eine der genannten Substanzen anwesend ist. Hierauf basiert eine Co-Best. von Přibil (C. **1956,** 12932), die vom Vf. durch Verw. von DDC–^{35}S oder ^{203}Hg verfeinert wurde. Co^{3+} wird aus ammoniakal. Lsg. mit einer Zn–$(DDC)_2$–^{35}S-Lsg. in $CHCl_3$ extrahiert. Überschuß an Reagens u. störende Metallionen werden mit Hg^{2+} entfernt, das die größte Affinität gegenüber DDC hat. Ein DDC-Komplex statt DDC wird verwendet, weil die DDC–^{35}S-Stamm-Lsg. mit der 10fachen Menge Cysteinamin stabilisiert wurde, wodurch die Co-Extraktion herabgesetzt wird. Mit einem Überschuß an einem Metallion erhält man jedoch Me–DDC in genügender Ausbeute. Diese Verb. muß in möglichst kleinem Überschuß gegenüber Co^{3+} angewandt werden, da sonst größere Mengen an Hg^{2+} u. CN^- erforderlich wären. Zn^{2+} steht in der Affinitätsreihe des DDC dem Co^{3+} am nächsten u. wird daher am wenigsten von Fremdionen verbraucht, verursacht andererseits einen Austausch $< 100\%$. Zur Erfassung des Austauschgrades setzt man ^{60}Co zur Probe hinzu u. ermittelt die ^{60}Co-Menge im $CHCl_3$ mit einem Scintillationszähler. Die ^{35}S-Menge im $CHCl_3$ wird mit einem Geiger-Müller-Zählrohr bestimmt, sie ist ein Maß für den Co-Geh. der Probe. Die Erfassungsgrenze liegt bei 0,1 μg Co mit einer Standardabweichung von 15%. Hg, Ag, Cu, Bi, Pb u. Tl(III) stören bis zum 10fachen Überschuß nicht. Co^{3+} kann auch aus ammoniakal. Lsg. mit einer bestimmten Menge Zn–$(DDC)_2$, gelöst in $CHCl_3$, extrahiert werden. Reagensüberschuß u. Fremdionen werden durch Austausch mit $^{203}Hg^{2+}$ entfernt. Der ^{203}Hg-Geh. im $CHCl_3$ ist ein Maß für den Co-Geh. der Probe. Wie vorher wird der Austauschgrad mittels Isotopenverdünnung mit ^{60}Co ermittelt. Die Aktivitäten von ^{203}Hg u. ^{60}Co werden mit einem Scintillationszähler u. einem Einkanal-Analysator bestimmt. Die Erfassungsgrenze liegt bei 0,8 μg Co mit einer Standardabweichung von 17,5%. Die oben angegebenen Fremdionen stören bis zu einem 4fachen Überschuß nicht. E. Schiewer. G 355□

Glucono-δ-lacton als Komplexierungsmittel bei der gravimetrischen Bestimmung von Nickel. James S. Proctor und David C. Farwell. (Analytic. Chem. **33,** 1286—87, Aug. 1961; Amherst, Mass., Univ. of Massachusetts, Goessmann Labor.;

engl.). — Vff. empfehlen bei der gravimetr. Best. von Ni mit Dimethylglyoxim oder 8-Hydroxychinolin Glucon-δ-lacton (das in Lsg. als Gluconsäure vorliegt) zur Komplexierung von Fe^{3+}. K. Ohls. G 356□

Elektrochromatographie bei der Untersuchung von Ionen. 4. Mitt. Bestimmung von Nickel durch photometrische Auswertung. Hari Gopal Mukerjee. (Z. analyt. Chem. **184,** 170—71, 1961; Calcutta, India, Scott. Church. Coll.; engl.) — 3. vgl. C. **1961,** 2732. — Zur Best. geringer Ni-Mengen (0,04—0,08 mg/0,01 cm^3) wird die Lsg. auf Papierstreifen bei einer Potentialdifferenz von 150 V der Elektrophorese unterworfen, getrocknet u. mit Rubeansäure in ammoniakal. Atmosphäre entwickelt. Durch Tränken des Papiers mit einer Fl. des gleichen Brechungsindexes wie Cellulose wird dieses transparent gemacht, mit einem Photometer ausgemessen u. die gewonnenen Peaks ausplanimetriert. Die Abweichungen betragen ± 5%. H. Nentwig. G 356□

Über die spektralanalytische Bestimmung von Nickel nach der Graphitscheiben-Methode. Klára Ujhidy-Farkas. (Veszprémi Vegyipari Egyetem Közleményei [Mitt. Univ. chem. Ind. Veszprém] **5,** 159—66, 1961; Veszprém, Univ. chem. Ind., Inst. anal. Chem.; ung.) — Vf. untersuchte den Einfl. verschiedener Kationen u. Anionen, den Einfl. der Anregungsverhältnisse u. der Scheibendrehzahl u. stellte fest, daß Ni in Ggw. von Fe als innerem Standard, ohne Störung eines dritten Elementes mit genügender Genauigkeit bestimmt werden kann. J. Plank. G 356

Eine neue Methode zur colorimetrischen Bestimmung von Nickel. B. Das Sarma und Kulada Ranjan Ray. (Sci. and Cult. [Calcutta] **23,** 565—66, April 1958; Calcutta, Univ., Coll. of Sci. and Technol., Inorg. Chem. Labor.; engl.) — Die Probe wird durch Säure oder Disulfatschmelze zersetzt, filtriert u. Fe u. Al mit Citrat oder Tartrat maskiert. Danach wird sie ammoniakal. gemacht u. im Scheidetrichter mit Amylalkohol extrahiert. Die alkohol. Phase (ca. 5 cm^3 Lsgm. für e 10 γ Ni) wird mit verd. NH_4OH gewaschen. Zur spektrophotometr. Best. (474—476 nm) wird der Extrakt mit dem gleichen Vol. 0,5%ig. alkohol. Dimethylglyoxim u. $^1/_{10}$ des Vol. konz. KOH versetzt.
E. Miessgang. G 356□

Volumetrische Bestimmung von Metallen über die Fällung mit organischen Reagentien. Manganometrische Bestimmung von mit Dimethylglyoxim gefälltem Nickel. K. Bhaskara Rao. (Z. analyt. Chem. **180,** 271—75, 1961; Ottawa, Canada, Dep. of Mines and Techn. Surveys, Mines Branch; engl.) — Man fällt Ni^{2+} mit *Dimethylglyoxim* (I). Nach Filtration u. Waschen des Nd. wird dieser mit heißer HCl (1 : 1) vom Filter gelöst. Durch Erhitzen der Lsg. wird I quant. zu *Hydroxylamin* hydrolysiert. Die 55—60° warme Lsg. wird nach Zugabe von 2—3 ml 1m $CuCl_2$-Lsg. als Katalysator mit 0,1n $KMnO_4$-Lsg. titriert (1 ml 0,1n $KMnO_4$-Lsg. = 0,2446 mg Ni). Die Meth. eignet sich zur Best. von 0,5—2 mg Ni. E. Faulhaber. G 356□

Die potentiometrische Bestimmung von Nickel. N. M. Silverstone. (Metallurgia [Manchester] **65,** 99—100, Febr. 1962; Birmingham, Intern. Nickel Co. (Mond) Ltd., Dev. and Res. Labor.; engl.) — Man ermittelt das Ni nach Abtrennung mit Dimethylglyoxim durch Titration mit EDTA bei potentiometr. Endpunktsbestimmung. Beleganalysen zeigen die Genauigkeit des Verfahrens. W. Wesly. G 356□

Kaltsäureextraktion von Böden und Sedimenten, ein Vorschlag für eine Feldmethode. F. C. Canney und D. B. Hawkins. (Econ. Geol. **53,** 877—86, Nov. 1958; Denver, Colo., U.S. Geol. Surv.; engl.) — Beschreibung einer colorimetr. Feld-Meth. zur Best. von *Cu* durch Auszug der Proben mit kalter 6n *HCl*, Herst. des Farbkomplexes mit einer Lsg. von 2.2'-Dichinolin in Isoamylalkohol unter Zugabe einer Pufferlösung. Die Meth. erscheint als Feld-Meth. geeignet wegen ihrer raschen Ausführbarkeit, der Güte u. Beständigkeit des Farbkomplexes u. seiner Eindeutigkeit für Cu; sie macht keinen Anspruch auf Erfassung des gesamten Cu-Gehaltes. R. Kaiser. G 358□

Schneller Nachweis von Kationen der Kupfergruppe. Ramesh Chandra. (J. chem. Educat. **38,** 413, Aug. 1961; Jullundur, Punjab, India, D.A.V. Coll.; engl.) — Im Gegensatz zur allg. üblichen Arbeitsweise bei der Abtrennung u. Identifizierung der zur II. Gruppe des Trennungsganges (Hg^{2+}, Pb^{2+}, Bi^{3+}, Cu^{2+} u. Cd^{2+}) gehörigen Kationen, wird Hg^{2+} vor der H_2S-Fällung als weißes Amalgam auf Cu-Blech nachgewiesen. Nach der H_2S-Fällung u. Abtrennung der As-Sn-Gruppe wird in der salpetersauren Lsg. der Sulfide Pb^{2+} als weißer Nd. mit $(NH_4)_2SO_4$, Bi^{3+} als weißer Nd. mit $(NH_4)_2HPO_4$, Cu^{2+} nach Zusatz von Ammoniak, Zentrifugieren u. Ansäuern mit CH_3COOH als rotbrauner Nd. mit $K_4[Fe(CN_6)]$ u. Cd^{2+} nach Fällen von metall. Cu mit $Na_2S_2O_4$ als gelber Nd. mit H_2S nachgewiesen. W. Hein. G 358□

Nachweis von Kupfer durch eine neue Tüpfelprobe. P. Umapathy und N. Appala Raju. (Current Sci. [Bangalore] **29,** 428, Nov. 1960; Tirupati, Sri Venkateswara.

Univ. Coll., Dep. of Chem.; engl.) — Resacetophenonhydrazon (I) liefert mit Cu^{2+} in ammoniakal. Lsg. einen Nd., der bei kleinen Cu-Konzz. grün, sonst schokoladenbraun gefärbt ist. In NaOH-Lsg. entsteht nur in Ggw. hoher Cu-Konzz. eine hellrote Färbung. Zum Nachw. wird 1 Tropfen Probelsg. mit 2—3 Tropfen 4—6n NH_3 u. 2 Tropfen 10%ig. alkohol. I-Lsg. versetzt. Erfassungsgrenze 0,5 μg Cu, Grenzkonz. 1 : 10^5. Cd stört den Nachw. nicht. — Durch Erhitzen eines Gemisches von Resacetophenon in A. mit Phenylhydrazin in acetatgepufferter Essigsäure entsteht I (gelbliche Nadeln, F. 159°), das sich in A. mit brauner Farbe löst. F.-M. Friedrich-Anderseck. G 358□

Ein spezifisches, qualitatives Reagens für Kupfer. T. R. Williams und Frederick Burton. (J. chem. Educat. **38**, 413, Aug. 1961; Wooster, Ohio, Coll. of Wooster; engl.) — Im pH-Bereich von 6,2—8,5 fällt *o-(p-Toluylsulfonamid)-anilin* (T-Sulfonamid) (I) Cu^{2+}-Ionen spezif. u. quant. aus. Eine auf Cu^{2+}-Ionen zu prüfende Lsg. wird durch Zusatz von HCl oder Ammoniak auf pH 7 eingestellt, der dabei evtl. auftretende Nd. von Bi-, Hg-, Sb- oder Ag-Hydrolyse-Prodd. abzentrifugiert, u. dann das Zentrifugat mit einigen Tropfen einer 1%ig. I-Lsg. versetzt. Bei Ggw. von Cu^{2+} fällt ein grüner Nd. aus. Unter Erwärmen kann Cu^{2+} noch in 0,001 m Cu^{2+}-Lsgg. erfaßt werden. Im Filtrat des Cu^{2+}-I-Nd. kann Cd^{2+} wie üblich als CdS nachgewiesen werden. Die im qual. Trennungsgang allg. vorkommenden Kationen stören nicht. W. Hein. G 358□

Analytische Verwendung von 8-Mercaptochinolin (Thioxin) und seinen Derivaten. 17. Mitt. **8.8'-Dichinolyldisulfid — ein neues selektives Reagens zur photometrischen Bestimmung kleiner Kupfermengen.** Ju. A. Bankowski, A. F. Ijewinsch, E. A. Lukscha und P. Ja. Botschkans. (Журнал Аналитической Химии [J. analyt. Chem.] **16**, 150—57, März/April 1961; Riga, Chem. Inst. der Akad. der Wiss. der Lett. SSR; russ., Auszug: engl.) — 16. vgl. Известия Академии Наук Латвийской ССР [Nachr. Akad. Wiss. LettSSR] **1960**, 97; 14. vgl. C. **1960**, 16040; vgl. auch C. **1962**, 1725. — Die photometr. Cu-Best. beruht auf der Rk. von Cu^+ mit 8.8'-Dichinolyldisulfid (I) unter Bldg. von Cu(I)-8-Mercaptochinolinat ($CuC_9H_6NS \cdot C_9H_6NSH$). Die hohe Selektivität des Reagens 0,2%ig. Lsg. von I in Chlf.) gegenüber Cu ermöglicht infolge der in Ggw. von Ascorbinsäure bei pH 2,19—13 u. in Ggw. von Hydroxylamin bei pH 4—11,9 quant. verlaufenden Rk. die Best. von 0,1—1,0 μg Cu/ml. Durch die Ggw. von Tartraten, NH_4OH ($\leqq$ 5%) u. sehr großen Mengen von Fe, Ni, Co, Cd, Mn, Mo, Bi, Sb, W, Cr, Pb, Tl, Sn(IV), As, V, Zn, Al, Mg, Ga, Re, Zr, In, Th, La, Ti, Alkali- u. Erdalkalimetallen, Cl^-, Br^-, J^-, F^-, SO_4^{2-}, PO_4^{3-}, NO_3^-, ClO_3^-, ClO_4^-, BO_3^{3-} sowie 150 bis 400fache Pt-, Ru- u. Os- u. 25fache Se-Mengen wird die Cu-Best. nicht gestört. Die Genauigkeit der Best. wird durch CNS^- etwas beeinträchtigt. Die zu untersuchende Lsg. darf kein Au u. CN^- enthalten. S. Baryschnikow. G 358

Bestimmung von Spurenmengen von Kupfer mit Oxinblau. Mieczysław Wroński. (Chem. analit. [Warszawa] **5**, 597—99, 1960; Łódź, Univ., Zakł. Technol. chem.; pol.) — Cu^{2+} (1—20 μg) kann in ammoniakal. Lsg. direkt durch Titration mit einer Lsg. von Oxinblau (I; Kondens.-Prod. von p-Hydroxybenzoyl-o-benzoesäure u. 8-Hydroxychinolin) in 80%ig. A. (19,3 mg/Liter) mit einem Fehler von 3% bestimmt werden. Der Farbumschlag im Äquivalenzpunkt geht von Blau nach fast Farblos. Zum Vgl. dient wegen des schwer erkennbaren Umschlages eine mit I bis zur beginnenden Blaufärbung versetzte 0,1n Ammoniaklösung. Die Genauigkeit der Best. wird durch Fremdionen herabgesetzt, doch stören Zn, Cd, Pb, Co u. Mg auch in 100fachem Überschuß die Best. nicht. Hg^{2+} muß mit KJ maskiert werden. Der Cu-Oxinblau-Komplex hat die Formel $(C_{23}H_{14}NO_4)_2Cu$. Die Verb. ist schwach rosa gefärbt. F. Urban. G 358□

Komplexometrische Bestimmung von Kupfer. Balwant Singh, S. S. Sahota und A. S. Narang. (Z. analyt. Chem. **182**, 241—44, 1961; Chandigarh, India, Panjab Univ., Dep. of Chem.; engl.) — Cu(II) oder Cu(II) u. Fe(III) werden bei einem gepufferten pH-Wert von 4,0 mit eingestellter EDTA-Lsg. u. KSCN-p-Anisidin als Indicator komplexometr. titriert. Farbumschlag von Violett nach Grün. Fe(III) wird in einem aliquoten Teil ebenfalls komplexometr., aber gegen KSCN-Äther als Indicator unter starkem Schütteln titriert. Der Endpunkt zeigt sich durch Farbumschlag von Rot nach Farblos in der Ae.-Schicht an. Der Cu(II)-Geh. ergibt sich aus der Differenz der beiden Titrationen. Sr, Mg, Mn, Ca, Ba u. Hg(II) stören nicht. H. Nentwig. G 358□

Komplexometrische Bestimmung des Kupfers in Kupfererzen und Konzentraten. R. Karanow, A. Karolew und D. Toschewa. (Talanta [London] **9**, 409—12, Mai 1962; Plovdiv, Rossen Al. Kazanow-Kombinat für Buntmetall; dt.) — Cu kann vollständig von Fe, Al, Zn, Cd, Mn, Co, Ni, Sn, Ti, Cr, Ca, Mg, Ba u. anderen Elementen, die ein kleineres Normalpotential als Pb haben, abgetrennt werden, indem es in einer HCl-, H_2SO_4- oder HNO_3-Lsg. in einem mit Pb-Spänen gefüllten Reduktor zementiert, dann mit H_2O_2 enthaltendem H_2SO_4 aus der Säule gelöst u. im Eluat mit Komplexon III entweder mit Murexid bei pH 8 oder mit Xylenolorange bei pH 5—5,7 titrimetr. bestimmt wird. Die HNO_3-Konz. in der Lsg. muß $\leqq$ 0,1 n sein. Bei Ggw. von HNO_3 + HCl wird die Zementation sehr erschwert, bei Vorliegen von Nitrosylschwefelsäure muß die Lsg. zweimal bis zur Bldg. dichter weißer Nebel eingedampft werden. Um Störungen durch das beim Eluieren z. T. in Lsg. gehende Pb auszuschalten, wird es entweder als $Pb(MoO_4)_2$ gefällt, oder man bestimmt erst den Gesamt-Geh. von Pb + Cu u. dann den Pb-Geh. gesondert, indem man Cu^{2+} mit $Na_2S_2O_3$ red. u. maskiert. Bi u. Ag stören nicht. Fe^{3+} wird beim Durchlaufen zu Fe^{2+} reduziert. Arbeitsvorschrift: Pb-Späne (0,25—1 mm Korngröße, 99,99% Pb) werden in einem Jones-Reduktor in einer Höhe von 10—15 cm eingeschüttet, die Säule wird mehrmals mit verd. HCl (1 : 4) u. danach mit heißem W. bis zur negativen Rk. auf Fe durchgewaschen. Zur Analyse erhitzt man 0,250—1 g der Probe mit 15—20 ml HCl (D. 1,19) einige Min. lang auf dem Sandbad, setzt 5—10 ml konz. HNO_3 hinzu, dampft die Lsg. vollständig ein, fügt 10 ml konz. HCl hinzu, dampft erneut ein u. nimmt den Rückstand in 5 ml konz. HCl u. 50 ml W. unter Erwärmen auf. Dann gibt man das Filtrat der Lsg. auf die Red.-Säule, wäscht die Säule mit W. u. zweimal mit 0,5%ig. H_2SO_4 u. saugt mit einer Wasserstrahlpumpe durch die Säule 200 ml 2Vol.-%ig. H_2SO_4, die mit 12—18 g H_2O_2/Liter vermischt sind, in kleinen Anteilen (jede Portion muß erst die Säule passiert haben, bevor die nächste aufgegeben wird) hindurch. Das Eluat wird mit 20%ig. NaOH-Lsg. neutralisiert, die entstehende Trübung mit möglichst wenig 0,5%ig. H_2SO_4 gelöst u. die schwach saure Lsg. 15 Min. lang gekocht, Dann setzt man 5 ml 1%ig. $(NH_4)_2MoO_4$-Lsg. hinzu, erhitzt 2 Min. lang fügt zu der abgekühlten Lsg. NH_4OH (1 : 3) bis zum pH 8 hinzu u. titriert mit 0,04 bis 0,05m Komplexon III-Lösung. J. Kraetsch. G 358□

Anwendung der Biuret-Reaktion in der quantitativen Analyse. 2. Mitt. Photocolorimetrische Bestimmung von Kupfer in verdünnten wässerigen Lösungen. Kazimierz Kapitańczyk und Stanisław Kiciak. (Chem. analit. [Warszawa] 4, 735—37, 1959; pol., Auszug: engl.) — 1. vgl. C. **1963, 2948.** — Cu^{2+} kann in Konzz. von 0,1—25 mg/Liter in Ggw. von Gelatine u. KOH photocolorimetr. mit großer Genauigkeit bestimmt werden. Das Gew.-Verhältnis von Gelatine : Cu muß $\geqq$ 12,2 sein. Die höchste Genauigkeit wird bei Absorptionswerten um 50% (Vgl.-Lsg. = 100%) erzielt. Unterhalb u. oberhalb sind Korrekturen von —4 bis +4,5% anzubringen. F. Urban. G 358□

Anwendung der Biuret-Reaktion in der quantitativen Analyse. 3. Mitt. Photocolorimetrische simultane Bestimmung von Gelatine und Kupfer in verdünnten wässerigen Lösungen. Kazimierz Kapitańczyk und Stanisław Kiciak. (Chem. analit. [Warszawa] 4, 739—46, 1959; pol., Auszug: engl.) — 2. vgl. vorst. Referat. — Die Best. kleiner Mengen Gelatine (I) u. Cu^{2+} in wss. Lsg. nebeneinander gelingt durch Messung der Absorption mit dem Lange-Colorimeter nach Zusatz von KOH. Es werden 2 Werte zur Berechnung der Konzz. benötigt. Der 2. Wert wird nach Veränderung des Verhältnisses I : Cu^{2+} in der Probe erhalten. Dabei ist zu berücksichtigen, daß eine bestimmte Cu-Konz. in der Probe enthalten sein muß, um das Lambert-Beersche Gesetz zu erfüllen. Konz. Lsgg. sind entsprechend zu verdünnen. Optimal sollen ca. 1,4 mg Cu^{2+} u. 10 mg I in 100 ml enthalten sein. Die Meth. liefert genaue Werte. F. Urban. G 358□

Analytische Studie der Reaktion von einwertigem Silber mit Hydrochinon. Antonín Berka, Miloň Tichý und Jaroslav Zýka. (Z. analyt. Chem. **182,** 335—43, 1961; Prag, Karlsuniv., Lehrst. für analyt. Chem.; dt.) — Vff. bestimmen 5—20 mg Ag^+ potentiometr. mit eingestellter Hydrochinon (I)-Lsg., wobei so viel Ammoniak zugegeben werden soll, daß der Potentialwert vor Anfang der Titration 250—260 mV (SCE) beträgt. Die Rk. verläuft verhältnismäßig rasch, nur in des Nähe des Äquivalenzpunktes muß bis zur Stabilisierung des Potentials einige Zeit gewartet werden. 1 ml 0,01n I-Lsg. entspricht 1,079 mg Ag. Umgekehrt läßt sich I in 10%ig. alkal. Lsg. in Ggw. eines geringen Anteils NH_3 mit einem Überschuß an 0,1n $AgNO_3$-Lsg. oxydieren u. durch indirekte Titration bestimmen. 1 ml 0,1n $AgNO_3$-Lsg. entspricht 1,38 mg I. Die Unterss. des Rk.-Verlaufs ergaben, daß verschiedene Alkalitätsgrade der Lsg. die Rk. unterschiedlich beeinflussen: In ammoniakal. Lsg. wird 1 Mol I von 2 Mol Ag-Ionen zu Chinon oxydiert, in stark alkal. Lsg. entstehen daraus Huminsäuren als End-Prodd., wobei weitere 6 Mol Ag-Ionen verbraucht werden; diese Rk. wurde auch zur Best. von Chinon ausgenutzt. H. Nentwig. G 359□

Jodometrische Bestimmung von Palladium und Analyse von Palladium-Silber-Legierungen. G. A. Segar. (Analyst **87,** 230—32, März 1962; London, Internat. Nickel Co. (Mond) Ltd., Dev. and Res. Dep.; engl.) — Die Pd u. Ag enthaltende Lsg. wird durch tropfenweise Zugabe von NH_4OH alkal. gemacht, erhitzt, bis nur noch ein schwacher NH_3-Geruch wahrnehmbar ist, u. mit Eisessig wieder angesäuert (pH 4—5). Man titriert zuerst das Ag mit einer eingestellten KJ-Lsg. bis zur braungrauen Färbung des Niederschlags. Durch weitere Zugabe von KJ-Lsg. fällt Pd als braunes PdJ_2, das die Lsg. fast schwarz färbt. Der Endpunkt ist erreicht, wenn sich 3 Min. nach der letzten Reagenszugabe ein eingetauchter Stärke–Jodat-Papierstreifen blau färbt. J. Peters. G 365□

Ein analytisches Verfahren zur Bestimmung von Platin und Palladium in gewissen Erzen. G. S. James. (South African ind. Chemist **15,** 62–68, April 1961; Anglo-Amer. Corp. of South Africa Ltd., Central Metallurg. Labor.; engl.) — Vf. gibt einen krit. Überblick über den heutigen Stand der Best. von *Pt* u. *Pd* in Erzen u. beschreibt eine neue Meth. zu ihrer Bestimmung. Die Vortrennung der Pt-Metalle aus dem Erz erfolgt mittels normaler ½std. Pb-Schmelze bei 1200° u. einem ³/₄std. Kuppelationsprozeß unterhalb 1000°. Die dabei erhaltene Metallperle wird durch Aushämmern von anhaftender Schlacke befreit. In einem speziellen Kugelrohr wird Ag mit konz. HNO_3 gelöst, die Pt-Metalle durch Zusatz von konz. HCl in Lsg. gebracht, eingeengt, mit $NaClO_4$-Lsg. versetzt u. nach erneutem Einengen in 2,5n HCl gelöst. Ein aliquoter Teil dieser Lsg. wird an Whatman Nr. 1 mit Pentanol–HCl (D. 1,18)-Isobutylmethylketon („Hexone") (10:30:60) aufsteigend chromatographiert u. ein Teststreifen mit $SnCl_2$-Lsg. in 3,5n HCl entwickelt. Die so festgestellten Zonen (zur Pt-Best. kann der bereits entwickelte Streifen verwendet werden) werden ausgeschnitten, mit 2,5 (Pt) bzw. 0,5n HCl (Pd) extrahiert, mit $SnCl_2$- bzw. Thioglykolsäure-Lsg. versetzt u. bei 403 bzw. 325 mμ photometriert. Die Brauchbarkeit der Meth. wird an Beleganalysen aufgezeigt. G. Kirsten. G 368□

Methode zur Bestimmung von Platin im Kathodenschlamm bei der Herstellung von Wasserstoffperoxid. Marceli Struszyński und Jadwiga Chwastowska. (Chem. analit. [Warszawa] **3,** 949–54, 1958; Warzawa, Politechn., Kat. Chem. analit; pol., Auszug: engl.) — Der Kathodenschlamm, der hauptsächlich Pb, Cu u. Fe neben Spuren Pt enthält, wird zunächst durch Glühen von NH_4-Salzen befreit. Der Rückstand wird mit HNO_3 gelöst, u. Pb als $PbCl_2$ abgetrennt. Der Nd. wird umkrist., da er meist Pt enthält. Die Filtrate werden mit HCl (1:29) aufgefüllt u. aliquote Mengen mit einer ausreichenden Menge 10%ig. $SnCl_2$-Lsg. versetzt, um Pt zu Pt(IV), Fe zu Fe (II) u. Cu zu Cu(I) zu reduzieren. Anschließend wird Pt durch Messung der Extinktion der Lsg. bestimmt. Der Fehler der Best. beträgt 0,5%. Extrahiert man Pt aus der Pb-freien u. mit $SnCl_2$ red. Lsg. als H_2PtCl_6 mit Ae., so wird der Fehler größer (–4%). F. Urban. G 368□

Schwere Flüssigkeiten und Verfahren zur Mineraltrennung im Laboratorium. J. S. Browning. (U. S. Dep. Interior, Bur. Mines, Inform. Circ. **1961,** Nr. 8007, 1–14, Tuscaloosa, Metallurg. Res. Center, Bur. of Mines, USA; engl.) — Mitteilung von Labor.-Erfahrungen beim Umgang mit schweren Fll. bei der Aufbereitung von Gesteinen, Erzen u. anderen Festkörpergemengen. H. Moenke. 5290□

Die Bestimmung einiger Spurenelemente in Silicatgesteinen. R. E. Stanton, Alison J. McDonald und Ian Carmichael. (Analyst **87,** 134–39, Febr. 1962; London, Imp. Coll. of Sci. and Technol., Dep. of Geol.; engl.) — Cd, Co, Cu, Pb, Ni u. Zn werden durch Extraktion ihrer Dithizonkomplexe aus Silicatgesteinen gemeinsam abgetrennt u. mit Ausnahme von Cd, das mit einem Square-wave-Polarographen analysiert wird, colorimetr. durch Vgl. mit Standardreihen bestimmt. Die Ermittlung des Cu-Geh. erfolgt mit 2.2-Dichinolyl, die der Pb- u. Zn-Geh. mit Dithizon u. die des Ni-Geh. mit α-Furildioxim. Die Best. des Co wird nach einem neuen Verf. als Tri-n-butylammoniumtetrathiocyanatocobaltat vorgenommen, das durch Rk. von Co mit SCN^- u. Tri-n-butylamin gebildet u. in Bzl. extrahiert wird. Bei diesem Verf. ist das Beersche Gesetz im Bereich von 0,2–50 μg Co/ml erfüllt. J. Kraetsch. 5290□

Eine analytische Abhandlung über den Pyrochlor von Araxá und Tapira — Minas Gerais. G. V. Dutra und Cordélia Dutra. (Rev. Brasil Quím. **45,** 48–60, Jan. 1958; port.) — Bericht über die Anwendung verschiedener spektroskop. Meth. zur Analyse Nb-reicher Mineralien dreier brasilian. Minen. Nb u. Ti werden nach der „Totalenergie"-Meth. unter Verw. von Pegmatitbase als Verdünnungsmittel bestimmt. Die Matrixeffekte auf die Nb(II) 3163,40 Å-Linie werden untersucht. Fe hat keinen Einfl., Ba u. Ti bewirken eine Depression. Meth. zur Eliminierung oder Korrektur der Matrixeffekte werden beschrieben. U wird nach Lsgm.-Extraktion fluorometr. bestimmt. Die Unterss. ergaben, daß die Radioaktivität des Araxá-Apatits allein dem 0,001–0,071% betragenden Geh. an U_3O_8 zuzuschreiben ist. W. Betcke. 5292□

b) Organische Verbindungen

Submikro-Methoden für die Analyse organischer Verbindungen. R. Belcher. (Z. analyt. Chem. **181,** 22–28, 1961; Birmingham, Univ., Dep. of Chem.; engl.) — Übersicht. — Vgl. C. **1961,** 4472. E. Faulhaber. 5352□

Die Kolbenmethode in der organischen Mikroelementaranalyse. W. Schöniger. (Z. analyt. Chem. **181**, 28—39, 1961; Basel, Sandoz A.G., Pharmazeut. Dep. Mikroanalyt. Abt.; dt.) — Überblick über die Anwendungsmöglichkeiten der Kolbenverbrennungs-Meth. in der Elementaranalyse. — 84 Literaturangaben. E. Faulhaber. 5352□

Organische quantitative Analyse. 29. Mitt. **Automatische Mikrobestimmung von Kohlenstoff und Wasserstoff in organischen Substanzen.** M. Večeřa. (Collect. czechoslov. chem. Commun. **26**, 2298—307, Sept. 1961; Pardubice-Rybitví, Forsch.-Inst. für organ. Synthesen; dt.) — 25. vgl. C. **1961**, 15143. — Es wurde ein automat. u. schnelles Mikro-Verf. zur Best. von C u. H in festen u. fl. nichtflüchtigen organ. Verbb. entwickelt, das auf der Blitzverbrennung der Probe mit Co_3O_4 (I) als Verbrennungskatalysator (vgl. 11. Mitt. C. **1958**, 9020) u. Best. des gebildeten CO_2 bzw. H_2 (nach Red. des ursprünglich gebildeten W.) durch direkte Wärmeleitfähigkeitsmessung beruht. I wird auf Korund als Träger verwendet. Die mit elektr. Öfen geheizte Verbrennungs-App. einschließlich der Absorptionsanlagen ist im wesentlichen in den vorangehenden Mitt. beschrieben. Das Verbrennungsquarzrohr (Vr; Innendurchmesser 9 mm) mit seitlicher Gaszufuhr ist bei der C-Best. 32 cm, bei der H-Best. 45 cm lang; die Füllung besteht im 1. Fall aus: einer 5-cm-Schicht von Ag-Wolle zur Halogenabsorption u. einer ebenso langen I-Schicht, die mit einem 5 mm langen Stopfen aus 0,2 mm Pt-Draht befestigt wird; im 2. Fall aus einer mit Asbeststopfen abgedichteten 12 cm-Schicht von ca. 3 mm langen Fe-Spänen zur Umwandlung von H_2O zu H_2, 3 cm-Schicht von Cu-Draht zur O_2-Entfernung, 5 cm-Schicht von I u. 2 cm-Schicht von CuO, die mit einem 2 mm langen Pt-Drahtstopfen befestigt wird. W. wird (bei der C-Best.) an $Mg(ClO_4)_2$, CO_2 (bei der H-Best.) an Natronasbest, N-Oxide werden an akt. MnO_2 in einer gesonderten Absorptions-App. festgehalten. 1,0—1,6 mg der Probe werden in einem 5 mm langen Pt-Schiffchen eingewogen u. mit 30—40 mg I durch therm. Zers. von Co (II)-Oxalat hergestellt überschichtet. Bei der H-Best. ist ein wasserfreies, frisch ausgeglühtes u. über Anhydron aufbewahrtes I-Präp. zu benutzen. Bei der C-Best. wird die Probe im O_2-, bei der H-Best. im N_2-Strom verbrannt (15 ml O_2 bzw. 20 ml N_2/min). Die zonenweise Verbrennung verläuft bei 700—800°, die übrigen Teile des Vr werden auf 600—700° erhitzt. Vor der Analyse wird das Vr unter Durchleitung des betreffenden Gases 30 Min. lang geglüht. Die Wärmeleitfähigkeitsmessungen werden mit einer Halbdiffusionsleitfähigkeitszelle durchgeführt, deren Brücke mit einer Stromintensität von 120 mA (bei der H-Best.) bzw. 150 mA (bei der C-Best.) $\pm$ 0,2% gespeist wird. Bei Proben mit $<$3% H kann die Empfindlichkeit des Leitfähigkeitsfühlers durch Erhöhung der Stromintensität auf 140 mA gesteigert werden. Die Ergebnisse werden an Hand eines automat. Registrier-App. graph. aufgenommen. Zur Auswertung der Diagramme wird die im Diagramm verzeichnete Papierfläche ausgeschnitten u. genau gewogen ($\pm$ 0,1 mg). Die Berechnung des Ergebnisses erfolgt aus der Eichkurve. Das Gew. der Papierausschnitte beträgt 150—300 mg u. ist auf $\pm$ 1 mg reproduzierbar. Die Standardabweichung der Meth. beträgt für C $\pm$ 0,45%, für H $\pm$ 0,16%. — Das vorgeschlagene Verf. weist im Vgl. zu den übrigen bisher bekannten Meth. wesentliche Vorteile auf. Die eigentliche Verbrennung der Probe dauert nur einige Sek. ohne Explosionsgefahr, u. die hierbei gebildeten Gas-Prodd. verlassen das Vr in einer einzigen Konz.-Welle, wodurch die direkte u. genaue Wärmeleitfähigkeitsmessung ermöglicht wird. Innerhalb von 6 Std. können 40—50 Best. durchgeführt werden. Die Meth. gibt ferner Möglichkeiten zur weiteren Steigerung ihrer Genauigkeit u. allg. Verwendbarkeit sowie zur Vollautomatisierung des gesamten Analysenganges. K. Kámen/Prag. 5352

Organische quantitative Analyse. 30. Mitt. **Automatische Stickstoffmikrobestimmung in organischen Substanzen.** M. Večeřa. (Collect. czechoslov. chem. Commun. **26**, 2308—15, Sept. 1961; Pardubice-Rybitví, Forsch.-Inst. für organ. Synthesen; dt.) — 29. vgl. vorst. Referat. — Nach dem l. c. beschriebenen Prinzip wurde eine automat. Mikro-Meth. zur Best. von N in organ. Verbb. ausgearbeitet. Die Verbrennung der Proben erfolgt im CO_2-Strom, u. die gebildeten N-Oxide werden an metall. Cu-Draht zu N_2 red.; nach Absorption von Halogen u. W. wird N durch direkte Wärmeleitfähigkeitsmessung bestimmt. Außerdem wurde ein Verf. entwickelt, bei dem die Probe in einem geschlossenen Syst. verbrannt, u. die N-Best. auch in fl. flüchtigen Verbb. ermöglicht wird. — Durchführung der Analyse: A) Durch direkte Verbrennung: In einem kleinen Pt-Schiffchen werden 1,5—5 mg der Probe eingewogen, mit ca. 30—40 mg pulverförmigem, aus Co(II)-Oxalat (I) durch therm. Zers. hergestelltem Co_3O_4 (II) überschichtet u. in das 60 cm lange Verbrennungsquarzrohr (Vr; 11 mm Innendurchmesser), das mit drahtförmigem CuO, II auf Korund, Cu-Draht u. Ag-Wolle (Schichtdicke 180, 30, 60 u. 30 mm) gefüllt u. vorher auf ca. 500 bzw. 700° (II-Schicht) erhitzt wurde, eingelegt. Vor der Probe befindet sich ein Quarzschiffchen mit ca. 50 mg II-Pulver. Nach 3—5 Min. langem Durchspülen der App. mit CO_2 wird die Probe bei 700—800° im CO_2-Strom (10 ml/min) zonenweise verbrannt. Nach Absorption des W. in $Mg(ClO_4)_2$ (III) wird der N_2-haltige Trägergasstrom in einen Semidiffusionsleitfähigkeitsfühler (LF) mit automat. Registrier-App. geleitet. Die LF-Brücke wird mit einem Strom von 200 mA (± 0,2%) gespeist. B) Durch Verbrennung im geschlossenen Syst.: Auf die Füllung des Vr (Länge 60 cm, Innendurchmesser 6 mm), die in der gleichen Weise wie im vorst. Falle angeordnet ist (Schichtdicke 90, 80, 60 u. 70 mm), wird eine CuO-Schicht von 15 mm geschüttet. Dann wird die Probe (1,5—5 mg) im Pt-Schiffchen bzw. in einer Glascapillare (bei fl. Verbb.) in das Vr eingeschoben u. mit einem pulverförmigen Gemisch von CuO + II (5:1) überschichtet, so daß dieses eine 10 cm lange Schicht bildet. Nach 3 Min. langem Spülen der App. mit einem CO_2-Strom (20—30 ml/min) wird die Gasstrom-Geschw. auf 8 ml/min eingestellt. An Hand einer mit 3 Hähnen u. einem Druckausgleichgefäß (AG) versehenen Kommunikations-Vorr. wird das Vr während der zonenweisen Verbrennung der Probe beiderseits verschlossen, indem CO_2 durch den Vgl.- u. Meßkanal des LF außerhalb des Vr strömt. Sobald die Verbrennung beendet ist, wird der CO_2-Strom über das AG in das Vr u. über das Absorptionsgefäß mit III in LF geleitet. Die analyt. Auswertung erfolgt in der l. c. beschriebenen Weise. — Die Ergebnisse nach dem Verf. A sind etwa ebenso genau wie bei der klass. Meth. nach Pregl; das Verf. B scheint sogar noch genauere Ergebnisse geben zu können. Die Standardabweichung der Best. beträgt bei A ± 0,27% bei B ± 0,202%. K. Kámen/Prag. 5352

Eine modifizierte Methode zur Mikrobestimmung von Halogenen in organischen Verbindungen. Walter A. Cook. (Microchem. J. **5**, 67—71, März 1961; Akron, Ohio, Univ., Dep. of Chem.; engl.) — Die zu untersuchende Substanz wird nach Schöniger unter Zugabe von wenig $NaNO_3$ im O-gefüllten Kolben verbrannt. Als Absorptions-Fl. dient 2n NaOH (10 ml). Der Halogen-Geh. wird durch Titration mit $Hg(NO_3)_2 \cdot H_2O$ (3 g auf 1000 ml) gegen Diphenylcarbazon als Indicator bestimmt. Zur Best. von Cl u. Br wird die $Hg(NO_3)_2$-Lsg. gegen 0,01n NaCl u. zur Best. von J gegen 0,01n KJ eingestellt. Beleganalysen guter Genauigkeit. A.-M. Fretzdorff. 5352□

Eine Verbrennungsmethode für die quantitative Bestimmung chromatographischer Flecken. 1. Mitt. **Bestimmung organischer fluorhaltiger Verbindungen.** H. Soep. (J. Chromatogr. [Amsterdam] **6**, 122—30, Aug. 1961; Beerse, Belgium, Res. Labor. Dr. C. Janssen; engl.) — Vgl. C. **1962**, 10951. — Vf. beschreibt eine Meth. zur Best. organ. F-haltiger Verbb. im Mikromaßstab (0,1—2 γ F) mittels einer modifizierten Schöninger-Verbrennung. Die Probe (Fleck aus Papierchromatogramm) wird in O_2-Atmosphäre verbrannt, die Konz. des gebildeten F^- nach Absorption der Gase in wenig W. colorimetr. nach Singer u. Armstrong (Analytic. Chem. **31**, [1959.] 105 bestimmt. Die Meth. wurde mit Erfolg bei der Analyse des F-haltigen Neurolepticums *Haloperidol* (I) in biolog. Material angewendet. I wurde dazu mit Ae. extrahiert, der Extrakt konzentriert, chromatographiert u. durch Komplex-Bldg. mit Aconitsäure in Essigsäureanhydrid sichtbar gemacht. Die Flecken werden ausgeschnitten u. der F-Geh. wie oben bestimmt. M. Finke. 5352□

Verbesserungen bei der Mikrobestimmung von Chlor und Brom in organischen Substanzen. Satoshi Mizukami, Tadayoshi Ieku und Ushio Kasugai. (Mikrochim. Acta [Wien] **1962**, 717—19, Osaka, Fukushima-Ku, Shionogi & Co. Ltd., Res. Labor.; engl.) — Um die Weiterbehandlung der Absorptions-Lsg. bei der Mikro-Best. der Halogene nach Schöniger zu vereinfachen, wird an Stelle von NaOH NH_4OH-Lsg. verwendet. Durch Kochen der Absorptions-Lsg. können störende Ionen zugleich mit dem NH_3-Überschuß entfernt werden. Das in der Lsg. entstandene NH_4-Halogenid wird mit $AgNO_3$-Lsg. in Ggw. eines Adsorptionsindicators titriert. Bei verkürzter Analysendauer werden zufriedenstellende Ergebnisse erzielt. J. Peters. 5352□

Störungen durch elektrostatische Aufladungen bei der Mikrobestimmung von Halogen und Schwefel nach der Verbrennungsmethode. Satoshi Mizukami, Tadayoshi Ieki und Ushio Kasugai. (Mikrochim. Acta [Wien] **1962**, 720—24; engl.) — Vgl. vorst. Referat. — Bei der analyt. Best. der Halogene u. S durch Verbrennung u. Bindung an Ag-Granalien verursachen elektrostat. Aufladungen der Absorptionsgefäße Wägefehler. Unterss. über den Einfl. dieser Erscheinungen durch Best. von Leerwerten werden ausgeführt, die Möglichkeit von Gegenmaßnahmen wird geprüft. Durch Abkühlen der heißen Absorptionsgefäße in einem mit feuchter Luft gefüllten Exsiccator lassen sich die Aufladungen beheben u. richtige Analysenergebnisse erzielen. J. Peters. 5352□

Polarographische Bestimmung des Schwefels in organischen Verbindungen. Assen Trifonow, Tschawdar Iwanow und Detschko Pawlow. (Известия на Химическая Институт при БАН [Bull. Inst. chim. Acad. bulg. Sci.] **3**, 3—17, 1955; bulg., Auszug: dt. — C. **1956**, 9000.) G. Nikolajewski. 5352□

Submikro-Methoden der organischen Analyse. 15. Mitt. **Bestimmung von Schwefel nach der Sauerstoffflaschen-Methode.** R. Belcher, A. D. Campbell, R. Gouverneur und A. M. G. MacDonald. (J. chem. Soc. [London] **1962,** 3033—37, Aug.; Birmingham, Univ., Chem. Dep.; engl.) — 14. vgl. C. **1963,** 1015. — Die S-haltige organ. Verb. (10—30 μg) wird in einer Sauerstoffflasche, deren Wände mit H_2O_2 benetzt sind, verbrannt. Das gebildete SO_4^{2-} wird in Ggw. von Thorin als Indicator gegen-$Ba(ClO_4)_2$-Lsg. titriert. Jod läßt sich durch Eindampfen der Lsg. zur Trockne u. Erhitzen des Rückstandes im O_2-Strom, PO_4^{3-} durch Kochen mit MgO entfernen.
W. Betcke. 5352□

Mikrobestimmung von Bor in Organoboranen durch Carius-Oxydation. Donald G. Shaheen und Robert S. Braman. (Analytic. Chem. **33,** 893—94, Juni 1961; Callery, Pa., Callery Chem. Co.; engl.) — Eine Oxydations-Meth. nach Carius wurde zur Mikro-Best. von B in Organoboranen benutzt. Das dabei entstehende H_3BO_3 wird potentiometr. bei Ggw. von Mannit mit carbonatfreier NaOH-Lsg. titriert. Die Standardabweichung der Meth. beträgt $\pm 0{,}33\%$ absolut. Es wird ein bes. Verf. für Verbb. beschrieben, die mit rauchendem HNO_3 heftig reagieren. K. Ohls. 5352□

Über die relative Reaktionsfähigkeit der Doppelbindungen in einigen organischen Silicium- und Metall-Verbindungen gegenüber Rhodan. A. D. Petrow, W. F. Mironow und A. A. Bugorkowa. (Fette, Seifen einschl. Anstrichmittel **62,** 1107—09, Dez. 1960; Moskau; dt.) — Die Best. von Rhodan (I)-Zahlen zur Ermittlung des Grades der Ungesättigtheit von organ. Verbb. wird auf ungesätt. *Organozinn-, -germanium* u. *-silicium-Verbb.* angewandt. Der langsame Verlauf der I-Anlagerung gestattet weiterhin, die relative Reaktionsfähigkeit der Verbb. zu bestimmen. In der Reihe $R_3Si(CH_2)_n-CH{=}CH_2$ ist sie von der Stellung der Doppelbindung in folgender Weise abhängig: $\beta > \gamma > \alpha$, für Verbb. der Formel $R_3M-CH{=}CH_2$, worin M die Elemente der 4. Gruppe des PSE sind: C < Si < Ge < Sn. Nachteilig wirkt sich aus, daß die Rk. mit einer I-Lsg. in Eisessig durchgeführt wird, der jedoch mit der SiCl-, SiBr- u. $Si-O-CH_2$-Bindung reagiert. Er läßt sich aber durch andere Lsgm. ersetzen, die nicht reagieren. Die I-Zahlen von 65 Si-, Sn- u. Ge-Verbb. werden jeweils für 5 Min., 1, 3, 5 u. 24 Std. angegeben. G. Engelhardt. 5364□

Quantitative Analyse von Produkten der direkten Synthese von Alkylchlorsilanen. A. P. Kreschkow, W. A. Bork und L. A. Schwyrkowa. (Заводская Лаборатория [Betriebs-Lab.] **27,** 147—49, 1961; Moskau, Chem.-Technol. Mendelejew-Inst.; russ.) — Schnell-Best.-Meth. der einzelnen Komponenten eines Alkylsilanen-Gemisches wird erörtert. Die Best. von *Methyltrichlorsilan* beruht auf seinem Vermögen, bei hydrolyt. Spaltung u. nachfolgender Kondens. des entstandenen Methylsilantriols feste polymere Verbb. zu bilden, welche gravimetr. bzw. turbidimetr. bestimmt werden; andere Methylchlorsilane (I) bilden fl. Polymere. Die Best. H-haltiger I beruht auf Oxydation ihrer ≡SiH-Bindung mit $KMnO_4$ u. die des $SiCl_4$ auf seiner Rk. mit wss. NH_4-Molybdat-Lsg. (Bldg. einer blaugefärbten Si-Mo-Heteropolysäure, die photometriert wird). Die Best. von Trimethylchlorsilan in Ggw. anderer I wurde von den Vff. früher beschrieben Научные Доклады Высшей Школы [Wiss. Hochschulen] **1958,** Nr. 4, 727). Der Geh. des Gemisches an Dimethyldichlorsilanen erfolgt aus der Differenz.
S. Baryschnikow. G 980

Methode der differenzierten konduktometrischen Titration eines Gemisches von Methylchlorsilanen in nichtwässerigen Lösungen. A. P. Kreschkow und W. A. Drosdow. (Доклады Академии Наук СССР [Ber. Akad. Wiss. UdSSR] **131,** 1345—48, 21/4. 1960; Moskau, Chem.-technol. Mendelejew-Inst.; russ.) — In ein Gemisch aus 2 (Vol.) Acetonitril u. 3 Ae. wird aus einer Mikropipette die benzol. Lsg. des Methylchlorsilangemisches gegossen u. mit einer 0,3 m Lsg. von NH_4SCN in Acetonitril titriert, wobei nach $(CH_3)_nSiCl_{4-n} + (4-n)\,NH_4SCN \rightarrow (CH_3)_nSi(SCN)_{4-n} + (4-n)\,NH_4Cl$ sich NH_4Cl ausscheidet u. die Leitfähigkeit abnimmt; ein Überschuß an NH_4SCN wird auf Grund eines Blindvers. vermieden. Dann wird unter Messung der Leitfähigkeit nach Zugabe von je 0,02—0,04 ml mit 0,1 m benzol. Lsg. von Dimethylaminoantipyrin (I) titriert. Die Ausgangs-Lsg. muß mindestens 0,0055 g $(CH_3)_3SiCl$, 0,0025 g $(CH_3)_2SiCl_2$ u. 0,0023 g CH_3SiCl_3 in 12 ml enthalten, bei höheren Konzz. kann verd. werden. I wird vor Herst. der Titrations-Lsg. aus W. umkrist. u. bis zum konst. Gew. bei 105° gehalten. Der relative Fehler bei einem Gemisch der 3 Methylchlorsilane beträgt $\pm 2\%$.
R. K. Müller. G 980□

Papierchromatographischer Nachweis von Zuckern, Polyalkoholen, Glykolen und Säuren durch saure basische Indicatoren. Guiseppe Cerutti und Walter Vezzini. (Chim. e Ind. [Milano] **43,** 784—85, Juli 1961; Milano, Centro Ric., Ist. Chemioterapico;

ital.) — Vff. schlagen eine Meth. zum schnelleren Nachw. von Zuckern, Polyalkoholen, Glykolen u. Säuren vor, die auf der Entw. des Chromatogrammes mit einer ammoniakal. Lsg. von rotem Kresol beruht. Dieses Reagens gestattet die Unterscheidung der verschiedenen Komponenten von Mischungen durch die verschiedene Farb-Entw. der besprühten Chromatogramme bei verschiedener Behandlung, z. B. Lufttrocknung, Trocknung im Ofen bei 100°, bzw. Einw. von UV-Licht. Die Farb-Entw. folgender Verbb. wird behandelt: Citronen-, Wein-, Oxal-, l-Ascorbin- u. Ketoglutarsäure, Saccharose, Fructose, Sorbose, Rhamnose, Glucose, Lactose, Galaktose, Glycerin, Xylit, Mannit, Sorbit, Äthylen- u. Propylenglykol. A. Franco-Beyer. G 3400□

Papierchromatographie von Alkaloiden in Elektrolytlösungen. Verhalten der sauren Fraktion der chromatographierten Salze. Erweiterung der Methode für andere Amine. Albert Resplandy und Charles Sannié. (C. R. hebd. Séances Acad. Sci. **241,** 65—67, 4/7. 1955; franz.) — Vgl. C. **1956,** 9544. — Bei der Papierchromatographie von Alkaloiden in Ggw. organ. Säuren (Pikrin-, Salicylsäure) wandern beide Bestandteile unabhängig voneinander. Die Chromatographie mit Elektrolyt-Lsgg. ist auch auf viele andere Amine anwendbar; hierbei werden ähnliche Kurvenscharen R_F = f(Konz.) wie bei den Alkaloiden erhalten. Anwendungen: *n-α-Aminosäuren* mit 2—7 C-Atomen, *Tryptophan, Tryptamin, Gramin, β-Phenylisopropylamin, Ephedrin, Phenylalanin.* A. Blaschette. G 3500

Trennung der Nicotinaalkaloide und ihre quantitative Bestimmung durch Papierchromatographie. E. Ss. Awundshjan. (Известия Академии Наук Армянской CCP, Биологические Науки [Nachr. Akad. Wiss. ArmenSSR, biol. Wiss.] **15,** Nr. 2, 89—93, Febr. 1962; Botan. Inst. der Akad. der Wiss. der ArmenSSR; russ., Auszug: armen.) — Die Trennung der Nicotinaalkaloide *Nicotin, Hydroxynicotin, Metanicotin, Miosmin, Nornicotin* u. *Anabasin* mit Hilfe der aufsteigenden Papierchromatographie erfolgt durch das Auftragen von 0,25—0,40 mg des Alkaloidgemisches auf das Papier. Als Lsgm. wird Butanol, als Entwickler das Draggendorf-Präp. angewandt. Die Best. der Alkaloide erfolgt gravimetr. u. basiert auf dem direkten Verhältnis zwischen dem lg der Alkaloidmenge u. der Fläche seines Flecks. S. Baryschnikow. G 3500

Die fluorometrische Bestimmung von Lysergsäurediäthylamid und Ergonovin. E. S. Boyd. (Arch. int. Pharmacodynam. Thérap. **115,** 43—51, 1/5. 1958; Rochester, N.Y., Univ., School of Med. and Dent., Div. of Pharmacol.; engl.) — Zur Unters. von Lysergsäurediäthylamid u. Ergonovin wurde ein bes. empfindliches Fluorometer entwickelt, das sowohl Anregung als auch Fluorescenzmessung im monochromat. Licht (320 bzw. 335—340 mμ) gestattet. Verschiedene Einfl., die ein Nachlassen der Fluorescenzintensität bewirken, werden untersucht. Die günstigsten Ergebnisse werden bei hoher Konz. des Probematerials, geringer Anregungsenergie u. schwach saurer Lsg. (pH 5—7) erhalten. W. Betcke. G 3500□

Die chromatographische Identifizierung von Anthocyanfarbstoffen. J. B. Harborne. (J. Chromatogr. [Amsterdam] **1,** 473—88, Nov. 1958; Hertford, Großbritannien, John Innes Horticult. Inst.; engl.) — Vgl. C. **1961,** 8236. — Vf. beschreibt die method. Schritte zur chromatograph. Identifizierung von *Anthocyanen* (I) an Hand von Literaturangaben u. eigenen Verss.: Isolierung u. Reinigung mit chromatograph. Verff., Papierchromatographie der I, Beziehungen zwischen Konstit. u. R_F-Wert, papierchromatograph. Identifizierung der *Anthocyanidine* u. *Zucker* nach Hydrolyse u. Strukturaufklärung bzgl. Zahl u. Stellung der Zucker- u. Acylreste. Für die Unters. des Vork. u. der Verbreitung der I in Pflanzen werden Beispiele beschrieben. — R_F-Tabellen. — 67 Literaturzitate. K. Prchal. G 3550□

Analytische Methoden in der Campher-Industrie. 1. Mitt. **Schnelle Veresterungsmethode zur Bestimmung von Camphen.** Jan Błaszkowicz, Krystyna Roczniakowa und Stanisława Wańtuch. (Chem. analit. [Warszawa] **4,** 719—23, 1959; Pustków, Zakłady Tworzyw sztuczn.; Wrocław, Politechn., Kat. Technol. Przem. Organ.; pol., Auszug: engl.) — Camphen wird mit konz. Ameisensäure in Ggw. von konz. H_2SO_4 bei Zimmer-Temp. 3 Min. lang geschüttelt. Das gebildete Isobornylformiat wird mit gesätt. NaCl- u. 2—5%ig. Na_2CO_3-Lsg. ausgeschüttelt, dann mit wasserfreiem Na_2SO_4 getrocknet u. filtriert. Ein aliquoter Teil wird mit 0,5n alkohol. KOH-Lsg. 1 Std. lang auf dem Wasserbad verseift, u. der Überschuß an KOH mit 0,5n H_2SO_4 u. Phenolphthalein zurücktitriert. Der Standardfehler der Best. liegt, je nach der Konz. der Probe, bei 0,16—0,71%. F. Urban. G 3600□

Analytische Methoden in der Campher-Industrie. 2. Mitt. **Schnelle Betriebsmethode zur Bestimmung von Isoborneol.** Jan Błaszkowicz, Krystyna Roczniakowa und Stanisława Wańtuch. (Chem. analit. [Warszawa] **4,** 725—27, 1959; pol., Auszug: engl.) — 1. vgl. vorst. Referat. — Die Isoborneol enthaltende Probe wird mit einer gemessenen Menge konz. Ameisensäure u. konz. H_2SO_4 10—15 Min. lang geschüttelt.

Nach Zusatz von Xylol u. gesätt. NaCl-Lsg. wird der Überschuß an Ameisensäure u. H_2SO_4 mit 1n NaOH u. Phenolphthalein zurücktitriert. Der Standardfehler der Best. beträgt −1,75%. F. Urban. G 3600□

Quantitative Analyse komplexer Gemische aus Steroiden und Gallensäuren mit Hilfe der Gaschromatographie. Daniel K. Bloomfield. (Analytic. Chem. **34**, 737—41, Juni 1962; Cleveland, Ohio, Western Reserve Univ., Dep. of Med.; engl.) — Es wird ein gaschromatograph. Verf. zur quant. Best. von C_{27}-Steroiden u. C_{24}-Gallensäuren unter Verw. eines inneren Standards beschrieben. Als Säulenfüllung wird SE-30-Gummi an Chromosorb W verwendet. Als Detektor dient ein Ar-Ionisations-System. Gearbeitet wird bei 235—256° Säulen- u. 250—260° Detektor-Temperatur. Das Verf. wurde auf die Trennung biolog. Gemische angewendet. W. Betcke. G 3700□

Automatische Dauerabtastung von Absorptionsspektren. Anwendung auf die Steroidhormon-Analyse. Robert J. Kuchler, Herbert S. Strickler und Robert C. Grauer. (Analytic. Chem. **33**, 1048—51, Juli 1961; Pittsburgh, Pa., Allegheny Gen. Hosp., William H. Singer Mem. Res. Labor.; engl.) — Durch Anwendung einer wiederholten automat. Aufnahme von Absorptionsspektren untersuchen Vff. Rkk. von Ketosteroid-Hormonen. Die Zimmermann-Rk. [1935] wird mit *Stanolon* (*Androstan-17β-ol-3-on*), *Androsteron, Progesteron, Dehydroepiandrosteron* u. *Hydrocortison* kinet. untersucht. Eine Meth. zur Trennung u. Reinigung vor der Identifizierung von Ketosteroiden aus Nebennierenrinden- u. Placenta-Extrakten wird beschrieben. G. Krien. G 3750□

Untersuchungen über thyreotrope Substanzen durch Papiergromatographie. Yasuo Ueda und Itsuhiko Mori. (J. Chromatogr. [Amsterdam] **2**, 569—71, Sept. 1959; Kobe, Coll. of Med., Coll. of Pharm.; engl.) — *Thyreotropes Hormon* (I) wurde papierelektrophoret. in Veronalpuffer pH 8—8,6 in 3 Fraktionen (2 davon thyrotrop akt.) getrennt. Die 3 Fraktionen sowie I wurden hydrolysiert u. papierchromatograph. mit n-Butanol/Pyridin/W. (6 : 4 : 3) untersucht. Es konnten *Mannose, Galaktose, Glucosamin* u. *Uronsäuren* nachgewiesen werden. E. Moisar. G 3750□

Cerimetrie in nichtwässerigen Medien. Oxydation von Ascorbinsäuren. G. Prabhakar Rao und A. R. Vasudeva Murthy. (Z. analyt. Chem. **187**, 96—99, 1962; Bangalore, Indian Inst. of Sci., Dep. of Inorg. and Phys. Chem.; engl.) — Vff. untersuchen die Rk. zwischen Ascorbinsäure (**I**) u. Ammoniumhexanitratocerat(IV) (**II**) in einem Medium von Eisessig u. Acetonitril. Es zeigt sich, daß bei der potentiometr. Titration von **II** gegen **I** ein Mol **I** 4 Äquivalente **II** verbraucht. Vff. nehmen an, daß **I** über Dehydroascorbinsäure zu Threonsäure u. Oxalsäure oxydiert wird. Legt man umgekehrt **I** vor u. titriert mit **II**, so läuft die Rk. bes. zum Schluß träge ab u. stabile Potentiale stellen sich nur sehr langsam ein. Aus den Unterss. geht hervor, daß die Rk. zur potentiometr. Best. von **I** verwendet werden kann. Dabei wird als Indicatorelektrode eine Pt- u. als Vgl.-Elektrode eine Glas- oder Sb-Elektrode verwendet. Gerhard Schulze. G 3800□

Identifizierung von L-Ascorbinsäure mit Titantetrachlorid. Stefan Bączyk. (Chem. analit. [Warszawa] **4**, 715—17, 1959; Poznań, Akad. Med., Zakł. Chem. ogóln.; pol., Auszug: engl.) — Die L-Ascorbinsäure-haltige Probe wird mit 2%ig. Oxalsäure versetzt u. filtriert. Zu 2 ml Filtrat werden 1 ml 0,5%ig. $K_3[Fe(CN)_6]$- u. 0,5 ml 10%ig. $TiCl_4$-Lsg. in HCl 1 : 1 zugegeben. Der rotbraune Nd. von $Ti[Fe(CN)_6]$ soll spätestens nach 1 Min. ausfallen. Andernfalls sind andere reduzierende Substanzen in der Probe enthalten. Reduzierende Zucker, Cystein, Glutathion u. Tannin stören den Nachw. nicht, wenn ihre Konz. $<$1,5 mg/ml Probe ist. F. Urban. G 3800□

Colorimetrische Bestimmung des Inulins. W. N. Chrusstalewa und W. W. Koslow. (Известия Высших Учебных Заведений (Краснодар), Пищевая Технология [Hochschulnachr. (Krasnodar), Nahrungsmittel-Technol.] **1961**, Nr. 4, 152—56; Moskau, Plechanow-Inst. für Volkswirtschaft, Labor. für Organ. Chem.; russ.) — Die Farb-Rk. des *Inulins* (I) mit Phosphormolybdänsäure in Ggw. von H_3PO_4 ermöglicht die colorimetr. Best. von I in Pflanzenmaterialien. Der Fehler der Meth. beträgt 0,5—5,0%. Die maximale Genauigkeit der Best. erfolgt bei I-Konzz. von 0,15—0,20%. Die Ggw. lösl. Kohlenhydrate u. verwandter Substanzen stört, die der übrigen Ballaststoffe beeinträchtigt die Genauigkeit der I-Best. nicht. S. Baryschnikow. G 4050

d) Medizinische und toxikologische Analyse

Bestimmung von Fe^{3+} mit Hilfe von Natrium-p-aminosalicylat. Halina Łukasiak-Wardzińska und Juliusz Popowicz. (Chem. analit. [Warszawa] **3**, 893—95, 1958; Białystok, Akad. Med., Zakł. Chem. ogóln.; pol., Auszug: engl.) — Fe^{3+} bildet in alkal. Lsg. mit p-Aminosalicylsäure einen rot gefärbten Komplex. Die Extinktion der Lsg. des Komplexes ist im Bereich 0,001—0,015 mg Fe/10 ml der Konz. proportional u. etwa gleich groß der Extinktion der Fe-Sulfosalicylsäurekomplex-Lsg. gleicher Konzentration. Cu^{2+} u. Zn^{2+}, die in biolog. Material (z. B. im Blut) neben Fe^{3+} auftreten können, stören die Best. nicht. F. Urban. 5727☐

Schnellmethode zur Zinkbestimmung im Blut. R. Bourdon und M. Hamon. (Ann. Biol. clin. **19,** 443—51, Mai/Juni 1961; Paris, Hôpital Hérold, Labor. de la Pharm.; franz.) — Es wird eine Meth. zur Schnellbest. von Zn im Blut mit Hilfe des Zinkonkomplexes (1-[2'-Hydroxy-5'-sulfophenyl]-3-phenyl-5-[2''-carboxyphenyl]-formazan) beschrieben. Störende Metallionen werden mit KCN maskiert, wobei anschließend durch Einw. von Chloral nur der Zn-Komplex zerstört wird. Die Best. erfolgt colorimetr. gegen eine Eichkurve. G. Ziebarth. 5727☐

Blutzuckerbestimmung. K.-H. Seidel. (Pharmazie **16,** 524—26, Okt. 1961; Karl-Marx-Stadt, Frauenklinik, Forschungsstelle; dt.) — Die von Kapuscinski u. Zak (C. **1954,** 5822) beschriebene u. von Wolf überarbeitete Meth. zur Blutzucker-Best. auf der Grundlage der Farbbldg. zwischen Anthron u. Glucose in stark schwefelsaurer Lsg. eignet sich auf Grund der Befunde des Vf. als Schnellmeth. bei routinemäßigen Untersuchungen. B. Schobess. 5727☐

Revision einer Methode zur Bestimmung hoher Blutzuckerwerte nach Hagedorn-Jensen. A. H. Holtz, Ha. J. van Dreumel und E. J. van Kampen. (Clin. chim. Acta [Amsterdam] **6,** 467—71, Juli 1961; Utrecht, Nat. Inst. of Public Health; Groningen, Diaconessenhuis, Clin.-Chem. Labor.; engl.) — Die bes. in den Niederlanden übliche Modifikation der Hagedorn-Jensen-Blutzucker-Best. bei hohen Blutzuckerwerten, die darin besteht, eine 2. Dosis Ferricyanidreagens hinzuzufügen, wenn erkennbar wird, daß die 1. Dosis zu gering war, um die hohen Blutzuckerwerte erfassen zu können, wird als weitgehend unkorrekt bezeichnet (bis zu 30% Abweichung, bezogen auf einen Wert von 1000 mg/100 ml); früher nach dieser Meth. erzielte Werte von Patienten im diabet. Koma müssen daher mit Vorsicht ausgewertet werden. Soll diese Meth. der Blutzucker-Best. beibehalten werden, so muß bei Deutlichwerden einer zu niedrigen Reagensbeigabe, die Probe mit mehr Reagens u. neuem Blut wiederholt werden, oder 4 ml Reagens zur 3 Min. lang erhitzten Probe hinzugefügt werden, oder (als 3. Möglichkeit) die Probe 5 Min. lang erhitzen, danach Zugabe von 2 ml Reagens zur entfärbten Probe unter Berücksichtigung einer Reihe von Korrekturwerten. U. Tausendfreund. 5727☐

Isolierung und Identifizierung von Stoffwechselprodukten des Isonicotinsäurehydrazids aus Blutproben mittels Papierchromatographie. R. C. R. Barreto. (J. Chromatogr. [Amsterdam] **7,** 82—85, Jan. 1962; Rio de Janeiro, Brazil, Univ., Inst. of Phthisiol. and Pneumol., Centr. Labor. of Tuberculosis; engl.) — Die teilweise sehr instabilen Stoffwechsel-Prodd. des *Isonicotinsäurehydrazids* (**I**) werden aus Blut durch zentrifugal beschleunigte Ultrafiltration (1500 U/Min.) in Kollodium von den Proteinen abgetrennt, das proteinfreie Filtrat durch absteigende Papierchromatographie an Machery-Nagel-Papier Nr. 261 mit dem Syst. Propanol–konz. NH_4OH (**II**; 70 : 30) in Na-Salze, **I**-Abbau-Prodd., **I** u. dessen Derivv. getrennt. Die einzelnen Gruppen werden ausgeschnitten, mit W. eluiert u. durch zweidimensionale Papierchromatographie identifiziert. R_F-Werte von **I**, Acety-**I** u. den Isonicotinsäurehydrazonen von Acetaldehyd, Brenztraubensäure u. Pyridoxalphosphat in 8 verschiedenen Laufmitteln werden tabellar. mitgeteilt. Als beste Kombination ergab sich Isopropanol–1%ig. **II** (20 : 3) u. n-Butanol–gesätt. mit **II**. Nachw. der Verbb. erfolgte mit UV-Licht oder mit Bromcyan u. NH_3. M. Finke. 5727☐

Mehrfache Prüfungen von getrocknetem Blut in einer einzigen Probe. S. S. Kind und E. A. Kilner. (Analyst **87,** 500—01, Juni 1962; Harrogate, Yorks., Home Office Forensic Sci. Labor.; engl.) — Vff. beschreiben eine Meth., nach der die verschiedenen Unterss., die gegenwärtig in den Gerichts-Labor. üblich sind, an einer einzigen kleinen Probe (10—20 μg) des trockenen Blutes durchgeführt werden können. Gerhard Schulze. 5762☐

Versuche zur Todeszeitbestimmung aus dem Phosphatgehalt des Kammerwassers. F. Schleyer. (Dtsch. Z. ges. gerichtl. Med. **52,** 231—33, 1962; Bonn; dt.) — Um die Todeszeit zu ermitteln, wurde nach der Meth. von Horwitt (C. **1953,** 5392) der anorgan. P-Geh. des Augenkammerwassers von 62 Leichen bestimmt. Es zeigte sich, daß die Meth. allenfalls bei raschen Todesfällen jüngerer Menschen brauchbar ist. E. Klever. 5762☐

Die Routineuntersuchung der Blutalkoholkonzentration mit dem Gaschromatographen. G. Machata. (Mikrochim. Acta [Wien] **1962,** 691—700, Wien, Univ., Inst. für gerichtliche Med.; dt.) — Vf. beschreibt ein Verf. zur routinemäßigen Blutalkohol-Best. auf gaschromatograph. Wege. Blut oder Serum wird direkt in den Gaschromatographen eingespritzt, wobei Aceton als innerer Standard dient. Als Säulenmaterial wurde Polyäthylenglykol auf Kieselgur, als Trägergas N_2 verwendet. Die angewandte Temp. betrug in den meisten Fällen 100°, in Ggw. höherer Alkohole 80°. Der Eingangsgasdruck war 1 atü N_2, die Strömungs-Geschw. 62 ml/Minute. Durch Verw. eines Flammenionisationsdetektors wurde W. nicht angezeigt. Fäulnisalkohole, die sonst vom Wasserpeak verdeckt werden, konnten leicht erkannt werden. Die quant. Auswertung erfolgte durch Flächenausmessung oder automat. Integration, wobei eine Genauigkeit von 5 bzw. 1 Rel.-% erzielt wurde. Bei Alkohol-Konzz. über 2,5‰ wurde die Probe mit W. 1 : 1 verdünnt. Die größte Genauigkeit lag im Bereich von 0,5—1,5‰ Alkohol. Die Analysendauer betrug ca. 6 Minuten. Harn konnte auf gleiche Weise analysiert werden. Bei Mageninhalt u. Organen war eine vorbereitende Best. nötig. F. Sarfert. 5762□

Eine Mikromethode zur Identifizierung von Barbituraten in der forensischen Chemie. A. C. Maehly. (Analyst **87,** 116—20, Febr. 1962; Stockholm, Govern. Labor. for Forensic Chem.; engl.) — Es wird eine einfache App. beschrieben, mit der 10—20 μg Barbiturat im Vakuum auf ein KBr-Blättchen sublimiert werden können. Mit dieser Probe kann das IR-Spektrum aufgenommen u. der F. bestimmt werden. Das Barbiturat wird in Chlf. gelöst (gewöhnlich handelt es sich um das Eluat bei einer papierchromatograph. Trennung) in den App. gegeben. P. Kurzmann. 5762□

Modifizierung der quantitativen colorimetrischen Bestimmung von Glutethimid in der Toxikologie. S. E. Phang, M. C. Dutt und Thing Soon Tee. (J. Pharmacy Pharmacol. **13,** 319—20, Mai 1961; Singapore, Gov. Dep. of Chem.; engl.) — Zur quant. Best. von Glutethimid in erbrochenem Material wird die Meth. von Sheppard, D'Asaro u. Plummer modifiziert, da dabei die fetten Verunreinigungen nicht entfernt werden können. Als Extraktionsmittel wird Isobutanol verwendet. Weiterhin wird auch das $FeCl_3$-Reagens verwendet. G. Kimmerle. 5764

Identifizierung und Bestimmung von Diäthyl-p-nitrophenylthiophosphorsäureester in Geweben und Blut. Ernst Vidic. (Arzneimittel-Forsch. **8,** 719—26, Nov. 1958; Berlin, Freie Univ., Inst. für gerichtl. u. soziale Med.; dt.) — Zum Nachw. u. zur Best. von *Diäthyl-p-nitrophenylthiophosphorsäureester* (**I**), E 605 in Leichenorganen u. Blut wird **I** mit CH_3OH extrahiert, mit Aktivkohle vergereinigt u. an Al_2O_3 (Woelm; Aktivitätsstufe I) in CH_2Cl_2 chromatographiert. Es gelingt auf diese Weise eine Abtrennung von E 600 (Paraoxon), dem Spaltprod. p-Nitrophenol, dem Emulgator u. störenden Arzneistoffen. Zur papierchromatograph. Identifizierung wird **I** nach Red. mit $TiCl_2$–NH_3 mit Na-Naphthochinonsulfonat (Rotfärbung; Nachw.-Grenze 3—5 γ **I**) oder p-Dimethylaminobenzaldehyd (Gelbfärbung) umgesetzt. Die quant. **I**-Best. erfolgt nach Averell u. Norris (Analytic. Chem. **20,** [1948], 753) unter Anbringung einer Korrektur für die Absorption in trüben Lösungen. K. Maier. 5764□

Esso Research and Engineering Co., Elizabeth, N.J., V.St.A., **Bestimmung der Konzentration eines Schlüsselbestandteiles (I) in einem Gasgemisch (II),** bei der ein Strom des **II** bei prakt. konst. Temp. durch eine Adsorptionszone (**III**) geleitet wird, die ein Adsorptionsmittel (**IV**) für den **I** enthält, dad. gek., daß der Druck in der **III** zwischen je einer bestimmten oberen u. unteren Grenze period. u. abwechselnd geändert u. dabei nicht wesentlich länger auf jeder Druckgrenze gehalten wird, als erforderlich ist, damit das **IV** bei dem betreffenden Druck das Gleichgewichtsadsorptionsvermögen für den **I** erreicht, worauf die Schwankungsbreite des aus der **III** abfließenden Stromes erfaßt u. mit Bezug auf einen ident. Strom mit bekanntem Geh. an dem **I** elektr. angezeigt wird. (**D. A. S. 1 129 004** Kl. 421 vom 17/5. 1956, ausg. 3/5. 1962. A. Prior. 20/5. 1955.) W. v. Huhn. 5087

Drägerwerk, Heinr. & Bernh. Dräger, Lübeck, **Nachweis von Stickstoffdioxid in Gasen** mit Hilfe von Benzidin-Derivv. (**I**), dad. gek., daß das zu untersuchende Gas nach dem Durchtreten durch eine aromat. Amine wie **I** enthaltende Rk.-Schicht durch ein Oxydationsmittel u. anschließend durch eine Reagensschicht geleitet wird, die ein **I** als Reagens enthält. (**D. A. S. 1 127 628** Kl. 421 vom 14/12. 1960, ausg. 12/4. 1962.) W. v. Huhn. G 243

H. Angewandte Chemie

H_1. Allgemeine chemische Technologie

Minnesota Mining & Mfg. Co., St. Paul, Minn. (Erfinder: Paul C. John und Richard R. Pettit, Los Angeles, Calif.), V.St.A., **Herstellung eines dünnen, festhaftenden, gegen Lösungsmittel und Druckeinwirkung widerstandsfähigen Abdich-**

tungsfilmes. Der zwischen angrenzenden Flächen beim Nieten von Metallplatten einzulagernde Film wird dad. erhalten, daß eine selbsthärtende Masse (**I**) auf mindestens einer Seite einer Trägerfolie in dünner Schicht aufgetragen u. dann gehärtet wird. Vor der Anwendung wird die Trägerfolie abgezogen. **I** besteht aus einer Mischung von einem fl. Polysulfidpolymerisat mit Thiolendgruppen, Maleinsäureanhydrid, einem organ. Peroxidhärter u. einem organ. Amin als Aktivator. Füllstoffe können zugesetzt sein. (**D. A. S. 1 117 803** Kl. 22i vom 17/3. 1958, ausg. 23/11. 1961. A. Prior. 18/3. 1957.) P. Krug. 5807

Farbwerke Hoechst Akt.-Ges., vormals Meister Lucius & Brüning, Frankfurt/M. (Erfinder: Karl Dietz, Kronberg/Taunus, Guido Lorentz, Frankfurt/M., und Rudolph Stroh, Hofheim/Taunus), **Aufbringen von flüssigkeitsdichten Schichten auf die Innenwand von Betonrohren,** die dem Angriff von sauren u. alkal. Abwässern standhalten. Im Schleuder-Verf. wird zunächst ein Film aus ungesätt. Polyesterharz, isocyanatmodifiziertem Polyesterharz oder Epoxyharz in ein- oder mehrfacher Schicht aufgebracht. Zur Verbesserung dieser Haftgrundkombination dient ein in den nach feuchten obersten Film eingebrachter inerter, scharfkantiger Füllstoff. Die Härtung des obersten Films erfolgt zusammen mit der Härtung der darauf angeordneten sehr viel dickeren Endschicht aus Phenol–Formaldehydharz u./oder Furanharz, isocyanatmodifiziertem Polyesterharz u./oder fl. Epoxyharz. (**D. A. S. 1 118 080** Kl. 80b vom 27/12. 1958, ausg. 23/11. 1961.) G. Frikell. 5807

Deutsche Gold- und Silber-Scheideanstalt vormals Roessler, Frankfurt/M. (Erfinder: Erich Bäder, Hanau/M., und Otto Schweitzer, Königstein/Taunus), **Kitte und Klebstoffe.** Die bes. zum Verkleben von Metallen dienenden Massen bestehen im wesentlichen aus einer Mischung von einem ungesätt. polymerisierbaren Monomeren, wie Styrol, einer polymeren Verb., wie Polystyrol, einer Verb. mit $-CH_2-CCl=CH-CH_2$-Gruppierung sowie einem Redox-Syst. als Katalysator u. sind dad. gek., daß sie ein schwefelfreies Polymerisat mit $-CH_2-CCl=CH-CH_2$-Gruppen in Mengen unter 15% enthalten. Nitrile ungesätt. aliphat. Carbonsäuren sowie sog. Gießharze (Kondens.-Prodd. aus ggf. ungesätt. mehrwertigen Alkoholen u. Carbonsäuren) können zugesetzt werden. (**D. B. P. 974 919** Kl. 22i vom 26/2. 1955, ausg. 6/7. 1961. Anmeldung bekanntgemacht 4/10. 1956. **A. P. 2 981 650** vom 21/2. 1956, ausg. 25/4. 1961. D. Prior. 25/2. 1955.) P. Krug. 5811

Clifford James Warnsdorfer jun., South River, N.J., V.St.A., **Bestimmung der homogenen Durchmischung einer Dichtungsmasse,** die aus einem Epoxydharz u. einem Aminhärter besteht, mittels eines Farbstoffes, dad. gek., daß man Triphenylmethan- oder Anthrachinonfarbstoffe in Mengen von 0,001—2%, bezogen auf das Gewicht des Epoxidharzes, zusetzt. Beim Vermischen des den Farbindicator enthaltenden Epoxidharzes mit dem Härter tritt bei vollständiger Durchmischung eine Farbänderung, vermutlich durch Bldg. eines unbeständigen Additions-Prod., ein. (**D. A. S. 1 113 776** Kl. 22i vom 27/6. 1959, ausg. 14/9. 1961. A. Prior. 30/6. 1958.) P. Krug. 5811

Shinroku Nakao, Yokohama, Japan, **Herstellung eines wasserlöslichen, aber feuchtigkeitsfesten Verdickungsmittels.** Man mischt in 50—60% Na-Cellulose-glykolat (**I**) 15—20% Stärke, gibt hierzu 10—15% mit einer 3—7%ig. Lsg. von Lemon-Schellack in abs. A. oder einer 2—5%ig. wss. Lsg. von **I** überzogenes Weinsäurepulver u. 12—13% $NaHCO_3$. (**Jap. A. S. 11 663/1960** vom 9/4. 1958, ausg. 22/8. 1960.) M. Pankow. 5825

American Machine & Foundry Co., New York, N.Y., V.St.A., **Ionenaustauschmaterial** besteht aus einem inerten u. wasserunlösl. Polymeren sowie einem 2. Polymeren, das aus einem ungesätt. Äthylenmonomeren entsteht u. das die Ionenaustauschgruppen enthält. Ein Teil des 2. Monomeren ist auf das erste Polymere aufgepfropft. Das 1. Polymere kann sich ableiten von Äthylen, Acrylnitril, Propylen, Vinyläthern, Gummi oder Polyamiden; das 2. Polymere, z. B. von Styrol, Vinylpyridin, Acrylsäure. — Beispiel: Ein Polyäthylenfilm von 4 mils Dicke u. 3 sq.in. Fläche wird ca. 30 Min. in monomeres Styrol getaucht. Es erfolgt hierbei Absorption oder Quellung. Dann wird das Ganze einer intensiven Strahlung ausgesetzt (5 Std. einer ^{60}Co-Strahlung). Das so behandelte Filmmaterial wird mit Bzl. mehrere Std. gewaschen. Nach Trocknung wird der Film mit Chorsulfonsäure behandelt, um die Ionenaustauschgruppen einzuführen. — Nach dem E. P. 872 220 wird das Verf. zur Herst. von Ionenaustauschern in Form von Fasern, Kugeln, Stäben, Kügelchen angewendet. (**E. PP. 872 217** u. **872 220** [Zusatz-Pat.] vom 17/6. 1957, ausg. 5/7. 1961. A. Prior. 18/6. 1956.) F. Markhoff. 5827

Pan American Petroleum Corp., übert. von: Robert C. Reynolds jun., Tulsa, Okla., V.St.A., **Abtrennung von Illit von anderen Mineralien für die geochemische**

Analyse. Die Mineralprobe wird ohne wesentliche Änderungen der Körnungen der Mineralbestandteile zerkleinert. Man suspendiert die Teilchen unter 2μ nach ihrer Abtrennung vom Rest in W. u. läßt sie absitzen (Setzdauer 16—18 Stunden). Das abgesetzte Material wird heiß mit einer 6n-Lsg. von NaOH behandelt, wobei Kaolinit, Chlorit, Montmorillonit u. andere tonhaltige Bestandteile der Ausgangsprobe gelöst werden, während Illit als unlösl. kristalliner Rückstand verbleibt; dieser wird geochem. analysiert, nachdem er zuvor mit verd. HCl zwecks Rk. der tonigen Bestandteile in wasserlösl. Salze behandelt worden ist. (**A. P. 2 946 657** vom 5/3. 1958, ausg. 26/7. 1960.) W. Hauswald. 5829

Pennsalt Chemicals Corp., übert. von: Leonard E. Goldenhar, New Kensington, Isadore Mockrin, Philadelphia, und Francis M. Doorley jun., Tarentum, Pa., V.St.A., **Trennung von Kryolith und Fluorit** durch Schaumschwimmaufbereitung. Man benützt eine wss. Lsg. von NaF (1—9 g/Liter), deren pH-Wert auf 4,5—6,5 gehalten wird. Als Schäumer dient eine Mischung von Fettsäuren mit mindestens 40% Ölsäure. (**A. P. 2 965 231** vom 9/5. 1956, ausg. 20/12. 1960.) W. Hauswald. 5829

Kennecott Copper Corp., New York, übert. von: Arthur W. Last und Kent F. Marquardson, Salt Lake City, Utah, V.St.A., **Wiedergewinnung von als Flotationsreagens verwendetem 8-Hydroxychinolin.** Das Oxin wird z. B. bei Flotation zwecks Gewinnung von Niob verwendet. Die Flotationstrübe, die aus Metallpartikeln (z. B. Nb) u. niedergeschlagenen Metallchinolinat besteht u. einen pH-Wert von 10 besitzt, wird flotiert. Das Schaumkonzentrat wird zwecks Lösen des Metallchinolinats mit HCl behandelt. In die resultierende Lsg. von Oxin u. Metallionen wird ein stöchiometr. Überschuß eines Schwermetalls (Cu, Ni, Co, Hg u. Sb) eingeführt, wobei sich ein Schwermetallchinolinat bildet, das von der Lsg. abgetrennt wird. Das Metallion wird vom Metallchinolinat entfernt u. die Oxin-Lsg. steht als Reagens für eine weitere Flotation zur Verfügung. (**A. P. 2 953 569** vom 27/2. 1958, ausg. 20/9. 1960.) W. Hauswald. 5829

Lakefield Research Ltd. (Erfinder: William George Hubler), **Flotation von Erzen zwecks Gewinnung von Uranmineralien.** Man setzt der wss. Aufschlämmung der Erze 1,5—3,0 (lbs.) einer Fettsäure, z. B. Ölsäure, 0,75—1,0 eines öllösl. sulfonierten KW-Stoffs, z. B. sulfoniertes Petroleum, 0,15—0,50 eines KW-Stoff-Öls, z. B. Kerosin, u. 0,05—0,10 eines Schaummittels, z. B. Butyl–Amylalkohol, pro t trockenen Erzes zu. (**Aust. P. 228 907** vom 8/8. 1958, ausg. 21/7. 1960. Can. Prior. 22/11. 1957.) K. Demmler. 5829

Československá Socialistická Republika (Erfinder: Dobromil Pihert, Kralupy), Tschechoslowakei, **Herstellung von Ultrafiltern** durch Lösen von *Polyvinylchlorid* (I) in einem Lsgm., in dem es nur eine begrenzte Löslichkeit besitzt, z. B. in Methylcyclohexanol (II), bei einer Temp., die nahe am Kochpunkt liegt (70°). Nach Ausgießen einer 0,1 mm starken Schicht bildet sich nach Abkühlen eine Membran, für deren Porengröße von z. B. 25 mμ 1,0 (g) **I**, 10 ml **II**, 10 ml Aceton, 0,01 Ca-Stearat, 0,05 ml „Palatinol AH" genommen wird. (**Tschech. P. 99 372** vom 29/4. 1958, ausg. 15/4. 1961.) L. Macher. 5831

Bataafse Petroleum Mij. N. V., Den Haag, Niederlande, **Entfernung von Bestandteilen aus flüssigen Mischungen durch feste Adsorbentien.** Man leitet die fl. Mischung abwärts durch ein Bett des festen Adsorbens u. gleichzeitig einen Strom eines inerten Gases oder Dampfes in einer Menge, daß die aus dem Bett abgezogenen Gase oder Dämpfe mindestens 10 Vol. der fl. Mischung ausmachen. Als Abfluß gewinnt man eine Fl., die von den adsorbierten Bestandteilen frei ist. (**E. P. 863 762** vom 9/12. 1959, ausg. 29/3. 1961. A. Prior. 11/2. 1958.) P. Unger. 5849

United States of America, Secretary of War, übert. von: Joseph L. Costa und Reginald A. Morse, Hinsdale, Ill., V.St.A., **Filter** zur Entfernung giftiger Dämpfe aus der Luft. Man stellt es aus Fasern her, die durch Verspinnen von Viscose mit einem Geh. von >10% an Aktivkohle mit einem durchschnittlichen Ø <3μ gewonnen worden sind. (**A. P. 2 925 879** vom 6/11. 1944, ausg. 23/2. 1960.) F. Böhm. 5851

Victor Mfg. & Gasket Co., V.St.A., *Herstellung von Dichtungen.* (**F. P. 1 177 128** vom 3/6. 1957, ausg. 21/4. 1959. — C. **1962,** 1742 [E. P. 846 577].)

Farbwerke Hoechst Akt.-Ges., vormals Meister Lucius & Brüning, Frankfurt/M., *Quellfähige Wasserglaskitte.* (**E. P. 865 860** vom 28/6. 1957, ausg. 19/4. 1961. D. Prior. 11/9. 1956. — C. **1958,** 2240 [D. A. S. 1 014 687].)

Zellstoffabrik Waldhof, Deutschland, *Herstellung und Fixierung von Dispersionen.* (**F. P. 1 230 446** vom 19/3. 1958, ausg. 15/9. 1960. D. Prior. 20/3. 1957. — C. **1961,** 17328 [Oe. P. 209 316].)

Farbenfabriken Bayer Akt.-Ges., Leverkusen, übert. von: **Herbert Corte**, Leverkusen, und **Otto Netz**, Köln, *Herstellung von Anionenaustauschharzen.* (**A. P. 3 006 866** vom 2/12. 1958, ausg. 31/10. 1961. D. Prior. 2/12. 1957. — C. **1960,** 17234 [D. A. S. 1 054 715].)

Dow Chemical Co., Midland, Mich., übert. von: **Lewis R. Drake**, Boulder, Colo., V.St.A., *Phosphonierte Kationenaustauscher.* (**Can. P. 555 935** vom 29/8. 1955, ausg. 15/4. 1958. A. Prior. 2/11. 1954. — C. **1958,** 5473 [A. P. 2 764 562].)

Union Carbide Corp., New York, N.Y., V.St.A., *Abscheiden von Stickstoff und Kohlenoxid aus Wasserstoff.* (**Belg. P. 570 957** vom 4/9. 1958, ausg. 1/12. 1961. A. Prior. 6/9. 1957. — C. **1960,** 16889 [D. A. S. 1 074 064].)

W. R. Grace & Co., New York, N.Y., V.St.A., *Herstellung harter poröser Tonerdeträger und Reformierungskatalysatoren.* (**Niederl. P. 100 172** vom 8/6. 1956, ausg. 15/1. 1962. A. Prior. 8/6. 1955. — C. **1960,** 15862 [E. P. 811 774].)

Columbia-Southern Chemical Corp., *Trennung von Metallhalogenidgemischen.* (**Aust. P. 232 611** vom 22/7. 1958, ausg. 9/3. 1961. A. Prior. 23/7. 1957. — C. **1961,** 15873 [D.A.S. 1 082 233].)

H_2. Betriebsschutz. Feuerschutz

Staub kann gefährlich sein. M. Jacobson und H. G. Dorsett jun. (Mod. Plastics **39,** Nr. 9, 134—37/215, Mai 1962; Pittsburgh, Pa., Health and Safety Res. and Testing Center, Bur. of Mines, Dust explosions Res. sect., Branch of Dust Explosions; engl.) — 20% der Staubexplosionen seit 1910 sind auf Kunststoffe (**K**) zurückzuführen. In einer Tabelle wird die Gefährlichkeit der einzelnen **K** an Hand von Indices der Explosibilität zusammenfassend dargestellt. Das gleiche Prod. kann aber unterschiedlich reagieren, da verschiedene Faktoren (Form u. Größe der Teilchen, Zusatzstoffe, Struktur des Harzes, Copolymerisation) eine Rolle spielen. Grundsätzliche Vorsicht bei jeder Verw. von **K**-Pulvern wird empfohlen. E.-H. Goeckel. 5936□

Verwendung von „fail-safe"-Vorrichtungen. Joseph J. Fusco und Walter S. Sharshon. (Ind. Engng. Chem. **54,** Nr. 3, 40—42, März 1962; Philadelphia, Pa.; engl.) — Durch die Anwendung von hohen Drücken, instabilen Chemikalien u. komplizierten App. in neuzeitlichen chem. Anlagen sind „fail-safe"-Vorr. vordringlich geworden. An Hand verschiedener Beispiele wird dargelegt, wo u. welche Sicherungs-Vorr. gegen unvorhergesehene Ereignisse eingebaut werden müssen. F. Rosendahl. 5936□

Sicherheitsmaßnahmen bei der Acetylen-Herstellung. E. H. Curtis. (Chem. Process Engng. atomic Wld. **43,** 9—13, Jan. 1962; Carbide Inst. Ltd.; engl.) — Es werden die Sicherheitsmaßnahmen am Elektroofen, der Explosionsschutz am Gaserzeuger u. der Hochspannungsschutz beschrieben. Bes. Vorsichtsmaßnahmen werden bei der Verdichtung des Acetylen getroffen. Die Anlagen müssen sich in einer abgeschlossenen Gefahrenzone befinden. A. Kunze. 5936□

Probleme der von elektrometallurgischen Öfen emittierten Rauche. Wolf Muhlrad. (Staub **22,** 42—50, 1/2. 1962; Paris; dt.) — Vgl. C. **1962,** 2113. — Übersicht über Eigg. u. Zus. der bei zahlreichen, elektrometallurg. Verff. entstehenden Gase u. Rauche, die zur Entstaubung der Abgase dienenden Vorr. u. Anlagen, bes. die die Rauche entfärbenden Gewebefilter (mit selbsttätiger Temp.-Regelung) u. die bes. an Ferrosiliciumöfen gewonnenen Erfahrungen. W. Wesly. 5940□

Feuerbekämpfungs-Einrichtungen in der chemischen Industrie. J. D. Shapland. (Chem. Process Engng. atomic. Wld. **43,** 5—8, Jan. 1962; engl.) — Für die 3 Feuer verursachenden Gefahrenquellen (brennbares Material, entflammbare Fll. u. elektr. Strom) werden die in der Industrie wichtigsten Bekämpfungsmaßnahmen u. -mittel beschrieben. Die Hauptlöschmittel, W., Schlamm, CO_2 u. chem. Trockenpulver, sowie die eingebauten Feuerbekämpfungseinrichtungen, wie Wassersprüher, Schaumlöscher, CO_2-Syst., müssen durch Überwachung u. Erprobung ständig in Bereitschaft gehalten werden. A. Kunze. 5944□

Beträchtliche Vergrößerung der Feuersicherheit durch Behandlung mit entflammungsverzögernden Mitteln. D. J. Van Amstel. (Verfkroniek **35,** 58—61, Febr. 1962; Amsterdam, Hout voorlichtingsinst.; niederl.) — Übersicht über Art, Wrkg. u. Verw. entflammungsverzögernder Mittel bei Konstruktionen aus Holz u. anderen brennbaren Stoffen. W. Wesly. 5944□

Löschversuche gegen Brände von Lithium, Natrium und Kalium. M. Friedrich. (Metall **16,** 1173—80, Dez. 1961; Karlsruhe, Forsch.-Stelle für Feuerlöschtechnik; dt.) — Gegen Brände von Li, Na u. K erwiesen sich als Löschfll. Dibenzyltoluol, Sonnenblumenöl u. als Löschpulver CaF_2 u. Graphit als bes. geeignet. Das Pulver kann mit Schaufeln oder mit Handfeuerlöschern mit Ar als Treibmittel bei niedrigem Druck auf das brennende Metall aufgebracht werden. Es wird zweckmäßig bei freiliegenden Alkalimetallbränden eingesetzt, während mit Löschfll. Alkalimetallbrände in Gefäßen abgedeckt

werden können. Auf die Verw. von Atemschutzgeräten, Augenschutz, Schutzkleidung u. Handschuhen beim Löschen wird hingewiesen. W., Löschschaum, halogenierte KW-Stoffe oder $NaHCO_3$ enthaltende Löschpulver dürfen nicht eingesetzt werden.
F. Vier. 5944□

Ein Luftverunreinigungsanzeigesystem. Seymour Calvert. (J. Air Pollut. Control Assoc. **12,** 185—86, April 1962; Cleveland, Ohio, Case Inst. of Technol.; engl.) —
A. Kunze. 5948□

Ein neues Absorptionsgerät zur Bestimmung von gas- und nebelförmigen Luftverunreinigungen. G. Bergshoeff. (Chem. Weekbl. **57,** 637—41, 16/12., 645—50, 23/12. 1961; Inst. voor Gesondheitstechn., T.N.O.; niederl.) — Beschreibung eines Absorptionsgerätes (Abb.), dessen Wrkg. der von 6 hintereinander geschalteten Waschflaschen mit Sinterböden entspricht u. seine Anwendung zur Best. von Spuren Bzl., Butanon, Styrol, NO_2, H_2S, HCl, H_2SO_4 u. NH_4Cl in der Luft. W. Wesly. 5948□

Ultrastaub: Seine wirksame Beseitigung durch Schwebstoff-Filter. E. Giovannini. (Wasser, Luft Betr. **6,** 304—09, Juni 1962; Frankfurt/M.; dt. — C. **1962,** 11321.)
H. Czech. 5948□

Chemische Fabrik Grünau Akt.-Ges., Frankfurt/M. (Erfinder: Vollrad Steppe, Illertissen, und Wilhelm Schulenburg, Frankfurt/M.), **Trockenlöschpulver,** bestehend aus 50—90 (Gew.-Teilen) $NH_4H_2PO_4$, $(NH_4)_2HPO_4$ oder einem Gemisch dieser Phosphate, 15—30 $(NH_4)_2SO_4$ u. 8—20 $BaSO_4$. (**D. A. S. 1 090 967** Kl. 61b vom 22/1. 1958, ausg. 13/10. 1960.) E. Miessgang. 5945

Chemische Fabrik Grünau Akt.-Ges., Frankfurt/M. (Erfinder: Vollrad Steppe, Illertissen, und Wilhelm Schulenburg, Frankfurt/M.), **Trockenlöschpulver.** Das Löschpulver nach D. A. S. 1 090 967 enthält außerdem geringe Mengen von Harnstoff, Melamin, Dicyandiamid oder Dicyandiamidin bzw. geringe Mengen eines festen aliphat. Aldehyds oder an Hexamethylentetramin. (**D. A. SS. 1 095 674** u. **1 095 675** Kl. 61b vom 7/11. 1958, ausg. 22/12. 1960. **Zusätze zu D.A.S. 1 090 967; vgl. vorst. Referat.**)
E. Miessgang. 5945

Koppers Co., Inc., V.St.A. (Erfinder: **Irving Solomon Goldstein** und **William Arthur Dreher**), *Feuerfestmachen von Holz.* (**F. P. 1 225 949** vom 1/4. 1959, ausg. 6/7. 1960. A. Prior. 1/4. 1958. — C. 1962 12047 [A. P. 2 917 408].)

H_3. Elektrotechnik

Der Schutz von Wicklungen der Transformatoren durch Epoxidemaillen EP-91 und EP-74T. L. F. Nikiforowa. (Лакокрасочные Материалы и их Применение [Lacke Farben Anwend.] **1960,** Nr. 3, 44—46; russ.) — Epoxidlack EP-074 u. Emaille EP-745A sind als isolierender Schutz für Transformatorwicklungen geeignet. Die Emaillen haben gute mechan. u. isolierende Eigg., erhärten schnell u. behalten ihre Eigg. über 1 Jahr. In dicker Schicht (300—400 μ) halten sie Thermoschocks u. langes Altern bei 150 u. 180° aus. J. v. Schroeder. 5956□

Gemische aus Nitrilkautschuk und Vinylpolymerisat. C. Y. Almond. (Trans. Proc. Instn. Rubber Ind., Trans. **37,** 85—95, Juni 1961; Welwyn Garden City, Herts., Imp. Chem. Ind. Ltd., Plast. Div.; engl.) — Hervorragende Eigg., wie Abrieb-, Öl-, Flamm- u. Ozonfestigkeit, zeichnen vulkanisierte Gemische aus Nitrilkautschuk u. Polyvinylchlorid aus u. bewähren sich bes. auf dem Kabelsektor. Der Einfl. der Polymer-Eigg. auf die Mischbedingungen u. die physikal. Eigg., die aus verschiedenen Mischbedingungen resultieren, werden erörtert. Die physikal. Eigg. der unvulkanisierten u. vulkanisierten Gemische werden bzgl. ihres Einsatzes zur Kabelummantelung besprochen u. Vgl. zu anderen bekannten Isoliermaterialien gezogen. — Diskussionsbemerkungen.
R. Schäff. 5956□

Zusammensetzung von Kobalt-Nickel-Überzügen. Ignatius Tsu. (Plating **48,** 1207—10, Nov. 1961; San Jose, Calif., International Business Machines Corp.; engl.) — Die magnet. Eigg. einer galvan. abgeschiedenen Co-Ni-Schicht werden durch ihre Zus. beeinflußt. Die Zus. wird bestimmt durch das Co^{2+}/Ni^{2+}-Verhältnis im Elektrolyten, die Badzusätze, den pH-Wert u. durch die Verw. von mit Wechselstrom überlagertem Gleichstrom. Die Unterss. zeigen, daß optimale magnet. Eigg. in einem Überzug erhalten werden, der 20—40% Ni enthält. F. Vier. 5958□

Untersuchungen über Elektrolyte für Trockenzellen. 4. Mitt. **Der Zustand der Zinkionen in Elektrolyten.** Takehiko Takahashi und Kumazo Sasaki. (J. electrochem. Soc. Japan **24,** 221—25, Mai 1956; Nagoya, Univ., Fac. of Engng., Dep. of Appl. Chem.; jap., Auszug: engl.) — 3. vgl. J. electrochem. Soc. Japan **24,** [1956], 171. —

Potential- u. Lichtabsorptionsmessungen zeigen, daß verd. u. konz., >15 Gew.-% NH_4^+ als NH_4Cl enthaltende wss. $ZnCl_2$-Lsgg. $[ZnCl_4]^{2-}$ enthalten. Das Normalelektrodenpotential von $Zn/[ZnCl_4]^{2-}$, Cl^- beträgt −0,788 V. Die Komplex-Konst. von $[ZnCl_4]^{2-}$ wird zu K = 0,88 berechnet; seine Struktur ist tetraedrisch. Es wird angenommen, daß das neutrale Zn-Atom von 4 halbgeladenen Cl-Ionen umgeben ist. W. Wesly. 5970□

Blei-Säure-Sammler-Batterien. Änderung der Dichte der positiven aktiven Substanz während verschiedenartiger Betriebsbedingungen. J. F. Dittmann und J. F. Sams. (J. electrochem. Soc. **105,** 553—55, Okt. 1958; Joplin, Mo., Eagle-Picher Co., Res. Labor.; engl.) — Wie Messungen der scheinbaren Dichte d des PbO_2 auf Akku-Plattenzeigen, nimmt d bei jeder Art der Beanspruchung laufend (ca. 9—16 Wochen beobachtet) ab, unabhängig vom Betrag der Schuppen-Bldg., u. zwar beim Lagern in H_2SO_4 weniger (nach 12 Wochen von ca. 4,19 auf ca. 3,81 g/cm³) als bei Betrieb in flachen Cyclen (Emark-Test), bei diesem schwächer als bei Überladung, u. bei Betrieb in tiefen Cyclen (SAE-Test) am stärksten (nach 12 Wochen auf ca. 3,05 g/cm³). Mit der Abnahme von d lassen sich die bekannten, im Betrieb von Pb-Sammlern auftretenden verschiedenen Störungen erklären. R. Junge. 5970□

Molybdändisilicid-Heizleiter für Temperaturen bis zu 1700°. E. Fitzer und O. Rubisch. (Interceram [Lübeck] Nr. **7,** 39—40, 1958; engl.) — Vff. vergleichen den spezif. elektr. Widerstand ϱ verschiedener Heizleiter (Fe–Cr–Al, Ni–Cr, Mo–Si, Ta, W, Mo). Bei „Mosilit"-Elementen (aus hartem $MoSi_2$) erfolgt bis zu 6000 Std. in oxydierender Atmosphäre (Luft) bei 1600° nur geringe Änderung von ϱ. Die hohe Wärmeleitfähigkeit von $MoSi_2$ erlaubt eine hohe Oberflächenbelastung von ca. 40 (W/cm²) bei 1400° u. von ca. 15 bei 1600°. Mosilit-Heizleiter mit Kontaktbasis aus Mo-freien Siliciden, die nicht gekühlt werden müssen, können in oxydierender, N_2-, CO-, CO_2- u. Edelgasatmosphäre bis zu 1650° (1400—1600°) z. B. in keram. Brennöfen eingesetzt werden. In Gasen auf Basis von S-, F- u. Cl-Verbb. sowie in Alkali-, Erdalkalimetall-, Pb- u. B-Dämpfen tritt Korrosion ein. P. Frenzel. 5970□

Die Theorie von Ballaströhren oder Widerstandslampen. R. O. Jenkins. (Brit. J. appl. Physics **9,** 391—94, Okt. 1958; Wembley, Gen. Electr. Co.; engl.) — Vf. gibt eine einfache Theorie der Widerstandslampen auf der Grundlage der graph. Lösung der Gleichung für das therm. Gleichgewicht eines in einer Gasatmosphäre elektr. erhitzten Drahtes. Die Ergebnisse stimmen mit den experimentellen Charakteristiken überein u. ermöglichen die Best. der Wirksamkeit verschiedener Niederspannungswiderstandslampen. Weiterhin zeigt sich, daß die bekannten Fe/H_2-Widerstandslampen prakt. die besten Ergebnisse zeigen. G. M. Neumann. 5978□

Untersuchungen über die Zelle mit fallendem Quecksilberfilm. Über die Betriebsweise der Chloralkalizelle mit fallendem Quecksilberfilm. Tohru Watanabe. (J. electrochem. Soc. Japan **27,** E9—E11, 1959; Tokyo, Japan, Light Metall Co. Ltd.; engl.) — Die Zelle, deren Kathode aus einem über einen senkrechten Stahlschirm ablaufenden Hg-Film besteht, ist wegen der geringeren Hg-Menge, ihrer niedrigeren Betriebsspannung u. geringerem Einfl. von Verunreinigungen in der Sole gewöhnlichen Horizontalzellen (z. B. einer Krebs-Zelle) überlegen. Die durch Auflösen der Rohsalze u. Sandfilterung hergestellte Sole kann bis zu 5,1 (mg/Liter) Fe u. bis zu 84 Mg enthalten. Die Reinheit des gewonnenen Cl_2 beträgt 94%, die Bromausbeute ca. 94%, Stromdichte i bis 60 A/dm², Amalgam-Konz. bis 0,6%, Spannungsabfall ca. 4,4 V bei 60 A/dm² (100-A-Zelle). Eine 12000-A-Zelle mit Graphitanoden, deren Konstruktion beschrieben wird, ergibt bei einer Geschw. der Sole von 14,5 Liter/min, i = 40 A/dm² u. einem Spannungsabfall von 4,6 V bei 70° Sole-Temp. 97%ig. Cl_2 mit einer Stromausbeute von 92—93%. P. Frenzel. 5992□

P. R. Mallory & Co. Pty. Ltd. (Erfinder: **Andrew Herczog, Herbert Packer** und **Arthur E. Middleton**), *Elektrisch leitende Überzüge auf feuerfesten keramischen Körpern.* (**Aust. P. 232 009** vom 2/3. 1959, ausg. 9/2. 1961. A. Prior. 7/3. 1958. — C. **1962,** 2123 [A. P. 2 959 499].)

Sony Corp., Shinagawa-Ku, übert. von: **Akio Amaya,** Tokyo, Japan, *Ätzen von Germaniumoberflächen.* (**A. P. 2 941 875** vom 14/8. 1957, ausg. 21/6. 1960. Jap. Prior. 31/8. 1956. — C. **1961,** 6628 [D. A. S. 1 077 942].)

Merck & Co., Inc., Rahway, N.J., V.St.A., *Herstellung von Metallseleniden.* (**E. P. 878 096** vom 13/1. 1958, ausg. 27/9. 1961. A. Prior. 31/1. 1957. — C. **1960,** 14476 [Oe. P. 205 460].)

General Electric Co. (Erfinder: **John A. Loritsch** und **Edward W. Daszewski**), Schenectady, N.Y., V.St.A., *Leiterisolierung.* (**Jap. A.S. 15 243/1960** vom 24/8. 1954, ausg. 13/10. 1960. A. Prior. 26/8. 1953. — C. **1958,** 13604 [D. A. S. 1 026 387].)

Centre National de la Recherche Scientifique, Paris, übert. von: **Charles Louis Guillaud** und **Roger Vautier,** Bellevue, Frankreich, *Ferrit für gyromagnetische Zwecke.* (**A. P. 2 980 618** vom 1/5. 1957, ausg. 18/4. 1961. F. Prior. 2/5. 1956. — C. **1959,** 7915 [F. P. 1 153 644].)

Plessey Co. Ltd., Ilford, übert. von: **Charles O'Hara,** Blisworth, England, *Niob enthaltende Ferrite.* (**A. P. 2 995 517** vom 25/1. 1957, ausg. 8/8. 1961. E. Prior. 16/2. 1956. — C. **1960,** 16215 [E. P. 799 518].)

Polytechnic Institute of Brooklyn, übert. von: **Harold H. Bieber**, Union, N.J., **Paul F. Bruins**, Douglaston, und **Harry Paul Gregor**, Hewlett, N.Y., V.St.A., *Membranenmasse.* (**A. P. 2 884 387** vom 2/10. 1956, ausg. 28/4. 1959. — C. **1962**, 18594 [E. P. 856 327].)

Tsoi Ning, Kowloon, Hongkong, *Trockenelement.* (**Ind. P. 64 744** vom 24/7. 1958, ausg. 29/8. 1960. — C. **1961**, 5923 [E. P. 832 406].)

J. D. Hedges & Co. Ltd., Mantanzas, Cuba, *Elektroden für Primärelemente.* (**Ind. P. 64 522** vom 1/7. 1958, ausg. 27/6. 1960. — C. **1960**, 13803 [A. P. 2 893 899].)

Accumulatoren-Fabrik Akt.-Ges., Hagen/Westf. (Erfinder: **Franz Bronstert**, Frankfurt/M.), *Ständig gas- und flüssigkeitsdicht verschlossener alkalischer Akkumulator.* (**Schwz. P. 358 132** vom 2/4. 1957, ausg. 30/12. 1961. D. Prior. 6/4. 1956. — C. **1959**, 250 [D. A. S. 1 026 384].)

Electric Storage Battery Co., übert. von: **Joseph C. Duddy**, Trevese, Pa., V.St.A., *Poröse Elektroden für Akkumulatoren.* (**A. P. 3 007 991** vom 25/6. 1958, ausg. 7/11. 1961. — C. **1961**, 12218 [D. A. S. 1 101 548].)

H$_4$. Wasser. Abwasser

Neue USPHS-Standard-Richtlinien. Omar C. Hopkins und Oskar Gullans. (J. Amer. Water Works Assoc. **52**, 1161—68, Sept. 1960; Washington; engl.) — Die Notwendigkeit der Erneuerung der Standardrichtlinien für den Trinkwassergebrauch wird in Einzelheiten erörtert. Ausgehend von den Punkten, die in der alten Form u. im alten Umfang beibehalten werden sollen, kommt man zu den erneuerungsbedürftigen bzw. neuhinzukommenden Punkten der Richtlinien. Ein Herabsetzen der physikal. Werte, wie Geschmack, Geruch u. Trübung des W. wird vorgeschlagen. Die Werte für die chem. Unters. des W. sollen erhalten bleiben für: Cl, Cr, Phenol, SO_4^{2-} u. den Eindampfrückstand, während ein Neufestsetzen der Grenzen für As, Cu, anorgan. Fluoride, Fe, Pb, Mn, Mg, Se u. Zn angestrebt wird. Als noch gar nicht in den alten Richtlinien festgelegte Grenzen für folgende Substanzen sollen hinzukommen: 1. Für ABS (Alkylbenzolsulfonat); da es in zunehmendem Maße durch den Gebrauch im Haushalt mit dem Abwasser in den Wasserkreislauf kommt, wird eine zulässige Grenze von 0,05 ppm ABS vorgeschlagen. — 2. Für Ba soll 1 ppm ein nicht mehr brauchbares W. ergeben. — 3. Für Cd soll im W. 0,01 ppm die Maximalgrenze sein. — 4. Cyanide als HCN: 0,2 als nicht zulässig, 0,01 als empfohlener Wert, der durch gewissenhafte Chlorierung erreicht werden kann. — 5. Nitrate. Hier sollen 10 ppm zugelassen werden, doch ist bei Erreichen des Grenzwertes für Abhilfe zu sorgen. — 6. Chloroformlösl. Aktivkohlefilterextrakt. Ein W. ohne diesen ist wünschenswert, da das Vorhandensein desselben zumindest die Möglichkeit tox. Bestandteile andeutet. So würde die Grenze auf 200 ppb festzusetzen sein. — 7. Besonderes Augenmerk soll auch auf die organ. Phosphate u. chlorierte KW-Stoffe geworfen werden. Da die Erfassungsgrenzen u. die Möglichkeiten des Nachw. im W. noch nicht vorliegen, können noch keine Grenzwerte angegeben werden. — Ganz neu hinzukommen sollte in den Standardrichtlinien auch die Unters. des Trinkwassers auf Radioaktivität, doch sind hier trotz verschiedener Ansätze noch keine einheitlichen Meth. festgelegt. Evelyn Okruch. 6010□

Leistungsbericht über Radial-Sammelbrunnen im Ohio-Flußtal. H. K. Gidley und John M. Millar. (J. Amer. Water Works Assoc. **52**, 1206—10, Sept. 1960; Charleston, W.Va., Div. of San. Engng., State Health Dep.; engl.) — Aus dem Bericht geht hervor, daß alle 18 im Ohiogebiet angelegten Radialsammelbrunnen zur Zufriedenheit arbeiten, nur ist allg. ein Nachlassen der Kapazität gegenüber den Anfangswerten bis zu 50% zu beobachten. Auch zeigte sich bei vereinzelten Brunnen nach einigen Jahren ein störender, stark ansteigender Mn- u. Fe-Geh. des W. infolge zunehmender Verschlammung des Flußbettes. Ein Anheben des Wasserspiegels durch Bau von Dämmen, um die Kapazität zu heben, schreitet nur langsam voran. Außer den angeführten Ausnahmen in namentlich aufgeführten Brunnen ist das den Brunnen entnommene W. klar, hat einen ausgezeichneten bakteriellen Befund, ist frei von Farbe u. Geruch u. von gleichbleibender Temperatur. Die chem. Zus. des W. aus verschiedenen Brunnen wird angegeben. Evelyn Okruch. 6014□

Schutz von Trinkwasserleitungen durch Phosphat-Impfung. Gerhard E. Kurzmann. (Wasser, Luft Betr. **6**, 238—43, Mai 1962; Ludwigshafen/Rh.; dt.) — In Bacharach wird das W. seit 1959 mit Spezialphosphat geimpft, um starke Inkrustationen (oxid. Fe-Ablagerungen) im Rohrnetz im Laufe der Zeit abzutragen. Die Aufgabenstellung (Abbau alter Ablagerungen u. Verhütung von Korrosionen) konnte einwandfrei erfüllt werden. H. Czech. 6014□

Überblick über die amerikanische Abwasserliteratur 1962. 1. Mitt. Walter Niemitz. (Städtehygiene **13**, 183—86, Sept. 1962; Hamburg; dt.) — Übersicht. — Teil 1: Städt. Abwässer. — 31 Literaturangaben. — Vgl. auch J. Water Pollution Control Federat. (JWPCF), Mai/Juli 1962. H. Czech. 6036□

Die Wasserwirtschaft in der Eisen- und Stahlindustrie. Montens. (Wasser, Luft, Betr. **5,** 471—73, Nov. 1961; Düsseldorf; dt.) — Vf. weist auf die Notwendigkeit hin, die in der Eisen- u. Stahlindustrie benötigten Wassermengen sinnvoll, d. h. sparsam im Sinne mehrfacher Verw. des gleichen W., in Anspruch zu nehmen u. im Interesse der Allgemeinheit für eine ausreichende Abwasserreinigung zu sorgen. H. Schroeder. 6036□

Entphenolung von Abwässern durch Steinkohlenteeröl. A. Ss. Pritzker und F. P. Nikonjuk. (Кокс и Химия [Koks u. Chem.] **1960,** Nr. 11, 52—53; Kramotorsk, Kokerei; russ.) — Als Ersatz für eine unzureichende biolog. Reinigung wird eine Anlage zur Extraktion von Phenolaten aus den Abwässern mit Steinkohlenteeröl u. anschließender Laugenwäsche errichtet. Die Temp. des W. beträgt 45—55°, des Öls 35—45° bei einem Verhältnis von W. : Öl = 1 : 2. Eine ca. 90% ig. Entphenolung u. eine Senkung der Betriebskosten wird erreicht. F. Otto. 6042□

Proteuszahlbestimmungen in Schmutzwässern. S. A. Sturdza. (Städtehygiene **13,** 180—82, Sept. 1962; Bukarest; dt.) — Ein Verf. zur Best. der wahrscheinlichsten Zahl von *Proteus*-Bakterien in W. wird angegeben, wobei das Schwärmvermögen als Kriterium ihres Vorhandenseins benötigt wird. Die Proteuszahl ist proportional der organ. Verschmutzung. Diese Feststellung gilt nicht für Süßwasserseen, die Proteusbakterien so gut wie nicht enthalten, trotz des oftmals hohen Geh. an organ. Stoffen u. Colibakterien. In Flüssen sind Proteuszahlen im allg. 10—100mal niedriger als Colizahlen; in fäkalienhaltigen Abwässern jedoch tausend- bis zehntausendmal niedriger als die Colizahlen. In stark durch organ. Stoffe u. relativ schwach durch Fäkalien verschmutzten Abwässern (Fleischindustrie) werden die Colizahlen dagegen oft übertroffen. H. Czech. 6044□

Die Beseitigung von Abwässern der Arsen–Soda-Schwefelreinigungsanlagen mit Gewinnung von Mischsalz. I. A. Lewitsch. (Кокс и Химия [Koks u. Chem.] **1960,** Nr. 11, 46—48; Saporoshe, Kokerei; russ.) — Die bisherige Verw. der Abwässer der As–Soda-Gasentschwefelung zum Kokslöschen wird wegen der Erhöhung des S-Geh. von Koks verworfen u. das Eindampfen des Abwassers empfohlen. Hierfür verwendet man eine Kombination von Röhrenverdampfern, Kristallisatoren, Zentrifugen u. Walzentrocknern. Das Mischsalz mit 48—53 (%) $Na_2S_2O_3$, 23—28 *NaCNS,* 14 bis 16 Na_2SO_4, 2—3 unlösl. Rückstand, 5—7 W. kann das Na_2SO_4 bei der Zellstofffabrikation gut ersetzen. In Säcke aus Kraftcellulose verpackt, ist es gut lager- u. transportfähig. F. Otto. 6050□

Gelände-Test zur Analyse anionischer Detergentien in Brunnenwasser. Orla E. McGuire, Fred Kent, LaRue L. Miller und Gerald J. Papenmeier. (J. Amer. Water Works Assoc. **54,** 665—70, Juni 1962; Lansing, Mich., State Dep. of Health; engl.) — Eine 10-ml-Probe Brunnenwasser wird mit 0,4 ml einer Lsg. von 20 mg *Toluidinblau-O,* 40 g $NaH_2PO_4 \cdot H_2O$ u. 200 mg Na_2AsO_3 in 200 ml 1n H_2SO_4 versetzt u. der blaue Farbstoff–Detergens-Komplex in 2,5 ml $CHCl_3$ extrahiert. Die Chlf.-Schicht wird 2mal mit schwefelsaurer NaH_2PO_4-Lsg. gewaschen u. gegen eine Serie mit *Alkylbenzolsulfonsäure* (**I**) (2,0—0,1 mg/Liter) hergestellter Vgl.-Lsgg. colorimetriert. Normalerweise in Brunnenwasser vorkommende Elemente stören nicht, desgleichen Nitrat, Nitrit u. Chlorid. H_2S muß entfernt werden. Bei Geh. bis 2 mg **I**/Liter sind Unterschiede von 0,05 mg **I**/Liter W. sicher festzustellen. P. Olschinka. 6060□

Vorschlag für eine modifizierte colorimetrische Bestimmung von Selen in natürlichem Wasser. George B. Magin jun., Leland L. Thatcher, Shirley Rettig und Harry Levine. (J. Amer. Water Works Assoc. **52,** 1199—1205, Sept. 1960; Washington; engl.) — Die beschriebene Meth. basiert auf der von Cheng ausgearbeiteten, wobei 3.3'-Diaminobenzidin mit Se unter Bldg. eines intensiv gelb gefärbten Diazoselenols reagiert, dieses mit Toluol extrahiert u. colorimetr. ausgewertet wird. Diese modifizierte Meth. gestattet die Best. von 0—50 μg Se im W. mit gutem Erfolg. Die einmalige Extraktion mit Toluol, die nur zu einer 60% ig. Ausbeute führt, die aber durch mehrmalige Extraktion nicht wesentlich erhöht werden kann, erfordert lediglich ein genaues Einhalten der Vers.-Bedingungen, bes. Temp., bei jeweils mitlaufenden Standard- u. Unters.-Proben. — Erforderliche App.: a) Scheidetrichter 250 ml, Ionenaustauschersäulen mit Amberlite IR-120, Spektrophotometer 420 mμ. — b) Reagentien: 1. *Se-Standardlösung.* Diese Lsg. enthält 0,010 mg Se/ml. Man löst ungefähr 46,1 mg 99,99% ig. Se in 5 ml HNO_3, dampft zur Trockne ein, löst erneut in einigen Tropfen HNO_3 u. füllt auf 1 Liter auf. 216,9 ml dieser Lsg. werden dann auf 1 Liter aufgefüllt. — 2. *Diaminobenzidin-Lsg.* 0,2% ig. Man löst 0,4 g 3.3'-Diaminobenzidinhydrochlorid in 200 ml Wasser. — 3. *Dinatrium-EDTA-Lsg.* 0,1m. Man löst 37,2 g Dinatrium-EDTA p.a. in W. u. füllt zum Liter auf. — 4. *Bromthymolblauindicator.* Man löst 0,1 g Bromthymolblau in 3,2 ml 0;05n NaOH u. verd. auf 250 ml mit Wasser. — 5. *Ameisensäure* 2,5n, durch

Mischen von 28 ml HCOOH p.a. mit 222 ml Wasser. — 6. *NH_4OH*, 10% ig., durch Verdünnen von 100 ml konz. NH_4OH auf 1 Liter mit Wasser. — 7. *Toluol*, spektralrein. — Durchführung der Analyse: 1. Regenerieren des Ionenaustauschers mit 20—30% ig. HCl, sorgfältiges Nachspülen mit dest. Wasser. Dann die Probe durchlaufen lassen, die ersten 20—30 ml verwerfen u. ca. 200 ml sammeln. 2. Ein bestimmtes Vol., das höchstens 0,05 mg Se enthält, wird vom Eluat entnommen u. in einen 200-ml-Meßkolben pipettiert. 3. Die entsprechenden Standardproben sind nun mitanzusetzen. 4. Nun werden 4 ml Ameisensäure zugefügt, womit der pH-Wert 2—3 betragen soll. 5. Man setzt 10 ml 0,2% ig. Diaminobenzidinreagens zu, schüttelt 30 Sek. u. läßt 30 ± 1 Min. stehen. 6. Nach Zugabe von 1 Tropfen Bromthymolblauindicator titriert man mit 10% ig. NH_4OH bis zum Umschlag nach Blau, wobei pH 6—7 erreicht wird. Anschließend wird auf 200 ml aufgefüllt u. in einen Scheidetrichter übergeführt. 7. Man schüttelt 1 Min. lang mit 25 ml Toluol, läßt zur Trennung der Schichten stehen, verwirft den wss. Anteil u. trocknet das Toluol durch Filtrieren durch Filterpapier mit 100 mg wasserfreiem $NaSO_4$. 8. Gegen Toluol werden nun in einem entsprechenden Photometer die Standard- u. Unters.-Proben gemessen. Aus der aus den Standardwerten gezeichneten Eichkurve können dann die unbekannten Se-Geh. abgelesen werden. — Unterss. über störende, im W. häufige Ionen wurden durchgeführt. Bei wenig salzhaltigem W. wurden durch Zugabe von EDTA Na, Ca, Fe, Cu u. Al maskiert, während besonders stark Ca-haltiges W. zuvor durch Ionenaustauscher zu entsalzen ist.
Evelyn Okruch. 6060□

Vergleichende Untersuchung der Standardmethode und der Boulier-Methode (Modifikation nach Minkewitsch) bei der Bestimmung des Colititers von offenen Gewässern. Ss. Shekow und Ss. Danow. (Хигиена, Епидемиология и Микробиология (София) [Hyg., Epidemiol. Mikrobiol. (Sofia)] **3**, Nr. 4, 25—29, Juli/Aug. 1959.) — Bei der vergleichenden Unters. des Colititers von 250 Wasserproben erwies sich die Standard-Meth. in 63,41% der Fälle als empfindlicher als die Boulier-Minkewitsch-Methode. In 23,63% der Fälle wurden gleiche Ergebnisse erzielt; nur in 14,3% der Fälle war die 2. Meth. die empfindlichere. O. Lebtag. 6064□

Esso Research and Engineering Co., Elizabeth, N. J., V.St.A., **Verhindern von Gipsablagerungen bei der Erhitzung von Seewasser für industrielle Zwecke** durch Zusatz von NaOH oder Na_2CO_3 bei einer Temp. < die Sättigungs-Temp. von $CaSO_4$ u. Verw. der Ndd. aus $CaCO_3$ u./oder $Mg(OH)_2$ als Kristallisationskerne für das bei höherer Temp. ausfallende $CaSO_4$. Besonders vorteilhaft bei der S-Gewinnung nach dem Frasch-Verfahren. — Kurven. (**E. P. 856 988** vom 18/9. 1958, ausg. 21/12. 1960. A. Prior. 14/11. 1957.) H. Schindler. 6016

Soc. Nouvelle Pica, Paris (Erfinder: Jean Montagnon, La-Celle-Saint-Cloud, Seine-et-Oise), Frankreich, **Herstellen eines sterilisierten Wassers.** In einem Gehäuse (**I**) ist um eine schräge Achse drehbar eine Dosiervorr. angeordnet, welche aus einem im **I** befindlichen Behälter dem W. portionsweise Chemikalien beigibt u. das W. gleichzeitig rührt. Die Höhe des W. im **I** dient zur Steuerung des Durchflusses u. der Chemikalienzugabe. — Vorrichtung. (**Belg. P. 556 259** vom 29/3. 1957, ausg. 26/2. 1960. **D. A. S. 1 132 506** Kl. 85b vom 28/3. 1957, ausg. 28/6. 1962. **E. P. 854 020** vom 25/3. 1957, ausg. 16/11. 1960. Alle F. Prior. 29/3. 1956.) H. Blachetzki. 6025

Water Research Association, Redhill, Surrey, England (Erfinder: Norman John Pugh, Geoffrey James Holland und Roy Yearsley Bromell), **Kontinuierliche Wasserreinigung** durch Zusatz eines Gemisches aus einer 10% ig. wss. $Al_2(SO_4)_3$-Lsg. u. einer ca. 4% ig. Na_2SiO_3-Lsg., wobei in letzterer auf 29% SiO_2 ca. 8,8% Na_2O kommen. Der pH-Wert des Gemisches liegt zwischen 7,0 u. 8,0 u. der SiO_2-Geh. beträgt 0,8—1,2%. Vorteilhaft wird das Gemisch nach üblichem Zusatz des Flockungsmittels $Al_2(SO_4)_3$ oder $FeCl_3$ oder $FeSO_4$ eingeführt. — Beispiel mit Flußwasser. Verbesserte Sedimentation u. Filtration. (**E. P. 827 586** vom 15/3. 1955, ausg. 10/2. 1960.)
H. Schindler. 6025

Freeport Sulphur Co., New York, N.Y., übert. von: Bernard A. Axelrad, Freeport, Tex., V.St.A., **Herabsetzen des Calciumgehaltes von Seewasser.** Zunächst wird das Rohwasser zum Herauslösen von NaCl aus geolog. Salzdomen verwendet, so daß eine ca. 24% ig. NaCl-Sole (**I**) entsteht. Dann wird mittels Na_2CO_3 der Ca-Geh. um 20—85% verringert u. der so behandelten **I** so viel Rohwasser zugesetzt, daß es einen NaCl-Geh. von nicht >5% aufweist u. der pH-Wert ca. 6,5—7,5 beträgt. Das so aufbereitete Seewasser läßt sich ohne Gipsablagerungen an Wärmeaustauschern auf ca. 330° F erhitzen. (**A. P. 2 947 690** vom 19/7. 1956, ausg. 2/8. 1960.)

H. Schindler. 6031

Établissements Émile Degrem nt, Rueil, **R. Leviel**, Courbevoie, und **P. Crocé-Spinelli**, Paris, Frankreich, *Dekantieren von Wasser und anderen Flüssigkeiten.* (**Belg. P. 543 014** vom 23/11. 1955, ausg. 11/9. 1959. F. Prior. 23/11. 1954. — C. **1959,** 10368 [Oe. P. 191 811].)

S.E.T.U.D.E. Soc. d'Études pour le Traitement et l'Utilisation des Eaux (Erfinder: **Cyrill Gomella**), *Weichmachen von Wasser.* (**Aust. P.** 232 551 vom 15/10. 1958, ausg. 2/3. 1961. — C. **1962,** 263 [F. P. 1 184 166].)

H_5. Anorganische Industrie

Neuer Weg in der Versorgung der Großbetriebe mit Sauerstoff. H. Holler und W. Richter. (Technik **16,** 781—83, Nov. 1961; Dresden; dt.) — Zur O_2-Versorgung von Großbetrieben werden diese mit fl. O_2 beliefert, der in einer besonderen Anlage (Abb.) vergast u. über eine Ringleitung den Verbraucherstellen zugeführt wird.
W. Wesly. H 239□

Herstellung von Fluorwasserstoff aus Siliciumtetrafluorid. I. M. Bogusslawski, Ss. I. Wolfkowitsch, Ss. B. Kasakowa und N. Ss. Bogdanowa. (Химическая Промышленность [Chem. Ind.] **1961,** 450—52, Juli; Forschungsinst. für Düngemittel u. Insektofungicide; russ.) — Bei der Herst. von Superphosphat wird als Nebenprod. SiF_4 erhalten. Bei der Absorption von SiF_4 in NH_4F-Lsg. entsteht $(NH_4)_2SiF_6$, das bei Neutralisation mit NH_3 in NH_4F u. SiO_2 zerlegt wird. Nach Abfiltrieren von SiO_2 wird der größere Teil der NH_4F-Lsg. von 10—12% auf 94—95% eingedampft, der Rest wieder zur Absorption von SiF_4 zurückgeführt. Beim Eindampfen erfolgt die Rk. $2\,NH_4F \rightarrow NH_4F \cdot HF + NH_3$, wobei das Verhältnis $NH_4F \cdot HF : NH_4F$ vom Kp. abhängt: bei Kp.$_{760}$ 126° ist $NH_3/F = 0{,}681$, bei Kp.$_{460}$ 147° 0,523. Das feste Gemisch von $NH_4F \cdot HF$ u. NH_4F mit 60% Gesamt-F wird bei 180—190° mit 93—95%ig. H_2SO_4 unter Bldg. von *HF* u. NH_4HSO_4 (Schmelze) zersetzt. Die HF-Ausbeute beträgt 97%. Als Werkstoff eignen sich am besten Stähle mit 23 (%) Cr, 23 Ni, 3 Mo u. 3 Cu oder mit 23 Cr, 28 Ni, 3 Mo, 3 Cu u. 1 Ti. R. K. Müller. H 246□

Neuere Entwicklungen in der Gewinnung von Chlordioxid. W. Howard Rapson. (Canad. J. chem. Engng. **36,** 262—66, Dez. 1958; Toronto, Ontario, Univ., Chem. Engng.; engl.) — Kinet. Unterss. über die Bldg. von ClO_2 führen zu einer Hypothese über den Rk.-Verlauf. Ein neues („R 2"-)Verf., das durch die Verw. von $NaClO_3$, NaCl u. H_2SO_4 gek. ist, wird beschrieben; $NaClO_3$ wird zu 99% in ClO_2 umgewandelt. Verbesserungen mehrerer anderer Verff. werden erörtert. Die Entw. der Absorptionstürme, der Baustoffe für O_2-Fabriken u. der Verw. von ClO_2 zum Bleichen wird beschrieben.
W. Wesly. H 247□

Eine halbtechnische Anlage für die Gewinnung von Chlordioxid. I. I. Blostein, A. I. Komarow, L. B. Lewit und I. Je. Fliss. (Бумажная Промышленность [Papier-Ind.] **36,** Nr. 4, 6—10, April 1961; russ.) — Ausgangs-Prod. ist Kalkmilch, die in einer Konz. von 350—400 g *CaO*/Liter W. bei 35—45° u. pH 8,7 chloriert wird. Es entstehen $Ca(ClO)_2$ u. *HClO* u. weiter $Ca(ClO_3)_2$. In der geklärten Chlorat-Lsg. (**I**) wird mit H_2SO in einem Ti-Reaktor von 100—250 Liter ClO_2 neben Cl_2 frei. Der Zufluß von **I** beträgt 12—20 Liter/Std., der Luftzutritt zur Gewährleistung einer Konz. von 3—6% ClO_2 im Gasgemisch (explosionssicher) 7—8 m^3/Stunde. Die Gase werden durch W. geleitet. Die resultierende Bleich-Lsg. enthält 3—5 g/Liter ClO_2 neben etwas Cl_2. Bei Verw. von 4,3 t H_2SO_4 wird eine 95—96%ig. Umsetzung von **I** erreicht. Zur Herst. von 1 t ClO_2 werden 4,85 t Kalk, 3,8 t Cl_2 u. 4,4 t H_2SO_4 benötigt. S. Eckert. H 247□

Gewinnung von Ammoniumperrhenat und anderen Salzen der Perrheniumsäure aus Kaliumperrhenat. W. G. Kowyrschin. (Цветные Металлы [Nichteisenmetalle] **31,** Nr. 10, 43—49, Okt. 1958; Balchasch, Kupferhütte; russ.) — NH_4ReO_4 kann aus $KReO_4$ mittels Kationen- u. Anionenaustauschern (*KU-1* bzw. *EDE-10 P*) erhalten werden. Das Aufnahmevermögen von KU-1 für Re beträgt 31—33%, das von EDE-10 P (bei pH 2) 111,1%. Durch Erhöhung der Temp. von 25 auf 40° wird das Aufnahmevermögen von KU-1 um 5—6% erhöht. Sulfokohle nimmt ca. 50% der von KU-1 aufgenommenen Menge Re auf. R. K. Müller. H 352□

Umsetzung von Kobaltsalzen mit Kaliumxanthogenat. S. A. Scheka und Je. Je. Kriss. (Цветные Металлы [Nichteisenmetalle] **31,** Nr. 10, 53—55, Okt. 1958; russ.) — Bei der Umsetzung von $CoSO_4$ mit *K-Äthylxanthogenat* entsteht nicht Co-Bis-(äthylxanthogenat), wie von Kakowski (C. **1958,** 11169) angegeben, sondern ein Gemisch von *Co-Tris-(äthylxanthogenat)* u. einer in W. u. organ. Lsgm. unlösl. schwarzen organ. Verb., die Co u. S im Verhältnis 1 : 1 enthält. R. K. Müller. H 355□

Československá Socialistická Republika (Erfinder: Mirko Baumann, Zdeněk Bureš und Eduard Veselý, Prag), Tschechoslowakei, **Durchführung exothermer Reaktionen (Ammoniaksynthese) bei erhöhtem Druck** u. erhöhter Temp., gek. durch das Durchleiten des aus dem Wärmeaustauscher tretenden synthet. Gemisches durch ein Bündel Fieldscher Kühlröhren, die in die Katalysatorfüllung tauchen, wobei das Rk.-Gemisch entweder in voller Menge zum Reaktor strömt oder nur ein Teil desselben, der gleichzeitig die Katalysatorschicht kühlt. (**Tschech. P. 98 916** vom 16/11. 1959, ausg. 15/3. 1961.) L. Macher. H 243

Österreichische Stickstoffwerke Akt.-Ges., Linz (Erfinder: Johann Niedetzky, Linz, und Helmut Hinrichs, Leonding), Österreich, **Gasführung in katalytischen Hochdrucksyntheseanlagen,** bes. für die *Ammoniaksynthese.* Das Eingangsgasgemisch wird dem Ofen mengenmäßig regelbar in 2 oder mehreren Teilströmen gleichzeitig aufgegeben, wobei ein Teilstrom den Hochdruckmantel von innen kühlt u. der zweite oder einer der weiteren Teilströme die Kontaktbehälterwände sowie die als kurze Wärmeaustauscher ausgebildeten Zwischenböden kühlt. Diese Teilströme werden dann nach Vereinigung über einen Wärmeaustauscher der obersten Kontaktlage aufgegeben. — Vorrichtung. (**Oe. P. 215 436** vom 24/6. 1959, ausg. 12/6. 1961.) W. Wittholz. H 243

Canadian Industries Ltd., Montreal, Canada, **Rieselfähiges Ammoniumnitrat.** Man überzieht die NH_4NO_3-Granalien mit wenigstens 2 Gew.-% eines Nitrats, Acetats oder Propionats eines aliphat. Amins mit 14—18 C-Atomen im Mol. oder deren Dimethylderivaten. Man kann zum Überziehen an Stelle von diesen Salzen auch Dehydroabietylaminnitrat oder Salze der HNO_3 oder gesätt. aliphat. Säuren mit 2—18 C-Atomen im Mol. mit den N-(3-Aminopropyl)-Derivv. von Prodd., die durch Aminierung von Tallölfettsäuren erhalten wurden, verwenden. Bes. geeignet sind Octadecylaminacetat u. -nitrat. (**E. P. 866 393** vom 28/9. 1959, ausg. 26/4. 1961. Can. Prior. 26/11. 1958.) H. Nebelsiek. H 243

Československá Socialistická Republika (Erfinder: Franz Zelenka, Pardubice), Tschechoslowakei, **Herstellung von nichtsinterndem, hydrophobem Ammoniumnitrat** (I) u. von I enthaltenden Gemischen durch Ausbldg. einer Suspension in Lsg. des I aus $Al(OH)_3$, das durch Zusatz von Alkalisalzen höherer Fettsäuren während der Kristallisation in ein Al-Salz dieser Fettsäure übergeführt wird. Zur Stabilisierung der Suspension u. der chem. Beständigkeit des Prod. verwendet man einen Überschuß an NH_3 im stöchiometr. Verhältnis zum Sulfatanion, der im $Al_2(SO_4)_3$ enthalten ist. Als Fettsäuren verwendet man solche mit 12 C-Atomen in einer Menge, die 0,2—1,0% ihrer Al-Salze entspricht. — Beispiel: Vor dem Eindampfen der I-Lsg. fügt man eine konz. Lsg. von 0,5% $Al_2(SO_4)_3$ u. unter Umrühren überschüssiges NH_3 hinzu; während des Auskristallisierens setzt man 0,25% vermahlene Kernseife zu. (**Tschech. P. 98 596** vom 23/11. 1959, ausg. 15/2. 1961.) L. Macher. H 243

Farbenfabriken Bayer Akt.-Ges. (Erfinder: Rudolph Mundil), Leverkusen, **Herstellung von Hydrazin** aus Natriumhypochlorit-Lsg. u. wss. NH_3. Das Verf. gemäß D. A. S. 1 088 939 wird dadurch ausgestaltet, daß die Rk.-Teilnehmer intensiv miteinander vermischt werden. Die Rk.-Temp. soll ca. 35° nicht übersteigen. (**D. A. S. 1 103 903** Kl. 12i vom 15/7. 1959, ausg. 6/4. 1961. **Zusatz zu D. A. S. 1 088 939; C. 1961, 12602.**) E. Miessgang. H 243

Dow Chemical Co., Midland, Mich., V.St.A., übert. von: George A. Olah und Stephen J. Kuhn, Sarnia, Canada, **Herstellung von Deuteriumfluorid.** Man bringt reines D_2O mit wenigstens der stöchiometr. Menge von Thionyl- oder Carbonylfluorid, $HFSO_3$, niedrigen Alkylsulfonyl-, Alkylacyl- oder Aryl- bzw. Arylalkylacylfluoriden bei wenigstens 50°, z. B. mit Benzoylfluorid bei 60°, zur Reaktion. (**A. P. 2 981 602** vom 23/3. 1959, ausg. 25/4. 1961.) K. Demmler. H 246

Sinclair Refining Co., New York, N.Y., übert. von: Marvin F. L. Johnson, Homewood, Ill., und Joseph Cole, Whiting, Ind., V.St.A., **Herstellung von Aktivkohle mit adsorptiven Eigenschaften** aus Petroleumrückständen mit einem Geh. an Asphaltenen. Die Rückstände werden mit einem Paraffin-KW-Stoff (3—7 C-Atome) behandelt u. die Feststoffe abgetrennt. Diese werden mit einem O-haltigen nichtaromat. Lsgm. mit <5 C-Atomen (z. B. CH_3OH) extrahiert u. die dabei erhaltenen festen Rückstände (F. $>600°F$) bei 400—900°F mit einem Inertgas, enthaltend 1—5% freien O_2, so lange behandelt, bis 30—70 Gew.-% des Ausgangsmaterials abgetrieben sind. Anschließend erfolgt eine Behandlung bei 1000—1800°F mit O_2-freiem Inertgas. Die erhaltene Aktivkohle weist eine Oberfläche von $>500\ m^2$ (ermittelt nach BET-Meth.) auf. (**A. P. 2 932 619** vom 5/3. 1957, ausg. 12/4. 1960.) E. Miessgang. H 260

E. I. du Pont de Nemours & Co., übert. von: Ignace J. Krchma, Wilmington, Del., V.St.A., **Herstellung von hochreinem Si** durch Einbringen eines reinen geschmolzenen, reduzierenden Metalls, bes. Zn oder Cd, in ein abgeschlossenes Rk.-Gefäß, wo es kontinuierlich in Ggw. von Si-Halogenid-Dampf ($SiCl_4$) verdampft wird;

die Dämpfe werden bei geringem Si–Halogenid-Überschuß in eine Red.-Zone geleitet, welche bei höherer Temp. (907—1100°) gehalten wird, wo die Nebenprodd. u. unumgesetzten Rk.-Teilnehmer entweichen u. sich elementares *Si* abscheidet. — Verf.-Schemata. (**Can. PP. 568 624** vom 4/11. 1955, ausg. 6/1. 1959. A. Prior. 4/11. 1954 u. **568 627** vom 15/11. 1955, ausg. 6/1. 1959. A. Prior. 18/11. 1954.) H.-J. Nitzschke. H 261

Ju. D. Gubanow, W. K. Kowyrsin, Ss. P. Lalykin und Ju. P. Ssawrassow, **Reinigung von SiJ_4** von z. B. Sb-Jodiden durch Zonenschmelzen, wobei das Arbeitsrohr in zwei um 10° gegeneinander geneigte horizontale Arme zerfällt. — Apparatur. (**UdSSR. P. 118 813** vom 27/3. 1958.) B. Pankow. H 261

Sch. Ss. Schtschegol, M. W. Djemidow, Je. M. Spektor, Ju. M. Mowschewitsch, B. G. Rabowski, W. N. Borschtschewski, I. Je. Schtschegol, O. Ja. Kulakowa und P. A. Botschkarew, **Extrahieren von $SiCl_4$ aus Chlorierungsabgasen** von der *$AlCl_3$-Herstellung*. Man verwendet als fl. Absorbens Kerosine (Kp. ≧150°) ohne ungesätt. KW-Stoffe oder gesätt. cycl. oder aliphat. KW-Stoffe $>C_9$ (z. B. Isopropylcyclohexan) oder chlorierte hochsd. Äther (Kp. ≧150°; E. ≧ —25°), wie „Chlorex" (Dichlordiäthyläther). Vor der Verw. wird z. B. das Kerosin mit konz. H_2SO_4 (10 : 1) behandelt, nach einigen Std. mit Alkali (10 : 1) u. W. gewaschen, getrocknet u. in einen Skrubber gegeben. — Verf.-Schema. (**UdSSR. P. 118 493** vom 10/8. 1956.) B. Pankow. H 261

W. D. Ponomarew und W. Ss. Ssashin, **Verarbeitung von Nephelin-Konzentraten auf Tonerde und Alkali** in 2 Stufen. Das Tonerde-Auslaugen wird 10 Min. lang im Autoklaven bei 25—40 at u. 230—250° mit NaOH u. CaO durchgeführt, wobei das Mol-Verhältnis Na_2O/Al_2O_3 ca. 9, das Mol-Verhältnis CaO/SiO_2 1—1,2 u. die Alkali-Konz. 300—450 g/Liter beträgt. Es bildet sich ein leicht filtrierbarer Nd. (hydrathaltiges Na–Ca-Silicat), der von der Aluminat-Lsg. abgetrennt u. in 2. Stufe einem ähnlichen Verf. zur Rückgewinnung der NaOH (Zusatz von CaO; 10—12 at u. 120—200° während 1 Std.) unterworfen wird. Es hinterbleibt ein Zementschlamm $2\,CaO \cdot SiO_2 \cdot x\,H_2O$. Die anfangs entstandene Aluminat-Lsg. wird bis zur Abscheidung von $(Na, K)_2O \cdot Al_2O_3 \cdot 2{,}5\,H_2O$ konz., das man abtrennt u. nach dem Bayer-Verf. auf *Al_2O_3* verarbeitet. (**UdSSR. P. 108 917** vom 6/9. 1954.) B. Pankow. H 294

M. N. Smirnow, E. S. Wydrewitsch und M. A. Saizewa, **Regenerierung von Ca-Hydrosilicaten und Alkalischlämmen,** wie sie in der 1. Stufe gemäß UdSSR. P. 108 917 anfallen, durch Einw. von Alkali (60,6 g/Liter Na_2O) bei 98° während 10 Std. ohne Verw. eines Autoklaven; fl. Phase/feste Phase = 6 : 1. Der entstandene Schlamm wird mit heißem W. ausgewaschen. (**UdSSR. P. 118 814** vom 17/4. 1958. **Zusatz zu UdSSR. P. 108 917; s. vorst. Ref.**) B. Pankow. H 294

Mc Intyre Research Foundation, Toronto, Ontario, Canada, übert. von: John W. G. Hannon, Washington, Pa., V.St.A., **Herstellung von Al_2O_3-Pulver,** dad. gek., daß man reine Al-Kügelchen mit einer bestimmten Geschw. durch eine Mühle gibt, während gleichzeitig Luft mit einem bestimmten Feuchtigkeits-Geh. durch die Mühle geleitet wird. Nach Filtration wird das Pulver zur Neutralisierung von SiO_2-Materialien verwendet. — Zeichnung. (**Can. P. 554 987** vom 26/11. 1954, ausg. 25/3. 1958.) S. Böttcher. H 294

W. L. Warschawski, **Herstellung von Natrium-Titanylsulfat** durch Rk. von $NaHSO_4$-Lsg. mit $TiCl_4$. — 1450 (g) 100%ig. H_2SO_4 werden auf eine 20%ig. Lsg. mit W. verd. u. mit 1050 Na_2CO_3 versetzt. Zu dieser $NaHSO_4$-Lsg. werden bei 25—30° 1406 $TiCl_4$ gegeben, das Rk.-Gemisch wird bei 70—80° zur breiartigen Konsistenz eingedampft u. innerhalb 1,5—2 Std. mit 2,5 Liter W. versetzt. Nach Kühlung auf 20° werden zur Lsg. von NaCl noch 2 Liter W. zugesetzt: 1,5 kg *$NaHSO_4 \cdot TiOSO_4 \cdot x\,H_2O$*; Zus.: 23,75 (%) TiO_2, 46,41 SO_3, 0,1—0,3 Cl. — Das Verf. ermöglicht die Herst. eines Standard-Prod. mit einem der Formel entsprechenden SO_3/TiO_2-Verhältnis. (**UdSSR. P. 122 743** vom 30/1. 1959.) L. Großner. H 321

Ciba Akt.-Ges., Basel, Schweiz, **Reinigung von Tantalpentachlorid** durch Überleiten des Rohchlorides zusammen mit H_2 über auf 250—550, bes. 400—450°, erhitztes Alkali- oder Erdalkalichlorid oder -fluorid, welches mit den Verunreinigungen bei Rk.-Temp. feste Doppelsalze bildet. In Betracht kommen die Chloride bzw. Fluoride des Na, K, Ca, Mg, Li u. Ba. (**Oe. P. 216 477** vom 24/9. 1959, ausg. 25/7. 1961.) W. Wittholz. H 332

Cog Minerals Corp., übert. von: Frank A. Seeton, Denver, Colo., V.St.A., **Gewinnung von Uranverbindungen** aus U- u. Cu-haltigen Erzen. Das Erz wird feingemahlen u. von den Schlämmstoffen befreit, indem man eine Trennung nach dem spezif. Gew. vornimmt. Man arbeitet dann Konzentrat u. Schlamm auf U u. Cu in üblicher Weise auf. (**A. P. 2 968 524** vom 1/10. 1956, ausg. 17/1. 1961.) H. Nebelsiek. H 339

Commissariat à l'Énergie Atomique, übert. von: Michel Rouzet und Jean Sauteron, Paris, und Paul Vertes, Vert-le-Petit, Seine-et-Oise, Frankreich, **Herstellung von wasserfreiem Urantetrafluorid**, dad. gek., daß man feinverteiltes UO_2 bei 500—600° unter Schütteln im Gegenstrom mit gasförmigem HF umsetzt. — Zeichnungen. (**Can. P. 554 90**. om 24/6. 1955, ausg. 25/3. 1958.)
S. Böttcher. H 339

Kerr-McGee Oil Industries, Inc., übert. von: Wayne C. Hazen und Angus V. Henrickson, Boulder, Colo., V.St.A., **Gewinnung von wasserfreiem Urantetrafluorid.** Man extrahiert U aus einer wss. U-Salz-Lsg. mit Di-2-äthylhexylphosphorsäure, gelöst in einem inerten, leichten Erdöldestillat. Nach dem Abtrennen trocknet man die organ. Phase, dabei liegt U als U(IV) vor u. leitet HF ein, bis ein Nd. aus Mo-freiem, krist. UF_4 ausfällt. (**A. P. 2 994 580** vom 24/1. 1957, ausg. 1/8. 1961.)
H. Nebelsiek. H 339

Tholand, Inc., übert. von: Sven R. Palmquist, Fagersta, und Nils H. Brundin, Höganäs, Schweden, **Herstellung pulverförmiger Metallverbindungen.** Mikroporöse, feinverteilte, in W. unlösl., O enthaltende Metall-Verb. (Hydroxide, Oxide, Carbonate, z. B. $FeCO_3$) mit einer Teilchengröße von wenigen μ von solchen Metallen, die wasserlösl. Salze, aber wasserunlösl. Hydroxide, Oxide u. Carbonate bilden (Al, Fe, Mg), werden hergestellt durch Mischen eines wasserlösl., alkal. reagierenden Carbonats mit einem wasserlösl. Salz des betreffenden Metalls in festem Zustand in solchen Mengen, daß bei der Rk. in W. eine neutrale Lsg. entsteht u. CO_2 entwickelt wird, wobei entweder das Salz des betreffenden Metalls sauer reagiert oder eine sauer reagierende, wasserlösl. feste Substanz zusätzlich zugegeben wird u. das Anion des wasserlösl. Salzes des betreffenden Metalls mit dem Kation des Carbonats u. der ggf. zusätzlich zugegebenen sauren Substanz ein wasserlösl. Salz bilden können muß, u. Einbringen der Mischung in W., wobei CO_2 entwickelt wird u. ein feinster Nd. entsteht. (**Can. P. 558 123** vom 28/3. 1947, ausg. 27/5. 1958.) H.-J. Nitzschke. H 354

Soc. Générale Métallurgique de Hoboken, übert. von: Marcel de Merre, Hoboken-lez-Anvers, Belgien, **Trennung von Ni und Co** aus Ni u Co im Verhältnis $>0,5$ enthaltenden, Sulfate oder Chloride enthaltenden Lsgg. durch Zugabe von Ni- u. Co-Hydroxid in solcher Menge, daß freigesetzte Säuren neutralisiert werden, u. Red. bei 130—250° u. erhöhtem Druck mit einem H_2 enthaltenden Gas, wobei *Ni* ausfällt u. Co sich in der Lsg. anreichert. Das Verhältnis von (Ni + Co) in den zugesetzten Hydroxiden zu (Ni + Co) in der Primär-Lsg. soll so gewählt sein, daß ein Ni-Pulver mit $<1\%$ Co u. eine noch Ni enthaltende Co-Lsg. erhalten wird. Nach Entfernung des ausgefällten Ni wird die an Co angereicherte Lsg. in Ggw. von metall. Co mit S, Sb, As, Te oder Se behandelt, wonach das z. B. als Ni-Sulfid entfernte, etwas Co enthaltende Ni wieder gelöst u. in den Prozeß zurückgeführt wird. (**Can. P. 568 643** vom 30/1. 1956, ausg. 6/1. 1959. Belg. Prior. 14/2. 1955.) H.-J. Nitzschke. H 356

Badische Anilin- & Soda-Fabrik Akt.-Ges. (Erfinder: **Adolf Johannsen, Willi Danz, Karl Fees** und **Walter Kammerer**), Ludwigshafen/Rh., *Herstellung schwefeldioxidhaltiger Gase.* (**D. B. P. 974 614** Kl. 12i vom 29/3. 1950, ausg. 2/3. 1961. Anmeldung bekanntgemacht 30/10. 1952. — C. **1955,** 1586 [Schwz. P. 297 400].)

Farbenfabriken Bayer Akt.-Ges., Leverkusen, *Herstellung unterschwefliger Säure, beziehungsweise deren Salzen und Ester.* (**E. P. 843 291** vom 15/1. 1958, ausg. 4/8. 1960. **A. P. 2 991 152** vom 13/1. 1958, ausg. 4/7. 1961. **Belg. P. 563 910** vom 13/1. 1958, ausg. 17/6. 1960. Alle D. Prior. 16/1. 1957. — C. **1959,** 5268 [D. A. S. 1 036 228].)

Deutsche Gold- und Silber-Scheideanstalt vormals Roessler, Frankfurt/M., übert. von: **Horst Pistor,** Rheinfelden, *Granulieren von Perborat.* (**A. P. 2 979 464** vom 4/11. 1957, ausg. 11/4. 1961. D. Prior. 9/11. 1956. — C. **1959,** 6258 [D. A. S. 1 037 432].)

Dr. C. Otto & Co. G.m.b.H., Bochum, *Herstellung von Synthesegas.* (**Niederl. P. 100 615** vom 27/2. 1953, ausg. 15/3. 1962. Oe. Prior. 1/3. 1952. — C. **1957,** 7754 [D. B. P. 952 436].)

Southern Clays, Inc., V.St.A. (Erfinder: **John William Beamesderfer** und **Horton Harold Morris**), *Überführung von Ton in Pigmente und andere Produkte.* (**F. P. 1 209 447** vom 6/8. 1958, ausg. 1/3. 1960. A. Prior. 7/8. 1957. — C. **1962,** 14985 [A. P. 2 974 054].)

Joh. A. Benckiser G.m.b.H., Chemische Fabrik, Ludwigshafen/Rh. (Erfinder: **Margot Becke-Goehring** und **Ekkehard Fluck,** Heidelberg), *Herstellung von Diphosphorsäuretetrachlorid.* (**Oe. P. 217 988** vom 31/5. 1960, ausg. 10/11. 1961. D. Prior. 5/6. 1959. — C. **1962,** 265 [D. A. S. 1 098 495].)

Joh. A. Benckiser G.m.b.H., Chemische Fabrik, Ludwigshafen/Rh. (Erfinder: **Margot Goehring,** Heidelberg), *Herstellung von Phosphamprodukten.* (**Schwz. P. 357 710** vom 18/3. 1957, ausg. 15/12. 1961. D. Prior. 17/3. u. 16/10. 1956. — C. **1958,** 6645 [D. A. S. 1 015 777].)

Albright & Wilson (Mfg.) Ltd., Oldbury, übert. von: **Norman Lovelace Paddock,** Wolverhampton, und **Harold Trevor Searle,** Birmingham, England, *Isolierung von Phosphornitrilchloridpolymeren.* (**A. P. 3 008 799** vom 4/12. 1958, ausg. 14/11. 1961. E. Prior. 12/12. 1957. — C. **1960,** 17242 [D. A. S. 1 076 100].)

Badische Anilin- & Soda-Fabrik Akt.-Ges., übert. von: **Ewald Wygasch** und **Rolf Luehdemann,** Ludwigshafen/Rh., *Herstellung konzentrierter Alkalilaugen durch Zersetzung von Amalgamen.* (**A. P. 3 019 082** vom 5/7. 1957, ausg. 30/1. 1962. D. Prior. 19/7. 1956. — C. **1958,** 6937 [D. A. S. 1 017 599].)

Diamond Alkali Co., Cleveland, übert. von: **Clarence A. Butler jun.**, East Cleveland, und **Christopher C. Silsby jun.**, Euclid, Ohio, V.St.A., *Chloralkalielektrolyse nach dem Diaphragmaverfahren.* (**A. P. 3 017 338** vom 3/3. 1958, ausg. 16/1. 1962. — **C. 1961**, 17345 [E. P. 851 785].)

Soc. d'Électro-Chimie, d'Électro-Métallurgie et des Aciéries Électriques d'Ugine, Paris, Frankreich, *Herstellung von körnigen Erdalkalioxiden.* (**E. P. 881 813** vom 12/5. 1959, ausg. 8/11. 1961. F.Prior. 27/6. 1958. — **C. 1962**, 7655 [D. A. S. 1 117 554].)

Knapsack-Griesheim Akt.-Ges., Knapsack, *Herstellung von wasser- und magnesiumoxidfreiem Magnesiumchlorid.* (**E. P. 886 212** vom 5/5. 1960, ausg. 3/1. 1962. D. Prior. 5/5. 1959. — **C. 1961**, 16970 [D.A.S. 1 109 156].)

Montecatini Soc. Gen. per l'Industria Mineraria e Chimica, übert. von: **Gerlando Marullo, Giovanni Perri, Giuseppe Tubiello** und **Dacete Cadorin**, Mailand, Italien, *Aufarbeiten von mi Natriumchlorid verunreinigtem Kainit auf Schönit.* (**A. P. 3 004 826** vom 21/7. 1958, ausg. 17/10. 1961. It. Prior. 22/7. 1957. — **C. 1960**, 7972 [D. A. S. 1 067 419].)

Farbenfabriken Bayer Akt.-Ges., Leverkusen, übert. von: **Dieter Goerrig**, Lohmar, und **Viktor Lwowski**, Leverkusen, *Herstellung von Calciummonofluorid.* (**A. P. 3 023 082** vom 8/5. 1958, ausg. 27/2. 1962. D. Prior. 10/5. 1957. — **C. 1959**, 4276 [D. A. S. 1 041 015].)

United Kingdom Atomic Energy Authority, London, übert. von: **Eugen Glueckauf**, Chilton, England, *Abtrennen von Strontium aus wässerigen Lösungen von Spaltprodukten.* (**A. P. 3 010 788** vom 18/10. 1957, ausg. 28/11. 1961. E. Prior. 26/10. 1956. — **C. 1962**, 4680 [F. P. 1 185 092].)

Molybdenum Corp. of America, übert. von: **Arthur Linz**, New York, N.Y., V.St.A., *Herstellung von Na-Seltenerdmetall-Fluoriden.* (**A. P. 3 009 774** vom 9/6. 1960, ausg. 21/11. 1961. — **C. 1962**, 17526 [D. A. S. 1 117 549].)

Commissariat à l'Énergie Atomique, Paris, Frankreich (Erfinder: **J. Sanlaville**), *Herstellung von Metallfluoriden, insbesondere UF_4.* (**Belg. P. 571 356** vom 19/9. 1958, ausg. 26/1. 1962. F. Prior. 3/10. 1957. — **C. 1961**, 16238 [F. P. 1 183 848].)

H6. Silicatchemie. Baustoffe

Pittsburgh Corning Corp., Pittsburgh (Erfinder: Walter David Ford, Port Allegany), Pa., V.St.A., **Herstellung hochkieselsäurehaltigen Zellglases** mit geschlossenen Hohlräumen u. auch bei hohen u. tiefen Temp. optimalen mechan. u. isolierenden Eigenschaften. Sand oder Feuerstein wird zusammen mit 0,1—5 Gew.-% SiC feinstgemahlen u. in nichtoxydierender Atmosphäre auf 1427—1621° erhitzt, wobei eine hochviscose Masse entsteht, die das SiC in fester, nicht zersetzter Form enthält. Bei 1715—1815, bes. bei 1732°, setzt sich SiC mit SiO_2 unter Bldg. von Gasen um, die innerhalb der plast. Masse geschlossene Hohlräume bilden. Beide Verf.-Stufen zusammen dauern 15—30 Minuten. Anschließend wird gekühlt. (**D. A. S. 1 115 177** Kl. 80b vom 26/5. 1953, ausg. 12/10. 1961. A. Prior. 28/5. 1952.) G. Frikell. 6201

Otto Dahmann & Co. (Erfinder: Günter Lange), Wuppertal, **Dekorträger für keramische Gegenstände**, bes. für *Porzellan.* Das Aufbringen des Dekors auf den rohen Scherben, den verglühten oder den rohglasierten verglühten Scherben u. sein Einbrennen zusammen mit dem Glasurbrand unter Einsparung eines Brennprozesses wird ermöglicht, wenn die den Dekor überdeckende Lackmaske unter Aufrechterhaltung des Zusammenhanges der ihn bildenden Farbe Unterbrechungen aufweist, durch die Luft- oder Gasblasen, Wasser- u. Schleimreste des Trägerpapiers austreten können. (**D. A. S. 1 116 137** Kl. 80b vom 22/4. 1960, ausg. 26/10. 1961.) G. Frikell. 6215

Didier-Werke Akt.-Ges., Wiesbaden (Erfinder: Eduard Steinhoff, Wiesbaden), **Feuerfeste Massen und Steine** aus unplast. feuerfesten Stoffen, wie Korund, Sillimanit, Sintermagnesit, Chromerz, Quarzgut werden hergestellt unter Verw. von 3—20 Gew.-% AlOOH als Bindemittel u. Wasser. — Zum Beispiel wird Korund mit 30 (%) Korngröße 1—3 mm u. 70 Korngröße 0—0,5 mm mit 5 pulverförmigem AlOOH gemischt, mit 4,3 W. angefeuchtet, gepreßt u. gestampft. Nach dem Trocknen bei 120° hatten daraus hergestellte Steine eine Festigkeit von 200 kg/cm². Nach 4std. Brennen bei 1600° wurden gemessen: Raum-Gew. 3,26; D. 3,96, Porösität 17,8 Vol.-%, KDF 1182 kg/cm². (**D. A. S. 1 112 441** Kl. 80b vom 27/2. 1959, ausg. 3/8. 1961.) G. Frikell. 6219

Didier-Werke Akt.-Ges. (Erfinder: Eduard Steinhoff und Otto Hemman), Wiesbaden, **Feuerfeste Ausmauerung** von außenbeheizten Öfen für chem. Rkk., bes. zur Erzeugung von Stadt- u. Synth.-Gas aus fl. u./oder gasförmigen Brennstoffen. Da SiC-Steine zwar hohe Wärmeleitfähigkeit, aber keine genügende chem. Beständigkeit aufweisen, werden ihre den Heizzügen u. dem Rk.-Raum zugekehrten Oberflächen mit einer mindestens 5 mm dicken *Schicht von $ZrSiO_4$* versehen, die bei Herst. der Steine in die Preßform eingefüllt wird. (**D. A. S. 1 112 706** Kl. 80b vom 7/11. 1958, ausg. 10/8. 1961.) G. Frikell. 6219

Montecatini Soc. Gen. per l'Industria Mineraria e Chimica und Giuseppe de Varda (Erfinder: Giuseppe de Varda), Mailand, Italien, **Verringerung der Angreifbarkeit von feuerfesten Auskleidungen aus gesintertem Magnesiumoxid,** die dem Angriff von Halogen-Verbb. enthaltenden Schmelzen, bes. von Fluoriden, ausgesetzt sind. Das Mauerwerk wird vor Inbetriebnahme mit fl. Pech, bes. Hartpech, bei 200—220° imprägniert u. dieses bei 600° oder mehr verkokt. Das Verf. kann mehrfach wiederholt werden. (**D. A. S. 1 118 077** Kl. 80b vom 24/12. 1957, ausg. 23/11. 1961. It. Prior. 29/12. 1956.) G. Frikell. 6219

Hüttenwerk Oberhausen Akt.-Ges. (Erfinder: Edgar Spetzler und Josef Auer), Oberhausen/Rhld., **Basische Flickmasse für Drehtrommelöfen.** Flickarbeiten am bas. Futter von Drehtrommelöfen sind auch bei Temp. über 600° mit einer Masse aus Dolomit u. nicht mehr als 11% seines Gew. an Teer möglich, der in Form eines Hartpechs zugesetzt wird. Der gesamte Geh. an Pech beträgt dabei 7—25, bes. 10—18%, vom Gew. der Futtermasse. — Beispiel: 83 (%) Dolomit, 9 Teer (mit 60 Pech), 8 Hartpech. (**D. A. S. 1 119 748** Kl. 80b vom 21/12. 1959, ausg. 14/12. 1961.) G. Frikell. 6219

Dolomitwerke G. m. b. H., Wülfrath (Erfinder: Josef Wuhrer, Wülfrath, und Friedrich Bischoff, Hagen), **Herstellung ungebrannter Dolomitsteine.** An Stelle das an der Luft wenig beständigen gebrannten natürlichen Dolomits wird als Ofenfutter stabilisierter Sinterdolomit, in dem der CaO-Geh. bes. durch SiO_2, ggf. auch unter Zusatz der Oxide von Cr u. Zr abgesätt. ist, verwendet. Zum Schutze gegen den Angriff von Schlacken wird dieses hydraul. abbindende Prod. mit 1—30 Gew.-% Kohlenstoff in Form von Koks, Petrolkoks, Ruß zusammen mit W. gemischt u. geformt. Diese Steine zeichnen sich durch hohe Schlacken- u. Feuerbeständigkeit u. Kaltdruckfestigkeit aus. Sie sind lagerbeständig u. entwickeln beim Aufheizen keine störenden Teerdämpfe. (**D. A. S. 1118685** Kl. 80b vom 22/5. 1959, ausg. 30/11. 1961.) G. Frikell. 6219

Carborundum Co., Niagara Falls (Erfinder: Carl Franklin Cline, Grand Island), N.Y., V.St.A., **Herstellung von Körpern aus Graphit und Metallcarbid.** Durch Silicieren eines Teils des Graphits wird sein Widerstand gegen Oxydation, Erosion u. plötzlichen Wechsel der Temp. erhöht u. seine Verwendbarkeit für die *Herst. von Raketen, Düsen, Turbinen* u. dgl. verbessert. Grobe Graphitteilchen (ca. 0,2—2,4 mm) u. mindestens 20% feine Teilchen werden mit einem carbonisierbaren Bindematerial, wie wärmehärtbares Harz, verformt. In Ggw. eines Carbidbildners, wie Si, Zr, Ti, V, Nb, Ta, Cr, Mo, W, Th, U, B oder Hf werden die Formlinge bis zur Bldg. eines Carbides gebrannt. (**D. A. S. 1 118 079** Kl. 80b vom 2/8. 1958, ausg. 23/11. 1961. A. Prior. 22/8. 1957.) G. Frikell. 6219

Saale-Glas G. m. b. H. (Erfinder: Rudolf Kliesener), Jena, **Keramische Formmasse zur Herstellung von Gegenständen durch Sintern aus Glaspulver,** bes. Filterkerzen. Eine im Gegensatz zu den bisher verwendeten Graphitformen gegen Oxydation unempfindliche Formmasse, die saubere Prodd. liefert u. einen geringeren Wärmeausdehnungskoeffizienten besitzt als das zu formende Material, so daß das Fertigteil leicht aus der Form genommen werden kann, besteht aus 30—70, bes. 50 Gew.-% geschmolzenem SiO^2 (Kieselglas), der Rest aus Ton. (**D. A. S. 1 112 942** Kl. 80b vom 20/3. 1958, ausg. 17/8. 1961.) G. Frikell. 6221

Deutsche Gold- und Silber-Scheideanstalt vormals Roessler (Erfinder: Walter Behne), Frankfurt/M., **Hartstoffkörper** aus gesinterten hochschmelzenden Metalloxiden, bes. für Schneidwerkzeuge. Ein Gemisch aus bes. Al_2O_3 mit 0,03 bis 0,7% eines oder mehrerer Schwermetalle, wie Ni oder Ni-Legg., wird geformt, bei 600 bis 1200° oxydierend u. anschließend bei 1500—2000° reduzierend zur Rückbldg. der Oxide in die Metalle gebrannt. Statt der Metalle können der Ausgangsmischung auch deren Oxide oder solche bildenden Verbb. zugesetzt werden. Bis zu 20% des Al_2O_3 ist durch Hartcarbide, Boride oder Nitride oder durch nicht reduzierbare Metalloxide in Mengen bis zu 15% ersetzbar. Zum Beispiel ergibt Al_2O_3 mit 0,07% Ni-Körper mit einer Biegebruchfestigkeit von 30 (kg/mm²) gegenüber einer solchen von 19 für einen Al_2O_3—Körper ohne Schwermetallzusatz. (**D. A. S. 1 118 078** Kl. 80b vom 5/2.1958, ausg. 23/11. 1961.) G. Frikell. 6221

Siemens-Planiawerke Akt.-Ges. für Kohlefabrikate, Meitingen bei Augsburg (Erfinder: Erich Fitzer, Augsburg, und Alfred Pelz, Meitingen bei Augsburg), **Gas- und flüssigkeitsdichter, fester Graphitkörper.** Zur Herst. wird durch Verkokung eines Gemisches aus Naturgraphit u. Kunstharz ein Kern erzeugt, auf den eine Außenschicht aus Pyro- oder Elektrographit, die durch Fl.-Imprägnierung mit anschließender Verkokung u. Graphitierung oder durch Abscheidung von C aus der Gasphase gedichtet wurde, aufgebracht wird. (**D. A. S. 1 123 967** Kl. 80b vom 8/8. 1960, ausg. 15/2. 1962.) G. Frikell. 6221

Steatit-Magnesia Akt.-Ges. (Erfinder: Fritz Strobel), Lauf/Pegnitz, **Überziehen einer Keramikoberfläche mit einer festhaftenden hart- und weichlötfähigen Metallschicht.** Das Verf. gemäß D. A. S. 1 098 431 wird verbessert. Hierbei wird die Keramikoberfläche mit einer Suspension bestrichen, die in der Lsg. eines aushärtbaren Harzes 10—20 Gew.-% Feldspatpulver, 0,5 Ni-Pulver u. ein Pulvergemisch aus Fe u./oder Ferrosilicium suspendiert enthält, so daß der Geh. an Si 15—18 (Gew.-%) der Summe Fe + Si ausmacht. Nach dem Erwärmen bis zum Trocknen u. Härten des Harzes wird eine Suspension aufgetragen, die 50 Fe u. 50 Ni enthält, u. bei 1250° 30 Min. gebrannt. (**D. A. S. 1 134 922** Kl. 80b vom 26/10. 1960, ausg. 16/8. 1962. **Zusatz zu D. A. S. 1098431; C. 1961, 16975.**) G. Frikell. 6221

Gustaf Bristol Heijmer, Enebyberg, Schweden, **Auftragsmasse** *zur Oberflächenverkleidung,* die gegen den Angriff von frisch gegossenen Betonflächen beständig ist. Die Grundmasse besteht aus feinkörnigen anorgan. oder organ., sich lückenlos aneinander reihenden Körnern einheitlicher Größe mit einer unteren Grenze von ca. 0,0005 (mm) u. einer oberen Grenze von höchstens 0,8. Das organ. Bindemittel ist z. B. ein Deriv. der Cellulose, Öl oder Kunststoff in Lsg. oder emulgiert. Erfindungsgemäß enthält die Masse zusätzlich mehr als 5 Gew.-% Körner, die um mindestens 0,1 mm größer sind als die größten Körner der Grundmasse. Die Zus. ist z. B. 10—20 (Gew.-Teile) Grundmasse, 0,2—2 W., 5—15 Bruchmarmor, 0,1—1 Korkpulver. (**D. A. S. 1 117 032** Kl. 80b vom 23/6. 1955, ausg. 9/11. 1961. Schwed. Prior. 24/6. 1954.) G. Frikell. 6225

Albert Holtzmann, Straßburg, Frankreich, **Wärmedämmender Zementmörtel.** Zur Herst. von Formkörpern guter Festigkeit u. guter Wärmedämmung wird als Füllstoff Pulver oder Granulat von in nicht mehr als 4 mm Wandstärke gebrannten, nicht gesinterten Tonkörpern angewendet. (**E. P. 871 164** vom 11/2. 1958, ausg. 21/6. 1961. F. Prior. 14/2. 1957.) G. Frikell. 6227

Karl Matejko, Bautzen, **Kunstharzvergütete Gipsbaukörper** werden hergestellt aus einer wss. Mischung aus aushärtbaren Kunstharzen u. $Ca_2SO_4 \cdot 2H_2O$, die in Formen unter Druck auf 97° erhitzt u. dabei gehärtet u. entwässert wird. Anschließend wird durch Einw. von W. das gebildete Halbhydrat wieder in das Doppelhydrat zurückverwandelt. (**D. A. S. 1 129 879** Kl. 80b vom 26/11. 1959, ausg. 17/5. 1962.) G. Frikell. 6227

Dr. C. Otto & Co. G. m. b. H., Bochum (Erfinder: Willi Kohlberg und Heinz-Friedrich Reich, Bochum), **Herstellung von Silicasteinen aus Sanden.** Die Erzielung der gleichen Qualität wie bei der Verarbeitung der selten gewordenen Quarzite wird mit hochkieselsäurehaltigen Sanden rein oder im Gemisch mit Quarzen ermöglicht, wenn die feinkörnige Ausgangsmasse vor dem Zusatz eines Bindemittel u. der nachfolgenden Verarbeitung, wie Formen, Trocknen u. Brennen, durch Granulierung in Körner bis zu 6 mm ∅ umgewandelt wird. — Z. B. wird ein Gemisch aus 44,5 (%) Silbersand (0,2—0,5 mm), 41,5 Quarzmehl (0—0,2 mm) u. 14 Silicabruch (0—2 mm) granuliert, das unter Verw. von Zusätzen wie üblich verarbeitet wird. (**D. A. S. 1 117 027** Kl. 80b vom 1/4. 1960, ausg. 9/11. 1961.) G. Frikell. 6229

Fritz Bohle, Köln, **Herstellen von Isolierkörpern.** Ein z. B. zur Umkleidung von Röhren geeigneter hochhitzebeständiger u. mechan. widerstandsfähiger Isolierkörper wird hergestellt aus Kieselgur, schnell abbindendem Zement, Ton, Mineralfasern, W. u. einem Schaummittel, wobei auf die Außenseite der erhärteten, getrockneten u. geformten Masse eine Schicht aus *Polyurethan* aufgeschäumt wird. (**D. A. S. 1 135 815** Kl. 80b vom 22/7. 1958, ausg. 30/8. 1962.) G. Frikell. 6229

Kölner Asphalt-Fabrik Simonit-Werke G. m. b. H., Köln (Erfinder: Erich Olbertz, Amstetten/Kr. Ulm), **Herstellung von Hochdruckasphaltplatten.** Zur Erzielung bes. hoher Verschleißfestigkeit u. verbesserten Aussehens, z. B. marmorierter Farbmuster, wird in einer Spritzgußmaschine auf eine für sich gepreßte Asphaltplatte eine bis etwa auf den Erweichungspunkt erhitzte thermoplast. Masse, bes. auf bituminösen Bindemitteln, ggf. unter Zusatz von Harzen, anderen thermoplast. Stoffen, Mineralien u. Farbstoffen, mit hohem spezif. Druck aufgepreßt, wobei oberflächiges Schmelzen der Unterplatte u. eine feste Verbindung beider Schichten bewirkt wird. (**D. A. S. 1 110 564** Kl. 80b vom 12/2. 1959, ausg. 6/7. 1961.) G. Frikell. 6229

Standard Telephones & Cables Pty. Ltd. (Erfinder: **Maurice Andrew Strivens**), *Keramische Formteile.* (**Aust. P. 224 828** vom 25/7. 1958, ausg. 19/11. 1959. E. Prior. 7/8. 1957. — **C. 1961,** 7360 [E. P. 844 706].)

A/B Kanthal, Hallstahammar, Schweden (Erfinder: **N. G. Schrewelius** und **K. H. J. Medin**), *Hitzebeständiges Material.* (**Schwed. P. 172 675** vom 27/4. 1953, ausg. 13/9. 1960. — **C. 1959,** 5603 [E. P. 780 735].)

H_7. Agrikulturchemie. Schädlingsbekämpfung

Entwicklung eines Verfahrens zur Anreicherung von Sukulu-Apatit. M. G. Fleming und A. J. Robinson. (Int. Mineral Processing Congr., London **1960**, 953–72; London, Univ., Royal School of Mines u. Warren Spring Labor., Mineral Process. Div.; engl.) — Unter Anwendung der Magnetstreuung, Hydrocyclon-Entschlammung u. Flotation wird aus Apatit ein Prod. mit 41,5% P_2O_5 gewonnen. Aus dem Labor.-Maßstab wird das Verf. zum halbindustriellen Vers.-Betrieb mit einem Tagesdurchsatz von 50 bis 75 t entwickelt. W. Wesly. 6282□

Die Bedeutung der Unterbodenporung. J. Köhnlein. (Landwirtsch. Forsch., Sonderh. Nr. **14,** 61–71, 1960; Kiel, Univ., Inst. für Pflanzenbau u. -züchtung; dt.) — Nach einer grundsätzlichen Betrachtung des W.- u. Lufthaushaltes im Boden wird an Hand prakt. u. experimenteller Beobachtungen die Bedeutung der Unterbodenporung für die Ertragsfähigkeit des Bodens diskutiert. Die Organisation des Unterbodens von Braunerden, Marschen, Schwarzerden u. Podsolen wird eingehend beschrieben (19 Abb.). Wilfried Werner. 6302□

Konzept des Gesamtpotentials im Wasser und seine Einschränkungen. A.T. Corey und W. D. Kemper. (Soil Sci. **91,** 299–302, Mai 1961; Fort Collins, Colo., Colorado Agricult. Exp. Stat.; engl.) — Die Bewegung des W. in den Böden kann zwei Ursachen haben, nämlich 1. den Haupttransport, der eine Auswrkg. der Steigerung des hydraul. Potentials ist, u. 2. den Molekulartransport, der als Rk. auf eine Steigerung der freien Energie oder der Temp. auftritt. Der Koeff., der das Verhältnis des fließenden W. zur Potentialsteigerung angibt, ist für beide Arten des Transportes unterschiedlich u. hängt von der Bodenart ab. J. Neels. 6302□

Konzept des Gesamtpotentials im Wasser und seine Einschränkungen: Eine Kritik. Philip F. Low. (Soil Sci. **91,** 303–05, Mai 1961; Purdue Univ.; engl.) — Vf. vertritt die Auffassung, daß das Konzept von Corey u. Kemper (vgl vorst. Ref.) gegen die Grundgesetze der Thermodynamik verstößt. J. Neels. 6302□

Freie Energie-Betrachtungen zum Feuchtigkeitsprofil beim Gleichgewicht und der Einfluß des Außendrucks. N. Collis-George. (Soil Sci. **91,** 306–11, Mai **1961**; Univ. of Sydney; engl.) — Vf. bringt eine thermodynam. Behandlung der Beziehungen zwischen Gesamtdruck, Temp. u. Bodenfeuchtigkeit. — 10 Literaturangaben. J. Neels. 6302□

Der Einfluß trockener und vereister Böden auf Kohlendioxid-Entwicklung, verfügbare mineralische Nährstoffe, Aggregation und Bakterien-Population. D. A. Soulides und F. E. Allison. (Soil Sci. **91,** 291–98, Mai 1961; engl.) — An Böden aus verschiedenen Gegenden wird der Einfl. tieferer Temp. (bis -22^0) u. einer Trocknung bis 30^0 untersucht. Beide Einfl. bewirken eine Zunahme der Zers. der organ. Bodensubstanz, die über die CO_2-Entw. gemessen wird, u. zwar höhere Temp. mehr als tiefe. Längere Trocknung bewirkt eine Zunahme der Zers., häufige Trocknung zeigt einen komulativen Einfluß. Während Trocknung u. Abühlung per se einen negativen Einfl. auf die Bodenstruktur haben, zeigt eine Zers. der organ. Bodensubstanz über längere Zeit einen günstigen Effekt. Eine Trocknung setzt NH_4-Stickstoff frei u. bewirkt eine Zunahme der Versorgung mit Stickstoff im Vgl. zu unbehandelten u. unterkühlten Böden. Eine Trocknung bewirkt eine größere Vernichtung von Bakterien als eine Unterkühlung. — 18 Literaturangaben. J. Neels. 6304□

Bestimmung der relativen Aktivität der Peroxydase und Polyphenoloxydase im Boden. A. Sch. Galstjan. (Доклады Академии Наук Армянской ССР [Ber. Akad. Wiss. ArmenSSR] **26,** 286–88, 1958; Labor. für Agrochem. der Akad. der Wiss. der ArmenSSR; russ., Auszug: armen.) — Die von Vf. benutzte Meth. zur Best. der Aktivität der *Peroxydase* (I) u. *Polyphenoloxydase* (II) in Böden wird beschrieben. I u. II zeigen die höchste Aktivität in hellen kastanienfarbigen Böden, denen in dieser Beziehung kastanienfarbige Böden folgen; in der Schwarzerde u. in braunen carbonatfreien Böden ist ihre Aktivität gering. Im allg. ist die Aktivität in carbonathaltigen Böden größer als in carbonatfreien, was sich durch stärkere mikrobiolog. Tätigkeit in ersteren erklärt. Es bestehen Zusammenhänge zwischen den Aktivitäten von I u. II u. der Intensität der Bodenatmung. Im Verlauf der Vegetationsperiode verändert sich jedoch die Aktivität von I u. II bedeutend. Im bewässerten Boden unter der Baumwolle steigt die Aktivität der beiden Fermente zum Frühjahrsende bzw. Sommerbeginn; im Sommer vermindert sie sich aber. Das gleiche beobachtet man bei Invertase u. Katalase. M. Gordienko. 6304□

Die optimale Versorgung von Boden und Pflanze mit Phosphor. F. van der Paauw. (Landwirtsch. Forsch., Sonderh. Nr. **14,** 55–60, 1960; Groningen, Inst. für Bodenfruchtbarkeit; dt.) — In mehrjährigen P-Steigerungs-Verss. auf Sand- u. Marschböden wurden bei der Kartoffel erst mit 200 kg P_2O_5/ha Höchsterträge erzielt. Die optimalen P-Gaben für Getreide lagen bei 70—120 kg P_2O_5 u. auf Sandböden höher als auf Marschböden. In zahlreichen einjährigen P-Düngungs-Verss. ließ sich eine klare Beziehung zwischen der P-Wrkg. u. dem Geh. der Böden an verfügbarem P zeigen (Extraktion mit Citronensäure oder Ammoniumlactat–Essigsäure). Auf humosen Sandböden werden noch engere Korrelationen zwischen dem wasserlösl. P u. der P-Dünger-Wrkg. gefunden. In sog. „Phosphatzustands–Mengen-Verss." wurde nachgewiesen, daß unabhängig vom P-Vorrat des Bodens der frisch verabreichte Dünger-P relativ besser wirkt als der Boden-P. In 15 Verss. mit Getreide wirkte der Dünger-P im Mittel 3,0mal besser als die gleiche Menge Boden-P, in 17 Verss. mit Kartoffeln wurde sogar ein Wrkg.-Verhältnis von 3,5 gefunden. Wichtig ist hierbei aber die Form des P-Düngers u. die Anwendungsart. Die Möglichkeiten zur P-Anreicherung verschiedener Bodenarten werden an Hand von Vers.-Ergebnissen aufgezeigt. Wilfried Werner. 6304□

Phosphor im Stalldünger. W. Sauerlandt. (Landwirtsch. Forsch., Sonderh. Nr. **14**, 38—43, 1960; Braunschweig-Völkenrode, Forschungsanst. für Landwirtsch., Inst. für Humuswirtsch.; dt.) — Die bisher in der Literatur (42 Hinweise) vorliegenden Unters.-Ergebnisse über P-Geh. u. P-Formen im Stalldünger u. deren Umwandlung während der Rotte u. im Boden werden zusammengestellt u. diskutiert. Rund 40% der gesamten P-Zufuhr zum Boden erfolgen in Deutschland über den Stalldünger. Bei einem Gesamt-P-Geh. von 0,4—0,6% sind (bei erheblichen Schwankungen) ca. 60—70% anorgan. u. 30—40% organ. gebunden. Das C/P-Verhältnis kann von 150—250:1 schwanken (bezogen auf organ. P). Der organ. P liegt im Stalldünger in Form von Phosphatiden, Inositphosphorsäureestern u. Nucleinsäuren vor. Die biochem. Umsetzungen dieser P-Verb. werden erörtert. Wilfried Werner. 6304□

Über die Ausnutzung und Nachwirkung der mineralischen Düngungsphosphorsäure. L. Schmitt. (Landwirtsch. Forsch., Sonderh. Nr. **14**, 49—54, 1960; Darmstadt, Landw. Vers.-Anst.; dt.) — An Hand der Ertrags- u. Entzugsergebnisse von 3 langjährigen Wiesendüngungs-Vers. (seit 1912 bzw. 1917 u. 1931) u. eines Dauer-Vers. auf Ackerland (seit 1901) errechnet Vf. die Auswrkg. u. Nachwrkg. der im Vers.-Zeitraum verabreichten Phosphorsäuredüngemittel. Auf der Wiese ergab sich eine gute P-Ausnutzung. Bei 2 Schnitten lag sie im allg. zwischen 30 u. 40%, erreichte unter günstiger Feuchtigkeitsbedingungen sogar 50%. Im Laufe der Zeit ergab sich nicht eine Abnahme, sondern eine Zunahme der P-Ausnutzung (höhere Ernten u. höhere P-Geh. des Futters). Je 10 dz Heu wurden bei Schwankungen von 3,0—7,3 kg im Mittel 5,9 kg P_2O_5 entzogen. Auf dem Ackerland ergab sich folgende P-Ausnutzung: Winterroggen 15%, Hafer 19%, Sommergerste 16%, Winterweizen 12%, Kartoffeln 20%, Möhren 35%. Wie auf dem Grünland wurde auch auf dem Ackerland der Geh. an pflanzenaufnehmbaren P durch die laufende P-Düngung angehoben, wodurch auch die Erträge u. die Ertragssicherheit erhöht wurden. — Auf Grund der Ergebnisse von Teilstücken der angegebenen Verss., die zunächst mit P gedüngt, von einem bestimmten Zeitpunkt ab aber nicht mehr gedüngt wurden, ließ sich die P-Nachwrkg. der Restphosphorsäure errechnen. Sie betrug auf der Wiese in 26 Nachwirkungsjahren 21%, d. h. jährlich 0,8%, auf dem Ackerland in 44 Nachwirkungsjahren 32,2%, d. h. 0,7% jährlich. Wilfried Werner. 6304□

Über den Einfluß der Düngung auf die Verdaulichkeit und den Futterwert von Wiesenheu. A. Brauer. (Landwirtsch. Forsch. **13**, 201—16, 1960; Darmstadt, Landw. Versuchsanst.; Hohenheim, Landw. Hochsch., Inst. für Tierernährungslehre; dt.) — Das Heu von den ungedüngten bzw. PK- bzw. NPK-gedüngten Parzellen von drei langjährigen Düngungs-Verss. auf zweischürigen Wiesen (Vers.-Anlage 1912 bzw. 1940 u. 1941) wurde in mehreren Fütterungs-Verss. an Hammeln auf Verdaulichkeit u. Futterwert untersucht. Im Heuertrag u. in der botan. Zus. waren deutliche düngungsbedingte Unterschiede vorhanden. Im Vgl. zu „Ungedüngt" wurden durch die regelmäßige PK-Düngung die Geh. des Heus an Rohprotein u. Rohfaser leicht erhöht, an N-freien Extraktstoffen erniedrigt. Die Verdaulichkeit des Eiweißes wurde erhöht, das Eiweiß:Stärkeeinheiten-Verhältnis eingeengt u. damit der Futterwert verbessert. Die zusätzlich zur PK-Düngung verabreichte N-Düngung erniedrigte im Vgl. zu PK den Rohprotein-Geh. u. die Verdaulichkeit der N-haltigen Substanz. Das Eiweiß:Stärkeeinheiten-Verhältnis wurde dadurch stark erweitert u. der Futterwert gesenkt. Trotz der leichten Ertragserhöhung durch die N-Düngung entstand ein geringer Verlust im Ertrag an verdaulichem Rohprotein. Wilfried Werner. 6304□

Der Einfluß von Phosphor, Kalium, Mulch und Bodendrainage auf Fruchtgröße, Ertrag und Festigkeit der Bartlett-Birne und die Entwicklung der „fire blight"-Krankheit. E. G. Fisher, K. G. Parker, N. S. Luepschen und S. S. Kwong. (Proc. Amer. Soc. horticult. Sci. **73**, 78—90, Juni 1959; Ithaca, N.Y., Cornell Univ.; engl.) — Es wurden 4 mehrjährige faktorielle Düngungs-Verss. in 12- bzw. 20jährigen Birnenanlagen durchgeführt. N-Düngung erhöhte in allen Anlagen den Ertrag, P-Düngung nur in 2 Anlagen, in denen die niedrigsten Blatt-P-Geh. gefunden wurden. Durch K-Zufuhr wurden Fruchtgröße u. Ertrag dann verbessert, wenn der K-Geh. der Blätter in den Vergleichsparzellen ca. 0,7% betrug. Bei besserer nativer K-Versorgung (0,96% K) wurde keine Wrkg. durch K-Düngung erzielt. Die Fruchtfestigkeit wurde in 2 Anlagen durch K verbessert. N verminderte die Safttrockenmasse (Refraktometerwert). P-Düngung führte vereinzelt, Mulchung generell zu höheren N-Geh. der Blätter. Infektions-Verss. mit Erwinia amylovora, dem Erreger der „fire blight"-Krankheit, ergaben, daß diese Erkrankung durch N-Düngung u. Mulchung gefördert wird, wogegen durch P- u. K-Zufuhr kein gesicherter Einfl. ausgeübt wurde. — Die Wasserführung des Bodens war von Einfl. auf Ertrag u. Fruchtgröße. Wilfried Werner. 6304□

Einfluß der Düngung auf den Ertrag von Wassermelonen auf Apscheron ohne Bewässerung. G. M. Dshabrailow. (Известия Академии Наук Азербайджанской ССР, Серия Биологических и Медицинских Наук [Nachr. Akad. Wiss. AserbaidshanSSR, Ser. biol. med. Wiss.] **1960,** Nr. 5, 55—59; Aserbaidshan., Auszug: russ.) — Auf sandigem, an Humus u. Nährstoffen armem unbewässertem Boden wurde der höchste Ertrag von Wassermelonen durch Gaben von 12 t/ha Stallmist unter 2maliger Beigabe von mineral. Düngung (erstmalig vor der Saat, zum 2. Male bei der Entw. des 4. bis 5. Blattes) erzielt. Durch Zugaben von N, P u. K zum Stallmist erhöhten sich die Melonenerträge in verschiedenen Vers.-Varianten um 42,5—235,7 dz/ha. M. Gordienko. 6304□

Die Wirkung der Stickstoff-, Phosphor- und Kaliumdüngung auf die Qualität der Wassermelonen. G. A. Bradley und J. W. Fleming. (Proc. Amer. Soc. horticult. Sci. **73,** 431—35, Juni 1959; Fayetteville, Univ. of Arkansas, Agric. Exp. Stat.; engl.) — In einem dreijährigen Düngungs-Vers. wurde der Einfl. von *N*, *P* u. *K* auf folgende Qualitäts-Eigg. von Wassermelonen untersucht: Trockensubstanz-Geh. des Saftes, Rindendicke u. -zähigkeit, Hohlherzigkeit u. Weißherzigkeit. Als einziges Qualitätsmerkmal wurde die Trockenmasse des Saftes durch die Düngung positiv beeinflußt, während die anderen Eigg. unverändert blieben. Die Unterschiede im Safttrockenmasse-Geh. von Jahr zu Jahr (witterungsbedingt) erreichten die gleiche Größenordnung wie die düngungsbedingten Unterschiede innerhalb eines Jahres. Wilfried Werner. 6304□

Die Wirkungen einer Zufuhr von Stickstoff, Phosphat, Kali, Dolomit und Stallmist zum Boden auf den Mikronährstoffgehalt in den Blättern von Valencia-Orangen. C. K. Labanauskas, T. W. Embleton, W. W. Jones und M. J. Garber. (Proc. Amer. Soc. horticult. Sci. **73,** 257—66, Juni 1959; Riverside, Calif., Univ. of California, Citrus-Exp. Stat.; engl.) — Es wurde der Einfl. der Düngung von Orangenanlagen mit N, P, K, Dolomit u. Stallmist auf den Geh. der Orangenblätter an Zn, Cu, Mn, B u. Fe untersucht. Durch starke N-Düngung in Form von $(NH_4)_2SO_4$ u. NH_4NO_3 wurde der Mn-Geh. signifikant erhöht, nicht dagegen bei Düngung mit $Ca(NO_3)_2$. Der B-Geh. stieg bei N-Düngung unabhängig von der N-Quelle stets an. Starke P-Zufuhr führte zu einem Abfall im Cu- u. zu einem Anstieg im Mn- u. Fe-Geh. der Blätter. K-Düngung erniedrigte den Mn- u. erhöhte den B-Geh., Dolomitzufuhr erniedrigte den Cu-Gehalt. Durch Mulchen mit Stallmist wurde der B-Geh. erhöht u. der Cu- u. Mn-Geh. erniedrigt. Es bestanden Wechselwrkg. zwischen dem P- u. K- sowie dem K- u. Dolomit-Einfl. auf den Mikronährstoff-Geh. der Blätter. Weiterhin ließ sich eine deutliche Abhängigkeit des Mikronährstoff-Geh. von der Jahreswitterung erkennen. Wilfried Werner. 6304□

Die visuelle Auswirkung der Stickstoffernährung auf die Fruchtqualität von Valencia-Apfelsinen. W. W. Jones und T. W. Embleton. (Proc. Amer. Soc. horticult. Sci. **73,** 234—36, Juni 1959; Riverside, Calif., Univ. of California, Citrus Exp. Stat.; engl.) — Durch eine rechtzeitig im Frühjahr vorgenommene *Harnstoff* (I)-Besprühung von Valenciaorangenbäumen wurden bessere Fruchtqualitäten erzielt als durch eine zur gleichen Zeit vorgenommene N-Düngung über den Boden. Eine im Sommer verabreichte N-Blatt- oder -Bodendüngung führte zu einer visuell feststellbaren Qualitätsminderung (dickere Schale, grobere Textur der Schale, verstärkte Neigung der Fruchtschale zum Wiederergrünen). Höhere N-Gaben als zur Erzielung optimaler Erträge erforderlich waren, hatten stets Qualitätsminderungen zur Folge. Eine Unterteilung der N-Gabe wirkte sich ebenfalls ungünstig aus. Wilfried Werner. 6304□

Die Wirkung des Stickstoffversorgungszustandes von McIntosh-Apfelbäumen mangelhafter Magnesiumversorgung auf deren Reaktion auf Besprühungen mit Bittersalz. C. G. Forshey. (Proc. Amer. Soc. horticult. Sci. **73,** 40—45, Juni 1959; Poughkeepsie, N.Y., Hudson Valley Fruit Invest. Labor.; engl.) — In einem 3jährigen Vers. in einer ca. 25jährigen Apfelanlage wurde die Wrkg. einer gesteigerten *N*-Düngung (0, ½, 1½ lbs. N/Baum) sowie von Besprühungen mit *Bittersalz* (0, 1, 3 Besprühungen) in faktorieller Kombination auf Blatt–Nährstoff-Geh., Wachstum u. Ertrag der Bäume geprüft. Im ersten Jahr waren sämtliche Düngungsmaßnahmen ohne Erfolg infolge unzureichender Regenfälle. In den Folgejahren wurden N-Geh., Wachstum u. Ertrag mit steigenden N-Gaben erhöht. Mg-Besprühungen hatten einen signifikanten Anstieg der Blatt–Mg-Geh. zur Folge, u. zwar wirkte sich die wiederholte Besprühung am günstigsten aus. In der Variante ohne Mg-Sprays hatte die N-Düngung keinen Einfl. auf den Mg-Geh., wogegen bei Besprühung mit Mg der Mg-Geh. der Blätter durch N-Düngung noch erhöht wurde. Die Mg-Zufuhr war ohne Einfl. auf Wachstum u. Ertrag u. äußerte sich lediglich in einer Verringerung der Mg-Mangelsymptome u. des Vorernte-Fruchtabfalls. Wilfried Werner. 6304□

Ansteigen der Nitrate in die Oberflächenschichten des Bodens im Sommer. R. Gadet, L. Soubiès und F. Fourcassié. (C. R. hebd. Séances Acad. Agric. France **47**, 897—910, 1961; Toulouse, Office Nat. Ind. de l'Azote, Stat. de Recherches Agronomiques; franz.) — Bei Kultur-Verss. in der Gegend von Toulouse hatten Vff., bes. auf Maisfeldern, festgestellt, daß sich der dem Boden zugesetzte N in den trockenen u. heißen Monaten des Jahres in den obersten 6 cm des Bodens sehr stark angereichert hatte. Um diese Beobachtungen experimentell genauer nachprüfen zu können, wurden Kunststoffröhren mit einem Ø von 200 cm u. einer Länge von 40 cm, die unten verschlossen werden, mit Lehmboden [15,6 (%) Ton, 25,7 Lehm, 23,3 sehr feiner Sand, 19,5 feiner Sand u. 12,9 gröberer Sand] gefüllt u. mit mittels 15 N markiertem $Ca(NO_3)_2$ versetzt, u. zwar gleichmäßig zwischen 7,5 u. 37,5 cm Tiefe. Die Aufnahmefähigkeit des Bodens für W. betrug 22,5%, bezogen auf trockenen Boden. Beim Füllen der Röhren betrug der Feuchtigkeits-Geh. 80% des obigen Wertes. Die Röhren wurden hierauf bis zum Rand in den Boden eingegraben; bei Regen wurden sie mit einer Kunststofolfe bedeckt. Nach 19, 54 u. 97 Tagen wurden die Böden, jeweils 5 cm, auf Feuchtigkeits-Geh., NO_3-N u. NH_4-N untersucht. Auch in diesen Fällen wurde in den ersten 10 cm eine sehr starke Anreicherung an ^{15}N gemessen. Es ist damit einwandfrei nachgewiesen, daß N ohne Zufuhr von W. von unten beim Austrocknen in die Oberflächenschichten wandert. C. Gottfried. 6304

Wirkungen von Kaliumchlorid und -sulfat auf Erträge und Qualität von Ananas. George Samuels und Hector Gandía Díaz. (J. Agric. Univ. Puerto Rico **44**, 16—20, Jan. 1960; engl.) — In einem Freiland-Vers. zu Ananas auf einem sandigen Tonboden wurde bei gleicher NP-Düngung [300 (lbs/acre) N u. 60 P_2O_5] die Wrkg. von K_2SO_4 u. KCl (entsprechend 240 K_2O) auf Ertrag u. Qualität untersucht. K_2SO_4 erbrachte einen signifikant höheren Ertrag als KCl. Ebenso war das mittlere Frucht-Gew. deutlich höher. Bei KCl-Düngung war der Geh. der Früchte an Zucker leicht, der Geh. an titrierbarer Säure stark erniedrigt, die Fruchtfarbe ungünstiger. Die Überlegenheit der K_2SO_4-Düngung wird auf einen tox. Effekt des Cl-Ions u. möglicherweise auf einen direkten Nährstoffeffekt des SO_4-Ions zurückgeführt. Wilfried Werner. 6304□

Das Ansprechen von Citrus auf Bewässerung mit Wässern unterschiedlicher chemischer Eigenschaften. Harold E. Pearson und M. R. Huberty. (Proc. Amer. Soc. horticult. Sci. **73**, 248—56, Juni 1959; La Verne, Calif., Metropolitan Water Distr. of Southern Calif.; Los Angeles, Calif., Univ. of California; engl.) In einem 15jährigen Bewässerungs-Vers. in Apfelsinenanlagen (Washington Navel bzw. Valencia) wurde ein Quellwasser mit niedrigem Salz-Geh. (357 ppm), Coloradowasser mit hohem Salz-Geh. (727 ppm; sehr Ca-reich) sowie ein gefiltertes u. enthärtetes Coloradowasser mit hohem Na-Geh. verwandt. Die Erträge an Valenciaorangen zeigten keine auf die unterschiedliche Zus des W. zurückzuführenden Unterschiede. Navelorangen erwiesen sich dagegen als empfindlicher gegen hohen Salz- u. bes. gegen hohen Na-Gehalt. Die durch Na verursachte Ertragsminderung konnte durch Gipszusatz zum Beregnungswasser weitgehend aufgehoben werden. Der Salz-Geh. im Oberboden wurde durch Bewässerung mit den salzreichen W. angehoben, die Ca-Auswaschung erhöht. Gipszusatz kompensierte die Infiltrations-Geschw., was wiederum zu einer schnelleren Na-Auswaschung führte. Wilfried Werner. 6304□

Ertragssteigerung in Gefäßversuchen durch Saatgutbehandlung mit Mikronährstofflösungen. G. Bönig und H. Heigener. (Landwirtsch. Forsch. **13**, 59—61, 1960; Kiel, Landw. Unters.- u. Forschungsanst. der Landw. Kammer Schleswig-Holstein; dt.) — In Gefäß-Verss. mit Böden, die mit Co bzw. Cu oder Zn schlecht versorgt waren, mit Sommergerste u. Buchweizen als Vers.-Pflanzen konnten die Erträge durch eine Samenbehandlung mit den entsprechenden Mikronährstoff-Lsg. (0,008 u. 0,024% $CuSO_4$ bzw. ZnO_4; 0,001% $CoSO_4$) gesteigert werden. Auf Böden, die von vornherein gut mit Spurenelementen versorgt waren, war die Samenbehandlung wirkungslos; bei Verw. der höher konz. Cu-Lsg. wurde hier bei Buchweizen sogar eine geringe Ertragsdepression verursacht. Wilfried Werner. 6304□

Vergleich der Wirkung von Dalapon, Amitrol und „Weed Oil" bei der Bekämpfung von Bermudagras in kalifornischen Citrusanlagen. B. E. Day, C. D. McCarty und L. S. Jordan. (Hilgardia **32,** 207—27, Febr. 1962; Riverside, Calif., Citrus Res. Center; engl.) — Cynodon dactylon L. Pers. konnte mit *Atratone* u. *Prometone* erfolgreich bekämpft werden, *Diquat* wirkte nur kurze Zeit auf die Blätter, nicht aber auf die Stengel, während *Ipazine, Trietazine, Simetone, Simazine, CIPC, EPTC* u. *Maleinsäurehydrazid* nur ungenügend wirkten. *Na-2.3-Dichlorisobutyrat* besaß nur $^1/_8$ der Wrkg. von *Dalapon* (I). Sprühfolgen mit *Amitrol* (II), „*Weed Oil*" (III; enthaltend 70% aromat. KW-Stoffe) u. I waren hochwirksam. Sprühungen mit III in Abständen von 3 Wochen waren ebenso wirksam wie mit häufigeren Pausen. II wirkte in der späten Vegetationsperiode besser, ebenso I, aber in geringerem Maße. Änderungen in der Brühenmenge, Zusatz von *Netzmitteln* oder kleinen Mengen *Kerosin* waren bei II ohne bes. Wrkg., Zumischung von *Monuron* verringerte die Pflanzenschädigung. Mischungen von I u. II waren weniger wirksam, als I allein. Bei mehrfacher Anwendung von II stieg die Wrkg. mit der Verkleinerung der Zeitabstände. Einzelanwendung war wirksamer als getrennte Anwendung bei gleicher Gabe. Mehrfache Anwendung von I in geringeren Gaben waren einmaliger mit derselben Gesamtmenge gleich oder überlegen. Vorherige oder nachträgliche Behandlung mit III verringerten die Wrkg. von I oder II. Am zweckmäßigsten ist eine Sprühfolge von 3mal 3 lbs/acre I in Abständen von 8 Wochen.

Fritz Müller/Ludwigshafen. 6312□

Hygienische Charakteristik des Herbicids Simazin und von Mais, der unter seiner Anwendung gezüchtet wurde. Ju. I. Schillinger, G. P. Wawilina und Ju. P. Kukel. (Гигиена и Санитария [Hyg. u. Sanitätswesen] **27,** Nr. 8, 22—26, Aug. 1962; Moskau, Inst. für Ernährung der Akad. der Wiss. der UdSSR; russ., Auszug: engl.) — Verss. an Ratten zeigen, daß *Simazin* (I) wenig tox. ist (DL_{50} 5 g/kg) u. nicht kumuliert. Maissaaten auf Böden, die vor der Aussaat mit 3—8 kg/ha I (auf Wirkstoff umgerechnet) behandelt worden waren, enthielten kein I; die organolept. Eigg. des Getreides waren normal. Vff. erörtern die Fähigkeit von Maisgraupen, ca. 25% des in sie (durch Maceration in einer I-Lsg. in Chlf.) inkorporierten I zu zersetzen; Hirse u. Reisgraupen besitzen diese Eig. nicht.

S. Baryschnikow. 6312

Wirkungen von Maleinsäurehydrazid-Besprühungen auf Wachstum, Fruchtbildung und Stickstoffwechsel bei Erdbeeren der Sorten Catskill und Sparkle. Damon Boynton und Lawrence Yatsu. (Proc. Amer. Soc. horticult. Sci. **73,** 174—80, Juni 1959; Ithaca, N.Y., Cornell Univ.; engl.) — Bei beiden Erdbeersorten wurde durch Besprühungen mit *Maleinsäurehydrazid* (I; 1000 oder 2000 ppm) die Ausläufer-Bldg. u. die Bewurzelung von Tochterpflanzen vermindert u. der Ertrag (bes. bei den frühen Pflückterminen) reduziert. Die mittlere Fruchtgröße wurde durch I erhöht. Wurden die Ausläufer mechan. entfernt, so werden deutlich höhere Erträge als bei I-Behandlung erzielt. Aus der Tatsache, daß der Protein-Geh. junger Blätter I-behandelter Pflanzen erniedrigt war, wird gefolgert, daß I in dem N-Stoffwechsel der Pflanzen Veränderungen hervorruft. Der Geh. der Blätter an *Pipecolinsäure* (II) wurde durch I deutlich erhöht, was entweder darauf zurückzuführen ist, daß I die II-Synth. aus *Lysin* beschleunigt, oder darauf, daß I die Umwandlung von II in *α-Aminoadipinsäure* blockiert.

Wilfried Werner. 6312□

Nachteilige Wirkung von Gibberellin auf die Knospenentwicklung bei einigen Steinfrucht-Bäumen. M. V. Bradley und J. C. Crane. (Calif. Agric. **14,** Nr. 10, 12, Okt. 1960; Davis, Calif., Univ. of California, Dep. of Pomology; engl.) — Im Gegensatz zur *Gibberellin* (I)-Wrkg. bei vielen Pflanzen, wird bei Besprühung von Steinfruchtbäumen zum Zeitpunkt der Vollblüte oder Fruchthärtung mit I die Entw. der Blütenknospen im Folgejahr verzögert. Bei Anwendung höherer I-Konzz. werden sowohl die Blüten- als auch die vegetativen Knospen an den behandelten Zweigen getrennt. Die lateralen Knospen reagieren empfindlicher als die terminalen. Das Wachstum wurde durch I jedoch gefördert (gemessen an der Länge u. dem Umfang der wachsenden Triebe). Zwischen den Arten wurden Empfindlichkeitsunterschiede festgestellt. Am empfindlichsten reagierten Aprikosen-, Pflaumen- u. Mandelbäume, gefolgt von der Kirsche. Bei der Aprikose hatte eine zweimalige Besprühung mit 500 mg I/Liter je Woche noch keinen negativen Effekt.

Wilfried Werner. 6312□

Wirkungen von Gibberellinsäure auf die Keimruhe und die nachfolgende Ernte von Taubenerbsen (Cajanus cajan). Raúl Abrams. (J. Agric. Univ. Puerto Rico **44,** 21—27, Jan. 1960; engl.) — Im Stadium der Keimruhe befindliche Samen von Cajanus cajan (3 Sorten) wurden über Nacht in *Gibberellinsäure* (I)-Lsg. von 0—50 ppm eingeweiht u. anschließend ausgesät. Die I-Behandlung der Samen hatte weder einen signifikanten Einfl. auf das Wachstum (Pflanzenhöhe), noch auf die Dauer der Blühperiode u. den Ertrag.

Wilfried Werner. 6312□

Freilandbehandlung mit Zineb und einigen anderen Mitteln zur Bekämpfung von Rostmilben an Citrus in Florida. James T. Griffiths. (Citrus Ind. **43**, 16, 22—23, Febr. 1962; Winter Haven, Fla., Eloise Groves Assoc.; engl.) — *Zineb* (I) u. *Zimix* (*Diammoniumäthylen-bis-dithiocarbamat* in Mischung mit $ZnSO_4$) waren in gleicher Weise wirksam gegen Rostmilben. In einer Saison war *Chlorbenzilat* noch wirksamer als I, bes. bei starkem Befall. E. Lück. 6312□

Eine Paste von Kupfernaphthenat als Ersatz für Kupferkalkbrühe. N. W. Ptitzyna und O. A. Durdina. (Защита Растений от Вредителей и Болезней [Pflanzenschutz] **6**, Nr. 3, 36—38, März 1961; russ.) — 79 Liter einer 33%ig. Bentonit-Suspension werden mit 15 Liter Naphthenseife (spezif. Gew. 1,02) gemischt u. langsam unter Umrühren mit 6 Liter 20%ig. wss. $CuSO_4$ (I)-Lsg. versetzt. Das hergestellte, 0,3% Cu enthaltende Fungicid ist lagerfest u. wird vor dem Gebrauch mit W. im Verhältnis 1 : 9 verdünnt. Die Verw. des Präp. ermöglicht es, die Bekämpfung der Plasmopara mit gleicher Wirksamkeit wie mit der üblichen *Kupferkalkbrühe* durchzuführen. Der I-Verbrauch beträgt dabei nur $^1/_7$ des Verbrauches der üblichen Kalkbrühe. S. Baryschnikow. 6312

Eine Paste von Kupfernaphthenat zur Bekämpfung von Mehltau. I. N. Bluwstein. (Защита Растений от Вредителей и Болезней [Pflanzenschutz] **6**, Nr. 7, 37—38, Juli 1961; russ.) — Ein modifiziertes Herst.-Verf. für die von *Ptitzyna* u. *Durdina* beschriebenen *Cu-Naphthenatpaste* (vgl. vorst. Ref.), die Verw. des Präp. sowie die Ergebnisse seiner Anwendung bei der Bekämpfung des Mehltaus werden beschrieben. S. Baryschnikow. 6312

Ein Versuch zur Anwendung von Kupfernaphthenat auf Weinbergen gegen Mehltau. O. F. Saitzew. (Защита Растений от Вредителей и Болезней [Pflanzenschutz] **6**, Nr. 3, 38—39, März 1961; russ.) — Nach der Behandlung von Weinbergen mit *Kupferkalkbrühe* (I) u. mit *Cu-Naphthenat* (II) wurde festgestellt, daß nach Niederschlägen I fast vollständig, II nur zu 40% abgewaschen wurde. Der prozentuale Anteil der mit Mehltau befallenen Blätter u. Trauben betrug im Herbst: bei I 15,6 u. 8,3, bei II 23,2 u. 4,7. S. Baryschnikow. 6312

Untersuchungen über die chemische Bekämpfung von Phytophthora palmivora (Butl.) auf Theobroma cacao L. in Nigeria. 1. Mitt. **Laborversuche der Fungicide auf abgetrennten Schoten.** E. C. Hislop und P. O. Park. (Ann. appl. Biol. **50**, 57—65, März 1962; Ibadan, Nigeria; West African Cocoa Res. Inst., Arusha, Tanganyika; Tropical Pesticides Res. Inst.; engl.) — Vff. führen die Verss. an abgetrennten Kakaoschoten durch, denen Zoosporen inoculiert worden sind. Die Zahl der Läsionen konnte durch *Bordeauxbrühe* (0,02% Cu) von 34—68 auf 0,7—1,9 verringert werden. Die Infektionsstärke nahm mit der Dicke der Cu-Schicht auf der Oberfläche ab. Die besten Resultate wurden mit *Bordeauxbrühe* ($CuSO_4 \cdot 5\,H_2O : CaO = 10 : 4 \equiv 0{,}02\%$ Cu) erzielt. 15% *Streptomycin* + 1,5% *Oxytetracyclin*, 20% *Triphenyl-Sn-Acetat*, 20% *Cu-Oxychlorid* (I), 54% I + 32% *Zn-Dimethyldithiocarbamat*, *Phenyl-Hg-nitrat*, 50% *Trichlormethylmercapto-4-cyclohexen-1.2-dicarboximid*, 89,5% *Cu-Acetylacetonat* u. *Schwefel* zeigten schlechtere Ergebnisse. W. Hiller. 6312□

Untersuchungen über die chemische Bekämpfung von Phytophthora palmivora (Butl.) auf Theobroma cacao L. in Nigeria. 2. Mitt. **Wirkungsdauer der Fungicide auf Schoten.** E. C. Hislop und P. O. Park. (Ann. appl. Biol. **50**, 67—76, März 1962; engl.) — 1. vgl. vorst. Referat. — Mit Fungiciden behandelte Schoten wurden künstlichem Regen ausgesetzt. Die Abnahme des Fungicids erfolgte nach $\log W = \log W_0 - b \log(R + 1)$ (W = Hauptrückstand in μg Cu per cm^2 Schotenoberfläche nach einem Regenfall von R inch; W_0 = Anfangsmenge in μg Cu/cm^2, b = Konst., abhängig von der Art des Fungicids ≈ Auswaschungskoeffizient). Die Ergebnisse der Modell-Verss. stimmten mit denen von Feld-Verss. überein. W. Hiller. 6312□

Untersuchungen über die chemische Bekämpfung von Phytophthora palmivora (Butl.) auf Theobroma cacao L. in Nigeria. 3. Mitt. **Feldversuche.** E. C. Hislop und P. O. Park. (Ann. appl. Biol. **50**, 77—88, März 1962; engl.) — 2. vgl. vorst. Referat. — Im Feld-Vers. standen dieselben Fungicide, die in der 1. Mitt. angeführt sind (vgl. vorvorst. Referat). Die Ergebnisse stimmen mit denen der Modell-Verss. der 1. Mitt. überein. W. Hiller. 6312□

Eindringen von Pilzen und chemischen Substanzen in Lösung in reife Getreidekörner. F. Caldwell. (J. Sci. Food Agric. **12**, 169—74, März 1961; Aylesbury, Bucks, White House of Speen; engl.) — An Hand der Literatur (28 Hinweise) bespricht Vf. die semipermeable Natur der Außenschicht der Getreidekörner in ihrem Einfl. auf die Lebensfähigkeit des Kornes, die Behandlung mit Fungiciden u. die Möglichkeit, durch Behandeln mit Lsgg. die Keimung zu beschleunigen. H. Haevecker. 6312□

Der Austausch von DDT gegen „Sevin". Je. F. Gromowaja. (Защита Растений от Вредителей и Болезней [Pflanzenschutz] **6,** Nr. 7, 37, Juli 1961; russ.) — Durch Spritzen von Apfelbäumen mit 0,7%ig. Suspension von *Sevin* kann der %-Satz der mit Carpocapsa pomonella befallenen Früchte von 38 (Kontrolle) auf 8%, die Menge des Fallobstes von 72 auf 13—14% herabgesetzt werden. S. Baryschnikow. 6312

Die Variabilität von Blatt-Nährstoffgehalten und Lagerungsverhalten bei Äpfeln aus kommerziellen Obstanlagen. J. S. Leefe und C. A. Eaves. (Proc. Amer. Soc. horticult. Sci. **73,** 52—56, Juni 1959; Kentville, Nova Scotia, Canada Dep. of Agric., Hortic. Div., Exp. Farm.; engl.) — In einer 2jährigen Erhebung in insgesamt 20 Apfelanlagen der Sorte McIntosh (20—30jährig) wurde die Variabilität der Geh. der Blätter an N, P, K, Ca u. Mg (Blattprobenentnahme Ende Juli aus der Mitte von terminalen Trieben) sowie verschiedener Faktoren der Lagerfähigkeit (Prozent an angefaulten bzw. rot u. braun verfärbten Früchten nach 20wöchiger Lagerung bei 0°; Säureverlust bei Umlagerung von 0 auf 20° für 1 Woche) bei jeweils 20 Bäumen untersucht. Die mittleren Variations-Koeff. der einzelnen untersuchten Faktoren erwiesen sich als sehr unterschiedlich. Es wird von Vff. eine Tabelle aufgestellt, welche es erlaubt, die ungefähre Zahl an Bäumen zu ermitteln, die je Wiederholung erforderlich sind, um für die einzelnen Faktoren Werte mit einem erwünschten Genauigkeitsgrad zu erhalten. Wilfried Werner. 6320□

Die Ermittlung des Düngerbedürfnisses von Spargel durch Gewebeanalysen. E. P. Brasher. (Proc. Amer. Soc. horticult. Sci. **73,** 334—38, Juni 1959; Newark, Univ. of Delaware, Agric. Exp. Stat., Dep. of Hortic.; engl.) — Es wurden 3jährige analyt. Unterss. an Spargelproben (Kraut) aus einem langjährigen Düngungs-Vers. mit *N, P, K* u. *B* vorgenommen u. die Geh. an diesen Elementen mit den jeweiligen Erträgen in Beziehung gesetzt. Es zeigte sich hierbei, daß die Pflanzenanalyse auch bei Spargel geeignet ist, Hinweise auf dessen Düngerbedürfnis zu geben. Nach den vorläufigen Ergebnissen werden feste Erträge bei folgenden Nährstoff-Geh. im Kraut erzielt (in % der Trockensubstanz): N = 3,75—3,80, P = 0,20—0,23, K = 1,75—1,90, B = 0,0109 bis 0,0174, Ca = 1,50—1,54, Mg = 0,39—0,41, Mn = 0,0045—0,0050, Fe = 0,016—0,018 u. Cu = 0,0011—0,0012. Wilfried Werner. 6320□

Eine Apparatur zur Anreicherung von Mikronährstoffen. G. Bönig und P. Jungmann. (Landwirtsch. Forsch. **13,** 62—64, 1960; Kiel, Landw. Unters.- u. Forschungsanstalt der Landw. Kammer Schleswig-Holstein; dt.) — Die früher von Bönig entwickelte Meth. zur Best. von Mikronährstoffen in Böden u. pflanzlichem Material wird durch eine Anreicherung der Mikronährstoffe durch Handausschüttelung eingeleitet. Nunmehr wird eine App. zur maschinellen Anreicherung beschrieben. Jedes Einzelgefäß der App. besteht aus einem Scheidetrichter aus Jenaer Glas, in dem ein mit Glasrohr umschlossener Stahlstab mit gegenläufig angebrachten Rührflügeln als Rührer eingepaßt ist. Eine 2. Flügelanordnung sitzt in der Höhe der Verengung des Scheidetrichters. Durch die Form des Gefäßes u. die Anordnung der Rührflügel entstehen Strömungswirbel, die die Durchmischung der beiden Lsgg. von unterschiedlichem spezif. Gew. noch begünstigen. Nach einer Rührzeit von 3 Min. bei 7000 U/Min. sind die Mikronährstoffe quant. aus der wss. in die Chloroformphase übergegangen. Jeweils 2 Rührer werden durch einen Motor angetrieben. Wilfried Werner. 6324□

Biologischer Ausdruck der Nährstoff-Quellen eines Bodens. Fernand Chodat und André Chastain. (Bull. Soc. bot. France **107,** 233—43, Okt./Nov. 1960; franz.) — Zur Ermittlung der Nährstoffversorgung von Böden wurde eine biolog. Meth. entwickelt, die darauf basiert, daß das Wachstum der Alge Stichococcus diplosphaera auf Suspensionen der betreffenden Böden untersucht wird. C. Gottfried. 6324

Die Bewertung von Laboratoriumsergebnissen im Hinblick auf die Aufnahme des Bodenphosphors durch Pflanzen. 2. Mitt. E. J. Thompson, A. L. F. Oliveira, U. S. Moser und C. A. Black. (Plant and Soil [The Hague] **13,** 28—38, Aug. 1960; engl.) — 1. vgl. Moser, Sutherland u. Black, C. **1960,** 5952. — An 22 verschiedenen Böden wurden die P-Geh. mittels einiger Labor.-Meth. untersucht u. zu den unter Gewächshausbedingungen durch Sorghum entzogenen P-Mengen in Beziehung gesetzt. Die Genauigkeit der Aussage über den P-Entzug der Pflanzen stieg in der Reihenfolge der geprüften Meth. an: Extraktion nach der Doppellactat-Meth. < mit 2% Citronensäure < mit 0,03n NH_4F-, 0,025n HCl-Lsg. < Prozentuale P-Sättigung ≪ isotop. verdünnbarer P ≪ Extraktion mit H_2O. Die einmalige (1 g Boden in 105 ml H_2O, 15 Std. lang bei 24°) u. die 15fache Wasserextraktion (5 g Boden in 35 ml H_2O, 1 Std. lang bei 24°) lieferten etwa gleiche Resultate. Wilfried Werner. 6324□

Eine Methode für die quantitative Bestimmung von Pentosen im Boden. R. L. Thomas und D. L. Lynch. (Soil Sci. **91,** 312—16, Mai 1961; Alberta, Univ. of Alberta; engl.) — Pentosen in Bodenhydrolysaten werden colorimetr. mit einer 1%ig. Lsg. von

Orcin in konz. HCl, die 0,1% $FeCl_3$ enthält, bestimmt. Die Gültigkeit des Beerschen Gesetzes wird nachgewiesen. Eine Meth. zur Abtrennung der Uronsäuren ist beschrieben. In den untersuchten Böden stammten 2,7—4,1% des organ. Kohlenstoffs aus Pentosen. — 16 Literaturangaben. J. Neels. 6324□

Die Bestimmung der Isomeren des Hexachlorcyclohexans mit Hilfe der Ultrarotspektrophotometrie. C. Lupu und G. Stănescu. (Rev. Chim. [Bucureşti] **11,** 232 bis 235, April 1960; rum.) — Beschreibung der Methode. H. Guischard. 6328□

Comp. Électro-Chimique du Centre Soc. An., Paris (Erfinder: Jean, Usse, Villemomble, Seine, und Henri Spindler, Grandchamp, Yonne), Frankreich, **Herstellung von Humusdüngemitteln durch Fermentierung (Kompostierung) von städtischen Abfallstoffen oder Abfällen ähnlicher Zusammensetzung,** dad. gek., daß die Abfallstoffe mit den Ablaugen der alkal. Behandlung von pflanzlichem Material, bes. mit den bei der Kochung von Stroh nach dem Natron-Verf. anfallenden Schwarzlaugen, zur Neutralisierung der während ihrer Fermentierung auftretenden Acidität innig vermischt u. durchgeknetet werden, worauf das erhaltene Gemisch, ggf. nach Zusatz, weiterer unbehandelter organ. Abfallstoffe oder Makronährstoffe, an der Luft unter Verdampfung seines Wasser-Geh. zu einer körnigen Masse kompostiert wird. Durch den Zusatz der Schwarzlaugen wird eine wirksame Erhöhung des pH des Mülls u. ein Ausfallen von koll. SiO_2 erzielt, wobei die organ. Stoffe der Laugen ein Nährmedium für die Mikroorganismen darstellen. Durch den Zusatz von organ. Abfällen, z. B. Sägemehl u. Abfälle der Papierindustrie, wird die Durchlüftung während des Kompostierens verbessert. Aus 2 lästigen Abfall-Prodd. werden nach Zusatz von NPK-Düngemitteln Komposte mit ca. 5 (%) N_2, 3 P_2O_5 u. 6 K_2O erhalten. (**D. A. S. 1 126 895** Kl. 16 vom 21/1. 1960, ausg. 5/4. 1962. F. Prior. 20/4. 1959.) H. Karst. 6295

Kentucky Research Foundation, übert. von: Emery M. Emmert, Lexington, Ky., V.St.A., **Mittel zur Steigerung des Ernteertrags bei Tomaten,** bestehend aus einer wss. Lsg. mit einem Geh. an 20—200 (ppm) B, z. B. Dinatriumoctoborattetrahydrat, u. 5—50 eines Pflanzenhormons, bes. β-Naphthoxyessigsäure. Das Mittel wird auf die Pflanzen gespritzt, wenn die gelbe Farbe bei den meisten Blüten erscheint, u. ein 2. Mal bei Eintritt der nächsten Blüte. (**A. P. 2 950 182** vom 25/3. 1958, ausg. 23/8. 1960.) C. Lüttgen. 6297

Amchem Products, Inc., Ambler, Pa., V.St.A., **Herbicide Mittel,** gek. durch den Geh. an Aminsalzen substituierter Phenoxyalkansäuren der allg. Formel **I**, in der m 1—3, n 0 oder 1, A $-CH_2-$, $-CH(CH)_3-$ u. $(CH_2)_3-$, $(x + y + z)$ 9—18 u. weder x noch y <5 bedeuten, wenn $z = 0$, u. die Gruppen C_xH_{2x+1} verzweigt ist, wenn $y + z = 0$, bes. Tripropyl-, Tributyl-, Di-(2-äthylhexyl)-, Diamyl- u. tert.-Dodecylaminsalze der 4-Chlor-, 2-Methyl-4-chlor-, 2.4-Dichlor-, 3.4-Dichlor-, 2.4.5-Trichlorphenoxyessig-, -propion- u. -buttersäure. Die Herst. erfolgt, indem man die Amine u. Säuren in einem Mineralöl löst u. die erhaltene konz. Lsg. entweder nach Zugabe eines Emulgators mit W. verd. oder auf einen inerten pulverförmigen Träger aufbringt. (**E. P. 851 008** vom 5/3. 1959, ausg. 12/10. 1960. A. Prior. 28/3. 1958.) C. Lüttgen. 6313

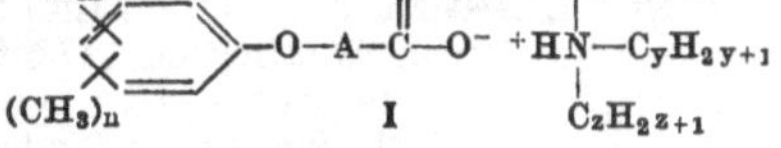

Stauffer Chemical Co., übert. von: Harry Tilles, El Cerrito, und Joe Autognini, Mountain View, Calif., V.St.A., **Unkrautbekämpfungsmittel,** enthaltend Phenyl-N.N-dimethylthiolcarbamat, Phenyl-N.n-butylthiolcarbamat oder Phenyl-N-allylthiolcarbamat im Gemisch mit einem üblichen festen oder fl. Trägerstoff. — Man erhält *Phenyl-N.N-dimethylthiolcarbamat,* $n_D^{26,5}$ 1,5594, durch Lösen von 10 g Phenylchlorthioformiat in 125 cm^3 Ae. u. anschließendem Kühlen auf 5—10°. Dabei fügt man 13,4 g einer 40%ig. Dimethylamin-Lsg. zu. — In analoger Weise erhält man: Phenyl-N-n-butylthiolcarbamat, $n_D^{27,5}$ 1,5547, u. Phenyl-N-allylthiolcarbamat, n_D^{25} 1,5828. (**A. P. 2 977 209** vom 13/2. 1957, ausg. 28/3. 1961.) H. Nebelsiek. 6313

United States Borax & Chemical Corp., Los Angeles, Calif., V.St.A., **Unkrautvernichtungsmittel,** bestehend aus herbiciden Stoffen (**I**), die in einem wss. thixotropen Gel dispergiert sind. — Beispiel: 9—11 (Teile) wasserfreies $Na_2B_2O_4$, 3—5 $NaClO_3$, 0,04—2 eines wasserlösl. oder -unlösl. **I**, 0,5—4 Bentonit, 0,2—0,5 nichtionogenes oberflächenakt. Mittel, 50—92 Wasser. (**Ind. P. 66 131** vom 15/12. 1958, ausg. 15/11. 1960. E. Prior. 17/11. 1958.) C. Lüttgen. 6313

John H. Nolan, St. Louis, Mo., V.St.A., **Entblätterungsmittel,** bes. für Baumwollpflanzen, bestehend aus elementarem Jod in Verb. mit einem üblichen Streckmittel, z. B. 1 (Gewichtsteil) Jod, 10 Polyoxyäthylensorbitanmonolaurat u. 89 W. oder 1 Jod, 10 eines Äthylenoxyd-Kondensates von Tallöl u. 89 W. oder 1 Jod, 59 Polyäthylenglykol u. 40 W. oder 1 Jod, 98 Aceton u. 1 eines Emulgiermittels oder 1 Jod, 1 Emulgiermittel, 100 Aceton u. 89 Wasser. Anzuwendende Menge 0,1—20 Pfund/Acre. (**A. P. 2 937 081** vom 11/7. 1956, ausg. 17/5. 1960.) H. Nebelsiek. 6313

Esso Research and Engineering Co., übert. von: William H. Brugmann jun., Milltown, Howard L. Yowell, Westfield, N.J., und Louis A. Mikeska, Dunedin, Fla., V.St.A., **Entblätterungsmittel** in Form einer wss. Emulsion eines oxydierten Weißöls oder dessen Ester mit einer Peroxidzahl von 10—100 u. einem O_2-Geh. von 1—20 Gew.-% in Verb. mit einem versprühbaren Mineralöl u. einem üblichen Emulgiermittel. — Die akt. Komponente besteht z. B. aus dem Butylester eines oxydierten Weißöls u. ist in der Emulsion in Mengen 5—50 Gew.-% vorhanden. (**A P. 2 945 753** vom 21/12. 1955, ausg. 19/7. 1960.) H. Nebelsiek. 6313

Monsanto Chemical Co., St. Louis, Mo., übert. von: Philip C. Hamm, Webster Groves, Mo., und Robert E. Miller, Kettering, Ohio, V.St.A., **Entblätterungsmittel für Pflanzen,** enthaltend Pyridin-2-methanalmethojodidphenylhydrazon (**I**) u. einen Trägerstoff aus einem freifließenden Verdünnungsmittel, einem oberflächenakt. Mittel u. einem Lösungsmittel. — Die Herst. von **I** ist bekannt. Anzuwendende Menge 0,1—20 Pfund **I**/Acre. (**A. P. 2 970 048** vom 11/7. 1956, ausg. 31/1. 1961.) H. Nebelsiek. 6313

Farbwerke Hoechst Akt.-Ges., vormals Meister Lucius & Brüning, Frankfurt/M. (Erfinder: Hans Brückner, Burgkirchen, Maximilian Czech und Kurt Härtel, Hofheim), **Fungicide Mittel,** gek. durch ihren Geh. an einer Kombination aus an sich bekannten fungiciden Triphenylzinn-Verbb. der allg. Formel $(C_6H_5)_3 \cdot Sn \cdot X$, worin X eine anorgan. oder organ. Gruppe darstellt, die nicht mittels C am Sn gebunden ist u. der ebenfalls als Fungicid bekannten Äthylen-bis-dithiocarbaminsäure in Form ihres Zn-, Mn- oder Fe-Salzes. (**D. A. S. 1 127 140** Kl. 451 vom 9/4. 1950, ausg. 5/4. 1962.) K. Koebke. 6313

R. T. Vanderbilt Co., Inc., New York. N.Y., übert. von: Charles H. Rogers, Norwalk, Conn., V.St.A., **Nichtabsetzende Kupferkalkbrühe,** gek. durch einen Geh. von 1—3%, bezogen auf den Feststoff-Geh., eines Gemisches aus 15—25 (Teilen) ligninsulfonsaurem Ca u. 0,75—1,5 eines Veresterungs-Prod. (**I**) von 1—6 (Mol) Fettsäure (**II**), bes. Cocosölsäure, u. 1 eines mehrwertigen Alkohols (**III**) mit 3—9 C-Atomen u. 3—6 OH-Gruppen, bes. Methyl-α-D-glucosid. Das **I** kann bis zu 75 Mol-% unveresterte **II** u. **III** enthalten. — *Pflanzenschutzmittel.* (**A. P. 2 947 659** vom 5/3. 1956, ausg. 2/8. 1960.) C. Lüttgen. 6313

Phillips Petroleum Co., übert. von: Bradford L. Archer, Borger, Tex., V.St.A., **Insekticides Baumsprühmittel,** bestehend aus einer wss. Dispersion eines hochsd. S-haltigen Abfall-Prod. (**I**) mit einem Gesamt-S-Geh. von $<15\%$ u. einem Geh. von ca. 50% an Mercaptan, das aus einem Gemisch von tert. Dodecylmercaptan (**II**) u höheren Alkylsulfiden, bes. Didodecyldisulfid, besteht. Das **I** fällt bei der Synth. von **II** aus Olefinen u. H_2S im Mercaptanturm als Rückstand an. — Zeichnung. (**A. P. 2 943 973** vom 26/3. 1957, ausg. 5/7. 1960.) C. Lüttgen. 6313

Gallowhur Chemical Corp., N.Y., übert. von: Rudolph Rebold, Ossining, N.Y., V.St.A., **Desinfektionsmittel,** bestehend aus einer konz. wss. Lsg. von ca. 336 (g) Phenylmercuriacetat, ca. 61 Monoäthanolamin, ca. 56 Polyäthylensorbitanmonolaurat u. ca. 107 Wasser. Die Lsgg. sind geeignet zur Bekämpfung von Bakterien u. Pilzen im Pflanzenschutz, in Anstrichfarben, Textil- u. Lederbehandlungsmitteln. (**A. P. 2 958 625** vom 29/9. 1958, ausg. 1/11. 1960.) K. Koebke. 6313

Stauffer Chemical Co., Del., übert. von: James B. Bowers, Los Altos, und Robert B. Langford, Los Angeles, Calif., V.St.A., **Baktericide und fungicide Mittel,** enthaltend als Wirkstoff das als Insekticid bekannte Bis-(trichlormethyl)-sulfon (**I**) sind bes. geeignet für den Pflanzenschutz. **I** kann hergestellt werden, indem man eine wss. Lsg. von Bis-(trichlormethyl)-essigsäure mit überschüssiger wss. Lsg. von NaOCl versetzt. Beim Stehen krist. **I**, F. 37°, aus. (**A. P. 2 959 517** vom 13/10. 1958, ausg. 8/11. 1960.) K. Koebke. 6313

American Cyanamid Co., New York, N.Y., übert. von: William B. Hardy und John F. Hosler, Bound Brook, N.J., V.St.A., **Fungicide Mittel** für Pflanzensamen, Pflanzboden, Pflanzen, Früchte, Holz, Leder, synthet. Anstrichfarben, enthaltend als Wirkstoff ein 3-Acylamino-1.2.4-triazol der Formel **I**, worin R ein Alkylradikal mit 8—12 C-Atomen oder ein Arylradikal ist. — 3-o-Methoxybenzamido-4H-1.2.4-triazol, F. 257—258°; 3-p-Chlorbenzamido-4H-triazol, F. nicht genannt; β-Trimethylpropionamido-4H-1.2.4-triazol, F. 188,5—190°; 3-Lauroylamido-4H-1.2.4-triazol, F. 188,5—189,5°. (**A. P. 2 953 491** vom 21/11. 1957, ausg. 20/9. 1960.) K. Koebke. 6313

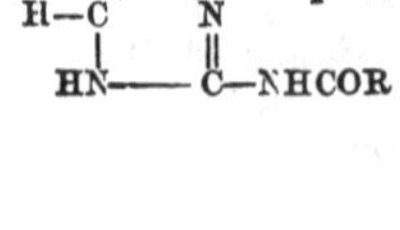

I

Sch. A. Mamedow, O. B. Ossipow und Ch. M. Alijewa, **Herstellung von Äthyl-β-chlorpropyläther** durch Umsetzung von Äthylhypochlorit mit Propylen in CCl_4 bei $-10°$. — Als 1—2%ig. wss. Emulsion Verw. als *Insekticid* in Citruskulturen. (**UdSSR. P. 121 785** vom 8/9. 1958.) L. Großner. 6313

N. N. Melnikow, K. D. Schwetzowa-Schilowskaja und M. Ja. Kagan, **Herstellung von Dithiophosphorsäureestern** durch Erwärmen von Dialkylphosphiten mit Dialkoxythiophosphondisulfiden auf 30—80°, ggf. in einem Lösungsmittel. — Zu 0,025 (Mol) dimethylphosphoriger Säure u. 0,025 Triäthylamin in 30 ml Bzl. werden bei 30—50° 0,025 Dimethoxythiophosphondisulfid gegeben. Danach wird 2 Std. lang auf 50—80° erwärmt, filtriert u. fraktioniert: 71% *Dithiophosphorsäuretrimethylester*, $Kp._{0,2}$ 51—52°. — *Pesticide*. (**UdSSR. P. 122 144** vom 7/12. 1958.) L. Großner. 6313

Imperial Chemical Industries Ltd., London, übert. von: David Garnet Davey, Norman Greenhalgh und Ronald Frederick Homer, Manchester, England, **Mittel zur Vernichtung von Schnecken,** bes. Australorbis- u. Bulinus-Arten, gek. durch den Geh. an Triphenylmethan-Derivv. der allg. Formeln R_3CR' u. R_3CR'', in denen R einen evtl. halogenierten oder alkylierten Phenylrest, R' einen niedermol. Alkoxyrest u. R'' einen niedermol. Alkylamino-, Phenylamino- oder Halogenphenylaminorest bedeuten, bes. Äthyl- u. n-Butyltriphenylmethyläther, Methyl-, Äthyl-, n-Propyl-, Isopropyl-, n- u. Isobutyltriphenylmethylamin u. deren Hydrochloride, Nitrate u. Sulfate, Phenyl-, p-Chlorphenyltriphenylmethylamin, n-Propyltri-(p-tolyl)- u. n-Propyltri-(p-chlorphenyl)-methylamin. Die Verbb. wirken als Kontaktgift. (**A. P. 2 938 830** vom 7/4. 1958, ausg. 31/5. 1960. E. Prior. 17/4. 1957.) C. Lüttgen. 6313

J. R. Geigy Akt.-Ges., Basel, Schweiz, *Pflanzenwachstum verzögernde Mittel.* (**Niederl. P. 100 335** vom 15/8. 1955, ausg. 15/1. 1962. Schwz. Prior. 14/1. 1955. — C. **1958**, 5198 [D. A. S. 1 011 904].)

Farbwerke Hoechst Akt.-Ges., vormals Meister Lucius & Brüning, Frankfurt/M., *Herstellung von N-(p-Chlorphenyl)-N'-methyl-N'-methoxyharnstoff.* (**Niederl. P. 100 553** vom 10/4. 1959, ausg. 15/2. 1962. D. Prior. 17/4. 1958. — C. **1960**, 9007. [D. A. S. 1 076 117].)

Farbenfabriken Bayer Akt.-Ges., Leverkusen, *Trifluormethylnitrochlordiphenylamine.* (**E. P. 868 165** vom 14/4. 1959, ausg. 17/5. 1961. D. Prior. 22/4. 1958. — C. **1962**, 6556 [F. P. 1 222 199].)

Farbenfabriken Bayer Akt.-Ges., Leverkusen, übert. von: **Gerhard Schrader**, Wuppertal, *Thiomethylale.* (**A. P. 3 006 965** vom 12/2. 1958, ausg. 31/10. 1961. D. Prior. 1/3. 1957. — C. **1959**, 15175 [D. A. S. 1 056 122].)

Farbenfabriken Bayer Akt.-Ges., Leverkusen, *Herstellung von N-Thionocarbonsäureestern.* (**Niederl. P. 100 714** vom 22/8. 1957, ausg. 15/3. 1962. D. Prior. 23/8. 1956. — C. **1960**, 16568 [D. A. S. 1 067 023].)

Farbwerke Hoechst Akt.-Ges., vormals Meister Lucius & Brüning, Frankfurt/M., *Nematocide Mittel für den Pflanzenschutz.* (**E. P. 878 434** vom 1/2. 1960, ausg. 27/9. 1961. D. Prior. 30/1. 1959. — C. **1960**, 10376 [D. A. S. 1 077 474].)

Farbenfabriken Bayer Akt.-Ges., Leverkusen (Erfinder: **Gerhard Schrader**, Wuppertal), *Nitroalkylthiophosphorsäureester.* (**Schwz. P. 361 274** vom 3/6. 1957, ausg. 30/5. 1962. D. Prior. 29/6. 1956. — C. **1959**, 3627 [D. A. S. 1 023 760].)

Farbenfabriken Bayer Akt.-Ges., Leverkusen (Erfinder: **Hanshelmut Schlör** und **Gerhard Schrader**, Wuppertal), *Thiol- und Thionothiolphosphorsäureester.* (**Schwz. P. 361 566** vom 11/10. 1957, ausg. 15/6. 1962. D. Prior. 3/11. 1956. — C. **1961**, 15537 [F. P. 1 190 020].)

Farbenfabriken Bayer Akt.-Ges., Leverkusen (Erfinder: **Heinrich Kayser** und **Gerhard Schrader**, Wuppertal), *Schädlingsbekämpfungsmittel.* (**D. A. S. 1 121 882** Kl. 451 vom 8/3. 1958, ausg. 11/1. 1962. — C. **1962**, 16109 [F. P. 1 221 193].)

N. V. Philips' Gloeilampenfabrieken (Erfinder: **Jan Hendrik Uhlenbroek, Hermannus Koopman, Hans Heinz Heack, Jasper Daams** und **Johan Dirk Bijloo**), Eindhoven, Niederlande, *Herstellung von Mitteln zur Bekämpfung schädlicher Organismen.* (**Schwz. P. 359 563** vom 13/6. 1957, ausg. 28/2. 1962. Niederl. Prior. 15/6. 1956. — C. **1962**, 4691 [Aust. P. 227 267].)

N. V. Philips' Gloeilampenfabrieken, Eindhoven, Niederlande, *Mittel zur Bekämpfung von schädlichen tierischen und pflanzlichen Organismen.* (**E. P. 880 801** vom 28/5. 1958, ausg. 25/10. 1961. Niederl. Prior. 31/5. 1957. — C. **1960**, 14494 [D. A. S. 1 075 891].)

Farbenfabriken Bayer Akt.-Ges., Leverkusen (Erfinder: **W. Hagge, M. Quaedvlieg, G. Boehmke** und **H. Hempel**), *Emulgiermittel für Biocide.* (**Belg. P. 569 739** vom 25/7. 1958, ausg. 16/6. 1961. D. Prior. 25/7. 1957. — C. **1961**, 8808 [D. A. S. 1 094 523].)

Farbenfabriken Bayer Akt.-Ges., übert. von: **Walter Hagge, Mathieu Quaedvlieg**, Leverkusen, **Günther Boehmke** und **Herbert Hempel**, Köln, *Emulgiermittel.* (**A. P. 2 993 830** vom 24/7. 1958, ausg. 25/7. 1961. D. Prior. 25/7. 1957. — C. **1961**, 8808 [D. A. S. 1 094 523].)

H_8. Metallurgie. Korrosion

Der Einfluß von Sauerstoff auf die Zugfestigkeitseigenschaften von Titan. C. Feng, C. Elbaum und W. C. Winegard. (Trans. metallurg. Soc. AIME **215**, 632—35, 1959, herausgeg. 1960; Toronto, Ontario, Canada, Univ.; Cambridge, Mass., Harvard Univ.; engl.) — An Proben aus reinem *Ti* sowie aus O-haltigem Ti werden Zugfestigkeitsprüfungen durchgeführt. Die hierbei erzielten Werte zeigen, daß die an sich bekannte

Zunahme der Streckgrenze mit zunehmenden O-Geh. durch die Zunahme der Proportionalitätsgrenze sowie bes. durch die sehr deutlich ausgeprägte Zunahme in dem Verlauf der Kaltverfestigung erklärt werden kann. Die Ergebnisse werden durch die einfache Versetzungstheorie gelöster Stoff-Wechselwrkg. auszulegen versucht.
H. Hochstein. 6448□

Cadmium. Studien über das Gießen, Verformen, die mechanischen Eigenschaften und das Korrosionsverhalten. E. Pelzel. (Metall **14,** 562—63, Juni 1960; Stolberg/Rhld., Stolberger Zink AG, Metall-Labor.; dt.) — Der Einfl. von *Zn* auf die Oxydation von fl. *Cd* wird dargestellt, der Stauchwiderstand von Cd mit 0,1% Zn bei Temp. von 20—200° bestimmt, u. die mechan. Eigg. von Cd-Band u. das Korrosions-Verh. in H_2SO_4 u. *HCl* ermittelt. E. Miessgang. 6448□

Ein neuer Weg zur Bestimmung der Festigkeit von Metallpulverteilen. R. Talmage und H. L. Kee. (Product Engng. **32,** Nr. 31, 44, 31/7. 1961; engl.) — Zwischen der Zugfestigkeit von geschmiedeten u. gegossenen Metallen u. gesinterten Metallen einerseits u. deren Brinell- oder Rockwell-Härte andererseits besteht eine lineare Beziehung (Diagramm), so daß man die Festigkeit aus der Härte ermitteln kann.
W. Wesly. 6480□

Garantien für Sprödbruchsicherheit von Baustahlsorten im Rahmen einer Werkstoffvorschrift. E. de Kerversau. (Rev. Métallurgie, Extraits **58,** 393—400, Mai 1961; Redange-Dilling, Soc. des Mines et Usines; franz.) — Zur zweckmäßigsten Beurteilung der Sprödbruchsicherheit von Baustählen ist diejenige Prüfung anzusehen, die es gestattet, die den verschiedenen Kategorien zugehörigen Elemente nach bester Möglichkeit nach einem bestimmten Unterscheidungsmerkmal zu bewerten. Dieses ist die Übergangs-Temp., die bei einem genügend niedrigen Kerbzähigkeitswert auftritt, aber in der Zone der Sprödigkeit jedoch hoch genug ist, um kennzeichnend zu bleiben. — Diskussion. H. Hochstein. 6480□

Ermüdung in Kupfereinkristallen. M. L. Ebner und W. A. Backofen. (Trans. metallurg. Soc. AIME **215,** 510—20, 1959, herausgeg. 1960; Cambridge, Mass., Inst. of Technol.; engl.) — Einkristalle aus sehr reinem Cu werden einer Wechselbiegebeanspruchung bei konst. Biegungsausschlag unterworfen. Das Härtungs-Verh. wird durch kontinuierliche Messung des Biegungsmomentes beobachtet, u. es wird gefunden, daß es ähnlich demjenigen Verh. ist, wie es bei einer gleichgerichteten Beanspruchung auftritt, mit dem wesentlichen Unterschiede jedoch, daß die Sättigung bei ca. 2000 Lastspielen unabhängig von der Orientierung ist. Die auf den akt. Gleitflächen gebildeten Ermüdungsrisse können nur nach Sättigung beobachtet werden u. sind stets von Mustern aus sich schneidenden Gleitlinien begleitet. Aus der Temp.-Abhängigkeit des Härtens u. der Erweichung sowie aus der Metallographie der Gleitbänder wird gefolgert, daß die Quergleitung für die Riß-Bldg. bei den Unters.-Bedingungen wesentlich ist. Es wird ein Bruchvorgang angenommen, in dem sich die Oberflächenstufen von der Primärgleitung in Risse durch die Wrkg. von durch Quergleitung geschossenen Versetzungsquellen weiterentwickeln. H. Hochstein. 6480□

Spaltungsfacetten, beobachtet an Ermüdungsbruchoberflächen einer Aluminiumlegierung. P. J. E. Forsyth, C. A. Stubbington und D. Clark. (J. Inst. Metals **90,** 238—39, Febr. 1962; Farnborough, Hants. Royal Aircraft Establ.; engl.) — Unterss. an einer *Al*-Leg. mit 7,5% *Zn* u. 2,5% *Mg* während einer Dauerermüdungsprüfung an Luft u. unter korrosiven Bedingungen zeigten, daß bei gleicher Belastung die Form der auftretenden Brüche in beiden Fällen ähnlich war. Das Rißwachstum ging entweder unter Abgleiten oder normal zur Richtung der maximalen Zugrichtung vor sich. In einigen Fällen gingen die Arten des Rißwachstums ineinander über. Dann war die Bruchoberfläche durch Streifungen gek., deren jede aus einer Zone duktilen Bruches u. einer von Sprödbruch gebildet ist. F. Vier. 6480□

Über die mechanischen Eigenschaften metallischer Werkstoffe bei tiefen Temperaturen. F. Hickel. (Werkstoffe u. Korrosion **13,** 83—92, Febr. 1962; Karlsruhe, TH, Inst. für mechan. Technol.; dt.) — Schrifttumsüberblick. Bes. behandelt werden *Stähle* u. *Grauguß.* — 41 Literaturangaben. F. Vier. 6480□

Zerstörungsfreie Prüfmethoden für Rohre. Marian Zdunkiewicz. (Hutnik **28,** 62—67, Febr. 1961; Częstochowa, Huta im. B. Bieruta; pol.) — Übersicht über die Durchführung der hydrostat. Druckprobe u. radiograph., magnet., elektromagnet. u. Ultraschallprüfungen. F. Urban. 6480□

Aluminiumlegierungen für das Tiefziehen. C. J. Smith. (Metal Ind. [London] **98,** 431—33, 2/6., 451—53, 9/6., 477—78, 16/6., 499—501, 23/6., 517—19, 30/6. 1961;

Birmetals Ltd.; engl.) — Überblick über die Prüfung von Al-Legg. auf Tiefziehfähigkeit u. die Wärmeendbehandlung von *Al–Mg*-Legierungen. — 46 Literaturangaben.
F. Vier. 6480□

Anwendung der Technik des „totalen Abdruckverfahrens" auf die Aufdeckung von Fehlern auf der Innenfläche von Rohren. L. Alfille, M. Azam und M. Fignon. (Rev. Métallurgie, Extraits **58,** 429—36, Mai 1961; CEN Saclay; franz.) — Die Arbeitsweisen der zerstörungsfreien Werkstoffprüfung werden zusammenfassend behandelt, u. es wird die Überprüfung von Stahlteilen mittels des Abdruck-Verf. beschrieben. Die Verw. einer vorvulkanisierten Kautschuk-Lsg. bewirkt die Herst. einer Abb. der ganzen Rohrinnenfläche. Die Möglichkeiten der Anwendung dieses Verf. auf Reihenkontrolle im Betrieb werden besprochen. Die Güte der auf diese Weise erzielten Abdrücke wird durch einige typ. Beispiele veranschaulicht. — Diskussion. H. Hochstein. 6482□

Beitrag zu den Verfahren der stereometrischen Metallographie. 2. Mitt. Bestimmung der Zahl und Größe von Kugelpartikeln in der Streuungsphase oder von Korn nach dem Verfahren zur Geradenanalyse. Jiří Likeš. (Hutnické Listy **15,** 538—45, Juli 1960; Praha, Výzk. ústav hutnictví železa; tschech.) — 1. vgl. C. **1961,** 7382. — Anwendung der Linienanalyse für die Best. der Anzahl u. Raumgröße von kugelförmigen Teilchen einer dispersen Phase mit mathemat. Ableitung der approximativen Beziehungen. Für den Fall, daß das Querschnittsmittel der Teilchen eine logarithm.-normale Verteilung zeigt, kann mit Vorteil eine abgekürzte Meth. verwendet werden. Anstatt der Längenmessung einer genügenden Anzahl von Sehnenschnitten wird bei dieser Meth. das Mittel der Schnittzahl der Teilchen in einer Einheitsfläche der Schliffebene u. die Anzahl der Schnitte durch eine freigewählte Gerade ermittelt u. eine Schätzung des Raumanteiles der Teilchen durchgeführt. Ein prakt. Vgl. mit der genaueren Meth. zeigt nur geringfügige Abweichungen. J. Tůmová. 6482□

Beitrag zu den Verfahren der stereometrischen Metallographie. 3. Mitt. Verfahren zur Bestimmung der Zahl und Größe von Scheibenpartikeln in der Streuungsphase. Jiří Likeš, Josef Čadek, Karel Mazanec und Jarmila Kudělková. (Hutnické Listy **15,** 615—19, Aug. 1960; tschech.) — 2. vgl. vorst. Referat. — Zur Messung der kinet. Parameter isotherm verlaufender martensit. u. bainit. Rkk. ist eine Meth. zur Best. der Scheibenpartikelchen in der Vol.-Einheit erforderlich. Vff. entwickelten diese für gleich große, zufällig angeordnete u. orientierte Partikel. Es wurden Gleichungen für die mittlere Partikelzahl N in der Vol.- u. Dimensioneinheit der Partikel k, D, ggf. a, b gefunden, wobei die Faktoren angegeben werden, von denen sie abhängen. Ferner wurde eine theoret. Beziehung zur Best. von Zahl u. Größe der Bainit-Partikel angewendet. Es ergab sich, daß das Verhältnis a/b sich während des Wachstums der Bainitpartikel verändert. Gottfried Lange. 6482□

Aufnahmetechnik bei der Schweißnahtprüfung mit Betatron-Röntgenstrahlen. H. Fink und J. Woitschach. (Schweissen u. Schneiden **14,** 137—49, April 1962; Mülheim-Ruhr, Phoenix-Rheinrohr A.G.; dt.) — Die Bildgüte von Durchstrahlungsaufnahmen mittels Betatronröntgenstrahlen wurde in üblicher Weise subjektiv sowie durch mikrophotometr. Aufnahmen an den auf den Röntgenfilmen abgebildeten Drähten objektiv u. quant. ermittelt. Die Drahterkennbarkeit kann durch Ersatz der Cu-Feldausgleichkörper durch solche aus Pb u. der Pb-Verstärkerfolien durch Folien aus *Ta* verbessert werden. Eine weitere Verbesserung wird durch den Verzicht auf die rückstreuende Verstärkerhinterfolie u. den Ersatz der Al-Kassettenrückwand durch eine Kunststoffplatte ermöglicht. — 17 Literaturangaben. F. Vier. 6484□

Quantitative Verformungstexturen von Aluminium-, Kupfer-, Silber- und Eisendrähten. August Freda und B. D. Cullity. (Trans. metallurg. Soc. AIME **215,** 530—35, 1959, herausgeg. 1960; Pittsburgh, Pa., Univ.; Notre Dame, Ind., Univ.; engl.) — Es werden quant. Röntgenstrahlmessungen von der Randzonentextur von *Al* sowie von den inneren Texturen von *Al, Cu, Ag* u. *Fe* durch eine neue Strahlenbrechungs-Meth. angestellt. $\langle 1\,1\,1\rangle + \langle 1\,0\,0\rangle$-Doppeltexturen werden für die drei flächenzentrierten kub. Metalle u. eine $\langle 1\,1\,0\rangle$-Einzeltextur für Fe festgestellt. Die Ergebnisse an Cu zeigen, daß die Ausgangstextur die Verformungstextur regeln kann, u. daß eine starke $\langle 1\,1\,0\rangle$-Textur durch einen Beginn mit einer Textur, die eine starke $\langle 1\,0\,0\rangle$-Komponente besitzt, erhalten werden kann. H. Hochstein. 6484□

Untersuchungen zum Bandschleifen von Aluminium. O. Pahlitzsch und B. Becker. (Metall **14,** 539—44, Juni 1960; Braunschweig, TH, Inst. für Werkzeugmaschinen u. Fertigungstechnik; dt.) — Die Vers.-Einrichtung für die Schleif-Verss. wird beschrieben u. die beim Trocken- u. Naßschleifen erzielten Ergebnisse werden dargestellt. — 12 Literaturzitate. E. Miessgang. 6490□

Grenzen des Strangpreßverfahrens. D. H. Ursell. (Metal Ind. [London] **100,** 242—45, 249, 30/3. 1962; engl.) — Überblick über die Bedingungen des Strangpressens von NE-Metallen. F. Vier. 6490□

Neue Verfahren in der Kaltverformung von Stahl. Olov Svahn. (Jernkontorets Ann. **146,** 214—37, 1962; schwed.) — Das Kaltfließpressen von Stahl wird beschrieben u. nach einer allg. Erörterung des Verformungsprozesses werden einige techn. Fragen, wie Auswahl des Stahls zur Formgebung, Werkzeugmaterialien, Pressen, Schmierung, behandelt u. die Vorzüge u. Grenzen für die Anwendung dieser Verarbeitung angegeben. Ein kurzer Überblick des Fortschrittes im Drücken, Rollenzurichten u. Kaltwalzen wird gegeben u. die Bedeutung der Forschung für die Grundlagen der plast. Verformungsprozesse herausgestellt. — 40 Literaturangaben. H. Hochstein. 6490□

Metallurgische Grundsätze und Praxis in der Herstellung von kaltverformten Weißblech. W. J. S. Roberts. (Iron Steel Inst., spec. Rep. **67,** 95—102, 1960; Steel Co. of Wales Ltd.; engl.) — Die verschiedenen Schichten, aus denen der Querschnitt eines Weißbleches besteht, werden beschrieben. Die metallurg. Überwachung, die zur Erzeugung eines Grundstahls mit den notwendigen Merkmalen erforderlich ist, u. über die geeigneten Eigg. der anderen Schichten wird berichtet. Einige der metallurg. Grundsätze, wie sie für die Erzeugung eines hochwertigen Weißblechs maßgebend sind, werden kurz besprochen. H. Hochstein. 6490□

Das Walzen von sehr dünnem Weißblech. M. D. Stone. (Iron Steel Inst., spec. Rep. **67,** 103—11, 1960; Pittsburg, Pa., United Engng. and Foundry Co.; engl.) — Überblick über einige der verschiedenen Möglichkeiten zur Erzeugung von sehr dünnen Weißblech durch Walzen. H. Hochstein. 6490□

Regenerierung von entkohltem Flußstahl. H. L. Couch und J. D. Lubahn. (Trans. metallurg. Soc. AIME **215,** 433—36, 1959, herausgeg. 1960; Schenectady, N.Y., General Electric Co.; engl.) — In einem entkohlten Flußstahl kann die aus einer 1—2% ig. Dehnung herrührende Kaltverfestigung teilweise durch eine nachfolgende Erwärmung, auch wenn dabei Rekristallisation oder Kornwachstum nicht eintritt, regeneriert werden. Diese Regenerierung ändert sich von 5% in einer Std. bei Raum-Temp. auf 70% bei 800°. Eine Änderung mit der Temp. war qual. ähnlich der bereits für Cu ermittelten, trat aber bei tieferen Temp. auf. Das Zug-Verh. ist im wesentlichen dasselbe nach einer verformenden Beanspruchung u. Erhitzung als wenn eine geringere Beanspruchung ohne Erhitzung stattgefunden hätte. Die Bedeutung dieser Feststellung für das Verständnis einer gleichzeitigen Verformung u. Regenerierung wird erklärt. H. Hochstein. 6492□

Veränderung der Struktur und der Eigenschaften bei der Nitrierung und Wärmebehandlung des Stahles 35ChMJuA. W. G. Permjakow und A. I. Kasmiruk. Известия Высших Учебных Заведений (Москва), Черная Металлургия [Hochschulnachr. (Moskau), Eisenmetallurgie] **5,** Nr. 4, 118—22, 1962; Kiew, Polytechn. Inst.; russ.) — Durch eine Nitrierung des Stahls *35ChMJuA* bei über 650° bildet sich in 8—11 Std. eine 0,5—0,7 mm dicke Nitrierschicht. Eine nachfolgende Abschreckung führt zur Bldg. einer Schicht aus N- u. C-haltigem Martensit sowie einer durch hohe Härte gek. Restaustenitschicht. Die Struktur u. Eigg. der Nitrierschicht u. die bei der Erwärmung der abgeschreckten Proben ablaufenden Prozesse werden untersucht. Infolge des Anlassens bildet sich in der zuvor abgeschreckten Schicht ein Gemisch aus legiertem Ferrit u. dispersem carbid- u. nitridhaltigen Phasen, die bei Anlaß-Temp. von 250 u. 400—450° durch eine sehr hohe Härte ausgezeichnet sind. Durch eine 8—11std. Nitrierung bei 650—750° mit nachfolgendem Abschrecken u. Anlassen wird prakt. dieselbe Dicke der Nitrierschicht, dieselbe Struktur des ferrit-carbid. Gemenges u. dieselbe hohe Oberflächenhärte des *35ChMJuA* erreicht wie nach einer 60—70std. Behandlung bei einer Nitrier-Temp. von 520—540°. H. Hochstein. 6492□

Die Wärmebehandlung der Legierung AL-9. P. A. Parchutik und A. F. Sacharowa. (Металловедение и Термическая Обработка Металлов [Metallkunde therm. Metallbearb.] **1962,** Nr. 5, 38—40, Mai; Physik.-techn. Inst. der Akad. der Wiss. der BelorussSSR; russ.) — Die besten Festigkeits-Eigg. wärmebehandelter Proben der Leg. *AL9* werden erhalten, wenn die Proben bei 535° 4 Std. geglüht, in W. abgeschreckt u. 4—6 Std. bei 170 oder 185° angelassen werden. Nach einem vereinfachten Verf. von 1—2std. Haltezeit bei 535°, Abschreckung in W. von 40—60° u. nachfolgender 4—6std. Ausalterung bei 170° werden die nach Norm GOST 2685—53 geforderten Eigg. erreicht; nur die spezif. Dehnung ist etwas erhöht. *AL9* wird infolge ihrer Unterkühlung bei der Erstarrung durch Alterung ohne Abschreckung wesentlich verfestigt. Die besten Eigg. werden durch ein 4—8std. Anlassen bei 170° bzw. ein 2—4std. Anlassen bei 185° erzielt. H. Hochstein. 6492□

Einsatzhärtungs-Atmosphären aus Stickstoff und Methanol. M. Mouflard und J. Pomey. (Rev. Métallurgie, Extraits **58,** 401—05, Mai 1961; Regie Nationale des Usines Renault; franz.) — Beschrieben wird ein Gasaufkohlungs-Verf. für Stahl, das darin besteht, daß fl. CH_3OH in einem N_2-Strom oder in einem Stadtgasstrom zerstäubt wird, worauf der so erzeugte Nebel erhitzt wird, um ihn vor Einführung in den Ofen zu verdampfen. Das Verf. erweist sich als einfach, betriebssicher u. wirtschaftlich. H. Hochstein. 6492□

Das Verhalten von Härteölen. L. Mazet, M. Vauzelle und M. Pothier. (Rev. Métallurgie, Extraits **58,** 417—28, Mai 1961; Co. d'Applications mecan. SKF; franz.) — Härteöle müssen auf ihre Beständigkeit gegen therm. Zerfall überprüft werden. Es werden die Verff. der Messung der Oxydation dieser Öle besprochen u. Angaben über die C-Analyse der Öle gemacht. Der Einfl. der Oxydationshemmungsmittel wird ermittelt. Die Best. des Härtungsvermögens wird erläutert. An einem Wälzlagerstahl *100C6* ist festgestellt worden, daß das Härtungsvermögen der Paraffinöle mit zunehmender Gebrauchsdauer rasch abnimmt, während dasjenige der *Naphthenöle* konst. bleibt oder stärker wird. — 24 Literaturangaben, Diskussion. H. Hochstein. 6492□

Beitrag zur Schweißbarkeit unlegierter und niedriglegierter Bau- und Vergütungsstähle. F. Burat und W. Hofmann. (Schweissen u. Schneiden **14,** 289—99, Juli 1962; Braunschweig, TH, Inst. für Werkstoffkunde u. Schweißtechnik; dt.) — Die Unters.-Verff. zur Schweißbarkeit von Stählen werden erörtert u. Angaben über die außergewöhnlichen Austenitisierungsbedingungen in der wärmebeeinflußten Zone beim Schweißen von Stählen gemacht. Die Wirkungsweise eines Dilatometers kurzer Meßlänge wird beschrieben, mit dem die Dehnungen u. Schrumpfungen in der wärmebeeinflußten Zone gemessen werden. Es werden Vgl. von Umwandlungs-Temp., Gefüge-Zus. u. Härtewerten aus Schweiß-Verss. u. aus klass. ZTU-Schaubildern angestellt u. über Vers.-Ergebnisse für die Stähle *25CrMo4*, *27MnCrV4*, *C60*, *HSB50*, *Cu–Ni52Mo* u. *T1* berichtet. Hieraus wird gefolgert, daß für die Praxis des Schweißens von Stählen mit höherer Festigkeit die Spannungen, Aushärtung u. der H-Geh. von besonderer Bedeutung sind. Durch eine schweißgerechte Konstruktion, die Einhaltung eines Schweißplanes u. durch Vorwärmen kann die Höhe der Spannungen vermindert werden. Die Leg.-Elemente vergrößern meistens die Neigung zum Aufhärten in der wärmebeeinflußten Zone. Zur Vermeidung unzulässig hoher Aufhärtungen sind bei besonderen Schweißbedingungen ein Vorwärmen u. eine Wärmenachbehandlung erforderlich. Die H-Einbringung soll beim Schweißen so niedrig wie möglich gehalten werden. Durch Verw. trockener u. H-armer Elektroden oder trockener Pulver beim UP-Schweißen, durch Vorwärmen u. auch durch Einsatz eines Schutzgasschweiß-Verf. ist dies zu erreichen. — 35 Literaturangaben. H. Hochstein. 6506□

Explosionsschweißung. W. Ss. Ssedych, A. A. Deribass, Je. I. Bitschenkow und Ju. A. Trischin. (Сварочное Производство [Schweisstechn. Betr.] **1962,** Nr. 5, 3—6, Mai; Inst. für Hydrodynamik der Sibir. Abt. der Akad. der Wiss. der UdSSR; russ.) — Experimentell wird die Möglichkeit der Verschweißung von homogenen u. heterogenen Metallen u. auch die Erzielung von Schweißverbindungen großer Flächen mittels einer Explosion festgestellt u. erläutert. Das Schweißen mittels Explosion ermöglicht die Herst. von Schweißverbindungen in der festen Phase, ohne Bldg. von chem. Zwischenzonen zwischen den heterogenen Metallen u. Legierungen. Eine solche Verbindung bildet sich unter der Einw. der bei der Detonation freiwerdenden Energie. Die Durchführung des Verf. wird beschrieben. Hierbei hat das Explosionsmittel (*Hexogen*) eine große Bedeutung. Zweckmäßig läßt sich das Verf. anwenden bei der Plattierung von Stahl. H. Hochstein. 6506□

Das Kanalschweißen. H. von Hofe und O. Becken. (Schweissen u. Schneiden **14,** 150—53, April 1962; Duisburg, Schweißtechn. Lehr- u. Versuchsanst.; dt.) — Beschreibung dieser Abart des Elektro–Schlacke-Schweißens. F. Vier. 6506□

Elektroden zum Grauguß-Kaltschweißen. O. Becken und H. Wirtz. (Schweissen u. Schneiden **14,** 157—59, April 1962; Duisburg, Schweißtechn. Lehr- u. Versuchsanst.; dt.) — Untersucht wurde die Verwendbarkeit einer *Stahl-*, einer *Cu–Ni-*, einer *Fe–Ni-* u. einer *Fe–Si-*Elektrode zum Graugußkaltschweißen. Die Befunde der Schweißstellen u. der Härteverlauf werden mitgeteilt. Die besten Ergebnisse wurden mit der Fe–Si-Elektrode erzielt. F. Vier. 6506□

Bedingungen für das Widerstands-Punktschweißen von nichtrostenden 18/8-Chrom–Nickel-Stählen. R. Oppenheim und W. D. Brand. (Schweissen u. Schneiden **13,** 61—70, Febr. 1961; Krefeld; dt.) — Überblick über den Einfl. der Schweißbedingungen auf die Güte der Schweißpunkte u. Beschreibung von Punktschweiß-Verss. an Blechen aus *Cr–Ni-*Stahl gegen solche aus Baustahl. — 17 Literaturangaben. F. Vier. 6506□

Einige schweißtechnische Besonderheiten beim Bau von Kernenergieanlagen. A. Schiller. (Schweissen u. Schneiden **13,** 39—43, Febr. 1961; Duisburg, Mannesmann A.G.; dt.) — Überblick über die beim Schweißen von Kernenergieanlagen zu stellenden Forderungen. F. Vier. 6506□

Schweißtechnische Probleme im Reaktorbau. H. Oehme. (Schweissen u. Schneiden **13,** 43—48, Febr. 1961; Karlsruhe; dt.) — Erläuterungen des Aufbaus eines Reaktors, seiner Konstruktionsteile, des Brennelements, der Kreisläufe des Reaktors, der verwendeten Sonderwerkstoffe u. der Anforderungen an die Korrosionsfestigkeit von Schweißnähten. F. Vier. 6506□

Partielle Oxydation von Walzzunder in der Wirbelschicht. Wolfgang Dittrich und Wolfgang Knaul. (Neue Hütte **7,** 158—64, März 1962; Freiberg/Sa., Forsch.-Inst. für NE-Metalle; dt.) — Zur Herst. von *Thermitschweißpulver* aus Walzzunder unterschiedlicher Herkunft wird der O-Geh. auf einen konst. Wert mit einem bestimmten Verhältnis zu Fe eingestellt. Nach Darlegung der theoret. Zusammenhänge wird über Unterss. zur Ermittlung der Kornverteilung, der Fall-Geschw. u. des Wirbelpunktes berichtet. Danach wird die Oxydations-Geschw. des Zunders in der Wirbelschicht in einer kleinen Labor.-App. bei verschiedenen Temp. u. an verschiedenen Kornfraktionen gemessen. Mit Hilfe dieser Ergebnisse u. theoret. Überlegungen zur Verweilzeitverteilung des Feststoffs in Wirbelschichten werden die Bedingungen für einen kontinuierlichen Betrieb ermittelt, die bei Verss. im halbtechn. Maßstab bestätigt wurden. Es wird über die Dimensionierung einer Betriebsanlage berichtet. H. Hochstein. 6506□

Fortschritte beim Schleifen und Läppen der gesinterten Hartmetalle. B. Kleinschmidt. (Metall **14,** 567—69, Juni 1960; Düsseldorf; dt.) — Vgl. von Diamantschleifscheiben mit einem Belag von natürlichen u. künstlichen Diamanten. E. Miessgang. 6510□

Makrostreuung, Mikrostreuung und Einebnung galvanischer Bäder. E. Raub und A. von Krusenstjern. (Metall **14,** 521—24, Juni 1960; Schwäbisch Gmünd, Forschungsinst. für Edelmetalle u. Metallchemie; dt.) — Die zur Charakterisierung der Verteilung der Auflagen auf der Oberfläche eines gegebenen Gegenstandes in der galvanotechn. Praxis entwickelten Begriffe: „Streufähigkeit" (Makrostreuung), Mikrostreuung (Verteilung der Metallauflage auf dem Mikroprofil der Oberfläche) u. Einebnung (vermehrte Metallabscheidung in den Tiefen, wodurch die Oberflächenrauhigkeit vermindert wird) werden erörtert. Vgl.-Verss. an verschiedenen Bädern. E. Miessgang. 6514□

Verfahren und Anlagen zur Entgiftung und Neutralisation von Abwässern aus metallverarbeitenden Betrieben. B. Grundlagen der stromlosen Gleichspannungsmessung. K. Arnold und R. Abend. (Galvanotechnik **52,** 549—54, 15/10. 1961; Berlin, Ingenieurbüro für Oberflächentechnik; dt.) — A. vgl. C. **1962,** 3251. — Erörtert werden die physikal. Grundlagen der Kompensations-Meth. u. die stromlose Spannungsmessung mit Hilfe von Gleichspannungsverstärkern. F. Vier. 6514□

Galvanische Überzüge auf Molybdän und Wolfram. H. J. Booss. (Metall **14,** 546—48, Juni 1960; Berlin, Osram GmbH; dt.) — Vor der Abscheidung metall. Überzüge auf Mo u. W ist eine Vorbehandlung erforderlich (mechan. Oberflächenbearbeitung, chem. Oberflächenbehandlung: Abkochreinigung, Abätzen, Entfettung). Die bei der Abscheidung von *Cu, Ni, Cr, Cu, Pt* einzuhaltenden Kriterien werden beschrieben u. die Nachbehandlung (Glühen) erläutert. E. Miessgang. 6516□

Die Streukraft von Nickel- und anderen Elektrolyten. S. A. Watson. (Trans. Inst. Metal Finishing **37,** 28—39, Diskussion: 83—86, 1960; Birmingham, Mond Nickel Co. Ltd.; engl.) — Ein Meß-Verf. zur Best. der Streukraft unter Verw. einer Hull-Zelle wird beschrieben, bei dem die Dicke des abgeschiedenen Nd. an verschiedenen Punkten entlang der Kathode bestimmt wird. *Cu-*, *Cr-*, *Sn–Ni-* u. *Co–Ni*-Elektrolyten werden mit verschiedenen Ni-Elektrolyten verglichen u. die Watts-Lsg. mit *Citrat-*, *Fluorborat-*, *All-chloride-* u. *high speed-Ni*-Lösungen. F. Vier. 6516□

Struktur und Härte von elektrolytisch abgeschiedenem Chrom. C. P. Brittain und G. C. Smith. (J. Inst. Metals **89,** 407—16, Juli 1961; Cambridge, Univ.; engl.) — Cr wurde galvan. bei 45—85° abgeschieden u. dann bis 1050° geglüht. Die Struktur der Ndd. wurde mkr. u. elektronenmkr. untersucht u. die Härteänderungen durch Mikrohärtemessung beobachtet. Die Strukturen der frisch abgeschiedenen Ndd. sind schwierig zu interpretieren. Es liegen jedoch Anzeichen vor, daß die Korngröße mit steigender Abscheidungs-Temp. wächst. Deutlicher macht sich das Wachsen der Korngröße bei der Wärmebehandlung bemerkbar, bes. bei Proben, die bei 45 u. 55° abgeschieden sind. Bei diesen Proben ist nach kurzer Wärmebehandlung das Auftreten einer dispergierten Phase zu beobachten. Mit der Korngröße verändert sich auch die Härte. Sie bestimmt offenbar die Härte in den Niederschlägen. Sie kann durch die Ggw. von feinverteilten nichtmetall. Stoffen beeinflußt werden. F. Vier. 6518□

Der Einfluß des Kohlenstoffgehaltes im Stahl auf die Diffusionsgeschwindigkeit von Chrom. Je. P. Mogilewski. (Металловедение и Термическая Обработка Металлов [Metallkunde therm. Metallbearb.] **1962,** Nr. 5, 35—36, Mai; Zentr. Forschungsinst. für Technol. u. Maschinenbau; russ.) — Die Warmdiffusionsverchromung in metall. *Cr* unter Anwendung eines Vakuums gewährleistet eine größere Sättigungsintensität u. bewirkt eine Schicht größerer Dicke im Vgl. zur Verchromung in einem Pulvergemisch für einen *Stahl* mit nicht über 0,2% *C* bei 1100° u. höher. H. Hochstein. 6518□

Einebnung durch elektrolytisch abgeschiedene Nickelniederschläge. J. Elze, D. Pantzke und H. Plog. (Galvanotechnik **52,** 509—21, 15/10. 1961; Berlin-Dahlem, M.P.A.; dt.) — Verläßlicher als die Messung der einebnenden Wrkg. eines Elektrolyten mittels eines Profiltastgerätes ist die Querschliffuntersuchung. Sie läßt auch erkennen, ob Hohlräume überwachsen sind. Mit ihrer Hilfe kann auch der in dm^2/A ausdrückbare Einebnungs-Geschw.-Koeff. an definiert geritzten Kathoden festgestellt werden. Für sehr gut einebnende Elektrolyten beträgt er bei einem Anfangsritzöffnungswinkel von 50° bis zur Abstumpfung auf 170° ca. $13 \cdot 10^{-3}$ dm^2/A. F. Vier. 6520□

Beständiges und erhaltendes Zink. Günther Frank. (Blech **8,** 372—78, Mai 1961; dt.) — Übersicht über Zweck, Art, Ausführung u. Haltbarkeit der Verzinkung von Fe- u. Stahlgegenständen. W. Wesly. 6522□

Verzinkung: Ein Überblick über die Feuerverzinkungsverfahren mit einer Bezugnahme auf die elektrische Verzinkung. H. Edwards, E. D. Harry und E. Jenkins. (Iron Steel Inst., spec. Rep. **67,** 161—72, 181—87, 1960; John Summers & Sons Ltd. u. Richard Thomas & Baldwins Ltd.; engl.) — Überblick mit 41 Literaturangaben. — Diskussion. H. Hochstein. 6522□

Entwicklungen in der kontinuierlichen Bandverzinkung. Carroll Cone. (Iron Steel Engr. **39,** Nr. 3, 80—87, März 1962; Toledo, Ohio, Surface Combustion Div., Midland-Ross Corp.; engl.) — Überblick über die verschiedenen Verfahren. — Diskussion. H. Hochstein. 6522□

Beobachtung der Zinkdiffusion in Zinnüberzügen auf Messing. S. C. Britton und M. Clarke. (Trans. Inst. Metal Finishing **37,** 86—90, 1960; engl.) — Diskussion zu der C. **1961,** 18486 referierten Arbeit. F. Vier. 6524□

Das stromlose Vergolden. M. Burkhardt und S. Dorner. (Metall **14,** 564—66, Juni 1960. Hanau, W. C. Heraeus GmbH, Galvan. Labor.; dt.) — Nach einer Besprechung der prakt. nicht mehr angewandten *Eintausch-* oder *Sudvergoldung* wird das Arbeits-Verf. der *Kontakt-* (oder *Hauch-*)*vergoldung* beschrieben u. eine Bad-Zus. angegeben. — 11 Literaturzitate. E. Miessgang. 6526□

Mit Kunststoff überzogener Stahl: Ein erfolgversprechendes neues Blechmaterial. S. S. Carlisle und W. Bullough. (Iron Steel Inst., spec. Rep. **67,** 173—80, 1960; Brit. Iron and Steel Res. Assoc.; engl.) — Die Entw. von mit PVC (Polyvinylchlorid)-Kunststoff überzogenem Stahl als neuer Werkstoff zur Herst. für die blechverarbeitende Industrie wird geschildert u. neuzeitliche in- u. ausländ. Verff. zur Umkleidung von Stahlblech mit PVC-Kunststoff, bes. das BISRA-Verf. zur Herst. von „*Plasteel*", im einzelnen erörtert. Die Eigg. u. die Prüf-Meth. für dieses neue Material sowie seine Verw. in der Industrie u. im Haushalt werden behandelt. H. Hochstein. 6528□

Oxydation von Aluminium-Magnesium-Legierungen bei hohen Temperaturen in verschiedenen Gasatmosphären. R. A. Hine und R. D. Guminski. (J. Inst. Metals **89,** 417—22, Juli 1961; Banbury, Oxon, Aluminium Labor. Ltd.; engl.) — Die Oxydation von *Al–Mg*-Legg. in getrockneter u. nichtgetrockneter Luft u. anderen Gasen wurde zwischen 400 u. 540° untersucht. In getrockneter Luft folgt die Oxydations-Geschw. einem parabol. Gesetz, das nach 2 Std. in ein lineares übergeht. Die Kinetik der Oxydation in nichtgetrockneter Luft ist verwickelter. Bis zu 200 Std. wird zunächst die Oxydations-Geschw. erniedrigt, bis sich Blasen bilden, wonach die Oxydations-Geschw. zunimmt. Die Oxydations-Geschw. ist unabhängig vom Partialdruck des O_2, abhängig dagegen von der Konz. des *Mg* in der Legierung. In Ggw. von CO_2 wird sie herabgesetzt. Während der Oxydation reichern sich die äußeren Schichten mit *MgO* an. Die Grenzschicht Oxid/Metall verarmt an Mg, da die Diffusions-Geschw. von Mg im Metall niedriger ist als im Oxid. Die dunkle Farbe der Oxidschicht rührt von kleinen eingeschlossenen *Al*-Teilchen her. Zusätze von *Be* verringern die Oxydation u. Verfärbung. F. Vier. 6530□

Mindestgehalte von Legierungsbestandteilen für die Bildung von Oxidschichten hoher Schutzwirkung gegen Oxydation bei höheren Temperaturen. Fritz Maak und Carl Wagner. (Werkstoffe u. Korrosion **12,** 273—77, Mai 1961; Göttingen, MPI für physik. Chem.; dt.) — Als Mindestforderung für die Bldg. von lückenlosen schützenden Oxidschichten von Zusatzmetallen wie *Al* oder *Be* in *Cu* oder *Fe*, gilt, daß die durch Diffusion an die Oberfläche gelangende Menge des Zusatzmetalls ausreichen muß für die Bldg. des lückenlosen Oxidfilms. Verss. an Cu-Be-Legg. zeigen, daß auch bei höheren Konzz. von Zusatzmetall, als sie zur Bldg. des Oxidfilms nötig sind, Grundmetall u. Zusatzmetall gleichzeitig oxydiert werden können, wenn nämlich im Oxid des Grundmetalls bewegliche O-Ionen vorhanden sind oder zwischen einer kompakten Oxidschicht des Grundmetalls u. seiner Oberfläche eine poröse Zone der Oxide beider Metalle mit Wanderung von O_2-Molekeln in den Poren vorliegt. — 38 Literaturangaben. F. Vier. 6530□

Zur Auswertung von Messungen der Schichtdicken binärer Legierungen mit innerer Oxydation bei gleichzeitiger äußerer Oxydation. Fritz Maak. (Z. Metallkunde **52**, 545—46, Aug. 1961; Göttingen, MPI für physik. Chem.; dt.) — Ein einfaches Verf. zur Berechnung des Prod. von O_2-Löslichkeit u. Diffusions-Konst. in dem edleren Metall einer bin. Leg. wird mitgeteilt, dem Beobachtungen der Dicke der Zone innerer Oxydation bei gleichzeitiger äußerer Oxydation zugrunde liegen. Beobachtungen im Syst. *Cu–Be* bei 850° werden als Beispiel ausgewertet. F. Vier. 6530□

Beitrag zur Frage des Bildungsmechanismus von anodisch erzeugten Hartoxidschichten. P. Csokán und M. Holló. (Werkstoffe u. Korrosion **12**, 288—95, Mai 1961; Budapest, Ungar. Akad. der Wissenschaften; dt.) — Die elektronenmkr. Unters. der Bldg. von Hartoxidschichten auf Al in verd., kalten H_2SO_4-Lsgg. bei verschiedenen Zellenspannungen u. Expositionszeiten zeigte, daß der Ablauf der Hartoxid-Bldg. in morpholog. Hinsicht in mehrere Perioden unterteilt werden kann. An den reaktionsfähigsten Stellen der zunächst gebildeten Oxidschicht — an Kristallgitterfehlern, chem. Inhomogenitäten, Gefügedeformationen — treten als Folge von elektr. Durchschlägen bei Zellenspannungen über 35 V prim. Oxydationskeime auf, wobei die Zahl der gleichzeitig auftretenden Keime von der Zellenspannung abhängt. Um diese Keime breiten sich strahlenförmig sek. Oxydationszonen aus. In den dickeren Oxidschichten bilden sich bündelartig zueinander gewachsene Porenkanäle aus, die sich mit zunehmender Dicke der Oxidschichten verlängern u. durch innere Spannungen infolge der Raumbeanspruchung deformiert werden. Es entstehen feine Risse an der Oxidschichtoberfläche u. die Porenöffnungen verschieben sich u. nehmen eine kreisförmige Anordnung an. Bei Spannungen unter 30 V bildet sich kein Hartoxid. Über 70 V treten in der Oxidschicht lokale Überhitzungen auf, die zur Oxidrücklösung führen, wodurch die Schicht schwammig u. porös wird. — 26 Literaturangaben. F. Vier. 6530□

Über die Beurteilung des Sealens von anodisch hergestellten Oxidfilmen auf Aluminium. T. P. Hoar und G. C. Wood. (Trans. Inst. Metal Finishing **37**, 7—10, 1960; Cambridge, Univ.; engl.) — Eine colorimetr. Meth. zur Best. der Güte des Sealens von anod. erzeugten Oxidfilmen auf Al wird beschrieben. Die nachverdichtete Oxidoberfläche wird in eine wss. Lsg. getaucht, die $K_2Cr_2O_7$ enthält. Nach Abwaschen u. Trocknen wird der Oxidfilm in einer NaOH-Lsg. gelöst u. das adsorbierte CrO_4-Ion colorimetr. durch Diphenylcarbazid bestimmt. F. Vier. 6530□

Korrosionsverhalten von 2 Aluminiumlegierungen (H10 und H15) in der Atmosphäre. E. A. G. Liddiard und J. A. Whittaker. (J. Inst. Metals **89**, 423—28, Juli 1961; Stoke Poges, Bucks., Fulmer Res. Inst.; engl.) — Vgl. C. **1962**, 3966. — Dauerkorrosions-Verss. bis zu 8 Jahren an der Atmosphäre u. Labor.-Verss. wurden an der Al-Leg. *AW10* (HE10) mit 0,04% Mn u. *AW15* (HE15) mit normalem Mn-Geh. von 0,5% vorgenommen. Dabei zeigte sich, daß die Korrosions-Geschw. bei *AW10* exponentiell mit der Zeit abnahm. Nach einer Anlaufzeit bildete sich bei *AW15* Schichtkorrosion aus, die schnell u. linear mit der Zeit verlief. In England war die Korrosions-Geschw. 2—5mal so hoch wie in den entsprechenden Gebieten in den V.St.A. Für *AW10* wurde der Gew.-Verlust durch Extrapolieren für 100 Jahre errechnet. *Cu*-Zusätze von 0,09—0,5% steigern die Korrosions-Geschw. von *AW10* an der Küste u. beim Salzsprühtest, nicht aber in der industriellen Umgebung. Anod. Überzüge üben bei beiden Legg. eine Schutz-Wrkg. aus. F. Vier. 6538□

In schwefelsauren Ätzlösungen beständiger Chrom–Nickel–Molybdän–Kupfer-Stahl. Je. W. Sotowa. (Металловедение и Термическая Обработка Металлов [Metallkunde therm. Metallbearb.] **1960**, Nr. 11, 12—15, Nov.; Zentr. Forsch.-Inst. der Eisenhüttenkunde; russ.) — Durch Korrosions-Unterss. wurde festgestellt, daß ein komplexes Legieren von Stahl mit *Cr*, *Ni*, *Mo* u. *Cu* dem Metall eine erhöhte Korrosionsbeständigkeit gegen H_2SO_4 bei erhöhten Temp. verleiht. Zur Feststellung der Gesetzmäßigkeit des Einfl. von Cr u. Ni auf die Korrosion der Stähle wurden Legg. mit verschiedenen Cr- u. Ni-Geh., u. zwar mit 5—27% Cr u. 9—28% Ni in H_2SO_4-Lsgg. mit einer

Konz. von 5, 10 u. 20% bei 80° u. einer Dauer von 100 Std. untersucht. Die Verss. ergeben, daß der Gehalt der Stähle an *Ti* oder *Nb* die Korrosion nicht beeinflußt. Ein Stahl mit ca. 18(%) Cr, 28 Ni, 3 Cu u. 3 Mo wird als Werkstoff zur Herst. von Heizschlangen für Beizbäder von Stahlblechen empfohlen. Gute Ergebnisse hinsichtlich der Korrosionsbeständigkeit in den H_2SO_4-Lsgg. wurden auch bei Stählen mit 0,02 C, 24,25 Cr, 28,35 Ni, 3,24 Mo u. 3,02 Cu erzielt. H. Hochstein. 6538□

Das Korrosionsverhalten von dekorativen Kupfer–Nickel–Chrom-Schichten auf Stahl. H. M. Heiling. (Metall **14**, 549—61, Juni 1960; Neuss/Rh., Langbein-Pfanhauser-Werke; dt.) — Unter besonderer Berücksichtigung der *Duplex*-Verff. wird das Korrosions-Verh. von dekorativen *Cu–Ni–Cr-* u. *Ni–Cr*-Schichten auf Stahl geprüft. An den fertig veredelten Testblechen sind folgende Korrosionsprüfungen vorgenommen worden: Corrodkote-Test [Corrodkote-Paste: 30 (g) Kaolin, 1 NH_4Cl, 0,035 $Cu\cdot(NO_3)_2\cdot3\,H_2O$, 0,165 $FeCl_3\cdot6\,H_2O$, 50 ml W.], Industrieluftprüfung nach Kesternich. Die erhaltenen Ergebnisse (in Tabellen zusammengestellt) werden diskutiert, wobei auch herausgestellt wird, daß rißfreie verchromte *Cu-Glanz-Ni-* u. *Cu-Duplex–Ni*-Schichten dem Kesternich-Test standhalten u. Cu-Duplex–Ni-rißfreies Cr sowohl beim Corrodkote-Test als auch beim Kesternich-Test die an den Korrosionsschutz gestellten Bedingungen erfüllen. — 33 Literaturzitate. E. Miessgang. 6538□

Der Einfluß einiger Kolloide auf die Korrosion von Messing in Äpfelsäure und Ammoniumchlorid. J. D. Talati, M. N. Desai und A. M. Trivedi. (Werkstoffe u. Korrosion **12**, 277—79, Mai 1961; Ahmedabad, Indien, M. G. Sci. Inst.; dt.) —Verss. zeigen, daß der Einfl. von Zusätzen von Gelatine, pulvis acacia, Dextrin, Agar, Ei-Albumin u. Kartoffelstärke auf die Korrosion von α- u. α/β-Messing in Äpfelsäure u. NH_4Cl davon abhängig ist, ob die zugesetzte Substanz kathod. ist, oder ob sie mit dem Metall lösl. Komplexe bildet. In letzterem Fall wird der Angriff verstärkt. Da je nach dem Messingtyp die Entzinkung nach verschiedenen Mechanismen ablaufen kann, ist es schwierig, Inhibitoren zu finden, die sowohl den Allgemeinangriff als auch die Entzinkung hemmen. Die Verw. von Inhibitorgemischen ist daher notwendig. F. Vier. 6538□

Korrosion bei hoher Temperatur durch schwefelwasserstoff- und schwefelreiche Gase. Ph. Marchessaux. (Corrosion et Anticorrosion **9**, 160—68, Mai 1961; franz.) — An einem zur S-Gewinnung aus H_2S u. S enthaltenden Gasen von 1200° dienenden Ofen traten Korrosionen infolge Bldg. von $Fe_{x-1}Sx$, bes. Fe_7S_8, mit hexagonaler oder monokliner Struktur auf. Die am wenigsten angegriffenen Schichten weisen *α-Fe* auf. Der Angriff wird durch die Menge des das Ofenblech berührenden S-haltigen Gases u. die Blech-Temp. bestimmt. Zur Abhilfe wird eine Verkleidung des Bleches mit Beton BMA u. eine Herabsetzung der Blech-Temp. empfohlen. W. Wesly. 6538□

Zur Schwingungsrißkorrosion metallischer Werkstoffe. 1. Mitt. **Die Überlagerung von Schwingungs- und Korrosionsbeanspruchung und ihre Auswirkung auf die Riß- und Bruchformen von Stählen.** H. Spähn. (Metalloberfläche **16**, 197—202, Juli 1962; Darmstadt, TH, Inst. für Werkstoffkunde; dt.) — Bei der Ermittlung der zur Riß-Bldg. führenden Grundvorgänge wird die Korrosion durch einen äußeren anod. Strom hervorgerufen; durch Änderung der Stromdichte ist dabei die Korrosions-Geschw. in weiten Grenzen regelbar. Bei der Unters., ob die hervorgerufene Korrosion bei gleichzeitiger Schwingungsbeanspruchung zu denselben Riß- u. Bruchformen führt, ergibt sich sowohl im Rißverlauf durch das Gefüge als in der Ausbldg. der Bruchflächen Übereinstimmung mit den Befunden aus Schadensfällen im Betrieb oder im Labor. unter Verw. von Korrosionsmitteln. Die Risse verlaufen transkristallin u. senkrecht zur Hauptspannungsrichtung. Sie können in weichen Stählen auf kurzen Strecken den Korngrenzen folgen, wenn deren Richtung etwa mit der des Schubspannungsmaximums zusammenfällt. Auch die Form der Brüche stimmt bei der durch anod. Ströme ausgelösten Schwingungsrißkorrosion mit den Befunden der Praxis überein. Glatte Brüche entstehen bei niedriger, zerklüftete bei hoher Rißdichte. Bei unlegierten Stählen erhält man bei niedrigen Abtragungs-Geschw. glatte Bruchflächen, wie sie normalerweise für rost- u. säurebeständige, austenit. Stähle kennzeichnend sind. Umgekehrt tritt an austenit. Stählen bei hoher Auflösungs-Geschw. die für weiche C-Stähle typ. Zerklüftung der Bruchfläche auf. H. Hochstein. 6538□

Kathodischer Schutz von im Boden eingebetteten oder in Wasser eintauchenden Anlagen. Mario M. Jacopetti. (Werkstoffe u. Korrosion **12**, 280—88, Mai 1961; Neapel; dt.) — Die wichtigsten Voraussetzungen für die Wirksamkeit des kathod. Schutzes werden erörtert. — 45 Literaturangaben. F. Vier. 6538□

Einige Korrosionsprobleme der Raketenaufbewahrung in Bunkern. Leo E. Gatzek. (Corrosion [Houston] **17**, 28—29, Febr. 1961; Los Angeles, Calif., Aerospace Corp.; engl.) — Die bei längerer Aufbewahrung von Raketen in Bunkern unter der Erde auftretenden Korrosionsprobleme (Feuchtigkeit, Pilze, Bakterien, Nagetiere, Gase) u. ihre z. T. automat. Kontrolle werden besprochen. — 15 Literaturangaben. H.-P. Rettig. 6538□

Ausführung einer nützlichen Veränderung zur Reduzierung der Korrosion häuslicher Heißwasserbehälter. P. J. Sereda. (Corrosion [Houston] **17,** 30—32, Febr. 1961; Ottawa, Canada, Nat. Res. Counc.; engl.) — Unters.-Bericht. H.-P. Rettig. 6538□

Durch Chloride verursachte Spannungsrißkorrosion von rostfreien Stahlentlüftungseinsätzen. N. D. Groves, L. R. Scharfstein und C. M. Eisenbrown. (Corrosion [Houston] **17,** 53t—54t, Febr. 1961; Reading, Pa., Carpenter Steel Comp.; engl.) — Es wird Spannungsfreiglühen nach dem Schweißen empfohlen oder die Verw. von Stahl *430* an Stelle von *201* u. *329*. H.-P. Rettig. 6538□

Aufstellung einiger Zustands-Diagramme für die Korrosion der Metalle. T. Marković und M. Krajnović. (Werkstoffe u. Korrosion **13,** 92—94, Febr. 1962; Tugla, Inst. für physik. Chem. der Technol. Fakultät; dt.) — Graph. dargestellt wird der Einfl. der *W*.-Geschw. auf die Korrosion eines Stahlrohrs, die Löslichkeit von O_2 in Abhängigkeit von Druck u. Temp. u. die Eindringtiefe des *Cu* bei höheren Temp. in Abhängigkeit von Vers.-Dauer u. Temperatur. Bei den durchgeführten Ausgleichsrechnungen wurde teils die Meth. der kleinsten Quadrate, teils die der Mittelpunkte angewendet. Das Verf. läßt sich allg. auf die kinet. Analyse von Korrosionsvorgängen anwenden. In den beschriebenen Fällen wurde die entsprechende Gesetzmäßigkeit gefunden. F. Vier. 6540□

Einfaches Gerät zur Messung der Auflösungspotentiale von Metallen. A. Hache. (Corrosion et Anticorrosion **9,** 169—71, Mai 1961; I.R.S.I.D., Serv. Corrosion; franz.) — Zur Best. der Auflösungspotentiale von Metallen u. Legg. gegenüber wss. Lsgg. dienen ein Meßgerät (Abb.), das durch ein einfaches u. bewegliches Voltmeter gek. ist, u. eine Vgl.-Elektrode mit geschmolzenem AgCl. W. Wesly. 6540□

Untersuchung der Dynamik der Ausbildung von Antikorrosionsfilmen auf Metallen durch Zusätze von AsNII-7 und ZIATIM-339 mit Hilfe markierter Atome. A. G. Chanlarowa, M. M. Melik-sade, Ch. F. Faradshew und W. W. Ssubchanwerdichanowa. (Азербайджанское Нефтяное Хозяйство [Erdöl-Wirtsch. Aserbaidshan] **39,** Nr. 1, 39—41, Jan. 1960.) — Die Bldg. von Schutzfilmen aus Ölen mit den Zusätzen *AsNII-7* (**I**) u. *ZIATIM-339* (**II**) (Alkylsulfidphenole) auf verschiedenen Metallen wird nach der Meth. der markierten Atome (^{35}S) untersucht. Das Öl mit Zusätzen wird auf die Oberfläche zweier aufeinander reibenden Metallpaare aufgebracht. Es erweist sich, daß die Bldg. von Schutzfilmen in Ggw. von S mit **I** u. **II** im Dieselöl verschieden vor sich geht. Die S-Menge in dem Film, der sich durch die Wrkg. von **I** auf der Pb-Bronzeoberfläche gebildet hat, ist 1½—2mal größer als die in dem mit **II** gebildeten Film. Der Korrosionsverschleiß der Pb-Bronze in dem Öl mit **I** ist geringer als in dem mit **II**. Die S-Menge auf Gußeisen u. Stahl ist bei **I** u. **II** nnähernd die gleiche. Der in Ggw. von **II** gebildete Film ist im Vgl. zu dem in Ggw. on **I** gebildeten weniger fest u. nicht widerstandsfähig. K. Wekua. 6540□

Deutsche Gold- und Silber-Scheideanstalt vormals Roessler, Deutschland, **Erhöhung der Ermüdungsfestigkeit von Stahlwerkstücken.** Zur Erhöhung der Ermüdungsfestigkeit von Werkstücken aus nicht oder schwach legiertem Stahl, z. B. von Kurbelwellen, werden diese zwecks Oberflächennitrierung in einem Salzbad behandelt, welches neben den Alkalisalzen der Kohlensäure u. der Cyanursäure noch mindestens 30(%) eines Alkalicyanats enthält. Die Nitrierung soll mindestens 0,3 mm in die Oberflächenschicht des Werkstückes eindringen; z. B. wird ein Stahl mit 0,15 C 90 Min. bei 570° in ein aus 42 $Na_3C_3O_3N_3$, 28 *NaCNO*, Rest Na_2CO_3 bestehendes Bad getaucht. — Diagramm. (**F. P. 1 230 471** vom 17/11. 1958, ausg. 16/9. 1960. D. Prior. 8/10. 1958.) Hans Hoffmann. 6493

Associated Electrical Industries Ltd., London, England (Erfinder: Norman Clifford Welsh), **Oberflächenbehandlung von Teilen aus Nichteisenmetallen** im elektr. Lichtbogen in Ggw. von *C*, N_2 oder O_2 u./oder eines zusätzlichen Metalls, z. B. der IV., V. oder VI. Gruppe des Period. Systems. Zum Beispiel wird ein Gegenstand aus *Ti* im Lichtbogen mit einer Elektrode aus Ti, unter Paraffin getaucht, oder in einer N_2-Atmosphäre behandelt. Dabei wird der Körper einer Schwingung von 100 Hz unterworfen. Es konnte die Bldg. von *Ti-Nitriden* an der Oberfläche der Körper festgestellt werden. Die Verschleißfestigkeit der so behandelten Teile wird bis auf das 150fache gesteigert. (**E. P. 860 563** vom 29/6. 1956, ausg. 8/2. 1961.) F. Vier. 6493

Manfrid Dreher, Pforzheim, **Herstellung metallischer Gegenstände aus aushärtbaren Legierungen,** bes. warmaushärtbaren *Cu*-Legg., die nach der Formgebung

einen Edelmetallüberzug erhalten, der durch Diffusionsglühen mit der Unterlage verbunden wird, dad. gek., daß das Diffusionsglühen gleichzeitig zum Warmaushärten des Grundstoffes angewendet wird. Zum Beispiel wird ein Brillengestell aus ausgewalzten Profildrähten aus einer entsprechenden Leg. , das galvan. vergoldet ist, 30 Min. lang bei 500° gehärtet. (**D. A. S. 1 120 243** Kl. 48b vom 27/8. 1956, ausg. 21/12. 1961.)
F. Vier. 6493

Siemens & Halske Akt.-Ges., Berlin und München (Erfinder: Emil Duhme und Egon Klöpping, Heidenheim), **Aufrauhen von Schwermetallen,** wie *W*, *Mo* oder *Ta*, durch Aufbringen eines anderen Metalls, z. B. *Al*, u. Eindiffundieren in die Oberfläche durch Erhitzen. Dann wird das andere Metall durch Erhöhen der Temp. ausgedampft. Reste des Leg.-Metalls können ggf. durch Säurebehandlung entfernt werden. Das Leg.-Metall kann in solcher Menge aufgebracht werden, daß ein durchweg poröser Körper entsteht. (**D. A. S. 1 116 016** Kl. 48b vom 26/11. 1954, ausg. 26/10. 1961.)
F. Vier. 6493

Lukens Steel Co., übert. von: James L. Ma, Coatesville, Pa., V.St.A., **Verhütung der Bildung von Schuppenzunder** beim Glühen plattierter Stahlplatten. Die Plattenoberfläche wird mit einem Film einer wss. Mischung überzogen, die im wesentlichen aus *Mg-Chromat* (65—95%) u. *CaO* (5—35%) besteht. Der Film wird getrocknet u. dann die Platte bei ca. 1950° F geglüht. (**A. P. 2 943 961** vom 7/3. 1958, ausg. 5/7. 1960.)
H. Baur. 6493

Carborundum Co., V.St.A., **Metallbehandlung.** Die an sich chem. sehr korrosionsbeständigen Metalle *Ti*, *Zr* u. *Hf* sowie deren Legg. lassen sich durch Eintauchen in eine NH_4F-Lsg. mit einem pH-Wert zwischen 5 u. 8 in Lsg. bringen. Das Verf. eignet sich bes. zum Beseitigen der Oberflächenschichten entsprechender Gegenstände oder Metallabfälle, die nach der Lsg.-Behandlung mit einer 1—5%ig. Mineralsäure-Lsg., z. B. HNO_3, *HCl* oder H_2SO_4, nachgewaschen u. getrocknet werden. Es werden zweckmäßig 5—50%ig. NH_4F-Legg. bei Temp. zwischen 20 u. 115° benutzt. — Diagramme. (**F. P. 1 196 065** vom 30/12. 1957, ausg. 20/11. 1959.) Hans Hoffmann. 6513

Peter Niedner, München, **Aufarbeiten von schwefelsauren Eisenbeizlaugen** durch Abkühlen in zwei oder mehreren Stufen, Umkristallisieren u. Ausscheiden der $FeSO_4$-Kristalle unter Zugabe von H_2SO_4. Die Zugabe der konz. H_2SO_4 erfolgt zwischen Vorkühlung u. Nachkühlung. (**D. A. S. 1 124 781** Kl. 48d vom 31/3. 1958, ausg. 1/3. 1962.)
H. Baur. 6513

John J. Kelly, Golden, Colo., V.St.A., **Metalle gegen Korrosion schützende Wickelbänder.** Diese weisen auf der einen Seite des Verstärkungsmaterials, z. B. aus *Glasfasern*, eine Schicht aus einer Mischung von *Georgia-Ton*, einem geblasenen *Asphalt* u. einem den Erweichungspunkt erhöhenden hochschm. *KW-Stoffhärter* auf, während die andere Seite, welche später mit dem Metall in Berührung gebracht wird, mit einer homogenen Mischung aus 100 (pounds) *Petroleum*, je 1—1,5 *Na-* u. *K-Chromat* als inhibierenden Stoffen sowie 25—40 Georgia-Ton überzogen ist. (**A. P. 2 918 389** vom 2/2. 1956, ausg. 22/12. 1959.) P. Krug. 6529

Institut Dr. Ing. Reinhard Straumann Akt.-Ges., Schweiz, *Herstellung eines Lagers für Wellen in Uhren.* (**F. P. 1 227 970** vom 24/6. 1959, ausg. 26/8. 1960. Schwz. Prior. 27/6. 1958. — C. **1961,** 10355 [Schwz. P. 340 783].)

Sierra Metals Corp. (Erfinder: **Rudolf Harold Thielemann**), *Nickellegierungen.* (**Aust. P. 230 963** vom 2/6. 1958, ausg. 24/11. 1960. A. Prior. 31/5. 1957. — C. **1962,** 3971 [Belg. P. 568 228].)

National Steel Corp., Pittsburgh, Pa., übert. von: **Charles W. Laufle** und **Clarence L. Altenburger,** Ecorse, Mich., V.St.A., *Stahllegierung.* (**Can. P. 555 396** vom 15/6. 1956, ausg. 1/4. 1958. — C. **1959,** 6949 [A. P. 2 797 991].)

Armour Research Foundation of Illinois, Institute of Technology (Erfinder: **Fredric Victor Schossberger**), *Herstellung von Titan.* (**Aust. P. 230 077** vom 5/2. 1958, ausg. 22/9. 1960. A. Prior. 8/2. 1957. — C. **1962,** 9508 [A. PP. 2 857 264 u. 2 857 265].)

DEHYDAG Deutsche Hydrierwerke G. m. b. H. (Erfinder: **Wennemar Straub** und **Wolf-Dieter Willmund**), *Galvanische Glanzkupferbäder.* (**Aust. P. 230 970** vom 31/10. 1958, ausg. 24/11. 1960. D. Prior. 30/11. 1957. — C. **1961,** 17381 [F. P. 1 227 239].)

H_9. Organische Industrie

Extraktion von Phenolen in Kolonnen mit Füllkörpern bei niedrigen Konzentrationen. Zdzisław Ziołkowski, Jerzy Naumowicz und Krzysztof Makomaski. (Chem. stosowana **3,** 475—85, 1959; Wrocław, Politechn., Kat. Inż. chem.; pol.) — *Phenol* (I) u. I/*Resorcin-Gemische* werden aus wss. Lsg. (Konz. 10—0,02 g/Liter) mit Butylacetat u. Bzl. in einer mit Raschig-Ringen gefüllten Kolonne extrahiert. Bei Anwendung der pulsierenden Extraktion werden besser reproduzierbare Ergebnisse erhalten als bei gewöhnlicher Extraktion. Die Stoffübergangszahl wird durch Pulsation verbessert, da die Austauschflächen vergrößert werden. F. Urban. 1060□

Die chemische Wirkung einer Gasentladung auf Kohlenwasserstoffe. 2. Mitt. **Die Umwandlung von Benzol und Alkylbenzolen in dicyclische Verbindungen mit zwei isolierten Aromatringen je Molekül.** H. J. Kraaijveld und H. I. Waterman. (Brennstoff-Chem. **43,** 1—7, Jan. 1962; Delft, Niederlande, TH, Inst. für Chem. Technol.; dt.) — 1. vgl. C. **1963,** 2612. — *Bzl.* wird z. T. durch Einw. einer *Gasentladung* in *Biphenyl, Terphenylen,* geringe Mengen H_2 u. C_2H_2 umgewandelt. Auch Alkylbenzole reagieren schnell in einer Gasentladung, ist aber an den Aromaten-Moll. eine Seitenkette vorhanden, so finden die Rkk. hauptsächlich an der Alkylgruppe statt. Bei den Rkk. mit Aromaten entsteht ein großer Teil von Dimeren, daneben treten Crackung u. Polymerisation auf. In 1. Linie werden die Dimeren untersucht. Eine Anzahl aromat. KW-Stoffe wird unter gleichartigen Rk.-Bedingungen einer Gasentladung ausgesetzt: So wird das Verh. verschiedener Ausgangsstoffe vergleichbar. Die Rk. von 2 monomeren Alkylbenzolen geht vorzugsweise an dem C-Atom vor sich, das sich zum Aromatenring in α-Position befindet; hierbei werden *1.2-Diphenyläthan* oder ähnliche Verbb. gebildet. Nur die Dimerisation von Bzl. findet am Aromatenring statt. Mit steigender Anzahl der C-Atome nimmt die Zahl der Dimeren u. Polymeren im Rk.-Prod. ab, während die Crack-Rk. in den Vordergrund tritt. Die Crackung tritt im aliphat. Teil der Moll. auf. S. Gipp. H 2210□

Die chemische Wirkung einer Gasentladung auf Kohlenwasserstoffe. 3. Mitt. **Die Umwandlung von Benzol in Biphenyl und von Toluol in 1.2-Diphenyläthan in Abhängigkeit von den Reaktionsbedingungen.** H. J. Kraaijveld und H. I. Waterman. (Brennstoff-Chem. **43,** 33—38, Febr. 1962; dt.) — 2. vgl. vorst. Referat. — Unter optimalen Bedingungen beträgt die Ausbeute an *Biphenyl* (I) $>$30 Gew.-% des umgewandelten *Benzols.* In energet. Hinsicht werden die besten Ergebnisse bei sehr kurzen Kontaktzeiten u. einer niedrigen Energiezufuhr je Gew.-Menge Bzl. erreicht. Die Anzahl Moll., die dann je 100 eV umgesetzt wird (mit G bezeichnet), beträgt bei Bzl. 1,28 ($-G_{Bzl.} = 1{,}28$). Unter diesen Bedingungen, bei denen die Ausbeute an I etwas geringer als der Höchstwert ist, beträgt $G_I = 0{,}33$. Die Bldg. von *1.2-Diphenyläthan* (II) aus *Toluol* verläuft am günstigsten bei einer großen Durchfluß-Geschw. von Toluol u. einer geringen Energiezufuhr je Gew.-Menge Toluol. Das trifft sowohl hinsichtlich der Ausbeute, als auch des Energieverbrauchs zu. Die höchste erreichte Ausbeute an II in den Rk.-Prodd. beträgt 42 Gew.-% ($-G_{Toluol} = 0{,}93$; $G_{II} = 0{,}37$). W. Lauk. H 2210□

Die Synthese von Cumarin. Vicente Carrazza. (Rev. brasil. Quím. **49,** 133—36, Febr. 1960; port.) — Beschreibung der *Darst.* von *Cumarin* aus Salicylaldehyd, $(CH_3 \cdot CO)_2O$ u. CH_3COONa nach der Meth. von Tiemann u. Herzfeld, ihrer apparativen Durchführung u. der Prüfung der Ausgangsstoffe u. Produkte.
R. K. Müller. H 3211□

Morphinisolierung aus Betriebsabfällen. M. A. Romantschuk, L. G. Demina, A. Ss. Labenski und G. A. Ssandomirskaja. (Медицинская Промышленность СССР [Med. Ind. UdSSR] **15,** Nr. 4, 54—57, April 1961; Chem.-Pharmaz. Allunions-Ordshonikidse-Forschungsinst.; russ.) — Zur Rückgewinnung der 0,07—0,1% *Morphin* (I) aus Abwässern der Codeingewinnung, die 17% Mineralsalze neben harzigen Stoffen enthalten, wird ein Ionenaustausch-Verf. beschrieben, das 76% des I wiederzugewinnen erlaubt. Die 6 Austauschsäulen sind mit KU-2 in der Na-Form beschickt. Das technolog. Schema ist angegeben. Die optimalen Betriebsparameter sind: Durchsatz 120 Liter/h.m², pH der verarbeiteten Lsg. 6—7, Desorption mit 2%ig. NaOH. Das Eluat enthält 0,6—0,7% I. Es wird auf pH 4—5 (H_2SO_4) angesäuert, im Vakuum bei 80—85° eingedampft u. I mit NH_3-Lsg. gefällt. G. Siewert. H 3500□

American Cyanamid Co., New York, N.Y. (Erfinder: Gilbert Irving Addis, Plainfield, N.J.), V.St.A., **Kontinuierliche Herstellung von Diphenylamin** in der Gasphase durch Überleiten von unverd. Anilin bei 400—550° u. 2,8—14,06 kg/cm² über einen Desaminierungskatalysator, der mindestens aus einem Oxid von Al oder Ti besteht u. dessen Oberfläche über 100 m²/g beträgt. (**Schwz. P. 357 407** vom 19/9. 1957, ausg. 30/11. 1961. **E. P. 871 511** vom 17/9. 1957, ausg. 28/6. 1961. Beide A. Prior. 21/9. 1956.) A. Debo. H 1310

Československá Socialistická Republika (Erfinder: Otakar Cerný, Jiří Čermák, Pardubice, und Vladimír Bažant, Prag), Tschechoslowakei, **Für die Herstellung von Alkyl- oder Arylhalogensilanen dienende geformte Kontaktgefäße,** dad. gek., daß man ein Gemisch von pulverisiertem Si, Cu u. Kieselgur (I) mit einer Lsg. von Wasserglas abbindet u. die geformte Masse bei 100—140° austrocknet. — Beispiel: 18 (g) pulverisiertes Si, 2 Cu u. 20 I vermischt man mit einer Lsg. von Wasserglas (Dichte 1,31) zu einem dichten, formbaren Teig. Die Menge des Wasserglases hängt von der I-Sorte ab; „Borovany-Gure“ erfordern 20—24 ml. Die entsprechend geformte

Masse trocknet man bei 100—120° vor u. erst kurz vor der Verw. für die Rk. mit halogenierten KW-Stoffen trocknet man sie unter N_2-Zufuhr bei 300°. (**Tschech. P. 97 529** vom 10/7. 1959, ausg. 15/12. 1960.) L. Macher. H 1380

Union Carbide Corp., New York, übert. von: Donald L. Bailey, Snyder, N.Y., V.St.A., **Sulfoaralkylsiloxane,** welche Einheiten der Formel **I** (in der Z = H, Alkyl, Aryl u. Gruppen der Formeln **II, III, IV,** welche mit R in C—C-Bindung stehen,

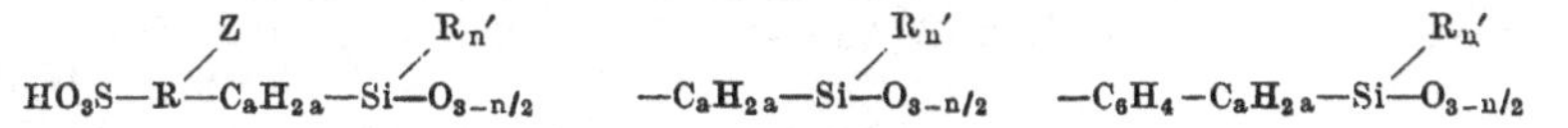

I II III

R = Aryl mit bis zu 10 C-Atomen, R′ = Alkyl, a = 2 bis 4, n = 0—2 sind), tragen, werden hergestellt durch Rk. eines Sulfonierungsmittels, wie Schwefelsäure oder SO_3 mit Aralkylhalogensilanen der Formel Y″—A—$C_aH_{2a}Si(R'_n)X_{3-n}$ [in der Y″ = H, Alkyl, Aryl u. Gruppen der Formel $-C_aH_{2a}Si(R'_n)-X_{3-n}$ u. $-C_6H_4-C_aH_{2a}Si(R'_n)X_{3-n}$ ist] u. Hydrolyse oder mit Aralkylsiloxanen der den obigen Silanen entsprechenden Formel. Die Salze dieser Organosiloxane werden als Mittel gegen die Trübung von Glasoberflächen verwendet, die freien Säuren als Katalysatoren für die Polymerisation von Isobutylen. (**A. P. 2 968 643** vom 31/12. 1958, ausg. 17/1. 1961.) A. Dandl. H 1380

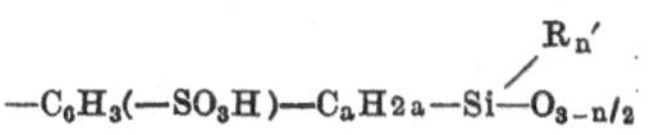

IV

Československá Socialistická Republika (Erfinder: Jiří Kadlec, Franz Jošt und Vladimír Bažant, Prag), Tschechoslowakei, **Gemische aus Cyclohexanol, Cyclohexanon und ihren Homologen** erhält man durch gleichzeitige Dealkylierung u. Hydrierung von o-Alkylphenolen bei 100—300° bei normalem oder erhöhtem Druck bis 400 at mittels fester Katalysatoren, die man durch Red. der Gemische von Ni-Oxiden oder Ni-Hydroxiden oder von Metallen der II. oder III. Gruppe des Period. Syst. (Al oder Mg) mittels H_2 bei 200—600° erhält. — Beispiel: Ein Gemisch von o-Kresol u. H_2 im Mol-Verhältnis 1:8 wird bei 200° u. normalem Druck bei einer Geschw. von 50 Mol/Std. über einen Ni-Katalysator mit 5% Al_2O_3 geführt. Es entstanden 50 (%) Cyclohexanol, 10 Cyclohexanon, 15 trans-2-Methylcyclohexanol, 10 Methylcyclohexanon u. 5 Zerfallstoffe. (**Tschech. P. 97 648** vom 25/8. 1959, ausg. 15/12. 1960.) L. Macher. H 1960

Československá Socialistická Republika (Erfinder: Vladimír Zapletal, Jaroslav Soukup und Vlastimil Růžička, Prag), Tschechoslowakei, **Herstellung von alicyclischen Ketonen aus entsprechenden Alkoholen,** dad. gek., daß man Dämpfe von alicycl. Alkoholen bei 240—340° über einen Katalysator leitet, der Cu auf Kieselgur enthält u. nach Tschech. P. 91 868 hergestellt ist. — Beispiel: 250 (g) Methylcyclohexanol werden in Dampfform je Std. über 100 ml des Cu-Katalysators bei 280° geführt. Nach einem 150 Std. dauernden Vers. erhielt man in einer Ausbeute von 81% Methylcyclohexanon, 2,5% Methylcyclohexen, Rest Methylcyclohexanol. (**Tschech. P. 99 030** vom 27/2. 1960, ausg. 15/3. 1961.) L. Macher. H 1960

Christopher L. Wilson, Sloatsburg, N.Y., V.St.A., **Aliphatische und cycloaliphatische Ketoxime.** Zu E. P. 797 611; C. **1960,** 11821, ist nachzutragen: Die kathod. Red. der Ketone erfolgt in Ggw. eines wss. oder alkohol. oder mit W. mischbaren Lsgm. (A., Isopropanol, Dimethylformamid, Dioxan, Äthylenglykol) u. eines anorgan. Nitrits oder Nitrats. — Aus Methylisobutylketon + KNO_2 in W. u. Methanol in Ggw. einer Zn-Kathode $<12°$ u. 4 A. → *Methylisobutylketonoxim.* Ferner sind oximierbar: Methylcyclohexanon, Menthon, Cycloheptanon u. Cyclooctanon. (**D. A. S. 1 080 545** Kl. 12o vom 11/10. 1955, ausg. 28/4. 1960. A. Prior. 14/10. 1954.) G. Krauß. H 1960

Ethyl Corp., New York, N.Y., übert. von: Hymin Shapiro und Earl G. De Witt, Baton Rouge, La., und Jerome E. Brown, Detroit, Mich., V.St.A., **Herstellung von Cyclopentadienylverbindungen von Elementen der Gruppe IIIA des Periodischen Systems.** Man setzt entweder ein Element dieser Gruppe mit einer Cyclopentadienyl-Verb. (**I**) eines Metalls um, das in der Spannungsreihe einen niedrigeren Platz einnimmt, wie z. B. Al mit $(C_5H_5)_2Hg$, oder man läßt Alkalicyclopentadienyl-Verbb. mit Al-Salzen usw., wie den Halogeniden, Alkoholaten oder Alkylcarboxylaten, reagieren. Man kann auch ein aktiviertes Metall der Gruppe IIIA direkt mit Cyclopentadienyl-KW-Stoffen reagieren lassen. Unter den Begriff der **I** fallen auch Indenyl- u. Fluorenylverbindungen. — Durch Rk. von fein gemahlenem Al, das mit einer äther. Lsg. von wasserfreiem HCl aktiviert worden ist, mit $(C_5H_5)_2Hg$ in Ggw. von Toluol erhält man in 95,6% ig. Ausbeute graues *Tris-(cyclopentadienyl)-Al,* F. 50—60°, lösl. in Bzl. u. Toluol, das mit $MnCl_2$ in Diäthylenglykoldimethyläther bei 165° Bis-(cyclopentadienyl)-

Mn ergibt, das mit CO in die Carbonyl-Verb. übergeführt werden kann. Analog erhält man *Tris-(methylcyclopentadienyl)-Al* u. *Tris-(indenyl)-Al*. Weitere Verbb.: *Tris-(cyclopentadienyl)-B* aus C_5H_5Na u. BF_3 in Tetrahydrofuran, *Tris-(fluorenyl)-Ga* aus Fluorenyl-MgBr u. $GaCl_3$ in Ae., *Tris-(n-octylcyclopentadienyl)-In* aus In-Metall u. n-Octylcyclopentadien, *Tris-(cyclopentadienyl)-Tl* aus Tl-Metall u. Bis-(cyclopentadienyl)-Zn, *Bis-(cyclopentadienyl)-methylcyclopentadienyl-Al* aus C_5H_5Na u. $CH_3 \cdot C_5H_4 \cdot Na$ u. Al in Diäthylenglykoldibutyläther. Zwischenprodd. zur Herst. von Cyclopentadienyl-Mn-Verbindungen. (**A. P. 2 987 534** vom 25/4. 1958, ausg. 6/6. 1961.) J. Mühleisen. H 2180

Timbrol Ltd., Sydney, Australien (Erfinder: George Herbert Bing, Douglas Lyons Ford und Thomas George Souter), **Diphenylolpropan** kann in Ausbeuten über 95% ohne Auftreten von gefärbten Nebenprodd. erhalten werden, wenn bei der Kondens. von Aceton u. Phenol in Ggw. von H_2SO_4 als Kondens.-Mittel bei 10—70° die Konz. der H_2SO_4 in engen Grenzen von ca. 71—75% durch allmähliche Zugabe von konz. H_2SO_4 gehalten wird. (**Aust. P. 230 335** vom 3/6. 1957, ausg. 13/10. 1960.) O. Roick. H 2260

Orsymonde Soc. An., Paris, Frankreich, **Herstellung von ungesättigten Trihydroxyacetophenonderivaten.** Äquivalente Mengen Trihydroxyacetophenon u. eines aromat. Aldehyds der allg. Formel I werden in Ggw. von starken Mineralsäuren, bes. HCl zu Verbb. der allg. Formel II umgesetzt. Hierbei sind R, R_1 u. R_2 gleich oder verschieden u. stellen H- oder Halogenatome, OH- oder Alkoxygruppen dar. Verw. nicht angegeben. (**Port. P. 38 072** vom 13/2. 1961, Auszug veröff. 26/4. 1961. E. Prior. 23/2. u. 4/8. 1960.) A. Kalix. H 2380

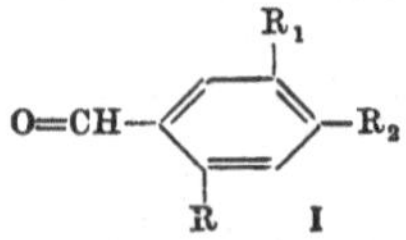

I

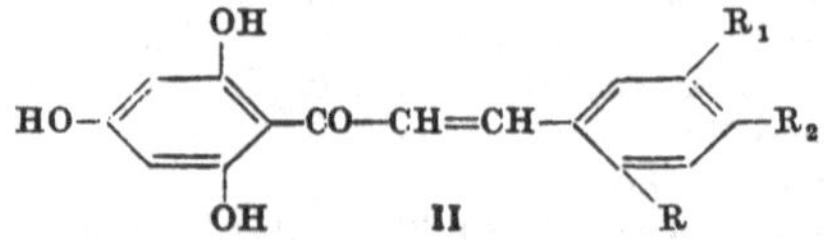

II

United States Steel Corp., übert. von: Richard E. Edwards jun., Whitehall, James L. Pflasterer, Greentree, und Ronald M. Smeaton, Bethel, Pa., V.St.A., **Gewinnung von reinem Naphthalin.** Teeröl wird dest. u. die Fraktion von 210—230° F wird mit einer wss. Lsg. von Alkali gewaschen. Das Gemisch aus Öl u. Lsg. wird dest., damit das W. verschwindet. Das Öl wird dann mit metall. Na gerührt, wobei es auf einer Temp. oberhalb des F. von Na gehalten wird. Hierauf wird das Öl destilliert. — Zeichnung. (**A. P. 2 990 435** vom 5/8. 1959, ausg. 27/6. 1961.) E. Kahles. H 2700

Sterling Drug, Inc., New York, N.Y. (Erfinder: Eugene Wilhelm Schoeffel und Daniel Martin Barton, Rothschild, Wis.), V.St.A., **β-Naphthol** erhält man durch Sulfonierung von Naphthalin mit H_2SO_4 u. Überführen des Sulfonierungsgemisches durch Behandeln mit Wasserdampf in eine Mischung aus β-Naphthalinsulfonsäure, W. u. H_2SO_4. Diese Mischung wird mit einem 25—60-, bes. 30—50%ig. wss. Alkali in einer Menge von mindestens 2 Mol Alkalihydroxid je Mol H_2SO_4 u. Sulfonsäure bei mindestens ca. 90, bes. 140—160° u. einem Druck, der dem Dampfdruck des Gemisches bei der entsprechenden Temp. entspricht, unter starkem Rühren alkal. gemacht. Die entstandene beständige u. pumpbare Aufschlämmung wird dann unter Druck auf 300—700° erhitzt. Aus der erhaltenen Mischung wird nach dem Verdünnen mit W. das Naphthalin entfernt u. aus dem Filtrat das β-Naphthol durch Einleiten von SO_2 bis pH 7 ausgefällt, F. 121—123°; Ausbeute 94%. — Vgl. F. P. 1 108 177; C. **1957,** 2596. (**D. A. S. 1 080 566** Kl. 12q vom 8/7. 1954, ausg. 28/4. 1960. A. Prior. 9/7. 1953.) G. Krauß. H 2700

American Cyanamid Co., New York, N.Y., übert. von: Jack H. Thelin und Gerard N. Vriens, Somerville, und Eugene C. Medcalf, Bound Brook, N.J., V.St.A., **Reinigen von rohem β-Naphthol.** Das aus den bei der Säurespaltung von β-Isopropyl- bzw. β-sek.-Butylnaphthalinhydroperoxid anfallenden Rk.-Gemischen isolierte u. von nichtphenol. Bestandteilen freie rohe β-Naphthol (I) reinigt man dadurch, daß man es in Ggw. von 0,1—6 (Teilen) eines Alkalimetalls, Alkalihydroxids, eines Alkalisalzes von I oder eines Alkalisalzes von Dihydroxynaphthalin bzw. Dinaphthol, bezogen auf 100 I, bei einem Druck von ca. 5—100 mm Hg-Säule u. Temp. von nicht über 220° destilliert. Versetzt man z. B. 10 I, Ep. 119,5° (erhalten durch Zers. von β-Isopropylnaphthalinhydroperoxid mit Säure, Abdestillieren des Acetons, Extraktion des enthaltenen I mit Alkali, Ansäuern des Extrakts, Filtration, Auswaschen u. Trocknen) mit 0,1 festem NaOH u. dest. das Gemisch bei 10—15 mm Hg-Säule, so erhält man reines weißes I. Dest. man ohne NaOH-Zusatz, so erhält man tiefgelb gefärbtes I. (**A. P. 2 985 687** vom 11/9. 1957, ausg. 23/5. 1961.) A. Mohr. H 2700

Chemische Fabrik Hoesch K. G., Düren, **Epoxydierung von hochmolekularen ungesättigten Fettsäuren.** Das Verf. wird in an sich bekannter Weise in wss. Lsg. mit einem Gemisch aus H_2O_2 u. Essigsäureanhydrid durchgeführt, wobei erfindungsgemäß N-haltige Basen verwendet werden, bes. NH_3 oder organ. Basen, die ein oder mehrere N-Atome enthalten u. mindestens schwach in W. lösl. sind. (**Port. P. 38 091** vom 20/2. 1961, Auszug veröff. 26/4. 1961. D. Prior. 25/2. 1960.) A. Kalix. H 3030

Council of Scientific & Industrial Research, Neu-Delhi (Erfinder: Ramakrishna Thrivikraman Thampy, Kanti Kathapalia und Venkat Raman Nagarajan, Delhi), Indien, **Herstellung von Furfurylalkohol (I), Methylfuran (II) und Tetrahydrofurfurylalkohol (III)** durch Rk. von Furfural (**IV**) mit H_2 im Vol.-Verhältnis von 1:15 bis 1:50 in Ggw. von Cu- u. Cr-Oxidkatalysatoren im Wirbelschichtverfahren. Die Ausbeute an **I** beträgt bei 130—140° 93—97,6 (%) des **IV**, bei 170° wird 70 **II**, 18 **I** u. 12 **III** u. bei 300° 3 **II**, 0 **I** u. 82 **III** erhalten. (**Ind. P. 64 353** vom 12/6. 1958, ausg. 25/5. 1960.) C. Lüttgen. H 3061

Norwich Pharmacal Co., Norwich, N.Y., V.St.A., **Herstellung von 1-Acyl-1-(2-äthylsubstituierten)-2-(5-nitrofurfuryliden)-hydrazinen.** Verbb. der allg. Formel **I** erhält man durch Kondens. von 5-Nitrofurfural mit 2-Hydroxy- oder 2-Cyanäthylhydrazinen. Hierbei ist X eine NH_2- oder niedrigmol. Alkylgruppe (II) u. Z ein Cl—Atom, eine OH- oder CN-Gruppe, wobei, wenn X = II ist, Z = OH sein muß. In das Rk.-Prod. wird mit Hilfe eines Anhydrids (III) einer niedrigmol. Alkylcarbonsäure eine CO-Gruppe eingeführt u., falls im Rk.-Prod. Z = OH ist, dasselbe ggf. mit Thionylchlorid umgesetzt, um an dieser Stelle ein Cl-Atom einzuführen. — Beispiele für **III**: Essig- u. Buttersäureanhydrid. Die CO-Gruppe kann in das substituierte Hydrazin auch vor seiner Kondens. mit dem Nitrofurfurol eingeführt werden, u. zwar durch eine Rk., bei der zunächst eine CN-Gruppe eingeführt wird. (**Port. P. 38 096** vom 21/2. 1961, Auszug veröff. 26/4. 1961. A. Prior. 23/2. 1960.) A. Kalix. H 3061

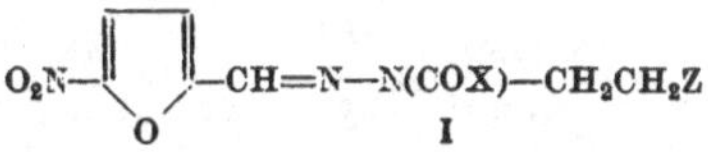

I

Norwich Pharmacal Co., Norwich, N.Y., V.St.A., **Herstellung von 6-(5-Nitro-2-furyl)-azauracil.** Das Semicarbazon von Formyl-2-furoyl wird unter Erwärmung in einem inerten Lsgm. mit einem alkal. Cyclisierungsmittel in 6-(2-Furyl)-azauracil umgewandelt u. das letztere mit einem an sich bekannten Mittel nitriert, z. B. mit einem Gemisch aus konz. HNO_3 u. Essigsäureanhydrid, ggf. unter Zugabe von etwas H_2SO_4 als Katalysator. (**Port. P. 38 097** vom 21/2. 1961, Auszug veröff. 26/4. 1961. A. Prior. 23/2. 1960.) A. Kalix. H 3061

Sandoz Akt.-Ges., Basel (Erfinder: Ernest Jucker, Binningen, und Adolf J. Lindemann, Basel), Schweiz, **Herstellung von Furanderivaten.** 2-wertige Alkohole vom Typus $X(OH)_2$ werden mit 5-Nitrofuraldehyd zu Verbb. der allg. Formel I kondensiert. Hierbei ist X eine gerade oder verzweigte Alkylenkette, die durch 1 oder 2 monocycl. Arylreste substituiert sein kann. (**Port. P. 38 116** vom 27/2. 1961, Auszug veröff. 26/4. 1961.) A. Kalix. H 3061

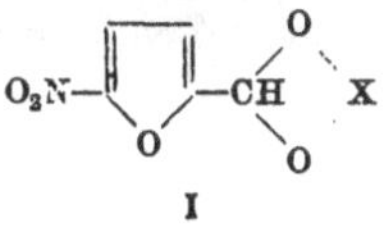

I

J. R. Geigy Akt.-Ges., Basel, Schweiz, **Herstellung von 4-substituierten 1.2-Diaryl-3.5-dioxopyrazolidinen.** Verbb. der allg. Formel **I** können nach 3 verschiedenen Verff. erhalten werden: a) Malonsäurediester vom Typus $R_2R_3-C_6H_3-S-(CH_2)_n-CH(COOY_1)_2$ werden mit Hydrazobenzolen mit den Gruppen $R_1-C_6H_4-NZ_1$ oder $R_4O-C_6H_4-NZ_2$ in Ggw. von alkal. Kondens.-Mitteln umgesetzt; b) Malonsäure-Derivv. vom Typus $R_2R_3-C_6H_3-S-(CH_2)_n-CH(COY_2)_2$ werden in Ggw. von säureabspaltenden Mitteln mit Hydrazobenzolen mit den Gruppen $R_1-C_6H_4-NH$ oder $R_5O-C_6H_4-NH$ umgesetzt; c) Malonsäureester vom Typus $R_2R_3-C_6H_3-S-(CH_2)_n-CH(COY_2)COOY_1$ werden in Ggw. von Hydrazobenzolen mit den Gruppen $R_1-C_6H_4-NZ_1$ oder $R_4O-C_6H_4-NZ_2$ umgesetzt, das entstehende Mercaptan-Deriv. mit alkal. Kondens.-Mitteln behandelt u. dann hydrolysiert. Hierbei ist R_1 ein H- oder Halogenatom oder eine niedrigmol. Alkyl- oder Alkoxygruppe, R_2 u. R_3 sind H- oder Halogenatome, oder niedrigmol. Alkyl- oder Alkoxygruppen, X = S, SO oder SO_2, n = 2—4, Y_1 ist ein KW-Stoff, bes. ein niedrigmol. Alkylrest, Y_2 ist ein Cl- oder Br-Atom oder ein Acetoxyrest, R_4 ist ein α-Alkoxyalkylrest, in dem die Alkyl- mit der Alkoxygruppe ringförmig verbunden sein kann, $R_5 = R_4$ oder ein leicht abspaltbarer Alkylrest, Z_1 u. Z_2 sind H-Atome oder leicht abspaltbare Alkylreste. Statt der Malonsäure-Derivv. können beim Verf. b auch die entsprechenden freien Malonsäuren verwendet u. mit

I
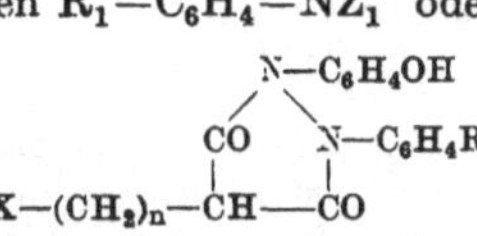

den dort genannten Hydrazobenzolen in Ggw. von N.N'-disubstituierten Carbodiimiden kondensiert werden. Die Endprodd., die ggf. in tautomeren Formen von I vorliegen, können in Salze mit anorgan. oder organ. Basen verwandelt werden. (**Port. P. 38 081** vom 17/2. 1961, Auszug veröff. 26/4. 1961. Schwz. Prior. 18/2. 1960.)
A. Kalix. H 3122

J. R. Geigy Akt.-Ges., Basel, Schweiz, **Herstellung von 4-substituierten 1.2-Diaryl-3.5-dioxopyrazolidinen.** Verbb. der allg. Formel **I** können nach verschiedenen Verff. erhalten werden: a) ggf. substituierte Malonsäure-Derivv. vom Typus: $R_3'CH{=}(COOX)_2$ werden mit Hydrazobenzolen vom Typus $R_1SO_2{-}C_6H_4{-}NY_1{-}NY_2{-}C_6H_4R_2'$ kondensiert; b) Malonsäure-Derivv. vom Typus $R_3'{-}CH{=}(COZ)_2$ werden mit Hydrazobenzolen vom Typus $R_1SO_2{-}C_6H_4{-}NH{-}NH{-}C_6H_4R_2''$ kondensiert, c) Malonsäure-Derivv. vom Typus $R_3{-}CH(COZ){-}COOX$ werden in Ggw. von säureabspaltenden Mitteln mit Hydrazobenzolen vom Typus $R_1SO_2{-}C_6H_4{-}NY_1{-}NY_2{-}C_6H_4{-}R_2'$ umgesetzt u. das Rk.-Prod. mit einem alkal. Kondens.-Mittel behandelt, d) substituierte Malonsäuren vom Typus $R_3{-}CH{=}(COOH)_2$ werden mit Hydrazobenzolen vom Typus $R_1SO_2{-}C_6H_4{-}NH{-}NH{-}C_6H_4R_2''$ in Ggw. von N.N'-disubstituierten Carbodiimiden kondensiert; e) Verbb. vom Typus $R_3CH{-}CO{-}N(C_6H_4{-}SR_1){-}N{-}(C_6H_4R_2'''){-}CO$ werden oxydiert. Hierbei ist R_1 ein Alkylrest mit 1—3 C-Atomen; R_2 = H, ein Alkyl- oder Alkoxyrest mit 1—4 C-Atomen oder ein Alkylsulfonylrest mit 1—3 C-Atomen, dazu einem Halogenatom u. einer OH-Gruppe; R_3 = H oder ein KW-Stoff-Rest mit 1—10 C-Atomen, dessen Kette oder Ring durch O- oder S-Atome, SO- oder SO_2-Reste unterbrochen u. an den C-Atomen durch Halogen substituiert ist; R_3' ist ein KW-Stoff-Rest mit reiner C-Kette, X ist ein KW-Stoff-Rest mit 1—8 C-Atomen, bes. ein niedrigmol. Alkylrest; von Y_1 u. Y_2 ist ein Y = H u. das andere Y ein leicht abspaltbarer Acylrest, Z = Cl oder Br oder ein Acetoxyrest, R_2'' ist ein R-Rest, der keine OH-Gruppe enthält, ein Acyloxy- oder α-Alkoxyalkylrest, in dem die Alkyl- u. Alkoxygruppe ringförmig miteinander verbunden sein können; R_2''' = R_1, R_2, R_3 oder ein Alkylmercaptorest. Die Endprodd., die ggf. in tautomeren Formen vorliegen, können in Salze mit anorgan. u. organ. Basen umgewandelt werden, sie können auch mit Oxoverbb. vom Typus $R_3''O$ umgesetzt werden, wodurch an Stelle der R_3CH- eine $R_3'' = C<$-Gruppe tritt. (**Port. P. 38 106** vom 23/2. 1961, Auszug veröff. 26/4. 1961. Schwz. Prior. 24/2. 1960.)
A. Kalix. H 3122

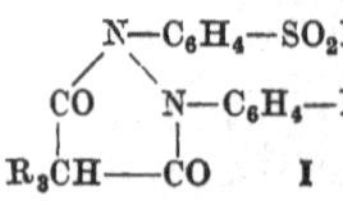

E. I. du Pont de Nemours & Co., Wilmington, übert. von: Walter H. Knoth jun., Middletown, Del., V.St.A., **Neue Oxasilacycloalkane** der allg. Formel **I** erhält man bei der Rk. äquivalenter Mengen eines Alkali- oder Erdalkalimetalls mit einem ω-Halogenalkoxydihydrocarbohalogensilan unter Ringschluß bei höheren Temp. in Ggw. eines inerten organ. Lsgm., vorteilhaft bei der Rückfluß-Temp.

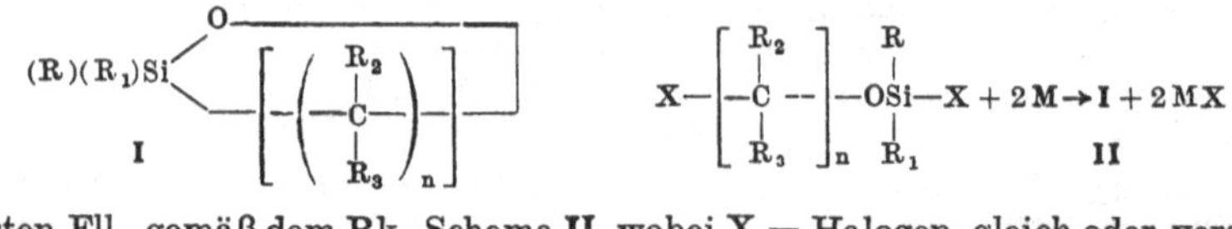

der inerten Fll., gemäß dem Rk.-Schema **II**, wobei X = Halogen, gleich oder verschieden, M = Alkalimetall, R, R_1, R_2, R_3 u. n entsprechen der Formel I. In I bedeuten R u. R_1 gleiche oder verschiedene einwertige KW-Stoff-Radikale, bes. frei von aliphat. ungesätt. Bindungen, u. nicht mehr als 7 C-Atome enthaltend. R_2 u. R_3 = H oder wie oben u. n = eine ganze Zahl von 3—5. Die KW-Stoff-Radikale umfassen Alkyl-, Aryl-, Aralkyl-, Alkaryl- u. Cycloalkylgruppen. — 80 (Teile) 3-Chlorpropoxydimethylchlorsilan in 37 n Decan werden zu 19 Na in 370 n-Decan unter heftigem Rühren zugesetzt, wobei das Decan auf Rückfluß-Temp. gehalten wird. Man erhält 16,1 *2.2-Dimethyl-1-oxa 2-silacyclopentan*, Kp. 97—100°, farblose Fl., ($C_5H_{12}OSi$). Diese Verb. polymerisiert sich unter Ringspaltung zu einer polymeren Verb. der Formel **A**, wobei x = ca. 6. Werden 50 2.2-Dimethyl-1-oxa-2-silacyclopentan mit 9 W. u. ca. 0,6 konz. Salzsäure in 200 Aceton dest., erhält man 40,6 *4.4.6.6-Tetramethyl-5-oxa-4.6-disila-1.9-nonandiol*, $Kp._{20}$ 75° ($C_{10}H_{26}O_3Si_2$). — Hieraus mit 0,15 Triäthylamin u. 1,65 Toluoldiisocyanat im Wasserbad erwärmt, erhält man *Poly-4.4.6.6-tetramethyl-5-oxa-4.6-disila-1.9-nonan-o-methyl-p-phenylendicarbamat*, weißes

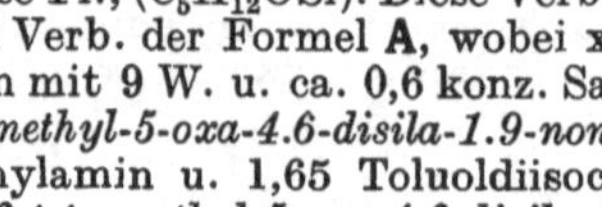

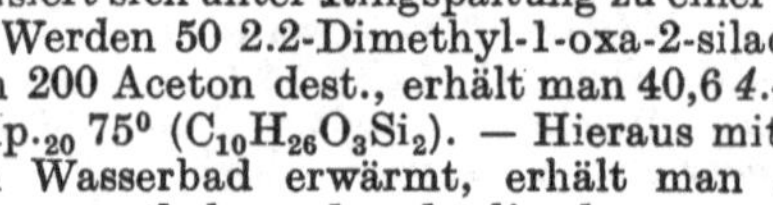

Pulver, $(C_{19}H_{32}N_2O_5Si_2)x$; analog werden folgende Verbb. hergestellt: *3-Chlorpropoxydiphenylchlorsilan,* $Kp._{0,13}$ 126—130° $(C_{15}H_{16}Cl_2OSi)$ → *2.2-Diphenyl-1-oxa-2-silacyclopentan,* $Kp._{0,23}$ 122°, F. 161,5—162° (Decan/Aceton) → *4.4.6.6-Tetraphenyl-5-oxa-4.6-disila-1.9-nonandiol,* F. 104—108°, F. 110—111° (Cyclohexan), $(C_{30}H_{34}O_3Si_2)$. — *4-Chlorbutoxydimethylchlorsilan,* $Kp._{4,2}$ 64°, $(C_6H_{14}Cl_2OSi)$, → *2.2-Dimethyl-1-oxa-2-silacyclohexan,* Kp. 122—125°, n_D^{25} 1,4260, $(C_6H_{14}OSi)$, → *5.5.7.7-Tetramethyl-6-oxa-5.7-disila-1.11-undecandiol,* $(C_{12}H_{30}O_3Si_2)$. — *5-Chlorpentoxydimethylchlorsilan,* $Kp._{0,6}$ 57°, $(C_7H_{16}Cl_2OSi)$. → *2.2-Dimethyl-1-oxa-2-silacycloheptan,* Kp.143—146°, $(C_7H_{16}OSi)$. I wird durch Hydrolyse zu langkettigen Oxadisila-α.ω-diolen der Formel **B** gespalten, worin R, R_1, R_2, R_3 u. n die obenangegebenen Begriffe darstellen. Die Hydrolysen-Prodd. ergeben mit bifunktionellen Verbb., wie Diisocyanaten, Dicarbonsäuren, Disulfonsäuren, farblose, flexible, wasserfeste Filme. Hydrolysen-Prodd. des I mit 20 bis 2300 Molgew. sind Kraftübertragungsflüssigkeiten. (**A. P. 2 983 744** vom 17/11. 1955, ausg. 9/5. 1961.) G. König. H 3142

Francesco Angelini, Rom, Italien, **Herstellung von 1.2.4-Oxdiazolen.** Verbb. der allg. Formel I erhält man durch Rkk. von Aminen vom Typus $NH(A)_2$ mit Amidoximen der allg. Formel $RC(NH_2)NO-CO(CH_2)_n$-Halogen. Hierbei ist R ein (ggf. substituierter) Aryl- oder Arylalkylrest, A ein H-Atom, ein Alkyl-, Alkylen-, Oxaalkylen- oder Azaalkylenrest u. n = 1—4. Die gleichen Endprodd. entstehen, wenn die obengenannten Amidoxime so weit erhitzt werden, daß Wasserabspaltung (aus der NH_2- u. CO-Gruppe) u. damit ein Ringschluß eintritt. Aus dem Rk.-Prod. wird dann durch Rk. mit $NH(A)_2$ das Halogen abgespalten u. die Gruppe $-N(A)_2$ eingeführt. Weiterhin kann man Amidoxime vom Typus RC(NH)NHOH mit Chloriden von Dialkylaminocarbonsäuren umsetzen oder mit Hydrohalogeniden von Verbb. vom Typus $Cl-CO-(CH_2)_n-N(A)_2$. (**Port. P. 38 113** vom 24/2. 1961, Auszug veröff. 26/4. 1961.) A. Kalix. H 3163

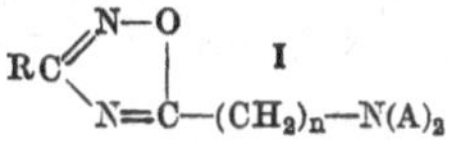
I

Dr. C. Otto & Co. G. m. b. H., Bochum, **Gewinnung von Pyridin und seinen Homologen** aus Lsgg., bes. den bei dem Entphenolieren anfallenden Benzol-Lsgg. oder Leichtöl, dad. gek., daß man die Lsgg. mit H_3PO_4 (I) oder I-haltiger $(NH_4)_3PO_4$-Lsg. behandelt, die Bzl.-Phase von der I-Lsg. trennt, in einem Neutralisationsgefäß mit NH_3 sättigt u. in einer Dest.-Kolonne in Pyridinbasen u. I zerlegt. Das Verf. wird kontinuierlich durchgeführt. — Zeichnung. (**Ind. P. 64 539** vom 3/7. 1958, ausg. 1/9. 1960.) C. Lüttgen. H 3231

Distillers Co. Ltd. (Erfinder: Bertram Yeomans), Edinburgh, Schottland, **Abtrennen der vinylsubstituierten Pyridine** von den äthylsubstituierten Pyridinen, dad. gek., daß man das Gemisch der flüchtigen Basen durch Dest. in der Kolonne in Dampfform durch eine wss. Säure-Lsg., z. B. H_3PO_4, Bernsteinsäure, Oxalsäure, HCOOH, HCl oder H_2SO_4, vom pH <5, bes. <2, u. eine wss. Alkali-Lsg. schickt, die eine größere Basizität besitzt als die organ. Basen. (**E. P. 852 130** vom 21/6. 1958, ausg. 26/10. 1960.) W. Heyer. H 3231

Norwich Pharmacal Co., Norwich, N.Y., V.St.A., **Herstellung von 2-(4-Pyridyl)-äthylhydrazin,** $Kp._{6-7}$ 147,5—149,5°, durch Umsetzen von Hydrazinhydrat u. 4-Vinylpyridin bei ca. 93°. — Zwischenprodukt. (**E. P. 884 606** vom 16/4. 1959, ausg. 13/12. 1961. A. Prior. 7/5. 1958.) W. Heyer. H 3231

VEB Berlin-Chemie (Erfinder: Peter Möckel und Günter Stärk), Berlin, **Herstellung von α.α'-Dipyridyl (F. 70°) oder α.α'.α''-Tripyridyl (F. 88—89°),** dad. gek., daß man Pyridin in ca. 45%ig. NaOH-Lsg. bei Temp. $<90°$ mit Na-, K- oder NH_4-Persulfat oxydiert, die nicht umgesetzte Pyridinschicht abtrennt u. aus dem Rk.-Medium das α.α'-Dipyridyl durch Wasserdampf-Dest. oder Fraktionierung im Vakuum isoliert. Im Rückstand verbleibt das *α.α'.α''-Tripyridyl.* Analog aus Chinolin das *α.α'-Dichinolyl.* — Mittel *für analyt. Zwecke,* bes. zur *Abtrennung von radioakt. Isotopen.* (**E. P. 870 700** vom 15/12. 1959, ausg. 14/6. 1961.) W. Heyer. H 3231

Imperial Chemical Industries Ltd. (Erfinder: Anthony Howden Jubb), London, England, **Herstellung von Polypyridyl,** z. B. Di-, Tri- u Tetrapyridyl, dad. gek., daß man ein Salz des Pyridins oder auch eines Polypyridyls, bes. das Pyridinhydrochlorid, in Ggw. von z. B. Fe-, Zn-, Cu-, Co- oder Ni-Chlorid, auf 270—340° erhitzt. Das 2.2'-Dipyridyl ist ein wertvolles Zwischenprodukt. (**E. P. 869 954** vom 18/9. 1958, ausg. 7/6. 1961.) W. Heyer. H 3231

F. Hoffmann-La Roche & Co. Akt.-Ges., Basel, Schweiz, **Herstellung von Derivaten von Tetrahydroisochinolin.** Verbb. der allg. Formel I erhält man in 4 Verf.-Stufen: Zunächst wird ein Homoveratrylamin mit einer β-Halogenphenylpropionsäure (II) kondensiert, die in α-Stellung einen Alkylrest enthalten kann, dann wird das dabei erhaltene Amid durch Ringschluß in ein Deriv. von 1-Phenäthyl-3.4-dihydroisochinolin

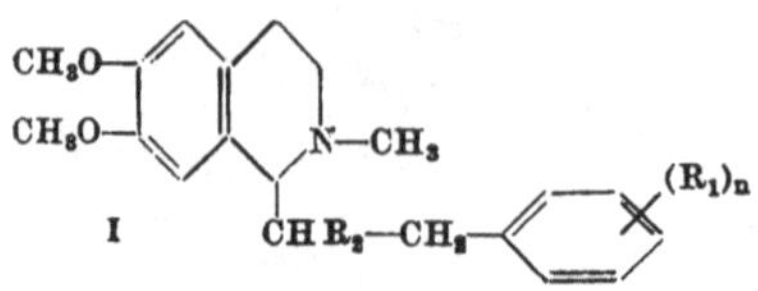

umgewandelt; dasselbe wird red., u. schließlich wird am N-Atom noch eine CH_3-Gruppe eingeführt. Das Endprod. kann in ein Salz umgewandelt werden. Hierbei ist R_1 ein Halogenatom u. R_2 ein H-Atom oder eine Alkylgruppe, n = 1, 2 oder 3. Die Kondens. werden in einem mit W. nicht mischbaren Lsgm., bes. Xylol unter mäßiger Erwärmung u. in Ggw. eines Kationenaustauschers als Katalysator ausgeführt. Die bei der Red. entstehenden Racemate können in ihre opt.-akt. Komponenten getrennt werden. Als II werden bes. verwendet: β-(4'-Chlorphenyl)- u. β-(3'.4'-Dichlorphenyl)-propionsäure. Für die Prodd. ist keine Verw. angegeben. (**Port. P. 37 533** vom 30/8. 1960, Auszug veröff. 26/4. 1961. Schwz. Prior. 9/12. 1959.)
A. Kalix. H 3231

May & Baker Ltd., Dagenham, England, **Herstellung von N.N-disubstituierten Piperazinen.** Diäthanolamin wird in einer konz. wss. Lsg. einer starken Mineralsäure, bes. HBr mit substituierten Anilinen vom Typus $H_2N-C_6H_3(R_1)CF_3$ zu Verbb. der allg. Formel I umgesetzt. Hierbei ist R_1 ein H-Atom oder eine zweite CF_3-Gruppe. Die Rkk. werden bei Temp. zwischen 180 u. 200° durchgeführt u. die Endprodd. ggf. in Salze umgewandelt. (**Port. P. 37 679** vom 27/2. 1961, Auszug veröff. 26/4. 1961.) A. Kalix. H 3272

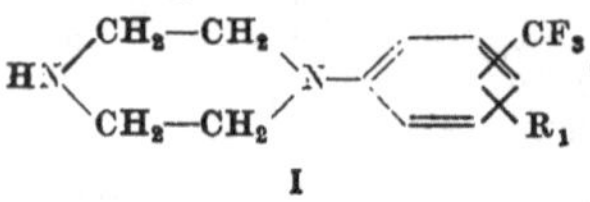

I

Cilag-Chemie Akt.-Ges., Schaffhausen, Schweiz, **Herstellung von Phenthiazinderivaten.** Phenthiazine der allg. Formel I oder solche, in denen sich an Stelle der NH-Gruppe eine N-Carbonsäurechloridgruppe befindet, werden mit einem reaktionsfähigen Ester von 3-Hydroxymethylpyrrolidin umgesetzt, wodurch das N-Atom durch II oder III substituiert wird. Hierbei ist X ein H- oder Cl-Atom, R_1 eine Methyl-, Äthyl-, Propyl-, Methoxyäthyl- oder Methylmercaptoäthylgruppe u. R_2 eine Methyl- oder Äthylgruppe. Aus den durch den Rest III substituierten Derivv. kann durch Erhitzen CO_2 abgespalten werden, so daß man auch auf diesem Wege Derivv. von I erhalten kann, die durch den Rest II substituiert sind. Die Endprodd. können in quatern. Derivv. oder in Salze durch Addition von Säuren umgewandelt werden. (**Port. P. 38 044** vom 3/2. 1961, Auszug veröff. 26/4. 1961. Schwz. Prior. 5/2. u. 29/8. 1960.)
A. Kalix. H 3292

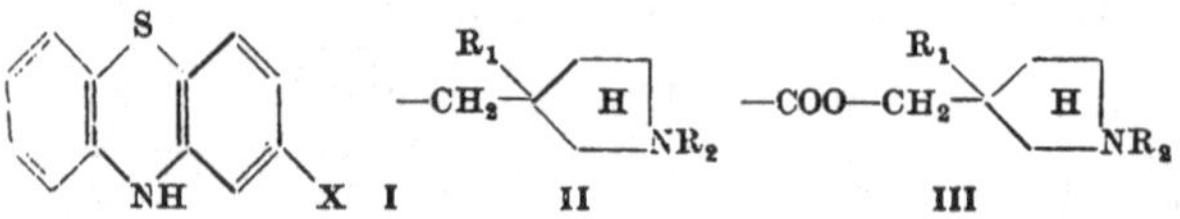

Sandoz Akt.-Ges., Basel (Erfinder: Jany Renz, Jean Pierre Bourquin und Gustav Schwarb, Basel), Schweiz, **Herstellung von Phenthiazinderivaten.** Phenthiazin-Derivv. der allg. Formel I werden mit einem Piperazin-Deriv. umgesetzt, das an einem seiner N-Atome durch R_3 substituiert ist, wobei unter Abspaltung von Halogenwasserstoff die Anlagerung des Piperazinrestes stattfindet. Hierbei ist R_1 eine Alkylgruppe mit mindestens 2 C-Atomen, eine Aralkyl- oder Arylgruppe, R_2 ein H-Atom oder ein Methylrest u. R_3 eine gerade oder verzweigte Alkylkette mit 1—4 C-Atomen, ein Aryl- oder Aralkylrest. Es können auch Piperazin-Derivv. verwendet werden, die nicht an einem N-Atom, sondern am Kern, u. zwar durch Alkyl- oder Aralkylreste substituiert sind. (**Port. P. 38 058** vom 9/2. 1961, Auszug veröff. 26/4. 1961.) A. Kalix. H 3292

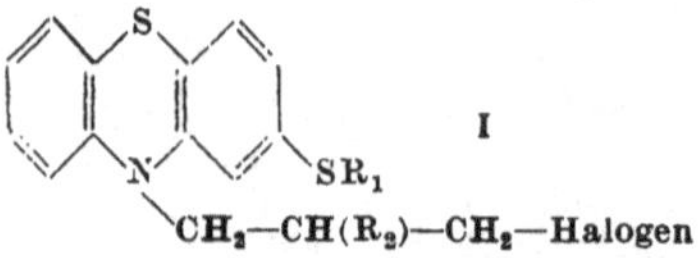

I

J. R. Geigy Akt.-Ges., Basel, Schweiz, **Herstellung von mehrkernigen heterocyclischen Verbindungen.** Ein prim Amin vom Typus NH_2R wird mit einem reaktionsfähigen Ester einer Verb. der allg. Formel I umgesetzt. Hierbei ist X eine Äthylen- oder Vinylgruppe, Y ist ein H- oder Halogenatom oder ein niedrigmol. Alkylrest, R ist ein niedrigmol. Alkyl-, Cycloalkyl- oder Alkenylrest u. die Alkylenkette (gerade oder verzweigt) enthält 2—6 C-Atome. In den Rk.-Prodd. ist das N-Atom (vgl. I) durch den Rest —Alkylen—NHR substituiert. Die gleichen Endprodd. erhält man durch Rkk. zwischen niedrigmol. aliphat. gesätt. Oxoverbb. mit Derivv. von I, in denen sich am N-Atom ein Alkylen-NH_2-Rest befindet u. durch anschließende Red. des Rk.-Produktes. Weiterhin erhält man die gleichen Endprodd. durch Red. von Derivv. von I, in denen das N-Atom durch einen Alkylen-NHR-Rest substituiert ist, der jedoch eine

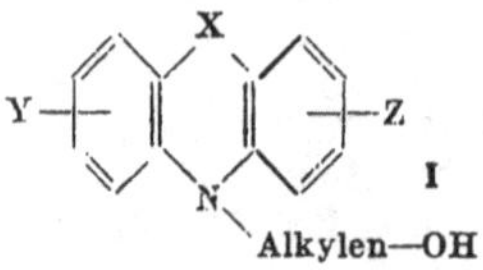

I

Carbonylgruppe enthält, die statt einer der CH_2-Gruppen an ein N-Atom gebunden ist. Ferner gelangt man zu den gleichen Endprodd. durch Abspaltung des Acylrests aus einer am N-Atom (vgl. I) befindlichen –Alkylen–NR-Acylgruppe. Schließlich kann man mit dem gleichen Endergebnis einen am N-Atom befindlichen Alkylen–NR–Ar-Rest hydrieren, wobei Ar ein Arylmethylrest ist. (**Port. P. 38 050** vom 4/2. 1961, Auszug veröff. 26/4. 1961.) A. Kalix. H 3370

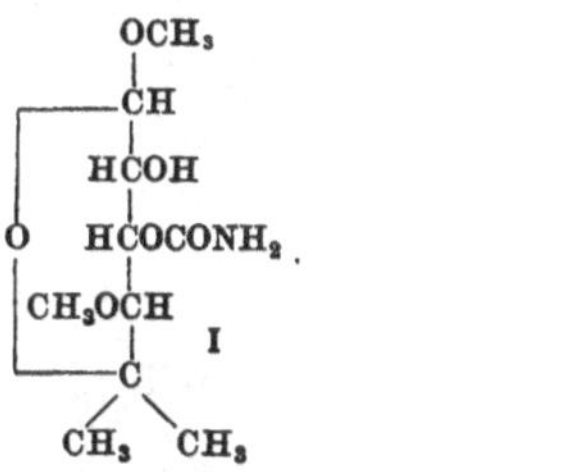
I

Merck & Co., Inc., Rahway, übert. von: Clifford H. Shunk, Westfield, und Karl Folkers, Plainflied, N.J., V.St.A., **Herstellung von Methyl-3-O-carbamyl-α-noviopyranosid** der Formel I erfolgt bei der Einw. von $COCl_2$ auf Methyl-α-noviopyranosid, gelöst in einem Säureacceptor, wie Pyridin, u. in Ggw. eines Lsgm., wie Dioxan, wobei *Methyl-α-noviopyranosid-2.3-carbonat* als Öl erhalten wird, $Kp._{0,01}$ ca. 80°, $[\alpha]_D^{27}$ $-33°$ in Methanol, $C_{10}H_{16}O_6$. Man löst die Verb. in Methanol u. leitet NH_3 ein, hält die Mischung 22 Std. bei normaler Temp. u. erhält *Methyl-3-O-carbamyl-α-noviopyranosid,* F. 189—192°. — Zwischenprod. für die Synth. von *Novobiocin.* (**A. P. 2 938 025** vom 26/12. 1957, ausg. 24/5. 1960.) G. König. H 3400

Farbenfabriken Bayer Akt.-Ges., Leverkusen, **Hochmolekulares Polyoxymethylen** wird hergestellt durch Polymerisation von CH_2O in einem wasserfreien Medium, z. B. Toluol, in Ggw. einer organ. Verb. als Katalysator, die $\geqq 1$ Azomethingruppe enthält, z. B. ein Amidin, Guanidin, Isoharnstoff, Isothioharnstoff, Isomelamin, Iminoäther, Lactimäther, Hydrazon, Semicarbazon, Thiosemicarbazon, Azin, eine Schiffsche Base oder ein Oxim. (**E. P. 873 673** vom 18/5. 1960, ausg. 26/7. 1961. D. Prior. 22/5. 1959.) W. Overbeck. H 4010

Houillères du Bassin du Nord et du Pas-de-Calais, Douai, Frankreich, **Hochmolekulares Polyoxymethylen** wird hergestellt, indem man CH_2O bei -60 bis $-190°$ ionisierender Strahlung von 500—10000 Röntgen-Einheiten aussetzt. (**E.P. 871 298** vom 21/7. 1959, ausg. 28/6. 1961. F. Prior. 23/7. 1958.) W. Overbeck. H 4010

Union Carbide Corp., New York (Erfinder: Donald Leroy Bailey, Snyder), N.Y., V.St.A., **Organopolysiloxane aus Wasserstoff am Si tragenden Organosiliciumverbindungen und Olefinen oder Acetylenen** durch Erhitzen in Ggw. eines Pt-Katalysators werden hergestellt, indem man als Organosilicium-Verb. ein Organopolysiloxan verwendet, welches mindestens 1 H am Si trägt u. das Rk.-Prod. ggf. mit mindestens einem anderen Organosiloxan äquilibriert. Die Anlagerung wird in Ggw. eines Lsgm. vorgenommen u. als Katalysator auf Holzkohle oder γ-Al_2O_3 feinverteiltes Pt verwendet. Die verwendeten organ. Verbb. können Ester-, Äther-, Aldehyd-, Acetyl-, Epoxid-, Nitril-, Hydroxyl- oder Carboxylgruppen enthalten. Verw. als *Mischungsbestandteile für Organopolysiloxanmischungen, Öle, Trennmittel, Schmierstoffe, Antischaummittel, hydraul. Fll., Additive für Kosmetika.* (**D. A. S. 1 115 929** Kl. 39c vom 17/12. 1958, ausg. 26/10. 1961. A. Prior. 17/12. 1957.) A. Dandl. H 4010

Union Carbide Corp., New York (Erfinder: Victor Bird Jex und John Eugene McMahon, Buffalo), N.Y., V.St.A., **β- beziehungsweise γ-Cyanalkylpolysiloxane** werden aus den entsprechenden Cyansilanen durch Hydrolyse mit einer schwach alkal. W.–Eis-Mischung oder einer Diäthyläther–Eis-Mischung u. Fraktionierung hergestellt. Ggf. können die Silane vorher in einem organ. Lsgm. gelöst werden. — 100 cm^3 einer 3%ig. wss. NaOH-Lsg. werden mit 187 g β-Cyanäthylmethyldiäthoxysilan, gelöst in 400 cm^3 Ae., gerührt, dann bei Unterdruck erhitzt u. Ae. u. A. entfernt, der Rückstand gewaschen u. getrocknet. Man erhält 68 g eines farblosen Öls. Verw. für *Schutzüberzüge, Reinigungsöle u. Öle.* (**D. A. S. 1 114 327** Kl. 39c vom 22/12. 1956, ausg. 28/9. 1961. A. Prior. 23/12. 1955.) A. Dandl. H 4010

Warner-Lambert Pharmaceutical Co., Morris Plains, übert. von: John Doczi, Morristown, N.J., V.St.A., **Reinigung von Polysaccharidsulfaten (I)** erfolgt durch Fällung von I mittels in W. lösl. Chininsalze entweder durch einmalige Zugabe oder in fraktionierten Mengen. Durch die fraktionierte Fällung erhält man in ihrer antikoagulierenden Wrkg. differenzierte I. Das pH der Fällungs-Lsg. soll vorteilhaft zwischen 3,5 u. 5 liegen. Die erhaltenen I-Chininsalze werden in einem wss. organ. Lsgm. gelöst u. mit das stöchiometr. Äquivalent des Chinins leicht überschreitenden Mengen an bas. wirkenden Stoffen, wie NaOH, KOH, Na-Acetat, versetzt, in das entsprechende Salz von I u. in das Chininsalz zerlegt. Das unlösl. Salz des I wird abfiltriert, gewaschen u. getrocknet. Zur Spaltung des Chininsalzes kann man auch nichtbas. Stoffe, wie z. B. NaJ, anwenden. Hierbei erhält man das Na-Salz von I u. Chininjodid, welches in W. lösl. ist. Ein besonderer Vorteil der Chininsalze des I liegt in dem Erhalten der Aktivität von I über einen längeren Zeitraum hinaus. (**A. P. 2 959 583** vom 23/1. 1959, ausg. 8/11. 1960.) G. König. H 4050

International Minerals & Chemicals Corp., New York, N.Y., übert. von: Forest A. Hoglan, Glenview, und Rudolph Kodras, Skokie, Ill., V.St.A., **Herstellung von Proteinhydrolysaten mit verbessertem Geschmack.** Man hydrolysiert z. B. Casein, Weizen- oder Getreidegluten mit H_2SO_4, stellt das Gemisch mit wss. $Ca(OH)_2$ auf pH 10—12,5, bes. 11,5—12 ein, setzt eine der im Hydrolysat enthaltenen Glutamin- u. Asparaginsäure äquivalent oder bis zu maximal 10% überschüssige Menge an NaOH zu, filtriert $CaSO_4$ bei ca. 60° ab, versetzt das Filtrat mit $(NH_4)_2CO_3$ bis zur Beendigung der Ca-Fällung, trennt diese ab, dampft aus dem Filtrat NH_3 ab, stellt mit HCl auf pH 5,5 ein, behandelt bei erhöhter Temp. mit Aktivkohle u. dampft das Filtrat bei < 85° im Vakuum zu einem Festprod., bes. mit einem NaOH-Geh. von 4 Gew.-% ein. — *Verw. in der Lebensmittel-, Futtermittelindustrie u. Pharmazie.* (**A. P. 2 991 309** vom 30/12. 1957, ausg. 4/7. 1961.) O. Müller-Meiningen. H 4070

Oscar Laurent, Courcelles, Belgien, **Gewinnung von aktivem Globulin.** In eine wss. koll. Lsg. von Hühnereiweiß, die im Liter 6,5—9,7 g NaCl enthält, wird CO_2 in feiner Verteilung eingeleitet, wobei Globulin ausfällt. (**Port. P. 38 122** vom 27/2. 1961, Auszug veröff. 26/4. 1961. Belg. Prior. 29/6. 1960.) A. Kalix. H 4070

Chemische Werke Hüls Akt.-Ges., Marl, *Isolierung wenig flüchtiger Dialkylester von Dicarbonsäuren.* (**Niederl. P. 100 606** vom 23/9. 1955, ausg. 15/3. 1962. D. Prior. 6/10. 1954. — C. **1959**, 9055 [F. P. 1 130 685].)

N. V. de Bataafsche Petroleum Mij., Den Haag (Erfinder: **Jan Pieter Fortuin**, Amsterdam), Niederlande, *Herstellung von Phthalsäuren.* (**Niederl. P. 100 589** vom 28/12. 1954, ausg. 15/3. 1962. — C. **1959**, 1607 [E. P. 787 937].)

Chemische Werke Witten G. m. b. H., Witten/Ruhr (Erfinder: **Ewald Katzschmann**, Dortmund), *Herstellung von Terephthalsäuremono-(β-hydroxyäthyl)-ester.* (**Schwz. P. 360 054** vom 30/8. 1957, ausg. 30/3. 1962. D. Prior. 21/11. 1956. — C. **1961**, 13 003 [A. P. 2 937 197].)

Uclaf Soc. An., Paris, Frankreich, *Herstellung von N.N-Dibenzyl-α-aminosäuren.* (**Niederl. P. 100 411** vom 1/12. 1955, ausg. 15/2. 1962. F. Prior. 6/12. 1954. — C. **1958**, 1144 [F. P. 1 115 786].)

F. Hoffmann-La Roche & Co. Akt.-Ges. (Erfinder: **Max Gerecke, Gottlieb Ryser** und **Paul Zeller**), *Triarylphosphorane.* (**Aust. P. 232 609** vom 13/6. 1958, ausg. 9/3. 1961. Schwz. Prior. 12/7. 1957. — C. **1961**, 1375 [A. P. 2 912 467].)

Esso Research and Engineering Co., Elizabeth, N.J., V.St.A., *Dehydrieren von aliphatischen und alkylaromatischen Kohlenwasserstoffen.* (**Niederl. P. 100 164** vom 25/4. 1956, ausg. 15/1. 1962. A. Prior. 25/4. 1955. — C. **1962**, 4347 [D. A. S. 1 065 835].)

N. V. de Bataafsche Petroleum Mij., 's Gravenhage, Niederlande, *Hexachlorbicyclo-[2.2.1]-heptadien-(2.5).* (**Belg. P. 571 592** vom 29/9. 1958, ausg. 23/2. 1962. — C. **1961**, 6315 [D. A. S. 1 069 147].)

Badische Anilin- & Soda-Fabrik Akt.-Ges., Ludwigshafen/Rh., *Herstellung von Cyclohexanon und Cyclohexanol.* (**Niederl. P. 100 481** vom 4/6. 1957, ausg. 15/2. 1962. D. Prior. 6/6. 1956. — C. **1961**, 4166 [D. A. S. 1 047 778].)

Badische Anilin- & Soda-Fabrik Akt.-Ges., übert. von: **Günter Pöhler**, Ludwigshafen/Rh., *Herstellung von Cyclohexanon.* (**A. P. 3 006 958** vom 18/11. 1958, ausg. 31/10. 1961. — C. **1961**, 7398 [D. A. S. 1 052 983].)

Firmenich & Cie., Genf, Schweiz, *Herstellung von Dihydro-γ-jonon.* (**Niederl. P. 100 896** vom 12/4. 1955, ausg. 16/4. 1962. A. Prior. 12/4. 1954. — C. **1958**, 8475 [F. P. 1 122 492].)

E. I. du Pont de Nemours & Co., Wilmington, Del., V.St.A., *Herstellung von Ketoximen.* (**Niederl. P. 100 473** vom 29/4. 1957, ausg. 15/2. 1962. A. Prior. 11/5. 1956. — C. **1961**, 7399 [F. P. 1 174 873].)

Studiengesellschaft Kohle m. b. H., Mülheim/Ruhr, *Alicyclische Carbonsäuren und Ester aus Cyclododecatrienen-(1.5.9).* (**E. P. 880 789** vom 29/4. 1958, ausg. 25/10. 1961. D. Prior. 29/4. 1957. — C. **1961**, 3815 [D. A. S. 1 068 255].)

UCLAF, Paris, Frankreich, *4.4'-Dichlordiphenylsulfon.* (**E. P. 895 473** vom 3/7. 1959, ausg. 2/5. 1962. F. Prior. 5/7. 1958. — C. **1961**, 303 [D. A. S. 1 087 592].)

F. Hoffmann-La Roche & Co. Akt.-Ges., Basel, Schweiz, *Herstellung eines bicyclischen Alkohols.* (**Niederl. P. 100 834** vom 21/5. 1958, ausg. 15/3. 1962. Schwz. Prior. 21/5. 1957. — C. **1962**, 8062 [F. P. 1 210 692].)

Omikron-Gagliardi Soc. di Fatto, Mailand, Italien, *Herstellung heterocyclischer Sulfonamide.* (**Niederl. P. 100 477** vom 4/5. 1957, ausg. 15/2. 1962. It. Prior. 4/4. 1957. — C. **1960**, 13526 [Oe. P. 201 590].)

Merck & Co., Inc. (Erfinder: **John Douglas Garber, Robert Ellery Jones** und **Gustav Albert Stein**), *Herstellung von Furfurylderivaten.* (**Aust. P. 232 711** vom 21/8. 1958, ausg. 16/3. 1961. A. Prior. 4/9. 1957. — C. **1962**, 8062 [F. P. 1 201 866].)

Laboratoires Français de Chimiothérapie (Erfinder: **André Allais**), Paris, Frankreich, *1-[6'-Methoxyindolyl-(3')]-2-aminopropan.* (**D. A. S. 1 134 380** Kl. 12p vom 11/8. 1958, ausg. 9/8. 1962. F. Prior. 30/9. 1957. — C. **1961**, 9980 [F. P. 1 187 065].)

Farbenfabriken Bayer Akt.-Ges., Leverkusen (Erfinder: **Siegfried Petersen, Ernst Tietze**, Leverkusen, **Wolfgang Wirth**, Wuppertal), *Herstellung von Kondensationsprodukten.* (**Schwz. P. 359 709** vom 13/10. 1956, ausg. 15/3. 1962. D. Prior. 26/11. 1955. — C. **1958**, 12534 [D. A. S. 1 025 881].)

Sadolin & Holmblad A/S, Kopenhagen (Erfinder: **Niels Konrad Friedrich Wilhelm Clauson-Kaas**, Hjortekaer, Klampenborg, und **Niels Elming**, Kopenhagen), Dänemark, *Herstellung von 3-Hydroxypyridinen.* (**D. A. S. 1 134 378** Kl. 12p vom 30/11. 1954, ausg. 9/8. 1962. Dän. Prior. 30/11. 1953. — C. **1961**, 304 [Niederl. P. 93 114 u. Schwz. P. 346 544].)

Sandoz Ltd., Basel, Schweiz, *Herstellung von ω-[1-Alkylpiperidyl-(4)]-ω-acylhydrazinen.* (**Ind. P. 64 951** vom 14/8. 1958, ausg. 6/1. 1961. E. Prior. 27/5. 1958. — C. **1961**, 15204 [Oe. P. 204 555].)

Parke, Davis & Co., Detroit, Mich., V.St.A. (Erfinder: **Ralph Edward Bowmann**, Little Chalfont, und **David John Tivey**, Hounslow, England), *10-Oxid-acridine*. (**Schwz. P. 358 801** vom 12/2. 1957, ausg. 31/1. 1962. E. Prior. 15/2. 1956. — **C. 1962**, 2176 [Ind. P. 59 618].)

Sadolin & Holmblad A/S, Kopenhagen (Erfinder: **Niels Konrad Friedrich Wilhelm Clauson-Kaas**, Hjortekaer, Klampenborg, und **Niels Elming**, Kopenhagen), Dänemark, *Herstellung von Pyridoxin*. (**D. A. S. 1 134 379** Kl. 12p vom 30/11. 1954, ausg. 9/8. 1962. Dän. Prior. 30/11. 1953. — **C. 1960**, 4029 [Niederl. P. 91 211].)

H_{10}. Färberei. Organische Farbstoffe

Das Färben von Vinylon mit direktziehenden Farbstoffen (verglichen mit dem Färben von Baumwolle). Kiyohisa Fujino, Fumihide Fujimoto und Minoru Kawaguchi. (J. Soc. Textile Cellulose Ind., Japan [Sen-i Gakkaishi] **15**, 576—81, Juli 1959; Kyoto, Japan, Kyoto Univ., Fac. of Engng.; jap., Auszug: engl.) — Da *Vinylon* (**A**) bzgl. seines Verh. als hydrophile Faser u. in seiner chem. Struktur analog der *Baumwolle* (**B**) ist, wird untersucht, ob **A** u. **B** sich beim *Färben* ebenfalls gleich verhalten. Die Verss. mit 29 *direktziehenden Farbstoffen* (**C**) zeigen, daß die Form der Absorptionsisothermen für **A** u. **B** ähnlich ist, **C** (N. = Nippon, J. = Japanol) werden in 3 Gruppen eingeteilt. Die 1. Gruppe wird durch **C** (*N. Brilliant Rose BD conc., N. Sky Blue 390%, J. Violet LN conc., N. Blue BB conc.*) gebildet, die von **A** u. **B** nur wenig, von **B** jedoch stärker als von **A** adsorbiert werden. In der 2. Gruppe befinden sich **C** (*J. Copper Blue 2 B conc., J. Brilliant Blue RWL conc., J. Brilliant Blue 6 BKX, Azoorseilline, N. Fast Scarlet 4 BS, J. Violet J, N. Scarlet B extra, J. Fast Red F, N. Brilliant Yellow G conc., J. Brown M, Chrysophenine NS conc., J. Coupling Orange conc.*), bei denen bei niedriger Farbstoffbad-Konz. die Menge an adsorbiertem **C** an **A** größer als an **B**, bei hoher Farbstoffbad-Konz. an **B** größer als an **A** ist. In der 3. Gruppe sind solche **C** (*J. Brown RA, N. Green B conc., N. Dark Green B conc., N. Brown BC conc., Congo Corinth, J. Violet extra 200%, N. Orange R conc., N. Orange GG cons., Benzopurpurin 4 BKX, N. Fast Brown CB, Congo Red, Chrysamine G, N. Brown RG*) enthalten, die von **A** u. **B** stark, von **A** jedoch stärker als von **B** adsorbiert werden. **A** läßt sich also im allg. besser als **B** anfärben. Die Beziehungen zwischen Mol.-Struktur u. Anfärbbarkeit bei **A** sind fast die gleichen wie bei **B**: Die Peristellung von H_2N- zu HO- u. CH_3O-Gruppen im Benzidinring-Syst. bedingt eine geringe, die Ggw. eines Salicylsäurerestes eine gute Anfärbbarkeit.

G. Reisner. 7002□

Einige Beobachtungen beim Überfärben von Nylon mit aggregierten Säurefarbstoffen. M. Greenhalgh, A. Johnson und R. H. Peters. (J. Soc. Dyers Colourists **78**, 315—21, Juli 1962; Manchester, Coll. of Sci. and Technol., Dep. of Text. Chem.; engl.) — Beim *Färben* von *Nylon* mit *Säurefarbstoffen* werden die ersten Moll. von den Aminogruppen der Faser gebunden. Weitere Farbstoff-Moll. werden durch *Aggregation* gebunden, sofern dem die Verhältnisse in der Färbeflotte nicht entgegenstehen. Die „*Überfärbung*" findet bevorzugt bei pH ca. 4,5 statt.

G.-D. Gollnisch. 7002□

Das Färben mit Küpenfarbstoffen bei Temperaturen über 100° in der Apparatfärberei. E. Wilhelm und H. Schlüter. (Textil-Prax. **17**, 818—23, Aug. 1962; Ludwigshafen/Rh., Bad. Anilin- u. Soda-Fabrik AG., Text.-Techn. Labor.; dt.) — Die Verw. von Hydrosulfit in der *Hochtemp.-Färberei* mit *Küpenfarbstoffen* wird untersucht. Durch Abpuffern des Hydrosulfits mit HCHO u. — bei den klass. Indanthrenblaumarken — Glucose wird die Küpe soweit stabilisiert, daß ca. 30 Min. lang bei 115° gefärbt werden kann. Es werden dabei Färbungen erzielt, die optimale Egalität u. Durchfärbung aufweisen; ebenfalls werden die Echtheiten nicht ungünstig beeinflußt. Für dieses Verf. geeignete Farbstoffe sind tabellar. zusammengefaßt. Die Meth. ist zum Färben von Garn aus Leinen u. Hanf auf App., in Form von Kreuzspulen oder im Pack-Syst. geeignet. Auch beim Färben von mercerisiertem Baumwollgarn, sowie von Reyon (Spinnkuchen) u. mattierter Zellwolle ergeben sich Vorteile. I. Beßer. 7020□

Über die Frage des Färbens von Wollumpen vor oder nach dem Zerreißen. József Hornung und Kálmán Szekér. (Magyar Textiltechn. (Ung. Textiltechn.) **1956**, 225—27, Juni; Közlemény a Magyar Posztogyar Labor., ung.) — Das *Färben* der *Wollumpen* vor dem *Zerreißen* hat den Vorteil, daß ungleich gefärbte Stücke noch vor dem Zerreißen ausgesucht werden können u. daß das zum Zerreißen verwendete Öl nicht ausgewaschen zu werden braucht (Ölersparnis beim Spinnen). Nachteil ist eine stärkere Faserschädigung. Werden die Wollumpen zuerst zerrissen u. dann gefärbt, so kann gleichmäßiger gefärbt werden u. die Faserschädigung ist geringer. Es werden prakt. keine Unterschiede zwischen den beiden Verff. bzgl. Faserschädigung, sowie Bruchlast

u. Dehnung der Garne u. Gewebe gefunden. Nur sehr alte Lumpen sollen vor dem Färben zerrissen werden, um die Faserschädigung niedrig zu halten. T. Krakkay. 7020□

Das Färben von Polyvinylchloridfasern. Erich P. Frieser. (SVF Fachorg. Textilveredl. **16**, 442—47, Juli 1961; Wien; dt.) — Auf Grund einer Literaturübersicht werden Handelsnamen u. Eigg. von *PVC-Fasern* sowie die zu ihrer *Färbung* geeigneten Farbstoffklassen zusammengestellt. Es wird ausführlich auf das Färben dieser Fasern mit Dispersionsfarbstoffen, Naphtholfarbstoffen u. Metallkomplexfarbstoffen eingegangen. — 29 Literaturangaben; Patentübersicht. H. Sontag. 7020□

Waschen und Färben verschiedener Mischungen für die Herstellung von Teppichen. R. C. Cheetham. (J. Soc. Dyers Colourists **78**, 15—24, Jan. 1962; Manchester, Courtaulds Ltd., Res. Labor.; engl.) — Die Anwendung neuerer *Färbe-* u. *Wasch-Verff.*, einschließlich Veränderungen an den diesbezüglichen Maschinen, auf *Mischgarne* für *Teppiche* wird erörtert. Einzelheiten über bes. Meth. für verschiedene Mischungen werden angegeben. Hingewiesen wird auf Schmälzmittel bei der Herst. von Teppichgarnen auf Streichgarnspinnmaschinen, die nicht ausgewaschen werden müssen. Erwähnenswerte Färbe-Verff. sind das Färben unter sauren Bedingungen von Woll/Fibro-Mischungen, die Verw. von Lsgm. zum Färben von Celafibre/Nylon-Mischungen, die Anwendung von Reaktivfarbstoffen auf Fibrolane/Fibro-Mischungen u. das einstufige Färben mit Direkt- u. bas. Farbstoffen von Courtelle/Fibro-Mischungen. Kurz hingewiesen wird auf das Stückfärben von Teppichen mit einem Mischflor aus Courtelle u. Fibro u. die mögliche Verw. einer Spritztechnik zum Färben von Teppichflor aus einer Fibrolane/Nylon-Mischung. L. Jentgen. 7020□

Beitrag der Farbenindustrie zur Produktionssteigerung auf dem Gebiet des Textildrucks. B. Jomain. (Chim. et Ind. **86**, 261—68, Sept. 1961; franz.) — Nach einem Rückblick auf die histor. Entw. des Textildrucks wird der heutige Stand der Technik bzgl. des Einsatzes älterer Farbstoffe in neuen Verff. (Flash-Verf.), der Modifikation klass. Verff. beim Einsatz neuer chem. Prodd. (Pigmentfarbstoffe) u. des *Bedruckens* von Stoffen aus Chemiefasern gekennzeichnet. H. Sontag. 7022□

Hilfsmittel zur Verhinderung des Gas-Fadings bei gefärbten Acetatfasern. Erich P. Frieser. (SVF Fachorg. Textilveredl. **16**, 448—52, Juli 1961; Wien; dt.) — In einer Literaturübersicht wird der Chemismus des *Gas-Fadings* von *gefärbter Acetatware* erörtert u. werden die zur Verhütung dieser Erscheinung industriell entwickelten, meist patentrechtlich geschützten *Inhibitoren* bzgl. ihrer chem. Zus., ihres Einsatzes u. ihrer spezif. Wirksamkeit beschrieben. — 15 Literaturangaben — Patentübersicht. H. Sontag. 7028□

Farbstoffzwischenprodukte und optische Aufheller. A. K. Sarkar und D. A. W. Adams. (Rep. Progr. appl. Chem. **44**, 52—68, 1959; Castleford, Yorks., Hickson & Welch Ltd.; engl.) — Ausführliche Literaturübersicht über den derzeitigen Entw.-Stand auf dem Gebiet der *Farbstoffzwischenprodd.* (Bzl.-, Naphthalin-, Anthrachinon-Derivv., poly- u. heterocycl. Verbb.), der *opt. Aufhellungsmittel* u. der UV-Absorber. — 215 Literaturhinweise. M. Reiher. 7048□

Sandoz Akt.-Ges., Basel (Erfinder: Willy Steinemann, Basel, und Walter Wehrli, Riehen), Schweiz, **Herstellung von Monoazofarbstoffen und deren Metallkomplexverbindungen.** Die Farbstoffe entsprechen der allg. Formel I (B = in o-Stellung zu z kuppelnde Azokomponente; v = metallkomplexbildender Substituent; z = enol. oder phenol. Hydroxyl; x = O oder die direkte Bindung; n = 1 oder 2. Der Ring A u. der Rest B können weitersubstituiert sein).

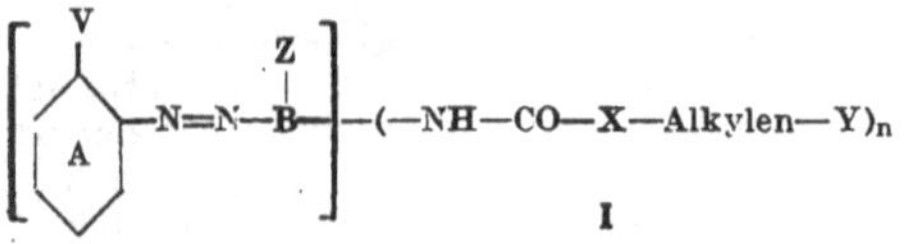

I

Die chromierten oder kobaltierten Farbstoffe eignen sich zum Färben von Wolle, Seide, Leder u. synthet. Polyamiden. — *2-Amino-1-hydroxy-4.6-dichlorbenzol → 7-Hydroxynaphthalin-1-carbaminsäure-2'-(methylsulfonylamino)-äthylester.* Der Farbstoff färbt Wolle nachchromiert graublau mit guten Allgemeinechtheiten. Die Azokomponente wird wie folgt hergestellt: 1 (Mol) 7-Hydroxynaphthalin-1-carbaminsäure-(2'-chlor)-äthylester, 1,1 Methansulfonsäureamid u. 1,2 Na-Acetat werden miteinander erhitzt. *2-Amino-1-hydroxy-4-chlorbenzol → 1-(4'-Methylphenyl-1'-sulfonylaminoacetylamino)-7-hydroxynaphthalin.* Der kobaltierte Farbstoff färbt Wolle u. synthet. Polyamide violett. Die verwendete Azokomponente erhält man wie folgt: Man erhitzt bei 80—90° mehrere Std. 23,5 (Teile) 1-Chloracetylamino-7-hydroxynaphthalin, 20 4-Methylbenzol-1-sulfonsäureamid u. 6 CaO in 150 W., oder man kondensiert 4-Methylphenyl-1-sulfonylaminoacetessigsäure mit 1-Amino-7-hydroxynaphthalin. (**F. P. 1 212 808** vom 29/7. 1958, ausg. 25/3. 1960. **E. P. 862 374** vom 24/7. 1958, ausg. 8/3. 1961. **A. P. 2 961 437** vom 14/7. 1958, ausg. 22/11. 1960. Alle Schwz. Prior. 31/7. 1957.) F. Rath. 7053

Farbwerke Hoechst Akt.-Ges., vormals Meister Lucius & Brüning, Frankfurt/M., **Herstellung wasserunlöslicher Azofarbstoffe.** Man diazotiert eine o-Aminoazo-Verb. der allg. Formel I (X = Alkyl oder Alkoxy) u. kuppelt sie in Substanz oder auf der Faser, z. B. Textilien aus regenerierter Cellulose, mit von wasserlösl. machenden Gruppen freien Arylamiden der 2.3-Hydroxynaphthoesäure. — Beispiel: *2-Amino-4.5-diäthoxy-2'-methylsulfonyl-4'-nitroazobenzol* → *1-(2.3-Hydroxynaphthoylamino)-2-äthoxybenzol* (gelblichgrün). (**Niederl. P. 98 838** vom 17/6. 1957, ausg. 15/8. 1961. D. Prior. 27/6. 1956.) F. Böhm. 7055

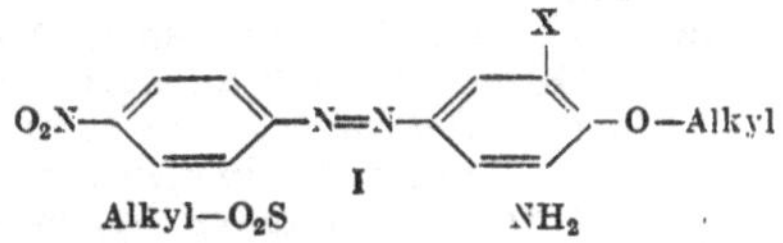

I

Ciba Ltd., Basel, Schweiz, **Anthrachinonfarbstoffe.** Zu D. A. S. 1 085 993; C. **1961**, 309 ist nachzutragen: Farbstoffe, die Polyesterfasern in gut licht- u. sublimierechten rosa Tönen färben, können auch durch Rk. von 1.4-Dihydroxy-2-aminoanthrachinon mit ggf. im Benzolring substituiertem 2-Halogen-benzoxazol oder -benzimidazol erhalten werden. (**E. P. 867 791** vom 28/5. 1958, ausg. 10/5. 1961. Schwz. Prior. 28/5. 1957.) O. Roick. 7059

Ciba Akt.-Ges., Basel, Schweiz, **Anthrachinonfarbstoffe** der allg. Zus. I (R = Benzolrest, X u. Y = N-Brücken, B = Rest eines o-Nitrodiarylamins, das mindestens eine $-SO_3H$ u./oder —COOH-Gruppe enthält), u. bes. Baumwolle (**A**) licht- u. waschecht färben, erhält man in der Weise, daß man Trihalogen-1.3.5-triazine, bes. Cyanurchlorid (**II**), einerseits mit o-Nitrodiarylaminen, die mindestens eine SO_3H- u./oder COOH-Gruppe u. mindestens eine arylierbare Aminogruppe enthalten, u. andererseits mit Verbb. der Zus. **III** in beliebiger Reihenfolge derart kondensiert, daß die Endprodd. ein einziges reaktionsfähiges Halogenatom aufweisen. — So erhält man Farbstoffe durch Rk. von (anthrachinon = **IV**, sulfophenylamino = **V**, nitrodiphenylamin = **VI**) **II** u. 4'-Amino-2-**VI**-4-sulfonsäure u. 4-(4'-Amino-3'-**V**)-1-amino-**IV**-2-sulfonsäure (**VII**), färbt cellulosehaltige Fasern (**VIII**) blaustichig oliv; 3'-Amino-2-**VI**-6'.4-disulfonsäure u. **VII**, färbt **VIII** grünstichigblau; 4'-Amino-2-**VI**-3'.4-disulfonsäure u. 4-(3'-Amino-4'-**V**)-1-amino-**IV**-2-sulfonsäure (**IX**), färbt **VIII** grünstichiggrau; 3'-Amino-2-**VI**-6'.4-disulfonsäure u. **IX**, färbt **A** grau; 4'-Amino-2-**VI**-4-sulfanilido-3'.4''-disulfonsäure u. **VII**, färbt **A** grünstichigoliv; 4'-Amino-2-**VI**-4-sulfonsäure u. **IX**, färbt **A** grünstichiggrau; 4'-Amino-2-**VI**-3'.4-disulfonsäure u. **VII**, färbt **A** grünstichigoliv. — Färbebeispiel. (**F. P. 1 249 137** vom 24/2. 1960, ausg. 15/3. 1961. Schwz. Prior. 4/3. 1959.) O. Roick. 7059

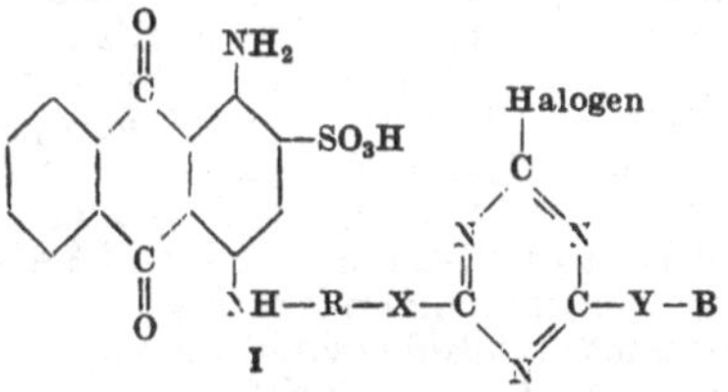

I

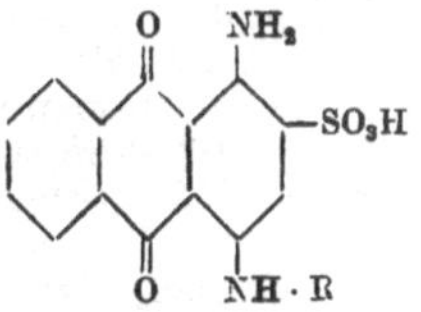

III

Comp. Française des Matières Colorantes, Frankreich (Erfinder: Louis Woerth und René Durupt), **Farbstoffe** der allg. Zus. **I**, worin das eine Y OH u. das andere Y NH_2 bedeutet u. die Phenylgruppe noch durch Halogen substituiert sein kann, geeignet zum Färben u. Bedrucken von Polyestern, Polyamiden, Cellulosedi- oder -triacetaten oder Polyvinylchlorid, erhält man durch Acylieren von Diamino-4.8-anthrarufin (**II**) oder Diamino-4.5-chrysazin (**III**) oder einem Gemisch von **II** u. **III** mit einem Benzoylchlorid u. ggf. Halogenieren der erhaltenen Farbstoffe. — Durch mehrstd. Verrühren von 1 (Gewichtsteil) **II** oder **III** in 32 Nitrobenzol mit 0,55 Benzoylchlorid bei 40—45° erhält man in 85—90%ig. Ausbeute monobenzoyliertes **III**, F. 300—305°, das freiverteilt rotstichigblau färbt. Mit einem techn. Gemisch aus **II** u. **III** erhält man einen Farbstoff (**IV**) mit ähnlichen färberischen Eigg., der aber eine größere Affinität zu synthet. Fasern aufweist als die Farbstoffe aus **II** u. **III** allein. Wird **IV** mit Br_2 bromiert oder mit SO_2Cl_2 chloriert, so werden ebenfalls in rotstichigblauen Tönen färbende Farbstoffe erhalten. — Färbebeispiel. (**F. P. 1 254 991** vom 19/1. 1960, ausg. 2/6. 1961.) O. Roick. 7059

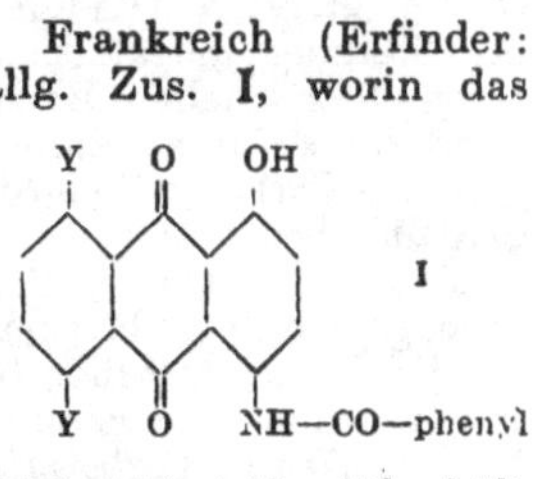

I

J. R. Geigy Akt.-Ges., Basel (Erfinder: Hans-Peter Kölliker, Basel, Alfred Staub, Binningen, und Peter Hindermann, Basel), Schweiz, **Anthrachinonfarbstoffe**, die pflanzliche Fasern in gut licht- u. wassertropfechten grünen Tönen färben, erhält man durch Acylierung von 4-[4'-Aminophenyl- oder -diphenyl-(4)-amino]-1-aminoanthrachinonen, die in 2-Stellung eine saure salzbildende Gruppe (**I**), wie $-SO_3H$ oder $-COOH$, oder einen in eine solche Gruppe überführbaren Substituenten (**II**) enthalten, mit einem Azobenzolcarbonsäurehalogenid, in dem ein Benzolkern die Carbonsäurehalogenidgruppe in m- oder besser in p-Stellung zur Azobindung u. der andere Benzolkern eine Hydroxycarbonsäuregruppierung enthält, u. ggf. Überführung von **II** in **I**, z. B. ein Halogenatom durch Behandlung mit Alkalisulfiten. — Durch Rk. von 1-Amino-4-[4'-aminodiphenyl-(4)-amino]-anthrachinon-2-sulfonsaurem Na (**III**)

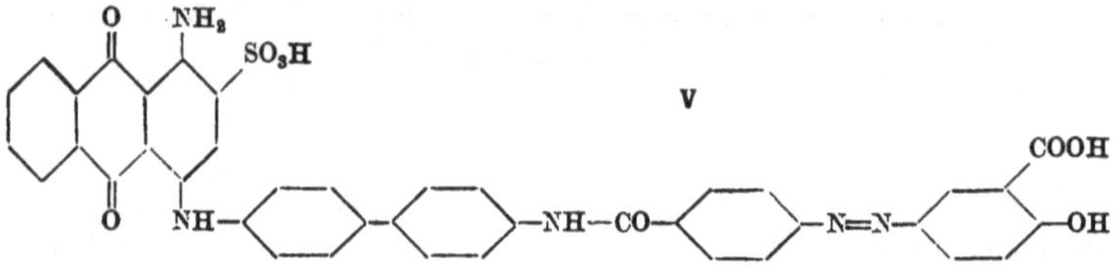

V

mit dem Dichlorid der 4-Hydroxyazobenzol-3.4'-dicarbonsäure (**IV**) in einem Gemisch aus W. u. Aceton bei 40—45° in Ggw. säurebindender Mittel erhält man so den Farbstoff der Zus. **V** der Baumwolle in reinen grünen Tönen färbt. Ähnliche grüne Farbstoffe erhält man bei Ersatz von **III** durch das Na-Salz von 1-Amino-4-[3.3'-dimethyl-4'-aminodiphenyl-(4)-amino]- oder -[3'-methoxy- oder -methyl-4'-amino-phenylamino]-anthrachinon-2-sulfonsäure oder 1-Amino-4-[4'-aminodiphenyl-(4)-amino]-anthrachinon-2.5- oder -2.8-disulfonsäure. Ferner können Farbstoffe mit ähnlichen Eigg. erhalten werden aus: dem Rk.-Prod. aus 1-Amino-4-bromanthrachinon-2-sulfonsäure u. 3.3'-Dimethoxy-4.4'-diaminodiphenyl (**VI**) u. **IV**, 4-Hydroxy-2'-methyl-, 4-Hydroxy-5- oder -6-chlor-azobenzol-3.4'-dicarbonsäure; **III** u. 4-Hydroxy-2'.6-dimethyl- oder 4-Hydroxy-6-methyl-azobenzol-3.4'-dicarbonsäure; 1-Amino-4-(4'-aminophenylamino)-anthrachinon-2-sulfonsaurem Na u. 4-Hydroxy-5-methylazobenzol-3.4'-dicarbonsäure; 1-Amino-4-[4'-aminodiphenyl-(4)-amino]-anthrachinon-2-carbonsäure u. **IV**. Setzt man 1-Amino-2-brom-4-[4'-amino-3'.3-dimethoxydiphenyl-(4)-amino]-anthrachinon mit **IV** um u. erhitzt das Rk.-Prod. in Phenol unter Rückfluß mit einer 16%ig. K_2SO_3-Lsg., so wird ein Farbstoff erhalten, der dem aus **VI** u. **IV** feststellbaren Farbstoff entspricht. — Färbebeispiel. (**F. P. 1 207 685** vom 4/7. 1958, ausg. 18/2. 1960. **Belg. P. 569 146** vom 4/7. 1958, ausg. 24/3. 1961. **D. A. S. 1 088 635** Kl. 22b vom 4/7. 1958, ausg. 8/9. 1960. Alle Schwz. Prior. 5/7. 1957. **Schwz. P. 357 819** vom 5/7. 1957, ausg. 15/12. 1961.)

O. Roick. 7059

Sandoz Akt.-Ges., Basel (Erfinder: Paul Bücheler, Reinach, Basel-Land, und Richard Roth, Rheinfelden/Aargau), Schweiz, **Dispersionsfarbstoffe der Anthrachinonreihe** der allg. Zus. $A-(NH-C_2H_3(B)-COOX)_n$ (A = Anthrachinonrest, der, mit Ausnahme von SO_3H-Gruppen, beliebig weitersubstituiert sein kann, B = H oder niedermol. Alkyl, X = Alkyl, Cycloalkyl oder Aralkyl, n = 1—4), worin die den Rest $-C_2H_3(B)-COOX$ tragenden Gruppen in den α-Stellungen des Anthrachinonrestes stehen, erhält man in der Weise, daß man Anthrachinon-Verbb. mit einer oder mehreren α-ständigen prim. NH_2-Gruppen in schwefelsaurer Lsg. mit niedrigmol., in α-Stellung eine additionsfähige Doppelbindung aufweisenden Alkencarbonsäuren oder deren funktionellen Derivv., wie Amiden, Estern oder Nitrilen, derart umsetzt, daß mindestens eine α-ständige, prim. NH_2-Gruppe zur Rk. gelangt, u. daß man die so eingeführte Carboxyalkylgruppe bzw. -gruppen verestert. — Die erhaltenen Ester, die in den üblichen organ. Lsgm. gut lösl. sind, färben Celluloseester u. -äther, Polyester, -amide u. -urethane, Polyvinylester u. -acrylnitrile in gut licht-, wasch-, schweiß-, rauchgas-, reib-, sublimier- u. thermofixierechten Tönen. — Durch Rk. von 1.4-Diamino-2.3-dichloranthrachinon (**I**) mit Acrylsäurenitril (**II**) u. Veresterung der erhaltenen Verb. mit A. erhält man so einen in Chlorbenzol (**III**) blauviolett lösl. Pigmentfarbstoff, F. 94 bis 96°. Weitere Farbstoffe erhält man aus den folgenden Verbb. (1. Aminoanthrachinon-Verb., 2. Alkencarbonsäure oder deren funktionelles Deriv.; 3. zur Veresterung verwendeter Alkohol oder dessen funktionelles Deriv., 4. Lsg.-Farbe des Esters in **III**): **I**, Acrylsäure (**IV**), Diazomethan, rotstichigblau; 1.5-Diamino-2-brom-4.8-dihydroxy-anthrachinon (**V**), Acrylsäureamid (**VI**), A., blau; 1-Amino-2-brom-4-phenylamino-anthrachinon, **IV**, A., blau; 1-Aminoanthrachinon, **II** oder **IV**, A., n-Propylalkohol (**VII**), Isopropylalkohol (**VIII**), n-Butylalkohol (**IX**), n-Amylalkohol, iso-Amylalkohol, Äthylenchlorhydrin, n-Octylalkohol, Laurylalkohol, Methoxyäthoxyäthylalkohol (**X**), Äthoxyäthylalkohol (**XI**) oder Benzylalkohol, orangerot; 1.4-Diaminoanthrachinon, **II**, A. oder **IX**, blau; 1.5-Diaminoanthrachinon, **II**, Methanol (**XII**), A., **VII**, **VIII** oder **IX**, orangerot; 1.8-Diaminoanthrachinon oder 1.4.5-Triaminoanthrachinon (**XIII**), **II**, A., blau; **XIII**, **II**, **VII**, blau; 1.4.5.8-Tetraaminoanthrachinon (**XIV**), **II**, A., grünblau; 1-Amino-2-methylanthrachinon, **II**, A., rot; 1-Amino-4-hydroxyanthrachinon (**XV**) **VI**, A., **VIII**, **IX**, Octyl-, n-Dodecyl-, Benzyl-, 2-Chloräthyl- oder 2-Hydroxyäthylalkohol, **XI** oder Cyclohexylalkohol, violett; **XV**, Methacrylsäure (**XVI**), A., violett; 1-Amino-2-brom-4-hydroxyanthrachinon (**XVII**), **VI**, **XII**, violettrot; **XVII**, **VI**, **VII**, **IX**, iso-Amylalkohol, **X** oder **XI**, rotviolett; 1-Amino-2-methoxy-4-hydroxy- oder 1-Amino-2-[2'-(2''-methoxyäthoxy)-äthoxy]-4-hydroxyanthrachinon, **VI**, A. bzw. **XII**, violettrot; 1-Amino-2-nitro-4-hydroxy-, 1-Amino-2-cyan-4-hydroxy-, 1-Amino-2.3-dicyan-4-hydroxy-, 1.4-Diamino-2-methoxy- oder 1.4-Diamino-2-bromanthrachinon (**XVIII**), **IV** oder **VI**, A., blau bis blauviolett; 1.4-Diamino-2.3-dicyan- oder 1.4-Diamino-2.3-dicarboximidanthrachinon, **IV**, A., grünblau bzw. blaugrün; 1-Amino-4-phenylamino-, 1.5-Diamino-4.8-dihydroxy-, 1.8-Diamino-4.5-dihydroxy-, 1.8-Diamino-4.5-dihydroxy-2-brom-, 1.5-Diamino-4.8-dihydroxy-2-brom- oder 1.5-Diamino-4.8-dihydroxy-3-bromanthrachinon, **IV** oder **VI**, A., blau; 1.4-Diamino-5.8-dihydroxyanthrachinon, **VI**, A., grünblau; 1.4-Diamino-6.7-dichloranthrachinon, **VI**, A., blau; 1.4-Diamino-2-brom-6.7-dichlor- oder -2.3.6.7-tetrachlor- oder 1-Amino-4-{4'-[2''-(2'''-methoxy-äthoxy)-äthoxy]-phenylamino}- oder -4-(3'-methoxymethylphenylamino)-anthrachinon, **IV**, A., blau; 1.5-Diamino-4-hydroxy-8-phenylamino- oder 1.8-Diamino-4-hydroxy-5-phenylaminoanthrachinon, **VI**, A., grünblau; 1.5-Diamino-4-hydroxy-8-(4'-hydroxy)-phenylamino-, -4,8-dihydroxy-3-(4'-hydroxy)-phenyl- oder -4.8-dihydroxy-3-(4'-methoxy)-phenylanthrachinon oder 1.8-Diamino-4-hydroxy-5-(4'-hydroxy)-phenylamino-, 4.5-dihydroxy-3-(4'-hydroxy)-phenyl- oder -4.5-dihydroxy-3-(4'-methoxy)-phenylanthrachinon, **IV**, A., grünblau; 1.5-Diamino-4.8-dihydroxy-3-nitro-, 1.5-Diamino-4-hydroxy-8-methylamino- oder 1.8-Diamino-4-hydroxy-5-methylaminoanthrachinon, **VI**, A., blau bzw. grünblau; 1-Amino-4.8-dihydroxy-5-nitroanthrachinon, **IV**, A., blau; 1.5-Diamino-4-hydroxy-8-(2'-hydroxy)-äthylamino- oder -4-hydroxy-8-methylamino- oder 1.8-Diamino-4-hydroxy-5-(2'-hydroxy)-äthylamino- oder -4-hydroxy-5-methylamino-2-bromanthrachinon, **IV**, A., grünblau; **XV**, Crotonsäure (**XIX**), A., violett; 1.5-Diamino-4-hydroxy-8-phenylaminoanthrachinon, **XIX**, A., grünblau; 1-Amino-2.3-dicyan-4-hydroxyanthrachinon (**XX**), **XIX**, **XII**, blau; **XX**, **XVI**, **XII**, blau; 1.5-Diamino-4.8-dihydroxy-3-nitroanthrachinon, **XVI**, **XII**, blau. Weitere Farbstoffe, bei denen die Aminogruppen der Polyaminoanthrachinone mit den Alkencarbonsäuren oder deren funktionellen Derivv. nur teilweise umgesetzt u. dann verestert worden sind, erhält man aus [1. Aminoanthrachinon-Verb., 2. Alkencarbonsäure oder deren funktionelles Deriv., 3. umgesetzte NH_2-Gruppen, 4. zur Veresterung verwendeter Alkohol, 5. Lsg.-Farbe des Esters in **III**]: **XVIII**, **VI**, 1, A., rotstichigblau; **XVIII**, **XIX**, 1, A., rotstichigblau; 1.5-Diamino-4.8-dihydroxy-2-bromanthrachinon, **IV**, 1, A., rotstichigblau; 1.4-Diamino-2.3-dichloranthrachinon, **XVI**, 1, A., blauviolett; 1.4.5-Triamino-8-hydroxyanthrachinon, **XIII** oder **XIV**, **IV**, 2, blau; **XIV**, **IV**, 3, A., blau. (**F. P. 1 205 501** vom 17/4. 1958, ausg. 3/2. 1960. **E. P. 841 927** vom 17/4. 1958, ausg. 20/7. 1960. Beide Schwz. Prior. 18/4. 1957. **Schwz. P. 357 129** vom 18/4. 1957, ausg. 15/11. 1961.) O. Roick. 7059

Sandoz Akt.-Ges., Basel, Schweiz (Erfinder: Paul Bücheler), **Anthrachinonderivate** der Zus. **I**, worin ein X OH u. das andere X NO_2 darstellt, Dispersionsfarbstoffe, die Celluloseacetat-, Polyester- u. Polyacrylnitrilfasern in sehr echten violetten Tönen färben, u. auch als Zwischenprodd. zur Herst. weiterer Farbstoffe verwendet werden können, erhält man in einfacher Weise aus den entsprechenden Dihydroxydinitroanthrachinonen, durch Red. mit milden Red.-Mitteln, wie Na-Sulfhydrat (**II**) oder reduzierende Zucker, wie Traubenzucker (**III**) in wss. Lsg. bei pH-Werten von 8—12. — 40 (Gewichtsteile) 1.5-Dinitro-4.8-dihydroxyanthrachinon (**IV**) in 400 W. u. 23 25%ig. Ammoniak versetzt man bei 20—25° tropfenweise innerhalb von 6 Std. mit 40 einer wss. 22%ig. **II**-Lsg. u. rührt dann noch 1 Std. bei 20—25°. Man erhält in guter Ausbeute (*1-Amino-4.8-dihydroxy-5-nitroanthrachinon*. — Man erhitzt 20 1.8-Dinitro-4.5-dihydroxyanthrachinon (**V**), 200 W. u. 15 Na_2HPO_4 unter Rühren bei 90°, gibt 18 **III** hinzu, rührt 30 Min. bei 90°, gibt innerhalb von 4 Std. tropfenweise 4 NaOH in 110 W. bei derselben Temp. hinzu u. rührt weitere 8 Std. bei 90°. Man erhält *1-Amino-4.5-dihydroxy-8-nitroanthrachinon*. Man kann auch Gemische von **IV** u. **V** in der gleichen Weise reduzieren. — Färbebeispiele. (**F. P. 1 253 847** vom 1/12. 1959, ausg. 19/5. 1961. Schwz. Prior. 3/12. 1958.) O. Roick. 7059

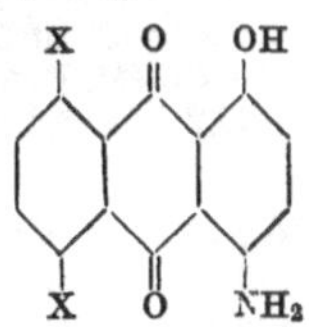

I

Sandoz Akt.-Ges., Basel (Erfinder: Paul Bücheler, Reinach), Schweiz, **Blaue Dispersionsfarbstoffe der Anthrachinonreihe** der allg. Zus. **I** (R = Alkyl oder

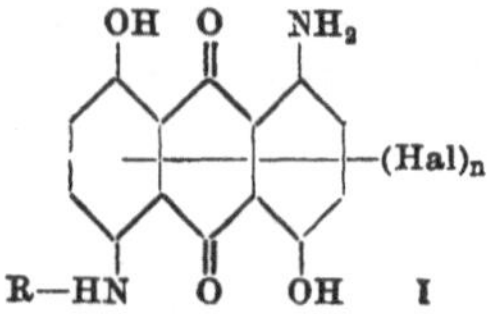
I

Cycloalkyl, Hal = Cl oder Br, n = 0,5—1,5), geeignet zum Färben von Cellulosetriacetat-, Polyester- u. Polyamidfasern sowie zum Färben von Celluloseestern u. Polyacrylnitril in der Masse, erhält man durch Halogenieren der entsprechenden Ausgangs-Prodd. in Schwefelsäuren oder Halogenbenzolen mit Cl_2, Br_2 oder SO_2Cl_2 bei Temp. zwischen 10 u. 160°. — Beschrieben wird die Herst. eines: 1-Methylamino-5-amino-**II** (-4.8-dihydroxyanthrachinon = **II**) mit 23,4% Br in Chlorbenzol grünstichigblau lösl., färbt Polyesterfasern ebenfalls grünstichigblau; 1-Äthylamino-5-amino-**II** mit 18% Br, färbt Acetylcellulose (**E**) gut licht-, wasch-, schweiß- u. rauchgasecht reinblau; 1-Amino-5-(2'-cyano)-propylamino-**II** mit 21,6% Br, Farbstoff von gutem Aufziehvermögen, färbt **E** reinblau; 1-(2'-Carboxy)-äthylamino-5-amino-**II** mit 22,4% Br, färbt Polyesterfasern gut licht-, wasch-, thermofixier-, bügel- u. schweißecht blau; 1-Amino-5-methylamino-**II** (**III**) mit 10,9% Br, in Chlorbenzol blau löslich. Die Lsg.-Farbe der folgenden halogenierten Farbstoffe in Aceton ist ebenfalls blau: 1-n-Propylamino-5-amino-**II** mit 16% Br, 1-n-Butylamino-5-amino-**II** mit 18% Br, n-Propylester des 1-(2'-Carboxy)-äthylamino-5-amino-**II** mit 12% Cl, Methylester des 1-(2'-Carboxy)-äthylamino-5-amino-**II** mit 24% Br. — Färbebeispiele. (**F. P. 1 253 848** vom 1/12. 1959, ausg. 19/5. 1961. **D. A. S. 1 130 951** Kl. 22b vom 2/12. 1959, ausg. 7/6. 1962. Beide Schwz. Prior. 4/12. 1958.) O. Roick. 7059

Farbwerke Hoechst Akt.-Ges., vormals Meister Lucius & Brüning (Erfinder: Otto Fuchs und Aloys Kirsch), Frankfurt/M., **Lineares Chinacridon der β-Phase** erhält man in einfacher Weise durch Überführung des Rohchinacridons (**I**) in ein- oder mehrwertigen Alkoholen, die noch Äthergruppen enthalten können, in der 4—20fachen Menge, bezogen auf **I**, in sein Alkalisalz u. Hydrolysieren des Alkalisalzes mit verd. Mineralsäuren. — Man erhitzt z. B. 1 Std. lang bei 50° unter Rühren 30 (Gewichtsteile) I (erhältlich durch Kondens. von 2.5-Dianilinoterephthalsäure bei 80—180° mit Polyphosphorsäure), 120 Äthylglykol u. 30 pulverisiertes NaOH, trägt tropfenweise unter Rühren bei 40—50° 425 Vol.-Teile 2n H_2SO_4 ein u. erhitzt 10 Min. lang bei 90°. Nach dem Filtrieren, Waschen u. Trocknen wird ein violettrotes kristallines Pulver erhalten, das die reine β-Phase darstellt, deren Röntgenbeugungsspektrum charakteristische Netzebenenabstände von 15,23, 3,31, 7,55, 5,47 u. 4,06 Å zeigt. — Weitere Beispiele. (**F. P. 1 247 659** vom 5/2. 1960, ausg. 22/2. 1961. D. Prior. 5/2. 1959. **D. A. S. 1 129 250** Kl. 22e vom 5/2. 1959, ausg. 10/5. 1962.) O. Roick. 7061

Farbwerke Hoechst Akt.-Ges., vormals Meister Lucius & Brüning, Frankfurt/M. (Erfinder: Otto Fuchs, Frankfurt/M., und Friedrich Ische, Kelkheim/Taunus), **Chinacridone,** gelbstichig- bis blaustichigrote Pigmentfarbstoffe für Lacke u. plast. Massen, können aus 2.5-Diarylaminoterephthalsäuren oder ihren Estern in An- oder Abwesenheit von indifferenten Verdünnungsmitteln, wie Chlor-, Di- oder Trichlorbenzol (**I**) oder Tetrachloräthan, durch Behandlung mit wasserfreien Metallhalogeniden, wie $AlCl_3$ oder $TiCl_4$, bei Temp. zwischen 130 u. 200° erhalten werden. — Durch 1 std. Erhitzen von 10 (Gew.-Teilen) 2.5-Dianilinoterephthalsäure (**II**) in 100 **I** mit 20 $AlCl_3$ bei 100° erhält man 8 blaustichigrotes lin. Chinacridon zum Färben von Lacken, Polyvinylchlorid, Polyolefinen u. Polystyrol. In ähnlicher Weise erhält man den Farbstoff mit dem Diäthylester von **II**. Weitere Farbstoffe können hergestellt werden aus: 2.5-Bis-(4'-methyl- oder 4'-chlor-anilino)-terephthalsäure, violette Farbstoffe; 2.5-Bis-(2'-methyl- oder 3'.5'-dimethyl-anilino)-terephthalsäure, blaustichigrote Farbstoffe. (**F. P. 1 253 985** vom 25/1. 1960, ausg. 24/5. 1961. D. Prior. 24/1. 1959. **D. A. S. 1 127 019** Kl. 22e vom 24/1. 1959, ausg. 5/4. 1962.) O. Roick. 7061

Imperial Chemical Industries Ltd., London, England (Erfinder: Donald Graham Wilkinson), **Chinacridonpigmente** erhält man durch Erhitzen einer 2.5-Bis-(acrylamino)-terephthalsäure (**I**) oder eines Alkylesters von **I** bei Temp. von 120 bis 190° mit einer Polyphosphorsäure. — Die erhaltenen Prodd. sind sehr gut licht- u. lösungsmittelechte, hitzebeständige gelbstichig bis blaustichig rote Pigmente für Lacke, Druckfarben u. Kunststoffe. — Man trägt in 20 Min. bei 100° 15 (Gewichtsteile) 2.5-Bis-(phenylamino)-terephthalsäure (**II**) nach u. nach in 200 Tetraphosphorsäure ein, erhitzt 20 Min. lang auf 150° u. erhitzt weiter bei 150° bis eine Probe in W. keine alkalilösl. Anteile mehr enthält. Nach dem Austragen in W. erhält man in 92%ig. Ausbeute einen blaustichigroten Farbstoff. Weitere Pigmentfarbstoffe können in ähnlicher Weise erhalten werden aus: 2.5-Bis-(2'-methoxy-, 2'-trifluormethyl-, 4'-phenylamino-, 4'-chlor-, 3'-chlor- oder 3'-methylphenylamino)-terephthalsäure, dem Dimethylester von **II** oder 2.5-Bis-(pyridyl-2'-amino)-terephthalsäure. (**E. P. 868 360** vom 6/6. 1958, ausg. 17/5. 1961.) O. Roick. 7061

Ciba Akt.-Ges., Basel, Schweiz, **Dioxazinpigmentfarbstoffe** der allg. Zus. I (R = ggf. substituierter Benzol- oder Naphthalinrest, X = H oder Halogen, Y = H, Halogen, Alkyl oder Alkoxy) erhält man entweder a) aus Verbb. der Zus. II (Z = H oder Alkoxy) durch Behandlung mit nichtsulfonierenden Kondens.-Mitteln oder b) durch

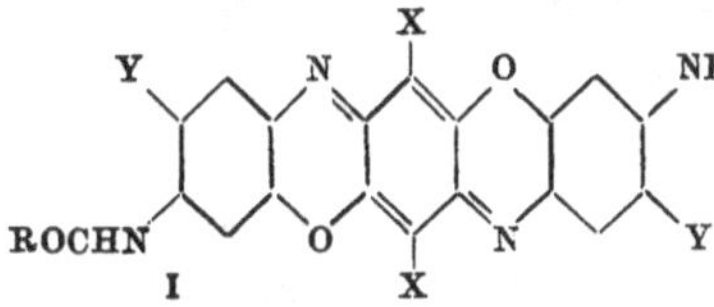

I

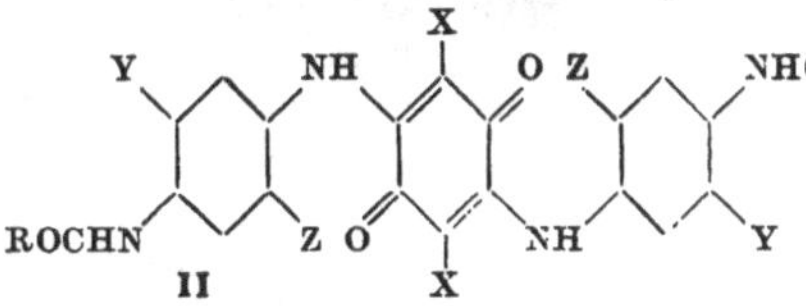

II

Rk. von Dioxazinen der allg. Zus. III (B = H oder Rest einer aliphat. nicht mehr als 4 C-Atome enthaltenden Carbonsäure) mit einem reaktionsfähigen Deriv. einer Benzoesäure oder einer mindestens 2 kondensierte Ringe enthaltenden aromat. Carbonsäure, wobei die Ausgangsstoffe von wasserlöslichmachenden Gruppen frei sein müssen. — Man erhält rote bis violette Pigmentfarbstoffe, die gut licht- u. migrationsecht sind, bes. für den sog. Pigmentdruck geeignet sind, auch feinverteilt zum Färben von Viscose, Polyamiden u. -urethanen in der Spinnmasse, von Polyvinylchlorid u. zur Herst. von gefärbten Lacken verwendet werden können. — Durch 20 Min. langes Erhitzen von 64,7 Gewichtsteilen 2.5-Dichlor-3.6-di-[2'.5'-diäthoxy-4'-(4''-chlor)-benzoylaminophenylamino]-1.4-benzochinon [erhältlich aus Chloranil (**IV**) u. 4-(4'-Chlor)-benzoylamino-2.5-diäthoxy-1-aminobenzol (**V**)] mit 480 (Vol.-Teilen) Nitrobenzol u. 45 Benzoylchlorid (**VI**) bei 210—220° erhält man ein violettes Pulver, das Polyvinylchloridfolien (**VII**) kräftig violett färbt. Weitere Farbstoffe erhält man, wenn man **V** ersetzt durch: 4-(4'- oder 2'-Brom, 4'-Methoxy oder 4'-Phenyl)-benzoylamino-2.5-diäthoxy-1-aminobenzol, färben **VII** violett; 4-(4'-Brom oder 4'-Methyl)-benzoylamino-2.5-dimethoxy-1-aminobenzol, färben **VII** blau; 4-(4'-Chlor)-benzoylamino-2-methoxy-5-methyl-1-aminobenzol, färbt **VII** bordorot; 4-(2'.5'- oder 2'.4'-Dichlor)-benzoylamino-2.5-diäthoxy-1-aminobenzol, färben violett bzw. blau; 4-(2'.5'- oder 2'.4'-Dichlor)-benzoylamino-2.5-dimethoxy-1-aminobenzol, färben violett; 4-α-Naphthoylamino-2.5-diäthoxy-1-aminobenzol, färbt violett. Ferner können Farbstoffe erhalten werden aus: **IV**, 4-(4'-Chlorbenzoylamino)-anilin u. **VI**, färbt bordorot; **IV**, 4-(4'-Methoxy)-benzoylamino-2.5-dimethoxy- oder -2-methoxy-1-aminobenzol u. 4-Methoxybenzoylchlorid färben kräftig blaustichigviolett bzw. bordorot; **IV** u. 1-Amino-2.5-dimethoxy-4-nitrobenzol, Red. der Nitrogruppe nach der Rk., u. 4-Chlorbenzoylchlorid, färbt rein blau; **IV**, 2-Äthoxy-4-(2'.5'-dichlorbenzoylamino)-5-chlor-1-aminobenzol u. 2.5-Dichlorbenzoylchlorid, dunkles rotstichig violettes Pulver, färbt bordorot; Benzochinon, 2.5-Dimethoxy-4-(2'.4'-dichlorbenzoylamino)-1-aminobenzol u. 2.4-Dichlorbenzoylchlorid, färbt violett. — Färbebeispiel. (**F. P. 1 206 990** vom 27/5. 1958, ausg. 12/2. 1960. **E. P. 869 357** vom 29/5. 1958, ausg. 31/5. 1961. **Belg. P. 568 112** vom 28/5. 1958, ausg. 12/8. 1960. Alle Schwz. Prior. 29/5. u. 23/8. 1957.) O. Roick. 7063

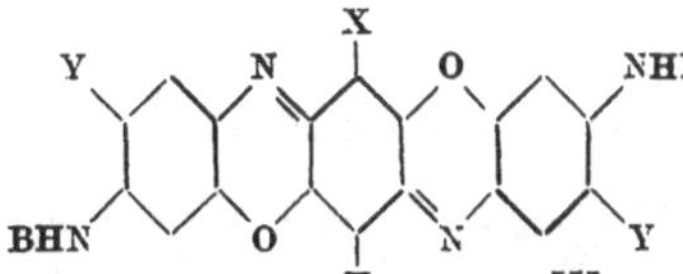

III

Imperial Chemical Industries Ltd., London, England (Erfinder: Herbert Francis Andrew und Kenneth William Pearson), **Farbstoffe der Stilbenreihe** der allg. Zus. I (R = Benzolkern, der auch Teil eines Naphthalinrings sein kann, B = Cl, Br, NO_2, Acylamino, N.N-Dialkylamino oder Gruppen der Zus. II oder III (A = H oder II, R' = H oder Alkyl mit 1—4 C-Atomen, Y = Cl oder Br u. Z = Cl, Br, Alkyl-, Aryl-, Alkoxy-, Aryloxy-, Thioaryl-, Thioalkyl-, Amino- oder substituierte Amino-

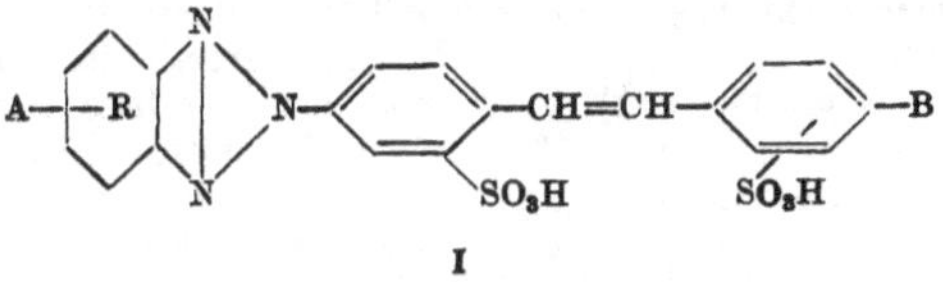

I

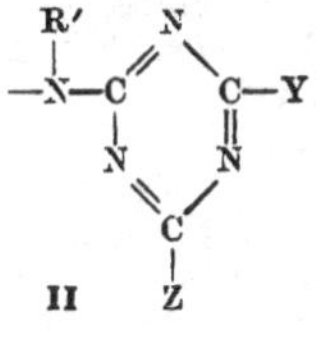

II

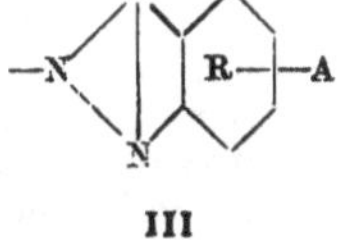

III

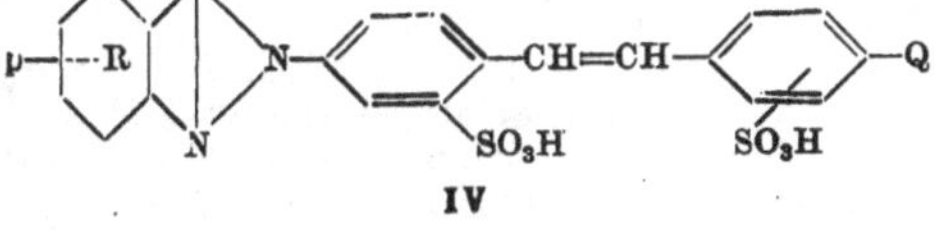

IV

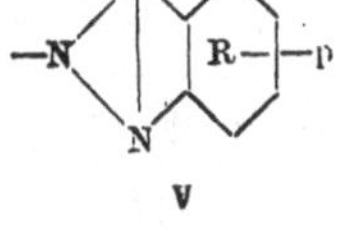

V

gruppe, mit der Maßgabe, daß die Farbstoffe mindestens eine Triazinylgruppe enthalten, Reaktivfarbstoffe, die Baumwolle, Viscose, Leinen, Wolle u. Polyamide vorteilhaft in Ggw. säurebindender Mittel in gut wasch- u. lichtechten grünstichiggelben Tönen färben, erhält man durch Rk. eines Stilben-Deriv. der allg. Zus. **IV** [Q = Cl oder Br, Nitro, Acrylamino, —NHR′, N.N-Dialkylamino oder **V** (p = H oder NHR′)] vorausgesetzt,

VI

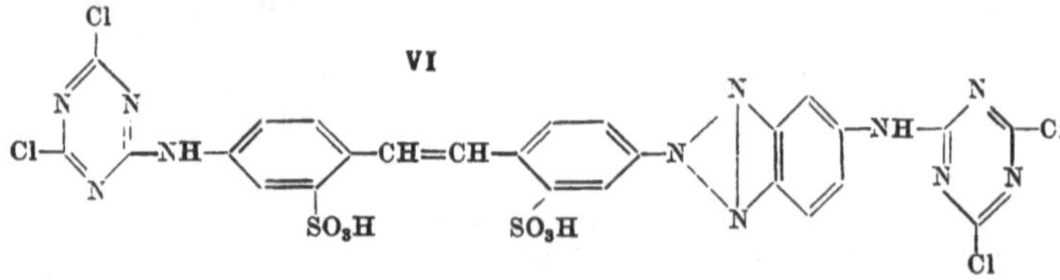

daß **IV** mindestens eine —NHR′-Gruppe enthält, mit einem **II** entsprechenden Triazin, in dem sich an Stelle von —N(R′)— aber Cl oder Br befindet. — Man erhält so durch 2std. Verrühren einer wss. Suspension von 1 Mol eines Diaminostilben-Deriv. mit 2 Mol Cyanurchlorid bei 0—5° unter Aufrechterhaltung eines pH-Wertes von 6,5 den Farbstoff der Zus. **VI**, färbt cellulosehaltige Textilien in grünstichiggelben Tönen, die im UV-Licht blaustichiggrün fluorescieren. — Weitere Beispiele sind durch Formelbilder erläutert. (**F. P. 1 244 481** vom 24/9. 1959, ausg. 23/1. 1961. E. Prior. 29/9. 1958 u. 14/8. 1959. **E. P. 862 225** vom 29/9. 1958, ausg. 8/3. 1961.) O. Roick. 7065

Badische Anilin- & Soda-Fabrik Akt.-Ges., Ludwigshafen/Rh., **Küpenfarbstoffe,** deren Färbungen sehr echt sind u. sich durch eine bemerkenswerte Farbstärke auszeichnen, so daß schon aus Farbbädern mittlerer Konz. schwarze Farbtöne ohne eine nachträgliche Oxydation mit Hypochlorit-Lsg. auf cellulosehaltigen Fasern erzeugt werden können, erhält man durch Behandlung von Aminodibenzanthron (I) in Ggw. alkal. wirkender Mittel bei höheren Temp. mit anorgan. Oxydationsmitteln, wie Fe_2O_3 u. seinen Komplex-Verbb., Mn_2O_4, Pb_2O_4 oder Pb-IV-acetat, Arsen- oder Chromsäure, den Alkali- oder NH_4-Salzen der Peroxydischwefelsäure (**Ia**), bes. aber Cu-II-oxid (II). Man kocht z. B. 24 Std. unter Rückfluß ein Gemisch von 4,7 **I**, 10 feinverteiltes **II** u. 2,8 K_2CO_3 in 100 Naphthalin, verd. noch warm mit Bzl., saugt bei 60° ab, wäscht mit Bzl., A., verd. H_2SO_4 u. W. u. trocknet. Schwarzes Pulver, in konz. H_2SO_4 violett lösl., färbt Baumwolle aus violetter Küpe kräftig graublau u. in höheren Konz. schwarz. Man gewinnt einen ähnlichen Farbstoff, wenn man nicht in Naphthalin sondern in W. u. unter Druck bei 210° u. in Ggw. von verd. Kalilauge arbeitet. In weiteren Beispielen wird die Oxydation mit KFe-III-Cyanid, Mn_2O_4 u. dem K-Salz von **Ia** beschrieben. Es werden Farbstoffe mit ähnlichen Eigg. erhalten. (**F. P. 1 256 463** vom 9/5. 1960, ausg. 26/6. 1961. D. Prior. 8/5. 1959.) O. Roick. 7069

Badische Anilin- & Soda-Fabrik Akt.-Ges., Ludwigshafen/Rh. (Erfinder: Arnold Tartter, Lambsheim/Pfalz, Alfred Schoellig, Mutterstadt/Pfalz, Hans Otterbach und Otto Stichnoth, Ludwigshafen/Rh.), **Farbstoffe der Tetraazaporphinreihe,** lösl. in organ. Lsgm., geeignet zum *Färben von Nitrocelluloselacken* oder Lacken, die alkohollösl. natürliche oder synthet. Harze enthalten, zum *Spinnfärben von Celluloid, Celluloseestern* oder *-äthern* oder *Polyestern* oder zum *Färben von Al-Folien,* prakt. geruchlos u. daher auch geeignet zum Färben von Verpackungsmaterial für Nahrungsmittel u. dgl., erhält man durch Rk. von Tetraazaporphinsulfonsäurechloriden mit Aminen, an deren N-Atom mindestens ein H-Atom u. mindestens ein Ätherrest —X—O—Y (X = Alkylen u. Y = Alkyl oder Cycloalkyl) gebunden ist. — 70 (Gewichtsteile) eines Gemisches aus (phthalocyanin = I) Monochlor-Cu-I-bis- u. -tris-sulfonsäurechloriden verrührt man mit Eiswasser zu einer Paste, versetzt unter Rühren mit γ-Isobutoxypropylamin u. rührt weitere 20 Std.. Man erhält 90 eines Farbstoffs, der in Alkoholen (**Ia**) oder Glykolen (**Ib**) blau lösl. ist. Weitere Farbstoffe können in ähnlicher Weise erhalten werden aus: Cu-I-tris-sulfonsäurechlorid u. γ-Isopentoxypropylamin (II), in **Ia**, Äthylglykol, Methyläthylketon (**IIa**) oder Bzl. sehr leicht blau lösl. (der mit Dibutylamin erhaltene Farbstoff ist weniger leicht lösl.); Sulfochloride von metallfreiem oder Ni-, Fe- oder Al-I-u. **II**, grünstichigblau lösl.; sulfochloriertem Tetraphenyl-Cu-I u. **II**, grünlösl.; sulfochloriertem Cu-I (**III**) u. γ-Methoxypropylamin, in **Ia**, **Ib**, Aceton (**IIIa**), Benzylalkohol oder Glykolmonoacetat (**IIIb**) blau lösl.; Cu-I-3.3′.3″- oder -4.4′.4″-trisulfonsäurechlorid u. $(C_2H_5)(C_4H_9)CH \cdot CH_2 \cdot O \cdot C_3H_6 \cdot NH_2$ (**IV**), in organ. Lsgm. leicht blau lösl.; sulfochloriertem Cu-aza-I (erhältlich durch Kondens. gleicher Teile Phthalsäure u. Pyridin-2.3-dicarbonsäure) oder Ni-Tetramethyldibenzo-tetrazaporphin u. **IV**, rotstichigblau bis rotblau; **III** u. γ-Iso-propoxy-propylamin, gut blau lösl. in **Ia, Ib, IIa, IIIa, IIIb** oder Nitrobenzol. (**F. P. 1 232 558** vom 11/5. 1959, ausg. 10/10. 1960. **E. P. 868 913** vom 8/5. 1959, ausg. 25/5. 1961. Beide D. Prior. 10/5. 1958.) O. Roick. 7073

Badische Anilin- & Soda-Fabrik Akt.-Ges., Ludwigshafen/Rh., **Wasserlösliche Farbstoffe der Azaporphinreihe,** die auf cellulosehaltigen Fasern gut wasch-, sodakoch-, reib- u. lichtechte Färbungen u. Drucke ergeben, werden durch Rk. von 1 (Mol) eines Azaporphinsulfonsäurechlorids in Ggw. von säurebindenden Mitteln mit <1 eines prim. oder sek. Hydroxyalkylamins, dessen Alkylengruppe bis zu 4 C-Atomen enthalten kann, Verseifen der nichtumgesetzten Sulfonsäurechloridgruppen u. Ersatz der OH-Gruppen der Sulfonsäurehydroxyalkylamidreste durch Cl oder Br erhalten. — In 600 (Gew.-Teile) einer wss. Suspension, die 100 Cu-Phthalocyanintrisulfonsäurechlorid enthält, trägt man 300 Eisstücke, 11 Hydroxyäthylamin u. innerhalb einiger Std. unter Rühren 140 15%ig. NaOH ein u. fällt nach 15 std. weiterem Rühren das Rk.-Prod. (I) aus. I erhitzt man dann in fein verteilter Form unter Rückfluß u. Rühren mit überschüssigem $SOCl_2$ bis die HCl- u. SO_2-Entw. beendet ist. Man erhält 130 eines Farbstoffs, der Baumwolle in wasch- u. lichtechten leuchtend blauen Tönen färbt. — Färbe- u. Druckbeispiele. (**E. P. 868 747** vom 19/12. 1957, ausg. 25/5. 1961. D. Prior. 6/7. 1957.) O. Roick. 7073

Robert Lantz, Frankreich, **Oxydationsfarbstoffe** erhält man in Substanz oder auf der pflanzlichen Faser in schwarzen Tönen, wenn man ein wasserlösl. Salz der Phenylamino-4-aminobenzol-N^1-sulfonsäure in wss. Lsg. mit einem pH 2—6,5 mit einem Oxydationsmittel, wie einem Hypochlorit, Chromat, Chlorit, Chlorat, Bromat oder Jodat, bei normalen Temp. behandelt. (**F. P. 1 244 340** vom 3/9. 1959, ausg. 23/1. 1961.) O. Roick. 7077

René Stahl und Jean Robert, Frankreich, **Herstellung eines Orseilleauszugs.** Man erhält den Farbstoff in guter Ausbeute u. zufriedenstellend von Harz- u. Schleimstoffen befreit, wenn man das durch Behandlung der Orseilleflechten mit Lack hergestellte Orcin mit NH_4OH in Ggw. von Sauerstoff u. $KMnO_4$ als Katalysator in das Orcein (I) überführt, den durch Behandlung der I-Paste mit H_4SO_2 von 50° Bé erhaltenen sauren Farbstoff wäscht, in ein feines Pulver umwandelt, dieses bei Temp. unter 10° mit 94%ig. H_2SO_4 im Überschuß sulfoniert, das H_2SO_4-I-Gemisch in gestoßenes Eis austrägt, u. zwar in 850 (kg) Eis für ein Gemisch von 100 I in 425 94%ig. H_2SO_4, u. dann mit einem Gemisch aus $CaCO_3$ u. $BaCO_3$ neutralisiert. (**F. P. 1 253 657** vom 8/4. 1960, ausg. 19/5. 1961.) O. Roick. 7083

H_{11a}. Farben. Anstriche. Lacke. Naturharze

Ausblühungserscheinungen an Gips. E. Hoffmann. (J. Oil Colour Chemists' Assoc. **44,** 32—41, Jan. 1961; Melbourne, C.S.I.R.O., Div. of Build. Res.; engl.) — Unter den Salzen, die Ausblühungen an Gips verursachen, verursacht Na_2SO_4 die meisten Störungen. Bei Ggw. von $>0,5$ g/ft.^{2} Na_2SO_4 empfiehlt es sich, das Mauerwerk länger trocknen zu lassen oder das Na_2SO_4 durch Anwendung von $CaCl_2$- oder $CaBr_2$-Lsg. zu inaktivieren. Zur Unters. eines Mauerwerks auf Na_2SO_4 oder Salze, die mit $CaSO_4$ unter Bldg. von Na_2SO_4 reagieren können, zerkleinert man ca. 0,5 in.^{2} des Mauerwerks, extrahiert die Probe mit W. u. bestimmt darin SO_4^{2-} u. lösl. Cl^-. W. Wesly. 7096□

Gipsputz als Substrat für Anstrichfilme. M. J. Ridge. (J. Oil Colour Chemists' Assoc. **44,** 11—31, Jan 1961; Melbourne, C.S.I.R.O., Div. of Build. Res.; engl.) — Übersicht über die Gewinnung von Gipsputz u. Fasergipsplatten, die physikal.-chem. Eigg. von Gips, den Verlauf u. die Kinetik des Abbindens, dessen Beeinflussung durch Dichte u. Art der Kristallkeime u. die das Gefüge beim Absitzen bestimmenden Faktoren. W. Wesly. 7096□

Rußdispersionen. 1. Mitt. P. Lowe. (Paint Manufact. **30,** 349—52, Okt. 1960; W. Symonds Ltd.; engl.) — Übersicht über die Verw. von Rußdispersionen, bes. in Druckerschwärze, Lack, Papier, Kunststoffüberzügen u. Anstrichmitteln. W. Wesly. 7096□

Rußdispersionen. 2. Mitt. P. Lowe. (Paint Manufact. **30,** 388—90, Nov. 1960; engl.) — 1. vgl. vorst. Referat. — Vf. gibt einen Überblick über Mischer u. Mühlen, die zur Herst. von Rußdispersionen verwendet werden, u. diskutiert ihre Eignung zur Herst. hochwertiger Dispersionen. H. Penn. 7096□

Rußdispersionen. 3. Mitt. P. Lowe. (Paint Manufact. **30,** 430—32, Dez. 1960; engl.) — 2. vgl. vorst. Referat. — Beschreibung der zur Herst. von Rußdispersionen verwendeten Kugelmühlen u. Dispersionsmittel. W. Wesly. 7096□

Die Verwendung von Celluloseacetat und Celluloseacetatbutyrat in Industrieanstrichstoffen. James D. Crowley. (Paint Ind. Mag. **76,** 9—13, Aug. 1961; Eastman Chemical Products, Inc.; engl.) — Der Einfl. von steigendem *Butyrat*-Geh. auf die Eigg. von Celluloseacetatbutyrat wird diskutiert u. die Anwendung dieser Anstrichstoffe auf Holz, Al, Kunststoffe, Cu u. Cu-Legg. auch für Freibewitterung aufgezeigt.
H.-G. Moslé. 7096□

Die vielseitigen Glykoläther in neuen und alten filmbildenden Ansätzen. A. G. Hovey. (Off. Digest Federat. Soc. Paint Technol. **32,** 1176—96, Sept. 1960; New Haven, Conn., Olin Mathieson Chem. Corp.; engl.) — Übersicht über die Eigg. der *Glykoläther* u. ihre Verw. bei der Herst. von Lacken, Epoxyharzüberzügen, Polyurethanüberzügen u. Anstrichmitteln. — 29 Schrifttumshinweise. W. Wesly. 7100□

Neue Entwicklungen der Nitroparaffin-Lösungsmittel. R. R. Bennett. (Off. Digest Federat. Soc. Paint Technol. **32,** 1165—75, Sept. 1960; Terre Haute, Ind., Commercial Solvents Corp.; engl.) — Übersicht über Eigg. u. Anwendung von Nitromethan, Nitroäthan, Nitropropan u. 2-Nitropropan als Lsgm. für Vinyl-Copolymerisate, Nitrocellulose, Celluloseacetat, Epoxyharze, Urethane u. als Dispersionsmittel.
W. Wesly. 7100□

Schwankungen der Lösungseigenschaften isomerer Kohlenwasserstoffe. J. M. Baggs. (Off. Digest Federat. Soc. Paint Technol. **32,** 1127—32, Sept. 1960; St. Louis, Mo., R. I. Brown Co.; engl.) — Übersicht über den Einfl. des Lsg.-Vermögens auf die Viscosität von Harz-Lsgg. u. Erörterung der Beziehung zwischen Lsg.-Vermögen u. Viscosität der Xylolisomeren. — 11 Schrifttumshinweise. W. Wesly. 7100□

Lösungsmittel halten die Angaben nicht ein. Thomas Barker. (Off. Digest Federat. Soc. Paint Technol. **32,** 1133—45, Sept. 1960; Chicago, Ill., Amer. Mineral Spirits Co.; engl.) — Man kann im voraus nicht darüber aussagen, wie sich ein Lsgm. entsprechend den heute gültigen Merkmalen verhält. Der einzige Weg zur Best. der Brauchbarkeit eines Lsgm. für ein bestimmtes Harz besteht in der Ermittlung der Brauchbarkeit des Lsgm. mit dem betreffenden Harz unter Betriebsbedingungen.
W. Wesly. 7100□

Einfluß von Korrosions-Inhibitoren auf die Schutz-Eigenschaften von Lackfilmen. Z. Jedliński, Z. Hippe und W. Mauberg. (Fette, Seifen, Anstrichmittel **63,** 1156—59, Dez. 1961; Gliwice, TH, u. Forschungsinst. für Farben u. Lacke; dt.) — Die Eigg. in einem Polymerisationsharz gelöster oder dispergierter Korrosionsinhibitoren (Benzoesäure, Benzoate, Stearinsäure, Stearate, 7-Jod-8-oxychinolin-5-sulfonsäure, Pyrogallol, Tannin, 2-Chlornaphthalin, Thioacetamid, o-Phenanthrolin, Diäthylamin, 8-Oxychinolin, Dibenzylsulfoxid (**I**), Anthrachinon, $NaNO_2$ u. Na-Versenat) werden geprüft, indem das Harz als *Lackfilm* auf Stahl aufgetragen, der Einw. der Luft bei 25 ± 2^0 ($65 \pm 10\%$ Luftfeuchtigkeit) u. von Salznebeln bei 40 ± 2^0 ausgesetzt wird. Die beste Wrkg. hat **I.** Der Wrkg.-Mechanismus der Inhibitoren wird untersucht; ihre Wrkg. beruht auf der Bldg. einer auf der Metalloberfläche adsorbierten Schutzschicht, die die Oberfläche passiviert. Die Potentialverschiebung in negativer Richtung kommt daher, daß der Inhibitor vor allem auf den anod. Prozeß einwirkt. Die auf der Metalloberfläche adsorbierten Moll. des Inhibitors sind mit ihren polaren Gruppen auf den Untergrund u. mit den unpolaren Gruppen nach außen gerichtet. Die Adsorptionsschicht ist vermutlich multimolekular. W. Wesly. 7106□

Die Verwendung hochsiedender Lösungsmittel in Nitrocelluloselacken. F. A. H. Watson. (Ind. Vernice **14,** 219—22, Aug. 1960; Egham, Shell Chem. Co. Ltd., Techn. Labor.; ital.) — Bericht über Verss. mit 8 hochsd. Lsgm. vom Kp. 130—180^0 (Methylamylacetat, Glykolmonoäthyläther, Methylcyclohexanon, Glykolmonoisopropyläther, Acetat des Glykolmonoäthyläthers, Äthyllactat, Diacetonalkohol u. Glykolmonobutyläther) über ihren Einfl. auf die Eigg. von *Nitrolack-Kompositionen.* Im allg. beeinflussen schon geringe Zusätze dieser Lsgm. wichtige Eigg. der Lacke, wie Fließbarkeit, Glanz, Verstreichbarkeit, Beständigkeit gegen Anlaufen u. Trocknungs-Geschw., recht bedeutend. Wie an herkömmlichen Automobillacken u. Lacken von „high-flow"-Typ (hohem Fließvermögen) an Hand von Tabellen gezeigt wird, liefert u. a. die relative Verdampfungs-Geschw. des Lsgm. bereits wichtige Anhaltspunkte für die Wahl des Lösungsmittels. Die zum Prüfen der Lacke entwickelte App. wird näher beschrieben.
A. Sander. 7106□

Ein neuer Zugang zu Epoxidharzlacken. S. H. Richardson und W. I. Wertz. (Off. Digest Federat. Soc. Paint Technol. **33,** 1310—19, Okt. 1961; New York, N.Y., Union Carbide Plastics Comp.; engl.) — Ausführliche Beschreibung der Herst. von

Epoxidharzlacken aus fl. Epoxidharz ERL 2774 der Union Carbide Corp., Bisphenol A u. trocknenden Fettsäuren. Vgl. mit Estern aus festen Harzen sowie technolog. Eigg. werden angestellt. L. Kempf. 7106

Metallackierung auf Basis von Vinylorganosolen. G. E. C. Mercer. (Paint Manufact. **31**, 413—17, Dez. 1961; Cellon Ltd.; engl.) — Bericht über Aufbau u. Einsatz von *Lacken* auf Basis von Organosolen aus Vinylchloridpolymeren u. -copolymeren zur Dekoration u. zum Schutz metall. Oberflächen. L. Kempf. 7106

Acryllacke in Industrieanstrichstoffen. Raymond C. Uhlig. (Paint Ind. Mag. **76**, 17—18, Aug. 1961; Borden Chem. Co.; engl.) — Die Entw. u. die Eigg. der lufttrocknenden u. ofentrocknenden *Acryllacke* werden besprochen. H.-G. Moslé. 7106□

Trimethylolpropan. Eine neue Komponente im Alkydharzaufbau. L. Grafstrom. (Paint Manufact. **31**, 409—10, 421, Dez. 1961; Perstorp, Sweden, Skanska Attikfabriken AB; engl.) — Bericht über den Einsatz von Trimethylolpropan zur Herst. von *Alkydharzen* u. deren bevorzugte Anwendung zum Aufbau von ofentrocknenden Industrielacken mit besonderer Härte, Alkalifestigkeit u. Wetterbeständigkeit. L. Kempf. 7106

Streckmittel bei Außenanstrichfarben für Häuser. Wesley G. Vannoy. (Off. Digest Federat. Soc. Paint Technol. **33**, 1215—48, Okt. 1961; Wilmington, Del., E. I. du Pont de Nemours and Co.; engl.) — Ausführlicher Bericht über die Unters. von *Öl-*, *Alkyd-* u. *Emulsionsfarben*, je mit verschiedenen Streckmitteln als Außenanstrich auf verschiedenen Holzarten. L. Kempf. 7106

Neue Bariumsalze als Additive für Anstrichfarben. W. A. Tidridge und R. A. Creed. (Amer. Paint J. **46**, Nr. 5, 88, 90, 91, 94, 98, 9/10. 1961; New York, N.Y., FMC-Corp.; engl.) — Bericht über Unterss., die für den Einsatz von Ba-Cyanurat, -Sulfostearat u. -Benzolsulfonat als Additive sowohl in wasser- als auch in lösungsmittelverdünnbaren *Anstrichfarben* günstige Ergebnisse hinsichtlich Verbesserung der mechan. u. klimat. Eigg. der betreffenden Anstriche brachten. L. Kempf. 7106

Ein neues hitzebeständiges und korrosionsfestes Anstrichsystem auf Basis Siliconharz. P. A. Griffin. (Paint Manufact. **31**, 411—12, 417, Dez. 1961; Midland Silicones Ltd.; engl.) — Bericht über ein bis 425° wärme- u. korrosionsbeständiges *Anstrich*-Syst. auf Basis Siliconharz mit Zn-Staub als Pigment der Grundierung u. Al als Pigment des Decklacks. L. Kempf. 7106

Einfluß der Fließeigenschaften nichtwässeriger Systeme auf deren Anwendung. W. K. Asbeck. (Off. Digest Federat. Soc. Paint Technol. **32**, 668—89, Mai 1960; South Charleston, W.Va., Union Carbide Chem. Co., Res. Dep.; engl.) — Die hohe Schubviscosität von *Anstrich-Syst.* bestimmt ihre Anwendungsmerkmale (leichtes Aufbringen mit Pinsel, Walze oder Spachtel). Vf. gibt eine Übersicht über die quant. Zwischen-Wrkg. der in einem Syst. angewandten Menge u. Art der Lsgm., der Viscosität des Bindemittels, Pigment-Konz., Form, Größe u. Verteilung der Teilchen u. Temp. u. deren Einfl. auf die Schubviscosität. Ein Gerät zur Best. der Schub-Eigg. von Anstrichen bei Schub-Geschw. von >10000/s wird beschrieben. W. Wesly. 7106□

Fließeigenschaften bei Anwendung wässeriger Anstrichfilme. Bowman S. Garrett. (Off. Digest Federat. Soc. Paint Technol. **32**, 690—705, Mai 1960; Philadelphia, Pa., Rohm and Haas Co., Res. Labor.; engl.) — Die beim Aufbringen u. Egalisieren wss. Anstriche mit dem Pinsel auftretenden Probleme werden erörtert. Ein Verf. zur Latexverdickung u. Verbesserung der Fließ-Eigg. wird beschrieben. Die beim Aufbringen u. Trocknen der Anstriche erfolgenden physikal. Vorgänge werden untersucht. W. Wesly. 7106□

Einfluß der Fließeigenschaften bei der Anstrichmittelherstellung auf die Walzenmühlen. Albert C. Zettlemoyer und James H. Taylor. (Off. Digest Federat. Soc. Paint Technol. **32**, 648—61, Mai 1960; Baton Rouge, La., Esso Standard Oil; Bethlehem, Pa., Lehigh Univ.; engl.) — Vff. entwickeln eine auf der Hydrodynamik konst. Viscosität basierende Theorie, die die Voraussage der Fließ-Geschw. von Anstrichmittel-Syst. zwischen den rotierenden Zylindern einer Walzenmühle aus der Viscosität des fl. Mediums, der Walzen-Geschw. u. -Größe u. der auf die Walzen wirkenden Kraft gestattet. Die Theorie ermöglicht auch die Best. der relativen Fl.-Förderung zwischen den Walzen als Funktion des Verhältnisses der Walzengeschwindigkeit. W. Wesly. 7106□

Einfluß der Fließeigenschaften wässeriger Produkte auf die Erzeugung. Earl E. Baumhart. (Off. Digest Federat. Soc. Paint Technol. **32**, 662—67, Mai 1960; Cleveland, Ohio, Glidden Co.; engl.) — Beschreibung der durch schwankende Fließ-Eigg. wss.

Anstrichmittel bei der Lagerung u. Beförderung der Rohstoffe, Herst., Dispergierung, Mischung, Abfüllung u. Verpackung verursachten Schwierigkeiten. u. Vorschläge zu deren Überwindung, bes. durch Vereinheitlichung der Fließeigenschaften.
W. Wesly. 7106□

Parfümierung industrieller Erzeugnisse. Robert E. Wahlgren. (Paint Varnish Product. **51**, Nr. 13, 37—41, Dez. 1961; New York, N.Y., Perfumer Sindar Corp.; Givaudan-Delawanna, Inc.; engl.) — Vf. erörtert die kommerzielle Bedeutung der Maskierung von Eigengerüchen bzw. der Parfümierung bei industriellen Erzeugnissen u. geht bes. ausführlich auf die Parfümierung von *Anstrichmitteln* ein. Die zur Parfümierung von Alkydlacken geeigneten Riechstoffe werden tabellar. zusammengestellt.
H. Sontag. 7106□

Lösungsmittel für mit Wasser verdünnbare Anstriche. Howard D. Cogan. (Off. Digest Federat. Soc. Paint Technol. **32**, 1216—30, Sept. 1960; Tarrytown, N.Y., Union Carbide Chem. Co., Techn. Serv. Labor.; engl.) — *Latexanstrichmittel* haben manche Vorteile (niedrige oder keine Entflammbarkeit, leichtes Reinigen) als Folge der Verw. von W. als wichtigsten, fl. Bestandteil. Zur Erzielung guter Anstrichfilme sind aber organ. Lsgm. erforderlich; dazu gehören „Butyl-Cellosolve acetat“ u. „Butyl-Carbitol acetat“. Äthylenglykol, Diäthylenglykol u. Polypropylenglykol 425 verleihen Beständigkeit gegen Frost- u. Tauwetter, verbessern die Mauerabgleichung u. die feuchten Kanten.
W. Wesly. 7106□

Oberflächenbehandlung von Kühlschränken. R. A. Fidler. (Electroplating Metal Finishing **14**, 166—68, Mai 1961; Robt. Ingham Clarke & Co.; engl.) — Die Zus. der *Anstrichmittel* für Kühlschränke u. die Aufbring-Verff. werden besprochen.
F. Vier. 7106□

Neue Entwicklungen auf dem Gebiet der löslichen vinylaromatischen Dien-Co-Polymerisat-Anstrichharze. Donald A. Hilliard. (Off. Digest Federat. Soc. Paint Technol. **32**, 856—79, Juni 1960; Akron, Ohio, Goodyear Tire and Rubber Co., Chem. Materials Dev. Dep.; engl.) — Vgl. C. **1961**, 4530. — Beschreibung der chem. u. physikal. Eigg. des von Burr [1948] u. Workman [1949] erörterten, lösl. Copolymerisats (Pliolite S-5) u. seiner Anwendung in *Anstrichmitteln*. — 14 Schrifttumshinweise.
W. Wesly. 7106□

Nitrocellulose-Lacke in Industrieanstrichstoffen. R. B. Pyewell. (Paint Ind. Mag. **76**. 14—16, Aug. 1961; E. I. du Pont de Nemours & Co., Inc.; engl.) — Die Eigg. reiner *Nitrolacke* u. der Kombinationen mit Alkyd- u. Epoxyharzen werden besprochen.
H.-G. Moslé. 7106□

Bemerkungen zur angewandten Rheologie in der Anstrichtechnologie. J. G. Savins. (Off. Digest Federat. Soc. Paint Technol. **33**, 1250—63, Okt. 1961; Dallas, Texas, Socony Mobil Oil Comp., Inc.; engl.) — Überblick über rheolog. Probleme auf dem Gebiet der *Anstrichtechnik*. — 22 Literaturangaben. L. Kempf. 7106

Das Verhalten ungesättigter Polyesterharze für Oberflächenschutzfilme. V. F. Jenkins, A. Mott und R. J. Wicker. (J. Oil Colour Chemists' Assoc. **44**, 42—60, Jan. 1961; Ilford, Essex, Howards of Ilford Ltd., Res. Dep.; engl.) — Das Verh. ungesätt. Polyester-Syst. wird erörtert. „Luftinhibierung“ läßt sich durch Einbau von Allyläthergruppen in die Polyesterkette oder Verw. von Polyallyläther mit niedrigem Molgew. als monomere Verb. verhindern. Die Verw. ungesätt. Polyester mit FF. $>90^0$ verhindert ebenfalls die Bldg. klebriger Oberflächen, führt aber zu spröden Filmen. Niedere aliphat. Oxime erhöhen die Gelzeit ohne nennenswerte Steigerung der Trockendauer, bes. in wachsfreien, auf Monomeren mit geringer Flüchtigkeit basierenden Polyestersystemen. W. Wesly. 7106□

Synthetische Polymere aus Erdöl für Schutzüberzüge. D. F. Koenecke und W. L. van Nostrand jun. (Off. Digest Federat. Soc. Paint Technol. **32**, 832—55, Juni 1960; Linden, N.J., Esso Res. and Engng. Co.; engl.) — Übersicht über die aus Butadien u. Styrol hergestellten, farblosen, viscos-fl. polymeren KW-Stoffe (mit eingeführten polaren Gruppen), ihre Film-Bldg. durch Lufttrocknung, Brennen, Flammhärtung oder Vernetzung, ihre chem. u. physikal. Eigg. u. ihre Anwendung als zähe, flexible, harte, korrosions- u. chemikalienfeste *Schutzüberzüge*. W. Wesly. 7106□

Hitzebeständige organische Überzüge. M. A. Glaser, R. E. Caplan und R. W. Clope. (Off. Digest Federat. Soc. Paint Technol. **33**, 1197—1214, Okt. 1961; Waukegan, Ill., Midland Ind. Finishes Comp.; engl.) — Überblick über die Entw. auf dem Gebiet der hitzebeständigen organ. *Überzuge* im Hinblick auf die Anwendung bei Raketen u. elektron. Ausrüstung. Bes. die Überzüge auf Basis Siliconharz werden diskutiert.
L. Kempf. 7106

Deckvermögen von Weißpigmenten: Theorie und Messung. 1. Mitt. Parker B. Mitton, Lawrence W. Vejnoska und Michael Frederick. (Off. Digest Federat. Soc. Paint Technol. **33,** 1264—87, Okt. 1961; Newark, N.J., Newark Coll. of Engng.; engl.) — Vgl. C. **1961,** 4175. — Bericht über die Messung der Streuung- u. Absorptions-Koeff. nach Kubelka-Munk bei 10 Weißpigmenten in einem Acrylharzbindemittel in 7 verschiedenen Pigment-Vol.-Konzz. u. bei 3 verschiedenen Wellenlängen. Die Ergebnisse werden diskutiert. — 26 Literaturangaben. L. Kempf. 7152

Die Deckkraft von Weißpigmenten: Theorie und Messung. 2. Mitt. Parker B. Mitton, Lawrence W. Vejnoska und Michael Frederick. (Off. Digest Federat. Soc. Paint Technol. **34,** 73—89, Jan. 1962; engl.) — 1. vgl. vorst. Referat. — Vff. leiten eine empir. Gleichung ab, die die Voraussage von Streuungs-Koeff. von *Weißpigmenten* in Acrylfilmen gestattet, wenn man die Pigment-Konz., die Teilchengrößeverteilung, den relativen Refraktionsindex u. die Wellenlänge des einfallenden Lichtes kennt. — 23 Literaturhinweise. R. Zeisberger. 7152□

Die Berechnung der Verdampfungsgeschwindigkeit von Kohlenwasserstoff-Lösungsmitteln aus ASTM-Destillationswerten. W. W. Reynolds und H. J. Gebhart jun. (Off. Digest Federat. Soc. Paint Technol. **32,** 1146—64, Sept. 1960; Wood River, Ill., Shell Oil Co.; engl.) — Die Beobachtung, daß der Logarithmus der mittleren, reziproken Verdampfungs-Geschw. eines Lsgm. in einem gegebenen Verdampfungsintervall (in Gew.-%) eine lineare Funktion seiner mittleren ASTM-Dest.-Temp. im entsprechenden Dest.-Intervall ist, wird für die Dünnfilmverdampfung von Lsgm. mit Kp. von 200—500° F nachgeprüft. Infolge der Selbstkühlung des Lsgm. bei der Verdampfung, ändert sich der Logarithmus der reziproken Verdampfungs-Geschw. mit der ASTM-Dest.-Temp. $<290°$ F linear langsamer als $>290°$ F. Für beide Temp.-Bereiche werden Gleichungen abgeleitet, die die Berechnung der gesamten Verdampfungskurve für Erdöl-Lsgm. u. reine KW-Stoffe mit einem Fehler von $\pm 12\%$ der Vers.-Werte gestatten. W. Wesly. 7156□

Die Genauigkeit des Pfundschen Schwarz-Weiß-Kryptometers. D. Brogden. (Off. Digest Federat. Soc. Paint Technol. **33,** 1297—1309, Okt. 1961; Maribyrnong, Australia, Austr. Defence Sci. Serv.; engl.) — Bericht über die Streuung u. Fehlerquellen bei *Deckfähigkeits-Best.*, die 26 Personen in 8 Labor. mit dem Kryptometer nach Pfund durchführten. L. Kempf. 7158

Neue Arbeitsweisen zur Bestimmung der in Möbellack zurückgehaltenen Lösungsmittel. R. A. Scherzinger. (Off. Digest Federat. Soc. Paint Technol. **32,** 1197—1215, Sept. 1960; Union, N.J., Shell Chem. Co.; engl.) — Beschreibung der Verff. zur Best. von Lsgm. in *Holzlack* durch Ermittlung des Gew.-Verlustes u. der Härte-Entw. bei Lufttrocknung u. durch Fl.-Gas-Chromatographie. W. Wesly. 7158□

Abriebfeste Überzüge für Kraftwagenlenkräder aus Hartgummi. Rex Miller. (Off. Digest Federat. Soc. Paint Technol. **33,** 1288—96, Okt. 1961; Melbourne, Australia, Humes Ltd; engl.) — Bericht über die Unters. zahlreicher Anstrich-Syst. auf Abriebfestigkeit, wobei sich Einbrennlacke auf Basis Polyurethan (DD) u. mit Melaminharz gehärtetem Epoxidharzester aus dehydratisiertem Ricinusöl als die besten erwiesen. L. Kempf. 7158

Eine Studie über den Metamerismus in gefärbten Anstrichen. Armin J. Bruning. (Off. Digest Federat. Soc. Paint Technol. **34,** Nr. 447 [Part I] 437—44, April 1962; Baltimore, Md., Davis Co. Bayard and Severn Sts.; engl.) — Vf. definiert den Metamerismus als die Eig. zweier gefärbter *Anstriche* beim Vgl. unter verschiedenen Lichtquellen, das eine Mal relativ zueinander gleich, das andere Mal abweichend zu erscheinen. Der Grund hierfür ist die Verw. verschiedenartiger Pigmente bei der Herst. der beiden Anstriche. Es wird eine Einheit vorgeschlagen, die an Hand von Beispielen erläutert wird. R. Zeisberger. 7158□

E. I. du Pont de Nemours & Co., Wilmington, Del., übert. von: Charles William Secker jun., Sharon Hill, Pa., V.St.A., **Pigmentpasten,** die sowohl zum Färben von wss. Anstrichmitteln als auch von nichtwss. Anstrichmitteln geeignet sind, enthalten neben mindestens einem Pigment 1—15 (Gew.-%) eines fl. nichtionogenen oberflächenakt. Stoffes (I) u. 5—40 eines nichtflüchtigen organ. Bindemittels aus dehydratisiertem Ricinusöl u. Sojalecithin im Verhältnis 1:0,05—2. Geeignete I sind Äthylenoxidanlagerungs-Prodd. an alkylsubstituierte Phenole (mindestens 8 C-Atome im Alkylrest) oder an Sorbitanester. (**A. P. 2 996 397** vom 7/10. 1958, ausg. 15/8. 1961.) P. Krug. 7093

Radio Corp. of America, übert. von: Simon Larach, Princeton, N.J., V.St.A., **Leuchtstoffe der molaren Zusammensetzung a M^1S : b M^2Se: c M^3Te : $M^4(z)$,** worin M^1, M^2 u. M^3 Zn u./oder Cd, M_4 Cu, Ag, Au oder Mn, a = 0,000—0,050 (Mol.), b = 0,000—0,999, c = 0,001—0,999, a + b + c = 1,000 u. z = 0,000—0,500 Gew.-% des gesamten Leuchtstoffs bedeuten. — Z. B. wird eine wss. Aufschlämmung von 94,2 (g) ZnS u. 5,8 ZnTe getrocknet u. in N_2-Atmosphäre 30 Min. lang bei 900° geglüht. (**A. P. 2 978 417** vom 25/4. 1958, ausg. 4/4. 1961.) K. Demmler. 7093

Westo G. m. b. H. Fabrik für chemisch-technische Erzeugnisse und Gamma Gesellschaft für praktische Radiologie Hartmann & Futterknecht, Stuttgart, **Herstellung eines selbstleuchtenden Luminescenzstoffes.** Der feinteilige Stoff wird im Vakuum mit einem Tritium absorbierenden Metall, z. B. Ti u. Zr, überzogen, worauf das Metall mit Trituim beladen wird. (**E. P. 869 698** vom 16/9. 1958, ausg. 7/6. 1961. D. Prior. 12/10. 1957.) K. Demmler. 7093

Associated Electrical Industries Ltd., London, England (Erfinder: Robert Stirling Wells), **Rotluminescierendes Material,** bestehend aus einer festen, mit Mn aktivierten Lsg. von Cd- u. Sr-Silicat, bei der das Mol-Verhältnis von CdO:SrO zwischen 99:1 u. 0,5:1 liegt u. auf jedes Mol. (CdO + SrO) 0,125—0,0125 Atome Mn kommen. — Beispiel: 33,6 (g) $CdCO_3$, 1,33 $SrCl_2 \cdot 6\,H_2O$, 12,61 SiO_2, 2,25 $MnCl_2 \cdot 4\,H_2O$ werden in Luft bei 950° 1½ u. bei 1025° u. 1050° je 2 Std. geglüht. (**E. P. 864 343** vom 6/7. 1956, ausg. 6/4. 1961.) K. Demmler. 7093

Radio Corp. of America, übert. von: Thomas E. Sisneros, Gas-City, und Robert T. Watson, Marion, Ind., V.St.A., **Mit Zinn- oder Zirkoniumdioxid überzogene Zinksulfid- oder Zink-Cadmiumsulfid-Leuchtstoffe.** Man suspendiert die Sulfidpartikelchen in einer wss. Sn- oder Zr-Salzlösung, stellt pH 2,5—11,0 ein u. erhält nach Waschen u. Trocknen mit SnO_2 oder ZrO_2 überzogene Leuchtstoffe, wobei der Überzug 0,001—2,0 Gew.-% des Leuchtstoffes ausmacht. (**A. P. 2 971 859** vom 30/6. 1958, ausg. 14/2. 1961.) K. Demmler. 7093

Raffaello Fusco und Silvano Rossi, Mailand, Italien, **Herstellung von 2.3.2'.3'-Imidazol-1.2.4-triazinen (I).** Man bringt ein 3-Amino-Deriv. eines 1.2.4-Triazins (5-Phenyl-3-amino-1.2.4-triazin, 5.6-Diphenyl-3-amino-1.2.4-triazin) bei 50—200° in einem aliphat. Alkohol, einem Keton oder einem anderen inerten Lsgm. in Gg. eines Erdalkalicarbonats, $NaHCO_3$ oder von Phosphaten zur Rk. mit einer ω-Halogencarbonyl-Verb.(ω-Bromacetophenon, ω-Brom-p-nitroacetophenon, α-Bromphenylacetaldehyd, Chlorbenzylphenylketon). — *5'-p-Nitrophenyl-5-phenyl-*I, F. 258°; *5.5'.6-Triphenyl-*I, F. 186°; *5'-p-Nitrophenyl-5.6-diphenyl-*I, F. 228—229°; *4'.5'.5-Triphenyl-*I, F. 227°; *4'.5'.5.6-Tetraphenyl-*I, F. 238—239°. — *Leuchtpigmente u. fluorescierende Farbstoffe.* (**It. P. 536 121** vom 26/5. 1955.) K. Koebke. 7093

British Titan Products Co. Ltd. (Erfinder: Arthur Wallace Evans, Arthur Dolby Brown und Hugh Robert Roddam), **Herstellung von zum Überziehen von Titandioxidpigmenten verwendbaren, wässerigen Titan- und Aluminiumsulfatlösungen.** Man behandelt eine wss. Aufschlämmung von 300—400 g TiO_2/Liter mit 95—97%ig. H_2SO_4 in Mengen von 2—13 Mol Säure pro Mol. TiO_2 bei 140—150° u. löst danach hydratisierte Al_2O_3 in der Ti-Sulfat-Lsg. bei 100—160° auf, wobei das Mol-Verhältnis von Ti:Al 1:0,5—1:4 beträgt. (**Aust. P. 228 457** vom 6/2. 1958, ausg. 23/6. 1960. E. Prior. 8/2. 1957.) K. Demmler. 7093

Francis Earle Laboratories, Inc., Peekskill, übert. von: Lawrence Suchow, Yonkers, N.Y., V.St.A., **Herstellung eines lichtechten Wismutoxychlorid-Perlmutter-Pigments.** Man hydrolysiert eine saure Lsg. von $BiCl_3$ bei 15—100° unter Rühren, suspendiert die abgeschiedenen BiOCl-Kristalle in einer mit W. mischbaren organ. Fl., z. B. A., u. fügt zu der Suspension eine 2-Hydroxybenzophenon-Verb., z. B. 2-Hydroxy-4-methoxy-, 2.4-Dihydroxy-, 2.2'-Dihydroxy-4.4'-dimethoxybenzophenon, Dibenzoylresorcin, in einem Gew.-Verhältnis zum BiOCl-Pigment von ca. 2—75:100. (**A. P. 2 974 053** vom 7/2. 1958, ausg. 7/3. 1961.) K. Demmler. 7093

National Lead Co., New York, übert. von: Otto König, Forest Hills, N.Y., V.St.A., **Behandeln von Bleimonoxid zwecks Unterdrückung seiner Neigung, sich aus Pigmentträgern abzusetzen.** Man versetzt das PbO-Pigment mit 4,24—15 Gew.-%, bezogen auf das Endprod., eines Pb-Salzes des Tetracarboxybutans oder mit einem Gemisch aus wenigstens 1 (Mol) Tetracarboxybutan pro 2 PbO. (**A. P. 2 985 539** vom 28/11. 1958, ausg. 23/5. 1961.) K. Demmler. 7093

J. M. Huber Corp., übert. von: Ira Williams, Borger, Tex., V.St.A., **Herstellung von Ruß.** Man führt in eine horizontale flache zylindr. Rk.-Kammer durch an der Peripherie der oberen Wandung kreisförmig angeordnete Brenner einen Brennstoff sowie Luft u. durch einen zentralen Iniektor einen Ruß erzeugenden KW-Stoff-Nebel in Form eines hohlen Konus ein, dessen Winkel wenigstens 50° beträgt, wobei eine turbulente Flammenmasse gebildet wird, u. führt die Rk.-Gase durch einen Auslaß in der unteren Kammerwandung ab. — Abbildung. (**A. P. 2971822** vom 2/8. 1956, ausg. 14/2. 1961.) K. Demmler. 7093

Phillips Petroleum Co., übert. von: Joseph C. Krejci, Phillips, Tex., V.St.A., **Herstellung von Ruß.** Man leitet den von den Brenngasen tangential umströmten axialen KW-Stoff-Dampf aus einer ersten zylindr. Rk.-Zone in eine zweite länger ausgedehnte Rk.-Zone, wobei zwischen den beiden Rk.-Zonen eine axial verlaufende Drosselungszone angeordnet ist, deren Ø $1/2$—$3/4$ des Ø der ersten Rk.-Zone u. deren Länge die Hälfte bis das 2fache ihres Ø betragen. — Zeichnungen. (**A. P. 2 967 762** vom 6/4. 1956, ausg. 10/1. 1961.) K. Demmler. 7093

Phillips Petroleum Co., übert. von: Carl J. Helmers, Bartlesville, Okla., V.St.A., **Herstellung von Ruß.** Man erhöht die KW-Stoff-Zufuhr in dem Maße, daß der Anteil an schweren Teilchen im Rk.-Abgas größer ist als er im erzeugten Ruß sein darf, u. führt das Rk.-Abgas in eine ausgedehnte Trennzone, wo man soviel schwere Teilchen sich absetzen läßt, daß der Anteil an schweren Teilchen kleiner ist als im erzeugten Endprod. zulässig. — Verfahrensschema. (**A. P. 2 967 090** vom 15/8. 1958, ausg. 3/1. 1961.) K. Demmler. 7093

Shell Oil Co., übert. von: Karel Swart, Den Haag, Niederlande, **Abscheiden von Ruß aus heißen Gasen.** Man sprüht in den Gasstrom fein dispergiertes W., entfernt so einen großen Teil des Rußes in Form einer W.-Ruß-Suspension, scheidet mitgerissene Wassertropfen mechan. aus dem Gasstrom ab, führt gesätt. Dampf in den Gasstrom ein u. kühlt ihn nochmals durch Einsprühen von W., wodurch der Ruß vollständig entfernt u. ein rußfreies Gas erhalten wird. — Verfahrensschema. (**A. P. 2 967 588** vom 18/8. 1958, ausg. 10/1. 1961. Niederl. Prior. 31/12. 1957.) K. Demmler. 7093

Phillips Petroleum Co., übert. von: Harold W. Haas, Bartlesville, Okla., V.St.A., **Trocknen von Rußkügelchen,** indem man sie in einer Trockentrommel mit einem heißen Gas in Kontakt bringt u. auch die Außenwand der Trommel mit einem heißen, den erzeugten Ruß im wesentlichen noch enthaltenden Gasstrom aus einem Rußerzeugungsofen beaufschlagt, wobei die Gasströme auf 500—750° vorgekühlt werden, der auf Außenwand der Trommel niedergeschlagene Ruß abgekratzt u. der Rußpelletierungsanlage zugeführt wird. — Verfahrensschema. (**A. P. 2 973 249** vom 15/10. 1958, ausg. 28/2. 1961.) K. Demmler. 7093

Chemische Werke Albert, Wiesbaden, **Herstellung ungesättigter Aluminiumharze.** Man erhitzt Al-Allylat, das mit 0,25—1,5 Mol Acetessigester pro Mol Al stabilisiert ist, mit ungesätt. Polyalkoholen oder Ätheralkoholen, die 1 oder mehrere alkohol. OH-Gruppen enthalten, im Mol-Verhältnis 1:0,25—1:2,75 (bezogen auf das Al im Alkoholat) zum Sieden. Die Harze werden als „*Polyallylalukone*" bezeichnet, sind in Alkoholen, Ketonen, Estern, Benzol-KW-Stoffen lösl., mit Polyester-, Melanin-, Phenol-, Epoxyharzen, aber nicht mit Öl verträglich u. können mit ungesätt. Polyesterharzen zu *Lacken* verarbeitet werden. — 198 (Gew.-Teile) Al-Allylat in 220 Toluol u. 130 Acetessigester werden bei 50° umgesetzt u. noch 1 Std. lang gekocht, bei 50° mit 133 Butendiol-(1.4) 15 Min. lang unter Rückfluß verkocht u. flüchtige Anteile bis 150°, zuletzt Vakuum, auch unter N_2, entfernt: Gelbbraunes, niedrigviscoses Harz, das die O_2-Empfindlichkeit von ungesätt. Polyesterharzen verringert. (**Oe. P. 214 149** vom 5/10. 1959, ausg. 27/3. 1961. D. Prior. 19/2. 1959.) M. Pankow. 7097

Nopco Chemical Co., Harrison, N.J., übert. von: Joseph Cunder, East Orange, und Francis J. Licata, West Caldwell, N.J., V.St.A., **Mattierungsmittel für Lacke,** z. B. Nitrocelluloselacke, enthalten einen Zusatzstoff, gewonnen aus einer Mischung von Epoxyharzen u. Zn-Stearat, wobei letzteres im Überschuß ist. (**A. P. 2 972 590** vom 21/2. 1958, ausg. 21/2. 1961.) M. Böttcher. 7097

Badische Anilin- & Soda-Fabrik Akt.-Ges. (Erfinder: Lothar Jakob), Ludwigshafen/Rh., **Unsymmetrische Thioätherpolycarbonsäuren** oder deren Ester werden hergestellt durch Rk. eines mol. Gemisches aus einem α,β-ungesätt. Monocarbonsäureester u. einem α,β-ungesätt. Di- oder Tricarbonsäureester mit H_2S in Ggw. einer Base. Ggf. wird der Ester anschließend verseift. — In 172 (Gew.-Teile) Maleinsäuredimethylester, 100 Acrylsäureäthylester u. 7 Triäthylamin leitet man bei 85—90° innerhalb 3 Std. 34 H_2S ein. Man rührt 1 Std. lang nach u. dest. → 205 *Diäthylthioäther-(1.2.2')-tricarbonsäure* (I)-*triäthylester*, Kp.$_{0,6}$ 162—175°; Verseifung mit 15%ig. H_2SO_4 → I (88,8% Ausbeute), F. 147°; SZ. 729. — Analog: I-*Trimethylester*, Kp.$_{0,8}$ 154—167°; I-*Tributylester*, Kp.$_{15}$ 250—270°; *Dicarbäthoxy-(1.2)-äthylcarbomethoxy-(2')-propylthioäther*, Kp.$_{12}$ 224—232°. — *Zusatz zu Einbrennlacken*; Zwischenprodd. für Schädlingsbekämpfungs- u. Mineralölhilfsmittel. (**D. A. S. 1 112 977** Kl. 12o vom 2/4. 1960, ausg. 24/8. 1961.) A. Debo. 7097

Union Carbide Corp., New York, N.Y., übert. von: James O. Koehler, Parma, und Headlee Lamprey, Lakewood, Ohio, V.St.A., **Verbesserung der Dispergierung von Pigmenten in Überzugsmassen.** Man setzt den Überzugsmassen 0,1—5 Gew.-% solcher Organozirkonium-Verbb. zu, welche der allg. Formel I oder II entsprechen. Hierbei handelt es sich um ein Aminoalkoholzirkonat $(RO)_xZr[OC_2H_4N(R')_2]_{4-x}\cdot(HOOC-R'')_y$ (I), worin bedeuten: R u. R' Aryl-, Alkaryl-, Aralkyl- oder substituierte Alkylreste mit bis zu 18 C-Atomen, R'' Alkyl- oder substituierte Alkylreste mit 10—18 C-Atomen, x = 0—3 u. y $\leqq$ (4—x), oder um ein Zirkonat $(RO)_xZr[OCH_2(R')C(R'')R'''\cdot OH]_{4-x}$ (II), worin bedeuten: R einen Aryl-, Alkylaryl-, Aralkyl-, Alkyl- oder substituierten Alkylrest bis zu 18 C-Atomen, R' u. R'' H, Alkyl- oder substituierte Alkylreste, R''' einen Alkylen- oder substituierten Alkylenrest u. x = 1—3. (**A. P. 2978347** vom 21/12. 1956, ausg. 4/4. 1961.) P. Krug. 7097

Printing Arts Research Laboratories, Inc., Santa Barbara, übert. von: James P. Kopley, Los Angeles, Calif., V.St.A., **Wasserfarbenkomposition,** bestehend aus einem anorgan. Pigment, einem Filmbildner u. Stoffen, die der Komposition UV-Absorptions-Eigg. verleihen, wie 4.4'-Diamino-2.2'-disulfostilben u. Polyäthylenglykol (I), wobei das Verhältnis des I zu dem Filmbildner 1:0,8 bis 1:1,2 u. dasjenige des 4.4'-Diamino-2.2'-disulfostilbens zu dem I 1:1 bis zur Löslichkeitsgrenze des Stilbens im I betragen. (**A. P. 2 944 912** vom 31/7. 1958, ausg. 12/7. 1960.) K. Demmler. 7107

Esso Research and Engineering Co., Elizabeth, N.J., übert. von: Russell D. Bitting, Hilliards, Ohio, Kenneth E. Jackson, Bethel Borough, Pa., und Louis J. Nowacki, Bexley, Ohio, V.St.A., **Wasserverdünnbare Emulsionsfarben auf Basis von Polymerölen.** Zu lösungsmittelfreien Polymerölen aus 60—100 (%) Butadien-(1.3) u. 40—0 Styrol setzt man 2—5 Gew.-% des Anlagerungs-Prod. von wenigstens 8 Mol Äthylenoxid an Nonylphenol zu u. rührt die Mischung mit W. bis zur Bldg. der Emulsion. Man kann noch ein Schutzkoll., wie ein alkalilösl. Protein, oder Pigmente zusetzen. (**A. P. 2 976 163** vom 8/10. 1954, ausg. 21/3. 1961.) P. Krug. 7107

Dow Chemical Co., übert. von: Charles R. Pfeifer, Midland, Mich., V.St.A., **Korrosionsverhütende Masse aus Polyäthylen** durch Polymerisieren von Äthylen in Ggw. eines halogenhaltigen Katalysators, dad. gek., daß der Katalysator aus einer Mischung eines starken Red.-Mittels, wie Al-Trialkylen, Di-Al-Halogeniden, Dialkyl-Al-Hydriden oder Dialkyl-Al-Alkoxiden u. Halogeniden, Oxihalogeniden, komplexen Halogeniden, frisch gefällten Oxiden oder Hydroxiden, Alkoholaten, Acetaten, Benzoaten oder Acetylacetonaten von Metallen der 4., 5. u. 6. Hauptgruppe des Period. Syst. besteht u. halogenhaltige Katalysatorreste enthält u. die Masse 0,005—5% eines tetraalkanolsubstituierten Deriv. des Äthylendiamins als Korrosionsschutzmittel enthält, in dem jeder Alkanolrest aus einer einwertigen Hydroxylalkylgruppe mit $\leqq$ 3 C-Atomen besteht. Als Katalysator dient bes. eine Mischung eines Al-Alkyls mit TiO_2 u. als Korrosionsschutz N.N.N'.N'-Tetrakis-(2-hydroxypropyl)-äthylendiamin. — Tabelle. (**A. P. 2 959 567** vom 26/1. 1956, ausg. 8/11. 1960.) G. Vogel. 7107

Bergwerksverband G. m. b. H., Dortmund, **Herstellung von ungesättigten Polyestern** durch Verestern einer gesätt. drei- oder mehrbas. Benzolcarbonsäure mit ein- u. mehrwertigen Alkoholen, wobei der einwertige Alkohol nur in solcher Menge angewendet wird, daß nur eine Teilveresterung eintritt u. mindestens 2 Carboxylgruppen zur Veresterung mit dem mehrwertigen Alkohol freibleiben. Das Rk.-Prod. wird dann mit 2-bas., ungesätt., aliphat. Dicarbonsäuren umgesetzt. Nach einem Beispiel werden Pyromellitsäure, Butanol u. Äthylenglykol auf 200—215° in N_2 bei ca. 3 at erhitzt. Das erhaltene Prod. wird dann mit Maleinsäureanhydrid auf 190—200° in N_2 erhitzt. Hochviscoses Harz für schnell härtende *Lacke.* (**E. P. 847 407** vom 21/10. 1957, ausg. 7/9. 1960. D. Prior. 26/10. 1956.) H. Schindler. 7107

Monsanto Chemical Co., St. Louis, Mo., übert. von: Earl C. Chapin, Springfield, Mass., Reymond H. Reinhard, Galveston, und William F. Yates, Texas City, Tex., V.St.A., **Wärmehärtbare Mischpolymerisate** erhält man in Ggw. von H_2O_2 oder organ. Peroxiden bei 120—180° aus 10—40 (%) eines äthylen. ungesätt. Alkohols (I), 60—90 einer Styrol-Verb. (II) u. 0,1—10 eines polyäthylen. ungesätt. Monomeren (III). Als I sind bevorzugt Allyl-, Methallylalkohol oder deren Gemische, als II Styrol, dessen ringsubstituierte Alkyl-, Chlor-, Alkylchlor-Derivv. oder deren Gemische u. als III Divinylbenzol, Triallylcyanurat, Diallyläther, Dicyclopentadien, Äthylenglykoldiacrylat oder -dimethacrylat. Sirupöse Fll., aus denen die Endprodd. in üblicher Weise als harte u. farblose Harze erhalten werden. Sie enthalten noch 1—10% OH-Gruppen, so daß sie mit ungesätt. Fettsäuren mit 10—18 C-Atomen, z. B. Decylensäure, oder mit Baumwollsamenöl, Tallöl, Sojaöl, Leinöl, dehydratisiertem Ricinusöl usw. verestert bzw. modifiziert werden können. — *Wärmehärtbare Lacke* u. *Überzugsmittel.* (**A. P. 2 962 462** vom 20/10. 1958, ausg. 29/11. 1960.) H. Schindler. 7107

General Aniline & Film Corp., New York, N.Y., V.St.A., **Vernetzte Polyester-Mischpolymere** erhält man durch Mischen eines wss. Methylvinyläther–Maleinsäureanhydrit-Mischpolymerisats (K-Wert 10—200), 1 (Mol) 2-Buten-1.4-diol u. ca. 0,5 N-Vinyl-2-pyrrolidon je 1 des Mischpolymerisats in Ggw. eines organ. Peroxids oder α.α'-Azodiisobutyronitril. Der auf Glasplatten nach dem Trocknen bei Raum-Temp. erhaltene Film wird während 6 Min. auf ca. 163° erhitzt u. ergibt dann ein glattes, nicht klebendes u. glänzendes Prod. mit guter Adhäsion an Glas. Pigmente, wie TiO_2, oder Farbstoffe, wie Heliogen grün GTA, können der Mischung vor der Polymerisation zugegeben werden. Man erhält dann wärmehärtbare *Emaillacke* oder *Pasten zum Einfärben von Glasfasergeweben* oder *-kleidern,* die ebenfalls ca. 10 Min. lang auf 176° erhitzt werden. (**E. P. 837 926** vom 21/1. 1958, ausg. 15/6. 1960. A. Prior. 19/4. 1957.)
H. Schindler. 7107

Tokyo Tokushu Densen Toryo Kabushiki Kaisha (Erfinder: Jinroku Furukawa und Minoru Fukuchi), Tokyo, Japan, **Material für Emailanstriche.** Polyester aus Terephthal- u./oder Isophthalsäure oder deren Estern mit einwertigen Alkoholen u. 3-wertigen Alkoholen werden in Lsg., mit bis 10% Titansäureestern oder Ti-Chelat-Verbb. versetzt, verwendet. So kann man eine Lsg., die einen Methylterephthalat-Glycerinpolyester enthielt, nach Zusatz von 5% Butyltitanat auf einen Cu-Draht aufbringen u. den Überzug auf 480° erhitzen. — In gleicher Weise kann man Polyester aus Estern von Terephthalsäuren mit niederen einwertigen Alkoholen u. Propylenglykol, sowie Glycerin, Trimethyloläthan, -propan u./oder Hexantriol mit den genannten Ti-Verbb. mischen u. verarbeiten. (**Jap. A. SS. 5486/1960** vom 9/6. 1958 u. **5487/1960** vom 21/7. 1958, beide ausg. 19/5. 1960.)
M. Pankow. 7107

Shinto Toryo Kabushiki Kaisha, Amagasaki (Erfinder: Teisaburo Tomioka, Amagasaki, und Sho Nakanishi, Osaka), Japan, **Herstellung von Anstrichen für Schiffsböden,** die korrosionsfest sind. Sie enthalten Tetramethylthiurammono- oder -disulfid. — Zum Beispiel mischt man 15 (Teile) ZnO u. 5 S mit 50 eines Firnis aus Terpentinöl, trocknenden Öl u. Terpen, gibt in 8 dieser Mischung 2 Tetramethylthiuramdisulfid u. verd. ggf. mit Naphtha. (**Jap. A. S. 5370/1960** vom 26/11. 1957, ausg. 18/5. 1960.)
M. Pankow. 7107

Rohm & Haas Co. (Erfinder: Richard Edward Harren und Victor Rumowicz), **Wässerige Anstrichmittel,** bestehend aus einer Dispersion eines synthet. linearen Polymeren in W. u. einem Verdickungsmittel aus Kationen mehrwertiger Metalle u. Polyanionen einer sauren polymeren Verb. mit mehreren Carboxyl-, Sulfon- u. Schwefligsäuregruppen u. einem Molgew. von 350—35000. — Man gibt 10 (Teile) einer 25%ig. wss. Lsg. des Na-Salzes eines Maleinsäureanhydrid–Diisobutylenmischpolymerisats u. 20 einer 20%ig. $CaCl_2$-Lsg. langsam zu 100 einer wss. Dispersion, die 43 Polyäthylacrylat u. 3 tert.-Octylphenoxypolyäthoxyäthanol enthält. Es entsteht ein *thixotropes Gel* von reversiblem Charakter, das beim Aufstreichen gute Fließbarkeit zeigt. (**Aust. P. 229 999** vom 23/1. 1958, ausg. 15/9. 1960. A. Prior. 4/2. 1957.)
C. Lüttgen. 7107

Rikagaku Kenkyujo (Erfinder: Tsutomu Funayama und Giichi Horiguchi), Tokyo, Japan, **Verbesserung der Haltbarkeit von reversibel Temperatur anzeigenden, Hg enthaltenden Anstrichen.** Man überzieht die Anstriche mit einem Lack aus Methylmethacrylat–Vinylacetat-Mischpolymerisat. (**Jap. A. S. 5 369/1960** vom 21/3. 1958, ausg. 18/5. 1960.)
M. Pankow. 7107

Michael Ralph Harborne, Watford, England, **Wässerige Grundierungsmittel zum Versiegeln poröser Flächen,** enthaltend Leim, weiße oder bunte Pigmente sowie Bentonit zusammen mit einem weiteren Verdickungsmittel, wie einem anderen Ton oder Carboxymethylcellulose. Die mit dem Mittel erhaltenen opaken Überzüge sind flexibel u. zeigen keine Rußbildung. (**E. P. 871 200** vom 18/11. 1958, ausg. 21/6. 1961.)
P. Krug. 7107

E. I. du Pont de Nemours & Co., V.St.A. (Erfinder: Carol K. Ikeda), **Herstellung von Überzügen** unter Verw. von Verbb. der allg. Formel **I**, worin 3 von den 4 freien Valenzen abgesätt. sind mit H oder einwertigen Resten, z. B. Alkyl-, Aryl-Alkaryl-, Aralkyl-, Chloralkyl-, CN-, Chlorarylresten u. a. (R = H, Cl, Br oder ein einwertiger Alkylrest). Die Verbb. haben die Eig., sich zu polymerisieren u. unlösl. zu werden, wenn sie in Lsgm. gelöst sind u. der Einw. von O_2 ausgesetzt werden. Diese Unlöslichkeit wird stark beschleunigt durch Metallsiccative, wie sie in Farben verwendet werden. Für **I** sind z. B. genannt die Diester der Iso-, o- u. Terephthalsäure, Sebacin-, Adipin-, Itaconsäure mit 4-Hydroxybutyl-2-vinyl-1.3-dioxolan. Weitere Verbb. sind in zahlreichen Beispielen beschrieben. — Zur Herst. einer Holzschutzfarbe werden 25 (Teile) TiO_2, 25 Talkfaser, 30 Leinöl u. 70 eines

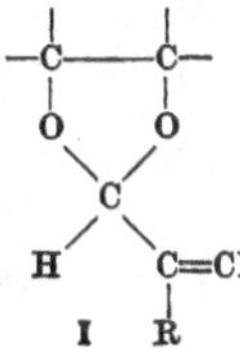
I

o-Phthalsäurediesters, der erhalten wurde aus 38,8 o-Phthalsäuredimethylester, 57,2 4-Hydroxymethyl-2-vinyl-1.3-dioxolan u. 2 Na-Methylat in 125 Toluol., verwendet; als Siccativ werden 0,1 Teil Co-Octanoat zugesetzt. (**F. P. 1 210 192** vom 9/9. 1958, ausg. 7/3. 1960. A. Prior. 10/9. 1957.) M. F. Müller. 7107

American Cyanamid Co., New York, N.Y., V.St.A. (Erfinder: William Wooding, Yun Yen und Tzeng Jiueq Suen), **Herstellung wasserlöslicher, modifizierter Melamin-Formaldehyd-Kondensationsprodukte** durch Rk. von Melamin (I), HCHO u. einem polyfunktionellen aliphat. Polyamin oder einem modifizierten derartigen Polyamin-Kondens.-Prod. bei 20—110° bis zu einer Viscosität von 20—800 cP (bei 25° u. 35%ig. Feststoffanteil) u. Neutralisation des Rk.-Prod., wobei man mindestens 6 Mol HCHO pro Mol I verwendet, das Verhältnis von Polyamin-N zu C = 1 : $\leqq$ 4 ist u. so viel Polyamin verwendet wird, daß pro Mol I 0,5—10 N-Atome vorhanden sind. — Die erhaltenen Harze verleihen Papier Naßfestigkeit u. dienen als Grundierungsmittel auf festen Unterlagen, z. B. Celluloseregeneratfilmen, auf die Deckschichten aufgebracht werden. — Man hält 152 (Gew.-Teile) 37%ig. wss. HCHO u. 72,2 I 40 Min. lang bei pH 7,2 u. 90°, setzt 311,2 37%ig. HCHO, 34,3 3.3'-Imino-bis-propylamin u. 28,1 32%ig. HCl zu, hält bei pH 4,2 u. 55° bis zu „U" auf der Gardner-Holdt-Skala, neutralisiert u. setzt 371 37%ig. HCHO zu: Klarer Harzsirup, mit W. beliebig mischbar. Man taucht Schmirgel- oder Sandpapier in eine 0,5%ig. wss. Lsg. des Harzes, trocknet bei 200° F, bespritzt auf einer Seite mit 25%ig. Nitrocelluloselack u. trocknet: wasserfester *Überzug.* (**Jap. A.S. 4 541/1960** vom 7/5. 1956, ausg. 2/5. 1960.) M. Pankow. 7107

Nippon Kokuyu Tetsudō, Tokyo (Erfinder: Norio Sugiura, Fujisawa, Shoichi Takayagi, Moriji Kanezawa und Kanji Ishikawa, Tokyo), Japan, **Herstellung von Phthalsäureharzüberzügen im elektrostatischen Verfahren** aus Mischungen von Phthalsäureharzlacken, die Pigmente u. Trockenmittel enthalten u. als Lsgm. eine Mischung von Xylol (unpolares Lsgm.), Alkoholen oder Ketonen (polare Lsgm.), ferner hochsd. Lsgm., wie alicycl. Verbb., z. B. Cyclohexanon, Glykole, wie Butylcellosolve u. deren Äther oder Isophoron. — Man stellt eine Lsg. aus 60 (%) Phthalsäureharz, 16 n-Butanol, 17 Xylol u. 7 Butylcellosolve u. damit eine Mischung, die 81 der Lsg., 14,8 Pigment u. 4,2 Trockenmittel enthält, her. (**Jap. A. S. 5077/1960** vom 14/2. 1958, ausg. 13/5. 1960.) M. Pankow. 7107

Montecatini Soc. Gen. per l'Industria Mineraria e Chimica, Mailand, Italien, **Für Überzugs- und Imprägnierzwecke geeignete wässerige Harzdispersionen,** enthaltend ein lineares Polypropylen, welches zu 50—100% in kristalliner Form vorliegt. Die Dispersionen können durch Zusatz von Füllstoffen, Pigmenten oder Weichmachern modifiziert werden. Die Massen werden z. B. auf Metalle, Gewebe, Papier u. Asbest aufgebracht. (**E. P. 874 173** vom 8/10. 1957, ausg. 2/8. 1961. **Zusatz zu E. P. 810 023; C. 1960, 7360. Belg. P. 561 459** vom 8/10. 1957, ausg. 20/5. 1960. Beide It. Prior. 9/10. 1956.) P. Krug. 7107

Imperial Chemical Industries of Australia and New Zealand Ltd., Melbourne, Australien, **Überziehen von Metallflächen mit Vinylharzen.** Man verklebt die Metalle mit den vorgebildeten Vinylharz-Flächen mit einer Mischung aus 1. einem Mischpolymeren aus 80—90% Vinylchlorid (I), 19,7—7% Vinylacetat (II) u. 0,3—3% einer ungesätt. Säure der Formel $HOOC-(CH_2)_n-CH=CH-COOH$ (n = 0, 1, 2, 3) deren Ester oder Anhydrid, 2. einem Mischpolymerisat aus I, II u. Vinylalkohol, 3. einem polymeren Weichmacher der Formel $R'COO(CHRCH_2O)_x[CO(CH_2)_nCOO(CHRCH_2O)_x]_yH$ (x = 1, 2, 3; R = H, CH_3, C_2H_5; R' = Alkyl mit 7—17 C-Atomen; y = ganze Zahl, Molgew. der Verb. ca. 4000 mit 1—2% freien OH-Gruppen), 4. aus Polyacrylsäurealkylester u. 5. einem bas. Pigment (bas. Pb-Sulfat). (**E. P. 848 138** vom 3/5. 1957, ausg. 14/9. 1960). A. Jahn. 7107

Union Carbide Corp., New York, N.Y., V.St.A. (Erfinder: Arthur N. Pines), **Überzugsmaterial** auf *Porzellan* oder *Zement* aus einem Rk.-Prod. von Epoxy-Verbb. u. wenigstens einer Aminoorganosilicium-Verb., deren prim. oder sek. Aminorest mit 1 oder 2 Si-Atomen über eine Kette von $\geqq$ 3 C-Atomen verbunden ist u. in der jedes Si-Atom an 1—3 O-Atome gebunden ist, die ihrerseits an Alkylreste oder an andere Si-Atome gebunden sind, u. die Restvalenzen des Si-Atoms an einwertige KW-Stoff-, halogenierte KW-Stoff-, Alkoxyreste oder OH-Gruppen gebunden sind. — Man überzieht z. B. ein mit Porzellanemaillelack lackiertes Becken mit einem Spray aus einer Mischung von 50 (Vol.-%) $CClF_3$, 50 eines zu 20% umgesetzten Silicon-Epoxy-Lsg. aus $H_2N(CH_2)_3Si(OC_2H_5)_3$, $C_6H_5Si(OC_2H_5)_3$ u. Glycidyl-Bisphenol-A-Äther (Epoxyäquivalent 192), 70 Toluol u. 10 Äthylenglykolmonomethyläther u. hält 20 Std. bei 95—105°. (**Jap. A. S. 5078/1960** vom 20/6. 1959, ausg. 13/5. 1960. A. Prior. 27/6. 1958.) M. Pankow. 7107

Union Carbide Corp., New York, N.Y., V.St.A., **Wärmehärtbares Harz zur Erzeugung von Runzeloberflächen,** gek. durch eine Mischung aus 50—80 (%) eines Vinylhalogenidharzes (Polymerisat oder Mischpolymerisat) u. 50—20 eines fl., ≧30 eines fl. polymerisierbaren Esters aus einer α,β-äthylen. ungesätt. Carbonsäure mit 3—6 C-Atomen u. einem Alkylenglykol als Dispergiermittel enthaltenden Weichmachers, ferner 0,1—10 (auf den Ester bezogen) eines Salzes eines mehrwertigen Metalls mit einer gesätt. Carbonsäure, bes. Co-, Mn-, Cu- oder Pb-Octanoat, Co- oder Mg-Naphthenat, Co- oder Pb-Acetat, als Trockenmittel u. ggf. 0,5—5% eines Katalysators, bes. Di-tert.-butylperoxid (auf einem Silicat absorbiert). — Man mischt z. B. 100 (Teile) Polyvinylchloridharz, 70 Polyäthylenglykoldimethacrylat, 10 Di-2-äthylhexylphthalat u. 1,2 Co-Octanoat zu einem Plastisol, rührt $^2/_3$ der Weichmacher-Katalysator-Mischung ein, rührt 5—10 Min. zu einer dicken Paste, setzt das letzte Drittel vorst. Mischung zu, rührt 5—10 Min. zu einer fl. Paste, trocknet die Paste 15—20 Min. im Vakuum (Luftentfernung) u. gießt 0,01 in. dicke *Filme,* die nach Erhitzen auf 375° F runzelige Oberfläche besitzen. Herst. von *Überzugsmassen* auf Metall, Mörtel, Glas, Gummi, plast. Massen, Keramik, Holz u. Papier. — Beispiele. (**E. P. 855 756** vom 24/4. 1959, ausg. 7/12. 1960. A. Prior. 29/4. 1958.) G. Vogel. 7107

Diamond Alkali Co., V.St.A. (Erfinder: John E. Dereich), **Überzugsmittel** für Metalle, farbige Schuhe, Blumen u. plast. Massen aus chloriertem Paraffin mit 66 bis 80 Gew.-% Cl-Geh. u. geringen Mengen Polyvinylacetat oder -stearat als häutchenbildende Mittel, ferner 1—5% Weichmachungs- u. Trockenmitteln. (**F. P. 1 235 443** vom 25/5. 1959, ausg. 21/11. 1960. A. Prior. 26/5. 1958.) M. F. Müller. 7107

De Soto Chemical Coatings, Inc., übert. von: Bryce P. Anderson, Lafayette, Calif., V.St.A., **Überzugs- und Imprägniermassen, insbesondere für Holz,** enthaltend neben einem Aldehydharz (I) noch mindesdens 25%, bezogen auf I, einer Dicarbonsäure, hauptsächlich Oxalsäure, sowie ein Salz eines dreiwertigen Metalls (II). Die aufgebrachten Überzüge werden oberhalb 125° F eingebrannt. Geeignete I sind Phenol- oder Aminoplastharze; geeignete II z. B. $AlCl_3$, Fe-Sulfat u. bes. Cr-Acetat. Die aus den Mitteln erhaltenen Schichten sind sowohl gegen Säuren als auch gegen Alkalien in ihrer Beständigkeit verbessert. (**A. P. 2 983 630** vom 25/8. 1958, ausg. 9/5. 1961.) P. Krug. 7107

Goodyear Tire & Rubber Co., Akron, Ohio, V.St.A., **Holzüberzüge und Holzverklebungen.** Auf das Holz wird eine Lsg. eines Mischpolyesters aus 65—30 (%) Äthylenterephthalat u. 35—70 Äthylenisophthalat in z. B. einem Lsgm.-Gemisch aus gleichen Teilen Dioxan u. Methyläthylketon aufgebracht. Der Überzug wird bei erhöhter Temp. getrocknet. Man kann auch Folien aus den bestimmten Mischpolyestern auf das Holz aufpressen. (**E. P. 851 956** vom 5/11. 1958, ausg. 19/10. 1960. A. Prior. 9/5. 1958.) P. Krug. 7107

Rohm & Haas Co., Philadelphia, Pa., V.St.A., **Glänzende und chemikalienbeständige Überzüge bildende, wässerige Überzugsmassen,** enthaltend ein Gemisch aus (A) 40—95 (Gew.-%) eines wasserunlösl., thermoplast. linearen Mischpolymerisats(I), dessen Ammonium- oder Aminsalzen u. (B) 5—60 eines wasserlösl. oder in W. dispergierbaren aliphat. Diglycidyläthers (II). I wird hergestellt aus 1—10 (Mol-%) Acrylsäure, Methacrylsäure, Itaconsäure, Maleinsäure oder Fumarsäure u. 90—99 Styrol, Vinylacetat oder einem neutralen Ester vorstehender Säuren. II sind die Glycidyläther von mehrwertigen Alkoholen mit 2—4 C-Atomen, deren Dimeren, Trimeren oder höheren Polymeren; bevorzugt werden II mit Molgew. von 250—490. Man kann Amine als Katalysatoren für die beim Einbrennen der Überzüge erfolgende Rk. von I u. II zusetzen. (**E. P. 848 350** vom 9/8. 1957, ausg. 14/9. 1960. A. Prior. 20/8. 1956.) P. Krug. 7107

Lawter Chemicals, Inc., V.St.A. (Erfinder: John Arthur Harmon und Robert William Voedisch), **Herstellung von bei Tageslicht fluorescierenden Überzügen** unter Verw. eines bei Tageslicht fluorescierenden Pigments zusammen mit einem Bindemittel in Form eines Phenolharzes, bes. eines ölmodifizierten Phenol–Formaldehydharzes. — Beispiel: Man verwendet ein Gemisch aus 9(%) Äthylhydroxyäthylcellulose, 18 eines wärmehärtbaren u. unlösl. Phenol–Formaldehydharzes, 9 ölmodifiziertes Sebacinsäure–Glykolharz, 64 Bzl. oder Toluol. Von dem erhaltenen Gemisch werden 51 zusammengebracht mit 24 Butylcarbitolacetat, 1,89 W., 0,61 Rhodamin BX, 0,3 Rhodamin 6 GDN, 18,9 eines fluorescierenden Pigmentfarbstoffes in Verb. mit wärmehärtbarem Harz, 3,3 gequollenem u. getrocknetem Silicagel (Santocel). — Weiteres Beispiel: 623 (Gew.-Teile) Benzolsulfonamid, 218 Harnstoff, 47 konz. NH_3-Lsg., 827 37%ig. Formaldehyd-Lsg., 4,07 Rhodamin BX u. 6,13 Rhodamin 6 GDN, 12,3 bas. National 6 G-Gelb. (**F. P. 1 221 070** vom 27/1. 1959, ausg. 31/5. 1960. A. Prior. 3/3. 1958.) M. F. Müller. 7107

Juliette Marglen, Inc., V.St.A. (Erfinder: Saul Soloway), **Erzeugung von perlmutterglänzenden Überzügen für Verzierungszwecke** auf Gegenstände u. Massen aller Art, z. B. auf plast. Massen. Die Überzugsmittel bestehen aus unlösl. Metall-Verbb., die durch Einw. einer Metall-Verb. (I) auf natürliche Perlessenz oder auf perlmutglänzendes bas. $PbCO_3$ oder BiOCl entstehen. I ist z. B. Cd-, Mn-, Sb- oder im Gemisch von Sb- u. Fe-Sulfid, Aurothioacetamid, Pd-Dimethylglyoxim, Pd-Furyldioxim oder ein Metall, wie Ag oder Au. — 24 Beispiele. (**F. P. 1 212 490** vom 17/10. 1958, ausg. 24/3. 1960. A. Prior. 26/11. 1957. **A. P. 2 995 459** vom 26/11. 1957, ausg. 8/8. 1961.)

M. F. Müller. 7107

Erich Koppitz, *Herstellung von Zn-, Pb-, Fe-, Cu- und anderen Metallpigmenten.* (**UdSSR. P. 122 942** vom 29/8. 1958. — C. **1961**, 6674 [D. P. [DDR] 19 320].)

Firestone Tire & Rubber Co., übert. von: **Paul H. Johnson**, Akron, **John H. Musch**, Silver Lake, und **Cullen W. Metzger**, Massillon, Ohio, V.St.A., *Frostbeständige Anstrichfarben.* (**Can. P. 555 298** vom 26/5. 1953, ausg. 1/4. 1958. A. Prior. 18/2. 1953. — C. **1956**, 14 193 [F. P. 1 083 633].)

General Electric Co., Schenectady, N.Y., übert. von: **Shannon Jones**, East Cleveland, Ohio, V.St.A., *Fluorescierende Überzüge.* (**Can. P. 555 305** vom 11/3. 1953, ausg. 1/4. 1958. A. Prior. 18/3. 1952. — C. **1955**, 8977 [A. P. 2 686 158].)

National Lead Co., New York, N.Y., übert. von: **Harry H. Beacham**, Plainfield, N.J., V.St.A., *Vinylharze mit Titansäureesterzusatz.* (**Can. P. 555 394** vom 2/6. 1954, ausg. 1/4. 1958. A. Prior. 3/6. 1953. — C. **1957**, 8077 [E. P. 755 150].)

Hercules Powder Co., Wilmington, Del., übert. von: **Gerald I. Keim**, Oxford, Pa., V.St.A., *Stabilisieren von Harzleim.* (**Can. P. 555 335** vom 23/10. 1953, ausg. 1/4. 1958. A. Prior. 21/8. 1953. — C. **1959**, 10 407 [A. P. 2 776 905].)

H_{12}. Kautschuk

Polyolefine verstärken die Hitzebeständigkeit von Butyl-Isolierungen mit Al_2O_3 als Füllstoff. F. Rodriguez und C. C. Winding. (Rubber Wld. **145**, Nr. 3, 76—84, Dez. 1961; Cornell Univ., Ithaca, N.Y.; engl.) — Der Austausch von 10% des Butylpolymeren durch niedrigschmelzendes lineares Polyäthylen in einer mit Al_2O_3 gefüllten Butylisolierung verleiht dem Material eine bisher nicht beobachtete Wasser- u. Temp.-Beständigkeit. Der Mechanismus ist zunächst noch ungeklärt. Mit folgenden Polyolefinen wurden Unterss. vorgenommen: Verzweigtes, mittelverzweigtes u. lineares Polyäthylen, lineare Copolymere von Polyäthylen u. isotakt. Polypropylen. Dabei ergaben sich die besten Ergebisse mit den linearen Polymeren. Die Verbesserung ist an den Einsatz von Al_2O_3 oder Talkum gebunden, denn mit Rußfüllstoffen ergibt sich keine Veränderung der Eigenschaften. H. Giehring. 7224□

Beziehung zwischen der Intrinsicviscosität und der Intrinsic–Vistex-Viscosität und Plastizität von Styrol–Butadien-Kaltkautschuken. W. Duck und J. A. Waterman. (Rubber Plastics Age **42,** 1079—82, 1085, Sept. 1961; Amsterdam, Shell Internat. Res. Maat., Koninklijke/Shell-Lab.; engl.) — Die Intrinsicviscosität oder die damit zusammenhängende Intrincis–Vistex-Viscosität [Best. am Latex nach Auflösen in z. B. Toluol–Isopropanol (80/20)-Mischung bei Raum-Temp.] liefern wichtige Informationen über die Polymerisations-Rk. u. die Eigg. des Polymerisats. Eine andere physikal. Eig. ist die Plastizität, ausgedrückt als z. B. Hoekstra-Plastizität oder Mooney-Viscosität, die ein Maß für die Verarbeitbarkeit des Kautschuks darstellt. Vff. untersuchten an verschieden hergestellten Styrol–Butadien–Kaltkautschuk (I)-Proben, ob Beziehungen zwischen diesen verschiedenen Eig.-Werten bestehen, so daß eine Berechnung einer Eig. aus der anderen möglich wäre. Es wurde gefunden, daß eine gute Beziehung zwischen den verschiedenen Meth. zur Messung der Intrinsicviscosität u. der Plastizität von unvulkanisiertem I besteht. Die Beziehung zwischen der Vistex- u. Intrinsicviscosität gestattet die Verfolgung des Molgew. der Prodd. in einem Reaktor während der Polymerisation durch direkte Messung am Latex. Von grundsätzlicher Bedeutung ist aber die einfache direkte Beziehung zwischen dem viscosen Fließen (Hoekstra-Plastizität) u. dem aus der Intrinsicviscosität abgeleitetem, mittlerem viscosimetr. Molgewicht. Damit kann die zu erwartende Hoekstra-Plastizität aus dem auf Basis kinet. Daten berechnetem Molgew. abgeschätzt werden. — Diskussionsbemerkungen. R. Schäff. 7224□

Siliconkautschukmischungen. P. C. Servais und I. H. Riley. (Rubber Plastics Age **42,** 1073—78, 1085, Sept. 1961; Midland, Mich., Dow Corning Co. u. Barry, Glam. Midland Silicones Ltd.; engl.) — Der augenblickliche Entw.-Stand auf dem Gebiet der Siliconkautschukmischungen wird erörtert. Vff. erläutern die richtige Auswahl der Mischungszuschläge für die jeweilige Anwendung, die Rezeptur u. die optimalen Verarbeitungsbedingungen. — Diskussionsbemerkungen. R. Schäff. 7224□

Dynamisch-mechanische Eigenschaften füllstoffbeschwerter Vulkanisate. A. R. Payne. (Rubber Plastics Age **42,** 963—67, Aug. 1961; Rubber and Plastics Res. of Great Britain; engl.) — Die Wrkg. verschiedener Mengen von abriebfestem *Flammruß* auf dynam. u. mechan. Eigg. des *Butylkautschuks* wird erläutert. Der gemessene dynam.

Modul steigt mit zunehmender Belastung u. größerem Verlustwinkel bis zu einem krit. Maximum. Füllstoffbeschwerte Vulkanisate sind durch instabile Bindungen als Folge der Einführung von Ruß u. dessen hydrodynam. Wrkg. sowie die weitere Vernetzung mittels der Kautschuk-Ruß-Bindungen gekennzeichnet. Vgl. mit SBR, Naturgummi, Neopren u. cis-Polybutadien werden gezogen. H. Jacobi. 7228□

Untersuchungen über die vorvulkanisationsverzögernde Wirkung aromatischer sekundärer N-Nitrosoamine. 1. Mitt. Synthese einiger N-Nitrosamine, ihre Wirkung auf die Vorvulkanisation und Vulkanisation von Kautschuken und auf die Alterung der Vulkanisate. T. Kaneko, K. Yamamoto und H. Kano. (J. Soc. Rubber Ind., Japan **34,** 1010–21, 1961; Seiko Chem. Co.; jap., Auszug: engl.) — Neun Arten aromat. sek. N-Nitrosoamin-Verbb. wurden hergestellt. Die vorvulkanisationsverzögernde Wrkg. wurde nach Mooney gemessen. Prodd. mit zwei N-Nitrosoradikalen zeigten bessere Wrkg. als mit einem. Abhängigkeit von Beschleunigern. Stoffe mit Diphenylguanidin werden durch N-Nitrosamine beeinflußt; diese besitzen keinen Effekt bei S-freier Vulkanisation. Genannte Wrkg. tritt bei 120° wie 150° auf, doch sinkt der Wrkg.-Grad mit steigender Temperatur. Die Temp. der Vulkanisation (optimal bei 134°) steigt mit Aktivität der Verzögerer. Ihr Einfl. auf Hitze u. O_2 ist gering. H. Jacobi. 7230□

Identifizierung von Elastomeren. A. García Vargas. (Rev. Plásticos **11,** 409–14, Nov./Dez. 1960; span.) — Die Meth. der Identifizierung von Elastomeren werden vergleichend erörtert. Die genaueste Meth. (IR-Spektroskopie) ist für viele Zwecke zu kostspielig. Als Ersatz kommen in Frage: UV-Spektroskopie, Unters. der Kältefestigkeit, Pyrolyse u. Verw. von präpariertem Papier für die verschiedenen Elastomerentypen. R. K. Müller. 7248□

Einfache Plastizitätsmessung mit einem Härteprüfungsgerät. 1. Mitt. Über optimale Messungsbedingungen. K. Muramatsu, J. Furukawa und S. Yamashita. (J. Soc. Rubber Ind., Japan **34,** 997–1002, 1961; Kyoto, Univ., Fac. of Engn., Dep. of Synth. Chem.; jap., Auszug: engl.) — Messung der Plastizität roher Kautschuk-Prodd. durch einen abgeänderten Härteprüfungs-App. (Federart). H. Jacobi. 7248□

Über das Reißen von Gummi. A. G. Thomas. (Rheol. Acta (Ergänzungsh. z. Kolloid-Z.) **2,** 63–66, März 1962; Welwyn Garden City, Herts., England, Brit. Rubber Producers Res. Assoc.; engl. — C. **1962,** 10491.) H. Jacobi. 7248□

Natural Rubber Producers' Research Association, London, England, **Herstellung polymerer Produkte.** Man unterwirft ein Gemisch aus einem oder mehreren natürlichen oder synthet. Kautschukarten, von denen mindestens eine vernetzt ist, mit einem oder mehreren polymerisierbaren olefin. ungesätt. Verbb. im Gew.-Verhältnis $1:<2$ einer mechan. Behandlung unter Anwendung von Scherkräften, wobei der vernetzte Kautschuk freie Radikale bildet, die eine Polymerisation des Monomeren bewirken. — Zum Beispiel bringt man 3 g durch Einw. von Dicumylperoxid bei 140° vernetzten natürlichen Kautschuk in Berührung mit 1 cm^3 Methylmethacrylat (I), das völlig absorbiert wird. Dann plastifiziert man in einer geeigneten Vorr. unter Kühlung auf $<50°$. Nach 25 Min. enthält das Prod. 18% polymerisiertes I, das zu 83% chem. an den vernetzten Kautschuk gebunden ist. (**Niederl. P. 99 975** vom 10/12. 1957, ausg. 15/12. 1961. E. Prior. 10/12. 1956.) F. Böhm. 7225

Goodrich-Gulf Chemicals, Inc., Cleveland, Ohio, V.St.A., **Polymerisate und Mischpolymerisate von Isopren** mit hohem „1.4-cis"-Geh. erhält man durch Polymerisation bei $<10°$ in einem inerten KW-Stoff als Lsgm., dessen Kp. unter der Polymerisations-Temp. liegt u. in dem 0,5–5% des Polymerisats lösl. sind, in Ggw. eines Katalysators aus einer Ti-Verb. (Ti mindestens 3wertig) u. einem Al-KW-Stoff, in dem mindestens 2 Al—C-Bindungen vorliegen, worin Ti:Al = 0,75:1 bis 0,95:1. Zur Aufarbeitung versetzt man den erhaltenen Polymerenschlamm mit W., dest. das Lsgm. bei mindestens 55° ab u. trennt das Polymerisat von der wss. Phase. Man erhält bes. *gut verarbeitbaren Polyisoprenkautschuk.* (**E. P. 872 283** vom 31/7. 1959, ausg. 5/7. 1961. A. Prior. 1/8. 1958.) L. Stadelmann. 7225

Phillips Petroleum Co., Bartlesville, Okla., V.St.A., **Mischpolymerisate** von 1.3-Butadien, Isopren oder Piperylen mit vinylaromat. KW-Stoffen (außer Methylstyrol), Vinyl-, bzw. Vinylidenhalogeniden oder Acrylsäureestern erhält man, wenn man die Polymerisation mit Hilfe einer Organolithium-Verb. in einem aromat., paraffin. oder cycloparaffin. KW-Stoff als Lsgm. in Ggw. einer organ. polaren Verb., welche den Katalysator nicht inaktiviert, z. B. Äther, Thioäther oder tert. Amine, durchführt. Ohne diese polare Verb. würde man Blockpolymerisate erhalten. Man erhält *kautschukartige Polymerisate.* — Beispiele: Mischpolymerisate von Butadien/Styrol, Isopren/Styrol. (**E. P. 884 490** vom 6/5. 1959, ausg. 13/12. 1961. A. Prior. 23/5. 1958.) L. Stadelmann. 7225

Monsanto Chemical Co., St. Louis, Mo., V.St.A. (Erfinder: Ching Chen Tung), **Modifizierung von Butylkautschuk.** Man erhitzt Butylkautschuk mit 0,1—3% eines Dinitroso-Deriv. eines aromat. sek. Amins, dessen eine Nitrosogruppe an den aromat. Kern u. dessen andere an den Amino-N gebunden ist in Ggw. eines Füllstoffs, bes. Ruß oder Silica, auf höchstens 175°. Als Dinitroso-Verb. verwendet man bes. Ester der Formel $ON-C_6H_4-N(NO)-R-COOR'$, worin R eine Alkylen- u. R' eine Alkylgruppe ist, oder Verbb. der Formel $ON-C_6H_4-N(NO)\cdot CH_2\cdot CX = CH_2$, worin X = Halogen. Die Rk.-Prodd. sind mit ZnO, S u. Vulkanisationsbeschleuniger leicht vulkanisierbar. (**E. P. 874 075** vom 29/10. 1956, ausg. 2/8. 1961.) L. Stadelmann. 7225

Monsanto Chemical Co., St. Louis, Mo., übert. von: Ching C. Tung, Kirkwood, Mo., und John J. D'Amico, Charleston, W.Va., V.St.A., **Verbessern der Eigenschaften von Butylkautschuk** durch Behandeln mit Metallsalzen (**I**) von Benzochinoniminoxim der allg. Formel **II**, worin M = Metall u. n der Wertigkiet des M entspricht, R = Alkyl, Aryl oder Carbalkoxyalkyl ist. Das wenigstens 85% Isobutylen neben einem kleinen Anteil eines konjugierten Diens enthaltende Mischpolymerisat wird mit 0,3—1% eines **I** 10 Min. auf 135—150° erhitzt. Die **I** werden z. B. durch Lsg. von N-Isopropyl-p-nitrosoanilin in wss. NaOH u. Fällung mit $Ni(NO_3)_3\cdot 6\ H_2O$ hergestellt. Das blaue *Ni-Salz des N-Isopropyl-p-benzochinoniminoxims* hat F. >300°. Entsprechend *Zn-Salz des N-Phenyl-p-benzochinoniminoxims* (**III**), F. 143—146° (Zers.); *Cd-Salz*-**II**, F. 141—146° (Zers.); *Ni-Salz*-**III**, F. 145—150° (Zers.); *Cu-Salz*-**III**, F. 141—145° (Zers.); *Zn-Salz des N-(2-Methoxycarbonyläthyl)-benzochinoniminoxims* (**IV**), F. 107—112° (Zers.); *Cd-Salz*-**IV**, F. 145—150° (Zers.); *Cu-Salz*-**IV**, F 105—113° (Zers.); *Zn-Salz des N-Methyl-p-benzochinoniminoxim* (**V**) F. >300°; *Ni-Salz*-**V**, F. >300°; *Cu-Salz*-**V**, F. >300°; *Cd-Salz*-**V**, F. >300°. Diese Zusätze bewirken eine geringere Torsionshysteresis, größere Bruchfestigkeit u. einen verbesserten Dehnungsmodul im Vulkanisat. Tabellen. Die üblichen Zusätze, wie Ruß u. dgl., beeinträchtigen nicht die Wirkung. (**A. P. 2 975 153** vom 14/11. 1958, ausg. 14/3. 1961.)

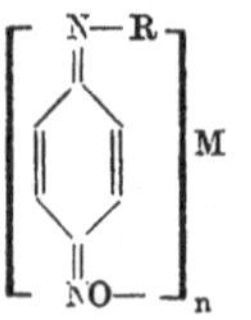

I

H. Schindler. 7225

E. I. du Pont de Nemours & Co., Wilmington, Del. (Erfinder: James Gordon Burt, Oxford, Pa., und Henry Clement Walter, Wilmington, Del.), V.St.A., **Herstellung von Polyalkylenätherpolymeren** durch Rk. von Tetrahydrofuran (**I**) mit Oxiranen oder Oxetanen der Formeln **II** oder **III** (R, gleich oder verschieden, = H oder inakt. Gruppe mit Molgew. ≦250) in Ggw. eines kation. Polymerisationskatalysators (PF_5, $SbCl_5$, BF_3, Aryldiazoniumhexafluorphosphat), u. zwar so, daß wenigstens 33¹/₃ Mol-% **I** vorliegen, die **II** oder **III** Seitenketten mit nichtaromat. ungesätt. C—C-Bindungen enthalten u. in solcher Menge verwendet werden, daß sie wenigstens eine dieser Seitenketten pro 10 000 Einheiten des Molgew. des Polymeren aufweisen: Mit S vulkanisierbare Prodd. mit Molgew. ≧30 000. — Man arbeitet unter feuchtigkeits- u. O_2-freien Bedingungen u. gibt unter N_2 zu 360 (Gew.-Teilen) frisch dest. **I** 28,5 1-Allyloxy-2.3-epoxypropan u. unter Kühlung 0,75 $SbCl_5$, hält 48 Std. bei 0° u. erhält ein in **I** lösl. kautschukartiges Prod., von dem 30 mit 9 Ofenruß, 1,5 ZnO, 0,9 S u. 0,23 Tetraäthylthiuramdisulfid in der Preßform 2 Std. bei 150° gehalten werden. — Verw. als *Kautschukersatz* für Reifen, Schläuche, Schwämme, Kabelüberzüge, Stoffbedeckung. (**F. P. 1 202 252** vom 7/3. 1958, ausg. 8/1. 1960. **Jap. A. S. 10 046/1960** vom 7/3. 1958, ausg. 27/7. 1960. Beide A. Prior. 8/3. 1957 u. 6/2. 1958.) M. Pankow. 7225

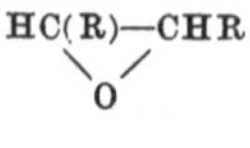

II

III

Monsanto Chemicals Ltd., London, England (Erfinder: Bertrand Ernest Wilde und Marion Ilse Hedwig Wilde), **Herstellung von substituierten Anilinen.** Verbb. der allg. Formel **I** erhält man durch reduzierende Alkylierung der entsprechenden Amine in Ggw. von Methyläthyl- oder Methyl-n-propylketon. Hierbei ist R_1 ein Aralkyl- oder ein aliphat. Rest, bes. ein Alkyl- oder ein Cycloalkylrest, die beide durch Halogenatome, CN-, Ester- oder Äthergruppen substituiert sein können. R_2 ist ein 1-Methyl-n-propyl- oder 1-Methyl-n-butylrest. Der Benzolkern kann außerdem inakt. Substituenten, wie Alkyl- oder Cycloalkylgruppen, enthalten. Die Rkk. werden bei ca. 100° in Ggw. von Hydrierungskatalysatoren bei einem H_2-Druck von 350 lbs./sq.in. ausgeführt u. erfordern mehrere Stunden. — Beispiele: aus p-Phenetidin u. Methyläthylketon (**II**) erhält man *4-Äthoxy-N-(1'-methyl-n-propyl)-anilin*, Kp.₂ 118°, Hydrochlorid, F. 81—84°; aus p-Anisidin u. **II** entsteht *4-Methoxy-N-(1'-methyl-n-propyl)-anilin*, Kp.₂ 112—113°. Verw. als Ozonschutzmittel für Kautschuk, bes. in Form der Säureadditions-Prodd. u. quatern. Salze. (**E. P. 857 628** vom 17/2. 1958, ausg. 4/1. 1961. **Zusatz zu E. P. 852 932; C. 1962, 4371.**) E. Kalix. 7227

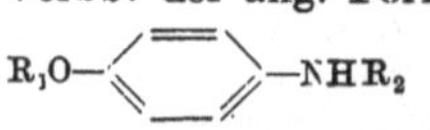

I

Oliver Wallis Burke jun., Grosse Pointe Park, Mich., V.St.A. (Erfinder: René G. Jennen), **Vulkanisieren von Kautschuk oder synthetischen Elastomeren.** Statt der Amine als Aktivatoren verwendet man Cyanalkylamine, deren Rk.-Prodd. mit Metalloxyden, organ. Säuren oder deren Salzen, Polymerisations-Prodd. von Cyanalkylaminen oder von den Cyanalkylpolyaminen abgeleitete Carboxyäthylpolyamine. Man erhält sie aus Cyanhydrinen oder Alkenylnitril mit Aminen, z. B. aus Acryl- oder Methacrylnitril mit p-Phenylendiaminen, ferner aus Lactonitril mit Isopropylamin eine Fl., $Kp._{25}$ 67—68°, mit Allylamin, $Kp._{12}$ 65—67°, mit Cyclohexylamin, $Kp._{13}$ 96 bis 99°, mit Furfurylamin, $Kp._{23}$ 123°, mit Diäthylentriamin, $Kp._{1}$ ca. 65°. Man erhält dabei z. B. Verbb. der Formel $R_1(R_2)N \cdot CH_2CH_2CN$, $R_1(R_2)NCH_2CH(CH_3)CN$ (R_1 u. R_2 = H oder organ. Rest; R_3 u. R_4 = H oder beliebiger Rest), $(CH_3)_2CHNHCH_2CN$ oder $H_2N \cdot C_6H_4NH \cdot C(CN)(CH_3)CH_3$. — 39 Tabellen. (**F. P. 1 170 742** vom 20/12. 1956, ausg. 16/1. 1959. **Oe. P. 216 212** vom 28/11. 1956, ausg. 10/7. 1961. A. Prior. 30/12. 1955.) M. Pankow. 7229

Esso Research and Engineering Co., Elizabeth, N.J., V.St.A., **Vulkanisieren von Butylkautschuk (I).** Der **I** erhält einen geringen Zusatz eines m-substituierten Polymethylolphenols u. einer geringen Menge der Seife bzw. des Salzes eines Metalls der Gruppen Ia, IIa oder VII des Period. Syst., z. B. Ca-Stearat, u. einer kleinen Menge des 2wertigen Metallhalogenids aus der Gruppe IVa des Period. Syst., z. B. $SnCl_2 \cdot 2\,H_2O$. (**E. P. 867 163** vom 28/8. 1959, ausg. 3/5. 1961. A. Prior. 23/9. 1958.) W. Overbeck. 7229

Esso Research and Engineering Co., übert. von: Leon S. Minckler jun., Metuchen, Delmer L. Cottle, Highland Park, und Theodore Lemiszka, Rahway, N.J., V.St.A., **Vulkanisieren von halogenierten kautschukartigen Mischpolymerisaten** aus 85—99,5(%) C_4—C_7-Isoolefinen u. 15—0,5 C_4—C_{14}-Multiolefinen, bes. Butylkautschuk, dad. gek., daß man 0,5—20 eines Dimethylolphenolharzes u. 0,5—20 eines Di-C_1—C_{13}-alkyl- oder -C_6—C_{18}-arylzinnsulfids, bes. Dibutylzinnsulfid, zusetzt u. erhitzt. (**A. P. 2 967 167** vom 10/3. 1958, ausg. 3/1. 1961.) C. Lüttgen. 7229

Union Carbide Corp., New York, N.Y., V.St.A., **Vulkanisationsbeschleuniger zur Schnellvulkanisation von Neoprenkautschuk** aus kristallinem Zeolith-Molekularsiebmaterial, an dem ein Beschleuniger der Formel $R \cdot C(S)N(R^1)R^2$ [R = H, R^1 oder $N(R^1)R^2$; R^1 u. R^2 = H, Alkyl, Aryl, Cycloalkyl, Aralkyl, Alkaryl oder Alkenyl; Summe der C-Atome <25] haftet. Das verwendete Zeolithmaterial wird zweckmäßig durch Erhitzen aktiviert. — Man vermischt z. B. 85 (Teile) aktiviertes Molekularsieb Type Na-X u. 15 Diisopropylthioharnstoff 90 Min. in einer Porzellankugelmühle u. verwendet es dann in Neoprenkautschukmischungen als Beschleuniger: Geringere Neigung zur Vorvulkanisation. (**Oe. P. 217 699** vom 20/4. 1959, ausg. 10/10. 1961. A. Prior. 2/5. 1958.) M. Pankow. 7229

Hans Ziller, Millrath über Hochdahl, **Reparaturverfahren,** bes. für Förderbänder. Auf die Reparaturstelle wird zunächst ein kalt bindender Klebmittelfilm u. dann eine pastenförmige selbstvulkanisierende Kautschukschicht aufgebracht. — 3 Zeichnungen. (**E. P. 860 169** vom 7/3. 1957, ausg. 1/2. 1961. D. Prior. 7/3. 1956.) W. Overbeck. 7229

N. V. de Bataafsche Petroleum Mij., Niederlande (Erfinder: **Richard Johnson Reynolds**), *Stabilisieren von Butadienkautschuk.* (**F. P. 1 188 601** vom 18/11. 1957, ausg. 24/9. 1959. A. Prior. 19/11. 1956. — C. **1961,** 6706 [A. P. 2 912 407].)

Wyandotte Chemicals Corp., übert. von: **Lawrence M. Liggett**, Wyandotte, Mich., V.St.A., *Calciumcarbonatpigment.* (**Can. P. 568 499** vom 9/6. 1954, ausg. 6/1. 1959. A. Prior. 1/9. 1953. — C. **1961,** 8141 [A. P. 2 841 504].)

N. V. de Bataafsche Petroleum Mij., Niederlande (Erfinder: **Richard J. Reynolds**), *Weichmachen von Kautschuk.* (**F. P. 1 177 907** vom 21/6. 1957, ausg. 30/4. 1959. A. Prior. 28/6. 1956. — C. **1961,** 7058 [Belg. P. 558 717].)

United States Rubber Co., V.St.A. (Erfinder: **James Turton Fairclough**), *Herstellung von Kautschukmilchschaum.* (**F. P. 1 178 315** vom 9/7. 1957, ausg. 6/5. 1959. A. Prior. 23/8. 1956. — C. **1960,** 5021 [A. P. 2 858 282].)

B. F. Goodrich Co., V.St.A. (Erfinder: **Earl Charles Gregg jun. und Edwin Bohannon Newton**), *Verstärkte Kautschukmischung.* (**F. P. 1 177 567** vom 26/6. 1957, ausg. 27/4. 1959. A. Prior. 27/6. 1956. — C. **1962,** 6236 [E. P. 855 424].)

H_{13}. Ätherische Öle. Parfümerie. Kosmetik

Probleme zur Identität und Stabilität der ätherischen Öle. L. Waginaire. (Riv. ital. Essenze, Profumi, Piante officin., Olii veget., Saponi **43,** 367—68, Aug. 1961; ital.) — In der französ. u. auch anderen Pharmakopoen bzw. in Handbüchern werden Angaben über Definition, Identifizierung u. Stabilität der äther. Öle (**I**) gemacht, die nicht mehr in allen Fällen dem derzeitigen Stand der Technik entsprechen. Dies gilt

vor allem für die de- u. sesquideterpenisierten I, die sich bes. in bezug auf die Lagerfähigkeit anders verhalten als die natürlichen I. Es wird gezeigt, daß der Peroxid-Geh. von Lavendel-, Lavandin- u. Pfefferminzöl durch die Raffination um 40—45% red. wird. Auch während der Lagerung verhalten sich die raffinierten I, wie dies durch Kontrolle des Peroxidwertes ermittelt wird, anders als die unbehandelten I.
H. P. Fiedler. 7262□

Die Parfümerie im Zeitalter der Plaste. Henry Drapier. (France et ses Parfums **5**, Nr. 26, 28—54, Febr. 1962; franz.) — Übersicht. J. Lehmberg. 7276□

Qualitätsbeurteilungen und Stabilitätstests von Parfümen und ätherischen Ölen. Donald E. Dean. (Amer. Perfumer **77**, Nr. 3, 39—45, März 1962; engl.) — Die Zweckmäßigkeit der Kopplung statist. Testmeth. mit reinen Sinnestesten zur vollständigen Beurteilung der Qualität von Parfümölen wird diskutiert. Die Testmeth. zur Prüfung der Stabilität des Duftes in neuen Verpackungsmaterialien werden beschrieben.
K. Dörfel. 7276□

Technische Instrumente zur Qualitätsprüfung von Riechstoffen. James A. Rogers jun. (Amer. Perfumer **77**, Nr. 3, 21—28, März 1962; Fritzsche Brothers, Inc., Instrumental Labor.; engl.) — An Hand von Diagrammen der Gaschromatographie u. IR-Spektroskopie wird die Verw. dieser Meth. für die komplexe Beurteilung u. Qualitätskontrolle von Parfümstoffen diskutiert. Auf die leichte Erkennbarkeit von Verfälschungen mit Hilfe dieser Meth. wird hingewiesen. K. Dörfel. 7276□

Synthesen ungesättigter Aldehyde und Ketone aus Mg-Verbindungen. Henri Normant. (France et ses Parfums **4**, **296—304**, Aug. 1961; Paris, Fac. des Sci., Labor. de Synth. Organ.; franz.) — Unter Angabe präparativer Hinweise u. jeweiliger Erörterung des Rk.-Verlaufs wird eine Übersicht über die Synth. ungesätt. Carbonyl-Verbb. für die Parfümindustrie aus Vinyl-Mg-Verbb., α-Cl–Mg-Äthern u. Halogen-Mg-Acetalen gegeben. H. Sontag. 7276□

Pregnenolonacetat, ein hautaktives Steroid. John E. Silson. (J. Soc. Cosmet. Chemists **13**, 129—39, April 1962; New York, N.Y., Revlon, Inc.; engl.) — Vf. gibt an Hand von Strukturformeln eine Übersicht über die Steroidhormone Östradiol, Progesteron, Testosteron, Prednisolon, Pregnenolon (I) die für die Kosmetik von zunehmender Bedeutung sind, u. beschreibt ausführlich das I-Acetat, seine Synth., therapeut. u. dermatolog. Aktivität, Toxikologie sowie klin. Verss. an Mensch u. Tier. — 22 Literaturangaben. H. Franzen. 7284□

Die Rolle und die Bestimmung des Dihydroxyacetons in kosmetischen Erzeugnissen. Fr. Georg Pollak und Béla Lorant. (Seifen-Öle-Fette-Wachse **88**, **399—401**, 20/6. 1962; Budapest, Inst. für Chem. u. Lebensmittelforsch.; dt.) — Allg. Überblick über Herst. (fermentative Oxydation von Glycerin) u. Verw. des *Dihydroxyacetons* (I) in der Kosmetik als Braunfärbungsmittel für die menschliche Haut, über die Anwendung in fl. Lotion, cremeartiger Emulsion, besser in alkohol. oder alkohol.-wss. Lsg. mit 2—3% Glycerin zur Beschleunigung des Hautbräunens (Maillard-Rk.), ferner über die Best. von I durch Papierchromatographie nach Buchanan [1950] u. Hokkenhull [1953]. Als rasch auszuführende Meth. wird die Rk. mit Hydroxylaminhydrochlorid u. Titration der frei werdenden Salzsäure mit Bromphenolblau als Indicator empfohlen. H. Franzen. 7284□

Verwendung des Gelee Royale in lipophiler Phase zur Haarpflege und zu kosmetischen Zwecken. V. Lodi und P. Rovesti. (Parfumerie, Cosmét., Savons **4**, 440—41, Nov. 1961; franz.) — Inhaltlich ident. mit der C. **1962**, 5126 referierten Arbeit.
H. Sontag. 7284□

Beiträge zur Kenntnis des physikalischen und chemischen Verhaltens von Humanhaaren. 3. Mitt. **Weitere methodische Einzelheiten zur Bestimmung der Löslichkeiten auch unterschiedlich behandelter Haare.** Hans Freytag. (Parfümerie u. Kosmet. **43**, 201—08, Juni 1962; Darmstadt, Ondal GmbH.; dt.) — 1. vgl. C. **1962**, **6995**. — Es werden Meth. zur Herst. von zur chem. Unters. geeigneten Humanhaardurchschnittsmustern u. zum Bleichen sowie zum Behandeln des gereinigten Haares analog einer Dauerverformung mit einem Thioglykolat–Ammoniak-Syst. mitgeteilt. Ferner werden vorläufige Ergebnisse von Best. der Alkali-, Harnstoff–Bisulfit- u. Säurelöslichkeit an mit Thioglykolat-Lsgg. red., oxydativ nicht- u. oxydativ nachbehandeltem, ungebleichtem u. gebleichtem Humanhaar diskutiert. H. P. Fiedler. 7284□

Helene Kambersky, Wien, Österreich, **Grundlage für Schminke,** bes. Wimpernschminke, dad. gek., daß sie aus einer wss. Emulsion besteht, die 20—30 (Gew.-%) Wachs, vorzugsweise Bienenwachs, 10—60 Paraffin, 5—10 Emulgator, bes. ein Gemisch aus höhermol. Fettalkoholen u./oder Fettalkoholsulfaten, 10—40 W., 0—5 Leinöl u. 0—10 Ricinusöl enthält. Das Paraffin hat vorzugsweise verzweigte Ketten, enthält keine aromat. Verbb. u. hat einen Siedebereich von 160—200°. (**D. A. S. 1 134 797** Kl. 30h vom 20/6. 1961, ausg. 16/8. 1962. Oe. Prior. 8/7. 1960.) W. Heyer. 7285

VEB Farbenfabrik Wolfen (Erfinder: Felix Seidel, Wolfen, Walter Singer, Berlin, Paul Specht, Halle/Saale, und Curt Wohlfarth, Wolfen), **Mittel zum Färben oder Tönen der Haut, der Haare oder der Nägel,** gek. durch einen Geh. an phototropen organ. Verbb., d. h. von chem. Substanzen, die sich unter Einw. von sichtbarem oder unsichtbarem Licht in ihrem Farbeindruck ändern. *N.N'-Diacetyl-4.4'-diaminostilbendisulfonsäure-(2.2')* als hauttönendes Mittel ergibt, wenn 2 (Teile) mit 66 Mineralöl, 31 Isopropylmyristinat u. 1 Parfümöl verarbeitet werden, ein Präp., das der Haut bei Sonnenbeleuchtung eine braune Färbung verleiht, die bei künstlichem Licht wieder verschwindet. Ein Präp. aus 2 (Teilen) der *Acetyl-Verb. des N-Nitroso-N-pyridyl-(3)-glycins*, 34 A., 3 Fettalkoholsulfonat, 60 Acrylsäuremethylester färbt das Haar bei Sonnenbestrahlung tiefblau, während es ohne Licht-Einw. in seiner ursprünglichen Farbe erscheint. *Isonicotinsäure-o-nitrobenzylidenhydrazid* dient zum Färben der Nägel. (**D. A. S. 1 130 114** Kl. 30h vom 28/11. 1959, ausg. 24/5. 1962.) W. Heyer. 7285

VEB Farbenfabrik Wolfen, Wolfen (Erfinder: Gerhard Müller, Bitterfeld, und Curt Wohlfarth, Wolfen), **Haarbehandlungsmittel** bekannter Zus. erhalten einen Zusatz aus einer wss. Lsg. eines Kondens.-Prod. aus aromat. Hydroxy-Verbb., Aldehyden u. Salzen der schwefligen Säure, wobei die Lsg. des Kondens.-Prod. auf pH 3—5 mittels einer organ. Carbonsäure eingestellt wird. (**Ung. P. 144 776** vom 28/8. 1957, ausg. 15/3. 1959. D. Prior. 31/8. 1956.) G. König. 7285

N. V. Industriele Onderneming W. H. Braskamp, Voorburg, Z. H. (Erfinder: Pieter Cornelis Van der Bent, Leidschendam, Rudolf Komaromi, Rijswijk, und Antonius Johannes Marie Verhaar, Den Haag), Niederlande, **Mittel zum Färben** u. evtl. gleichzeitigen Dauerwellen **von menschlichem Haar,** bestehend aus einer wss. Lsg. eines Mercaptans oder Sulfits mit einem geeigneten pH-Wert, gek. durch einen Geh. an organ. bas. Farbstoff in seiner Leukoform. — Zu 100 cm^3 üblicher wss. Dauerwell-Fl. mit einem Geh. an NH_4-Thioglykolat (0,3m), die mit NH_3 auf den pH-Wert 9,3 eingestellt ist, gibt man 0,4 cm^3 einer 0,2%ig. Lsg. von Kristallviolett. Die farblose Lsg. wird auf das Haar aufgebracht, nach 5 Min. unter der Trockenhaube mit W. gespült u. mit 1,5%ig. H_2O_2-Lsg. fixiert, wodurch gleichzeitig der Farbstoff entwickelt wird. Andere Farbstoffe sind Malachitgrün, Auramin u. Methylenblau. (**D. A. S. 1 129 261** Kl. 30h vom 16/5. 1960, ausg. 10/5. 1962. **E. P. 876 663** vom 14/6. 1960, ausg. 6/9. 1961. Beide Belg. Prior. 26/1. 1960.) C. Lüttgen. 7285

Parco (Chemicals) Pty. Ltd. (Erfinder: Bruno Gluck), **Versprühen von Flüssigkeiten aus druckfesten Behältern,** die außer der Fl. noch ein flüchtiges organ. Mittel, das bei normalen Bedingungen gasförmig u. bei höheren Drücken fl. ist, u. ein oder mehrere anorgan. Gase, wie Luft, O_2, N_2, Ar, CO_2, H oder NO enthalten. — Beispiel: 4 (Gew.-Teile) *Haarpflegemittel* in alkohol. Lsg., 1 Dichlordifluormethan u. soviel N_2, um den Druck im Behälter auf 100 lbs./sq.in. bei 70° F zu erhöhen. (**Aust. P. 228 902** vom 20/6. 1958, ausg. 21/7. 1960.) K. Demmler. 7285

Helena Rubinstein, Inc., New York, übert. von: **Edward Joseph Masters**, Westbury, **Herbert John Spoor**, Malba, und **Julius Wetterhahn**, Flushing, N.Y., V.St.A., *Hautpflegemittel.* (**A. P. 2 988 486** vom 31/1. 1958, ausg. 13/6. 1961. — C. **1962,** 1438 [E. P. 850 889].)

John Thomas Andreadis, New York, N.Y., V.St.A., *Mittel zum Bräunen der Haut.* (**E. P. 881.336** vom 25/2. 1960, ausg. 1/11. 1961. A. Prior. 9/3. 1959 u. 9/2. 1960. — C. **1962,** 1056 [D. A. S. 1 103 521].)

Ciba Ltd., Basel, Schweiz, *Nagellackentferner.* (**E. P. 884 626** vom 23/3. 1959, ausg. 13/12. 1961. Schwz. Prior. 21/3. 1958. — C. **1961,** 8862 [Oe. P. 209 498].)

Ciba Ltd., Basel, Schweiz, *Nagellackentferner.* (**Ind. P. 66 980** vom 9/3. 1959, ausg. 16/2. 1961. — C. **1961,** 5988 [D. A. S. 1 089 515].)

Ciba Ltd., Basel, übert. von: **Otto Albrecht**, Neuewelt, Schweiz, *Haarwaschmittel.* (**A. P. 3 003 969** vom 8/11. 1954, ausg. 10/10. 1961. Schwz. Prior. 17/11. 1953. — C. **1957,** 4551 [F. P. 1 112 000].)

H_{14}. Zucker. Kohlenhydrate. Stärke

Wärmetechnische Untersuchungen und Messungen in Zuckerfabriken. Euler. (Zucker **15,** 308—15, 15/6. 1962; Hannover, TÜV; dt.) J. Lehmberg. 7400□

Das Wechselspiel zwischen Düngung und Beregnung zu Zuckerrüben. A. Buchner und P. Pehl. (Zucker **15,** 315—18, 15/6. 1962; Ludwigshafen/Rh., BASF, Landw. Vers.-Stat. Limburgerhof; dt.) J. Lehmberg. 7406□

Nomogramm zur Berechnung der theoretischen Länge der Diffusionsschnitzel. Vladimír Valter. (Listy Cukrovarnické **71,** 98, 15/4. 1955; tschech.) E. Rotter. 7406☐

Zur Charakteristik der Frischschnitzel durch Bestimmung der Leitfähigkeit und Polarisation des Digestionssaftes. Vladimír Valter. (Listy Cukrovarnické **71,** 145—48, 15/6. 1955; tschech.) — Diskussion der Genauigkeit des Best. der Schnitzellänge u. des Mark-Geh. nach den bisherigen Methoden. Es wird vorgeschlagen, die techn. Kontrolle der Qualität der Frischschnitzel durch Messung der Leitfähigkeit u. der Polarisation des wss. Auszugs durchzuführen. E. Rotter. 7406☐

Regeltechnik der Ansäuerung des Diffusions-Frischwassers in Rübenzuckerfabriken. F. Heinrich. (Zucker **15,** 227—30, 1/5. 1962; Buchschlag; dt.) J. Lehmberg. 7406☐

Beurteilung der Arbeit der D.d.S.-Diffusion in polnischen Zuckerfabriken. Aleksander Wrężel. (Gaz. Cukrownicza **63,** 268—71, Sept. 1961; pol.) — Die seit 1958 in manchen poln. Zuckerfabriken in Betrieb befindliche D.d.S.-Diffusions-App. hat gegenüber der Robert-Meth. nachst. Vorteile: Kleinerer Zuckerverlust, weniger Abwasser, günstige Energiebilanz. Nachteilig sind die geringere Reinheit des erhaltenen Saftes, lange Diffusionszeit u. höherer Melasseanfall. F. Urban. 7412☐

„Kristalloskop", das Instrument des Zuckerkochers. Zoltán Wlassics. (Cukoripar [Zuckerindustrie, Budapest] **13,** 110—13, April 1960; ung.) — Das Kristalloskop (Saccharoskop, Sucroskop) dient als opt. Projektions-App. zur Überwachung der Kristallisation, bes. der Korngröße, des Zuckers im Vakuumkochapparat. Die Grundlagen u. die Dimensionen des App. werden beschrieben. R. K. Müller. 7414☐

Neue Erkenntnisse bei der Erzeugung und Beurteilung der Qualität der Stärkesirupe für die Bonbonerzeugung. Vladimír Malinský. (Listy Cukrovarnické **71,** 82—89, 15/4. 1955; tschech.) — Nach ausführlichen Unterss. von 24 Sirupproben aus Produktion u. Labor. wird eine neue Grundlage zur Bewertung von Stärkesirup für die Bonbon-Herst. entwickelt. Folgende Best. sind hierfür wichtig: Eindickungsgrad, Farbe u. Aussehen, Geruch u. Geschmack, Verzuckerung (reduzierende Zucker, berechnet als Glucose), Inversionsfaktor, Phosphatzahl, Asche (in mg auf 100 g Trockensubstanz), SO_2-Geh. u. Schwermetalle. Von den bisherigen Best. sind überflüssig: °Bé, n_D, pH-Wert, da sie von den oben erwähnten Best. abhängig sind. E. Rotter. 7446☐

Die Dialdehyd-Stärke, ihre Herstellung und Anwendung. H. Beduneau. (Rev. produits chim. **64,** 593—600, 31/12. 1961; franz.) — Übersicht. — 24 Literaturangaben. J. Lehmberg. 7448☐

Neuartige Filtrationsversuche in der Stärkeindustrie. Albert Hersiczky und Judit Simonyné Siklós. (Erjedésipari Kutatóintézet Közleményei [Mitt. Inst. Gär.-Ind.] **1959,** 50—52; Budapest; ung.). — Die Filtrier-Verss. ergaben, daß das Vakuumtrommelfilter zum Filtrieren von $<40\%$ W. enthaltender Stärkemilch geeignet ist, aber nicht von Stärkezuckersirup. Zu diesem Zweck kann ein Taschenfilter vorteilhaft verwendet werden. Um blanke Filtrate zu erhalten, ist die Zugabe oberflächenakt. Stoffe erforderlich. J. Planck. 7448☐

Die Anwendung des Polarographen in der Zuckerindustrie. István Paulik und Ottó Tiszaváry. (Cukoripar [Zuckerindustrie, Budapest] **13,** 329—36, Dez. 1960; ung.) J. Lehmberg. 7470☐

Chromatographie der Aminosäuren von Diffusionssäften und Möglichkeit der Verwendung der Papierelektrophorese in der Zuckerindustrie. P. Pavlas und O. Melounová-Häuslerová. (Listy Cukrovarnické **71,** 93—95, 15/4. 1955; tschech.) — Vff. beschreiben eine einfache Meth. zur qual. Best. von Aminosäuren (**I**) u. Amiden (**II**) in Rüben u. Zuckersäften. Nach Entfernung der Ballaststoffe durch Fällung von **I** u. **II** mit Hg-Acetat u. Soda, Spaltung des Nd. mit H_2S wird das eingedickte Filtrat der Papierelektrophorese unterworfen; die **I** werden in eine saure, neutrale u. bas. Gruppe zerlegt. Die einzelnen Gruppen werden eluiert u. die Auszüge der 2dimensionalen Papierchromatographie unterworfen. Durch die Meth. werden neben **I** die den schädlichen Amid-N bildenden **II** bestimmt. E. Rotter. 7474☐

Schnellmethode zur Bestimmung der Saccharoselöslichkeit in Melassen. Kazimierz Wagnerowski, Danuta Dąbrowska und Czesław Dąbrowski. (Gaz. Cukrownicza **63,** 262—68, Sept. 1961; pol.) — Das Sättigen der Melasse durch Kristallisation bei der Best. der Löslichkeit von Zucker in Melasse, das Tage erfordert, kann durch Sättigen über Auflösen, das nur 3 Std. dauert, ersetzt werden. Die dazu nötige App. wird beschrieben. Zur Berechnung des Sättigungs-Koeff. als Funktion der Nichtzucker-Konz. u. der Temp. genügen 3—4 Messungen. Die Meth. ist genau, da sie auf der Messung des Bx-Wertes u. der Zucker-Konz. der gesätt. Melasse beruht. F. Urban. 7476☐

Polarographische Bewertung der Raffinaden. 2. Mitt. Einführung einer neuen Skala. Josef Buriánek, Karel Číž und Vladimír Valter. (Listy Cukrovarnické **71**, 149—51, 15/6. 1955; tschech.) — 1. vgl. C. **1957**, 12032. — Vff. beschreiben die polarograph. Bewertung von Raffinaden nach einer neuen (Widerstands-) Skala u. bringen Angaben über Verf. u. Meß-Apparatur. E. Rotter. 7488□

Bestimmung von Bleispuren in Raffinaden durch Kombination von Ionenaustauschern und Polarographie. J. Buriánek und K. Čihal. (Listy Cukrovarnické **71**, 95—97, 15/4. 1955; tschech.) — Die Meth. zur Best. von Pb-Spuren in Raffinade beruht auf der Adsorption des Pb der Lsg. an einem stark sauren Kationenaustauscher, Elution des Pb mit HCl u. polarograph. Pb-Best. in der Lsg.; es ist möglich, noch 0,02 mg Pb in 1 kg Raffinade zu bestimmen. E. Rotter. 7488□

Die Bedeutung der papierchromatographischen Capillaranalyse für die moderne Stärkeforschung. M. Ulmann. (Stärke **14**, 175—79, Mai 1962; Potsdam-Rehbrücke, Inst. für Ernährung; dt.) — Vf. weist auf die papierchromatograph. Capillaranalyse zur Trennung der in wss. Lsg. vorliegenden Stärke u. deren Komponenten, Amylose (**I**) u. Amylopektin (**II**), sowie deren Abbau-Prodd., soweit sie mit J noch eine Rk. zeigen, hin. Am Beispiel der Veränderung von Kartoffelstärke, **I** u. **II** durch therm. Behandlung, Säurehydrolyse (lösl. Stärken), diastat. Abbau, Einw. von γ-Strahlen u. Ultraschall auf Stärke wird die Brauchbarkeit der papierchromatograph. Capillaranalyse als qual. Meth. eingehend erläutert. J. Seidemann. 7490□

Die Bestimmung der Reinheit von Stärkekomponenten. 1. Mitt. Der Amylopektin- und Amylose-Nachweis in Stärke und Stärkefraktionen. S. Winkler. (Stärke **14**, 168—75, Mai 1962; Berlin, Bundesforschungsanst. für Getreideverarbeitung; dt.) — Vgl. vorst. Referat. — Die Überprüfung der von Ulmann u. Richter beschriebenen papierchromatograph. Capillaranalyse zur Trennung der Stärkekomponenten ergab, daß mit dieser Meth. nur qual. Aussagen gemacht werden können. Vf. gibt Verff. an zur Lsg. der Stärke in organ. Lsgm. (Dimethylsulfoxid, Ameisensäure) für analyt. u. präparative Zwecke sowie zur Best. des Reinheitsgrades von Amylose (**I**). Es wurde festgestellt, daß die violetten bis braunroten Farbtöne des Amylopektin–I-Komplexes durch **I** hervorgerufen wird. Die blaue Farbe des **I**-Komplexes kann in wss. Lsg. durch vorsichtigen Zusatz von Br über violette Farbtöne bis zu tiefrot verändert werden; bei Zugabe von J-Lsg. geht der Komplex wieder in Blau über. J. Seidemann. 7490□

Corn Products Co., Del., übert. von: Ralph W. Kerr, Riverside, Eugene F. Paschall, Orland Park, und William H. Minkema, La Grange, Ill., V.St.A., **Klar gelierende Stärkeprodukte** erhält man bei der Behandlung normaler oder mit Säuren modifizierter Stärke im wss. Medium bei pH 7—11 mittels tert. aliphat., cycl. oder heterocycl. Amino-SO_3-Verbb. bei normaler oder mäßig erhöhter Temp., wobei auf eine Glucoseeinheit 0,02—0,1 Mol Sulfationen eintreten sollen. Die Rk. wird durch Alkalien katalysiert. Vorteilhafte Rk.-Temp. für die Herst. der Schwefelsäureester der Stärke liegt bei 40°. Eine Erhöhung der Rk.-Temp. bei Vermeiden einer Quellung der Stärke wird durch Zugabe von Salzen, wie Na_2SO_4, K_2SO_4, NaCl, ermöglicht. — 1800 g Kornstärke, suspendiert in W., werden mit 500 ml 1n NaOH-Lsg. u. 220 g Na_2SO_4 vermischt u. bei ca. 45° 48,6 g Trimethylamin-SO_3 zugesetzt u. 48 Std. die Rk.-Teilnehmer einwirken gelassen. Man neutralisiert mit H_2SO_4, wäscht mit W. u. säuert mit H_2SO_4 bis auf pH 1,2 an u. rührt bei 47° einige Zeit. Hierauf wird mit verd. NaOH auf pH 6,5—7 eingestellt, filtriert, gewaschen, getrocknet. Geh. der behandelten Stärke 0,66% S, das sind 0,034 SO_4-Gruppen je Anhydroglucoseeinheit. (**A. P. 2 967 178** vom 6/12. 1957, ausg. 3/1. 1961.) G. König. 7449

Anheuser-Busch, Inc., St. Louis, übert. von: John D. Commerford, St. Louis County, und Irving Ehrenthal, University City, Mo., V.St.A., **Vernetzte Äther der Stärke** erhält man bei der Rk. von Diepoxiden, bes. von Limonendioxid, auf nicht vorbehandelte Stärke in granulierter Form bei einem pH 3—11,0 u. durch Erwärmen der wss. Stärkesuspension auf 65—130° F 7—24 Std., wobei auf eine Glucoseeinheit 0,01—0,15 Mol eines Diepoxids zur Einw. gelangen soll. (**A. P. 2 977 356** vom 27/5. 1958, ausg. 28/3. 1961.) G. König. 7449

Licencia Találmányokat Értékesitö Vállalat, Budapest, Ungarn, ***Reinigen von Kalkmilch für die Zuckersaftreinigung.*** **(Ind. P. 66 073 vom 9/12. 1958, ausg. 4/3. 1961. — C. 1961, 12670 [E. P. 841 756].)**

H_{15}. Gärungsindustrie

Anwendung des Fermentpräparats aus dem Pilz Asp. awamori zur Bereitung von Maischen für flüssige Hefen. G. M. Smirnowa, L. A. Jegorowa und W. I. Kalinina. (Хлебопекарная и Кондитерская Промышленность [Brot.- u. Konditorei-

Ind.] 5, Nr. 12, 5—7, Dez. 1961; Zentr. Forsch.-Inst. für Bäckereiwesen; russ.) — Die Zweckmäßigkeit der Anwendung eines Ferment-Präp. aus *Aspergillus awamori* (I) für die Verbesserung der Qualität fl. Hefen wird für verschiedene Mehlsorten gezeigt. Das proteolyt. Vermögen des Präp. aus I ist dem aus *Aspergillus oryzae* hergestelltem Präp. überlegen. S. Baryschnikow. 7506

Kühlwasserregler für Gärbottiche. Miklós Kanics. (Erjedésipari Kutatóintézet Közleményei [Mitt. Inst. Gär.-Ind.] **1959,** 9—11; Budapest; ung.) — Beschreibung eines automat. Reglers zur Konstanthaltung der Temp. von Maischen während des Gärprozesses. J. Plank. 7510□

Apparative Abmessung und Untersuchung der optimalen Betriebsverhältnisse eines aus mehreren Kolonnen bestehenden Rektifizier-Apparates. Miklós Kanics. (Erjedésipari Kutatóintézet Közleményei [Mitt. Inst. Gär.-Ind.] **1959,** 5—9; Budapest; ung.) — In einer ein nicht genügend reines Prod. liefernden Raffinerie konnte durch Erhöhung der Bödenzahl der Rektifizierkolonne von 15 auf 20 ein der Vorschrift entsprechender Feinsprit erhalten werden. J. Plank. 7536□

Untersuchung von Melassen vom Gesichtspunkte der Spiritusfabrikation. Lilly Vigyázó Vámosné. (Erjedésipari Kutatóintézet Közleményei [Mitt. Inst. Gär.-Ind.] **1959,** 1—5; Budapest; ung.) — Zur Best. der Alkoholausbeuten wurden Melassen verschiedener Herkunft unter gleichen Bedingungen vergoren, der gebildete A. dest., der Zucker-Geh. der vergorenen Maische u. die Menge der gebildeten Hefe bestimmt. Aus diesen Verss. konnte die Qualität der Melassen ermittelt werden. J. Plank. 7536□

Neue Maischverfahren in der Branntweinbrennerei. Antalné Osztróvszky. (Erjedésipari Kutatóintézet Közleményei [Mitt. Inst. Gär.-Ind.] **1959,** 40—43; Budapest; ung.) — Zwei neue Maisch-Verff. mit verschiedenen Obstarten wurden im Labor. u. auch im Großbetrieb geprüft. Bei dem ersten Verf. wird der hydraul. ausgepreßte Obstsaft durch gelenkte Gärung tresterfrei vergoren u. so bes. bei Äpfeln ein gutes Prod. erhalten. Im zweiten Verf. wird das Obst (bes. Pflaumen) im Henze-App. gedämpft. Die einheitliche, biolog. reine Maische von gutem Geschmack u. Geruch liefert ein aromenreiches Destillat von reinem Geschmack. J. Plank. 7536□

Verfahren zur Verminderung des HCN-Gehaltes von Aprikosen-Branntwein. Antalné Osztróvszky und Éva Gábor. (Erjedésipari Kutatóintézet Közleményei [Mitt. Inst. Gär.-Ind.] **1959,** 43—46; Budapest; ung.) — Um die Menge des aus den Aprikosenkernen in das Destillat gelangten HCN auf das erlaubte Maß (40 mg/Liter) zu vermindern, wurden chem. Meth. erprobt, aber als unbrauchbar befunden. Durch Verw. von bas. Anionenaustauschern konnten, am besten mit „Dowex-2", Prodd. erwünschter Güte erhalten werden. Anfangs bindet das Harz auch Ester, diese werden aber wieder frei, so daß der Branntwein sein Aroma behält. Das Verf. bewährte sich auch im Kleinbetrieb. J. Plank. 7536□

Möglichkeiten einer chemischen Beeinflussung des Mälzens. T.-M. Enari und M. Linko. (Mallasjuomat [Malzgetränke] **1961,** 131—41; Helsingfors; schwed.) — Übersicht über Verss. zur Herabsetzung des Mälzungsschwundes durch Zusatz von Chemikalien bzw. Wirkstoffen zur Hemmung des Wachstums der Wurzelkeime des Malzes. Am aussichtsreichsten erscheint ein Zusatz von $KBrO_3$ u. Gibberellsäure. — 12 Literaturangaben. S. Beckmann. 7540□

Versuche zur Herstellung 20%iger Essigsäure. Miklós Kanics, Lilly Vigyázó Vámosné und János Ujszászi. (Erjedésipari Kutatóintézet Közleményei [Mitt. Inst. Gär.-Ind.] **1959,** 47—50; Budapest; ung.) — Zur Herst. 20%ig. Essigsäure aus 10%ig. Gärungsessigsäure bewährte sich die Ausfriermeth. (—12°) u. die Extraktion mit Äthylacetat. Beim Ausfrieren wurden 90% der Essigsäure in 20%ig. Konz. erhalten. Durch Extraktion u. Dest. ergibt sich eine 98%ig. Essigsäure, Äthylacetat darf aber keine höher sd. Verunreinigungen enthalten. Mit Butylacetat kann durch azeotrop. Dest. 20%ig. Essigsäure gewonnen werden; da aber der Ester bei der Dest. teilweise hydrolysiert, hat das Prod. einen unangenehmen Nebengeschmack. J. Plank. 7564□

Methode zur Bestimmung des Methanolgehaltes im Feinsprit. Miklós Kanics und János Ujszászi. (Erjedésipari Kutatóintézet Közleményei [Mitt. Inst. Gär.-Ind.] **1959,** 12—14; Budapest; ung.) — Zur Best. von *Methanol* wurde das Chromotropsäure- mit dem Morphinhydrochlorid- u. Schwefligsäurefuchsin-Verf. verglichen u. wegen der einfachsten Durchführung das letztere eingehend geprüft. Die störende Farbe des Fuchsin-Reagenses kann mit Aktivkohle entfernt werden. Wegen Alterung der Reagens-Lsg. ist die Farbstärke bei gleicher Methanol-Konz. nicht konst., daher muß zeitweise eine

Einstellung mit A.-Lsgg. bekannten Methanol-Geh. ausgeführt werden. Sehr wichtig ist, die Menge der dem Reagens zugesetzten konz. H_2SO_4 genau abzumessen. Mit gut bereitetem Reagens können bis 0,03% Methanol im A. nachgewiesen bzw. bestimmt werden. J. Plank. 7596□

Colorimetrische Bestimmung von Fuselöl. 1. Mitt. Bestimmung höherer Alkohole im Fuselöl mit dem Anisaldehyd-Schwefelsäure-Reagens. M. Tomoyeda und H. Onozaki. (J. agric. chem. Soc. Japan [Nippon Nôgei-Kagaku Kaishi] 31, 672—75, 1957; Gifu, Univ., Fac. of Agric., Dep. of Agric. Chem.; jap.) J. Lehmberg. 7596□

Schenley Industries, Inc., New York, N.Y., V.St.A., *Herstellung von pyrogenfreier Penicillinase.* (Ind. P. 64 007 vom 9/5. 1958, ausg. 2/10. 1960. Can. Prior. 9/8. 1957. — C. **1961**, 1042 [D. A. S. 1 077 623].)

Miller Brewing Co. (Erfinder: **Olaf Andreas Hougen und Aksel Lyder Lydersen**), *Reinigen von Brauereiabgasen.* (Aust. P. 232 716 vom 25/9. 1958, ausg. 16/3. 1961. — C. **1961**, 12300 [A. P. 2 862 819].)

H_{16}. Nahrungs-, Genuß- und Futtermittel

Chromatographische Untersuchung der organischen Bestandteile des zum Marinieren von Fisch benutzten Gorikapuli (Garcinia cambogia Ders.). A. Sreenivasan und R. Venkataraman. (Current Sci. **28**, 151—52, April 1959; Kozhikode, Fisheries Technol Stat.; engl.) — Im wss. u. alkohol. Extrakt wurden keine freien Aminosäuren, wohl aber *Fructose*, *Arabinose* u. *Xylose* nachgewiesen. Im alkohol. Extrakt wurden außerdem ein schnell wanderndes *Polyphenol* sowie *Citronen-* u. *Weinsäure* entdeckt. P. Gregorzewski. 7752□

Einfluß des Gefrierens auf die Beständigkeit von evaporierter Milch. Andrea Monzini und Donnino Malloci. (Chimica [Milano] **36**, 134—38, März 1960; Milano, Staz. sperim. del Freddo; ital.) — Evaporierte Milch zeigt nach 90 Tagen Konservierung bei —20° Koagulationserscheinung. Das Gerinnen ist wahrscheinlich auf eine Reihe mit der Zeit im Mol. von Casein erfolgter struktureller Veränderungen zurückzuführen, die wahrscheinlich zu der durch die Verdunstung des W. verursachten erhöhten Salz-Konz. in Beziehung stehen. Die Eigg. des Gerinnungsvorgangs sind denen der sauren Fällung nicht ähnlich (Diagramme u. Tabellen). G. Platzer. 7756□

Salzgehalt ungarischer Käse. József Borbándy. (Tejipari Kutatási Közlemények, magyar Tejgazdasági Kisérleti Intézet, Mosonmagyaróvár [Dairy Res. Commun., Commun. hung. Dairy exp. Inst., Mosonmagyaróvár] **1961**, 15—21; Budapest, Milchprodd. Kontroll-Stat.; ung.) — Der Salz-Geh. der ungar. Käse, bes. der harten u. halbharten, ist kleiner als der der ausländischen. Unabhängig von Art u. Reife vermindert sich der Salz-Geh. meistens von außen nach innen. Die gleichmäßige Verteilung kann als Maßstab der Reife betrachtet werden. Vf. empfiehlt, die Zeitdauer des Salzens zu verlängern sowie die Temp. u. Konz. des Salzbades genau zu kontrollieren. K. Gärtner. 7760

Objektive Geruchsmessung. Ionisationsmessung flüchtiger Stoffe in Lebensmitteln. Donald A. M. Mackay, David A. Lang und Murray Berdick. (Analytic. Chem. **33**, 1369—74, Sept. 1961; New York, N.Y., Evans Res. and Dev. Corp.; Long Island City, N.Y., American Chicle Co.; engl.) — Durch Verw. hochempfindlicher Ionisationsdetektoren in der Gaschromatographie ist es möglich, Aromastoffe, wie sie bei den zu prüfenden Prodd. in der sie umgebenden Luft enthalten sind, aufzufangen u. ohne Anreicherung nachzuweisen. Als Anwendungsbeispiele werden die Aromen von Pfefferminzöl, Bananen, Kaffee, Branntwein, Zwiebeln, Zigaretten u. -rauch, untersucht. H. Althoff. 7788

Nachweis von Konservierungsmitteln und anderen antimikrobiellen Substanzen in Nahrungsmitteln. Emil Sándi und János Szántha. (Élelmiszervizsgálati Közlemények [Lebensmittelanalyt. Mitt.] **6**, 141—51, 1960; Budapest, Verpfleg.- u. Ernährungswiss. Inst.; ung.) — Bei dem Verf. wird das bei der durch Saccharomyces cerevisiae bzw. Aerobacter aerogenes bewirkten Gärung gebildete CO_2 gemessen. Lebensmittel, die nicht genügend Nährstoffe für den Testorganismus enthalten, werden mit Wickerhamschen Nähr- u. Glucose-Lsg. versetzt. Nach Impfen mit der Bakteriensuspension werden die Proben in modifizierte Einhorn-Röhrchen gefüllt u. das gebildete CO_2 gemessen bzw. mit der Kontrollprobe verglichen. J. Plank. 7790□

Über die Rohfaserbestimmung. 5. Mitt. Viljo P. Hirsjärvi. (Z. analyt. Chem. **148**, 187—91, 1955; dt.) — 4. vgl. C. **1958**, 2591. — Eine Nachprüfung der Verff. zur Best. des Rohfaser-Geh. von Getreide (-Prodd.) zeigt, daß die vom Vf. (C. **1958**, 2591) angegebene Arbeitsweise am besten geeignet ist. Das Weender-Verf. gibt gute Werte, dauert aber länger. Die Ergebnisse der Verff. von Hampel (C. **1951** I, 269)

u. van de Kamer u. van Ginkel (C. **1953,** 8738) weichen oft erheblich von den mit dem Weender-Verf. gewonnenen Ergebnissen ab u. zeigen keine gute Reproduzierbarkeit. W. Wesly. 7796□

Vergleich und Auswertung von zur Aschenbestimmung geeigneten Methoden. Gézané Simonyi. (Élelmiszervizsgálati Közlemények [Lebensmittelanalyt. Mitt.] **6,** 242—48, 1960; Budapest, Labor. der Budai Malom; ung.) — Ein Vgl. der amtlichen ungar. Meth. zur Best. des Asche-Geh. von Mehl mit der Mg-Acetat-Meth. von Mangels ergab, daß beide Meth. übereinstimmende Ergebnisse liefern. J. Plank. 7798□

Untersuchung der Relaxation von Teigen mit dem Laborographen. 1. Mitt. Radomir Lásztity und András Bárány. (Élelmiszervizsgálati Közlemények [Lebensmittelanalyt. Mitt.] **5,** 48—51, 1959; Budapest, TU, Lehrstuhl für Lebensmittelchem.; ung.) — Aus den Verss. geht hervor, daß die zur Deformation von Teigen erforderliche Kraft mit ansteigendem Wasser-Geh. abnimmt. Die Relaxationskurven von Teigen verschiedenen Wasser-Geh. verlaufen nahezu parallel, aber nicht exponentiell. Die Relaxationszeit der Teige ist nicht konst. u. ist von der deformierenden Kraft u. noch zu ermittelnden Einfl. abhängig. J. Plank. 7798□

Untersuchung der Relaxation von Teigen mit dem Laborographen beziehungsweise dem Neolaborographen. 2. Mitt. Radomir Lásztity. (Élelmiszervizsgálati Közlemények [Lebensmittelanalyt. Mitt.] **6,** 170—75, 1960; ung.) — 1. vgl. vorst. Referat. — Vf. untersuchte den Einfl. der Temp., der Ruhezeit u. des Deformationsgrades auf die Relaxation von Teigen aus Weizenmehl. Er stellt fest, daß die scheinbaren Relaxationszeiten mit Zunahme der Ruhezeit u. der Deformation abnehmen. J. Plank. 7798□

Rheologische Prüfung von mit schaumbildenden Substanzen auf Eiweißbasis aufgelockerten Konditorwaren. Radomir Lásztity, József Major und János Nedelkovits. (Élelmiszervizsgálati Közlemények [Lebensmittelanalyt. Mitt.] **7,** 189—93, Okt. 1961; Budapest, TU, Lehrstuhl für Lebensmittelchem.; ung.) — Vff. demonstrieren an einigen Beispielen die Bedeutung rheolog. Prüfverff. für die Beurteilung der Qualität von Konditorwaren. K. Gärtner. 7800

Biologische Bestimmungsmethode für DDT-Reste auf und in Kirschen. Maksym Nikonorow, Emilia Ćwiertniewska und Alfred Kamiński. (Acta polon. pharmac. **18,** 485—91, 1961; Warszawa, PZH; Wojsk. Inst. Hig. i Epidemolog.; pol.) — Zur Best. von *DDT* auf Früchten genügt kurzes (1 Min.) Waschen mit *Tetrachlorkohlenstoff* (**I**). Die Best. des Geh. im Extrakt erfolgt biolog. mit Larven von Cloeon dipterum. Die Empfindlichkeit der Meth. beträgt 0,4 μg, der Fehler ist je nach Anreicherung der Probe mit bekannten Mengen DDT —4 bis +1,3% (1,2fache Anreicherung) bzw. —13,3 bis +22,3% (2fach). Die Best. von DDT im Fruchtfleisch nach der gleichen Meth. ist unbefriedigend, da die Extraktion mit **I** erschwert ist. Nach dem letzten Spritzen der Bäume mit DDT konnte dieses 15—18 Tage später auf den Früchten gerade noch nachgewiesen werden. F. Urban. 7808□

Objektive Bestimmungsmethode des Fermentationsgrades von Machorka-Rohstoff. Ss. A. Bassnin. (Табак [Tabak] **23,** Nr. 1, 48—51, 1962; Lipezk, Volkswirtschaftsrat; russ.) — Es wird gezeigt, daß die Aktivität der *Polyphenoloxydase* (**I**) als objektives Merkmal des Fermentationsgrades von Machorka dienen kann u. daß in angeschimmelten Prodd. die Aktivität der **I** stark zunimmt. S. Baryschnikow. 7836

Die Zinkbestimmung mit Zincon und die Schutzwirkung von Polyphosphaten bei der Bestimmung von Spurenelementen. W. Tj. Binnerts. (Chem. Weekbl. **56,** 66—67, 30/1. 1960; Wageningen, Landbouwhogeschool, Labor. voor Fysiol. der Dieren; niederl.) — Zur Best. von Zn in veraschten Lebensmitteln (Leber, Mehl) eignet sich *Zincon*; Cd, Co, Cu, Ni u. Pb stören nicht nennenswert. Die Schutz-Wrkg. von polymeren Phosphaten auf Zn bei erhöhter Temp. beruht vermutlich auf Adsorption. W. Wesly. 7850□

Bestimmung der Wasserverteilung in der Butter mittels JEPA I-II Indicatorpapier. Gábor Tomka, Sándor Szakály und Miklós Kacskovics. (Tejipari Kutatási Közlemények, magyar Tejgazdasági Kisérleti Intézet, Mosonmagyaróvár [Dairy Res. Commun., Commun. hung. Dairy exp. Inst., Mosonmagyaróvár] **1961,** 10—15; Pécs, Milchind. hygien. Kontrolldienst; ung.) — Die von Vff. hergestellten Indicatorpapiere (Bromkresolpurpur bzw. Nitrazingelb) sind lichtempfindlich, sie können, nach Gebrauch sorgfältig eingepackt, in Streitfragen auch noch nach Monaten als Beweis dienen. K. Gärtner. 7858

Polarimetrische Methode der Saccharosebestimmung in gezuckerten Käsen. P. Knafelman. (Молочная Промышленность [Milch-Ind.] **22,** Nr. 4, 37—39, April 1961; Odessa, Milchkombinat; russ.) — 10 g Substanz werden mit 40—50 ml W. zerrieben u. mit 5% ig. Na_2CO_3-Lsg. neutralisiert. Nach Zugabe von 6 ml 3,2% ig. (Gew./Vol.) NaOH-Lsg., 7 ml 34% ig. $Pb(NO_3)_2$-Lsg. u. 5—7 Min. langem Stehenlassen wird mit **W.**

zu 100,0 ml ergänzt u. filtriert. Die polarimetr. Saccharose-Best. im Filtrat erfolgt wie üblich. Die Meth. ermöglicht es, den Saccharose-Geh. des Prod. in 25—30 Min. mit einer Fehlergrenze von —0,08 bis +0,40% durchzuführen. S. Baryschnikow. 7860

Eine Verbesserung der Arbeitsweise im Grünlandversuch. L. Hilpoltsteiner. (Landwirtsch. Forsch. **13**, 42—44, 1960; Bayr. Landesanst. für Landkultur u. Moorwirtschaft; dt.) — Vf. konstruierte u. beschreibt eingehend eine kleine Häckselmaschine, die transportabel ist u. bei der Aberntung von Grünland-Verss. eine Gewinnung exakter Durchschnittsproben ermöglicht. Aus einer Mischprobe von 2—3 kg kann dank der ohne merklichen Saftaustritt möglichen Häckselung auf 5 mm eine Probe von 250 g als repräsentativer Durchschnitt für analyt. Zwecke entnommen werden. Wilfried Werner. 7866□

Paniplus Co., Rye, N.Y., übert. von: Jerome B. Thompson und Bruce D. Buddemeyer, Kansas City, Mo., V.St.A., **Kuchenmischung,** bestehend aus Mehl, Backpulver u. Zucker, innig mit einem ein Triglycerid enthaltenden Kürzungsmittel-Präp. vermischt. In diesem Präp. ist mindestens 0,5% einer Acyllactylsäure gelöst von der Formel $RCO[OC(CH_3)HCO]_nOH$, worin RCO eine Acylgruppe einer Fettsäure ist, welche 16—24 C-Atome enthält, u. n eine Zahl von 1—6 ist, die die durchschnittliche Zahl von Lactylgruppen in dem erwähnten Acyllactylsäureerzeugnis darstellt. (**A. P. 2 973 270** vom 19/12. 1958, ausg. 28/2. 1961.) H. Maaß. 7675

Unilever Ltd., Port Sunlight, Chester, England (Erfinder: Heinrich Wissebach), **Herstellung eines für Konditoreizwecke geeigneten Fettes.** Die durch fraktioniertes Kristallisieren eines tier. oder pflanzlichen Öls oder Fettes bes. aus einem Lsgm. erhaltene fl. Fraktion wird so gehärtet, daß ein Fett mit einer JZ. 50—65, einem Erweichungspunkt von 30—45° u. einer Dilatation bei 20° von nicht <1200 entsteht. (**E. P. 859 769** vom 17/4. 1956, ausg. 25/1. 1961.) H. Maaß. 7675

General Foods Corp., White Plains, N.Y., übert. von: Harry W. Block, East Orange, N.J., und Paul B. Touher, White Plains, N.Y., V.St.A., **Adipinsäurepräparat** zur Verw. in *Fruchtsaftpulvern.* Zur Erhöhung der Löslichkeit der Adipinsäure (**I**) wird diese in Ggw. von W. mit NaCl oder NH_4Cl gemischt, wobei das NaCl nicht vollständig gelöst wird. Anschließend wird die Masse getrocknet. — Zum Beispiel werden 100 (lbs.) **I** mit 100 NaCl 10 Min. lang vermischt. Nach Zugabe von 35 W. wird weitere 10 Min. gemischt. Anschließend wird die Masse auf einen Wasser-Geh. von 0,5% getrocknet. (**A. P. 2 982 653** vom 18/9. 1959, ausg. 2/5. 1961.) W. Kranz. 7707

Basic Products Corp., Milwaukee, übert. von: George H. Kinsman, Wauwatosa, Nison N. Hellman und Dwight L. Baker, Milwaukee, Wis., V.St.A., **Behandlung von alkoholfreien Getränken,** bes. Fruchtsäften u. Milch. Zur Verhinderung einer Geschmacksverschlechterung durch oxydative Einw. der Luft wird den Säften Adenin (6-Aminopurin) in Mengen von 0,25—50 Teilen auf 1 Million Teile Saft zugesetzt. (**A. P. 2 984 571** vom 2/7. 1959, ausg. 16/5. 1961.) W. Kranz. 7707

Franz Rosenberger, Salzburg, Österreich, **Herstellung eines Getränkes mit Mineralwassercharakter.** Man erhält ein therapeut. u. diätet. wirksames mineralwasserartiges Getränk, wenn man weitgehend entlüftetes W. in einem gasdicht abschließbaren Rk.-Raum mit Mineralstoffen, welche in Lsg. in die bei natürlichen Mineralwässern üblichen Anionen u. Kationen dissoziieren, wie $Ca(HCO_3)_2$, $KHCO_3$ oder $Mg(HCO_3)_2$, sowie mit CO_2 (**I**) versetzt u. vermischt, wobei man das zu lösende **I** nach dem gasdichten Abschluß u. dem Evakuieren des Rk.-Raumes bis zu einem **I**-Partialdruck von ca. 1 at einführt u. während eines Mischvorganges, bei welchem eine mechan. feinste Verteilung der gasförmigen u. fl. Phase erfolgt, diesen **I**-Partialdruck in einem Druckbereich von 0—1 at hält. Man kann mittels einfacher Herst.-, Abfüll- u. Aufbewahrungs-Vorr. mineralwasserartige Lsgg. bzw. Getränke von relativ hohem Bicarbonationen-Geh. herstellen. — Vorrichtung. (**Oe. P. 216 148** vom 19/4. 1955, ausg. 10/7. 1961.) W. Raetz. 7707

International Minerals & Chemical Corp., N.Y., übert. von: Paul D. V. Manning, Glencoe, Ill., und Ira M. LeBaron, Lakeland, Fla., V.St.A., **Herstellung von Dicalciumphosphat als Beifuttermittel** aus wss. Lsgg. saurer fluorreicher Phosphat-Verbb., die z. B. aus gemahlenem Phosphatgestein durch H_2SO_4-Aufschluß erhalten werden, dad. gek., daß man in den Lsgg. zunächst ein Verhältnis von $P:F =$ ca. $\geqq 15:1$ herstellt, z. B. durch NaOH-Zusatz, dann auf die Lsg. so viel F-freie Ca-Ionen einwirken läßt, daß im wesentlichen nur die F-Verbb. gefällt u. abgetrennt werden u. die Mutterlauge ein Gew.-Verhältnis $P:F =$ ca. $\leqq 100:1$ aufweist, die Mutterlauge mit F-freien Ca-Ionen versetzt u. $CaHPO_4$ fällt, wobei mit dem F-haltigen Nd. $\leq$30% des in der Lsg. vorhandenen P_2O_5 verlorengehen. Die Ca-Ionen werden in Form von $CaCO_3$ oder Kalkmilch zugeführt. — Beispiele, Kurven, Zeichnung. (**A. P. 2 976 119** vom 27/5. 1955, ausg. 21/3. 1961.) G. Vogel. 7787

F. Hoffmann-La Roche & Co. Akt.-Ges., Basel (Erfinder: Georg Benedikt Brubacher, Riehen, und Franz Josef Tagwerker, Basel), Schweiz, **Tierfuttermittel** mit einem Zusatz von Thioxanthen-Verbb. der allg. Formel I (R = tert.-Aminogruppe; die homocycl. Ringe sind durch Cl oder Br substituiert), z. B. *2-Chlor-9-[ω-dimethylaminopropyliden]-thioxanthen.* (**Ung. P. 149 959** vom 8/7. 1960, ausg. 20/5. 1962.) F. Landsberger. 7787

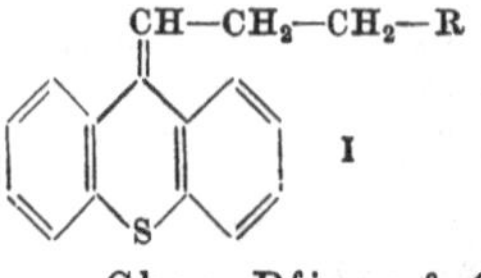

I

Chas. Pfizer & Co., Inc., New York, N.Y., übert. von: Herbert G. Luther und Warren M. Reynolds, Terre Haute, Ind., V.St.A., **Wachstumsbeschleunigende Ergänzungsfuttermittel.** Ein Gemisch aus ca. 75—98 (%) eines Antibioticums vom Tetracyclintyp (I), bes. *Tetracyclin, Hydroxytetracyclin, Chlortetracyclin,* ihre Salze, Derivv. u. dgl., u. ca. 25—2 einer akt. östrogenen Substanz (II), z. B. *Stilben-Derivv., Diäthylstilböstrol, Dienöstrol, Hexöstrol, Dianisylhexen, Dianisylhexadien, Dianisylhexan, Dienöstroldiacetat* oder dgl., wird in öligen Trägerstoffen oder flüchtigen organ. Lsgm. dispergiert oder gelöst, worauf die Masse mit festen Trägerstoffen, bes. Sojabohnen-Baumwollsaat-, Sonnenblumenkern-, Leinsaat- oder Maismehl, innig vermischt u. mit Proteinsubstanzen oder Wachsen oberflächlich überzogen wird. In 0,45 kg dieses Konzentrats sollen ca. 3,0—80 mg **I** u. ca. 0,5—5 mg **II** vorhanden sein. Das Konzentrat wird Futtermitteln für *Wiederkäuer,* welche aus ausgeglichenen Mengen Protein, Fett, Faserstoffen, Kohlenhydraten, Vitaminen u. Mineralsalzen bestehen, in solchen Mengen beigemischt, daß auf 0,45 kg Mischfutter 2,0—5,0 mg **I** u. 0,28—1,7 mg **II** kommen. Täglich sollen je Tier ca. 17,5—160 mg **I** u. 1,5—10 mg **II** verabreicht werden. Die Futterausnutzung wird verbessert u. das Wachstum der gefütterten Tiere beschleunigt. (**A. P. 2 951 760** vom 27/12. 1957, ausg. 6/9. 1960.) H. Karst. 7787

Monsanto Chemical Co., St. Louis, übert. von: Richard S. Gordon, Olivette, Mo., V.St.A., **Futtermittel für Tiere.** Hühnerfuttermittel, die ca. 75—85% pflanzliche Stoffe, z. B. ganze Mais-, Weizen-, Gersten- u. Milokörner, Getreidemehle, Müllereiabfall-Prodd., Ölextraktionsrückstände, z. B. Sojabohnen- u. Erdnußextraktionsmehl, enthalten, werden mit S enthaltenden Aminosäuren oder ihren Hydroxy-Derivv., z. B. *Methionin, Cystin, Cystein* u. dgl., in Mengen von 0,12—0,35 (%) u. S in anorgan. Form, z. B. S, Sulfate, Thiosulfate, Sulfite oder Sulfide von Metallen, in Mengen von 0,02—0,12, auf die gesamte Menge des Futtermittels berechnet, innig vermischt. 5—80 des zugesetzten S sollen in organ. Form u. 20—95 in anorgan. Form zugefügt werden. Es wird ein Optimum des Wachstums u. der Entw. der gefütterten Hühner erreicht. (**A. P. 2 927 859** vom 30/4. 1956, ausg. 8/3. 1960.) H. Karst. 7787

Beacon Milling Co., Inc., Cayuga, übert. von: John M. Snyder, Cayuga, Olin A. Rowoth und Clarence E. Lee, Auburn, N.Y., V.St.A., **Futtermittel für Geflügel.** Mischfuttermitteln für Geflügel, die 5—20 (Teile) pflanzliches Protein, 0—20 tier. Protein, 2—9 Mineralien, 0—8 Vitamine, 1—10 Lipide u. 40—80 Cerealien enthalten, wird ein Cyclopentenophenanthren-Deriv., bes. *Progesteron, Desoxycorticosteron, Pregneninolon, Pregnandiol* oder *10-Norprogesteron,* beigemischt. Auf 0,45 kg Futtermittel sollen 0,1—25,0 I.E. an Progesteronaktivität vorhanden sein. Die Futtermittel werden für die Dauer von mehreren Wochen verabreicht u. sollen auf eine tägliche Futtermenge von 90—135 g 0,2—7,5 mg Progesteron enthalten. Die Eierproduktion der gefütterten Hühner wird erhöht. (**A. P. 2 945 765** vom 15/3. 1957, ausg. 19/7. 1960.) H. Karst. 7787

H_{17}. Fette. Seifen. Wasch- und Reinigungsmittel usw.

Zusammensetzung des Öles von Asphodelus Fistulosus (Piazi)-Samen. Shafiq Ahmad Khan, Muhammad Ilyas Qureshi, Muhammad Khurshid Bhatty und Karimullah. (J. Amer. Oil Chemists' Soc. **38,** 452—53, Aug. 1961; Lahore, Pakistan, Council of Sci. and Ind. Res., West Reg. Labor.; engl.) — Vff. untersuchen das Samenöl (21%) von *Asphodelus Fistulosus,* einem in Pakistan verbreiteten Unkraut der Weizenfelder, nach den üblichen Verff. auf Kennzahlen (VZ. 185,4; JZ. 142,0; weitere s. Original) sowie Zus.; es sind vorhanden (als % der Glyceride) Myristin- (0,5), Palmitin- (5,7), Stearin- (3,6), Öl- (33,1), Linolsäure (54,9); Unverseifbares 1,8%, vor allem Fucosterin. K. Täufel. 7894□

Ein an Monoglycerid reiches Tungölprodukt. P. H. Eaves, J. J. Spadaro, V. O. Cirino und E. L. Patton. (J. Amer. Oil Chemists' Soc. **38,** 443—47, Aug. 1961; New Orleans, La., Southern Reg. Res. Labor.; engl.) — Unter Anknüpfung an die bereits vorliegenden Erfahrungen sowie im Hinblick auf einen Einsatz als Emulgatoren für verschiedene Zwecke werden systemat. Verss. zur Darst. von Präpp. aus Tungöl durchgeführt, die reich an Monoglyceriden sind. Von den diskutierten 2 Verff., partielle Hydrolyse mit Na-Methylat als Katalysator in pyridin. Lsg. bzw. partielle Hydrolyse von trockenem Tungöl mit wasserfreiem Glycerin mit dem gleichen Katalysator, wird das letztere unter Variierung der einflußnehmenden Faktoren (Temp., Rk.-Zeit, Überschuß an Glycerin, Menge des Katalysators) überprüft; das Fortschreiten der Hydrolyse wird analyt. kontrolliert durch Best. des freien u. gebundenen Glycerins (Perjodat-Meth.), des Geh. an OH-Gruppen, an α-, β- u. Gesamteläostearat (spektrophotometr.) u. an W. (Fischer-Meth.). Nach den tabellar. u. graph. mitgeteilten Befunden wird im Labor.-Vers. aus Tungöl ein Präp. mit bis zu 50% Monoglyceriden erhalten, wenn die Rk. bei 150° während 1 Std. mit einem Überschuß von 1 Mol Glycerin u. 1% CH_3ONa als Katalysator durchgeführt wird; das verbleibende freie Glycerin läßt sich bis auf 1,5 bis 3,5% vom Rk.-Prod. abtrennen. K. Täufel. 7894□

Ein Vergleich von mit Methoxid behandelten Schmalzen. Lars H. Wiedermann, Theodore J. Weiss, Glen A. Jacobson und Karl F. Mattil. (J. Amer. Oil Chemists' Soc. **38,** 389—95, Aug. 1961; Chicago, Ill., Swift & Co., Res. Labor.; engl.) — Unter Hinweis an Hand des Schrifttums auf die für Backzwecke in mehrfacher Hinsicht wenig befriedigenden Eigg. des natürlichen Schweineschmalzes werden systemat. Verss. mit Schmalz durchgeführt, das nach den in der Praxis üblichen Verff. auf Shortenings umgearbeitet ist; hierzu werden herangezogen das natürliche Prod., je ein Muster des natürlichen bzw. vorbehandelten Schmalzes nach partieller bzw. weitergegangener Umesterung mit CH_3ONa bzw. Na-Metall als Katalysatoren; bei einer Probe werden die bei der Umesterung gebildeten trigesätt. Triglyceride abgetrennt. Das Ergebnis der Verss. wird analyt. charakterisiert durch Best. der Röntgenstrahlenbrechung, der Abkühlungsdiagramme, des dilatometr. Verh., durch mikrophotograph. Analyse, durch Best. der Glycerid-Zus., der Backeigenschaften. Die Befunde werden in zahlreichen Tabellen, graph. Darst. u. Abb. mitgeteilt u. vom Standpunkt des prakt. Einsatzes des unterschiedlich umgearbeiteten Schmalzes ausgewertet. K. Täufel. 7900□

Reaktionsmechanismus der Natriummethylatbehandlung von Schmalz. Theodore J. Weiss, Glen A. Jacobson und Lars H. Wiedermann. (J. Amer. Oil Chemists' Soc. **38,** 396—99, Aug. 1961; Chicago, Ill., Swift & Co., Res. Labor.; engl.) — Anknüpfend an die noch sehr lückenhaften Kenntnisse über den Rk.-Mechanismus bei der Umesterung von Schweineschmalz werden systemat. Verss. mit filtrierten, getrockneten, säurefreien Proben desselben unter Variierung der Temp. mit 0,5% CH_3ONa umgeestert. Die während der Rk. zwischenzeitlich gezogenen Proben werden nach der Meth. der Differentialabkühlungsdiagramme (Jacobson u. Mitarbeiter [1961]), die den Geh. an gesätt. Triglyceriden wie auch die Kristallmodifikation erkennen lassen, mittels des Anilinpunktes sowie der IR-Spektren charakterisiert. An Hand der graph. mitgeteilten Befunde wird festgestellt, daß 3 Phasen der Umesterung sich abzeichnen, a) die Bldg. des akt. Katalysators, b) die Kristall-Bldg., c) die Phasen der eigentlichen Umesterung; die Vorgänge werden an Hand von Formelbildern schemat. dargestellt.
K. Täufel. 7900□

Die Differential-Abkühlungskurve. Eine Technik zur Ermittlung einiger Fettcharakteristika. Glen A. Jacobson, P. J. Tiemstra und W. D. Pohle. (J. Amer. Oil Chemists' Soc. **38,** 399—402, Aug. 1961; Chicago, Ill., Swift & Co., Res. Labor.; engl.) — Zur Charakterisierung der durch Behandlung von Fetten, vor allem von Schweineschmalz, z. B. durch Umesterung verursachten Veränderungen werden die Differentialabkühlungskurven ermittelt. Zur Messung der sehr geringen Temp.-Unterschiede, die beim Abkühlen unter definierten Bedingungen zwischen einem bei 0° nicht krist. Öl (als Basis) u. einem zu testenden Fett auftreten, dient ein eingehend beschriebenes Kupfer/Konstantan-Thermoelement unter Angabe der Arbeitsweise; es werden in Abhängigkeit von der Zeit die Temp.-Differenzen, ausgedrückt in Millivolt, ermittelt u. die Ergebnisse in Tabellen u. graph. Darst. angegeben. Die erhaltenen Kurven werden hinsichtlich ihres Verlaufes (charakterist. Gipfel) diskutiert. An Hand der sehr empfindlichen Messungen können die therm. Eigg. kristallisierender Fette charakterisiert u. der Geh. an 3fach gesätt. Triglyceriden (z. B. bei umgearbeitetem Schmalz) bestimmt werden.
K. Täufel. 7932□

Eine Methode zur Bestimmung des Gehaltes an wasserunlöslich gebundener Milchsäure in Shortenings, die milchsäurehaltige Emulgatoren enthalten. Helen M. Fett. (J. Amer. Oil Chemists' Soc. **38,** 447—50, Aug. 1961; Minneapolis, Minn., Pillsbury Co., engl.) — Unter Hinweis auf den in der Backtechnik erfolgreichen Einsatz gemischter Glyceride aus Palmitin- bzw. Stearinsäure sowie aus *Milchsäure* (**I**) bei der Herst. von Shortenings (optimaler Effekt liegt vor bei 1 Mol Fettsäure u. 1 Mol oder mehr I auf 1 Mol Glycerin) wird eine analyt. Arbeitsweise zur Best. der den Wert bestimmenden veresterten I ermittelt; mit guter Reproduzierbarkeit sind 0,70—1,10% der gebundenen Säure in Shortenings faßbar. Die wasserlösl. Anteile im Shortening werden durch Extraktion der Chlf.-Lsg. mit W. entfernt u. das hinterbleibende Fett verseift u. die I durch Ansäuern mit H_2SO_4 freigesetzt. Durch Lösen in W. wird die I von den Fettsäuren abgetrennt u. nach Barker u. Mitarbeitern [1941] durch Abbau zu Acetaldehyd, Umsetzung mit p-Phenylphenol u. Colorimetrierung der dem Gesetz nach Beer folgenden purpurroten Farbe bei 570 nm gegen eine Blindprobe bestimmt. K. Täufel. 7943□

Identifizierung von Kämpferol-3-rhamnoglucosid und Quercetin-3-glucoglucosid im Baumwollsamen. Charles Pratt und Simon H. Wender. (J. Amer. Oil Chemists' Soc. **38,** 403—04, Aug. 1961; Norman, Okla., Univ., Chem. Dep.; engl.) — Unter Hinweis auf das vorliegende Schrifttum über das Auftreten von flavonoiden Verbb. in der Baumwollsaat werden weitere systemat. Verss. durchgeführt über die Extraktion der Saat mit 85%ig. Isopropylalkohol, über die papyrograph. Differenzierung der extrahierten Stoffe, über ihre Hydrolyse u. Identifizierung. Nach den mitgeteilten Ergebnissen werden nachgewiesen das *3.4'.5.7-Tetrahydroxyflavon*(= Kämpferol)-*3-Rhamnoglucosid* sowie das *3.3'.4'.5.7-Pentahydroxyflavon*(= Quercetin)-*3-glucoglucosid.* K. Täufel. 7948□

Lever Brothers Co., New York, N.Y., V.St.A., übert. von: Denis Szabo, Ville Neuf, La Garenne, Frankreich, **Hydrieren ungesättigter Fettsäuren und deren Ester mit niedermolekularen Alkoholen,** dad. gek., daß die Hydrierung in der Dampfphase durchgeführt wird unter Verw. eines pulverförmigen Katalysators im Wirbelstrom. — Verf.-Schema. (**A. P. 2 971 016** vom 13/10. 1958, ausg. 7/2. 1961. E. Prior. 15/10. 1957.) C. Lüttgen. 7881

Engelhard Industries, Inc. (Erfinder: Mykola Zajcew), Newark, N.J., V.St.A., **Hydrieren ungesättigter pflanzlicher Öle** in Ggw. eines Pd-Trägerkatalysators (I), dad. gek., daß als I ein durch Bi-, Hg-, Ag, Cu-Verb. oder durch eine Bi-Verb. zusammen mit metall. Hg, Ag oder Cu modifizierter Pd-I verwendet wird. Durch die Verw. des modifizierten I wird eine sehr selektive Hydrierung bes. von *Ricinusöl* erreicht. (**D. A. S. 1 123 423** Kl. 23d vom 31/3. 1959, ausg. 8/2. 1962. A. Prior. 31/3. 1958.) C. Lüttgen. 7894

Unilever N. V., Rotterdam, Niederlande (Erfinder: Gustaf Vilhelm Fred Atterby, Nyköping, Schweden), **Herstellung einer flüssigen bakterициden Seife,** dad. gek., daß man ein Gemisch neutraler, sich im wesentlichen von C_6—C_{14}-Fettsäuren (I) ableitender Fette mit einem Überschuß an Alkali verseift, eine Lsg. oder Suspension eines schwer wasserlösl. Bakterizids, bes. Bis-[3.5.6-trichlor-2-hydroxyphenyl]-methan, in einer Schmelze von C_{16}—C_{20}-Fettsäuren (II) bes. bei 60—90° zugibt u. unter Rühren auf 10—25° abkühlt. Die Mengen der einzelnen Komponenten werden so berechnet, daß die fertige Suspension 8—30 (%), bes. 15—20, Seife aus I, 2—8, bes. 3—5, Seife aus II u. 1—6, bes. 1,5—4, freie II enthält. (**D. A. S. 1 125 581** Kl. 23e vom 13/10. 1960, ausg. 15/3. 1962. E. Prior. 14/10. 1959.) C. Lüttgen. 7913

Universal Oil Products Co., Des Plaines, übert. von: Ernest L. Politzer, Hinsdale, Ill., V.St.A., **Oberflächenaktive Glucoseäther** erhält man bei der Behandlung von Cellulose oder Stärke mit einem Alkalihydroxid, wobei mindestens in eine OH-Gruppe ein Alkalimetallatom eintritt. Anschließend läßt man auf die Alkalisaccharidverb. ein Alkyl- oder Aralkylhalogenid mit 6—20 C-Atomen unter Bldg. von Äthern des Polysaccharids einwirken, wobei jedoch nicht mehr als insgesamt 20 C-Atome in den Alkylgruppen pro trimere Hexose vorhanden sein sollen. Der Polysaccharidäther wird mit einer Mineralsäure zu 1—4 Hexoseeinheiten depolymerisiert. Man trennt die in W. lösl. von den in W. nicht lösl. oberflächenakt. Glucoseäthern. Als Ausgangsstoffe kommen bes. solche des pflanzlichen Bereichs, wie rohe oder peptisierte Polysaccharide in Betracht. (**A. P. 2 974 134** vom 2/12. 1957, ausg. 7/3. 1961.) G. König. 7913

Deutsche Akademie der Wissenschaften zu Berlin, Berlin (Erfinder: Ernst Ulsperger, Berlin), **Grenzflächenaktive, nichtionogene Polyhydroxycarbonsäureamide,** verwendbar als *Textilhilfsmittel, Emulgatoren, Waschmittel, opt. Aufheller, Arzneimittel* oder als *Zwischenprodd.* für organ. Synth., erhält man, wenn man zunächst D-Gluconsäure-δ-lacton (I) mit Diäthylentriamin (II) in sd. Methanol in bekannter Weise umsetzt u. darauf das entstandene *N.N''-Digluconyldiäthylentriamin* (III), in W. gelöst, bei höherer Temp. mit n-Dodecylisocyanat (IV) oder α-Naphthylisocyanat (V) weiter umsetzt. Man gibt z. B. eine Lsg. von 1 g II in 20 cm³ wasserfreiem Methanol langsam innerhalb $^1/_2$ Std. zu einer sd. Lsg. von 3,56 g I in 80 cm³ wasserfreiem Methanol, läßt erkalten u. setzt langsam 100 cm³ wasserfreien Ae. zu, wodurch weißes, pulvriges, hygroskop. III ausgefällt wird. Eine Lsg. von 2,3 g III (= Z (R = H)] in 15 cm³ W. versetzt man mit 1 g **IV**, erhitzt das Gemisch ½ Std. auf 80—90° unter Schütteln, läßt erkalten, erhitzt den entstandenen Brei mit W. zum Sieden, filtriert die wss. Lsg. zur Entfernung des gebildeten N.N'-Didodecylharnstoffes u. engt im Vakuum ein. Man erhält *N-n-Dodecyl-N'-bis-[β-(N''-gluconyl)-aminoäthyl]-harnstoff* [= Z (R = $-CO\cdot NH\cdot C_{12}H_{25}$)], F. 150 bis 152° in quant. Ausbeute. *N-α-Naphthyl-N'-bis-[β-(N''-gluconyl)-aminoäthyl]-harnstoff* [= Z (R = $-\alpha$-$CO\cdot NH\cdot C_{10}H_7$)], F. 130°, entsteht analog aus **III** u. **V**. (**D. A. S. 1 124 938** Kl. 12o vom 5/2. 1959, ausg. 8/3. 1962.) A. Mohr. 7913

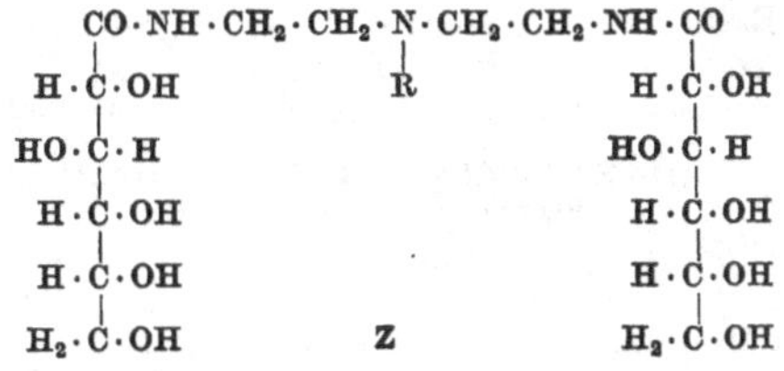
Z

Henkel & Cie. G. m. b. H., Düsseldorf (Erfinder: Walter Fries, Erkrath, und Herbert Sinner, Düsseldorf), **Scheuermittel.** Das auf der Grundlage von Gemischen aus größeren Anteilen eines feinteiligen schleifend wirkenden Bestandteils, wie Quarz, u. geringeren Mengen eines heißzerstäubten wss. Ansatzes mit oberflächenakt. Stoffen hergestellte Scheuermittel ist dad. gek., daß es in geringer Menge nicht hygroskop. kristallwasserhaltige Salze enthält, deren Wasserdampfdruck bei 20° wenigstens 11 mm Hg beträgt. Durch den Zusatz der Salze, wie $Na_2SO_4\cdot 10\,H_2O$, wird das Stäuben verhindert. (**D. A. S. 1 119 435** Kl. 22g vom 27/9. 1957, ausg. 14/12. 1961.) P. Krug. 7917

Ruhrchemie Akt.-Ges., Oberhausen (Erfinder: Helmut Kolling, Duisburg, und Friedrich Rappen, Oberhausen), **Wachse für flüssige, wasserfreie Bohnermassen.** In weiterer Ausbildung des D. A. S. 1 007 911; C. **1957,** 13841 sind die im Gemisch vorhandenen Wachssäuren an Stelle von Ätzkalk mit den Oxiden oder Hydroxiden von Na, K, Ba u./oder Sr teilweise neutralisiert. (**D. A. S. 1 123 783** Kl. 22g vom 18/8. 1954, ausg. 15/2. 1962.) P. Krug. 7927

Procter & Gamble Co., Cincinnati, Ohio, V.St.A., übert. von: **Norman Ernest Ward,** Monkseaton, Whitley Bay, Northumberland, England, *Desodorierung von destillierten Fettsäuren.* (**A. P. 2 981 744** vom 21/7. 1959, ausg. 25/4. 1961. E. Prior. 23/7. 1958. — C. **1961,** 7075 [D. A. S. 1 095 974].)

Hercules Powder Co., Wilmington, Del., übert. von: **Charles M. Lambert,** New London, Pa., V.St.A., *Nicht gelierende Natrium- und Kaliumharzseifen.* (**A. P. 2 980 629** vom 13/9. 1957, ausg. 18/4. 1961. — C. **1961,** 12 309 [D. A. S. 1 095 434].)

Aktiebolaget Henkel-Helios, Stockholm, übert. von: **Karl Martin Edvin Hellsten,** Bromma, Schweden, *Reinigungsmittel.* (**A. P. 2 992 186** vom 1/10. 1956, ausg. 11/7. 1961. Schwed. Prior. 3/10. 1955. — C. **1960,** 4708 [D. A. S. 1 033 356].)

Waclaf Silberman, Zürich, Schweiz, *Flüssiges, schwach schäumendes Reinigungsmittel.* (**A. P. 2 979 466** vom 28/7. 1958, ausg. 11/4. 1961. — C. **1962,** 10 685 [E. P. 849 711].)

H_{18a}. Holz. Cellulose. Zellstoff. Papier. Papierdruck. Celluloid. Linoleum

Ursachen des Rollens von Papieren. W. Brecht und P. Räderer. (Wbl. Papierfabrikat. **90,** 373—77, Ende April 1962; Darmstadt, TH, Inst. für Papierfabrikat.; dt.) — Übersicht über die bisher bekannten *Ursachen* für das *Rollen* u. die Rollneigung von *Papier.* Die Beziehungen zwischen teilweiser Schrumpfungsbehinderung, Schrumpfung u. Trocknungskraft im Papier werden untersucht. Es wird festgestellt, daß sich unterschiedliche Trocknungsspannungen in Papieren aufbauen können, wenn sie bei unterschiedlicher Trocknungsbehinderung auf eine bestimmte Endschrumpfung getrocknet werden. Daraus wird abgeleitet, wie das Vorwölben von Papier vorzustellen ist, wie es bei ungleichmäßigem Trocknen auf den beiden Seiten u. immer konkav nach der zuletzt trockenwerdenden Seite hin erfolgt. Prakt. Hinweise für die Praxis werden gegeben. M. Hagedorn. 7984□

Faktoren, die die Festigkeitseigenschaften von Papier beeinflussen. John W. Swanson und Edward J. Jones. (Pulp Paper Mag. Canada **63,** Nr. 5, techn. Sect. T251—T258, Mai 1962; Appleton, Wis., Inst. of Paper Chem.; engl.) — Die wachsenden Kenntnisse über Fasern u. Faser–W.-Eigg., die die ***Festigkeitscharakteristika*** von ***Papier*** bestimmen, werden vom Standpunkt des vom Institut erarbeiteten Bewertungsprogramms von Zellstoff gegen den Hintergrund der weltweiten Aktivität auf diesem Gebiet betrachtet. Zu diesen Faktoren gehören Fasermaße, -festigkeit, -biegsamkeit, Oberflächengebiet, spezif. Quellvol., Bindungsgebiet, Bindungsstärke je Einheit des Bindungsgebietes, Verteilung der Bindungen u. der Dehnung. Viele dieser Faktoren werden der Reihe nach durch die chem.-physikal. Zus. der Faser, Temp. des W., Ggw. nichtfaseriger Zusätze u. maschinelle Faktoren beeinflußt. Die mechan. Diffusions- u. mol. Gesichtspunkte von Cellulosefaseradhäsion werden kurz erörtert u. ihre relativen

Beiträge zur Faserbindungsfestigkeit betrachtet. Die endgültige Festigkeit von Papier ist eine verwickelte Funktion dieser Veränderlichen u. Unterss. neuer Zellstoffe oder Zusätze müssen sie alle in Betracht ziehen. F. Zeidler. 7984□

Untersuchungen über die Übertragung der Druckfarbe auf Papier bei hohen Druckgeschwindigkeiten. Gösta E. Carlsson. (Svensk Papperstidn. **65,** 647—57, 15/9. 1962; Stockholm, Sweden, Graph. Arts Res. Labor.; engl.) — Frühere Unters.-Ergebnisse über die Menge der auf *Papier* übertragenen *Druckfarbe* (**A**) als Funktion der Dicke des **A**-Filmes bei konst. Geschw. u. konst. Anpreßdruck lassen sich nicht auf das Drucken bei hoher Geschw. übertragen, weil hierbei der bisher nicht berücksichtigte Zeitfaktor von Einfl. auf die **A**-Übertragung ist. Bei *erhöhter Geschw.* sinkt die Menge von übertragenem **A**; verschiedene Papiere variieren in dieser Hinsicht stark. Aus 8 Vers.-Reihen auf einer GFL-Rotations-Vers.-Presse geht hervor, daß die die **A**-Übertragung beherrschenden Gesetze sehr kompliziert sind, bes. infolge des Einfl. der einzelnen Papierqualitäten. Dieser Einfl. von Papier auf die **A**-Übertragung ist, soweit es um die Güte des Kontaktes mit der Druckplatte geht, eine Folge der Gleichmäßigkeit u. der viscoelast. Eigg. der Papieroberfläche; die absorptiven Eigg. der Papieroberflächen bestimmen die Menge von **A** im Augenblick der Fixierung beim Druckvorgang. Mit einem Elektronenrechner sollen die mathemat. Beziehungen ermittelt werden. M. Hagedorn. 7988□

Das Fließverhalten von Papier und Druckerschwärze beim Offsetdruckverfahren. A. B. Truman und F. Lyth Hudson. (Pulp Paper Mag. Canada **63,** Nr. 6, techn. Sect. T299—T306, Juni 1962; Manchester, Coll. of Sci. and Technol.; engl.) — Moderne Druck-Verff., bes. solche mit *Offset*-Lithographenpressen, erfordern Papiere mit genügend starker Oberflächenbindung, um den Kräften zu widerstehen, die infolge des Haftvermögens des dünnen Druckfarbenfilms seine Oberfläche aufzureißen neigen, wenn er mit großer Geschw. aus dem Pressendruck heraustritt. Die Arbeit behandelt die Natur der Kräfte, die das Abreißen eines dünnen Films einer viscoelast. Oberfläche bewirken. Ein App. zur Nachahmung des Bedruckens eines Papierstreifens wird beschrieben; die Druckfarbe wird durch Polyisobutylen ersetzt, dessen elast. u. Fließ-Eigg. bekannt sind. Ein schmaler Papierstreifen wird durch eine Presse geführt, wobei er auf die Oberfläche eines dünnen Films von Polyisobutylen gedrückt wird, danach wird es von ihm abgeschält. Die Kraft zum Abschälen wird mittels eines Spannungsdruckmessers aufgezeichnet. Die Verss. mit 3 sehr verschiedenen Papiersorten, bei denen die Einfl. der größeren Variabeln, Abschälwinkel u. Streifenspannung geprüft werden, werden im Licht einer neuen theoret. Betrachtung des Abschälens von einer viscoelast. Zwischenschicht analysiert. Auf den direkten Zusammenhang zwischen der gemessenen Abstreifarbeit u. dem theoret. Energiebedarf für Dehnung u. Zerreißen des Films wird hingewiesen. F. Zeidler. 7988□

Ermittlung von Gewicht/durchschnittlichen Faserlängen nach einer schnellen visuellen Methode. James d'A. Clark. (Tappi **45,** 38—45, Jan. 1962; Corvallis, Oreg.; Oregon State Univ., Dep. of Chem.; engl.) — Die Fasern werden nach nur 6—7 Längenklassen eingestuft u. das 25,4fach vergrößerte Faserbild wird mit einem kleinen Meßrad oder einem quadrat. Gitternetz ausgemessen. Voraussetzung ist die Abwesenheit größerer Mengen an Faserstaub. Ausführliche theoret. Erörterungen u. prakt. Hinweise werden gegeben. M. Hagedorn. 8002□

Feuchtigkeit in Holz. Art der Anwendung eines Feuchtigkeitsmessers. J. Van Loon. (Verfkroniek **35,** 187—90, Mai 1962; Verfinst, T.N.O.; niederl.) — Zur Best. der Feuchtigkeit von *Holz* können Geräte zur *Messung* des elektr. Widerstandes verwendet werden, die bei 20° für jede Holzart geeicht werden. Die Messung beruht darauf, daß der Widerstand zwischen 5 u. 25% Feuchtigkeit proportional dem Feuchtigkeits-Geh. fällt. W. Wesly. 8004□

Zusammensetzung des fetten Öls der Fichte und seine Veränderung während der Lagerung des Holzes. Per Olof Bethge und Bengt O. Lindgren. (Svensk Papperstidn. **65,** 640—46, 15/9. 1962; Stockholm, Sweden, Swed. Forest Prod. Res. Labor., Wood Chem. Dep.; engl.) — Die aus *Holz* von *Picea excelsa* isolierten u. von Harzsäuren getrennten *Fette* u. *Fettsäuren* werden als Methylester der Gas-Fl.-Chromatographie unterworfen. Das Fett des frischen Holzes besteht zur Hauptsache aus den Glyceriden von Linol- u. Ölsäure, sowie einer mit Linol- oder Linolensäure isomeren Säure, außerdem aus einigen % *Palmitin-*, *14-Methylpalmitin-* u. *Arachinsäure* sowie kleinen Mengen von 15 anderen Säuren. Während der *Lagerung* des Holzes werden, wie bereits bekannt, die Fette hydrolysiert u. die Fettsäuren oxydiert. Dieser Abbau durch Hydrolyse erleichtert beim Holzaufschluß die Entfernung der Extraktstoffe; der Einfl. der Oxydation darauf konnte noch nicht geklärt werden. Der Extrakt eines aus Fichte hergestellten Sulfitzellstoffes enthält 50% chlorierte oder anders modifizierte Fettsäuren in Esterform, auch als Glyceride. M. Hagedorn. 8004☐

Tylosen und ihr Nachweis. I. Strelis und H. V. Green. (Pulp Paper Mag. anada **63,** Nr. 6, techn. Sect. T 307—T 310, Juni 1962; Pulp and Paper Res. Inst. of Canada; engl.) — *Tylosen* sind ballonähnliche Gebilde, die die Gefäßabschnitte von Harthölzern, bisweilen auch das Lumen von Weichholztracheen blockieren. Sie spielen bei der Durchtränkung von Hartholz mit chem. Aufschluß-Fll. eine wichtige Rolle. Der Nachw. der Tylosen durch Schnitt-Verff. ist zeitraubend u. teuer. Die Abhandlung beschreibt ein einfaches Macerations-Verf., bei dem durch eine anschließende Anfärbung mit Viktoriablau B–Safranin der Nachw. u. mkr. Unters. der Tylosen einfacher u. unmittelbarer ermöglicht werden. F. Zeidler. 8004☐

Die Viscositätsbestimmung von ungebleichtem Zellstoff und Holz. J. MacMillan und J. E. Tasman. (Pulp Paper Mag. Canada **1962,** Convent. Nr., techn. Sect. T 107 bis T 110, T 115; Pulp and Paper Res. Inst. of Canada; engl.) — Das *Messen* der *Lsg.-Viscosität* von Cellulose **A** in *Rohzellstoff* u. *Holz* durch direktes Lösen scheitert an der Unlöslichkeit von Lignin (**B**) in organ. Cu-Komplexen. Die Viscositäts-Best. von reinem **A** durch schonendes rasches Nitrieren mit $HNO_3 + P_2O_5$ oder in Hartholz durch Nitrieren ist bei Fichte nicht durchführbar, weil bei den erforderlichen langen Nitrierzeiten **A** abgebaut wird. Der Abbau kann durch kurzes Mehrfachnitrieren weitgehend vermindert werden. Diese Meth. ist aber abhängig von der Durchdringung des Holzes durch die Säure u. von der langsamen Extraktion von nitriertem **B**. Sie liefert bei Zellstoffen mit hoher Ausbeute gute Ergebnisse, ist aber für Routineanalysen von Holz zu zeitraubend. M. Hagedorn. 8006☐

Entwicklung einer Prüfmethode zur Bestimmung von Kupfer im Zellstoff und im Pergamentpapier. Günther Schulz und Christine Viehweg. (Zellstoff u. Papier **10,** 416—19, Nov. 1961; Halle/Saale, DDR, DAMW, Fachabt. Techn. Chem; dt.) — Die Dichinolyl-Meth. von Oehlmann (C. **1959,** 13278) wird bei der Best. von *C u* in *Zellstoffen* u. *Pergamentpapier* überprüft. Diese Meth. zeigt eine wesentlich größere Genauigkeit im Vgl. zur colorimetr. Best. mit Dithizon (Variations-Koeff. 7—8% gegenüber 30—32% nach der alten Methode). — 2,5 g zerfaserter Zellstoff bzw. entsprechende Menge zerkleinertes Echt Pergamentpapier werden in ein 250 ml Becherglas eingewogen mit 30 ml 30%ig. HNO_3 versetzt u. mindestens 10 Std. lang stehengelassen. Nach dieser Zeit wird durch eine 11 G 2-Fritte abgesaugt u. mit 250 ml dest. W. neutral gewaschen. Die erhaltene Lsg. wird in einen Scheidetrichter übergeführt u. mit 5 ml 10%ig. Weinsäure u. 5 ml 10%ig. $NH_2OH \cdot HCl$ versetzt. Die Lsg. wird schließlich mit NaOH auf pH 7 gebracht, 20 ml 0,02%ig. Dichinolyl-Lsg. zugegeben u. 5 Min. lang ausgeschüttelt. Die organ. Phase wird als Meß-Lsg. verwendet u. mit einem Pulfrich-Photometer die Extinktion gemessen. Die Berechnung des Cu-Geh. erfolgt an Hand einer Eichkurve. T. Lukanoff. 8006☐

Die Chlorzahl als Methode zur Bestimmung des Ligningehalts eines Zellstoffs. P. Colombo, D. Corbetta, A. Pirotta und G. Ruffini. (Pulp Paper Mag. Canada **1962,** Convent. Nr., techn. Sect. T126—T135, T140; Milan, Italy, Cartiera Vita Mayer & Co., Res. Div.; engl.) — An Stelle der Meth. nach Klason wird eine neue schnelle *Lignin* (**A**)-*Best.* in *Zellstoff* (**B**) empfohlen. Sie beruht auf der Messung der Cl-Aufnahme durch **A** aus wss., in Ggw. von **B** angesäuerter Hypochlorit-Lsg. u. führt zur *Cl-Zahl* von **B.** Auf Grund eines großen, in 5 Jahren ermittelten Vers.-Materials an Fichte, Kiefer, Pappel, Buche u. Robinie, teils im Sulfat- u. teils im Sulfitaufschluß, wird die empir. Beziehung aufgestellt: x (Lignin) = 0,430 y (y = Cl-Zahl) — 3,01, mit einer Standardabweichung für y von ± 0,0015 ± 0,34. Für die Aufstellung der Beziehung wird **A** beim Sulfat-Verf. nach Klason, beim Sulfit-Verf. nach der Formel **A** = 100 — Holocellulose bestimmt; die Abweichungen in diesen Best. werden diskutiert. M. Hagedorn. 8006☐

Dainippon Cellophan Kabushiki Kaisha (Erfinder: Kizoro Shimbo, Yutaka Morita, Terumi Shinowara und Michio Hosoda), Takatsuki, Japan, **Herstellung von feuchtigkeitsabweisendem Cellophan** durch Überziehen mit einer Lsg. aus dem Rk.-Prod. von Cyclokautschuk, Maleinsäureanhydrid oder Itaconsäure, Katalysatoren, wie Lauroylperoxid oder Azodiisobutyronitril, u. β-Naphthylamin oder anderen Aminen oder Phenol-Verbb., wie Alkylphenolen, in Toluol. — 10 (g) Cyclokautschuk, in 100 cm³ Toluol gelöst, werden mit 0,5 Maleinsäureanhydrid, 0,3 Benzoylperoxid u. 0,1 β-Naphthylamin 6 Std. unter Rückfluß erhitzt, worauf die Lsg. auf Cellophan gestrichen u. getrocknet wird. (**Jap. A. S. 11 536/1960** vom 21/6. 1957, ausg. 19/8. 1960.) M. Pankow. 7955

Crossett Co., übert. von: Charles K. Clark, Crossett, Ark., V.St.A., **Gewinnung von Lignin** aus Neutral-Sulfitablaugen des Celluloseaufschlusses, dad. gek., daß die Ablaugen auf 30—55% Trockensubstanz-Geh. eingedickt u. in Abwesenheit von freiem H_2 unter einem Druck von 700—1800 lbs./sq.in. 20—30 Min. auf 250—300° erhitzt werden. (**A. P. 2 994 633** vom 21/8. 1958, ausg. 1/8. 1961.) A. Gradl. 7967

Československá Socialistická Republika (Erfinder: Gabriel Michalič, Preßburg, und Josef Gabriska, Vranov), Tschechoslowakei, **Zweistufige Gewinnung von Furfurol (I)** aus Abfällen der Vorhydrolyse von Laubhölzern u. einjährigen Pflanzen bei der Zellstoff-Herst. u. bei der Verarbeitung der Abfälle aus diesen Rohstoffen, wobei in der 1. Stufe der Vorhydrolyse nach Erreichen der maximalen Temp. von 120—170° unter Beibehaltung des Druckes von 3—4 at eine Entgasung stattfindet, um die **I**-Dämpfe einer Rektifikation zuzuführen. In der 2. Stufe wird das Vorhydrolysat im Reaktor einer Dehydratation bei pH 1,5—3,5 u. 150—190° unterworfen; das hierbei auftretende **I** führt man nach Druckentlastung zusammen mit den Abgasen der 1. Stufe auf die Rektifikation. Das in der Vorhydrolyse gewonnene Prod. führt man nach Freiwerden der **I**-Dämpfe wieder zurück auf die 1. Stufe. (**Tschech. P. 97 594** vom 16/3. 1959, ausg. 15/12. 1960.) L. Macher. 7967

Claes-Wilhelm Pilo, Stockholm, Schweden, **Verwertung der Ablaugen aus der Zellstoffindustrie,** dad. gek., daß die Ablaugen naß verbrannt werden u. die heißen Gase in einem 2stufigen Wärmeaustauscher gekühlt werden, um Wärme zu gewinnen. — Zeichnung. (**A. P. 2 981 370** vom 30/12. 1957, ausg. 25/4. 1961.) A. Gradl. 7967

Institute of Paper Chemistry, Appleton, übert. von: Roy P. Whitney, Appleton, Wis., Shu-Tang Han, Roscoe, Ill., und James F. Bakken und Richard B. Kesler, Appleton, Wis., V.St.A., **Aufarbeitung von Sulfitablauge,** dad. gek., daß durch Naßverbrennung eine Schmelze mit 30—70% Sulfid-Geh. erzeugt, diese in W. gelöst u. gekocht wird, wobei sie sulfitiert wird unter Gewinnung von freiem H_2S u. unter Vermeidung von $Na_2S_2O_3$-Bildung. — Arbeitsschema. (**A. P. 2 987 432** vom 6/8. 1957, ausg. 6/6. 1961.) A. Gradl. 7967

Theron T. Collins jun., Palatka, Fla., V.St.A., **Naßverbrennung von Ablaugen der Zellstoffgewinnung** zwecks *Wiedergewinnung von* Na_2SO_3, dad. gek., daß die bei der Verbrennung prim. gewonnenen Gase CO_2 u. SO_2 mit den wss. Auszügen der bei der Verbrennung anfallenden Schmelze umgesetzt werden. — Arbeitsschema. (**A. P. 2 993 753** vom 8/1. 1957, ausg. 25/7. 1961.) A. Gradl. 7967

E. I. du Pont de Nemours & Co., Wilmington, übert. von: Henry Gilbert Ingersoll, Hockessin, Del., V.St.A., **Celluloseregeneratfilm** von hoher Eiweißfestigkeit bei niederen Temp. u. geringer Feuchtigkeit. Es wird ein Film aus einer z. B. 7—10% Cellulose enthaltenden Viscose, die mit ca. 35—50 (%), bes. 42—48, CS_2 hergestellt wurde u. einen Salzindex von ca. 10—15, z. B. 12,5, hatte, in eine wss. Puffer-Lsg. von pH-Wert $\geqq 3$ gegossen, wobei Koagulation eintritt, ohne daß der Viscosefilm nennenswert regeneriert wird. Dieser wird dann ohne Streckung in einem sauren Salzbade, z. B. aus 10 (%) H_2SO_4 u. 25 Na_2SO_4, regeneriert. (**A. P. 2 991 510** vom 25/8. 1958, ausg. 11/7. 1961.) W. Overbeck. 7971

Eastman Kodak Co., übert. von: Charles D. Snead und Ralph W. Peters, Rochester, N.Y., V.St.A., **Celluloseesterfilme** werden hergestellt, indem man die wss. faserig-flockige Suspension eines niederen Fettsäureesters der Cellulose auf einer porösen Unterlage ausbreitet u. trocknet. (**A. P. 2 976 205** vom 9/9. 1955, ausg. 21/3. 1961.) W. Overbeck. 7971

Eastman Kodak Co., Rochester, N.Y., übert. von: George P. Touey und John W. Tamblyn, Kingsport, Tenn., V.St.A., **Niedrigmolekulare Fettsäureester der Cellulose** erhält man bei der Rk. von Cellulose mit einem niedrigmol. Fettsäureanhydrid bei 80—160° in Ggw. einer Ti-Verb. wie Salzen, bes. organ. Säuren, Estern, Alkoxyden u. Hydroxiden als Katalysator in Mengen von 1—10%, bezogen auf die Cellulose. Vorteilhaft ist die Verw. eines Verdünnungsmittels. Mit Essigsäureanhydrid u. $Ti(C_4H_9O)_4$ erhält man aus Cellulose *Celluloseacetat.* (**A. P. 2 976 277** vom 9/4. 1959, ausg. 21/3. 1961.) G. König. 7971

Eastman Kodak Co., Rochester, übert. von: John W. Mench, Brazelton Fulkerson, und Uta K. Schutt, Rochester, N.Y., V.St.A., **Celluloseester** erhält man bei der Rk. von Cellulose oder regenerierter Cellulose mit Fettsäurechloriden, vorteilhaft bis 10 C-Atomen, auch in Mischung untereinander, bei 60—125° in Ggw. von mindestens 50% des Rk.-Mediums an Dimethylformamid. Die Veresterung verläuft ohne Katalysator. Bildet das Dimethylformamid nicht allein das Rk.-Medium, so kann der Rest durch ein Lsgm. gebildet werden, welches gegenüber dem Formamid u. Säurechlorid inert ist. — 1 (Teil) regenerierter Cellulose in 10 N.N-Dimethylformamid suspendiert, wird auf 110° unter Rühren erhitzt u. allmählich Propionsäurechlorid zugesetzt. Ca. 20 Min. nach Zugabe des Säurechlorids gießt man dest. W. zu, wobei Cellulosepropionat ausfällt. Der Propionyl-Geh. beträgt 51,3%. Die wahre Viscosität in Aceton zeigt 0,26. Veresterungen von Baumwollinters mit n-Valeryl-, Decanoylchlorid sind noch beschrieben. (**A. P. 2 992 214** vom 2/5. 1958, ausg. 11/7. 1961.) G. König. 7971

Eastman Kodak Co., Rochester, N.Y., übert. von: Gordon C. Newland und John W. Tamblyn, Kingsport, Tenn., V.St.A., **Stabilisieren von organischen Celluloseestern** gegen Witterungsschäden durch Zusatz von 0,1—10 Gew.-% eines Gemisches aus gleichen Teilen Cu-Stearat u. p-tert.-Butylphenol. (**A. P. 2 983 621** vom 19/6. 1959, ausg. 9/5. 1961.) W. Overbeck. 7971

Wyandotte Chemicals Corp., übert. von: Robert J. Hartman, Wyandotte, und Edward J. Fujiwara, Gibralter, Mich., V.St.A., **Polyaminoäthylierung von Cellulose, Cellulosederivaten oder Polyäthylenalkohol** erfolgt durch Rk. der genannten Verbb. mit Äthyliminen oder dessen Derivv. bei 80—140° in Ggw. eines Katalysators, bestehend aus Alkyl- oder Alkenylhalogeniden mit einschließlich 8 C-Atomen, Cyclohexyl-, Benzyl-, Tetramethyl- u. Tetraäthylhalogenide, HCl, H_2SO_4, $AlCl_3$, p-Toluolsulfonsäure, sowie in Ggw. eines unpolaren, inerten Lsgm. für Imin-Verb., wie z. B. Heptan, Bzl., Dioctylphthalat. Der N-Geh. des Endprod. der allg. Formel I, wobei R = $(CH_2CH_2NH)_nCH_2 \cdot CH_2NH_2$ u. n = eine ganze Zahl von 4—8 bedeuten, soll 26—30% betragen. — Verw. als *Ionenaustauscherharz*, zur Verbesserung der Eigg. von Textilien oder Papier, wie Wasserabstoßendmachen, Erhöhung der Färbefreudigkeit der Gewebe. (**A. P. 2 972 606** vom 31/5. 1956, ausg. 21/2. 1961.) G. König. 7971

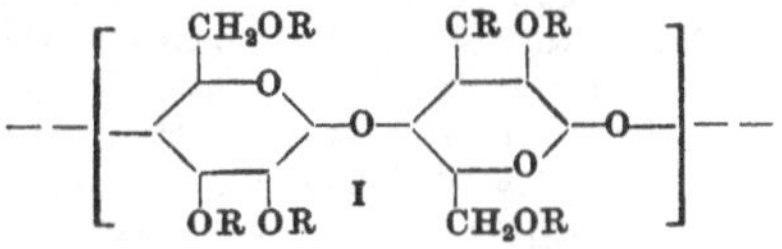
I

Durel, Inc., übert. von: William T. Glab, Dubuque, Iowa, V.St.A., **Lignocellulosederivate.** Lignocellulose wird mit 0,5—15% CH_2O gemischt u. unter Druck von z. B. 300 lbs./sq.in. (= ca. 21 kg/cm²) 4—60 Min. auf 300—550° F (= ca. 150—190° C) erhitzt. (**A. P. 2 984 578** vom 30/9. 1958, ausg. 16/5. 1961.) W. Overbeck. 7971

Durel, Inc., übert. von: William T. Glab, Dubuque, Iowa, V.St.A., **Lignocellulosederivate.** Lignocellulose wird mit Acetylen dadurch bei einem Druck von 5—100 lbs./sq.in. (= ca. 0,275—7 kg/cm²) zur Rk. gebracht, daß man sie mit 1—20% CaC_2 in Ggw. von Feuchtigkeit, bes. Dampf, unter Druck so hoch erhitzt, daß eine Rk. eintritt, z. B. 4—60 Min. bei 100—1000 lbs./sq.in. (= ca. 7—70 kg/cm²) auf 300—350° F (= ca. 150—120° C). (**A. P. 2 984 579** vom 2/10. 1958, ausg. 16/5. 1961.) W. Overbeck. 7971

Dow Chemical Co., übert. von: Elmer K. Stilbert, Marion W. Zembal und Lloyd H. Silvernail, Midland, Mich., V.St.A., **Papierherstellung,** dad. gek., daß man aus aufgeschlagenem Papierstoff, mineral. Füllstoff (TiO_2) u. ca. 0,01—3% (auf Trockenfaser bezogen) Acrylamidpolymerisat mit einer Viscosität von $\geqq$ 3 cP einen wss. Stoff bereitet, wobei das Polymerisat aus Polyacrylamid oder hydrolysiertem Polyacrylamid mit $\leqq$ 15% in COOH-Gruppen übergeführte NH_2-Gruppen besteht, der Mischung Alaun zusetzt u. eine Bahn bildet. Bessere Füllstoffzurückhaltung, Farbe, Opazität u. Bedruckbarkeit. — Mengenbeispiele, Tabellen. (**A. P. 2 972 560** vom 13/4. 1955, ausg. 21/2. 1961.) G. Vogel. 7975

Eastman Kodak Co., übert. von: Oliver J. Schulwitz, Rochester, N.Y., V.St.A., **Herstellung von Papier** mit guter Naßfestigkeit, dad. gek., daß aus aufgeschlagenen, teilweise acetylierten Cellulosefasern mit einem Acetyl-Geh. von 15—30% in W. ein Papierblatt gebildet wird, das mit einer niedrigsd., nichtsauren, organ. Fl. (Methylenchlorid-A.), die eine quellende Wrkg. auf Cellulosetriacetat hat, benetzt, anschließend gepreßt u. von der organ. Fl. wieder befreit wird. (**A. P. 2 992 156** vom 3/3. 1958, ausg. 11/7. 1961.) A. Gradl. 7975

Georgia Kaolin Co., übert. von: Ben W. Rowland, Elizabeth, N.J., V.St.A., **Glanz und Undurchsichtigkeit von Ton,** die für seine Verw. z. B. bei der *Herst. von Papier* von Bedeutung sind, können verbessert werden durch Einstellen seiner Korngrößen-Zus. auf folgende Durchschnittsgröße der sphär. Teilchen: 88—100 (Gew.-%) $< 1,7\ \mu$, 85—90 $< 1,5\ \mu$, 70—84 $< 1\ \mu$, 25—37 $< 0,5\ \mu$, 10—15 $< 0,3\ \mu$. **Dabei** beträgt der Anteil $> 1,7\ \mu$ 99—100 der Teilchen $< 5\ \mu$ u. 98—100 derjenigen $< 4\ \mu$. Die Trennung erfolgt durch Schlämm-Verf. u. ist sowohl zur Aufarbeitung sonst ungeeigneter als auch zur Verbesserung von Tonen mit bereits für den genannten Zweck guten Eigenschaften. (**A. P. 2 992 936** vom 21/11. 1958, ausg. 18/7. 1961.) G. Frikell. 7979

Georgia Kaolin Co., Elizabeth, übert. von: Haydn H. Murray, Berkeley Heights, N.J., V.St.A., **Verbesserung der Dilatation von Tonen.** Bei der Einw. von hohen Scherkräften auf hochkonz. wss. Suspensionen, z. B. von Kaolin oder Montmorillonit mit bis zu 70% Feststoffen, wie sie bei der *Herst. von Papier* Verw. finden, tritt, z. B. in Pumpen, eine so starke Erhöhung der Viscosität auf, daß die Verarbeitung unmöglich wird. Die Dilatation wird verringert durch Zusatz von 0,05—0,2 Gew.-% LiOH in einem fl. Medium zu einer Suspension, die 50—72% Ton enthält u. einen pH-Wert zwischen 5,5 u. 10,0 aufweist. (**A. P. 2 995 458** vom 22/5. 1959, ausg. 8/8. 1961.) G. Frikell. 7979

Monsanto Chemical Co., St. Louis, übert. von: Eric T. Reaville, Webster Groves, Joseph P. O'Brien, Kirkwood, und Laurence P. Russe, St. Louis, Mo., V.St.A., **Herstellung eines verstärkten Tallölharzes als Papierleim,** dad. gek., daß 100 (Teile) Tallölharz mit 0,5—8 Formaldehyd u. mit bis zu 10 Fumarsäure über den Erweichungspunkt des Harzes erhitzt werden. (**A. P. 2 994 635** vom 13/12. 1957, ausg. 1/8. 1961.) A. Gradl. 7979

Hercules Powder Co., Wilmington, Del., übert. von: Cyrus A. Weisgerber, Chadds Ford, Pa., und James W. Davis, Wilmington, Del., V.St.A., **Leimen von Papier,** dad. gek., daß der wss. Stoffsuspension 0,01—1% eines Ketendimeren als wss. Emulsion u. 0,01—1% eines in W. dispergierbaren, kation., quatern. Ammoniumsalzes zugesetzt wird. Das Ketendimere entspricht der Formel $[RCH{=}C{=}O]_2$, worin R Alkylgruppen mit < 8 C-Atomen, Cycloalkylgruppen mit < 6 C-Atomen, Aryl-, Aralkyl- oder Alkarylgruppen sind. Das kation. Ammoniumsalz entspricht der Formel quatern. $R_1R_2(R_3)_2NX$ oder $R_1(R_3)_3NX$, worin X ein Halogenatom, R_3 eine Alkylgruppe mit 1—4 C-Atomen u. R_1 u. R_2 Alkylreste mit 10—20 C-Atomen, Aryl-, Aralkyl- oder Alkarylgruppen sind. 0,2—4% Alaun können dem Stoffbrei vor dem Leim zugesetzt werden. (**A. P. 2 986 488** vom 27/2. 1957, ausg. 30/5. 1961.) A. Gradl. 7979

Monsanto Chemical Co., St. Louis, Mo., übert. von: Francis A. Bonzagni, Springfield, Mass., V.St.A., **Papierleimung** durch Einarbeiten eines verstärkten Harzleimes in den Stoffbrei, wobei der Harzleim wie folgt hergestellt wird: Erhitzen von 1—10 Teilen einer organ. Säure mit einer —CO—C=C-Gruppe zusammen mit 100 Teilen eines Harzes auf über 140°, Erhitzen dieses verstärkten Harzes auf 190—260°, Abdestillieren der Harzöle u. schließlich Verseifen des Harzrückstandes mit einer wss. Alkalilösung. (**A. P. 2 995 483** vom 13/12. 1957, ausg. 8/8. 1961.) A. Gradl. 7979

Process Methods Corp., Chicago, Ill., V.St.A., übert. von: Ales Maria Kapral, Kingsford, Australien, **Herstellung von wasser- und fettdichtem Papier,** dad. gek., daß die Papierbahn auf einer Seite zuerst mit einer heißen, wss. Lsg. eines NH_4- oder Alkalisalzes einer langkettigen Carbonsäure mit mindestens 11 C-Atomen u. dann mit einer wss. Lsg. eines mindestens 2wertigen Metallsalzes, das mit der Carbonsäure ein wasserunlösl. Salz bildet, behandelt wird, wobei eine der beiden Lsgg. Hexamethylentetramin enthält. — Zeichnung. (**A. P. 2 982 675** vom 8/5. 1956, ausg. 2/5. 1961. Aust. Prior. 12/5. 1955.) A. Gradl. 7987

H. P. Smith Paper Co., Chicago, übert. von: Clayton Carr Sherman, Hinsdale, Ill., V.St.A., **Wasserdampfdichtes Papier,** dad. gek., daß es pro 3000 sq.ft. einen Belag von 0,5—87 lbs. Polyäthylen u. darauf noch einen Wachsbelag von 0,1 bis 15 lbs. aufweist. (**A. P. 2 984 585** vom 5/7. 1957, ausg. 16/5. 1961.) A. Gradl. 7987

Enterprise Paint Mfg. Co., Chicago, übert. von: Arthur F. Bohnert, Chicago, und William A. Vanick, Hinsdale, Ill., V.St.A., Wasserdichter, transparenter **Überzug für Papier,** bestehend aus einer Tauchlsg. (Emulsion) von Styrol–Butadien-Copolymeren bzw. Mischungen von Polystyrol u. Styrol–Butadien-Copolymeren, Polyäthylen u. demineralisiertem Wasser. (**A. P. 2 994 677** vom 1/2. 1960, ausg. 1/8. 1961.) A. Gradl. 7987

Oxalloy Co., übert. von: John S. Thompson, Detroit, Mich., V.St.A., **Herstellung von Glimmerpapier** mit verbesserter Naßfestigkeit, dad. gek., daß das Glimmerpapier mit einer wss., sauren $AlPO_4$-Lsg. mit einem Geh. an 3—4,5% Al bei einer PO_4-Konz. von ca. 64% imprägniert wird. (**A. P. 2 979 108** vom 24/9. 1956, ausg. 11/4. 1961.) A. Gradl. 7987

Research Aktiebolag, übert. von: Lennart Pihl, Solna, Schweden, **Druckerzeugnisse.** Der mit einer aus Pigment, Bindemittel u. einem mit W. völlig mischbaren Lsgm., z. B. Glykol, bestehenden Druckfarbe hergestellte Druck wird mit Wasserdampf nachbehandelt u. sofort mit einem, das Bindemittel der Druckfarbe niederschlagenden Menge W. enthaltenden Filmbildner, z. B. Latex oder Polyvinylchloriddispersion, überzogen u. getrocknet. (**A. P. 2 974 058** vom 10/10. 1958, ausg. 7/3. 1961.) C. Kittler. 7989

W. R. Grace & Co., Cambridge, übert. von: William G. Baird jun., Winchester, Mass., V.St.A., **Herstellen von Kopien,** die gleichzeitig z. B. mittels eines Kohlepapiers, mit dem Original erzeugt werden, aber durch Verw. eines nach dem Trennen von Original u. Kopie schrumpfenden Plastikblattes für die Kopie kleiner sind. (**A. P. 2 974 370** vom 14/1. 1959, ausg. 14/3. 1961.) C. Kittler. 7989

Eastman Kodak Co., übert. von: James G. Jarvis, Rochester, N.Y., V.St.A., **Übertragen elektrostatischer Drucke** auf ein Aufnahmeblatt von einer isolierenden photoleitenden ZnO-Schicht, die auf einem elektr. leitenden Träger liegt u. auf der zum Träger entgegengesetzten Seite ein Bild aus elektr. leitendem Material trägt. Die ZnO-Schicht wird im Dunkeln mit einer bestimmten Polarität geladen u. mit einem Pulver entwickelt, das nur an den von dem leitenden Bild freien Stellen haftet. Dann wird die ZnO-Schicht mit dem Pulverbild u. das Aufnahmeblatt in Kontakt gebracht u. zusammen einer Ladungsquelle derselben Polarität wie oben ausgesetzt. (**A. P. 2 972 304** vom 2/6. 1959, ausg. 21/2. 1961.) C. Kittler. 7989

Dow Chemical Co., Midland, übert. von: Eugene A. Berke, Midland, und Robert G. Jahn, Saginaw, Mich., V.St.A., **Druckfarbe,** bestehend aus 100 Teilen Farbpigment u. 25—150 Teilen eines filmbildenden Polymeren auf der Basis eines Additionspolymeren eines äthylen. ungesätt. Monomeren. Die Stabilisierung der Dispersion erfolgt mit einer kation., nicht-quatern. NH_4-Verb. mit oberflächenakt. Eigg., z. B. mit Aminen, tert. Aminoxiden, Carbonsäureestern, hydroxyaliphat. Aminen, in Mengen von 0,5—3%. (**A. P. 2 973 285** vom 31/12. 1958, ausg. 28/2. 1961.) A. Gradl. 7991

Minnesota Mining & Mfg. Co., übert. von: James R. Lodge, George W. Swenson und Donald L. Reichel, St. Paul, Minn., V.St.A., **Gefärbte Körnungen für Dachpappen oder -platten,** die aus künstlich gefärbten gebrochenen Mineralien bestehen u. lichtecht u. witterungsbeständig sind. Die Körner werden zunächst bei 950—1000° F mit einem Gemisch aus Ton, Wasserglas u. wenig Farbpigment überzogen u. erhalten nach der Dehydratisierung einen durch Anwendung von viel Farbpigment leuchtenden Überzug, der in Form einer zur Neutralisation des Wasserglases geeigneten, das Pigment enthaltenden Lsg. von z. B. $AlCl_3$, NH_4Cl, $Al_2(SO_4)_3$, $MgCl_2$, $ZnCl_2$ oder HCl bei einer 200° F übersteigenden Temp. aufgebracht wird. (**A. P. 2 981 636** vom 18/2. 1957, ausg. 25/4. 1961.) G. Frikell. 7993

Swift & Co., Chicago, übert. von: Harland H. Young, Western Springs, und Edward J. Majka, Chicago, Ill., V.St.A., **Herstellung von ölgehärteten Faserplatten,** dad. gek., daß man einen wss. Schlamm aus Fasern (Espenzellstoff, Pansendung) u. einem Bindemittel (Phenol–CH_2O-Harz) herstellt, letzteres auf den Fasern ausfällt, aus der Masse durch Zusatz eines feinverteilten, fettzurückhaltenden u. ein trocknendes Öl enthaltenden Materials (Fullererde, bes. aus Ölraffinerien, Walnußschalenmehl) eine nichtemulgierende Suspension bildet, diese vom W. durch Heißpressen befreit u. zur Härtung des Öl (Tungöls, Leinöl) erhitzt. Herst. von *Regalen, Malgründen, Fußbodenunterlagen.* — Beispiele, Tabellen, Fließschema. (**A. P. 2 978 382** vom 16/11. 1955, ausg. 4/4. 1961.) G. Vogel. 7999

H_{18b}. Textilfasern

Zur Bestimmung des zugelastischen Verhaltens von Textilien. Friedrich Winkler. (Faserforsch. u. Textiltechn. **13,** 211—23, Mai 1962; Teltow/Seehof, DAW zu Berlin, Inst. für Faserstoff-Forsch., Abt. Text.-Prüfung; dt.) — Eine systemat. Übersicht über die *Best.* des *zugelast. Verhaltens* von *Textilien* wird gegeben. Ein mit konst. Wechselkräften arbeitendes Verf. wird beschrieben. Die Auswertung der Ergebnisse erlaubt eine Aussage über die Größe der Elastizitätsänderung bei wiederholter Beanspruchung. An Hand von je einer Verstreckungsreihe einer Viscosecord- u. einer Polyamidseide wird gezeigt, daß eine gute Beurteilung der zugelast. Eigg. u. davon ausgehend des günstigsten Verstreckungsverhältnisses möglich ist. I. Beßer. 8096□

Beitrag zur Prüfmethodik von Flachsneuzüchtungen. Klaus-Christoph Menzel. (Faserforsch. u. Textiltechn. **13,** 227—30, Mai 1962; Dresden, DAW zu Berlin, Inst. für Technol. der Fasern; dt.) — Die *Vorprüfung* von *Flachsneuzüchtungen* ist für die Erhöhung der Rentabilität des Flachsanbaues bes. wichtig. An Hand der Vorprüfung von 6 Neuzüchtungen im Vgl. zu einer Standardsorte wird die Prüfmeth. erörtert. Folgende Hauptgütemerkmale bestimmen die Qualität des Prüflings: Faserwerte, die sich aus Gesamtfaser-, Schwingflachs- u. Hechelfaserausbeute sowie der Ausspinnbarkeit zusammensetzen. Techn. Stengellänge, die eine Voraussetzung für die betriebsmäßige Gewinnung der Langfaser darstellt; Stroh- u. Hechelfaserertrag, die Kriterien für den volkswirtschaftlichen Nutzen sind. Röstverlust u. Knickverlust sind zur Diagnostik u. zur Feststellung evtl. Vers.-Fehler heranzuziehen, ebenso muß die Stengeldicke berücksichtigt werden. Es wird dargelegt, daß eine Einteilung in Gütegruppen, die sich jeweils nach den Wachstumsbedingungen richten müssen, zu klaren Entscheidungen über den Wert einer Sorte führt. I. Beßer. 8104□

Einfluß der Glasfaserstruktur auf die Festigkeit des zusammengesetzten Materials. James E. Bell. (ARS Journal **31**, 1260—65, Sept. 1961; Seattle, Wash., Boing Airplane Co.; engl.) — Der Einfl. der *Glasfaserstruktur* auf die *Festigkeit* von *zusammengesetztem Material* wird durch Analyse von 5 Faserstrukturen in verstärkten Kunststoffen untersucht. Die Größe des Einfl. der Glasfaserstruktur auf die Festigkeit der Mischung wurde durch Ermittlung der typ. Mischungs- u. Faserwirkungsgrade für die 5 Faserstrukturen bestimmt. Gerade, gleichmäßige Fasern entwickeln die höchsten Mischungs- u. Faserwirkungsgrade. H. Sandner. 8118□

H_{19}. Brennstoffe. Erdöl. Mineralöle

Der Status von Stickstoff in der Kohle. L. V. Ramachandran, P. N. Mukherjee und A. Lahiri. (J. sci. ind. Res. [New Delhi], Sect. B **18**, 514—16, Dez. 1959; Halgora, Bihar, Central Fuel Res. Inst.; engl.) — *Kohlen* werden durch 4std. Kochen mit konz. HCl hydrolysiert, u. der *Bindungsstatus* von N wird untersucht. Der Hauptteil liegt in aromat. gebundener Form, nur wenig in Form von Amid, Imid u. Nitril vor. P. Gregorzewski. 8126□

Verwendung von Naturgas als industrieller Brennstoff und die dabei auftretenden Probleme. Antoine de Jerphanion. (J. Ind. Gaz **86**, 118—20, März 1962; Comp. Franç. du Méthane; franz.) — Die Schwierigkeiten, die bei der Verw. von CH_4-reichem *Naturgas* in *Brennern* entstehen, werden geschildert u. die bekannt gewordenen Lsgg. erörtert. Bes. wird der Ersatz von Masut durch Naturgas behandelt. Weitere Probleme bringen die Verbrennungs-Prodd. mit sich, weil diese sich, wie z. B. O_2, CO_2, CO usw., mit Ausnahme von N_2 nicht neutral gegenüber Metallen verhalten. F. Rosendahl. 8128□

Die Anwendung eines Analogrechners für die Untersuchung der katalytischen Nachverbrennung der Auspuffgase von Verbrennungsmotoren. P. Trambouze und W. Claes. (Rev. Inst. franç. Pétrole Ann. Combustibles liquides **17**, 568—84, April 1962; Bruxelles, Inst. Franç. du Pétrole, Centre Europ. de calcul; franz.) — Eine ausführliche Beschreibung an Hand eines prakt. Beispiels, wie durch *Anwendung* eines *Analogrechners* die *katalyt. Nachverbrennung* der *Verbrennungsgase* von *Motoren* kontrolliert werden kann, wird gegeben. G. Seidel. 8128□

Fortschritte in der Schaumschwimmaufbereitung. W. E. Bearce. (Mining Congr. J. **48**, Nr. 5, 37—40, 42, Mai 1962; Hanna Coal Co.; engl.) — Beschreibung der Trennung von „Feinkohle" in 3 Größen durch *Schaumschwimmaufbereitung.* W. Wesly. 8134□

Einige Probleme der Kohlenbrikettierung mittels Bindemittel. János Bunyitai. (Bányászati Lapok [Ung. Z. Bergbau] **95**, 311—13, Mai 1962; Budapest, Erdöl- u. Gasind. Trust.; ung.) — *Brikettierungs-Verss.* mit Bitumen u. Steinkohlenpech führen bei Bitumen zu höheren Festigkeiten. Obwohl die genormten Unters.-Meth. für Erdölbitumen sich nicht auf dessen Verwendbarkeit als Brikett-Bindemittel beziehen, kann auf Grund dieser Verss. doch ein den Festigkeitsansprüchen entsprechendes Bitumen gewählt werden. Die Oberfläche der Briketts ist lückenhaft, weil die in ihren Eigg. von der Kohle abweichenden tauben Körnchen vom Bitumen nur zum Teil bedeckt werden u. beim Pressen sich nicht ihrer Umgebung einfügen. Die innere Struktur bestätigt die Mallisonsche Mörteltheorie, indem den Raum zwischen den groben Körnern ein nicht sehr dichter, aus feinem Kohlenpulver u. Bindemittel gebildeter Mörtel ausfüllt. Aus diesem Grunde ist zur Brikettierung eine genügende Menge freien Kohlenstaubs anzuwenden. G. Csajághy. 8136

Die Herstellung einer rauchlosen Kohle. John M. Beskine. (Erdöl Kohle-Erdgas-Petrochem. **15**, 292—93, April 1962; London, National Carbonising Co., Ltd.; dt.) — Durch Verkokung bei 650—700° wird eine rauchlose Kohle erhalten. Aus ihr wird der Teer entfernt, aber nicht das Gas. Das sog. „Rexco-Verf." läßt sich mit den verschiedenen Arten von Stein- u. Braunkohle durchführen. Es eignet sich zur Herst. von Spezialkoks für die Stahlerzeugung, für Elektroniederschacht- u. Red.-Öfen u. sonstige industrielle Zwecke sowie für Haushaltkohle. Eine Retorte hat ein Fassungsvermögen von 35 t Rohkohle. Der Durchsatz beträgt 26 t „Rexco" je Retorte, wenn die rauchlose Kohle aus brit. Fettkohle in einem Verkokungszyklus von 17 Std. hergestellt wird. Die Beschickungszeit beträgt 3/4 Stunden. Die Verwertbarkeit der Nebenprodd. (Teer, fl. Nebenprodd.) wird untersucht. S. Gipp. 8144□

Dampf-Methan-Reforming zur Erzeugung von Wasserstoff. 1. Mitt. Gegenwärtiger Stand und technische Grundlagen. 2. Mitt. Letzte technische Neuerungen. R. J. Kenard jun. (Wld. Petroleum **33,** Nr. 3, 60—62, 64, 78, 80, März 1962; Nr. 4, 48—50, April 1962; Selas Corp. of America; Fluid Processing Div.; engl.) — Ein Überblick über die Entw. des Verf. der Rk. von Wasserdampf mit KW-Stoffen unter Druck, bes. mit CH_4, zur *Erzeugung von* H_2 nach: $CH_4 + H_2O \rightarrow CO + 3\,H_2$ u. den Stand der gegenwärtigen Technik wird gegeben. F. Rosendahl. 8148□

Die Umsetzung von Erdgas und schwerem Heizöl in der Arnheimer Ibing-Anlage. Hendrik Surink. (Erdöl Kohle-Erdgas-Petrochem. **15,** 14—21, Jan. 1962; Arnhem, Nederland; dt.) — Kurze Beschreibung des Ibing-Systems. — Die Viscosität des eingesetzten Öls beträgt ca. 3500 sec Redwood I bei 100° F (120 E/38°C). Da die Temp., bei der die Rk. stattfindet, für *Erdgas* u. *Öl* die gleiche ist, ist es nicht nur möglich, von einem Brennstoff auf den anderen ohne Zeitverlust überzugehen, sondern auch gleichzeitig beide Brennstoffe in einer Produktionseinheit in ein Gas mit niedrigem Heizwert umzuwandeln, welches durch Kaltcarburierung mit Erdgas oder Propan auf den geforderten Heizwert von Stadtgas gebracht werden kann. Über den bei der therm. Spaltung gebildeten Ruß u. seine Entfernung werden Angaben gemacht. W. Lauk. 8156□

Zurichten von Gas mit dem Garnier-Zähler. Jean Arnaud. (J. Ind. Gaz **86,** 259—68, Juni 1962; Toulouse, S. A. Appareils Électriques et Compteurs garnier; franz.) — Durch den Transport von *Gas* auf weite Entfernungen verliert es seine Feuchtigkeit u. auch einen Teil der schweren KW-Stoffe. Um dem Gas am Ort der Abnahme den alten Zustand wieder zu verleihen, müssen ihm Dampf u. KW-Stoffe in einer Höhe von 50% des Sättigungsgrades zugegeben werden. Hierzu wird eine geeignete App. beschrieben. F. Rosendahl. 8156□

C_9-Aromaten in Reformaten. Karl-Heinz Wingerter. (Chem. Techn. **14,** 333—37, Mai/Juni 1962; Böhlen, VEB Kombinat „Otto Grotewohl", Abt. Chem. Forsch.; dt.) — Ausführlich wird über die analyt. Best. der *C_9-Aromaten* berichtet. Auf bes. Probleme, wie Verss. zur Abtrennung von p-Äthyltoluol u. Mesitylen mit $SbCl_3$ sowie die Entalkylierung von Pseudocumol, wird hingewiesen. Herbert Hoffmann. 8200□

Einfluß der Wasserdampfzugabe auf die Ausbeute von Produkten bei der Benzinpyrolyse. Jaromir Procházka. (Chem. Techn. **14,** 201—02, April 1962; Most, ČSSR, Stalinwerke Záluzi, Forsch.-Inst. für Kohleverwertung; dt.) — Durch Erhöhung des *Wasserdampf-Geh.* des Einspritzprod. (*Bzn.* mit Kp. 40—121°) von 12 auf 47% wird bei 760° u. einer Verweilzeit von 0,5 Sek. die Gesamtolefinausbeute von 36,9 auf 42,4 Gew.-% vom Einsatz verbessert. Die potentielle Olefinausbeute erhöht sich von 42,6 auf 47 Gew.-% vom Einsatz. Durch den Einsatz von Wasserdampf vermindert sich der Anfall an C, so daß die Arbeitsdauer eines Ofens erheblich verlängert werden kann. F. Rosendahl. 8200□

Die Cetanzahl als Maß der Zündwilligkeit von Otto-Kraftstoffen. Willy Wolf. (Erdöl Kohle-Erdgas-Petrochem. **15,** 282—85, April 1962; Ludwigshafen/Rh., Bad. Anilin- & Soda-Fabrik; dt.) — Über ein Spezialaggregat zur Best. der *Cetanzahl* (CaZ) u. die damit durchgeführten Unterss. wird berichtet. Die Zündwilligkeit verschiedener *Benzine* mit gleicher ROZ bzw. MOZ kann um einige CaZ-Einheiten unterschiedlich sein, sie liegt aber stets über 6,0 CaZ. Die CaZ der untersuchten Superbenzine liegen zwischen 1,0 u. 7,5. Da bereits bei +6,0 die höchstmögliche Verdichtung des Prüfdiesels erreicht ist, wird ab 6,0 CaZ mit konst. Verdichtung u. veränderlichem Zündverzug (I) geprüft. Der I ändert sich im ungünstigsten Fall von 20 auf 25° KW. Mit Hilfe der Bezugskraftstoffe α-Methylnaphthalin u. Cetan wird festgestellt, daß in diesem Bereich 1° KW I mehr einer CaZ-Einheit weniger entspricht. Durch Zusatz von Motorenschmieröl wird die niedrige CaZ von Superbenzin günstig beeinflußt. Durch kleine Zusätze von Zündbeschleunigern (Peroxide, Nitrate oder Nitrite) wird die Zündwilligkeit wesentlich verbessert. S. Gipp. 8204□

Dampf-Flüssig-Gleichgewicht von Gemischen aus Äthylenchlorid und Kerosin. Antoni Z. Zieliński und Janina Skurat. (Przemysł chem. **41,** 371—73, Juli 1962; Szczecin, Zakład Technol. Chem. Org. II. Politechn.; pol.) — Das *Dampf-Fl.-Gleichgew.* von $ClCH_2CH_2Cl$ (I)/*Kerosin* wird bestimmt. Der Verteilungskoeff. von I zwischen Dampf u. fl. Phase wird berechnet. Die Ergebnisse werden in Diagrammen wiedergegeben. I. Kalzendorf. 8212□

Über farbverändernde Verbindungen im Dieselkraftstoff des TTH-Verfahrens. 1. Mitt. **Untersuchungen über die Farbstabilität und Ermittlung der Ursachen der**

Verfärbung. Günter Hildebrand, Johannes Teubel und Eberhard Leibnitz. (Chem. Techn. **14**, 338—41, Mai/Juni 1962; Zeitz, VEB Hydrierwerk, Forsch.- u. Entw.-Stelle; Leipzig, DAW zu Berlin, Inst. für Verf.-Techn. der org. Chem.; dt.) — Die *Verfärbung* von *Dieselkraftstoff* (**A**) wird laufend gemessen; Farbtonstabilisatoren bringen keine Verbesserung. Der Verfärbungsgrad ist abhängig vom Restphenol-Geh. von **A**. Es wird festgestellt, daß außer Phenolen auch noch organ. N-Basen u.eine noch nicht näher definierte Stoffgruppe die Verfärbung von **A** bewirken. Die anteilige Wrkg der 3 Stoffgruppen auf die Verfärbung von **A** u. ihre Verteilung über den Siedebereich können bestimmt werden. Herbert Hoffmann. 8212□

Über farbverändernde Verbindungen im Dieselkraftstoff des TTH-Verfahrens. 2. Mitt. **Untersuchung einer nach der Verfärbung isolierten Substanz.** Günther Hildebrand, Johannes Teubel und Eberhard Leibnitz. (Chem. Techn. **14**, 465 bis 468, Aug. 1962; dt.) — 1. vgl. vorst. Referat. — Außer den zwei bereits beschriebenen Stoffgruppen, die für die Verfärbung verantwortlich zeichnen, wird die dritte, noch unbekannte Gruppe näher untersucht. Es handelt sich hier um mehrfach alkylsubstituierte, phenol. u. chinoide Verbindungen. Herbert Hoffmann. 8212□

Probleme der Herstellung qualitativ hochwertiger Isolieröle aus naphthenischen, paraffinarmen Rohölen. Gerhard Keil, Hans-Jürgen Völker und Rudolf Pischelt. (Chem. Techn. **14**, 267—73, Mai/Juni 1962; Lützkendorf, VEB Mineralölwerk, Forsch.- u. Entw.-Stelle; dt.) — Durch Anwendung moderner Unters.-Meth. u. zweckmäßige Variation der Herst.-Parameter im Hinblick auf die technolog. vorgegebenen Möglichkeiten wird ein wesentlich besseres *Isolieröl* aus bekannten Rohstoffen hergestellt. Die Kennwerte dieses Öles liegen so, daß zugleich die Imprägnierung von Kondensatoren, Transformatoren u. Hochspannungskabeln möglich ist. Das Öl ist für Einsatz in Geräten bis zu höchsten Spannungen geeignet, so daß ihm ein umfangreiches Anwendungsgebiet offensteht. Herbert Hoffmann. 8218□

Die Herstellung von Schmierölen und Sonderprodukten aus Anastasjewer Rohöl. Gerhard Keil und Hans-Werner Pelz (unter Mitarbeit von Heinz Krahmer, Klaus Gastrock, Kurt Pistrick, Wilhelm Eichholz, Eberhard Leiste, Hartmut Roth, Bruno Marx, Herbert Heide, Hans-Jürgen Völker, Doris Völker und Ingeborg Haiduga). (Chem. Techn. **14**, 262—67, Mai/Juni 1962; Lützkendorf, VEB Mineralölwerke, Forsch.- u. Entw.-Stelle; dt.) — Die Verarbeitung von *Anastasjewer Erdöl*, das sich durch einen hohen Geh. an Aromaten auszeichnet, wird erörtert. Die außergewöhnlichen Eigg. u. die neuen Varianten der Aufarbeitung zu *Schmieröl* durch Dest. sowie Raffination werden ausführlich beschrieben. Herbert Hoffmann. 8220□

Synthetische Schmieröle auf Ester- und Ätherbasis. Heinrich Reith. (Chem. Techn. **14**, 309—13, Mai/Juni 1962; Dresden, TU, Inst. für Brenn-, Kraft- u. Schmierstoffe; dt.) — *Ester-* u. *Ätheröle* haben sich auf Grund ihres guten Viscositäts-Temp.-Verh., ihres guten Kälteverh. sowie ihrer guten therm. Beständig- u. Schmierfahigkeit als Flugturbinenöle ein gesichertes Anwendungsgebiet erobert. Esteröle u. Komplexester mit hoher Dichte sind ausgezeichnete Kraftübertragungsfl., Polyphenyläther äußerst strahlungsbeständige *Schmierstoffe*. Die Forderungen an Flugturbinenöle werden beschrieben u. im Überblick weitere Anwendungsgebiete angegeben.
Herbert Hoffmann. 8220□

Über technische und ökonomische Vorteile bei der Anwendung von Schmieröl-Additiven. Johannes Teubel und Kurt Drescher. (Chem. Techn. **14**, 283—91, Mai/Juni 1962; Zeitz, VEB Hydrierwerk, Forsch.- u. Entw.-Stelle; dt.) — Über Struktur, Aufbau u. Eigg. der *Additive* wird berichtet. Ein Überblick über den Einsatz von *Schmieröladditiven* in der modernen Technik wird gegeben. Herbert Hoffmann. 8220□

Der gegenwärtige Stand der Molybdändisulfid-Schmiertechnik. P. Lonsky. (Zucker **15**, 125—27, 1/3. 1962; München; dt.) — Kurzer Überblick über die prakt. Anwendungsmöglichkeiten von MoS_2 als *Schmiermittel*. O. Henning. 8220□

Motorenverschleiß, insbesondere bei Kaltbetrieb. Walter Baist. (Erdöl Kohle-Erdgas-Petrochem. **15**, 21—27, Jan. 1962; Rheine/Westf.; dt.) — Verss. im Vollmotor u. in Spezial-Aggregaten zeigen, daß im Bereich zwischen hydrodynam. Schmierung u. metall. Berührung der Gleitflächen hoher *Verschleiß* auftreten kann. Dieser sog. „Dünnfilmverschleiß" wird durch Additive, Alterungsstoffe u. W. beeinflußt. Der Unterschied zwischen Dünnfilm- u. korrosivem Verschleiß wird an Beispielen gezeigt, ferner wird der Einfl. des Kondenswassers auf verschiedene Verschleißstellen des Motors bei *Kaltbetrieb* nachgewiesen. W. Lauk. 8220□

Schmierstoffe für Kernenergiekraftwerke. E. Sommer. (Zucker **15**, 147—50, 15/3. 1962; Nürnberg; dt.) — Überblick über einige Unterss. zur Entw. strahlungsresistenter *Schmiermittel* für den Regelstabantrieb von *Reaktoren*, für die Lademaschine zum Ein- u. Ausbau der Brennstoffelemente u. für das Kühlgas-Umwälzgebläse.

Paraffinbas. Mineralöle werden bei Bestrahlung mit 10^9 n/cm² zunächst dunkler u. bilden schließlich nach Viscositätsanstieg gallertartige oder spröde feste Stoffe; naphthenbas. oder aromat. Öle zeigen ein besseres Verhalten. Antioxydantien werden zerstört. In seifeneingedickten Schmierfetten wird bei Bestrahlung das Seifengerüst zerstört, nicht dagegen in Kieselgelfetten. Das Bestrahlungsgerät für Ölproben der Fa. Shell, Thornton, wird kurz erläutert. O. Henning. 8222□

Grundfaktoren für Bildung und Stabilität von nichtseifenartigen Schmierfetten. 2. Mitt. **Der Mechanismus der Gelbildung.** J. J. Chessick, A. C. Zettlemoyer und G. J. Young. (J. Colloid Sci. **13**, 372—82, Aug. 1958; Bethlehem, Pa., Lehigh Univ., Surface Chem. Labor.; engl.) — 1. vgl. C. **1962**, 17270. — Der Einfl. der Polarität der Oberfläche des Verdickungsmittels (**A**) auf die Bldg. von Schmierfetten (**B**) beim Einarbeiten von Heptansäure (**I**), Heptylalkohol (**II**), Heptylamin (**III**), Heptylaldehyd (**IV**), Heptylchlorid (**V**) u. Octan in die in der 1. Mitt. (l. c.) verwendeten Syst. wird untersucht. **II** u. **III** bewirken deutliche Verdünnung der mit polaren **A** hergestellten **B**. **IV**, **V** u. **I** haben im allg. nur geringen Einfluß. Mit steigender Polarität von **A** steigt das Verdünnungsvermögen der Zusätze. Abweichend davon verhalten sich die unter Verw. von Ruß hergestellten **B**, die durch diese Zusätze unbeeinflußt blieben. Mit dem eine zwar vorwiegend, doch nicht ausschließlich, hydrophobe Oberfläche besitzenden Estersil (E. I. du Pont de Nemours) bereitete **B** verhalten sich etwas abweichend von den **B**, die aus vorwiegend polaren **A** hergestellt sind. Es zeigt sich, daß es bei Ggw. der Zusätze u. W. durch den Polarisationsgrad der Oberfläche bestimmt wird, ob die Komponente (W. oder Zusatz) durch die steigende Konz. der 2. Komponente verdrängt wird. E. Uhlein. 8222□

Wertvolle bituminöse Gesteine. N. Agapow. (Строительные Материалы [Baumaterialien] **3**, Nr. 5, 14, Mai 1957; russ.) — Bituminöse Gesteine des Erdölgebietes von Kasachstan bestehen hauptsächlich aus Bitumen, Quarz u. Feldspat. Der Bitumen-Geh. schwankt zwischen 10 u. 80%. Diese Materialien können zur Asphaltierung von Straßen u. Flugplätzen wie auch zur Herst. von Mastix, Verkleidungsplatten u. Dachpappen verwendet werden. Zu diesem Zweck eignet sich bes. das auf 120—130° erwärmte Bitumen mit mineral. Zuschlägen. K. Wekua. 8236

Ein praktisches Laboratoriumsgerät für die volumetrische Hochfrequenztitration des in Benzin oder Schmierölen enthaltenen Bleis. Athos Bellomo und Giovanni D'Amore. (Chem. Techn. **14**, 341—43, Mai/Juni 1962; Messina, Italien, Univ., Ist. di Chim. Gen.; dt.) — Ein auf der konduktometr. *Hochfrequenz-Meth.* basierendes Gerät für die *Titration* von *Pb* in *Bzn.* u. *Schmieröl* wird vorgeschlagen. Das Gerät weist eine einfache Konstruktion auf, ist leicht zu bedienen u. besitzt eine Empfindlichkeit, die bis zur Grenze von 20 mg Pb^{2+}/ml bei einem Fehlerbereich, der weniger als ± 1% beträgt, reicht. Herbert Hoffmann. 8242□

Messung der Feuchtigkeit von Braunkohle durch elastische Rückstreuung schneller Neutronen. Rüdiger Tornau und Karl Heinz Waechter. (VDI-Z. **104**, 901—02, 11/7. 1962; Erlangen; dt.) — Der *Wasser-Geh.* von *Braunkohle* wird mit Hilfe der *elast. Streuung* von *Neutronen* gemessen. Neutronen (meist aus einer Ra–Be-Quelle) werden in das Meßgut eingestrahlt, wo sie mit den Atomkernen der Meßsubstanz in Wechselwrkg. treten. Dabei tritt vorwiegend elast. Streuung auf. Das stoßende Neutron gibt an den gestoßenen Atomkern um so mehr seiner kinet. Energie weiter, je weniger sich Kern- u. Neutronenmasse unterscheiden. Bei Zusammenstößen mit H-Kernen, also W., ist diese Energieabgabe am größten. Ein Detektor für langsame Neutronen zeigt um so mehr Neutronen an, je höher der H-Geh., d. h. Wasser-Geh., des Meßgutes ist.
W. Wesly. 8244□

Zur Frage der Identifizierung von Erdölen. Georg Rudakow. (Chem. Techn. **14**, 241, April 1962; Ufa, UdSSR, Forsch.-Inst. für Erdöllagerung u. Transportwesen; dt.) — Zur *Identifizierung* von *Erdölen* wird der *Rheochor* Rh = $\eta^{1/8}\,\overline{MG}\,d^{-1}$ (wobei η dynam. Viscosität in cP, d Dichte in g/cm³, $\overline{MG}$ mittleres Molgew. des Gemisches, $\overline{MG} = MG_1X + MG_2(1 - X)$, MG_1 u. MG_2 Molgew. zweier Substanzen, X Gew.-Anteil der 1. Komponente) eingeführt, der etwa dem Parachor entspricht. F. Rosendahl. 8252□

Die quantitative Analyse von Bestandteilen eines Roherdöls ausgehend von unter Druck gewonnenen Proben. F. Menez. (Rev. Inst. franç. Pétrole Ann. Combustibles liquides **17**, 842—51, Juni 1962; franz.) — Eine chromatograph. Meth. zur *quant. Analyse* einer *Mikroprobe* von komprimiertem *Rohöl*, die direkt in den Chromatograph eingebracht wird, wird beschrieben. Diese Meth. wird bes. für die Analyse der ausströmenden Prodd. der verschiedenen Hassi-Messaoud-Bohrlöcher entwickelt. Sie ist ebenfalls von bes. Interesse für die Analyse von Naturgas, das wahrnehmbare Mengen C_5-KW-Stoffe enthält, sowie für die Unters. von entspannten Roherdölen, in denen leichte KW-Stoffe gelöst sind. G. Seidel. 8252

Mikromethoden zur Bestimmung physikalischer Kennzahlen in der Mineralölanalytik. Peter H. Berthold. (Chem. Techn. **14**, 301—05, Mai/Juni 1962; Zeitz, VEB Hydrierwerk, Forsch.- u. Entw.-Stelle; dt.) — Die Übersicht beschränkt sich auf *Best.-Meth.* mit kleinen Substanzmengen für die Dichte, die Molmasse u. die Viscosität. Zahlreiche abgeänderte u. neuentwickelte App. werden im Aufbau u. in der Funktionsweise ausführlich beschrieben. Herbert Hoffmann. 8252□

Eine verbesserte potentiometrische Methode zur Bestimmung der Säurezahlen (TAN und SAN) in Erdölprodukten. Siegfried Wolf. (Erdöl Kohle-Erdgas-Petrochem. **15**, 27—31, Jan. 1962; Herisau/Schweiz, Metrohm AG; dt.) — Durch Wahl von Titriermitteln stärkerer Basizität (0,2n-Tetraäthylammoniumhydroxid-Lsg.) sowie eines höheren Wassergeh. des Lsgm.-Gemisches, was durch Aufnahme von Wassergeh.-Kurven als notwendige Änderung erkannt wird, können die Verhältnisse günstiger gestaltet werden. Mit Hilfe einer Spezial-W-Elektrode (sog. SNT-Elektrode) gelingt es, auch Potentialsprünge sehr schwach saurer Bestandteile noch dann festzustellen, wenn die Glaselektrode unter gleichen Bedingungen versagt. Bei Verw. eines schreibenden automat. Titriergerätes mit konst. Titrier-Geschw. werden die Titrationen kontinuierlich u. mit einem Maximum an Objektivität durchgeführt. W. Lank. 8252□

Anwendung der Polarographie in der Erdölindustrie. 11. Mitt. Guido Zuliani und P. Dal Pozzo. (Metano, Petrolio nuove Energie **15**, 123—32, 28/2. 1961; Padoa, Univ., Ist. di Chim. Fis.; Centro di Studio per la Polarografia del C.N.R.; ital.) — 10. vgl. C. **1962**, 2956. — Übersicht über die *polarograph. Best.* von Aromaten, Polycyclen, Naphthalin, Styrol, Bzl., Halogenen, V, $Pb(C_2H_5)_4$, Peroxiden, Antioxydantien (p-Phenylendiamine), S, H_2S, Mercaptanen, Sulfiden, Disulfiden u. Thiophen. — 35 Literaturangaben. W. Holland. 8252□

Aufbau von 18-m-Chromatographiesäulen für die Elutionschromatographie von Erdölprodukten. 1. Mitt. Martin Finke und Günther Heinze. (Chem. Techn. **14**, 299—301, Mai/Juni 1962; Leipzig; dt.) — Aufbau, Funktion u. Wartung einer halbtechn. *Chromatographiesäule* sowie die erhaltenen Vers.-Ergebnisse werden ausführlich beschrieben. Herbert Hoffmann. 8252□

Bestimmung des Bleitetraäthylgehaltes in Motorbenzin. Gyula Nagypataki und Zoltán Tamási. (Magyar Kémikusok Lapja [Z. Ver. ung. Chemiker] **17**, 140 bis 43, März 1962; Szőny, Erdölind.-Unternehmen; ung.) — Die bekannten Meth. werden geprüft u. die komplexometr. Meth. als beste festgestellt. Sie wird nur durch anwesende Metallionen gestört. J. Plank. 8254

Untersuchung einer Schnellmethode zur Bestimmung geringer Bleitetraäthylgehalte in Treibstoffen. D. Loroue und G. Paul. (Rev. Inst. franç. Pétrole Ann. Combustibles liquides **17**, 830—41, Juni 1962; franz.) — $Pb(C_2H_5)_4$ (**I**) wird mit einer Lsg. aus konz. HNO_3, $KClO_3$, NaCl u. W. aus dem *Treibstoff* extrahiert. Die Best. des Pb-Geh. erfolgt colorimetrisch. Dabei wird der bei Zusatz eines Überschusses von Na_2S zum Extrakt erhaltene Farbton mit demjenigen verglichen, der bei Zusatz bekannter Mengen $Pb(NO_3)_2$ zu einer Lsg. von Na_2S entsteht. Bei dieser Meth. stören solche Metalle, die ebenfalls gefärbte Sulfide ergeben. Die Genauigkeit beträgt $\pm$ 0,001 ml/l **I** bei Konzz. von 0—0,200 ml/Liter **I**. G. Seidel. 8254□

Kritische Einschätzung der zur Charakterisierung des Alterungszustandes von Schmierölen verwendeten Laborkennzahlen. Gerhard Keil, Lothar Milowsky und Horst Saxe. (Chem. Techn. **14**, 274—77, Mai/Juni 1962; Freiberg, Dt. Brennstoffinst.; Unterabt. fl. Brennstoffe; dt.) — Ein Überblick über Faktoren wird gegeben, denen Motoren- u. Turbinenöle in der Praxis ausgesetzt sind. Auf Qualitätsforderungen u. Eig.-Änderungen der Öle wird eingegangen. Die Best.-Meth. von *Kennzahlen*, die Aussagen auf weitere Brauchbarkeit des *Öles* ermöglichen, werden beschrieben. Herbert Hoffmann. 8258□

Die Bestimmung von Stoffgruppen in Schmierölen mit Hilfe der Ultrarotspektroskopie. Hugo Eckardt, Gerhard Keil und Karl-Heinz Rentrop. (Chem. Techn. **14**, 305—09, Mai/Juni 1962; Freiberg/Sa., Dt. Brennstoffinst.; dt.) — Mit Hilfe der *IR-Spektroskopie* ist es möglich, von *Ölen* im Molgew.-Bereich 290—500 die Strukturgruppenwerte zu ermitteln, sofern der aromat. C-Geh. nicht > 30% ist. Die Anwendbarkeit der Brandeschen Formeln wird durch die Unterss. damit wesentlich erweitert. Nach diesem Mischungs-Verf. lassen sich wahrscheinlich auch die Strukturgruppenwerte aromat. Extrakte spektroskop. ermitteln. Herbert Hoffmann. 8258□

Crucible Steel Co. of America, Pittsburgh, übert. von: Melvin C. Chang und John Dasher, Pittsburgh, Pa., V.St.A., **Aufbereitung von Kohleschlämmen zwecks Herstellung von metallurgischem Koks.** Die Schlämme, z. B. mit 9% Feststoff, werden durch eine 1. Reihe parallelgeschalteter Zyklone geleitet. Die „Überflüsse" dieser

Reihe gelangen dann in eine 2. Reihe parallelgeschalteter Zyklone, deren Durchmesser wesentlich kleiner als die der 1. Reihe sind (z. B. 14 in. zu 3 in.). Die unteren Abgänge der beiden Reihen werden getrennt einer Schaumflotation unterworfen, wobei als Schaumkonzentrat eine aschearme Kohle erhalten wird. Die Abgänge der Schaumflotation werden mit dem „Überschuß" der 2. Zyklonreihe vereinigt u. eingedickt. Sie stellen das Abfall-Prod. dar. Das aschearme Kohlekonzentrat der Flotation dient zur Gewinnung von metallurg. Koks. (**A. P. 2 970 689** vom 27/3. 1958, ausg. 7/2. 1961.) W. Hauswald. 8135

Council of Scientific & Industrial Research, Delhi (Erfinder: Madhur Srinivas Iyengar, Thirumalaikolundupuram Ananthakrishna Subramanian und Adinath Lahiri, Jealgora), Indien, **Herstellung wasserfester Briketts,** dad. gek., daß man Braunkohle in feingepulvertem Zustand 2—3 Std. unter Luftabschluß auf 100—400° erhitzt, worauf man das Material in üblicher Weise brikettiert. (**Ind. P. 645 523** vom 2/7. 1958, ausg. 20/2. 1961.) C. Lüttgen. 8137

Standard Oil Co., Chicago, Ill., übert. von: Alan K. Roebuck, Dyer, Ind., und Bernard L. Evering, Chicago, und William W. Sanders, Crete, Ill., V.St.A., **Alkylierung.** Man führt ein Isoparaffin u. ein Olefin in eine Rk.-Zone ein, wo sie in fl. Phase mit einem Alkylierungskatalysator (I) in innige Berührung gebracht werden. Unter Alkylierbedingungen bilden sich Isoparaffin-Olefin-Alkylierungsprodukte. Als I verwendet man eine fl. Zus. aus $AlCl_3$, Dimethyl- u. Diäthyläther (1 : 1). Das Mol-Verhältnis $AlCl_3$: Äther ist größer als 1. Die relativen Mengen Dimethyläther u. Diäthyläther im Katalysator betragen zwischen ca. 75 Vol.-% Dimethyläther u. 25 Vol.-% Diäthyläther bis zu 25 Vol.-% Dimethyläther u. 75 Vol.-% Diäthyläther. — Zeichnung. (**A. P. 2 975 223** vom 4/12. 1957, ausg. 14/3. 1961.) P. Unger. 8201

Pure Oil Co., Chicago, übert. von: Hillis O. Folkins, Crystal Lake, Elmer L. Miller, Cary, und Kenneth E. Lucas, Crystal Lake, Ill., V.St.A., **Isomerisierungskatalysatoren** hoher Aktivität erhält man durch Imprägnieren eines vorcalcinierten SiO_2/Al_2O_3-Trägers (mindestens 50 Gew.-% SiO_2 enthaltend) mit der Lsg. einer reduzierbaren Pd-Verb., die ausreicht, um auf dem Träger eine Pd-Konz. von 0,01 bis 1,0 Gew.-% zu erzeugen. Man trocknet den imprägnierten Träger u. red. mit H_2 bei 750—800°F. — Zeichnung. (**A. P. 2 968 632** vom 14/7. 1958, ausg. 17/1. 1961.) P. Unger. 8201

Universal Oil Products Co., Des Plaines, Ill., V.St.A., **Katalysatoren für die Spalthydrierung von Kohlenwasserstoffen.** Die Katalysatoren bestehen aus einem Träger (I) aus wärmebeständigen Oxiden u. einem darauf feinverteilten Nd. (II) von Metallen der Gruppen VI B u. VIII des Period. Systems. I hat etwa die Zus. 63 (Gew.-%) SiO_2 + 37 Al_2O_3, dazu geringe Mengen von einem oder mehreren der Oxide von Mg, Zr u. Th. Der Metall-Geh. beträgt 0,01—10% des Gew. von I, vorzugsweise verwendet werden: Ni, Mo, Pt u. Pd oder Pt + Pd sowie Ni + Mo. Die II werden in der Weise hergestellt, daß I mit wss. Lsgg. der Metallsalze, bes. der Nitrate, getränkt u. die letzteren dann durch Erhitzen auf 700—760° in die Oxide übergeführt werden. Diese werden dann bei 260—540° mit H_2 zu den Metallen reduziert. — Diese Katalysatoren lassen sich durch Erhitzung in einer Atmosphäre, die die Verbrennung des adsorbierten C u. N_2 unterhält, leicht reduzieren. Die Erwärmung wird stufenweise durchgeführt: Zuerst ½ Std. auf 480°, dann ½ Std. auf 540°, dann ½ Std. auf 595° u. schließlich so lange auf 700—760°, bis kein C u. N_2 mehr vorhanden sind. Die dabei oxydierten Metalle werden dann bei Temp. $<$480° mit H_2 wieder reduziert. (**Port. PP. 38 069** vom 11/2. 1961, Auszug veröff. 26/4. 1961. A. Prior. 12/2. 1960 u. **38 075** vom 14/2. 1961, Auszug veröff. 26/4. 1961. A. Prior. 15/2. 1960.) A. Kalix. 8201

M. W. Kellogg Co., Jersey City, übert. von: George W. Stanford, Linden, und James L. Patton, Ramsey, N.J., V.St.A., **Reformieren von Kohlenwasserstoffen.** Die Konz. der C_3- u. höheren gasförmigen KW-Stoffe wird dauernd kontrolliert. Ein Teil des H_2-Gases aus der Reformierzone wird zur Entschwefelungszone geleitet, in der das S-haltige Schwerbenzin entschwefelt wird. Das Rk.-Prod. dieser Zone wird in die KW-Stoffe u. einen Gasstrom, der H_2 u. H_2S enthält, zerlegt. Ein aus dem Prozeß stammendes Kreislauföl wird zur Absorption der in dem gasförmigen Anteil der Prodd. der Entschwefelungszone enthaltenen gasförmigen C_3- u. höheren KW-Stoffe verwendet. Dieses Waschöl wird dann in einer Fraktionierzone wieder von den absorbierten C_3- u. höheren gasförmigen KW-Stoffen befreit. Das von diesen gasförmigen KW-Stoffen befreite entschwefelte Schwerbenzin wird der Reformierungszone zugeleitet. — Zeichnung. (**A. P. 2 969 316** vom 6/5. 1958, ausg. 24/1. 1961.) E. Kahles. 8201

British Petroleum Co. Ltd. (Erfinder: John Arthur Edgar Moy, Peter Thomas White und Bernard Whiting Burbidge), **Dehydrieren oder Decyclisieren von Petroleumkohlenwasserstoffen** durch Erhitzen auf 450—580° bei einem

Druck von < 50 lbs./sq.in. u. ohne Zugabe von H_2 in Ggw. eines Katalysators, der aus auf einem Träger, bes. Al_2O_3, niedergeschlagenem Cr_2O_3 mit einem Geh. von 5—25% Cr_2O_3 u. einer kleineren Menge, bes. 0,1—10%, Spinell besteht. (**Aust. P. 230 837** vom 7/5. 1958, ausg. 17/11. 1960.) C. Lüttgen. 8201

Standard Oil Co., Cleveland, übert. von: Robert W. Snyder, Sheffield Lake, und Richard J. De Gray, Shaker Heights, Ohio, V.St.A., **Verbesserung des Geruchs von Kohlenwasserstoffdestillaten.** Erdölbenzin (Kp. 100—400° F) mit unerfreulichem Geruch wird zur Geruchsverbesserung in fl. Phase bei ca. 70° F in einem aus festen Teilchen bestehenden Bleioxidbett 60—120 Min. lang behandelt. (**A. P. 2 970 104** vom 25/6. 1957, ausg. 31/1. 1961.) P. Unger. 8201

Esso Research and Engineering Co., Del., übert. von: James T. Di Piazza, Mountainside, N.J., V.St.A., **Additive zur Verbesserung der elektrischen Eigenschaften zu behandelnder oder lagernder Kohlenwasserstofföle.** Zu einem KW-Stofföl (Kp. 75—750° F) werden ca. 0,00005—0,5 (Gew.-%) eines Tetraalkylammoniumsalzes einer nichtsubstituierten C_2—C_{10}-Hydroxycarbonsäure zugegeben. Die aliphat. Reste der Ammoniumbase bestehen aus Alkyl- u. Alkenylresten, deren jeder 1—24 C-Atome enthält. Außerdem werden 0,00005—0,5 einer sauren Komponente zugesetzt (Mono- oder Dialkylphosphate, deren Alkylreste 6—10 C-Atome enthalten) u. Alkylmercaptoessigsäuren mit Alkylgruppen von 4—20 C-Atomen. (**A. P. 2 974 027** vom 6/10. 1958, ausg. 7/3. 1961.) P. Unger. 8201

Universal Oil Products Co., Des Plaines, übert. von: Herman S. Bloch, Skokie, Ill., V.St.A., **Herstellung von aromatischem Treibstoff** durch katalyt. Reformierung von Leichtbenzin in Ggw. von H_2. Das Reformat wird in eine niedrigsd. Fraktion mit einem End-Kp. von 250° F u. eine hochsd. Fraktion zerlegt. Die niedrigsd. Fraktion wird mit einem wss. Polyäthylenglykol extrahiert, wobei Bzl. u. Toluol im Extrakt entfernt werden. Desgleichen wird die hochsd. Fraktion extrahiert, wobei die Selektivität des Extraktionsmittels durch geringeren Wasserzusatz als bei der 1. Extraktion verstärkt u. dabei außerdem Dipropylenglykol verwendet wird. Die beiden Extrakte werden gemischt. — Zeichnung. (**A. P. 2 976 231** vom 22/6. 1959, aug. 21/3. 1961.) E. Kahles. 8205

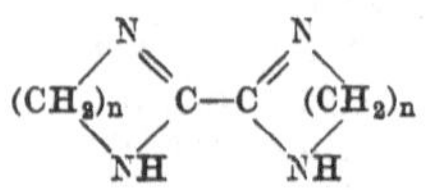

I

American Cyanamid Co., New York, N.Y., übert. von: Clyde S. Scanley und Ken Matsuda, Stamford, Conn., und Ralph A. Coleman, Middlesex, N.J., V.St.A., **Motortreibstoff.** Er enthält als *Antioxydationsmittel* eine Verb. der Formel I, worin n 2—4 bedeutet, wie *2.2'-Bis-[Δ²-imidazolinyl, 2.2'-Bis-3.4.5.6-tetrahydropyrimidyl.* (**A. P. 2 970 897** vom 3/12. 1957, ausg. 7/2. 1961.) E. Kahles. 8205

Socony Mobil Oil Co., Inc., übert. von: Myron Becker, Woodbury, N.J., V.St.A., **Motortreibstoff,** gek., durch einen Zusatz von 0,005—0,5 Gew.-% von *2-Pyrrolidon.* (**A. P. 2 978 303** vom 5/1. 1959, ausg. 4/4. 1961.) E. Kahles. 8205

Standard Oil Co. (Erfinder: Chien-Wei Liao), **Motorbrennstoffzusatz,** bebestehend aus 5—15 (Gew.-%) 2-Methylpentandiol-2.4-hydrogenborat, gelöst in 95—85 Bis-(2-methylpentandiol-2.4)-diborat. (**Aust. P. 228 630** vom 6/8. 1958, ausg. 7/7. 1960.) K. Demmler. 8205

British Petroleum Co. Ltd. (Erfinder: John Arthur Edgar Moy und Bernard Whiting Burbidge), **Erhöhen der Octanzahl** von katalyt. reformierten Petroleum-KW-Stoffen, dad. gek., daß man diese ohne Zusatz von H_2 bei 450—580° unter einem Druck von < 50 lbs./sq.in. über einen Katalysator leitet, der aus auf Al_2O_3 niedergeschlagenem Cr_2O_3 u. einer kleinen Menge, ca. 1%, La u. evtl. K oder Na in Form ihrer Oxide besteht. An Stelle von La-Oxiden können auch Gemische verwendet werden, die hauptsächlich La u. Ce u. kleinere Mengen anderer seltener Erden enthalten. (**Aust. P. 230 838** vom 7/5. 1958, ausg. 17/11. 1960.) C. Lüttgen. 8207

Gulf Research & Development Co., Pittsburgh, übert. von: Henry A. Ambrose, Penn Township, Allegheny County, Pa., V.St.A., **Behandlung von Destillattreibölen mit wässerigen baktericiden Mitteln.** Man sieht zwei Treibölfraktionen vor (Destillattreibölsiedebereich), von denen die eine durch eine wss. Behandlung verbessert werden kann. Vor der Wasserwäsche verleibt man dem Waschwasser in hierzu ausreichender Menge ein ölunlösl. baktericides Mittel ein, das gelartige Ablagerungen verursachende Mikroben zerstört, u. zwar unter pH-, Temp.- u. Ernährungsbedingungen, die für das Wachstum der Mikroben ausschlaggebend sind. Nach der Abtrennung des gewaschenen, behandelten Öles vom Waschwasser verschneidet man dasselbe mit der wertvolleren Treibölfraktion u. erhält einen Destillattreibölverschnitt mit verminderter Neigung, gelartige Ablagerungen zu bilden. (**A. P. 2 975 043** vom 30/12. 1955, ausg. 14/3. 1961.) P. Unger. 8213

Gulf Research & Development Co., Pittsburgh, übert. von: Arthur V. Churchill, Oakmont, und Edward Mitchell, Valencia, Pa., V.St.A., **Brennölzusammensetzung.** Sie besteht zum größten Teil aus einem KW-Stofföl mit einer API-Dichte $<34^0$ u. weist einen geringen Anteil von einem Hydrazinsalz u. einer öllösl. KW-Stoffsulfonsäure, wie Erdölsulfonsäure oder mit langem aliphat. Rest substituierte Benzolsulfonsäuren, auf. (**A. P. 2 971 827** vom 2/12. 1957, ausg. 14/2. 1961.) E. Kahles. 8217

Gulf Research & Development Co., Pittsburgh, übert. von: Arthur V. Churchill, Oakmont, und Edward Mitchell, Valencia, Pa., V.St.A., **Brennöl.** Es besteht aus einem KW-Stofföl mit einer API-Dichte $<34^0$ u. 1 Gew.-%, bezogen auf das Öl, an Hydrazin. (**A. P. 2 971 828** vom 2/12. 1957, ausg. 14/2. 1961.) E. Kahles. 8217

Esso Research and Engineering Co., Del., übert. von: Norman E. Delfel, Scotch Plains, N.J., V.St.A., **Verringerung des Schaumbildungsvermögens in Mineralölen, die öllösliche Reinigungsmittel enthalten,** wie Metallsulfonate u. Metallalkylphenolsulfide, erreicht man durch einen Zusatz von ca. 0,001—1,0 (g) eines Dimethylsiliconpolymeren mit einer Viscosität von 100—12500 cSt/25° u. ca. 0,03—15 Octadecanol-(1), jeweils bezogen auf 100 Reinigungsmittel. (**A. P. 2 972 579** vom 6/8. 1957, ausg. 21/2. 1961.) P. Unger. 8221

Esso Research and Engineering Co., Elizabeth, N.J., V.St.A. (Erfinder: Thomas Arnold Garbett und Ronald Charles Watkins), **Herstellung öllöslicher Mischpolymerisate** aus 2—15 (Mol.-%) Maleinsäureanhydrid, 25—50 eines Alkylesters einer α,β-ungesätt. Dicarbonsäure u. 40—70 eines Alkylenesters einer C_1—C_6-Monocarbonsäure bei 80—100° in Ggw. von tert. Butylperbenzoat. Nach dem Beispiel werden außer dem Anhydrid Laurylfumarat u. Vinylacetat verwendet, wobei 2 Gew.-% Laurylalkohol als Modifikator zugesetzt werden. Die Mischpolymerisation wird so lange fortgesetzt, bis das Prod. eine Viscosität von 400 cSt bei Rk.-Temp. erreicht hat. Nach Verdünnung mit Mineralöl dient es als *Schmierölzusatz.* (**E. P. 844 984** vom 18/7. 1958, ausg. 17/8. 1960.) H. Schindler. 8221

Sinclair Refining Co., New York, N.Y., übert. von: William B. Watson, Park Forest, Ill., V.St.A., **Zweistufige Reinigung von rohen Erdölschmierölen mit Schwefelsäure und Wasserstoff.** Man behandelt das aus einem Rohöl aus der Gruppe der naphthen. u. Mid-Continent-Rohöle stammende Schmieröl (**I**) mit H_2SO_4 u. erhält ein Öl, das saure Komponenten u. Säureschlamm enthält, den man abtrennt. Dann behandelt man das verbliebene Öl in Ggw. eines Hydrierungskatalysators bei 400—800° F unter 400—1000 lbs./sq.in. mit H_2 u. erhält ein **I** von verminderter Acidität. (**A. P. 2 973 315** vom 15/1. 1958, ausg. 28/2. 1961.) P. Unger. 8221

Sinclair Refining Co., New York, N.Y., übert. von: William B. Watson, Park Forest, Ill., V.St.A., **Raffination eines Rohschmieröls durch milde Hydrierung mit anschließender Schwefelsäurebehandlung.** Das z. B. aus naphthenbas. Rohölen aus der Gruppe der Gulf Coast- u. California-Rohöle stammende Rohschmieröl (**I**) leitet man zusammen mit H_2 über einen Hydrierungskatalysator bei 550—750° F unter 400 bis 1500 lbs./sq.in. u. erhält ein hydriertes **I**, das man dann noch mit H_2SO_4 behandelt, wodurch man ein saures Öl erhält. (**A. P. 2 973 317** vom 6/2. 1958, ausg. 28/2. 1961.) P. Unger. 8221

Sun Oil Co., Philadelphia, übert. von: Samuel E. Jolly, Ridley Park, Pa., V.St.A., **Mineralschmieröle** (**I**) enthalten 0,1—10 (Gew.-%) Alkalipetroleumsulfonate u. 0,1—1 Ester der Erdölnaphthensäuren mit Glycerinpolyäthern mehrwertiger Phenole, die in unveresterter Form schwer in **I** lösl. sind. Die Herst. erfolgt aus Naphthensäuren (**II**) vom Molgew. ab 270 u. Polyäthern mit 3—20 OH-Gruppen/Mol., die abwechselnd C_{3-6}-Hydroxyalkylen- u. C_{6-20}-Aromatenreste durch Sauerstoffbrücken gebunden enthalten, in solchen Mengen, daß alle OH-Gruppen mit **II** reagieren. — Beispiel: Naphthensäureester von Bis-Phenol–Epichlorhydrin-Kondens.-Prod. „Epon 1004" (**III**) (Molgew. 1400, Zahl der reaktionsfähigen OH-Gruppen 8), hergestellt aus je 100 g Naphthensäure VZ. 217 u. **III.** (**A. P. 2 970 960** vom 27/11. 1953, ausg. 7/2. 1961.) E. Drews. 8221

Sun Oil Co., Philadelphia, übert. von: James L. Jezl, Swarthmore, Habet M. Khelghatian, Springfield, und Archibald P. Stuart, Media, Pa., V.St.A., **Stabilisierung von Schmierölen mit einem Keten.** Man behandelt ein z. B. paraffin-naphthenbas. KW-Stoff-Schmieröl, von dem unter atmosphär. Druck $<$ 700° F $<$ 20% übergehen mit einem Keten (Keten, Methylketen, Äthylketen, Dimethylketen, Diäthylketen, Diphenylketen), das mit den instabilen Bestandteilen des Öls reagiert. (**A. P. 2 973 318** vom 25/11. 1959, ausg. 28/2. 1961.) P. Unger. 8221

Research Products Corp., übert. von: Milton J. Shoemaker, Madison, Wis., V.St.A., **Verdickte, thixotrope Schmieröle** enthalten als Verdicker höhere

Diamide von ungesätt. Fettsäuren der allg. Formel R—CO—NH—R″—NH—CO—R′, in welcher R u. R′ für C_{15-17}-Alkylreste u. R″ für C_{1-4}-Alkylenreste stehen. — Beispiel: Schmieröl aus 95 (%) weißem Mineralöl u. 5 N.N′-Äthylen-bis-stearylamid („Advawax 280“). (**A. P. 2 971 914** vom 14/10. 1957, ausg. 14/2. 1961.) E. Drews. 8221

Standard Oil Co., Chicago, übert. von: Thomas H. Cafcas, Chicago, und Albert W. Lindert, Homewood, Ill., V.St.A., **Lösliche Ölgemische** aus Schmieröl, Seife u. kleinen Mengen W. werden zur Verhinderung der Ansiedlung geruchbildender Bakterien mit einem Gemisch aus ca. 15—30 (%) β-Naphthol, 15—30 Na-o-Phenylphenolat, 4—25 W. u. 35—60 eines Alkylalkohols mit 1—4 C-Atomen versetzt, u. zwar in Mengen, daß in der Emulsion ca. 0,05—0,1 β-Naphthol u. Na-o-Phenylphenolat vorliegen. (**A. P. 2 968 620** vom 28/10. 1957, ausg. 17/1. 1961.) P. Unger. 8221

Universal Oil Products Co., Des Plaines, übert. von: Ernest L. Pollitzer, Hinsdale, Ill., V.St.A., **Herstellung von oberflächenaktiven Verbindungen der Kohlenhydrate** erfolgt in mehreren Stufen, indem man zuerst einen reduzierbaren Zucker mit einem aromat., alkylierten Monoamin in Ggw. eines Katalysators (Ni auf Kieselgur) u. H_2 bei 110° u. 50 at zu einem sek. Amin kondensiert u. das erhaltene sek. Amin mit oxyalkylierenden Verbb., wie Äthylenoxid, Glycidalkohol oder α-Halogenhydrinen von Polyäthylenglykolen, in Ggw. eines bas. wirkenden Katalysators bei ca. 50 bis ca. 180° oxalkyliert. Man kann auch von alkylierten aromat. Mononitro-Verbb. ausgehen u. diese mit einem reduzierenden Zucker in Ggw. eines Katalysators (Ni auf Kieselgur) bei 100 at H_2-Druck gleichzeitig reduzieren u. kondensieren. Die aromat. Amine bzw. aromat. Mononitro-Verbb. sollen Alkylgruppen mit mindestens 9 C-Atomen, bes. 9—18 C-Atomen, enthalten. In die sek. Amine sollen 2—20 Oxyalkylgruppen eingeführt sein. Die Kondens.-Prodd. wirken auch als *oberflächenakt. Verbb.*, wenn sie in nichtwasserlösl. Medien gelöst sind, z. B. *in Schmierölen*, oder *Detergentien für Erdöle*. (**A. P. 2 976 275** vom 28/12. 1956, ausg. 21/3. 1961.) G. König. 8221

Gulf Research & Development Co., Pittsburgh, übert. von: William I. Gilbert, Oakmont, und Arthur C. Whitaker, Pittsburgh, Pa., V.St.A., **Wässerige Schmierölemulsionen** bestehen aus einer 5—20 Vol.-%ig. Ölemulsion, deren Ölanteil aus 50—95 (Gew.-%) Mineralschmieröl u. 5—50 Emulgator besteht u. als Antischaummittel 0,001—1 verzweigtkettiges Trioctylamin enthält. (**A. P. 2 976 240** vom 21/10. 1958, ausg. 21/3. 1961.) E. Drews. 8221

Texaco, Inc. Del., übert. von: James R. Roach, Beacon, Joseph F. Lyons, Wappingers Falls, und John P. Dilworth, Fishkill, N.Y., V.St.A., **Natriumseifen — Schmierfette**, die mit C_{6-24}-Fettsäuren, C_{10-24}-Hydroxyfettsäuren, deren Glyceriden oder Monoestern in Form der Na-Seifen gedickt sind, werden bzgl. ihrer Ausbeute u. Festigkeit bei der Herst. verbessert, wenn man den fertigen Fetten 0,5—3 (Gew.-%) Estolide der allg. Formel $HO[-OC-(CH_2)_x-CH(R)-O-]_nH$ R = H oder C_{1-21}-Alkylreste, x = 1—22, n = 2—10) zugibt, auf >300° F erwärmt u. abkühlt. (**A. P. 2 969 325** vom 8/9. 1955, ausg. 24/1. 1961.) E. Drews. 8223

Texaco, Inc., Del., übert. von: Norman R. Odell, Fishkill, und Joseph F. Lyons, Wappingers Falls, N.Y., V.St.A., **Schmierfette** auf Mineralschmierölbasis enthalten als Verdicker Verbb. der allg. Formeln **I**, **II** u. **III**, in denen Ar ggf. substituierte

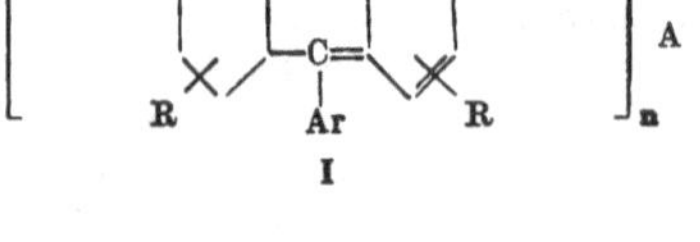

I

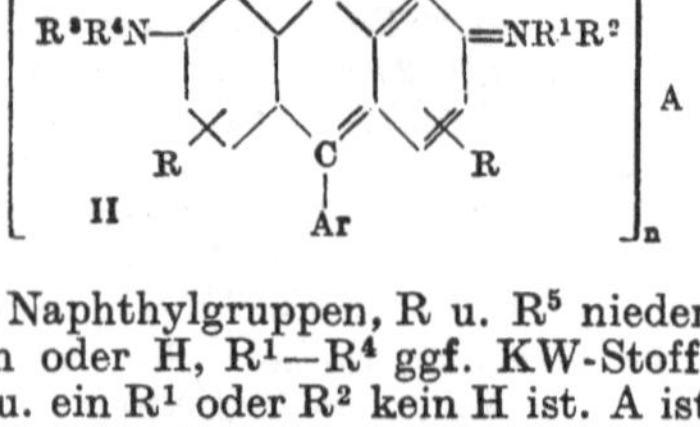

II

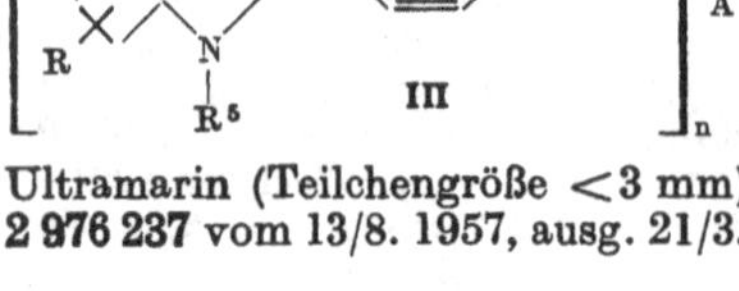

III

Phenyl- oder Naphthylgruppen, R u. R^5 niedermol. Alkylgruppen oder H, R^1—R^4 ggf. KW-Stoffreste oder H sind u. ein R^1 oder R^2 kein H ist. A ist das Anion einer Heteropolysäure aus der Gruppe Phosphormolybdän-,-wolfram- u. -wolframmolybdänsäure. n ist 1—7. Die Verbb. werden in einer Teilchengröße <5 mm verwendet. Das Fett kann außerdem Ultramarin (Teilchengröße <3 mm) im Gew.-Verhältnis 1 : 3—3 : 1 enthalten. (**A. PP. 2 976 237** vom 13/8. 1957, ausg. 21/3. 1961 u. **2 946 750** vom 13/8. 1957, ausg. 26/7. 1960.) E. Drews. 8223

Texaco, Inc., Del., übert. von: William H. Goff, Port Arthur, Tex., V.St.A., **Stabilisatoren für Schmierfette** auf der Basis von mit Alkali- u. Erdalkaliseifen von Paraffinsäuren (Oxydations-Prodd. von Erdölfraktionen) gedickten Mineralschmierölen sind Verbb. der allg. Formel I, in der R ein C_{1-6}-Alkylrest u. R' ein sek. oder tert. C_{3-8}-Alkylrest sind. — Beispiel für I: 4.4'-Thio-bis-(6-tert.-butyl-m-kresol). Zusatzmenge zur Verhinderung der Färbung u. Oberflächenverkrustung 0,5—5 Gew.-Prozent. (**A. P. 2 974 103** vom 10/4. 1957, ausg. 7/3. 1961.) E. Drews. 8223

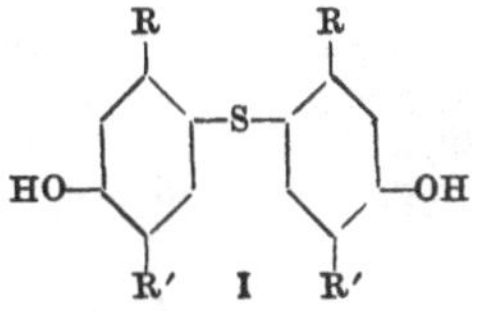

British Petroleum Co. Ltd. (Erfinder: Samuel Richard Pethrik und Maurice Barrinton Sparke), **Schmiermittel**, bestehend aus einem Gemisch eines fl. aliphat. Diesters einer gesätt. aliphat. Dicarbonsäure, z. B. Di-(3.5.5-trimethylhexyl)-sebacat, u. eines Polyesters der Formel $ROOCR_1COO(R_2OOCR_1COO)_nR$ (n = ganze Zahl, R = KW-Stoffrest eines aliphat. einwertigen Alkohols; R_1 = KW-Stoffrest einer aliphat. oder aromat. Dicarbonsäure; R_2 = Rest von 1.3-Butylenglykol), wobei die Mengenverhältnisse von Diester u. Polyester so gewählt werden, daß die Viscosität des Gemischs bei 210°F zwischen 2 u. 30 cSt liegt. (**Aust. P. 228 875** vom 24/12. 1957, ausg. 21/7. 1960. E. Prior. 1/1. 1957.) K. Demmler. 8223

Joseph F. May, St. Louis, Mo., V.St.A., **Schmiermittel** für Räder von Fahrzeugen bestehen aus einer festen haftenden Mischung von 80—95 (%) Graphit, $6^2/_3$ bis $2^1/_2$ S u. $13^1/_3$—$2^1/_2$ Phenol-Formaldehyd-Bindemittel im Megenverhältnis Phenol: Formaldehyd 90—95: 10—5. Die Herst. erfolgt durch Zumischen von pulverförmigem Graphit u. S zum Binder in Ggw. von NH_4OH u. Erhitzen unter Druck zur Verfestigung der Mischung. (**A. P. 2 970 109** vom 12/1. 1956, ausg. 31/1. 1961.) E. Drews. 8223

Wintershall Akt.-Ges., Ka ssel, und **Cassella Farbwerke Mainkur Akt.-Ges.**, Frankfurt/M., übert. von: **Werner Zerweck**, Frankfurt/M., **Walter Bulian**, Frankfurt/M., **Wilhelm Kunze**, Hannover, und **Alfred Kiesewetter**, Hannover, *Sekundärförderung von Erdöl durch Fluten.* (**A. P. 3 020 953** vom 26/11. 1957, ausg. 13/2. 1962. — C. **1959**, 10446 [D. A. S. 1 033 155].)

British Petroleum Co. Ltd., London, England, *Katalytische Reformierung von Erdöl-Kohlenwasserstoffen*. (**Belg. P. 571 350** vom 19/9. 1958, ausg. 26/1. 1962. E. Prior. 20/9. 1957 u. 7/1. 1958. — C. **1960**, 14570 [D. A. S. 1 074 790].)

Esso Research and Engineering Co., Elizabeth, N.J., V.St.A., *Verbesserung der Aktivität eines Katalysators.* (**Niederl. P. 100 622** vom 20/4. 1954, ausg. 15/3. 1962. A. Prior. 24/4. u. 14/5. 1953. — C. **1957**, 6637 [D. B. P. 955 086].)

BV-Aral Akt.-Ges., Bochum, *Motortreibstoff.* (**Belg. P. 571 403** vom 22/9. 1958, ausg. 9/2. 1962. — C. **1960**, 5046 [D. A. S. 1 068 057].)

„Shell" Research Ltd., London, England, *Motortreibstoff.* (**Belg. P. 571 402** vom 22/9. 1958, ausg. 9/2. 1962. E. Prior. 24/9. 1957. — C. **1960**, 6021 [D. A. S. 1 065 217].)

„Shell" Research Ltd., London, England, *Motortreibstoff.* (**Belg. P. 571 591** vom 29/9. 1958, ausg. 23/2. 1962. E. Prior. 30/5. 1958. — C. **1960**, 8737 [D. A. S. 1 072 426].)

Standard Oil Co., Cleveland, Ohio, V.St.A., *Motortreibstoff.* (**Schwz. P. 361 164** vom 7/2. 1957, ausg. 15/5. 1962. — C. **1959**, 7681 [D. A. S. 1 039 780].)

BV-Aral Akt.-Ges., Bochum, *Ottomototren-Treibstoff.* (**Belg. P. 571 701** vom 2/10. 1958, ausg. 23/3. 1962. D. Prior. 3/10. 1957. — C. **1960**, 13240 [Oe. P. 206 092].)

Socony Mobil Oil Co., Inc., New York, N.Y., V.St.A., *Schmierung von Maschinen, die einer Atomstrahlung ausgesetzt sind.* (**E. P. 894 204** vom 2/5. 1958, ausg. 18/4. 1962. A. Prior. 3/5. 1957. — C. **1961**, 3534 [D. A. S. 1 079 771].)

N. V. de Bataafsche Petroleum Mij., Den Haag, Niederlande, *Schmierfette.* (**Niederl. P. 101 312** vom 26/8. 1957, ausg. 15/5. 1962. A. Prior. 27/8. 1956. — C. **1959**, 12102 [D. A. S. 1 052 043].)

Shell Internationale Research Mij. N. V., Den Haag, Niederlande, *Schmiermittel für die spanlose Metallverformung.* (**E. P. 892 565** vom 27/10. 1960, ausg. 28/3. 1962. D. Prior. 29/10. 1959. — C. **1961**, 8895 [D. A. S. 1 096 529].)

N. V. de Bataafsche Petroleum Mij., Den Haag, Niederlande, *Herstellung von Paraffingemischen.* (**Belg. P. 571 206** vom 15/9. 1958, ausg. 12/1. 1962. A. Prior. 16/9. 1957. — C. **1961**, 2152 [D. A. S. 1 084 862].)

H_{20}. Schieß- und Sprengstoffe. Zündmittel

Elektrische Leitfähigkeit von Explosionsprodukten kondensierter Explosivstoffe. A. A. Brisch, M. Ss. Tarassow und W. A. Zukerman. (Журнал Экспериментальной и Теоретической Физики [J. exp. theoret. Physik] **37**, 1543—50, Dez. 1959; russ., Auszug: engl.) — An der Front einer Detonationswelle kann hohe elektr. Leitfähigkeit (EL) durch therm. Ionisation, durch chem. Rk. oder durch Zunahme der Dichte der Substanz unter der Einw. hoher Drücke entstehen. Vff. untersuchen nach der Elektrokontakt- u. nach der elektromagnet. Meth. die EL der Explosions-Prodd. von *Trinitrotoluol, Hexogen,* deren 1 : 1-Gemischen, *TEN, Tetryl* (Pentaerythrittetranitrat) u. *Pb-*

Azid. Es ergeben sich Werte von 0,1—6 $\Omega^{-1}\cdot cm^{-1}$. Mit der Entfernung von der Detonationsfront nimmt die EL ab; mit Zunahme der Dichte der Explosivstoffe u. der Intensität der Detonationswelle nimmt die EL der Prodd. zu. R. K. Müller. 8292□

Die Aluminiumseifen und ihre Anwendung in modernen Brandmitteln. Ma. del Sagrario Ramírez Gallardo und José Ignacio Pina Gracián. (Ion [Madrid] **20,** 349—56, Juni 1960; span.) — Vgl. C. **1961,** 17453. — Übersicht über die Herst. u. die Eigg. von Zündgelatinen unter Verw. von Al-Seifen. — 50 Literaturhinweise.
R. K. Müller. 8308□

Magyar Állam (Erfinder: Josef Kiss, Tatabánya, Jeremias Pohl, Georg Horváth und Robert Bassa), Budapest, Ungarn, **Elektrischer Verzögerungszünder für Sprengsätze.** Er enthält zwischen der Zündkapsel u. der Initialzündung einen Verzögerungsbrennsatz, bestehend aus Si u. O-Trägern, wie BaO_2. Durch Zusatz neutraler Stoffe wie MgO, CaO, BaO, Al_2O_3, ferner von Stoffen, welche langsamer als Si abbrennen, wie Fe, rostfreier Stahl, Sb, kann man das Abbrennen verzögern, durch den Zusatz von leicht brennenden Stoffen, wie Siliciden des Ca, Mg, Al, sowie gasbildender Stoffe, z. B. Kollodiumwolle, wird die Brenndauer des Verzögerungssatzes beschleunigt. (**Ung. P. 145 405** vom 28/12. 1954, ausg. 15/11. 1959. G. König. 8309

Hispano Suiza Soc. An., Tanger, Marokko, *Herstellung von Sprengstoffen.* (**Niederl. P. 100 924** vom 4/2. 1956, ausg. 16/4. 1962. Luxemburg. Prior. 18/2. 1955. — C. **1958,** 12862 [F. P. 1 146 818].)

H_{21}. Leder. Gerbstoffe

Enthaarung von Schaffellen mit Enzymen. K. J. Whiteley. (J. Soc. Leather Trades' Chemists **46,** 230—40, Juli 1962; Kensington, Australien, Univ. of New South Wales, Dep. of Wool Technol.; engl.) — Die enthaarende Wrkg. von Papain u. Nercozyme S in Abhängigkeit von der Konz. (1—3%), der Behandlungsdauer (bis 96 Std.) u. -Temp. (0—40°) wird untersucht u. die hierbei auftretende Schädigung am Wollhaar u. der Lederhaut geprüft. Die erhaltenen Ergebnisse, die einen allg. Einsatz von Enzymen zur Enthaarung möglich erscheinen lassen, werden ausführlich beschrieben.
H. G. Fröhlich. 8334□

Konservieren von Häuten durch Salzen. I. Jullien. (Bull. Assoc. franç. Chimistes Ind. Cuir Doc. sci. techn. Ind. Cuir **23,** 225—30, Aug. 1961, Beilage zu Rev. techn. Ind. Cuir; franz.) — Vgl. C. **1962,** 3328. — Zur Behebung der bekannten Konservierungsfehler werden beim Salzen der Häute Stoffe zugesetzt, die teils antisept., teils alkalisierend u. damit auf die Entw. der schädlichen Bakterien hemmend wirken. Von diesen Zusätzen hat sich am besten bewährt ein Gemisch von Naphthalin u. Soda. Naphthalin kann teilweise oder ganz durch Chlorbenzole, am besten durch Trichlorbenzol, ersetzt werden. Das Salzen u. Stapeln der so behandelten Häute bei niedriger Temp. gab fehlerfreies Leder.
A. Beuther. 8334□

Beitrag zur Formaldehyd-Gerbung. R. Lasserre. (Bull. Assoc. franç. Chimistes Ind. Cuir Doc. sci. techn. Ind. Cuir **23,** 207—24, Aug. 1961, Beilage zu: Rev. techn. Ind. Cuir; franz.) — Vgl. C. **1961,** 16343. — Nach einer Übersicht über die beim Zusammengeben von Formaldehyd u. Harnstoff möglichen Additionen u. Kondens. untersucht Vf. den Formaldehyd-Geh. in gepufferten u. ungepufferten Lsgg. von Harnstoff u. Formaldehyd (1 Mol/1—2 Mol) u. von Dimethylolharnstoff im Verlauf der Gleichgewichtseinstellung. Die Fixierung von Harnstoff u. Formaldehyd an Kollagen aus frischen u. gealterten Lsgg. von Mono- u. Dimethylolharnstoff wird durch Differenz-Best. von totalem u. freiem Geh. in den Gerbbädern geprüft. Die Gerbwrkg. der Einzelkomponenten auf Kalbsblöße wird durch Vgl. der Schrumpftemp. gezeigt. Rückschlüsse auf die Reihenfolge der Rkk. zwischen den Komponenten selbst u. dem Kollagen werden gezogen. — 33 Literaturangaben. A. Beuther. 8336□

Die Gerbung mit Formaldehyd in Gegenwart organischer Verbindungen. 1. Mitt. **Fixierung von Formaldehyd in Gegenwart von Aminen.** 2. Mitt. **Behandlung mit Formaldehyd in Gegenwart von Aminosäuren als Vorgerbung für eine Chromgerbung.** Joane H. Bowes und Roy G. H. Elliott. (J. Amer. Leather Chemists Assoc. **57,** 374—91, Aug. 1962; Egham, Surrey, Brit. Leather, Manufact. Res. Assoc.; engl.) — Im 1. Teil wird die Rk. zwischen Kollagen, Aminen (Monomethyl- u. Dimethylamin, Äthanolamin, Äthylendiamin usw.) u. CH_2O untersucht (Behandlung von 2 g acetongetrockneter Schafblöße während 3 Tagen mit 100 ml 2%ig. CH_2O-Lsg. + 0,05—0,5 Mol Amin bei pH 2—10). Die Ergebnisse zeigen eine starke Erhöhung der CH_2O-Aufnahme durch Kollagen in Ggw. von Aminen, bes. von Monomethyl- u. Äthanolamin, die zwischen pH 7 u. 8 ein Maximum erreicht. Die Schrumpfungs-Temp. der Blößen werden durch die Ankondensation der Amine im Gegensatz zur reinen CH_2O-Gerbung allg. erniedrigt (Blockierung von Aminogruppen). Angelagerte Diamine wirken dagegen auf Grund ihres bifunktionellen Charakters vernetzend. Die Rkk. zwischen Kollagen, Aminosäuren (Glycin u. alkal. Haut- u. Caseinhydrolysate) u. CH_2O, verbunden mit nachfolgender Cr-Gerbung, werden im 2. Teil behandelt. Wie die Ergebnisse zeigen, führt die CH_2O-Vorgerbung in Ggw. von Aminosäuren zu einer sehr starken Erhöhung der Cr-Aufnahme (bis zu 100%), die auf die Ankondensation der Aminosäuren an das Kollagen u. die hiermit zusammenhängende Erhöhung des COOH-Gruppen-Geh. zurückgeführt wird. Gleichzeitig steigt die Schrumpfungs-Temp. des Cr-Leders an, wobei vor allem die Temp.-Beständigkeit gegenüber kochendem W. verbessert wird. Die im einzelnen erhaltenen Ergebnisse werden ausführlich beschrieben u. diskutiert. H. G. Fröhlich. 8336□

Alkenylbernsteinsäuren zur Hydrophobierung von Leder. Nicholas D. Gallagher und Maynard B. Neher. (J. Amer. Leather Chemists Assoc. **57,** 392—405, Aug. 1962; Columbus, Ohio, Battelle Memorial Inst.; engl.) — Nach einer ausführlichen Besprechung über die Herst. u. die chem., physikal. u. strukturellen Eigg. der Alkenylbernsteinsäuren wird deren Einsatz zur Hydrophobierung von Leder beschrieben. Die hierbei erhaltenen Ergebnisse zeigen, daß man die besten Resultate mit verzweigten Alkenylbernsteinsäuren, deren hydrophober Rest eine Kettenlänge von 13—20 C-Atomen aufweist, erhält. H. G. Fröhlich. 8340□

Ein Apparat für die Bestimmung des scheinbaren Volumens von Leder durch Quecksilberverdrängung. C. H. Spiers und H. A. Litten. (J. Soc. Leather Trades' Chemists **46,** 264—67, Aug. 1962; London, Nat. Leathersellers Coll.; engl.) — Die Best. des scheinbaren Vol. von Leder erfolgt durch Eintauchen von Lederproben in Hg u. Berechnung aus dem verdrängten Hg. App. u. Arbeitsweise werden an Hand von 2 Abb. beschrieben. H. G. Fröhlich. 8368□

Australian Leather Research Association (Erfinder: Harold Anderson und Peter Justin Dwyer), **Wasserfestmachen von Leder** durch Imprägnieren mit einem Gemisch aus einem niedrigschm. Wachs (I), einem fl. synthet. Kautschuk, einem öllösl. oberflächenakt. Mittel u. einem hochschm. **I,** z. B. **39** (Teilen) Paraffin, 15,6 fl. Polyisobutylen, 6,4 Sorbitanmonostearat u. 39 mikrokristallinem Paraffin. (**Aust. P. 232 692** vom 19/12. 1957, ausg. 16/3. 1961.) C. Lüttgen. 8341

Tiberius Valkó, Budapest, Ungarn, **Verschiedenfarbiges, gemustertes Kunstleder** enthält man beim Auftragen einer aus Weichmacher, Kunststoffen, bes. PVC, u. Farbstoffen angefertigten breiigen Masse auf eine dem Leder ähnlich gemusterte Metallplatte u. anschließendes Erwärmen der auf der Platte aufgebrachten Masse. Auf diese festgeklebte Masse bringt man eine anders gefärbte, im übrigen gleiche Zus. aufweisende breiige Kunststoffschicht u. verbindet beide Schichten durch Erwärmen. Dann preßt man die vereinigten Schichten bei 130° u. 150—200 at auf eine Kunststoffplatte. (**Ung. P. 145 250** vom 10/1. 1958, ausg. 15/9. 1959.) G. König. 8353

H_{22}. Leim. Klebstoffe

Untersuchung der inneren Spannungen, welche bei der Bildung von Nitro- und Acetylcellulosefilmen auf einer Glasunterlage entstehen. Ss. A. Schreiner, P. I. Subow und A. Ss. Arwan. (Коллоидный Журнал [Kolloid-J.] **23,** 334—37, Mai/Juni 1961; Inst. für physikal. Chem. der Akad. der Wiss. der UdSSR; Leningrad, Zweigstelle des Forschungs- u. Projektionsinst.; russ., Auszug: engl.) — Vgl. C. **1960,** 9436. — Vff. untersuchen die Kinetik der Zunahme der an der Phasengrenze bei der Film-Bldg. aus Lsgg. von Nitro- u. Acetylcellulose auftretenden Spannungen bei verschiedenen Verdampfungs-Geschw. u. stellen fest, daß die Natur des Lsgm. (Dioxan, Butylacetat, Aceton, Pyridin) dabei nicht ohne Einfl. ist. Die Grenzwerte der Spannungen sind durch die Konz. der in den Filmen verbleibenden Lsgm. bedingt. Bestimmt werden ferner die Werte der krit. Spannungen, bei denen Abheben der Filme zu beobachten ist. R. Wittwer. 8380□

Poren in den Klebschichten und Methoden ihrer Beseitigung. I. M. Lunew. (Литейное Производство[Giesserei-Betr.] **1962,** Nr. 4, 47, April; Пластические Массы [Plast. Massen] **1961,** Nr. 5, 68; russ.) — Zur Beseitigung der Poren aus den Klebschichten, die durch Lufteinschlüsse (4,9%) bei der Vermischung der Bestandteile des Klebmittels *ED-6* (Epoxidharzbasis) entstehen, wird eine Erwärmung von 15 Min. bei 60° oder 60 Min. bei 40° vorgenommen. Eine Erwärmung von *ED-5* über 80° ist auch wirksam. Eine Erwärmung von ED-6 bis auf 100° verändert die Eigg. nicht. Zweckmäßig findet die Entfernung der Luft aus den Klebschichten bei einem Druck über 1 kg/cm² statt. H. Hochstein. 8382□

Ein neuer synthetischer Universalklebstoff BOW-1. F. B. Borissow und N. N. Osster-Wolkow. (Пластические Массы [Plast. Massen] **1961,** Nr. 9, **42—44**; russ.) — Durch Vermischen von Furfurol, Aceton, Styrol u. Epoxidharz ED-5 bei 20—50° wird ein Lack erhalten, der sehr lagerbeständig ist. Dieser liefert beim Vermischen mit einem Härter (Polyäthylenpolyamin oder Rückständen von Hexamethylendiamin) bei <30° den Universalleim *BOW-1*, der 3—4 Std. verarbeithar ist. BOW-1 klebt Holz, Beton, Plastmassen, Keramik, Papier, Metalle usw. Als Fuematerial können Sand, Graphit, Asbest, Zement dienen. Die Zug- u. Biegefestigkeit sind ausgezeichnet, ebenso die Temp.-Beständigkeit zwischen —50 u. +260°. BOW-1-Verleimungen sind wasser- u. meerwasserbeständig u. gegen Alkali, Säure, Öle, Aceton, Dichloräthan, Alkohol, Kerosin fast unempfindlich. Die elektroisolierenden Eigg. sind ausgezeichnet. BOW-1 ist zum Schutz vor Korrosion u. W. anwendbar. Die Erhärtung erfolgt in 16—24 Std., die zu verleimenden Flächen brauchen nicht besonders gereinigt zu werden. Helmut Schäfer. 8388□

B. B. Chemical Co., Boston, Mass., V.St.A. (Erfinder: Alan Hardy und Roy Vincent Measures, Ulverscroft Works, Leicester, England), **Thermoplastischer selbsttragender Klebstoff in Strang- oder Stabform.** Der im wesentlichen farblose Strang oder Stab ist auf seiner Oberfläche mit einem Farbstoff versehen. Die Herst. kann z. B. dadurch erfolgen, daß der im Preßverf. gewonnene Strang oder Stab von gleichmäßigem Querschnitt nach dem Abkühlen mit einem Gemisch aus einem Farbstoff u. einem mit dem thermoplast. Klebstoff verträglichen aufgelösten Bindemittel überzogen u. das Lsg. entfernt wird. (**D. A. S. 1 114 968** Kl. 22i vom 5/1. 1961, ausg. 12/10. 1961. E. Prior. 6/1. 1960.) P. Krug. 8383

Deutsche Gold- und Silber-Scheideanstalt vormals Roessler, Frankfurt/M. (Erfinder: Klaus Mallison, Hanau/M.), **Verkleben von Kunstleder auf Basis von Polyvinylverbindungen mit nicht saugfähigen Materialien.** Man versieht die Gewebeseite des Kunstleders mit einem Klebstoff (I) auf der Grundlage von in organ. Lsgm. gelösten synthet. Kautschuken u. ggf. Harzen u. läßt antrocknen. Das mitzuverklebende undurchlässige Material wird mit einer Klebschicht überzogen, die auf ähnlicher Grundlage wie I hergestellt ist, jedoch weicher u. klebriger eingestellt ist u. zusätzlich ein Polyisocyanat, bes. in Mengen von 5—10 Gew.-Teilen einer ca. 20%ig. Polyisocyanat-Lsg. auf 100 Gew.-Teile der ca. 25%ig. Klebstoff-Lsg., enthält. Vor dem restlosen Trocknen werden die klebstoffbeschichteten Flächen vereinigt u. durch Andrücken miteinander verklebt. (**D. A. S. 1 111 755** Kl. 22i vom 4/5. 1960, ausg. 27/7. 1961.) P. Krug. 8383

United States Rubber Co., New York, N.Y. (Erfinder: Robert N. Kienle, Wayne, und Daniel T. Szura, Oakland, Mich.), V.St.A., **Aufkleben von Urethan-Polymerisaten auf Metallflächen, wie Stahl oder Aluminium.** Auf die Metallfläche wird zunächst eine Schicht aus einem unvollständig ausgehärteten 1.2-Epoxidharzkleber aufgebracht u. diese Klebschicht mit einem Polyisocyanatelastomeren (z. B. durch Umsetzung von Polytetramethylenglykoläther mit Toluol-2.4-diisocyanat erhalten) überzogen. Nach Eintreten einer Verklebung an der Berührungsfläche werden beide Kunststoffschichten ausgehärtet. Epoxidharz u. Polyisocyanatelastomeres können mit Härtern versetzt sein. (**D. A. S. 1 118 383** Kl. 22i vom 15/7. 1960, ausg. 30/11. 1961. A. Prior. 12/8. 1959.) P. Krug. 8389

General Mills, Inc. (Erfinder: Heinz B. Arnold), Minneapolis, Minn., V.St.A., **Verbinden von Nähten an Metallbehältern unter Verwendung eines Harzes als Klebemittel.** Man verwendet solche Klebemittel, die aus fl. Epoxidharzen (I) u. Aminoimidazolinen (II) bestehen. I ist hergestellt aus 2.2-Bis-[4-hydroxyphenyl]-propan u. Epichlorhydrin; das Epoxyäquivalent-Gew. beträgt 140—330, bes. 170—220. II wird gewonnen durch Rk. von polymeren Fettsäuren mit einem Überschuß von Polyaminen der allg. Formel $H(HNCR_2CR_2)_nNH_2$, worin R = H oder Alkylreste u. n eine ganze Zahl von 1—5 darstellen; die Aminzahl von II liegt zwischen 270 u. 500, bes. 350 u. 400. (**D. A. S. 1 112 236** Kl. 22i vom 27/7. 1960, ausg. 3/8. 1961. A. Prior. 5/8. 1959.) P. Krug. 8389

Stamicarbon N. V., Heerlen (Erfinder: Johannes Schuyer, Geleen, und Peter Leonard Christina Jetten, Sittard), Niederlande, **Herstellung eines Klebers auf Basis chlorierter Polymerisate oder Mischpolymerisate aus Monoolefinen.** Hochdruckpolyäthylen oder ein nach dem Hochdruck-Verf. hergestelltes Mischpolymerisat aus Äthylen u. Propylen wird, in CCl_4 verteilt, bei einer Temp. von höchstens 55° chloriert; das erhaltene gelförmige Chlorierungs-Prod. wird aus dem Verteilungsmedium ausgeschieden u. davon befreit. Das Gel wird sodann in einem organ. Lsgm. aus der Gruppe der Ketone, Ester, KW-Stoffe oder deren Gemischen gelöst. Die so erhaltenen

Kleber können z. B. zum Verkleben von Polyolefinen miteinander oder mit Metallen verwendet werden. (**D. A. S. 1 114 603** Kl. 22i vom 19/9. 1960, ausg. 5/10. 1961. Niederl. Prior. 30/9. 1959.) P. Krug. 8389

Koppers Co., Inc. (Erfinder: William Edward St. Clair, Pittsburgh, und Roy Hepworth Moulth, Butler), Pa., V.St.A., **Klebstoffgemische** auf der Basis von mehrere Epoxidgruppen enthaltenden Verbb. u. festen prim. oder sek. aromat. oder heterocycl. Polyaminen als Härtungsmittel, dad. gek., daß sie als Epoxid eine monomere aliphat., mindestens 2 Epoxidgruppen aufweisende Verb. enthalten. Als solche sind z. B. geeignet: Butadiendioxid, Isoprendioxid, Hexadiendioxid. Weichmacher, Lsgm. u. Füllstoffe können zugesetzt werden. Die Gemische eignen sich z. B. zum Verkleben von Holz, Glas, Metall, Kunstharzen, Textilien. (**D. A. S. 1 121 755** Kl. 22i vom 10/1. 1959, ausg. 11/1. 1962. A. Prior. 13/1. 1958.) P. Krug. 8389

Dunlop Rubber Co. Ltd., London (Erfinder: George Mitchel Doyle, Sutton Coldfield, Warwickshire), England, **Klebstoff, insbesondere zur Verklebung von Textilien mit Kautschuk,** bestehend aus dem Gemisch von wss. Dispersionen eines unvollständig kondensierten Phenolharzes u. eines Mischpolymerisats aus einem konjugierten Dien u. einem ungesätt. Keton (I), wobei im Mischpolymerisat 0,2—10 Gew.-% I vorhanden sind. Geeignete Diene sind z. B. Butadien-(1.3) oder Isopren, geeignete I sind Methylisopropenylketon oder Methylvinylketon. (**D. A. S. 1 112 235** Kl. 22i vom 26/10. 1960, ausg. 3/8. 1961. E. Prior. 29/10. 1959.) P. Krug. 8389

Johann Szekeres und Paul Henger, Füzfö-Gyártelepen, Ungarn, **Klebmittel für Leder.** Man bringt auf die zu klebenden Stellen einen Film aus Nitrocellulose auf, welche weichmachende u. gelatinierende, nicht explodierende Stoffe enthält. Der Nitrocellulosefilm wird unmittelbar vor dem Aufbringen in eine Fl. getaucht, welche eine quellende Wrkg. auf den ca. 0,3—0,5 mm starken Film ausübt, z. B. Aceton. **Ung. P. 145 587** vom 17/7. 1957, ausg. 30/11. 1959.) G. König. 8389

Minnesota Mining & Mfg. Co. (Erfinder: John Anthony Curtis), **Selbstklebender Dichtungsstreifen** auf Polyacrylatbasis, der auf einem dünnen, biegsamen abziehbaren Trägergewebe aufgebracht ist, das auf beiden Seiten mit einer Schicht aus gegenüber dem Dichtungsstreifen inerten Überzug aus gehärtetem Polymethylsiloxan-Silicon-Polymerisat bedeckt ist. (**Aust. P. 231 599** vom 15/4. 1959, ausg. 19/1. 1961.) K. Demmler. 8389

Rohm & Haas Co., übert. von: Harold C. Young und Walter W. Toy, Philadelphia, Pa., V.St.A., **Wäßrige Klebstoffmischungen,** enthaltend mindestens 30 Gew.-% eines wasserunlösl. Linearpolymerisats aus ca. 2—4 bzw. 5—10 (%) einer ungesätt. Säure(Itacon-, Fumar- oder dimerer Methacrylsäure), 5—25 bzw. 3—25 Methylmethacrylat oder Acrylsäurenitril u. restliche Menge bis 100 eines Esters der Acrylsäure mit einem 1—18 C-Atome aufweisenden Alkohol oder dem Salz des Mischpolymerisats mit Alkalimetallen, Ammoniumhydroxid oder wasserlösl. Aminen. Das Mischpolymerisat hat einen T_i-Wert von -15 bis $+15^0$ u. ein Durchschnitts-Molgew. zwischen 50000 u. 250000. (**A. PP. 2 976 203** u. **2 976 204** vom 6/9. 1957, ausg. 21/3. 1961.) P. Krug. 8389

National Cash Register Co., übert. von: Herman J. Eichel, Dayton, Ohio, V.St.A., **Klebestreifen.** Die in der Wärme wirksam werdenden Klebestreifen mit einem Fasermaterial als Träger sind mit einer Schicht von den Klebstoff enthaltenden zerbrechlichen Kapseln überzogen. Die Klebstoffe sind so ausgewählt, daß sie erst bei Temp. $>100^0$ F fließen, u. somit die Klebwrkg. der aufgebrachten Streifen beim Erhitzen eintritt. Als Klebstoff dient ein Gemisch aus 35 (Gew.-Teilen) Chlorkautschuk, 15 Kolophonium, 20 Hydroabietylphthalat, 20 Di-n-octyl-n-decylphthalat, 15 chloriertem Diphenyl mit spezif. Gew. 1,378—1,388, 25 chloriertem Diphenyl mit spezif. Gew. 1,740—1,745 u. 50 Diäthylbenzol. Die Kapseln können auch mit einem Gemisch aus 18 Isobutylenpolymerisat mit Molgew. 64—81000 u. 13 Polybuten mit Molgew. von ca. 940 gefüllt sein. (**A. PP. 2 988 460** vom 5/5. 1958, **2 988 461** vom 16/6. 1958, beide ausg. 13/6. 1961 u. **2 986 477** vom 19/6. 1958, ausg. 30/5. 1961.) P. Krug. 8389

H_{24}. Photographie

Ein neues Verfahren und ein Gerät zur Bestimmung der elektrostatischen Entladungsgeschwindigkeit von photographischen Materialien. R. A. Friend und P. Krause. (Photogr. Sci. Engng. 6, 141—45, Mai/Juni 1962; Binghamton, N.Y., Gen. Aniline & Film Corp., Photo & Repro Div.; engl.) — Es wird eine App. beschrieben, die die elektrostat. Aufladung photograph. Filme u. ihre Entladung zu messen gestattet. Die Testproben werden mit Hilfe eines Corona-Ladungsgerätes elektrostat. aufgeladen, u. die Geschw. der Entladung gemessen. Beispiele für Entladungsoscillogramme vgl. Original. Verw. zur Prüfung von antistat. wirkenden Verbb., die der zu untersuchenden Filmschicht zugesetzt werden. Beschreibung der xerograph. Pulver-Entw.-Verff. zur Best. der elektrostat. Ladungen auf photograph. Filmoberflächen. W. Günther. 8642 □

Die Wirkung der Beleuchtungsstärke und der relativen Umfeldleuchtstärke auf das Aussehen von Schwarz-Weiß-Photographien. Edwin J. Breneman. (Photogr. Sci. Engng. **6**, 172—79, Mai/Juni 1962; Rochester, N.Y., Eastman Kodak Co., Res. Labor.; engl.) — Vf. stellte Unterss. über die Beurteilung von Schwarzweißkopien unter verschiedenen Beleuchtungsbedingungen an. Zu diesem Zweck wurde die Helligkeit von einzelnen Bildelementen unter verschiedenen Betrachtungsbedingungen gemessen. — Es zeigte sich, daß die Stärke der Beleuchtung auf die relative Helligkeit nur einen geringen Einfl. ausübt, daß jedoch Änderungen in der Umfeldleuchtstärke den Kontrast des Bildes stark verändern. Wenn die Umgebung der Kopie von dunkel auf hell wechselt, wird der Kontrast in den Mitteltönen u. in den Spitzlichtern erhöht, in den Schattentönen verringert. Der Einfl. der Umfeldleuchtstärke ist an den Bildrändern größer als in der Mitte des Bildes. Er ist in den dunklen Bildteilen größer als in den hellen. Diese Änderungen können qual. aus dem Adaptionsprozeß des Sehvorganges vorausgesagt werden. W. Günther. 8660 □

Erkennen und Unterscheiden von Bildern mit niedrigem Kontrast. John M. Sturge. (Photogr. Sci. Engng. **6**, 156—58, Mai/Juni 1962; Rochester, N.Y., Rochester Inst. of Technol., School of Photograph.; engl.) — Bilder mit Testfiguren (gleichgroße Kreise, Dreiecke u. Quadrate) mit niedrigem Kontrast (Dichteunterschied 0,07 u. 0,30) wurden zur Identifizierung verschiedenen Beobachtern vorgelegt. Variiert wurden Objektkontrast, Bildkontrast u. Umfeldleuchtdichte. Der Einfl. dieser Größen in ihrer Wechselwrkg. auf die Änderung der Informationsinhaltszahl wurde festgehalten. Die Auswertung erfolgte mit Hilfe der Streuungsanalyse. Es zeigte sich, daß die Umfeldleuchtdichte u. die Wechselwrkg. zwischen Objekt- u. Bildkontrast von untergeordneter Bedeutung sind, während Bild- u. Objektkontrast sowie die Beziehungen von Bild- u. Objektkontrast zur Umfeldleuchtdichte wichtige Faktoren sind. — Die Vers.-Ergebnisse werden mit den anderer Autoren, z. B. von Barrows, Macdonald u. Bousky, verglichen. W. Günther. 8660 □

Gevaert Photo-Producten N. V. (Erfinder: Jozef Frans Willems und Albert Emiel van Hoof), Antwerpen, Belgien, **Herstellung lichtempfindlicher Silberhalogenidemulsionen.** Zu D. A. S. 1 025 264; C. **1958,** 9664 ist nachzutragen: An Stelle der genannten organ. Ester kann auch Tribrenzcatechindiborat verwendet werden. (**Niederl. P. 100 998** vom 22/7. 1957, ausg. 16/4. 1962. D. Prior. 25/7. 1956.) F. Böhm. 8601

Kodak Soc. An., Brüssel, Belgien (Erfinder: G. D. Huston, W. F. Hunter jun. und R. B. Kenyon), **Filmgießverfahren.** Eine der üblichen filmbildenden Lsgg. von Celluloseacetat oder Celluloseacetatbutyrat wird auf der Trommel zu einer Schicht vergossen, deren Dicke nach der Trocknung 0,04—0,06 mm beträgt. Auf den so erhaltenen Film werden mehrere Schichten aus der gleichen Lsg. aufgegossen u. jede nach dem Aufgießen u. vor dem Auftragen der nächsten Schicht getrocknet, wobei die Dicke der Zusatzschichten (in trocknem Zustande) 0,0125 mm betragen soll. Ihre Anzahl richtet sich nach der gewünschten Gesamtdicke des Films, bzw. seiner Verw. als Kino-, Repro- oder Amateurfilm usw. Die Herst. des Films (einschließlich der vollständigen Trocknung) soll auf diese Weise schneller vor sich gehen, als wenn er in seiner Gesamtdicke auf einmal gegossen wird. (**Belg. P. 536 392** vom 10/3. 1955, ausg. 2/1. 1959. A. Prior. 10/3. 1954.) A. Kalix. 8603

Eastman Kodak Co., übert. von: Charles F. H. Allen, Wesley G. Lowe und John Sagal jun., Rochester, N.Y., V.St.A., **Chemische Sensibilisierung photographischer Emulsionen.** Man setzt der Emulsion in Ggw. von W. Hydrolysate von Verbb. der allg. Formel $(R_1R_2)N \cdot C(:NR_3)SO_3M$ (I) zu. Hierin ist M ein H- oder Alkalimetallatom, R_1, R_2 u. R_3 sind H oder ein KW-Stoff-Rest. Vor dem Zusatz wird I mit W. zwecks Bldg. eines wss. Hydrolysats erhitzt. — Beispiel für I: *N-Äthylformamidinsulfinsäure.* (**A. P. 2 983 610** vom 23/10. 1957, ausg. 9/5. 1961.) E. Fuchs. 8605

Ss. W. Natansson und M. M. Kosstina, **Sensibilisierung von Silberhaloidemulsionen** mit Carbocyaninen, bes. 1-Cyclohexyl-3-methyl-3′-äthyl-6′.7′-tetramethylen-4-keto-5-[(3''-äthyl-5''-methoxybenzselenazolinyliden-2'')-äthyliden]-imidazolinothiacarbocyanintoluolsulfonat (I), dad. gek., daß der Emulsion zur Erhöhung der Sensibilisierung u. zur Verringerung der Schleierdichte anion. oder neutrale oberflächenakt. Stoffe der allg. Formeln II (R = H oder Alkyl; R' = Alkyl- oder ggf. sub-

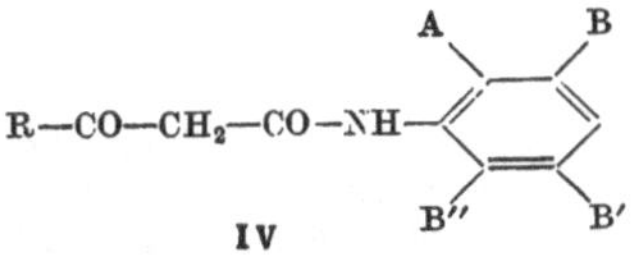

IV

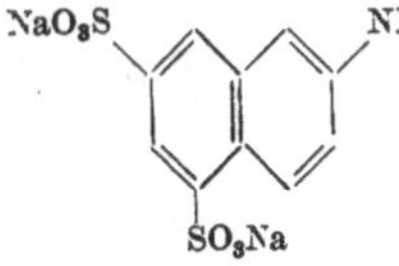

V

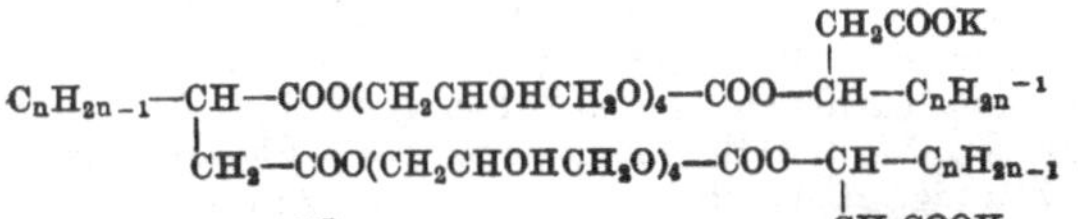

VI

$C_nH_{2n+1}-O-(CH_2-CH_2O)_m-CH_2CH_2OH$

VII

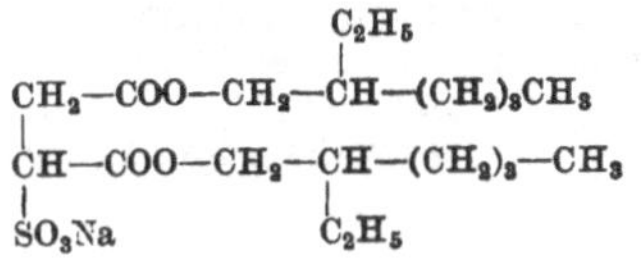

VIII

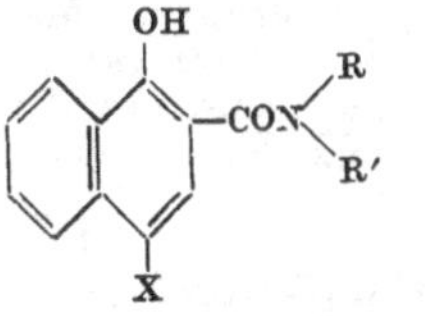

II

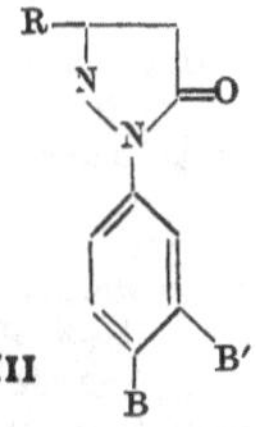

III

stituierter Arylrest; X = H oder SO_3H oder SO_3CH_3, wobei 1 Alkyl $\geqq$ 12 C-Atome hat, III (R = Alkyl mit $\geqq$ 11 C-Atomen, Aryl- oder Acetamidogruppe; B u. B' = H, SO_3H, COOH oder OC_6H_5), **IV** [R = Alkyl mit $\geqq$ 11 C-Atomen oder Aryl; B, B' u. B'' = H, SO_3H, COOH oder OC_6H_5; A = H oder N(R')(R''), wobei R' = H oder Alkyl u. R'' = Alkyl mit $\geqq$ 12 C-Atomen], **V** (R = Alkyl mit $\geqq$ 11 C-Atomen), **VI** (n = 12–16), **VII** (n = 12, m = 8) oder **VIII** zugesetzt werden. Besonders genannt sind das *Na-Salz des 1-Hydroxy-4-sulfo-2-naphthoesäure-N-octadecylamids* (**IX**); *1-Hydroxy-2-naphthoesäure-N-octadecyl-N-[3'.5'-dicarboxyphenyl]-amid*; *1-[5'-Sulfobenzthiazolyl-(2')]-3-stearoylpyrazolon-(5)*; *1-[3'-Sulfo-4'-phenoxyphenyl]-3-heptadecylpyrazolon-(5)*; *Na-Salz der 2-Stearoylaminonaphthalin-5.7-disulfonsäure* u. *Di-K-Salz des Diäthers des Alkenylbernsteinsäureoktaglycerids.* — Zu 1 Liter fl. NH_3-Bromjodsilberemulsion werden 30 ml 0,02%ig. alkohol. Lsg. von I gegeben, die Emulsion wird 20 Min. bei 37° gehalten, mit 400 ml 2,5%ig. wss.-alkal. Lsg. von **IX** u. 570 ml W. versetzt u. nach 20–25 Min. vergossen: Sensibilisierungsbereich 650–800 mμ; Maximum bei 755 mμ; Empfindlichkeit hinter Rotfilter KS-14: 600 Gost-Einheiten ($S_{0,85}$); Schleierdichte 0,12–0,28. (**UdSSR.P. 1 22 023** vom 6/11. 1958.) L. Großner. 8605

A. F. Wompe, L. W. Iwanowa und G. F. Kurepina, **Herstellung von Infrarot-Sensibilisierungsfarbstoffen** durch Kondens. von quatern. 2-[ω-Methylanilinohexatrienyl]-benzoxazolen mit quatern. 2-Methylbenzthiazolen in Pyridin in Ggw. tert. N-Basen bei Raumtemperatur. — Zu einer Suspension von 2,8 (g) 2-[ω-Methylanilinohexatrienyl]-benzoxazoljodäthylat u. 1,8 2-Methylbenzthiazoljodäthylat werden 0,6 Triäthylamin gegeben, worauf sich die Lsg. violett färbt. Nach 20std. Stehen im Dunkeln wird filtriert: *3.3'-Diäthyloxathiatricarbocyaninjodid,* F. 182–183° (Zers.; A.); 31% (Ausbeute); Absorptionsmaximum (AM) 726 mμ (in A.); Sensibilisierungsmaximum (SM) 775 mμ. — Analog aus 2-[ω-Methylanilinohexatrienyl]-5-chlorbenzoxazoljodäthylat: *3.3'-Diäthyl-5-chloroxathiatricarbocyaninjodid,* F. 193,5–194,5° (Zers.; A.); 35,5%; AM 728 mμ (in A.); SM 780 mμ. — Aus 2-Methyl-α-naphthothiazoljodäthylat *3.3'-Diäthyl-6.7-benzooxathiatricarbocyaninjodid,* F. 159–162° (Zers.); 17,3%; AM 740 mμ (in A.), SM 785 mμ. (**UdSSR. P. 122 024** vom 8/12. 1958.) L. Großner. 8605

Ss. G. Gurewitsch, **Herstellung von luminescierendem Photomaterial.** Als Luminophoren werden der Emulsion cycl. organ. Verbb., z. B. Anthracen oder Chrysen, in Lsg. eines in W. lösl. Lsgm., bes. A. oder Aceton zugesetzt. (**UdSSR. P. 122 675** vom 4/12. 1950.) L. Großner. 8611

Ss. M. Lewi, I. M. Fridman, M. G. Masyrin und Ss. N. Kotschnewa, **Herstellung von Gelatineschichten** für *photograph. Zwecke*, dad. gek., daß zur Erhöhung der Festigkeit u. Plastizität der Gelatine-Lsg. oder der Emulsion Naphthalin- oder Benzolsulfonsäure-Derivv. zugesetzt werden, die einen Alkylrest mit einer das Auswaschen verhütenden hinreichenden Zahl von C-Atomen tragen, bes. *2-[β-Naphthyl]-stearylamin, 1-Hydroxy-4-sulfo-2-naphthoesäure* u. *1-[4'-Phenoxy-3'-sulfophenyl]-3-heptadecylpyrazolon-(5)*. (**UdSSR. P. 122 025** vom 30/8. 1958.) L. Großner. 8611

General Aniline & Film Corp., New York, übert. von: Fritz Dersch und Millet R. De Angelus, Binghamton, N.Y., V.St.A., **Schleierverhütung und Stabilisierung photographischer Emulsionen.** Der Halogensilberemulsion, einer mit ihr in Berührung stehenden Schicht oder dem Entwickler werden Verbb. der Formel I zugesetzt. Hierin ist R = H, Alkyl, Aryl u. Aralkyl; R' = Alkyl, Aryl, Aralkyl u. ein Kation; n = eine Zahl von 1—3. — Beispiel: *1-Phenyltetrazolyl-5-mercaptoessigsäure.* Zu 1 Liter Emulsion setzt man 20—160 mg I hinzu. (**A. P. 2 981 624** vom 5/6. 1957, ausg. 25/4. 1961.) E. Fuchs. 8611

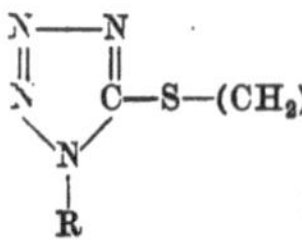

I

Agfa Akt.-Ges., Leverkusen, übert. von: Karlheinz Heckelmann, Köln, und Konrad Hebbel, Leverkusen, **Mattierung photographischer Schichten.** Man setzt der Emulsion oder den Überzugsschichten Polycarbonate in einer Teilchengröße von 0,1—5 μ hinzu. Geeignet sind bes. Verbb. der allg. Formel $[-C_6H_4-X-C_6H_4-OCOO]_n$. Hierin ist $X = -CR_1R_2-$, —C— (Z), —S—, —O—, $-SO_2$, wobei R_1 u. R_2 für H, einen einwertigen aliphat. KW-Stoff-Rest mit 1—10 C-Atomen, einen einwertigen cycloaliphat. Rest oder einen Aralkylrest mit 1—4 C-Atomen im Alkylrest stehen, Z der zum cycloaliphat. Ring fehlende Mol.-Rest u. n eine Zahl >10, bes. >20, ist. Die Benzolringe können durch Halogenatome, Alkyl- oder Alkoxygruppen substituiert sein. (**A. P. 3 022 169** vom 4/3. 1959, ausg. 20/2. 1962. D. Prior. 5/3. 1958.) E. Fuchs. 8611

Eastman Kodak Co., übert. von: Cornelius J. Murphy jun. und George F. L. Wood, Rochester, N.Y., V.St.A., **Wasserfestes photographisches Negativpapier.** Zu einer Dispersion von TiO_2 in W. wird bei 160° F eine Casein-Lsg. gegeben u. danach ein Latex von einem Butadien–Styrol-Mischpolymerisat (I) (44,3—49,2% des Feststoff-Geh.) u. einem Polystyrol (II) (28,7—31,8% des Feststoff-Geh.). Mit dieser Mischung wird ein Papierträger überzogen u. bei 250—300° F getrocknet. Die Schicht kann z. B. 15—23% TiO_2, 0—6% Ruß, 44,3—49,2% I, 28,7—31,4% II u. 3,8—4,2% Casein enthalten. Ein solches Papier eignet sich bes. für das Silbersalzdiffusionsübertragungsverfahren. (**A. P. 3 021 214** vom 17/3. 1958, ausg. 13/2. 1962.) E. Fuchs. 8619

International Polaroid Corp., Jersey City, N.J., V.St.A., **Naßbehandlung von belichteten Filmen.** Filme, die eine Anzahl von Einzelbildern enthalten, deren Zeiten für die Naßbehandlung, bes. für die Entw. unterschiedlich sind, werden mit einem Trägerfilm (I) in Kontakt gebracht, auf dem sich die Behandlungs-Fl. in Form einer hochviscosen Lsg. oder einer Paste befindet, u. zwar so, daß die Einzelbilder (II) wird nicht gleichzeitig, sondern eins nach dem andern mit der Fl. in Kontakt kommen. Dieser so lange aufrechterhalten, bis das letzte der II die (durch Vorverss. ermittelte) minimale Behandlungszeit erfahren hat, u. das Abrollen von I vom Bildfilm erfolgt mit einer solchen Geschw., daß das erste der II die maximale Behandlungszeit der Serie erfährt. (**E. P. 794 694** vom 24/8. 1956, ausg. 7/5. 1958. A. Prior. 29/9. 1955.) A. Kalix. 8619

Polaroid Corp., Cambridge, Mass., übert. von: Gerald Oster, Brooklyn, N.Y., V.St.A., **Photographisches Verfahren.** Man setzt der photograph. Emulsion oder dem Entwickler eine polymerisierbare Verb. (u. a. Acrylate, Methacrylate, Vinylacetat, Zimtaldehyd, Acrylnitril, Styrol) hinzu. Die Entw. muß stets mit einem Entwickler erfolgen, der bei der Oxydation freie, die Polymerisation fördernde Radikale bildet, wie die Peroxidpolymerisationskatalysatoren. Geeignete Entwicklersubstanzen sind u. a. p-Aminophenolhydrochlorid, p-Toluhydrochinon, p-Methylaminophenolsulfat, p-Phenylendiamin, 2.6-Dimethyl-4-aminophenol. Das Verf. ist auch für das Silbersalzdiffusionsübertragungs-Verf. geeignet. Hierdurch wird eine Verstärkung des Bildes erreicht (höhere Dichten). (**A. P. 3 019 104** vom 11/12. 1957, ausg. 30/1. 1962.) E. Fuchs. 8619

B. Ss. Portnaja, I. A. Ssolowjewa, N. F. Turitzyna, I. M. Kalinski, Ju. B. Wilenski, I. I. Lewkojew, W. Ss. Tschelzow, A. N. Iordanski, I. W.

Krawscheninnikowa, T. G. Tkatschenko, T. P. Bobkowa, A. G. Gussewa und W. Ss. Ilinskaja, **Herstellung von Mehrschicht-Negativ- und Umkehrkinofilmen** mit Blau- u. Purpurmaskierungskomponenten, die entweder einzeln oder zur Verhinderung von Übermaskierungseffekten zusammen mit ungefärbten Komponenten verwendet werden. Als Maskierungskomponenten werden Verbb. der allg. Formeln I ($R = H, OC_6H_5$ oder SO_3H; $R_1 = H$ oder SO_3H; R_2 = KW-Stoffrest mit $\geqq 12$ C-Atomen; $R_3 = H$ oder COOH; $R_4 = H$ oder Cl) u. II (R = Alkylamino-, Dialkylamino- oder Acylaminogruppe; $R_1 = SO_3H$ oder COOH; $R_2 = Cl$ oder CH_3; R_3 u. $R_4 = H$, CH_3,

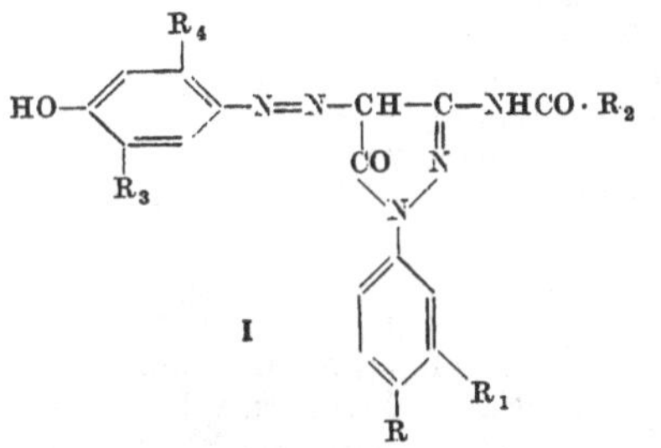

I

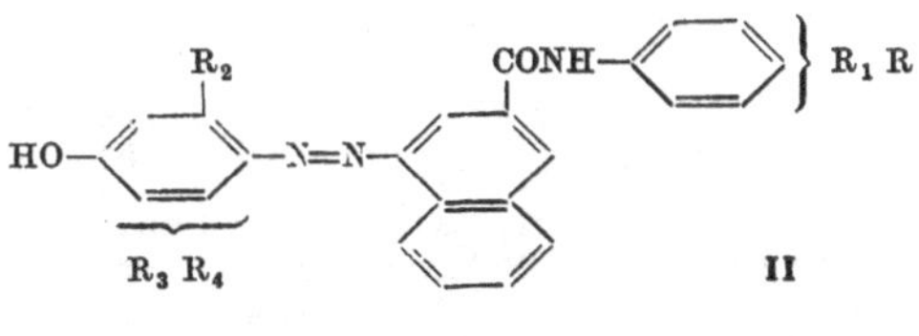

II

COOH oder OCH_3) verwendet, bes. *1-[4'-Phenoxy-3'-sulfophenyl]-3-stearoylamino-4-[2''-chlor-4''-hydroxy-5''-carboxyphenylazo]-pyrazolon-(5)* (III); *4-[2''-Methyl-4''-hydroxyphenylazo]-1.2-hydroxynaphthoesäu e-[2'-methyloctadecylamino-5'-sulfoanilid]* u. *4-[4''-Hydroxy-2''-chlor-5''-carboxyphenylazo]-1.2-hydroxynaphthoesäure-[5'-carboxyphenyl-2'-methyloctadecylaminoanilid]*. — Zu 1 kg grünsensibilisierter Emulsion werden 120 (ml) 5%ig. wss. III-Lsg. u. 80 5 %ig. wss.-alkal. III-Lsg. gegeben. Die Emulsion wird auf eine rotempfindliche Schicht mit Blaukomponente aufgetragen, darauf als oberste Schicht eine nicht sensibilisierte Emulsion mit Gelbkomponente. Nach Entw. u. Fixierung wird in der Mittelschicht ein maskiertes Purpurnegativ erhalten. (**UdSSR. P. 122 676** vom 17/1. 1959.) L. Großner. 8631

Xerox Corp., übert. von: George R. Mott und Ernest H. Lehmann, Rochester, N.Y., V.St.A., **Xerographische Entwicklung.** Das fein verteilte elektrostat. Entwicklerpulver befindet sich in einem oben offenen Gefäß in der Nähe des auf einer photoleitfähigen Schicht aufbelichteten latenten Bildes. Am Boden des Gefäßes liegt das Pulver auf einer feinporigen Siebplatte, durch die ein Gas unter Druck eingeblasen u. so das Pulver auf die zu entwickelnde Schicht aufgeblasen wird. (**A. P. 3 008 826** vom 6/3. 1958, ausg. 14/11. 1961.) E. Fuchs. 8642

Wilhelm Ritzerfeld und Gerhard Ritzerfeld, Berlin, **Herstellung von Druckformen für hektographische Abzüge.** Zur Herst. der Druckform dient eine Halogensilberemulsionsschicht, die einen klebfähig zu machenden Stoff, z. B. einen Leukofarbstoff, enthält. Unter dieser Schicht liegt eine 2. Halogensilberemulsionsschicht, aber ohne den klebfähig zu machenden Stoff. Nach dem Belichten u. härtender Entw. des Bildes wird dieses mit einer Lsg. eines Oxydationsmittels, einer Säure u. eines Fällmittels an den Bildstellen klebfähig gemacht. Nach Anpressen des Bildes an ein hektograph. Farbblatt u. Wiederabheben bleibt die hektograph. Farbschicht an den klebrigen Stellen der Druckform haften, während an den nicht belichteten Stellen beide Emulsionsschichten von der Unterlage abgehoben werden. (**D. A. S. 1 124 978** Kl. 15k vom 9/3. 1960, ausg. 8/3. 1962. **Zusatz zu D. A. S. 1 102 776; C. 1962, 1861.**) C. Kittler. 8645

Wilhelm Ritzerfeld und Gerhard Ritzerfeld, Berlin, **Herstellung von Druckformen für hektographische Abzüge.** Das aus nicht oder wenig gefärbten Leuko-Verbb. eines Farbstoffes bestehende Druckbild wird in einer Halogensilber–Koll.-Schicht durch gerbende Entw. erzeugt u. vor dem eigentlichen Druckvorgang werden die Leuko-Verbb. (gemäß D. A. S. 1 102 776) durch Einw. von Oxydationsmitteln u. Säuren in die Farbstoffe umgewandelt. Als Säuren werden gemäß D. A. S. 1 125 450 Hydroxycarbonsäuren, z. B. Glykolsäure, Milchsäure, verwendet, gemäß D. A. S. 1 125 451 Essigsäure, in beiden Fällen ggf. unter Zusatz von Ameisensäure. (**D. A. SS. 1 125 450** u. **1 125 451** Kl. 15k vom 24/9. 1958, ausg. 15/3. 1962. **Zusätze zu D. A. S. 1 102 776; C. 1962, 1861.**) C. Kittler. 8645

Gevaert Photo-Producten N.V., Antwerpen, Belgien, **Herstellung geätzter Druckklischees** mit Hilfe von auf photograph. Wege auf einem Abziehfilm erzeugten

u. gehärteten Gelatinebildern. Nach der Übertragung der Gelatineschicht auf die zu ätzende Metalloberfläche befeuchtet man den bes. aus Nitrocellulose bestehenden Träger zur Erleichterung des Abziehens mit einer Mischung aus einem Lsgm. u. einem weniger flüchtigen Nichtlöser, sowie zweckmäßig noch einem Quellmittel für den Träger, z. B. einem Gemisch aus 100 (cm^3) Aceton, 500 A. u. 100 Wasser. (**Niederl. P. 100 818** vom 3/11. 1959, ausg. 15/3. 1962.) F. Böhm. 8645

Chemische Fabriek L. van der Grinten N. V., Venlo, Niederlande, **Material für die Diazotypie** enthält eine p-Aminobenzoldiazo-Verb., deren Amino-H-Atome durch einen ggf. substituierten Cyclohexylrest u. einen ggf. substituierten Alkylrest mit 1—3 C-Atomen ersetzt sind, während der Benzolkern außer der Diazo- u. der Aminogruppe in o-Stellung zu letzterer einen Alkoxyrest u. ggf. noch einen Substituenten in p-Stellung trägt, z. B. das 4-(N-n-Propyl-N-cyclohexylamino)-3-methoxybenzoldiazoniumchlorid–$ZnCl_2$-Doppelsalz. Die hiermit erzeugten Kopien vergilben nicht u. die wss. Lsgg. dieser Verbb. besitzen prakt. keine störende kapillarakt. Wirkung. (**Niederl. P. 99 741** vom 10/11. 1958, ausg. 15/11. 1961.) F. Böhm. 8647

B. S. Najchin, N.Ch. Slawina, M. Je. Popowa und M. I. Uetzki, **Herstellung von Diazotypiematerial.** Auf Papier (70—200 g/m^2) wird eine Masse folgender Zus. aufgetragen: 1,78 (kg) p-Diazodimethylanilin, 0,738 Naphthalin-2.6-disulfonsäure, 0,19 Phloroglucin, 0,055 Resorcin, 0,41 Hydroxylaminsulfat, 5 Thioharnstoff, 2 Weinsäure, 2 Dextrin, 4 30%ig. $NaHSO_4$ u. W. ad 100 Liter. Der Zusatz von Phloroglucin u. Resorcin bewirkt eine größere Kontrastfähigkeit. (**UdSSR. P. 122 399** vom 1/10. 1958.) L. Großner. 8647

Ozalid Co. Ltd. (Erfinder: Robert Herrmann Franke), London, England, **Rohpapier für Diazotypiematerial.** Auf das Papier wird feinverteiltes SiO_2 in trockenem Zustand aufgetragen u. durch Druck, Bürsten, Ultraschall in der Oberfläche verankert. Ggf. können noch geringe Mengen anderer feinverteilter Stoffe, z. B. Stärke oder Klebstoffe, zugesetzt werden. (**D. A. S. 1 112 890** Kl. 57b vom 10/5. 1958, ausg. 17/8. 1961. E. Prior. 13/5. 1957.) A. Kalix. 8647

Ozalid Co. Ltd. (Erfinder: Robert Herrmann Franke), London, England, **Herstellung von Diazotypiepapier.** Beim Verf. gemäß der D. A. S. 1 112 890, nach welchem auf den Papierträger vor Auftragen der lichtempfindlichen Schicht feinverteiltes SiO_2 aufgebracht wird, bringt man hier das SiO_2 in Form eines flüssigen Breies, ggf. im Gemisch mit Bindemitteln oder feinverteilten Chemikalien, auf das Papier, solange sich dieses im Trockenteil der Papiermaschine befindet u. die Papieroberfläche noch nicht ihren endgültigen Zustand erlangt hat. Man kann dem SiO_2 Stärkeumwandlungs-Prodd. oder unveränderte Reisstärke zugeben. (**D. A. S. 1 118 605** Kl. 57b vom 10/5. 1958, ausg. 30/11. 1961. E. Prior. 13/5. 1957. **Zusatz zu D.A.S. 1 112 890; s. vorst. Referat.**) E. Fuchs. 8647

Ozalid Co. Ltd., London (Erfinder: Robert Herrmann Franke, Loughton), England, **Diazotypiematerial.** Zur Verhinderung der Vergilbung von Diazotypiematerial mit Zweikomponentenschichten, die Naphthol-Derivv. enthalten, werden dem zur Sensibilisierung bestimmten Gemisch 4—12 Gew.-% eines Saccharids (I) zugesetzt zweckmäßig gleichzeitig mit 0,8—4,0% eines der üblichen Metallsalze ($NiSO_4$, $MnSO_4$, $ZnCl_2$ usw.). Beispiele für I: Saccharose, Maltose, Mannose, Rhamnose, Galactose, Cellobiose. (**E. P. 849 739** vom 13/6. 1957, ausg. 28/9. 1960.) A. Kalix. 8647

Ozalid Co. Ltd., London (Erfinder: John Torday, London, und Eric Parry, Ilford), England, **Diazotypiematerial.** Als Träger für die lichtempfindliche Schicht wird ein Polyäthylenterephthalatfilm verwendet, dessen Oberfläche mechan. etwas aufgerauht ist, z. B. durch ein Sandstrahlgebläse oder durch Drahtbürsten. Darauf befindet sich eine der üblichen Ein- oder Zweikomponentenschichten, die als Bindemittel ein Mischpolymerisat aus Acrylnitril + Methacrylsäure (80 g auf 1 Liter Sensibilisierungs-Lsg.), z. B. „Plexigum J 16" enthält. (**E. P. 849 820** vom 1/10. 1956, ausg. 28/9. 1960.) A. Kalix. 8647

Ozalid Co. Ltd., London (Erfinder: John Torday, Gosforth, und Eric Parry, Ilford), England, **Herstellung von Diazotypiematerial.** Als Träger für die lichtempfindliche Schicht (I) werden (ggf. etwas aufgerauhte) Folien oder Platten aus Polyterephthalsäureglykolestern benutzt. Zur Herst. von I wird ein Gemisch verwendet, das außer den üblichen Komponenten für Ein- oder Zweikomponentenschichten ein Acrylnitril–Methacrylsäure-Mischpolymerisat enthält u. bei Normal-Temp. im Tauch-Verf. aufgetragen wird. (**D. A. S. 1 112 891** Kl. 57b vom 9/11. 1957, ausg. 17/8. 1961.) A. Kalix. 8647

Winterbottom Book Cloth Co. Ltd., Piccadilly, Manchester, England (Erfinder: Charles Dunbar und James Hawksworth), **Haftschicht für Diazotypiematerial.** Kalandrierte stärkegefüllte Gewebe erhalten vor dem Auftrag der lichtempfindlichen Diazoschicht einen Überzug aus einem gegen W. beständigen Harz (Polyvinylbutyral, Schellak, ein Gemisch letzterer oder Nitrocellulose). Hieraus wird noch eine Schicht aus einem hydrophilen Koll. (Gelatine) aufgetragen, die ggf. noch „Aerosil" enthält. (**E. P. 873 325** vom 4/4. 1959, ausg. 19/7. 1961.) E. Fuchs. 8647

Farbenfabriken Bayer Akt.-Ges., Leverkusen, übert. von: Wilhelm Thoma, Leichlingen, Otto Bayer und Heinrich Rinke, Leverkusen, **Lichtempfindliche Schicht.** Man verwendet Polyamide aus solchen Dicarbonsäuren u. Diaminen, daß das Polykondensat in der Kette sich wiederholende Einheiten —C=CH·CO— enthält, die durch die —CH=CH-Gruppe an einen aromat. Kern u. durch die CO-Gruppe an einen aromat. Kern oder ein Amido-N-Atom geknüpft sind. Man verwendet z. B. Kondensate von 1.4-Phenylen-bis-acrylsäuredimethylester mit $\gamma.\gamma'$-Diaminopropylglykoläther u. Zimtsäure-p-carbonsäuredimethylester mit $\gamma.\gamma'$-Diaminopropyläther. Diese Polyamide werden aus Lsgg. in Dimethylformamid (I) zu Filmen oder Schichten vergossen. Bei der bildmäßigen Belichtung mit UV-Strahlen werden die exponierten Stellen unlösl. in I, so daß die nichtexponierten Bildteile herausgelöst werden können. Für sichtbare Strahlen können die Schichten durch sensibilisierende Farbstoffe, wie Cyanine, Triphenylmethan- u. Benzanthronfarbstoffe sowie Chinone u. Anthrachinone, empfindlich gemacht werden. (**A. P. 3 023 100** vom 14/1. 1958, ausg. 27/2. 1962. D. Prior. 21/1. 1957.) E. Fuchs. 8647

A. I. Korolew, Ja. M. Janbikow, N. Ss. Spassokukotzki, W. A. Blinow, N. M. Gurewitsch, W. I. Ssewasstjanow und B. B. Berkengeim, **Behandlung von Filmmaterial** bei der Herst. von Farbbildern nach dem *Hydrotypie-Verfahren.* Zur Erzeugung schärferer Bilder u. zur besseren Fixierung der Farbstoffe in der Gelatineschicht wird der Film nach Entw. u. Fixieren mit einer wss. Lsg. von 60 g/Liter *Carbodiäthylenamid* (I) 3—5 Min. lang behandelt. An Stelle von I können auch Dreiringheterocyclen mit O oder N verwendet werden, z. B. *Phosphorsäuretriäthylenamid*; *1.3.5-Triäthylenimino-2.4.6-triazin*; *1.2-Epoxypropyltrimethylammoniumchlorid*; *1.2-Epoxypropyltriäthylammoniumchlorid*; *1.2-Epoxy-3-diäthylaminopropan*; *1.2-Epoxy-3-piperidinopropan.* (**UdSSR. P. 118 702** vom 24/7. 1958.) L. Großner. 8647

Harry H. Lerner, New York, N.Y., V.St.A., **Photographische Bichromatschicht.** Die bes. für die Kollotypie geeignete Gelatineschicht enthält bei einem pH- 3—6 Ammoniumbichromat u. wasserlösl. Dialdehyde oder Ketoaldehyde, wie Adipin-, Succin-, Phenylmalon-, 2-Hydroxyadipin- oder Phthalaldehyd, Glyoxal, γ-Ketovalerianaldehyd. Die hiermit erhaltenen Druckreliefs lassen eine bes. hohe Auflage zu. (**A. P. 3 012 886** vom 29/12. 1958, ausg. 12/12. 1961.) E. Fuchs. 8647

Ozalid Co. Ltd., Eric Parry und John Torday, London, England, **Lichtempfindliches Kopiermaterial.** Eine Papier- oder Gewebefolie wird zur Herst. einer glatten Oberfläche mit einer Kunststoffolie (Polyäthylenterephthalat oder Celluloseacetat), die mit einem Klebstoff (Polyvinylacetat) bestrichen ist, verklebt z. B. durch Druck u. Hitze. Die Filmseite dieses Verbundkörpers wird mit der Lsg. einer Diazo-Verb. sensibilisiert. (**E. P. 867 200** vom 15/3. 1956, ausg. 3/5. 1961.) E. Fuchs. 8647

Keuffel & Esser Co., Hoboken, N.J., übert. von: Allan R. A. Beeber, Elisabeth, N.J., und Daniel S. Spechler, Brooklyn, N.Y., V.St.A., **Lichtpausmaterial.** Zur Herst. maßgerechter, nicht verziehbarer Bilder dient ein Material, das einen Träger aus einem orientierten *Polyäthylenterephthalat* (polymeres Terephthalsäure–Äthylenglykol-Rk.-Prod.) besitzt. Hierauf befindet sich eine Haftschicht aus einem *Phthalatalkydharz,* das mit einem ungesätt. fetten Öl modifiziert ist (polymeres Glycerinphthalat modifiziert mit Ricinus- oder Sojaöl). Diese Schicht enthält eine opak u. matt machende Substanz (SiO_2, TiO_2). Der Träger wird mit einer lichtempfindlichen Schicht aus Diazo-Verbb. oder Bichromatgelatine überzogen. (**A. P. 2 999 016** vom 24/3. 1955, ausg. 5/9. 1961.) E. Fuchs. 8647

Godfrey L. Cabot, Inc., Boston, Mass., V.St.A., **Entwickler für latente xerographische Bilder.** Der Entwickler besteht aus einem Gemisch eines Pigments, bes. Ruß (**I**) u. einem Kunstharz (**II**) im Mengenverhältnis von 100 **I** auf 5—500 **II**, wobei die einzelnen Partikel von **I** mit einer Hülle von **II** umgeben sind u. einen ∅ von 3—120 μ besitzen. **II** wird so ausgewählt, daß das Entwicklergemisch auf 1 in. Tiefe in lose geschüttetem Zustand bei normaler Luftfeuchtigkeit $<100000\ \Omega$ Widerstand hat. — Beispiele für **II**: Naturkautschuk, Polyvinylchlorid u. -acetat, Styrol–Butadien-Mischpolymerisat u. Gemische davon. Das Gemisch wird so hergestellt, daß **I** u. **II** zunächst zusammen in W. dispergiert u. die Dispersion homogenisiert bzw. atomisiert wird, bis die gewünschte Korngröße erreicht ist. Dann wird das Gemisch einer Sprühtrocknung unterworfen. An Stelle von **I** können auch verwendet werden: TiO_2, SiO_2, ZnO, MgO, Al-Silicat oder Gemische davon. (**E. P. 835 480** vom 24/10. 1957, ausg. 18/5. 1960. A. Prior. 3/12. 1956.) A. Kalix. 8647

Ozalid Co. Ltd. und Edward Leslie Cross, London, England, **Elektrophotographisches Kopiermaterial.** Es besteht aus einem Träger (Al, andere photoleitfähige Folien oder Platten, Papier, plast. Folien, ggf. durchsichtig) u. einer photoleitfähigen Schicht aus einer farbigen fluorescierenden Substanz (I), die in fester Lsg. in einem Harz (Polystyrol, Keton–Aldehyd-Kondens.-Harze) eingebettet ist. Die I ist z. B. ein fluorescierender Farbstoff, wie Fluoreszein oder Rhodamin, ein „Fluorol"-Farbstoff oder 2-Aryl-4-arylmethylenoxazolon. Solche Schichten sind über weite Gebiete des sichtbaren Spektrums empfindlich. (**E. P. 860 560** vom 30/4. 1957, ausg. 8/2. 1961.) E. Fuchs. 8647

Ilford Ltd., Ilford, Essex, England (Erfinder: Norman Hulton Haddock und Eric MacDonald), **Photographisches Verfahren.** Ein photograph. Ag-Bild wird mit einem Bleichbad ausgeblichen (Thioharnstoff 50 (g), Citronensäure 25, Anthrachinon-2-sulfonsäure u. 1000 cm^3 W.) u. dann mit einer Co-Phthalocyanin-Lsg. (z. B. in Methanol + Eisessig) behandelt. Es entsteht ein Farbbild durch Ersatz des Ag. (**E. P. 873 054** vom 21/1. 1959, ausg. 19/7. 1961.) E. Fuchs. 8649

Eastman Kodak Co., Rochester, N.Y., V.St.A., übert. von: Norman Donald Clarke und Roy Arthur Jeffreys, Harrow, England, **Verhinderung des Verbiegens von Positiven bei der Projektion.** Man taucht den Film mit dem in der Gelatineschicht enthaltenen photograph. Bild einige Min. in eine wss. Lsg., die 5—15% *2.3-Dihydroxy-1.4-dioxan* enthält u. trocknet. Der Lsg. kann noch ein in W. lösl. Polymethylenglykol (2,5—5%) mit mindestens 6 C-Atomen (*Hexamethylen-1.6-diol, 3-Methylpentan-1.5-diol*) zugesetzt werden. (**A. P. 2 992 130** vom 15/9. 1958, ausg. 11/7. 1961.) E. Fuchs. 8649

Eastman Kodak Co., Rochester, N.Y., V.St.A., übert. von: Norman D. Clarke, Roy A. Jeffreys und David G. Saunders, Harrow, England, **Erhöhung der Farbechtheit und Stabilität photographischer Farbbilder bei der Projektion.** Die Farbbilder werden mit einer 5—20%ig. wss. Lsg. eines *Tetramethylolcyclohexanols*, der ggf. ein Polymethylenglykol mit 4—8 C-Atomen beigemischt ist, 1—10 Min. behandelt. (**A. P. 2 983 607** vom 26/1. 1959, ausg. 9/5. 1961.) E. Fuchs. 8649

Redaktionsschluß: 14. Dezember 1962.

Herausgeber: Prof. Dr. Heinrich Bertsch, Berlin, u. Prof. Dr. Dr. h. c. Wilhelm Klemm, Münster. Chefredakteure und verantwortlich für den Inhalt: Dr. Eugen Klever, Berlin W 30, Geisbergstraße 39, Fernsprecher: 249541 u. Prof. Dr.-Ing. Eberhard Leibnitz, Berlin N 4, Schiffbauerdamm 19, Fernsprecher: 425571.

©

Verlag: Akademie-Verlag GmbH, Berlin W 8, Leipziger Str. 3–4 (Fernsprecher: 220441, Telex-Nr. 011773, Postscheckkonto Berlin 35021), und Verlag Chemie, GmbH, Weinheim/Bergstr. (Fernsprecher: Weinheim 3635 [Sammelnummer]; Fernschreiber: 0465516 chemieverlwhn; Postscheckkonten: Frankfurt/M. 145314 u. Berlin [West] 7430). Bestellnummer: 1007/134. Das Chemische Zentralblatt erscheint wöchentlich. Preis des Jahrganges einschl. Autoren-, Patent-, Sach- u. Formelregister: DM 1200,–; einseitig bedruckte Ausgabe: DM 1350,–. Abgabe der Zeitschrift nur mit sämtlichen Registern. Abbestellungen nur bis spätestens 6 Wochen vor Ablauf des Kalenderjahres.

Satz u. Druck: VEB Leipziger Druckhaus, Leipzig, III/18/203. II. 63.

Veröffentlicht unter der Lizenznummer 1273 des Presseamtes beim Vorsitzenden des Ministerrates. Printed in Germany.

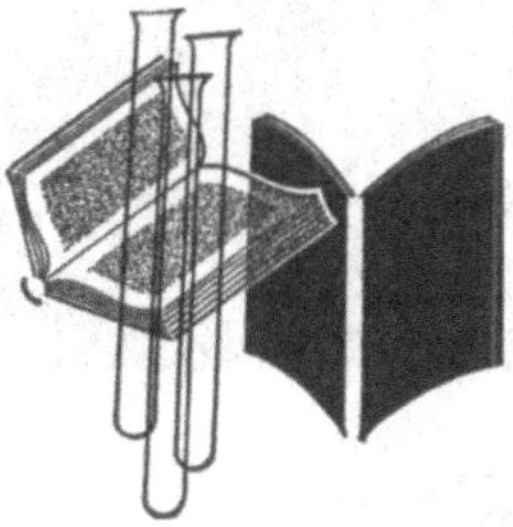

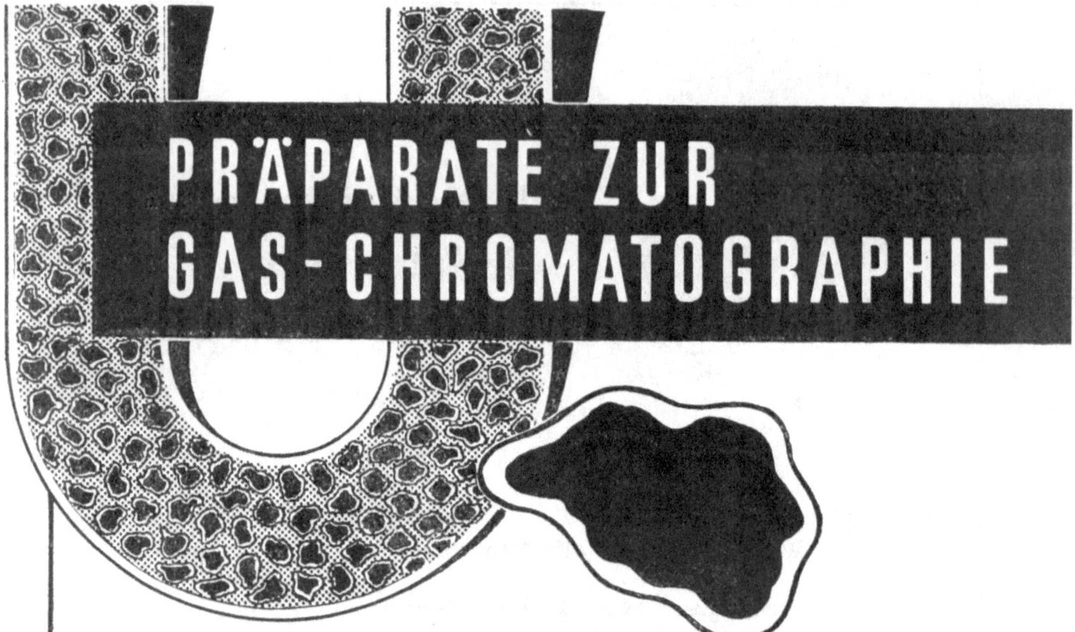
PRÄPARATE ZUR
GAS-CHROMATOGRAPHIE

FSC
www.fsc.org
MIX
Papier | Fördert gute Waldnutzung
FSC® C083411

Kolibri 360 GmbH
Ferdinand-Jühlke-Straße 7
99095 Erfurt, Deutschland
produktsicherheit@kolibri360.de